# 量 子 化 学

刘成卜　编著

科 学 出 版 社

北 京

## 内 容 简 介

本书是在作者多年积累的研究生教学讲义的基础上修订而成的，较为系统、完整地介绍了量子化学基础理论. 全书共 6 章，前 5 章介绍波函数理论，第 6 章介绍密度泛函理论. 波函数理论主要围绕 6 个关键词展开讨论，即波函数、电子结构、Hartree-Fock 方程、矩阵元计算、势能面和相关能. 密度泛函理论主要围绕 5 个关键词展开讨论，即密度函数、Hohenberg-Kohn 定理、Kohn-Sham 方程、交换-相关能泛函、基态和激发态. 在介绍有关内容时，本书特别注重基本概念的阐释和理论架构的解析，并尽力反映量子化学的最新成果. 书中的所有公式都给出了主要推导步骤及其依据，力求严谨、简明，并特别注意采用规范的符号系统. 每章均附有习题.

本书可作为高等学校理论与计算化学、结构化学及光谱学专业研究生的教材或教学参考书，也可供从事相关专业教学和科学研究的教师和科研人员参考.

**图书在版编目（CIP）数据**

量子化学／刘成卜编著. —北京：科学出版社，2020.9

ISBN 978-7-03-066008-4

Ⅰ. ①量… Ⅱ. ①刘… Ⅲ. ①量子化学 Ⅳ. ①O641.12

中国版本图书馆 CIP 数据核字（2020）第 167217 号

责任编辑：赵晓霞 高 微／责任校对：何艳萍

责任印制：张 伟／封面设计：陈 敬

科学出版社 出版

北京东黄城根北街 16 号

邮政编码：100717

http://www.sciencep.com

北京建宏印刷有限公司 印刷

科学出版社发行 各地新华书店经销

*

2020 年 9 月第 一 版 开本：787×1092 1/16

2023 年 5 月第四次印刷 印张：34

字数：848 000

**定价：198.00 元**

（如有印装质量问题，我社负责调换）

# 前　　言

从 1990 年至今，我一直为山东大学化学学科理论与计算化学专业研究生讲授量子化学课程，持续了 30 年.

之所以首先提到上述教学背景，是因为本书内容与教学安排有关. 山东大学化学学科曾经开设了两种量子化学课程，一种是为化学学科所有专业的研究生开设的，称为量子化学Ⅰ，讲授量子力学基础和分子电子结构理论初步；另一种则是专门为理论与计算化学专业的研究生开设的，称为量子化学Ⅱ. 我讲授的是量子化学Ⅱ. 根据教学安排，学生应在修完量子化学Ⅰ和群论(分子点群)等课程之后，才修习量子化学Ⅱ. 因此，量子化学Ⅱ的内容是基于学生具备了一定的量子化学(主要是量子力学)和群论基础而设计的，起点较高. 基于以上安排，我编写了教学讲义. 在编写讲义的过程中，我有两点考虑：第一，为了保持知识的连贯性，便于学生接受新的内容，应在讲义中适当复习量子力学和群论的有关基础知识；第二，作为一本教材，应力求系统、完整地介绍量子化学基础理论. 量子化学Ⅰ中讲授过的有关电子结构理论的内容不能略去不讲，而应该在更高的层次上重新表述，建立严谨、完整的量子化学知识系统. 当然，由于学时限制，讲义内容不可能全部讲授，但可以作为课外材料供学生阅读. 通过课堂内外的学习，学生打下坚实的理论基础. 本书正是在多年积累的教学讲义的基础上编写而成的. 从以上叙述可以看到，本书读者并不需要先学习量子化学Ⅰ，但应具备一定的量子力学和群论基础.

在本书撰写过程中，我特别注重基本概念的阐释和理论架构的解析. 量子化学的特点是：专业术语多、基本概念多、理论方法多. 对于所涉及的专业术语和基本概念，我尽力交代清楚其来龙去脉及不同概念之间的联系和区别；对于所涉及的理论方法，我致力于解析其框架结构及其发展过程，力图使学生通过学习本课程了解量子化学的基本精神. 此外，量子化学涉及的数学符号多，理论公式多. 我尽可能选择同一符号系统指代同类物理量，不同符号系统指代非同类物理量，以便读者通过符号辨识各种物理量之间的联系和区别，避免造成混淆. 对于书中给出的所有公式，我都做了仔细推导，修正了有些教科书中的印刷错误，并给出了主要推导步骤及其依据. 按照书中给出的推导步骤，学生可以导出所有公式，这对学生加深理解量子化学的基本概念和理论方法会有所帮助. 书中给出的不少公式是其他教科书中没有的，是我依据相关概念或理论方法导出的. 我认为，增加这些公式，有利于阐释相关概念的内涵，有利于揭示相关理论的架构. 此外，书中许多公式的推导方法也与其他教科书不同，采用本书的推导方法，概念更为清晰，步骤更为简洁.

本书采用的主要中文参考书是：唐敖庆、杨忠志和李前树先生编著的《量子化学》，唐敖庆和李前树先生编著的《分子反应动态学》，徐光宪、黎乐民和王德民先生编著的《量子化学——基本原理和从头计算法》，曾谨言先生编著的《量子力学》，郭敦仁先生编著的《数学物理方法》，以及丁培柱和王毅先生编著的《群及其表示》等. 我对以上各书的所有作者表示衷心感谢.

最后，我要特别感谢我的历届研究生，尤其是耿翠环和穆雪丽两位博士，在本书打印、绘图、编辑和校对等方面所付出的巨大努力.

尽管我付出了一定努力，但因水平所限，书中难免会有不少疏漏和错误. 例如，量子化学学科发展迅速，本书虽然尽力反映量子化学的最新成果，但难免挂一漏万；对一些基本概念和理论方法发表了自己的看法，这些看法不一定正确. 对书中可能存在的疏漏和错误，敬请读者不吝赐教.

刘成卜

2019 年 12 月于山东大学

# 目　　录

# 概　　论

我们首先对本书的基本框架做粗略说明. 目前，量子化学的基础理论可以分为两个系列，即波函数理论和密度泛函理论. 本书的前五章将介绍波函数理论，第 6 章将介绍密度泛函理论，两者之间通过密度函数和密度矩阵相衔接.

波函数理论部分主要围绕 6 个关键词展开讨论，即波函数、电子结构、Hartree-Fock 方程、矩阵元计算、势能面和相关能.

波函数理论的基本任务是求解量子体系电子运动的定态 Schrödinger 方程

$$\hat{H}\Psi(\vec{q}) = E\Psi(\vec{q})$$

其中，$\hat{H}$ 是体系的 Hamilton 算符，是已知量，它的具体表达式依所研究的体系而定；$\vec{q}$ 是体系中所有粒子坐标的集合，$\Psi(\vec{q})$ 是描写体系中电子运动状态的函数，称为 $\hat{H}$ 的本征函数，简称波函数；$E$ 是体系的能量，称为 $\hat{H}$ 的本征值，与分子的所有构型相对应的能量代表点的集合就是分子体系的势能面. $E$ 和 $\Psi(\vec{q})$ 都是待求的量，这是本征方程的普遍特点. 由于目前尚不能直接求解多电子原子、分子体系的定态 Schrödinger 方程，因此人们希望在弄清波函数基本性质的基础上，首先建造出波函数，然后求解定态 Schrödinger 方程，得到体系的能量. 可见，建造合适的多电子波函数是求解 Schrödinger 方程的关键步骤. 另外，电子波函数应当能够描述量子体系的电子结构，因此在讨论原子、分子体系电子波函数的性质和建造方法时，必然涉及原子、分子的电子结构. 基于这样的考虑，本书第 1 章将结合原子、分子的电子结构，介绍与波函数 $\Psi(\vec{q})$ 有关的知识，着重介绍波函数的性质和建造方法. 第 2 章和第 3 章介绍用一种特定的波函数(Hartree-Fock 波函数)求解定态 Schrödinger 方程的方法(即 Hartree-Fock 方法)及有关的计算. 第 4 章将介绍势能面. 第 5 章将讨论如何修正 Hartree-Fock 方法，以便更精确地求解 Schrödinger 方程的问题.

密度泛函理论的基本思想是用电子的密度函数来描述和确定体系的性质，而不再求助于波函数. 因此，密度泛函理论不是从 Schrödinger 方程出发，而是从 Hohenberg-Kohn 定理出发来搭建理论体系的. 这部分内容主要围绕 5 个关键词展开，即密度函数、Hohenberg-Kohn 定理、Kohn-Sham 方程、交换-相关能泛函、基态和激发态.

密度泛函方法也可以建造势能面，因此势能面并不是波函数方法的“专利”. 将势能面放在波函数理论系统中讨论是出于以下考虑：首先，如前所述，势能面直接出现在 Schrödinger 方程中，因此在波函数理论系统中讨论势能面显得更为自然. 其次，从目前情况看，密度泛函理论方法的主要优势在于能够对较大尺寸体系的基态开展精度较高的计算. 但是一般精度的势能面除了用于定性讨论之外，在定量计算方面用处有限，只有高精度势能面才能用于动力学或者光谱的定量计算. 然而目前还只能得到小分子体系的高精度基态和激发态势能面，这些势能面通常是用波函数方法建造的，因此从实际情况看，势能面与波函数方法的关系似乎更为密切. 最后，在波函数理论中将势能面讨论清楚后，在密度泛函理论中涉及势能面问题时，可以触类旁通，不必再讨论.

无论波函数方法还是密度泛函方法，电子相关问题都是无法绕过的难题. 波函数方法试图通过构造越来越精确的波函数来计算电子相关能，而密度泛函方法则是将电子相关能放入交换-相关泛函这一黑箱中，通过经验积累或者理论分析构造越来越精确的交换-相关泛函来计算电子相关能. 将电子相关能理论与计算放在波函数理论系统(第 5 章)中讨论，一方面是为了照顾波函数理论的完整性，另一方面是为了更好地理解第 6 章介绍的密度泛函理论. 就目前情况而言，无论波函数方法还是密度泛函方法，都难以处理复杂化学体系的电子相关问题. 我们期待着更好的理论方法问世.

前面提到，对于给定的量子体系，Hamilton 算符 $\hat{H}$ 是已知的.在波函数理论的从头算方法中的确如此. 但在有些情况下，特别是在半经验方法中，并不是从现成的 Hamilton 算符出发，而是根据计算精度的要求，构造合适的 Hamilton 算符，以方便 Schrödinger 方程的求解. 这类工作有大量文献报道. 作为例子，本书 1.15.2 节对此做了简要介绍.

以上就是本书的基本框架，希望读者在弄清基本框架的基础上，深入学习有关知识.

下面对本书采用的记号做些说明. 第一，力学量算符用加尖号的英文或希腊文字母表示，有些力学量和它的量子数用同一个字母表示，但表示量子数的字母上方不加尖号. 例如，多电子体系的总轨道角动量平方算符记作 $\hat{L}^2$ ，轨道角动量量子数用 $L$ 表示. 这样做便于了解力学量与其量子数的关系. 第二，与单电子有关的量用小写英文或希腊文字母表示，与多电子有关的量则用相应的大写英文或希腊文字母表示. 例如，单电子 Hamilton 量、单电子轨道角动量、单电子能量、单电子空间函数(轨道)等分别用小写字母 $\hat{h}$、$\hat{\vec{l}}$、$\varepsilon$ 、$\varphi$ 、$\phi$ 或 $\psi$ 表示，多电子体系的 Hamilton 量、总轨道角动量、总能量、多电子波函数则分别用大写字母 $\hat{H}$、$\hat{\vec{L}}$、$E$ 、$\Phi$ 或 $\Psi$ 表示. 这样做的好处是，从符号本身就能很容易地分辨出体系的性质. 第三，关于波函数，类氢原子和氢分子离子的波函数是直接求解 Schrödinger 方程得到的精确解，这样的单电子态用 $\psi$ 表示，而多电子体系中的单电子态(轨道)则是对电子运动的一种近似描述，这样的单电子态用 $\varphi$ 或 $\phi$ 表示. 严格说来，没有精确的多电子波函数，但在限定的函数空间内用全部基函数做组合，如果不再做其他近似，则不妨将这种波函数认定为限定空间内的精确波函数，这样的波函数用 $\Psi$ 表示，该空间内的近似波函数，如组态函数(包括 Slater 行列式、谱项波函数等)则用 $\Phi$ 表示. 这样做的好处是，从符号本身就能看出波函数的性质. 第四，矩阵用粗体英文或希腊文字母表示，但矩阵元则不用粗体. 例如，矩阵 $\boldsymbol{A}$ 用粗体，其矩阵元 $A_{ij}$ 或 $a_{ij}$ 则不用粗体. 对于以上这些约定，我们会在本书正文的适当位置再次提到，但不会在每次遇到类似情况时都做重复说明.

除特别说明外，本书中所有物理量均采用原子单位( atomic unit, a.u.). 原子单位中规定：质量以电子质量 $m_e$ 为单位；电量以电子电量 $e$ 为单位；长度以氢原子的 Bohr 半径 $a_0\left(=\dfrac{\hbar^2}{m_e e^2}\right)$ 为单位，其中 $\hbar=\dfrac{h}{2\pi}$ ，$h$ 为 Planck 常量. 并定义电荷均为一个原子单位的两个质点，相距一个原子单位的距离时的势能为一个原子单位的能量 $\left(\dfrac{e^2}{a_0}=1\,\text{a.u.}\right)$，称之为 Hartree. 在这样的规定下，有 $\hbar=1\,\text{a.u.}$，$h=2\pi\,\text{a.u.}$. 为便于应用，这里给出原子单位与其他一些常用单位的换算关系.

质量：$1\,\text{a.u.}$=电子质量 $m_e=9.10956\times10^{-31}\text{kg}$

电量：$1\,\text{a.u.}$ =电子电量 $e = 1.602\times10^{-19}\,\text{C}$ (库仑)

长度：$1\,\text{a.u.} = a_0 = 0.5292\text{Å} = 0.05292\text{nm}$

能量：$1\,\text{a.u.}(1\text{Hartree}) = 2\text{Rydberg} = 27.2116\text{eV} = 4.3598\times10^{-21}\text{kJ}$

$$= 2625.4997\text{kJ}\cdot\text{mol}^{-1} = 627.5095\text{kcal}\cdot\text{mol}^{-1} = 219488.7656\text{cm}^{-1} \approx 2.2\times10^{5}\text{cm}^{-1}$$

偶极矩：$1\,\text{a.u.} = 2.5415\text{deb}$

其中，Rydberg 是原子单位中对能量单位的另一种定义，两种能量单位相差一倍；eV 为电子伏特. 推导能量换算关系要用到以下换算关系：

$$1\text{eV}=1.6022\times10^{-22}\text{kJ}$$

$$\text{能量为}1\text{eV}\text{的光子的波数} = 8066\text{cm}^{-1}$$

$$\text{Avogadro 常量 } N_0 = 6.0220\times10^{23}\,\text{mol}^{-1}$$

在原子单位下，相关量均为实际量与原子单位的比值. 例如，原子核的质量 $M$ 是原子核的实际质量 $m_\text{n}$ 与电子质量 $m_\text{e}$ 的比值，即有 $M = m_\text{n}/m_\text{e}$ .

本书每章章末都配有习题，这些习题都是根据书中内容编写的. 演算这些习题有助于读者加深对相关内容的理解.

本书编写过程中参阅了许多中英文文献，现将主要参考书列在本节之后[1-13]. 尤其需要说明的是，张颖、徐昕合著的复旦大学讲义“密度泛函理论简介”是本书的重要参考资料之一，但因尚未正式出版，未列入下面参考文献. 谨对所有参考文献的作者表示衷心感谢.

## 参考文献


[1] 唐敖庆, 杨忠志, 李前树. 量子化学. 北京: 科学出版社, 1982.

[2] 唐敖庆, 李前树. 分子反应动态学. 长春: 吉林大学出版社, 1988.

[3] 徐光宪, 黎乐民, 王德民. 量子化学——基本原理和从头计算法(上册). 2 版. 北京: 科学出版社, 2007.

[4] 徐光宪, 黎乐民, 王德民. 量子化学——基本原理和从头计算法(中册). 2 版. 北京: 科学出版社, 2009.

[5] 徐光宪, 黎乐民, 王德民, 等. 量子化学——基本原理和从头计算法(下册). 2 版. 北京: 科学出版社, 2008.

[6] 曾谨言. 量子力学(卷Ⅰ). 3 版. 北京: 科学出版社, 2000.

[7] 曾谨言. 量子力学(卷Ⅱ). 3 版. 北京: 科学出版社, 2000.

[8] 丁培柱, 王毅. 群及其表示. 北京: 高等教育出版社, 1990.

[9] 帅志刚, 邵久书, 等. 理论化学原理与应用. 北京: 科学出版社, 2008.

[10] 国家自然科学基金委员会, 中国科学院. 中国学科发展战略: 理论与计算化学. 北京: 科学出版社, 2016.

[11] Szabo A, Ostlund N S. Modern Quantum Chemistry Introduction to Advanced Electronic Structure Theory. New York: Dover Publications, INC, 1996.

[12] Jensen F. Introduction to Computational Chemistry. New York: John Wiley & Sons, 1999.

[13] Parr R G , Yang W T. Density-Functional Theory of Atoms and Molecules. Oxford: Oxford University Press, 1989.

# 第 1 章 多电子波函数与原子、分子的电子结构

## 1.0 导　言

波函数理论是量子化学的基本理论之一，波函数理论的基本任务是求解量子体系电子运动的定态 Schrödinger 方程.

$$\hat{H}\Psi = E\Psi$$

其中，能量 $E$ 和波函数 $\Psi$ 都是待求的. 如果所研究的体系中包含两个以上电子，则称之为多电子体系，相应的波函数称为多电子波函数. 到目前为止，仍然没有办法直接求解包含电子相互作用的多电子体系的定态 Schrödinger 方程. 本章将结合原子、分子的对称性，较深入地讨论多电子原子、分子体系电子波函数 $\Psi$ 的性质和建造方法. 通过这种讨论可以达到两个目的，一是不必求解 Schrödinger 方程就可以从波函数的性质中得到一些有用的结论，如可以根据波函数的性质讨论原子、分子的能级结构；二是可以根据波函数的性质确定多电子波函数解析表达式的基本形式，进而可以在求解 Schrödinger 方程之前，把满足不同精度要求的多电子波函数建造出来，从而可以较为方便地求解 Schrödinger 方程. 因此，多电子波函数的性质和建造方法将是本章讨论的基本内容，在此基础上将给出原子、分子电子结构理论的基本框架.

对分子体系来说，多电子波函数所满足的方程来自 Born-Oppenheimer 近似，因此本章从 Born-Oppenheimer 近似开始.

## 1.1 Born-Oppenheimer 近似及其修正

假定所研究的量子体系中有 $M$ 个原子核、$N$ 个电子，在非相对论近似下，描述体系中原子核和电子总体运动的定态 Schrödinger 方程为

$$\hat{H}^{(\mathrm{t})}\Psi^{(\mathrm{t})}\left(\vec{R},\vec{q}\right) = E^{(\mathrm{t})}\Psi^{(\mathrm{t})}\left(\vec{R},\vec{q}\right) \tag{1.1.1}$$

其中

$$\hat{H}^{(\mathrm{t})} = \hat{T}^{(\mathrm{n})} + \hat{H}^{(\mathrm{e})} \tag{1.1.2}$$

$$\hat{T}^{(\mathrm{n})} = \sum_a -\frac{1}{2m_a}\nabla_a^2 \tag{1.1.3}$$

$$\hat{H}^{(\mathrm{e})} = \sum_i -\frac{1}{2}\nabla_i^2 - \sum_{a,i}\frac{Z_a}{r_{ai}} + \sum_{i<j}\frac{1}{r_{ij}} + \sum_{a<b}\frac{Z_aZ_b}{R_{ab}} \tag{1.1.4}$$

方程(1.1.1)中，$\vec{R} = \left\{\vec{R}_1\cdots\vec{R}_M\right\}$ 代表 $M$ 个原子核的坐标集合；$\vec{q} = \left\{\vec{q}_1\cdots\vec{q}_N\right\}$ 代表 $N$ 个电子的坐标集合，其中 $\vec{q}_i = \vec{r}_i\sigma_i$，$\vec{r}_i$ 和 $\sigma_i(\sigma=\alpha,\beta)$ 分别为第 $i$ 个电子的空间坐标和自旋坐标. 各式中算符和波函数的右上标(t)、(n)和(e)分别表示与原子核和电子的总体运动、原子核的总体运动和电子的总体运动有关的量. 例如，$\Psi^{(\mathrm{t})}$ 为描写核运动和电子运动的总波函数，$\hat{T}^{(\mathrm{n})}$ 为核运动的总

动能算符，而 $\hat{H}^{(\mathrm{e})}$ 则是电子运动的总 Hamilton 量. 此外，用英文字母 $a$、$b$ 等标记原子核，而用英文字母 $i$、$j$ 标记电子.

方程(1.1.1)实际上无法严格求解，因此发展各种合理的近似方法求解方程(1.1.1)是波函数理论的核心课题，其中一个最基本的近似是 Born-Oppenheimer 近似.

### 1.1.1　Born-Oppenheimer 近似

Born-Oppenheimer 近似包括定核近似和绝热近似两个方面.

第一，定核近似. 由于核的质量比电子质量大得多(三个数量级以上)，因此核运动比电子运动缓慢得多. 电子对原子核运动的响应是瞬时的，即对于原子核的每一微小运动，电子都能迅速调整以适应新的势场. 于是可以假定在任何瞬间，原子核处于某种相对位置时，分子的电子状态与原子核长期固定在该位置时的电子状态一样，因此可以近似地认为电子总是在固定的原子核势场中运动. 光谱学实验也证明分子体系中原子核的运动和电子的运动是可以分离的，于是可以在固定的核构型下研究电子运动，即电子运动的定态 Schrödinger 方程为

$$\hat{H}^{(\mathrm{e})}\Psi^{(\mathrm{e})}\left(\vec{R},\vec{q}\right)=U^{(\mathrm{e})}\left(\vec{R}\right)\Psi^{(\mathrm{e})}\left(\vec{R},\vec{q}\right) \tag{1.1.5}$$

式中，核坐标 $\vec{R}$ 仅为参量. 这就是说，可以在指定的 $\vec{R}$ 值(即指定的核构型)下求解电子运动，从而得到不同核构型下的多电子波函数及电子运动的能级，这称为定核近似，$\Psi^{(\mathrm{e})}\left(\vec{R},\vec{q}\right)$ 就是本章要讨论的多电子波函数.

第二，绝热近似. 方程(1.1.5)是电子运动所满足的方程. 我们暂时不研究该方程如何求解，而假定该方程已经解出，由此导出核运动所满足的方程.

方程(1.1.5)中，$\hat{H}^{(\mathrm{e})}$ 是 Hermite 算符，按照量子力学的基本假定，由方程(1.1.5)可以得到描述 $N$ 电子体系的正交归一化的本征函数完备系

$$\left\{\Psi_k^{(\mathrm{e})}\left(\vec{R},\vec{q}\right), k=1,2,\cdots\right\} \tag{1.1.6}$$

和相应的本征值谱

$$\left\{U_k^{(\mathrm{e})}\left(\vec{R}\right), k=1,2,\cdots\right\} \tag{1.1.7}$$

其中 $\vec{R}$ 为参量，一般将 $U_k^{(\mathrm{e})}\left(\vec{R}\right)$ 的值从低到高排列，与简并能量相对应的是一组波函数，其数目与简并度相同.

将方程(1.1.1)中的 $\Psi^{(\mathrm{t})}\left(\vec{R},\vec{q}\right)$ 向完备系式(1.1.6)展开，注意到 $\Psi^{(\mathrm{t})}\left(\vec{R},\vec{q}\right)$ 中 $\vec{R}$ 和 $\vec{q}$ 均为变量，而 $\Psi^{(\mathrm{e})}\left(\vec{R},\vec{q}\right)$ 中 $\vec{R}$ 仅为参量，因此当 $\Psi^{(\mathrm{t})}\left(\vec{R},\vec{q}\right)$ 向 $\Psi^{(\mathrm{e})}\left(\vec{R},\vec{q}\right)$ 展开时，展开系数将是 $\vec{R}$ 的函数，记为 $\Psi_k^{(\mathrm{n})}\left(\vec{R}\right)$，于是有

$$\Psi^{(\mathrm{t})}\left(\vec{R},\vec{q}\right)=\sum_k \Psi_k^{(\mathrm{n})}\left(\vec{R}\right)\Psi_k^{(\mathrm{e})}\left(\vec{R},\vec{q}\right) \tag{1.1.8}$$

将式(1.1.8)代入方程(1.1.1)，利用方程(1.1.5)，再利用微分公式

$$\nabla^2(uv)=u\nabla^2 v+v\nabla^2 u+2\nabla u\nabla v$$

可得

$$\sum_k \Psi_k^{(e)}(\vec{R},\vec{q})\left[\hat{T}^{(n)}+U_k^{(e)}(\vec{R})-E^{(t)}\right]\Psi_k^{(n)}(\vec{R})+\sum_k \Psi_k^{(n)}(\vec{R})\hat{T}^{(n)}\Psi_k^{(e)}(\vec{R},\vec{q})$$

$$-\sum_k\sum_a \frac{1}{m_a}\nabla_a \Psi_k^{(e)}(\vec{R},\vec{q})\nabla_a \Psi_k^{(n)}(\vec{R})=0 \tag{1.1.9}$$

用$\Psi_m^{(e)*}(\vec{R},\vec{q})$左乘式(1.1.9)，并对电子坐标$\vec{q}$积分，利用本征函数系(1.1.6)的正交归一性，可得

$$\left[\hat{T}^{(n)}+U_m^{(e)}(\vec{R})-E^{(t)}\right]\Psi_m^{(n)}(\vec{R})+\sum_k\left\langle \Psi_m^{(e)}(\vec{R},\vec{q})\middle|\hat{T}^{(n)}\middle|\Psi_k^{(e)}(\vec{R},\vec{q})\right\rangle \Psi_k^{(n)}(\vec{R})$$

$$+\sum_k\left\langle \Psi_m^{(e)}(\vec{R},\vec{q})\middle|-\sum_a\frac{1}{m_a}\nabla_a\Psi_k^{(e)}(\vec{R},\vec{q})\right\rangle \nabla_a \Psi_k^{(n)}(\vec{R})=0$$

$$m=1,2,\cdots \tag{1.1.10}$$

注意到，对每一指定的$\Psi_m^{(e)*}(\vec{R},\vec{q})$都能得到一个方程，因此式(1.1.10)实际上是一个偏微分方程组. 若本征函数系(1.1.6)选用实函数，则由归一化条件

$$\left\langle \Psi_m^{(e)}(\vec{R},\vec{q})\middle|\Psi_m^{(e)}(\vec{R},\vec{q})\right\rangle=1$$

有

$$\nabla_a\left\langle \Psi_m^{(e)}(\vec{R},\vec{q})\middle|\Psi_m^{(e)}(\vec{R},\vec{q})\right\rangle=0=\left\langle \nabla_a\Psi_m^{(e)}\middle|\Psi_m^{(e)}\right\rangle+\left\langle \Psi_m^{(e)}\middle|\nabla_a\Psi_m^{(e)}\right\rangle=2\left\langle \Psi_m^{(e)}\middle|\nabla_a\Psi_m^{(e)}\right\rangle$$

即

$$\left\langle \Psi_m^{(e)}\middle|\nabla_a\Psi_m^{(e)}\right\rangle=0 \tag{1.1.11}$$

这里要注意，由于梯度算符$\nabla$不是 Hermite 算符($\mathrm{i}\nabla$才是 Hermite 算符，i 为虚数单位)，当$\Psi_m^{(e)}$不是实函数时，$\left\langle \nabla_a\Psi_m^{(e)}\middle|\Psi_m^{(e)}\right\rangle$与$\left\langle \Psi_m^{(e)}\middle|\nabla_a\Psi_m^{(e)}\right\rangle$不一定相等，仅当$\Psi_m^{(e)}$为实函数时，式(1.1.11)才成立. 将式(1.1.11)代入式(1.1.10)，并将式(1.1.10)第一个求和中$k=m$的项单独列出，则式(1.1.10)变为

$$\left\{\hat{T}^{(n)}+U_m^{(e)}(\vec{R})+\left\langle \Psi_m^{(e)}(\vec{R},\vec{q})\middle|\hat{T}^{(n)}\middle|\Psi_m^{(e)}(\vec{R},\vec{q})\right\rangle-E^{(t)}\right\}\Psi_m^{(n)}(\vec{R})$$

$$+\sum_{k(\neq m)}\left\{\left\langle \Psi_m^{(e)}(\vec{R},\vec{q})\middle|\hat{T}^{(n)}\middle|\Psi_k^{(e)}(\vec{R},\vec{q})\right\rangle+\left\langle \Psi_m^{(e)}(\vec{R},\vec{q})\middle|-\sum_a\frac{1}{m_a}\nabla_a\Psi_k^{(e)}(\vec{R},\vec{q})\right\rangle\nabla_a\right\}\Psi_k^{(n)}(\vec{R})=0$$

$$m=1,2,\cdots \tag{1.1.12}$$

式(1.1.12)两个求和中每一项涉及两个电子态，其中的算符都与核运动有关，它们表示由于核运动对电子运动产生扰动，电子态发生了跃迁，因此称方程(1.1.12)为非绝热的. 但这种扰动通常较小，由此引起的电子态跃迁概率较小，故两个求和项均可忽略，这称为绝热(adiabatic)近似，即假定电子态不发生跃迁. 这时方程(1.1.12)变为

$$\left\{\hat{T}^{(n)}+U_m^{(e)}(\vec{R})+\left\langle \Psi_m^{(e)}(\vec{R},\vec{q})\middle|\hat{T}^{(n)}\middle|\Psi_m^{(e)}(\vec{R},\vec{q})\right\rangle\right\}\Psi_m^{(n)}(\vec{R})=E^{(t)}\Psi_m^{(n)}(\vec{R}) \tag{1.1.13}$$

式中，$\left\langle \Psi_m^{(e)}(\vec{R},\vec{q})\middle|\hat{T}^{(n)}\middle|\Psi_m^{(e)}(\vec{R},\vec{q})\right\rangle$表示核动能算符在电子态$\Psi_m^{(e)}(\vec{R},\vec{q})$的平均值，这个值通常很小，同样可以忽略，于是有

$$\left\{\hat{T}^{(\mathrm{n})}+U_m^{(\mathrm{e})}\left(\vec{R}\right)\right\}\varPsi_m^{(\mathrm{n})}\left(\vec{R}\right)=E^{(\mathrm{t})}\varPsi_m^{(\mathrm{n})}\left(\vec{R}\right) \tag{1.1.14}$$

方程(1.1.13)和方程(1.1.14)都称为绝热近似下的核运动方程，但通常都将方程(1.1.14)作为绝热近似下的核运动方程.

于是，在定核近似和绝热近似下，既包含原子核运动又包含电子运动的 Schrödinger 方程(1.1.1)被分解为方程(1.1.5)和方程(1.1.14)，它们分别描述电子运动和核运动. 注意到，方程(1.1.5)中的电子能级 $U^{(\mathrm{e})}\left(\vec{R}\right)$ 正好是方程(1.1.14)中的势能项，当电子态处于能级 $U_m^{(\mathrm{e})}\left(\vec{R}\right)$ 时，核就在由电子云 $\varPsi_m^*\left(\vec{R},\vec{q}\right)\varPsi_m\left(\vec{R},\vec{q}\right)$ 确定的势场 $U_m^{(\mathrm{e})}\left(\vec{R}\right)$ 中运动，$U_m^{(\mathrm{e})}\left(\vec{R}\right)$ 称为势能面. 因此，核运动方程(1.1.14)中包含核运动与电子运动之间的关联. 当然，电子运动方程(1.1.5)中也包含核运动与电子运动之间的关联，因为方程(1.1.5)中包含核坐标，在不同核构型下，电子会有不同的运动状态.

定核近似和绝热近似合在一起称为 Born-Oppenheimer 近似. 在该近似下，方程(1.1.1)的算符 $\hat{H}^{(\mathrm{t})}$ 被分解为方程(1.1.5)和方程(1.1.14)中的算符的直和，因此方程(1.1.1)的解应当是方程(1.1.5)和方程(1.1.14)的解的直接积，于是展开式(1.1.8)简化为一项，即

$$\varPsi^{(\mathrm{t})}\left(\vec{R},\vec{q}\right)=\varPsi_m^{(\mathrm{n})}\left(\vec{R}\right)\varPsi_m^{(\mathrm{e})}\left(\vec{R},\vec{q}\right) \tag{1.1.15}$$

### 1.1.2　绝热近似的修正

Born-Oppenheimer 近似是一个非常好的近似，它基本反映分子中原子核运动和电子运动的真实情况，得到光谱实验的广泛支持. 但在有些情况下，由该近似得到的结果与实验不符，产生误差的主要原因是引入了绝热近似. 下面讨论绝热近似的修正问题.

回到方程(1.1.12)，为了讨论方便，将方程(1.1.12)写为

$$A_{mm}\varPsi_m^{(\mathrm{n})}\left(\vec{R}\right)+\sum_{k(\neq m)}A_{mk}\varPsi_k^{(\mathrm{n})}\left(\vec{R}\right)=0\,,\quad m=1,2,\cdots \tag{1.1.16}$$

其中

$$A_{mm}=\hat{T}^{(\mathrm{n})}+U_m^{(\mathrm{e})}\left(\vec{R}\right)+\left\langle\varPsi_m^{(\mathrm{e})}\left(\vec{R},\vec{q}\right)\middle|\hat{T}^{(\mathrm{n})}\middle|\varPsi_m^{(\mathrm{e})}\left(\vec{R},\vec{q}\right)\right\rangle-E^{(\mathrm{t})}=\hat{T}^{(\mathrm{n})}+U_m'\left(\vec{R}\right) \tag{1.1.17}$$

$$A_{mk}=\left\langle\varPsi_m^{(\mathrm{e})}\left(\vec{R},\vec{q}\right)\middle|\hat{T}^{(\mathrm{n})}\middle|\varPsi_k^{(\mathrm{e})}\left(\vec{R},\vec{q}\right)\right\rangle+\left\langle\varPsi_m^{(\mathrm{e})}\left(\vec{R},\vec{q}\right)\middle|-\sum_a\frac{1}{m_a}\nabla_a\varPsi_k^{(\mathrm{e})}\left(\vec{R},\vec{q}\right)\right\rangle\nabla_a \tag{1.1.18}$$

方程(1.1.17)中

$$U_m'\left(\vec{R}\right)=U_m^{(\mathrm{e})}\left(\vec{R}\right)+\left\langle\varPsi_m^{(\mathrm{e})}\left(\vec{R},\vec{q}\right)\middle|\hat{T}^{(\mathrm{n})}\middle|\varPsi_m^{(\mathrm{e})}\left(\vec{R},\vec{q}\right)\right\rangle-E^{(\mathrm{t})} \tag{1.1.19}$$

利用上述记号，可将方程(1.1.13)写为

$$A_{mm}\varPsi_m^{(\mathrm{n})}\left(\vec{R}\right)=0 \tag{1.1.20}$$

方程组(1.1.16)是用电子波函数 $\varPsi_m^{(\mathrm{e})*}\left(\vec{R},\vec{q}\right)$ 对方程(1.1.9) 两边作内积得到的，下标 $m$ 不同就会得到不同的方程. 要从方程组(1.1.16)求出 $m$ 态的核运动波函数 $\varPsi_m^{(\mathrm{n})}\left(\vec{R}\right)$，必须知道所有 $k\left(k\neq m\right)$ 态的核运动波函数，因此方程组(1.1.16)中的所有方程是耦合在一起的. 将方程组(1.1.16)重写为

$$A_{mm}\Psi_m^{(n)}\left(\vec{R}\right)+\sum_{k(\neq m)}A_{mk}\Psi_k^{(n)}\left(\vec{R}\right)=0 \tag{1.1.21}$$

$$A_{kk}\Psi_k^{(n)}\left(\vec{R}\right)+\sum_{l(\neq k)}A_{kl}\Psi_l^{(n)}\left(\vec{R}\right)=0 \tag{1.1.22}$$

$$k\neq m,\quad k=1,2,\cdots,(m-1),(m+1),\cdots$$

式(1.1.21)和式(1.1.16)中 $m$ 的含义不同，式(1.1.21)中 $m$ 是一固定指标，而式(1.1.16)中的 $m$ 则是跑指标. 式(1.1.21)和式(1.1.22)两式合起来与式(1.1.16)等价. 在式(1.1.22)中，由于 $k\neq m$，$l\neq k$，所以 $l$ 可取 $m$ 值. 作为近似，式(1.1.22)中的求和只保留 $l=m$ 的项，于是式(1.1.22)变为

$$A_{kk}\Psi_k^{(n)}\left(\vec{R}\right)+A_{km}\Psi_m^{(n)}\left(\vec{R}\right)=0 \tag{1.1.23}$$

从而

$$\Psi_k^{(n)}\left(\vec{R}\right)=-A_{kk}^{-1}A_{km}\Psi_m^{(n)}\left(\vec{R}\right) \tag{1.1.24}$$

代入式(1.1.21)有

$$\left\{A_{mm}-\sum_{k(\neq m)}A_{mk}A_{kk}^{-1}A_{km}\right\}\Psi_m^{(n)}\left(\vec{R}\right)=0,\qquad m=1,2,\cdots \tag{1.1.25}$$

式(1.1.25)中，核运动波函数 $\Psi_m^{(n)}\left(\vec{R}\right)$ 不再与 $\Psi_k^{(n)}\left(\vec{R}\right)$ 耦合，从而将式(1.1.16)简化为可以独立求解的偏微分方程组. 式(1.1.14)中原子核的运动只与一个电子态有关，而式(1.1.25)中原子核的运动不是仅与一个电子态有关，而是与所有电子态均有关系，这从 $A_{mk}$ 的定义式(1.1.18)即可看出.

式(1.1.25)还可以进一步简化. 首先假定 $A_{kk}^{-1}$ 与 $A_{km}$ 可以交换，然后利用式(1.1.17)将 $A_{kk}$ 换作 $A_{mm}$，此时有

$$\begin{aligned}A_{mk}A_{kk}^{-1}A_{km}&=A_{mk}A_{km}A_{kk}^{-1}=A_{mk}A_{km}\left\{A_{mm}+U_k'\left(\vec{R}\right)-U_m'\left(\vec{R}\right)\right\}^{-1}\\&=A_{mk}A_{km}\left[U_k'\left(\vec{R}\right)-U_m'\left(\vec{R}\right)\right]^{-1}\left\{1+\frac{A_{mm}}{U_k'\left(\vec{R}\right)-U_m'\left(\vec{R}\right)}\right\}^{-1}\end{aligned} \tag{1.1.26}$$

由级数展开公式

$$(1+x)^{-1}=1-x+x^2-x^3+\cdots$$

近似到一次项，有

$$\left\{1+\frac{A_{mm}}{U_k'\left(\vec{R}\right)-U_m'\left(\vec{R}\right)}\right\}^{-1}=1-\frac{A_{mm}}{U_k'\left(\vec{R}\right)-U_m'\left(\vec{R}\right)}$$

代入式(1.1.26)，有

$$A_{mk}A_{kk}^{-1}A_{km}=\frac{A_{mk}A_{km}}{U_k'\left(\vec{R}\right)-U_m'\left(\vec{R}\right)}\left(1-\frac{A_{mm}}{U_k'\left(\vec{R}\right)-U_m'\left(\vec{R}\right)}\right) \tag{1.1.27}$$

将式(1.1.27)代入式(1.1.25)，注意到式(1.1.20)，可得

$$\left\{A_{mm}-\sum_{k(\neq m)}\left[\frac{A_{mk}A_{km}}{U_k'\left(\vec{R}\right)-U_m'\left(\vec{R}\right)}\right]\right\}\Psi_m^{(\mathrm{n})}\left(\vec{R}\right)=0 \tag{1.1.28}$$

忽略 $\left\langle\Psi_m^{(\mathrm{e})}(\vec{R},\vec{q})\middle|\hat{T}^{(\mathrm{n})}\middle|\Psi_m^{(\mathrm{e})}(\vec{R},\vec{q})\right\rangle$，式(1.1.28)可写为

$$\left\{\hat{T}^{(\mathrm{n})}+U_m^{(\mathrm{e})}\left(\vec{R}\right)-\sum_{k(\neq m)}\frac{A_{mk}A_{km}}{U_k^{(\mathrm{e})}-U_m^{(\mathrm{e})}}\right\}\Psi_m^{(\mathrm{n})}\left(\vec{R}\right)=E^{(\mathrm{t})}\Psi_m^{(\mathrm{n})}\left(\vec{R}\right) \tag{1.1.29}$$

与式(1.1.14)相比，式(1.1.29)中增加了一个求和项，这一项是对绝热近似的修正. 由式(1.1.29)可知，当 $m$ 态附近的电子态能级较为密集时，绝热近似效果较差. 同样可以知道，虽然式(1.1.29)的求和涉及 $m$ 态以外的所有电子态，但当用该式对绝热近似作校正时，只取 $m$ 态附近的几个能级即可，能量相差较大的态只起很小的修正作用.

下面对绝热和非绝热问题做简短说明. 首先，绝热和非绝热是热力学中常用的术语，用于表示体系与环境之间有无热量交换. 量子力学中，电子运动与热量交换没有关联，通常情况下，电子态的跃迁是通过吸收可见光实现的. 但是，我们仍然用绝热和非绝热来描述电子态是否发生跃迁，这是一种约定俗成的说法. 此外，在文献和书籍中经常会碰到两个词，即 nonadiabatic 和 diabatic，它们都被翻译为“非绝热的”，有时也把后者翻译为“透热的”. 这些翻译不能表达二者在概念上的区别. 事实上，nonadiabatic 是一个更一般性的概念，它泛指各种“非绝热”现象，而 diabatic 则是一个更为专业的术语，它指的是非绝热(透热)表象，即在非绝热情形下得到的运动状态和能级；与之对应的另一个词 adiabatic 则表示绝热表象. 有关问题将在 4.8 节(势能面相交规则)中做进一步讨论.

## 1.2　置换群及其不可约表示

为了更深入地了解多电子波函数的性质，需要利用置换群的一些概念. 此外，为了系统地建造满足自旋对称性的多电子波函数，需要利用置换群的不可约表示. 而且，从群论的观点看，任意 $N$ 阶有限群必同构于置换群 $D_N$ 的某个 $N$ 阶子群，因此了解置换群的结构对研究有限群具有重要意义. 基于以上原因，本节简要介绍置换群及其不可约表示.

### 1.2.1　群的定义

设 $G$ 是一个非空集合，$G=\{a,b,\cdots\}$，$a,b,\cdots$ 为 $G$ 的元素，在 $G$ 中定义一个运算，该运算以“·”表示，称为乘法. 若 $G$ 在所定义的乘法下满足下列条件：

(1) 封闭性. 对任意 $a,b\in G$，有唯一的 $c\in G$，使 $a\cdot b=c$.

(2) 结合律. 对任意 $a,b,c\in G$，有 $(a\cdot b)\cdot c=a\cdot(b\cdot c)$.

(3) 存在单位元素 $I\in G$，即对任意 $a\in G$，有 $I\cdot a=a\cdot I=a$.

(4) 存在逆元素，即对任意元素 $a\in G$，有 $a^{-1}\in G$，使 $a^{-1}\cdot a=a\cdot a^{-1}=I$.

则称 $G$ 为一个群. 如果群 $G$ 中的乘法还满足：

(5) 交换律. 对任意 $a,b\in G$，有 $a\cdot b=b\cdot a$.

则称 $G$ 为交换群或 Abel 群.

群的乘法运算符号“·”经常省略，如 $a\cdot b$ 写作 $ab$. 群的上述定义称为公理性定义. 注意：按定义，群的乘法运算是二元运算，如果没有结合律，则三元以上的运算没有意义，而有了

结合律就可以定义多元运算. 例如，$abc=(ab)c=a(bc)$. 因此，必须把满足结合律写入群的定义中. 这一原则在代数所研究的对象中是普遍成立的，如在线性空间的定义中也有这种情况.

### 1.2.2 置换群

设有 $N$ 个数字的序列 $1,2,3,\cdots,N$，这个序列共有 $N!$ 种排列方式，其中一种是按由小到大的方式排列的，称这种排列为自然排列. 用任一种排列方式(包括自然排列)代替自然排列，称为一个置换(permutation)，记作 $\hat{P}$.

$$\hat{P}=\begin{pmatrix}1 & 2 & \cdots & N\\ \alpha_1 & \alpha_2 & \cdots & \alpha_N\end{pmatrix} \tag{1.2.1}$$

其中，$\alpha_1\alpha_2\cdots\alpha_N$ 是 $1,2,\cdots,N$ 的任意一个排列(包括自然排列). 显然，共有 $N!$ 个排列，因而共有 $N!$ 个置换，其中包括自然排列本身的置换，即

$$\hat{P}=\begin{pmatrix}1 & 2 & \cdots & N\\ 1 & 2 & \cdots & N\end{pmatrix} \tag{1.2.2}$$

值得注意的是，一个置换最本质的特点是替代关系，式(1.2.1)表示数字 1 用 $\alpha_1$ 代替，2 用 $\alpha_2$ 代替，……，$N$ 用 $\alpha_N$ 代替. 将 $\hat{P}$ 中任意两列调换并不改变置换的本质，仍然代表同一个置换. 例如

$$\begin{pmatrix}1 & 2 & \cdots & N\\ \alpha_1 & \alpha_2 & \cdots & \alpha_N\end{pmatrix}=\begin{pmatrix}2 & 1 & \cdots & N\\ \alpha_2 & \alpha_1 & \cdots & \alpha_N\end{pmatrix}$$

两个置换的乘法定义为两个置换连续作用. 例如，对于 5 个数字的置换

$$\hat{P}_1=\begin{pmatrix}1 & 2 & 3 & 4 & 5\\ 4 & 5 & 1 & 3 & 2\end{pmatrix},\quad \hat{P}_2=\begin{pmatrix}1 & 2 & 3 & 4 & 5\\ 3 & 4 & 2 & 5 & 1\end{pmatrix}$$

定义乘积 $\hat{P}_2\hat{P}_1$ 为先进行 $\hat{P}_1$ 置换接着进行 $\hat{P}_2$ 置换，即有

$$\hat{P}_2\hat{P}_1=\begin{pmatrix}1 & 2 & 3 & 4 & 5\\ 3 & 4 & 2 & 5 & 1\end{pmatrix}\begin{pmatrix}1 & 2 & 3 & 4 & 5\\ 4 & 5 & 1 & 3 & 2\end{pmatrix}=\begin{pmatrix}4 & 5 & 1 & 3 & 2\\ 5 & 1 & 3 & 2 & 4\end{pmatrix}\begin{pmatrix}1 & 2 & 3 & 4 & 5\\ 4 & 5 & 1 & 3 & 2\end{pmatrix}=\begin{pmatrix}1 & 2 & 3 & 4 & 5\\ 5 & 1 & 3 & 2 & 4\end{pmatrix}$$

式中，$\hat{P}_1$ 把 1 变为 4，接着 $\hat{P}_2$ 把 4 变为 5，二者连续作用的结果是把 1 变为 5，同样可以得到其他数字的变换结果，最后得到乘积 $\hat{P}_2\hat{P}_1$. 由以上结果可以得出两个结论：

(1) 两个置换的乘积仍然是一个置换，即 $\hat{P}_2\hat{P}_1=\hat{P}_3$.

(2) $\hat{P}_2$ 与 $\hat{P}_1$ 的乘积可按下述方法得到：将 $\hat{P}_2$ 的列重新调整，使其第一行的序列与 $\hat{P}_1$ 第二行的序列相同，此时 $\hat{P}_1$ 的第一行和 $\hat{P}_2$ 的第二行组合起来就是 $\hat{P}_3$.

由上述乘法定义易知，式(1.2.2)定义的 $\hat{P}$ 就是单位元 $\hat{I}$，且对任一置换存在逆置换，事实上，对式(1.2.1)，取

$$\hat{P}^{-1}=\begin{pmatrix}\alpha_1 & \alpha_2 & \cdots & \alpha_N\\ 1 & 2 & \cdots & N\end{pmatrix}$$

有

$$\hat{P}\hat{P}^{-1}=\hat{P}^{-1}\hat{P}=\begin{pmatrix}\alpha_1 & \alpha_2 & \cdots & \alpha_N\\ 1 & 2 & \cdots & N\end{pmatrix}\begin{pmatrix}1 & 2 & \cdots & N\\ \alpha_1 & \alpha_2 & \cdots & \alpha_N\end{pmatrix}=\begin{pmatrix}1 & 2 & \cdots & N\\ 1 & 2 & \cdots & N\end{pmatrix}=\hat{I}$$

容易验证置换满足结合律，即

$$\left(\hat{P}_3\hat{P}_2\right)\hat{P}_1=\hat{P}_3\left(\hat{P}_2\hat{P}_1\right)$$

由以上所述各个性质可知，$N$ 个数字的置换的全体组成一个群，称为置换群，记作 $D_N$，每一置换 $\hat{P}$ 称为 $D_N$ 的一个元素，共有 $N!$ 个元素.

### 1.2.3　置换群的共轭类与置换的奇偶性

同所有有限群一样，置换群的元素即置换，可以分为若干类. 为了研究置换的分类，我们引入轮换的概念，进而讨论置换的轮换结构. 考察置换

$$\hat{P}=\begin{pmatrix}\alpha_1 & \alpha_2\cdots\alpha_{k-1} & \alpha_k & \alpha_{k+1} & \cdots & \alpha_N\\ \alpha_2 & \alpha_3\cdots\alpha_k & \alpha_1 & \alpha_{k+1} & \cdots & \alpha_N\end{pmatrix}$$

其特点是，第一行的前 $(k-1)$ 个数字依次由其后的一个数字替代，而第 $k$ 个数字 $\alpha_k$ 则由第一个数字 $\alpha_1$ 替代，其余的数字保持不动. 前 $k$ 个数字的轮流置换称为轮换，简记为

$$\left(\alpha_1\,\alpha_2\cdots\alpha_k\right)$$

它包含 $k$ 个数字，称其长度为 $k$. 采用这种记号后，上述置换 $\hat{P}$ 有如下两种写法：

$$\hat{P}=\left(\alpha_1\alpha_2\cdots\alpha_k\right)$$

$$\hat{P}=\left(\alpha_1\alpha_2\cdots\alpha_k\right)\left(\alpha_{k+1}\right)\cdots\left(\alpha_N\right)$$

第一种为简写，其中不包含 $\hat{P}$ 中保持不动的数字，第二种写法则包含 $\hat{P}$ 中保持不动的数字，保持不动的数字可以看成长度为 1 的轮换. 因此，任何一个置换都可以写成轮换的乘积. 把置换写成轮换的乘积将给我们的讨论带来极大方便.

不包含共同数字的两个轮换称为不相交轮换. 一般来说，两个轮换是不可交换的，但是两个不相交轮换作用于不同的数字，因而作用结果与它们作用的先后次序无关，这就是说两个不相交轮换是可以交换的. 例如，(135) 和 (24) 两个轮换可以交换.

一个置换总可以写成可交换(不相交)轮换的乘积，并且这种分解是唯一的. 例如

$$\hat{P}=\begin{pmatrix}1&2&3&4&5\\4&5&1&3&2\end{pmatrix}=\begin{pmatrix}1&4&3&2&5\\4&3&1&5&2\end{pmatrix}=(143)(25)$$

把一个置换分解为不相交轮换的乘积，并将因子按轮换长度排序，最长的轮换在最前面，如此得到的乘积可用一组数 $(\lambda_1,\lambda_2,\cdots,\lambda_k)$ 标记，其中 $\lambda_i$ 为第 $i$ 个轮换的长度. 数组 $(\lambda_1,\lambda_2,\cdots,\lambda_k)$ 称为一个置换的轮换结构，显然有

$$\lambda_1\geqslant\lambda_2\geqslant\cdots\geqslant\lambda_k>0\,,\quad \lambda_1+\lambda_2+\cdots+\lambda_k=N \tag{1.2.3}$$

如果两个置换具有一组相同的数字 $(\lambda_1,\lambda_2,\cdots,\lambda_k)$，则称二者具有相同的轮换结构.

设

$$\hat{P}=\begin{pmatrix}1 & 2\cdots & N\\ \alpha_1 & \alpha_2\cdots & \alpha_N\end{pmatrix},\quad \hat{\sigma}=\begin{pmatrix}1 & 2 & \cdots & N\\ i_1 & i_2 & \cdots & i_N\end{pmatrix}$$

则

$$\hat{\sigma}^{-1} = \begin{pmatrix} i_1 & i_2 & \cdots & i_N \\ 1 & 2 & \cdots & N \end{pmatrix}$$

称 $\hat{\sigma}\hat{P}\hat{\sigma}^{-1}$ 为 $\hat{P}$ 的共轭变换，并称 $\hat{P}'=\hat{\sigma}\hat{P}\hat{\sigma}^{-1}$ 为 $\hat{P}$ 的共轭. 若 $\hat{\sigma}$ 取遍置换群 $D_N$ 的每一个元素，则得到集合 $\left\{\hat{\sigma}\hat{P}\hat{\sigma}^{-1}, \hat{\sigma}\in G\right\}$，称该集合为置换群 $D_N$ 的一个共轭类. 显然有

$$\hat{P}' = \hat{\sigma}\hat{P}\hat{\sigma}^{-1} = \begin{pmatrix} 1 & 2 & \cdots & N \\ i_1 & i_2 & \cdots & i_N \end{pmatrix}\begin{pmatrix} 1 & 2 & \cdots & N \\ \alpha_1 & \alpha_2 & \cdots & \alpha_N \end{pmatrix}\begin{pmatrix} i_1 & i_2 & \cdots & i_N \\ 1 & 2 & \cdots & N \end{pmatrix}$$

$$= \begin{pmatrix} \alpha_1 & \alpha_2 & \cdots & \alpha_N \\ i_{\alpha_1} & i_{\alpha_2} & \cdots & i_{\alpha_N} \end{pmatrix}\begin{pmatrix} 1 & 2 & \cdots & N \\ \alpha_1 & \alpha_2 & \cdots & \alpha_N \end{pmatrix}\begin{pmatrix} i_1 & i_2 & \cdots & i_N \\ 1 & 2 & \cdots & N \end{pmatrix} = \begin{pmatrix} i_1 & i_2 & \cdots & i_N \\ i_{\alpha_1} & i_{\alpha_2} & \cdots & i_{\alpha_N} \end{pmatrix}$$

上式表明，用 $\hat{\sigma}$ 和 $\hat{\sigma}^{-1}$ 对 $\hat{P}$ 做共轭变换，所得的结果等价于将算符 $\hat{\sigma}$ 作用于 $\hat{P}$ 中的每一个数字，即把 $\hat{P}$ 的两行中的每一个数字分别按 $\hat{\sigma}$ 确定的替代关系做替代. 这就是说，对 $\hat{P}$ 的共轭变换可以通过对 $\hat{P}$ 的每一个数字作替代而得到. 如果把 $\hat{P}$ 写成轮换的乘积，则只需把轮换中的每一数字按 $\hat{\sigma}$ 确定的替代关系替代即可，因此置换的轮换结构在共轭变换下是不变的. 由此可知，在置换群中同一类元素具有相同的轮换结构，反之亦然. 简言之，轮换结构相同的置换属于同一个类.

下面进一步研究置换的奇偶性，为此需要引入对换的概念. 只包含两个数字的轮换 $(i,j)$ 称为对换. 任一轮换都可以分解为若干个对换的乘积. 例如

$$(143) = (14)(45)$$

一般来说，$(\alpha_1\alpha_2\cdots\alpha_k) = (\alpha_1\alpha_2)(\alpha_2\alpha_3)\cdots(\alpha_{k-1}\alpha_k)$.

任何一个置换都可分解为轮换的乘积，因此任一置换都可写为对换的乘积. 例如

$$\hat{P}_1 = (143)(25) = (14)(43)(25)$$

应当指出，这种分解不是唯一的，但是一个置换分解出的对换的数目的奇偶性是不变的. 例如

$$(14) = (21)(24)(21)$$

两边包含的对换的数目都是奇数. 一个置换分解出的对换的数目是奇数就称为奇置换，否则称为偶置换. 例如

$$\hat{P}_1 = (143)(25) = (14)(43)(25) = (21)(24)(21)(43)(25)$$

$$\hat{P}_2 = (143)(256) = (14)(43)(25)(56) = (21)(24)(21)(43)(25)(56)$$

$\hat{P}_1$ 为奇置换，$\hat{P}_2$ 为偶置换. 由逆置换的定义可知，置换和它的逆有相同的奇偶性.

### 1.2.4 Young 图和 Young 表

将整数 $N$ 分解为一组正整数 $(\lambda_1,\lambda_2,\cdots,\lambda_k)$ 之和，数组 $(\lambda_1,\lambda_2,\cdots,\lambda_k)$ 满足下述关系：

$$\lambda_1 \geqslant \lambda_2 \geqslant \cdots \geqslant \lambda_k > 0, \quad \lambda_1+\lambda_2+\cdots+\lambda_k = N \tag{1.2.4}$$

与式(1.2.3)比较可知，这里的数组 $(\lambda_1,\lambda_2,\cdots,\lambda_k)$ 与描述轮换结构的数组满足同样的关系. 因此，整数 $N$ 的每一种这样的分解代表置换群 $D_N$ 的一种轮换结构，即代表置换群的一个类，在这一类里，每一个置换都包含 $k$ 个轮换，第一个轮换的长度是 $\lambda_1$，第二个是 $\lambda_2$，……，第 $k$ 个是 $\lambda_k$. 整数 $N$ 的不同分解代表置换群的不同的类.

每一种分解 $\lambda=(\lambda_1,\lambda_2,\cdots,\lambda_k)$ 可以用一个图等价地表示，把 $N$ 个小方块排成 $k$ 行，第一行

有 $\lambda_1$ 个小方块，第二行有 $\lambda_2$ 个小方块，……，这样的图称为 Young 图. 例如，$N=4$ 时，其分解方式及相应的 Young 图如下：

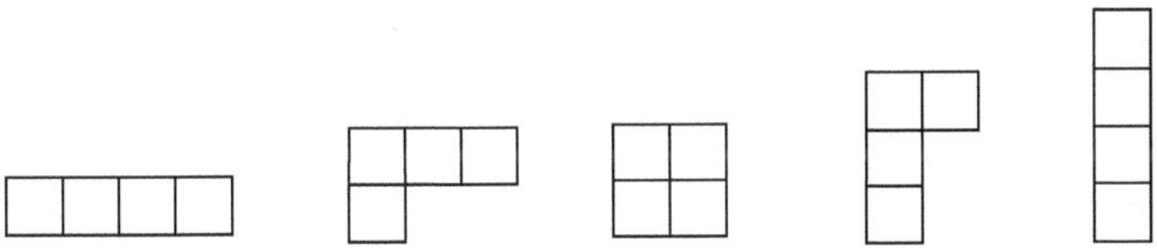

(4)　　(31)　　($2^2$)　　($21^2$)　　($1^4$)

其中幂指数代表同样长的轮换重复出现的次数，例如，$(2^2)=(2,2)$，$(1^4)=(1,1,1,1)$. $N=4$ 时共有五种不同的分解，即五个 Young 图.

把前 $N$ 个正整数填入 Young 图中就得到 Young 表. 如果 Young 表中的数字按如下规则排列：每一行中右面的数字总比左面的数字大，每一列中下面的数字总比上面的数字大，这样的 Young 表称为标准 Young 表. 以后我们提到的 Young 表指的是标准 Young 表. 例如，对于 $N=4$ 的分解方式(3,1)，对应的 Young 图为

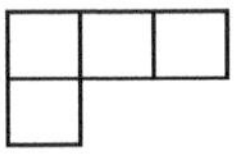

把四个数字填进去，便可得到 3 个标准 Young 表：

$$\begin{array}{|c|c|c|}\hline 1 & 3 & 4 \\ \hline 2 \\ \cline{1-1}\end{array} \qquad \begin{array}{|c|c|c|}\hline 1 & 2 & 4 \\ \hline 3 \\ \cline{1-1}\end{array} \qquad \begin{array}{|c|c|c|}\hline 1 & 2 & 3 \\ \hline 4 \\ \cline{1-1}\end{array}$$

我们用 $\Theta_\lambda^{(i)}$ 表示对应于 Young 图 $\lambda$ 的某一个标准 Young 表.

### 1.2.5　对称化算符和反对称化算符

置换群 $D_N$ 包含 $N!$ 个置换算符，将这些算符做特殊的线性组合可以得到对称化算符 $\hat{S}$ 和反对称化算符 $\hat{A}$

$$\hat{S} \equiv \frac{1}{N!}\sum_P \hat{P} \tag{1.2.5}$$

$$\hat{A} \equiv \frac{1}{N!}\sum_P \nu_P \hat{P} \tag{1.2.6}$$

其中求和遍及 $D_N$ 的所有 $N!$ 个元素，如果 $\hat{P}$ 为偶置换(有时也说 $\hat{P}$ 具有偶宇称)，则 $\nu_P=1$，如果 $\hat{P}$ 为奇置换(有时也说 $\hat{P}$ 具有奇宇称)，则 $\nu_P=-1$，这两个算符起着特别重要的作用. 利用群乘法的重排定理，容易证明它们具有以下重要性质：

$$\hat{P}\hat{S}=\hat{S}\,,\quad \hat{P}\hat{A}=\nu_P\hat{A} \tag{1.2.7}$$

$$\hat{S}^2=\hat{S}\,,\quad \hat{A}^2=\hat{A} \tag{1.2.8}$$

$$\hat{S}\hat{A}=\hat{A}\hat{S}=0 \tag{1.2.9}$$

其中，$\hat{P}$ 为任一置换. 式(1.2.7)表示算符 $\hat{S}$ 和 $\hat{A}$ 都是置换算符 $\hat{P}$ 的本征算符，本征值分别为 1 和 $\nu_P$. 式(1.2.8)表示算符 $\hat{S}$ 和 $\hat{A}$ 是幂等算符，式(1.2.9)表示算符 $\hat{S}$ 和 $\hat{A}$ 相互正交，因而它们是互补的. 这些性质表明，算符 $\hat{S}$ 和 $\hat{A}$ 都是投影算符. 此外，$\hat{S}$ 和 $\hat{A}$ 都是 Hermite 算符，为了证明这一点，先要证明置换算符 $\hat{P}$ 为酉算符.

酉算符的定义是，设有线性算符 $\hat{T}$，$\hat{T}$ 在复数空间对基函数进行线性变换，如果 $\hat{T}$ 将一组正交归一化的基函数变换为另一组正交归一化的基函数，则 $\hat{T}$ 为酉算符. 如果线性变换是在实数空间，则 $\hat{T}$ 为正交算符.

设 $\Psi(\vec{q}_1,\vec{q}_2,\cdots,\vec{q}_N)$ 为 $N$ 电子波函数，其中 $\vec{q}_i$ 为电子 $i$ 的坐标(包含空间和自旋坐标)，1.3 节中将证明，置换算符 $\hat{P}$ 有以下性质

$$\hat{P}\Psi = \nu_P\Psi \tag{1.2.10}$$

式中，$\nu_P$ 可取 1 或–1，依置换算符 $\hat{P}$ 的宇称而定. 再设 $\{\Psi_i, i=1,2,\cdots\}$ 为正交归一化的 $N$ 电子波函数完备集，即有

$$\langle\Psi_i|\Psi_j\rangle = \delta_{ij}$$

由式(1.2.10)，有

$$\langle P\Psi_i|P\Psi_j\rangle = \nu_P^2\langle\Psi_i|\Psi_j\rangle = \delta_{ij}$$

因此，置换算符 $\hat{P}$ 为酉算符.

对于算符 $\hat{T}$，其表示矩阵记作 $\boldsymbol{T}$，$\boldsymbol{T}$ 的逆矩阵记作 $\boldsymbol{T}^-$，将矩阵 $\boldsymbol{T}$ 转置并将矩阵元取复数共轭，得到的矩阵为 $\boldsymbol{T}$ 的转置共轭矩阵(也可简称共轭矩阵)，记作 $\boldsymbol{T}^+$. 酉算符的基本性质之一是，酉算符的逆算符与其转置共轭算符相等，即若 $\hat{T}$ 为酉算符，则必有

$$\boldsymbol{T}^+ = \boldsymbol{T}^- \tag{1.2.11}$$

我们已证明置换算符 $\hat{P}$ 为酉算符，故由式(1.2.11)有

$$\hat{P}^+ = \hat{P}^- \tag{1.2.12}$$

利用式(1.2.12)，并注意到 $\hat{P}^{-1}$ 和 $\hat{P}$ 有相同的奇偶性，有

$$\hat{A}^+ = \frac{1}{N!}\sum_P \nu_P\hat{P}^+ = \frac{1}{N!}\sum_P \nu_P\hat{P}^{-1} = \frac{1}{N!}\sum_P \nu_{P^{-1}}\hat{P}^{-1} = \hat{A} \tag{1.2.13}$$

这里利用转置共轭运算的如下性质

$$\left(\hat{T}_1+\hat{T}_2+\cdots\right)^+ = \hat{T}_1^+ + \hat{T}_2^+ + \cdots$$

同样可以证明

$$\hat{S}^+ = \hat{S} \tag{1.2.14}$$

如果一个矩阵与其转置共轭矩阵相等，则该矩阵为 Hermite 矩阵，相应的算符为 Hermite 算符. 由式(1.2.13)和式(1.2.14)可知，$\hat{A}$ 和 $\hat{S}$ 都是 Hermite 算符.

需要说明的是，算符 $\hat{T}$ 的转置共轭有多种表示方法，较为常用的有 $\hat{T}^+$、$\hat{T}^{\mathrm{H}}$、$\hat{T}^\dagger$ 等，本书采用符号 $\hat{T}^+$. 如果 $\hat{T}=\hat{T}^+$，则 $\hat{T}$ 为 Hermite 算符. Hermite 算符还有其他称谓，如自(共)轭(self conjugate)算符、自伴(随)(self adjoint)算符等.

### 1.2.6 Young 算符

先举一个简单例子，五个数字的 Young 表

| | | |
|---|---|---|
| 1 | 2 | 4 |
| 3 | 5 | |

由两行三列组成，第一行有三个数字 1,2,4，仅这三个数字彼此间进行替换而保持其他数字不变的置换组成一个子群 $D_3$，$D_3$ 包含下列置换：

$$\left\{\hat{I},(12),(14),(24),(124),(142)\right\}$$

其中，$\hat{I}$ 为单位置换. 一般地，我们用 $D_{\lambda_1}$ 代表这个子群，$\lambda_1$ 是相应 Young 表中第一行的数字个数. 对于这个群，可以定义对称化算符和反对称化算符

$$\hat{S}_{\lambda_1} \equiv \frac{1}{\lambda_1!}\sum \hat{P}_{\lambda_1}, \quad \hat{A}_{\lambda_1} \equiv \frac{1}{\lambda_1!}\sum \nu_{P_{\lambda_1}} \hat{P}_{\lambda_1}$$

其中，求和遍及 $D_{\lambda_1}$ 包含的所有元素 $\hat{P}_{\lambda_1}$.

类似地，第二行仅包含两个数字 3、5，可以组成子群 $D_{\lambda_2}=\left\{1,(35)\right\}$，相应的对称化算符和反对称化算符为

$$\hat{S}_{\lambda_2} \equiv \frac{1}{\lambda_2!}\sum \hat{P}_{\lambda_2}, \quad \hat{A}_{\lambda_2} \equiv \frac{1}{\lambda_2!}\sum \nu_{P_{\lambda_2}} \hat{P}_{\lambda_2}$$

由此，我们定义算符

$$\hat{S}_{\lambda} = \hat{S}_{\lambda_1} \otimes \hat{S}_{\lambda_2} \equiv \frac{1}{\lambda_1!\lambda_2!}\sum \hat{P}_{\lambda}, \quad \hat{A}_{\lambda} = \hat{A}_{\lambda_1} \otimes \hat{A}_{\lambda_2} \equiv \frac{1}{\lambda_1!\lambda_2!}\sum \nu_{P_{\lambda}} \hat{P}_{\lambda}$$

其中，$\hat{P}_{\lambda}$ 代表群 $D_{\lambda_1}$ 和 $D_{\lambda_2}$ 直积中的一个元素，求和遍及直积群 $D_{\lambda_1}\otimes D_{\lambda_2}$ 的所有元素. 在这个直积群包含的置换的作用下，Young 表每一行内包含的数字仅在该行内变动.

一般来说，对于 $N$ 个方格的 Young 图 $\lambda=(\lambda_1,\lambda_2,\cdots,\lambda_k)$，设某个 Young 表 $\Theta_{\lambda}^{(i)}$，第一行有确定的 $\lambda_1$ 个数字构成置换群 $D_N$ 的子群 $D_{\lambda_1}$，第二行的数字构成子群 $D_{\lambda_2}$,……，第 $k$ 行的数字构成子群 $D_{\lambda_k}$. 这些子群的直积

$$D_{\lambda} = D_{\lambda_1} \otimes D_{\lambda_2} \otimes \cdots \otimes D_{\lambda_k}$$

也是置换群 $D_N$ 的一个子群. 推广前面的结果，对于 Young 表 $\Theta_{\lambda}^{(i)}$，可定义算符

$$\hat{S}_{\lambda}^{(i)} = \frac{1}{\lambda_1!\lambda_2!\cdots\lambda_k!}\sum \hat{P}_{\lambda}, \quad \hat{A}_{\lambda}^{(i)} = \frac{1}{\lambda_1!\lambda_2!\cdots\lambda_k!}\sum \nu_{P_{\lambda}} \hat{P}_{\lambda}$$

其中，求和遍及 $D_{\lambda}$ 的所有元素. 在 $D_{\lambda}$ 所包含的置换的作用下，Young 表 $\Theta_{\lambda}^{(i)}$ 每一行所包含的数字仅在该行内变动.

同样地，我们可以从 Young 表 $\Theta_{\lambda}^{(i)}$ 的列定义类似的算符

$$\hat{\tilde{S}}_{\lambda}^{(i)} = \frac{1}{\tilde{\lambda}_1!\tilde{\lambda}_2!\cdots\tilde{\lambda}_k!}\sum \hat{P}_{\tilde{\lambda}}, \quad \hat{\tilde{A}}_{\lambda}^{(i)} = \frac{1}{\tilde{\lambda}_1!\tilde{\lambda}_2!\cdots\tilde{\lambda}_k!}\sum \nu_{P_{\tilde{\lambda}}} \hat{P}_{\tilde{\lambda}}$$

其中，$\tilde{\lambda}=(\tilde{\lambda}_1,\tilde{\lambda}_2,\cdots,\tilde{\lambda}_k)$ 代表 $\lambda=(\lambda_1,\lambda_2,\cdots,\lambda_k)$ 的共轭分解，共轭是将 Young 图或 Young 表的行和列交换，所以 Young 表 $\tilde{\Theta}_{\lambda}^{(i)}$ 的第 $j$ 行恰是 Young 表 $\Theta_{\lambda}^{(i)}$ 的第 $j$ 列.

对于 Young 表 $\Theta_{\lambda}^{(i)}$，定义 Young 算符

$$\hat{Y}_{\lambda}^{(i)} = \hat{\tilde{A}}_{\lambda}^{(i)} \hat{S}_{\lambda}^{(i)} \tag{1.2.15}$$

它作用在 Young 表 $\Theta_{\lambda}^{(i)}$ 上时，是将其每一行全对称化，并将每一列全反对称化. 易于看出，算符(1.2.5)和算符(1.2.6)只不过是算符(1.2.15)的特例，它们分别是全对称表示和全反对称表示的 Young 算符.

### 1.2.7 置换群的不可约表示

由以上讨论可知，置换群 $D_N$ 的一个类具有同一种轮换结构，这种轮换结构对应着正整数 $N$ 的一种分解方式 $\lambda=(\lambda_1,\lambda_2,\cdots,\lambda_k)$，它可以用一个 Young 图来表示. 于是，可以由 Young 图得到关于置换群不可约表示的一些重要结果.

首先，根据群表示理论，群的共轭类的个数等于群的不可约表示的个数. 既然一个 Young 图代表群的一个共轭类，因此对于确定的正整数 $N$，所有可能画出的 Young 图的数目就是置换群 $D_N$ 的不可约表示的数目. 简言之，一个 Young 图对应着置换群的一个不可约表示. 例如，对于 $D_4$，可以画出 4 个不同的 Young 图，因而 $D_4$ 有 4 个不同的不可约表示. 其次，可以证明，每一个 Young 图所代表的不可约表示的维数恰好等于由这个 Young 图所能填出的标准 Young 表的数目. 例如，前面已指出，Young 图

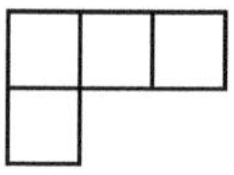

有 3 个标准 Young 表，因而它所代表的不可约表示是三维的. 最后，由每一个标准 Young 表 $\Theta_\lambda^{(i)}$ 可以按式(1.2.15)建造一个 Young 算符 $\hat{Y}_\lambda^{(i)}$，以后将会看到，由 $\hat{Y}_\lambda^{(i)}$ 可以建造与 Young 表 $\Theta_\lambda^{(i)}$ 对应的不可约表示的一个基函数，从而可以得到置换群 $D_N$ 的每一不可约表示的全部基函数.

## 1.3 Pauli 不相容原理

式(1.1.5)是 Born-Oppenheimer 近似下原子、分子体系中电子运动的定态 Schrödinger 方程，为了方便，将式(1.1.5)改写为

$$\hat{H}\Psi=E\Psi \tag{1.3.1}$$

式中

$$\hat{H}=\sum_i -\frac{1}{2}\nabla_i^2-\sum_{a,i}\frac{Z_a}{r_{ai}}+\sum_{i<j}\frac{1}{r_{ij}}+\sum_{a<b}\frac{Z_aZ_b}{R_{ab}}=\sum_i \hat{h}_i+\sum_{i<j}g_{ij}+\sum_{a<b}\frac{Z_aZ_b}{R_{ab}} \tag{1.3.2}$$

其中

$$\hat{h}_i=-\frac{1}{2}\nabla_i^2-\sum_a\frac{Z_a}{r_{ai}} \qquad g_{ij}=\frac{1}{r_{ij}} \tag{1.3.3}$$

与式(1.1.5)不同的是，这里去掉了标记电子的符号(e)，并把式(1.1.5)中的 $U^{(\mathrm{e})}(\vec{R})$ 写作 $E$. $E$ 和 $U^{(\mathrm{e})}(\vec{R})$ 的含义完全相同，它是电子运动的能量，并且仍然是核坐标集合 $\{\vec{R}\}$ 的函数，仅仅为了简化符号，才不明显地写出核坐标. $\hat{h}_i$ 称为单电子算符，因为它仅与一个电子($i$ 电子)的坐标有关. $g_{ij}$ 称为电子排斥算符，它是双电子算符，因为它与两个电子($i$ 和 $j$ 电子)的坐标有关. 引入记号 $g_{ij}$ 仅仅是为了书写方便.

式(1.3.1)中的波函数就是本章将要讨论的多电子波函数，本节首先讨论多电子波函数的反对称性. 由于这种反对称性来自全同粒子的置换对称性，因此必须对全同粒子的置换对称性有较为深入的理解.

### 1.3.1　全同粒子体系与置换对称性

微观粒子自身固有的性质称为内禀性质，如电子的质量、电荷、自旋等是电子的内禀性质，而电子的坐标和动量等则不是内禀性质. 内禀性质完全相同的粒子称为全同粒子，电子就是全同粒子.

我们的基本假定是：全同粒子内禀性质的差别是观测不到的. 这个基本假定也常常被说成：全同粒子是不可分辨的.

根据物理学的基本原理，某种基本物理量不可观测意味着物理体系存在着某种对称性. 如果人们原来认为不可观测的物理量后来被实践证明可以观测了，则相应的对称性也就被破坏了. 根据我们的基本假定，全同粒子内禀性质的差别是不可观测(观测不到)的，因此全同粒子体系必定存在着某种对称性. 我们现在研究这种对称性.

假定用 $N$ 个数字 $1,2,\cdots,N$ 对 $N$ 个全同粒子进行编号，然后用同样的 $N$ 个数字对这些粒子重新编号，从置换群的观点看，重新编号相当于对 $N$ 个数字的排列做一次置换. 由于全同粒子是不可分辨的，重新编号不会发生任何可观测的后果，这意味着全同粒子体系存在着置换对称性. 这种置换对称性要求体系的任何可观测物理量应当是体系中包含的 $N$ 个粒子坐标 $\{\vec{q}_i, i=1,2,\cdots,N\}$ 的对称函数，其中 $\vec{q}_i$ 为第 $i$ 个粒子的坐标(包括空间坐标和自旋坐标). 特殊地，体系的 Hamilton 量应当是坐标集合 $\{\vec{q}_i, i=1,2,\cdots,N\}$ 的对称函数. 也就是说，当对坐标集合 $\{\vec{q}_i, i=1,2,\cdots,N\}$ 做任何置换或者以任何方式将它们重新编号时，Hamilton 量应当保持不变，不管有什么微扰作用在这一体系上，这个条件一定要满足. 另外，对于状态波函数 $\Psi\left(\vec{q}_1,\cdots,\vec{q}_i,\cdots,\vec{q}_j,\cdots,\vec{q}_N\right)$ 而言，置换对称性要求：当用置换群 $D_N$ 中的任一元素对波函数中的坐标做置换或者以任何方式将它们重新编号时，除了相因子外，波函数不应该发生任何变化.

由于任何置换都可以写成对换的乘积，因此只需讨论对换算符 $\hat{P}_{ij}$ 对物理量或波函数的作用，这里 $\hat{P}_{ij}=(i,j)$，表示将 $i$ 粒子和 $j$ 粒子的坐标交换，或者把 $i$ 粒子重新标记为 $j$，而把 $j$ 粒子重新标记为 $i$.

这里涉及 $\hat{P}_{ij}$ 对波函数和物理量算符的变换，为了下文讨论方便，我们简单介绍这两种变换之间的关系. 一般地，设有基函数组 $\{x_i, i=1,2,\cdots\}$，以线性算符 $\hat{B}$ 作用于该组基函数得到一组新的函数 $\{y_i, i=1,2,\cdots\}$，即有 $(y_1,y_2,\cdots,y_n)=\hat{B}(x_1,x_2,\cdots,x_n)=\left(\hat{B}x_1,\hat{B}x_2,\cdots,\hat{B}x_n\right)$，简记作 $y_i=\hat{B}x_i$. 假定对两组函数 $\{x_i, i=1,2,\cdots\}$ 和 $\{y_i, i=1,2,\cdots\}$ 做同一线性变换 $\hat{Q}$，得到两组新函数，记作

$$(X_1,X_2,\cdots,X_n)=\hat{Q}(x_1,x_2,\cdots,x_n)=\left(\hat{Q}x_1,\hat{Q}x_2,\cdots,\hat{Q}x_n\right)$$

$$(Y_1,Y_2,\cdots,Y_n)=\hat{Q}(y_1,y_2,\cdots,y_n)=\left(\hat{Q}y_1,\hat{Q}y_2,\cdots,\hat{Q}y_n\right)$$

即有 $X_i=\hat{Q}x_i$，$Y_i=\hat{Q}y_i$. 假定两组新函数 $(X_1,X_2,\cdots,X_n)$ 和 $(Y_1,Y_2,\cdots,Y_n)$ 之间通过线性算符 $\hat{D}$ 相联系，即令 $(Y_1,Y_2,\cdots,Y_n)=\hat{D}(X_1,X_2,\cdots,X_n)=\left(\hat{D}X_1,\hat{D}X_2,\cdots,\hat{D}X_n\right)$，简记作 $Y_i=\hat{D}X_i$，则 $\hat{B}$ 和 $\hat{D}$ 之间有如下变换关系：

$$\hat{D}=\hat{Q}\hat{B}\hat{Q}^{-1} \qquad \hat{B}=\hat{Q}^{-1}\hat{D}\hat{Q} \tag{1.3.4}$$

证明如下：由 $X_i=\hat{Q}x_i$，有 $x_i=\hat{Q}^{-1}X_i$，于是有

$$Y_i = \hat{Q}y_i = \hat{Q}\hat{B}x_i = \hat{Q}\hat{B}\hat{Q}^{-1}X_i = \hat{D}X_i$$

故有

$$\hat{D} = \hat{Q}\hat{B}\hat{Q}^{-1} \qquad \hat{B} = \hat{Q}^{-1}\hat{D}\hat{Q}$$

式(1.3.4)得证. 称式(1.3.4)的变换为相似变换(similarity transformation), 变换的表示矩阵 **B** 与 **D** 互为相似矩阵. 简言之，若对函数做线性变换，则对算符应做相似变换，如果线性变换 $\hat{Q}$ 为酉变换，则相应的相似变换也称为酉变换，因此酉变换是相似变换的特例.

### 1.3.2　Pauli 不相容原理的第一种表述

根据以上讨论，用对换算符 $\hat{P}_{ij}$ 对全同粒子体系的状态函数和力学量算符做变换时，力学量算符应按式(1.3.4)变换. 由于全同粒子体系的 Hamilton 算符 $\hat{H}(\vec{q}_1,\vec{q}_2,\cdots,\vec{q}_N)$ 在对换算符作用下保持不变，故有

$$\hat{P}_{ij}\hat{H}\left(\cdots,\vec{q}_i,\cdots,\vec{q}_j,\cdots\right)\hat{P}_{ij}^{-1} = \hat{H}\left(\cdots,\vec{q}_i,\cdots,\vec{q}_j,\cdots\right) \tag{1.3.5}$$

或写为

$$\hat{P}_{ij}\hat{H} = \hat{H}\hat{P}_{ij} \tag{1.3.6}$$

这表明 $\hat{P}_{ij}$ 与 Hamilton 量对易. 例如，式(1.3.2)表示的 Hamilton 量就满足式(1.3.6). 必须强调指出，满足式(1.3.6)的 Hamilton 量不限于式(1.3.2)，它涵盖更一般的 Hamilton 量，其中可能包含各种微扰项(含时与不含时). 如前所述，不论 Hamilton 量的具体形式如何，式(1.3.6)都应该满足. 更一般地，对于任意置换 $\hat{P}$，都有

$$\hat{P}\hat{H}\hat{P}^{-1} = \hat{H} \qquad \hat{P}\hat{H} = \hat{H}\hat{P} \tag{1.3.7}$$

再来看波函数. 用对换算符 $\hat{P}_{ij}$ 对全同粒子体系的波函数做变换时，所得波函数应与原波函数描述同一状态，因而所得波函数与原波函数最多只能差一个相因子，于是有

$$\hat{P}_{ij}\Psi\left(\cdots,\vec{q}_i,\cdots,\vec{q}_j,\cdots\right) = \Psi\left(\cdots,\vec{q}_j,\cdots,\vec{q}_i,\cdots\right) \tag{1.3.8}$$

和

$$\hat{P}_{ij}\Psi\left(\cdots,\vec{q}_i,\cdots,\vec{q}_j,\cdots\right) = \Psi\left(\cdots,\vec{q}_j,\cdots,\vec{q}_i,\cdots\right) = \lambda\Psi\left(\cdots,\vec{q}_i,\cdots,\vec{q}_j,\cdots\right) \tag{1.3.9}$$

式(1.3.9)表示 $\hat{P}_{ij}\Psi$ 与 $\Psi$ 只能差一个相因子. 另外，也可以把式(1.3.9)看作算符 $\hat{P}_{ij}$ 的本征方程，本征函数为 $\Psi$，本征值为 $\lambda$. 再用 $\hat{P}_{ij}$ 分别作用于式(1.3.8)和式(1.3.9)两边，由于对 $i$ 和 $j$ 做两次交换等于不交换，故由式(1.3.8)得

$$\hat{P}_{ij}^2\Psi\left(\cdots,\vec{q}_i,\cdots,\vec{q}_j,\cdots\right) = \Psi\left(\cdots,\vec{q}_i,\cdots,\vec{q}_j,\cdots\right) \tag{1.3.10}$$

由式(1.3.9)得

$$\hat{P}_{ij}^2\Psi\left(\cdots,\vec{q}_i,\cdots,\vec{q}_j,\cdots\right) = \lambda\hat{P}_{ij}\Psi\left(\cdots,\vec{q}_i,\cdots,\vec{q}_j,\cdots\right) = \lambda^2\Psi\left(\cdots,\vec{q}_i,\cdots,\vec{q}_j,\cdots\right) \tag{1.3.11}$$

比较式(1.3.10)和式(1.3.11)，有

$$\Psi\left(\cdots,\vec{q}_i,\cdots,\vec{q}_j,\cdots\right) = \lambda^2\Psi\left(\cdots,\vec{q}_i,\cdots,\vec{q}_j,\cdots\right) \tag{1.3.12}$$

于是有

$$\lambda^2 = 1 \qquad \lambda = \pm 1 \tag{1.3.13}$$

即 $\hat{P}_{ij}$ 的本征值 $\lambda = \pm 1$. 当 $\lambda = 1$ 时

$$\hat{P}_{ij}\Psi\left(\cdots,\vec{q}_i,\cdots,\vec{q}_j,\cdots\right)=\Psi\left(\cdots,\vec{q}_j,\cdots,\vec{q}_i,\cdots\right)=\Psi\left(\cdots,\vec{q}_i,\cdots,\vec{q}_j,\cdots\right) \tag{1.3.14}$$

这样的状态称为对称态，相应的波函数称为对称波函数. 当 $\lambda = -1$ 时

$$\hat{P}_{ij}\Psi\left(\cdots,\vec{q}_i,\cdots,\vec{q}_j,\cdots\right)=\Psi\left(\cdots,\vec{q}_j,\cdots,\vec{q}_i,\cdots\right)=-\Psi\left(\cdots,\vec{q}_i,\cdots,\vec{q}_j,\cdots\right) \tag{1.3.15}$$

这样的状态称为反对称态，相应的波函数称为反对称波函数. 由于 $\hat{P}_{ij}$ 与 Hamilton 量 $\hat{H}$ 对易，因此其本征值 $\lambda$ 不随时间而变化，即开始时为对称态的体系总保持为对称态，开始时为反对称态的体系总保持为反对称态，即体系状态的置换对称性是守恒的. 由于 Hamilton 算符 $\hat{H}$ 中包含任何微扰项都不破坏 $\hat{P}_{ij}$ 与 $\hat{H}$ 的对易关系[即式(1.3.6)总成立]，因此置换对称性的守恒是严格的. 这样，置换对称性就成为全同粒子体系状态的一个基本属性.

实验证明，自然界中具有半奇整数自旋的粒子体系只能处于反对称态. 这类粒子的行为遵从 Fermi 统计，因而称为 Fermi 子. 具有整数自旋的粒子体系只能处于对称态，这类粒子的行为遵从 Bose 统计，因而称为 Bose 子. 电子和质子(二者自旋均为 1/2)是 Fermi 子，而光子(自旋为 1)是 Bose 子.

于是，我们可以得出如下结论：多电子体系的总状态波函数一定是反对称的. 这称为反对称原理，是 Pauli 不相容原理的第一种表述，这种表述是对 $N$ 电子波函数(总状态波函数)的对称性做出的结论.

必须指出，式(1.3.15)中的算符为对换算符，它是一个奇置换. 一般的置换算符分为偶置换和奇置换两种，依其分解出的对换个数而定. 这样，一般置换算符作用于 Fermi 子的状态函数时有

$$\hat{P}\Psi = \nu_P\Psi \tag{1.3.16}$$

式中，$\nu_P$ 为 $\hat{P}$ 的宇称，当 $\hat{P}$ 为偶置换时 $\nu_P = 1$，当 $\hat{P}$ 为奇置换时，$\nu_P = -1$. 因此，不要误认为任何置换算符作用于电子波函数 $\Psi$ 时，其本征值都是−1. 我们已在 1.2 节中利用了这一结果[见式(1.2.10)].

设 $\Phi$ 为包含 $N$ 个电子坐标的品优函数，但它不一定是置换算符的本征函数，即它不一定具有置换对称性. 用反对称化算符 $\hat{A}$ [见式(1.2.6)]作用于 $\Phi$ 将得到一个新函数，记作 $\Psi$，即

$$\Psi = \hat{A}\Phi \tag{1.3.17}$$

用置换算符 $\hat{P}$ 作用于式(1.3.17)两边，利用式(1.2.7)的第二式，有

$$\hat{P}\Psi = \hat{P}\hat{A}\Phi = \nu_P\hat{A}\Phi = \nu_P\Psi \tag{1.3.18}$$

这表示，$\Psi$ 是置换算符 $\hat{P}$ 的本征函数，满足式(1.3.16)的反对称要求. 因此，从一个一般的 $N$ 电子品优函数出发，用反对称化算符 $\hat{A}$ 作用(又称投影)，可以得到满足反对称要求的 $N$ 电子波函数.

$N$ 电子体系的含时 Schrödinger 方程为

$$\mathrm{i}\frac{\partial \Psi}{\partial t} = \hat{H}\Psi \tag{1.3.19}$$

用置换算符作用于式(1.3.19)两边，注意到置换算符仅作用于粒子的坐标，与时间无关，因此

它与对时间求导的运算对易，于是有

$$\mathrm{i}\frac{\partial \hat{P}\Psi}{\partial t}=\hat{P}\hat{H}\hat{P}^{-1}\hat{P}\Psi \tag{1.3.20}$$

式中，$\hat{P}^{-1}\hat{P}$ 是我们插入的单位算符. 利用式(1.3.7)和式(1.3.16)，有

$$\nu_P \mathrm{i}\frac{\partial \Psi}{\partial t}=\nu_P\hat{H}\Psi \tag{1.3.21}$$

消去方程两边的 $\nu_P$，则式(1.3.21)还原为式(1.3.19). 这表明，Schrödinger 方程具有置换群对称性.

本节中，我们把“全同粒子内禀性质的差别是观测不到的”作为一个基本假定，由此出发建立理论框架. 按照这种框架，Pauli 原理只不过是这一基本假定的推论. 这样处理有利于更好地理解 Pauli 原理的深刻内含，并使其变为“可以证伪的”. 例如，室温下原子处于基态，同种原子也是全同粒子，因而是不可分辨的. 但在光照或加热到百万度($10^6$K~10eV) 以上时，原子有可观的激发概率，不同原子可以处于不同的激发态，从而失去全同性. 在室温下分子的转动和振动态就可以激发，两个分子处于同一量子态的概率很小，因此同种分子不是全同粒子. 同样，如果实验发现电子是可以分辨的，因而电子体系不再是全同粒子体系，那时 Pauli 原理也就不成立了. 有关讨论可参看文献[1].

### 1.3.3 Pauli 不相容原理的第二种表述：单电子近似与 Slater 行列式

本节用微扰法求解 $N$ 电子原子、分子体系的定态 Schrödinger 方程(1.3.1)，为此将 Hamilton 算符 $\hat{H}$ 写作

$$\hat{H}=\hat{H}_0+\hat{H}' \tag{1.3.22}$$

式中

$$\hat{H}_0=\sum_{i=1}^{N}\hat{h}_i' \tag{1.3.23}$$

$$\hat{h}_i'=-\frac{1}{2}\nabla^2+v_i(\vec{r}) \tag{1.3.24}$$

其中，$\vec{r}=(r,\theta,\phi)$ 为一个电子的空间坐标，$\hat{h}_i'$ 只与一个电子坐标有关，因而是单粒子算符，此外，$\hat{h}_i'$ 仅依赖于单粒子势函数 $v_i(\vec{r})$，而与具体哪一个电子无关，这是全同粒子的不可分辨性所要求的. 式(1.3.23)中包含 $N$ 个单粒子算符，每个单粒子算符都对应一个电子，因此式(1.3.23)也可看成对 $N$ 个电子的求和.

在 Born-Oppenheimer 近似下，核间排斥能为常数，暂时可不予考虑，于是有

$$\hat{H}'=\hat{H}-\hat{H}_0=\sum_i\left\{-\sum_a\frac{Z_a}{r_{ai}}-v_i(\vec{r})\right\}+\sum_{i<j}g_{ij} \tag{1.3.25}$$

用微扰法求解方程(1.3.1)，应当满足以下两个条件. 一是微扰算符 $\hat{H}'$ 要足够小，使得 $\hat{H}'$ 能够作为微扰项来处理. 为了满足该条件，一般不能把算符 $\hat{h}_i'$ 直接选作式(1.3.3)中的 $\hat{h}_i$，因为在 $\hat{h}_i$ 中不包含任何电子排斥作用. 我们希望在 $\hat{h}_i'$ 中不仅包含 $\hat{h}_i$ 的所有项，而且部分包含电子间的排斥作用，即在 $\hat{h}_i'$ 的势函数 $v_i(\vec{r})$ 中既包含所有核对某电子的吸引作用，又部分包含其他电子

对该电子的排斥作用，这样做能够使得 $\hat{H}_0$ 与 $\hat{H}$ 足够接近，从而使得 $\hat{H}'$ 足够小. 二是，算符 $\hat{H}_0$ 的本征方程

$$\hat{H}_0\Phi = E^{(0)}\Phi \tag{1.3.26}$$

可以求解，其中 $E^{(0)}$ 是式(1.3.1)中 $E$ 的零级近似(这里，我们用 $\Phi$ 表示 $\hat{H}_0$ 的本征函数，而用 $\Psi$ 表示 $\hat{H}$ 的本征函数). 由于 $\hat{H}_0$ 是单电子算符 $\hat{h}_i'$ 的直和[式(1.3.23)]，因此式(1.3.26)可以分离变量，得到一组单电子运动方程

$$\hat{h}_i'(\vec{r})\varphi_i(\vec{r}) = \left\{-\frac{1}{2}\nabla^2 + v_i(\vec{r})\right\}\varphi_i(\vec{r}) = \varepsilon_i\varphi_i(\vec{r}),\quad i = 1,2,\cdots \tag{1.3.27}$$

式中，$\varphi_i$ 为单电子波函数；$\varepsilon_i$ 为单电子态的能级. 由于 $\hat{h}_i'$ 依赖于单电子势函数 $v_i(\vec{r})$，因此 $\varphi_i$ 也依赖于单电子势函数 $v_i(\vec{r})$. 这样，式(1.3.26)的求解问题转化为式(1.3.27)的求解问题. 我们假定 $\hat{h}_i'$ 为 Hermite 算符，暂时不考虑如何确定 $\hat{h}_i'$ 的势函数 $v_i(\vec{r})$ 的具体表达式，而假定它是可以得到的，并假定式(1.3.27)可以求解，得到 $\hat{h}_i'$, $i = 1,2,\cdots,N$ 的本征函数集合和本征值谱为

$$\{\varphi_i(\vec{r}),\quad i = 1,2,\cdots\} \tag{1.3.28}$$

$$\{\varepsilon_i,\quad i = 1,2,\cdots\} \tag{1.3.29}$$

事实上，第 2 章将要介绍的 Hartree-Fock 方程就是式(1.3.27)的一个具体实现，因此该方程可以求解的假定是成立的. 单电子波函数 $\varphi_i(\vec{r})$ 又称轨道，指标 $i$ 既作为 $\varphi_i$ 的编号，也用来标记 $\varphi_i$ 的量子数组. 在以下的讨论中我们约定，以 $\varphi_i(\vec{r})$ 表示空间轨道，而以 $\phi_i(\vec{q}) = \varphi_i(\vec{r})\sigma(\sigma = \alpha, \beta)$ 表示自旋轨道，$\phi$ 和 $\varphi$ 是同一个希腊文字母的两种字体. 由于 $\hat{h}_i'$ 是 Hermite 算符，因此它的本征函数集合(1.3.28)是单电子空间中的完备系. 又由于 $\hat{H}_0$ 是 $\hat{h}_i'$ 的直和，因此 $\hat{H}_0$ 的本征值[见式(1.3.26)]为

$$E^{(0)} = \sum_i^N \varepsilon_i \tag{1.3.30}$$

$\hat{H}_0$ 的本征函数 $\Phi$ 应该是式(1.3.28)中 $N$ 个单电子波函数(自旋轨道)的直接乘积(简称直积)，我们暂时把这种直积记作

$$Q_{i_1 i_2\cdots i_N} = \prod_{i_k}\phi_{i_k}(k) = \phi_{i_1}(1)\phi_{i_2}(2)\cdots\phi_{i_N}(N) \tag{1.3.31}$$

式中，为了简化记号，以 $(i)$ 代替 $(\vec{q}_i)$，即以 $(i)$ 标记第 $i$ 电子的空间坐标和自旋坐标. 以下章节中，这种记号将经常被采用，故在此一并说明. 以后，如果遇到对 $(i)$ 做积分则表示对空间坐标 $\vec{r}_i$ 积分并对自旋求和；而对于空间函数 $\varphi(i)$，$(i)$ 仅标记第 $i$ 个电子的空间坐标，相应的积分也仅对空间坐标进行. 不难发现，式(1.3.31)给出的 $Q_{i_1 i_2\cdots i_N}$ 不具有置换对称性. 例如，以 $\hat{P}_{12}$ 作用式(1.3.31)两边，得

$$\hat{P}_{12}Q_{i_1 i_2\cdots i_N} = \phi_{i_1}(2)\phi_{i_2}(1)\cdots\phi_{i_N}(N) \tag{1.3.32}$$

显然，$\hat{P}_{12}Q_{i_1 i_2\cdots i_N} \neq -Q_{i_1 i_2\cdots i_N}$. 但是如果用反对称化算符 $\hat{A}$ 作用于 $Q_{i_1 i_2\cdots i_N}$，则得到新的函数 $\Phi_{i_1 i_2\cdots i_N}$

$$\Phi_{i_1 i_2\cdots i_N} = \hat{A}Q_{i_1 i_2\cdots i_N} = \hat{A}\left\{\phi_{i_1}(1)\phi_{i_2}(2)\cdots\phi_{i_N}(N)\right\} \tag{1.3.33}$$

由式(1.2.7)的第二式，有

$$\hat{P}\Phi_{i_1i_2\cdots i_N}=\hat{P}\hat{A}Q_{i_1i_2\cdots i_N}=\nu_P\Phi_{i_1i_2\cdots i_N} \tag{1.3.34}$$

因此 $\Phi_{i_1i_2\cdots i_N}$ 满足反对称要求. 将反对称化算符 $\hat{A}$ 的表达式(1.2.6)代入，有

$$\Phi_{i_1i_2\cdots i_N}=\frac{1}{N!}\sum_P\nu_P\hat{P}\left\{\phi_{i_1}(1)\phi_{i_2}(2)\cdots\phi_{i_N}(N)\right\} \tag{1.3.35}$$

这里，对置换 $\hat{P}$ 的作用可以有两种理解，一种是它对粒子的编号 $1,2,\cdots,N$ 做置换，而轨道编号 $i_1,i_2,\cdots,i_N$ 保持不变；另一种是它对轨道编号 $i_1,i_2,\cdots,i_N$ 做置换，而粒子编号 $1,2,\cdots,N$ 保持不变，这两种理解是等价的. 此外，如果把 $\phi_{i_k}(k)$ 中的 $i_k$ 和 $k$ 分别看作行指标和列指标，并按以上两种方式中的任一种来理解置换 $\hat{P}$ 的作用，则式(1.3.35)恰好是一个行列式[行列式的数学定义是：$N$ 级行列式 $\Phi_{i_1i_2\cdots i_N}$ 等于所有来自不同行不同列的 $N$ 个元素的乘积 $\phi_{1i_1}(1)\phi_{2i_2}(2)\cdots\phi_{Ni_N}(N)$ 的代数和，其中 $i_1i_2\cdots i_N$ 为偶排列的项带正号，$i_1i_2\cdots i_N$ 为奇排列的项带负号，共有 $N!$ 项[2]]，称为 Slater 行列式，即有

$$\Phi_{i_1i_2\cdots i_N}=\frac{1}{N!}\begin{vmatrix}\phi_{i_1}(1) & \phi_{i_1}(2) & \cdots & \phi_{i_1}(N)\\ \phi_{i_2}(1) & \phi_{i_2}(2) & \cdots & \phi_{i_2}(N)\\ \vdots & \vdots & & \vdots\\ \phi_{i_N}(1) & \phi_{i_N}(2) & \cdots & \phi_{i_N}(N)\end{vmatrix} \tag{1.3.36}$$

可简记为

$$\Phi_{i_1i_2\cdots i_N}=\frac{1}{N!}D\left|\phi_{i_1}(1)\phi_{i_2}(2)\cdots\phi_{i_N}(N)\right| \tag{1.3.37}$$

式(1.3.37)中只写出了行列式的对角元. 以后将会看到，如果单粒子态是正交归一的，则式(1.3.37)中的 $\Phi_{i_1i_2\cdots i_N}$ 并不满足归一化条件，为了使 $\Phi_{i_1i_2\cdots i_N}$ 归一化，可将式(1.3.33)重写为

$$\Phi_{i_1i_2\cdots i_N}=\sqrt{N!}\hat{A}\left\{\phi_{i_1}(1)\phi_{i_2}(2)\cdots\phi_{i_N}(N)\right\} \tag{1.3.38}$$

这时有

$$\Phi_{i_1i_2\cdots i_N}=\frac{1}{\sqrt{N!}}\begin{vmatrix}\phi_{i_1}(1) & \phi_{i_1}(2) & \cdots & \phi_{i_1}(N)\\ \phi_{i_2}(1) & \phi_{i_2}(2) & \cdots & \phi_{i_2}(N)\\ \vdots & \vdots & & \vdots\\ \phi_{i_N}(1) & \phi_{i_N}(2) & \cdots & \phi_{i_N}(N)\end{vmatrix} \tag{1.3.39}$$

简记为

$$\Phi_{i_1i_2\cdots i_N}=\frac{1}{\sqrt{N!}}D\left|\phi_{i_1}(1)\phi_{i_2}(2)\cdots\phi_{i_N}(N)\right| \tag{1.3.40}$$

式(1.3.38)、式(1.3.39)和式(1.3.40)是归一化 Slater 行列式的三种记法.

在式(1.3.38)的直积中，如果有两个单粒子态完全相同，如 $\phi_{i_1}$ 和 $\phi_{i_2}$ 完全相同，则意味着在直积中电子 1 和电子 2 处于完全相同的单粒子态，这时式(1.3.39)中将有两行相同，因此 Slater 行列式为零，即这样的态是不存在的. 如果有两个单粒子态的空间函数完全相同，则其自旋必须反平行，以保证 Slater 行列式不为零. 于是得到如下结论：多电子体系中任何两个电子都不能处于完全相同的单粒子态，或者说同一空间轨道上只能容纳两个自旋反平行的电子，这就是 Pauli 不相容原理的第二种表述.

式(1.3.23)的 $\hat{H}_0$ 所描述的 $N$ 粒子体系中，粒子间无相互作用，这样的体系称为独立子体系，$\hat{H}_0$ 所代表的模型称为独立子模型. 独立子模型能否最大程度地逼近真实的原子、分子体系，关键在于式(1.3.24)中的单电子势函数 $v_i(\vec{r})$ 是否选择适当，能否使得式(1.3.25)中的 $\hat{H}'$ 足够小. Hartree-Fock 通过变分方法建造的单粒子算符较好地满足了这种要求. 如果以独立子模型得到的单电子态作为建造多电子波函数的基础，则称这种方法为单电子近似.

由以上讨论可见，仅在单电子近似下才会有原子、分子中的单电子态，这时 Pauli 不相容原理的第二种表述才有意义. 而在单电子近似下，多电子波函数应具有 Slater 行列式的形式，但从 Slater 行列式可以看出，我们不能说哪一个电子处于哪一个单电子态，因为每一个电子都会出现在行列式所包含的每一个单电子态上，我们只能说哪一个单电子态上有多少电子，这正是全同粒子的不可分辨性所要求的. 由此可见，Pauli 不相容原理的第二种表述，即“多电子体系中任何两个电子都不能处于完全相同的单粒子态”，这样的说法对式(1.3.38)中的直积来说是可以的，对 Slater 行列式来说并不合适.

式(1.3.26)表明，独立子体系 Hamilton 量 $\hat{H}_0$ 的任一本征函数都可由单电子函数的直积经反对称化得到的 Slater 行列式来表示，因此只要单电子函数是精确的，则独立子体系基态和激发态的精确波函数都是单行列式波函数. 这一结论非常重要，在密度泛函理论中将会利用这一结果.

## 1.4　微扰理论与线性变分法

微扰法和变分法是量子力学中最常用的两种方法. 为便于以后的讨论，本节将较为详细地介绍微扰理论，并简要介绍线性变分法. 线性变分法是变分法中的一种方法. 关于变分法的基本原理和有关细节，将在第 2 章中做更为深入的介绍.

1.3 节中，在建立独立子模型时，已经采用了微扰法. 但在 1.3 节中仅仅利用了微扰的概念，并没有真正用微扰法解决实际问题. 下面介绍如何用微扰理论来处理量子体系，包括定态微扰理论和含时微扰理论.

### 1.4.1　定态微扰理论

设量子体系的定态 Schrödinger 方程为

$$\hat{H}\Psi=E\Psi \tag{1.4.1}$$

式中，$\hat{H}$ 为体系的 Hamilton 算符，不显含时间. 必须指出，定态微扰理论适用于任何量子体系的定态问题，但是为了使我们的讨论更为具体，并使本书内容前后相连贯，可以将方程(1.4.1)看作 Born-Oppenheimer 近似下原子、分子体系中电子运动的定态 Schrödinger 方程.

假定方程(1.4.1)无法直接求解，为此将 $\hat{H}$ 分为两部分，写作

$$\hat{H}=\hat{H}_0+\hat{H}'=\hat{H}_0+\lambda\hat{W} \tag{1.4.2}$$

式中，$\hat{H}'$ 是微扰；$\lambda$ 是微扰参量，$|\lambda|\ll 1$；算符 $\hat{H}_0$ 的本征方程为

$$\hat{H}_0\Phi_n=U_n\Phi_n \tag{1.4.3}$$

该方程描述无微扰体系. 为了与方程(1.4.1)中算符 $\hat{H}$ 的本征值 $E$ 和本征函数 $\Psi$ 相区别，将 $\hat{H}_0$

的本征值和本征函数分别记作$U$和$\Phi$. 假定方程(1.4.3)易于求解，得到能谱

$$U_0, U_1, U_2, \cdots \tag{1.4.4}$$

和正交归一化波函数集合

$$\Phi_0, \Phi_1, \Phi_2, \cdots \tag{1.4.5}$$

微扰法的基本思想是，在$\hat{H}_0$的本征值$U_n$和本征函数$\Phi_n$的基础上，通过逐级考虑微扰$\hat{H}'$的影响，得到方程(1.4.1)尽可能接近精确解的近似解，即算符$\hat{H}$的本征值和本征函数，简言之，微扰理论的基本思想是逐级近似.

值得注意的是，无微扰态是$\hat{H}_0$的本征态. $\hat{H}_0$的能级$U_n$可能是非简并的，也可能是简并的，应分别进行讨论.

1. 非简并态的微扰

假定$\hat{H}_0$的某一非简并本征态$k$的能级为$U_k$，波函数为$\Phi_k$，下面讨论该非简并态在微扰作用下的结果. 按照 Rayleigh-Schrödinger 处理微扰问题的逐级近似方案，令

$$E = E^{(0)} + \lambda E' + \lambda^2 E'' + \cdots \tag{1.4.6}$$

$$\Psi = \Psi^{(0)} + \lambda \Psi' + \lambda^2 \Psi'' + \cdots \tag{1.4.7}$$

式中，$E^{(0)}$和$\Psi^{(0)}$分别是算符$\hat{H}$的本征值$E$和本征函数$\Psi$的零级近似，$E'$、$E''$和$\Psi'$、$\Psi''$则分别是本征值$E$和本征函数$\Psi$的一级及二级修正. 将式(1.4.6)和式(1.4.7)代入式(1.4.1)，比较方程两边$\lambda$的同幂次项，可得到各级近似的方程，进而得到如下的各级近似解:

$$E_k^{(0)} = U_k \tag{1.4.8}$$

$$E_k^{(1)} = E_k^{(0)} + E_k' = U_k + \langle \Phi_k | \hat{H}' | \Phi_k \rangle \tag{1.4.9}$$

$$E_k^{(2)} = E_k^{(1)} + E_k'' = E_k^{(1)} + \sum_m{}' \frac{|H'_{mk}|^2}{U_k - U_m} \tag{1.4.10}$$

$$\Psi_k^{(0)} = \Phi_k \tag{1.4.11}$$

$$\Psi_k^{(1)} = \Psi_k^{(0)} + \Psi_k' = \Phi_k + \sum_m{}' \frac{\langle \Phi_m | \hat{H}' | \Phi_k \rangle}{U_k - U_m} \Phi_m \tag{1.4.12}$$

$$\Psi_k^{(2)} = \Psi_k^{(1)} + \Psi_k'' = \Psi_k^{(1)} + \sum_m{}' \left\{ \sum_n{}' \frac{H'_{mn} H'_{nk}}{(U_k - U_m)(U_k - U_n)} - \frac{H'_{mk} H'_{kk}}{(U_k - U_m)^2} \right\} \Phi_m - \frac{1}{2} \left[ \sum_n{}' \frac{|H'_{nk}|^2}{(U_k - U_n)^2} \right] \Phi_k \tag{1.4.13}$$

以上各式中，$E_k^{(n)}$和$\Psi_k^{(n)} (n = 0,1,2)$分别是算符$\hat{H}$的本征值$E$和本征函数$\Psi$的$n$级近似，下标$k$对应于指定的$\hat{H}_0$的非简并本征态，矩阵元$H'_{ij} = \langle \Phi_i | \hat{H}' | \Phi_j \rangle$. 求和号加一撇$\sum\limits_m{}'$，表示该求和不包括指定的$k$态. 式(1.4.13)的最后一项可以与$\Psi_k^{(1)}$[式(1.4.12)的第一项]合并，剩下的二级修正项则与$\Phi_k$正交.

从以上公式可见，Rayleigh-Schrödinger 方案虽然比较实用，但高级微扰项的表达式很烦琐. 另外一些微扰方案，我们将在适当的时候加以介绍，每一种方案都有其优势和劣势，但前

面已经指出，不同微扰方案的基本思想是相同的，即逐级近似.

2. 简并态的微扰

假定 $\hat{H}_0$ 有简并本征态 $U_m$，简并度为 $f$，即有 $f$ 个正交归一化(例如，可以采用 Schmidt 方法正交归一化)的波函数 $\Phi_1^m,\Phi_2^m,\cdots,\Phi_f^m$ 属于同一能级 $U_m$. 现在讨论该能量简并态在微扰作用下的结果.

仍然采用逐级近似的方法，通过比较 $\lambda$ 的同次幂可以确定，$\hat{H}$ 的零级近似波函数 $\Psi^{(0)}$ 应当是且仅仅是(即不包含 $\hat{H}_0$ 的其他态) $\hat{H}_0$ 的简并本征函数 $\Phi_1^m,\Phi_2^m,\cdots,\Phi_f^m$ 的线性组合. 事实上，在零级近似下，算符 $\hat{H}$ 与 $\hat{H}_0$ 等价，因此 $\hat{H}$ 的零级近似波函数 $\Psi^{(0)}$ 表达为 $\hat{H}_0$ 的简并本征函数的线性组合是可以理解的. 由 $\hat{H}_0$ 的 $f$ 个简并本征函可以组合出 $\hat{H}$ 的 $f$ 个零级近似波函数 $\Psi_\mu^{(0)}$，即有

$$\Psi_\mu^{(0)}=\sum_{\nu=1}^{f}c_{\nu\mu}\Phi_\nu^m,\quad \mu=1,2,\cdots,f \tag{1.4.14}$$

代入式(1.4.1)，以 $\Phi_\tau^m$ 左乘并做积分，即可得到久期方程

$$\sum_\nu(H'_{\tau\nu}-E'_\mu\delta_{\tau\nu})c_{\nu\mu}=0,\quad \tau=1,2,\cdots,f,\quad \mu=1,2,\cdots,f \tag{1.4.15}$$

式中，$H'_{\tau\nu}=\left\langle\Phi_\tau^m\middle|\hat{H}'\middle|\Phi_\nu^m\right\rangle$. 解久期方程，可求得能量的一级修正 $E'_\mu\,(\mu=1,2,\cdots,f)$ 及组合系数，将组合系数代入式(1.4.14)，即可得到 $\hat{H}$ 的 $f$ 个态的零级近似波函数，各态的一级近似能量 $E_\mu^{(1)}$ 为

$$E_\mu^{(1)}=U_m+E'_\mu,\quad \mu=1,2,\cdots,f \tag{1.4.16}$$

式中，$U_m$ 是指定的 $\hat{H}_0$ 的简并本征态的能量. 值得注意的是，如果求得的 $f$ 个一级能量修正 $E'_\mu$ 各不相同，从而 $\hat{H}$ 的 $f$ 个一级近似能量 $E_\mu^{(1)}$ 各不相同，这时 $\hat{H}_0$ 的能级简并被完全消除，则 $\Psi_\mu^{(0)}\,(\mu=1,2,\cdots,f)$ 是 $\hat{H}$ 的 $f$ 个不同态的零级近似波函数. 但是，如果久期方程出现了重根，即有些一级能量修正 $E'_\mu$ 是相同的，这时能级简并只是部分消除，则 $\hat{H}$ 的一级近似能量 $E_\mu^{(1)}$ 有些仍然是简并的.

需要说明的是，对于能量简并态的微扰问题，我们仅给出了微扰态(即算符 $\hat{H}$ )的零级近似波函数[见式(1.4.14)]和一级近似能量[见式(1.4.16)]，更高级的微扰项就不再讨论了. 值得注意的是，式(1.4.14)给出的波函数都是算符 $\hat{H}$ 的零级近似波函数，它们是 $\hat{H}$ 的不同态的零级近似波函数，而不是 $\hat{H}$ 的某一个态的不同等级的近似波函数，从而式(1.4.16)给出的是 $\hat{H}$ 的不同态的一级近似能量.

两种情况下可用定态微扰理论处理实际问题. 一种情况是，纯粹将微扰理论当作求解定态 Schrödinger 方程的技巧，人为地将体系的 Hamilton 算符 $\hat{H}$ 按式(1.4.2)分为两部分，其中算符 $\hat{H}_0$ 的本征方程(1.4.3)已经有解或者易于求解，然后逐级考虑微扰的影响，以求得 $\hat{H}$ 的各级近似解. 1.3 节在建立独立子模型时就采用了这种做法[见式(1.3.22)]. 另一种情况是，外界确实对量子体系施加了某种微扰，后面将要讨论的 Zeeman 效应就属于这种情况. 这种情况下，微扰

$\hat{H}'$ 实际上与时间有关，但由于外场施加影响的过程所经历的时间比原子的特征时间(即下面将要讨论的跃迁速率的倒数，其数量级约为$10^{-15}$s)长得多，因此可以认为微扰与时间无关，从而可以用定态微扰理论来处理.

### 1.4.2 含时微扰理论与量子跃迁

量子理论不仅关心力学量的本征态和本征值问题，而且关心量子体系的状态随时间的演化问题. 体系状态随时间的变化遵从含时 Schrödinger 方程(为了与光谱学中的公式一致，本小节采用CGS单位)，即

$$\mathrm{i}\hbar\frac{\partial}{\partial t}\Psi(\vec{q},t)=\hat{H}\Psi(\vec{q},t) \tag{1.4.17}$$

式中，$\vec{q}$ 代表 $N$ 个粒子的 $3N$ 个空间坐标和 $N$ 个自旋坐标. 该方程仅含时间的一次导数，所以当体系的始态 $\Psi(\vec{q},0)$ 给定之后，原则上可以求得任何时刻 $t$ 的状态 $\Psi(\vec{q},t)$.

首先讨论体系的 Hamilton 量 $\hat{H}$ 不显含时间，即 $\partial\hat{H}/\partial t=0$ 的情况. 为便于下文讨论，将不显含时间的 Hamilton 量 $\hat{H}$ 记作 $\hat{H}^0$，并将 $\hat{H}^0$ 随时间演化的波函数，即式(1.4.17)的解记作 $\Psi^0(\vec{q},t)$. 值得注意的是，这里的 $\hat{H}^0$ 与式(1.3.22)或式(1.4.2)中的 $\hat{H}_0$ 的含义并不相同. 式(1.3.22)中的 $\hat{H}_0$ 是无微扰 Hamilton 量，而这里的 $\hat{H}^0$ 则相当于式(1.3.22)中的 $\hat{H}$，其中包含用微扰法处理原子、分子体系定态问题时人为划出的微扰部分. 下文将会看到，对于光照下的原子、分子体系，$\hat{H}^0$ 正是原子、分子体系的 Hamilton 量，即式(1.3.22)中的 $\hat{H}$. 由于含时微扰中的 Hamilton 量 $\hat{H}^0$ 与定态微扰中的 Hamilton 量 $\hat{H}_0$ 的含义不同，因此它们的本征值和本征函数也用不同的符号标记.

我们知道，一阶微分方程

$$\frac{\mathrm{d}y}{y}=b\mathrm{d}x$$

的解为

$$y=C\mathrm{e}^{bx}$$

其中，$b$ 不含 $x$、$y$；$C$ 为积分常数，由初始条件确定. 由此可得式(1.4.17)的解

$$\Psi^0(\vec{q},t)=\Psi^0(\vec{q},0)\mathrm{e}^{-\mathrm{i}\hat{H}^0t/\hbar} \tag{1.4.18}$$

式中，$\Psi^0(\vec{q},0)$ 为由初始条件 $(t=0)$ 确定的积分常数. 通常，记

$$\hat{U}(t)=\mathrm{e}^{-\mathrm{i}\hat{H}^0t/\hbar} \tag{1.4.19}$$

并将式(1.4.18)写作

$$\Psi^0(\vec{q},t)=\hat{U}(t)\Psi^0(\vec{q},0)=\mathrm{e}^{-\mathrm{i}\hat{H}^0t/\hbar}\Psi^0(\vec{q},0) \tag{1.4.20}$$

称 $\hat{U}(t)$ 为时间演化算符. 另外，当体系的 Hamilton 量不显含时间时，有定态 Schrödinger 方程

$$\hat{H}^0\Psi_k(\vec{q})=E_k\Psi_k(\vec{q}) \tag{1.4.21}$$

这里，$\Psi_k(\vec{q})$ 为定态波函数，不含时间. 在能量表象中，有

$$\Psi^0(\vec{q},0)=\sum_k a_k\Psi_k(\vec{q}) \tag{1.4.22}$$

其中

$$a_k = \left\langle \Psi_k(\vec{q}) \middle| \Psi^0(\vec{q},0) \right\rangle \tag{1.4.23}$$

将式(1.4.22)代入式(1.4.20)，并利用式(1.4.21)，可以得到 $\hat{H}^0$ 的态随时间演化的公式

$$\Psi^0(\vec{q},t) = \sum_k a_k \mathrm{e}^{-\mathrm{i}E_k t/\hbar} \Psi_k(\vec{q}) \tag{1.4.24}$$

特殊地，如果

$$\Psi^0(\vec{q},0) = \Psi_n(\vec{q}) \tag{1.4.25}$$

即初始时刻体系处于能量本征态 $\Psi_n(\vec{q})$，相应的能量为 $E_n$，由式(1.4.23)，有 $a_k = \delta_{kn}$，代入式(1.4.24)，有

$$\Psi^0(\vec{q},t) = \Psi_n(\vec{q}) \mathrm{e}^{-\mathrm{i}E_n t/\hbar} \equiv \Psi_n^0(\vec{q},t) \tag{1.4.26}$$

即体系保持在该能量本征态. 如果体系在初始时刻不处于某一个能量本征态，则以后也不处于该本征态，而是若干能量本征态的叠加，如式(1.4.24)所示，系数 $a_k$ 由始态 $\Psi^0(\vec{q},0)$ 按式(1.4.23)决定.

通过以上讨论，有两个正交归一化完备集合，一个是由式(1.4.21)给出的 $\hat{H}^0$ 的本征函数完备集 $\{\Psi_k(\vec{q})\}$，相应的本征值谱为 $\{E_0, E_1, \cdots\}$，另一个是由式(1.4.17)给出的 $\hat{H}^0$ 的随时间演化的本征函数完备集 $\left\{\Psi_k^0(\vec{q},t) = \Psi_k(\vec{q})\mathrm{e}^{-\mathrm{i}E_k t/\hbar}\right\}$ [见式(1.4.26)]. 以下讨论中涉及相关记号时不再重复说明.

实际问题中，人们感兴趣的往往不是泛泛地讨论量子态随时间的演化，而是想知道在某种外界作用下体系在定态之间的跃迁概率. 一般地，量子体系自身的 Hamilton 量不显含时间，外界扰动则可能显含时间，于是，当有外界扰动时，可将体系的 Hamilton 量 $\hat{H}$ 写作

$$\hat{H} = \hat{H}^0 + \hat{H}'(t) \tag{1.4.27}$$

其中，$\hat{H}^0$ 是量子体系自身的 Hamilton 量；$\hat{H}'(t)$ 是外界扰动. 假定外界扰动开始起作用的初始时刻，体系处于包括 $\hat{H}^0$ 在内的一组力学量完全集的某一共同本征态，即有

$$\Psi^0(\vec{q},0) = \Psi_n(\vec{q}) \tag{1.4.28}$$

这里，$n$ 代表一组完备的量子数组. “$n$ 代表一组完备的量子数组”这一条件包含两层意思，第一，态 $\Psi_n(\vec{q})$ 对于完备量子数来说是非简并的，因为 $\Psi_n(\vec{q})$ 是包括 $\hat{H}^0$ 在内的一组力学量完全集的共同本征态，而不仅仅是某一力学量的本征态. 相比之下，定态微扰理论中的无微扰态指的是能量本征态，而不是力学量完全集的共同本征态，因而定态微扰中的无微扰态存在简并问题；第二，体系从 $n$ 态跃迁到 $m$ 态，指的是量子数组 $n$ 发生了改变，通常是指量子数组中的某一个量子数发生了改变，并不一定是所有量子数都发生了改变，尤其是能量量子数不一定发生改变，因此量子数组发生改变并不意味着终态能量一定与始态能量不同. 例如，1.7 节将给出原子体系力学量完备集 $\left\{\hat{H}, \hat{L}^2, \hat{L}_z, \hat{S}^2, \hat{S}_z\right\}$ 的共同本征态为 $\Psi_{nLM_LSM_S}$，量子数组 $\{n, L, M_L, S, M_S\}$ 中 $M_S$ 的改变并不一定导致能级 $E_{nLM_LSM_S}$ 改变.

回到式(1.4.28)继续讨论. 外界扰动作用于体系之后，体系的 Hamilton 量 $\hat{H}$ [见式(1.4.27)]将显含时间，这时式(1.4.17)的解应当写作由同一个方程给出的 $\hat{H}^0$ 的本征函数完备集合 $\left\{\Psi_k^0(\vec{q},t) = \Psi_k(\vec{q})\mathrm{e}^{-\mathrm{i}E_k t/\hbar}\right\}$ 的各态叠加，即有

$$\Psi(\vec{q},t)=\sum_{k}C_{kn}(t)\mathrm{e}^{-\mathrm{i}E_k t/\hbar}\Psi_k(\vec{q}) \tag{1.4.29}$$

式中，$\mathrm{e}^{-\mathrm{i}E_k t/\hbar}\Psi_k(\vec{q})$反映了$\hat{H}^0$的本征态$\Psi_k(\vec{q})$随时间的演化，而$\Psi(\vec{q},t)$则反映了受到外界作用后初始本征态$\Psi_n(\vec{q})$随时间的演化，下标$n$反映了初始条件(1.4.28). 根据波函数的统计诠释，在时刻$t$测量力学量完备集中的某力学量$\hat{F}$，得到$F_k$值的概率为

$$P_{kn}(t)=\left|C_{kn}(t)\right|^2 \tag{1.4.30}$$

经测量后，体系从始态$\Psi_n(\vec{q})$跃迁到终态$\Psi_k(\vec{q})$，跃迁概率为$P_{kn}(t)$，而单位时间内的跃迁概率，即跃迁速率(transition rate)为

$$\varpi_{kn}=\frac{\mathrm{d}}{\mathrm{d}t}P_{kn}(t)=\frac{\mathrm{d}}{\mathrm{d}t}\left|C_{kn}(t)\right|^2 \tag{1.4.31}$$

于是问题归结为，在给定的初始条件(1.4.28)下，如何求得式(1.4.29)中的系数$C_{kn}(t)$. 按式(1.4.29)，初始条件(1.4.28)可写为

$$C_{kn}(0)=\delta_{kn} \tag{1.4.32}$$

将式(1.4.27)和式(1.4.29)代入式(1.4.17)，利用式(1.4.21)，可得

$$\mathrm{i}\hbar\sum_{k}\mathrm{e}^{-\mathrm{i}E_k t/\hbar}\frac{\mathrm{d}C_{kn}(t)}{\mathrm{d}t}\Psi_k(\vec{q})=\sum_{k}C_{kn}(t)\mathrm{e}^{-\mathrm{i}E_k t/\hbar}\hat{H}'\Psi_k(\vec{q}) \tag{1.4.33}$$

上式两边乘以$\Psi_m^*(\vec{q})$并积分，利用本征函数的正交归一性，得

$$\mathrm{i}\hbar\frac{\mathrm{d}C_{mn}(t)}{\mathrm{d}t}=\sum_{k}\mathrm{e}^{\mathrm{i}\omega_{mk}t}H'_{mk}C_{kn}(t) \tag{1.4.34}$$

式中，$H'_{mk}=\langle\Psi_m(\vec{q})|\hat{H}'|\Psi_k(\vec{q})\rangle$；$\omega_{mk}$是从能级$E_k$跃迁到能级$E_m$的Bohr频率，有

$$\omega_{mk}=(E_m-E_k)/\hbar \tag{1.4.35}$$

式(1.4.34)就是系数$C_{mn}(t)$所满足的方程，求解该方程时需要用到初始条件(1.4.32). 到此为止，并没有引入任何近似. 式(1.4.34)可以写成矩阵形式

$$\mathrm{i}\hbar\frac{\mathrm{d}\boldsymbol{C}}{\mathrm{d}t}=\boldsymbol{GC} \tag{1.4.36}$$

式中，矩阵$\boldsymbol{C}$是波函数$\Psi(\vec{q},t)$在完备集合$\left\{\Psi^0(\vec{q},t)\equiv\Psi_k^0(\vec{q},t)=\Psi_k(\vec{q})\mathrm{e}^{-\mathrm{i}E_k t/\hbar}\right\}$上的表示；$\boldsymbol{G}$为方阵，其元素为$\mathrm{e}^{\mathrm{i}\omega_{mk}t}H'_{mk}$.

对于一般的$\hat{H}'(t)$，式(1.4.34)的求解是困难的，但当$\hat{H}'(t)$很微弱，或者从经典力学看，当$H'(t)\ll H_0$时，则可以用含时微扰理论来求解. 在这种情况下，体系有很大的概率仍然停留在原来的状态，即$\left|C_{kn}(t)\right|^2\ll 1$.

为了求解式(1.4.34)，引入参量$\lambda$(在最后结果中令$\lambda=1$)，以$\lambda\hat{H}'$代替$\hat{H}'$，并将$C_{jl}(t)$展开成$\lambda$的幂级数

$$C_{jl}(t)=C_{jl}^{(0)}(t)+\lambda C_{jl}^{(1)}(t)+\lambda^2 C_{jl}^{(2)}(t)+\cdots \tag{1.4.37}$$

将式(1.4.37)代入式(1.4.34)，得

$$\mathrm{i}\hbar\left[\frac{\mathrm{d}C_{mn}^{(0)}(t)}{\mathrm{d}t}+\lambda\frac{\mathrm{d}C_{mn}^{(1)}(t)}{\mathrm{d}t}+\lambda^2\frac{\mathrm{d}C_{mn}^{(2)}(t)}{\mathrm{d}t}+\cdots\right]$$
$$=\sum_k\left[C_{kn}^{(0)}(t)+\lambda C_{kn}^{(1)}(t)+\lambda^2C_{kn}^{(2)}(t)+\cdots\right]\lambda H'_{mk}\mathrm{e}^{\mathrm{i}\omega_{mk}t} \tag{1.4.38}$$

式(1.4.38)为恒等式，两边 $\lambda$ 同次幂的系数相等，由此可得 $C_{mn}(t)$ 的各级近似.

(1) 零级近似. 此时，由式(1.4.38)有

$$\frac{\mathrm{d}C_{mn}^{(0)}(t)}{\mathrm{d}t}=0 \tag{1.4.39}$$

故 $C_{mn}^{(0)}(t)=$ 常数，另外，零级近似(即取 $\lambda$ 零次幂的系数)意味着忽略 $\hat{H}'(t)$ 的影响，这时展开式(1.4.29)退化为式(1.4.24)，故应有 $C_{mn}^{(0)}(t)=C_{mn}(0)$，再由初始条件(1.4.32)，可得

$$C_{mn}^{(0)}(t)=C_{mn}(0)=\left\langle\Psi_m(\vec{q})\middle|\Psi^0(\vec{q},0)\right\rangle=\left\langle\Psi_m(\vec{q})\middle|\Psi_n(\vec{q})\right\rangle=\delta_{mn} \tag{1.4.40}$$

(2) 一级近似(即取 $\lambda$ 一次幂的系数). 由式(1.4.38)可得一级修正

$$\mathrm{i}\hbar\frac{\mathrm{d}C_{mn}^{(1)}(t)}{\mathrm{d}t}=\sum_k\mathrm{e}^{\mathrm{i}\omega_{mk}t}H'_{mk}C_{kn}^{(0)}(t) \tag{1.4.41}$$

由于 $\hat{H}'(t)$ 很微弱，取

$$C_{kn}^{(0)}(t)\approx C_{kn}(0) \tag{1.4.42}$$

其中，$C_{kn}^{(0)}(t)$ 和 $C_{kn}(0)$ 分别是有无 $\hat{H}'(t)$ 作用时 $\Psi(\vec{q},t)$ 和 $\Psi^0(\vec{q},0)$ 的展开系数[见式(1.4.29)]. 必须指出，式(1.4.42)是在取 $\lambda$ 同次幂的系数相等之外又增加的一个近似，从式(1.4.38)右端可以看到，在 $\lambda$ 一次幂的系数中包含 $\hat{H}'(t)$，因此 $C_{kn}^{(0)}(t)$ 应该是包含 $\hat{H}'(t)$ 时 $C_{kn}(t)$ 的零级近似，式(1.4.42)用不包含 $\hat{H}'(t)$ 时的系数来近似表达它，仅当 $\hat{H}'(t)$ 很微弱时，这种近似才是合适的. 再利用初始条件(1.4.32)，$C_{kn}(0)=\delta_{kn}$，则式(1.4.41)变为

$$\mathrm{i}\hbar\frac{\mathrm{d}C_{mn}^{(1)}(t)}{\mathrm{d}t}=\mathrm{e}^{\mathrm{i}\omega_{mn}t}H'_{mn} \tag{1.4.43}$$

积分得

$$C_{mn}^{(1)}(t)=\frac{1}{\mathrm{i}\hbar}\int\mathrm{e}^{\mathrm{i}\omega_{mn}t}H'_{mn}\mathrm{d}t \tag{1.4.44}$$

故在一级近似下，有

$$C_{mn}(t)=C_{mn}^{(0)}+C_{mn}^{(1)}(t)=\delta_{mn}+\frac{1}{\mathrm{i}\hbar}\int\mathrm{e}^{\mathrm{i}\omega_{mn}t}H'_{mn}\mathrm{d}t \tag{1.4.45}$$

当 $m\neq n$ (终态不同于始态)时，有

$$C_{mn}(t)=\frac{1}{\mathrm{i}\hbar}\int\mathrm{e}^{\mathrm{i}\omega_{mn}t}H'_{mn}\mathrm{d}t \tag{1.4.46}$$

跃迁概率为

$$P_{mn}(t)=\frac{1}{\hbar^2}\left|\int\mathrm{e}^{\mathrm{i}\omega_{mn}t}H'_{mn}\mathrm{d}t\right|^2,\quad m\neq n \tag{1.4.47}$$

其中

$$H'_{mn}=\left\langle\Psi_m(\vec{q})\middle|\hat{H}'\middle|\Psi_n(\vec{q})\right\rangle \tag{1.4.48}$$

这就是在弱微扰 $\hat{H}'(t)$ 作用下，体系从始态 $n$ 到终态 $m$ 的跃迁概率的一级近似解. 从实验观测的角度看，在 $t=0$ 时刻不存在外界扰动，根据初始条件(1.4.28)，体系始态 $n$ 为对易力学量完备集的共同本征态，这时测量体系的能量，将得到确定值 $E_n$；在 $t_1$ $(t_1>0)$ 时刻，体系并不处于对易力学量完备集的某一共同本征态，而是各种共同本征态的叠加. 在 $t_1$ 时刻测量体系的能量，得到确定值 $E_m$ 的概率(一级近似下)

$$P_{mn}(t)=\frac{1}{\hbar^2}\left|\int_0^{t_1}\mathrm{e}^{\mathrm{i}\omega_{mn}t}H'_{mn}\mathrm{d}t\right|^2,\quad m\neq n \tag{1.4.49}$$

平均跃迁速率为

$$\bar{\varpi}_{mn}=\frac{1}{t_1\hbar^2}\left|\int_0^{t_1}\mathrm{e}^{\mathrm{i}\omega_{mn}t}H'_{mn}\mathrm{d}t\right|^2,\quad m\neq n \tag{1.4.50}$$

根据量子力学的基本假定，测量后体系的态将跃迁到本征态 $m$，$t_1$ 时刻后，如果不再有外界扰动 $\hat{H}'(t)$，则体系将保持在本征态 $m$，而如果 $t_1$ 时刻后外界扰动继续起作用，则体系的态仍然按式(1.4.29)演化，即在 $t$ $(t>t_1)$ 时刻，体系的态仍然是 $\hat{H}^0$ 的所有本征态的叠加，不过始态已变为 $t_1$ 时的本征态 $m$.

在大多数情况下，求解到一级近似就已经足够了，因此不再讨论更高级的近似.

式(1.4.47)表明，跃迁概率与始态 $n$、终态 $m$ 及微扰 $\hat{H}'(t)$ 的性质都有关，特别地，若 $\hat{H}'$ 具有某种对称性，使得式中的矩阵元 $H'_{mn}=0$，则 $P_{mn}(t)=0$，即在一级微扰近似下，不能从始态 $n$ 跃迁到终态 $m$，这时我们就说从始态 $n$ 到终态 $m$ 的跃迁是禁阻的(forbidden)，因此并不是任何两个态之间都可以发生跃迁，态态之间的跃迁有一些选择定则(selection rule).

由于算符 $\hat{H}'(t)$ 的 Hermite 性，有 $\hat{H}'_{mn}=\hat{H}'_{nm}$，因此在一级近似下，从 $n$ 态到 $m$ 态的跃迁概率等于从 $m$ 态跃迁到 $n$ 态的跃迁概率. 但应注意，这里的 $n$ 态和 $m$ 态都是用量子数组来标记的. 由于能级一般有简并，而且 $n$ 态和 $m$ 态的简并度不一定相同，所以不能一般地说，从能级 $E_n$ 到能级 $E_m$ 的跃迁概率等于从能级 $E_m$ 到能级 $E_n$ 的跃迁概率. 计算从能级 $E_n$ 到能级 $E_m$ 的跃迁概率时，应当对能级 $E_n$ 的各简并态求平均，并对能级 $E_m$ 的各简并态求和. 例如，一般中心力场中粒子能级 $\varepsilon_{nl}$ 的简并度为 $(2l+1)$ (磁量子数 $m=l,l-1,\cdots,-l$)，故从能级 $\varepsilon_{nl}$ 态到能级 $\varepsilon_{n'l'}$ 的跃迁概率为

$$P_{nl\to n'l'}=\frac{1}{2l+1}\sum_{m,m'}P_{n'l'm',nlm}$$

式中，$P_{n'l'm',nlm}$ 是从 $nlm$ 态到 $n'l'm'$ 态的跃迁概率.

### 1.4.3 光的吸收与发射

在光的照射下，原子或分子可能吸收光而从较低能级跃迁到较高能级，也可能从较高能级跃迁到较低能级而发射光. 上述现象分别称为光的吸收与受激发射(stimulated emission). 实验还发现如果原子或分子本来处于激发能级，即使没有外界光的照射，也能跃迁到较低能级而发射光，这称为自发发射(spontaneous emission). 对原子或分子吸收或放出的光进行光谱分析，可获得关于原子或分子能级及有关性质的知识. 谱线频率和谱线强度是光谱分析中两个重要的观测量，前者取决于始态和终态的能量差，后者则与跃迁概率成比例. 式(1.4.35)和式(1.4.47)或式(1.4.49)分别给出了在含时微扰理论一级近似下谱线频率及跃迁概率的一般计算

公式. 在跃迁概率的计算公式中涉及含时微扰 $\hat{H}'(t)$，下面将给出在光照条件下 $\hat{H}'(t)$ 的具体表达式，进而导出计算跃迁概率的具体公式，并讨论有关的选择定则等问题.

光波为电磁波，在下面的讨论中，我们用量子力学处理原子、分子体系，而仍用经典电磁波理论描述光波. 这种半经典的处理方法只能解释光的吸收与受激发射，而不能解释自发发射，更完善的理论是将辐射场也做量子化处理，即用量子场论(quantum field theory)或量子电动力学(quantum electrodynamics)来处理，在此不做讨论.

假设入射光为平面偏振单色光，在直角坐标系中，以光的传播方向为 $z$ 轴，偏振平面为 $xy$ 平面，则其电场强度矢量 $\vec{E}$ 和磁感应强度矢量 $\vec{B}$ 为

$$\vec{E}=\vec{e}_x\mathcal{E}_x=\vec{e}_x\mathcal{E}_x^0\cos(2\pi\nu t-2\pi z/\lambda) \tag{1.4.51}$$

$$\vec{B}=\vec{e}_yB_y=\vec{e}_yB_y^0\cos(2\pi\nu t-2\pi z/\lambda) \tag{1.4.52}$$

式中，$\vec{e}_x$、$\vec{e}_y$ 分别为 $x$、$y$ 轴上的单位矢量；$\mathcal{E}_x^0$ 和 $B_y^0$ 分别为 $\vec{E}$ 和 $\vec{B}$ 的振幅；$\nu$ 为入射光的频率；$\lambda$ 为波长. 由电磁波的 Maxwell 方程可知，$\mathcal{E}_x^0$ 和 $B_y^0$ 在数值上是相等的[采用 Gauss 制单位].

一个带有电荷 $q$、以速度 $\vec{v}$ 运动的质点在电磁场中所受的作用力为

$$\vec{F}=\vec{F}_1+\vec{F}_2=q\vec{E}+\frac{q}{c}\vec{v}\times\vec{B} \tag{1.4.53}$$

由于原子、分子中电子运动的速度 $|\vec{v}|$ (约 $2\times10^6\,\mathrm{m\cdot s^{-1}}$)远远小于光速 $c$ (约 $3\times10^8\,\mathrm{m\cdot s^{-1}}$)，因此 $\vec{F}_2$ 可以忽略不计，即

$$\vec{F}=\vec{F}_1=q\vec{E} \tag{1.4.54}$$

对于包含 $n$ 个荷电质点的体系，设第 $i$ 个质点所带电荷为 $q_i$，它的 $x$ 坐标为 $x_i$，体系与电场的相互作用势能即微扰能 $\hat{H}'$ 为

$$\hat{H}'(t)=-\sum_i q_ix_i\mathcal{E}_x=-\hat{X}\mathcal{E}_x \tag{1.4.55}$$

其中

$$\hat{X}=\sum_i q_ix_i \tag{1.4.56}$$

是体系电偶极矩(electric dipole moment) $x$ 分量的算符. 将式(1.4.51)代入式(1.4.55)，可得

$$\hat{H}'(t)=-\hat{X}\mathcal{E}_x^0\cos(2\pi\nu t-2\pi z_i/\lambda) \tag{1.4.57}$$

对于原子或分子的电子能级的跃迁，吸收或放出的电磁波通常在紫外区，所以波长的量级为 $10^2\,\mathrm{nm}$. 对于分子振动和转动能级的跃迁，波长将更长(近红外、远红外和微波区). 另外，原子或分子大小的量级则为 $0.1\mathrm{nm}$. 由于我们只考虑在原子或分子范围内运动的电子，故有

$$2\pi z_i/\lambda\ll1$$

即在原子或分子范围内，辐射场强度的变化可以忽略不计，于是式(1.4.57)可以简化为

$$\hat{H}'(t)=-\hat{X}\mathcal{E}_x^0\cos(2\pi\nu t)=-\hat{X}\mathcal{E}_x^0\cos(\omega t) \tag{1.4.58}$$

其中

$$\omega=2\pi\nu \tag{1.4.59}$$

为入射光角频率，由于

$$\cos(\omega t) = \frac{1}{2}(\mathrm{e}^{\mathrm{i}\omega t} + \mathrm{e}^{-\mathrm{i}\omega t}) \tag{1.4.60}$$

代入式(1.4.58)，得

$$\hat{H}'(t) = -\frac{1}{2}\hat{X}\mathcal{E}_x^0(\mathrm{e}^{\mathrm{i}\omega t} + \mathrm{e}^{-\mathrm{i}\omega t}) \tag{1.4.61}$$

将式(1.4.61)代入式(1.4.48)，得

$$\begin{aligned} H'_{mn} &\equiv \int \Psi_m^*(\vec{\tau})\hat{H}'\Psi_n(\vec{\tau})\mathrm{d}\vec{\tau} \equiv \left\langle m \middle| \hat{H}' \middle| n \right\rangle = -\frac{1}{2}\mathcal{E}_x^0(\mathrm{e}^{\mathrm{i}\omega t} + \mathrm{e}^{-\mathrm{i}\omega t})\left\langle m \middle| \hat{X} \middle| n \right\rangle \\ &= -\frac{1}{2}\mathcal{E}_x^0(\mathrm{e}^{\mathrm{i}\omega t} + \mathrm{e}^{-\mathrm{i}\omega t})X_{mn} \end{aligned} \tag{1.4.62}$$

式中

$$X_{mn} = \left\langle m \middle| \hat{X} \middle| n \right\rangle = \left\langle \Psi_m(\vec{\tau}) \middle| \sum_i q_i x_i \middle| \Psi_n(\vec{\tau}) \right\rangle \tag{1.4.63}$$

式(1.4.62)和式(1.4.63)中，将 $\hat{H}^0$ 的本征函数 $\Psi(\vec{q})$ 中的坐标变量 $\vec{q}$ 换作 $\vec{\tau}$，以区别于电量 $q$. 同式(1.4.17)的波函数中的变量 $\vec{q}$ 一样，这里 $\vec{\tau}$ 代表 $3N$ 个粒子的空间坐标和自旋坐标. $X_{mn}$ 称为在 $\hat{H}^0$ 的本征态 $m$ 与 $n$ 之间的跃迁电偶极矩(transition electric dipole moment)的 $x$ 分量. 将 $H'_{mn}$ 的表示式(1.4.62)代入式(1.4.46)即可计算 $C_{mn}(t_1)$，

$$\begin{aligned} C_{mn}(t_1) &= -\frac{\mathcal{E}_x^0}{2\mathrm{i}\hbar}X_{mn}\int_0^{t_1}\left[\mathrm{e}^{\mathrm{i}(\omega_{mn}+\omega)t} + \mathrm{e}^{\mathrm{i}(\omega_{mn}-\omega)t}\right]\mathrm{d}t \\ &= \frac{\mathrm{i}\mathcal{E}_x^0}{2\hbar}X_{mn}\left[\frac{\mathrm{e}^{\mathrm{i}(\omega_{mn}+\omega)t_1} - 1}{\mathrm{i}(\omega_{mn}+\omega)} + \frac{\mathrm{e}^{\mathrm{i}(\omega_{mn}-\omega)t_1} - 1}{\mathrm{i}(\omega_{mn}-\omega)}\right] \end{aligned} \tag{1.4.64}$$

注意：$|C_{mn}(t_1)|^2$ 为从态 $\Psi_n(\vec{\tau})$ 到态 $\Psi_m(\vec{\tau})$ 的跃迁概率，因此 $|C_{mn}(t_1)|$ 值大，则两态间的迁跃概率大. 现在分析式(1.4.64)在什么情况下可以取得较大值.

第一种情况是

$$\omega = \omega_{mn} \tag{1.4.65}$$

这将使式(1.4.64)中第二项的分母等于零，从而使 $|C_{mn}(t_1)|$ 取得较大值，但不至于趋向无穷大，因为[将 $\mathrm{e}^{\mathrm{i}t_1 a}$ 做 Taylor 展开]

$$\lim_{a\to 0}\frac{\mathrm{e}^{\mathrm{i}t_1 a} - 1}{a} = \mathrm{i}t_1$$

利用式(1.4.35)和式(1.4.59)，可以将式(1.4.65)所表示的条件改写为

$$E_m^0 - E_n^0 = h\nu \tag{1.4.66}$$

这正是 Bohr 频率条件，即体系吸收一个光子，从较低的 $\Psi_n(\vec{\tau})$ 态跃迁到较高的 $\Psi_m(\vec{\tau})$ 态，光子的能量恰好等于终态和始态的能量差. 这样的跃迁就称为光的吸收.

在近似满足式(1.4.65)的条件下，式(1.4.64)的第一项可以忽略不计，于是有

$$
\begin{aligned}
C_{mn}(t_1) &= \frac{\mathcal{E}_x^0}{2\hbar} X_{mn} \left[ \frac{\mathrm{e}^{\mathrm{i}(\omega_{mn}-\omega)t_1} - 1}{\omega_{mn} - \omega} \right] \\
&= \frac{\mathcal{E}_x^0}{2\hbar} X_{mn} \left\{ \frac{2\mathrm{i}\mathrm{e}^{\mathrm{i}(\omega_{mn}-\omega)t_1/2} \sin\left[\frac{1}{2}(\omega_{mn}-\omega)t_1\right]}{\omega_{mn}-\omega} \right\}
\end{aligned} \tag{1.4.67}
$$

上式推导中利用了下述关系

$$
\mathrm{e}^{\mathrm{i}\theta} - 1 = \mathrm{e}^{\mathrm{i}\theta/2}(\mathrm{e}^{\mathrm{i}\theta/2} - \mathrm{e}^{-\mathrm{i}\theta/2}) = 2\mathrm{i}\mathrm{e}^{\mathrm{i}\theta/2} \sin\left(\frac{1}{2}\theta\right) \tag{1.4.68}
$$

由式(1.4.30)得跃迁概率

$$
\begin{aligned}
P_{mn} &= |C_{mn}(t_1)|^2 = C_{mn}^*(t_1) C_{mn}(t_1) \\
&= \frac{(\mathcal{E}_x^0)^2}{\hbar^2} X_{mn}^2 \sin^2\left[\frac{1}{2}(\omega_{mn}-\omega)t_1\right](\omega_{mn}-\omega)^{-2}
\end{aligned} \tag{1.4.69}
$$

式中，$\mathcal{E}_x^0$ 是电场强度 $\mathcal{E}_x$ 的振幅，现在要把它化为辐射的能量密度 $U_x$ (单位为 $\mathrm{erg \cdot cm^{-3}}$ ①). 能量密度即单位体积内的辐射能，它应为光子密度 $\rho$ (即单位体积内的光子数)与每一光子的能量 $\varepsilon = h\nu$ 的乘积，即

$$
U = \rho\varepsilon = \rho h\nu \tag{1.4.70}
$$

其中，$h$ 为 Planck 常量；$\nu$ 为光的频率. 根据光的电磁波理论，可以导出光辐射的能量密度与电场强度振幅的关系(推导过程可参看相关文献[3])

$$
(\mathcal{E}_x^0)^2 = 8\pi U_x \tag{1.4.71}
$$

将式(1.4.71)代入式(1.4.69)，得

$$
P_{mn} = \frac{8\pi U_x}{\hbar^2} X_{mn}^2 \sin^2\left[\frac{1}{2}(\omega_{mn}-\omega)t_1\right](\omega_{mn}-\omega)^{-2} \tag{1.4.72}
$$

以上讨论中，我们一开始[见式(1.4.51)]就假定入射光是平面偏振单色光，故式(1.4.72)只适用于平面偏振单色光. 如果入射光不是平面偏振光而是各向同性的(isotropic)，则跃迁偶极矩除了 $x$ 分量 $X_{mn}$ 外，还要考虑 $y$ 和 $z$ 分量 $Y_{mn}$ 和 $Z_{mn}$. 因辐射是各向同性的，故有

$$
U_x = U_y = U_z = U/3 \tag{1.4.73}
$$

式中，$U$ 为总的入射光能量密度，即 $U = U_x + U_y + U_z$. 于是，对于各向同性的单色光，式(1.4.72)应改写为

$$
P_{mn} = \frac{8\pi U}{3\hbar^2} R_{mn}^2 \sin^2\left[\frac{1}{2}(\omega_{mn}-\omega)t_1\right](\omega_{mn}-\omega)^{-2} \tag{1.4.74}
$$

其中

$$
R_{mn}^2 = X_{mn}^2 + Y_{mn}^2 + Z_{mn}^2 \tag{1.4.75}
$$

$$
R_{mn} = \left\langle m \middle| \hat{R} \middle| n \right\rangle = \left\langle \Psi_m(\tau) \middle| \sum_i q_i \hat{r}_i \middle| \Psi_n(\tau) \right\rangle \tag{1.4.76}
$$

式中，$q_i$ 通常为电子电荷 $-e$，将它移到积分符号外，得

---

① erg 为非法定单位，1 erg =1 dyn · cm=$10^{-7}$ J.

$$R_{mn}=-e\left\langle \Psi_m(\vec{\tau})\left|\sum_i \hat{r}_i\right|\Psi_n(\vec{\tau})\right\rangle=-eQ_{mn} \tag{1.4.77}$$

$$Q_{mn}=\left\langle \Psi_m(\vec{\tau})\left|\sum_i \hat{r}_i\right|\Psi_n(\vec{\tau})\right\rangle \tag{1.4.78}$$

称 $R_{mn}$ 为 $\hat{H}^0$ 的本征态 $\Psi_n(\vec{\tau})$ 与 $\Psi_m(\vec{\tau})$ 之间的跃迁电偶极矩.

如果入射光不是单色光，而是包含各种频率的连续谱，则光子密度 $\rho(\nu)$ 应为能量密度 $U$ 对光的频率 $\nu$ 的导数

$$\rho(\nu)=\frac{\mathrm{d}U}{\mathrm{d}\nu} \tag{1.4.79}$$

$\rho(\nu)$ 称为单位频宽的辐射能量密度，单位为 $\mathrm{erg\cdot cm^{-3}\cdot s}$ ，即

$$\mathrm{d}U=\rho(\nu)\mathrm{d}\nu \tag{1.4.80}$$

则为频率在 $\nu$ 与 $\nu+\mathrm{d}\nu$ 之间的辐射能量密度，而

$$U=\int_0^{\infty}\rho(\nu)\mathrm{d}\nu \tag{1.4.81}$$

则为包含各种频率的辐射能量密度，因此式(1.4.74)中的 $U$ 应由式(1.4.81)代替，并将该式中与 $\nu$ 有关的量放在积分号内. 由于

$$\omega=2\pi\nu \qquad \omega_{mn}=2\pi\nu_{mn}=\frac{2\pi}{h}(E_m-E_n)$$

$$\frac{1}{2}(\omega_{mn}-\omega)t_1=(E_m-E_n-h\nu)\pi t_1/h\ ,\quad (\omega_{mn}-\omega)^2=\frac{1}{\hbar^2}(E_m-E_n-h\nu)^2$$

将以上各式代入式(1.4.74)，得

$$P_{mn}=\frac{8\pi}{3}R_{mn}^2\int_0^{\infty}\frac{\sin^2\left[(E_m-E_n-h\nu)\pi t_1/\hbar\right]}{(E_m-E_n-h\nu)^2}\rho(\nu)\mathrm{d}\nu \tag{1.4.82}$$

如前所述，式(1.4.82)中的被积函数仅当

$$\nu\cong\nu_{mn}=\omega_{mn}/2\pi=(E_m-E_n)/h$$

时才是重要的，$\nu$ 远离 $\nu_{mn}$ 时被积函数可以忽略不计，故式(1.4.82)的积分下限可以改为 $-\infty$ 而不致影响计算结果(因 $\nu$ 从 0 到 $-\infty$ ，被积函数可以忽略不计). 同样，$\rho(\nu)$ 虽是 $\nu$ 的函数，但仅当 $\rho(\nu)=\rho(\nu_{mn})$ 时，被积函数才是重要的，因而可用 $\rho(\nu_{mn})$ 代替 $\rho(\nu)$ ，并移到积分符号之外，再利用下列积分

$$\int_{-\infty}^{\infty}\frac{\sin^2 x}{x^2}\mathrm{d}x=\pi$$

于是式(1.4.82)可以简化为

$$P_{mn}=\frac{8\pi^3 t_1}{3h^2}R_{mn}^2\rho(\nu_{mn}) \tag{1.4.83}$$

式(1.4.83)表示一个原子(或分子)在受到 $t_1$ (s)光照后，从 $\hat{H}_0$ 的本征态 $\Psi_n(\vec{\tau})$ 跃迁到 $\Psi_m(\vec{\tau})$ 的概率，而跃迁速率即单位时间的跃迁概率则为

$$\frac{P_{mn}}{t_1}=\frac{8\pi^3}{3h^2}R_{mn}^2\rho(\nu_{mn}) \tag{1.4.84}$$

式(1.4.84)适用于非简并态，如果终态能级是简并的，设简并度为 $g_m$，即有 $g_m$ 个状态 $\Psi_m(\vec{\tau}),\Psi_{m'}(\vec{\tau}),\Psi_{m''}(\vec{\tau}),\cdots$ 属于 $E_m$ 能级，且假定

$$R_{mn}=R_{m'n}=R_{m''n}=\cdots$$

则在单位时间内原子(或分子)从能级 $E_n$ 跃迁到 $E_m$ 的概率为

$$\frac{P_{mn}}{t_1}=\frac{8\pi^3}{3h^2}g_m R_{mn}^2\rho(\nu_{mn})=\frac{8\pi^3e^2}{3h^2}g_m Q_{mn}^2\rho(\nu_{mn})=\frac{8\pi^3e^2}{3h^2}g_m D_{mn}\rho(\nu_{mn}) \tag{1.4.85}$$

其中

$$D_{mn}=Q_{mn}^2=\left\langle \Psi_m(\vec{\tau})\middle|\sum_i \hat{r}_i\middle|\Psi_n(\vec{\tau})\right\rangle^2 \tag{1.4.86}$$

称 $D_{mn}$ 为偶极强度(dipole strength)，单位为 $cm^2$.

由式(1.4.85)可见，$P_{mn}/t_1$ 与入射光的光子密度 $\rho(\nu_{mn})$ 成正比，令比例常数为 $B_{n\to m}$，即

$$P_{mn}/t_1=B_{n\to m}\rho(\nu_{mn}) \tag{1.4.87}$$

比较式(1.4.85)和式(1.4.87)，得

$$B_{n\to m}=\frac{8\pi^3e^2}{3h^2}g_m D_{mn}=\frac{8\pi^3}{3h^2}g_m R_{mn}^2=4.35\times10^{35}g_m D_{mn} \tag{1.4.88}$$

$B_{n\to m}$ 称为 Einstein 吸收跃迁概率系数(Einstein transition probability coefficient for absorption)，简称 Einstein 吸收系数，它是原子或分子从能级 $E_n$ 到能级 $E_m$ 的跃迁速率与入射光光子密度 $\rho(\nu_{mn})$ 的比例系数[简单地说，$B_{n\to m}$ 为跃迁速率与入射光子密度 $\rho(\nu_{mn})$ 之比，即单位光子密度下的跃迁速率]. 注意：Einstein 吸收系数仅与受到光照射的原子、分子体系的性质(简并度、偶极强度)有关，而与入射光无关.

鉴于文献中关于能量密度对频率的导数有三种不同的表示法，即

$$\rho(\nu)=\frac{dU}{d\nu},\quad \rho(\omega)=\frac{dU}{d\omega},\quad \rho(\tilde{\nu})=\frac{dU}{d\tilde{\nu}} \tag{1.4.89}$$

式中，$\tilde{\nu}$ 为波数，即波长的倒数，$\nu=c\tilde{\nu}$，$c$ 为光速. 故 Einstein 吸收系数也有三种不同的定义

$$P_{mn}/t_1=B_{n\to m}\rho(\nu)=B'_{n\to m}\rho(\omega)=B''_{n\to m}\rho(\tilde{\nu}) \tag{1.4.90}$$

因为

$$d\nu=\frac{1}{2\pi}d\omega=cd\tilde{\nu}$$

代入式(1.4.89)，得

$$\rho(\nu)=2\pi\rho(\omega)=\frac{1}{c}\rho(\tilde{\nu}) \tag{1.4.91}$$

代入式(1.4.90)，得

$$B_{n\to m}=\frac{1}{2\pi}B'_{n\to m}=cB''_{n\to m} \tag{1.4.92}$$

代入式(1.4.88)，得

$$B'_{n\to m}=2\pi B_{n\to m}=\frac{16\pi^4e^2}{3h^2}g_mD_{mn}\tag{1.4.93}$$

$$B''_{n\to m}=\frac{1}{c}B_{n\to m}=\frac{8\pi^3e^2}{3h^2c}g_mD_{mn}\tag{1.4.94}$$

在本书中主要采用 $B_{n\to m}$. 在式(1.4.87)中，$P_{mn}/t_1$ 的单位为 $s^{-1}$，$\rho(\nu)$ 的单位为 $erg\cdot cm^{-3}\cdot s$，故 $B_{n\to m}$ 的单位为 $erg^{-1}\cdot cm^3\cdot s^{-2}=cm^2\cdot g^{-1}$.

现在回到式(1.4.64)，除第一种情况 $\omega=\omega_{mn}$，可以使 $|C_{mn}(t_1)|$ 取得较大值外，还有第二种情况，即

$$\omega=-\omega_{mn}\tag{1.4.95}$$

这将使式(1.4.64)中的第一项很大而第二项可以忽略不计. 仿照上面推导，可得与式(1.4.85)相同的跃迁速率公式. 但这时有

$$h\nu=\frac{h\omega}{2\pi}=-\frac{h}{2\pi}\omega_{mn}=-(E_m-E_n)=E_n-E_m\tag{1.4.96}$$

与第一种情况不同的是，终态能级 $E_m$ 低于始态能级 $E_n$，即体系不是吸收而是放出光子. 这种在电磁辐射照射下，体系从较高能级跃迁到较低能级而放出光子的现象称为受激发射. 如果用 $E_m$ 表示较高能级，$E_n$ 表示较低能级，则受激发射的始态为 $\varPsi_m$ 而终态为 $\varPsi_n$，相应的 Einstein 跃迁概率系数用 $B_{m\to n}$ 表示，则

$$B_{m\to n}=\frac{8\pi^3e^2}{3h^2}g_mD_{mn}=\frac{8\pi^3}{3h^2}g_nR_{mn}^2=4.35\times10^{35}g_nD_{mn}=\frac{g_n}{g_m}B_{n\to m}\tag{1.4.97}$$

$B_{m\to n}$ 称为 Einstein 受激发射系数，它的意义是，一个处于激发能级 $E_m$ 的原子或分子受到光子密度为 $\rho(\nu_{mn})$ 的入射光照射后，单位时间内从 $E_m$ 跃迁到较低能级 $E_n$ 而放出光子的概率(简单地说，$B_{m\to n}$ 为单位光子密度下的跃迁速率)为

$$P_{nm}/t_1=B_{m\to n}\rho(\nu_{mn})$$

Einstein 还定义自发辐射系数(coefficient for spontaneous emission) $A_{m\to n}$，它表示，处于激发能级 $E_m$ 的原子或分子自发从 $E_m$ 跃迁到较低能级 $E_n$ 在单位时间内放出光子的概率(简单地说，$A_{m\to n}$ 为自发跃迁的速度，注意：与受激发射系数 $B_{m\to n}$ 的含义不同，这里不存在外界辐射场，因而 $A_{m\to n}$ 不再是比例系数). $A_{m\to n}$ 与外界辐射场是否存在无关，它不能从上述半经验的微扰理论导出，因为按照这一理论，微扰项 $\hat{H}'$ 等于零，则体系将保持在本征态，

$$\varPsi_m(\vec{\tau},t)=\varPsi_m(\vec{\tau})\exp\left(-\frac{i}{\hbar}E_mt\right)$$

这就是说，虽然波函数随时间演化，但能量 $E_m$ 保持不变，即不会跃迁到较低能级 $E_n$，这一结论与实验事实相违背，只有采用量子电动力学理论才能得到与实验事实一致的结果，即有

$$A_{m\to n}=8\pi h\tilde{\nu}_{mn}^3B_{m\to n}=\frac{64\pi^4\tilde{\nu}_{mn}^3e^2}{3h}g_nD_{mn}=7.24\times10^{10}\tilde{\nu}_{mn}^3g_nD_{mn}\tag{1.4.98}$$

下面简单介绍 Einstein 在旧量子论的基础上于 1917 年建立的光的发射和吸收理论，以便不借助量子电动力学理论而导出式(1.4.98).

Einstein 首先引入了 $A_{m\to n}$、$B_{m\to n}$ 和 $B_{n\to m}$ 三个系数，并利用热力学体系的平衡条件建立

了它们之间的关系. 在电磁辐射照射下，一个原子或分子在单位时间内从较高能级 $E_m$ 跃迁到较低能级 $E_n$ 的概率为 $A_{m\to n}+B_{m\to n}\rho(\nu_{mn})$，而从 $E_n$ 跃迁到 $E_m$ 的概率则等于 $B_{n\to m}\rho(\nu_{mn})$，假设处于 $E_m$ 和 $E_n$ 能级的原子(或分子)数目分别为 $N_m$ 和 $N_n$，当这些原子(或分子)与电磁辐射在热力学温度 $T$ 下达到平衡状态时，必须满足下列条件：

$$N_n B_{n\to m}\rho(\nu_{mn})=N_m A_{m\to n}+N_m B_{m\to n}\rho(\nu_{mn})$$

即

$$N_m/N_n=B_{n\to m}\rho(\nu_{mn})/\left[A_{m\to n}+B_{m\to n}\rho(\nu_{mn})\right] \tag{1.4.99}$$

由 Boltzmann 分布律，得

$$N_m/N_n=\frac{g_m}{g_n}\exp\left[-(E_m-E_n)/kT\right]=\frac{g_m}{g_n}\exp(-h\nu_{mn}/kT) \tag{1.4.100}$$

由式(1.4.99)和式(1.4.100)可解得

$$\rho(\nu_{mn})=\frac{A_{m\to n}}{B_{n\to m}\dfrac{g_n}{g_m}\exp(h\nu_{mn}/kT)-B_{m\to n}} \tag{1.4.101}$$

另外，按照 Planck 的黑体辐射定律

$$\rho(\nu_{mn})=8\pi h\tilde{\nu}_{mn}^3\left[\exp(h\nu_{mn}/kT)-1\right]^{-1} \tag{1.4.102}$$

由式(1.4.101)和式(1.4.102)，得

$$8\pi h\tilde{\nu}_{mn}^3 B_{n\to m}\frac{g_n}{g_m}\exp(h\nu_{mn}/kT)-8\pi h\tilde{\nu}_{mn}^3 B_{m\to n}=A_{m\to n}\exp(h\nu_{mn}/kT)-A_{m\to n} \tag{1.4.103}$$

式(1.4.103)为恒等式，在任何温度 $T$ 都成立，故等式两边包含温度的指数项与不包含温度的指数项分别相等，即

$$A_{m\to n}=8\pi h\tilde{\nu}_{mn}^3 B_{n\to m}\frac{g_n}{g_m},\qquad A_{m\to n}=8\pi h\tilde{\nu}_{mn}^3 B_{m\to n} \tag{1.4.104}$$

故有

$$B_{m\to n}=\frac{g_n}{g_m}B_{n\to m} \tag{1.4.105}$$

式(1.4.104)就是由量子电动力学严格导出的式(1.4.98)，而式(1.4.105)就是半经验辐射理论中已经得到的式(1.4.97).

### 1.4.4　激发态的平均寿命

在没有光照的情况下，假设体系有 $N_m^0$ 个原子(或分子)处于激发能级 $E_m^0$，又假定可以跃迁的较低能级只有一个，即 $E_n^0$，则由 $A_{m\to n}$ 的定义有

$$\frac{\mathrm{d}N_m}{\mathrm{d}t}=-A_{m\to n}N_m \tag{1.4.106}$$

式中，$N_m$ 为体系在时刻 $t$ 处于 $E_m^0$ 能级的原子(或分子)数. 将式(1.4.106)积分，得

$$N_m=N_m^0\exp(-A_{m\to n}t) \tag{1.4.107}$$

式(1.4.106)和式(1.4.107)与放射性的衰变规律相同. 式(1.4.106)表明，有 $-\mathrm{d}N_m = A_{m\to n}N_m\mathrm{d}t$ 个原子(或分子)是在 $t$ 与 $t+\mathrm{d}t$ 内衰变的，故这 $(-\mathrm{d}N_m)$ 个原子(或分子)的寿命就是 $t$，而开始时体系所有的 $N_m^0$ 个原子的平均寿命则为

$$\tau = \frac{\int -t\mathrm{d}N_m}{N_m^0} = \frac{1}{N_m^0}\int_0^\infty tA_{m\to n}N_m\mathrm{d}t = \int_0^\infty A_{m\to n}t\exp(-A_{m\to n}t)\mathrm{d}t = \frac{1}{A_{m\to n}} \tag{1.4.108}$$

即激发态的平均寿命为 $A_{m\to n}$ 的倒数. 由式(1.4.107)可见，当 $t=\tau=1/A_{m\to n}$ 时 $N_m = N_m^0/\mathrm{e}$，即激发态的原子(或分子)数在 $t=\tau$ 时减少到 $t=0$ 时的 $\frac{1}{\mathrm{e}}$.

如果从 $E_m^0$ 可以跃迁到的较低能级有多个，则式(1.4.106)应改写为

$$\frac{\mathrm{d}N_n}{\mathrm{d}t} = -\left(\sum_n A_{m\to n}\right)N_m \tag{1.4.109}$$

相应地，式(1.4.108)应改写为

$$\tau = \frac{1}{\sum_n A_{m\to n}} \tag{1.4.110}$$

### 1.4.5 光谱选律

根据以上讨论，跃迁速率 $A_{m\to n}$ 以及跃迁速率系数 $B_{m\to n}$、$B_{n\to m}$ 都与 $R_{mn}^2$ 成正比. 只要跃迁电偶极矩 $R_{mn}$ 为零，则本征态 $\varPsi_m$ 与 $\varPsi_n$ 之间的跃迁概率为零. 但在实验上，对于 $R_{mn}$ 等于零的体系，态 $\varPsi_m$ 与 $\varPsi_n$ 之间有时也能观察到较弱的光谱线，即跃迁概率并不为零. 这是在推导 $B_{n\to m}$ 公式的过程中采用了许多近似所致. 例如，在式(1.4.55)中忽略了磁场与原子(或分子)的相互作用. 如果考虑这一相互作用，则在 $\hat{H}'$ 中应增加磁偶极矩算符 $\hat{\mu}$，

$$\hat{\mu} = \frac{e}{2m_e c}\hat{r}\times\hat{p} \tag{1.4.111}$$

另一个近似是在式(1.4.58)中引入的，它忽略了电场强度在原子(或分子)范围内的变化. 如果考虑这种变化，则在 $C_m(t_1)$ 的表示式中将增加与跃迁电四极矩 $\langle m|e\hat{r}\hat{r}|n\rangle$ 有关的项. 这样，如果同时考虑电偶极、磁偶极和电四极跃迁，则式(1.4.88)和式(1.4.98)应改写为

$$B_{n\to m} = \frac{8\pi^3}{3h^2}\left(g_m\left|\langle m|e\hat{r}|n\rangle\right|^2 + \left|\left\langle m\left|\frac{e}{2m_e c}\hat{r}\times\hat{p}\right|n\right\rangle\right|^2 + \frac{3}{10}\pi^3\tilde{\nu}_{mn}^3\left|\langle m|e\hat{r}\hat{r}|n\rangle\right|^2\right) \tag{1.4.112}$$

$$A_{m\to n} = 8\pi h\tilde{\nu}_{mn}^3 B_{m\to n} = \frac{64\pi^4\tilde{\nu}_{mn}^3}{3h}g_n\left(\left|\langle m|e\hat{r}|n\rangle\right|^2 + \left|\left\langle m\left|\frac{e}{2m_e c}\hat{r}\times\hat{p}\right|n\right\rangle\right|^2 + \frac{3}{10}\pi^3\tilde{\nu}_{mn}^3\left|\langle m|e\hat{r}\hat{r}|n\rangle\right|^2\right) \tag{1.4.113}$$

式(1.4.112)和式(1.4.113)中，括号内的第一项为跃迁电偶极矩矩阵元，第二项为跃迁磁偶极矩矩阵元，第三项为跃迁电四极矩矩阵元. 我们大体上估计一下这三项的数量级，电偶极矩矩阵元的量级为 $\langle m|e\hat{r}|n\rangle \sim ea_0$，$a_0$ 为 Bohr 半径，电四极矩矩阵元的量级为 $\langle m|e\hat{r}\hat{r}|n\rangle \sim ea_0^2$，角动量 $\hat{r}\times\hat{p}$ 的量级为 $\hbar$，故这三项的相对数量级为

$$\left|\langle m|e\hat{r}|n\rangle\right|^2 \sim (ea_0)^2 \sim 6.5\times10^{-36}\text{c. g. s.}$$

$$\left|\left\langle m\left|\frac{e}{2m_e c}\hat{r}\times\hat{p}\right|n\right\rangle\right|^2 \sim \left(\frac{e\hbar}{2m_e c}\right)^2 \sim 8.7\times10^{-41}\text{c. g. s.}$$

$$\frac{3}{10}\pi^3\tilde{v}_{mn}^3\left|\langle m|e\hat{r}\hat{r}|n\rangle\right|^2 \sim \left(ea_0^2\right)^2 \sim 6.8\times10^{-43}\text{c. g. s.}$$

$$(\tilde{v}_{mn}^3 = 20000\text{cm}^{-1}\text{,即 }\lambda\text{=500nm})$$

可见，磁偶极跃迁的概率要比电偶极小 5 个数量级，电四极跃迁的概率在 $\lambda = 500\text{nm}$ 左右时要比电偶极跃迁小 7 个数量级.

$R_{mn} = \langle m|e\hat{r}|n\rangle \neq 0$ 的跃迁称为电偶极跃迁(electric dipole transition). 在原子或分子光谱中，$R_{mn} \neq 0$ 的条件称为电偶极跃迁的光谱选律(selection rules).

现以氢原子为例讨论光谱选律. 包括自旋的氢原子的电子波函数由 4 个量子数决定[见式(1.6.9)]，令始态为

$$|k\rangle \equiv |nlm_l m_s\rangle \equiv \psi_{nlm_l}(r,\theta,\phi)\sigma(m_s) = R_{nl}(r)P_l^{|m_l|}(\cos\theta)\Phi_{m_l}(\phi)\sigma(m_s) \tag{1.4.114}$$

终态为

$$|k'\rangle \equiv |n'l'm_l'm_s'\rangle \equiv \psi_{n'l'm_l'}(r,\theta,\phi)\sigma(m_s') = R_{n'l'}(r)P_{l'}^{|m_l'|}(\cos\theta)\Phi_{m_l'}(\phi)\sigma(m_s') \tag{1.4.115}$$

态 $|k\rangle$ 与 $|k'\rangle$ 间的跃迁电偶极矩的三个分量为

$$X_{kk'} = -e\langle k|x|k'\rangle,\quad Y_{kk'} = -e\langle k|y|k'\rangle,\quad Z_{kk'} = -e\langle k|z|k'\rangle \tag{1.4.116}$$

首先考虑 $m_s$ 的选律. 由于

$$\langle\sigma(m_s)|\sigma(m_s')\rangle = \delta_{m_s m_s'}$$

故仅当 $m_s = m_s'$ 即 $\Delta m_s = 0$ 时跃迁电偶极矩才可能不为零. 其次考虑 $m_l$ 的选律. 由于 $z = r\cos\theta$，其中不包含坐标 $\phi$，故在矩阵元 $Z_{kk'}$ 中含有积分因子

$$\langle\Phi_{m_l}(\phi)|\Phi_{m_l'}(\phi)\rangle = \int_0^{2\pi}\exp\left[\mathrm{i}(m_l - m_l')\phi\right]\mathrm{d}\phi = 2\pi\delta_{m_l m_l'}$$

因此，仅当 $m_l = m_l'$ 即 $\Delta m_l = 0$ 时，$Z_{kk'}$ 才可能不为零. 为了求出 $X_{kk'}$ 和 $Y_{kk'}$ 不同时为零的条件，引入两个新的变量，即

$$W \equiv x + \mathrm{i}y = r\sin\theta\mathrm{e}^{\mathrm{i}\phi},\quad W' \equiv x - \mathrm{i}y = r\sin\theta\mathrm{e}^{-\mathrm{i}\phi} \tag{1.4.117}$$

显然，矩阵元 $X_{kk'}$ 和 $Y_{kk'}$ 不同时为零的条件与矩阵元 $W_{kk'} \equiv \langle k|W|k'\rangle$ 和 $W_{kk'}' \equiv \langle k|W'|k'\rangle$ 不同时为零的条件相同. 在 $W_{kk'}$ 积分中含有因子

$$\langle\Phi_{m_l}(\phi)|\mathrm{e}^{\mathrm{i}\phi}|\Phi_{m_l'}(\phi)\rangle = \int_0^{2\pi}\exp[\mathrm{i}(m_l - m_l' + 1)\phi]\mathrm{d}\phi = 2\pi\delta_{m_l+1,m_l'}$$

因此，仅当 $m_l' = m_l + 1$，即 $\Delta m_l = -1$ 时，$W_{kk'}$ 才可能不为零. 同样可证，仅当 $m_l' = m_l - 1$，即 $\Delta m_l = +1$ 时，$W_{kk'}'$ 才可能不为零. 综上所述，$m_l$ 的选律是

$$\Delta m_l = 0, \pm1 \tag{1.4.118}$$

仅当 $\Delta m_l$ 满足 $\Delta m_l = 0, +1, -1$ 三个数值中的任何一个时，跃迁电偶极矩才可能不为零. 否则，跃迁就是禁阻的.

现在讨论 $l$ 的选律. 在 $Z_{kk'}$ 积分中含有因子

$$\int_0^{\pi} P_l^{|m_l|} P_{l'}^{|m_l'|} \cos\theta \sin\theta \mathrm{d}\theta \tag{1.4.119}$$

在 $X_{kk'}$ 和 $Y_{kk'}$ 积分中含有(注意：直角坐标与球坐标的变换关系为 $x = r\sin\theta\cos\phi$， $y = r\sin\theta \sin\phi$)

$$\int_0^{\pi} P_l^{|m_l|} P_{l'}^{|m_l'|} \sin^2\theta \mathrm{d}\theta \tag{1.4.120}$$

第 3 章将介绍连带 Legendre 函数 $P_l^{|m|}(\cos\theta)$，利用连带 Legendre 函数的递推关系，可以导出如下公式[见式(3.2.30)和式(3.2.31)]

$$\sin\theta P_l^{|m|}(\cos\theta) = \frac{1}{2l+1}\left\{P_{l+1}^{|m|+1}(\cos\theta) - P_{l-1}^{|m|+1}(\cos\theta)\right\} \tag{1.4.121}$$

$$\cos\theta P_l^{|m|}(\cos\theta) = \frac{1}{2l+1}\left[(l-|m|+1)P_{l+1}^{|m|}(\cos\theta) + (l+|m|)P_{l-1}^{|m|}(\cos\theta)\right] \tag{1.4.122}$$

此外，连带 Legendre 函数满足正交关系

$$\int_0^{\pi} P_l^{|m|} P_{l'}^{|m'|} \sin\theta \mathrm{d}\theta = 0 \qquad (l \neq l')$$

于是可得到 $l$ 的选律

$$\Delta l = \pm 1 \tag{1.4.123}$$

最后讨论 $n$ 的选律. 由于在 $z, x, y$ 的球坐标表示式中都含有 $r$，故在矩阵元 $Z_{kk'}$、$X_{kk'}$、$Y_{kk'}$ 中都含有下列积分因子

$$\langle R_{nl}(r)|r|R_{n'l'}(r)\rangle = \int_0^{\infty} R_{nl}(r)R_{n'l'}(r)r^3\mathrm{d}r \neq 0 \tag{1.4.124}$$

无论 $\Delta n$ 取何值，这一积分都不为零，因此 $\Delta n$ 的改变不受任何限制.

综上所述，氢原子的选律(适用于各向同性的电磁辐射)为

$$\Delta n = 0, \pm1, \pm2, \pm3, \cdots; \quad \Delta l = \pm 1; \quad \Delta m_l = 0, \pm 1; \quad \Delta m_s = 0 \tag{1.4.125}$$

只有在式(1.4.125)的条件同时得到满足时，氢原子的电偶极跃迁才是可能的，其中任何一个条件不满足，电偶极跃迁就是禁阻的.

以上选律的推导并未涉及径向波函数 $R_{nl}$ 的具体形式，因此上述选律不仅适用于氢原子和类氢原子，也适用于所有中心势场的单电子波函数.

多电子原子的状态可由量子数 $S, L, J, M_J$ 表示. 多电子原子光谱的电偶极跃迁选律为

$$\Delta S = 0; \quad \Delta L = 0, \pm 1; \quad \Delta J = 0, \pm 1; 0 \nleftrightarrow 0;$$
$$\Delta M_J = 0, \pm 1; 0 \nleftrightarrow 0\ (\Delta J = 0 \text{ 时}) \tag{1.4.126}$$

有关证明可参看相关文献[4]. 分子电子光谱的选律不再讨论.

由于光谱选律的限制，原子的较高能级中可能有亚稳态(metastable state)存在. 例如，氦原子的 $1s2s\,^3S_1$ 态是能量最低的三重态，比它能量低的只有一个状态，即单重态 $1s^2\,^1S_0$. 从三重态 $(S=1)$ 跃迁到单重态 $(S=0)$ 是禁阻的，因为选律要求 $\Delta S = 0$. 但如前所述，在选律的推导过程中，引入了不少近似，忽略了许多次要的相互作用. 如果考虑自旋和轨道运动的相互作用，则 $\Delta S \neq 0$ 的跃迁也可发生，但跃迁概率要小好多个量级，所以氦原子的三重态 $1s2s\,^3S_1$ 的平均寿命[式(1.4.108)]长达 8000s. 从平均寿命为 $10^{-3}$s 以上的三重亚稳态跃迁到单重基态而放出光

子的过程称为磷光(phosphorescence)，而 $\Delta S = 0$ 的较快的跃迁(高能级的平均寿命为 $10^{-10}$s 量级)则称为荧光(fluorescence). 处于高能态的原子或者分子也可通过非辐射跃迁(non-radiative transition)回到低能级，如转化为平动动能，或使化学键断裂，或通过碰撞使其他原子或分子激发等. 非辐射跃迁不受光谱选律的约束.

### 1.4.6　振子强度

经典辐射理论认为辐射是由荷电质点的振动引起的，因而引入振子强度(oscillator strength)的概念，振子强度通常记作 $f$. 根据这一理论，入射光通过单位截面 $\left(1\text{cm}^2\right)$ 和单位距离 $(l = 1\text{cm})$ 的样品后，光的吸收强度(intensity of absorption) $I_{\text{abs}}$ (单位为 $\text{erg}\cdot\text{cm}^{-3}\cdot\text{s}^{-1}$)为

$$I_{\text{abs}} = N_n \pi f \frac{e^2}{m_e} \rho(\nu_{nm}) \tag{1.4.127}$$

式中，$m_e$ 为电子质量. 原子或分子中电子以频率 $\nu_{nm}$ 振动，如有相同频率的电磁波照射，则电子可以吸收电磁波而激发. 对于三维谐振子，$f = 1$；对于一维谐振子，$f = 1/3$. 如果原子或分子中有多于一个电子振动，则称为耦合振子(coupled oscillator)，此时 $f$ 表示每一原子或分子中的有效振子数. 现在看来，经典辐射理论是不正确的，但振子强度的概念仍在使用，并根据量子辐射理论重新定义. 在量子辐射理论中，有

$$I_{\text{abs}} = N_n h\nu_{nm} B_{n\to m} \rho(\nu_{nm}) \tag{1.4.128}$$

由式(1.4.127)和式(1.4.128)，可得

$$f = f_{nm} = \frac{h\nu_{nm} m_e}{\pi e^2} B_{n\to m} \tag{1.4.129}$$

此即量子辐射理论中振子强度的定义. 由定义可见，振子强度 $f$ 与系数 $B_{n\to m}$ 含义相近，与 $B_{n\to m}$ 不同的是，除其他物理常数外，振子强度中还包含另一个与体系性质有关的量，即 Bohr 频率. 将式(1.4.88)代入式(1.4.129)，得

$$f_{nm} = \frac{8\pi^2 m_e \nu_{nm}}{3h} g_m D_{mn} = \frac{8\pi^2 m_e c\tilde{\nu}_{nm}}{3h} g_m D_{mn} = 1.08\times 10^{11} \tilde{\nu}_{nm} g_m D_{mn} \tag{1.4.130}$$

式中，$\nu_{nm} = c\tilde{\nu}_{nm}$，由式(1.4.130)可以计算振子强度的理论值. 另外，可由实验测定的光的吸收系数，计算振子强度的实验值

$$f_{nm} = 4.32\times 10^{-9} \int_0^\infty \varepsilon_\nu \mathrm{d}\tilde{\nu} \tag{1.4.131}$$

式中，$\varepsilon_\nu$ 为摩尔吸光系数(molar absorptivity)；$\nu$ 为入射光频率，$\nu = c\tilde{\nu}$. 可将式(1.4.130)和式(1.4.131)的计算结果做比较，以便相互验证. 式(1.4.131)的推导可参看相关文献[5].

### 1.4.7　线性变分法

假定有满足边界条件的波函数 $\Phi_i, i = 1,2,\cdots$ 的完备集合

$$\{\Phi_i, i = 1,2,\cdots\} \tag{1.4.132}$$

称函数集合 $\{\Phi_i, i = 1,2,\cdots\}$ 为基函数组，简称基组. 基组的完备性意味着，任何有相同边界条件的波函数都可以用该基组线性表示. 于是，可以将方程(1.4.1)中待求的波函数 $\Psi$ 写作基组的线性组合，即有

$$\Psi = \sum_i c_i \Phi_i \tag{1.4.133}$$

需要指出的是，基组成员可以是单电子波函数，这时的基组为单电子函数基组，按我们的约定，相应的基组(1.4.132)应记作$\{\varphi_i, i=1,2,\cdots\}$，而未知波函数应记作$\psi$. 基于本节的需要，假定基组成员和待求的波函数均为多电子波函数.

由于基函数集合$\{\Phi_i, i=1,2,\cdots\}$是已知的，因此将波函数表达为式(1.4.133)后，求解方程(1.4.1)中的波函数$\Psi$的问题转化为求解系数$\{c_i, i=1,2,\cdots\}$的问题. 将式(1.4.133)代入方程(1.4.1)，然后通过能量取极值，即可求得组合系数$\{c_i, i=1,2,\cdots\}$，这种方法就是线性变分法，组合系数$\{c_i, i=1,2,\cdots\}$是波函数$\Psi$在基函数$\{\Phi_i, i=1,2,\cdots\}$上的一个表示.

根据 1.3 节的讨论，式(1.3.28)中的全部单粒子态构成单粒子空间中的完备集合. 假定体系中有$N$个电子，从式(1.3.28)中任意取出$N$个不同的单粒子态做直积，然后用反对称化算符$\hat{A}$作用就可得到一个 Slater 行列式，于是有 Slater 行列式集合

$$\left\{\Phi_{i_1 i_2 \cdots i_N} = \sqrt{N!}\hat{A}\prod_{i_k}\phi_{i_k}(k) = \sqrt{N!}\hat{A}\left\{\phi_{i_1}(1)\phi_{i_2}(2)\cdots\phi_{i_N}(N)\right\},\quad i_1, i_2, \cdots, i_N \in (i, j, \cdots)\right\} \tag{1.4.134}$$

其中的任一行列式都是式(1.3.26)中无微扰 Hamilton 量$\hat{H}_0$的本征函数，即独立子体系的精确波函数，相应的本征值为

$$E^{(0)}_{i_1 i_2 \cdots i_N} = \sum_{i_k} \varepsilon_{i_k} \tag{1.4.135}$$

如果单粒子态出现简并，则 Slater 行列式也将出现简并. 由于$\hat{H}_0$为 Hermite 算符，根据量子力学的基本假定，Hermite 算符的本征函数构成完备集，因此式(1.4.134)中的全部 Slater 行列式构成$N$电子波函数空间中的完备集合，它们张成单电子态直积空间的反对称子空间. 该完备集合就是完备集合(1.4.132)的一个具体实现.

我们的任务是求解方程(1.4.1). 根据以上讨论，方程(1.4.1)中的波函数$\Psi$可以写作式(1.4.134)中的行列式的线性组合. 为了书写方便，用一个正整数代替$\Phi$下标中的一串字符$(i_1 i_2 \cdots i_N)$对式(1.4.134)中的 Slater 行列式$\Phi$进行编号，此外，也用非负整数将方程(1.4.1)的解$\Psi$编号，于是有

$$\Psi_i = \sum_j c_{ji}\Phi_j, \qquad i = 0,1,2,\cdots \tag{1.4.136}$$

理论上，式(1.4.136)中的求和应该有无穷多项，但实际上只能取有限项. 将式(1.4.136)代入方程(1.4.1)，然后用$\Phi_m^*(m=1,2,\cdots)$左乘，并对所有电子坐标做积分，得到久期方程

$$\sum_j \left(H_{mj} - E_i M_{mj}\right)c_{ji} = 0,\ \ m = 1,2,\cdots, \quad i = 0,1,2,\cdots \tag{1.4.137}$$

其中

$$H_{mj} = \left\langle \Phi_m \middle| \hat{H} \middle| \Phi_j \right\rangle, \qquad M_{mj} = \left\langle \Phi_m \middle| \Phi_j \right\rangle \tag{1.4.138}$$

这里，为了使讨论更具一般性，假定$\Phi_i(i=1,2,\cdots)$并不是正交归一化的. 式(1.4.137)为一代数方程组，可以写成矩阵形式

$$\boldsymbol{HC} = \boldsymbol{MCE} \tag{1.4.139}$$

式中，$\boldsymbol{H}$、$\boldsymbol{C}$、$\boldsymbol{M}$、$\boldsymbol{E}$ 均为矩阵；$\boldsymbol{H}$ 和 $\boldsymbol{M}$ 分别称为 Hamilton 矩阵和重叠矩阵，其矩阵元由

式(1.4.138)定义；$\boldsymbol{C}$ 为系数矩阵，

$$\boldsymbol{C}=(\boldsymbol{C}_1\,\boldsymbol{C}_2\cdots) \tag{1.4.140}$$

它的一列 $\boldsymbol{C}_i=(c_{ji})(i=1,2,\cdots;j=1,2,\cdots)$ 就是式(1.4.136)中的一组组合系数，实际上就是波函数 $\Psi_i$ 在完备集(1.4.134)上的一个表示. $\boldsymbol{E}$ 为对角矩阵，对角元 $E_i(i=1,2,\cdots)$ 给出体系的第 $i$ 能级. 利用矩阵的分块乘法可以将式(1.4.139)写为

$$\boldsymbol{HC}_i=E_i\boldsymbol{MC}_i \qquad i=1,2,\cdots \tag{1.4.141}$$

式中，矩阵 $\boldsymbol{H}$ 和 $\boldsymbol{M}$ 的定义与式(1.4.138)相同，$\boldsymbol{C}_i$ 是矩阵 $\boldsymbol{C}$ 的第 $i$ 列，$E_i$ 为矩阵 $\boldsymbol{E}$ 的一个元素. 式(1.4.137)、式(1.4.139)和式(1.4.141)都称为广义本征值方程，它们是广义本征值方程的三种不同写法，之所以称它们为广义的，是因为其中的矩阵 $\boldsymbol{M}$ 不是单位矩阵. 通过解广义本征值方程可以得到能量 $E_i$ 和组合系数 $\boldsymbol{C}_i$，即 $\boldsymbol{H}$ 的本征值和本征函数，从而完成了 Schrödinger 方程的求解.

式(1.4.136)中的每一个 $\Phi_j$ 称为一个组态，求和称为组态叠加，因此这种求解 Schrödinger 方程的方法称为组态相互作用(configuration interaction, CI)方法，也称组态叠加(superposition of configuration)或组态混合(configuration mixing)方法. 注意：式(1.4.1)是微分方程，而式(1.4.137)则是代数方程，这样就把 Schrödinger 方程的求解大大简化了.

CI 属于线性变分法，但是我们并没有通过能量取极值来导出久期方程(1.4.137). 2.3 节将证明，这里所采用的导出久期方程(1.4.137)的方法与能量取极值的方法等价. 另外，之所以在本节介绍 CI 方法，是因为在以下几节的讨论中将会用到组态叠加的概念，为了以下几节讨论问题方便，仅在本节对 CI 方法做粗略介绍. CI 方法包含十分丰富的内容，该方法的基本原理是通过组态叠加建造更加精确的波函数，而本章所要讨论的正是多电子波函数的建造问题. 从这个意义上说，本章的许多内容都属于 CI 方法的范畴. 第 5 章中还将对 CI 方法做具体介绍，给出 CI 计算的具体“路线图”.

由以上讨论可知，式(1.4.136)中的组态来自式(1.4.134)，因而组态在这里指的是行列式. 由于 Slater 行列式具有反对称性，由行列式组合所得波函数也具有反对称性，满足多电子波函数的反对称要求. 但是必须指出，组态并不限于行列式，随着讨论的不断深入，组态这一概念将会不断丰富.

事实上，如果以行列式作为式(1.4.136)中的组态函数，然后按式(1.4.137)求解能量和波函数，则可能出现三个问题：第一，在求得的波函数中有些行列式的组合系数为零，这就是说，并不是每个行列式都出现所求的波函数中，因此不加选择地将行列式组合在一起不利于提高计算效率；第二，计算结果不能直接显示出原子、分子体系的能级结构；第三，计算结果不能直接给出波函数的对称性，从而不能用于光谱讨论，如不能直接由计算结果根据光谱选律指认光谱.

为了解决以上问题，应在行列式的基础上建造新的组态函数，以便用尽可能少的组态得到尽可能好的计算结果. 如何建造合适的组态函数是一个涉及范围较广的问题，本章将着重从对称性方面进行讨论. 对于原子、分子体系而言，除了反对称性之外，式(1.4.136)中的波函数 $\Psi_i$ 还应具有一定的空间和自旋对称性，求和中的每一个组态 $\Phi_j$ 也应具有与 $\Psi_i$ 相同的空间和自旋对称性，对称性不同的 $\Phi_j$，其组合系数为零，因而不必包含在求和中. 满足空间和自旋对称性要求的组态函数一般来说是多个 Slater 行列式的组合而不是单个 Slater 行列式. 这就是说，为了进一步简化计算，需要对完备集合(1.4.134)中的 Slater 行列式做适当组合以建造满足空间

和自旋对称性要求的组态函数，或者说要以完备集合(1.4.134)为基础重新建造满足空间和自旋对称性要求的多电子波函数完备集，以便更有效地进行组态叠加计算，这正是以下几节将要研究的课题.

### 1.4.8 微扰法与线性变分法的关系

为了使读者对波函数理论框架有更为深入的理解，需要简要说明微扰法和线性变分法的关系. 线性变分法和微扰法是量子力学中最常用的两种方法. 在含时微扰问题中常用微扰法处理，而对定态问题则常用变分法处理. 在 1.3 节建立独立子模型时，采用了微扰法的思想，从而为单电子近似奠定了理论基础；但在 1.4.7 节，在讨论量子体系的定态问题时则采用了线性变分法来求解 Schrödinger 方程. 从线性变分法的角度看，采用微扰法的思想建立独立子模型，通过求解无微扰 Hamilton 量 $\hat{H}_0$ 的本征值方程，可以提供单电子波函数和 $N$ 电子波函数两个性能较好的完备集合，从而为线性变分计算提供较好的基组，进而为线性变分计算奠定了基础.

从实际计算看，微扰法和线性变分法也有着密切关系. 显然，如果线性变分法所选择的基组(组态)与微扰法所选择的无微扰态(包括简并和非简并两种情形)相同，则线性变分法求得的波函数和能量分别与微扰法的零级近似波函数和一级近似能量相同. 线性变分法所选择的组态越多，则对应的微扰等级越高. 详细讨论可参看相关文献[6].

## 1.5 角 动 量

在研究原子的电子结构和能谱时，需要用到角动量理论，为了便于学习以下几节内容，本节对角动量做较为系统的介绍.

### 1.5.1 单电子的角动量：轨道角动量、自旋角动量和总角动量

经典力学中，质点的角动量定义为质点的位矢与动量的矢量积，即

$$\vec{l}=\vec{r}\times\vec{p} \tag{1.5.1}$$

因此，角动量又称动量矩. 角动量为矢量，它有三个分量，即

$$\vec{l}=\vec{e}_1 l_x+\vec{e}_2 l_y+\vec{e}_3 l_z \tag{1.5.2}$$

式中，$\vec{e}_1$、$\vec{e}_2$、$\vec{e}_3$ 分别为 $x$、$y$、$z$ 方向的单位向量，且有

$$l_x = yp_z - zp_y,\ \ l_y = zp_x - xp_z,\ \ l_z = xp_y - yp_x \tag{1.5.3}$$

并有角动量平方

$$l^2=\vec{l}\cdot\vec{l}=l_x^2+l_y^2+l_z^2 \tag{1.5.4}$$

将以上表达式中的经典力学量 $\vec{p}$ 转换为相应算符 $-\mathrm{i}\nabla$，其中 $\nabla$ 为矢量微分算符，在直角坐标系中有

$$\nabla=\vec{e}_1\frac{\partial}{\partial x}+\vec{e}_2\frac{\partial}{\partial y}+\vec{e}_3\frac{\partial}{\partial z}$$

就得到量子力学中电子轨道角动量的表达式，即有(注意原子单位，下同)

$$\hat{l}_x=-\mathrm{i}\left(y\frac{\partial}{\partial z}-z\frac{\partial}{\partial y}\right),\ \ \hat{l}_y=-\mathrm{i}\left(z\frac{\partial}{\partial x}-x\frac{\partial}{\partial z}\right),\ \ \hat{l}_z=-\mathrm{i}\left(x\frac{\partial}{\partial y}-y\frac{\partial}{\partial x}\right) \tag{1.5.5}$$

式中，i 为虚数单位，$i^2=-1$，如果不特别指明，以下各式中的 i 均为虚数单位. 利用直角坐标$(x,y,z)$与球坐标$(r,\theta,\phi)$的关系

$$x=r\sin\theta\cos\phi,\quad y=r\sin\theta\sin\phi,\quad z=r\cos\theta,\quad x^2+y^2+z^2=r^2$$

可以求得电子的轨道角动量在球坐标系中的表达式

$$\hat{l}_x=\mathrm{i}\left(\sin\phi\frac{\partial}{\partial\theta}+\cot\theta\cos\phi\frac{\partial}{\partial\phi}\right),\quad \hat{l}_y=-\mathrm{i}\left(\cos\phi\frac{\partial}{\partial\theta}-\cot\theta\sin\phi\frac{\partial}{\partial\phi}\right),\quad \hat{l}_z=-\mathrm{i}\frac{\partial}{\partial\phi} \tag{1.5.6}$$

$$\hat{l}^2=-\left(\frac{1}{\sin\theta}\frac{\partial}{\partial\theta}\left(\sin\theta\frac{\partial}{\partial\theta}\right)+\frac{1}{\sin^2\theta}\frac{\partial^2}{\partial\phi^2}\right) \tag{1.5.7}$$

根据量子力学原理，粒子的坐标与动量的对易关系为

$$q_j\hat{p}_k-\hat{p}_kq_j=\mathrm{i}\delta_{jk} \tag{1.5.8}$$

式中，$q_j$ 为坐标分量，$q_j=x,y,z$；$p_k$ 为动量分量，$p_k=p_x,p_y,p_z$；$\delta_{jk}$ 为 Kronecker 符号，即

$$\delta_{jk}=\begin{cases}0, & j\neq k\\ 1, & j=k\end{cases}$$

利用式(1.5.8)，易于求得电子轨道角动量的对易关系，即

$$\hat{l}_x\hat{l}_y-\hat{l}_y\hat{l}_x=\mathrm{i}\hat{l}_z,\qquad \hat{l}_y\hat{l}_z-\hat{l}_z\hat{l}_y=\mathrm{i}\hat{l}_x,\qquad \hat{l}_z\hat{l}_x-\hat{l}_x\hat{l}_z=\mathrm{i}\hat{l}_y \tag{1.5.9}$$

或者用量子 Poisson 括号表示为

$$\left[\hat{l}_x,\hat{l}_y\right]=\mathrm{i}\hat{l}_z,\qquad \left[\hat{l}_y,\hat{l}_z\right]=\mathrm{i}\hat{l}_x,\qquad \left[\hat{l}_z,\hat{l}_x\right]=\mathrm{i}\hat{l}_y \tag{1.5.10}$$

这里，量子 Poisson 括号的定义为

$$\left[\hat{l}_x,\hat{l}_y\right]=\hat{l}_x\hat{l}_y-\hat{l}_y\hat{l}_x \tag{1.5.11}$$

余类推. 对易关系(1.5.9)或(1.5.10)通常被概括为

$$\vec{l}\times\vec{l}=\mathrm{i}\vec{l} \tag{1.5.12}$$

利用量子 Poisson 括号恒等式

$$[A+B,C]=[A,C]+[B,C],\qquad [AB,C]=A[B,C]+[A,C]B \tag{1.5.13}$$

并利用式(1.5.4)和式(1.5.10)，易求得 $l^2$ 与各个分量均对易，即有

$$\left[\hat{l}^2,\hat{l}_x\right]=0,\qquad \left[\hat{l}^2,\hat{l}_y\right]=0,\qquad \left[\hat{l}^2,\hat{l}_z\right]=0 \tag{1.5.14}$$

除了绕核运动之外，电子还有一种内秉运动. 人们发现，表示这种内秉运动的物理量与绕核运动产生的轨道角动量具有相同的性质. 而角动量是旋转物体的一种物理属性，或者说，在经典力学中，只有旋转物体才具有角动量，据此，人们将电子的这种内秉运动称为自旋. 但是，如果将自旋理解为电子绕自身的轴旋转，则是不正确的，这是用经典图像来表示电子的内秉运动. 事实上，如果设想电子为均匀带电的小球，经典半径 $r_e=2.8\times10^{-13}\,\mathrm{cm}$，若要它的磁矩达到 $1\mu_B$ (Bohr 磁子)，则其表面旋转速度将超过光速[7]. 因此，我们只能说，自旋是电子的内秉属性，自旋角动量是内秉角动量，没有经典对应，不能给出类似式(1.5.5)或式(1.5.6)和式(1.5.7)那样的自旋角动量的坐标表达式. 自旋的物理含义只有在相对论量子力学中才能弄清楚. 有了这样的认识，对理解自旋会有所帮助. 依据实验事实，人们提出了关于自旋角动量的三个基本假定，下面列出其中的两个，另一个基本假定将在研究原子的磁相互作用时给出(见 1.9 节).

(1) 自旋角动量算符 $\hat{\vec{s}}=\vec{e}_1\hat{s}_x+\vec{e}_2\hat{s}_y+\vec{e}_3\hat{s}_z$ ($\vec{e}_1$、$\vec{e}_2$、$\vec{e}_3$ 分别为 $x$、$y$、$z$ 方向的单位向量)和 $\hat{s}^2=\hat{\vec{s}}\cdot\hat{\vec{s}}=\hat{s}_x^2+\hat{s}_y^2+\hat{s}_z^2$ 都是 Hermite 算符，并遵循与轨道角动量算符相同的对易规则，即

$$\left[\hat{s}_x,\hat{s}_y\right]=\mathrm{i}\hat{s}_z,\ \left[\hat{s}_y,\hat{s}_z\right]=\mathrm{i}\hat{s}_x,\ \left[\hat{s}_z,\hat{s}_x\right]=\mathrm{i}\hat{s}_y \tag{1.5.15}$$

$$\left[\hat{s}^2,\hat{s}_x\right]=0,\ \left[\hat{s}^2,\hat{s}_y\right]=0,\ \left[\hat{s}^2,\hat{s}_z\right]=0 \tag{1.5.16}$$

式(1.5.15)可概括为

$$\vec{s}\times\vec{s}=\mathrm{i}\vec{s} \tag{1.5.17}$$

(2) 单电子自旋角动量量子数 $s$ 只取一个值，$s=\frac{1}{2}$，自旋分量量子数 $m_s$ 可取两个值，$m_s=\pm\frac{1}{2}$. 因此，$\hat{s}^2$ 和 $\hat{s}_z$ 的共同本征函数只有两个，用 $\alpha$ 和 $\beta$ 表示，分别称为上自旋态和下自旋态，对于 $\hat{s}^2$ 来说这两个本征态是简并的，即有

$$\hat{s}^2\alpha=s(s+1)\alpha=\frac{1}{2}\left(\frac{1}{2}+1\right)\alpha,\quad \hat{s}^2\beta=s(s+1)\beta=\frac{1}{2}\left(\frac{1}{2}+1\right)\beta \tag{1.5.18}$$

$$\hat{s}_z\alpha=\frac{1}{2}\alpha,\quad \hat{s}_z\beta=-\frac{1}{2}\beta \tag{1.5.19}$$

函数中应该有变量，如空间波函数以坐标为变量. 自旋函数以量子数 $m_s$ 为变量，它们仅分别在 $m_s=\pm\frac{1}{2}$ 时有值. 我们规定

$$\alpha(m_s)=\delta_{m_s,1/2},\quad \beta(m_s)=\delta_{m_s,-1/2} \tag{1.5.20}$$

即

$$\alpha\left(\frac{1}{2}\right)=1,\ \alpha\left(-\frac{1}{2}\right)=0,\ \beta\left(\frac{1}{2}\right)=0,\ \beta\left(-\frac{1}{2}\right)=1 \tag{1.5.21}$$

于是有

$$\sum_{m_s=-1/2}^{1/2}\left|\alpha(m_s)\right|^2=1,\quad \sum_{m_s=-1/2}^{1/2}\left|\beta(m_s)\right|^2=1,\quad \sum_{m_s=-1/2}^{1/2}\alpha(m_s)\beta(m_s)=0 \tag{1.5.22}$$

这就是自旋函数的正交归一化表达式. 在这些表达式中，用求和代替了坐标函数正交归一化表达式中的积分. 可以看到，由于自旋函数 $\alpha$ 和 $\beta$ 属于 $s_z$ 的不同本征值，因而它们是正交的.

除了轨道角动量和自旋角动量之外，为了讨论问题方便，定义单电子的总角动量 $\vec{j}$

$$\vec{j}=\vec{l}+\vec{s}=\vec{e}_1 j_x+\vec{e}_2 j_y+\vec{e}_3 j_z \tag{1.5.23}$$

$$j^2=\vec{j}\cdot\vec{j}=j_x^2+j_y^2+j_z^2$$

式中，$\vec{e}_1$、$\vec{e}_2$、$\vec{e}_3$ 分别为 $x$、$y$、$z$ 方向的单位向量，且有

$$j_x=l_x+s_x,\ \ j_y=l_y+s_y,\ \ j_z=l_z+s_z \tag{1.5.24}$$

由于自旋角动量没有相应的坐标表达式，因此总角动量 $\vec{j}$ 也没有相应的坐标表达式. 利用轨道角动量和自旋角动量的对易关系，易于证明总角动量 $\vec{j}$ 满足与轨道角动量和自旋角动量相同的对易关系，即有

$$\left[\hat{j}_x, \hat{j}_y\right] = \mathrm{i}\hat{j}_z, \quad \left[\hat{j}_y, \hat{j}_z\right] = \mathrm{i}\hat{j}_x, \quad \left[\hat{j}_z, \hat{j}_x\right] = \mathrm{i}\hat{j}_y \tag{1.5.25}$$

$$\left[\hat{j}^2, \hat{j}_x\right] = 0, \quad \left[\hat{j}^2, \hat{j}_y\right] = 0, \quad \left[\hat{j}^2, \hat{j}_z\right] = 0 \tag{1.5.26}$$

式(1.5.25)可概括为

$$\vec{j} \times \vec{j} = \mathrm{i}\vec{j} \tag{1.5.27}$$

从以上讨论可以看到，尽管总角动量、轨道角动量和自旋角动量的具体表达式不同，但它们满足相同的对易规则，事实上，我们正是用对易规则来定义自旋角动量的，对易规则才是角动量最本质的内涵. 总角动量、轨道角动量和自旋角动量统称为角动量，并用一个统一的符号$\vec{b}$表示，即有

$$\vec{b} = \vec{e}_1 b_x + \vec{e}_2 b_y + \vec{e}_3 b_z, \quad b^2 = b_x^2 + b_y^2 + b_z^2 \tag{1.5.28}$$

式中，$\vec{e}_1$、$\vec{e}_2$、$\vec{e}_3$分别为$x$、$y$、$z$方向的单位向量. 对易关系为

$$\vec{b} \times \vec{b} = \mathrm{i}\vec{b} \tag{1.5.29}$$

$$\left[\hat{b}^2, \hat{b}_x\right] = 0, \quad \left[\hat{b}^2, \hat{b}_y\right] = 0, \quad \left[\hat{b}^2, \hat{b}_z\right] = 0 \tag{1.5.30}$$

### 1.5.2 角动量升降算符与角动量量子数

本小节中所有推导都仅利用对易关系，因此本小节的结论对所有满足对易要求的力学量都成立. 虽然从形式上看，我们的讨论是从单电子角动量开始的，但在推导过程中将仅利用单电子角动量的对易关系. 正是基于这样的考虑，这一节的标题中没有出现“单电子”，这意味着本小节的结论不仅适用于单电子的角动量，也适用于后面讨论的多电子体系的角动量.

由角动量算符$\vec{b}$定义以下两个算符

$$\hat{b}_+ = \hat{b}_x + \mathrm{i}\hat{b}_y, \quad \hat{b}_- = \hat{b}_x - \mathrm{i}\hat{b}_y \tag{1.5.31}$$

$\hat{b}_+$和$\hat{b}_-$分别称为角动量升算符和降算符，统称为阶梯算符. 利用式(1.5.28)、式(1.5.29)和式(1.5.30)，易于证明阶梯算符具有以下性质

$$\left[\hat{b}_+, \hat{b}^2\right] = 0, \quad \left[\hat{b}_-, \hat{b}^2\right] = 0 \tag{1.5.32}$$

$$\left[\hat{b}_z, \hat{b}_+\right] = \hat{b}_+, \quad \left[\hat{b}_z, \hat{b}_-\right] = -\hat{b}_- \tag{1.5.33}$$

$$\hat{b}^2 = \hat{b}_+\hat{b}_- - \hat{b}_z + \hat{b}_z^2 = \hat{b}_-\hat{b}_+ + \hat{b}_z + \hat{b}_z^2 \tag{1.5.34}$$

$$\hat{b}_\pm^+ = \hat{b}_\mp \tag{1.5.35}$$

由于$\hat{b}_x$、$\hat{b}_y$、$\hat{b}_z$均代表角动量(可观测力学量)，因此它们都是 Hermite 算符，即有$\hat{b}_x^+ = \hat{b}_x$，$\hat{b}_y^+ = \hat{b}_y$，$\hat{b}_z^+ = \hat{b}_z$，故有式(1.5.35). 式(1.5.35)表明，$\hat{b}_+$和$\hat{b}_-$都不是 Hermite 算符，二者互为转置共轭算符.

角动量为矢量，经典力学中用两个特征量来描述一个矢量，即矢量的模和矢量的方向. 可以看到，量子力学中用同样的两个特征量来描述矢量. $\hat{b}^2$是角动量矢量$\vec{b}$的模方，$\hat{b}_x$、$\hat{b}_y$、$\hat{b}_z$则是$\vec{b}$的分量，它们决定$\vec{b}$的方向. 与经典力学不同的是，$\hat{b}_x$、$\hat{b}_y$、$\hat{b}_z$之间并不对易[见式(1.5.29)]，但$\hat{b}^2$与$\hat{b}_x$、$\hat{b}_y$、$\hat{b}_z$都对易[见式(1.5.30)]，当考虑对易算符的集合时，只能选择$\hat{b}^2$与$\hat{b}_x$、$\hat{b}_y$、$\hat{b}_z$中

的一个作为集合成员，习惯上选择$\hat{b}_z$，同时用升降算符$\hat{b}_+$和$\hat{b}_-$来考虑另外两个分量$\hat{b}_x$、$\hat{b}_y$的作用. 下面将利用对易关系导出角动量量子数的可能取值，并给出升降算符的性质.

如上所述，$\hat{b}^2$与$\hat{b}_z$对易，因而它们有共同本征函数，以$Y$表示它们的共同本征函数，即有

$$\hat{b}_z Y = dY \tag{1.5.36}$$

$$\hat{b}^2 Y = cY \tag{1.5.37}$$

式中，$d$、$c$分别为相应算符的本征值，现在利用阶梯算符求出本征值$d$和$c$. 用$\hat{b}_+$作用于式(1.5.36)两边，有

$$\hat{b}_+\hat{b}_z Y = \hat{b}_+ dY = d\hat{b}_+ Y$$

上式左边利用式(1.5.33)，有

$$\left(\hat{b}_z\hat{b}_+ - \hat{b}_+\right)Y = d\hat{b}_+ Y$$

可写作

$$\hat{b}_z\left(\hat{b}_+ Y\right) = (d+1)\left(\hat{b}_+ Y\right) \tag{1.5.38}$$

这表明，在$\hat{b}_+$作用下得到的新函数$Y' = \left(\hat{b}_+ Y\right)$也是$\hat{b}_z$的本征函数，本征值增加 1，这正是将$\hat{b}_+$称为升算符的原因. 再用$\hat{b}_+$作用于式(1.5.38)两边，有

$$\hat{b}_+\hat{b}_z\left(\hat{b}_+ Y\right) = \hat{b}_+(d+1)\left(\hat{b}_+ Y\right)$$

左边利用式(1.5.33)，有

$$\left(\hat{b}_z\hat{b}_+ - \hat{b}_+\right)\left(\hat{b}_+ Y\right) = (d+1)\left(\hat{b}_+^2 Y\right)$$

故有

$$\hat{b}_z\left(\hat{b}_+^2 Y\right) = (d+2)\left(\hat{b}_+^2 Y\right) \tag{1.5.39}$$

重复以上过程，假定用$\hat{b}_+$作用$k$次，则有

$$\hat{b}_z\left(\hat{b}_+^k Y\right) = (d+k)\left(\hat{b}_+^k Y\right), \quad k = 0,1,2,\cdots \tag{1.5.40}$$

同样可证

$$\hat{b}_z\left(\hat{b}_- Y\right) = (d-1)\left(\hat{b}_- Y\right) \tag{1.5.41}$$

$$\hat{b}_z\left(\hat{b}_-^k Y\right) = (d-k)\left(\hat{b}_-^k Y\right), \quad k = 0,1,2,\cdots \tag{1.5.42}$$

可见，$\hat{b}_+^k Y$、$\hat{b}_-^k Y$都是$\hat{b}_z$的本征函数，本征值分别为$d+k$、$d-k$. 现在要证明，$\hat{b}_\pm^k Y$也是$\hat{b}^2$的本征函数，本征值不变，仍为式(1.5.37)中的$c$. 由式(1.5.13)和式(1.5.32)有

$$\left[\hat{b}^2, \hat{b}_\pm^2\right] = \left[\hat{b}^2, \hat{b}_\pm\right]\hat{b}_\pm + \hat{b}_\pm\left[\hat{b}^2, \hat{b}_\pm\right] = 0 \tag{1.5.43}$$

于是，由归纳法，有

$$\left[\hat{b}^2, \hat{b}_\pm^k\right] = 0$$

或写作

$$\hat{b}^2\hat{b}_\pm^k = \hat{b}_\pm^k\hat{b}^2 \tag{1.5.44}$$

用$\hat{b}_{\pm}^{k}$作用于式(1.5.37)两边，利用式(1.5.44)，有

$$\hat{b}^2\left(\hat{b}_{\pm}^{k}Y\right)=c\left(\hat{b}_{\pm}^{k}Y\right) \tag{1.5.45}$$

因此，$\hat{b}_{\pm}^{k}Y$仍是$\hat{b}^2$的本征函数，本征值不变. 将式(1.5.40)写作

$$\hat{b}_z Y_k = d_k Y_k \tag{1.5.46}$$

其中

$$Y_k=\hat{b}_{+}^{k}Y,\quad d_k=d+k \tag{1.5.47}$$

用$\hat{b}_z$作用于式(1.5.46)两边，有

$$\hat{b}_z^2 Y_k = d_k^2 Y_k \tag{1.5.48}$$

将式(1.5.45)和式(1.5.48)两式相减，有

$$\left(\hat{b}^2-\hat{b}_z^2\right)Y_k=\left(c-d_k^2\right)Y_k \tag{1.5.49}$$

即

$$\left(\hat{b}_x^2+\hat{b}_y^2\right)Y_k=\left(c-d_k^2\right)Y_k$$

算符$\left(\hat{b}_x^2+\hat{b}_y^2\right)$为正算符，其本征值不小于零，即有

$$c-d_k^2\geqslant 0$$

于是有

$$\sqrt{c}\geqslant|d_k|,\quad \sqrt{c}\geqslant d_k\geqslant-\sqrt{c},\quad k=0,1,2,\cdots \tag{1.5.50}$$

式(1.5.47)表明，$d_k$随$k$变化，但$c$为常数，因此式(1.5.50)给出了$d_k$的上下限，用$d_{\max}$和$d_{\min}$表示$d_k$的上下限，并用$Y_{\max}$和$Y_{\min}$表示相应的本征函数，即有

$$\hat{b}_z Y_{\max}=d_{\max}Y_{\max},\quad \hat{b}_z Y_{\min}=d_{\min}Y_{\min} \tag{1.5.51}$$

以$\hat{b}_{+}$作用于式(1.5.51)第一式两边，有

$$\hat{b}_{+}\hat{b}_z Y_{\max}=d_{\max}\hat{b}_{+}Y_{\max} \tag{1.5.52}$$

利用式(1.5.33)，有

$$\hat{b}_z\left(\hat{b}_{+}Y_{\max}\right)=\left(d_{\max}+1\right)\left(\hat{b}_{+}Y_{\max}\right) \tag{1.5.53}$$

式(1.5.53)与$d_{\max}$为$d_k$的上限相矛盾，故$\hat{b}_{+}Y_{\max}$必须为零，即

$$\hat{b}_{+}Y_{\max}=0 \tag{1.5.54}$$

故有

$$\hat{b}_{-}\hat{b}_{+}Y_{\max}=0 \tag{1.5.55}$$

利用式(1.5.34)，式(1.5.55)可写为

$$\left(b^2-b_z^2-b_z\right)Y_{\max}=0$$

式(1.5.45)表明，$\hat{b}_{\pm}^{k}Y$仍是$\hat{b}^2$的本征函数，本征值不变. 于是有

$$\left(c-d_{\max}^2-d_{\max}\right)Y_{\max}=0$$

故有

$$c = d_{\max}^2 + d_{\max} \tag{1.5.56}$$

同样可推得

$$\hat{b}_- Y_{\min} = 0 \tag{1.5.57}$$

$$c = d_{\min}^2 - d_{\min} \tag{1.5.58}$$

由式(1.5.56)和式(1.5.58)，有

$$\left(d_{\max}^2 + d_{\max}\right) + \left(d_{\min} - d_{\min}^2\right) = 0 \tag{1.5.59}$$

可写作

$$\left(d_{\max} + d_{\min}\right)\left(d_{\max} - d_{\min} + 1\right) = 0$$

故有

$$d_{\max} = -d_{\min} \tag{1.5.60}$$

$$d_{\max} = d_{\min} - 1 \tag{1.5.61}$$

式(1.5.61)显然不合理，仅保留式(1.5.60). 由式(1.5.47)知，$d$ 值每步的变化为 1，因此，$d_{\max}$ 和 $d_{\min}$ 之差为整数，即

$$d_{\max} - d_{\min} = n, \quad n = 0,1,2,\cdots \tag{1.5.62}$$

将式(1.5.60)代入式(1.5.62)，有

$$d_{\max} = \frac{n}{2} \tag{1.5.63}$$

令

$$b = \frac{n}{2} \tag{1.5.64}$$

注意到式(1.5.60)，有

$$d_{\max} = b, \qquad d_{\min} = -b\,, \qquad b = 0,\frac{1}{2},1,\frac{3}{2},\cdots \tag{1.5.65}$$

$d$ 值从 $-b$ 起，每次增加 1，逐级增加到 $b$. 令

$$d = m_b, \qquad m_b = -b,-b+1,\cdots,b-1,b \tag{1.5.66}$$

将式(1.5.65)第一式代入式(1.5.56)，有

$$c = b\left(b+1\right) \tag{1.5.67}$$

将式(1.5.65)代入式(1.5.36)，式(1.5.67)代入式(1.5.37)，可得角动量本征值方程

$$\hat{b}_z Y = m_b Y, \qquad m_b = -b,-b+1,\cdots,b-1,b \tag{1.5.68}$$

$$\hat{b}^2 Y = b\left(b+1\right)Y, \qquad b = 0,\frac{1}{2},1,\frac{3}{2},\cdots \tag{1.5.69}$$

到这里可以看到，式(1.5.64)中引入的 $b$ 原来是角动量 $\vec{b}$ 的量子数. 用同一个字母表示角动量和它的量子数，这样做不会引起混淆，反而有利于看清算符与其量子数的关系. 还可以看到角动量量子数只可能为非负整数或半整数，而不可能取其他值. 例如，单电子轨道角动量量子数为非负整数，而自旋角动量量子数为半整数. 1.3.2 节曾指出，自然界中的粒子根据其自旋值为非负整数或半整数分为 Bose 子和 Fermi 子两种. 这里的结果表明，自然界中的确只有这两种粒子. 为了便于

讨论，用 $Y_{bm_b}$ 表示角动量 $\hat{b}^2$ 和 $\hat{b}_z$ 的共同本征函数，并假定 $Y_{bm_b}\left(m_b=-b,-b+1,\cdots,b-1,b\right)$ 都已正交归一化. 即用 $Y_{bm_b}$ 代替式(1.5.68)和式(1.5.69)中的 $Y$，这样做使得 $Y$ 的意义更加明确，而没有引起其他变化.

由式(1.5.32)和式(1.5.69)，有

$$\hat{b}^2\left(\hat{b}_{\pm}Y_{bm_b}\right)=\hat{b}_{\pm}\left(\hat{b}^2Y_{bm_b}\right)=b(b+1)\left(\hat{b}_{\pm}Y_{bm_b}\right) \tag{1.5.70}$$

这表明，$\hat{b}_{\pm}Y_{bm_b}$ 仍然是 $\hat{b}^2$ 的本征函数，本征值不变. 由式(1.5.38)，有

$$\hat{b}_z\left(\hat{b}_{+}Y_{bm_b}\right)=\left(m_b+1\right)\left(\hat{b}_{+}Y_{bm_b}\right) \tag{1.5.71}$$

因此，$\hat{b}_{+}Y_{bm_b}$ 也是 $\hat{b}_z$ 的本征函数，但与 $Y_{bm_b}$ 相比，$\hat{b}_{+}Y_{bm_b}$ 所对应的本征值增加 1，即本征值为 $\left(m_b+1\right)$. 但 $\hat{b}_z$ 的本征函数 $Y_{bm_b+1}$ 只有一个，因此二者之间只能相差一个常数，即有

$$\hat{b}_{+}Y_{bm_b}=gY_{bm_b+1} \tag{1.5.72}$$

两边各做内积，有

$$\left\langle \hat{b}_{+}Y_{bm_b}\middle|\hat{b}_{+}Y_{bm_b}\right\rangle=g^2$$

由式(1.5.35)，有

$$\left\langle Y_{bm_b}\middle|\hat{b}_{-}\hat{b}_{+}Y_{bm_b}\right\rangle=g^2$$

利用式(1.5.34)，上式可写为

$$\left\langle Y_{bm_b}\middle|\left(\hat{b}^2-\hat{b}_z-\hat{b}_z^2\right)Y_{bm_b}\right\rangle=\left[b(b+1)-m_b-m_b^2\right]=\left(b+m_b+1\right)\left(b-m_b\right)=g^2$$

故有

$$g=\sqrt{\left(b+m_b+1\right)\left(b-m_b\right)} \tag{1.5.73}$$

代入式(1.5.72)，有

$$\hat{b}_{+}Y_{bm_b}=\sqrt{\left(b+m_b+1\right)\left(b-m_b\right)}\,Y_{bm_b+1} \tag{1.5.74}$$

同样可得

$$\hat{b}_{-}Y_{bm_b}=\sqrt{\left(b-m_b+1\right)\left(b+m_b\right)}\,Y_{bm_b-1} \tag{1.5.75}$$

前面已经指出，本小节的推导中仅仅利用了角动量的对易关系，并未涉及角动量的具体表达式，因此所得结果对单电子的轨道角动量 $\vec{l}$、$\hat{l}^2$，自旋角动量 $\vec{s}$、$\hat{s}^2$，以及总角动量 $\vec{j}$、$\hat{j}^2$ 都是成立的. 将上述公式用于研究某种具体角动量时，只要将 $\vec{b}$、$\hat{b}^2$ 及相应本征值用所研究的具体角动量及相应本征值替换即可. 此外，在讨论单电子自旋角动量时，我们做出了两个基本假定，现在看来，这两个基本假定是自洽的. 因为在假定自旋角动量满足的对易关系后，我们又假定自旋量子数只取一个值，即 $s=\dfrac{1}{2}$，根据上面的推导，这个值的确是存在的. 这时，自旋分量只有两个值，$m_s=\pm\dfrac{1}{2}$.

下面将介绍多电子体系的总轨道角动量 $\vec{L}$、$\hat{L}^2$，总自旋角动量 $\vec{S}$、$\hat{S}^2$，以及总角动量 $\vec{J}$、$\hat{J}^2$，这些角动量都满足与单电子角动量相同的对易关系，因而以上结果对这些角动量也都是成立的.

### 1.5.3 多电子体系的角动量：总轨道角动量、总自旋角动量和总角动量

经典力学中，多个质点关于某一点的总角动量等于每一质点角动量的矢量和，量子力学中这一关系仍然保持，只不过要将有关的力学量用相应的算符表示. 因此，多电子体系电子的总轨道角动量为

$$\vec{L}=\sum_{i=1}^{N}\vec{l}(i) \tag{1.5.76}$$

同样，总自旋角动量和总角动量分别为

$$\vec{S}=\sum_{i=1}^{N}\vec{s}(i) \tag{1.5.77}$$

$$\vec{J}=\sum_{i=1}^{N}\vec{j}(i) \tag{1.5.78}$$

它们在 $z$ 轴方向的分量分别为

$$\hat{L}_z=\sum_{i}\hat{l}_z(i) \tag{1.5.79}$$

$$\hat{S}_z=\sum_{i}\hat{s}_z(i) \tag{1.5.80}$$

$$\hat{J}_z=\sum_{i}\hat{j}_z(i) \tag{1.5.81}$$

以上各式中，$\vec{l}(i)$、$\vec{s}(i)$ 和 $\vec{j}(i)$ 分别为第 $i$ 电子的轨道角动量、自旋角动量和总角动量，$\hat{l}_z(i)$、$\hat{s}_z(i)$ 和 $\hat{j}_z(i)$ 分别为它们在 $z$ 轴方向的分量算符. 这里，用大写字母表示多电子体系总的力学量算符，而用相应的小写字母表示单电子的相应力学量算符.

同样可以给出 $\hat{L}_x$、$\hat{L}_y$、$\hat{S}_x$、$\hat{S}_y$、$\hat{J}_x$、$\hat{J}_y$ 的表达式，且有

$$\hat{L}^2=\vec{L}\cdot\vec{L}=\hat{L}_x^2+\hat{L}_y^2+\hat{L}_z^2,\qquad \hat{S}^2=\vec{S}\cdot\vec{S}=\hat{S}_x^2+\hat{S}_y^2+\hat{S}_z^2 \tag{1.5.82}$$

$$\hat{J}^2=\vec{J}\cdot\vec{J}=\hat{J}_x^2+\hat{J}_y^2+\hat{J}_z^2 \tag{1.5.83}$$

由式(1.5.23)，也可将式(1.5.78)和式(1.5.81)写作

$$\vec{J}=\vec{L}+\vec{S} \tag{1.5.84}$$

$$\hat{J}_z=\hat{L}_z+\hat{S}_z \tag{1.5.85}$$

从形式上看，式(1.5.78)和式(1.5.84)是总角动量 $\vec{J}$ 的两种表示方法，但它们的物理意义不同. 式(1.5.78)表示先将单电子的轨道角动量和自旋角动量耦合，得到单电子的总角动量，然后将单电子的总角动量耦合得到体系的总角动量，式(1.5.84)表示先将单电子的轨道角动量和自旋角动量分别耦合，得到体系的总轨道角动量和总自旋角动量，然后将总轨道角动量和总自旋角动量耦合得到体系的总角动量. 在研究原子的电子结构时，这两种耦合方式将用于不同的场合.

由单电子角动量的对易关系，易于证明以上三个角动量满足同样的对易规则，即有

$$\left[\hat{L}_x,\hat{L}_y\right]=\mathrm{i}\hat{L}_z,\quad \left[\hat{L}_y,\hat{L}_z\right]=\mathrm{i}\hat{L}_x,\quad \left[\hat{L}_z,\hat{L}_x\right]=\mathrm{i}\hat{L}_y \tag{1.5.86}$$

$$\left[\hat{S}_x,\hat{S}_y\right]=\mathrm{i}\hat{S}_z\,,\quad \left[\hat{S}_y,\hat{S}_z\right]=\mathrm{i}\hat{S}_x\,,\quad \left[\hat{S}_z,\hat{S}_x\right]=\mathrm{i}\hat{S}_y \tag{1.5.87}$$

$$\left[\hat{J}_x,\hat{J}_y\right]=\mathrm{i}\hat{J}_z\,,\quad \left[\hat{J}_y,\hat{J}_z\right]=\mathrm{i}\hat{J}_x\,,\quad \left[\hat{J}_z,\hat{J}_x\right]=\mathrm{i}\hat{J}_y \tag{1.5.88}$$

以上对易关系概括为

$$\vec{L}\times\vec{L}=\mathrm{i}\,\vec{L}\,,\qquad \vec{S}\times\vec{S}=\mathrm{i}\,\vec{S}\,,\quad \vec{J}\times\vec{J}=\mathrm{i}\,\vec{J} \tag{1.5.89}$$

式(1.5.86)～式(1.5.89)中的 i 为复数单位，$\mathrm{i}^2=-1$. 由于以上三个角动量满足同样的对易关系，因此将它们统称为角动量，并用同一个符号 $\vec{B}$ 表示，且有

$$\hat{B}^2=\vec{B}\cdot\vec{B}=\hat{B}_x^2+\hat{B}_y^2+\hat{B}_z^2 \tag{1.5.90}$$

定义升算符和降算符为

$$\hat{B}_+=\hat{B}_x+\mathrm{i}\hat{B}_y\,,\qquad \hat{B}_-=\hat{B}_x-\mathrm{i}\hat{B}_y \tag{1.5.91}$$

$\hat{B}_x$ 和 $\hat{B}_y$ 分别为角动量算符 $\vec{B}$ 的 $x$ 分量和 $y$ 分量，它们与单电子角动量算符的关系分别为

$$\hat{B}_x=\sum_j\hat{b}_x(j)\,,\quad \hat{B}_y=\sum_j\hat{b}_y(j)\,,\quad \hat{B}_z=\sum_j\hat{b}_z(j) \tag{1.5.92}$$

$$\hat{B}_+=\sum_j\hat{b}_+(j)\,,\quad \hat{B}_-=\sum_j\hat{b}_-(j) \tag{1.5.93}$$

由式(1.5.35)易知，$\hat{B}_+$ 和 $\hat{B}_-$ 互为转置共轭算符，

$$\hat{B}_+^+=\hat{B}_-\,,\quad \hat{B}_-^+=\hat{B}_+ \tag{1.5.94}$$

类似式(1.5.32)～式(1.5.34)，我们有

$$\left[\hat{B}^2,\hat{B}_+\right]=0\,,\qquad \left[\hat{B}^2,\hat{B}_-\right]=0 \tag{1.5.95}$$

$$\left[\hat{B}_z,\hat{B}_+\right]=\hat{B}_+\,,\quad \left[\hat{B}_z,\hat{B}_-\right]=-\hat{B}_- \tag{1.5.96}$$

$$\hat{B}^2=\hat{B}_+\hat{B}_--\hat{B}_z+\hat{B}_z^2=\hat{B}_-\hat{B}_++\hat{B}_z+\hat{B}_z^2 \tag{1.5.97}$$

为了以后推导公式方便，我们给出以下公式. 由式(1.5.93)，有

$$\hat{B}_+\hat{B}_-=\left(\sum_j\hat{b}_+(j)\right)\left(\sum_k\hat{b}_-(k)\right)=\sum_j\hat{b}_+(j)\hat{b}_-(j)+\sum_{j\neq k}\hat{b}_+(j)\hat{b}_-(k) \tag{1.5.98}$$

式中，右边的第一个求和是把指标 $j=k$ 的项 $\hat{b}_+(j)$ 和 $\hat{b}_-(j)$ 收集在一起，第二个求和则包括所有 $j\neq k$ 的 $\hat{b}_+(j)$ 和 $\hat{b}_-(k)$ 项.

同样有

$$\hat{B}_-\hat{B}_+=\left(\sum_j\hat{b}_-(j)\right)\left(\sum_k\hat{b}_+(k)\right)=\sum_j\hat{b}_-(j)\hat{b}_+(j)+\sum_{j\neq k}\hat{b}_-(j)\hat{b}_+(k) \tag{1.5.99}$$

假定 $\boldsymbol{\Psi}_{BM_B}$ 是角动量平方 $\hat{B}^2$ 及分量 $\hat{B}_z$ 共同的归一化本征函数，按照式(1.5.68)和式(1.5.69)，应有

$$\hat{B}_z\boldsymbol{\Psi}_{BM_B}=M_B\boldsymbol{\Psi}_{BM_B}\,,\qquad \hat{B}^2\boldsymbol{\Psi}_{BM_B}=B(B+1)\boldsymbol{\Psi}_{BM_B} \tag{1.5.100}$$

仿照式(1.5.74)、式(1.5.75)和式(1.5.70)，有

$$\hat{B}_{+}\boldsymbol{\Psi}_{BM_B}=\sqrt{(B+M_B+1)(B-M_B)}\,\boldsymbol{\Psi}_{BM_B+1} \tag{1.5.101}$$

$$\hat{B}_{-}\boldsymbol{\Psi}_{BM_B}=\sqrt{(B-M_B+1)(B+M_B)}\,\boldsymbol{\Psi}_{BM_B-1} \tag{1.5.102}$$

$$\hat{B}^2\left(\hat{B}_{\pm}\boldsymbol{\Psi}_{BM_B}\right)=B(B+1)\left(\hat{B}_{\pm}\boldsymbol{\Psi}_{BM_B}\right) \tag{1.5.103}$$

式(1.5.101)和式(1.5.102)中带根号的项为归一化因子. 将上述公式用于研究某种具体角动量时，只要将 $\hat{B}_{\pm}$、$\hat{B}^2$ 及相应本征值用所研究的具体角动量及其相应本征值替换即可. 由式(1.5.101)～式(1.5.103)可见，$\boldsymbol{\Psi}_{BM_B}$ 经 $\hat{B}_{+}$ 或 $\hat{B}_{-}$ 作用后仍然是角动量平方 $\hat{B}^2$ 及分量 $\hat{B}_z$ 的本征函数，$\hat{B}^2$ 的本征值不变，但 $\hat{B}_z$ 的本征值将增大或减小 1，这正是它们分别称为升算符、降算符的原因. 因此，$\boldsymbol{\Psi}_{BM_B}$ 和 $\hat{B}_{+}\boldsymbol{\Psi}_{BM_B}$ 或 $\hat{B}_{-}\boldsymbol{\Psi}_{BM_B}$ 不再是 $\hat{B}_z$ 的属于同一本征值的本征函数.

### 1.5.4　角动量加和规则

式(1.5.76)～式(1.5.78)表明，原子体系电子的总角动量分别由单电子相应的角动量加和得到，要确定电子总角动量的可能取值(量子数)，需要用到角动量加和规则，即矢量加法规则.

首先考虑两个角动量的耦合，设 $\vec{B}_1$ 和 $\vec{B}_2$ 为两个角动量算符，二者的和为角动量算符 $\vec{B}_{12}$，即

$$\vec{B}_{12}=\vec{B}_1+\vec{B}_2 \tag{1.5.104}$$

假定 $\vec{B}_1$ 和 $\vec{B}_2$ 的量子数分别为 $B_1$ 和 $B_2$，则角动量 $\vec{B}_{12}$ 的量子数 $B_{12}$ 的可取值为

$$B_{12}=B_1+B_2, B_1+B_2-1,\cdots,|B_1-B_2| \tag{1.5.105}$$

即 $B_{12}$ 的最大值为 $B_1+B_2$，最小值为 $|B_1-B_2|$，相邻两个数值相差 1.

三个角动量 $\vec{B}_1$、$\vec{B}_2$、$\vec{B}_3$ 耦合的结果可用以下方法得到：首先求 $\vec{B}_1$ 与 $\vec{B}_2$ 的和 $\vec{B}_{12}$，然后求 $\vec{B}_{12}$ 与 $\vec{B}_3$ 的和 $\vec{B}_{123}$，即

$$\vec{B}_{123}=\vec{B}_{12}+\vec{B}_3 \tag{1.5.106}$$

将式(1.5.105)给出的 $B_{12}$ 的每一个可取值与 $B_3$ 值再按矢量加法规则[即式(1.5.105)]分别求和，就可得到 $B_{123}$ 的全部取值. $N$ 个角动量耦合的结果可按以上方法依次类推.

需要指出的是，当有三个以上的角动量加和时，所得总角动量的某一量子数可能重复出现. 例如，如果 $B_1$=1，$B_2$=1，$B_3$=1，按式(1.5.105)，$B_{12}$ 可取 2、1、0 三个值. 按式(1.5.106)计算 $B_{123}$ 的可取值时，先用 $B_{12}$ 的第一个值与 $B_3$ 相加，得到 $B_{123}$ 的可取值为 3、2、1. 再用 $B_{12}$ 的第二个值与 $B_3$ 相加，得到 $B_{123}$ 的可取值为 2、1、0. 最后用 $B_{12}$ 的第三个值与 $B_3$ 相加，得到 $B_{123}$ 的可取值为 1. $B_{123}$ 的最终取值为

$$B_{123}=3,2,2,1,1,1,0 \tag{1.5.107}$$

可见，量子数 2 和 1 都出现了多次. 某一量子数重复出现代表角动量的不同耦合方式，对应着不同的量子态，因而有不同的波函数. 简言之，同一量子数可以对应不同的量子态，这一结果在讨论光谱项时将会用到.

## 1.6　原子的壳层电子结构与电子组态

原子中的电子按壳层分布，即原子具有壳层电子结构，这是人们熟知的，本节将较为深

入地研究原子的壳层电子结构，弄清壳层结构的量子力学基础.

除类氢原子外，其他原子都含有两个以上电子，称为多电子原子. 为了更好地理解多电子原子的电子结构，首先简要回顾有关类氢原子电子运动的描述.

### 1.6.1 类氢原子

类氢原子只含有一个电子，其 Hamilton 算符为

$$\hat{h}=-\frac{1}{2}\nabla^2-\frac{Z}{r} \tag{1.6.1}$$

式中，$Z$ 为核电荷数. 电子运动的定态 Schrödinger 方程为

$$\hat{h}\psi=\varepsilon\psi \tag{1.6.2}$$

本节中凡涉及单电子的算符、能级或波函数时，相应的量均用小写的英文或希腊字母标记，而涉及多电子的算符、能级或波函数时，相应的量均用大写的英文或希腊字母标记. 式(1.6.1)中的势函数$\left(-\frac{1}{r}\right)$具有球对称性，称为中心力场. 电子在中心力场中运动，应当选用球坐标系求解运动方程，电子的空间坐标用$(r,\theta,\phi)$表示. Laplace 算符 $\nabla^2$ 在球坐标系中的表达式为(第 3 章将给出推导过程)

$$\nabla^2=\frac{1}{r^2}\frac{\partial}{\partial r}\left(r^2\frac{\partial}{\partial r}\right)+\frac{1}{r^2\sin\theta}\frac{\partial}{\partial\theta}\left(\sin\theta\frac{\partial}{\partial\theta}\right)+\frac{1}{r^2\sin^2\theta}\frac{\partial^2}{\partial\phi^2} \tag{1.6.3}$$

将式(1.5.7)给出的电子轨道角动量平方算符 $\hat{l}^2$ 的表达式

$$\hat{l}^2=-\left\{\frac{1}{\sin\theta}\frac{\partial}{\partial\theta}\left(\sin\theta\frac{\partial}{\partial\theta}\right)+\frac{1}{\sin^2\theta}\frac{\partial^2}{\partial\phi^2}\right\} \tag{1.6.4}$$

代入式(1.6.3)，则方程(1.6.2)变为

$$\left\{-\frac{1}{2}\frac{1}{r^2}\frac{\mathrm{d}}{\mathrm{d}r}\left(r^2\frac{\mathrm{d}}{\mathrm{d}r}\right)+\frac{\hat{l}^2}{2r^2}-\frac{Z}{r}\right\}\psi(r,\theta,\phi)=\varepsilon\psi(r,\theta,\phi) \tag{1.6.5}$$

方程(1.6.5)中的 Hamilton 量实际上是径向部分和角度部分的直和，因此方程(1.6.5)可以分离变量，得到波函数的径向部分和角度部分分别满足的方程

$$\left\{-\frac{1}{2}\frac{1}{r^2}\frac{\mathrm{d}}{\mathrm{d}r}\left(r^2\frac{\mathrm{d}}{\mathrm{d}r}\right)+\frac{l(l+1)}{2r^2}-\frac{Z}{r}\right\}R(r)=\varepsilon R(r) \tag{1.6.6}$$

$$\hat{l}^2Y_{lm}(\theta,\phi)=l(l+1)Y_{lm}(\theta,\phi) \tag{1.6.7}$$

注意：电子能级$\varepsilon$包含在方程(1.6.6)中，求解方程(1.6.6)和方程(1.6.7)，得到能级和波函数

$$\varepsilon_n=-\frac{Z^2}{2n^2}, \qquad n=1,2,\cdots \tag{1.6.8}$$

$$\psi_{nlm_lm_s}(r,\theta,\phi,m_s)=R_{nl}(r)Y_{lm_l}(\theta,\phi)\sigma(m_s) \tag{1.6.9}$$

$$n=1,2,\cdots, \quad l=0,1,\cdots,(n-1), \quad m_l=0,\pm1,\cdots,\pm l, \quad m_s=\pm\frac{1}{2}$$

式中，$R_{nl}(r)$为归一化径向波函数，其表达式为

$$R_{nl}(r)=Ne^{\frac{-\rho}{2}}\rho^{l}L_{n+1}^{2l+1}(\rho),\qquad \rho=\frac{2Z}{n}r \tag{1.6.10}$$

其中，$N$ 为归一化因子，$L_{n+1}^{2l+1}(\rho)$ 为连带 Laguerre 多项式，它们的表达式分别为

$$N=\sqrt{\left(\frac{2Z}{n}\right)^{3}\frac{(n-l-1)!}{2n\left[(n+l)!\right]^{3}}} \tag{1.6.11}$$

$$L_{n+1}^{2l+1}(\rho)=\sum_{k=0}^{n-l-1}(-1)^{k+1}\frac{\left[(n+l)!\right]^{2}}{(n-l-1-k)!(2l+1+k)!k!}\rho^{k} \tag{1.6.12}$$

角度部分 $Y_{lm_l}(\theta,\phi)$ 为归一化球谐函数，其表达式为

$$Y_{lm_l}(\theta,\phi)=N'P_l^{|m|}(\cos\theta)\exp(-\mathrm{i}m\phi) \tag{1.6.13}$$

其中，$N'$ 为归一化因子，$P_l^{|m|}$ 为连带 Legendre 函数，它们的表达式分别为

$$N'=(-1)^{m}\sqrt{\frac{(2l+1)(l-|m|)!}{4\pi(l+|m|)!}} \tag{1.6.14}$$

$$P_l^{|m|}(x)=\frac{1}{2^{l}l!}\left(1-x^{2}\right)^{\frac{|m|}{2}}\frac{\mathrm{d}^{l+|m|}}{\mathrm{d}x^{l+|m|}}\left(x^{2}-1\right)^{l} \tag{1.6.15}$$

$\sigma(m_s)$ 为自旋函数，$m_s=\frac{1}{2}$ 和 $-\frac{1}{2}$ 时，分别记作 $\alpha$ 和 $\beta$，即

$$\sigma\left(\frac{1}{2}\right)=\alpha,\qquad \sigma\left(-\frac{1}{2}\right)=\beta \tag{1.6.16}$$

式(1.6.9)中的 $\psi_{nlm_lm_s}(r,\theta,\phi,m_s)$ 描述单电子的运动状态，又称轨道. 每一轨道都由四个量子数 $\{n,l,m_l,m_s\}$ 确定或者说用四个量子数 $\{n,l,m_l,m_s\}$ 标记. 反过来，给定这四个量子数也就唯一确定了一个轨道，即确定了电子的一个运动状态. $n$ 称为主量子数，它决定体系的能量，即方程(1.6.2)中 Hamilton 算符 $\hat{h}$ 的本征值. $l$ 称为角量子数，它给出电子轨道角动量平方算符 $\hat{l}^2$ 的本征值，该值为 $l(l+1)$. $m_l$ 称为磁量子数，它是轨道角动量 $z$ 分量算符 $\hat{l}_z$ 的本征值. $m_s$ 为自旋量子数，是电子自旋角动量 $z$ 分量算符 $\hat{s}_z$ 的本征值.

通常用符号 s, p, d, f, g, ⋯ 依次代表 $l=0,1,2,3,4,\cdots$ 的轨道. 例如，$n=1$、$l=0$ 的轨道记作 1s，$n=2$、$l=1$ 的轨道记作 2p，等等.

上述结果都是通过求解类氢原子的定态 Schrödinger 方程得到的，下面对这些结果作进一步分析.

首先分析电子能级. 由方程(1.6.6)可见，能量 $\varepsilon$ 和径向函数 $R(r)$ 应该与量子数 $m_l$ 和 $m_s$ 无关，因为方程(1.6.6)中不包含这两个量子数. 但该方程中包含角量子数 $l$，$l$ 取不同值时，方程的解 $\varepsilon$ 和 $R(r)$ 应有所不同，因此 $\varepsilon$ 和 $R(r)$ 都应与 $l$ 有关，这是可以理解的，因为转动状态($l$ 标记转动状态)会影响能级. 但式(1.6.8)表明，电子能级只与主量子数 $n$ 有关而与角量子数 $l$ 无关. 为了更好地理解后面将要讨论的多电子原子的能级结构，有必要对这一现象做简要说明. 式(1.6.1)的 Hamilton 算符具有球对称性($O_3$ 群对称性)，它反映了类氢原子的外部几何特性，根据这一特性，类氢原子的能级不仅与主量子数 $n$ 有关，还应与角量子数 $l$ 有关. 20 世纪 60 年代以前，人们把类氢原子的电子能级与角量子数 $l$ 无关这一现象说成偶然简并. 但是 20 世纪 60 年代末

人们发现，类氢原子的 Hamilton 算符 $\hat{h}$ 作为一个整体还有另外一种对称性，通常称为动力学对称性[8]. 综合考虑球对称性与动力学对称性之后，类氢原子具有比一般中心力场更高的 $O_4$ 对称性，这是势函数 $v \propto -\frac{1}{r}$ 这种特殊的中心力场所特有的. 这种更高的对称性使得类氢原子的能级具有更高的简并度，从而使能级仅与主量子数 $n$ 有关，而与角量子数 $l$ 无关，简并度为 $2n^2$. 这就是说，电子的第 $n$ 个能级含有 $2n^2$ 个电子态，即含有 $2n^2$ 个自旋轨道. 在多电子原子中，由于核势场被外层电子屏蔽，所以随 $r$ 的增加，势函数趋于零的速度比 $\frac{1}{r}$ 快，这时体系仅具有球对称性而不再具有动力学对称性，能级将与 $l$ 有关. 简言之，电子能级与角量子数 $l$ 无关这一现象并不是中心力场的普遍特征.

然后分析单电子态. 由轨道角动量平方算符 $\hat{l}^2$ 的表达式(1.6.4)可见，其中不包含对径向坐标 $r$ 的微分运算，因此 $\hat{l}^2$ 与体系的 Hamilton 算符 $\hat{h}$ 对易. 同样可知，轨道角动量分量 $\hat{l}_z$ [见式(1.5.6)]，自旋角动量平方算符 $\hat{s}^2$ 及其分量 $\hat{s}_z$ 都与 Hamilton 算符 $\hat{h}$ 对易，因而算符集合

$$\left\{\hat{h}, \hat{l}^2, \hat{l}_z, \hat{s}^2, \hat{s}_z\right\} \tag{1.6.17}$$

是一个对易算符集合，其中的任意两个算符都是可以对易的. 根据量子力学的基本原理，式(1.6.17)中的算符有共同的本征函数. 事实上，式(1.6.9)中的波函数 $\psi_{nlm_lm_s}(r,\theta,\phi,m_s)$ 就是它们的共同本征函数，标记波函数的四个量子数 $\{n,l,m_l,m_s\}$ 恰好是对易算符集合(1.6.17)中除算符 $\hat{s}^2$ 以外其他算符的量子数. 由于量子数 $s$ 只取一个值，$s=\frac{1}{2}$，因此对单电子态而言，量子数 $s$ 没有区分意义，不必再列入标记波函数的量子数组中. 这一结果启发我们，对于一般的原子、分子体系，如果能够找出体系所具有的对易算符的完全集合，就可以用一个完备的量子数组唯一地标记电子的一个运动状态，描述该运动状态的波函数是该对易算符完备集合的共同本征函数.

### 1.6.2　多电子原子中的单电子运动方程

多电子原子中，电子间有相互排斥作用，这给求解电子运动的 Schrödinger 方程带来困难. 为了克服这一困难，我们引入独立子模型，首先求解多电子体系中假想的单电子的运动.

多电子原子体系的 Hamilton 算符为

$$\hat{H} = \sum_i -\frac{1}{2}\nabla_i^2 - \sum_i \frac{Z}{r_i} + \sum_{i<j} \frac{1}{r_{ij}} \tag{1.6.18}$$

电子运动的定态 Schrödinger 方程为

$$\hat{H}\Psi = E\Psi \tag{1.6.19}$$

根据 1.3.3 节的独立子模型，为了求解方程(1.6.19)，先要求解独立子体系的运动方程

$$\hat{H}_0\Phi = E^{(0)}\Phi \tag{1.6.20}$$

其中

$$\hat{H}_0 = \sum_{\mathrm{i}} \hat{h}_i' \tag{1.6.21}$$

微扰算符为

$$\hat{H}' = \hat{H} - \hat{H}_0 \tag{1.6.22}$$

方程(1.6.20)的求解可进一步约化为单电子运动方程

$$\hat{h}_i'\varphi_i(\vec{r}) = \left\{-\frac{1}{2}\nabla^2 + v_i(\vec{r})\right\}\varphi_i(\vec{r}) = \varepsilon_i\varphi_i(\vec{r}) \tag{1.6.23}$$

的求解. 对于多电子原子体系，则进一步要求

$$v_i(\vec{r}) = v_i(r), \qquad \hat{h}_i' = -\frac{1}{2}\nabla^2 + v_i(r) \tag{1.6.24}$$

式中，$\vec{r}=(r,\theta,\phi)$ 为一个电子的位矢，而 $r$ 仅为位矢的径向部分，式(1.6.24)表明，势函数 $v_i(r)$ 仅与距离 $r$ 有关，而与方位角 $(\theta,\phi)$ 无关，这种势描述的是中心力场. 这就是说，在独立子近似的基础上，对于多电子原子体系，我们又引入了中心力场近似(在后面将会看到，闭壳层原子体系的确具有中心场对称性). 与方程(1.6.5)类似，在中心力场近似下，方程(1.6.23)可化为

$$\left\{-\frac{1}{2}\frac{1}{r^2}\frac{\mathrm{d}}{\mathrm{d}r}\left(r^2\frac{\mathrm{d}}{\mathrm{d}r}\right) + \frac{\hat{l}^2}{2r^2} + v_i(r)\right\}\phi_i(r,\theta,\phi) = \varepsilon_i\phi_i(r,\theta,\phi) \tag{1.6.25}$$

与类氢原子的 Schrödinger 方程(1.6.5)的区别仅在于势函数的具体形式. 方程(1.6.5)中的势函数为 $-\frac{Z}{r}$，而方程(1.6.25)中的势函数为 $v_i(r)$. 我们暂且不关心 $v_i(r)$ 的具体形式(其具体形式依赖于具体的原子体系)，只要注意到，无论 $v_i(r)$ 取何种具体形式都应该具有球对称性. 因此，方程(1.6.25)也可以用分离变量法求解，得到与方程(1.6.6)和方程(1.6.7)类似的径向部分和角度部分所满足的方程

$$\left\{-\frac{1}{2}\frac{1}{r^2}\frac{\mathrm{d}}{\mathrm{d}r}\left(r^2\frac{\mathrm{d}}{\mathrm{d}r}\right) + \frac{l(l+1)}{2r^2} + v_i(r)\right\}R_i(r) = \varepsilon_i R_i(r) \tag{1.6.26}$$

$$\hat{l}^2 Y_{lm}(\theta,\phi) = l(l+1)Y_{lm}(\theta,\phi) \tag{1.6.27}$$

注意：单电子能级 $\varepsilon$ 包含在方程(1.6.26)中. 易于证明，在独立子模型和中心场近似下，多电子原子中单电子算符的集合

$$\left\{\hat{h}', \hat{l}^2, \hat{l}_z, \hat{s}^2, \hat{s}_z\right\} \tag{1.6.28}$$

为对易算符的完备集合，即其中的任意两个算符都相互对易，式中，$\hat{h}'$ 由式(1.6.24)定义，其他力学量与式(1.6.17)中的相应量相同. 这意味着，与类氢原子相似，多电子原子中的单电子态也要用四个量子数描述，因此仿照式(1.6.9)，方程(1.6.25)的解为

$$\phi_i = \phi_{n_i l_i m_{l_i} m_{s_i}} = R_{n_i l_i}(r) Y_{l_i m_{l_i}}(\theta,\phi)\sigma(m_{s_i})$$

$$n_i = 1,2,\cdots; \quad l_i = 0,1,\cdots,n_i-1; \quad m_{l_i} = 0,\pm1,\cdots,\pm l_i; \quad m_{s_i} = \pm\frac{1}{2} \tag{1.6.29}$$

其中自旋函数 $\sigma(m_{s_i})$ 和球谐函数 $Y_{l_i m_{l_i}}(\theta,\phi)$ 均与类氢原子轨道的相应部分完全相同，径向部分 $R_{n_i l_i}(r)$ 则依赖于 $v_i(r)$ 的具体形式，一般不能再用式(1.6.10)表示[但可以用式(1.6.10)展开，以后会讨论]. 还有一点需要说明，我们用 $\psi$ 表示类氢原子的波函数，而用 $\phi$ 表示多电子原子中的单电子波函数，虽然二者都是单电子波函数，但前者为精确解，后者采用了独立子近似，这时单电子只是一种假想粒子，因而有必要将它们的波函数加以区别.

方程(1.6.23)中的算符 $\hat{h}_i'$ 不再具有动力学对称性，因此与类氢原子不同，多电子原子体系中的轨道能级不仅与主量子数有关，而且与角量子数有关，事实上，方程(1.6.26)已经表明，轨道能级与主量子数和角量子数有关，但与 $m_l$ 和 $m_s$ 无关. 从群论的观点看，$m_l$ 和 $m_s$ 取不同值的轨道分别属于三维旋转群的 $l$ 表示和 $s$ 表示，属于同一表示的一组轨道是简并的，于是有

$$\varepsilon_i = \varepsilon_{n_i l_i} \tag{1.6.30}$$

式(1.6.29)给出的全体函数 $\left\{\phi_{nlm_lm_s}\right\}$ 构成单粒子态的完备集合. 假定体系中有 $N$ 个电子，从式(1.6.29)中任意取出 $N$ 个单粒子态做直积，经反对称化后得到的 Slater 行列式就是由 $N$ 个独立子组成的体系的一个可能状态. 所有这些行列式构成 $N$ 电子波函数空间的完备集合. 这些内容已在 1.4.7 节做了详细讨论，不再赘述.

文献上有许多不同的原子自旋轨道表示方式，它们的含义是相同的. 例如

$$\phi_{nlm_lm_s} \equiv \left|nlm_lm_s\right\rangle = \left(m_l^{\pm}\right) \tag{1.6.31}$$

式中，记号 $\left(m_l^{\pm}\right)$ 省略了量子数 $n$ 和 $l$，$\pm$ 分别表示 $m_s$ 的值为 $\frac{1}{2}$ 和 $-\frac{1}{2}$，只有在不会发生混淆时才可以使用这种记号. 同类氢原子的轨道一样，通常也用符号 s, p, d, f, g, ⋯ 依次代表 $l = 0, 1, 2, 3, 4, \cdots$ 的多电子原子轨道，如 $n=1$、$l=0$ 的轨道记作 1s，$n=2$、$l=1$ 的轨道记作 2p. 如果需要进一步指明 $m_l$ 和 $m_s$ 的值，则要在符号中加入更多标记，如 $n=2$，$l=1$，$m_l=1$，$m_s=\frac{1}{2}$ 的轨道记作 $2\mathrm{p}_1\alpha$，等等.

### 1.6.3　原子的电子组态

式(1.6.30)表明，原子轨道能级与 $n$、$l$ 有关，而与 $m_l$ 和 $m_s$ 无关，因此原子轨道简并度为 $(2l+1)(2s+1) = 2(2l+1)$. 每一组简并轨道称为一个亚层，或者说，$(nl)$ 相同(即能级相同)的一组自旋轨道称为一个亚层，同一亚层的轨道称为等价轨道. 例如，$n=3$、$l=1$ 的 3p 亚层共有 $2(2l+1)=6$ 个等价自旋轨道. $n$ 相同的各亚层合在一起称为壳层(shell)，按照 $n=1,2,3,4,\cdots$ 依次称为 K，L，M，N,⋯ 层. 由于对每个 $n$ 值，$l$ 可取 0 到 $(n-1)$ 共 $n$ 个值，因此第 $j$ 壳层包含 $j$ 个亚层. 例如，L 层包含 2s 和 2p 两个亚层. 由以上讨论可见，原子轨道可以按量子数分类是原子具有壳层电子结构的量子力学基础，因此原子的中心力场对称性(球对称性)决定了原子的壳层电子结构.

通常用电子在各亚层的填充情况来描述原子的电子结构，称为原子的电子组态. 一般地，用记号

$$(n_1l_1)^{x_1}(n_2l_2)^{x_2}\cdots(n_kl_k)^{x_k}\cdots \tag{1.6.32}$$

表示在 $(n_1l_1)$ 亚层有 $x_1$ 个电子，$(n_2l_2)$ 亚层有 $x_2$ 个电子，……，$(n_kl_k)$ 亚层有 $x_k$ 个电子等. 每一亚层都被充满[即有 $2(2l+1)$ 个电子]的组态称为闭壳层组态，否则称为开壳层组态. 例如，$1s^2, 1s^2 2s^2, 1s^2 2s^2 2p^6$ 等为闭壳层，而 $1s^2 2s^1, 1s^2 2s^2 2p^2$ 等为开壳层组态. 显然，闭壳层组态只有一种电子填充方式，而开壳层组态的填充方式种数为

$$\omega = \prod_i \binom{2(2l_i+1)}{x_i} = \prod_i \frac{\left[2(2l_i+1)\right]!}{x_i!\left[2(2l_i+1)-x_i\right]!} \tag{1.6.33}$$

上式中对 $i$ 的连乘积只需考虑未充满的亚层. 为了简单，在写电子组态时常常略去已充满的亚层，如 $2p^2$ 组态是 $1s^2 2s^2 2p^2$ 的简写. 每一种填充方式称为原子中电子运动的一个微观状态，对应一个 Slater 行列式，该行列式由 $(n_1 l_1)$ 亚层中的 $x_1$ 个自旋轨道，$(n_2 l_2)$ 亚层中的 $x_2$ 个自旋轨道……，$(n_k l_k)$ 亚层中的 $x_k$ 个自旋轨道……，做直积再反对称化后得到. 电子组态(1.6.32)包含 $\omega$ 个这样的行列式[见式(1.6.33)]，它们都属于式(1.6.20)中 $\hat{H}_0$ 的一个简并能级 $E^{(0)}$，由式(1.6.32)，有

$$E^{(0)} = \sum_{(n_i l_i)} x_i \varepsilon_{n_i l_i} \tag{1.6.34}$$

例如，碳原子的一个电子组态为 $1s^2 2s^2 2p^2$，它有 $\begin{pmatrix} 6 \\ 2 \end{pmatrix} = 15$ 种电子填充方式，即包含 15 个微观状态，每个微观状态都用一个 Slater 行列式描述，这 15 个 Slater 行列式都属于 $\hat{H}_0$ 的同一简并能级 $E^{(0)}$

$$E^{(0)} = 2\varepsilon_{1s} + 2\varepsilon_{2s} + 2\varepsilon_{2p} \tag{1.6.35}$$

因此，电子组态这一概念是把完备集合(1.4.134)中的行列式按 $\hat{H}_0$ 的本征值进行分类，属于 $\hat{H}_0$ 的一个简并能级的所有行列式就构成一个电子组态. 其中，属于 $\hat{H}_0$ 的最低简并能级的电子组态称为基态电子组态. 一般化学元素周期表中都会给出各原子的基态电子组态. 以后将会看到，对于体系的 Hamilton 算符 $\hat{H}\left(\hat{H} = \hat{H}_0 + \hat{H}'\right)$ 来说，开壳层基态电子组态将会分裂为若干个谱项，其中包含原子的基态谱项. 因此，电子组态仅仅是对电子在原子轨道上的填充情况的描述，元素周期表中所给出的基态电子组态则仅仅是对基态原子中的电子在原子轨道上的填充情况的描述，基态电子组态并不直接对应原子的基态，而是包含若干原子状态，其中有基态.

必须指出，电子组态的概念来源于单粒子近似. 原则上讲，任何一个电子组态都不能准确描述原子的真实电子结构，它们只是假想的独立子模型下的原子的电子结构. 但是我们可以把所有的电子组态看成真实原子的一种可能的电子结构，每一种可能的电子结构各以一定概率出现，原子的真实电子结构就是所有这些可能的电子结构的概率加和. 借用“共振论”的说法，每一种电子组态都是真实原子电子结构的一个“共振结构”. 例如，通常用电子组态 $1s^2 2s^2 2p^2$ 描述碳原子的基态电子结构，这只是一个近似的说法. 实际上，真实碳原子的基态电子结构应该是所有可能的电子组态的叠加，只不过 $1s^2 2s^2 2p^2$ 这一电子组态在真实的碳原子基态电子结构中占有较大的概率.

每一电子组态都包含 $\omega$ 个微观状态[式(1.6.33)]，对应着 $\omega$ 个 Slater 行列式波函数. 在式(1.4.134)中，每一 Slater 行列式称为一个组态，现在知道这些组态来自不同的电子组态，从这个意义上来说，“组态叠加”一词可以理解为微观状态(Slater 行列式)的叠加，也可以理解为电子组态的叠加，按后一种理解，其物理图像更加清晰.

## 1.7　原子的光谱项

光谱项是光谱学中的术语，原子光谱项的基础是原子的能级结构. 这个问题的系统讨论需要利用三维旋转群知识，考虑到大多数读者对连续群不太熟悉，因此本节将用角动量理论来讨论原子光谱项.

### 1.7.1　原子体系的对易算符完备集

多电子原子体系电子运动的定态 Schrödinger 方程为

$$\hat{H}\Psi = E\Psi \tag{1.7.1}$$

其中

$$\hat{H} = \sum_i -\frac{1}{2}\nabla_i^2 - \sum_i \frac{Z}{r_i} + \sum_{i<j}\frac{1}{r_{ij}} = \hat{H}_0 + \hat{H}' \tag{1.7.2}$$

式中，$\hat{H}_0$ 和 $\hat{H}'$ 分别由式(1.6.21)和式(1.6.22)定义. 1.5 节中介绍了多电子原子体系电子的总轨道角动量平方算符 $\hat{L}^2$ 及总轨道角动量分量算符 $\hat{L}_z$、总自旋角动量算符平方 $\hat{S}^2$ 及总自旋分量算符 $\hat{S}_z$. 现在，我们再引入宇称算符 $\hat{I}$，它的作用是空间反演. 设 $\vec{r}$ 为粒子的位置矢量，则有

$$\hat{I}(\vec{r}) = -\vec{r} \tag{1.7.3}$$

我们要证明，对于多电子原子体系，算符集合

$$\left\{\hat{H}, \hat{L}^2, \hat{S}^2, \hat{L}_z, \hat{S}_z, \hat{I}\right\} \tag{1.7.4}$$

中的任意两个算符都对易，因而它们组成对易算符的完备集合. 式中，$\hat{H}$ 为体系的 Hamilton 算符，如式(1.7.2)所示.

先证明 $\hat{L}_z$ 与 $\hat{H}$ 对易. 由式(1.5.6)和式(1.6.3)，电子 1 的轨道角动量分量算符 $\hat{l}_z(1)$ 及其 Laplace 算符 $\nabla_1^2$ 的表达式分别为

$$\hat{l}_z(1) = -\mathrm{i}\frac{\partial}{\partial \phi_1} \tag{1.7.5}$$

$$\nabla_1^2 = \frac{1}{r_1^2}\frac{\partial}{\partial r_1}\left(r_1^2\frac{\partial}{\partial r_1}\right) + \frac{1}{r_1^2\sin\theta_1}\frac{\partial}{\partial\theta_1}\left(\sin\theta_1\frac{\partial}{\partial\theta_1}\right) + \frac{1}{r_1^2\sin^2\theta_1}\frac{\partial^2}{\partial\phi_1^2} \tag{1.7.6}$$

显然有，$\hat{l}_z(1)$ 与 $\nabla_1^2$ 对易，因为在式(1.7.5)和式(1.7.6)中都仅包含对坐标 $\phi$ 的导数而不包含坐标 $\phi$ 的函数. 此外，$\hat{l}_z(1)$ 与式(1.7.2)第一个求和中的其他 Laplace 算符[如 $\nabla_k^2(k\neq 1)$]肯定是对易的，因为它们涉及不同电子的坐标. 因此，$\hat{l}_z(1)$ 与式(1.7.2)的第一项即体系的总动能算符对易. 这一结论对任意 $\hat{l}_z(k)$，$k=1,2,\cdots,N$ 都成立. 其次考查 $\frac{1}{r_1}$，$r_1$ 是电子 1 的径向坐标，由式(1.7.5)可见，$\hat{l}_z(1)$ 不涉及对径向坐标的微分，因而二者对易. 式(1.7.2)第二个求和中的其他项，$\frac{1}{r_t}(t\neq 1)$，都不涉及电子 1 的坐标，因而都与 $\hat{l}_z(1)$ 对易. 于是，$\hat{l}_z(1)$ 与式(1.7.2)第二个求和项对易. 这一结论对任意 $\hat{l}_z(k)$，$k=1,2,\cdots,N$ 都成立. 最后考查 $\frac{1}{r_{12}}$，在第 3 章中，我们将给出 $\frac{1}{r_{12}}$ 在球坐标系中的表达式

$$\frac{1}{r_{12}} = \sum_{l=0}^{\infty}\sum_{m=-l}^{l}\frac{(l-|m|)!}{(l+|m|)!}\frac{r_<^l}{r_>^{l+1}}P_l^{|m|}(\cos\theta_1)P_l^{|m|}(\cos\theta_2)\mathrm{e}^{\mathrm{i}m(\phi_1-\phi_2)} \tag{1.7.7}$$

式中，$(r_1,\theta_1,\phi_1)$、$(r_2,\theta_2,\phi_2)$ 分别为电子 1、电子 2 的球坐标；$r_>$、$r_<$ 分别为 $r_1$、$r_2$ 中的较大者和

较小者. 于是有

$$\left[\hat{l}_z(1)+\hat{l}_z(2)\right]\frac{1}{r_{12}}=\left[-\mathrm{i}\frac{\partial\left(\frac{1}{r_{12}}\right)}{\partial\phi_1}-\mathrm{i}\frac{\partial\left(\frac{1}{r_{12}}\right)}{\partial\phi_2}\right]+\frac{1}{r_{12}}\left[\hat{l}_z(1)+\hat{l}_z(2)\right]=\frac{1}{r_{12}}\left[\hat{l}_z(1)+\hat{l}_z(2)\right]$$

这表明$\left[\hat{l}_z(1)+\hat{l}_z(2)\right]$与$\frac{1}{r_{12}}$对易. 由于$\frac{1}{r_{12}}$中不包含$j(j\neq 1,2;\ j=3,\cdots,N)$电子的坐标，因此$\frac{1}{r_{12}}$与算符集合$\left\{\hat{l}_z(j)(j\neq 1,2;\ j=3,\cdots,N)\right\}$对易. 由

$$\hat{L}_z=\sum_i \hat{l}_z(i) \tag{1.7.8}$$

可知$\frac{1}{r_{12}}$与算符$\hat{L}_z$对易. 基于这样的分析，式(1.7.2)第三个求和项中的任意一项$\frac{1}{r_{kt}}$，都与算符$\left[\hat{l}_z(k)+\hat{l}_z(t)\right]$和算符集合$\left\{\hat{l}_z(j),j=1,2,\cdots,N,j\neq k,t\right\}$对易，从而与算符$\hat{L}_z$对易. 综合以上分析，$\hat{L}_z$与$\hat{H}$对易，即有

$$\left[\hat{L}_z,\hat{H}\right]=0 \tag{1.7.9}$$

利用 Poisson 括号恒等式(1.5.13)，有

$$\left[\hat{L}_z^2,\hat{H}\right]=\hat{L}_z\left[\hat{L}_z,\hat{H}\right]+\left[\hat{L}_z,\hat{H}\right]\hat{L}_z=0 \tag{1.7.10}$$

在直角坐标系中，Laplace 算符的表达式为

$$\nabla^2=\frac{\partial^2}{\partial x^2}+\frac{\partial^2}{\partial y^2}+\frac{\partial^2}{\partial z^2} \tag{1.7.11}$$

而$r_k$和$r_{kt}$的表达式分别为

$$r_k=\sqrt{x_k^2+y_k^2+z_k^2},\quad r_{kt}=\sqrt{(x_k-x_t)^2+(y_k-y_t)^2+(z_k-z_t)^2} \tag{1.7.12}$$

在式(1.7.11)和式(1.7.12)中，将坐标$x,y,z$互换，表达式并不改变，换言之，式(1.7.2)给出的 Hamilton 算符$\hat{H}$关于$x,y,z$对称. 因此，式(1.7.10)给出的对易关系同样适用于$\hat{L}_x^2$和$\hat{L}_y^2$，即有

$$\left[\hat{L}_x^2,\hat{H}\right]=0,\ \left[\hat{L}_y^2,\hat{H}\right]=0 \tag{1.7.13}$$

由于[见式(1.5.82)]

$$\hat{L}^2=\hat{L}_x^2+\hat{L}_y^2+\hat{L}_z^2 \tag{1.7.14}$$

综合式(1.7.10)和式(1.7.13)，有

$$\left[\hat{L}^2,\hat{H}\right]=0 \tag{1.7.15}$$

同样，在式(1.7.11)和式(1.7.12)中，将坐标$(x,y,z)$换作$(-x,-y,-z)$，表达式也不改变，换言之，式(1.7.2)给出的 Hamilton 算符$\hat{H}$关于反演对称，即有

$$\left[\hat{I},\hat{H}\right]=0 \tag{1.7.16}$$

由于式(1.7.2)给出的 Hamilton 算符$\hat{H}$中不包含自旋，因此有

$$\left[\hat{S}^2,\hat{H}\right]=0\,,\qquad \left[\hat{S}_z,\hat{H}\right]=0 \tag{1.7.17}$$

同样可以论证

$$\left[\hat{S}^2,\hat{L}^2\right]=0,\quad \left[\hat{S}^2,\hat{L}_z\right]=0,\quad \left[\hat{S}_z,\hat{L}^2\right]=0,\quad \left[\hat{S}_z,\hat{L}_z\right]=0 \tag{1.7.18}$$

$$\left[\hat{S}^2,\hat{I}\right]=0,\quad \left[\hat{S}_z,\hat{I}\right]=0,\quad \left[\hat{L}^2,\hat{I}\right]=0,\quad \left[\hat{L}_z,\hat{I}\right]=0 \tag{1.7.19}$$

到此为止，我们证明了式(1.7.4)中的任意两个算符都对易. 由于再没有其他算符满足要求，因此式(1.7.4)中的算符组成对易算符的完备集合.

### 1.7.2 原子光谱项的定义　电子组态与光谱项

根据量子力学的基本原理，对易算符有共同的本征函数. 因此，可以将方程(1.7.1)中的 Hamilton 量 $\hat{H}$ 的本征函数 $\Psi$ 选作对易算符集合(1.7.4)的共同本征函数. 用 $L$ 、$M_L$ 、$S$ 和 $M_S$ 分别表示总轨道角动量及其分量以及总自旋角动量及其分量的量子数，并把 $\left\{\hat{H},\hat{L}^2,\hat{S}^2,\hat{L}_z,\hat{S}_z\right\}$ 的共同本征函数记作 $\Psi_{nLSM_LM_S}$ ，对应的 $\hat{H}$ 的本征值记作 $E_n$ ，这时有

$$\hat{H}\Psi_{nLSM_LM_S}=E_n\Psi_{nLSM_LM_S} \tag{1.7.20}$$

$$\hat{L}^2\Psi_{nLSM_LM_S}=L\left(L+1\right)\Psi_{nLSM_LM_S} \tag{1.7.21}$$

$$\hat{S}^2\Psi_{nLSM_LM_S}=S\left(S+1\right)\Psi_{nLSM_LM_S} \tag{1.7.22}$$

$$\hat{L}_z\Psi_{nLSM_LM_S}=M_L\Psi_{nLSM_LM_S} \tag{1.7.23}$$

$$\hat{S}_z\Psi_{LSM_LM_S}=M_S\Psi_{LSM_LM_S} \tag{1.7.24}$$

$$\hat{I}\Psi_{nLSM_LM_S}=\left(-1\right)^{\sum_i l(i)}\Psi_{nLSM_LM_S} \tag{1.7.25}$$

式(1.7.25)中，$l$ 为单电子轨道角动量的量子数. 式(1.7.21)和式(1.7.22)中，用相同的字母表示力学量(即角动量 $\vec{L}$ 和 $\vec{S}$ )和它们的量子数，这样做一般不会引起混淆，本书后面章节中将坚持这一做法.

由于集合(1.7.4)是原子体系中对易算符的完备集，因此量子数组 $\{n,L,S,M_L,M_S,I\}$ 就是一个完备的量子数组，这里暂且用 $I$ 表示宇称算符的量子数，把 $E_n$ 也看成一个量子数并用 $n$ 表示. 这就是说，Hamilton 算符 $\hat{H}$ 的任一本征函数都可以用这样的一组量子数表示，反过来，每一组这样的量子数都唯一地确定 Hamilton 算符 $\hat{H}$ 的一个本征函数.

我们先来考察量子数组 $\{n,L,S,M_L,M_S,I\}$ 中的 4 个量子数 $L$、$S$、$M_L$、$M_S$ . 1.6 节指出，单电子能级(轨道能级)与角量子数 $l$ 有关(由于单电子自旋只取一个值 $\frac{1}{2}$ ，因此不必讨论轨道能级与自旋量子数的关系)，而与 $m_l$ 和 $m_s$ 无关. 同样地，多电子体系的能量 $E_n$ (Hamilton 量 $\hat{H}$ 的本征值)仅与总轨道角动量量子数 $L$ 和总自旋量子数 $S$ 有关，而与它们的分量 $M_L$ 和 $M_S$ 无关. 因为从群论的观点看，$M_L$ 和 $M_S$ 取不同值的态分别属于三维旋转群的 $L$ 表示和 $S$ 表示，属于同一表示的一组波函数是简并的. 简言之，由确定的量子数 $L$ 和 $S$ 标记的一组波函数是简并的，我们将这组简并波函数的集合定义为光谱项，并用符号 ${}^{(2S+1)}L$ 表示. 显然，谱项波函数是算符集合 $\left\{\hat{L}^2,\hat{S}^2\right\}$ 的共同本征函数. 由于对确定的 $L$ ，$L_z$ 可取 $\left(2L+1\right)$ 个值，对确定的 $S$ ，$S_z$ 可

取 $(2S+1)$ 个值，因此谱项 ${}^{(2S+1)}L$ 的简并度为 $(2L+1)(2S+1)$，$(2S+1)$ 称为谱项多重度. 即在谱项 ${}^{(2S+1)}L$ 中包含 $(2L+1)(2S+1)$ 个波函数，每一个波函数 $\Phi_i$ 都用 4 个量子数标记，即 $\Phi_i = \Phi_{LSM_LM_S}^{(i)}$，或者说，谱项中的每一个波函数都是算符集合 $\{\hat{L}^2, \hat{S}^2, \hat{L}_z, \hat{S}_z\}$ 的共同本征函数. 值得注意的是，如此定义的谱项波函数可能是 Hamilton 算符 $\hat{H}$ 的本征函数，也可能不是，以后将会深入讨论这一问题.

光谱学上把 $L = 0,1,2,3,4,5,\cdots$ 的谱项分别用字母 $S$，$P$，$D$，$F$，$G$，$H$，$\cdots$ 标记，宇称算符 $\hat{I}$ 的本征值只有 $\pm1$ 两个值，取 $+1$ 的谱项称为偶谱项，取 $-1$ 的谱项称为奇谱项，通常在谱项符号的右上角加一小圆圈标记奇谱项，如 ${}^2P^\circ$、${}^2D^\circ$ 等.

现在来讨论电子组态与光谱项的关系. 首先，由电子组态的定义[见式(1.6.32)]

$$(n_1l_1)^{x_1}(n_2l_2)^{x_2}\cdots(n_kl_k)^{x_k}\cdots \tag{1.7.26}$$

可见，原子电子组态中包含每个电子的轨道和自旋角动量，按照角动量加和规则，可得到多电子的总轨道和总自旋角动量的一系列量子数 $L_i$ 和 $S_i$，这些量子数适当组合就得到光谱项 ${}^{(2S_i+1)}L_i$. 可见，电子组态中的确包含光谱项. 其次，根据 1.6 节的讨论，原子的一个电子组态中包含 $\omega$ 个微观状态[见式(1.6.33)]，即有 $\omega$ 个 Slater 行列式，这些行列式都是 $\hat{H}_0$ 的本征函数，并且属于 $\hat{H}_0$ 的同一简并能级. 下面将会证明，每一行列式都是算符集合 $\{\hat{L}_z, \hat{S}_z\}$ 的共同本征函数[见式(1.7.28)和式(1.7.30)]，但是单个行列式一般不是算符 $\hat{L}^2$ 或 $\hat{S}^2$ 的本征函数，因而不是算符集合 $\{L^2, \hat{S}^2, \hat{L}_z, \hat{S}_z\}$ 的共同本征函数，即不是谱项波函数. 另一方面，$\hat{H}_0$ 的本征值和本征函数不是 Hamilton 算符 $\hat{H}\left(\hat{H} = \hat{H}_0 + \hat{H}'\right)$ 的本征值和本征函数. 在微扰 $\hat{H}'$ 的作用下，$\hat{H}_0$ 的简并能级将发生分裂. 根据简并态的微扰理论，$\hat{H}$ 的零级近似本征函数，即 Schrödinger 方程(1.7.1)的零级近似解，应该是 $\hat{H}_0$ 的简并本征函数的线性组合[见式(1.4.14)]. 直接建造算符集合 $\{\hat{H}, \hat{L}^2, \hat{S}^2, \hat{L}_z, \hat{S}_z, \hat{I}\}$ 的共同本征函数较为困难，如果能够首先建造出算符集合 $\{\hat{L}^2, \hat{S}^2, \hat{L}_z, \hat{S}_z\}$ 的共同本征函数，即谱项波函数，就可以较为方便地得到算符集合 $\{\hat{H}, \hat{L}^2, \hat{S}^2, \hat{L}_z, \hat{S}_z, \hat{I}\}$ 的共同本征函数. 于是产生了两个问题：一是如何确定一个电子组态中所包含的谱项；二是如何从一个电子组态所包含的 Slater 行列式出发建造谱项波函数. 本节先讨论第一个问题，1.8 节再讨论如何建造谱项波函数，并具体分析建造谱项波函数的理论意义. 事实上，谱项波函数正是 1.4.7 节所讨论的满足空间和自旋对称性要求的组态函数.

简并与对称性有关，因而与群表示有关. 让我们从群论的角度对以上讨论做进一步分析. 一个电子组态所包含的 $\omega$ 个 Slater 行列式张成了算符集合 $\{\hat{L}^2, \hat{S}^2, \hat{L}_z, \hat{S}_z\}$ 的一个可约表示空间. 将可约表示约化为不可约表示有两种方法，一种方法是通过解久期方程将可约表示对角方块化，进而得到不可约表示，微扰理论就是这样处理的. 这种方法的缺点，一是当可约表示空间维数很高($\omega$ 较大)时，久期方程求解困难，二是每一对角方块的对称性不能由解久期方程直接得到，而要通过算符集合 $\{\hat{L}^2, \hat{S}^2\}$ 的本征值来确定. 另一种方法是由电子组态直接求得谱项，进而求得谱项波函数,在完成可约表示约化的同时，直接得到与光谱实验对应的结果. 这种方法本质上是一种群论方法，上面讨论的正是这种方法.

### 1.7.3　闭壳层组态的谱项

首先讨论闭壳层组态. 我们的结论是：闭壳层组态只有一个谱项 $^1S$ ，这就是说，对于闭壳层组态，量子数 $L$ 和 $S$ 都只取一个值，即 $L=0$ ， $S=0$ .

为了以后引用方便，首先证明任意一个 Slater 行列式都是 $\hat{L}_z$ 和 $\hat{S}_z$ 的本征函数. 采用式(1.3.38)的记法，将行列式写为

$$\Phi_{i_1i_2\cdots i_N}=\sqrt{N!}\hat{A}\left\{\phi_{i_1}(1)\phi_{i_2}(2)\cdots\phi_{i_N}(N)\right\} \tag{1.7.27}$$

式中，$\phi$ 为自旋轨道. 由式(1.7.8)可知，$\hat{L}_z$ 具有置换对称性，因而与反对称化算符 $\hat{A}$ 对易，于是有

$$\begin{aligned}\hat{L}_z\Phi_{i_1i_2\cdots i_N}&=\sqrt{N!}\hat{A}\hat{L}_z\left\{\phi_{i_1}(1)\phi_{i_2}(2)\cdots\phi_{i_N}(N)\right\}=\sqrt{N!}\hat{A}\sum_i\hat{l}_z(i)\left\{\phi_{i_1}(1)\phi_{i_2}(2)\cdots\phi_{i_N}(N)\right\}\\&=\sqrt{N!}\hat{A}\sum_i m_l(i)\left\{\phi_{i_1}(1)\phi_{i_2}(2)\cdots\phi_{i_N}(N)\right\}=M_L\Phi_{i_1i_2\cdots i_N}\end{aligned} \tag{1.7.28}$$

其中

$$M_L=\sum_i m_l(i) \tag{1.7.29}$$

在式(1.7.28)的推导过程中注意到，在直积 $\left\{\phi_{i_1}(1)\phi_{i_2}(2)\cdots\phi_{i_N}(N)\right\}$ 中，每一个电子都有确定的轨道，因而单电子算符 $\hat{l}_z(i)$ 有确定的本征值 $m_l(i)$ ，只需将行列式中各轨道的 $m_l$ 相加即可得到 $M_L$ . 同样，对于 $S_z$ ，有

$$\begin{aligned}\hat{S}_z\Phi_{i_1i_2\cdots i_N}&=\sqrt{N!}\hat{A}\sum_i\hat{s}_z(i)\left\{\phi_{i_1}(1)\phi_{i_2}(2)\cdots\phi_{i_N}(N)\right\}\\&=\sqrt{N!}\hat{A}\sum_i m_s(i)\left\{\phi_{i_1}(1)\phi_{i_2}(2)\cdots\phi_{i_N}(N)\right\}=M_S\Phi_{i_1i_2\cdots i_N}\end{aligned} \tag{1.7.30}$$

其中

$$M_S=\sum_i m_s(i) \tag{1.7.31}$$

式(1.7.31)表明，在由行列式计算 $\hat{S}_z$ 的本征值 $M_S$ 时，只需将行列式中各轨道的 $m_s$ 值相加即可. 式(1.7.29)和式(1.7.31)的结果以后会经常引用. 基于以上两式结果，Slater 行列式也可写作 $\Phi_{M_LM_S}$ ，其中 $M_L$ 和 $M_S$ 分别是 $\hat{L}_z$ 和 $\hat{S}_z$ 的本征值.

现在考虑闭壳层组态. 式(1.6.33)指出，闭壳层组态只有一种填充方式，因而只有一个 Slater 行列式，故可由式(1.7.29)计算 $M_L$ . 由于闭壳层组态中涉及的所有亚层都充满电子，即所有亚层的每个自旋轨道都是占据轨道，因此 $\pm m_l$ 总是同时出现在式(1.7.29)中，故对闭壳层组态有

$$M_L=0 \tag{1.7.32}$$

由于闭壳层组态所有电子都已配对，因此 $\pm\frac{1}{2}$ 总是同时出现在式(1.7.31)中，故对闭壳层组态有

$$M_S=0 \tag{1.7.33}$$

由于 $M_L$ 和 $M_S$ 都只取零，因此必然有

$$L = 0, \quad S = 0 \tag{1.7.34}$$

注意：一般情况下，不能由 $M_L = 0$ 推断出 $L = 0$．因为 $M_L = 0$ 时，$L$ 可取任何可能的值，如 $M_L = 0$ 时，可有 $L = 1$．为此，通过以下推导进一步验证式(1.7.34).

由于 $\hat{L}^2$ 与反对称化算符 $\hat{A}$ 对易，故有

$$\begin{aligned}
\hat{L}^2 \Phi_{i_1 i_2 \cdots i_N} &= \sqrt{N!}\hat{L}^2 \hat{A}\left\{\phi_{i_1}(1)\phi_{i_2}(2)\cdots\phi_{i_N}(N)\right\} \\
&= \sqrt{N!}\hat{A}\left[\hat{L}_+\hat{L}_- - \hat{L}_z + \hat{L}_z^2\right]\left\{\phi_{i_1}(1)\phi_{i_2}(2)\cdots\phi_{i_N}(N)\right\} \\
&= \sqrt{N!}\hat{A}\hat{L}_+\hat{L}_-\left\{\phi_{i_1}(1)\phi_{i_2}(2)\cdots\phi_{i_N}(N)\right\} \\
&= \sqrt{N!}\hat{A}\left[\sum_j \hat{l}_+(j)\hat{l}_-(j) + \sum_{j,k(j\neq k)} \hat{l}_+(j)\hat{l}_-(k)\right]\left\{\phi_{i_1}(1)\phi_{i_2}(2)\cdots\phi_{i_N}(N)\right\}
\end{aligned} \tag{1.7.35}$$

以上推导中，先后利用了式(1.5.97)、式(1.7.32)和式(1.5.98). 在利用式(1.5.97)和式(1.5.98)时，只要将其中的 $\hat{B}_\pm$ 或 $\hat{b}_\pm$ 用 $\hat{L}_\pm$ 或 $\hat{l}_\pm$ 代替即可．先讨论式(1.7.35)第一个求和项所得结果，即 $\sqrt{N!}\hat{A}\sum_j \hat{l}_+(j)\hat{l}_-(j)\left\{\phi_{i_1}(1)\phi_{i_2}(2)\cdots\phi_{i_N}(N)\right\}$，$\hat{l}_-(j)$ 作用于单电子态 $\phi_{i_j}(j)$，只可能有两种结果：一是，如果 $m_l(i_j) = m_{\min}(i_j)$，这时由式(1.5.57)，有 $\hat{l}_-\phi_{\min}(i_j) = 0$，其中 $i_j$ 是出现在式(1.7.35)的直积中 $j$ 位置上的单粒子态编号，下面还将出现类似记号，不再一一说明；二是，$\hat{l}_-(j)\phi_{m_l}(i_j) \sim \phi_{m_l-1}(i_j)$ [见式(1.5.75)]，但紧接着有 $\hat{l}_+(j)\phi_{m_l-1}(i_j) \sim \phi_{m_l}(i_j)$ [见式(1.5.74)]，二者连续作用的结果得到原来的行列式，即有

$$\sqrt{N!}\hat{A}\sum_j \hat{l}_+(j)\hat{l}_-(j)\left\{\phi_{i_1}(1)\phi_{i_2}(2)\cdots\phi_{i_N}(N)\right\} \sim n\sqrt{N!}\hat{A}\left\{\phi_{i_1}(1)\phi_{i_2}(2)\cdots\phi_{i_N}(N)\right\}$$

其中，$n$ 为求和后由第二种情况得到的原行列式的个数. 再讨论式(1.7.35)第二个求和项所得结果，即 $\sqrt{N!}\hat{A}\sum_{j,k(j\neq k)} \hat{l}_+(j)\hat{l}_-(k)\left\{\phi_{i_1}(1)\phi_{i_2}(2)\cdots\phi_{i_N}(N)\right\}$，这里 $\hat{l}_-(k)$ 作用于单电子态 $\phi_{i_k}(k)$，也只可能有两种结果：一是，如果 $m_l(i_k) = m_{\min}(i_k)$，则有 $\hat{l}_-(k)\phi_{\min}(i_k) = 0$；二是，$\hat{l}_-(k)\phi_{m_l}(i_k) \sim \phi_{m_l-1}(i_k)$，对于闭壳层组态，由于所有亚层的每个自旋轨道都是占据轨道，因此单电子态 $\phi_{m_l-1}$ 一定包含在式(1.7.35)的直积中，并且一定有 $\hat{l}_+(j)$ 将直积中本来包含的 $\phi_{m_l-1}(i_j)$ 变为 $\phi_{m_l}(i_j)$，因此新生成的行列式与原行列式包含相同的单电子态，但是单粒子态 $\phi_{m_l-1}$ 和 $\phi_{m_l}$ 在两个行列式中处在不同的列，需要调换它们的位置才能使两个行列式完全相同，对于闭壳层组态，由于空间轨道都是双占据的，新产生的 $\phi_{m_l-1}$ 和 $\phi_{m_l}$ 的列的编号一定相差为奇数，二者调换后就会出现负号，而且这样得到的行列式数目与第一个求和得到的行列式数目相同. 简言之，对于闭壳层体系，第一个求和中的算符 $\hat{l}_+(j)$ 和 $\hat{l}_-(j)$ 是在直积函数 $\phi_{i_1}(1)\phi_{i_2}(2)\cdots\phi_{i_N}(N)$ 的同一位置上发生作用，第二个求和中的算符 $\hat{l}_+(j)$ 和 $\hat{l}_-(k)$ 是在该直积函数的两个相距为奇数的位置上发生作用，两个求和项作用的结果仅差一负号，即有

$$\sqrt{N!}\hat{A}\sum_{j,k(j\neq k)} \hat{l}_+(j)\hat{l}_-(k)\left\{\phi_{i_1}(1)\phi_{i_2}(2)\cdots\phi_{i_N}(N)\right\} \sim -n\sqrt{N!}\hat{A}\left\{\phi_{i_1}(1)\phi_{i_2}(2)\cdots\phi_{i_N}(N)\right\}$$

综合以上两种情况，有

$$\hat{L}^2\Phi_{i_1i_2\cdots i_N}=0 \tag{1.7.36}$$

同样有

$$\hat{S}^2\Phi_{i_1i_2\cdots i_N}=0 \tag{1.7.37}$$

这就证明了我们一开始给出的结论：对于闭壳层组态，量子数 $L$ 和 $S$ 都只取一个值，即 $L=0$，$S=0$，因而只有一个谱项 ${}^1S$.

### 1.7.4 开壳层组态的谱项

开壳层组态有两种情况，一是仅有一个开壳层的组态，二是有两个及两个以上开壳层的组态，下面分别加以讨论.

1. 仅有一个开壳层的组态

前面指出，光谱项 ${}^{(2S+1)}L$ 是按 $N$ 电子体系的总轨道角动量 $L$ 和总自旋角动量量子数 $S$ 来确定的，因此我们的问题归结为，在一个给定的开壳层电子组态中 $L$ 和 $S$ 可能的取值以及两者如何匹配的问题. $N$ 电子原子体系的总轨道角动量和总自旋角动量分别是 $N$ 个单电子的轨道角动量和自旋角动量耦合的结果，因此可按角动量加法求得总轨道角动量和总自旋角动量的值. 由于开壳层组态的闭壳层部分 $L=0$，$S=0$，因此在讨论开壳层组态时，不必考虑其中的闭壳层部分的贡献，只需考虑开壳层部分单电子的角动量加和结果. 在不违背 Pauli 不相容原理的前提下，将加和所得到的量子数 $L$ 和 $S$ 组合，即得光谱项 ${}^{(2S+1)}L$.

以 $p^2$ 组态为例，开壳层部分有两个轨道，单电子的轨道角动量和自旋角动量量子数分别为

$$l_1=1,\quad l_2=1,\quad s_1=\frac{1}{2},\quad s_2=\frac{1}{2} \tag{1.7.38}$$

因此相应的总角动量为

$$L=2,1,0\ ;\qquad S=1,0 \tag{1.7.39}$$

现在讨论 $L$ 和 $S$ 值的匹配问题. p 亚层有三个空间轨道，即 $p_1$、$p_{-1}$、$p_0$，下标 1、−1、0 为 $m_l$ 的值. 当两个电子都在 $p_1$ 轨道上时，它们的自旋必须相反，因此有行列式 $\Phi_1\left(1^+1^-\right)$，这里采用了式(1.6.31)的最后一个记号，即 $\left(1^+\right)$ 表示在 $p_1$ 轨道上有一个自旋为 $\alpha$ 的电子. 由式(1.7.29)和式(1.7.31)，$\Phi_1\left(1^+1^-\right)$ 是 $L_z$ 和 $S_z$ 的本征函数，本征值分别为 $M_L=2$，$M_S=0$. 现在要证明，$\Phi_1\left(1^+1^-\right)$ 也是 $\hat{L}^2$ 和 $\hat{S}^2$ 的本征函数. 仿照式(1.7.35)，有

$$\begin{aligned}\hat{L}^2\Phi_1\left(1^+1^-\right)&=\left[\hat{L}_+\hat{L}_- - \hat{L}_z+\hat{L}_z^2\right]\Phi_1\left(1^+1^-\right)\\&=\left[\sum_{j=1}^{2}\hat{l}_+(j)\hat{l}_-(j)+\sum_{k\neq j=1}^{2}\hat{l}_+(j)\hat{l}_-(k)\right]\Phi_1\left(1^+1^-\right)+2\Phi_1\left(1^+1^-\right)\\&=\left[\hat{l}_+(1)\hat{l}_-(1)+\hat{l}_+(2)\hat{l}_-(2)+\hat{l}_+(1)\hat{l}_-(2)+\hat{l}_+(2)\hat{l}_-(1)\right]\Phi_1\left(1^+1^-\right)+2\Phi_1\left(1^+1^-\right)\\&=2(2+1)\Phi_1\left(1^+1^-\right)\end{aligned} \tag{1.7.40}$$

以上推导中应用了式(1.5.74)和式(1.5.75). 同样可以证明

$$\hat{S}^2\Phi_1\left(1^+1^-\right)=0 \tag{1.7.41}$$

式(1.7.40)和式(1.7.41)表明，函数$\Phi_1\left(1^+1^-\right)$属于谱项${}^1D$，因此$p^2$组态中存在谱项${}^1D$. 同样，行列式$\Phi\left(1^+0^+\right)$也是$p^2$组态的一个微观状态，从该行列式出发，能够证明$p^2$组态中存在谱项${}^3P$. ${}^1D$谱项包含5个波函数，${}^3P$谱项包含9个波函数，$p^2$组态只有15个行列式，因此只可能存在另外一个谱项${}^1S$. 于是，由$p^2$组态导出的谱项为

$${}^1D,{}^3P,{}^1S \tag{1.7.42}$$

以上结果表明，在推导光谱项时，式(1.7.39)给出的$L$和$S$的可取值并不是可以任意搭配的. 事实上，对$p^2$组态来说，$M_L=2$意味着两个电子都在$p_1$轨道上，根据Pauli不相容原理，它们的自旋必须相反. 另外，$M_L=2$是$L_z$的最大值，因此必有$L=2$. 这就是说，$L=2$不能与$S=1$相匹配. 推广到一般情形，在只有一个开壳层的情况下，$L$取最大值时，$S$不能取最大值. 关于由同一开壳层得到的$L$和$S$如何匹配的一般性讨论涉及稍微复杂一点的连续群理论，有兴趣的读者可参看相关文献[9]，本书不再详细介绍.

必须指出，以上讨论的谱项推导方法只适用于半充满及半充满以前的开壳层组态，半充满以后的开壳层组态可以按后面所说的互补组态原则来确定谱项.

2. 有两个及两个以上开壳层的组态

如果一个电子组态中包含两个开壳层，则首先对每一个开壳层按以上方法分别求得谱项，将两个开壳层得到的谱项分别记作$\left\{{}^{(2S_i+1)}L_i,\ i=1,2,\cdots,n_i\right\}$和$\left\{{}^{(2S_j+1)}L_j,\ j=1,2,\cdots,n_j\right\}$. $n_i$和$n_j$分别为单个开壳层得到的谱项数目. 然后将源自这两个开壳层的谱项两两耦合，并按两个角动量加和规则，即

$$L=L_i+L_j,\qquad S=S_i+S_j \tag{1.7.43}$$

分别求得$L$和$S$的值. 由于这时空间轨道不同(来自两个不同亚层)，自旋不受限制，因此由式(1.7.43)给出的每一个$L$值与每一个$S$值都是匹配的，这样就能得到所有的谱项. 例如，$2p^13p^1$电子组态，两个开壳层产生的谱项均为${}^2P$，故该电子组态的谱项应该是式(1.7.43)给出的$L$和$S$的所有可能组合，于是有谱项

$${}^3D,{}^3P,{}^3S,{}^1D,{}^1P,{}^1S \tag{1.7.44}$$

再如电子组态$p^2d^1$，由$p^2$产生的谱项为${}^1D,{}^3P,{}^1S$ [见式(1.7.42)]，由$d^1$产生的谱项为${}^2D$，将$p^2$产生的三个谱项分别与${}^2D$耦合，得到的谱项为

$${}^4P,{}^4D,{}^4F,{}^2D,{}^2D,{}^2D,{}^2F,{}^2F,{}^2G,{}^2P,{}^2P,{}^2S$$

按以上方法，可以推导出含有更多开壳层的电子组态所产生的谱项，表1.7.1列出了部分电子组态的谱项.

**表 1.7.1　部分电子组态的谱项**

| 电子组态 | 谱项 |
|---|---|
| 闭壳层 | $^1S$ |
| $p^1, p^5$ | $^2P^0$ |
| $p^2, p^4$ | $^3P, ^1D, ^1S$ |
| $p^3$ | $^4S^0, ^2D^0, ^2P^0$ |
| $d^1, d^9$ | $^2D$ |
| $d^2, d^8$ | $^3F, ^3P, ^1G, ^1D, ^1S$ |
| $d^3, d^7$ | $^4F, ^4P, ^2H, ^2G, ^2F, ^2D, ^2D, ^2P$ |
| $d^4, d^6$ | $^5D, ^3H, ^3G, ^3F, ^3F, ^3D, ^3P, ^3P, ^1I, ^1G, ^1G, ^1F, ^1D, ^1D, ^1S, ^1S$ |
| $d^5$ | $^6S, ^4G, ^4F, ^4D, ^4P, ^2I, ^2H, ^2G, ^2G, ^2F, ^2F, ^2D, ^2D, ^2D, ^2P, ^2S$ |
| $(n_1\mathrm{p})^1(n_2\mathrm{p})^1_{(n_1\neq n_2)}$ | $^3D, ^3P, ^3S, ^1D, ^1P, ^1S$ |
| $p^2d$ | $^4P, ^4D, ^4F, ^2D, ^2D, ^2D, ^2F, ^2F, ^2G, ^2P, ^2P, ^2S$ |

由表 1.7.1 可以得到如下结论：

(1) 闭壳层组态只有一个谱项$^1S$，这与 1.7.3 节一开始给出的结论一致.

(2) 一个开壳层所产生的谱项仅与该开壳层中轨道的角量子数有关，而与主量子数$n$无关. 例如，$(n\mathrm{d})^2$壳层，无论$n$取何值，所产生的谱项都是相同的. 因此在只有一个开壳层的情况下，组态记号中不必包括主量子数$n$.

(3) 互补组态产生的谱项相同. $(nl)^x$和$(nl)^{2(2l+1)-x}$称为互补组态，$(nl)^x$的空穴数目与$(nl)^{2(2l+1)-x}$的电子数目相等，二者的电子数之和等于$(nl)$亚层的自旋轨道数目. 由式(1.6.33)易知，互补组态中的行列式(即微观状态)数目是相同的，进一步可以证明，由互补组态导出的谱项也是完全相同的，有关证明可参看相关文献[10]. 值得注意的是，尽管互补组态具有相同的谱项，但由于电子数目不同，它们的谱项波函数和谱项能量都是不相同的. 以组态$\mathrm{p}^2$和$\mathrm{p}^4$为例，虽然两者包含相同的谱项，但它们包含的行列式并不相同. p 亚层共有 6 个自旋轨道，在组态$\mathrm{p}^2$的每一行列式中，将两个占据轨道用其余 4 个未占据自旋轨道代替，就可从$\mathrm{p}^2$组态的全部行列式得到$\mathrm{p}^4$组态的全部行列式. 例如，由$\mathrm{p}^2$组态的行列式$\Phi\left(0^+\,0^-\right)$可以得到$\mathrm{p}^4$组态的行列式$\Phi\left(1^+\,1^-\,-1^+\,-1^-\right)$. 由于包含的行列式不同，两组态的谱项波函数和谱项能量是不可能相同的.

(4) 有些组态中，同一谱项可能多次出现. 例如，$^2D$ 谱项在 $d^3$ 组态中出现两次，这是由角动量的不同耦合方式造成的. 由角动量加和规则看，角动量可以多次取同一个值，式(1.5.107)已对此做过讨论. 此外，不同电子组态中也会出现相同的谱项，如 $p^2$ 和 $d^2$ 都出现了 $^1D$ 谱项. 这些情况将导致谱项相互作用问题，即在这些情况下，单个的谱项波函数不是能量本征函数，能量本征函数应当写作相同谱项波函数的线性组合. 有关内容将会在以后的章节中详细讨论.

### 1.7.5 Slater 行列式的表示方法

式(1.3.38)～式(1.3.40)给出了行列式的三种记法，随着对行列式的深入了解，出现了更多的行列式表示方法. 为了便于读者在相关知识之间建立联系，对于原子体系，将行列式的表示方法归纳为三类. 式(1.3.38)～式(1.3.40)给出的行列式的三种记法属于一类. 这种表示方法的特点是给出了行列式中的所有单电子态，因此采用这类表示方法，有利于具体的分析和计算，

$$\Phi_{i_1 i_2 \cdots i_N} = \sqrt{N!}\hat{A}\left\{\phi_{i_1}(1)\phi_{i_2}(2)\cdots\phi_{i_N}(N)\right\} \tag{1.7.45}$$

或

$$\Phi_{i_1 i_2 \cdots i_N} = \frac{1}{\sqrt{N!}}D\left|\phi_{i_1}(1)\phi_{i_2}(2)\cdots\phi_{i_N}(N)\right| \tag{1.7.46}$$

行列式的第二类表示方法是，略去行列式中的闭壳层部分，仅给出开壳层轨道的占据情况，式(1.7.40)中的 $\Phi_1\left(1^+ 1^-\right)$ 就是一例，一般对于开壳层 $(nl)^x$，这类表示方法给出的行列式为

$$\Phi(nl)=\Phi\left(m_l^{\pm}\right) \tag{1.7.47}$$

其中，$m_l^{\pm}$ 的含义见式(1.6.31)的说明. 这类表示方法与电子组态的表示方法联系密切，因而能够方便地写出一个电子组态中包含的所有行列式，并能简化有关推导，因为在很多情况下，闭壳层在有关推导中没有贡献，可以不必考虑.

根据式(1.7.28)和式(1.7.30)，任意一个 Slater 行列式都是算符 $\hat{L}_z$ 和 $\hat{S}_z$ 的本征函数. 因此，行列式的第三类表示方法是用算符 $\hat{L}_z$ 和 $\hat{S}_z$ 的本征值 $M_L$ 和 $M_S$ 来标记行列式，对 $N$ 电子行列式波函数，有

$$\Phi(1,2,\cdots,N)=\Phi_{M_L M_S}(1,2,\cdots,N) \tag{1.7.48}$$

由式(1.7.29)和式(1.7.31)，有

$$M_L = \sum_i m_l(i), \qquad M_S = \sum_i m_s(i) \tag{1.7.49}$$

于是，可以由第一类表示方法按式(1.7.49)直接求得 $M_L$ 和 $M_S$，又由于闭壳层部分对 $M_L$ 和 $M_S$ 的贡献为零，故也可由第二类表示方法按式(1.7.49)直接求得 $M_L$ 和 $M_S$，因此三类表示方法是相互联系的.

为了便于推导，将在不同场合使用不同的行列式表示方法，并可能随时在三类表示方法之间进行转换.

## 1.8 原子谱项的波函数和原子能级

1.7 节中由原子的电子组态导出了原子的光谱项，本节将建造谱项波函数，进而求解原子的定态 Schrödinger 方程，得到原子的能级. 为了对有关概念有一个直观的了解，首先以碳原子为例进行具体分析.

### 1.8.1 碳原子 $2p^2$ 组态的谱项波函数和原子能级

碳原子的基态电子组态为 $1s^2 2s^2 2p^2$，其中开壳层为 $2p^2$. 该组态包含三个谱项[见式(1.7.42)]，即

$$^1D,\ ^3P,\ ^1S \tag{1.8.1}$$

每一谱项的简并度为 $(2S+1)(2L+1)$，因此共有 15 个谱项波函数. 谱项波函数是算符集合 $\{\hat{L}^2,\hat{S}^2,\hat{L}_z,\hat{S}_z\}$ 的共同本征函数，可用 4 个量子数 $\{LSM_LM_S\}$ 标记，故 15 个谱项波函数 $\Phi_{LM_LSM_S}$ 为

$$\begin{aligned}&\Phi_{2200},\Phi_{2100},\Phi_{2000},\Phi_{2-100},\Phi_{2-200}\\&\Phi_{1111},\Phi_{1110},\Phi_{111-1},\Phi_{1011},\Phi_{1010},\Phi_{101-1},\Phi_{1-111},\Phi_{1-110},\Phi_{1-11-1}\\&\Phi_{0000}\end{aligned}$$

由式(1.6.33)，电子组态 $p^2$ 包含 15 个 Slater 行列式. 按约定，开壳层自旋轨道可用 $m_l^+$ 或 $m_l^-$ [见式(1.6.31)]表示，故 $p^2$ 电子组态的 6 个自旋轨道为 $1^+,1^-,-1^+,-1^-,0^+,0^-$. 不计闭壳层，则从这 6 个自旋轨道中每次取出两个，就可得到全部 15 个行列式，即有

$$\begin{aligned}\{&\Phi_1(1^+1^-),\Phi_2(-1^+-1^-),\Phi_3(1^+-1^+),\Phi_4(1^--1^-),\Phi_5(1^+-1^-),\\&\Phi_6(1^--1^+),\Phi_7(1^+0^+),\Phi_8(1^-0^-),\Phi_9(1^+0^-),\Phi_{10}(1^-0^+),\Phi_{11}(-1^+0^+),\\&\Phi_{12}(-1^-0^-),\Phi_{13}(-1^+0^-),\Phi_{14}(-1^-0^+),\Phi_{15}(0^+0^-)\}\end{aligned} \tag{1.8.2}$$

这里采用了式(1.7.47)给出的行列式表示方法，当然，也可以按式(1.7.48)将行列式写作 $\Phi_{M_LM_S}$. 我们现在的任务是由式(1.8.2)给出的 15 个行列式建造前面给出的 15 个谱项波函数.

我们知道，每个行列式都是 $\hat{L}_z$ 和 $\hat{S}_z$ 的共同本征函数，但是单个 Slater 行列式一般不是 $\hat{L}^2$ 或者 $\hat{S}^2$ 的本征函数，现在以 $\hat{L}^2$ 为例来论证这一结论.

由于 $\hat{L}_z$ 与 $\hat{L}^2$ 对易，故有

$$\hat{L}_z\left(\hat{L}^2\Phi_{M_LM_S}\right)=\hat{L}^2\left(\hat{L}_z\Phi_{M_LM_S}\right)=M_L\left(\hat{L}^2\Phi_{M_LM_S}\right) \tag{1.8.3}$$

这表明 $\hat{L}^2\Phi_{M_LM_S}$ 仍然是 $\hat{L}_z$ 本征函数，本征值不变. 基于式(1.8.3)，$\hat{L}^2$ 作用于行列式 $\Phi_{M_LM_S}$ 可能有两种结果.

一是，如果在给定的电子组态中，$\hat{L}_z$ 的本征值为 $M_L$ 的行列式只有一个，这时必然有

$$\hat{L}^2\Phi_{M_LM_S}=L(L+1)\Phi_{M_LM_S} \tag{1.8.4}$$

这是因为按式(1.8.3)，函数 $\hat{L}^2\Phi_{M_LM_S}$ 也是 $\hat{L}_z$ 的本征值为 $M_L$ 的本征函数，现在这样的函数只有

一个，即 $\Phi_{M_L M_S}$，因此 $\hat{L}^2\Phi_{M_L M_S}$ 和行列式 $\Phi_{M_L M_S}$ 最多只能相差一常数因子，即行列式 $\Phi_{M_L M_S}$ 也是 $\hat{L}^2$ 的本征函数.

二是，$\hat{L}_z$ 的本征值为 $M_L$ 的行列式不止一个，这时 $\hat{L}^2\Phi_{M_L M_S}$ 应当是这些行列式的线性组合，即有

$$\hat{L}^2\Phi_{M_L M_S} = \sum_i c_i \Phi_{M_L M_S}^i \tag{1.8.5}$$

上式右边对具有相同 $M_L$ 值的行列式求和. 可见，这种情况下单个行列式 $\Phi_{M_L M_S}$ 不再是 $\hat{L}^2$ 的本征函数. 对 $\hat{S}^2$ 可以做出同样的论证.

到这里，读者可能会产生困惑：既然 $\hat{L}^2$ 作用于行列式 $\Phi_{M_L M_S}$ 不改变 $M_L$ 值，又怎么会使行列式 $\Phi_{M_L M_S}$ 变为另外的具有相同 $M_L$ 值的行列式？为了更好地理解式(1.8.5)，我们做进一步分析. 仿照式(1.7.35)，有

$$\begin{aligned}\hat{L}^2\Phi_{i_1 i_2\cdots i_N} &= \left[\hat{L}_+\hat{L}_- - \hat{L}_z + \hat{L}_z^2\right]\Phi_{i_1 i_2\cdots i_N} = M_L\left(M_L - 1\right)\Phi_{i_1 i_2\cdots i_N} \\ &\quad + \sqrt{N!}\hat{A}\left[\sum_j \hat{l}_+(j)\hat{l}_-(j) + \sum_{j,k(j\neq k)}\hat{l}_+(j)\hat{l}_-(k)\right]\left\{\phi_{i_1}(1)\phi_{i_2}(2)\cdots\phi_{i_N}(N)\right\}\end{aligned} \tag{1.8.6}$$

式中，$M_L$ 为 $\hat{L}_z$ 的本征值. 仿照式(1.7.35)的讨论可知，上式第一个求和 $\sum_j \hat{l}_+(j)\hat{l}_-(j)$ 作用的结果或者为零，或者仍然得到原来的行列式. 当第二个求和 $\sum_{j,k(j\neq k)}\hat{l}_+(j)\hat{l}_-(k)$ 作用于 $\Phi_{i_1 i_2\cdots i_N}$ 时，仿照式(1.7.35)的讨论可知，如果 $\hat{l}_-(k)\phi_{m_l}(i_k)\neq 0$，则 $\hat{l}_-(k)\phi_{m_l}(i_k)\sim\phi_{m_l-1}(i_k)$，其中 $i_k$ 是出现在式(1.8.6)的直积中 $k$ 位置上的单粒子态编号. 接下来可能有两种结果，一是，单电子态 $\phi_{m_l-1}$ 包含在原来的直积 $\left\{\phi_{i_1}(1)\phi_{i_2}(2)\cdots\phi_{i_N}(N)\right\}$ 中，假定为 $\phi_{m_l-1}(j)$，即单粒子态 $\phi_{m_l-1}$ 出现在式(1.8.6)的直积中的 $j$ 位置上，这时 $\hat{l}_+(j)$ 就会将直积中本来包含的 $\phi_{m_l-1}(j)$ 变为 $\phi_{m_l}(j)$，新生成的行列式与原来行列式的差别之处仅是单粒子态 $\phi_{m_l-1}$ 和 $\phi_{m_l}$ 的位置发生了改变，在原来的行列式中，$\phi_{m_l-1}$ 和 $\phi_{m_l}$ 分别位于直积的 $j$ 和 $k$ 位置上，而在新生成的行列式中，它们分别位于 $k$ 和 $j$，因此新生成的行列式与原行列式可能完全相同，也可能差一负号，闭壳层组态就属于后一种情况，在式(1.7.35)的推导中我们已经利用了这一结果；二是，单电子态 $\phi_{m_l-1}$ 不包含在原来的直积 $\left\{\phi_{i_1}(1)\phi_{i_2}(2)\cdots\phi_{i_N}(N)\right\}$ 中，因此不可能通过 $\hat{l}_+(j)$ 得到单粒子态 $\phi_{m_l}(j)$，这就是说 $\hat{l}_-(k)$ 产生的变换 $\hat{l}_-(k)\phi_{m_l}\sim\phi_{m_l-1}$ 无法补偿，这时新生成的行列式与原行列式将包含不同的单电子态，或者说 $\sum_{j,k(j\neq k)}\hat{l}_+(j)\hat{l}_-(k)$ 作用的结果使得行列式中的单电子态发生了改变，因此不再是原来的行列式. 值得注意的是，尽管这时得到的不再是原来的行列式，但是新行列式与原行列式的 $M_L$ 值相同，这是因为原行列式中有两个单电子态发生了改变，量子数 $m_l$ 分别增加和减少 1，即 $\phi_{m_{l_k}}(k)\to\phi_{m_{l_k}-1}(k)$，$\phi_{m_{l_j}}(j)\to\phi_{m_{l_j}+1}(j)$，但是 $M_L=\sum_i m_l(i)$ [见式(1.7.29)]并不改变，即新行列式仍然是 $\hat{L}_z$ 的本征值为 $M_L$ 的本征函数，只不过新行列式中的单电子态发生了改变，因而不再是原来的行列式了. 现在我们可以理解，为什么 $M_L$ 值不变，而行列式却发生了变化.

当然，也可以按以下方式导出式(1.8.5)的结果. 假定

$$\hat{L}^2\Phi_{M_LM_S}=\sum_{M_L',i}c_{M_L'M_S}^{i}\Phi_{M_L'M_S}^{i} \tag{1.8.7}$$

上式右边包含两个求和指标，$M_L'$ 表示对具有不同 $M_L$ 的行列式求和，$i$ 表示对具有相同 $M_L$ 的行列式求和(具有相同 $M_L$ 的行列式可能不止一个). 由于 $\hat{L}^2=\hat{L}_+\hat{L}_- - \hat{L}_z+\hat{L}_z^2$，代入式(1.8.7)左端，并将 $\hat{L}_z$ 的本征值 $M_L$ 代入，将 $\left(M_L^2-M_L\right)\Phi_{M_LM_S}$ 移到等式的右端，可将式(1.8.7)改写为

$$\hat{L}_+\hat{L}_-\Phi_{M_LM_S}=\sum_{M_L',i}c_{M_L'M_S}^{\prime i}\Phi_{M_L'M_S}^{i}$$

根据升降算符的性质[见式(1.5.101)和式(1.5.102)]可知 $\hat{L}_-$ 和 $\hat{L}_+$ 相继作用的结果，左端的 $M_L$ 值并不发生变化，因而右端的 $M_L'$ 也只能取有一个值，即 $M_L'=M_L$，于是右端只剩下一个求和指标，这就是说算符 $\hat{L}_+\hat{L}_-$ 作用于 $\Phi_{M_LM_S}$ 得到的新函数 $\hat{L}_+\hat{L}_-\Phi_{M_LM_S}$ 是具有相同 $M_L$ 值的行列式 $\Phi_{M_LM_S}$ 的线性组合，如式(1.8.5)所示，仅当具有相同 $M_L$ 值的行列式 $\Phi_{M_LM_S}$ 只有一个时，行列式 $\Phi_{M_LM_S}$ 才是 $\hat{L}^2$ 的本征函数.

为了加深理解，以上我们从三个不同角度推演出同一结论，即 $\hat{L}^2$ 的本征函数应该是具有相同 $M_L$ 的行列式的线性组合，当具有相同 $M_L$ 值的行列式只有一个时，则该行列式就是 $\hat{L}^2$ 的本征函数. 同样，$\hat{S}^2$ 的本征函数应该是具有相同 $M_S$ 值的行列式的线性组合，当具有相同 $M_S$ 值的行列式只有一个时，则该行列式就是 $\hat{S}^2$ 的本征函数. 根据这一原则，很容易对式(1.8.2)中的行列式按量子数组 $\left(LM_LSM_S\right)$ 重新分类，以建造谱项波函数. 简言之，我们要将式(1.8.2)中的 15 个行列式函数 $\left\{\Phi_{M_LM_S}\right\}$ 重新组合成 15 个谱项波函数 $\left\{\Phi_{LM_LSM_S}\right\}$.

首先，$M_L=2,\ M_S=0$ 的行列式只有一个 $\Phi\left(1^+\,1^-\right)$，因此它一定也是 $\hat{L}^2$ 和 $\hat{S}^2$ 的本征函数. 事实上，可求得

$$\hat{L}^2\Phi\left(1^+\,1^-\right)=\left[\hat{L}_+\hat{L}_- - \hat{L}_z+\hat{L}_z^2\right]\Phi\left(1^+\,1^-\right)=2(2+1)\Phi\left(1^+\,1^-\right) \tag{1.8.8}$$

类似地有

$$\hat{S}^2\Phi\left(1^+\,1^-\right)=0$$

因此，量子数 $L$ 和 $S$ 分别是 2 和 0，即有

$$\Phi_{LM_LSM_S}=\Phi_{2200}=\Phi\left(1^+\,1^-\right) \tag{1.8.9}$$

前面用 $\Phi_{M_LM_S}$ 表示 Slater 行列式，这里用 $\Phi_{LM_LSM_S}$ 表示谱项波函数，谱项波函数可能是单个行列式，也可能是行列式的线性组合，对此，前面已作了理论论证，式(1.8.9)给出了单行列式谱项波函数的实例，下面将给出行列式线性组合成谱项波函数的实例. 谱项波函数和行列式虽然都用同一个希腊字母表示，但二者具有不同的量子数组，请注意区分.

基于同样的分析，可以得到

$$\Phi_{2-200}=\Phi\left(-1^+\,-1^-\right) \tag{1.8.10}$$

$^1D$ 谱项包含 5 个波函数，分别对应 $M_L=0,\pm1,\pm2$，式(1.8.9)和式(1.8.10)只给出了 $M_L=\pm2$ 的两个波函数，另外的 3 个波函数可用降算符求得. 例如，$\Phi_{2100}$ 可用降算符 $\hat{L}_-$ 作用于 $\Phi_{2200}$ 得到，由式(1.5.102)有

$$\hat{L}_-\Phi_{2200} = 2\Phi_{2100} \tag{1.8.11}$$

另外，将$\hat{L}_- = \sum_j \hat{l}_-(j)$代入上式左端，利用式(1.8.9)和式(1.5.75)，上式左端为

$$\begin{aligned}
\hat{L}_-\Phi_{2200} &= \sum_j \hat{l}_-(j)\Phi\left(1^+\,1^-\right) = \hat{l}_-(1)\Phi\left(1^+\,1^-\right) + \hat{l}_-(2)\Phi\left(1^+\,1^-\right) \\
&= \sqrt{\left[l(1)-m_l(1)+1\right]\left[l(1)+m_l(1)\right]}\Phi\left(0^+\,1^-\right) \\
&\quad + \sqrt{\left[l(2)-m_l(2)+1\right]\left[l(2)+m_l(2)\right]}\Phi\left(1^+\,0^-\right) \\
&= \sqrt{2}\left[\Phi\left(0^+\,1^-\right) + \Phi\left(1^+\,0^-\right)\right]
\end{aligned}$$

与式(1.8.11)比较，假定行列式波函数已经归一化，则有归一化的$\Phi_{2100}$为

$$\Phi_{2100} = \frac{1}{\sqrt{2}}\left[\Phi\left(0^+\,1^-\right) + \Phi\left(1^+\,0^-\right)\right] \tag{1.8.12}$$

可以看到，谱项波函数$\Phi_{2100}$是两个行列式的组合，组合系数是完全确定的. 同样，$\Phi_{2000}$可用降算符作用于$\Phi_{2100}$得到，$\Phi_{2-100}$可用降算符作用于$\Phi_{2000}$得到，也可用升算符作用于$\Phi_{2-200}$得到

$$\Phi_{2000} = c_1\Phi\left(1^+\,-1^-\right) + c_2\Phi\left(0^+\,0^-\right) + c_3\Phi\left(-1^+\,1^-\right) \tag{1.8.13}$$

$$\Phi_{2-100} = \frac{1}{\sqrt{2}}\left[\Phi\left(-1^+\,0^-\right) + \Phi\left(0^+\,-1^-\right)\right] \tag{1.8.14}$$

这样得到了$^1D$谱项的 5 个波函数.

现在求$^3P$谱项的波函数. 对$^3P$谱项，有$L=1$、$S=1$、$M_L=0,\pm1$、$M_S=0,\pm1$. 式(1.8.2)给出的行列式中，$M_L=1,\ M_S=\pm1$，或者$M_L=0,\ M_S=\pm1$，或者$M_L=-1,\ M_S=\pm1$的行列式都只有一个，因此它们必定是$\hat{L}^2$和$\hat{S}^2$的本征函数，于是得到$^3P$谱项的波函数

$$\begin{aligned}
&\Phi_{1111} = \Phi\left(1^+\,0^+\right),\ \Phi_{111-1} = \Phi\left(1^-\,0^-\right),\ \Phi_{1011} = \Phi\left(1^+\,-1^+\right) \\
&\Phi_{101-1} = \Phi\left(1^-\,-1^-\right),\ \Phi_{1-111} = \Phi\left(-1^+\,0^+\right),\ \Phi_{1-11-1} = \Phi\left(-1^-\,0^-\right)
\end{aligned} \tag{1.8.15}$$

$^3P$谱项应该有 9 个波函数，式(1.8.15)给出了其中的 6 个，另外 3 个波函数可以用升算符或降算符作用于式(1.8.15)中相应的某一波函数得到，结果为

$$\Phi_{1110} = c_4\Phi\left(1^+\,0^-\right) + c_5\Phi\left(0^+\,1^-\right) \tag{1.8.16}$$

$$\Phi_{1010} = c_6\Phi\left(1^+\,-1^-\right) + c_7\Phi\left(0^+\,0^-\right) + c_8\Phi\left(-1^+\,1^-\right) \tag{1.8.17}$$

$$\Phi_{1-110} = c_9\Phi\left(-1^+\,0^-\right) + c_{10}\Phi\left(0^+\,-1^-\right) \tag{1.8.18}$$

$^1S$谱项只有一个波函数，由于$M_L=0,\ M_S=0$，该波函数只能由行列式$\Phi\left(1^+\,-1^-\right)$、$\Phi\left(0^+\,0^-\right)$、$\Phi\left(-1^+\,1^-\right)$组合得到，即

$$\Phi_{0000} = c_{11}\Phi\left(1^+\,-1^-\right) + c_{12}\Phi\left(0^+\,0^-\right) + c_{13}\Phi\left(-1^+\,1^-\right) \tag{1.8.19}$$

以上各式中的系数不是变分参数，它们按对称性要求取确定值，可以利用升降算符及正交归一化条件确定它们的值，如式(1.8.14)所示.

这样，由式(1.8.2)中的 15 个行列式得到了式(1.8.9)～式(1.8.19)给出的 15 个谱项波函数. 如果采用单组态近似，即碳原子仅用 $2p^2$ 组态描述其电子结构，则式(1.8.9)～式(1.8.19)给出的每一个谱项波函数都是碳原子 Hamilton 算符 $\hat{H}$ 的本征函数，即碳原子定态 Schrödinger 方程[见式(1.7.20)]

$$\hat{H}\Psi_{nLSM_LM_S} = E_n\Psi_{nLSM_LM_S} \tag{1.8.20}$$

的解，其中 $\Psi_{nLSM_LM_S}=\Phi_{LSM_LM_S}$. 假定波函数已经归一化，则可求得每一谱项所对应的体系的能量

$$E_n = \left\langle \Psi_{nLM_LSM_S} \middle| \hat{H} \middle| \Psi_{nLM_LSM_S} \right\rangle = \left\langle \Phi_{LM_LSM_S} \middle| \hat{H} \middle| \Phi_{LM_LSM_S} \right\rangle \tag{1.8.21}$$

由于谱项波函数是简并的，因此从每一谱项中任取一个波函数，代入式(1.8.21)即可求得该谱项的能量，从而完成了 Schrödinger 方程(1.8.20)的求解. 从这个例子可以看到，如果不建造谱项波函数，而直接用式(1.8.2)的行列式做组态叠加计算[见式(1.4.136)]，或者按照简并态微扰理论处理[见式(1.4.14)]，则需要求解 $15\times 15$ 的矩阵方程[见式(1.4.137)]，但是将式(1.8.2)的行列式按谱项分类后，式(1.8.20)的求解大大简化了. 更有意义的是，从谱项波函数可以看出能级与量子数 $L$ 和 $S$ 之间的关系，这样不必具体求解 Schrödinger 方程就可以得到原子的能级结构，而且尽管这时我们还不知道能级的具体数值，但仍然可以根据光谱选律粗略地指认光谱. 例如，在不考虑磁相互作用的情况下，原子光谱的选律为 $\Delta S=0$, $\Delta L=0,\pm 1$，不符合选律的能级之间是跃迁禁阻的. 如果波函数不按谱项分类，则无法根据对称性指认光谱. 特别在近似计算的情况下，仅仅依据计算的能级差来指认光谱常常是靠不住的.

以上以碳原子为例给出了原子谱项波函数的建造方法，可以看到这种建造波函数的方法必须依据电子组态的具体情况做出分析，因而不具有一般性，下面将采用投影算符方法，更一般地讨论谱项波函数的建造问题. 为此，先要讨论投影算符的定义和性质.

### 1.8.2　投影算符

设 $\hat{\Lambda}$ 为体系的某一力学量算符(Hermite 算符)，假定 $\hat{\Lambda}$ 满足两个条件：

第一，$\hat{\Lambda}$ 与体系的 Hamilton 算符 $\hat{H}$ 对易，即有

$$\left[\hat{\Lambda},\hat{H}\right]=\hat{\Lambda}\hat{H}-\hat{H}\hat{\Lambda}=0 \tag{1.8.22}$$

因而 $\hat{\Lambda}$ 与 $\hat{H}$ 有共同的本征函数系，故能量本征函数可以按 $\hat{\Lambda}$ 算符的本征值分类.

第二，$\hat{\Lambda}$ 具有有限个分立本征值

$$\Lambda_1,\Lambda_2,\cdots,\Lambda_n \tag{1.8.23}$$

因此，能量本征函数可以按 $\Lambda$ 的本征值分为有限类，即

$$\left\{\Psi_{\Lambda_1},\Psi_{\Lambda_2},\cdots,\Psi_{\Lambda_n}\right\} \tag{1.8.24}$$

式(1.8.24)中的任一函数都满足：

$$\hat{\Lambda}\Psi_{\Lambda_i}=\Lambda_i\Psi_{\Lambda_i} \tag{1.8.25}$$

定义 $\hat{\Lambda}$ 算符的函数

$$F\left(\hat{\Lambda}\right)=\prod_i^n\left(\hat{\Lambda}-\Lambda_i\right)=\left(\hat{\Lambda}-\Lambda_1\right)\left(\hat{\Lambda}-\Lambda_2\right)\cdots\left(\hat{\Lambda}-\Lambda_n\right) \tag{1.8.26}$$

它是 $\hat{\Lambda}$ 的 $n$ 次多项式，其中 $\Lambda_i$ 是 $\hat{\Lambda}$ 的第 $i$ 个本征值. 由于 $F\left(\hat{\Lambda}\right)$ 中包含因子 $\left(\hat{\Lambda}-\Lambda_i\right)$，因此

由式(1.8.25)有

$$F\left(\hat{\Lambda}\right)\Psi_{\Lambda_i}=0 \tag{1.8.27}$$

式(1.8.24)包含 $\hat{H}$ 的全部本征函数，因而构成完备集合，任意满足相同边界条件的函数 $\Psi$ 都可以按式(1.8.24)展开

$$\Psi=\sum_i c_i\Psi_{\Lambda_i} \tag{1.8.28}$$

由式(1.8.27)，有

$$F\left(\hat{\Lambda}\right)\Psi=0 \tag{1.8.29}$$

由于 $\Psi$ 是任意的，因此有

$$F\left(\hat{\Lambda}\right)\equiv 0 \tag{1.8.30}$$

这是说 $F\left(\hat{\Lambda}\right)$ 为零算符. 定义一组算符

$$\hat{Q}_k\left(\hat{\Lambda}\right)=\prod_{i(\neq k)}^{n}\frac{\hat{\Lambda}-\Lambda_i}{\Lambda_k-\Lambda_i}\,,\qquad k=1,2,\cdots,n \tag{1.8.31}$$

$\hat{Q}_k\left(\hat{\Lambda}\right)$ 是 $\hat{\Lambda}$ 的 $(n-1)$ 次多项式，由于 $\hat{\Lambda}$ 为 Hermite 算符，故 $\hat{Q}_k\left(\hat{\Lambda}\right)$ 也是 Hermite 算符. 与 $F\left(\hat{\Lambda}\right)$ 相比，$\hat{Q}_k$ 中缺少因子 $\left(\hat{\Lambda}-\Lambda_k\right)$. 这组算符称为投影算符，它们具有下列性质.

**性质 1**

$$\hat{\Lambda}\hat{Q}_k=\Lambda_k\hat{Q}_k \tag{1.8.32}$$

由式(1.8.26)和式(1.8.31)易知，$\left(\hat{\Lambda}-\Lambda_k\right)\hat{Q}_k$ 的分子恰好是零算符 $F\left(\hat{\Lambda}\right)$，因此有

$$\left(\hat{\Lambda}-\Lambda_k\right)\hat{Q}_k=0 \tag{1.8.33}$$

这正是式(1.8.32). 性质 1 表明，$\hat{Q}_k$ 是算符 $\hat{\Lambda}$ 的本征算符.

**性质 2**

$$\hat{Q}_k^2=\hat{Q}_k \tag{1.8.34}$$

证明如下：式(1.8.31)可以写作

$$\hat{Q}_k=\prod_{i(\neq k)}\left[\frac{\left(\hat{\Lambda}-\Lambda_k\right)+\left(\Lambda_k-\Lambda_i\right)}{\Lambda_k-\Lambda_i}\right]=\prod_{i(\neq k)}\left(1+\frac{\hat{\Lambda}-\Lambda_k}{\Lambda_k-\Lambda_i}\right)$$

将连乘积展开后必有一项为 1，其余各项中均有因子 $\left(\hat{\Lambda}-\Lambda_k\right)$，于是有

$$\hat{Q}_k=1+\left(\hat{\Lambda}-\Lambda_k\right)\phi\left(\hat{\Lambda}\right)$$

$\phi\left(\hat{\Lambda}\right)$ 是展开式中除 1 以外的其他项提出公因子 $\left(\hat{\Lambda}-\Lambda_k\right)$ 后的剩余部分，由于 $\hat{Q}_k$ 为 $\hat{\Lambda}$ 的 $(n-1)$ 次多项式，故 $\phi\left(\hat{\Lambda}\right)$ 是算符 $\hat{\Lambda}$ 的 $(n-2)$ 次多项式. 利用上式，有

$$Q_k^2=\hat{Q}_k+\left(\hat{\Lambda}-\Lambda_k\right)\hat{Q}_k\phi\left(\hat{\Lambda}\right)$$

再利用式(1.8.33)，有

$$\hat{Q}_k^2=\hat{Q}_k$$

性质 2 称为幂等性，具有这种性质的算符称为幂等算符. $\hat{Q}_k$ 为幂等算符，并且对任意自然数 $n$，恒有

$$\hat{Q}_k^n = \hat{Q}_k \tag{1.8.35}$$

由上述证明过程可以看到，在定义式(1.8.31)中引入常数项分母，就是为了保证 $\hat{Q}_k$ 的幂等性，在不涉及幂等性的情况下，分母中的常数因子并不重要.

**性质 3**
$$\hat{Q}_k\hat{Q}_l = \hat{Q}_l\hat{Q}_k = 0 \quad (l \neq k) \tag{1.8.36}$$

性质 3 表明，式(1.8.31)中的算符两两正交. 证明如下：

$\hat{Q}_k$ 中不包含因子 $\left(\hat{\Lambda} - \Lambda_k\right)$，但当 $l \neq k$ 时，一定包含因子 $\left(\hat{\Lambda} - \Lambda_l\right)$，故

$$\hat{Q}_k\hat{Q}_l = \prod_{i(\neq k)} \frac{\hat{\Lambda} - \Lambda_i}{\Lambda_k - \Lambda_i}\hat{Q}_l = \prod_{i(\neq k,l)} \frac{\left(\hat{\Lambda} - \Lambda_i\right)}{\Lambda_k - \Lambda_i} \frac{\left(\hat{\Lambda} - \Lambda_l\right)\hat{Q}_l}{\Lambda_k - \Lambda_l} = 0$$

上式最后一步利用了式(1.8.33)，同理可得

$$\hat{Q}_l\hat{Q}_k = 0$$

证毕.

**性质 4**
$$\sum_k \hat{Q}_k = I \quad (I \text{ 为单位算符}) \tag{1.8.37}$$

性质 4 表明，$\sum\limits_k \hat{Q}_k$ 是完备的，在公式推导过程中它可以作为单位算符对待. 式(1.8.37)证明如下：

定义

$$f\left(\hat{\Lambda}\right) = \sum_{i=1}^{n} \hat{Q}_i\left(\hat{\Lambda}\right) - 1 \tag{1.8.38}$$

它是算符 $\hat{\Lambda}$ 的 $(n-1)$ 次多项式. 当 $i \neq k$ 时，由于 $\hat{Q}_i\left(\hat{\Lambda}\right)$ 中必定包含因子 $\left(\hat{\Lambda} - \Lambda_k\right)$，故有

$$\hat{Q}_i\left(\Lambda_k\right) = 0, \quad i \neq k, \quad i = 1, 2, \cdots \tag{1.8.39}$$

式(1.8.38)的求和中，这样的项有 $(n-1)$ 项，剩下一项 $\hat{Q}_k$，由式(1.8.31)有

$$\hat{Q}_k\left(\Lambda_k\right) = 1 \tag{1.8.40}$$

将式(1.8.39)和式(1.8.40)代入式(1.8.38)得

$$f\left(\Lambda_k\right) = 0, \quad k = 1, 2, \cdots, n \tag{1.8.41}$$

这就是说 $f\left(\hat{\Lambda}\right)$ 有 $n$ 个根，但 $f\left(\hat{\Lambda}\right)$ 是 $\hat{\Lambda}$ 的 $(n-1)$ 次多项式，若有 $n$ 个根，则一定有

$$f\left(\hat{\Lambda}\right) \equiv 0$$

证毕.

满足以上四种性质的任何 Hermite 算符都称为投影算符.

设 $\Phi$ 为满足边界条件的任一函数，由式(1.8.32)有

$$\hat{\Lambda}\left(\hat{Q}_k\Phi\right) = \left(\hat{\Lambda}\hat{Q}_k\right)\Phi = \Lambda_k\left(\hat{Q}_k\Phi\right) = \Lambda_k\Psi_{\Lambda_k} \tag{1.8.42}$$

其中

$$\Psi_{\Lambda_k} = \hat{Q}_k\Phi \tag{1.8.43}$$

式(1.8.42)表明，算符 $\hat{Q}_k$ 将 $\Phi$ 投影到算符 $\hat{\Lambda}$ 的本征值为 $\Lambda_k$ 的本征函数子空间中，或者说得更

通俗一点，用算符 $\hat{Q}_k$ 作用于任一满足边界条件的函数 $\varPhi$，如果结果不为 0，就一定能得到算符 $\hat{\varLambda}$ 的属于本征值 $\varLambda_k$ 的本征函数.

由式(1.8.36)，有

$$\left\langle \varPsi_{\varLambda_k} \middle| \varPsi_{\varLambda_l} \right\rangle = \left\langle \hat{Q}_k \varPhi \middle| \hat{Q}_l \varPhi \right\rangle = \left\langle \varPhi \middle| \hat{Q}_k \hat{Q}_l \middle| \varPhi \right\rangle = 0 \tag{1.8.44}$$

式(1.8.44)最后一步利用了 $\hat{Q}_k$ 的 Hermite 性质. 上式表明，当 $k \neq l$ 时，由 $\hat{Q}_k$ 和 $\hat{Q}_l$ 投影得到的本征函数是正交的，事实上，由 $\hat{Q}_k$ 和 $\hat{Q}_l$ 投影得到的是算符 $\hat{\varLambda}$ 的不同本征值的本征函数，它们应当是正交的. 由式(1.8.37)有

$$\varPhi = \sum_k \hat{Q}_k \varPhi = \sum_k \varPsi_{\varLambda_k} \tag{1.8.45}$$

这表明任意满足边界条件的函数 $\varPhi$ 都可以写成算符 $\hat{\varLambda}$ 的本征函数的线性组合. 这相当于把函数空间分割为算符 $\hat{\varLambda}$ 的不变子空间.

### 1.8.3 $\hat{L}^2$ 和 $\hat{L}_z$ 的共同本征函数的建造

$N$ 电子原子体系的总轨道角动量算符 $\hat{L}^2$ 显然满足算符 $\hat{\varLambda}$ 所要求的条件. 首先 $\hat{L}^2$ 与体系的 Hamilton 算符 $\hat{H}$ 对易，其次按角动量加和规则得到的量子数 $L$ 取有限个分立值. 因此有投影算符

$$\hat{Q}_k\left(\hat{L}^2\right) = \prod_{i(\neq k)} \frac{\hat{L}^2 - L_i\left(L_i+1\right)}{\left[L_k\left(L_k+1\right) - L_i\left(L_i+1\right)\right]} \tag{1.8.46}$$

要建造 $\hat{L}^2$ 和 $\hat{L}_z$ 的共同本征函数 $\varPsi_{LM_L}$，应当选择 $\hat{L}_z$ 的本征函数作为被投影函数. 这是因为 $\hat{L}_z$ 与 $\hat{L}^2$ 对易，从而与 $\hat{Q}_k\left(\hat{L}^2\right)$ 对易，因此 $\hat{Q}_k\left(\hat{L}^2\right)$ 作用于 $\hat{L}_z$ 的本征函数并不改变 $\hat{L}_z$ 的本征值. 式(1.7.28)表明，任一 Slater 行列式都是 $\hat{L}_z$ 的本征函数，因此可以从 Slater 行列式出发建造 $\varPsi_{LM_L}$.

现以式(1.8.18)中的 $\varPsi_{1-110}$ 为例来说明有关的计算过程. 式(1.8.1)表明量子数 $L$ 可取 2、1、0 三个值，因此有

$$\hat{Q}_{L=1}\left(\hat{L}^2\right) = \frac{\left(\hat{L}^2-6\right)\left(\hat{L}^2-0\right)}{(2-6)\ (2-0)} = -\frac{1}{8}\left(\hat{L}^2-6\right)\hat{L}^2 \tag{1.8.47}$$

注意：$\varPhi\left(-1^+\ 0^-\right)$ 是 $\hat{L}_z$ 的本征函数，本征值为−1，以 $\hat{Q}_{L=1}\left(\hat{L}^2\right)$ 作用于 $\varPhi\left(-1^+\ 0^-\right)$ 就得到 $\hat{L}^2$ 和 $\hat{L}_z$ 的共同本征函数 $\varPhi_{1-1}$，即

$$\varPhi_{1-1} = \hat{Q}_{L=1}\left(\hat{L}^2\right)\varPhi\left(-1^+\ 0^-\right) \tag{1.8.48}$$

仿照式(1.8.4)，利用升降算符的性质，可得

$$\varPhi_{1-1} = \varPhi\left(-1^+\ 0^-\right) - \varPhi\left(0^+\ -1^-\right) \tag{1.8.49}$$

$\varPhi_{1-1}$ 尚未归一化. 得到 $\varPhi_{1-1}$ 之后，可利用升算符 $\hat{L}_+$ 按式(1.5.101)求得 $\varPhi_{10}$ 和 $\varPhi_{11}$.

### 1.8.4 $\hat{L}^2$、$\hat{L}_z$、$\hat{S}^2$、$\hat{S}_z$ 的共同本征函数的建造

同 $\hat{L}^2$ 一样，$N$ 电子原子体系的总自旋角动量算符 $\hat{S}^2$ 也满足算符 $\hat{\varLambda}$ 所要求的条件，因此有投影算符

$$\hat{Q}_k\left(\hat{S}^2\right)=\prod_{i(\neq k)}\frac{\hat{S}^2-S_i\left(S_i+1\right)}{\left[S_k\left(S_k+1\right)-S_i\left(S_i+1\right)\right]} \tag{1.8.50}$$

要建造$\left\{\hat{L}^2\ \hat{L}_z\ \hat{S}^2\ \hat{S}_z\right\}$的共同本征函数$\Phi_{LM_LSM_S}$，应当选择$\left\{\hat{L}^2\ \hat{L}_z\ \hat{S}_z\right\}$的共同本征函数作为被投影函数. 这是因为$\hat{S}^2$与$\left\{\hat{L}^2\hat{L}_z\hat{S}_z\right\}$对易，因而$\hat{Q}_k\left(\hat{S}^2\right)$与它们对易，用$\hat{Q}_k\left(\hat{S}^2\right)$作用于$\left\{\hat{L}^2\hat{L}_z\hat{S}_z\right\}$的共同本征函数并不改变它们的本征值. 那么如何选择$\left\{\hat{L}^2\hat{L}_z\hat{S}_z\right\}$的共同本征函数? 式(1.7.30)表明，任一 Slater 行列式都是$\hat{S}_z$的本征函数，假定行列式$\Phi$是$\hat{S}_z$的本征值为$M_S$的本征函数，由于$\hat{S}_z$与$\hat{L}^2$对易，故有

$$\hat{S}_z\left(\hat{L}^2\Phi\right)=\hat{L}^2\left(\hat{S}_z\Phi\right)=M_S\left(\hat{L}^2\Phi\right) \tag{1.8.51}$$

这表明$\Phi$经$\hat{L}^2$投影后得到的函数仍是$\hat{S}_z$的本征函数，本征值不变. 因此，1.8.3 节从 Slater 行列式出发得到的函数$\Phi_{LM_L}$也是$\hat{S}_z$的本征函数，本征值为$M_S$. 这就是说，函数$\Phi_{LM_L}$事实上是$\left\{\hat{L}^2\hat{L}_z\hat{S}_z\right\}$的共同本征函数，可以作为被投影函数求得$\Phi_{LM_LSM_S}$.

仍以式(1.8.18)中的$\Phi_{1-110}$为例来说明有关的计算过程，式(1.8.1)表明量子数$S$可取 1 和 0 两个值，因此由式(1.8.50)有

$$\hat{Q}_{S=1}\left(\hat{S}^2\right)=\frac{\hat{S}^2}{2} \tag{1.8.52}$$

式(1.8.51)已表明，式(1.8.49)也是$\hat{S}_z$的本征函数，本征值为 0，由式(1.8.49)有

$$\Phi_{1-110}=\hat{Q}_{S=1}\left(\hat{S}^2\right)\Phi_{1-1} \tag{1.8.53}$$

仿照式(1.8.49)的推导方法，可得

$$\Phi_{1-110}=\frac{1}{\sqrt{2}}\left\{\Phi\left(-1^+0^-\right)-\Phi\left(0^+-1^-\right)\right\} \tag{1.8.54}$$

$\Phi_{1-110}$已经归一化，$\Phi_{1-11-1}$和$\Phi_{1-111}$可分别用降算符$\hat{S}_-$和升算符$\hat{S}_+$按式(1.5.102)或式(1.5.101)求得.

从以上推导过程看，用式(1.8.46)或式(1.8.50)做投影计算时，过程较为烦琐. 实际上，选定被投影函数后，投影算符$\hat{Q}_k\left(\hat{L}^2\right)$的实际表达式中不必按式(1.8.46)的要求包含$\vec{L}$的全部量子数，只需根据被投影函数的具体情况选择需要的量子数. 同样，实际使用的投影算符$\hat{Q}_k\left(\hat{S}^2\right)$的表达式中也不必按照式(1.8.50)的要求包含$\vec{S}$的全部量子数，只需根据被投影函数的具体情况选择需要的量子数. 为了说明这些结论，我们进一步讨论投影算符的作用. 设$\Phi_{L_iS_i}$是$\hat{L}^2$和$\hat{S}^2$的本征值分别为$L_i\left(L_i+1\right)$和$S_i\left(S_i+1\right)$的本征函数，则显然有

$$\left\{\hat{L}^2-L_i\left(L_i+1\right)\right\}\Phi_{L_iS_i}=0 \tag{1.8.55}$$

$$\left\{\hat{S}^2-S_i\left(S_i+1\right)\right\}\Phi_{L_iS_i}=0 \tag{1.8.56}$$

因此，投影算符$\hat{Q}_k\left(\hat{L}^2\right)$[式(1.8.46)]和$\hat{Q}_k\left(\hat{S}^2\right)$[式(1.8.50)]中包含的因子$\left\{\hat{L}^2-L_i\left(L_i+1\right)\right\}$和$\left\{\hat{S}^2-S_i\left(S_i+1\right)\right\}$都起消灭$\Phi_{L_iS_i}$的作用. 式(1.8.5)指出，$\Phi_{L_iS_i}$是具有相同$M_L$和$M_S$值的行列式

的组合，反过来行列式也可以写作 $\Phi_{L_iS_i}$ 的线性组合. 如果将 $\hat{Q}_k\left(\hat{L}^2\right)$ 和 $\hat{Q}_k\left(\hat{S}^2\right)$ 作用在行列式上，就将行列式中包含的 $L=L_i$ 和 $S=S_i$ 的成分消灭掉，只剩下 $L=L_k$ 和 $S=S_k$ 的成分. 或者更形象地说，投影算符 $\hat{Q}_k\left(\hat{L}^2\right)$ 和 $\hat{Q}_k\left(\hat{S}^2\right)$ 的作用就是把行列式中包含的不属于本征值 $L_k$ 和 $S_k$ 的成分"过滤"掉，而仅剩下本征值为 $L_k$ 和 $S_k$ 的本征函数. 例如，由式(1.8.14)和式(1.8.18)，可将 $\Phi\left(-1^+0^-\right)$ 和 $\Phi\left(0^+-1^-\right)$ 写作 $\Phi_{2-100}$ 和 $\Phi_{1-110}$ 的组合，即

$$\Phi\left(-1^+0^-\right)=c_1'\Phi_{1-110}+c_2'\Phi_{2-100}$$

$$\Phi\left(0^+-1^-\right)=c_3'\Psi_{1-110}+c_4'\Psi_{2-100} \tag{1.8.57}$$

用投影算符 $\hat{Q}_{L=1}\left(\hat{L}^2\right)$ [式(1.8.47)]作用于 $\Phi\left(-1^+0^-\right)$，就是将 $\Phi\left(-1^+0^-\right)$ 中包含的 $L=2$ 和 $L=0$ 的成分"过滤"掉，而只剩下 $L=1$ 的成分. 注意：行列式 $\Phi\left(-1^+0^-\right)$ 中仅包含 $L=2$ 的本征函数 $\Psi_{2-110}$，并不包含 $L=0$ 的本征函数，因此不需要"过滤" $L=0$ 的成分. 事实上，$\Phi\left(-1^+0^-\right)$ 是 $L_z$ 的本征值为 $M_L=-1$ 的本征函数，故 $L$ 值不可能为 0. 因此，式(1.8.47)的投影算符 $\hat{Q}_{L=1}\left(\hat{L}^2\right)$ 可以简化为

$$\hat{Q}_{L=1}\left(\hat{L}^2\right)=\frac{\left(\hat{L}^2-6\right)}{(2-6)}=-\frac{1}{4}\left(\hat{L}^2-6\right)$$

推广到一般情况，在按照式(1.8.46)和式(1.8.50)建造投影算符 $\hat{Q}_k(\hat{L}^2)$ 和 $\hat{Q}_k(\hat{S}^2)$ 时，$L_i$ 和 $S_i$ 只需取遍被投影函数中包含的除量子数 $L_k$ 和 $S_k$ 以外的量子数，不必包含被投影函数中不存在的量子数，这样做会使推导过程变得简单. 此外，如果被投影行列式 $\Phi_{M_LM_S}$ 中并不包含 $\{L_kS_k\}$ 成分，则显然有

$$\hat{Q}_k(L)\Phi_{M_LM_S}=0,\qquad \hat{Q}_k(S)\Phi_{M_LM_S}=0 \tag{1.8.58}$$

因此，为了得到需要的本征函数，被投影行列式中必须包含所需的本征函数成分，投影算符不能"无中生有".

### 1.8.5 Fock-Dirac 自旋角动量算符

从以上推导过程可以看到，由于角动量(包括轨道和自旋)算符与反对称化算符 $\hat{A}$ 对易，而 Slater 行列式是由单粒子态的直积经反对称化得到的，即有 $\Phi_{M_LM_S}=\sqrt{N!}\hat{A}\left\{\phi_{i_1}(1)\phi_{i_2}(2)\cdots\phi_{i_N}(N)\right\}$，因此将角动量投影算符作用于 Slater 行列式时，可以直接作用于单粒子态的直积 $\left\{\phi_{i_1}(1)\phi_{i_2}(2)\cdots\phi_{i_N}(N)\right\}$，其中每一单粒子态都包括空间和自旋两部分，即有 $\phi_{i_k}(k)=\varphi_{i_k}(\vec{r}_k)\sigma\left(m_{s_k}\right)$. 而由于 $\hat{L}^2$ 和 $\hat{S}^2$ 分别作用于空间函数和自旋函数，因此可以把直积中的空间函数和自旋函数分别写在一起，从而将直积分解为空间函数和自旋函数两部分，$\hat{L}^2$ 仅作用于空间函数，$\hat{S}^2$ 仅作用于自旋函数，作用完成后，将二者的作用结果相乘，一般会得到若干个自旋轨道的直积，每一直积(包含 $N$ 个自旋轨道)经反对称化后都得到一个 Slater 行列式，这样就把投影算符 $\hat{Q}_k\left(\hat{\Lambda}\right)$ 作用于 Slater 行列式后得到的新函数写成了 Slater 行列式的组合.

根据上述思路，可以得到一个计算 $\hat{S}^2$ 作用于行列式所得结果的简单公式，从而大大简化

式(1.8.50)给出的投影算符 $\hat{Q}_k\left(\hat{S}^2\right)$ 作用于行列式的计算过程. 根据上面的讨论，$\hat{S}^2$ 作用于 Slater 行列式，可以归结为作用于自旋函数的直积. 设

$$\Theta\left(m_{s_1}m_{s_2}\cdots m_{s_N}\right)=\prod_k\sigma_k\left(m_{s_k}\right) \tag{1.8.59}$$

为行列式中包含的单电子自旋函数的直积，其中

$$m_{s_k}=\pm\frac{1}{2}，\ \sigma_k\left(\frac{1}{2}\right)=\alpha，\ \sigma_k\left(-\frac{1}{2}\right)=\beta$$

显然，$\Theta\left(m_{s_1}m_{s_2}\cdots m_{s_N}\right)$ 为总自旋算符 $\hat{S}_z$ 的本征函数，本征值为

$$M_S=\frac{1}{2}\left(N_\alpha-N_\beta\right) \tag{1.8.60}$$

其中 $N_\alpha$、$N_\beta$ 分别为 $\Theta\left(m_{s_1}m_{s_2}\cdots m_{s_N}\right)$ 中包含的 $\alpha$ 和 $\beta$ 自旋的数目，对 $N$ 电子原子体系有

$$N=N_\alpha+N_\beta \tag{1.8.61}$$

因此

$$M_S=\frac{N}{2}-N_\beta \tag{1.8.62}$$

于是有

$$\begin{aligned}&\hat{S}^2\Theta\left(m_{s_1}m_{s_2}\cdots m_{s_N}\right)\\&=\left\{\hat{S}_-\hat{S}_++\hat{S}_z+\hat{S}_z^2\right\}\Theta\left(m_{s_1}m_{s_2}\cdots m_{s_N}\right)\\&=\left(M_S^2+\frac{N}{2}\right)\Theta\left(m_{s_1}m_{s_2}\cdots m_{s_N}\right)+\hat{S}_-\hat{S}_+\Theta\left(m_{s_1}m_{s_2}\cdots m_{s_N}\right)-N_\beta\Theta\left(m_{s_1}m_{s_2}\cdots m_{s_N}\right)\end{aligned} \tag{1.8.63}$$

利用式(1.5.99)有

$$\hat{S}_-\hat{S}_+=\sum_i\hat{s}_-(i)\sum_j\hat{s}_+(j)=\sum_k\hat{s}_-(k)\hat{s}_+(k)+\sum_{i,j(i\neq j)}\hat{s}_-(i)\hat{s}_+(j) \tag{1.8.64}$$

以 $\sum_k\hat{s}_-(k)\hat{s}_+(k)$ 作用于 $\Theta\left(m_{s_1}m_{s_2}\cdots m_{s_N}\right)$，仅当第 $k$ 个电子的自旋为 $\beta$ 时才不为 0. 这时 $\hat{s}_+(k)$ 把 $\beta$ 变为 $\alpha$，接着 $\hat{s}_-(k)$ 又把 $\alpha$ 变回 $\beta$，二者相继作用的结果是 $\Theta\left(m_{s_1}m_{s_2}\cdots m_{s_N}\right)$ 不发生变化. 由于在 $\Theta\left(m_{s_1}m_{s_2}\cdots m_{s_N}\right)$ 中有 $N_\beta$ 个 $\beta$ 自旋，故第一项作用后，将会出现 $N_\beta$ 个 $\Theta\left(m_{s_1}m_{s_2}\cdots m_{s_N}\right)$，即有

$$\sum_k\hat{s}_-(k)\hat{s}_+(k)\Theta\left(m_{s_1}m_{s_2}\cdots m_{s_N}\right)=N_\beta\Theta\left(m_{s_1}m_{s_2}\cdots m_{s_N}\right) \tag{1.8.65}$$

第二个求和 $\sum_{i,j(i\neq j)}\hat{s}_-(i)\hat{s}_+(j)$ 作用于 $\Theta\left(m_{s_1}m_{s_2}\cdots m_{s_N}\right)$，仅当 $j$ 位置上为 $\beta$，同时 $i$ 位置上为 $\alpha$ 时才不为 0，二者相继作用结果是把 $j$ 位置上的 $\beta$ 变为 $\alpha$，同时把 $i$ 位置上的 $\alpha$ 变为 $\beta$，这相当于把 $i$ 位置上的 $\alpha$ 与 $j$ 位置上的 $\beta$ 相互交换. 将以上结果代入式(1.8.63)得

$$\hat{S}^2\Theta\left(m_{s_1}m_{s_2}\cdots m_{s_N}\right)=\left(M_S^2+\frac{N}{2}\right)\Theta\left(m_{s_1}m_{s_2}\cdots m_{s_N}\right)+\sum_{i(\alpha)}^{N_\alpha}\sum_{j(\beta)}^{N_\beta}\hat{P}_{ij}^s\Theta\left(m_{s_1}m_{s_2}\cdots m_{s_N}\right) \tag{1.8.66}$$

其中 $\hat{P}_{ij}^s$ 是在电子编号不变的情况下，将 $i$ 和 $j$ 位置上的自旋函数 $\alpha$ 和 $\beta$ 相交换的算符，也可把它理解为在自旋函数的位置不变的情况下，将编号为 $i$ 和 $j$ 的电子相交换的算符.

由式(1.8.66)可知，在 $\hat{S}_z$ 的本征函数空间内，可以将算符 $\hat{S}^2$ 写作

$$\hat{S}^2 = M_S^2 + \frac{N}{2} + \sum_i^{N_\alpha}\sum_j^{N_\beta}\hat{P}_{ij}^s \tag{1.8.67}$$

或

$$\hat{S}^2 = M_S(M_S+1) + N_\beta + \sum_i^{N_\alpha}\sum_j^{N_\beta}\hat{P}_{ij}^s \tag{1.8.68}$$

式(1.8.67)和式(1.8.68)称为 Fock-Dirac 自旋角动量算符. 在 $\hat{S}_z$ 的本征函数空间内，凡涉及 $\hat{S}^2$ 的计算都可以用以上两式的右端代替，从而大大简化了计算，因此 Fock-Dirac 自旋角动量算符有广泛用途. 值得注意的是，$\hat{P}_{ij}^s$ 仅仅作用于自旋函数，即电子编号不动，仅交换 $i$ 和 $j$ 位置上的自旋函数 $\alpha$ 和 $\beta$.

### 1.8.6 同一谱项多次出现时谱项波函数的建造

1.7 节指出有些电子组态中同一谱项可能多次出现，这相当于量子数 $L$ 和 $S$ 可以按不同耦合方式多次取同一个值. 这些相同谱项的波函数并不相同，因为它们是按不同的耦合方式得到的. 但是由式(1.8.46)和式(1.8.50)可知，对于 $L$ 和 $S$ 的每一个值只能建造一个投影算符，与 $L$ 或 $S$ 值出现的次数无关. 这就是说，这些多次出现的谱项对应着同一个投影算符，因此在同一谱项多次出现的情况下，就必须选择不同的被投影函数. 从不同的被投影函数出发，用同一个投影算符投影就可以得到相同谱项的不同波函数. 值得注意的是，这样得到的波函数相互之间并不正交，可用Schmidt方法将它们正交归一化. 只要用投影算符得到一个 $\Phi_{LM_LSM_S}$，则 $M_L$ 和 $M_S$ 取其他值的波函数[注意：谱项 ${}^{(2S+1)}L$ 的简并度为 $(2L+1)(2S+1)$，分别对应 $M_L$ 的 $(2L+1)$ 个值和 $M_S$ 的 $(2S+1)$ 个值]可以用升降算符得到，这里就不再详细叙述，仅以建造三电子体系的自旋本征函数作为示例. 对于三电子体系，总自旋量子数 $S$ 可取 $\frac{3}{2}$ 和 $\frac{1}{2}$ 两个值，于是有两个投影算符

$$\hat{Q}_{S=\frac{3}{2}} = \left(\hat{S}^2 - \frac{3}{4}\right)\Big/3, \qquad \hat{Q}_{S=\frac{1}{2}} = \left(\hat{S}^2 - \frac{15}{4}\right)\Big/(-3)$$

$S=\frac{1}{2}$ 出现两次，因此有两个本征值为 $\frac{1}{2}$ 的本征函数，可取以下被投影函数

$$\Theta_{M_S=\frac{3}{2}} = \alpha(1)\alpha(2)\alpha(3), \quad \Theta^{(1)}_{M_S=\frac{1}{2}} = \alpha(1)\beta(2)\alpha(3), \quad \Theta^{(2)}_{M_S=\frac{1}{2}} = \alpha(1)\alpha(2)\beta(3)$$

于是有

$$\hat{Q}_{S=\frac{3}{2}}\Theta_{M_S=\frac{3}{2}} = \Theta_{\frac{3}{2}\frac{3}{2}} = \alpha(1)\alpha(2)\alpha(3)$$

$$\hat{Q}_{S=\frac{1}{2}}\Theta^{(1)}_{M_S=\frac{1}{2}} = \Theta^{(1)}_{\frac{1}{2}\frac{1}{2}} = \frac{2}{3}\alpha(1)\beta(2)\alpha(3) - \frac{1}{3}\left[\alpha(1)\alpha(2)\beta(3) + \beta(1)\alpha(2)\alpha(3)\right]$$

$$\hat{Q}_{S=\frac{1}{2}}\Theta^{(2)}_{M_S=\frac{1}{2}} = \Theta^{(2)}_{\frac{1}{2}\frac{1}{2}} = \frac{2}{3}\alpha(1)\alpha(2)\beta(3) - \frac{1}{3}\left[\beta(1)\alpha(2)\alpha(3) + \alpha(1)\beta(2)\alpha(3)\right]$$

$\Theta^{(1)}_{\frac{1}{2}\frac{1}{2}}$ 和 $\Theta^{(2)}_{\frac{1}{2}\frac{1}{2}}$ 不正交，可用 Schmidt 方法将它们正交归一化. 求得 $\Theta_{\frac{3}{2}\frac{3}{2}}$ 之后可用降算符求出 $\Theta_{\frac{3}{2}\frac{1}{2}}$、$\Theta_{\frac{3}{2}-\frac{1}{2}}$、$\Theta_{\frac{3}{2}-\frac{3}{2}}$，同样可求出 $\Theta^{(1)}_{\frac{1}{2}-\frac{1}{2}}$ 和 $\Theta^{(2)}_{\frac{1}{2}-\frac{1}{2}}$.

### 1.8.7　原子能级

到此为止，我们已经推导了原子的光谱项，建造了谱项波函数，现在进一步研究原子能级的计算问题，即 Schrödinger 方程(1.8.20)的求解问题.

1.8.1 节以碳原子 $2p^2$ 组态为例讨论了原子能级的计算问题，这只是一个简单的例子. 说它简单有两方面的含义，一是只考虑了一个电子组态，而精确波函数应该是所有电子组态的叠加，其他电子组态中也可能出现与 $2p^2$ 组态相同的谱项(如表 1.7.1 中的 $d^2$ 组态)，这时将得到一系列来自不同电子组态的相同谱项；二是在 $2p^2$ 组态中，每一谱项只出现一次，在一般情况下，一个电子组态中某一谱项可能出现多次，如表 1.7.1 $d^3$ 组态中 $^2D$ 谱项出现两次，这时就会得到一系列来自同一电子组态的相同谱项. 在以上两种情况下，式(1.8.20)中的波函数应写作所有这些相同谱项的线性组合，因为它们都是 $\left\{\hat{L}^2, \hat{S}^2\right\}$ 的属于同一本征值的本征函数，即有

$$\Psi_{nLM_LSM_S} = \sum_i C_{ni} \Phi^{(i)}_{LM_LSM_S} \tag{1.8.69}$$

式中，$\Phi_{LM_LSM_S}$ 为谱项波函数；$i$ 为谱项编号，包括来自同一电子组态和不同电子组态的相同谱项.

下面从完备集合的角度做进一步分析. 式(1.4.134)给出了一个 $N$ 电子波函数完备集，其中的每一成员都是一个行列式. 1.6 节中用电子组态对这一完备集中的行列式做了分类，一个电子组态所包含的全部行列式属于无微扰 Hamilton 量 $\hat{H}_0$ [式(1.6.21)]的同一简并能级 $E^{(0)}$ [式(1.6.34)]. 现在我们看到，谱项波函数是 $\hat{H}_0$ 的属于同一简并能级的行列式的组合，由于 $\hat{H}_0$ 的属于同一简并能级的行列式可以分属若干个谱项，因此建造谱项波函数相当于用量子数组 $\{LM_LSM_S\}$ 对 $\hat{H}_0$ 的本征函数完备集(1.4.134)重新做了分类，得到一个新的完备集合，即谱项波函数集合

$$\left\{\Phi_{L_iM_{L_i}S_iM_{S_i}} = \sum_j C_{ji} \Phi^{(j)}_{M_{L_i}M_{S_i}},\quad \left(L_iM_{L_i}S_iM_{S_i}\right) \subset \left(LM_LSM_S\right)\right\} \tag{1.8.70}$$

式中，$C_{ji}$ 为组合系数；$\Phi^{(j)}_{M_{L_i}M_{S_i}}$ 为与 $\Phi_{L_iM_{L_i}S_iM_{S_i}}$ 具有相同 $M_L$ 和 $M_S$ 值的第 $j$ 个行列式；$\left(L_iM_{L_i}S_iM_{S_i}\right)$ 为量子数集合 $\left(LM_LSM_S\right)$ 中的某一组量子数. 前面已经指出，这里的组合系数 $C_{ji}$ 不是变分参数，而要根据对称性要求取确定值. Schrödinger 方程(1.8.20)的解 $\Psi_{nLM_LSM_S}$ 应该是式(1.8.70)中全部具有相同 $\{LM_LSM_S\}$ 值的函数的组合，即谱项波函数的组合，如式(1.8.69)所示. 将式(1.8.69)代入方程(1.8.20)，则微分形式的 Schrödinger 方程(1.8.20)变为代数方程，即广义本征值方程[参见式(1.4.139)]，求解该方程即可得到原子能量 $E_n$ 和相应的组合系数 $C_{ji}$，进而得到波函数 $\Psi_{nLM_LSM_S}$，这样得到的波函数就是对易算符集合 $\left\{\hat{H}, \hat{L}^2, \hat{L}_z, \hat{S}^2, \hat{S}_z, \hat{I}\right\}$ 的共同本征函数.

式(1.8.69)称为谱项相互作用或谱项混合. 与式(1.4.136)比较，我们也可以把每一谱项波函数称为一个组态，因此式(1.8.69)也可称为组态相互作用，不过这时的组态已按原子的对

称性做了分类. 有人认为，组态(configuration)这一概念是量子化学中最重要的概念之一，只有把组态概念弄清楚，量子化学才算真正入门. 到目前为止，我们已经从三个层面讨论了组态的含义，分别把组态理解为行列式、电子组态和谱项波函数. 每一种新的理解都使我们对组态概念的认识加深一步. 基态电子组态属于 $\hat{H}_0$ 的最低简并能级，该组态中一定包含体系的基态谱项(基谱项)，激发态电子组态中也可能包含与基谱项对称性相同的谱项，应当将所有与基谱项对称性相同的谱项组合在一起作为体系的基态波函数. 因此，电子组态仅能给出原子电子结构的零级近似描述，在讨论原子的电子结构时，如果只取一个电子组态，则称为单组态近似.

现在讨论谱项与原子能级的关系. 首先，在不考虑相对论效应，也没有外加电磁场的情况下，原子能级仅与量子数 $\{L,S\}$ 有关，而与量子数 $\{M_L,M_S\}$ 无关. 由于原子轨道能级与单电子的轨道角动量量子数 $l$ 有关[见式(1.6.30)]，因此原子的总能量与电子的总轨道角动量量子数 $L$ 有关是可以理解的. 虽然式(1.8.20)的 Hamilton 算符 $\hat{H}$ 中不包含自旋，但是由于波函数与自旋有关，因此能量 $E_n=\left\langle \Psi_{nLM_LSM_S}\middle|\hat{H}\middle|\Psi_{nLM_LSM_S}\right\rangle$ 也与 $S$ 有关. 事实上，在不考虑相对论效应，也没有外加电磁场的情况下，波函数集合 $\left\{\Psi_{nLM_LSM_S},\ M_L=0,\pm1,\cdots,\pm L\right\}$ 张成三维旋转群的 $L$ 不可约表示，该不可约表示是 $(2L+1)$ 维的，对应着 $M_L$ 的 $(2L+1)$ 个值；同样，$\left\{\Psi_{nLM_LSM_S},\ M_S=\pm S,\pm(S-1),\cdots\right\}$ 张成三维旋转群的 $S$ 不可约表示，该不可约表示是 $(2S+1)$ 维的，对应着 $M_S$ 的 $(2S+1)$ 个值. 同一不可约表示的基函数是能量简并的. 因此，原子能级与量子数 $\{M_L,M_S\}$ 无关. 这些内容在 1.7 节介绍原子光谱项概念时已做过讨论，这里再次重复说明目的是希望读者对这一问题有更为深入的理解. 如果在解 Schrödinger 方程(1.8.20)时只取一个电子组态，而且在所取的电子组态中同一谱项没有重复出现，则谱项波函数就是 Schrödinger 方程(1.8.20)的解，即有 $\Psi_{nLSM_LM_S}=\Phi_{LSM_LM_S}$，这时一个谱项对应原子的一个能级；如果只取一个电子组态，但在所取的电子组态中同一谱项重复出现，或者取多个电子组态，而且在所取的电子组态中同一谱项重复出现，则 Schrödinger 方程(1.8.20)的解应该是相同谱项的线性组合，如式(1.8.69)所示. 这时，式(1.8.69)所包含的谱项数目与由式(1.8.20)所求得的原子能级数目是相同的. 虽然从数目上看两者是对应的，但此时的原子能级并不能由谱项波函数求得，而是考虑谱项相互作用后的结果.

应该指出，谱项一词是光谱学术语. 对谱项一词可以有两种理解，一是把谱项波函数集合定义为 $\left\{\Phi_{LM_LSM_S},M_L=L,L-1,\cdots,-L;M_S=S,S-1,\cdots,-S\right\}$，即定义为算符集合 $\left\{\hat{L}^2,\hat{S}^2\right\}$ 的共同本征函数，谱项记号为 ${}^{2S+1}L$；二是把谱项波函数集合定义为 $\{\Psi_{nLM_LSM_S},\ M_L=L,L-1,\cdots,-L;M_S=S,S-1,\cdots,-S\}$，即定义为算符集合 $\left\{\hat{H},\hat{L}^2,\hat{S}^2\right\}$ 的共同本征函数. 第一种定义的好处是便于讨论谱项相互作用或谱项混合，按第一种定义，在考虑谱项相互作用[见式(1.8.69)]后就可以得到 $\left\{\hat{H},\hat{L}^2,\hat{S}^2\right\}$ 的共同本征函数 $\Psi_{nLM_LSM_S}$，即第二种定义下的谱项波函数. 因此，可以形象地说，第一种定义下的谱项是计算过程的“中间产品”，第二种定义下的谱项才是最终计算结果. 为了以后讨论问题方便，我们把第二种定义下的谱项记作 ${}^{2S+1}L(E_n)$，其中不仅包含量子数 $\{L,S\}$，还包含 $\hat{H}$ 的本征值.

为了加深对谱项的理解，我们比较谱项与亚层这两个概念. 我们知道，$(nl)$ 为原子的一个亚层，其简并度为$(2s+1)(2l+1)$，即一个亚层有$(2s+1)(2l+1)$个简并自旋轨道. 其中$(2s+1)$和$(2l+1)$分别为一个电子的自旋和轨道角动量分量量子数$m_s$和$m_l$的取值个数. 因此，亚层可以用${}^{2s+1}l$表示. 但由于单电子自旋只取一个值$\frac{1}{2}$，可以直接将$(2s+1)$写作$2$，又由于$2$是一个固定数字，可以不写，故可仅用$l$来标记亚层，并将$l=0,1,2,\cdots$的亚层分别记作s,p,d,$\cdots$. 为了区别相同$l$的亚层，应当增加能量量子数$n$，即用$(nl)$标记$l$相同的不同亚层，如有 2p,3p,$\cdots$ 亚层. 上述与亚层有关的概念完全适用于谱项. 谱项用${}^{2S+1}L$表示，其简并度为$(2S+1)(2L+1)$，即有$(2S+1)(2L+1)$个简并波函数. 其中$(2S+1)$和$(2L+1)$分别为电子的总自旋和总轨道角动量分量量子数$M_S$和$M_L$的取值个数. 我们用量子数$L$来标记谱项，将$L=0,1,2,\cdots$的谱项分别记作$S,P,D,\cdots$，并用$(2S+1)$表示谱项的多重度. 为了区别$L$相同的谱项，应当增加能量量子数$n$，即用$(nLS)$最终标记谱项. 以上情况表明，谱项和亚层具有相似结构. 两者的不同之处在于，谱项描述多电子体系，亚层描述单电子，因此对应的量分别用大写或小写字母表示. 具体地说，谱项波函数是多电子波函数，而亚层波函数是单电子波函数(轨道)；谱项中的角动量是多电子的总角动量，是由单电子角动量耦合而成的，故谱项中的自旋角动量不再是一个固定值，因而在表达谱项时，量子数$S$不能省略. 谱项和亚层具有相似结构的根本原因在于，它们分别对应对易算符集合$\left\{\hat{H},\hat{L}^2,\hat{S}^2,\hat{L}_z,\hat{S}_z\right\}$[见式(1.7.4)]和$\left\{\hat{h}',\hat{l}^2,\hat{l}_z,\hat{s}^2,\hat{s}_z\right\}$[见式(1.6.28)]，虽然从形式上看，前者为多电子算符集合，后者为单电子算符集合，但是从群论的观点看，每个集合的共同本征函数都是三维旋转群不可约表示的基，属于$l$表示或者$s$表示，因而两组函数有相同的结构. 当然，两个对易算符集合有区别，因此除了前面提到的区别之外，亚层和谱项还有一个重要区别：亚层波函数(轨道)是通过求解$\hat{h}'$和$\hat{l}^2$的本征方程[见式(1.6.26)和式(1.6.27)]得到的，因而是算符集合$\left\{\hat{h}',\hat{l}^2,\hat{l}_z,\hat{s}^2,\hat{s}_z\right\}$的共同本征函数. 而谱项${}^{2S+1}L$的波函数则是用投影算符方法建造的，它们仅仅是算符集合$\left\{\hat{L}^2,\hat{S}^2,\hat{L}_z,\hat{S}_z\right\}$的共同本征函数，必须通过谱项相互作用进一步求解 Schrödinger 方程[见式(1.7.20)]得到$\hat{H}$的本征函数，才能得到算符集合$\left\{\hat{H},\hat{L}^2,\hat{S}^2,\hat{L}_z,\hat{S}_z\right\}$的共同本征函数. 最后，可以用电子组态$(n_1l_1)^{x_1}(n_2l_2)^{x_2}\cdots(n_kl_k)^{x_k}\cdots$[见式(1.6.32)]描述原子的电子结构，但是由于闭壳层不必包含在电子组态中，故在只有一个开壳层的情况下，一个亚层的电子填充情况就可以描述原子的电子结构. 谱项是一个电子组态中各亚层耦合的结果，任何一个谱项波函数都描述原子中所有电子的运动. 因此，原子的电子结构可以用电子组态$(n_1l_1)^{x_1}(n_2l_2)^{x_2}\cdots(n_kl_k)^{x_k}\cdots$表示，也可以用谱项${}^{2S+1}L$表示. 电子组态给出的是原子中的电子在各亚层的填充情况，仅在特殊情况下才可以用一个亚层的填充情况描述原子的电子结构，而任何一个谱项波函数都描述原子中所有电子运动的一个定态. 在开壳层仅有一个电子的情况下，除了字母的大小写之外，开壳层亚层与谱项的结构和符号都完全相同.

以上理论称为原子结构的多重态理论，下面给出有关原子能级结构的两个定理.

**定理 1**　在单组态近似下，具有相同未充满亚层电子组态的原子，不论已充满壳层的情况如何，其能级的多重态结构相同.

下面对这一定理的含义做些说明. 这里所说的相同未充满亚层仅对两个亚层的角量子数相同而言，其主量子数并不一定相同. 例如，$2p^2$ 和 $3p^2$ 为相同的未充满亚层. 这样的两个亚层有相同的谱项，这在 1.7 节已讨论(见 1.7 节关于表 1.7.1 的讨论). 定理 1 进一步指出，在单组态近似下(这里的组态指电子组态)，具有相同未充满亚层电子组态的原子，其谱项的相对能量相同. 但应注意：这里说的是相同谱项的能级差相同，不涉及能级的具体数值.

我们知道，元素周期表中同一主族和多数同一副族元素的原子具有相同的电子组态，根据定理 1，这些有相同电子组态的原子有相同的能级结构. 例如，C、Si、Ge、Sn、Pb 有相同的能级结构.

**定理 2** 互补定理. 在单组态近似下，互补组态具有相同的能级结构.

1.7 节已经指出互补组态有相同的谱项(见 1.7 节关于表 1.7.1 的讨论)，定理 2 进一步指出，两个互补组态不仅有相同的谱项，原子的能级次序及能级差也都是相同的，所不同的只是原子能量的绝对值.

元素周期表中同一周期元素原子的电子组态会出现互补组态，如 B 与 F、C 与 O、Al 与 Cl、Si 与 S 等. 根据定理 2，这些元素的原子有相同的能级结构. 这样，我们只需考虑半充满之前的原子的能级结构.

以上两个定理我们不再证明，有兴趣的读者可参看相关文献[11].

必须指出，以上两个定理都仅在单组态近似下成立. 虽然单组态近似定性来说是一个相当好的近似，一般可以根据单组态近似得到的能级结构对原子光谱进行理论分析和指认，但定量方面则不够理想. 要得到理想的定量结果，必须考虑组态相互作用. 这时，由于不同原子的组态相互作用强弱不同，因此在单组态近似下得到的结果将会得到不同的修正，这样具有相同未充满亚层或具有互补组态的原子，其谱项的能级差将会变得不再相同. 但是组态相互作用并不改变由单组态近似得到的谱项的种类和数目，所改变的只是谱项能级的绝对值和谱项之间的能级差.

根据以上讨论，不必求解 Schrödinger 方程，我们就能大体上了解原子的能级结构，当然，谱项能量的具体数值及能级的具体次序必须经过具体计算才能确定. Hund 根据光谱学实验资料总结出以下规则(Hund 规则)：原子的基态光谱项是 $S$ 值最大的谱项中 $L$ 值最大者. 根据这一规则，可以确定原子的基态光谱项，如 C 原子的基态光谱项为 $^3P$.

以上，我们用对易算符的完备集合 $\left\{\hat{H},\hat{L}^2,\hat{S}^2,\hat{L}_z,\hat{S}_z\right\}$ 处理原子的多重态结构，这一方案称为 $L$-$S$ 耦合方案. 该方案的基本思路是，首先按角动量加法分别确定原子体系(含 $N$ 个电子)的总轨道角动量和总自旋角动量的取值，在满足 Pauli 不相容原理的条件下将总轨道角动量和总自旋角动量的值匹配在一起，就得到原子的光谱项，然后建造谱项波函数，进而求得原子能级. 由于该方案是 Russel 和 Saunders 首先提出的，因此也称为 Russel-Saunders 耦合方案. 仅在不考虑原子内的磁相互作用时才能用这一方案处理原子的多重态问题. 当考虑磁相互作用时，Hamilton 算符 $\hat{H}$ 中必须增加旋轨耦合项，这使得 $\hat{H}$ 与角动量算符 $\hat{L}^2$ 和 $\hat{S}^2$ 不再对易，于是 $L$ 和 $S$ 不再是好量子数，因而 $\hat{H}$ 的本征函数原则上讲已经不能再用 $L$ 和 $S$ 分类. 当磁相互作用十分显著时，$L$-$S$ 方案将完全失效，在这种情况下，必须用其他的方案处理原子的多重态问题. 有关内容将在 1.9 节介绍.

## 1.9 原子的磁相互作用

原子的磁相互作用包括两方面：一是原子内部固有的磁相互作用；二是外加磁场引起的

磁相互作用. 以下分别讨论这两种磁相互作用.

### 1.9.1　原子内部固有的磁相互作用：旋轨耦合

原子中的电子绕核运动，根据电磁学理论，运动的电荷产生磁场，因此电子间必然存在磁相互作用，讨论磁相互作用是研究原子电子结构的题中应有之意. 但在以上讨论中，我们并没有考虑磁相互作用，我们所采用的体系的 Hamilton 量中仅包含静电相互作用而不包含磁相互作用. 现在讨论在体系的 Hamilton 量中包含磁相互作用的情形.

原子中的磁相互作用包括：电子的自旋与其轨道运动的相互作用，称为旋轨耦合作用，记作 $H_{so}$；某一电子的自旋与其他电子轨道运动的相互作用；各电子之间的自旋相互作用以及各电子之间的轨道运动相互作用；等等，其中最重要的就是旋轨耦合作用 $H_{so}$，其他相互作用较弱. 考虑旋轨耦合作用后多电子原子体系的 Hamilton 算符式(1.6.18)应写作

$$\hat{H} = \hat{H}_0 + \hat{H}' + \hat{H}_{so} \tag{1.9.1}$$

其中 $\hat{H}_0$ 和 $\hat{H}'$ 的定义分别为式(1.6.21)和式(1.6.22).

由于旋轨耦合作用本质上是一种相对论效应(粗略地说与电子的运动速度有关)，因此对于不太重的原子，电子绕核运动的速度较小，相对论效应不太显著，$H_{so} \ll H'$，这时可以按 $L$-$S$ 耦合方案讨论原子的多重态结构，并将 $H_{so}$ 作为次要微扰项；但是对于重原子，相对论效应显著，$H_{so} \gg H'$，这时应当把 $H_{so}$ 作为主要微扰项，而把 $H'$ 作为次要微扰项，这样就不能再用 $L$-$S$ 耦合方案讨论原子的多重态结构，本节讨论有关问题.

#### 1. 类氢原子中的旋轨耦合和谱线的双线结构

根据电磁学理论，带电粒子的轨道运动和自旋运动将产生磁矩，质量为 $m$ 的一个粒子的总磁矩 $\vec{\mu}$ 与其角动量的关系为

$$\vec{\mu} = g_l \vec{l} + g_s \vec{s} \tag{1.9.2}$$

对于电子

$$g_l = -\frac{e}{2mc} = -\frac{1}{2c} \tag{1.9.3}$$

$$g_s = -\frac{e}{mc} = -\frac{1}{c} \tag{1.9.4}$$

式中，$c$ 为光速. 这里给出了 $g_l$ 和 $g_s$ 的两个表达式，第一个表达式中包含电子的质量和电荷，第二个表达式采用了原子单位，之所以给出第一个表达式，是为了定义 Bohr 磁子. 磁矩通常以 Bohr 磁子为单位，Bohr 磁子 $\mu_B$ 的定义为

$$\mu_B = \frac{e\hbar}{2mc} = \frac{1}{2c} \tag{1.9.5}$$

式(1.9.5)中的最后一个式子也是用原子单位表示的. 式(1.9.2)中，把 $\vec{l}$ 和 $\vec{s}$ 的量纲 $\hbar$ 分别并入 $g_l$ 和 $g_s$ 后，$\vec{l}$ 和 $\vec{s}$ 都无量纲，这时

$$g_l = -\mu_B, \quad g_s = -2\mu_B \tag{1.9.6}$$

式(1.9.2)变为

$$\vec{\mu} = -\mu_B \vec{l} - 2\mu_B \vec{s} = \vec{\mu}_l + \vec{\mu}_s \tag{1.9.7}$$

其中

$$\vec{\mu}_l = -\mu_B \vec{l}\ ,\quad \vec{\mu}_s = -2\mu_B \vec{s} \tag{1.9.8}$$

$\vec{\mu}_l$ 和 $\vec{\mu}_s$ 分别称为电子的轨道磁矩和自旋磁矩，$g_l$ 和 $g_s$ 称为 $g$ 因子. 可以看到，对于电子而言，自旋磁矩的 $g$ 因子是轨道磁矩 $g$ 因子的 2 倍，这是根据光谱实验数据确定的，是电子内禀属性的表现. 在相对论量子力学中这一结果可自然导出，但在非相对论中量子力学中，这一结果只能作为基本假定引入. 在 1.5 节中，我们给出了关于电子自旋的两个基本假定，这里给出的是第三个. 电子自旋及相应的磁矩都是电子本身的内禀属性，所以也称为内禀角动量和内禀磁矩.

自旋磁矩与轨道磁矩相互作用将使电子运动的 Hamilton 量中出现旋轨耦合项. 可以证明，在中心力场 $v(r)$ 中运动的电子的相对论波动方程(Dirac 方程)在过渡到非相对论极限时，Hamilton 量中出现的旋轨耦合项为

$$h_{\text{so}} = \xi(r)\vec{l} \cdot \vec{s} \tag{1.9.9}$$

其中

$$\xi(r) = \frac{1}{2c^2} \cdot \frac{1}{r} \cdot \frac{\mathrm{d}v(r)}{\mathrm{d}r} \tag{1.9.10}$$

例如，对类氢原子，有

$$v(r) = -\frac{Z}{r}$$

故

$$\xi(r) = \frac{Z}{2c^2 r^3} \tag{1.9.11}$$

这时类氢原子的 Hamilton 量为

$$\hat{h} = -\frac{1}{2}\nabla^2 - \frac{Z}{r} + \xi(r)\vec{l} \cdot \vec{s} \tag{1.9.12}$$

相应的 Schrödinger 方程为

$$\hat{h}\psi_j = \varepsilon_j \psi_j \tag{1.9.13}$$

由于

$$\vec{l} \cdot \vec{s} = \hat{l}_z \hat{s}_z + \hat{l}_x \hat{s}_x + \hat{l}_y \hat{s}_y \tag{1.9.14}$$

或写作

$$\vec{l} \cdot \vec{s} = \hat{l}_z \hat{s}_z + \frac{1}{2}\left(\hat{l}_+ \hat{s}_- + \hat{s}_+ \hat{l}_-\right) \tag{1.9.15}$$

利用角动量的对易关系[见式(1.5.29)]和量子 Poisson 括号恒等式(1.5.13)，注意到 $\vec{l}$ 和 $\vec{s}$ 分别属于不同的自由度，彼此对易，由式(1.9.14)，易于证明

$$\left[\hat{l}_z, \vec{l} \cdot \vec{s}\right] = \mathrm{i}\left(\hat{l}_y \hat{s}_x - \hat{l}_x \hat{s}_y\right) \tag{1.9.16}$$

$$\left[\hat{s}_z, \vec{l} \cdot \vec{s}\right] = \mathrm{i}\left(\hat{l}_x \hat{s}_y - \hat{l}_y \hat{s}_x\right) = -\left[\hat{l}_z, \vec{l} \cdot \vec{s}\right] \tag{1.9.17}$$

以上两式中的 i 为复数单位，$\mathrm{i}^2 = -1$. 这表明，角动量算符 $\hat{l}_z$ 和 $\hat{s}_z$ 不再与式(1.9.12)中的 $\hat{h}$ 对易，

相应地，$\hat{l}^2$ 和 $\hat{s}^2$ 也不再与式(1.9.12)中的 $\hat{h}$ 对易. 考虑电子的总角动量 $\vec{j}$，

$$\vec{j}=\vec{l}+\vec{s} \tag{1.9.18}$$

各分量算符为

$$\hat{j}_x=\hat{l}_x+\hat{s}_x,\quad \hat{j}_y=\hat{l}_y+\hat{s}_y,\quad \hat{j}_z=\hat{l}_z+\hat{s}_z \tag{1.9.19}$$

1.5 节已对 $\vec{j}$ 做过详细讨论，其对易关系为

$$\vec{j}\times\vec{j}=\mathrm{i}\,\vec{j} \tag{1.9.20}$$

式中的 i 为复数单位，$\mathrm{i}^2=-1$. 利用式(1.9.16)和式(1.9.17)，易于证明

$$\left[\hat{j}_z,\vec{l}\cdot\vec{s}\right]=0 \tag{1.9.21}$$

因此，$\hat{j}_z$ 与式(1.9.12)的 $\hat{h}$ 对易. 同样可以证明，$\hat{j}_x$、$\hat{j}_y$ 也都与式(1.9.12)的 $\hat{h}$ 对易，即有

$$\left[\hat{j}_x,\vec{l}\cdot\vec{s}\right]=0,\quad \left[\hat{j}_y,\vec{l}\cdot\vec{s}\right]=0 \tag{1.9.22}$$

由式(1.9.21)和式(1.9.22)，并利用式(1.5.13)，有

$$\left[\hat{j}^2,\vec{l}\cdot\vec{s}\right]=0 \tag{1.9.23}$$

因此，$\hat{j}^2$ 与式(1.9.12)的 $\hat{h}$ 对易. 这样，类氢原子对易算符的完全集合应选为

$$\left\{\hat{h},\hat{j}^2,\hat{j}_z\right\} \tag{1.9.24}$$

而不再是 $\left\{\hat{h},\hat{l}^2,\hat{l}_z,\hat{s}^2,\hat{s}_z\right\}$ [见式(1.6.17)]. 因此，$\hat{h}$ 的本征函数只能按 $\hat{j}^2$、$\hat{j}_z$ 的本征值分类，即有以下的本征值方程

$$\hat{h}\psi\left(\varepsilon_j jm_j\right)=\varepsilon_j\psi\left(\varepsilon_j jm_j\right) \tag{1.9.25}$$

$$\hat{j}^2\psi\left(\varepsilon_j jm_j\right)=j(j+1)\psi\left(\varepsilon_j jm_j\right) \tag{1.9.26}$$

$$\hat{j}_z\psi\left(\varepsilon_j jm_j\right)=m_j\psi\left(\varepsilon_j jm_j\right) \tag{1.9.27}$$

$$j=l+\frac{1}{2},\ \left|l-\frac{1}{2}\right| \tag{1.9.28}$$

$$m_j=j,j-1,\cdots,-j \tag{1.9.29}$$

注意：对单电子问题，$s$ 只取一个值$\frac{1}{2}$，由式(1.9.28)可知，当$l\neq 0$时，对每一个 $l$，$j$ 可取两个值. 但从式(1.9.28)可以看到，同一个 $j$ 值却可以由两个不同的 $l$ 与 $s$ 耦合得到. 例如，$j=\frac{3}{2}$ 可由 $l=1$、$s=\frac{1}{2}$ 耦合得到，也可由 $l=2$、$s=\frac{1}{2}$ 耦合得到. 值得注意的是，同一个 $l$ 值可能对应不同亚层，如 $(2\mathrm{p})$ 和 $(3\mathrm{p})$ 两个亚层都有 $l=1$，因此，尽管同一个 $j$ 值仅能由两个不同的 $l$ 产生，但包含的亚层却不止两个. 这意味着，式(1.9.25)～式(1.9.27)中的波函数 $\psi\left(\varepsilon_j jm_j\right)$ (仍然可以称为原子轨道)应包含不考虑旋轨耦合时不同亚层的波函数成分，即它应写作不考虑旋轨耦合时不同亚层波函数(原子轨道)的线性组合，例如

$$\psi\left(\varepsilon_j, j=\frac{3}{2}, m_j=\frac{3}{2}\right)=c_1\psi\left(\varepsilon_{n_1}, l=1, m_l=1, s=\frac{1}{2}, m_s=\frac{1}{2}\right)$$
$$+c_2\psi\left(\varepsilon_{n_2}, l=2, m_l=2, s=\frac{1}{2}, m_s=-\frac{1}{2}\right) \tag{1.9.30}$$
$$+c_3\psi\left(\varepsilon_{n_2}, l=2, m_l=1, s=\frac{1}{2}, m_s=\frac{1}{2}\right)+\cdots$$

其中包含来自$(n_1\mathrm{p})^1$和$(n_2\mathrm{d})^1$等亚层的轨道，组合系数$c_1, c_2, c_3, \cdots$可由式(1.9.25)变分确定. 式(1.9.30)表明，在$\left\{\hat{h}, \hat{j}^2, \hat{j}_z\right\}$的共同本征函数$\psi\left(\varepsilon_j jm_j\right)$中，轨道角动量$\hat{l}^2$没有确定值，因此$l$不再是好量子数. 但是当旋轨耦合作用很弱时，旋轨耦合能比不考虑旋轨耦合时的能级间距小得多，在这种情况下，可以仅在一个亚层内考虑波函数的组合，即把波函数$\psi\left(\varepsilon_j jm_j\right)$仅仅写作一个亚层$(nl)$内的等价轨道$\left\{\psi\left(nlm_l sm_s\right)\right\}$的线性组合，这相当于仅考虑一个电子组态$(nl)^1$，故也可以称为单组态近似. 这时，$\left\{j, m_j, l, s\right\}$都是好量子数，即波函数$\psi\left(\varepsilon_j jm_j\right)$是$\left\{\hat{h}, \hat{j}^2, \hat{j}_z, \hat{l}^2, \hat{s}^2\right\}$的共同本征函数，可写作$\psi\left(nlsjm_j\right)$，而$\left\{m_l, m_s\right\}$不再是好量子数，即波函数$\psi\left(\varepsilon_j jm_j\right)$不再是$\hat{l}_z$和$\hat{s}_z$的本征函数，有

$$\psi\left(\varepsilon_j jm_j\right)\equiv\psi\left(nlsjm_j\right)\equiv\left|nlsjm_j\right\rangle$$
$$=\sum_{\substack{m_l, m_s\\(m_l+m_s=m_j)}}\left|nlm_l sm_s\right\rangle\left\langle nlm_l sm_s\middle|nlsjm_j\right\rangle \tag{1.9.31}$$

由于

$$\hat{j}^2=\left(\vec{l}+\vec{s}\right)\cdot\left(\vec{l}+\vec{s}\right)=\hat{l}^2+\hat{s}^2+2\vec{l}\cdot\vec{s} \tag{1.9.32}$$

故有

$$\vec{l}\cdot\vec{s}=\frac{1}{2}\left(\hat{j}^2-\hat{l}^2-\hat{s}^2\right) \tag{1.9.33}$$

由式(1.9.9)可得旋轨耦合能

$$\varepsilon_{\mathrm{so}}=\left\langle nlsjm_j\middle|\xi(r)\vec{l}\cdot\vec{s}\middle|nlsjm_j\right\rangle=\frac{1}{2}\xi_{nl}\left\{j(j+1)-l(l+1)-s(s+1)\right\} \tag{1.9.34}$$

其中

$$\xi_{nl}=\int_0^{\infty}\left[R_{nl}(r)\right]^2\xi(r)r^2\mathrm{d}r \tag{1.9.35}$$

称为旋轨耦合常数，将式(1.9.11)和类氢原子的径向波函数(1.6.10)代入式(1.9.35)，可得

$$\xi_{nl}=\frac{1}{2c^2}\frac{Z^4}{n^3 l\left(l+\frac{1}{2}\right)(l+1)} \tag{1.9.36}$$

由此可见，类氢原子中的旋轨耦合常数$\xi_{nl}$是与$(nl)$有关的正值，并与核电荷数的四次方成正比增加，因此随核电荷数$Z$的增加，旋轨耦合作用将很快加强. 在单组态近似下(由于只有一个电子，组态中只包含一个亚层，故组态、亚层与谱项含义相同，单组态近似就是只取一个亚层或者只取一个谱项)，考虑旋轨耦合后，类氢原子的能级[即式(1.9.13)的能量本征值]应为

式(1.6.8)和式(1.9.34)两式之和，即

$$\varepsilon_j \equiv \varepsilon_{nlj} = -\frac{Z^2}{2n^2} + \frac{1}{2}\xi_{nl}\left\{j(j+1) - l(l+1) - s(s+1)\right\} \tag{1.9.37}$$

式(1.6.8)表明，类氢原子的能级只与主量子数 $n$ 有关，但在考虑旋轨耦合后，能级与 $(nlj)$ 有关，如式(1.9.37)所示(对单电子问题，$s$ 只取一个值 $\frac{1}{2}$，没有区分意义，故不必考虑)，记作 $\varepsilon_{nlj}$，也可记作 $nl_j$ (这种记号也称为类氢原子的光谱项，如钠原子基态为 $3s_{1/2}$，可以称为钠原子基态谱项). 但能级与 $m_j$ 无关，因此能级 $nl_j$ 是 $(2j+1)$ 重简并的. 式(1.9.28)表明，对于类氢原子，当 $l=0$ 时，$j$ 只取 $\frac{1}{2}$ 一个值，故基态能级并不分裂，但 $l \neq 0$ 时 $j$ 可取两个值，因此每一组 $\{nl\}$ $(l \neq 0)$ 对应的能级都被分裂为两个能级. 由于 $\xi_{nl}$ 取正值，在分裂后的两个能级中，$j$ 值大的能量较高. 为了方便，可将 $\hat{j}^2$ 的两个值记作 $j$ 和 $j-1$，其中 $j=l+\frac{1}{2}$. 于是，分裂后的两个能级的能量差为

$$\Delta\varepsilon = \varepsilon_{nlj=l+\frac{1}{2}} - \varepsilon_{nlj=l-\frac{1}{2}} = \varepsilon_{nlj} - \varepsilon_{nlj-1} = \left(l+\frac{1}{2}\right)\xi_{nl} = j\xi_{nl} \tag{1.9.38}$$

即分裂后的两个能级的能量差正比于 $j$. 于是，当能级发生跃迁时就会出现两条谱线(注意：$l=0$ 的轨道，即 s 轨道，能级不分裂)，这两条谱线间距很小，因此在高分辨情形下，类氢原子的光谱具有双线结构.

下面讨论碱金属原子光谱的双线结构. 碱金属原子只有一个价电子，可把原子核及内层满壳层电子合在一起看成原子实，原子实对价电子的作用可用中心场 $v(r)$ 来描述，这时可以将碱金属原子看作类氢原子. 根据式(1.9.9)，价电子的 Hamilton 量可写为

$$\hat{h} = -\frac{1}{2}\nabla^2 + v(r) + \xi(r)\vec{l}\cdot\vec{s} \tag{1.9.39}$$

其中 $\xi(r)$ 由式(1.9.10)给出. 原子实对价电子的作用为吸引作用，$v(r)<0$，其导数 $v'(r)>0$，故有 $\xi(r)>0$. 比较式(1.9.39)和式(1.9.12)可知，除了势能项的具体表达式不同之外，碱金属原子的价电子和类氢原子中的电子具有相同的 Hamilton 算符，因此仍可近似地用式(1.9.38)来计算碱金属的能级分裂. 由于 $\xi_{nl}$ [式(1.9.36)]随核电荷数 $Z$ 增加而增加，当 $Z$ 较小时，能级分裂并不显著，故锂原子的双线分裂不明显. 钠原子的双线分裂则较为明显，钠原子基态电子组态为 $1s^2 2s^2 2p^6 3s^1$，将原子核及内层满壳层电子合在一起看成原子实，则其电子组态为 $3s^1$. 此时，$l=0$，$j=\frac{1}{2}$，故基态电子处于 $3s_{1/2}$ 能级，没有旋轨耦合引起的能级分裂. 钠原子的第一激发态可看作是价电子从 3s 轨道激发到 3p 轨道形成的. 在 $3p^1$ 组态，$l=1$，$j$ 可取 $\frac{3}{2}$ 和 $\frac{1}{2}$ 两个值，故第一激发态分裂为两个能级 $3p_{3/2}$ 和 $3p_{1/2}$，能级 $3p_{3/2}$ 略高于能级 $3p_{1/2}$，这两个能级上的电子跃迁回基态时，就产生两条钠黄线，即

$$3p_{3/2} \longrightarrow 3s_{1/2} \quad D_2\text{，波长约 589.0nm}$$

$$3p_{1/2} \longrightarrow 3s_{1/2} \quad D_1 \text{，波长约 589.6nm}$$

从式(1.9.36)还可以看出，随着$(nl)$增加，旋轨耦合常数变小，这是由于在这些轨道上的电子离开原子核的平均距离变大，相对论效应变小. 因此钠原子 d 、f 等能级分裂都非常小，一般实验中观测不到，可以近似地看成不分裂，所以从 $d_{5/2}$ 和 $d_{3/2}$ 能级(近似认为这两个能级不分裂)跃迁到 $p_{3/2}$ 和 $p_{1/2}$ 能级也只能形成双线.

2. 多电子原子中旋轨耦合的 *L-S* 方案：光谱支项

在中心场近似下，多电子原子中的旋轨耦合作用算符为

$$\hat{H}_{so} = \sum_k \xi(r_k)\vec{l}_k \cdot \vec{s}_k \tag{1.9.40}$$

式中，求和指标 $k$ 为电子编号；$r_k$ 为第 $k$ 个电子与核的距离；$\xi(r)$ 仍用式(1.9.10)表示. 注意：多电子原子中的旋轨耦合作用算符是单电子算符的直和，这一性质在下面讨论 $j$-$j$ 耦合方案时将会用到. 易于证明，与类氢原子体系一样，包含旋轨耦合作用后，多电子原子体系的总轨道角动量算符 $\vec{L}$ 和总自旋角动量算符 $\vec{S}$ 不再与式(1.9.1)中的 $\hat{H}$ 对易. 考虑原子体系的总角动量 $\vec{J}$ 为

$$\vec{J} = \vec{L} + \vec{S} \tag{1.9.41}$$

1.5 节已对该物理量详细讨论[见式(1.5.84)]. 可以证明，$\{\hat{H}, \hat{J}^2, \hat{J}_z\}$ 构成对易算符完备集，因此可以用它们的共同本征函数来描述体系的状态. 将体系的状态用 Dirac 符号表示，则有

$$\hat{H}|E_J J M_J\rangle = E_J |E_J J M_J\rangle \tag{1.9.42}$$

$$\hat{J}^2|E_J J M_J\rangle = J(J+1)|E_J J M_J\rangle \tag{1.9.43}$$

$$\hat{J}_z|E_J J M_J\rangle = M_J |E_J J M_J\rangle \tag{1.9.44}$$

$$J = L+S, L+S-1, \cdots, |L-S| \tag{1.9.45}$$

$$M_J = J, J-1, \cdots, -J \tag{1.9.46}$$

式(1.9.45)表明，同一 $J$ 值可由不同的 $\{L,S\}$ 加和得到，由于一组 $\{L,S\}$ 确定一个谱项 ${}^{(2S+1)}L$ ，因此波函数 $|E_J J M_J\rangle$ 应由不同谱项的波函数叠加得到. 但是当旋轨耦合能比谱项间的能级间距小得多时，即式(1.9.1)中 $H_{so} \ll H'$ 时，可以仅用一个谱项中的波函数 $|LSM_L M_S\rangle$ 组合得到 $|E_J J M_J\rangle$ (注意：谱项与亚层对应，在单电子情形下仅取一个亚层的轨道组合)，这时 $L$ 和 $S$ 仍然是好量子数，即波函数 $|E_J J M_J\rangle$ 是 $\{\hat{H}, \hat{L}^2, \hat{S}^2, \hat{J}^2, \hat{J}_z\}$ 的共同本征函数，可记作 $|E_J LSJM_J\rangle$. 而 $\{M_L, M_S\}$ 不再是好量子数，即波函数 $|E_J J M_J\rangle$ 不再是 $\hat{L}_z$ 和 $\hat{S}_z$ 的本征函数，于是有

$$|\alpha LSJM_J\rangle = \sum_{\substack{M_L, M_S \\ (M_L+M_S=M_J)}} |\alpha LSM_L M_S\rangle\langle\alpha LSM_L M_S|\alpha LSJM_J\rangle \tag{1.9.47}$$

式中，$\alpha$ 标记一个确定的谱项(添加 $\alpha$ 是为了区别给定电子组态中谱项 ${}^{(2S+1)}L$ 出现多次的情况，若在给定电子组态中某一谱项 ${}^{(2S+1)}L$ 只出现一次，则 $\alpha$ 是不必要的. 可参看相关文献[12])；

$\langle \alpha LSM_L M_S | \alpha LSJM_J \rangle$ 称为 Clebsch-Gordan 系数. 利用不可约张量方法(Wigner-Eckart 定理)和旋转群理论可以证明，在由一个谱项的波函数张成的子空间 $\{|\alpha LS\rangle\}$ 中，式(1.9.40)的算符 $\hat{H}_{\text{so}}$ 与算符 $\lambda(\alpha LS)(\vec{L}\cdot\vec{S})$ 等效，后者在耦合表象中是对角的. 由关系式

$$\vec{L}\cdot\vec{S} = \frac{1}{2}\left(\hat{J}^2 - \hat{L}^2 - \hat{S}^2\right) \tag{1.9.48}$$

可求得单谱项近似下的旋轨耦合能，即算符(1.9.40)的矩阵元为

$$\begin{aligned} E_{\text{so}} &= \langle \alpha LSJM_J | \hat{H}_{\text{so}} | \alpha LSJM_J \rangle = \lambda(\alpha LS)\langle \alpha LSJM_J | \vec{L}\cdot\vec{S} | \alpha LSJM_J \rangle \\ &= \frac{1}{2}\lambda(\alpha LS)\{J(J+1) - L(L+1) - S(S+1)\} \end{aligned} \tag{1.9.49}$$

式(1.9.49)表明，旋轨耦合能与 $J$ 值有关，因此式(1.9.1)中 Hamilton 算符的本征值即体系的能量，也就与 $J$ 值有关，但与 $M_J$ 值无关. 不考虑旋轨耦合时，谱项 $^{2S+1}L$ 的简并度为 $(2L+1)(2S+1)$. 考虑旋轨耦合后，谱项能级发生分裂，不同 $J$ 值对应不同的能级，用符号 $^{2S+1}L_J$ 标记谱项 $^{2S+1}L$ 分裂后得到的能级，称为光谱支项. 由于 $M_J$ 可取 $(2J+1)$ 个值，因此光谱支项的简并度为 $(2J+1)$，所有光谱支项的简并度之和仍然是 $(2L+1)(2S+1)$. 例如，不考虑旋轨耦合时，碳原子的 $2p^2$ 电子组态有三个谱项 $^3P$ 、$^1D$ 、$^1S$ ，考虑旋轨耦合后，$^3P$ 谱项分裂为 $^3P_2$ 、$^3P_1$ 和 $^3P_0$ 三个支项，简并度分别为 5、3、1，总简并度与 $^3P$ 相同. 由式(1.9.49)，两个光谱支项 $^{2S+1}L_J$ 和 $^{2S+1}L_{J-1}$ 之间的能量差为

$$E_{\text{so}}(J) - E_{\text{so}}(J-1) = \lambda(\alpha LS)J \tag{1.9.50}$$

即两个相邻光谱支项 $J$ 和 $(J-1)$ 的能量间距正比于 $J$,这一结果称为 Landé 间距定律. 式(1.9.50)与式(1.9.38)形式上看是一致的.

式(1.9.49)和式(1.9.50)中，$\lambda(\alpha LS)$ 是一个与谱项有关的参数，若式(1.9.47)中的谱项波函数 $|\alpha LSM_L M_S\rangle$ 是一个单行列式波函数，则有

$$\lambda(\alpha LS) = \frac{1}{M_L M_S}\sum_k \xi_{n_k l_k} m_{lk} m_{sk} \tag{1.9.51}$$

式中，$\xi_{nl}$ 是式(1.9.40)中 $\xi(r)$ 的矩阵元. 对多电子原子，如果已经知道原子轨道的径向波函数 $R_{nl}(r)$，则可按下式计算该矩阵元，

$$\xi_{nl} = \int_0^\infty \left[R_{nl}(r)\right]^2 \xi(r) r^2 \mathrm{d}r \tag{1.9.52}$$

如果 $|\alpha LSM_L M_S\rangle$ 是几个行列式波函数的线性组合，只要知道组合系数，也可求得 $\lambda(\alpha LS)$ 与 $\xi_{nl}$ 的关系. $\xi_{nl}$ 总是正数，但 $\lambda(\alpha LS)$ 则可正可负，与类氢原子的能量差式(1.9.38)不同. 因此，对于多电子原子体系，$J$ 值大的光谱支项的能量不一定比 $J$ 值小的光谱支项的能量高. 例如，对于碘原子，$\lambda(\alpha LS)$ 为负值，基谱项为 $^2P_{3/2}$ ，而 $^2P_{1/2}$ 为激发谱项，即谱项 $^2P_{1/2}$ 的能量更高，与钠原子不同. 一般来说，对于半充满以前的组态，$J$ 值最小的光谱支项的能量最低[ $\lambda(\alpha LS)$ 取正值]，对于半充满以后的组态，$J$ 值最大的光谱支项的能量最低[ $\lambda(\alpha LS)$ 取负值]，称前者为正常顺序，后者为反转顺序. 这一规则称为 Hund 第二规则. 不过，这一规则常有例外.

以上的讨论都是在 $L$-$S$ 耦合方案下进行的，$L$-$S$ 耦合方案的基本做法是，先根据矢量加法

分别求出体系的总轨道角动量和总自旋角动量量子数，在不违背 Pauli 不相容原理的前提下，由所求得的量子数确定电子组态中包含的谱项 $^{2S+1}L$，然后求式(1.9.1)中不考虑旋轨耦合时的能量算符 $\hat{H}$ $\left(\hat{H}=\hat{H}_0+\hat{H}'\right)$与算符集合$\left\{\hat{L}^2,\hat{S}^2,\hat{L}_z,\hat{S}_z\right\}$的共同本征函数，得到谱项 $^{2S+1}L\left(E_i\right)$，其简并度为$(2L+1)(2S+1)$. 属于该谱项的每一个函数都是$\left\{\hat{H},\hat{L}^2,\hat{S}^2,\hat{L}_z,\hat{S}_z\right\}$的共同本征函数，在此基础上进一步考虑旋轨耦合作用. 当 $H_{\mathrm{so}}\ll H'$ [见式(1.9.1)]时，可用一个谱项近似计算旋轨耦合能. 这时$\{L,S,J,M_J\}$都是好量子数，但$\{M_L,M_S\}$不再是好量子数. 谱项 $^{2S+1}L\left(E_i\right)$ [能量 $E_i$ 为算符$\left(\hat{H}=\hat{H}_0+\hat{H}'\right)$的本征值]按 $J$ 值分裂为若干支项，即得到光谱支项 $^{2S+1}L_J(E_J)$ [能量 $E_J$ 为算符$\left(\hat{H}=\hat{H}_0+\hat{H}'+\hat{H}_{\mathrm{so}}\right)$的本征值]，其简并度为$(2J+1)$. 但当 $\hat{H}_{\mathrm{so}}$ 和 $\hat{H}'$ 数量级相近时，就不能只在一个谱项内考虑旋轨耦合问题. 这是因为谱项 $^{2S+1}L$ 是由于微扰 $\hat{H}'$ 使得 $\hat{H}_0$ 的能级发生分裂而产生的，当 $\hat{H}_{\mathrm{so}}$ 和 $\hat{H}'$ 数量级相近时，二者引起的能级分裂相近，由 $\hat{H}'$ 产生的谱项已经没有区分意义. 这时式(1.9.1)中 $\hat{H}$ 的本征函数$\left|JM_J\right\rangle$应当由来自不同谱项 $^{2S_i+1}L_i$ 的波函数组合得到，参与组合的谱项 $^{2S_i+1}L_i$ 必须满足这样的条件，即谱项 $^{2S_i+1}L_i$ 中 $L_i$ 和 $S_i$ 按角动量加法相加能够得到总角动量 $J$. 因此，在这样得到的 $\hat{H}$ 的本征函数所描述的状态中，$L$、$S$ 不再有确定值，或者说 $L$、$S$ 不再是好量子数，原子光谱中关于 $L$ 和 $S$ 的选律将失效，这就是中间耦合情况，在重原子光谱中经常出现. 原则上讲，这时 $L$-$S$ 耦合方案已不再适合用来描述原子的电子结构，因为在这种情况下，不考虑旋轨耦合时的有些谱项能级在考虑旋轨耦合后已经混在一起，用原来的谱项来区分能级已没有意义.

### 3. 多电子原子中旋轨耦合的 $j$-$j$ 方案

还有一种情况是，在式(1.9.1)中 $H_{\mathrm{so}}\gg H'$. 这时应当把 $\hat{H}_{\mathrm{so}}$ 看作一级微扰，而把 $\hat{H}'$ 看作更高一级的微扰. 这就是说，应当先求出$\left(\hat{H}_0+\hat{H}_{\mathrm{so}}\right)$的本征函数，然后考虑 $\hat{H}'$ 引起的$\left(\hat{H}_0+\hat{H}_{\mathrm{so}}\right)$的能级分裂问题. 在这种情况下，必须采用另一种方案来描述原子的电子结构. 对每一个电子，定义一个总角动量算符

$$\begin{aligned}&\vec{j}_k=\vec{l}_k+\vec{s}_k\\&k=1,2,\cdots,N\end{aligned}\tag{1.9.53}$$

由式(1.9.40)可知，同 $\hat{H}_0$ [见式(1.6.21)]一样，$\hat{H}_{\mathrm{so}}$ 也是单电子算符的直和，因此有

$$\hat{H}_0+\hat{H}_{\mathrm{so}}=\sum_i\left[\hat{h}_i'+\xi_i\vec{l}_i\cdot\vec{s}_i\right]\tag{1.9.54}$$

这样，在中心力场近似下，$\left(\hat{H}_0+\hat{H}_{\mathrm{so}}\right)$的本征值方程可以转化为单电子运动方程，得到的单电子态用量子数$\left\{n,j,m_j\right\}$标记，即有

$$\left\{\hat{h}'(r)+\xi(r)\vec{l}\cdot\vec{s}\right\}\psi\left(njm_j\right)=\varepsilon_j\psi\left(njm_j\right)\tag{1.9.55}$$

其中

$$j=l+\frac{1}{2},\left|l-\frac{1}{2}\right|;\quad m_j=j,j-1,\cdots,-j\tag{1.9.56}$$

式(1.9.55)与类氢原子的 Schrödinger 方程(1.9.13)具有相同的形式. 多电子原子的电子组态用

$(n_1j_1)^{x_1},\cdots,(n_kj_k)^{x_k}$ 表示，取 $N$ ( $N$ 为电子数目)个单电子态做直积，经反对称化后得到的 Slater 行列式就是 $\left(\hat{H}_0+\hat{H}_{so}\right)$ 的本征函数. 由同一电子组态得到的 Slater 行列式是简并的，考虑 $\hat{H}'$ 之后，这些能级将发生分裂，分裂后的能级才是 $\hat{H}=\hat{H}_0+\hat{H}'+\hat{H}_{so}$ [式(1.9.1)]的能级，称为光谱项. 定义

$$\vec{J}=\sum_k\vec{j}_k \tag{1.9.57}$$

$\vec{J}$ 称为 $N$ 电子体系的总角动量，已在 1.5 节做过详细讨论[见式(1.5.78)]. 由于式(1.9.1)中的 $\hat{H}$ 与 $\left\{\hat{J}^2,\hat{J}_z\right\}$ 对易，$\hat{H}$ 的本征函数可以按 $\{J,M_J\}$ 分类. $\hat{H}$ 的本征能量 $E_J$ 与量子数 $J$ 有关，与 $M_J$ 无关，因此是 $(2J+1)$ 重简并的. 如果采用单组态近似[注意：这时电子组态为 $(n_1j_1)^{x_1},\cdots,(n_kj_k)^{x_k}$ ]，则 $E_J$ 对应于 $L$-$S$ 耦合方案中的一个光谱支项. 这种方案称为 $j$-$j$ 耦合方案. 在这一方案中，多电子原子的总角动量算符 $\vec{J}$ 直接由单电子的总角动量算符 $\vec{j}$ 耦合得到.

有些原子用 $L$-$S$ 耦合方案处理较好，另一些原子(重原子)用 $j$-$j$ 耦合方案处理较好，应根据不同情况选择适当的耦合方案，这样可以更清晰地显示出原子的能级结构. 如果只在一个谱项或一个电子组态内考虑问题(注意：两种方案中的谱项和电子组态含义不同)，则对同一原子用两种耦合方案得到的结果可能有差别，但是如果考虑所有的组态相互作用，即把式(1.9.1)中 $\hat{H}$ 的本征函数写作来自各种组态具有相同 $\{JM_J\}$ 值的波函数 $\{|LSJM_J\rangle\}$ ( $L$-$S$ 耦合方案)或 $\{|JM_J\rangle\}$ ( $j$-$j$ 耦合方案)的叠加，则对同一原子由两种耦合方案得到的结果是完全相同的.

### 1.9.2　外磁场与原子的磁相互作用：Zeeman 效应

根据以上讨论，考虑原子内部的磁相互作用(旋轨耦合)后，光谱项 $^{2S+1}L$ 分裂为光谱支项 $^{2S+1}L_J$. 在没有外磁场的情况下，光谱支项 $^{2S+1}L_J$ 仍然是 $(2J+1)$ 重简并的. 但是，当有外磁场存在时，光谱支项 $^{2S+1}L_J$ 将分裂为 $(2J+1)$ 个非简并态，这种现象称为 Zeeman 效应.

多电子原子的总磁矩算符为

$$\vec{\mu}=\sum_i\vec{\mu}_i=\vec{\mu}_L+\vec{\mu}_S \tag{1.9.58}$$

式中，$\vec{\mu}_i$ 为单电子的总磁矩算符，由式(1.9.7)给出；$\vec{\mu}_L$ 和 $\vec{\mu}_S$ 分别为总轨道磁矩和总自旋磁矩(注意：由于大写的 $\mu$ 与英文字母无法区分，因此单电子和多电子的磁矩算符在这里都用小写的希腊字母 $\mu$ 表示，但它们的下标不同)，

$$\vec{\mu}_L=-\mu_B\vec{L}\,,\qquad \vec{\mu}_S=-2\mu_B\vec{S} \tag{1.9.59}$$

代入式(1.9.58)，有

$$\vec{\mu}=-\mu_B\left(\vec{L}+2\vec{S}\right) \tag{1.9.60}$$

式(1.9.59)和式(1.9.60)中，$\vec{L}$ 和 $\vec{S}$ 分别为 $N$ 电子原子的总轨道角动量和总自旋角动量. 如果有外磁场(即把原子置于磁场中)，设磁场强度为 $\mathcal{H}$ (这里用 $H$ 的花体 $\mathcal{H}$ 表示磁场强度，以区别于 Hamilton 算符 $\hat{H}$ )，并取磁场方向为 $z$ 轴，则原子磁矩与外磁场的相互作用算符为

$$\begin{aligned}\hat{H}_{\mathcal{H}}&=-\vec{\mathcal{H}}\cdot\vec{\mu}=\mu_B\vec{\mathcal{H}}\cdot\left(\vec{L}+2\vec{S}\right)=\mu_B\vec{\mathcal{H}}\cdot\left(\vec{J}+\vec{S}\right)\\&=\mu_B\mathcal{H}\left(\hat{L}_z+2\hat{S}_z\right)=\mu_B\mathcal{H}\left(\hat{J}_z+\hat{S}_z\right)\end{aligned} \tag{1.9.61}$$

1. 正常 Zeeman 效应

首先考虑外磁场 $\mathcal{H}$ 很强而旋轨耦合作用比较弱的情况，此时旋轨耦合作用相比之下可以忽略，式(1.9.61)中的 $S_z$ 也可以忽略，于是式(1.9.1)变为

$$\hat{H} = \hat{H}_0 + \hat{H}' + \mu_B \mathcal{H} \hat{L}_z \tag{1.9.62}$$

外磁场的存在破坏了原子的球对称性，轨道角动量算符 $\vec{L}$ 与 $\hat{H}$ 不再对易(因为 $\hat{L}_x$、$\hat{L}_y$ 与 $\hat{L}_z$ 不对易)，但 $\hat{L}^2$ 和 $\hat{L}_z$ 仍然与 $\hat{H}$ 对易，因此 $L$-$S$ 耦合方案下得到的谱项概念仍有意义. 设不存在外磁场时的谱项为 ${}^{2S+1}L(E_i)$，则在强外磁场中能级变为

$$E = E_i + \mu_B \mathcal{H} M_L, \qquad M_L = L, L-1, \cdots, -L \tag{1.9.63}$$

这就是说，原来的每个谱项能级 $E_i$ 都将分裂为 $(2L+1)$ 个能级，分裂后相邻的能级间距对所有谱项来说都是相同的，均为 $\mu_B \mathcal{H}$. 不同谱项及同一谱项内各能级间的跃迁能 $\Delta E$ 可以统一表示为

$$\Delta E = \Delta E_i + \mu_B \mathcal{H} \Delta M_L \tag{1.9.64}$$

其中，$\Delta E_i$ 为不存在外磁场时谱项间的跃迁能. 跃迁选择定则为[见式(1.4.126)]

$$\Delta S = 0\,; \quad \Delta L = 0, \pm 1\,; \quad \Delta M_L = 0, \pm 1 \tag{1.9.65}$$

这样原来的一条光谱线在磁场中按 $\Delta M_L = 0, \pm 1$ 分裂成三条谱线.

对于单电子原子(碱金属原子可看作单电子原子)，则有

$$\varepsilon = \varepsilon_{nl} + \mu_B \mathcal{H} m_l, \qquad m_l = l, l-1, \cdots, -l \tag{1.9.66}$$

可见，$m_l$ 与磁相互作用有关，因此称它为磁量子数. 这样，原来的能级 $\varepsilon_{nl}$ 分裂成 $(2l+1)$ 个能级. 分裂后相邻的能级间距为 $\mu_B \mathcal{H} = \omega_l$，$\omega_l$ 称为 Larmor 频率. 当原子发生能级跃迁时，如从 $(n', l', m_l')$ 态跃迁到 $(n, l, m_l)$ 态，原子发射(或吸收)的光谱线频率为

$$\omega = (\omega_{n'l'} - \omega_{nl}) + (m_l' - m_l) \mu_B \mathcal{H} = \omega_0 + \Delta m_l \omega_l \tag{1.9.67}$$

其中，$\omega_0$ 为不存在外磁场时原子发射(或吸收)的光谱线频率. 轨道跃迁的选择定则为[见式(1.4.118)和式(1.4.123)]

$$\Delta l = \pm 1, \qquad \Delta m_l = 0, \pm 1 \tag{1.9.68}$$

这样，原来的一条光谱线在磁场中按 $\Delta m_l = 0, \pm 1$ 也分裂成三条谱线.

以上现象称为正常 Zeeman 效应.

2. 反常 Zeeman 效应

再考虑外磁场较弱的情况，此时旋轨耦合不能忽略，体系的 Hamilton 算符式(1.9.1)应写作

$$\hat{H} = \hat{H}_0 + \hat{H}' + \hat{H}_{so} + \mu_B \vec{\mathcal{H}} \cdot (\vec{L} + 2\vec{S}) = \hat{H}_0 + \hat{H}' + \hat{H}_{so} + \mu_B \vec{\mathcal{H}} \cdot (\vec{J} + \vec{S}) \tag{1.9.69}$$

取 $|LSJM_J\rangle$ 作为光谱支项 ${}^{2S+1}L_J(E_J)$ 的近似波函数，利用不可约张量方法(Wigner-Eckart 定理)和旋转群理论可以证明[13]，在此子空间中算符 $(\vec{J} + \vec{S})$ 和 $g\vec{J}$ 是彼此等效的算符，于是可求得 $\hat{H}$ [式(1.9.69)]的本征能量

$$E = E_J + \langle LSJM_J | \mu_B \vec{\mathcal{H}} \cdot (\vec{J} + \vec{S}) | LSJM_J \rangle = E_J + g \mu_B M_J \mathcal{H}$$

$$M_J = J, J-1, \cdots, -J \tag{1.9.70}$$

式中 $g$ 为 Landé 因子，

$$g = 1 + \frac{J(J+1) - L(L+1) + S(S+1)}{2J(J+1)} \tag{1.9.71}$$

式(1.9.70)表明，当外磁场存在时，每个光谱支项的能级 $E_J$ 都分裂为 $(2J+1)$ 个能级. 对于单重态 $(S=0)$，$J=L$，有 $g=1$，能级间距与光谱支项无关，因此所有光谱支项分裂后的相邻能级间距均相同. 根据光谱选律 $\Delta M_J = 0, \pm 1$，原来的一条光谱线在磁场中分裂为三条，这种情况也属于正常 Zeeman 效应. 对于多重态，$g$ 与 $L$、$S$、$J$ 有关，即与光谱支项有关，这时在一个光谱支项内，分裂后的相邻能级间距相同，但不同光谱支项分裂后的能级间距不再相同. 虽然光谱选律仍然是 $\Delta M_J = 0, \pm 1$（$\Delta J = 0$ 时，$0 \nleftrightarrow 0$），但是由于不同光谱支项的相邻能级间距不同，因此 $\Delta M_J$ 相同的跃迁所对应的谱线并不相同，这样光谱线就不止三条，这种现象称为反常 Zeeman 效应.

以上讨论可用图 1.9.1 示意说明. 图 1.9.1 中，(a)属于正常 Zeeman 效应，${}^1F_3$ 和 ${}^1D_2$ 为单重态，$g=1$. 没有外磁场时，这两个光谱支项之间的跃迁只形成一条谱线. 在外磁场中两个光谱支项分别分裂为 7 个和 5 个能级，分裂间距全部相同. 选律 $\Delta M_J = -1$ 允许 5 种跃迁，由于两个光谱支项的能级间距相同，因此这 5 种跃迁对应同一条光谱线. 同样 $\Delta M_J = 0$ 和 $\Delta M_J = 1$ 的跃迁也分别对应同一条光谱线，因此共得到三条光谱线，即原来的一条光谱线被分裂成三条. (b)属于反常 Zeeman 效应，没有外磁场时，两个光谱支项 ${}^3D_1$ 和 ${}^3P_1$ 之间的跃迁只形成一条谱线. 在外磁场中 ${}^3D_1$ 和 ${}^3P_1$ 都分裂为三个能级，同一支项内能级间距相同，但由于 $g({}^3D_1) = \frac{1}{2}$，$g({}^3P_1) = \frac{3}{2}$，因此两光谱支项分裂的能级间距并不相同，这使得由同一选律导致的跃迁对应不同的光谱线.

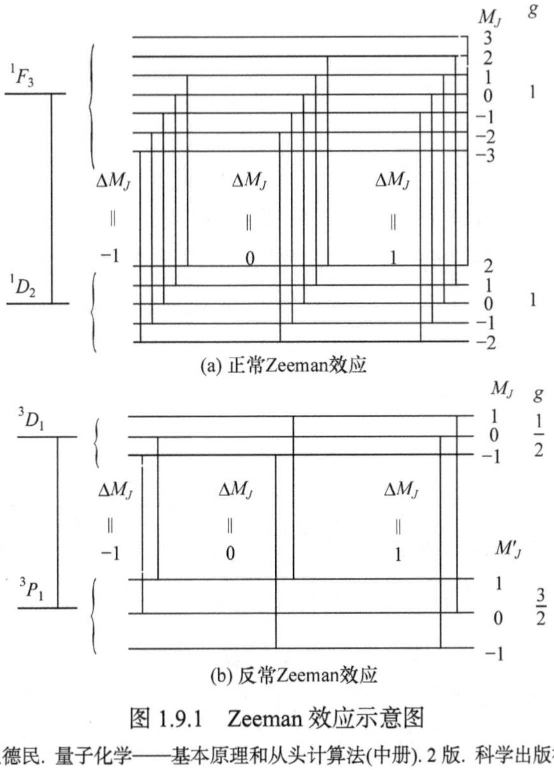


图 1.9.1　Zeeman 效应示意图

该图参考了徐光宪，黎乐民，王德民. 量子化学——基本原理和从头计算法(中册). 2 版. 科学出版社，2009 年，第 143 页图 11.5.4

例如，$\Delta M_J = -1$时有两种跃迁，一种是$M_J = -1$到$M'_J = 0$的跃迁，另一种是$M_J = 0$到$M'_J = 1$的跃迁. 从图中可以看出，它们的跃迁能显然是不相同的，因此对应不同的谱线. $\Delta M_J = 0$和$\Delta M_J = 1$的跃迁也有类似情况，这样总的谱线就不止三条.

从 Zeeman 效应可以得到关于原子能级的信息，对原子光谱的指认和原子电子结构的确定都很有用处.

原子光谱的指认是一项十分复杂的工作，以上讨论仅仅为原子光谱的指认提供了粗略的理论框架，更详细的理论处理可参看有关文献[14].

本节所讨论的磁相互作用包括两个方面：一是原子内部固有的磁相互作用，主要是旋轨耦合作用. 考虑旋轨耦合后，在 $L$-$S$ 耦合方案下得到的光谱项 $^{2S+1}L$ 将分裂为光谱支项 $^{2S+1}L_J$，支项数目由 $J$ 的取值$\left(J = L+S, L+S-1, \cdots, |L-S|\right)$确定. 对于单电子体系，由于自旋只有$\dfrac{1}{2}$一个值，谱线最多分裂为两条(s 轨道不分裂)，因此会出现双线结构；二是外磁场与原子的磁相互作用. 如果外磁场很强，旋轨耦合可以忽略，谱项 $^{2S+1}L$ 的 $M_L$ 简并被消除，谱项能级分裂为$(2L+1)$个能级. 对于单电子体系，原来的轨道能级 $\varepsilon_{nl}$ 将因磁量子数 $m_l$ 不同分裂成$(2l+1)$个能级. 考虑光谱选律$(\Delta M_L = 0, \pm 1)$后，原来的一条谱线将分裂为三条，每一选律对应一条谱线，这是正常 Zeeman 效应. 如果外磁场较弱，旋轨耦合不能忽略，则每一光谱支项 $^{2S+1}L_J$ 的 $M_J$ 简并被消除，支项能级分裂为$(2J+1)$个能级. 如果两个光谱支项的 $g$ 因子相同，则将出现正常 Zeeman 效应，否则出现反常 Zeeman 效应.

## 1.10　分子轨道理论与分子的电子组态

以上几节讨论了原子的电子结构，分子和原子一样，都是由原子核和电子组成的体系，从量子力学的角度看它们并无区别，因此以上几节中的许多概念在分子电子结构的讨论中仍然成立.

原子的电子结构为我们提供的图像是，原子中的电子是在原子轨道上排布的，这就很自然地让我们联想到，分子中的电子是在分子轨道上排布的，由此产生了分子轨道理论. 分子轨道理论是波函数理论框架内处理分子电子结构问题的一种理论方法. 从本节开始，我们将较为系统地介绍分子轨道理论，本节首先介绍氢分子离子的量子力学处理结果，引入分子轨道的概念. 以后将逐步讨论如何利用分子轨道建造分子体系的多电子波函数，以及如何求解分子体系的定态 Schrödinger 方程的问题.

### 1.10.1　氢分子离子

为了讨论多电子原子的电子结构，我们首先介绍氢原子的量子力学处理结果，得到原子轨道的概念，进而建立了多电子原子的壳层电子结构模型. 同样，为了讨论分子的电子结构，首先介绍氢分子离子$\left(H_2^+\right)$的量子力学处理结果，得到分子轨道的概念，在此基础上建立分子的电子结构模型. 同讨论氢原子一样，本节中将尽量不涉及 $H_2^+$ Schrödinger 方程的详细求解过程，而将集中在概念的导出和阐释上. 详细求解过程可参看相关文献[15].

氢分子离子只有一个电子，是最简单的分子，在 Born-Oppenheimer 近似下，氢分子离子

的定态 Schrödinger 方程为

$$\hat{h}\psi(\vec{r}) = \varepsilon\psi(\vec{r}) \tag{1.10.1}$$

$\hat{h}$ 为体系的 Hamilton 量

$$\hat{h} = -\frac{1}{2}\nabla^2 - \frac{1}{r_a} - \frac{1}{r_b} + \frac{1}{R} \tag{1.10.2}$$

$r_a$、$r_b$ 分别是电子到核 $a$、$b$ 的距离，$R$ 为核间距. 在椭球坐标系下，方程(1.10.1)可以精确求解. 图 1.10.1 给出了椭球坐标系下氢分子离子中原子核 $a$、$b$ 和电子(动点 $P$)的坐标. 电子坐标$(\xi,\eta,\phi)$的定义为

$$\xi = \frac{r_a + r_b}{R}, \quad \eta = \frac{r_a - r_b}{R} \tag{1.10.3}$$

$\phi$ 为半平面 $aPb$ 与坐标面(半平面) $xOz$ 之间的二面角$(0\sim 2\pi)$. 按定义有

$$1 \leqslant \xi \leqslant \infty, \quad -1 \leqslant \eta \leqslant 1, \quad 0 \leqslant \phi \leqslant 2\pi \tag{1.10.4}$$

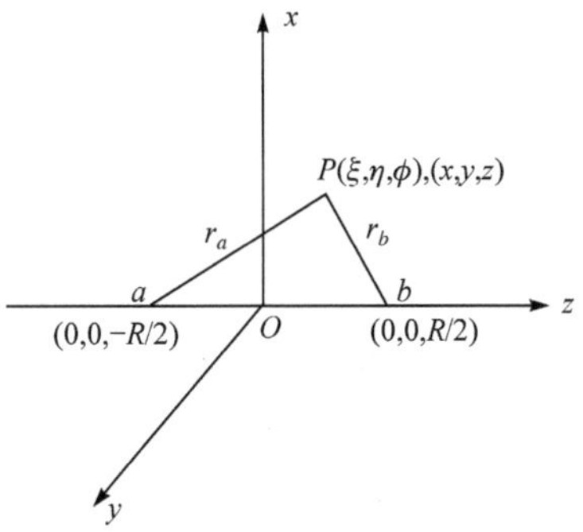

图 1.10.1　椭球坐标系中氢分子离子的原子核和电子坐标

可以看到，椭球坐标系中坐标 $\phi$ 的定义与球坐标系中的定义相同. 采用求导数的链规则，可以由 Laplace 算符在直角坐标系中的表达式.

$$\nabla^2 = \frac{\partial^2}{\partial x^2} + \frac{\partial^2}{\partial y^2} + \frac{\partial^2}{\partial z^2}$$

导出该算符在椭球坐标系中的表达式(3.1 节中将采用更为简洁的方式导出 Laplace 算符在椭球坐标系中的表达式)，再将 $\frac{1}{r_a}$ 和 $\frac{1}{r_b}$ 换算为椭球坐标，就可以得到氢分子离子在椭球坐标系中的 Hamilton 量 $\hat{h}$，

$$\hat{h} = \frac{2}{R^2(\xi^2 - \eta^2)}\left\{\frac{\partial}{\partial\xi}\left[(\xi^2 - 1)\frac{\partial}{\partial\xi}\right] + \frac{\partial}{\partial\eta}\left[(1 - \eta^2)\frac{\partial}{\partial\eta}\right] + \frac{(\xi^2 - \eta^2)}{(\xi^2 - 1)(1 - \eta^2)}\frac{\partial^2}{\partial\phi^2} + 2R\xi\right\} \tag{1.10.5}$$

从而将方程(1.10.1)变换到椭球坐标系，而有

$$\hat{h}\psi(\xi,\eta,\phi) = \varepsilon\psi(\xi,\eta,\phi) \tag{1.10.6}$$

由于在 Born-Oppenheimer 近似下 $\frac{1}{R}$ 为常数，故在 Hamilton 量(1.10.5)中不再计及. 而且，体系中只有一个电子，自旋只能取 $\alpha$ 或者 $\beta$，因此无需讨论，仅讨论空间函数 $\psi(\xi,\eta,\phi)$ 即可.

1. *方程的解*

方程(1.10.6)可以分离变量，令波函数

$$\psi(\xi,\eta,\phi) = \mu(\xi)\nu(\eta)\omega(\phi) \tag{1.10.7}$$

代入方程(1.10.6)，可得三个方程，即

$$\frac{\mathrm{d}^2\omega(\phi)}{\mathrm{d}\phi^2} = -m^2\omega(\phi) \tag{1.10.8}$$

$$\frac{\mathrm{d}}{\mathrm{d}\eta}\left[\left(1-\eta^2\right)\frac{\mathrm{d}\nu(\eta)}{\mathrm{d}\eta}\right]+\left(-A+p^2\eta^2-\frac{m^2}{1-\eta^2}\right)\nu(\eta)=0 \tag{1.10.9}$$

$$\frac{\mathrm{d}}{\mathrm{d}\xi}\left[\left(\xi^2-1\right)\frac{\mathrm{d}\mu(\xi)}{\mathrm{d}\xi}\right]+\left(A+2R\xi-p^2\xi^2-\frac{m^2}{\xi^2-1}\right)\mu(\xi)=0 \tag{1.10.10}$$

以上方程中，$m^2$ 和 $A$ 是分离变量时引入的与 $\xi,\eta,\phi$ 无关的常数，而

$$p^2=-\frac{R^2\varepsilon'}{2} \tag{1.10.11}$$

$\varepsilon'$ 为不包括 $\frac{1}{R}$ 时电子的能量. 波函数的单值性要求方程(1.10.8)的解必须满足周期性边界条件，即

$$\omega(\phi+2\pi)=\omega(\phi) \tag{1.10.12}$$

故方程(1.10.8)的解为

$$\omega(\phi)=\frac{1}{\sqrt{2\pi}}\mathrm{e}^{\mathrm{i}m\phi},\quad m=0,\pm1,\pm2,\cdots \tag{1.10.13}$$

现在讨论方程(1.10.9). $\eta=\pm1$ 是方程的奇点，所求的解应满足在 $\eta=\pm1$ 处为有限的自然边界条件. 当 $p=0$ 时，由式(1.10.11)有 $R=0$，氢分子离子退化为类氢原子，势函数退化为中心力场，式(1.10.9)则退化为类氢原子 $\theta$ 坐标所满足的方程，其解为连带 Legendre 函数. 基于以上分析，可将式(1.10.9)的解写为连带 Legendre 函数的组合，即

$$\nu(\eta)=\sum_{s=0}^{\infty}f_s(A,m,p)P_{|m|+s}^{|m|}(\eta) \tag{1.10.14}$$

式中，$P_{|m|+s}^{|m|}(\eta)$ 为连带 Legendre 函数，将式(1.10.14)代入方程(1.10.9)，可得组合系数 $f_s(A,m,p)$ 的递推关系，我们不再详细推导. 式(1.10.14)虽然是无穷级数，但级数收敛很快，通常只要几项就能达到所需精度，具体数值已列成表格供使用，可参看文献[6].

再来讨论方程(1.10.10). $\xi=\pm1$ 是方程的奇点，所求的解应满足在 $\xi=\pm1$ 处为有限的自然边界条件，为此需要进行函数变换，将方程(1.10.10)的解写作

$$\mu(\xi)=\left(\xi^2-1\right)^{\frac{|m|}{2}}(\xi+1)^{\gamma}\,\mathrm{e}^{-p\xi}\sum_{t=0}^{\infty}g_t\varsigma^t \tag{1.10.15}$$

其中

$$\varsigma=\frac{\xi-1}{\xi+1},\qquad \gamma=\frac{R}{p}-|m|-1 \tag{1.10.16}$$

将式(1.10.15)代入方程(1.10.10)，可以得到系数 $g_t$ 的递推关系，不再详细讨论.

将式(1.10.13)、式(1.10.14)和式(1.10.15)代入式(1.10.7)，可以得到氢分子离子电子运动的精确波函数 $\psi(\xi,\eta,\phi)$. 此外，由式(1.10.11)和式(1.10.16)的第二式可得

$$\varepsilon'=-\frac{2}{\left(\gamma+|m|+1\right)^2} \tag{1.10.17}$$

计及核间排斥能，可得氢分子离子的电子能量

$$\varepsilon=-\frac{2}{(\gamma+|m|+1)^2}+\frac{1}{R} \tag{1.10.18}$$

由式(1.10.16)的第二式可见，$\gamma$ 与 $m$、$p$ 有关，而 $p$ 又与方程(1.10.9)和方程(1.10.10)中的 $A$ 有关，因此，$\gamma$ 由 $m$、$p$、$A$ 共同决定，是由 $m$、$p$、$A$ 确定的分立值，故在一定的核间距下，电子能量取分立值. 已经求得氢分子离子的最低能量为 –0.6026a.u. 而氢原子的最低能量为 –0.5a.u.，故氢分子离子的结合能为 0.1026a.u. = 2.79eV，因此氢分子离子可以形成稳定分子，平衡核间距为 $R=1.9972$a.u. 这是非相对论的 Born-Oppenheimer 近似下的精确解.

2. 态的分类

量子体系的“态”通常包含两个方面，一是能级，二是波函数，因此态的分类包含能级和波函数的分类，而这两者实际上是同一个问题. 氢分子离子仅包含一个电子，所求得的波函数为单电子波函数，或者称为分子轨道，因此对氢分子离子来说，态的分类就是分子轨道及轨道能级的分类.

方程(1.10.9)中包含分离变量时引入的常数 $A$，前面已经指出，当 $p=0$ 时，方程(1.10.9)退化为类氢原子 $\theta$ 坐标所满足的方程，这时 $A=-l(l+1)$，$l$ 为电子轨道角动量量子数. $p\neq 0$ 时，即对氢分子离子而言，常数 $A$ 仍取分立值，但没有简单的表达式，这时可用 $l$ 对 $A$ 的取值排序. 既然作为排序指标，故 $l$ 只取自然数，并称之为量子数. 为了区分 $l$ 和 $m$ 的值而不致混淆，规定用 s,p,⋯ 来标记 $l=0,1,\cdots$，但这时 $l$ 没有物理意义，与原子体系中的电子轨道角动量量子数含义不同. 求解方程(1.10.10)时引入的常数 $\gamma$ 也取分立值，但也没有简单的表达式，通常用 $n$ 对 $\gamma$ 的取值排序，$n$ 也称为量子数，同样 $n$ 也没有物理意义. 求解方程(1.10.8)得到量子数 $m$，因此氢分子离子的能级和电子态可用($nlm$)三个量子数分类. 考虑自旋后，电子态可以用 4 个量子数($nlmm_s$)分类. 4 个量子数中，只有 $m$ 和 $m_s$ 有物理意义. 可以看到，按照这种分类方法，分子轨道的标记与原子轨道的标记十分相似，因此这种分类方法保留了某些原子轨道分类的特征. 但是，分子与原子具有不同的对称性，分子的势场已不再是中心势，电子的轨道角动量 $\vec{l}$ 不再是守恒量，角动量量子数 $l$ 不再是好量子数. 在这种情况下，沿用原子轨道的分类方法对分子轨道进行分类显然是不合适的. 因此，很多文献不用($nlm$)或($nlmm_s$)对能级和电子态分类，而是根据氢分子离子的对称性来对能级和轨道进行分类. 下面介绍这种方法.

前面指出，椭球坐标系中坐标 $\phi$ 的定义与球坐标系中的定义相同. 球坐标系中，电子轨道角动量 $z$ 分量算符的表达式为[见式(1.5.6)]

$$\hat{l}_z=-\mathrm{i}\frac{\partial}{\partial\phi} \tag{1.10.19}$$

由于坐标 $\phi$ 在两个坐标系中的定义相同，故在椭球坐标系中电子轨道角动量 $z$ 分量(以分子轴即原子间连线为 $z$ 轴)算符 $\hat{l}_z$ 的表达式仍为式(1.10.19). 由方程(1.10.5)可以看到，$\hat{l}_z$ 与体系的 Hamilton 算符 $\hat{h}$ 对易，且由

$$\hat{l}_z \mathrm{e}^{\mathrm{i}m\phi}=m\mathrm{e}^{\mathrm{i}m\phi},\qquad m=0,\pm1,\pm2,\cdots \tag{1.10.20}$$

可知，$\mathrm{e}^{\mathrm{i}m\phi}$ 为 $\hat{l}_z$ 的本征函数；$m$ 为电子的角动量 $\vec{l}$ 在分子轴方向的分量 $\hat{l}_z$ 的量子数. 这样，电子的状态可以用量子数 $m$ 分类，对应于 $m=0,\pm1,\pm2,\cdots$，电子态分别用 σ,π,δ,⋯ 标记. 从

式(1.10.17)或式(1.10.18)可见，能量与$|m|$有关，但式(1.10.13)表明，$m$与$-m$对应着不同的波函数，故$m \neq 0$的能级都是二重简并的. 此外，氢分子离子存在对称性，因此电子态还可以按宇称分类. 在空间反演作用下，即将波函数中电子的坐标按$(x,y,z)\to(-x,-y,-z)$变换，或者在椭球坐标系中按$(\xi,\eta,\phi)\to(\xi,-\eta,\phi+\pi)$变换(注意：空间反演的作用是将两个核对调)，如果函数不变，则称该态为偶宇称，否则为奇宇称，并分别用 g、u 表示. 相同对称性的态按能量高低排序，并用正整数标记. 于是，氢分子离子可以有$1\sigma_g, 2\sigma_g, 1\sigma_u, 2\sigma_u$等态. 此外，对于简并能级的两个轨道可以用$\pm|m|(|m|\neq 0)$加以区分，如$\pi_g(1)$和$\pi_g(-1)$.

下面从分子对称性的角度进一步讨论以上结果. $H_2^+$具有$D_{\infty h}$对称性，因此$H_2^+$的 Hamilton 算符$\hat{h}$[见式(1.10.2)]与$D_{\infty h}$群的所有元素(对称操作)对易. 又由于 Hamilton 算符$\hat{h}$中不包含自旋，$D_{\infty h}$群的所有对称操作仅作用于空间函数，不影响自旋，因此对于$H_2^+$，有对易算符集合$\left\{\hat{h}, D_{\infty h}, s^2, s_z\right\}$. 这里所说的对易是将$D_{\infty h}$群作为一个整体，与 Hamilton 算符$\hat{h}$及自旋算符$\hat{s}^2$、$\hat{s}_z$对易，并不涉及$D_{\infty h}$内部群元素之间的对易关系. 于是，$H_2^+$的波函数可以选作算符集合$\left\{\hat{h}, s^2, s_z\right\}$共同本征函数，并选作$D_{\infty h}$群不可约表示的基，即$H_2^+$的波函数可以用 4 个指标$(n\lambda t m_s)$分类. 其中，$n$为能级编号，$m_s$为自旋分量量子数，$\lambda$为$D_{\infty h}$群不可约表示记号，$t$为二维不可约表示行(列)标号($D_{\infty h}$只有一维和二维不可约表示，一维表示只有一个基，不必区分)，表明该轨道按$D_{\infty h}$群$\lambda$不可约表示的$t$行(列)基变换. 由于单电子自旋仅取$\frac{1}{2}$一个值，没有区分意义，因此自旋量子数并不包含在量子数集合$(n\lambda t m_s)$中.

为了更好地理解以上符号，有必要简单说明$D_{\infty h}$群的不可约表示. $D_{\infty h}$群是$C_{\infty v}$群和$C_i=\{E,I\}$群的直积群，即$D_{\infty h}=C_{\infty v}\otimes C_i$. 而$C_{\infty v}$群则是由$C_\infty$群与通过$C_\infty$轴的无穷多个镜面$\sigma_v$合成的. 因此，要弄清$D_{\infty h}$群的不可约表示，必须先弄清$C_\infty$群的不可约表示. $C_\infty$群(回转群)的对称操作是关于分子轴的连续转动，其不可约表示为$\chi(\phi)=e^{im\phi}$，$m=0,\pm1,\pm2,\cdots,\pm\infty$. 与式(1.10.20)比较可知，$C_\infty$群的不可约表示$e^{im\phi}$正是轨道角动量$z$分量算符$\hat{l}_z$的本征函数，而$m$正是$\hat{l}_z$的本征值$m_l$. 由此可以推演出$D_{\infty h}$群的不可约表示，1.13.1 节将给出推演过程，这里不再详述. 得到的最终结果是，$D_{\infty h}$群只有一维$(m=0)$和二维$(m\neq 0)$不可约表示，共有 4 个一维不可约表示，对应于每一不为零的$|m|$值($|m|\neq 0$)有两个二维不可约表示，用符号$\Sigma,\Pi,\Delta,\cdots$来标记$D_{\infty h}$的不可约表示，分别对应于$|m|=0,1,2,\cdots$. 为了区分 4 个一维不可约表示和对应于同一个不为零$|m|$值的两个二维不可约表示，在不可约表示的符号中增加上标+、–，分别表示镜面$\sigma_v$的特征标为+1 或–1，增加下标 g、u 分别表示基函数关于反演$i$为对称或反对称.

前面提到的电子态记号$\sigma_g, \sigma_u, \cdots$正是$D_{\infty h}$群的不可约表示记号. 此外，当两个轨道同属一个二维表示时，用$\pm|m|(|m|\neq 0)$来区分这两个轨道，以表明它们是二维表示的不同行的基，进一步考虑能级次序和自旋后，一个电子态(轨道)可以用 4 个指标$(n\lambda t m_s)$标记，其中$\lambda$和$t$分别为分子点群不可约表示和一个表示的行(列)的标记.

文献中还有一种分类方法，这种分类方法是，在上述标记的基础上再添加$(nl)$两个指标，如用$1s\sigma_g, 3d\sigma_g, 2p\sigma_u, 4p\sigma_u, \cdots$标记轨道. 值得注意的是，添加$(nl)$之后所得的记号$(nl\lambda t)$中，第一个数字$n$的值是将所有态统一编序得到的，而不添加$(nl)$的记号$(n\lambda t)$中，第一个数字$n$的值是按相同对称性态的能量高低编序的，不同对称性的态并不统一编序，因此两者含义不同. 前面指出，现在很多文献已经不用$(nlm)$对电子态进行分类，因此在电子态的记号中添加$(nl)$，即符号$(nl\lambda t)$也已经很少采用.

对$H_2^+$的态进行分类时还有一种做法，是将$H_2^+$的态与$H_2^+$核间距变化的极限相联系. 随着核间距$R$的变化，$H_2^+$有两种极限情况，一是当$R\to\infty$时，$H_2^+$解离，即有

$$H_2^+ \longrightarrow H + H^+$$

二是当$R\to 0$时，$H_2^+$变为氦正离子($He^+$，类氢原子)

$$H_2^+ \longrightarrow He^+$$

因此，在极限情况下，$H_2^+$的电子态和能级应当趋向于氢原子或$He^+$的电子态和能级，从而$H_2^+$的电子态和能级与氢原子或$He^+$相关联，于是有分离原子描述(与氢原子相关联)和联合原子描述(与$He^+$相关联)，即在$H_2^+$电子态和能级的符号$(n\lambda tm_s)$中加入相关联原子(氢原子或$He^+$)的信息，并将这些信息放在$H_2^+$电子态$(n\lambda tm_s)$的前边(联合原子描述)或后边(分离原子描述). 例如，$H_2^+$的$3\sigma_g$态与氢原子的2p态相关联，按分离原子描述，可将该态记作$\sigma_g 2p$，$H_2^+$的$1\sigma_g$态与$He^+$的1s态相关联，按联合原子描述，可将该态记作$1s\sigma_g$，等等，值得注意的是，不要将联合原子描述的符号与符号$(nlm)$或$(nl\lambda t)$相混淆. 我们不再详细讨论，可参看相关文献[16].

以上内容介绍了$H_2^+$电子态的多种分类方法，文献和教科书中有时会引用这些方法，因此了解这些分类方法有利于阅读文献. 但是必须指出，依据$H_2^+$的对称性对电子态进行分类的方法是最基本的方法. 根据这种分类方法，分子的自旋轨道可以用4个指标$(n\lambda tm_s)$标记. $H_2^+$分子轨道的这种分类方法可以推广到一般的分子体系.

### 3. 分子轨道理论

前面提到，$H_2^+$仅包含一个电子，因此所求得的波函数为单电子波函数，或者称为分子轨道. 一般来说，分子体系为多电子体系. 在多电子体系中，电子间存在相互作用，因而电子运动是相互关联的，不存在简单的单电子运动状态. 但是，我们可以将电子间的相互作用看作一个平均势场，研究一个电子在平均势场中的运动，将这样的单电子运动状态称为分子轨道.

显然，将求解$H_2^+$所得的分子轨道直接用于描述一般分子体系中的分子轨道是不合适的. 其原因如下：一是，$H_2^+$中单电子运动的势场与一般分子的势场完全不同，一般分子中包含更多的原子核和电子，而且分子的对称性也可能完全不同，因此$H_2^+$的分子轨道不适于描述一般分子体系. 这一特点与原子体系不同，在中心场近似下，多电子原子与类氢原子有相同的中心场对称性，因此类氢原子的许多结果可以直接推广到多电子原子. 二是，$H_2^+$的单电子波函数过于复杂. 为了从$H_2^+$的波函数得到更为有用的概念，我们尝试$H_2^+$的近似求解方法.

从化学的角度看，分子是由原子相互作用形成的，而原子的相互作用表现为原子轨道的相互作用. 这种化学直觉启发我们，可以将分子轨道写作原子轨道的线性组合. 对于$H_2^+$，可将波函数即分子轨道(1.10.7)写作

$$\psi = \sum_{\mathrm{d},i} c_i^{\mathrm{d}} \chi_i^{\mathrm{d}} \tag{1.10.21}$$

其中，$\chi_i^{\mathrm{d}}$ 表示由 D 原子提供的某一原子轨道. 最简单的情况是，每个氢原子各提供一个 1s 原子轨道，而有

$$\psi = c_1 1\mathrm{s}_a + c_2 1\mathrm{s}_b \tag{1.10.22}$$

其中，$1\mathrm{s}_a$、$1\mathrm{s}_b$ 分别为 A、B 原子提供的归一化 1s 原子轨道，

$$1\mathrm{s}_a = \sqrt{\frac{\alpha^3}{\pi}} \mathrm{e}^{-\alpha r_a}, \quad 1\mathrm{s}_b = \sqrt{\frac{\alpha^3}{\pi}} \mathrm{e}^{-\alpha r_b}$$

将式(1.10.22)代入方程(1.10.6)，可得到如式(1.4.137)所示的久期方程，通过解久期方程，可得基态分子轨道为

$$1\sigma_{\mathrm{g}} = N\left(1\mathrm{s}_a + 1\mathrm{s}_b\right) \tag{1.10.23}$$

$N$ 为归一化常数. 得到的平衡核间距为 $R = 2.0\mathrm{a.u.}$，结合能为 2.25a.u.，与精确值基本一致，而且波函数(1.10.23)与精确波函数所给出的电子云分布也基本一致. 如果按式(1.10.21)选取更多原子轨道组合成分子轨道，则可以更加准确地逼近精确解. 这表明分子轨道可以写作原子轨道的线性组合，这是我们求解 $\mathrm{H}_2^+$ 得到的重要结果，原子轨道线性组合成分子轨道(linear combination of atomic orbital-molecular orbital，LCAO-MO)的方法可以推广到一般分子体系. $\mathrm{H}_2^+$ 的定态 Schrödinger 方程可以精确求解，从而为考察分子轨道理论的可靠性提供了依据. 正因为如此，$\mathrm{H}_2^+$ 的上述结果常被看作分子轨道理论的生长点.

### 1.10.2　多电子分子体系的单电子运动方程

现在讨论多电子分子体系. 根据 1.3.3 节的讨论，为了求解分子体系的定态 Schrödinger 方程

$$\hat{H}\Psi = E\Psi \tag{1.10.24}$$

将 $\hat{H}$ 写作

$$\hat{H} = \hat{H}_0 + \hat{H}' \tag{1.10.25}$$

其中

$$\hat{H}_0 = \sum_i \hat{h}_i' \tag{1.10.26}$$

$\hat{H}'$ 为微扰. 于是，方程(1.10.24)的求解问题转化为方程

$$\hat{H}_0 \Phi = E^{(0)} \Phi \tag{1.10.27}$$

的求解问题. 而为了求解方程(1.10.27)，必须首先求解分子体系的单电子运动方程[见式(1.3.27)]，即

$$\hat{h}_i' \varphi_i\left(\vec{r}\right) = \varepsilon_i \varphi_i\left(\vec{r}\right) \qquad i = 1, 2, \cdots \tag{1.10.28}$$

式中，$\hat{h}'$ 为单电子算符，

$$\hat{h}' = -\frac{1}{2}\nabla^2 + v_i\left(\vec{r}\right) \tag{1.10.29}$$

我们暂时不具体求解方程(1.10.28)，而假定这个方程的解为

$$\left\{\phi_i, i = 1, 2, \cdots\right\} \tag{1.10.30}$$

$$\left\{\varepsilon_i, i = 1, 2, \cdots\right\} \tag{1.10.31}$$

单电子态 $\phi_i(\vec{q})=\varphi_i(\vec{r})\sigma(m_s)$ 称为自旋分子轨道，简称自旋轨道，$\varphi_i(\vec{r})$ 称为空间轨道，自旋函数 $\sigma\left(\frac{1}{2}\right)=\alpha$，$\sigma\left(-\frac{1}{2}\right)=\beta$．$\{\phi_i, i=1,2,\cdots\}$ 构成单电子空间的完备集合，$\varepsilon_i$ 为分子轨道的能量．由于 $\hat{H}_0$ 是单电子算符 $\hat{h}'$ 的直和[见式(1.10.26)]，因此式(1.10.27)中 $\hat{H}_0$ 的本征函数 $\Phi$ 是式(1.10.30)中的单电子波函数(轨道)直积经反对称化后得到的 Slater 行列式，即有

$$\Phi_{i_1 i_2 \cdots i_N}=\sqrt{N!}\hat{A}\left\{\phi_{i_1}(1)\phi_{i_2}(2)\cdots\phi_{i_N}(N)\right\} \tag{1.10.32}$$

而 $\hat{H}_0$ 的本征值 $E^{(0)}$ 则是行列式中所包含轨道的能量之和，即有

$$E^{(0)}=\sum_{k}^{N}\varepsilon_{i_k} \tag{1.10.33}$$

在 1.3.3 节中，我们一般性地讨论了单电子算符 $\hat{h}'$ 必须满足的条件[见关于式(1.3.24)的讨论]，对于原子体系，进一步要求 $\hat{h}'$ 具有球对称性[见式(1.6.24)]，对于分子体系，则进一步要求 $\hat{h}'$ 具有分子所属点群的对称性，即要求式(1.10.29)给出的 $\hat{h}'$ 具有分子骨架的对称性．这个要求是能够做到的，我们在 1.3.3 节已经指出，第 2 章将要给出的 Hartree-Fock 方程就是式(1.10.28)的一个具体实现，到时我们将严格证明，闭壳层的 Hartree-Fock 算符具有分子点群的对称性．现在，我们可以将 $\hat{h}'$ 具有分子所属点群的对称性作为讨论问题的出发点．于是，同氢分子离子的情形一样，对于方程(1.10.28)，有对易算符的完备集合

$$\left\{\hat{h}', G(\hat{R}), \hat{s}^2, \hat{s}_z\right\} \tag{1.10.34}$$

式中，$\hat{h}'$ 为式(1.10.29)中的单电子算符；$\hat{R}$ 为分子点群 $G$ 的元素，即对称操作，$G(\hat{R})$ 代表分子点群的全部元素；$\hat{s}^2$ 和 $\hat{s}_z$ 分别为单电子的自旋角动量平方及其 $z$ 分量算符．这里，我们要对“对易”的含义再次加以说明．$G(\hat{R})$ 中的任一元素 $\hat{R}$ 都与算符集合 $\left\{\hat{h}', \hat{s}^2, \hat{s}_z\right\}$ 对易，但是，除非 $G(\hat{R})$ 为 Abel 群，$G(\hat{R})$ 中的任意两个元素 $\hat{R}_1$ 和 $\hat{R}_2$ 并不一定对易(例如，绕不同轴的两个旋转一般不对易)，因此这里所说的“对易”是把 $G(\hat{R})$ 作为一个整体，与算符集合 $\left\{\hat{h}', \hat{s}^2, \hat{s}_z\right\}$ 对易，并不包括 $G(\hat{R})$ 内部元素之间的对易关系．在以下的讨论中，凡是说到式(1.10.34)为对易算符的集合时均应按上述意义来理解对易一词．我们可以把式(1.10.28)的解选作对易算符集合 $\left\{\hat{h}', \hat{s}^2, \hat{s}_z\right\}$ 的共同本征函数，同时把它们建造成点群 $G(\hat{R})$ 不可约表示的基．为了简化记号，点群对称操作对坐标的变换和对函数的变换用同一个符号 $\hat{R}$ 表示，有

$$\hat{R}\phi_i=\sum_j D_{ij}^{(\lambda)}\phi_j \tag{1.10.35}$$

$$\hat{s}^2\phi_i=s(s+1)\phi_i, \qquad \hat{s}_z\phi_i=m_s\phi_i \tag{1.10.36}$$

分子点群 $G$ 的对称操作 $\hat{R}$ 只作用于空间函数，引起空间函数之间的变换，并不改变自旋，因此式(1.10.35)可写为

$$\hat{R}\varphi_i=\sum_j D_{ij}^{(\lambda)}\varphi_j \tag{1.10.37}$$

式(1.10.37)表示，空间轨道 $\varphi_i$ 是点群 $G(\hat{R})$ 的 $\lambda$ 不可约表示的第 $i$ 行基，或者说 $\varphi_i$ 按 $G(\hat{R})$ 的 $\lambda$

不可约表示的第 $i$ 行基变换，因此可以用$(\lambda t)$标记一个分子轨道，$\lambda$ 为点群 $G(\hat{R})$ 的不可约表示记号，$t$ 表示 $\varphi_t$ 是点群 $G(\hat{R})$ 的 $\lambda$ 不可约表示的第 $t$ 行基. 一般情况下，属于某一不可约表示的分子轨道可能有很多组，每组轨道同属一个能级，不同组轨道的能级并不相同. 这时，用数字 $n$ 来区别它们，$n$ 越大表示分子轨道的能量越高. 每一空间轨道上可以容纳两个自旋相反的电子，因此每一单电子态还要用一个自旋量子数 $m_s$ 来描述. 这样，同原子的情形一样，在分子体系中，每一单电子态也要用 4 个量子数标记(对于单电子问题，自旋量子数 $s$ 都为 $\frac{1}{2}$ ，因此无区分意义)，所不同的只是这 4 个量子数为 $\{n,\lambda,t,m_s\}$ ，而不再是原子体系中的 $\{n,l,m_l,m_s\}$. 于是分子中的自旋轨道可记作

$$\phi_i \equiv \phi_{n_i\lambda tm_{s_i}} \equiv \left(n_i\lambda tm_{s_i}\right) \tag{1.10.38}$$

例如，具有 $C_{3v}$ 对称性的分子可以有以下单电子态(分子轨道)

$$1a_1\alpha,1a_1\beta,2a_1\alpha,2a_1\beta,\cdots,\quad 1ex\alpha,1ex\beta,1ey\alpha,1ey\beta,\cdots$$

上式中，由于 $a_1$ 为一维表示，只有一个基，因此不必再做行的区分. 在 1.10.3 节中将会看到，含有 $N$ 个电子的分子体系，分子的总电子态，即 $N$ 电子波函数也具有分子点群对称性. 为了区分单电子波函数和 $N$ 电子波函数，通常用小写字母标记单电子态所属的不可约表示，而用大写字母标记 $N$ 电子波函数所属的不可约表示. 例如，用 $a_1$ 标记分子轨道的对称性，表示该分子轨道为 $C_{3v}$ 对称群 $A_1$ 不可约表示的基，而用 $A_1$ 标记分子的总电子波函数的对称性，表示该波函数为 $C_{3v}$ 对称群 $A_1$ 不可约表示的基.

由于属于同一不可约表示的分子轨道是该表示的不同行的基，因此它们是简并的，这就是说，式(1.10.31)中的分子轨道能量与 $n$、$\lambda$ 有关，而与 $t$ 、$m_s$ 无关，即有

$$\varepsilon_i \equiv \varepsilon_{n_i\lambda} \tag{1.10.39}$$

注意：原子轨道的能量为[见式(1.6.30)]

$$\varepsilon_i = \varepsilon_{n_il_i} \tag{1.10.40}$$

可见，二者的表达式有相似的形式. 事实上，描述原子轨道的量子数组 $\{n,l,m_l,m_s\}$ 与描述分子轨道的量子数组 $\{n,\lambda,t,m_s\}$ 本质上是一致的，$l$ 表示某原子轨道属于三维旋转群的 $l$ 表示，而 $m_l$ 则表示该轨道为三维旋转群 $l$ 表示的 $m_l$ 行基，$\lambda$ 代表某分子轨道属于分子点群的 $\lambda$ 不可约表示，而 $t$ 则代表该分子轨道为分子点群 $\lambda$ 不可约表示的 $t$ 行基，两者的区别仅在于对称群不同. 根本原因在于，在中心场近似下原子具有球对称性，而分子则具有点群对称性.

### 1.10.3　分子的电子组态

在式(1.10.30)给出的分子轨道集合中，每个分子轨道都属于分子点群的一个不可约表示. 属于分子点群同一不可约表示的一组简并轨道称为一个亚层，记作$(n\lambda)$. 若 $\lambda$ 不可约表示的维数为 $N_\lambda$ ，则自旋轨道的简并度为 $2N_\lambda$ .

通常用电子在各亚层的填充情况描述分子的电子结构，称为分子的电子组态. 一般记为

$$(n_1\lambda_1)^{x_1}(n_2\lambda_2)^{x_2}\cdots(n_k\lambda_k)^{x_k}\cdots \tag{1.10.41}$$

表示在$(n_1\lambda_1)$亚层有 $x_1$ 个电子，在$(n_2\lambda_2)$亚层有 $x_2$ 个电子，…，在$(n_k\lambda_k)$亚层有 $x_k$ 个电子等. 例如，$H_2O$ ($C_{2v}$ 群)的基态电子组态为

$$\left(1a_1\right)^2\left(2a_1\right)^2\left(1b_1\right)^2\left(3a_1\right)^2\left(1b_2\right)^2 \tag{1.10.42}$$

$O_2$ ( $D_{\infty h}$ 群)的基态电子组态为

$$\left(1\sigma_g^+\right)^2\left(1\sigma_u^+\right)^2\left(2\sigma_g^+\right)^2\left(2\sigma_u^+\right)^2\left(3\sigma_g^+\right)^2\left(1\pi_u\right)^4\left(1\pi_g\right)^2 \tag{1.10.43}$$

NO ( $C_{\infty v}$ 群)的基态电子组态为

$$\left(1\sigma^+\right)^2\left(2\sigma^+\right)^2\left(3\sigma^+\right)^2\left(4\sigma^+\right)^2\left(1\pi\right)^4\left(5\sigma^+\right)^2\left(2\pi\right)^1 \tag{1.10.44}$$

$CH_4$ ( $T_d$ 群)的基态电子组态为

$$\left(1a_1\right)^2\left(2a_1\right)^2\left(1t_2\right)^6 \tag{1.10.45}$$

而它的一个激发态电子组态为

$$\left(1a_1\right)^2\left(2a_1\right)^2\left(1t_2\right)^5\left(2t_2\right)^1 \tag{1.10.46}$$

每个亚层都充满的组态称为闭壳层组态，如式(1.10.42)和式(1.10.45). 有一个以上亚层未充满的组态称为开壳层组态，如式(1.10.43)、式(1.10.44)和式(1.10.46). 显然，闭壳层组态仅有一种电子填充方式，而开壳层组态的填充方式数为

$$\omega=\prod_k\begin{pmatrix}2N_{\lambda_k}\\ x_k\end{pmatrix}=\prod_k\frac{\left(2N_{\lambda_k}\right)!}{\left(2N_{\lambda_k}-x_k\right)!x_k!} \tag{1.10.47}$$

式中，$N_{\lambda_k}$ 是点群不可约表示 $\lambda_k$ 的维数； $x_k$ 为 $\left(n_k\lambda_k\right)$ 亚层填充的电子数. 计算 $\omega$ 时，对 $k$ 的连乘积只需考虑未充满的亚层. 为了处理简单，在写开壳层电子组态时常常略去已充满的亚层，例如，$O_2$ 分子的基态电子组态[式(1.10.43)]可简写为 $\left(\pi_g\right)^2$. 每一种填充方式称为分子中电子的一个微观状态，对应着一个 Slater 行列式. 该行列式由 $\left(n_1\lambda_1\right)$ 亚层中的 $x_1$ 个自旋轨道，$\left(n_2\lambda_2\right)$ 亚层中的 $x_2$ 个自旋轨道，…，$\left(n_k\lambda_k\right)$ 亚层中的 $x_k$ 个自旋轨道，做直积经反对称化得到. 电子组态(1.10.41)包含 $\omega$ 个这样的行列式[见式(1.10.47)]，它们都属于方程(1.10.27)中 $\hat{H}_0$ 的一个简并能级 $E^{(0)}$，由式(1.10.33)，有

$$E^{(0)}=\sum_{n_i\lambda_i}x_i\varepsilon_{n_i\lambda_i} \tag{1.10.48}$$

例如，$O_2$ 分子的基态电子组态为式(1.10.43)，它有 $\begin{pmatrix}4\\2\end{pmatrix}=6$ 种电子填充方式，即包含 6 个微观状态,每个微观状态都用一个 Slater 行列式描述. 这 6 个 Slater 行列式都属于 $\hat{H}_0$ 的同一简并能级 $E^{(0)}$

$$E^{(0)}=2\varepsilon_{1\sigma_g^+}+2\varepsilon_{1\sigma_u^+}+2\varepsilon_{2\sigma_g^+}+2\varepsilon_{2\sigma_u^+}+2\varepsilon_{3\sigma_g^+}+4\varepsilon_{1\pi_u}+2\varepsilon_{1\pi_g} \tag{1.10.49}$$

因此，同原子问题一样，所谓分子的电子组态就是把多电子波函数的完备集合式(1.4.134)中的行列式按 $\hat{H}_0$ 的本征值进行分类，属于 $\hat{H}_0$ 的一个简并能级的所有行列式就构成一个电子组态，其中属于 $\hat{H}_0$ 的最低简并能级的电子组态称为基态电子组态. 以后将会看到，对于体系的 Hamilton 算符 $\hat{H}\left(\hat{H}=\hat{H}_0+\hat{H}'\right)$ 来说，开壳层基态电子组态将会分裂为若干个谱项. 因此，电子组态仅仅给出了分子中电子在分子轨道上的填充情况，并不能直接给出分子的量子状态. 例如，基态电子组态能给出基态情况下电子在分子轨道上的分布，但并不能直接给出基态的电子波函数.

此外，关于分子体系中的组态概念以及组态叠加等都与原子体系中对应的内容完全相同，可参看 1.6 节最后两段的论述. 只要把其中的“原子”换作“分子”就可以，这里不再重复.

## 1.11 点群的直积表示及其分解

讨论原子的电子结构和能级需要利用连续群(主要是三维旋转群)理论，因为在中心场近似下，原子具有旋转对称性. 我们用角动量代替三维旋转群讨论了原子的电子结构和能级结构. 类似地，讨论分子的电子结构和能级则需要利用分子点群理论，因为分子具有点群对称性. 特别地，在推导分子的光谱项和建造谱项波函数时，需要用到点群的直积表示及其分解的有关知识，为了以后讨论问题方便，本节将介绍点群的直积表示及其分解.

### 1.11.1 点群的直积表示

设 $\boldsymbol{D}^{(\mu)}(G)$ 和 $\boldsymbol{D}^{(\nu)}(G)$ 是点群 $G\left(\hat{R}\right)$ 的两个维数分别为 $n_\mu$ 和 $n_\nu$ 的不可约表示，两个表示的表示空间和基函数分别为

$$V_1,\ \left\{\varphi_1^{(\mu)},\ \varphi_2^{(\mu)},\ \cdots,\ \varphi_{n_\mu}^{(\mu)}\right\} \tag{1.11.1}$$

$$V_2,\ \left\{\psi_1^{(\nu)},\ \psi_2^{(\nu)},\ \cdots,\ \psi_{n_\nu}^{(\nu)}\right\} \tag{1.11.2}$$

将两组基函数两两分别相乘，得到一组新的基函数，设这组新的基函数张成的空间为 $V$，即有

$$V,\ \left\{\varphi_1^{(\mu)}\psi_1^{(\nu)},\cdots\varphi_i^{(\mu)}\psi_j^{(\nu)},\cdots\varphi_{n_\mu}^{(\mu)}\psi_{n_\nu}^{(\nu)},\ i=1,2,\cdots,n_\mu, j=1,2,\cdots,n_\nu\right\} \tag{1.11.3}$$

显然，空间 $V$ 的维数 $n$ 是两个不可约表示空间的维数之积，即 $n=n_\mu n_\nu$. 1.10 节中我们已经约定，点群对称操作对坐标的变换和对函数的变换用同一个符号 $\hat{R}$ 表示，我们将坚持这一做法. 于是，在表示空间 $V_1$ 和 $V_2$ 中，有

$$\hat{R}\varphi_i^{(\mu)}=\sum_k \varphi_k^{(\mu)}D_{ki}^{(\mu)} \tag{1.11.4}$$

$$\hat{R}\psi_j^{(\nu)}=\sum_l \psi_l^{(\nu)}D_{lj}^{(\nu)} \tag{1.11.5}$$

在空间 $V$ 上，规定

$$\hat{R}\left(\varphi_i^{(\mu)}\psi_j^{(\nu)}\right)=\hat{R}\varphi_i^{(\mu)}\hat{R}\psi_j^{(\nu)} \tag{1.11.6}$$

于是有

$$\hat{R}\left(\varphi_i^{(\mu)}\psi_j^{(\nu)}\right)=\sum_{kl}\varphi_k^{(u)}\psi_l^{(\nu)}D_{ki}^{(\mu)}\left(\hat{R}\right)D_{lj}^{(\nu)}\left(\hat{R}\right) \tag{1.11.7}$$

记

$$D_{kl,ij}^{(\mu\times\nu)}\left(\hat{R}\right)=D_{ki}^{(\mu)}\left(\hat{R}\right)D_{lj}^{(\nu)}\left(\hat{R}\right) \tag{1.11.8}$$

利用矩阵直积的定义，上式可写为

$$\boldsymbol{D}^{(\mu\times\nu)}\left(\hat{R}\right)=\boldsymbol{D}^{(\mu)}\left(\hat{R}\right)\otimes\boldsymbol{D}^{(\nu)}\left(\hat{R}\right) \tag{1.11.9}$$

式中，矩阵 $\boldsymbol{D}^{(\mu\times\nu)}\left(\hat{R}\right)$ 是矩阵 $\boldsymbol{D}^{(\mu)}\left(\hat{R}\right)$ 和 $\boldsymbol{D}^{(\nu)}\left(\hat{R}\right)$ 的直积矩阵. 这里简要介绍矩阵的直积. 两个矩阵 $\boldsymbol{A}$、$\boldsymbol{B}$ 的直积也是一个矩阵，记作 $\boldsymbol{C}$，矩阵元之间的关系为 $c_{kl,ij}=a_{ki}b_{lj}$，其中 $c_{kl,ij}$、$a_{ki}$、$b_{lj}$

分别为 $\boldsymbol{C}$、$\boldsymbol{A}$、$\boldsymbol{B}$ 的矩阵元. 可以把 $\boldsymbol{C}$ 写成分块矩阵，每一块由 $\boldsymbol{A}$ 的一个矩阵元乘矩阵 $\boldsymbol{B}$ 组成，例如

$$\boldsymbol{A}=\begin{pmatrix} a_{11} & a_{12} \\ a_{21} & a_{22} \end{pmatrix},\quad \boldsymbol{C}=\boldsymbol{A}\otimes\boldsymbol{B}=\begin{pmatrix} a_{11}\boldsymbol{B} & a_{12}\boldsymbol{B} \\ a_{21}\boldsymbol{B} & a_{22}\boldsymbol{B} \end{pmatrix}$$

直积矩阵 $\boldsymbol{C}$ 的矩阵元可以有不同的排列方式，我们不再详细讨论. 重要的是，我们要证明，直积矩阵的全体 $\boldsymbol{D}^{(\mu\times\nu)}(G)\equiv\left\{\boldsymbol{D}^{(\mu\times\nu)}\left(\hat{R}\right),\ \hat{R}\subset G\left(\hat{R}\right)\right\}$ 也是群 $G\left(\hat{R}\right)$ 的一个表示.

由于 $\boldsymbol{D}^{(\mu)}(G)$ 和 $\boldsymbol{D}^{(\nu)}(G)$ 是点群 $G\left(\hat{R}\right)$ 的不可约表示，因此群元素之间的乘积与表示矩阵之间的乘积有一一对应的关系，这就是说，如果点群 $G\left(\hat{R}\right)$ 的元素 $\hat{R}$、$\hat{S}$、$\hat{T}$ 有如下关系 $\hat{R}\hat{S}=\hat{T}$，则它们的表示矩阵必满足

$$D_{lj}^{(\mu)}\left(\hat{T}\right)=\sum_{\alpha}D_{l\alpha}^{(\mu)}\left(\hat{R}\right)D_{\alpha j}^{(\mu)}\left(\hat{S}\right) \tag{1.11.10}$$

利用式(1.11.8)和式(1.11.10)，有

$$\begin{aligned} D_{kl,ij}^{(\mu\times\nu)}\left(\hat{R}\hat{S}\right)&=D_{ki}^{(\mu)}\left(\hat{R}\hat{S}\right)D_{lj}^{(\nu)}\left(\hat{R}\hat{S}\right)=\sum_{\alpha}D_{k\alpha}^{(\mu)}\left(\hat{R}\right)D_{\alpha i}^{(\mu)}\left(\hat{S}\right)\cdot\sum_{\beta}D_{l\beta}^{(\nu)}\left(\hat{R}\right)D_{\beta j}^{(\nu)}\left(\hat{S}\right) \\ &=\sum_{\alpha\beta}D_{k\alpha}^{(\mu)}\left(\hat{R}\right)D_{l\beta}^{(\nu)}\left(\hat{R}\right)\cdot D_{\alpha i}^{(\mu)}\left(\hat{S}\right)D_{\beta j}^{(\nu)}\left(\hat{S}\right)=\sum_{\alpha\beta}D_{kl,\alpha\beta}^{(\mu\times\nu)}\left(\hat{R}\right)D_{\alpha\beta,ij}^{(\mu\times\nu)}\left(\hat{S}\right) \end{aligned} \tag{1.11.11}$$

即有

$$\boldsymbol{D}^{(\mu\times\nu)}\left(\hat{R}\hat{S}\right)=\boldsymbol{D}^{(\mu\times\nu)}\left(\hat{R}\right)\boldsymbol{D}^{(\mu\times\nu)}\left(\hat{S}\right) \tag{1.11.12}$$

这表明矩阵集合 $\boldsymbol{D}^{(\mu\times\nu)}(G)\equiv\left\{\boldsymbol{D}^{(\mu\times\nu)}\left(\hat{R}\right),\ \hat{R}\subset G\left(\hat{R}\right)\right\}$ 也满足群元素的乘法关系，因此也是点群 $G\left(\hat{R}\right)$ 的一个表示，称为表示 $\boldsymbol{D}^{(\mu)}(G)$ 和 $\boldsymbol{D}^{(\nu)}(G)$ 的直积，或者称为点群 $G\left(\hat{R}\right)$ 的直积表示. 记作

$$\boldsymbol{D}^{(\mu\times\nu)}(G)=\boldsymbol{D}^{(\mu)}(G)\otimes\boldsymbol{D}^{(\nu)}(G) \tag{1.11.13}$$

式(1.11.8)中令 $k=i$，$l=j$，并对 $i$ 和 $j$ 求和，得到直积表示的特征标

$$\chi^{(\mu\times\nu)}\left(\hat{R}\right)=\chi^{(\mu)}\left(\hat{R}\right)\chi^{(\nu)}\left(\hat{R}\right) \tag{1.11.14}$$

即两个表示的直积的特征标等于这两个表示的特征标之积.

关于直积表示，我们还有以下结论：

(1) 直积表示一般来说是可约表示，可以约化为不可约表示的直和.

(2) 表示的直积可以交换，即有 $\boldsymbol{D}^{(\mu)}(G)\otimes\boldsymbol{D}^{(\nu)}(G)=\boldsymbol{D}^{(\nu)}(G)\otimes\boldsymbol{D}^{(\mu)}(G)$.

(3) 群的任一不可约表示 $\boldsymbol{D}^{(\mu)}(G)$ 与单位表示 $\boldsymbol{D}^{(I)}(G)$ 的直积仍然是该不可约表示，即有

$$\boldsymbol{D}^{(\mu)}(G)\otimes\boldsymbol{D}^{(I)}(G)=\boldsymbol{D}^{(\mu)}(G) \tag{1.11.15}$$

任何一个点群都有单位表示，在单位表示中，群的任一元素的特征标都是 1，由式(1.11.14)、式(1.11.15)显然成立. 单位表示又称为恒等表示.

### 1.11.2　对称积和反对称积

下面考虑直积表示的一个特例，即不可约表示 $\boldsymbol{D}^{(\nu)}(G)$ 与其自身的直积. 可记作

$$\boldsymbol{D}^{(\nu)}(G)^2 = \boldsymbol{D}^{(\nu)}(G) \otimes \boldsymbol{D}^{(\nu)}(G) \tag{1.11.16}$$

设有两组独立的基函数$\left\{\phi_1^{(\nu)}, \phi_2^{(\nu)}, \cdots, \phi_{n_\nu}^{(\nu)}\right\}$和$\left\{\varphi_1^{(\nu)}, \varphi_2^{(\nu)}, \cdots, \varphi_{n_\nu}^{(\nu)}\right\}$都按点群$G(\hat{R})$的一个$n_\nu$维不可约表示$\boldsymbol{D}^{(\nu)}(G)$变换，$n_\nu > 1$. 例如，$C_{3v}$对称性的分子可以有两组分子轨道$\{1ex, 1ey\}$和$\{2ex, 2ey\}$，这两组分子轨道都按$C_{3v}$群的$E$表示变换，但它们具有不同的轨道能量，因而是两组不同的基函数. 如上所述，这两组基函数的乘积集合

$$\left\{\phi_1^{(\nu)}\varphi_1^{(\nu)}, \cdots \phi_i^{(\nu)}\varphi_j^{(\nu)} \cdots;\ i, j = 1, \cdots, n_\nu\right\} \tag{1.11.17}$$

是直积表示$\boldsymbol{D}^{(\nu)} \otimes \boldsymbol{D}^{(\nu)}$的一组基函数. 如果把这些基函数组成对称函数

$$\left\{\phi_i^{(\nu)}\varphi_j^{(\nu)} + \phi_j^{(\nu)}\varphi_i^{(\nu)}, \cdots;\ i, j = 1, \cdots, n_\nu\right\} \tag{1.11.18}$$

和反对称函数，

$$\left\{\phi_i^{(\nu)}\varphi_j^{(\nu)} - \phi_j^{(\nu)}\varphi_i^{(\nu)}, \cdots;\ i, j = 1, \cdots, n_\nu\right\} \tag{1.11.19}$$

则它们将分别给出不同的直积表示. 显然，对称函数和反对称函数的个数分别为

$$\frac{1}{2}n_\nu(n_\nu + 1),\quad \frac{1}{2}n_\nu(n_\nu - 1) \tag{1.11.20}$$

设

$$\begin{aligned}
\hat{R}\left(\phi_i^{(\nu)}\varphi_j^{(\nu)}\right) &= \sum_{k,l} D_{ki}^{(\nu)}(\hat{R}) D_{lj}^{(\nu)}(\hat{R}) \phi_k^{(\nu)}\varphi_l^{(\nu)} \\
\hat{R}\left(\phi_j^{(\nu)}\varphi_i^{(\nu)}\right) &= \sum_{k,l} D_{kj}^{(\nu)}(\hat{R}) D_{li}^{(\nu)}(\hat{R}) \phi_k^{(\nu)}\varphi_l^{(\nu)}
\end{aligned} \tag{1.11.21}$$

则

$$\begin{aligned}
\hat{R}\left(\phi_i^{(\nu)}\varphi_j^{(\nu)} + \phi_j^{(\nu)}\varphi_i^{(\nu)}\right) &= \sum_{k,l}\left[D_{ki}^{(\nu)}(\hat{R}) D_{lj}^{(\nu)}(\hat{R}) + D_{kj}^{(\nu)}(\hat{R}) D_{li}^{(\nu)}(\hat{R})\right]\phi_k^{(\nu)}\varphi_l^{(\nu)} \\
&= \sum_{k,l}\frac{1}{2}\left[D_{ki}^{(\nu)}(\hat{R}) D_{lj}^{(\nu)}(\hat{R}) + D_{kj}^{(\nu)}(\hat{R}) D_{li}^{(\nu)}(\hat{R})\right]\left[\phi_k^{(\nu)}\varphi_l^{(\nu)} + \phi_l^{(\nu)}\varphi_k^{(\nu)}\right]
\end{aligned} \tag{1.11.22}$$

$$\begin{aligned}
\hat{R}\left(\phi_i^{(\nu)}\varphi_j^{(\nu)} - \phi_j^{(\nu)}\varphi_i^{(\nu)}\right) &= \sum_{k,l}\left[D_{ki}^{(\nu)}(\hat{R}) D_{lj}^{(\nu)}(\hat{R}) - D_{kj}^{(\nu)}(\hat{R}) D_{li}^{(\nu)}(\hat{R})\right]\phi_k^{(\nu)}\varphi_l^{(\nu)} \\
&= \sum_{k,l}\frac{1}{2}\left[D_{ki}^{(\nu)}(\hat{R}) D_{lj}^{(\nu)}(\hat{R}) - D_{kj}^{(\nu)}(\hat{R}) D_{li}^{(\nu)}(\hat{R})\right]\left[\phi_k^{(\nu)}\varphi_l^{(\nu)} - \phi_l^{(\nu)}\varphi_k^{(\nu)}\right]
\end{aligned} \tag{1.11.23}$$

令

$$\left[\boldsymbol{D}^{(\nu)}(\hat{R}) \otimes \boldsymbol{D}^{(\nu)}(\hat{R})\right]_{kl,ij} = \frac{1}{2}\left[D_{ki}^{(\nu)}(\hat{R}) D_{lj}^{(\nu)}(\hat{R}) + D_{kj}^{(\nu)}(\hat{R}) D_{li}^{(\nu)}(\hat{R})\right] \tag{1.11.24}$$

$$\left\{\boldsymbol{D}^{(\nu)}(\hat{R}) \otimes \boldsymbol{D}^{(\nu)}(\hat{R})\right\}_{kl,ij} = \frac{1}{2}\left[D_{ki}^{(\nu)}(\hat{R}) D_{lj}^{(\nu)}(\hat{R}) - D_{kj}^{(\nu)}(\hat{R}) D_{li}^{(\nu)}(\hat{R})\right] \tag{1.11.25}$$

由对称基函数和反对称基函数给出的表示$\left[\boldsymbol{D}^{(\nu)}(G) \otimes \boldsymbol{D}^{(\nu)}(G)\right]$和$\left\{\boldsymbol{D}^{(\nu)}(G) \otimes \boldsymbol{D}^{(\nu)}(G)\right\}$分别称为直积表示$\boldsymbol{D}^{(\nu)}(G) \otimes \boldsymbol{D}^{(\nu)}(G)$的对称积表示和反对称积表示，简称对称积和反对称积. 可以看到，将基函数分成对称函数和反对称函数，就是把原来的直积表示空间$V$分成两个独立的子

空间，它们分别给出对称积表示和反对称积表示. 因此，直积表示 $\boldsymbol{D}^{(\nu)}(G)\otimes\boldsymbol{D}^{(\nu)}(G)$ 是对称积表示和反对称积表示的直和. 当有两组不同的基函数时，一个不可约表示和它自身的直积总可以分解为一个对称积和一个反对称积，式(1.11.20)给出了这两个表示的维数. 式(1.11.24)和式(1.11.25)中，令 $k=i,\ l=j$，并对 $i$、$j$ 求和，即可求得对称积和反对称积的特征标

$$\left[\chi^{(\nu\times\nu)}\left(\hat{R}\right)\right]=\frac{1}{2}\left[\left(\chi^{(\nu)}\left(\hat{R}\right)\right)^2+\chi^{(\nu)}\left(\hat{R}^2\right)\right] \tag{1.11.26}$$

$$\left\{\chi^{(\nu\times\nu)}\left(\hat{R}\right)\right\}=\frac{1}{2}\left[\left(\chi^{(\nu)}\left(\hat{R}\right)\right)^2-\chi^{(\nu)}\left(\hat{R}^2\right)\right] \tag{1.11.27}$$

一般说来，对称积和反对称积仍然是可约的.

如果 $\{\phi_i\}$ 和 $\{\varphi_j\}$ 是同一组函数，即 $\phi_i=\varphi_i,\ i=1,2,\cdots,n_\nu$，则不存在反对称基函数，因而没有反对称积，只有对称积，这时式(1.11.18)中的对称函数的两项实际上合并为一项，群表示由基函数

$$\left\{\varphi_i^{(\nu)}\varphi_j^{(\nu)},\cdots;\quad i,j=1,2,\cdots,n_\nu\right\} \tag{1.11.28}$$

给出，与式(1.11.3)的基函数相同. 因此，对称积和直积表示为同一个表示. 例如，前面提到的 $C_{3\mathrm{v}}$ 对称性分子的分子轨道 $\{1ex,1ey\}$，这组分子轨道自身不存在反对称积. 以上讨论对可约表示同样成立.

### 1.11.3　直积表示的分解

由点群理论知道，群 $G$ 的一个可约表示 $\boldsymbol{D}\left(\hat{R}\right)\left(\hat{R}\subset G\right)$ 可以分解为不可约表示 $\boldsymbol{D}^{(\mu)}\left(\hat{R}\right)$ 的直和，即有

$$\boldsymbol{D}\left(\hat{R}\right)=\sum_\sigma a_\sigma\boldsymbol{D}^{(\sigma)}\left(\hat{R}\right) \tag{1.11.29}$$

这一展开式也称 Clebsch-Gordan 级数，系数 $a_\sigma$ 是不可约表示 $\boldsymbol{D}^{(\sigma)}(G)$ 在直和中出现的次数，只可能是零或正整数，且有

$$a_\sigma=\frac{1}{g}\sum_R\chi\left(\hat{R}\right)\chi^{*(\sigma)}\left(\hat{R}\right) \tag{1.11.30}$$

式中，$g$ 为群 $G$ 的阶，即群 $G$ 中包含的元素个数；$\chi\left(\hat{R}\right)$ 是可约表示 $\boldsymbol{D}\left(\hat{R}\right)$ 的特征标；$\chi^{*(\sigma)}\left(\hat{R}\right)$ 则是不可约表示 $\boldsymbol{D}^{(\sigma)}\left(\hat{R}\right)$ 的特征标的复数共轭.

前面已经指出，群的直积表示一般都是可约表示，利用式(1.11.29)可以确定它能分解为哪些不可约表示的直和

$$\boldsymbol{D}^{(\mu\times\nu)}(G)=\sum_\sigma a_\sigma\boldsymbol{D}^{(\sigma)}(G) \tag{1.11.31}$$

由式(1.11.30)，有

$$a_\sigma=\frac{1}{g}\sum_R\chi^{(\nu\times\mu)}\left(\hat{R}\right)\chi^{*(\sigma)}\left(\hat{R}\right) \tag{1.11.32}$$

将式(1.11.14)代入，有

$$a_\sigma = \frac{1}{g}\sum_R \chi^{(\nu)}(\hat{R})\chi^{(\mu)}(\hat{R})\chi^{*(\sigma)}(\hat{R}) \tag{1.11.33}$$

利用这一关系式即可确定某一个不可约表示在直积表示中出现的次数. 例如，对于$D_{3d}$群，可以求得

$$E_g \otimes A_{2g} = E_g，\quad E_u \otimes E_g = E_u \oplus A_{1u} \oplus A_{2u}，\quad E_u \otimes E_u = E_g \oplus A_{1g} \oplus A_{2g}$$

等等. 恒等表示的特征标全为 1，根据特征标的正交归一关系可知，恒等表示在直积表示$\boldsymbol{D}^{(\nu)}(G)\otimes \boldsymbol{D}^{*(\mu)}(G)$中出现的次数为

$$a_1 = \frac{1}{g}\sum_R \chi^{(\nu)}(\hat{R})\chi^{*(\mu)}(\hat{R}) = \delta_{\mu\nu} \tag{1.11.34}$$

由此可见，当且仅当$\boldsymbol{D}^{(\nu)}(G)$和$\boldsymbol{D}^{*(\mu)}(G)$互为共轭表示时，恒等表示在其直积表示中才出现且只出现一次. 点群有三类表示，第一类表示为实表示，这类表示的矩阵元都是实数或者可以通过酉变换变为实数；第二类表示不能通过酉变换变成实表示，但与其复共轭表示等价，其特征标也为实数；第三类表示与其复共轭表示不等价. 因此，第一、第二类表示的直积中必定包含恒等表示. 例如，上例中只有$E_u \otimes E_u$中包含一个恒等表示$A_{1g}$. 为便于应用，这里给出三类表示的判据. 设表示$\boldsymbol{D}^{(\mu)}(G)$的特征标为$\chi^{(\mu)}(\hat{R})$，记

$$c^{(\mu)} = \frac{1}{g}\sum_R \chi^{(\mu)}(\hat{R}^2) \tag{1.11.35}$$

式中，对$R$的求和遍及群的所有元素，则有如下判据：

$$c^{(\mu)} = 1，\ \boldsymbol{D}^{(\mu)}(G)\text{为第一类表示}$$

$$c^{(\mu)} = -1，\ \boldsymbol{D}^{(\mu)}(G)\text{为第二类表示}$$

$$c^{(\mu)} = 0，\ \boldsymbol{D}^{(\mu)}(G)\text{为第三类表示}$$

### 1.11.4 Clebsch-Gordan 系数

以上讨论了如何将直积表示分解为不可约表示之和，现在讨论如何由两个乘积表示的基函数建造直积表示中所包含的各个不可约表示的基函数，即如何将直积表示空间分解为不可约表示子空间. 在由单粒子的本征函数(轨道)建造多粒子体系的本征函数时就涉及这一问题. 设

$$\boldsymbol{D}^{(\mu)}(G)\otimes \boldsymbol{D}^{(\nu)}(G)=\boldsymbol{D}^{(\mu\times\nu)}(G) = \sum_\lambda a_\lambda \boldsymbol{D}^{(\lambda)}(G) \tag{1.11.36}$$

并设不可约表示$\boldsymbol{D}^{(\mu)}(G)$的维数为$n_\mu$，基函数为$\varphi_i^{(\mu)}(i=1,2,\cdots,n_\mu)$，不可约表示$\boldsymbol{D}^{(\nu)}(G)$的维数为$n_\nu$，基函数为$\phi_j^{(\nu)}(j=1,2,\cdots,n_\nu)$，不可约表示$\boldsymbol{D}^{(\lambda)}(G)$的维数为$n_\lambda$，基函数为$\varPsi_s^{(\lambda T_\lambda)}(s=1,2,\cdots,n_\lambda;T_\lambda=1,2,\cdots,a_\lambda)$，由于不可约表示$\boldsymbol{D}^{(\lambda)}(G)$在直和(1.11.36)中可能出现$a_\lambda$次，因此加入指标$T_\lambda$，用于区别$a_\lambda$个不可约表示$\boldsymbol{D}^{(\lambda)}(G)$. 线性独立的$\varPsi_s^{(\lambda,T_\lambda)}$的数目必须等于乘积函数$\varphi_i^{(\mu)}\phi_j^{(\nu)}$的数目，故有

$$\sum_\lambda a_\lambda n_\lambda = n_\mu n_\nu \tag{1.11.37}$$

乘积函数集合 $\varphi_i^{(\mu)}\phi_j^{(\nu)}\left(i=1,2,\cdots,n_\mu; j=1,2,\cdots,n_\nu\right)$ 和基函数集合 $\Psi_s^{(\lambda T_\lambda)}\left(s=1,2,\cdots,n_\lambda;\right.$ $\left.T_\lambda=1,2,\cdots,a_\lambda\right)$ 都张成直积表示空间，但前者张成的直积表示空间是可约的，后者张成的直积表示空间是一系列不可约表示子空间的直和. 记

$$\varphi_i^{(\mu)}\phi_j^{(\nu)}=\left|\mu i,\nu j\right\rangle,\quad \Psi_s^{(\lambda T_\lambda)}=\left|\lambda T_\lambda s\right\rangle \tag{1.11.38}$$

在直积表示空间上，有单位算符

$$\sum_{i,j}\left|\mu i,\nu j\right\rangle\left\langle\mu i,\nu j\right|=1,\quad \sum_{\lambda,T_\lambda,s}\left|\lambda T_\lambda s\right\rangle\left\langle\lambda T_\lambda s\right|=1 \tag{1.11.39}$$

于是得到两组基函数之间的变换关系

$$\Psi_s^{(\lambda T_\lambda)}=\sum_{i,j}\left|\mu i,\nu j\right\rangle\left\langle\mu i,\nu j\middle|\Psi_s^{(\lambda T_\lambda)}\right\rangle=\sum_{ij}\varphi_i^{(\mu)}\phi_j^{(\nu)}\left\langle\mu i,\nu j\middle|\lambda T_\lambda s\right\rangle \tag{1.11.40}$$

$$\varphi_i^{(\mu)}\phi_j^{(\nu)}=\sum_{\lambda,T_\lambda,s}\left|\lambda T_\lambda s\right\rangle\left\langle\lambda T_\lambda s\middle|\varphi_i^{(\mu)}\phi_j^{(\nu)}\right\rangle=\sum_{\lambda,T_\lambda,s}\Psi_s^{(\lambda T_\lambda)}\left\langle\lambda T_\lambda s\middle|\mu i,\nu j\right\rangle \tag{1.11.41}$$

其中，$\left\langle\mu i,\nu j\middle|\lambda T_\lambda s\right\rangle$ 称为 Clebsch-Gordan 系数(简称 CG 系数)，又称耦合系数，是乘积函数组合成新的不可约表示基时的组合系数，CG 系数 $\left\langle\mu i,\nu j\middle|\lambda T_\lambda s\right\rangle$ 的全体构成 $n_\mu n_\nu\times n_\mu n_\nu$ 方阵. 利用投影算符可以得到 CG 系数，我们不做进一步讨论，仅讨论 CG 系数的性质.

由于所有不可约表示的基函数 $\varphi_i^{(\mu)}\left(i=1,2,\cdots,n_\mu\right)$、$\phi_j^{(\nu)}\left(j=1,2,\cdots,n_\nu\right)$ 和 $\Psi_s^{(\lambda T_\lambda)}\left(s=1,2,\cdots,n_\lambda;T_\lambda=1,2,\cdots,a_\lambda\right)$ 都是正交归一化的，故有

$$\left\langle\mu i',\nu j'\middle|\mu i,\nu j\right\rangle=\delta_{ii'}\delta_{jj'},\quad \left\langle\lambda' T'_{\lambda'} s'\middle|\lambda T_\lambda s\right\rangle=\delta_{\lambda\lambda'}\delta_{T_\lambda T'_{\lambda'}}\delta_{ss'} \tag{1.11.42}$$

在以上两式中分别插入式(1.11.39)给出的单位算符，可得

$$\sum_{\lambda,T_\lambda,s}\left\langle\mu i',\nu j'\middle|\lambda T_\lambda s\right\rangle\left\langle\lambda T_\lambda s\middle|\mu i,\nu j\right\rangle=\delta_{ii'}\delta_{jj'} \tag{1.11.43}$$

$$\sum_{i,j}\left\langle\lambda' T'_{\lambda'} s'\middle|\mu i,\nu j\right\rangle\left\langle\mu i,\nu j\middle|\lambda T_\lambda s\right\rangle=\delta_{\lambda\lambda'}\delta_{T_\lambda T'_{\lambda'}}\delta_{ss'} \tag{1.11.44}$$

可见，CG 系数 $\left\langle\mu i,\nu j\middle|\lambda T_\lambda s\right\rangle$ 组成的 $n_\mu n_\nu$ 阶方阵是酉矩阵，这是必然的，因为该方阵是两组正交归一化基函数之间的变换矩阵. 式(1.11.43)和式(1.11.44)也可按酉矩阵的正交归一关系写成

$$\sum_{\lambda,T_\lambda,s}\left\langle\mu i',\nu j'\middle|\lambda T_\lambda s\right\rangle\left\langle\mu i,\nu j\middle|\lambda T_\lambda s\right\rangle^*=\delta_{ii'}\delta_{jj'} \tag{1.11.45}$$

$$\sum_{i,j}\left\langle\mu i,\nu j\middle|\lambda' T'_{\lambda'} s'\right\rangle^*\left\langle\mu i,\nu j\middle|\lambda T_\lambda s\right\rangle=\delta_{\lambda\lambda'}\delta_{T_\lambda T'_{\lambda'}}\delta_{ss'} \tag{1.11.46}$$

这就是 CG 系数的正交关系. 在群 $G$ 的元素 $R$ 的作用下，$\Psi_s^{(\lambda T_\lambda)}$ 的变换关系为

$$\hat{R}\Psi_s^{(\lambda T_\lambda)}=\sum_{s'}\Psi_{s'}^{(\lambda T_\lambda)}D_{s's}^{(\lambda T_\lambda)}\left(\hat{R}\right)=\sum_{s'ij}\varphi_i^{(\mu)}\phi_j^{(\nu)}\left\langle\mu i,\nu j\middle|\lambda T_\lambda s'\right\rangle D_{s's}^{(\lambda T_\lambda)}\left(\hat{R}\right)$$

$$\hat{R}\Psi_s^{(\lambda T_\lambda)}=\sum_{kl}\hat{R}\left[\varphi_k^{(\mu)}\phi_l^{(\nu)}\left\langle\mu k,\nu l\middle|\lambda T_\lambda s\right\rangle\right]=\sum_{klij}\varphi_i^{(\mu)}\phi_j^{(\nu)}D_{ik}^{(\mu)}\left(\hat{R}\right)D_{jl}^{(\nu)}\left(\hat{R}\right)\left\langle\mu k,\nu l\middle|\lambda T_\lambda s\right\rangle \tag{1.11.47}$$

但 $\varphi_i^{(\mu)}\phi_j^{(\nu)}$ 是线性独立的，故有

$$\sum_{kl}D_{ik}^{(\mu)}\left(\hat{R}\right)D_{jl}^{(\nu)}\left(\hat{R}\right)\left\langle\mu k,\nu l\middle|\lambda T_\lambda s\right\rangle=\sum_{s'}\left\langle\mu i,\nu j\middle|\lambda T_\lambda s'\right\rangle D_{s's}^{(\lambda T_\lambda)}\left(\hat{R}\right) \tag{1.11.48}$$

利用 CG 系数的正交关系，可得

$$\sum_{ijkl}\left\langle \mu i,\nu j\middle|\lambda' T'_{\lambda'} s\right\rangle^* D_{ik}^{(\mu)}\left(\hat{R}\right)D_{jl}^{(\nu)}\left(\hat{R}\right)\left\langle \mu k,\nu l\middle|\lambda T_\lambda s\right\rangle = D_{s's}^{(\lambda T_\lambda)}\left(\hat{R}\right)\delta_{\lambda\lambda'}\delta_{T_\lambda T'_{\lambda'}}\delta_{ss'} \tag{1.11.49}$$

由此即可求得 $D_{s's}^{(\lambda T_\lambda)}\left(\hat{R}\right)$，上式也可以反过来写作

$$D_{ik}^{(\mu)}\left(\hat{R}\right)D_{jl}^{(\nu)}\left(\hat{R}\right)\delta_{kk'}\delta_{ll'} = \sum_{\lambda T_\lambda ss'}\left\langle \mu i,\nu j\middle|\lambda T_\lambda s'\right\rangle D_{s's}^{(\lambda T_\lambda)}\left(\hat{R}\right)\left\langle \mu k',\nu l'\middle|\lambda T_\lambda s\right\rangle^*$$

CG 系数及其正交关系式在群论的应用中非常重要.

## 1.12　分子的电子光谱项

分子光谱包括转动光谱、振动光谱和电子光谱等，这里只讨论与电子光谱有关的内容. 电子光谱学的基础是电子的能级结构，知道了电子能级的结构，再知道光谱选律，就可以对实验得到的电子光谱进行理论归属或指认，或者预见分子的电子光谱. 光谱选律已在 1.4.5 节做了介绍，本节将介绍电子能级的结构.

在分子问题中，主要关心的是分子中的价电子，因为它们决定分子的主要性质. 内层电子集中在各个原子核附近，而某一原子核附近的势场主要由该原子核对电子的吸引作用和在该处的电子排斥作用决定，其他的原子核和电子对这一区域势能的影响只能算作一个小的微扰. 因此，从各原子核的局部来看，内层电子的状态与自由原子的情形差别很小. 对于化学问题主要关注的是原子成键前后或者化学反应前后体系的能量变化，就相对论效应而言，对于不含重原子的分子体系，原子内层电子的相对论效应在成键前后或者化学反应前后变化不大，在计算能量差时基本上可以相互抵消，因而可以不加考虑. 价电子离原子核较远，运动速度较小，相对论效应不显著，磁相互作用比电子间的相互作用小得多，因此在讨论不含重原子的分子体系时，暂时不考虑磁相互作用.

### 1.12.1　分子体系的对易算符完备集

分子体系与原子体系的主要区别在于对称性不同. 在中心力场近似下原子具有球对称性，在不考虑磁相互作用的情况下，轨道角动量和自旋角动量都是好量子数，其对易算符的完备集合为式(1.7.4). 分子的对称性降低，只具有点群对称性，这时轨道角动量不再是好量子数. 但体系的 Hamilton 算符 $\hat{H}$ 在分子所属的点群对称操作下不变，并且在不考虑磁相互作用的情况下，$\hat{H}$ 与自旋无关，自旋角动量仍然是好量子数，因此分子体系对易算符的完备集合为

$$\left\{\hat{H},G\left(\hat{R}\right),\hat{S}^2,\hat{S}_z\right\} \tag{1.12.1}$$

$\hat{H}$ 的表达式由式(1.3.2)给出. $\hat{R}$ 为分子点群 $G$ 的元素，即对称操作，$G\left(\hat{R}\right)$ 代表分子点群的全部元素，$\hat{S}^2$ 和 $\hat{S}_z$ 为电子的总自旋角动量平方及其 $z$ 分量算符. 这里所说的对易与式(1.10.34)中对易的含义相同，即所谓“对易”是将 $G\left(\hat{R}\right)$ 作为一个整体，与算符集合 $\left\{\hat{H},\hat{S}^2,\hat{S}_z\right\}$ 对易，并不包括 $G\left(\hat{R}\right)$ 内部元素之间的对易关系. 于是，我们可以把 Schrödinger 方程(1.10.24)的解建造成点群 $G\left(\hat{R}\right)$ 不可约表示的基. 即有(注意：我们在 1.10 节中已经约定，点群对称操作对坐标

的变换和对函数的变换用同一个符号 $\hat{R}$ 表示)，

$$\hat{R}\Psi_T = \sum_j D_{Tj}^{(\Lambda)}\Psi_j \tag{1.12.2}$$

式中，$\Psi_j\left(j=1,2,\cdots,n_\Lambda\right)$ 是点群 $G\left(\hat{R}\right)$ 的 $\Lambda$ 不可约表示(表示的维数为 $n_\Lambda$)的基函数，其中包括 $\Psi_T$，即 $\Psi_T$ 是 $\Lambda$ 不可约表示的第 $T$ 行基，或者说 $\Psi_T$ 按 $G\left(\hat{R}\right)$ 的 $\Lambda$ 不可约表示的第 $T$ 行基变换. 具体来说，$\Psi_T$ 在 $\hat{R}$ 作用下变换为一个新函数 $\hat{R}\Psi_T$，$\hat{R}\Psi_T$ 可写为 $\Lambda$ 不可约表示的包含 $\Psi_T$ 的那组基函数的线性组合. 因此，$\Lambda$、$T$ 可以作为标记本征函数的两个“量子数”，正像我们用 $(\lambda t)$ 来标记分子轨道一样. 结合 1.10 节的讨论可知，含有 $N$ 个电子的分子体系，分子的总电子态( $N$ 电子波函数)与单电子态(分子轨道)都具有分子点群对称性. 为了区分单电子波函数和 $N$ 电子波函数，通常用小写字母标记单电子态所属的不可约表示，而用大写字母标记 $N$ 电子波函数所属的不可约表示. 这在 1.10 节已做过说明，这里再次予以强调.

### 1.12.2　分子电子光谱项的定义　电子组态与光谱项

由于集合(1.12.1)是分子体系对易算符的完备集，因此量子数组 $\{n,\Lambda,T,S,M_S\}$ 就是一个完备的量子数组，这里，我们把 Hamilton 算符 $\hat{H}$ 的本征值 $E_n$ 也看成一个量子数并用 $n$ 表示，$S$、$M_S$ 分别是总自旋角动量 $\hat{S}^2$ 及分量 $\hat{S}_z$ 的量子数. 这就是说，Hamilton 算符 $\hat{H}$ 的任一本征函数都可以用这样的一组量子数表示，反过来，每一组这样的量子数都唯一地确定 Hamilton 算符的一个本征函数，于是有

$$\hat{H}\Psi_{n\Lambda TSM_S} = \left(\hat{H}_0 + \hat{H}'\right)\Psi_{n\Lambda TSM_S} = E_n\Psi_{n\Lambda TSM_S} \tag{1.12.3}$$

$$\hat{R}\Psi_{n\Lambda TSM_S} = \sum_j D_{Tj}^{(\Lambda)}\Psi_{n\Lambda jSM_S} \tag{1.12.4}$$

$$\hat{S}^2\Psi_{n\Lambda TSM_S} = S(S+1)\Psi_{n\Lambda TSM_S} \tag{1.12.5}$$

$$\hat{S}_z\Psi_{n\Lambda TSM_S} = M_S\Psi_{n\Lambda TSM_S} \tag{1.12.6}$$

式(1.12.3)中，$\hat{H}'$ 和 $\hat{H}_0$ 的定义分别由式(1.10.25)和式(1.10.26)给出. 注意：尽管 Hamilton 算符 $\hat{H}$ 不包含自旋，但是波函数与自旋有关，由于不同自旋态的波函数的电子交换积分不同，从而影响 Hamilton 算符的本征值，因此电子能级与自旋量子数 $S$ 有关.

另外，从群论的观点看，$T$ 取不同值的波函数 $\Psi_T\left(T=1,2,\cdots,n_\Lambda\right)$ 属于分子点群的同一个 $\Lambda$ 表示，$M_S$ 取不同值的波函数属于三维旋转群的同一个 $S$ 表示，属于同一表示的一组基函数是简并的，因此体系的能量与 $\Lambda$、$S$ 有关，而与 $T$、$M_S$ 无关. 我们把 $\{\Lambda,S\}$ 相同的本征函数集合称为分子的电子光谱项，并用符号 ${}^{2S+1}\Lambda$ 表示，$(2S+1)$ 称为谱项多重度. 由于对确定的不可约表示 $\Lambda$，$T$ 可取 $n_\Lambda$ 个值；对确定的 $S$，$S_z$ 可取 $(2S+1)$ 个值，因此谱项 ${}^{(2S+1)}\Lambda$ 中包含 $n_\Lambda(2S+1)$ 个波函数，即谱项 ${}^{2S+1}\Lambda$ 的简并度为 $n_\Lambda(2S+1)$，其中的每一个波函数 $\Psi_i$ 都用 4 个量子数标记，即 $\Psi_i = \Psi_{\Lambda T_i SM_{S_i}}$. 有一点需要说明，谱项符号 ${}^{2S+1}\Lambda$ 中，$\Lambda$ 为点群的不可约表示，有时也将点群的不可约表示记作 $D^{(\mu)}(G)$，或简单地写作 $D^{(\mu)}$，用于表示点群 $G\left(\hat{R}\right)$ 的 $\mu$ 不可约表示，这时谱项符号也可写作 ${}^{2S+1}D^{(\mu)}(G)$，或简单地写作 ${}^{2S+1}D^{(\mu)}$.

以上结果与原子光谱项的结果完全对应，仅仅由于原子与分子的对称性不同而有不同的表述. 在原子问题中用电子的轨道角动量(即三维旋转群的不可约表示)来标记谱项$\left({}^{2S+1}L\right)$，而在分子问题中则用点群的不可约表示标记谱项$\left({}^{2S+1}\Lambda\right)$，二者都用自旋标记多重度.

现在讨论分子的电子组态与电子光谱项的关系. 1.7.2 节讨论了原子的电子组态与光谱项的关系，二者情形类似，不同的是，由于原子和分子的对称性不同，故波函数的分类方式不同.

1.10 节已经指出，分子的电子组态[见式(1.10.41)]

$$(n_1\lambda_1)^{x_1}(n_2\lambda_2)^{x_2}\cdots(n_k\lambda_k)^{x_k}\cdots$$

中包含$\omega$个 Slater 行列式[见式(1.10.47)]，同时电子组态中给出了所有电子的空间轨道和自旋量子数. Slater 行列式是由轨道直积经反对称化得到的，

$$\Phi_{i_1i_2\cdots i_N}=\sqrt{N!}\hat{A}\left\{\phi_{i_1}\phi_{i_2}\cdots\phi_{i_N}\right\}$$

空间轨道的直积$\varphi_{i_1}\varphi_{i_2}\cdots\varphi_{i_N}$ ($\phi_i=\varphi_i\sigma_i$，$\sigma$为自旋函数)是分子点群直积表示的基，它们张成点群的直积表示，进而可以分解为一系列不可约表示$\Lambda_i$. 另外，按照角动量加和规则，可由所有电子的自旋角动量求得多电子的总自旋角动量的一系列量子数$S_i$，这些量子数与点群不可约表示适当组合就得到光谱项${}^{2S_i+1}\Lambda_i$. 其次，一个电子组态中包含的$\omega$个 Slater 行列式属于$\hat{H}_0$的同一简并能级. 但是，$\hat{H}_0$的本征值和本征函数不是 Hamilton 算符$\hat{H}\left(\hat{H}=\hat{H}_0+\hat{H}'\right)$的本征值和本征函数. 在微扰$\hat{H}'$的作用下，$\hat{H}_0$的简并能级将发生分裂. $\hat{H}$的零级本征函数，即 Schrödinger 方程(1.12.3)的零级近似解，应该是$\hat{H}_0$的本征函数的线性组合[见式(1.4.14)]. 根据前面的讨论，可以将行列式首先组合成算符集合$\left\{\hat{S}^2,\hat{S}_z\right\}$共同本征函数，并建造成点群$G\left(\hat{R}\right)$不可约表示的基. 如此组合所得到的函数可以用量子数组$\{\Lambda,T,S,M_S\}$标记，这正是谱项波函数. 简言之，同原子问题一样，我们不是通过求解 Schrödinger 方程得到谱项波函数，而是在求解 Schrödinger 方程之前，直接由给定的电子组态推导出其中包含的谱项，进而建造谱项波函数，然后求解 Schrödinger 方程. 这样做不仅使得 Schrödinger 方程(1.12.3)的求解大大简化，而且能够明确给出波函数中包含的各种对称因素，从而使得分子能级结构的图像更加清晰，并可将所得结果直接应用于光谱学研究. 本节先讨论如何由电子组态导出谱项，1.13 节再讨论如何建造谱项波函数.

让我们从群论的角度对以上讨论做进一步分析. 一个电子组态所包含的$\omega$个 Slater 行列式张成了算符集合$\left\{G\left(\hat{R}\right),\hat{S}^2,\hat{S}_z\right\}$的一个可约表示空间. 将可约表示约化为不可约表示有两种方法，一种方法是通过解久期方程将可约表示对角方块化，进而得到不可约表示，微扰理论就是这样处理的. 这种方法的缺点，一是当可约表示空间维数很高($\omega$较大)时，久期方程求解困难，二是每一对角方块的对称性不能由解久期方程直接给出，而要通过算符集合$\left\{G\left(\hat{R}\right),\hat{S}^2\right\}$的变换性质或本征值来确定. 另一种方法是由电子组态直接求得谱项，进而求得谱项波函数,在完成可约表示约化的同时，直接得到与光谱实验对应的结果. 这种方法本质上是一种群论方法，上文讨论的正是这种方法.

### 1.12.3　闭壳层组态的谱项

关于闭壳层组态，我们的结论是：闭壳层组态只有一个谱项，该谱项属于分子所属对称群的恒等表示，且必为单重态.

例如，$C_{2v}$点群的恒等表示为 $A_1$，具有 $C_{2v}$ 点群对称性的 $H_2O$ 的基态电子组态(1.10.42)为闭壳层组态，因此其谱项为 $^1A_1$.

下面对上述结论的普遍性给出证明.

所有分子点群都有恒等表示，恒等表示也称单位表示，它是一维表示，所有对称操作的特征标都是 1. 根据 1.10.3 节讨论，闭壳层组态只有一个 Slater 行列式，只要能证明该行列式波函数在所有的对称操作下不变，也就证明了它是恒等表示的基. 设这一波函数为

$$\varPsi = \left|\varphi_1\alpha\varphi_1\beta\varphi_2\alpha\varphi_2\beta\cdots\varphi_m\alpha\varphi_m\beta\right| \tag{1.12.7}$$

式中，$m=\dfrac{N}{2}$ ($N$ 为电子数目)；$\{\varphi_1,\varphi_2,\cdots,\varphi_m\}$ 仅代表空间轨道. 该行列式的特点是，每一空间轨道(如 $\varphi_1$)上都有自旋相反的两个电子(闭壳层). 在式(1.3.39)中，将单电子态的标号作为行指标，而将电子的标号作为列指标. 在本节中，为了便于证明，将行列式的行和列互换，即用单电子态的标号作为列指标，而用电子的标号作为行指标. 这样做，行列式波函数不会发生任何变化(行和列互换，行列式的值不变). 在这样的约定下，式(1.12.7)中的每一单电子态代表行列式的一列. 现将行列式的列作调整，使所有 $\alpha$ 自旋的单电子态排在前面并按它们的标号顺序排列，而所有 $\beta$ 自旋的单电子态排在后面并且也按它们的标号顺序排列，这样的交换共有 $(m-1)$ 次，每交换一次，行列式都改变符号，于是有

$$\begin{aligned}\varPsi &= (-1)^{m-1}\left|\varphi_1\alpha\cdots\varphi_m\alpha\varphi_1\beta\cdots\varphi_m\beta\right| \\ &= (-1)^{m-1}\begin{vmatrix} \varphi_1(1)\alpha(1) & \cdots & \varphi_m(1)\alpha(1) & \varphi_1(1)\beta(1) & \cdots & \varphi_m(1)\beta(1) \\ \varphi_1(2)\alpha(2) & \cdots & \varphi_m(2)\alpha(2) & \varphi_1(2)\beta(2) & \cdots & \varphi_m(2)\beta(2) \\ \vdots & & \vdots & \vdots & & \vdots \\ \varphi_1(N)\alpha(N) & \cdots & \varphi_m(N)\alpha(N) & \varphi_1(N)\beta(N) & \cdots & \varphi_m(N)\beta(N) \end{vmatrix}\end{aligned} \tag{1.12.8}$$

$\varPsi$ 中的每一空间轨道都是分子对称群不可约表示的基，设在对称操作下分子轨道发生变换

$$\hat{R}\varphi_i = \sum_j^f D_{ij}\varphi_j\ ,\quad i=1,2,\cdots,m \tag{1.12.9}$$

由于对称操作只引起同一组不可约表示基之间的变换，因此式(1.12.9)的求和仅限于属于同一不可约表示的一组简并轨道，求和上限 $f$ 代表 $\varphi_i$ 所属不可约表示的维数. 其他轨道并不参与组合，或者说其他轨道的组合系数为零，于是有

$$\hat{R}(\varphi_1\ \varphi_2\cdots\varphi_m) = (\varphi_1\ \varphi_2\cdots\varphi_m)\boldsymbol{T} \tag{1.12.10}$$

$\boldsymbol{T}$ 为 $m\times m$ 矩阵，它的第 $i$ 列由式(1.12.9)的系数(包括零系数)组成. 一般把空间轨道选作实函数，这时 $\boldsymbol{T}$ 为正交矩阵，一般情况下，它是分子所属点群 $G(\hat{R})$ 的一个可约表示. 由于对称操作不改变自旋，因此式(1.12.8)中 $\alpha$ 自旋的单电子态和 $\beta$ 自旋的单电子态有相同的变换性质(它们对应的空间轨道相同). 取行列式(1.12.8)的矩阵，并将该矩阵分成 $\alpha$ 和 $\beta$ 两块，即

$$(\varphi_1\alpha\cdots\varphi_m\alpha\ \varphi_1\beta\cdots\varphi_m\beta) = (\boldsymbol{A}\alpha\ \boldsymbol{A}\beta) \tag{1.12.11}$$

则有

$$R(\boldsymbol{A}\alpha\ \boldsymbol{A}\beta) = (\boldsymbol{A}\alpha\ \boldsymbol{A}\beta)\begin{pmatrix}\boldsymbol{T} & 0 \\ 0 & \boldsymbol{T}\end{pmatrix} \tag{1.12.12}$$

式(1.12.12)取行列式，则有

$$\hat{R}\Psi = \left(\det \boldsymbol{T}\right)^2 \Psi \tag{1.12.13}$$

$\boldsymbol{T}$ 为正交矩阵，故 $\det \boldsymbol{T} = 1$. 因此 $\Psi$ 是分子所属对称群恒等表示的基.

由于自旋算符仅作用于自旋函数而与空间函数无关，因此 1.7.3 节关于自旋的讨论在分子问题中仍然成立. 1.7.3 节已经证明，闭壳层组态的波函数是 $S^2$ 和 $S_z$ 的本征函数，本征值为 $S=0$，$M_S=0$，即 $\Psi$ 为自旋单重态，于是证明了本小节一开始给出的结论.

### 1.12.4 开壳层组态的谱项

开壳层组态有两种情况：一是仅有一个开壳层的组态；二是有两个及两个以上开壳层的组态，下面分别加以讨论.

1. 仅有一个开壳层的组态

我们知道，$N$ 电子行列式波函数是由单电子波函数的直积(经反称化)得到的，即行列式波函数可写为

$$\Phi_{i_1 i_2 \cdots i_N} = \sqrt{N!}\hat{A}\left\{\phi_{i_1}\phi_{i_2}\cdots\phi_{i_N}\right\}$$

其中，自旋轨道 $\phi(\vec{q}) = \varphi(\vec{r})\sigma(m_s)$，空间轨道 $\varphi(\vec{r})$ 是分子点群不可约表示的基，因此，行列式波函数是分子点群直积表示的基. 由此可见，推导一个电子组态中所包含的谱项，实际上是把群的直积表示分解为该群的不可约表示.

1) 开壳层中只有一个电子

如果开壳层中只有一个电子，则只产生一个谱项，谱项所属不可约表示就是该开壳层轨道所属不可约表示，且为二重态.

由 1.12.3 节可知，闭壳层部分只有一个谱项，该谱项属于分子所属对称群的恒等表示，且必为单重态. 由式(1.11.15)可知，恒等表示与开壳层轨道所属不可约表示做直积得到的仍然是该开壳层轨道所属的不可约表示；由于只有一个成单电子，总自旋为 $\dfrac{1}{2}$，故为二重态. 例如，$(\mathrm{e})^1$ 组态产生的谱项为 ${}^2E$，$\left(\mathrm{e_{1g}}\right)^1$ 组态产生的谱项为 ${}^2E_{1\mathrm{g}}$.

2) 开壳层中有两个电子

由于闭壳层部分对谱项推导没有贡献，因此可以将闭壳层部分省略，这时整个体系约化为二电子体系. 总自旋 $S$ 可取两个值，即 $S=1$ 和 $S=0$，其分量的可取值分别为 $M_S=0,\pm1$ 和 $M_S=0$. 假定开壳层空间轨道为 $\varphi_i\left(i=1,2,\cdots,n_\lambda\right)$，不可约表示为 $D^{(\lambda)}(G)$，其维数为 $n_\lambda$，分子轨道 $\varphi_i$ 在点群操作 $\hat{R}$ 作用下按下式变换

$$\hat{R}\varphi_i = \sum_{i'=1}^{n_\lambda}\varphi_{i'}D_{i'i}^{(\lambda)}\left(\hat{R}\right) \tag{1.12.14}$$

由行列式的定义可知，双电子波函数(行列式)是由直积 $\varphi_i\sigma_i\varphi_j\sigma_j\left(i,j=1,2,\cdots,n_\lambda;\sigma_k=\alpha,\beta\right)$ 经反对称化得到的，因此双电子行列式是分子点群直积表示的基. 由式(1.7.48)可知，每一行列式都有确定的 $M_S$ 值，由于对称操作仅作用于空间函数而不改变电子自旋，即在对称操作下行列式的 $M_S$ 值不会改变，因此 $M_S$ 值相同的行列式张成分子对称群的一个表示空间，否则经对称操作作用后得到的波函数将不再是总自旋分量 $\hat{S}_z$ 的本征函数. 于是，双电子行列式按 $M_S=\pm1$、$M_S=0$ 张成三个表示空间.

首先推导三重态谱项荷载的特征标. 对于三重态，$S=1$，其分量的可取值为$M_S=0,\pm1$，各分量的行列式数目相等，它们各自张成分子对称群的一个表示空间，但给出的是分子对称群的同一个表示，因此各分量荷载的特征标相同，都是三重态谱项荷载的特征标. 为了方便，我们计算$M_S=1$的直积空间上的特征标. 该直积空间的基函数为行列式$\left|\varphi_i\alpha\varphi_j\alpha\right|$$\left(i\neq j=1,2,\cdots,n_\lambda\right)$，利用式(1.11.6)和式(1.12.14)，有

$$\hat{R}\left|\varphi_i\alpha\varphi_j\alpha\right|=\sum_{i',j'}^{n_\lambda}\left|\varphi_{i'}\alpha\varphi_{j'}\alpha\right|D_{i'i}^{(\lambda)}\left(\hat{R}\right)D_{j'j}^{(\lambda)}\left(\hat{R}\right)\tag{1.12.15}$$

由于$i'$、$j'$为求和指标，可以随意更改，因此式(1.12.15)也可写作

$$\hat{R}\left|\varphi_i\alpha\varphi_j\alpha\right|=\sum_{i',j'}^{n_\lambda}\left|\varphi_{j'}\alpha\varphi_{i'}\alpha\right|D_{j'i}^{(\lambda)}\left(\hat{R}\right)D_{i'j}^{(\lambda)}\left(\hat{R}\right)\tag{1.12.16}$$

以上两式中，若$i'=j'$，$i=j$，则行列式为零. 由于

$$\left|\varphi_{i'}\alpha\varphi_{j'}\alpha\right|=-\left|\varphi_{j'}\alpha\varphi_{i'}\alpha\right|\tag{1.12.17}$$

将式(1.12.15)和式(1.12.16)两边相加，再利用式(1.12.17)，得

$$\begin{aligned}2\hat{R}\left|\varphi_i\alpha\varphi_j\alpha\right|&=\sum_{i'\neq j'}^{n_\lambda}\left[\left|\varphi_{i'}\alpha\varphi_{j'}\alpha\right|D_{i'i}^{(\lambda)}\left(\hat{R}\right)D_{j'j}^{(\lambda)}\left(\hat{R}\right)+\left|\varphi_{j'}\alpha\varphi_{i'}\alpha\right|D_{j'i}^{(\lambda)}\left(\hat{R}\right)D_{i'j}^{(\lambda)}\left(\hat{R}\right)\right]\\&=\sum_{i'\neq j'}^{n_\lambda}\left[D_{i'i}^{(\lambda)}\left(\hat{R}\right)D_{j'j}^{(\lambda)}\left(\hat{R}\right)-D_{j'i}^{(\lambda)}\left(\hat{R}\right)D_{i'j}^{(\lambda)}\left(\hat{R}\right)\right]\left|\varphi_{i'}\alpha\varphi_{j'}\alpha\right|\end{aligned}\tag{1.12.18}$$

令$i'=i$，$j'=j$，并对$i$、$j$求和，即可得表示的特征标

$$\begin{aligned}\chi\left(\hat{R}\right)_{M_S=1}=\chi\left(\hat{R}\right)_{S=1}&=\frac{1}{2}\sum_{i}^{n_\lambda}\sum_{j(\neq i)}^{n_\lambda}\left[D_{ii}^{(\lambda)}\left(\hat{R}\right)D_{jj}^{(\lambda)}\left(\hat{R}\right)-D_{ji}^{(\lambda)}\left(\hat{R}\right)D_{ij}^{(\lambda)}\left(\hat{R}\right)\right]\\&=\frac{1}{2}\left[\chi^{(\lambda)}\left(\hat{R}\right)^2-\chi^{(\lambda)}\left(\hat{R}^2\right)\right]\end{aligned}\tag{1.12.19}$$

这就是三重态所荷载的特征标，与式(1.11.27)比较可知，三重态谱项荷载的特征标符合反对称积的特征标.

再计算$M_S=0$的直积空间上的特征标，该表示空间的基函数为行列式$\left|\varphi_i\alpha\varphi_j\beta\right|$$\left(i,j=1,2,\cdots,n_\lambda\right)$，利用式(1.11.6)和式(1.12.14)，有

$$\hat{R}\left|\varphi_i\alpha\varphi_j\beta\right|=\sum_{i',j'}^{n_\lambda}\left|\varphi_{i'}\alpha\varphi_{j'}\beta\right|D_{i'i}^{(\lambda)}\left(\hat{R}\right)D_{j'j}^{(\lambda)}\left(\hat{R}\right)\tag{1.12.20}$$

式(1.12.20)允许$i'=j'$，$i=j$. 令$i'=i$，$j'=j$，并对$i$、$j$求和，即可得表示的特征标

$$\chi\left(\hat{R}\right)_{M_S=0}=\sum_{i}^{n_\lambda}\sum_{j}^{n_\lambda}D_{ii}^{(\lambda)}\left(\hat{R}\right)D_{jj}^{(\lambda)}\left(\hat{R}\right)=\chi^{(\lambda)}\left(\hat{R}\right)^2\tag{1.12.21}$$

注意：$M_S=0$的行列式来自$S=1$和$S=0$两个谱项. 事实上，由空间轨道$\varphi_i\left(i=1,2\cdots,n_\lambda\right)$得到的行列式总个数为$\begin{pmatrix}2n_\lambda\\2\end{pmatrix}=n_\lambda\left(2n_\lambda-1\right)$，其中$M_S=\pm1$的行列式个数都是$\begin{pmatrix}n_\lambda\\2\end{pmatrix}=\frac{1}{2}n_\lambda\left(n_\lambda-1\right)$，故$M_S=0$的行列式总个数为$n_\lambda^2$，其中$S=1$、$M_S=0$的行列式个数与$M_S=\pm1$的行列式个数相

等，故 $S=0$ 、$M_S=0$ 的行列式个数仅为 $\frac{1}{2}n_\lambda(n_\lambda+1)$ 而不是 $n_\lambda^2$. 扣除来自 $S=1$ 的谱项的贡献式(1.12.19)后，得到 $S=0$ 的谱项的行列式荷载的特征标

$$\chi(\hat{R})_{S=0}=\frac{1}{2}\left[\chi^{(\lambda)}(\hat{R})^2+\chi^{(\lambda)}(\hat{R}^2)\right] \tag{1.12.22}$$

这就是单重态谱项荷载的特征标，与式(1.11.26)比较可知，单重态谱项荷载的特征标符合对称积的特征标.

如何理解式(1.12.19)和式(1.12.22)的结果？即为什么三重态谱项荷载的特征标符合反对称积，而单重态谱项荷载的特征标符合对称积？让我们对这一结果做出说明.

由于只有一个开壳层，因此开壳层空间轨道属于同一不可约表示，或者说只有一组空间分子轨道 $\varphi_i(i=1,2\cdots,n_\lambda)$. 我们在 1.11 节指出，由群的一组基函数不能建造出对称积和反对称积，现在要论证在一个特殊的表示空间上，分子轨道 $\varphi_i(i=1,2\cdots,n_\lambda)$ 实际上被区分为两组不同的基函数，因而可以有对称积和反对称积.

在 $M_S=0$ 的表示空间中，两个空间轨道必须匹配不同的自旋态，即在 $M_S=0$ 的表示空间中，所用的分子轨道实际上是两组不同的轨道 $\varphi_i\alpha(i=1,2,\cdots,n_\lambda)$ 和 $\varphi_i\beta(i=1,2,\cdots,n_\lambda)$，尽管对称操作与自旋无关，但不同的自旋将空间轨道区分为两组不同的基函数. 另外，双电子行列式是分子点群直积表示的基，而对称操作与自旋无关，因此双电子波函数的空间部分也是分子点群直积表示的基. 由于在 $M_S=0$ 的表示空间中有两组不同的基函数，因此双电子空间函数可以分为对称积和反对称积，由式(1.11.26)和式(1.11.27)，双电子空间函数的对称积和反对称积的特征标分别为

$$\left[\chi^{(\lambda\times\lambda)}(\hat{R})\right]=\frac{1}{2}\left[\left(\chi^{(\lambda)}(\hat{R})\right)^2+\chi^{(\lambda)}(\hat{R}^2)\right] \tag{1.12.23}$$

$$\left\{\chi^{(\lambda\times\lambda)}(\hat{R})\right\}=\frac{1}{2}\left[\left(\chi^{(\lambda)}(\hat{R})\right)^2-\chi^{(\lambda)}(\hat{R}^2)\right] \tag{1.12.24}$$

另外，对于双电子体系，有以下自旋算符[见式(1.5.97)]，

$$\hat{S}^2=\hat{S}_+\hat{S}_--\hat{S}_z+\hat{S}_z^2=\hat{S}_-\hat{S}_++\hat{S}_z+\hat{S}_z^2 \tag{1.12.25}$$

其中

$$\hat{S}_\pm=\hat{s}_\pm(1)+\hat{s}_\pm(2)，\quad \hat{S}_z=\hat{s}_z(1)+\hat{s}_z(2) \tag{1.12.26}$$

考虑自旋函数

$$\alpha(1)\beta(2)-\beta(1)\alpha(2) \tag{1.12.27}$$

$$\alpha(1)\beta(2)+\beta(1)\alpha(2) \tag{1.12.28}$$

利用 1.5 节的运算规则，易于求得

$$\hat{S}_z\left[\alpha(1)\beta(2)-\beta(1)\alpha(2)\right]=0 \tag{1.12.29}$$

$$\hat{S}_z\left[\alpha(1)\beta(2)+\beta(1)\alpha(2)\right]=0 \tag{1.12.30}$$

$$\hat{S}^2\left[\alpha(1)\beta(2)-\beta(1)\alpha(2)\right]=0 \tag{1.12.31}$$

$$\hat{S}^2\left[\alpha(1)\beta(2)+\beta(1)\alpha(2)\right]=1(1+1)\left[\alpha(1)\beta(2)+\beta(1)\alpha(2)\right] \tag{1.12.32}$$

以上结果表明，自旋函数(1.12.27)和(1.12.28)分别为单重态和三重态 $(M_S=0)$ 的自旋本征函数.

由于包含空间和自旋的总波函数必须是反对称的，而对称操作不影响自旋，因此与单重态自旋函数(1.12.27)相匹配的空间函数必须是对称的，荷载对称积的特征标[式(1.12.23)]，而与三重态自旋函数(1.12.28)相匹配的空间函数则必须是反对称的，荷载反对称积的特征标[式(1.12.24)]. 这就是说，三重态谱项荷载的特征标用反对称积式(1.12.19)计算，而单重态谱项荷载的特征标用对称积式(1.12.22)计算.

于是有如下结论：当一个属于不可约表示 $D^{(\lambda)}(G)$ 的开壳层中有两个电子时，可以导出三重态和单重态两类谱项，即 ${}^3D^{(\mu)}(G)$ 和 ${}^1D^{(\nu)}(G)$，其中三重态谱项 ${}^3D^{(\mu)}(G)$ 包含在反对称积 $\left\{D^{(\lambda)}\otimes D^{(\lambda)}\right\}$ 中，按式(1.12.19)求得它们所荷载的特征标，然后按

$$a_\mu=\frac{1}{g}\sum_R\chi\left(\hat{R}\right)_{S=1}\chi^{*(\lambda)}\left(\hat{R}\right) \tag{1.12.33}$$

求得反对称积中包含的不可约表示，进而得到所有的三重态谱项. 单重态谱项 ${}^1D^{(\nu)}(G)$ 包含在对称积 $\left[D^{(\lambda)}\otimes D^{(\lambda)}\right]$ 中，按式(1.12.22)求得它们所荷载的特征标，然后按

$$a_\nu=\frac{1}{g}\sum_R\chi\left(\hat{R}\right)_{S=0}\chi^{*(\lambda)}\left(\hat{R}\right) \tag{1.12.34}$$

求得对称积中包含的不可约表示，进而得到所有的单重态谱项.

例如，氧分子 $(O_2)$ 具有 $D_{\infty h}$ 对称性，其基态电子组态为 $\left(1\pi_g\right)^2$，而

$$\left\{\pi_g\otimes\pi_g\right\}=\Sigma_g^-,\qquad \left[\pi_g\otimes\pi_g\right]=\Sigma_g^+\oplus\Delta_g \tag{1.12.35}$$

故由 $(\pi_g)^2$ 组态导出的谱项为 ${}^3\Sigma_g^-$、${}^1\Sigma_g^+$、${}^1\Delta_g$ [在式(1.12.35)的计算中应注意，$S_\infty^\phi\cdot S_\infty^\phi=C_\infty^{2\phi}$]. 氧分子是我们最熟悉的分子，为了加深对谱项的理解，让我们对式(1.12.35)的结果做简单讨论. 实验发现基态氧分子具有顺磁性，分子轨道理论计算表明三重态 ${}^3\Sigma_g^-$ (↑ ↑)为基态，从而很好地解释了实验结果，这是分子轨道理论的一个成功范例. 单线态 ${}^1\Delta_g$ (↑↓ __)是价电子全部配对的组态，是氧分子的第一激发态，由于从单线态 ${}^1\Delta_g$ 回到基态是自旋禁阻的，故单线态 ${}^1\Delta_g$ 具有较长的激发态寿命，文献报道其寿命可长达 75min，而且单线态氧(${}^1\Delta_g$)是富能分子，比基态氧分子的能量高约 0.98eV，具有很高的反应活性. 这些特点使得单线态氧(${}^1\Delta_g$)在生物医学、环境化学和激光化学(如氧碘激光)领域中有着广泛应用. 历史上曾出现过两次研究单线态氧的热潮，分别称为单线态氧的化学时代和激光时代. 第二激发单线态 ${}^1\Sigma_g^+$ (↑ ↓)能量更高，比基态能量高约 1.63 eV . 详情可参看相关文献[17].

又如，对于 $T_d$ 群分子，由于 $\{e\otimes e\}$ 中包含表示 $A_2$，$[e\otimes e]$ 中包含表示 $A_1$ 和 $E$，所以由 $\left(e^2\right)$ 组态导出的谱项为

$$e\otimes e={}^3A_2+{}^1A_1\oplus{}^1E \tag{1.12.36}$$

3) 开壳层中有三个电子

仍假定开壳层空间轨道为 $\varphi_i\left(i=1,2,\cdots,n_\lambda\right)$，不可约表示为 $D^{(\lambda)}(G)$. 注意：虽然这里的不可约表示记号与前面两个电子的情况相同，但两者之间没有任何关联. 由于开壳层中有三个电

子，总自旋量子数只有 $S=\dfrac{3}{2}$ 和 $S=\dfrac{1}{2}$ 两个值，因此只有四重态和二重态两种谱项. 由于对称操作不影响自旋，总自旋分量 $M_S$ 相等的行列式张成分子对称群的一个表示空间，因此四重态 $\left(S=\dfrac{3}{2}\right)$ 波函数所荷载的表示的特征标可以由 $M_S=\dfrac{3}{2}$ 的波函数得到，这类波函数的形式为 $\left|\varphi_i\alpha\varphi_j\alpha\varphi_k\alpha\right|\ (i<j<k=3,\cdots,n_\lambda)$，个数为 $\begin{pmatrix} n_\lambda \\ 3 \end{pmatrix}=\dfrac{n_\lambda(n_\lambda-1)(n_\lambda-2)}{6}$.

分子轨道 $\varphi_i$ 在点群操作 $\hat{R}$ 作用下按下式变换，

$$\hat{R}\varphi_i=\sum_{i'=1}^{n_\lambda}\varphi_{i'}D_{i'i}^{(\lambda)}\left(\hat{R}\right) \tag{1.12.37}$$

故有

$$\hat{R}\left|\varphi_i\alpha\varphi_j\alpha\varphi_k\alpha\right|=\sum_{i',j',k'=1}^{n_\lambda}\left|\varphi_{i'}\alpha\varphi_{j'}\alpha\varphi_{k'}\alpha\right|D_{i'i}^{(\lambda)}\left(\hat{R}\right)D_{j'j}^{(\lambda)}\left(\hat{R}\right)D_{k'k}^{(\lambda)}\left(\hat{R}\right) \tag{1.12.38}$$

上式推导中利用了式(1.11.6)和式(1.12.37)，并利用了行列式分行相加以及常数因子可以提出的性质，例如

$$\begin{vmatrix}(a_1+b_1) & c_1\\(a_2+b_2) & c_2\end{vmatrix}=\begin{vmatrix}a_1 & c_1\\a_2 & c_2\end{vmatrix}+\begin{vmatrix}b_1 & c_1\\b_2 & c_2\end{vmatrix},\quad \begin{vmatrix}ka_1 & c_1\\ka_2 & c_2\end{vmatrix}=k\begin{vmatrix}a_1 & c_1\\a_2 & c_2\end{vmatrix}$$

也可以将行列式写作

$$\left|\varphi_i\alpha\varphi_j\alpha\varphi_k\alpha\right|=\sqrt{3!}\hat{A}\left\{\varphi_i\alpha\varphi_j\alpha\varphi_k\alpha\right\}$$

式中，$\hat{A}$ 为反对称化算符. 由于点群操作 $\hat{R}$ 与反对称化算符 $\hat{A}$ 对易，可将 $\hat{R}$ 直接作用于轨道乘积，然后利用式(1.11.6)和式(1.12.37)，也可得式(1.12.38). 由于 $i'$、$j'$、$k'$ 为求和指标，可以随意更改，故式(1.12.38)也可写作

$$\hat{R}\left|\varphi_i\alpha\varphi_j\alpha\varphi_k\alpha\right|=\sum_{j',i',k'=1}^{n_\lambda}\left|\varphi_{j'}\alpha\varphi_{i'}\alpha\varphi_{k'}\alpha\right|D_{j'i}^{(\lambda)}\left(\hat{R}\right)D_{i'j}^{(\lambda)}\left(\hat{R}\right)D_{k'k}^{(\lambda)}\left(\hat{R}\right) \tag{1.12.39}$$

$$\hat{R}\left|\varphi_i\alpha\varphi_j\alpha\varphi_k\alpha\right|=\sum_{j',k',i'=1}^{n_\lambda}\left|\varphi_{j'}\alpha\varphi_{k'}\alpha\varphi_{i'}\alpha\right|D_{j'i}^{(\lambda)}\left(\hat{R}\right)D_{k'j}^{(\lambda)}\left(\hat{R}\right)D_{i'k}^{(\lambda)}\left(\hat{R}\right) \tag{1.12.40}$$

类似地，可以写出 $3!=6$ 个方程，每个方程右边行列式中的单粒子态编号对应着 $i'$、$j'$、$k'$ 的一种排列方式，6 个方程对应着 $i'$、$j'$、$k'$ 的全排列. 注意：式(1.12.38)～式(1.12.40)中，当 $i=j=k$ 或者 $i'=j'=k'$ 时，则行列式为零；当 $i'\neq j'\neq k'$ 时，根据行列式的性质，任何两个指标交换，相当于行列式两行(列)互换，因而改变符号；当三个指标同时交换时，相当于行列式进行了两次两行(列)互换，因而行列式不变. 例如

$$\left|\varphi_{i'}\alpha\varphi_{j'}\alpha\varphi_{k'}\alpha\right|=-\left|\varphi_{j'}\alpha\varphi_{i'}\alpha\varphi_{k'}\alpha\right| \tag{1.12.41}$$

$$\left|\varphi_{i'}\alpha\varphi_{j'}\alpha\varphi_{k'}\alpha\right|=\left|\varphi_{j'}\alpha\varphi_{k'}\alpha\varphi_{i'}\alpha\right| \tag{1.12.42}$$

将式(1.12.38)～式(1.12.40)等 6 个方程相加，利用式(1.12.41)和式(1.12.42)等 6 个关系，有

$$
\begin{aligned}
6\hat{R}\left|\varphi_i\alpha\varphi_j\alpha\varphi_k\alpha\right| = \sum_{i'\neq j'\neq k'}^{n_\lambda}\Big\{&\left|\varphi_{i'}\alpha\varphi_{j'}\alpha\varphi_{k'}\alpha\right| D_{i'i}^{(\lambda)}\left(\hat{R}\right)D_{j'j}^{(\lambda)}\left(\hat{R}\right)D_{k'k}^{(\lambda)}\left(\hat{R}\right)\\
&+\left|\varphi_{j'}\alpha\varphi_{i'}\alpha\varphi_{k'}\alpha\right| D_{j'i}^{(\lambda)}\left(\hat{R}\right)D_{i'j}^{(\lambda)}\left(\hat{R}\right)D_{k'k}^{(\lambda)}\left(\hat{R}\right)\\
&+\left|\varphi_{j'}\alpha\varphi_{k'}\alpha\varphi_{i'}\alpha\right| D_{j'i}^{(\lambda)}\left(\hat{R}\right)D_{k'j}^{(\lambda)}\left(\hat{R}\right)D_{i'k}^{(\lambda)}\left(\hat{R}\right)+\cdots\Big\}\\
=\sum_{i'\neq j'\neq k'}^{n_\lambda}&\left|\varphi_{i'}\alpha\varphi_{j'}\alpha\varphi_{k'}\alpha\right|\Big\{D_{i'i}^{(\lambda)}\left(\hat{R}\right)D_{j'j}^{(\lambda)}\left(\hat{R}\right)D_{k'k}^{(\lambda)}\left(\hat{R}\right)\\
&-D_{j'i}^{(\lambda)}\left(\hat{R}\right)D_{i'j}^{(\lambda)}\left(\hat{R}\right)D_{k'k}^{(\lambda)}\left(\hat{R}\right)+D_{j'i}^{(\lambda)}\left(\hat{R}\right)D_{k'j}^{(\lambda)}\left(\hat{R}\right)D_{i'k}^{(\lambda)}\left(\hat{R}\right)+\cdots\Big\}
\end{aligned}
\tag{1.12.43}
$$

式(1.12.43)中的 6 组系数由式(1.12.38)～式(1.12.40)等方程所示的 6 种求和方式得到，由于每种求和方式对应着 $i'$、$j'$、$k'$ 的一种排列方式，因此每组系数对应着 $i'$、$j'$、$k'$ 的一种排列方式，6 组系数对应着 $i'$、$j'$、$k'$ 的全排列. 以 $(i'j'k')$ 为自然排列(偶排列)，则其他排列有奇偶之分，对应偶排列的系数取正号，对应奇排列的系数取负号，因此如果将 $i'$、$j'$、$k'$ 作为行列式的行指标，则式(1.12.43)中的全体系数组成一个行列式(行列式的数学定义是：$N$ 级行列式等于所有来自不同行、不同列的 $N$ 个元素的乘积 $a_{i_1 1}a_{i_2 2}\cdots a_{i_N N}$ 的代数和，其中 $i_1,i_2,\cdots,i_N$ 是 $1,2,\cdots,N$ 的一个排列，$i_1,i_2,\cdots,i_N$ 为偶排列的项带正号，$i_1,i_2,\cdots,i_N$ 为奇排列的项带负号，共有 $N!$ 项. 可参看相关文献[2])，即有

$$
6\hat{R}\left|\varphi_i\alpha\varphi_j\alpha\varphi_k\alpha\right| = \sum_{i'\neq j'\neq k'}^{n_\lambda}\begin{vmatrix} D_{i'i}^{(\lambda)}\left(\hat{R}\right) & D_{i'j}^{(\lambda)}\left(\hat{R}\right) & D_{i'k}^{(\lambda)}\left(\hat{R}\right)\\ D_{j'i}^{(\lambda)}\left(\hat{R}\right) & D_{j'j}^{(\lambda)}\left(\hat{R}\right) & D_{j'k}^{(\lambda)}\left(\hat{R}\right)\\ D_{k'i}^{(\lambda)}\left(\hat{R}\right) & D_{k'j}^{(\lambda)}\left(\hat{R}\right) & D_{k'k}^{(\lambda)}\left(\hat{R}\right)\end{vmatrix}\left|\varphi_{i'}\alpha\varphi_{j'}\alpha\varphi_{k'}\alpha\right| \tag{1.12.44}
$$

令 $i'=i, j'=j, k'=k$，就可得到行列式 $\left|\varphi_i\alpha\varphi_j\alpha\varphi_k\alpha\right|\left(i<j<k=3,\cdots,n_\lambda\right)$ 所荷载的表示的特征标，故有

$$
\begin{aligned}
\chi\left(\hat{R}\right)_{M_S=\frac{3}{2}} = \chi\left(\hat{R}\right)_{S=\frac{3}{2}} &= \frac{1}{6}\sum_{i\neq j\neq k}^{n_\lambda}\begin{vmatrix} D_{ii}^{(\lambda)}\left(\hat{R}\right) & D_{ij}^{(\lambda)}\left(\hat{R}\right) & D_{ik}^{(\lambda)}\left(\hat{R}\right)\\ D_{ji}^{(\lambda)}\left(\hat{R}\right) & D_{jj}^{(\lambda)}\left(\hat{R}\right) & D_{jk}^{(\lambda)}\left(\hat{R}\right)\\ D_{ki}^{(\lambda)}\left(\hat{R}\right) & D_{kj}^{(\lambda)}\left(\hat{R}\right) & D_{kk}^{(\lambda)}\left(\hat{R}\right)\end{vmatrix}\\
&= \frac{1}{6}\sum_{i\neq j\neq k}^{n_\lambda}\Big\{D_{ii}^{(\lambda)}\left(\hat{R}\right)D_{jj}^{(\lambda)}\left(\hat{R}\right)D_{kk}^{(\lambda)}\left(\hat{R}\right)-\Big[D_{ii}^{(\lambda)}\left(\hat{R}\right)D_{jk}^{(\lambda)}\left(\hat{R}\right)D_{kj}^{(\lambda)}\left(\hat{R}\right)\\
&\quad +D_{ji}^{(\lambda)}\left(\hat{R}\right)D_{ij}^{(\lambda)}\left(\hat{R}\right)D_{kk}^{(\lambda)}\left(\hat{R}\right)+D_{ki}^{(\lambda)}\left(\hat{R}\right)D_{ik}^{(\lambda)}\left(\hat{R}\right)D_{jj}^{(\lambda)}\left(\hat{R}\right)\Big]\\
&\quad +\Big[D_{ij}^{(\lambda)}\left(\hat{R}\right)D_{jk}^{(\lambda)}\left(\hat{R}\right)D_{ki}^{(\lambda)}\left(\hat{R}\right)+D_{ik}^{(\lambda)}\left(\hat{R}\right)D_{ji}^{(\lambda)}\left(\hat{R}\right)D_{kj}^{(\lambda)}\left(\hat{R}\right)\Big]\Big\}\\
&= \frac{1}{6}\Big\{\chi^{(\lambda)}\left(\hat{R}\right)^3-3\chi^{(\lambda)}\left(\hat{R}\right)\chi^{(\lambda)}\left(\hat{R}^2\right)+2\chi^{(\lambda)}\left(\hat{R}^3\right)\Big\}
\end{aligned}
\tag{1.12.45}
$$

$M_S=\dfrac{1}{2}$ 的行列式为 $\left|\varphi_i\alpha\varphi_j\alpha\varphi_k\beta\right|$ $\left(i<j=2,\cdots,n_\lambda;k=1,\cdots,n_\lambda\right)$，其个数为 $\begin{pmatrix}n_\lambda\\2\end{pmatrix}n_\lambda=\dfrac{1}{2}n_\lambda^2\left(n_\lambda-1\right)$.

注意：在行列式 $\left|\varphi_i\alpha\varphi_j\alpha\varphi_k\beta\right|$ 中，如果将指标 $i$、$j$ 互换(空间轨道交换)，则所得行列式与原行列

式差一负号，但如果将 $i$ 或 $j$ 与 $k$ 交换，则将得到另外一个与原行列式不同的新行列式，因此 $i$、$j$ 都不能与 $k$ 交换. 例如，将 $i$ 与 $k$ 交换后，行列式变为 $\left|\varphi_k\alpha\varphi_j\alpha\varphi_i\beta\right|$，随后第一列和第三列交换，行列式变为 $\left|\varphi_i\beta\varphi_j\alpha\varphi_k\alpha\right|$，这是一个与原行列式不同的新行列式. 原因在于，第一步 $i$ 与 $k$ 交换时仅交换空间轨道[对称操作仅引起空间轨道的变换，式(1.12.38)的求和仅限空间轨道]，而第二步行(列)交换时则包括空间和自旋轨道. 基于此，仿照前面讨论，可得 $M_S=\dfrac{1}{2}$ 的行列式荷载的表示的特征标

$$\begin{aligned}\chi\left(\hat{R}\right)_{M_S=\frac{1}{2}}&=\frac{1}{2}\sum_{i\neq j}^{n_\lambda}\sum_{k=1}^{n_\lambda}\begin{vmatrix}D_{ii}^{(\lambda)}\left(\hat{R}\right) & D_{ij}^{(\lambda)}\left(\hat{R}\right)\\ D_{ji}^{(\lambda)}\left(\hat{R}\right) & D_{jj}^{(\lambda)}\left(\hat{R}\right)\end{vmatrix}D_{kk}^{(\lambda)}\left(\hat{R}\right)\\&=\frac{1}{2}\sum_{i\neq j}^{n_\lambda}\sum_{k=1}^{n_\lambda}\left[D_{ii}^{(\lambda)}\left(\hat{R}\right)D_{jj}^{(\lambda)}\left(\hat{R}\right)-D_{ij}^{(\lambda)}\left(\hat{R}\right)D_{ji}^{(\lambda)}\left(\hat{R}\right)\right]D_{kk}^{(\lambda)}\left(\hat{R}\right)\\&=\frac{1}{2}\left\{\chi^{(\lambda)}\left(\hat{R}\right)^3-\chi^{(\lambda)}\left(\hat{R}\right)\chi^{(\lambda)}\left(\hat{R}^2\right)\right\}\end{aligned}\tag{1.12.46}$$

由于 $M_S=\dfrac{1}{2}$ 的行列式分属 $S=\dfrac{3}{2}$ 和 $S=\dfrac{1}{2}$ 两个谱项，因此必须从式(1.12.46)中扣除四重态波函数荷载的特征标才能得到二重态波函数荷载的特征标，故有

$$\chi\left(\hat{R}\right)_{S=\frac{1}{2}}=\chi\left(\hat{R}\right)_{M_S=\frac{1}{2}}-\chi\left(\hat{R}\right)_{S=\frac{3}{2}}=\frac{1}{3}\left\{\chi^{(\lambda)}\left(\hat{R}\right)^3-\chi^{(\lambda)}\left(\hat{R}^3\right)\right\}\tag{1.12.47}$$

由式(1.12.45)和式(1.12.47)计算出特征标，即可将直积表示分解，再配以相应的自旋多重度，就得出由 $(\lambda)^3$ 组态导出的谱项.

例如，$O_\mathrm{h}$ 对称性分子由 $\left(\mathrm{t_{2g}}\right)^3$ 组态导出的谱项为

$$^4A_{2g},\,^2E_g,\,^2T_{1g},\,^2T_{2g}\tag{1.12.48}$$

$T_\mathrm{d}$ 对称性分子由 $\left(\mathrm{t_2}\right)^3$ 组态导出的谱项为

$$^4A_2,\,^2E,\,^2T_1,\,^2T_2\tag{1.12.49}$$

4) 互补定理

和原子体系一样，在分子的多重态理论中也存在互补定理，即开壳层组态 $(\lambda)^\chi$ 和它的互补组态 $(\lambda)^{2n_\lambda-\chi}$（$n_\lambda$ 为该开壳层空间轨道的数目，即该开壳层轨道所属不可约表示的维数)具有相同的谱项，且谱项的相对能量值相同. 可以仿照原子体系的情形来理解这一定理.

在分子的 32 个点群中，只有正二十面体群($I_\mathrm{h}$ 群，如 $C_{60}$)有四维以上的不可约表示，其他点群不可约表示的最高维数为 3，因此基于互补定理，最多只需考虑一个开壳层中有 3 个电子的情况. 目前具有 $I_\mathrm{h}$ 对称性的分子数目较少，我们不再做一般性讨论. 这样，除 $I_\mathrm{h}$ 点群外，仅有一个开壳层的组态的谱项问题就全部解决.

### 2. 有两个及两个以上开壳层的组态

在过渡金属络合物或激发组态中经常会遇到这种情况. 处理方法如下：先分别求出各个开壳层组态的谱项，然后将来自不同开壳层的谱项两两做直积，按式(1.11.14)求得直积表示的特

征标，再将最终的直积按式(1.11.29)和式(1.11.30)分解为分子所属点群的不可约表示，而由自旋耦合规则求得允许出现的自旋多重度，两者配合起来就得到所有可能出现的谱项. 由于不受 Pauli 不相容原理的限制(来自不同开壳层)，因此任一允许出现的自旋多重度都能与最终分解得到的点群的不可约表示相匹配.

例如，对于氧分子$\left(O_2, D_{\infty h}\right)$的激发组态$\left(\pi_u^3\pi_g^3\right)$，由$\pi_u^3$导出的谱项为${}^2\Pi_u$，由$\pi_g^3$导出的谱项为${}^2\Pi_g$，而

$$\Pi_u \otimes \Pi_g = \Sigma_u^+ \oplus \Sigma_u^- \oplus \Delta_u, \quad S = 0,1 \tag{1.12.50}$$

故由$\pi_u^3\pi_g^3$组态导出的谱项为

$$ {}^3\Sigma_u^+, \quad {}^3\Sigma_u^-, \quad {}^3\Delta_u, \quad {}^1\Sigma_u^+, \quad {}^1\Sigma_u^-, \quad {}^1\Delta_u \tag{1.12.51}$$

对于苯分子$\left(D_{6h}\right)$的$\left(e_{1g}\right)^3\left(e_{2u}\right)^1$激发组态，由于$\left(e_{1g}\right)^3$和$\left(e_{1g}\right)^1$为互补组态，而

$$\left(e_{1g}\right)^1 \to {}^2E_{1g}, \quad \left(e_{2u}\right)^1 \to {}^2E_{2u}$$

故该激发组态包含的谱项为

$$\left(e_{1g}\right)^3\left(e_{2u}\right)^1 \to {}^2E_{1g} \otimes {}^2E_{2u} = {}^3B_{1u} \oplus {}^3B_{2u} \oplus {}^3E_{1u} + {}^1B_{1u} \oplus {}^1B_{2u} \oplus {}^1E_{1u} \tag{1.12.52}$$

同样，对于甲烷$\left(T_d\right)$的激发组态$\left(1t_2\right)^5\left(2t_2\right)^1$，由

$$\left(1t_2\right)^5 - \left(1t_2\right)^1 \to {}^2T_2, \quad \left(2t_2\right)^1 \to {}^2T_2$$

得到该激发组态包含的谱项

$$\left(1t_2\right)^5\left(2t_2\right)^1 \to {}^2T_2 \otimes {}^2T_2 = {}^1A_1 \oplus {}^1E \oplus {}^1T_1 \oplus {}^1T_2 + {}^3A_1 \oplus {}^3E \oplus {}^3T_1 \oplus {}^3T_2 \tag{1.12.53}$$

## 1.13　分子的电子谱项波函数和电子能级

我们已经知道了如何由分子的电子组态导出电子的光谱项，现在介绍如何建造分子的电子谱项波函数并进而求得谱项能量.

分子的电子谱项波函数与原子谱项波函数的建造方法是类似的，从本质上说，建造谱项波函数就是由两个或多个乘积表示的基函数建造直积表示中所包含的各个不可约表示的基函数，即将直积表示空间分解为不可约表示子空间. 解决这个问题的普遍办法是投影算符方法. 原子和分子的区别在于体系的对称性不同，分子不再具有球对称性，而只有点群对称性，因此在建造分子谱项波函数时，要用点群的投影算符代替轨道角动量投影算符建造点群不可约表示的基，并用自旋投影算符建造自旋角动量的本征函数，由此得到分子的谱项波函数. 用自旋投影算符建造自旋本征函数的问题已在 1.8 节做过充分讨论，所采用的方法在分子谱项波函数的建造中仍然有效，不再重复. 由于点群对称性因分子而异，因此点群投影算符的具体表达式因分子而异，而且在实际应用中，不必用分子所属点群的投影算符，只需用分子所属点群的某个子群，或者仅用分子所属点群的生成元，就能建造分子所属点群不可约表示的基. 鉴于以上情况，不再讨论如何用点群的投影算符建造点群不可约表示基的问题，仅举例说明由分子点群对称性建造谱项波函数的方法.

### 1.13.1　分子电子谱项波函数的建造

1. 氧分子电子组态$(\pi_g)^2$的谱项波函数的建造

选择氧分子$(O_2)$为例讨论电子谱项波函数的建造问题，是为了弄清一般线型分子电子谱项的特征及建造方法. 为此简单回顾 1.10 节氢分子离子$(H_2^+)$的有关结果. $H_2^+$的计算结果表明，尽管$H_2^+$的力场已不再是中心力场，电子的轨道角动量量子数不再是好量子数，但是电子的轨道角动量在分子轴(即原子间连线)方向(取为 $z$ 轴)的分量算符$\hat{l}_z$与体系的 Hamilton 算符仍然对易，分量量子数$m_l$仍然是好量子数. $H_2^+$的任一电子波函数$\psi(\xi,\eta,\phi)=\mu(\xi)\nu(\eta)\omega(\phi)$中，均有$\omega(\phi)=e^{im\phi}$，且有

$$\hat{l}_z e^{im\phi}=me^{im\phi},\quad m=0,\pm1,\pm2,\cdots \tag{1.13.1}$$

故$H_2^+$的电子态和能级可以用量子数$m$并配合分子对称群进行分类，$|m|\neq0$的能级是成对简并的. 这些结论可以推广到一般线型多原子分子. 一般线型多原子分子中，$N$个电子的总轨道角动量在分子轴方向(取为 $z$ 轴)的分量算符$\hat{L}_z=\sum_{i=1}^{N}\hat{l}_z(i)$与体系的 Hamilton 算符对易，其中$\hat{l}_z$为单电子轨道角动量分量算符，且有

$$M_L=\sum_{i=1}^{N}m_l(i) \tag{1.13.2}$$

同样，$N$电子总能量只依赖于$|M_L|$，故$M_L\neq0$的能级是二重简并的. 因此，线型分子的单电子态和多电子波函数可以用轨道角动量 $z$ 分量的量子数并配合分子对称群进行分类. 非线型分子中，电子的轨道角动量分量不再与电子的 Hamilton 量对易，因此轨道角动量分量量子数不再是好量子数，不能再用于对波函数进行分类.

前面提到，对分子的电子态和能级进行分类时，需要用到分子对称群的表示，为此，我们先介绍线型分子的点群表示. 线型分子的点群只有$C_{\infty v}$和$D_{\infty h}$两种，异核双原子分子和其他无对称中心的线型分子具有$C_{\infty v}$对称性，同核双原子分子和其他有对称中心的线型分子则具有$D_{\infty h}$对称性. $D_{\infty h}$群是$C_{\infty v}$群和$C_i=\{E,I\}$群的直积群，即$D_{\infty h}=C_{\infty v}\otimes C_i$(当然，由于$C_{\infty v}$群与$D_\infty$群同构，因此也可以说$D_{\infty h}$群是$D_\infty$群和$C_i$群的直积群，即$D_{\infty h}=D_\infty\otimes C_i$). 而$C_{\infty v}$群则是由$C_\infty$群与通过$C_\infty$轴的无穷多个镜面$\sigma_v$合成的. 因此，要弄清$D_{\infty h}$群和$C_{\infty v}$群的不可约表示，必须先弄清$C_\infty$群的不可约表示. $C_\infty$群(回转群)的对称操作是关于分子轴的连续转动，其不可约表示$\chi(\phi)$都是一维的，$\chi(\phi)=e^{im\phi}$ $(m=0,\pm1,\pm2,\cdots,\pm\infty)$. 与式(1.13.1)比较可知，$C_\infty$群的不可约表示$e^{im\phi}$正是轨道角动量 $z$ 分量算符$\hat{l}_z$的本征函数，而$m$正是$\hat{l}_z$的本征值$m_l$. 在$C_\infty$群中，$m\neq0$且$|m|$相等的两个表示为一对共轭表示，这对共轭表示通过$\sigma_v$在$C_{\infty v}$群中混合为一个二维表示. 因此，$C_{\infty v}$群只有一维($m=0$)和二维($m\neq0$)不可约表示. 由于$C_\infty$群是$C_{\infty v}$群的一个正规子群，故$C_{\infty v}$群有两个一维表示，除恒等表示外还有一个一维表示，该一维表示中，旋转操作的特征标为 1，反映操作的特征标为−1. 因此，$C_{\infty v}$群有两个一维($m=0$)和无穷多个二维($m\neq0$)不可约表示，每个二维不可约表示对应一个$|m|$值($|m|\neq0$). 光谱学上通常用符号$\Sigma$, $\Pi$, $\Delta$, $\cdots$标记$C_{\infty v}$的不可约表示，分别对应于$|m|=0,1,2,\cdots$. 为了区分$C_{\infty v}$的两个一维表示，在不可约表示符号$\Sigma$中增加上标+或−，分别表示镜面$\sigma_v$的特征标为+1 或−1. 此外，由

于 $C_\infty$ 群的每对共轭表示的基 $e^{\pm i|m|\phi}$ 在镜面 $\sigma_v$ 反映下互换(注意：$\phi$ 为绕分子轴旋转的角度，在镜面 $\sigma_v$ 反映下转动方向相反)，因此在 $C_{\infty v}$ 群的二维表示中，镜面 $\sigma_v$ 的特征标为零，转动操作 $C_\infty^\phi$ 的特征标为 $2\cos m\phi$，这样就得到了 $C_{\infty v}$ 群的全部不可约表示的特征标，如表 1.13.1 所示. 再看 $D_{\infty h}=C_{\infty v}\otimes C_i$，$C_i$ 群有两个一维不可约表示 $A_g$ 和 $A_u$，其特征标分别为 $A_g:\{1,1\}$ 和 $A_u:\{1,-1\}$，因此 $D_{\infty h}$ 群也只有一维 $(m=0)$ 和二维 $(m\neq 0)$ 不可约表示，每种不可约表示的数目是 $C_{\infty v}$ 群不可约表示数目的 2 倍，即 $D_{\infty h}$ 群有 4 个一维表示，对应每一 $|m|$ 值( $|m|\neq 0$ )有两个二维表示，分别由 $C_{\infty v}$ 群的一个二维表示与 $C_i$ 群的不可约表示 $A_g$ 和 $A_u$ 相乘得到. 光谱学上仍然用符号 $\Sigma$, $\Pi$, $\Delta$, $\cdots$ 标记 $D_{\infty h}$ 的不可约表示，分别对应于 $|m|=0,1,2,\cdots$. 为了区分 $D_{\infty h}$ 群的 4 个一维不可约表示和对应于同一 $|m|$ 值 ( $|m|\neq 0$ ) 的两个不可约二维表示，在 $C_{\infty v}$ 群不可约表示的符号中增加下标 g 或 u，分别表示基函数关于反演 $i$ 为对称或反对称. 例如，由不可约表示 $\Sigma_u^+$ 可知 $m=0$，而对称操作 $\sigma_v$ 和 $i$ 的特征标分别为 $\chi(\sigma_v)=1$, $\chi(i)=-1$. 此外，可以很方便地由 $C_{\infty v}$ 群的特征标得到 $D_{\infty h}$ 群的特征标. 表 1.13.2 给出了 $D_{\infty h}$ 群的特征标. 其中，以下标 g 标记的不可约表示的特征标，是 $C_{\infty v}$ 群的特征标分别与 $A_g$ 的两个特征标相乘，并将相乘结果分别置于反演操作 $I$ 的左右两边得到的. 以下标 u 标记的不可约表示的特征标，是 $C_{\infty v}$ 群的特征标分别与 $A_u$ 的两个特征标相乘，并将相乘结果分别置于反演操作 $I$ 的左右两边得到的.

**表 1.13.1　$C_{\infty v}$ 群的特征标**

| $C_{\infty v}$ | $E$ | $2C_\infty^\phi$ | $\cdots$ | $\infty\sigma_v$ | | |
|---|---|---|---|---|---|---|
| $A_1\equiv\Sigma^+$ | 1 | 1 | $\cdots$ | 1 | $z$ | $x^2+y^2, z^2$ |
| $A_2\equiv\Sigma^-$ | 1 | 1 | $\cdots$ | $-1$ | $R_z$ | |
| $E_1\equiv\Pi$ | 2 | $2\cos\phi$ | $\cdots$ | 0 | $(x,y),(R_x,R_y)$ | $(xz,yz)$ |
| $E_2\equiv\Delta$ | 2 | $2\cos 2\phi$ | $\cdots$ | 0 | | $(x^2-y^2,xy)$ |
| $E_3\equiv\Phi$ | 2 | $2\cos 3\phi$ | $\cdots$ | 0 | | |
| $\vdots$ | $\vdots$ | $\vdots$ | | $\vdots$ | | |

**表 1.13.2　$D_{\infty h}$ 群的特征标**

| $D_{\infty h}$ | $E$ | $2C_\infty^\phi$ | $\cdots$ | $\infty\sigma_v$ | $I$ | $2S_\infty^\phi$ | $\cdots$ | $\infty C_2$ | $D_{\infty h}=C_{\infty v}\otimes C_i$ | |
|---|---|---|---|---|---|---|---|---|---|---|
| $\Sigma_g^+$ | 1 | 1 | $\cdots$ | 1 | 1 | 1 | $\cdots$ | 1 | | $x^2+y^2,z^2$ |
| $\Sigma_g^-$ | 1 | 1 | $\cdots$ | $-1$ | 1 | 1 | $\cdots$ | $-1$ | $R_z$ | |
| $\Pi_g$ | 2 | $2\cos\phi$ | $\cdots$ | 0 | 2 | $-2\cos\phi$ | $\cdots$ | 0 | $(R_x,R_y)$ | $(xz,yz)$ |
| $\Delta_g$ | 2 | $2\cos 2\phi$ | $\cdots$ | 0 | 2 | $2\cos 2\phi$ | $\cdots$ | 0 | | $(x^2-y^2,2xy)$ |
| $\vdots$ | $\vdots$ | $\vdots$ | | $\vdots$ | $\vdots$ | $\vdots$ | | $\vdots$ | | |
| $\Sigma_u^+$ | 1 | 1 | $\cdots$ | 1 | $-1$ | $-1$ | $\cdots$ | $-1$ | $z$ | |
| $\Sigma_u^-$ | 1 | 1 | $\cdots$ | $-1$ | $-1$ | $-1$ | $\cdots$ | 1 | | |
| $\Pi_u$ | 2 | $2\cos\phi$ | $\cdots$ | 0 | $-2$ | $2\cos\phi$ | $\cdots$ | 0 | $(x,y)$ | |
| $\Delta_u$ | 2 | $2\cos 2\phi$ | $\cdots$ | 0 | $-2$ | $-2\cos 2\phi$ | $\cdots$ | 0 | | |
| $\vdots$ | $\vdots$ | $\vdots$ | | $\vdots$ | $\vdots$ | $\vdots$ | | $\vdots$ | | |

有了以上准备，我们就可以建造氧分子$(\pi_g)^2$电子组态的谱项波函数. $O_2$具有$D_{\infty h}$对称性，由 1.12.4 节知道，$O_2$的基态电子组态$(\pi_g)^2$包含三个谱项，即${}^3\Sigma_g^-$、${}^1\Sigma_g^+$和${}^1\Delta_g$[见式(1.12.35)]. 该壳层有两个空间轨道，即$\pi_{g1}$和$\pi_{g-1}$(下标 1 和−1 为$m_l$值，表示二维不可约表示$\pi_g$的不同列)，因此有 4 个自旋轨道，即$\pi_{g_1}\alpha$、$\pi_{g_1}\beta$、$\pi_{g_{-1}}\alpha$和$\pi_{g_{-1}}\beta$，故有$\omega=\binom{4}{2}=6$个 Slater 行列式，从 4 个自旋轨道中任取两个就得到一个行列式，于是有

$$D_1(0,1)=\left|\pi_{g_1}\alpha\pi_{g_{-1}}\alpha\right|,\ D_2(2,0)=\left|\pi_{g_1}\alpha\pi_{g_1}\beta\right|,\ D_3(0,0)=\left|\pi_{g_1}\alpha\pi_{g_{-1}}\beta\right|,$$
$$D_4(0,0)=\left|\pi_{g_{-1}}\alpha\pi_{g1}\beta\right|,\ D_5(-2,0)=\left|\pi_{g_{-1}}\alpha\pi_{g_{-1}}\beta\right|,\ D_6(0,-1)=\left|\pi_{g_1}\beta\pi_{g_{-1}}\beta\right| \quad (1.13.3)$$

每个 Slater 行列式$D$后边的括号内都给出了$M_L$和$M_S$的值，其中$M_L=m_l(1)+m_l(2)$，$m_l(1)$和$m_l(2)$均为电子所占轨道的量子数[见式(1.13.2)]. $M_S$为电子的总自旋角动量分量量子数，它是两个单电子自旋角动量分量量子数之和，即$M_S=m_s(1)+m_s(2)$. 我们现在的任务是由式(1.13.3)给出的 6 个行列式建造分属谱项${}^3\Sigma_g^-$、${}^1\Sigma_g^+$和${}^1\Delta_g$的 6 个谱项波函数，谱项简并度分别为 3、1、2.

为了建造$D_{\infty h}$群的谱项波函数，并不需要用$D_{\infty h}$群的投影算符，只需用其子群$C_i=\{E,I\}$和镜面反映操作$\hat{\sigma}_v$就可以了. 我们首先给出式(1.13.3)中所有行列式在反演$\hat{I}$和反映$\hat{\sigma}_v$操作作用下的变换关系. 由表 1.13.2 可知，$\pi_{g1}$和$\pi_{g-1}$两个分子轨道在反演$\hat{I}$和反映$\hat{\sigma}_v$(它们的特征标分别为 2 和 0)作用下的变换性质为

$$\hat{I}\pi_{g1}=\pi_{g1},\quad \hat{I}\pi_{g-1}=\pi_{g-1},\quad \hat{\sigma}_v\pi_{g1}=\pi_{g-1},\quad \hat{\sigma}_v\pi_{g-1}=\pi_{g1} \quad (1.13.4)$$

我们已经约定，Slater 行列式中以电子标号作为列指标，而以轨道编号作为行指标，反对称化算符$\hat{A}$作用于电子标号引起列变换，而对称操作算符作用于空间轨道引起行变换，因此对称操作算符与反对称化算符对易. 利用式(1.13.3)、式(1.11.6)和式(1.13.4)有

$$\hat{I}D_1(0,1)=\hat{I}\sqrt{N!}\hat{A}\{\pi_{g1}\alpha\pi_{g-1}\alpha\}=\sqrt{N!}\hat{A}\hat{I}\{\pi_{g1}\alpha\pi_{g-1}\alpha\}=\sqrt{N!}\hat{A}\{\pi_{g1}\alpha\pi_{g-1}\alpha\}=D_1(0,1) \quad (1.13.5)$$

同样有

$$\hat{\sigma}_vD_1(0,1)=-D_1(0,1),\ \hat{I}D_6(0,-1)=D_6(0,-1),\ \hat{\sigma}_vD_6(0,-1)=-D_6(0,-1) \quad (1.13.6)$$

可见，$D_1$和$D_6$都属于谱项${}^3\Sigma_g^-$. 用自旋降算符$\hat{S}_-$作用于$D_1(0,1)$，可得${}^3\Sigma_g^-$谱项$M_S=0$的波函数，于是得到谱项${}^3\Sigma_g^-$的三个波函数

$$\Phi\left({}^3\Sigma_g^-,M_S=1\right)=D_1(0,1),$$
$$\Phi\left({}^3\Sigma_g^-,M_S=-1\right)=D_6(0,-1),$$
$$\Phi\left({}^3\Sigma_g^-,M_S=0\right)=\frac{1}{\sqrt{2}}(D_3-D_4) \quad (1.13.7)$$

显然，$D_2$和$D_5$都是谱项${}^1\Delta_g$的波函数($M=\pm2$)，由于$M=2$和$M=-2$的行列式都只有一个，故它们也必定都是$\hat{S}^2$的本征函数，于是谱项${}^1\Delta_g$的波函数为

$$\Phi\left({}^1\Delta_g,2\right)=D_2(2,0),\quad \Phi\left({}^1\Delta_g,-2\right)=D_5(-2,0) \tag{1.13.8}$$

现在只剩下谱项 ${}^1\Sigma_g^+$ 的波函数，它只能由 $D_3$ 和 $D_4$ 组合得到，并与谱项 ${}^3\Sigma_g^-$ 的波函数 $\Phi\left({}^3\Sigma_g^-,M_S=0\right)$ 正交，故谱项 ${}^1\Sigma_g^+$ 的波函数为

$$\Phi\left({}^1\Sigma_g^+\right)=\frac{1}{\sqrt{2}}(D_3+D_4) \tag{1.13.9}$$

可以验证，以上用子群 $C_i=\{E,I\}$ 和镜面反映操作 $\hat{\sigma}_v$ 求得的波函数都具有 $D_{\infty h}$ 群相应的对称性，即分别属于 $D_{\infty h}$ 群的 ${}^3\Sigma_g^-$、${}^1\Sigma_g^+$ 和 ${}^1\Delta_g$ 谱项.

需要说明的是，受价键理论的影响，化学上习惯地将平面(非线型)分子的分子轨道按轨道对分子平面反映的本征值为 1 或−1 而分为σ和π轨道，如果轨道 $\varphi$ 在分子平面的反映 $\hat{\sigma}$ 作用下不变，即 $\hat{\sigma}\varphi=\varphi$，则称轨道 $\varphi$ 为σ轨道；如果 $\varphi$ 在分子平面的反映 $\hat{\sigma}$ 作用下改变符号，即 $\hat{\sigma}\varphi=-\varphi$，则称轨道 $\varphi$ 为π轨道. 这里，σ和π的分类与前面讨论的线型分子轨道的σ和π分类不同. 第一，对于非线型分子，轨道角动量 $z$ 分量不再是好量子数，因此非线型分子的σ和π轨道不对应轨道角动量分量量子数；第二，对于线型分子，σ轨道不简并，π轨道是二重简并的，而对于非线型分子，σ和π与简并度无关. 详情可参看相关文献[18].

### 2. $T_d$ 对称性分子电子组态 $(a_1)^2(t_2)^3$ 的谱项波函数的建造

讨论电子组态 $(a_1)^2(t_2)^3$ 的谱项波函数的建造，是为了便于在第 2 章介绍开壳层限制性 Hartree-Fock 方法. 就讨论开壳层限制 Hartree-Fock 方法而言，电子组态 $(a_1)^2(t_2)^3$ 可以说是一个典型代表，因为该组态给出的谱项中，有些谱项满足限制性 Hartree-Fock 方法的要求，所以可以用限制性 Hartree-Fock 方法处理，有些谱项则并不满足限制性 Hartree-Fock 方法的要求，因而不能用限制性 Hartree-Fock 方法处理. 因此，选择这样一个电子组态展开讨论，有利于在第 2 章中加深对限制性 Hartree-Fock 方法的理解.

为了以后引用方便，在给定的电子组态中加入了闭壳层部分 $(a_1)^2$，闭壳层部分不影响组态 $(t_2)^3$ 的谱项. 式(1.12.49)给出了 $T_d$ 对称性分子由电子组态 $(a_1)^2(t_2)^3$ 导出的谱项，即 ${}^4A_2$、${}^2T_1$、${}^2T_2$ 和 ${}^2E$，其简并度分别为 4、6、6 和 4. 电子组态 $(a_1)^2(t_2)^3$ 共有 $\binom{6}{3}=20$ 个 Slater 行列式，其中 $M_S=\pm\frac{3}{2}$ 的行列式各一个，$M_S=\pm\frac{1}{2}$ 的行列式各 9 个. 现在，我们要用这 20 个行列式建造上述谱项的 20 个波函数. 将属于 $a_1$ 的分子轨道记作 $\xi$，属于 $t_2$ 的 3 个分子轨道分别记作 $\varphi_1$、$\varphi_2$ 和 $\varphi_3$. 于是，$M_S=\frac{1}{2}$ 的 9 个行列式可写为

$$D_1=\frac{1}{\sqrt{5!}}\left|\xi\alpha\xi\beta\varphi_1\alpha\varphi_1\beta\varphi_2\alpha\right|,\ D_2=\frac{1}{\sqrt{5!}}\left|\xi\alpha\xi\beta\varphi_1\alpha\varphi_1\beta\varphi_3\alpha\right|,$$

$$D_3=\frac{1}{\sqrt{5!}}\left|\xi\alpha\xi\beta\varphi_2\alpha\varphi_2\beta\varphi_1\alpha\right|,\ D_4=\frac{1}{\sqrt{5!}}\left|\xi\alpha\xi\beta\varphi_2\alpha\varphi_2\beta\varphi_3\alpha\right|,$$

$$D_5=\frac{1}{\sqrt{5!}}\left|\xi\alpha\xi\beta\varphi_3\alpha\varphi_3\beta\varphi_1\alpha\right|,\ D_6=\frac{1}{\sqrt{5!}}\left|\xi\alpha\xi\beta\varphi_3\alpha\varphi_3\beta\varphi_2\alpha\right|,$$

$$D_7=\frac{1}{\sqrt{5!}}\left|\xi\alpha\xi\beta\varphi_1\beta\varphi_2\alpha\varphi_3\alpha\right|,\ D_8=\frac{1}{\sqrt{5!}}\left|\xi\alpha\xi\beta\varphi_1\alpha\varphi_2\beta\varphi_3\alpha\right|,$$

$$D_9=\frac{1}{\sqrt{5!}}\left|\xi\alpha\xi\beta\varphi_1\alpha\varphi_2\alpha\varphi_3\beta\right| \tag{1.13.10}$$

为了确定基函数的变换关系，需要 $T_d$ 群的不可约表示矩阵，附录 1 给出了 $T_d$ 群的一套不可约表示矩阵. 为了方便，选 $\hat{C}_3^{(-1\text{-}1\text{-}1)}$ 和 $\hat{S}_4^{(-z)}$ 做 $T_d$ 群的生成元，由附录 1 给出的生成元的不可约表示矩阵，可以得到基函数在生成元作用下的变换关系，这些变换关系列于表 1.13.3 中. 值得注意的是，我们的目标是建造 $T_d$ 对称群的谱项波函数，即 $T_d$ 对称群不可约表示的基，但并不需要 $T_d$ 群的投影算符，只需用 $T_d$ 群的生成元，就能建造 $T_d$ 群不可约表示的基. 读者可以验证，下面用群的生成元得到的波函数的确是群的不可约表示的基.

**表 1.13.3　$T_d$ 群生成元对不可约表示基的变换**

| 不可约表示 | 基函数记号 | $\hat{C}_3^{(-1\text{-}1\text{-}1)}$ | $\hat{S}_4^{(-z)}$ |
|---|---|---|---|
| $A_1$ | $\xi$ | $\xi$ | $\xi$ |
| $A_2$ | $\eta$ | $\eta$ | $-\eta$ |
| $T_2$ | $\varphi_1$ | $\varphi_3$ | $\varphi_2$ |
| | $\varphi_2$ | $\varphi_1$ | $-\varphi_1$ |
| | $\varphi_3$ | $\varphi_2$ | $-\varphi_3$ |
| $T_1$ | $f_1$ | $f_3$ | $-f_2$ |
| | $f_2$ | $f_1$ | $f_1$ |
| | $f_3$ | $f_2$ | $f_3$ |
| $E$ | $\psi_1$ | $-\frac{1}{2}\psi_1-\frac{\sqrt{3}}{2}\psi_2$ | $\psi_1$ |
| | $\psi_2$ | $\frac{\sqrt{3}}{2}\psi_1-\frac{1}{2}\psi_2$ | $-\psi_2$ |

首先由表 1.13.3 确定式(1.13.10)中所有行列式在生成元作用下的变换关系. 推导过程中要注意：由附录 1 可以看到，$T_d$ 群的不同不可约表示的基函数是不同的，表 1.13.3 用不同记号标记不同不可约表示的基函数. 分子轨道 $\varphi_1$、$\varphi_2$ 和 $\varphi_3$ 属于 $T_2$ 不可约表示，因此它们只能按 $T_2$ 不可约表示变换，而不能按其他不可约表示变换. 由表 1.13.3，仿照式(1.13.5)的推导方法，可以求得式(1.13.10)中所有行列式的变换关系(为了简化记号，以下将 $\hat{C}_3^{(-1\text{-}1\text{-}1)}$ 和 $\hat{S}_4^{(-z)}$ 简记为 $\hat{C}_3$ 和 $\hat{S}_4$)

$$\hat{S}_4D_1=-D_3,\ \hat{S}_4D_2=-D_4,\ \hat{S}_4D_3=D_1,\ \hat{S}_4D_4=-D_2,\ \hat{S}_4D_5=D_6,$$

$$\hat{S}_4D_6=-D_5,\ \hat{S}_4D_7=-D_8,\ \hat{S}_4D_8=-D_7,\ \hat{S}_4D_9=-D_9\ ,$$

$$\hat{C}_3D_1=D_5,\ \ \hat{C}_3D_2=D_6,\ \ \hat{C}_3D_3=D_2\ ,\ \ \hat{C}_3D_4=D_1\ ,\hat{C}_3D_5=D_4,$$

$$\hat{C}_3D_6=D_3,\ \ \hat{C}_3D_7=D_9,\ \ \hat{C}_3D_8=D_7\ ,\ \ \hat{C}_3D_9=D_8 \tag{1.13.11}$$

先讨论 $S=\frac{1}{2}$ 的谱项 ${}^2T_2$. 将 ${}^2T_2$ 谱项 $M_S=\frac{1}{2}$ 的三个波函数分别记作

$$\Phi\left({}^2T_2^{(1)}, M_S=\frac{1}{2}\right),\quad \Phi\left({}^2T_2^{(2)}, M_S=\frac{1}{2}\right),\quad \Phi\left({}^2T_2^{(3)}, M_S=\frac{1}{2}\right)$$

它们分别与分子轨道$\varphi_1$、$\varphi_2$、$\varphi_3$有相同的变换关系. 将谱项波函数写作上述行列式的线性组合，即

$$\Phi\left({}^2T_2^{(1)}, M_S=\frac{1}{2}\right)=c_{11}D_1+c_{12}D_2+c_{13}D_3+c_{14}D_4+c_{15}D_5+c_{16}D_6+c_{17}D_7+c_{18}D_8+c_{19}D_9 \tag{1.13.12}$$

$$\Phi\left({}^2T_2^{(2)}, M_S=\frac{1}{2}\right)=c_{21}D_1+c_{22}D_2+c_{23}D_3+c_{24}D_4+c_{25}D_5+c_{26}D_6+c_{27}D_7+c_{28}D_8+c_{29}D_9 \tag{1.13.13}$$

$$\Phi\left({}^2T_2^{(3)}, M_S=\frac{1}{2}\right)=c_{31}D_1+c_{32}D_2+c_{33}D_3+c_{34}D_4+c_{35}D_5+c_{36}D_6+c_{37}D_7+c_{38}D_8+c_{39}D_9 \tag{1.13.14}$$

由表 1.13.3 有

$$\hat{S}_4\Phi\left({}^2T_2^{(1)}, M_S=\frac{1}{2}\right)=\Phi\left({}^2T_2^{(2)}, M_S=\frac{1}{2}\right) \tag{1.13.15}$$

$$\hat{S}_4\Phi\left({}^2T_2^{(2)}, M_S=\frac{1}{2}\right)=-\Phi\left({}^2T_2^{(1)}, M_S=\frac{1}{2}\right) \tag{1.13.16}$$

即有

$$\hat{S}_4^2\Phi\left({}^2T_2^{(1)}, M_S=\frac{1}{2}\right)=-\Phi\left({}^2T_2^{(1)}, M_S=\frac{1}{2}\right)$$

将式(1.13.12)代入上式，利用式(1.13.11)对上式左边做变换，比较两边的系数有

$$c_{12}=c_{14}=c_{17}=c_{18}=c_{19}=0 \tag{1.13.17}$$

于是有

$$\Phi\left({}^2T_2^{(1)}, M_S=\frac{1}{2}\right)=c_{11}D_1+c_{13}D_3+c_{15}D_5+c_{16}D_6 \tag{1.13.18}$$

同样，由表 1.13.3 有

$$\hat{S}_4\Phi\left({}^2T_2^{(2)}, M_S=\frac{1}{2}\right)=-\Phi\left({}^2T_2^{(1)}, M_S=\frac{1}{2}\right)$$

$$\hat{S}_4\Phi\left({}^2T_2^{(1)}, M_S=\frac{1}{2}\right)=\Phi\left({}^2T_2^{(2)}, M_S=\frac{1}{2}\right)$$

即有

$$\hat{S}_4^2\Phi\left({}^2T_2^{(2)}, M_S=\frac{1}{2}\right)=-\Phi\left({}^2T_2^{(2)}, M_S=\frac{1}{2}\right)$$

将式(1.13.13)代入上式，利用式(1.13.11)对上式左边做变换，比较两边的系数有

$$c_{22}=c_{24}=c_{27}=c_{28}=c_{29}=0 \tag{1.13.19}$$

于是有

$$\Phi\left({}^2T_2^{(2)}, M_S = \frac{1}{2}\right) = c_{21}D_1 + c_{23}D_3 + c_{25}D_5 + c_{26}D_6 \tag{1.13.20}$$

利用式(1.13.15)、式(1.13.18)和式(1.13.20)，有

$$c_{11} = -c_{23}\,,\quad c_{13} = c_{21}\,,\quad c_{15} = c_{26}\,,\quad c_{16} = -c_{25} \tag{1.13.21}$$

由表 1.13.3 有

$$\hat{S}_4^2\Phi\left({}^2T_2^{(3)}, M_S = \frac{1}{2}\right) = \Phi\left({}^2T_2^{(3)}, M_S = \frac{1}{2}\right)$$

将式(1.13.14)代入上式，利用式(1.13.11)对上式左边做变换，比较两边的系数有

$$c_{31} = c_{33} = c_{35} = c_{36} = 0 \tag{1.13.22}$$

于是有

$$\Phi\left({}^2T_2^{(3)}, M_S = \frac{1}{2}\right) = c_{32}D_2 + c_{34}D_4 + c_{37}D_7 + c_{38}D_8 + c_{39}D_9 \tag{1.13.23}$$

由

$$\hat{S}_4\Phi\left({}^2T_2^{(3)}, M_S = \frac{1}{2}\right) = -\Phi\left({}^2T_2^{(3)}, M_S = \frac{1}{2}\right)$$

将式(1.13.14)代入上式，利用式(1.13.11)对上式左边做变换，比较两边的系数有

$$c_{32} = c_{34},\quad c_{37} = c_{38},\quad c_{39} = c_{39} \tag{1.13.24}$$

即有

$$\Phi\left({}^2T_2^{(3)}, M_S = \frac{1}{2}\right) = c_{32}D_2 + c_{32}D_4 + c_{37}D_7 + c_{37}D_8 + c_{39}D_9 \tag{1.13.25}$$

由表 1.13.3 还有

$$\hat{C}_3\Phi\left({}^2T_2^{(1)}, M_S = \frac{1}{2}\right) = \Phi\left({}^2T_2^{(3)}, M_S = \frac{1}{2}\right)$$

将式(1.13.18)和式(1.13.23)代入，利用式(1.13.11)对上式左边做变换，比较两边的系数有

$$c_{13} = c_{15},\quad c_{13} = c_{32},\quad c_{11} = c_{16} = c_{37} = c_{38} = c_{39} = 0 \tag{1.13.26}$$

综合式(1.13.21)、式(1.13.24)和式(1.13.26)，可以得到 ${}^2T_2$ 谱项 $M_S = \frac{1}{2}$ 并且分别按 $T_2^{(1)}$ 、$T_2^{(2)}$ 和 $T_2^{(3)}$ 变换的波函数为

$$\Phi\left({}^2T_2^{(1)}, M_S = \frac{1}{2}\right) = \frac{1}{\sqrt{2}}\{D_3 + D_5\}\,,\quad \Phi\left({}^2T_2^{(2)}, M_S = \frac{1}{2}\right) = \frac{1}{\sqrt{2}}\{D_1 + D_6\},$$

$$\Phi\left({}^2T_2^{(3)}, M_S = \frac{1}{2}\right) = \frac{1}{\sqrt{2}}\{D_2 + D_4\} \tag{1.13.27}$$

再讨论谱项 ${}^2T_1$． ${}^2T_1$ 谱项的波函数也应由式(1.13.10)中的行列式组合而成，且应与 ${}^2T_2$ 谱项的波函数正交，据此我们猜想，${}^2T_1$ 谱项的波函数可能取如下形式

$$\Phi\left({}^2T_1^{(1)}, M_S = \frac{1}{2}\right) = \frac{1}{\sqrt{2}}\{D_5 - D_3\}\,,\quad \Phi\left({}^2T_1^{(2)}, M_S = \frac{1}{2}\right) = \frac{1}{\sqrt{2}}\{D_1 - D_6\}\,,$$

$$\Phi\left({}^2T_1^{(3)}, M_S=\frac{1}{2}\right)=\frac{1}{\sqrt{2}}\{D_4-D_2\} \tag{1.13.28}$$

利用式(1.13.11)，易得

$$\hat{C}_3\Phi\left({}^2T_1^{(1)}, M_S=\frac{1}{2}\right)=\Phi\left({}^2T_1^{(3)}, M_S=\frac{1}{2}\right) \tag{1.13.29}$$

这里要注意，行列式中的轨道应当按 $A_1$ 或者 $T_2$ 不可约表示变换，因此式(1.13.11)的变换关系仍然成立．但谱项波函数 $\Phi\left({}^2T_1^{(1)}, M_S=\frac{1}{2}\right)$、$\Phi\left({}^2T_1^{(2)}, M_S=\frac{1}{2}\right)$、$\Phi\left({}^2T_1^{(3)}, M_S=\frac{1}{2}\right)$则应当按 $T_1$ 不可约表示变换．仿照式(1.13.29)，易于证明 $\Phi\left({}^2T_1^{(1)}, M_S=\frac{1}{2}\right)$、$\Phi\left({}^2T_1^{(2)}, M_S=\frac{1}{2}\right)$、$\Phi\left({}^2T_1^{(3)}, M_S=\frac{1}{2}\right)$满足 $T_1$ 不可约表示的所有变换关系，因此式(1.13.28)的确是 ${}^2T_1$ 谱项的波函数．

再讨论 $S=\frac{3}{2}$ 的谱项 ${}^4A_2$．由于 ${}^2T_1$ 和 ${}^2T_2$ 两个谱项 $M_S=\frac{1}{2}$ 的波函数都是由式(1.13.10)中的行列式 $D_1$、$D_2$、$D_3$、$D_4$、$D_5$、$D_6$ 组成的，这 6 个行列式只能组合出 6 个谱项波函数，因此，${}^4A_2$ 谱项 $M_S=\frac{1}{2}$ 的波函数只能由式(1.13.10)中的行列式 $D_7$、$D_8$、$D_9$ 组合，利用表 1.13.3 和式(1.13.11)的变换关系，易于求得

$$\Phi\left({}^4A_2, M_S=\frac{1}{2}\right)=\frac{1}{\sqrt{3}}(D_7+D_8+D_9) \tag{1.13.30}$$

${}^4A_2$ 谱项 $M_S=\frac{3}{2}$ 的波函数为

$$\Phi\left({}^4A_2, M_S=\frac{3}{2}\right)=D\left|\xi\alpha\xi\beta\varphi_1\alpha\varphi_2\alpha\varphi_3\alpha\right| \tag{1.13.31}$$

最后讨论 ${}^2E$ 谱项．${}^2E$ 谱项的波函数也只能由式(1.13.10)中的行列式 $D_7$、$D_8$、$D_9$ 组成，即有

$$\Phi\left({}^2E^{(1)}, M_S=\frac{1}{2}\right)=c'_{17}D_7+c'_{18}D_8+c'_{19}D_9$$

$$\Phi\left({}^2E^{(2)}, M_S=\frac{1}{2}\right)=c'_{27}D_7+c'_{28}D_8+c'_{29}D_9$$

由表 1.13.3 有

$$\hat{S}_4\Phi\left({}^2E^{(1)}, M_S=\frac{1}{2}\right)=\Phi\left({}^2E^{(1)}, M_S=\frac{1}{2}\right)$$

$$\hat{S}_4\Phi\left({}^2E^{(2)}, M_S=\frac{1}{2}\right)=-\Phi\left({}^2E^{(2)}, M_S=\frac{1}{2}\right)$$

再利用与式(1.13.30)的正交条件，可得归一化波函数

$$\Phi\left({}^2E^{(1)}, M_S=\frac{1}{2}\right)=\frac{1}{\sqrt{2}}(D_7-D_8) \tag{1.13.32}$$

$$\Phi\left({}^2E^{(2)}, M_S=\frac{1}{2}\right)=\frac{1}{\sqrt{6}}\left(D_7+D_8-2D_9\right) \tag{1.13.33}$$

易于证明，这两个波函数满足表 1.13.3 中 $E$ 不可约表示的变换关系，有

$$\hat{C}_3\Phi\left({}^2E^{(1)}, M_S=\frac{1}{2}\right)=-\frac{1}{2}\Phi\left({}^2E^{(1)}, M_S=\frac{1}{2}\right)-\frac{\sqrt{3}}{2}\Phi\left({}^2E^{(2)}, M_S=\frac{1}{2}\right)$$

$$\hat{C}_3\Phi\left({}^2E^{(2)}, M_S=\frac{1}{2}\right)=\frac{\sqrt{3}}{2}\Phi\left({}^2E^{(1)}, M_S=\frac{1}{2}\right)-\frac{1}{2}\Phi\left({}^2E^{(2)}, M_S=\frac{1}{2}\right)$$

将式(1.13.32)和式(1.13.33)代入，利用式(1.13.11)的变换关系对左边做变换即可证明以上两式成立.

以上结果还可做进一步验证. 考虑 $T_{\mathrm{d}}$ 群的操作 $\hat{C}_3^{(111)}$ 和 $\hat{S}_4^{(z)}$，我们来考察式(1.13.27)、式(1.13.28)、式(1.13.32)和式(1.13.33)给出的波函数是否满足 $\hat{C}_3^{(111)}$ 和 $\hat{S}_4^{(z)}$ 确定的变换关系. 由附录 1 可知，$\hat{C}_3^{(111)}$ 和 $\hat{S}_4^{(z)}$ 对表 1.13.3 所示的 $T_1$ 、$T_2$ 和 $E$ 的基函数的变换关系为

$$\hat{C}_3^{(111)}\left(f_1, f_2, f_3\right)\rightarrow\left(f_2, f_3, f_1\right),\quad \hat{C}_3^{(111)}\left(\varphi_1, \varphi_2, \varphi_3\right)\rightarrow\left(\varphi_2, \varphi_3, \varphi_1\right),$$

$$\hat{C}_3^{(111)}\left(\psi_1, \psi_2\right)\rightarrow\left(-\frac{1}{2}\psi_1+\frac{\sqrt{3}}{2}\psi_2, -\frac{\sqrt{3}}{2}\psi_1-\frac{1}{2}\psi_2\right);$$

$$\hat{S}_4^{(z)}\left(f_1, f_2, f_3\right)\rightarrow\left(f_2, -f_1, f_3\right),\quad S_4^{(z)}\left(\varphi_1, \varphi_2, \varphi_3\right)\rightarrow\left(-\varphi_2, \varphi_1, -\varphi_3\right),$$

$$\hat{S}_4^{(z)}\left(\psi_1, \psi_2\right)\rightarrow\left(\psi_1, -\psi_2\right) \tag{1.13.34}$$

由 $\hat{C}_3^{(111)}$ 和 $\hat{S}_4^{(z)}$ 对 $T_2$ 表示的基函数 $(\varphi_1, \varphi_2, \varphi_3)$ 的变换关系，可以导出 $\hat{C}_3^{(111)}$ 和 $\hat{S}_4^{(z)}$ 对式(1.13.10)中行列式的变换关系(为了简化记号，下式中 $\hat{C}_3^{(111)}$ 和 $\hat{S}_4^{(z)}$ 简化为 $\hat{C}_3$ 和 $\hat{S}_4$)

$$\begin{aligned}
&\hat{S}_4D_1=D_3,\ \hat{S}_4D_2=-D_4,\ \hat{S}_4D_3=-D_1,\ \hat{S}_4D_4=-D_2,\ \hat{S}_4D_5=-D_6,\\
&\hat{S}_4D_6=D_5,\ \hat{S}_4D_7=-D_8,\ \hat{S}_4D_8=-D_7,\ \hat{S}_4D_9=-D_9,\\
&\hat{C}_3D_1=D_4,\ \hat{C}_3D_2=D_3,\ \hat{C}_3D_3=D_6,\ \hat{C}_3D_4=D_5,\ \hat{C}_3D_5=D_1,\\
&\hat{C}_3D_6=D_2,\ \hat{C}_3D_7=D_8,\ \hat{C}_3D_8=D_9,\ \hat{C}_3D_9=D_7
\end{aligned} \tag{1.13.35}$$

将 $\hat{C}_3^{(111)}$ 和 $\hat{S}_4^{(z)}$ 分别作用于式(1.13.27)、式(1.13.28)、式(1.13.32)和式(1.13.33)给出的波函数，利用式(1.13.35)，易于验证这些波函数都是相应不可约表示的基函数.

### 1.13.2　分子的电子能级

式(1.12.3)是分子体系的定态 Schrödinger 方程

$$\hat{H}\Psi_{n\Lambda TSM_S}=E_n\Psi_{n\Lambda TSM_S} \tag{1.13.36}$$

该方程的解应写作相同谱项波函数的线性组合，即

$$\Psi_{n\Lambda TSM_S}=\sum_i C_{ni}\Phi_{\Lambda TSM_S}^{(i)} \tag{1.13.37}$$

式中，$\Phi_{\Lambda TSM_S}$ 为谱项 ${}^{2S+1}\Lambda$ 的波函数；$i$ 为谱项编号，包括来自同一电子组态和不同电子组态的相同谱项.

在单组态近似下，如果所考虑的谱项只出现一次，这时式(1.13.37)中只有一项，因此谱项波函数就是 Schrödinger 方程(1.13.36)的解，可以直接用该谱项波函数计算电子能量. 如果采用多组态计算，所考虑的谱项可能在不同组态中多次出现，或者即使在单组态近似下，所考虑的谱项也可能多次出现，这时就必须将波函数写作式(1.13.37)所示的组合，代入 Schrödinger 方程(1.13.36)，通过求解久期方程得到电子能级，称这种方法为谱项相互作用.

1.8.7 节指出，对原子谱项可以有两种理解，同样对分子的电子光谱项也可以有两种理解. 一是把分子电子谱项波函数的集合定义为算符 $\hat{S}^2$ 的本征函数及分子点群 $G\left(\hat{R}\right)$ 的不可约表示的基，谱项记号为 ${}^{2S+1}\Lambda$. 二是把谱项波函数集合定义为算符集合 $\left\{\hat{H},\hat{S}^2\right\}$ 的共同本征函数及分子点群 $G\left(\hat{R}\right)$ 的不可约表示的基. 第一种定义的好处是便于讨论谱项相互作用或谱项混合，按第一种定义，在考虑谱项相互作用[见式(1.13.37)]后就可以得到第二种定义下的谱项波函数. 因此，同原子问题一样，第一种定义下的谱项是计算过程的“中间产品”，第二种定义下的谱项才是最终计算结果. 为了以后讨论问题方便，我们把第二种定义下的谱项记作 ${}^{2S+1}\Lambda\left(E_n\right)$，其中包含 $\hat{H}$ 的本征值 $E_n$. 光谱学上惯用的做法是，在分子的基态谱项前加符号 $X$，与基态谱项多重度相同的谱项前加符号 $A,B,C,\cdots$，与基态谱项多重度不同的谱项前加符号 $a,b,c,\cdots$. 值得注意的是，有不少例外情况，例如，$C_2$ 和 $N_2$ 的基态谱项为 ${}^1\Sigma_g^+$，但在激发的三重谱项前加 $A,B,C,\cdots$，而不是 $a,b,c,\cdots$. 可参看相关文献[19].

以 $O_2$ 为例来说明上述讨论，在单组态近似下，即仅取基态电子组态而不考虑其他电子组态，这时式(1.13.7)给出的谱项波函数就是 Schrödinger 方程(1.13.36)的解，如果要计算谱项 ${}^3\Sigma_g^-$ 的能量(三重简并能级)，则可用式(1.13.7)给出的三个波函数中的任一个做计算，即有

$$\begin{aligned}E\left({}^3\Sigma_g^-\right)&=\left\langle\Phi\left({}^3\Sigma_g^-1\right)\middle|\hat{H}\middle|\Phi\left({}^3\Sigma_g^-1\right)\right\rangle=\left\langle\Phi\left({}^3\Sigma_g^--1\right)\middle|\hat{H}\middle|\Phi\left({}^3\Sigma_g^--1\right)\right\rangle\\&=\left\langle\Phi\left({}^3\Sigma_g^-0\right)\middle|\hat{H}\middle|\Phi\left({}^3\Sigma_g^-0\right)\right\rangle\end{aligned}\tag{1.13.38}$$

式中，$\hat{H}$ 为 $O_2$ 分子的 Hamilton 算符，这里假定谱项波函数已经归一化.

除上述基态电子组态外，$O_2$ 分子的其他电子组态也可能包含谱项 ${}^3\Sigma_g^-$. 假定再考虑来自另外一个电子组态的相同谱项 ${}^3\Sigma_g^-$，并假定其波函数已用上述方法得到，在谱项符号前分别加 1、2 来区分这两个谱项，并用下标 1、2 分别标记它们的波函数. 这时，Schrödinger 方程(1.13.36)的解应为二者的线性组合，即有

$$\Psi\left({}^3\Sigma_g^-1\right)=c_1\Phi_1\left(1^3\Sigma_g^-1\right)+c_2\Phi_2\left(2^3\Sigma_g^-1\right)\tag{1.13.39}$$

$$\Psi\left({}^3\Sigma_g^--1\right)=c_1'\Phi_1\left(1^3\Sigma_g^--1\right)+c_2'\Phi_2\left(2^3\Sigma_g^--1\right)\tag{1.13.40}$$

$$\Psi\left({}^3\Sigma_g^-0\right)=c_1''\Phi_1\left(1^3\Sigma_g^-0\right)+c_2''\Phi_2\left(2^3\Sigma_g^-0\right)\tag{1.13.41}$$

系数 $c_1$、$c_2$ 等用变分法确定. 以上三个波函数是简并的，可由任何一个出发进行变分计算. 不失一般性，假定从第一个波函数出发，且 $\Phi_1$ 和 $\Phi_2$ 已正交归一化，则久期方程为

$$\begin{vmatrix}H_{11}-E & H_{12}\\ H_{21} & H_{22}-E\end{vmatrix}=0$$

式中，$H_{ij}=\left\langle\Phi_i\middle|\hat{H}\middle|\Phi_j\right\rangle$，$i,j=1,2$. 解久期方程，可得到两个能量 $E_0$ 和 $E_1$，并得到两组系数，

从而得到两个波函数，$E_0$ 为更精确的基态能量，它比式(1.13.38)的能量更低，与之对应的基态波函数为

$$\Psi_0\left(E_0,{}^3\Sigma_g^-1\right)=c_{01}\Phi_1\left(1^3\Sigma_g^-1\right)+c_{02}\Phi_2\left(2^3\Sigma_g^-1\right) \tag{1.13.42}$$

$E_1$ 为激发态的近似能量. 对应的波函数为

$$\Psi_1\left(E_1,{}^3\Sigma_g^-1\right)=c_{11}\Phi_1\left(1^3\Sigma_g^-1\right)+c_{12}\Phi_2\left(2^3\Sigma_g^-1\right) \tag{1.13.43}$$

可以考虑更多的组态(谱项)相互作用，随着组态数目的增加，计算得到的能量会逐步逼近真实值，得到的波函数也会越来越精确. 当然，计算量也会越来越大.

通过 1.8 节和本节的讨论可以看到，从电子组态导出谱项后，不解 Schrödinger 方程，就能知道原子、分子的能级结构，结合光谱选律还能定性地指认光谱. 进一步地，基于谱项波函数求解 Schrödinger 方程则可以大大简化有关计算. 以电子组态 $(a_1)^2(t_2)^3$ 为例，如果从行列式出发进行组态叠加计算，或者用处理简并态的微扰法计算[见式(1.4.14)]，则需要求解 $20\times20$ 的久期方程，不仅计算复杂，而且所得结果无法直接与光谱相联系，必须进行理论分析后才能确定计算所得波函数的对称性. 更何况，计算误差的存在，常常会造成波函数对称性破缺，给对称性分析造成困难. 但是，建造谱项波函数之后，由于所有谱项都只出现一次，且同一谱项的波函数是简并的，因此求解 Schrödinger 方程时，对任何一个态，只要取一个波函数即可.

最后讨论分子的电子光谱项 ${}^{2S+1}\Lambda$ 与亚层 $(n\lambda)$ 的联系. 同原子的光谱项与亚层具有相似结构一样，分子的电子光谱项与亚层也具有相似结构. 可仿照 1.8.7 节对原子光谱项与亚层的讨论，来讨论分子的电子光谱项与亚层. 于是可以说，分子的电子结构可以用电子在各亚层的填充情况，即电子组态 $(n_1\lambda_1)^{x_1}(n_2\lambda_2)^{x_2}\cdots(n_k\lambda_k)^{x_k}\cdots$ [见式(1.10.41)]描述，也可以用谱项 ${}^{2S+1}\Lambda$ 描述. 电子组态给出的是分子中的电子在各亚层的填充情况，而谱项波函数则描述分子中电子运动的各个定态. 在开壳层仅有一个电子的情况下，除了字母的大小写之外，开壳层亚层与谱项的结构和符号都完全相同.

## 1.14 自旋本征函数

根据以上讨论，在不考虑旋轨耦合的情况下，原子体系对易算符的完备集合为 $\left\{\hat{H},\hat{L}^2,\hat{L}_z,\hat{S}^2,\hat{S}_z\right\}$，谱项为 ${}^{2S+1}L$，谱项波函数是对易算符集合 $\left\{\hat{L}^2,\hat{L}_z,\hat{S}^2,\hat{S}_z\right\}\Big/\left\{\hat{H},\hat{L}^2,\hat{L}_z,\hat{S}^2,\hat{S}_z\right\}$ 的共同本征函数；分子体系对易算符的完备集合为 $\left\{\hat{H},G(\hat{R}),\hat{S}^2,\hat{S}_z\right\}$，谱项为 ${}^{2S+1}\Lambda$，谱项波函数是 $\left\{\hat{S}^2,\hat{S}_z\right\}\Big/\left\{\hat{H},\hat{S}^2,\hat{S}_z\right\}$ 的共同本征函数，并且是点群 $G\left(\hat{R}\right)$ 的不可约表示的基. 注意：原子体系中的轨道角动量算符和分子体系中的点群对称操作都仅作用于空间函数，不影响自旋. 因此在不考虑旋轨耦合的情况下，可以把自旋函数和空间函数分开处理，即用轨道角动量或点群的投影算符将空间函数建造成不可约表示 $L$ 或 $\Lambda$ 的基 $\Xi$，而用自旋投影算符或其他方法建造自旋角动量的本征函数 $\Theta_{SM_S}$，然后将二者复合再反对称化就得到谱项波函数 $\Phi_{LM_LSM_S}=\hat{A}\left\{\Xi_{LM_L}\Theta_{SM_S}\right\}$ 或 $\Phi_{\Lambda TSM_S}=\hat{A}\left\{\Xi_{\Lambda T}\Theta_{SM_S}\right\}$. 可见，无论原子体系还是分子体系，都需要建造自旋本征函数. 因此，讨论自旋本征函数具有普遍意义. 1.8 节中详细介绍了用自旋角动量

投影算符建造自旋本征函数的方法，这种方法在建造原子或分子的谱项波函数时都可使用. 本节将介绍另一种建造自旋本征函数的方法，即用 Young 图建造自旋本征函数. 我们将会看到，用 Young 图建造自旋本征函数比用 1.8 节的投影算符法更为简单，而且以后还会看到，采用 Young 图建造的自旋本征函数，可以使价键理论的物理图像更加清晰，并使有关矩阵元的积分更为简单.

### 1.14.1　自旋量子数出现的次数

$N$ 电子体系的总自旋角动量 $\hat{\hat{S}}$ 是单电子自旋角动量的加和，根据角动量加和规则，总自旋角动量的某个量子数可能出现多次. 以三电子体系为例，由角动量加法可知，总自旋量子数 $S$ 可取 $\frac{3}{2}$ 和 $\frac{1}{2}$ 两个值，$\frac{3}{2}$ 只出现一次，$\frac{1}{2}$ 则出现两次. 从这个具体例子看到，对于一个确定的 $N$ 电子体系，不同的总自旋量子数 $S$，出现的次数一般来说是彼此不同的. 我们希望给出 $N$ 电子体系总自旋量子数 $S$ 出现次数的计算公式.

$N$ 电子体系的总自旋 $S$ 可以由自旋为 $S\pm\frac{1}{2}$ 的 $(N-1)$ 个电子与自旋为 $\frac{1}{2}$ 的一个电子按角动量加法得到. 因此，对于 $N$ 电子体系，总自旋量子数 $S$ 出现的次数等于 $(N-1)$ 电子体系总自旋值 $S-\frac{1}{2}$ 和 $S+\frac{1}{2}$ 出现的次数之和，由此可得 $N$ 电子体系总自旋量子数 $S$ 出现的次数

$$n_S=\begin{pmatrix} N \\ \frac{N}{2}-S \end{pmatrix}-\begin{pmatrix} N \\ \frac{N}{2}-S-1 \end{pmatrix} \tag{1.14.1}$$

可用数学归纳法证明如下：易于验证，式(1.14.1)对两电子体系成立，设该式对 $(N-1)$ 电子体系成立，以 $(N-1)_{S-\frac{1}{2}}$ 和 $(N-1)_{S+\frac{1}{2}}$ 分别表示 $(N-1)$ 电子体系的自旋值 $S-\frac{1}{2}$ 和 $S+\frac{1}{2}$ 出现的次数，则有

$$\begin{aligned} n_S &= (N-1)_{S-\frac{1}{2}}+(N-1)_{S+\frac{1}{2}}=\begin{pmatrix} N-1 \\ \frac{N-1}{2}-\left(S-\frac{1}{2}\right) \end{pmatrix}-\begin{pmatrix} N-1 \\ \frac{N-1}{2}-\left(S-\frac{1}{2}\right)-1 \end{pmatrix} \\ &\quad+\begin{pmatrix} N-1 \\ \frac{N-1}{2}-\left(S+\frac{1}{2}\right) \end{pmatrix}-\begin{pmatrix} N-1 \\ \frac{N-1}{2}-\left(S+\frac{1}{2}\right)-1 \end{pmatrix} \\ &=\begin{pmatrix} N-1 \\ \frac{N}{2}-S \end{pmatrix}-\begin{pmatrix} N-1 \\ \frac{N}{2}-S-2 \end{pmatrix}=\frac{N!(2S+1)}{\left(\frac{N}{2}+S+1\right)!\left(\frac{N}{2}-S\right)!}=\begin{pmatrix} N \\ \frac{N}{2}-S \end{pmatrix}-\begin{pmatrix} N \\ \frac{N}{2}-S-1 \end{pmatrix} \end{aligned}$$

式(1.14.1)得证.

式(1.14.1)从角动量耦合的角度给出了计算 $N$ 电子体系总自旋量子数 $S$ 出现次数的方法，该公式的引入有助于加深对所讨论问题的物理意义的理解. 1.14.2 节中将用 Young 图给出计算 $n_S$ 的方法，两种方法所得的结果是一致的.

### 1.14.2 建造自旋本征函数的 Young 图法

1.8 节讨论了如何用投影算符方法建造自旋本征函数，下面将介绍建造自旋本征函数的另一种方法，即 Young 图法

从式(1.14.1)的证明过程可以看到，量子数 $S$ 每出现一次都代表一种不同的耦合方式，因此应当对应着不同的线性无关的自旋本征函数，这就是说，一个出现 $n_S$ 次的量子数 $S$，应当有角动量平方算符 $\hat{S}^2$ 的 $n_S$ 个线性无关的本征函数 $\left\{\Theta_S^{(j)}(1,2,\cdots,N), j=1,2,\cdots,n_S\right\}$ 与之对应，其中自旋函数 $\Theta_S(1,2,\cdots,N)$ 中的数字 $i(i=1,2,\cdots,N)$ 代表 $i$ 电子的自旋态. 另外，考虑 $\hat{S}^2$、$\hat{S}_z$ 的共同本征函数 $\Theta_{SM_S}(1,2,\cdots,N)$，其中 $M_S=S,S-1,\cdots,-S$，即 $M_S$ 可取 $(2S+1)$ 个值，即 $\hat{S}^2$ 的本征函数 $\Theta_S$ 的简并度为 $(2S+1)$. 这就是说，上述 $\hat{S}^2$ 的 $n_S$ 个线性无关的本征函数集合 $\left\{\Theta_S^{(j)}(1,2,\cdots,N), j=1,2,\cdots,n_S\right\}$ 中的每一个本征函数 $\Theta_S^{(j)}(1,2,\cdots,N)$ 都是 $(2S+1)$ 重简并的，包含 $(2S+1)$ 个 $\hat{S}^2$、$\hat{S}_z$ 的共同本征函数 $\Theta_{SM_S}^{(j)}(1,2,\cdots,N)$. 因此，有 $(2S+1)$ 个本征函数集合 $\left\{\Theta_{SM_S}^{(j)}(1,2,\cdots,N), j=1,2,\cdots,n_S\right\}$，每一集合都包含 $n_S$ 个线性无关的本征函数，对应一个确定的 $M_S$ 值. 为了便于讨论，将这 $(2S+1)$ 个本征函数集合 $\left\{\Theta_{SM_S}^{(j)}(1,2,\cdots,N), j=1,2,\cdots,n_S\right\}$ 明显列出，即有

$$\begin{gathered}\left\{\Theta_{SS}^{(j)}(1,2,\cdots,N), j=1,2,\cdots,n_S\right\}\\ \left\{\Theta_{SS-1}^{(j)}(1,2,\cdots,N), j=1,2,\cdots,n_S\right\}\\ \vdots\\ \left\{\Theta_{S-S}^{(j)}(1,2,\cdots,N), j=1,2,\cdots,n_S\right\}\end{gathered} \tag{1.14.2}$$

我们的任务是建造式(1.14.2)中的全部本征函数，这样的本征函数共有 $n_S(2S+1)$ 个. 但是，根据角动量理论，只要能建造出式(1.14.2)中的任何一个函数集合，就可用自旋角动量升降算符求出其他所有集合. 不失一般性，可以首先建造本征函数集合 $\left\{\Theta_{SS}^{(j)}(1,2,\cdots,N), j=1,2,\cdots,n_S\right\}$，然后用降算符求出 $M_S$ 取其他值 $(S-1,S-2,\cdots-S)$ 的自旋本征函数集合 $\left\{\Theta_{SM_S}^{(j)}(1,2,\cdots,N), j=1,2,\cdots,n_S\right\}$. 用降算符求自旋本征函数的方法已详细讨论过，因此本节只要讨论如何用 Young 图法建造自旋本征函数集合 $\left\{\Theta_{SS}^{(j)}(1,2,\cdots,N), j=1,2,\cdots,n_S\right\}$ 就可以了.

建造自旋本征函数的 Young 图方法实际上是一种群论方法. 为了下面讨论方便，将上述线性无关的自旋本征函数集合 $\left\{\Theta_{SS}^{(j)}(1,2,\cdots,N), j=1,2,\cdots,n_S\right\}$ 明确写出

$$\Theta_{SS}^{(1)},\cdots,\Theta_{SS}^{(n_S)} \tag{1.14.3}$$

首先证明，式(1.14.3)的 $n_S$ 个自旋本征函数 $\Theta_{SS}^{(j)}$ 可作为置换群 $D_N$ 的不可约表示的基. 由于置换算符 $\hat{P}$ 与 $\hat{S}^2$、$\hat{S}_z$ 对易，故有

$$\hat{S}^2\hat{P}\Theta_{SS}^{(j)}=\hat{P}\hat{S}^2\Theta_{SS}^{(j)}=S(S+1)\hat{P}\Theta_{SS}^{(j)} \tag{1.14.4}$$

$$\hat{S}_z \hat{P} \Theta_{SS}^{(j)} = \hat{P} \hat{S}_z \Theta_{SS}^{(j)} = S \hat{P} \Theta_{SS}^{(j)} \tag{1.14.5}$$

这就是说 $\hat{P}\Theta_{SS}^{(j)}$ 仍是 $\hat{S}^2$ 、$\hat{S}_z$ 的本征值分别为 $S(S+1)$、$S$ 的本征函数，因而它可表示为式(1.14.3)中各函数的线性组合，即有

$$\hat{P} \Theta_{SS}^{(j)} = \sum_i \Theta_{SS}^{(i)} P_{ij} \tag{1.14.6}$$

用另一置换算符 $\hat{Q}$ 作用于式(1.14.6)，有

$$\hat{Q} \hat{P} \Theta_{SS}^{(j)} = \sum_i \hat{Q} \Theta_{SS}^{(i)} P_{ij} = \sum_{ki} \Theta_{SS}^{(k)} Q_{ki} P_{ij} \tag{1.14.7}$$

矩阵 $[P_{ij}]$ 和 $[Q_{ki}]$ 与置换群元素一一对应，并且乘法也对应，故矩阵 $[P_{ij}]$ 和 $[Q_{ki}]$ 可作为置换群的表示. $n_S$ 个 $\Theta_{SS}^{(j)}$ 是线性无关的，不能再分解为更小的不变子空间，故这种表示为不可约表示，$n_S$ 个 $\Theta_{SS}^{(j)}$ 构成置换群不可约表示的基函数. 由于置换群的不可约表示是已知的，因而可以反过来求它的基函数 $\Theta_{SS}^{(j)}$ .

在置换群中，不可约表示用 Young 图表示，由于电子自旋只有 $\alpha$ 和 $\beta$ 两种状态，因此只需讨论一行和两行的 Young 图. Young 图的数目就是不可约表示的数目，每一 Young 图对应着 $S$ 的一个可取值；同一 Young 图的标准 Young 表数目为置换群不可约表示的维数，对应着某一 $S$ 值出现的次数 $n_S$ ，即自旋本征函数 $\Theta_{SS}^{(j)}$ 的个数.

$N$ 电子体系需要 $N$ 个方格的 Young 图. 假定 $N$ 个方格的一行和两行的 Young 图为

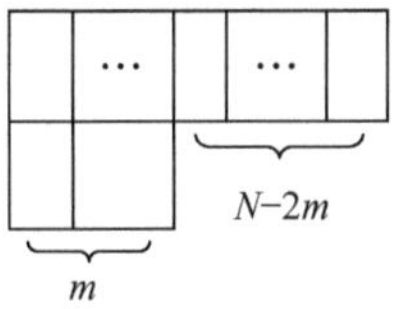


$m$ 为第二行的方格数，当 $m=0$ 时，上图为一行的 Young 图. 将电子标号填入上图的每一方格中，指定第一行自旋为 $\alpha$ ，第二行自旋为 $\beta$ ，则有 $m$ 对电子配对，没有配对的电子数为 $(N-2m)$ ，故体系的总自旋为

$$S = \frac{1}{2}(N-2m) \qquad M_S = S = \frac{1}{2}(N-2m) \tag{1.14.8}$$

$m$ 在 0 到 $\frac{N}{2}$ ( $N$ 为偶数)或 $\frac{N-1}{2}$ ( $N$ 为奇数)之间变化，给出了所有可能的一行或两行的 Young 图. 为了与 1.2 节的 Young 图符号以及本节的自旋本征函数符号相一致，我们用 $\Theta_S$ 标记 Young 图，并有以下结论：

(1) 由所有一行和两行的 $N$ 个方格的 Young 图，可以按式(1.14.8)得到 $N$ 电子体系的总自旋 $S$ 的所有可能取值. 简言之，Young 图 $\Theta_S$ 与总自旋 $S$ 的所有可取值一一对应.

这是由于每一 Young 图代表置换群的一个不可约表示，$S$ 代表三维旋转群的一个不可约表示，$n_S$ 个自旋本征函数 $\Theta_{SS}^{(j)}$ 张成三维旋转群的一个不可约表示空间，同时也张成置换群的一个不可约表示空间，因此每一个 $S$ 值都对应一个 Young 图 $\Theta_S$ ，反之亦然.

(2) 由每一 Young 图 $\Theta_S$ 所能得到的标准 Young 表 $\Theta_S^{(w)}$ $(w=1,2,\cdots,n_S)$ 的数目就是自旋本征函数 $\Theta_{SS}^{(j)}$ $(j=1,2,\cdots,n_S)$ 的数目 $n_S$ .

这是由于每一 Young 图所能得到的标准 Young 表数目等于该 Young 图代表的不可约表示的维数，而对应的不可约表示空间由自旋本征函数 $\Theta_{SS}^{(j)}\ (j=1,2,\cdots,n_S)$ 张成，因此标准 Young 表的数目与自旋本征函数的数目相同，均为量子数 $S$ 出现的次数 $n_S$.

这里给出了计算量子数 $S$ 出现次数的另一种方法，即由对应某一 $S$ 值的 Young 图 $\Theta_S$ 所能得到的标准 Young 表 $\Theta_S^{(w)}$ 的数目就是该量子数 $S$ 出现的次数，用这种方法所得的结果应当与式(1.14.1)一致，二者可以相互验证.

(3) 由每一标准 Young 表 $\Theta_S^{(w)}$ 可按下式得到一个自旋本征函数 $\Theta_{SS}^{(w)}$

$$\Theta_{SS}^{(w)} = \prod_{ij}\left[\alpha(i)\beta(j)-\beta(i)\alpha(j)\right]\prod_{k}\alpha(k) \tag{1.14.9}$$

式中，$\prod_{ij}$ 表示对所有两行的列求积，$ij$ 为同一列中的两个电子的编号，每一个两行的列都贡献这样一个因子；$\prod_{k}$ 表示对所有一行的列求积，$k$ 为只有一行的列中的电子编号.

现在证明式(1.14.9). 对每一标准 Young 表 $\Theta_S^{(w)}$ 可以按下式建造一个 Young 算符[见式(1.2.15)],

$$\hat{Y}_S^{(w)} = \hat{\hat{A}}_S^{(w)}\hat{Q}_S^{(w)} = \hat{A}_1^{(w)}\hat{A}_2^{(w)}\cdots\hat{A}_t^{(w)}\hat{Q}_1^{(w)}\hat{Q}_2^{(w)} \tag{1.14.10}$$

式中 $\hat{A}_i^{(w)}\ (i=1,2,\cdots,t)$ 是 Young 表 $\Theta_S^{(w)}$ 中具有两行的第 $i$ 列的反对称化算符,

$$\hat{A}_i^{(w)} = \frac{1}{2!}\{1-(kl)\} \tag{1.14.11}$$

$k$、$l$ 为第 $i$ 列中两个电子的编号，而 $\hat{Q}_i^{(w)}\ (i=1,2)$ 则是 Young 表 $\Theta_S^{(w)}$ 中第一行和第二行的对称化算符. 式(1.2.15)中，用 $\hat{S}$ 表示对称化算符，这里不用 $\hat{S}$ 而用 $\hat{Q}$ 表示对称化算符，以便与自旋算符 $\hat{S}$ 相区别. Young 算符是投影算符，其作用是将每一行对称化，并将每一个两行的列反对称化，进而得到自旋本征函数.

选择与标准 Young 表 $\Theta_S^{(w)}$ 对应的被投影函数 $\Theta_{M_S=S}^{(w)}$，它是 $N$ 个单电子自旋函数的直积，编号在 Young 表 $\Theta_S^{(w)}$ 第一行的电子自旋指定为 $\alpha$，在第二行的电子自旋指定为 $\beta$，假定

$$\Theta_{M_S}^{(w)} = \alpha(i_1)\beta(j_1)\alpha(i_2)\beta(j_2)\cdots\alpha(k_1)\alpha(k_2) \tag{1.14.12}$$

易于证明，$\Theta_{M_S}^{(w)}$ 是总自旋 $\hat{S}_z$ 的本征函数，其本征值为

$$M_S = \sum_i m_{s_i} = \frac{1}{2}(N-2m) = S$$

因此，$\Theta_{M_S}^{(w)}$ 是 $\hat{S}_z$ 的本征值为 $S$ 的本征函数，但它不一定是总自旋 $\hat{S}^2$ 的本征函数.

由于 Young 表第一行的电子自旋都是 $\alpha$，第二行的电子自旋都是 $\beta$. 它们已经是对称化的，因此当用式(1.14.10)中的 $\hat{Q}_i^{(w)}\ (i=1,2)$ 分别作用于 $\Theta_{M_S=S}^{(w)}$ 时，除了一个不重要的常数因子外，$\Theta_{M_S=S}^{(w)}$ 不会发生变化，而当用式(1.14.10)中的 $\hat{A}_i^{(w)}\ (i=1,2,\cdots,k)$ 作用于 $\Theta_{M_S=S}^{(w)}$ 时，则每一个两行的列都将提供一个因子

$$\alpha(i)\beta(j)-\alpha(j)\beta(i)$$

于是证明了式(1.14.9). 1.2 节中指出，对应每一 Young 表，可以建造一个 Young 算符，进而用

该 Young 算符建造与该 Young 表对应的不可约表示的基函数. 式(1.14.9)就是由对应 Young 表 $\Theta_S^{(w)}$ 的 Young 算符 $\hat{Y}_S^{(w)}$ 建造的不可约表示的基函数，即自旋本征函数 $\Theta_{SS}^{(w)}$. 实际应用时，可以按式(1.14.9)直接由 Young 表写出自旋本征函数 $\Theta_{SS}^{(w)}$，而不必再求助于 Young 算符. 按式(1.14.9)建造自旋本征函数的方法被称为电子配对法.

例如，$N=3$(三个电子)，不多于两行的 Young 图有两个，它们分别对应着 $S$ 的两个值 $\frac{3}{2}$ 和 $\frac{1}{2}$，即

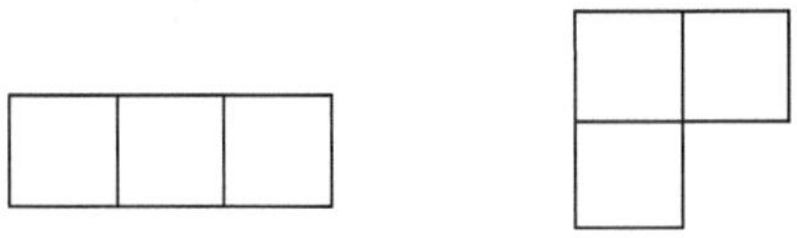

$S=\frac{3}{2}$　　　　$S=\frac{1}{2}$

标准 Young 表为

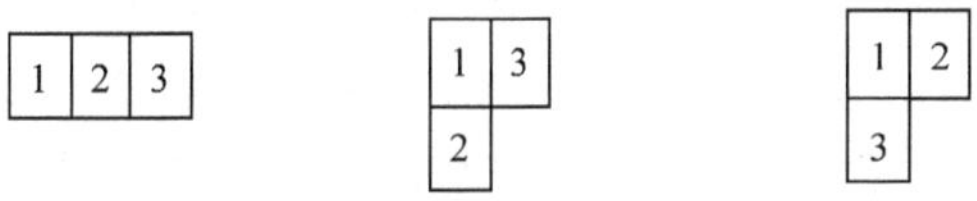


(1)　　(2)

$S=\frac{3}{2}$ 的 Young 图只有一行，因而只有一个标准 Young 表，被投影函数取为

$$\Theta_{\frac{3}{2}}=\alpha(1)\alpha(2)\alpha(3)$$

此时，式(1.14.10)的 Young 算符变成对称化算符，即

$$\hat{Y}_{\frac{3}{2}}=\hat{Q}=\{1+(12)+(13)+(23)+(123)+(132)\}$$

用 $\hat{Y}_{\frac{3}{2}}$ 作用于 $\Theta_{\frac{3}{2}}$，有

$$\hat{Y}_{\frac{3}{2}}\Theta_{\frac{3}{2}}=6\alpha(1)\alpha(2)\alpha(3)$$

故有

$$\Theta_{\frac{3}{2}\frac{3}{2}}=\alpha(1)\alpha(2)\alpha(3) \tag{1.14.13}$$

$S=\frac{1}{2}$ 的 Young 表有两个，与第一个 Young 表对应的被投影函数取为

$$\Theta_{\frac{1}{2}}^{(1)}=\alpha(1)\beta(2)\alpha(3) \tag{1.14.14}$$

该 Young 表对应的 Young 算符为

$$\hat{Y}_{\frac{1}{2}}^{(1)}=\{1-(12)\}\{1+(13)\} \tag{1.14.15}$$

作用于 $\Theta_{\frac{1}{2}}^{(1)}$ 有

$$\hat{Y}_{\frac{1}{2}}^{(1)}\Theta_{\frac{1}{2}}^{(1)}=2\{1-(12)\}\alpha(1)\beta(2)\alpha(3)=2[\alpha(1)\beta(2)-\alpha(2)\beta(1)]\alpha(3)$$

故有

$$\Theta^{(1)}_{\frac{1}{2}\frac{1}{2}}=\left[\alpha(1)\beta(2)-\alpha(2)\beta(1)\right]\alpha(3) \tag{1.14.16}$$

同样有

$$\Theta^{(2)}_{\frac{1}{2}\frac{1}{2}}=\left[\alpha(1)\beta(3)-\alpha(3)\beta(1)\right]\alpha(2) \tag{1.14.17}$$

$\Theta_{\frac{3}{2}\frac{3}{2}}$、$\Theta^{(1)}_{\frac{1}{2}\frac{1}{2}}$和$\Theta^{(2)}_{\frac{1}{2}\frac{1}{2}}$都符合式(1.14.9). 今后，可以由 Young 表按式(1.14.9)直接写出对应的自旋本征函数. 自旋本征函数$\Theta_{\frac{3}{2}\frac{1}{2}}$、$\Theta_{\frac{3}{2}-\frac{1}{2}}$、$\Theta_{\frac{3}{2}-\frac{3}{2}}$、$\Theta^{(1)}_{\frac{1}{2}-\frac{1}{2}}$和$\Theta^{(2)}_{\frac{1}{2}-\frac{1}{2}}$可以用降算符分别从$\Theta_{\frac{3}{2}\frac{3}{2}}$、$\Theta^{(1)}_{\frac{1}{2}\frac{1}{2}}$和$\Theta^{(2)}_{\frac{1}{2}\frac{1}{2}}$得到.

从以上例子可以看到，被投影函数$\Theta^{(w)}_{M_S=S}$的选择对简化计算十分重要. 如果所选的$\Theta^{(w)}_{M_S=S}$与 Young 表对应，即编号在 Young 表第一行的电子自旋指定为$\alpha$，在第二行的电子自旋指定为$\beta$，则 Young 算符[见式(1.14.10)]中两个对称化算符作用的结果并不使被投影函数发生变化(除了一个无关重要的常数因子)，否则函数形式将变得十分复杂. 例如，如果式(1.14.14)的被投影函数选为

$$\Theta^{(1)}_{\frac{1}{2}}=\alpha(1)\beta(3)\alpha(2) \tag{1.14.18}$$

在 Young 算符(1.14.15)的对称化算符作用下将得到两项

$$\alpha(1)\alpha(2)\beta(3)+\alpha(2)\alpha(3)\beta(1) \tag{1.14.19}$$

从而使计算变得复杂. 当然，实际应用时直接用式(1.14.9)写出自旋本征函数，不必再考虑被投影函数的选择问题.

必须指出，按式(1.14.9)建造的自旋本征函数，当 $S$ 值不同时(它们来自不同的 Young 图)是正交的，具有相同 $S$ 值的$n_S$个自旋本征函数$\Theta^{(i)}_{SS}$($i=1,2,\cdots,n_S$，它们来自同一 Young 图的不同 Young 表)是线性无关的，但不一定正交，可以用 Schmidt 方法将它们正交归一化. 也可以用正交化的 Young 算符直接建造正交归一化的$n_S$个$\Theta^{(i)}_{SS}$，所得到的正交归一化的$n_S$个$\Theta^{(i)}_{SS}$一般不再具有式(1.14.9)的形式. 对此，我们不再做进一步讨论.

## 1.15 价 键 理 论

价键理论和分子轨道理论是波函数理论框架内处理化学键问题的两种理论方法. 以上几节较为系统地介绍了分子轨道理论，本节将简要介绍价键理论.

价键理论是在 Heitler 和 London 用量子力学处理氢分子问题所得结果的基础上发展起来的，因此想要了解价键理论的基本精神，必须先了解 Heitler 和 London 的工作.

### 1.15.1 Heitler-London 波函数

图 1.15.1 给出了氢分子的原子坐标，图中 $A$ 和 $B$ 分别标记两个氢原子核，1 和 2 分别标记两个电子，$R$ 为两原子核间的距离，$r_{A1}$是电子 1 到核 $A$ 的距离，余类推. 电子运动的定态 Schrödinger 方程为

$$\hat{H}\Psi = E\Psi \tag{1.15.1}$$

式中，Hamilton 算符 $\hat{H}$ 为(图 1.15.1)

$$\hat{H} = -\frac{1}{2}\nabla_1^2 - \frac{1}{2}\nabla_2^2 - \frac{1}{r_{A1}} - \frac{1}{r_{A2}} - \frac{1}{r_{B1}} - \frac{1}{r_{B2}} + \frac{1}{r_{12}} + \frac{1}{R} \tag{1.15.2}$$

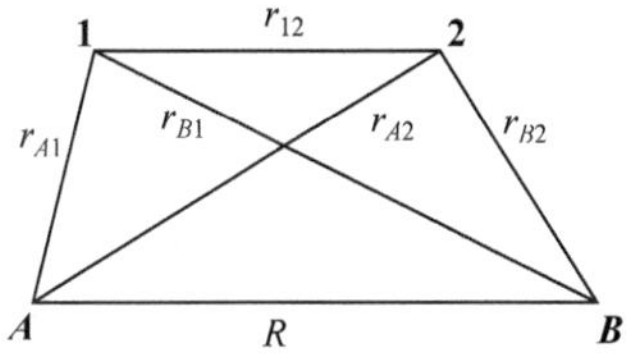

图 1.15.1　氢分子的原子坐标

定义

$$\hat{h}_A = -\frac{1}{2}\nabla_1^2 - \frac{1}{r_{A1}}, \quad \hat{h}_B = -\frac{1}{2}\nabla_2^2 - \frac{1}{r_{B2}} \tag{1.15.3}$$

则有

$$\hat{H} = \hat{h}_A + \hat{h}_B - \frac{1}{r_{A2}} - \frac{1}{r_{B1}} + \frac{1}{r_{12}} + \frac{1}{R} \tag{1.15.4}$$

式(1.15.3)定义的单电子算符 $\hat{h}_A$ 和 $\hat{h}_B$，不仅与前几节所用的分子中的单电子算符 $\hat{h}'$ 不同，而且与式(1.3.3)中的 $\hat{h}_i$ 也不同，这里 $\hat{h}_A$ 和 $\hat{h}_B$ 分别表示电子 1 和 2 各自单独在核 $A$ 和核 $B$ 的势场中运动，即它们分别是两个孤立氢原子的 Hamilton 量，其中不包含另一个核的吸引作用，也不包含来自另一个原子的电子的排斥作用. 当两原子相距无穷远时，由图 1.15.1 可以看出，Hamilton 算符(1.15.4)可简化为

$$\hat{H}_0 = \hat{h}_A + \hat{h}_B \tag{1.15.5}$$

即此时氢分子的 Hamilton 量是两个孤立氢原子 Hamilton 量的直和，因此当两原子相距无穷远时，Schrödinger 方程(1.15.1)简化为

$$\hat{H}_0\Phi = E^{(0)}\Phi \tag{1.15.6}$$

$$E^{(0)} = \varepsilon_A + \varepsilon_B \tag{1.15.7}$$

$\varepsilon_A$、$\varepsilon_B$ 为孤立氢原子的能量. 先考虑波函数的空间部分，$\hat{H}_0$ 的本征函数的空间部分应为两个氢原子空间轨道的直接积. 为了简化记号，用 $a$ 和 $b$ 分别标记两个氢原子的 1s 空间轨道. 由于电子的不可分辨性，原子轨道的直积有两个，即

$$\Phi_1 = a(1)b(2), \qquad \Phi_2 = a(2)b(1) \tag{1.15.8}$$

式(1.15.8)中的两个波函数是简并的(两个波函数对应同一能级)，称为交换简并，氢分子 Hamilton 算符 $\hat{H}$ 的零级近似波函数应该是二者的线性组合. 有两种组合方法，一种是对称组合，将两式相加；另一种是反对称组合，将两式相减. 即有

$$a(1)b(2) + a(2)b(1), \qquad a(1)b(2) - a(2)b(1) \tag{1.15.9}$$

进一步考虑自旋，包含自旋后波函数必须是反对称的. 如果空间函数是对称的，则自旋函数必须是反对称的，这样的反对称自旋函数只有一个，因此总波函数也只有一个，即为单重态，

$$^1\Psi = N\left[a(1)b(2) + a(2)b(1)\right]\frac{1}{\sqrt{2}}\left[\alpha(1)\beta(2) - \alpha(2)\beta(1)\right] \tag{1.15.10}$$

如果空间函数是反对称的，则自旋函数必须是对称的. 对称的自旋函数可以有三个，于是有三重态波函数

$$^3\Psi = N'\left[a(1)b(2) - a(2)b(1)\right]\begin{cases} \alpha(1)\alpha(2) \\ \dfrac{1}{\sqrt{2}}\left[\alpha(1)\beta(2) + \alpha(2)\beta(1)\right] \\ \beta(1)\beta(2) \end{cases} \tag{1.15.11}$$

式(1.15.10)和式(1.15.11)中，$N$ 和 $N'$ 为归一化常数，归一化的原子轨道为

$$a(i)=1s_a(i)=\frac{1}{\sqrt{\pi}}e^{-r_{ai}} \tag{1.15.12}$$

$$b(i)=1s_b(i)=\frac{1}{\sqrt{\pi}}e^{-r_{bi}} \tag{1.15.13}$$

将原子轨道 $a$ 和 $b$ 的重叠积分记作

$$M_{ab}=\langle a(1)|b(1)\rangle \tag{1.15.14}$$

则式(1.15.10)和式(1.15.11)中的归一化常数分别为

$$N=\left[2\left(1+M_{ab}{}^2\right)\right]^{-\frac{1}{2}}, \quad N'=\left[2\left(1-M_{ab}{}^2\right)\right]^{-\frac{1}{2}} \tag{1.15.15}$$

式(1.15.10)和式(1.15.11)给出的波函数称为 Heitler-London 波函数.

将式(1.15.10)和式(1.15.11)分别代入式(1.15.1)，因 Hamilton 量 $\hat{H}$ [见式(1.15.2)]中不含自旋，故可将自旋函数积分，得

$${}^1E=\langle {}^1\Psi|\hat{H}|{}^1\Psi\rangle=\frac{1}{1+M_{ab}^2}\left[\langle a(1)b(2)|\hat{H}|a(1)b(2)\rangle+\langle a(1)b(2)|\hat{H}|b(1)a(2)\rangle\right]=\frac{Q+K}{1+M_{ab}{}^2} \tag{1.15.16}$$

$${}^3E=\langle {}^3\Psi|\hat{H}|{}^3\Psi\rangle=\frac{Q-K}{1-M_{ab}{}^2} \tag{1.15.17}$$

其中

$$Q=\langle a(1)b(2)|\hat{H}|a(1)b(2)\rangle,\quad K=\langle a(1)b(2)|\hat{H}|b(1)a(2)\rangle \tag{1.15.18}$$

$Q$ 和 $K$ 分别称为 Coulomb 积分和交换积分. 有关 Coulomb 积分和交换积分的概念，我们以后会做详细介绍，这里暂不讨论.

由于 Hamilton 量 $\hat{H}$ 与核间距 $R$ 有关[见式(1.15.2)]，${}^1E$ 和 ${}^3E$ 都是核间距 $R$ 的函数. 给 $R$ 不同的值，逐点计算出 $Q$、$K$ 和 $M_{ab}$，进而求得能量 ${}^1E$ 和 ${}^3E$，将表示 ${}^1E$ 和 ${}^3E$ 的点分别连接起来就可以得到二者随 $R$ 变化的曲线，本节不介绍具体的计算细节，仅叙述计算结果. 如果取孤立氢原子基态的能量 $\varepsilon_{\mathrm{H}}^0=0$，则由式(1.15.7)可知，两核相距无穷远时氢分子的能量为零，于是可得如图 1.15.2 所示的能量曲线.

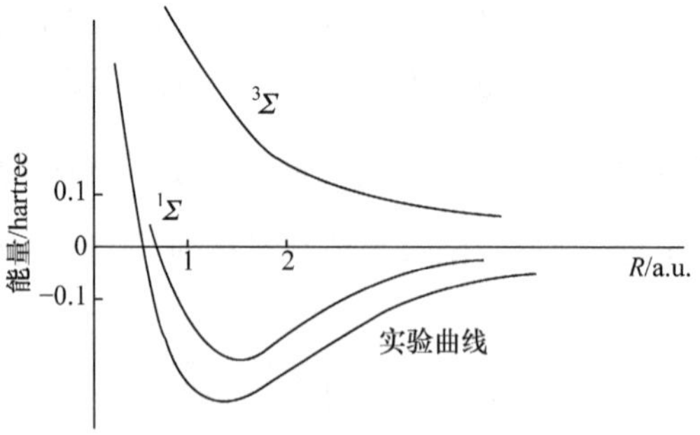


图 1.15.2 氢分子的势能曲线(价键法)

图 1.15.2 中，${}^1\Sigma$ 和 ${}^3\Sigma$ 分别为单重态和三重态的能量曲线，符号 $\Sigma$ 是点群 $D_{\infty h}$ 的一维不可

约表示的标记(氢分子具有 $D_{\infty h}$ 对称性). 从图中可以看到，对于三重态 $^3\Sigma$，当两个氢原子从无穷远开始相互靠近时，体系的能量一直上升，始终表现为相互排斥；而对于单重态 $^1\Sigma$，当两个氢原子相互靠近时，体系的能量先下降，达到极小值后再上升，形成一个阱，两个原子被束缚在阱中而形成稳定分子. 与能量极小值对应的核间距称为平衡核间距或平衡键长，阱的深度被定义为结合能. 按式(1.15.16)计算的平衡键长 $R_0 = 0.080\text{nm}$，结合能 $D = 3.20\text{eV}$，而实验值 $R_0 = 0.074\text{nm}$，$D = 4.75\text{eV}$. 这表明，计算得到的阱的位置和深度都与实验值有差别. 为便于比较，图 1.15.2 中也给出了能量曲线的实验观测结果.

以上处理氢分子的方法是 Heitler-London 首先提出的，因此称为 Heitler-London 方法. 虽然 Heitler-London 方法所得的结果与实验值还有较大差距，但它提供了许多重要的物理思想，并具有明确的物理图像. 在单重态 $^1\Sigma$，两个氢原子各提供一个电子，两个电子配对并被两个氢原子共用，因而形成了稳定分子；而在电子自旋不配对的 $^3\Sigma$ 态，两个氢原子相互排斥，因而不能形成稳定分子. 这一事实表明，两个原子能形成化学键，就在于所共用的两个电子自旋配对，从而用量子理论解释了化学键的成因，建立了现代价键理论的基础. 因此，在 Heitler-London 工作的基础上发展起来的价键理论又称为电子配对理论.

需要说明的是，1.14 节给出的建造波函数的方法更为系统，适用范围更为广泛，但为了说明 Heitler-London 方法的基本思想，我们沿用了 Heitler-London 方法建造波函数，而没有采用 1.14 节的方法.

### 1.15.2　等价 Hamilton 算符

式(1.15.10)和式(1.15.11)给出的 Heitler-London 波函数都是自旋本征函数，故有

$$\left\langle \Psi \middle| \hat{S}^2 \middle| \Psi \right\rangle = S(S+1) \tag{1.15.19}$$

再利用

$$\hat{S}^2 = \hat{s}_1^2 + \hat{s}_2^2 + 2\vec{s}_1 \cdot \vec{s}_2$$

得到

$$\left\langle \Psi \middle| \hat{S}^2 \middle| \Psi \right\rangle = 2 \cdot \frac{3}{4} + \left\langle \Psi \middle| 2\vec{s}_1 \cdot \vec{s}_2 \middle| \Psi \right\rangle$$

与式(1.15.19)联立，得

$$\vec{s}_1 \cdot \vec{s}_2 \left| \Psi \right\rangle = \left[ \frac{1}{2} S(S+1) - \frac{3}{4} \right] \left| \Psi \right\rangle \tag{1.15.20}$$

对于单态，$S = 0$，有

$$\vec{s}_1 \cdot \vec{s}_2 \left| {}^1\Psi \right\rangle = -\frac{3}{4} \left| {}^1\Psi \right\rangle$$

对于三重态，$S = 1$，有

$$\vec{s}_1 \cdot \vec{s}_2 \left| {}^3\Psi \right\rangle = \frac{1}{4} \left| {}^3\Psi \right\rangle$$

因此，$^1\Psi$ 和 $^3\Psi$ 不仅是 $\hat{s}_1^2$、$\hat{s}_2^2$ 和 $\hat{S}^2$ 的本征函数，也是 $\vec{s}_1 \cdot \vec{s}_2$ 的本征函数. 从而，虽然 $H_2$ 分子的 Hamilton 量与自旋无关，只是空间坐标的函数，但是可以定义一个只与自旋有关的等价

Hamilton 算符

$$\hat{H}^S = Q - \frac{K}{2} - 2K\vec{s}_1 \cdot \vec{s}_2 \tag{1.15.21}$$

其中，$Q$ 和 $K$ 由式(1.15.18)定义. 当用 $\hat{H}^S$ 计算 ${}^{1,3}\Psi$ 态的能量时，由式(1.15.20)可得

$${}^{1,3}E = \left\langle {}^{1,3}\Psi \left| Q - \frac{K}{2} - 2K\vec{s}_1 \cdot \vec{s}_2 \right| {}^{1,3}\Psi \right\rangle = Q - \frac{K}{2} - 2K\left[\frac{1}{2}\,{}^{1,3}S\left({}^{1,3}S + 1\right) - \frac{3}{4}\right]$$

于是有

$${}^{1,3}E = Q \pm K$$

如果利用体系的 Hamilton 算符 $\hat{H}$ 直接计算 ${}^{1,3}\Psi$ 态的能量，当忽略重叠积分 $M_{\mathrm{ab}}^2$ 时，由式(1.15.16)和式(1.15.17)同样得

$${}^{1,3}E = \left\langle {}^{1,3}\Psi \left| \hat{H} \right| {}^{1,3}\Psi \right\rangle = Q \pm K$$

因此，在 Heitler-London 方法中，由算符 $\hat{H}$ 和 $\hat{H}^S$ 所计算出的能量是一致的，因而是等价的[注意：由式(1.15.21)定义 $\hat{H}^S$，意味着忽略重叠积分，故仅在忽略重叠积分时，算符 $\hat{H}$ 和 $\hat{H}^S$ 等价，改变 $\hat{H}^S$ 的定义，不忽略重叠积分也可使算符 $\hat{H}$ 和 $\hat{H}^S$ 等价]. 在 Heitler-London 的工作发表后不久，Dirac 和 van Vleck 等就定义了等价算符，将只与空间坐标有关的 Hamilton 算符变换成与自旋有关的算符. 在等价 Hamilton 算符中，计算能量所需的积分全部包含在 $Q$ 和 $K$ 中，可将 $Q$ 和 $K$ 作为参数而不做计算，从而大大地简化了运算，所得结果与原来的 Hamilton 算符计算结果相同. 初期的化学键量子理论大多利用等价算符开展工作.

值得注意的是，式(1.15.21)中的等价 Hamilton 算符 $\hat{H}^S$ 与自旋有关. 由于物质磁性是由粒子自旋引起的，或者说粒子自旋是物质磁性产生的根源，因此包含自旋的等价 Hamilton 算符为磁性研究提供了方便. 至今，在讨论磁共振以及分子磁性等问题时，仍然常常用与自旋有关的等价 Hamilton 算符来简化运算. 当然，在其他场合，等价 Hamilton 算符的形式可能要比式(1.15.21)复杂.

### 1.15.3 价键理论的几个基本概念

在价键理论的发展过程中，继 Heitler-London 之后，Slater、Pauling 等做出了突出贡献，因此价键理论有时也称为 HLSP 理论. 在 Pauling 等的努力下，价键理论的基本物理图像更加清晰. 粗略地说，价键理论所提供的基本物理图像是：分子中的原子提供原子轨道，或者同时提供原子轨道和电子，相邻原子通过原子轨道重叠共享配对电子，从而形成化学键. 基于这一基本物理图像，本节介绍价键理论的几个基本概念，这些概念是价键理论发展过程中的标志性成果.

首先是杂化轨道和正交轨道，这是对原子轨道概念的扩充. 杂化轨道是指同一原子角量子数不同的原子轨道组合而成的轨道. 例如，碳原子基态电子组态为 $1s^2 2s^2 2p^2$，将 2s 轨道与 2p 轨道适当组合就得到 $sp^n\,(n = 1, 2, 3)$ 杂化轨道，用杂化轨道能够很好地解释化合物的几何构型，是价键理论发展过程中的重要进展. 不同原子的原子轨道(包括杂化原子轨道)是不正交的，这使得有关计算变得十分复杂，为此，人们又提出正交轨道的概念，即通过适当方法，将原子轨道组合成正交归一化的轨道. 有多种正交归一化方法，如 Schmidt 方法、Lowdin 对称正交

化方法等. 正交轨道是不同原子的原子轨道的线性组合，已经丧失了原子轨道的本意，因此将正交轨道用于价键理论，虽然可以简化计算，但丢失了价键理论的物理图像.

其次是共振论. 有些分子中，电子可以有多种配对方式. 例如，苯分子的双键可以有多种配置方式. 从价键理论看，这些结构都是合理的，但是正如 Pauling 所指出的[20]：分子的真实基态不能用各合理结构中的任何一个表示，但可以用这些结构的组合来描述，其中每一结构贡献的大小取决于该结构的性质和稳定程度. 这时我们就说这个分子共振于几个价键结构之间. 简言之，每一种合理的价键结构都是共振结构，分子的真实结构是所有共振结构的概率加和. 共振论在分子结构理论中占据了近 30 年的统治地位，它的最大优点是，使用化学家所熟悉的结构要素，讨论那些单个价键结构不能描述的分子，生动体现了量子力学的态叠加原理. 在 1.6 节讨论原子的电子组态时，我们就引用了共振论. 历史上，共振论曾经受到过严厉批判，除了意识形态因素外，将共振论推到极端也是重要原因. 推到极端是指这样一种观点，这种观点坚持认为每种共振结构都是真实存在的，分子在这些真实存在的结构中或长或短地逗留. 这种观点显然是不正确的，因为共振并不是一种真实的物理现象，共振结构是价键理论的产物，在分子轨道理论中并不存在这些价键结构.

再次是原子的电负性. 电负性概念是由 Pauling 首先提出的，用以描述分子中原子吸引电子的能力. 利用原子的电负性，可以判断化学键的共价性和离子性. 1932 年，Pauling 首次提出电负性的热化学标度

$$|\chi_A - \chi_B| = 0.208\sqrt{\Delta} \tag{1.15.22}$$

其中

$$\Delta = D(\mathrm{AB}) - \frac{1}{2}\left[D(\mathrm{AA}) + D(\mathrm{BB})\right] \tag{1.15.23}$$

式中，$\chi_A$ 和 $\chi_B$ 分别为 A、B 两原子的电负性；$D(\mathrm{AB})$、$D(\mathrm{AA})$ 和 $D(\mathrm{BB})$ 分别为异核双原子分子 AB 和同核双原子分子 AA、BB 的键解离能. 由式(1.15.22)和式(1.15.23)，利用热化学数据就可以确定原子的相对电负性. Pauling 选定氢原子的电负性 $\chi_H = 2.1$，在此基础上可以给出每个原子电负性的绝对值. 1935 年，Mulliken 提出了一种电负性的绝对标度，定义原子的电负性为原子电离势 $(I)$ 和电子亲和势 $(A)$ 的平均值，即

$$\chi = \frac{(I + A)}{2} \tag{1.15.24}$$

任何原子的电离势和电子亲和势都是实验上可观测的，因此 Mulliken 给出的电负性标度得到广泛认同. Mulliken 电负性 $\chi^{\mathrm{M}}$ 与 Pauling 电负性 $\chi^{\mathrm{P}}$ 的关系为

$$\chi^{\mathrm{P}} = 0.336\left(\chi^{\mathrm{M}} + 0.617\right)$$

在密度泛函理论中，我们将给出电负性的精确定义.

最后是化学键的分类. 价键理论将化学键分为 σ 键、π 键、多中心键、配键等，这些名称形象地描述了所涉及的化学键的特征，成为化学学科的基本术语. 所说的 σ 键和 π 键与分子轨道理论中非线型分子的 σ 轨道和 π 轨道有些相似. 1.13.1 节较为详细地讨论了非线型分子的 σ 轨道和 π 轨道，指出非线型分子的 σ 和 π 轨道与线型分子的 σ 和 π 轨道不同. 同样，价键理论中的 σ 键和 π 键与分子轨道理论中线型分子的 σ 轨道和 π 轨道也不同. 价键理论通常按价键函数(如 Heitler-London 函数，或者简单地看作组成化学键的原子轨道)的性质或者成键区域电

子云的形状来区分化学键，例如，σ 键的价键函数或者电子云关于键轴(即成键两原子间的连线)对称，π 键的价键函数关于分子平面反对称，或者说电子云关于分子平面对称. 应当说，化学键的这些名称是分子轨道理论和价键理论相互影响和融合的结果.

价键理论提出了化学键概念，揭示了化学键的成因，并很好地解释了化学键的方向性和饱和性，从而为研究分子的几何形状(分子的几何结构)，进而研究分子的结构-性能关系奠定了基础.

### 1.15.4　仅包含空间坐标的组态与波函数的建造

设有一组单电子空间函数

$$\{\varphi_1, \varphi_2, \cdots, \varphi_m\} \tag{1.15.25}$$

对于 $N$ 电子体系，从集合(1.15.25)中任意挑选出 $N$ 个单电子函数做乘积，每个单电子函数最多可以被重复使用两次，于是有 $N$ 电子空间函数集合

$$\left\{\Omega_{i_1 i_2 \cdots i_N} = \varphi_{i_1}(1)\varphi_{i_2}(2)\cdots\varphi_{i_N}(N),\ i_1, i_2, \cdots, i_N \subset (1, 2, \cdots, m)\right\} \tag{1.15.26}$$

式中，$i_1, i_2, \cdots, i_N$ 表示乘积函数 $\Omega$ 中包含的单电子态. 为了方便，将 $\Omega$ 用正整数重新编号，由于每个单粒子态最多可以使用两次，因此从集合(1.15.25)能够得到的 $N$ 电子空间函数 $\Omega$ 的个数为

$$n_r = \sum_{k=0}^{\left[\frac{N}{2}\right]} \binom{m-k}{N-2k} \binom{m}{k} \tag{1.15.27}$$

式中，$k$ 为使用两次的轨道数目；$\binom{m}{k}$ 为从 $m$ 个轨道中选取 $k$ 个使用两次的轨道的选法，由于每一空间函数 $\Omega$ 中包含 $N$ 个单电子函数，除去 $k$ 个两次使用的单电子态之外，还应从 $(m-k)$ 个单电子函数中选择 $(N-2k)$ 个使用一次的单电子函数，才能建造一个空间函数 $\Omega$；$\left[\dfrac{N}{2}\right]$ 表示取 $\dfrac{N}{2}$ 的整数. 于是，$N$ 电子空间函数集合(1.15.26)可以重写为

$$\Omega^{(1)}, \Omega^{(2)}, \cdots, \Omega^{(n_r)} \tag{1.15.28}$$

这里，为了下面符号统一，将 $N$ 电子空间函数 $\Omega$ 的编号写在字母的右上角. 称式(1.15.28)中的每一个空间函数为一个组态，因此每一个组态都是一个 $N$ 电子空间函数，它是 $N$ 个单电子空间函数的乘积. 下面讨论如何由式(1.15.28)给出的仅包含空间坐标的组态函数建造 $N$ 电子波函数.

1.14 节指出，$N$ 电子体系总自旋本征函数 $\Theta_{SM_S}$ 的个数为 $n_S$ [见式(1.14.1)]，

$$n_S = \binom{N}{\frac{N}{2}-S} - \binom{N}{\frac{N}{2}-S-1} \tag{1.15.29}$$

即有自旋本征函数 $\Theta_{SM_S}$ 的集合为

$$\Theta_{SM_S}^{(1)}, \Theta_{SM_S}^{(2)}, \cdots, \Theta_{SM_S}^{(n_S)} \tag{1.15.30}$$

从集合(1.15.28)中任取一个空间函数 $\Omega$ 与集合(1.15.30)中的任意一个自旋本征函数 $\Theta_{SM_S}$ 相乘，然后反对称化就得到一个 $N$ 电子波函数. 对于正交归一化的单电子态，为了得到正交归一

化的 $N$ 电子波函数集合，通常在反对称化算符 $\hat{A}$ 前增加因子 $\sqrt{N!}$，当单电子态不正交时，为了使公式统一，因子 $\sqrt{N!}$ 仍然保留，于是有 $N$ 电子波函数集合，

$$\Phi_{SM_S}^{(l)}=\sqrt{N!}\hat{A}\left\{\Omega^{(i)}\Theta_{SM_S}^{(j)}\right\}$$

$$l=1,2,\cdots,n\,,\quad i=1,2,\cdots,n_r\,,\quad j=1,2,\cdots,n_S \tag{1.15.31}$$

其中，$n$ 为 $N$ 电子波函数 $\Phi_{SM_S}$ 的个数. 关于式(1.15.31)做如下说明：第一，按式(1.15.31)建造的函数 $\Phi_{SM_S}^{(l)}$ 中，有些可能等于零，有些可能彼此相同. 例如，当 $\Omega^{(i)}$ 中有某一空间轨道使用两次，而这一空间轨道又与相同的自旋函数匹配时就会有 $\Phi_{SM_S}^{(l)}=0$ (违背了 Pauli 不相容原理). 由于这两种原因，式(1.15.31)中线性独立的 $\Phi_{SM_S}^{(l)}$ 的个数 $n\leqslant n_k n_S$. 第二，通常情况下，$\Phi_{SM_S}^{(l)}$ 是行列式的线性组合，其组合系数不是变分参数，而是由自旋对称性决定的确定数值. 第三，在反对称化之前，$\Phi_{SM_S}^{(l)}$ 可以分成空间和自旋两部分，但在反对称化之后，除了两电子体系之外，$\Phi_{SM_S}^{(l)}$ 不能再分成空间和自旋两部分(无法再把自旋和空间两部分分开). 第四，我们已多次指出，反对称化算符不改变自旋，因此 $\Phi_{SM_S}^{(l)}$ 仍然是自旋本征函数，本征值不变，即与自旋函数 $\Theta_{SM_S}^{(j)}(s_1,s_2,\cdots,s_N)$ 所属的本征值相同.

现以 $N=4$，$S=0$ 为例来说明以上关于式(1.15.31)的讨论. 按式(1.15.29)，有两个自旋本征函数，即 $n_S=2$ [见式(1.14.9)]

$$\Theta_{00}^{(1)}(1,2,3,4)=\left[\alpha(1)\beta(2)-\alpha(2)\beta(1)\right]\left[\alpha(3)\beta(4)-\alpha(4)\beta(3)\right]$$

$$\Theta_{00}^{(2)}(1,2,3,4)=\left[\alpha(1)\beta(3)-\alpha(3)\beta(1)\right]\left[\alpha(2)\beta(4)-\alpha(4)\beta(2)\right]$$

假定只取一个空间函数

$$\Omega=\varphi_1(1)\varphi_2(2)\varphi_3(3)\varphi_4(4)$$

则有

$$\begin{aligned}\Phi_{00}^{(1)}=A\left\{\Omega\Theta_{00}^{(1)}\right\}&=D\left|\varphi_1\alpha\varphi_2\beta\varphi_3\alpha\varphi_4\beta\right|-D\left|\varphi_1\beta\varphi_2\alpha\varphi_3\alpha\varphi_4\beta\right|\\&\quad-D\left|\varphi_1\alpha\varphi_2\beta\varphi_3\beta\varphi_4\alpha\right|+D\left|\varphi_1\beta\varphi_2\alpha\varphi_3\beta\varphi_4\alpha\right|\end{aligned}\tag{1.15.32}$$

$$\begin{aligned}\Phi_{00}^{(2)}=A\left\{\Omega\Theta_{00}^{(2)}\right\}&=D\left|\varphi_1\alpha\varphi_2\alpha\varphi_3\beta\varphi_4\beta\right|-D\left|\varphi_1\alpha\varphi_2\beta\varphi_3\beta\varphi_4\alpha\right|\\&\quad-D\left|\varphi_1\beta\varphi_2\alpha\varphi_3\alpha\varphi_4\beta\right|+D\left|\varphi_1\beta\varphi_2\beta\varphi_3\alpha\varphi_4\alpha\right|\end{aligned}\tag{1.15.33}$$

本例中有两个自旋本征函数，但只取了一个组态函数，因此得到两个多电子波函数 $\Phi_{00}^{(l)}$. 可以看到，它们都是四个行列式的组合，而且组合系数是完全确定的. 如果在组态函数 $\Omega$ 中取 $\varphi_1=\varphi_2$，$\varphi_3=\varphi_4$，即取空间轨道两两相同，则式(1.15.32)和式(1.15.33)将变为同一个行列式函数(略去不重要的常数因子)，

$$\Phi_{00}=D\left|\varphi_1\alpha\varphi_1\beta\varphi_3\alpha\varphi_3\beta\right| \tag{1.15.34}$$

这就是说，得到的多电子波函数的数目小于组态个数与自旋函数个数的乘积. 此外，无论式(1.15.32)、式(1.15.33)还是式(1.15.34)，都不能再分成自旋和空间两部分. 但对于双电子体系，无论单重态还是三重态波函数都可以写成自旋和空间两部分，如式(1.15.10)和式(1.15.11)所示.

读者可以自行验证.

以上讨论，无论对分子轨道理论还是对价键理论都是成立的. 式(1.15.25)中的单电子函数的选择是任意的，只要满足“品优”条件即可. 习惯上，在分子轨道理论中，单电子函数选作分子轨道，在原子问题或分子的价键理论中，单电子函数选作原子轨道. 不过前面已经指出，在价键理论中，原子轨道的概念已被扩展，包括通常意义上的原子轨道，也包括杂化轨道和正交轨道等.

我们已经多次讨论过组态这一概念. 组态可以是 Slater 行列式，可以是电子组态，还可以是谱项波函数. 现在又将式(1.15.28)中的 $N$ 电子空间函数称为组态，这里所说的组态与之前讨论过的组态有什么区别和联系？事实上，式(1.15.28)给出的组态与前面所说的组态的最大区别在于，式(1.15.28)给出的组态不包含自旋，但由这两种组态出发建造 $N$ 电子波函数，所得的结果是一致的. 让我们来做具体分析. 首先，对于分子轨道理论来说，如果式(1.15.25)中的单电子函数为 $m$ 个空间分子轨道，于是有 $2m$ 个自旋轨道，可以构成 $\begin{pmatrix}2m\\N\end{pmatrix}$ 个 Slater 行列式，假定属于同一开壳层的分子轨道全部包含或者全部不包含在式(1.15.25)中，则这些行列式代表了一个电子组态，由此可以建造谱项波函数；如果式(1.15.25)中的单电子函数为 $m$ 个原子轨道，则相当于选定了基组，在此基础上可以得到 $m$ 个空间分子轨道，将 $2m$ 个自旋分子轨道作为单电子态，同样可以得到电子组态和谱项波函数. 下面分析从式(1.15.28)出发所得的结果. 我们有 $N$ 个自旋函数的乘积构成的 $N$ 电子自旋函数，即

$$\Theta_{M_S}=\prod_i \sigma(i)=\sigma(1)\sigma(2)\cdots\sigma(N),\quad \sigma=\alpha,\beta \tag{1.15.35}$$

$\Theta_{M_S}$ 是 $N$ 电子总自旋分量算符 $\hat{S}_z$ 的本征函数，本征值 $M_S=\frac{1}{2}(N_\alpha-N_\beta)$，$N_\alpha$ 和 $N_\beta$ 分别为式(1.15.35)中包含的 $\alpha$ 和 $\beta$ 自旋数目. 由于每一个 $\sigma$ 都可取 $\alpha$ 和 $\beta$ 两种态，因此式(1.15.35)中包含 $2^N$ 个自旋函数 $\Theta_{M_S}$. 将式(1.15.28)中的组态函数 $\Omega$ 与式(1.15.35)中的自旋函数 $\Theta_{M_S}$ 相乘，然后反对称化，如果不为零(如果 $\Omega$ 中有重复使用的单电子空间函数，当重复使用的单电子空间函数与 $\Theta_{M_S}$ 中的两个相同自旋匹配时，所得结果为零)，则得到一个 Slater 行列式，这样的行列式个数必然为 $\begin{pmatrix}2m\\N\end{pmatrix}$，这样就回到了前面用分子轨道理论所做的讨论. 现在，我们用式(1.15.28)中的组态函数 $\Omega$ 不是与式(1.15.35)中的自旋函数 $\Theta_{M_S}$ 相乘，而是与式(1.15.30)的总自旋本征函数 $\Theta_{SM_S}$ 相乘并反对称化，即通过式(1.15.31)将 $N$ 电子波函数按自旋做了分类. 式(1.15.31)中的波函数与谱项波函数的差别是，其中的空间函数不是分子点群不可约表示的基. 如果将空间函数建造成点群不可约表示 $\Lambda$ 的基 $\Xi$，将 $\Xi$ 与自旋本征函数 $\Theta_{SM_S}$ 复合再反对称化就可得到谱项波函数 $\Phi_{\Lambda TSM_S}=\hat{A}\left\{\Xi_{\Lambda T}\Theta_{SM_S}\right\}$. 简言之，式(1.15.31)只是将 $N$ 电子波函数按自旋做了分类，而没有按点群对称性做进一步分类. 但是，1.13 节已经指出，我们不需要一般性地讨论分子所属点群不可约表示基的建造，只需要对具体分子作具体分析，用子群或者群的生成元就能做到. 这就是说，对分子轨道理论来说，可以从式(1.15.28)给出的组态函数出发建造形如式(1.15.31)的 $N$ 电子波函数，如果需要，再从式(1.15.31)的波函数出发建造分子点群不可约表示的基，进而得到谱项波函数. 1.16 节将以氢分子为例，见证从式(1.15.31)的波函数出发可以建造分子点群不可约表示的基. 其次，对价键理论来说，式(1.15.25)中的单电子函数选

作 $m$ 个原子轨道(包括杂化轨道等)，并由原子轨道直接建造式(1.15.28)中的组态函数. 重复上边的讨论，如果用式(1.15.28)中的组态函数 $\Omega$ 与式(1.15.35)中的自旋函数 $\Theta_{M_S}$ 相乘，然后反对称化，如果不为零(如果 $\Omega$ 中有重复使用的单电子空间函数，当重复使用的单电子空间函数与 $\Theta_{M_S}$ 中的两个相同自旋匹配时，所得结果为零)，就将得到一个 Slater 行列式，这样的行列式个数必然为 $\begin{pmatrix}2m\\N\end{pmatrix}$. 值得注意的是，现在 Slater 行列式中的单电子态为原子轨道. 由于分子轨道与原子轨道可以相互线性表示，因此，这里的 $\begin{pmatrix}2m\\N\end{pmatrix}$ 个行列式与前面分子轨道理论中的 $\begin{pmatrix}2m\\N\end{pmatrix}$ 个行列式是等价的，它们之间通过一个线性变换相联系，这样也就回到了我们前面用分子轨道理论所做的讨论，按照这种思路继续推导谱项波函数，将得到与分子轨道理论完全相同的结果. 现在，我们用式(1.15.28)中的组态函数 $\Omega$ 不是与式(1.15.35)中的自旋函数 $\Theta_{M_S}$ 相乘，而是与式(1.15.30)的总自旋本征函数 $\Theta_{SM_S}$ 相乘并反对称化，即通过式(1.15.31)将 $N$ 电子波函数按自旋做了分类. 式(1.15.31)中的波函数与谱项波函数的差别是，其中的空间函数不是分子点群不可约表示的基. 如果将空间函数建造成点群不可约表示 $\Lambda$ 的基 $\Xi$，将 $\Xi$ 与总自旋本征函数 $\Theta_{SM_S}$ 复合再反对称化就可得到谱项波函数 $\Phi_{\Lambda TSM_S}=\hat{A}\left\{\Xi_{\Lambda T}\Theta_{SM_S}\right\}$. 简言之，式(1.15.31)只是将 $N$ 电子波函数按自旋做了分类，而没有按点群对称性做进一步分类. 但是注意：价键理论的物理图像是价键结构，式(1.15.28)中的空间函数能够与价键图像相匹配，如果将式(1.15.28)中的空间函数组合成分子所属点群不可约表示的基，则价键图像不复存在，因此，价键理论更习惯于从式(1.15.28)的组态函数出发建造形如式(1.15.31)的 $N$ 电子价键波函数，如果需要，再从式(1.15.31)的价键波函数出发建造分子点群不可约表示的基，进而得到谱项波函数. 1.16 节将以氢分子为例，见证从式(1.15.31)的价键波函数出发可以建造分子点群不可约表示的基. 根据前面讨论，如果从式(1.15.25)中的 $m$ 个原子轨道出发建造 $N$ 电子波函数，不做其他任何近似，则对任何分子体系，无论用分子轨道方法还是用价键方法处理，所得结果完全相同. 但如果分子轨道方法和价键方法分别作近似，由于两种方法处理问题的角度不同，近似等级有区别，因此所得结果会有较大差别.

以上讨论可归纳如下：从式(1.15.25)给定的单粒子空间函数(即空间轨道，可以是分子轨道，也可以是原子轨道)出发建造 $N$ 电子谱项波函数，可以有两种途径. 一是，由式(1.15.25)的 $m$ 个空间轨道得到 $2m$ 个自旋轨道，由此可以建造 $\begin{pmatrix}2m\\N\end{pmatrix}$ 个行列式，进而建造谱项波函数；二是，由式(1.15.25)的 $m$ 个空间轨道建造式(1.15.28)的组态函数，然后由式(1.15.31)建造自选本征函数，进而建造谱项波函数. 如果不做近似，则这两种途径的最终结果是一致的.

### 1.15.5　价键理论中的电子组态

通过以上分析，我们找到了各种组态之间的关联，从而对组态概念有了新的认识. 为了进一步加深对组态概念的了解，简单比较分子轨道理论和价键理论中的电子组态. 在分子轨道理论中，用算符 $\hat{H}_0=\sum_i \hat{h}_i'$ 来近似表达分子体系的 Hamilton 算符 $\hat{H}$，其中的单电子算符 $\hat{h}'$ 不仅包含 Hamilton 算符 $\hat{H}$ 中的单电子算符 $\hat{h}$ [见式(1.3.3)]的全部项，而且部分包含电子间的排斥作用. 分子轨道是单电子算符 $\hat{h}'$ 的本征函数，是分子所属对称群不可约表示的基，因此按照分子

轨道理论，分子的电子组态为

$$(n_1\lambda_1)^{x_1}(n_2\lambda_2)^{x_2}\cdots(n_k\lambda_k)^{x_k}\cdots \tag{1.15.36}$$

分子的电子组态是分子电子结构的近似描述，在微扰 $\hat{H}'=\hat{H}-\hat{H}_0$ 作用下，电子组态分裂为谱项. 因此，分子轨道理论从分子轨道出发建造多电子函数. 在价键理论中，如式(1.15.5)所示，用算符 $\hat{H}_0=\sum_a \hat{h}_a$ 来近似表达分子体系的 Hamilton 算符 $\hat{H}$，其中的求和指标 $a$ 代表原子，即单电子算符 $\hat{h}_a$ 是孤立原子 $a$ 的单电子 Hamilton 算符，它就是 1.6.2 节中讨论过的多电子原子中的单电子算符 $\hat{h}'$[式(1.15.3)给出的单电子算符仅适用于单电子原子]. 注意到，$\hat{h}_a$ 中不包含除原子核 $a$ 以外的其他核对 $a$ 原子的电子的吸引作用，也不包含来自其他原子的电子的排斥作用. 设原子 $a$ 有 $N_a$ 个电子，则将提供 $N_a$ 个单电子算符 $\hat{h}_a$[参见式(1.6.21)]，若分子体系含 $N$ 个电子，则分子中所有原子提供的单电子算符总数为 $N\left(N=\sum_a N_a\right)$，与分子轨道理论中的单电子算符数目一致[参见式(1.10.26)]. 单电子算符 $\hat{h}_a$ 的本征函数是孤立原子的原子轨道，因此按照价键理论，作为分子电子结构的近似描述，分子的电子组态应为

$$\left(n_1^a l_1^a\right)^{x_1^a}\left(n_2^a l_2^a\right)^{x_2^a}\cdots\left(n_1^b l_1^b\right)^{x_1^b}\left(n_2^b l_2^b\right)^{x_2^b}\cdots \tag{1.15.37}$$

式中，$a,b,\cdots$ 标记不同的原子；$n$、$l$ 为孤立原子的原子轨道量子数；$\chi=0,1,2,\cdots$ 为原子轨道上的电子数. 可以看到，在价键理论中，分子的电子组态是将原子的电子组态耦合在一起得到的. 分子中的每一原子都会提供原子轨道，通过原子轨道重叠并共用配对电子形成分子的价键结构. 因此，价键理论从原子轨道出发建造多电子波函数.

从以上分析可以看到，分子轨道理论和价键理论对于零级 Hamilton 量的处理是有区别的，因而两者有着不同的物理图像.

### 1.15.6　价键理论中的组态相互作用

现在讨论价键理论中的组态相互作用. 可以用不同方法建造式(1.15.30)的自旋本征函数，但是 1.14 节介绍的用 Young 图法建造的自旋本征函数更适合价键理论，因为，这种自旋本征函数与电子配对相联系. 选用 Young 图法建造自旋本征函数，则 $M_S=S$.

如果从式(1.15.28)中只取一个组态，即只取一个 $N$ 电子空间函数用于建造价键波函数，则称为单组态近似. 选用 Young 图法建造自旋本征函数，则单组态近似的 $N$ 电子波函数为

$$\Phi_{SS}^{(i)}=\sqrt{N!}\hat{A}\left\{\Omega\Theta_{SS}^{(i)}\right\} \tag{1.15.38}$$

因此，单组态近似下，有 $n_S$ 个 $N$ 电子波函数，于是 Schrödinger 方程的解，即单组态近似的价键波函数为

$$\Psi_{SS}^{(j)}=\sum_{i=1}^{n_S}c_{ji}\Phi_{SS}^{(i)}=\sqrt{N!}\sum_{i=1}^{n_S}c_{ji}\hat{A}\left\{\Omega\Theta_{SS}^{(i)}\right\} \tag{1.15.39}$$

代入 Schrödinger 方程

$$\hat{H}\Psi=E\Psi \tag{1.15.40}$$

用 $\Phi_{SS}^{(m)}$ 左乘并对电子坐标积分，可得系数满足的方程[参见式(1.4.139)]

$$\boldsymbol{HC}=\boldsymbol{MCE} \tag{1.15.41}$$

式中，$\boldsymbol{E}$ 为分子中电子的总能量；$\boldsymbol{C}$ 为系数矩阵；$\boldsymbol{H}$、$\boldsymbol{M}$ 分别为 Hamilton 矩阵和重叠矩阵，Hamilton 矩阵和重叠矩阵都是 $n_S \times n_S$ 矩阵.

$$H_{ij}=\left\langle \Phi_{SS}^{(i)} \middle| \hat{H} \middle| \Phi_{SS}^{(j)} \right\rangle, \quad M_{ij}=\left\langle \Phi_{SS}^{(i)} \middle| \Phi_{SS}^{(j)} \right\rangle \tag{1.15.42}$$

其中

$$\Phi_{SS}^{(k)}=\sqrt{N!}\hat{A}\left\{\Omega\Theta_{SS}^{(k)}\right\} \tag{1.15.43}$$

如果从空间函数集合式(1.15.28)中选取多个组态用于建造价键波函数，则称为多组态近似.类似于上面的讨论，可得多组态近似下的价键波函数

$$\Psi_{SS}^{(j)}=\sum_i c_{ji}\Phi_{SS}^{(i)}=\sum_i\sum_{k,l} c_{ji}\hat{A}\left\{\Omega^{(k)}\Theta_{SS}^{(l)}\right\} \tag{1.15.44}$$

代入 Schrödinger 方程(1.15.40)，用 $\Phi_{SM_S}^{(l)}$ 左乘并对电子坐标积分，可得系数满足的方程

$$\boldsymbol{HC}=\boldsymbol{MCE} \tag{1.15.45}$$

其中，$\boldsymbol{E}$ 为分子中电子的总能量；$\boldsymbol{C}$ 为系数矩阵；$\boldsymbol{H}$ 和 $\boldsymbol{M}$ 分别为 Hamilton 矩阵和重叠矩阵，

$$H_{ij}=\left\langle \Phi_{SS}^{(i)} \middle| \hat{H} \middle| \Phi_{SS}^{(j)} \right\rangle, \quad M_{ij}=\left\langle \Phi_{SS}^{(i)} \middle| \Phi_{SS}^{(j)} \right\rangle \tag{1.15.46}$$

其中

$$\Phi_{SS}^{(k)}=\sqrt{N!}\hat{A}\left\{\Omega^{(l)}\Theta_{SS}^{(t)}\right\} \tag{1.15.47}$$

从形式上看，单组态的矩阵方程(1.15.41)及其矩阵元表达式(1.15.42)和多组态的矩阵方程(1.15.45)及其矩阵元表达式(1.15.46)相同，但矩阵元表达式中的 $N$ 电子波函数不同，分别由式(1.15.43)和式(1.15.47)给出，前者仅涉及一个组态，后者则涉及多个组态，因而后者的 $N$ 电子波函数个数增加，从而矩阵方程(1.15.45)的维数增加.

现在讨论单组态近似下矩阵元(1.15.42)的计算. 采用单组态近似时，空间函数 $\Omega$ 中的单粒子态一般彼此不同，即单粒子态一般不会重复使用. 在以下的推导中，假定 $\Omega$ 中没有重复使用的单粒子态. 将式(1.15.43)代入，利用反对称化算符的 Hermite 性和幂等性，有

$$\begin{aligned} H_{ij} &= \left\langle \Phi_{SS}^{(i)} \middle| \hat{H} \middle| \Phi_{SS}^{(j)} \right\rangle = N!\left\langle \hat{A}\left\{\Omega\Theta_{SS}^{(i)}\right\} \middle| \hat{H} \middle| \hat{A}\left\{\Omega\Theta_{SS}^{(j)}\right\} \right\rangle = N!\left\langle \Omega\Theta_{SS}^{(i)} \middle| \hat{H} \middle| \hat{A}\left\{\Omega\Theta_{SS}^{(j)}\right\} \right\rangle \\ &= \sum_P \nu_P \left\langle \Omega\Theta_{SS}^{(i)} \middle| \hat{H} \middle| \hat{P}\left\{\Omega\Theta_{SS}^{(j)}\right\} \right\rangle = \sum_P \nu_P \left\langle \Omega \middle| \hat{H} \middle| \hat{P}\Omega \right\rangle \left\langle \Theta_{SS}^{(i)} \middle| \hat{P}\Theta_{SS}^{(j)} \right\rangle \end{aligned} \tag{1.15.48}$$

$$M_{ij}=\left\langle \Phi_{SS}^{(i)} \middle| \Phi_{SS}^{(j)} \right\rangle=\sum_P \nu_P \left\langle \Omega \middle| \hat{P}\Omega \right\rangle \left\langle \Theta_{SS}^{(i)} \middle| \hat{P}\Theta_{SS}^{(j)} \right\rangle \tag{1.15.49}$$

即有

$$H_{ij}=\sum_P \nu_P \left\langle \Omega \middle| \hat{H} \middle| \hat{P}\Omega \right\rangle \left\langle \Theta_{SS}^{(i)} \middle| \hat{P}\Theta_{SS}^{(j)} \right\rangle \tag{1.15.50}$$

$$M_{ij}=\sum_P \nu_P \left\langle \Omega \middle| \hat{P}\Omega \right\rangle \left\langle \Theta_{SS}^{(i)} \middle| \hat{P}\Theta_{SS}^{(j)} \right\rangle \tag{1.15.51}$$

选择不同的单电子空间函数，就会有不同的空间函数积分，因此不再对矩阵元 $H_{ij}$ 和 $M_{ij}$ 中的空间函数积分做一般性讨论，仅讨论自旋函数的积分 $\left\langle \Theta_{SS}^{(i)} \middle| \hat{P}\Theta_{SS}^{(j)} \right\rangle$. 由于置换算符不改变

自旋本征值，仿照式(1.14.6)，自旋本征函数有如下变换关系

$$\hat{P}\Theta_{SS}^{(j)} = \sum_{k} P_{jk}\Theta_{SS}^{(k)} \tag{1.15.52}$$

于是有

$$\left\langle \Theta_{SS}^{(i)} \middle| \hat{P}\Theta_{SS}^{(j)} \right\rangle = \sum_{k} P_{jk} \left\langle \Theta_{SS}^{(i)} \middle| \Theta_{SS}^{(k)} \right\rangle \tag{1.15.53}$$

式中，$P_{jk}$ 是置换算符 $\hat{P}$ 在集合 $\left\{\Theta_{SS}^{(1)},\Theta_{SS}^{(2)},\cdots,\Theta_{SS}^{(n_S)}\right\}$ 张成的空间上的表示矩阵的矩阵元.

从式(1.15.50)和式(1.15.51)可以看到，如果单电子空间函数是正交归一化的，则矩阵元式(1.15.50)和式(1.15.51)可以简化. 在单电子空间函数正交归一的情况下，由于 $\Omega$ 中的单电子空间函数彼此不同，故仅当算符 $\hat{P}$ 为单位算符时，矩阵元 $M_{ij}$ 才不为零；由于 Hamilton 算符 $\hat{H}$ 中只有单粒子和双粒子算符，故仅当算符 $\hat{P}$ 为单位算符和对换算符时，矩阵元 $H_{ij}$ 才不为零，于是在单粒子态正交归一的情况下，矩阵元计算公式为

$$H_{ij} = \langle \Omega|\hat{H}|\Omega\rangle \left\langle \Theta_{SS}^{(i)} \middle| \Theta_{SS}^{(j)} \right\rangle - \sum_{i<j} \left\langle \Omega\middle|\hat{H}\middle|\hat{P}_{ij}\Omega\right\rangle \left\langle \Theta_{SS}^{(i)} \middle| \hat{P}_{ij}\Theta_{SS}^{(j)} \right\rangle \tag{1.15.54}$$

$$M_{ij} = \left\langle \Theta_{SS}^{(i)} \middle| \Theta_{SS}^{(j)} \right\rangle \tag{1.15.55}$$

$H_{ij}$ 中包含的项数为 $1+\begin{pmatrix} N \\ 2 \end{pmatrix} = 1+\dfrac{N(N-1)}{2}$. 注意：式(1.15.54)中 $\hat{P}_{ij}$ 为对换算符，与式(1.15.53)的矩阵元 $P_{jk}$ 不同. 由式(1.15.54)和式(1.15.55)可见，在单电子空间函数正交的情况下，自旋函数的积分只有两类，即 $\left\langle \Theta_{SS}^{(i)} \middle| \Theta_{SS}^{(k)} \right\rangle$ 和 $\left\langle \Theta_{SS}^{(i)} \middle| \hat{P}_{ij}\Theta_{SS}^{(j)} \right\rangle$. 此外，自旋本征函数集合

$$\Theta_{SS}^{(1)},\Theta_{SS}^{(2)},\cdots,\Theta_{SS}^{(n_S)} \tag{1.15.56}$$

彼此线性无关，但并不正交.

如果自旋函数取如下形式

$$\Theta_{SS}^{(\lambda)} = \prod_{i,j} \frac{1}{\sqrt{2}} \left[\alpha(i)\beta(j) - \beta(i)\alpha(j)\right] \prod_{k} \alpha(k) \tag{1.15.57}$$

将所有电子用点表示，并将配对电子用箭头相连，则每一个自旋函数 $\Theta_{SS}^{(i)}$ 可以用一个图来表示，将两个自旋函数产生的图叠合起来构成一个新图，称为 Rumer 图. Rumer 图由点和有向线段组成，其中包含三类子图，即岛、偶链和奇链. 为了使有向线段符合要求，有时需要将其转置. 由这样得到的 Rumer 图可以给出自旋本征函数的积分

$$\left\langle \Theta_{SS}^{(i)} \middle| \Theta_{SS}^{(j)} \right\rangle = \delta_E \varDelta_{ij} \tag{1.15.58}$$

其中

$$\varDelta_{ij} = (-1)^{\nu_{ij}}\, 2^{n_{ij}-\frac{1}{2}(g_i+g_j)} \tag{1.15.59}$$

两式中，$\nu_{ij}$ 为转置数；$n_{ij}$ 为 Rumer 图中岛的数目；$g_i$ 和 $g_j$ 分别为自旋函数 $\Theta_{SS}^{(i)}$ 和 $\Theta_{SS}^{(j)}$ 中的电子自旋配对数；$\delta_E$ 为偶链的贡献，若图中有偶链，其值为 0；若无偶链，其值为 1. 关于

式(1.15.58)，我们不再证明，另外，关于矩阵元 $\left\langle \Theta_{SS}^{(i)} \middle| \hat{P}_{ij} \Theta_{SS}^{(j)} \right\rangle$ 的计算，我们也不再讨论，如有兴趣，可参看相关文献[21].

现以苯分子为例说明单组态价键理论的处理结果. 苯分子共有 42 个电子，每个碳原子的 $1s^2$ 电子不参与成键，6 个碳原子和 6 个氢原子共形成 12 个 σ 键，将这 12 个 σ 键中的 24 个电子和 12 个原子核以及每个碳原子的 $1s^2$ 电子一起看作分子骨架或分子实，仅考虑 6 个 π 电子. 每个碳原子提供一个原子轨道 $\varphi = 2p_z$，于是有空间函数

$$\Omega = \varphi_1 \varphi_2 \varphi_3 \varphi_4 \varphi_5 \varphi_6 \tag{1.15.60}$$

假定这些空间轨道是彼此正交的，于是可以用式(1.15.54)和式(1.15.55)等计算有关的积分.

苯分子基态为单重态，$N = 6$，$S = 0$ 的 Young 图为

| | | |
|---|---|---|
| | | |
| | | |

由式(1.15.29)可求得 $n_S = 5$，由上面的 Young 图也能得到如下 5 个标准 Young 表

(1)

| | | |
|---|---|---|
| 1 | 3 | 5 |
| 2 | 4 | 6 |

(2)

| | | |
|---|---|---|
| 1 | 3 | 4 |
| 2 | 5 | 6 |

(3)

| | | |
|---|---|---|
| 1 | 2 | 4 |
| 3 | 5 | 6 |

(4)

| | | |
|---|---|---|
| 1 | 2 | 5 |
| 3 | 4 | 6 |

(5)

| | | |
|---|---|---|
| 1 | 2 | 3 |
| 4 | 5 | 6 |

为了使公式简洁，将配对电子 $i, j$ 的自旋函数表示为 $(i, j)$，即

$$(i, j) = \frac{1}{\sqrt{2}} \left[ \alpha(i) \beta(j) - \beta(i) \alpha(j) \right] \tag{1.15.61}$$

于是，与上述 5 个标准 Young 表对应的线性无关的自旋本征函数为

$$\begin{aligned} &\Theta_{00}^{(1)} = (1,2)(3,4)(5,6), \quad \Theta_{00}^{(2)} = (1,2)(3,5)(4,6), \quad \Theta_{00}^{(3)} = (1,3)(2,5)(4,6), \\ &\Theta_{00}^{(4)} = (1,3)(2,4)(5,6), \quad \Theta_{00}^{(5)} = (1,4)(2,5)(3,6) \end{aligned} \tag{1.15.62}$$

用这样的自旋函数与式(1.15.60)相乘，所得的价键图像与化学键图像不符. 这是因为，按标准 Young 表建造的自旋本征函数(1.15.62)中不允许出现 $(1,6)$ 等配对方式，而在环型化合物中，应当允许 $(1,6)$ 等配对(首尾相接). Rumer 提出了一套规则，用于确定线性无关的自旋本征函数：当空间函数 $\Omega$ 包含 $N$ ($N$ 为偶数)个不同的单电子空间函数时，将 $N$ 个单电子空间函数放在一个环上，每个单电子空间函数用一点表示，将所有的点两两连接，由连线互不交叉的结构给出的配对自旋函数都是线性无关的. 按照 Rumer 规则，可以得到如下线性无关的自旋本征函数

$$\begin{aligned} &\Theta_{00}^{r(1)} = (1,2)(3,4)(5,6), \quad \Theta_{00}^{r(2)} = (1,6)(2,3)(4,5), \quad \Theta_{00}^{r(3)} = (1,2)(3,6)(4,5), \\ &\Theta_{00}^{r(4)} = (1,6)(2,5)(3,4), \quad \Theta_{00}^{r(5)} = (1,4)(2,3)(5,6) \end{aligned} \tag{1.15.63}$$

由自旋函数(1.15.63)确定的配对方式给出的苯分子价键结构如图 1.15.3 所示. 这些结构称为苯分子的共振结构. 前两个为 Kekule 结构，后三个为 Dewar 结构. 在这些共振结构中，配对电子均为两个原子共有，因此也称为共价结构. 将空间函数(1.15.60)和自旋函数(1.15.63)代入式(1.15.54)和式(1.15.55)，并按式(1.15.58)和式(1.15.59)等计算自旋函数的积分，即可求解本征方程(1.15.41)，得到体系的能量和波函数. 所得的波函数是图 1.15.3 中 5 个共振结构的波函

数的线性组合. 如果我们把每个共振结构的波函数称为一个组态，则单组态的价键波函数变为多组态(共振结构)波函数，因此“组态”这一术语在不同场合会有不同含义，但这些不同含义之间又都是相通的，即从一种组态可以走到另一种组态. 由于 Dewar 结构中配对电子之间的距离比相邻原子配对电子之间的距离大，故对积分的贡献较小，与 Kekule 结构相比可以忽略，可以只取两个 Kekule 结构做计算. 当然，共振结构取得越多，计算结果就会越精确，但计算量也会快速增加. 如果再增加一个空间函数，即采用多组态价键计算，就会出现更多的共振结构，例如，假定增加的组态函数中有轨道重复使用，就会出现离子型的共振结构.

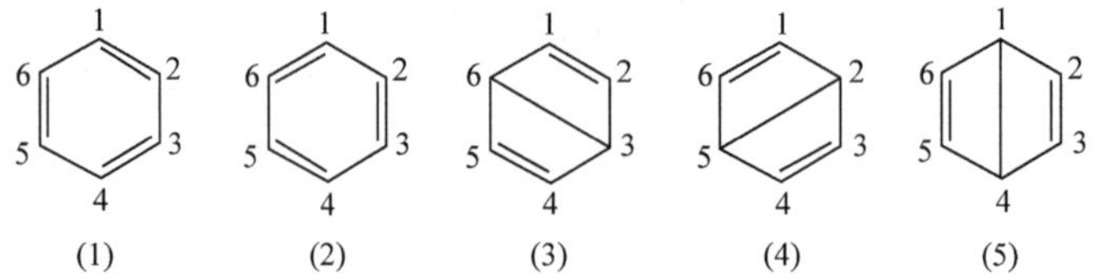

图 1.15.3　苯分子的共振结构

(1)、(2)为 Kekule 结构；(3)、(4)、(5)为 Dewar 结构

必须指出，当 $N=6$，$S=0$ 时，无论按式(1.15.29)，还是按标准 Young 表数目，或者用 Rumer 图法，都可确定线性独立的自旋本征函数 $\Theta_{00}$ 有 5 个，但是可以用不同方法建造自旋本征函数，如投影算符法、Young 图法、Rumer 图法等，不同方法建造的自旋本征函数的表达式不同，但它们可以相互表示. 另外，仅当 $S=0$ 时 Rumer 规则才适用，$S\neq 0$ 时并不适用，必须用另外的方法选择自旋本征函数.

以上内容着重讨论了经典价键理论. 经典价键理论为我们提供了许多重要的化学概念和直观的化学键模型，在此基础上发展起来的各种经验或半经验模型计算方法一直是价键理论的主流，并在 20 世纪 50 年代前始终占据化学键理论方法的统治地位. 20 世纪 50 年代后，化学键理论的另一分支——分子轨道理论迅速发展，逐渐取代了价键理论的地位. 近年来，随着计算技术的快速提升，以从头算价键为代表的现代价键理论取得了一系列重要进展，我们不再详细介绍，可参看相关文献[22]. 虽然从头算价键方法在处理复杂化学体系方面仍然面临诸多困难，但是价键理论在概念和模型上的优势仍然让我们对现代价键理论充满期待.

## 1.16　氢分子的电子波函数

氢分子有两个电子，首先用 Young 图法建造其自旋本征函数

| | |
|---|---|
| 1 | 2 |

$$S=1,\qquad \Theta_{11}=\alpha(1)\alpha(2) \tag{1.16.1}$$

用降算符作用可得

$$\Theta_{10}=\alpha(1)\beta(2)+\alpha(2)\beta(1) \tag{1.16.2}$$

$$\Theta_{1-1}=\beta(1)\beta(2) \tag{1.16.3}$$

| |
|---|
| 1 |
| 2 |

$$S=0\,,\qquad \Theta_{00}=\alpha(1)\beta(2)-\alpha(2)\beta(1) \tag{1.16.4}$$

假定选用两个单电子空间函数

$$\varphi_1(\vec{r})\,,\quad \varphi_2(\vec{r})$$

按式(1.15.27)，有三个双电子空间函数，即有三个组态

$$\Omega_1=\varphi_1(1)\varphi_2(2)\,,\quad \Omega_2=\varphi_1(1)\varphi_1(2)\,,\quad \Omega_3=\varphi_2(1)\varphi_2(2) \tag{1.16.5}$$

用式(1.16.5)中的每一空间函数分别与式(1.16.1)、式(1.16.2)、式(1.16.3)和式(1.16.4)相乘后反对称化，可得氢分子的具有自旋对称性的电子波函数. 注意：用式(1.16.5)中的后两个空间函数分别与式(1.16.1)、式(1.16.2)和式(1.16.3)相乘反对称化后均为零，因此只能得到 6 个具有自旋对称性的电子波函数

$$\Phi_1(00)=\sqrt{N!}\hat{A}\{\Omega_1\Theta_{00}\}=D_1|\varphi_1\alpha\varphi_2\beta|-D_2|\varphi_1\beta\varphi_2\alpha| \tag{1.16.6}$$

$$\Phi_2(00)=\sqrt{N!}\hat{A}\{\Omega_2\Theta_{00}\}=D_3|\varphi_1\alpha\varphi_1\beta| \tag{1.16.7}$$

$$\Phi_3(00)=\sqrt{N!}\hat{A}\{\Omega_3\Theta_{00}\}=D_4|\varphi_2\alpha\varphi_2\beta| \tag{1.16.8}$$

$$\Phi_4(10)=\sqrt{N!}\hat{A}\{\Omega_1\Theta_{10}\}=D_1|\varphi_1\alpha\varphi_2\beta|+D_2|\varphi_1\beta\varphi_2\alpha| \tag{1.16.9}$$

$$\Phi_5(11)=\sqrt{N!}\hat{A}\{\Omega_1\Theta_{11}\}=D_5|\varphi_1\alpha\varphi_2\alpha| \tag{1.16.10}$$

$$\Phi_6(1-1)=\sqrt{N!}\hat{A}\{\Omega_1\Theta_{1-1}\}=D_6|\varphi_1\beta\varphi_2\beta| \tag{1.16.11}$$

以上各式中，等号左边括号内的数字为自旋量子数 $S$ 和 $M_S$ 的值，右边 $D_i$ 为 Slater 行列式.

### 1.16.1　价键法

价键法使用的单电子函数一般为原子轨道，假定每一氢原子提供一个 1s 轨道，并分别记作 $a$、$b$，并用 $A$、$B$ 标记两个原子. 其他章节中，在不会引起混淆的情况下，一般用英文小写字母 $a$、$b$ 等标记原子. 在式(1.16.6)～式(1.16.11)中令 $\varphi_1=a$，$\varphi_2=b$ 就可得到氢分子的具有自旋对称性的价键波函数. 另外，氢分子具有 $D_{\infty h}$ 对称性，波函数应该是 $D_{\infty h}$ 群不可约表示的基. 为此，可以用 $D_{\infty h}$ 群的子群 $C_i=\{1,\hat{I}\}$ 对波函数进行分类，即把这些函数进一步建造成具有反演对称性的波函数. 反演操作 $\hat{I}$ 将 $A$、$B$ 互换，即有

$$\hat{I}A=B,\qquad \hat{I}B=A$$

用 g 和 u 分别表示反演对称和反演反对称，即反演算符的本征值分别为 1 和−1. 可以看到，除函数(1.16.7)和(1.16.8)外，其他函数都已具有反演对称性. 将函数(1.16.7)和(1.16.8)组合，可以得到具有反演和自旋对称性的价键波函数

$$\Phi_1^{\mathrm{g}}(00)=D_1|a\alpha b\beta|-D_2|a\beta b\alpha| \tag{1.16.12}$$

$$\Phi_2^{\mathrm{g}}(00)=D_3|a\alpha a\beta|+D_4|b\alpha b\beta| \tag{1.16.13}$$

$$\Phi_3^{\mathrm{u}}(00)=D_3|a\alpha a\beta|-D_4|b\alpha b\beta| \tag{1.16.14}$$

$$\Phi_4^{\mathrm{u}}(10)=D_1|a\alpha b\beta|+D_2|a\beta b\alpha| \tag{1.16.15}$$

$$\Phi_5^{\mathrm{u}}(11)=D_5|a\alpha b\alpha| \tag{1.16.16}$$

$$\Phi_6^{\mathrm{u}}(1-1)=D_6|a\beta b\beta| \tag{1.16.17}$$

上面按子群 $C_i$ 对波函数做了分类，易于验证，所得的这些函数已经是 $D_{\infty h}$ 群不可约表示的基，即有

$$\Phi_1\left({}^1\Sigma_g^+\right)=\Phi_1^g(00), \quad \Phi_2\left({}^1\Sigma_g^+\right)=\Phi_2^g(00) \tag{1.16.18}$$

$$\Phi_3\left({}^1\Sigma_u^+\right)=\Phi_3^u(00) \tag{1.16.19}$$

$$\Phi_4\left({}^3\Sigma_u^+0\right)=\Phi_4^u(10), \quad \Phi_5\left({}^3\Sigma_u^+1\right)=\Phi_5^u(11), \quad \Phi_6\left({}^3\Sigma_u^+-1\right)=\Phi_6^u(1-1) \tag{1.16.20}$$

这里给出了从形如式(1.15.31)的价键波函数 $\Phi_{SM_S}=\sqrt{N!}\hat{A}\left\{\Omega\Theta_{SM_S}\right\}$ 出发，建造价键理论下谱项波函数的实例. 求解 Schrödinger 方程时，只需将相同谱项 $M_S$ 值相同的波函数组合，式(1.16.18)的两个波函数属于这种情况，故有

$$\Psi_i\left({}^1\Sigma_g^+,E_i\right)=C_{i1}\Phi_1\left({}^1\Sigma_g^+\right)+C_{i2}\Phi_2\left({}^1\Sigma_g^+\right)=C_{i1}(D_1-D_2)+C_{i2}(D_3+D_4) \\ i=0,1 \tag{1.16.21}$$

其余的四个都已经是算符 $\hat{H}$ 的本征函数. 将式(1.16.21)代入 Schrödinger 方程做变分计算，得到的久期方程为

$$\begin{vmatrix} H_{11}-EM_{11} & H_{12}-EM_{12} \\ H_{21}-EM_{21} & H_{22}-EM_{22} \end{vmatrix}=0 \tag{1.16.22}$$

其中

$$H_{ij}=\left\langle\Phi_i^g\middle|\hat{H}\middle|\Phi_j^g\right\rangle, \quad M_{ij}=\left\langle\Phi_i^g\middle|\Phi_j^g\right\rangle, \quad i,j=1,2$$

求解方程(1.16.22)可以得到两个能量和两组系数，较低的能量 $E_0$ 是氢分子基态能量，相应的波函数为基态波函数.

下面分析 $\Psi_i\left({}^1\Sigma_g^+,E_i\right)$[式(1.16.21)]中包含的两项. 不计行列式的归一化因子，则第一项为

$$D_1-D_2=\left[a(1)b(2)+b(1)a(2)\right]\left[\alpha(1)\beta(2)-\alpha(2)\beta(1)\right] \tag{1.16.23}$$

这恰好是 Heitler-London 函数，它所对应的化学图像是两原子共价结合，故式(1.16.23)相当于氢分子的共价结构(中性组态) $A:B$；而式(1.16.21)的第二项中，$D_3$ 和 $D_4$ 分别对应氢分子的离子结构(离子组态)

$$\ddot{A}\overset{+}{B}, \quad \overset{+}{A}\ddot{B} \tag{1.16.24}$$

可见，价键波函数(1.16.21)考虑了氢分子所有可能的共振结构的贡献，既有共价键的贡献，又有离子键的贡献，通常称之为离子-共价共振. 如果忽略离子键的贡献，就成为 Heitler-London 函数. 由式(1.16.6)还可以看到，Heitler-London 函数(1.16.23)是由式(1.16.5)中的组态 $\varphi_1(1)\varphi_2(2)$ 得到的，因此属于单组态近似，而式(1.16.21)给出的函数则是由式(1.16.5)中的三个组态得到的，因此属于多组态近似.

附带说明，从式(1.16.23)可见，双电子波函数在反对称化后仍然可以将自旋部分和空间部分分开，并写作二者的乘积. 三电子以上的波函数则做不到这一点.

### 1.16.2　分子轨道法

分子轨道法的单电子函数选作分子轨道，分子轨道写作原子轨道的线性组合. 仍假定每一氢原子提供一个1s轨道，并分别记作 $a$、$b$，并用 $A$、$B$ 标记两个原子. 两个原子轨道可以组合成两个分子轨道，由于氢分子的两个原子是等价的，因而两个1s轨道是等价的，故其组合系

数的绝对值必定相等，于是组合出的两个分子轨道为(不考虑归一化系数)

$$\varphi_1 = a + b\,,\quad \varphi_2 = a - b \tag{1.16.25}$$

$\varphi_1$ 为成键轨道，$\varphi_2$ 为反键轨道，它们就是式(1.16.6)～式(1.16.11)中的单电子空间函数. 进一步考虑用子群 $C_i$ 将式(1.16.6)～式(1.16.11)的波函数分类，注意：分子轨道 $\varphi_1$ 和 $\varphi_2$ 本身已具有反演对称性(分别为偶宇称和奇宇称)，即有

$$\hat{I}\varphi_1 = (a+b) = \varphi_1\,,\quad \hat{I}\varphi_2 = b - a = -\varphi_2$$

易于验证，分子轨道 $\varphi_1$ 和 $\varphi_2$ 均为分子所属点群 $D_{\infty h}$ 不可约表示的基，所属的不可约表示分别为 $\sigma_g$ 和 $\sigma_u$. 由此可以得到具有反演和自旋对称性的波函数

$$\Phi_1^{g}(00) = D_3|\varphi_1\alpha\varphi_1\beta| = \Phi_1^{g}(\sigma_g^2)\,,\quad \Phi_2^{g}(00) = D_4|\varphi_2\alpha\varphi_2\beta| = \Phi_2^{g}(\sigma_u^2)\,,$$

$$\Phi_3^{u}(00) = D_1|\varphi_1\alpha\varphi_2\beta| - D_2|\varphi_1\beta\varphi_2\alpha|\,,\quad \Phi_4^{u}(10) = D_1|\varphi_1\alpha\varphi_2\beta| + D_2|\varphi_1\beta\varphi_2\alpha|\,,$$

$$\Phi_5^{u}(11) = D_5|\varphi_1\alpha\varphi_2\alpha|\,,\quad \Phi_6^{u}(1-1) = D_6|\varphi_1\beta\varphi_2\beta|$$

上面按子群 $C_i$ 对波函数做了分类，易于验证，所得的这些函数已经是 $D_{\infty h}$ 群不可约表示的基，即有

$$\Phi_1(1^1\Sigma_g^+) = \Phi_1^{g}(00) = \Phi_1^{g}(\sigma_g^2)\,,\quad \Phi_2(2^1\Sigma_g^+) = \Phi_2^{g}(00) = \Phi_2^{g}(\sigma_u^2) \tag{1.16.26}$$

$$\Phi_3(^1\Sigma_u^+) = \Phi_1^{u}(00) \tag{1.16.27}$$

$$\Phi_4(^3\Sigma_u^+0) = \Phi_4^{u}(10)\,,\quad \Phi_5(^3\Sigma_u^+1) = \Phi_5^{u}(11)\,,\quad \Phi_6(^3\Sigma_u^+-1) = \Phi_6^{u}(1-1) \tag{1.16.28}$$

这里给出了从形如式(1.15.31)的波函数 $\Phi_{SM_S} = \sqrt{N!}\hat{A}\{\Omega\Theta_{SM_S}\}$ 出发，建造分子轨道理论下谱项波函数的实例. 求解 Schrödinger 方程时，只需将相同谱项并且 $M_S$ 值相同的波函数组合，式(1.16.26)的两个波函数属于这种情况，故有

$$\begin{aligned}\Psi_i(^1\Sigma_g^+, E_i) &= C_{i1}\Phi_1(1^1\Sigma_g^+) + C_{i2}\Phi_2(2^1\Sigma_g^+) = C_{i1}\Phi_1^{g}(\sigma_g^2) + C_{i2}\Phi_2^{g}(\sigma_u^2)\\ &= C_{i1}D_3|\varphi_1\alpha\varphi_1\beta| + C_{i2}D_4|\varphi_2\alpha\varphi_2\beta| \qquad i = 0,1\end{aligned} \tag{1.16.29}$$

其余四个都已经是算符 $\hat{H}$ 的本征函数. 式(1.16.29)中的第一项表示两个电子占据成键轨道，因此称为成键组态；第二项表示两个电子占据反键轨道，因此称为反键组态. 将式(1.16.29)代入 Schrödinger 方程做变分计算，同样可以得到两个能量和两个波函数，较低的能量为氢原子基态能量，对应的波函数为基态波函数. 由式(1.16.7)和式(1.16.8)可以看到，式(1.16.29)给出的波函数是由式(1.16.5)中的后两个组态产生的，故为多组态近似.

将式(1.16.25)代入式(1.16.29)，可以将 $\Psi_i(^1\Sigma_g^+, E_i)$ 用原子轨道表示

$$\begin{aligned}\Psi_i(^1\Sigma_g^+, E_i) &= (C_{i1} - C_{i2})\{D_1|a\alpha b\beta| - D_2|a\beta b\alpha|\}\\ &\quad + (C_{i1} + C_{i2})\{D_3|a\alpha a\beta| + D_4|b\beta b\alpha|\}\end{aligned} \tag{1.16.30}$$

令

$$C'_{i1} = C_{i1} - C_{i2}\,,\quad C'_{i2} = C_{i1} + C_{i2}$$

则式(1.16.30)和式(1.16.21)完全相同，因此价键法和分子轨道法的结果是相同的，这是由于两种方法都是从相同的原子轨道集合 $\{a,b\}$ 出发的，只不过采用分子轨道法时进行了一次中间组合得到分子轨道，这相当于基函数做了一次线性变换，二者的原始空间是相同的，其结果必然

相同. 但通常的价键方法(如 Heitler-London 方法)只保留式(1.16.21)的第一项(共价项)，而忽略贡献较小的第二项(离子项)；通常的分子轨道法只保留式(1.16.29)中的第一项(成键组态)，而忽略贡献较小的第二项(反键组态)，这时分子轨道法的波函数被简化为 Hartree-Fock 波函数(第 2 章将详细介绍)，可用原子轨道表示为

$$\Psi\left({}^{1}\Sigma_{g}^{+}\right)=D_{3}\left|\varphi_{1}\alpha\varphi_{1}\beta\right|=\left\{D_{1}\left|a\alpha b\beta\right|-D_{2}\left|a\beta b\alpha\right|\right\}+\left\{D_{3}\left|a\alpha a\beta\right|+D_{4}\left|b\beta b\alpha\right|\right\} \tag{1.16.31}$$

但从价键理论的角度看，式(1.16.31)中的第一项表示共价键，第二项表示离子键，因此在 Hartree-Fock 方法中共价键和离子键被同等考虑了. 它所预测的氢分子解离行为是，形成两个氢原子或者一个氢负离子 ($H^-$) 和一个氢正离子 ($H^+$)，这两种结果出现的概率相同，这显然是不正确的. 因此，对氢分子来说，通常的价键法[只保留式(1.16.21)的第一项]的结果比通常的分子轨道法[只保留式(1.16.29)中的第一项]的结果要好些. 较为严格的处理是用式(1.16.21)做价键计算，而用式(1.16.29)做分子轨道计算，这时两种方法所得结果是相同的.

# 1.17　$H_3$ 分子的电子波函数

1.15 节式(1.15.31)给出了建造多电子波函数的另一种方法，即

$$\Phi_{SM_S}=\sqrt{N!}\hat{A}\left\{\Omega\Theta_{SM_S}\right\} \tag{1.17.1}$$

其中，$\Omega$ 为多电子空间函数；$\Theta_{SM_S}$ 为多电子自旋本征函数. 函数 $\Phi_{SM_S}$ 已按自旋做了分类，如果需要，可以从 $\Phi_{SM_S}$ 出发进一步建造谱项波函数. 1.16 节以氢分子为例对此做了说明. 由于本节将要给出的波函数是为了在第 4 章用于讨论 $H_3$ 势能面，而在势能面计算的大部分区域上，分子对称性已不复存在，因此建造谱项波函数没有意义，基于这样的考虑，本节将仅建造形如式(1.17.1)的波函数，而不再考虑分子的空间对称性.

### 1.17.1　自旋本征函数

$H_3$ 分子中有三个电子，对于三电子体系，总自旋 $S$ 可取 $\frac{3}{2}$ 和 $\frac{1}{2}$ 两个值，因此有四重态和二重态两类波函数. $S$ 值为 $\frac{3}{2}$ 只出现一次，因而只对应一个自旋本征函数 $\Theta_{\frac{3}{2}\frac{3}{2}}$. 但 $S$ 值为 $\frac{1}{2}$ 可以出现两次，因而对应两个不同的自旋本征函数 $\Theta_{\frac{1}{2}\frac{1}{2}}^{(1)}$ 和 $\Theta_{\frac{1}{2}\frac{1}{2}}^{(2)}$. 1.14 节式(1.14.13)给出 $S$ 值为 $\frac{3}{2}$ 的自旋本征函数为

$$\Theta_{\frac{3}{2}\frac{3}{2}}=\alpha(1)\alpha(2)\alpha(3) \tag{1.17.2}$$

用自旋降算符作用于上式，注意：

$$S_{-}=s_{-}(1)+s_{-}(2)+s_{-}(3)$$

式中，$s_{-}(i)$ 为 $i$ 电子的自旋降算符，有

$$\Theta_{\frac{3}{2}\frac{1}{2}}=S_{-}\Theta_{\frac{3}{2}\frac{3}{2}}=\beta(1)\alpha(2)\alpha(3)+\alpha(1)\beta(2)\alpha(3)+\alpha(1)\alpha(2)\beta(3) \tag{1.17.3}$$

$$\Theta_{\frac{3}{2}-\frac{1}{2}} = S_{-}\Theta_{\frac{3}{2}\frac{1}{2}} = \beta(1)\beta(2)\alpha(3)+\beta(1)\alpha(2)\beta(3)+\alpha(1)\beta(2)\beta(3) \tag{1.17.4}$$

$$\Theta_{\frac{3}{2}-\frac{3}{2}} = S_{-}\Theta_{\frac{3}{2}-\frac{1}{2}} = \beta(1)\beta(2)\beta(3) \tag{1.17.5}$$

以上计算中略去了不重要的常数因子. 1.14 节式(1.14.16)和式(1.14.17)给出的 $S$ 值为 $\frac{1}{2}$ 的两个自旋本征函数为

$$\Theta^{(1)}_{\frac{1}{2}\frac{1}{2}} = \left[\alpha(1)\beta(2)-\alpha(2)\beta(1)\right]\alpha(3) \tag{1.17.6}$$

$$\Theta^{(2)}_{\frac{1}{2}\frac{1}{2}} = \left[\alpha(1)\beta(3)-\alpha(3)\beta(1)\right]\alpha(2) \tag{1.17.7}$$

用自旋降算符作用，可得

$$\Theta^{(1)}_{\frac{1}{2}-\frac{1}{2}} = \left[\alpha(1)\beta(2)-\alpha(2)\beta(1)\right]\beta(3) \tag{1.17.8}$$

$$\Theta^{(2)}_{\frac{1}{2}-\frac{1}{2}} = \left[\alpha(1)\beta(3)-\alpha(3)\beta(1)\right]\beta(2) \tag{1.17.9}$$

这样就得到了 8 个自旋本征函数.

### 1.17.2　空间函数

假定选用三个单电子空间函数

$$\varphi_1(\vec{r}),\varphi_2(\vec{r}),\varphi_3(\vec{r})$$

按式(1.15.27)，应有 7 个三电子空间函数，其中一个包含的单电子空间函数各不相同，另外 6 个都包含一个重复使用的单电子态，即

$$\Omega_1=\varphi_1(1)\varphi_2(2)\varphi_3(3),$$

$$\Omega_2=\varphi_1(1)\varphi_1(2)\varphi_2(3),\quad \Omega_3=\varphi_1(1)\varphi_1(2)\varphi_3(3),\quad \Omega_4=\varphi_1(1)\varphi_2(2)\varphi_2(3),$$

$$\Omega_5=\varphi_3(1)\varphi_2(2)\varphi_2(3),\quad \Omega_6=\varphi_1(1)\varphi_3(2)\varphi_3(3),\quad \Omega_7=\varphi_2(1)\varphi_3(2)\varphi_3(3)$$

### 1.17.3　分子轨道理论和价键理论波函数

下面计算空间的维数. 由于选择了三个单电子空间函数，因而有 6 个单电子自旋空间函数，于是有 $\begin{pmatrix}6\\3\end{pmatrix}=20$ 个线性无关的 Slater 行列式，这就是说，三电子波函数空间是 20 维的. 如果直接从 Slater 行列式出发做计算，则 $H_3$ 分子的电子波函数应当是这 20 个 Slater 行列式的线性组合. 当用变分法求解 Schrödinger 方程时，需要求解 20 阶的久期方程，不仅计算复杂，而且能级和波函数的分析也十分困难. 为了克服这些缺点，将按照式(1.17.1)的做法构建出 20 个具有自旋对称性的波函数. 这些波函数是由前面提到的 20 个行列式组合而成的.

先考虑四重态. 用 $\Omega_1$ 与式(1.17.2)～式(1.17.5)的自旋本征函数相乘然后反对称化，可以得

$$\Phi_1\left(\frac{3}{2}\,\frac{3}{2}\right)=\hat{A}\left\{\Omega_1\Theta_{\frac{3}{2}\frac{3}{2}}\right\},\qquad \Phi_2\left(\frac{3}{2}\,\frac{1}{2}\right)=\hat{A}\left\{\Omega_1\Theta_{\frac{3}{2}\frac{1}{2}}\right\},$$

$$\Phi_3\left(\frac{3}{2}\ \frac{1}{2}\right)=\hat{A}\left\{\Omega_1\Theta_{\frac{3}{2}\ \frac{1}{2}}\right\},\quad \Phi_4\left(\frac{3}{2}\ -\frac{3}{2}\right)=\hat{A}\left\{\Omega_1\Theta_{\frac{3}{2}\ -\frac{3}{2}}\right\} \tag{1.17.10}$$

其他 6 个空间函数 $\Omega_i(i=2,\cdots,7)$，每个空间函数中都有一个空间轨道重复使用，而四重态的四个自旋函数中，每一函数的每一项都有两个电子具有相同的自旋，因此这 6 个空间函数与所有的四重态自旋函数都不匹配. 事实上，将空间函数 $\Omega_i(i=2,\cdots,7)$ 分别与四重态的四个自旋函数相乘再反对称化，所得结果为零. 这样，式(1.17.10)给出了全部四重态波函数. 为了节省篇幅而又不影响下面的讨论，我们没有给出四重态波函数的展开式.

再考虑二重态. 用 $\Omega_1$ 与式(1.17.6)～式(1.17.9)的自旋本征函数相乘然后反对称化，可以得

$$\begin{aligned}\Phi_5\left(\frac{1}{2}\frac{1}{2}\right)=\hat{A}\left\{\Omega_1\Theta^{(1)}_{\frac{1}{2}\frac{1}{2}}\right\}&=\left|\varphi_1(1)\alpha(1)\varphi_2(2)\beta(2)\varphi_3(3)\alpha(3)\right|\\&-\left|\varphi_1(1)\beta(1)\varphi_2(2)\alpha(2)\varphi_3(3)\alpha(3)\right|\end{aligned} \tag{1.17.11}$$

$$\begin{aligned}\Phi_6\left(\frac{1}{2}\frac{1}{2}\right)=\hat{A}\left\{\Omega_1\Theta^{(2)}_{\frac{1}{2}\frac{1}{2}}\right\}&=\left|\varphi_1(1)\alpha(1)\varphi_2(2)\alpha(2)\varphi_3(3)\beta(3)\right|\\&-\left|\varphi_1(1)\beta(1)\varphi_2(2)\alpha(2)\varphi_3(3)\alpha(3)\right|\end{aligned} \tag{1.17.12}$$

$$\Phi_7\left(\frac{1}{2}\ -\frac{1}{2}\right)=\hat{A}\left\{\Omega_1\Theta^{(1)}_{\frac{1}{2}\ -\frac{1}{2}}\right\}$$

$$\Phi_8\left(\frac{1}{2}\ -\frac{1}{2}\right)=\hat{A}\left\{\Omega_1\Theta^{(2)}_{\frac{1}{2}\ -\frac{1}{2}}\right\}$$

以上各式给出的函数都具有自旋对称性，即它们都是自旋本征函数，等号左端括号内的数字是自旋量子数. 为了节省篇幅而又不影响下面的讨论，我们没有给出二重态 $M_S=-\dfrac{1}{2}$ 的波函数的展开式.

现在讨论由其他 6 个空间函数 $\Omega_i(i=2,\cdots,7)$ 得到的二重态波函数. 每一空间函数 $\Omega_i(i=2,\cdots,7)$ 与两组二重态自旋函数 $\Theta^{(1)}_{\frac{1}{2}\frac{1}{2}}$、$\Theta^{(1)}_{\frac{1}{2}-\frac{1}{2}}$ 和 $\Theta^{(2)}_{\frac{1}{2}\frac{1}{2}}$、$\Theta^{(2)}_{\frac{1}{2}-\frac{1}{2}}$ 相乘再反对称化，得到两组相同的二重态波函数，例如

$$\hat{A}\left\{\Omega_2\Theta^{(1)}_{\frac{1}{2}\frac{1}{2}}\right\}=\hat{A}\left\{\Omega_2\Theta^{(2)}_{\frac{1}{2}\frac{1}{2}}\right\},\quad \hat{A}\left\{\Omega_2\Theta^{(1)}_{\frac{1}{2}-\frac{1}{2}}\right\}=\hat{A}\left\{\Omega_2\Theta^{(2)}_{\frac{1}{2}-\frac{1}{2}}\right\}$$

只要取其中一组即可. 于是线性独立的二重态波函数有

$$\Phi_9\left(\frac{1}{2}\frac{1}{2}\right)=\hat{A}\left\{\Omega_2\Theta^{(1)}_{\frac{1}{2}\frac{1}{2}}\right\}=D\left|\varphi_1(1)\alpha(1)\varphi_1(2)\beta(2)\varphi_2(3)\alpha(3)\right|$$

$$\Phi_{10}\left(\frac{1}{2}\frac{1}{2}\right)=\hat{A}\left\{\Omega_3\Theta^{(1)}_{\frac{1}{2}\frac{1}{2}}\right\}=D\left|\varphi_1(1)\alpha(1)\varphi_1(2)\beta(2)\varphi_3(3)\alpha(3)\right|$$

$$\Phi_{11}\left(\frac{1}{2}\frac{1}{2}\right)=\hat{A}\left\{\Omega_4\Theta^{(1)}_{\frac{1}{2}\frac{1}{2}}\right\}=D\left|\varphi_1(1)\alpha(1)\varphi_2(2)\beta(2)\varphi_2(3)\alpha(3)\right|$$

$$\Phi_{12}\left(\frac{1}{2}\frac{1}{2}\right)=\hat{A}\left\{\Omega_5\Theta^{(1)}_{\frac{1}{2}\frac{1}{2}}\right\}=D\left|\varphi_3(1)\alpha(1)\varphi_2(2)\beta(2)\varphi_2(3)\alpha(3)\right|$$

$$\Phi_{13}\left(\frac{1}{2}\frac{1}{2}\right)=\hat{A}\left\{\Omega_6\Theta^{(1)}_{\frac{1}{2}\frac{1}{2}}\right\}=D\left|\varphi_1(1)\alpha(1)\varphi_3(2)\alpha(2)\varphi_3(3)\beta(3)\right|$$

$$\Phi_{14}\left(\frac{1}{2}\frac{1}{2}\right)=\hat{A}\left\{\Omega_7\Theta^{(1)}_{\frac{1}{2}\frac{1}{2}}\right\}=D\left|\varphi_2(1)\alpha(1)\varphi_3(2)\alpha(2)\varphi_3(3)\beta(3)\right|$$

和

$$\Phi_i\left(\frac{1}{2}-\frac{1}{2}\right)=\hat{A}\left\{\Omega_{i-13}\Theta^{(1)}_{\frac{1}{2}\frac{1}{2}}\right\},\quad i=15,\cdots,20$$

这样，我们就从 20 个行列式出发建造了 20 个自旋本征函数. 还可以用分子的点群对称性将这 20 个波函数进一步分类，我们不再详细讨论. 从这 20 个自旋本征函数出发求解 Schrödinger 方程，不仅计算十分简单，而且能级和波函数与光谱项的对应关系也十分清楚. 例如，如果需要计算四重态的能量，则只要取式(1.17.10)中的任何一个波函数做计算即可，即有

$$^4E=\langle\Phi_i|\hat{H}|\Phi_i\rangle/\langle\Phi_i|\Phi_i\rangle,\quad i=1,2,3,4$$

二重态波函数分为两组，一组为 $\Phi\left(\frac{1}{2}\frac{1}{2}\right)$，另一组为 $\Phi\left(\frac{1}{2}-\frac{1}{2}\right)$，每一组都有 8 个波函数. Schrödinger 方程的解应当写作自旋值相同的函数的线性组合，即有

$$\Psi_j\left(\frac{1}{2}\frac{1}{2}\right)=c_{j5}\Phi_{j5}\left(\frac{1}{2}\frac{1}{2}\right)+c_{j6}\Phi_{j6}\left(\frac{1}{2}\frac{1}{2}\right)+\sum_{i=9}^{14}c_{ji}\Phi_{ji}\left(\frac{1}{2}\frac{1}{2}\right)$$
$$j=1,2,\cdots,8\tag{1.17.13}$$

$$\Psi_k\left(\frac{1}{2}-\frac{1}{2}\right)=c_{k7}\Phi_7\left(\frac{1}{2}-\frac{1}{2}\right)+c_{k8}\Phi_8\left(\frac{1}{2}-\frac{1}{2}\right)+\sum_{i=15}^{20}c_{ki}\Phi_i\left(\frac{1}{2}-\frac{1}{2}\right)$$
$$k=1,2,\cdots,8\tag{1.17.14}$$

由于能级与 $M_S$ 无关，因此式(1.17.13)和式(1.17.14)中 $M_S=\pm\frac{1}{2}$ 的波函数是两两简并的，故可取式(1.17.13)也可取式(1.17.14)做计算，这样只需求解一个八阶的久期方程，就能得到 Schrödinger 方程的解. 到此可以看到，从自旋本征函数出发求解 Schrödinger 方程时，虽然从总体上看仍然得到 20 阶的久期方程，总维数不变，但久期方程已经对角方块化，分解为四个一维(四重态)和两个八维(二重态)的对角方块，它们分别对应于不同的 $\hat{S}^2$、$\hat{S}_z$ 的本征值，实际求解的久期方程的维数大大降低了. 如果进一步考虑点群对称性，则久期方程可以约化为更小的对角方块，从而使得 Schrödinger 方程的求解变得更加简单，并使能级和波函数与谱项的对应关系更为明确.

让我们进一步分析式(1.17.13)给出的二重态波函数的电子结构. 假定单电子空间函数取作分子轨道(这相当于用分子轨道理论处理)，$\varphi_1$ 为成键轨道，$\varphi_2$ 为非键轨道，$\varphi_3$ 为反键轨道，

与式(1.17.13)中各组态[$\varPhi_5$、$\varPhi_6$和$\varPhi_i\left(i=9,\cdots,14\right)$]对应的电子排布分别为

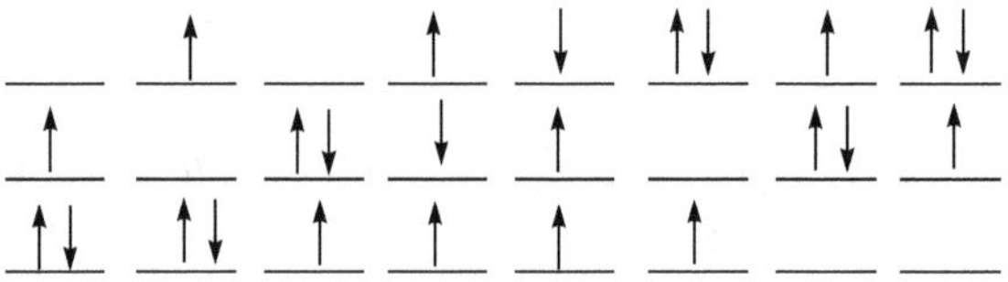

$\varPhi_9$　$\varPhi_{10}$　$\varPhi_{11}$　$\varPhi_5$　$\varPhi_6$　$\varPhi_{13}$　$\varPhi_{12}$　$\varPhi_{14}$

通常把$\varPhi_9$描述的电子结构称为分子的基态电子结构，而把其他电子结构看作由$\varPhi_9$经过单激发或双激发得到. 但是，式(1.17.13)给出的基态波函数是以上 8 个波函数的线性组合，因而每一电子结构在基态中都有一定的出现概率，只不过$\varPhi_9$的组合系数最大，出现的概率最大，作为近似，可以只取$\varPhi_9$作为基态波函数进行计算. 因此，以$\varPhi_9$描述基态电子结构只是一种近似的做法，实际上基态电子结构包含所有可能的电子排布. 同样，激发态的电子结构也包含所有可能的电子排布，因为二重激发态的近似波函数也是以上 8 个波函数的线性组合[见式(1.17.13)]，只不过组合系数与基态不同. 在某一激发态中某一种电子排布(如第一激发态中$\varPhi_{10}$对应的电子排布)出现的概率可能更大些，通常近似地把这种电子排布看作该激发态的电子结构. 因此，在考虑组态相互作用的情况下分子轨道的概念就变得模糊了，因为在这种情况下没有确定的单电子态.

再假定单电子态为原子轨道，并假定每一原子提供一个 1s 原子轨道，这相当于用价键理论处理，此时式(1.17.13)中各组态[$\varPhi_5$、$\varPhi_6$和$\varPhi_i\left(i=9,\cdots,14\right)$]对应的成键图像为(以 $A$、$B$、$C$ 分别标记三个氢原子)

$$\begin{matrix} A{:}B\dot{C} & A{:}C\dot{B} & \ddot{A}\dot{B}C & \ddot{A}B\dot{C} & \dot{A}\ddot{B}C & A\ddot{B}\dot{C} & \dot{A}B\ddot{C} & A\dot{B}\ddot{C} \\ \varPhi_5 & \varPhi_6 & \varPhi_9 & \varPhi_{10} & \varPhi_{11} & \varPhi_{12} & \varPhi_{13} & \varPhi_{14} \end{matrix} \tag{1.17.15}$$

$\varPhi_5$对应的成键图像为 $AB$ 形成共价键，$C$ 原子有一个成单电子；$\varPhi_6$对应的成键图像为 $AC$ 形成共价键，$B$ 原子有一个成单电子；$\varPhi_9$表示 $A$ 原子上有两个电子配对，$B$ 原子上有一个成单电子，而 $C$ 原子上没有电子，同样可讨论其他函数对应的成键图像. 在$\varPhi_5$和$\varPhi_6$对应的图像中，每一原子上都有一个电子，因而它们被称为中性组态. 其他组态对应的成键图像中，都有一个原子上没有电子，因而称它们为离子组态. 式(1.17.15)给出的所有成键结构称为共振结构，波函数应写作所有这些共振结构的线性组合. 显然，在基态波函数中中性组态会有较大的组合系数，这就是说，在基态情况下，中性组态出现的概率较大. 作为近似，在用价键法计算二重态基态时，式(1.17.13)可以只取$\varPhi_5$、$\varPhi_6$两个波函数做组合，即有

$$^2\varPsi = c_5\varPhi_5 + c_6\varPhi_6 \tag{1.17.16}$$

其中，$c_5$、$c_6$为待定的组合系数；$\varPhi_5$、$\varPhi_6$均为 Slater 行列式波函数之和，分别由式(1.17.11)和式(1.17.12)给出. 为了以后引用方便，我们用 $a$、$b$、$c$ 分别标记原子 $A$、$B$、$C$ 提供的原子轨道，并将式(1.17.11)和式(1.17.12)按原子轨道(价键理论)重写为

$$\varPhi_5 = D_1 - D_2\,,\quad \varPhi_6 = D_3 - D_2 \tag{1.17.17}$$

其中

$$D_1 = \frac{1}{\sqrt{3!}}D\left|a(1)\alpha(1)b(2)\beta(2)c(3)\alpha(3)\right|$$

$$D_2 = \frac{1}{\sqrt{3!}} D\left|a(1)\beta(1)b(2)\alpha(2)c(3)\alpha(3)\right|$$

$$D_3 = \frac{1}{\sqrt{3!}} D\left|a(1)\alpha(1)b(2)\alpha(2)c(3)\beta(3)\right| \tag{1.17.18}$$

## 参 考 文 献


[1] 曾谨言. 量子力学(卷Ⅰ). 3 版. 北京: 科学出版社, 2000: 276-281.

[2] 北京大学数学力学系. 高等代数. 北京: 人民教育出版社, 1978: 55.

[3] 徐光宪, 黎乐民, 王德民. 量子化学——基本原理和从头计算法(上册). 2 版. 北京: 科学出版社, 2007: 206.

[4] Bethe H A, Jackiw R W. Intermediate Quantum Mechanics. 2nd ed. New York: Benjamin, 1968: 224.

[5] 徐光宪, 黎乐民, 王德民. 量子化学——基本原理和从头计算法(上册). 2 版. 北京: 科学出版社, 2007: 216-220.

[6] 唐敖庆, 杨忠志, 李前树. 量子化学. 北京: 科学出版社, 1982: 42-62.

[7] 曾谨言. 量子力学(卷Ⅰ). 3 版. 北京: 科学出版社, 2000: 395.

[8] 曾谨言. 量子力学(卷Ⅱ). 3 版. 北京: 科学出版社, 2000: 456-467.

[9] Curl R F, Kilpatrick J E. Am J Phys, 1960, 28: 357; Hyde K E. J Chem Educ, 1975, 52: 87.

[10] 徐光宪, 黎乐民, 王德民. 量子化学——基本原理和从头计算法(中册). 2 版. 北京: 科学出版社, 2009: 100.

[11] 徐光宪、黎乐民, 王德民. 量子化学——基本原理和从头计算法(中册). 2 版. 北京: 科学出版社, 2009: 118-122.

[12] 曾谨言. 量子力学(卷Ⅱ). 3 版. 北京: 科学出版社, 2000: 436.

[13] 曾谨言. 量子力学(卷Ⅱ). 3 版. 北京: 科学出版社, 2000: 439.

[14] Frage S, Karwowski J, Saxena K M S. Atomic Energy Levels, Data for Parameters Calculations. Amsterdam: Elsevier Scientific Pub, 1979.

[15] 唐敖庆, 杨忠志, 李前树. 量子化学. 北京: 科学出版社，1982: 48-78.

[16] 赖文 I N. 量子化学. 宁世光, 余敬曾, 刘尚长, 译. 北京: 人民教育出版社, 1980: 367-382.

[17] Bowman S S, Adanovich I V, Lempert W R. Plasma Sources Sci Technol, 2014, 23: 035009; Wasserman H H, Murray R W. Singlet Oxygen. New York: Academic, 1979.

[18] 赖文 I N. 量子化学. 宁世光, 余敬曾, 刘尚长, 译. 北京: 人民教育出版社, 1980: 514.

[19] 赖文 I N. 量子化学. 宁世光, 余敬曾, 刘尚长, 译. 北京: 人民教育出版社, 1980: 401.

[20] 鲍林. 化学键的本质. 卢嘉锡, 等译. 北京: 上海科学技术出版社, 1981: 176.

[21] 唐敖庆, 杨忠志, 李前树. 量子化学. 北京: 科学出版社, 1982: 269-278

[22] 吴玮, 苏培峰. 价键理论方法. //国家自然科学基金委员会, 中国科学院. 黎乐民，方维海，等. 中国学科发展战略 · 理论与计算化学. 北京: 科学出版社, 2016: 70-79.


## 习　　题

1. 一维谐振子的 Schrödinger 方程为

$$-\frac{1}{2m}\frac{\mathrm{d}^2\Psi}{\mathrm{d}q^2} + \frac{1}{2}kq^2\Psi = E\Psi$$

已知其解为

$$\Psi_n(q) = \left(\frac{\alpha}{\pi^{\frac{1}{2}} 2^n n!}\right)^{\frac{1}{2}} H_n(\alpha q)\mathrm{e}^{-\frac{\alpha^2 q^2}{2}}$$

$$E_n = \left(n + \frac{1}{2}\right)\omega, \quad n = 0,1,2,\cdots$$

其中 $\alpha = (mk)^{\frac{1}{4}}$；$\omega = \left(\frac{k}{m}\right)^{\frac{1}{2}}$；$H_n(\alpha q)$ 为 Hermite 多项式.

(1) 三维谐振子的 Hamilton 算符为

$$H = \frac{1}{2m}\left(\mathrm{p}_x^2 + \mathrm{p}_y^2 + \mathrm{p}_z^2\right) + \frac{1}{2}\left(k_1 x^2 + k_2 y^2 + k_3 z^2\right)$$

利用以上结果求解三维谐振子的 Schrödinger 方程，

$$H\Psi = E\Psi$$

(2) 当 $k_1 = k_2 = k_3 = k$ 时，讨论第一激发态能级的简并情况.

提示：通过本题加深理解算符的直和与算符的本征函数的关系.

2. 已知一体系的状态波函数为

$$\Psi = c_1\Psi_{E_1L_1M_1} + c_2\Psi_{E_2L_2M_1} + c_3\Psi_{E_3L_2M_1}$$

其中，$c_1$、$c_2$、$c_3$ 为实数；$E_1$、$E_2$、$E_3$ 为 Hamilton 算符 $\hat{H}$ 的本征值；$L_1$、$L_2$ 为轨道角动量算符 $\hat{L}^2$ 的量子数；$M_1$ 为轨道角动量 $z$ 分量算符 $\hat{L}_z$ 的量子数，且有 $\sum_{i=1}^{3} c_i^2 = 1$.

(1) 测量能量、角动量及其 $z$ 分量得到的结果各是什么？

(2) 测量能量得到的值为 $E_1$，接着测量 $\hat{L}^2$ 和 $\hat{L}_z$，得到的结果是什么？

(3) 测量 $\hat{L}^2$ 得到的数值为 $L_2(L_2+1)$，接着测量 $\hat{H}$ 和 $\hat{L}_z$，得到的结果是什么？

提示：通过本题理解物理量的观测值与对应算符的本征值之间的关系.

3. 设某分子体系有 $m$ 个原子核，$n$ 个电子.

(1) 在 Born-Oppenheimer 近似下导出电子运动和核运动方程，进而讨论势能面的物理意义.

(2) 讨论 Born-Oppenheimer 近似的绝热修正问题，并说明在何种情形下 Born-Oppenheimer 近似效果较差.

4. 设 $\hat{P}$ 为 $N$ 个数字的置换算符

$$\hat{P} = \begin{pmatrix} 1 & 2 & \cdots & N \\ \alpha_1 & \alpha_2 & \cdots & \alpha_N \end{pmatrix}$$

规定两个置换 $\hat{P}_1, \hat{P}_2$ 的乘积 $\hat{P}_1\hat{P}_2$ 为先进行 $\hat{P}_2$ 置换，接着进行 $\hat{P}_1$ 置换.

证明在这样的乘法下，所有 $N$ 个数字的置换组成一个群，称为置换群，记作 $D_N$.

5. 为什么可以用 Young 图给出置换群的不可约表示？

6. 证明反对称化算符 $\hat{A}$

$$\hat{A} \equiv \frac{1}{N!}\sum_P \nu_P \hat{P}$$

为 Hermite 算符.

7. 基于全同粒子的不可分辨性，论证 $N$ 电子波函数 $\Psi$ 必须满足：$\hat{P}\Psi = \nu_P \Psi$ ，其中 $\hat{P}$ 为 $N$ 个数字的置换算符.

8. 简要评述独立子模型，包括物理背景、理论基础、所产生的结果及存在的问题.

9. Pauli 不相容原理也可表述为：多电子体系中任何两个电子都不能处于完全相同的单粒子态，或者说同一空间轨道上只能容纳两个自旋反平行的电子，谈谈你对这种表述的理解.

10. 定态微扰法是求解多电子原子、分子体系定态问题的基本方法之一.

(1) 简述定态微扰理论的基本思想.

(2) 导出非简并情形下波函数一级近似和能量一级、二级近似的计算公式.

(3) 假定体系某能级是 $m$ 重简并的，用定态微扰法求解，导出久期方程，说明如何确定零级近似波函数和一级近似能量.

11. 设量子体系的 Hamilton 量 $\hat{H}$ 为

$$\hat{H} = \hat{H}^0 + \hat{H}'(t)$$

其中，$\hat{H}^0$ 不含时间，$\hat{H}'(t)$ 是含时弱微扰.

(1) 用含时微扰理论导出一级近似下，体系从始态 $n$ 跃迁到终态 $m$ 的跃迁概率计算公式

$$P_{mn}(t) = \frac{1}{\hbar^2}\left|\int_0^{t_1} e^{i\omega_{mn}t} H'_{mn} dt\right|^2, (m \neq n), \quad H'_{mn} = \langle \Psi_m(\vec{q}) | \hat{H}'(t) | \Psi_n(\vec{q}) \rangle$$

(2) 在光照情况下，取上式中的 $\hat{H}'(t)$ 为

$$\hat{H}'(t) = -\hat{X}\varepsilon_x^0 \cos(2\pi\nu t) = -\hat{X}\varepsilon_x^0 \cos(\omega t)$$

其中，$\hat{X} = \sum_i q_i x_i$ 为体系的电偶极矩分量；$\omega$ 为入射光的角频率. 导出跃迁概率计算公式

$$P_{mn} = \frac{8\pi U_x}{\hbar^2} X_{mn}^2 \sin^2\left[\frac{1}{2}(\omega_{mn} - \omega)t_1\right](\omega_{mn} - \omega)^{-2}$$

在此基础上给出各向同性的连续光照射下跃迁速率的计算公式

$$\varpi_{kn} = \frac{dP_{kn}(t)}{dt} = \frac{8\pi^3}{3h^2} R_{mn}^2 \rho(\nu_{mn})$$

式中，跃迁电偶极矩 $R_{mn} = \langle m | \hat{R} | n \rangle = \left\langle \Psi_m(\vec{\tau}) \middle| \sum_i q_i \hat{r}_i \middle| \Psi_n(\vec{\tau}) \right\rangle$；$\rho(\nu_{mn})$ 为入射光光子密度.

(3) 导出 1.4.5 节给出的光谱选律.

(4) 讨论振子强度的物理意义.

12. 根据角动量的对易关系，证明角动量 $\hat{\vec{B}}$ 及其分量 $\hat{B}_z$ 的量子数 $B$ 和 $M_B$ 的可取值为：$B = 0, \frac{1}{2}, 1, \frac{3}{2}, 2, \cdots$；$M_B = -B, -B+1, \cdots, B-1, B$.

13. 设 $\hat{B}_+$ 和 $\hat{B}_-$ 分别为角动量升降算符，$\boldsymbol{\Psi}_{BM_B}$、$\boldsymbol{\Psi}_{BM_B+1}$ 和 $\boldsymbol{\Psi}_{BM_B-1}$ 为角动量算符 $\hat{B}^2$ 和 $\hat{B}_z$ 的本征函数，下标为量子数，证明：

$$\hat{B}_+ \Psi_{BM_B} = \sqrt{(B + M_B + 1)(B - M_B)}\, \Psi_{BM_B+1}$$

$$\hat{B}_{-}\Psi_{BM_B}=\sqrt{(B-M_B+1)(B+M_B)}\,\Psi_{BM_B-1}$$

14. 元素周期表中常用电子组态描述原子的电子结构，如 Ca($4s^2$)、Fe($3d^6 4s^2$) 等，从这种描述中能获得哪些信息？

提示：电子组态，基态电子组态，零级近似，内层和价层，电子组态与谱项.

15. 对于原子的 $p^4$ 电子组态：

(1) 写出该电子组态包含的全部 Slater 行列式.

(2) 按 $L$-$S$ 耦合方案导出该组态包含的所有谱项.

(3) 建造所有的谱项波函数.

(4) 在单组态近似下，给出上述所有谱项的能量表达式；确定基谱项，讨论其简并性.

(5) 讨论上述结果适用于哪些原子，不同原子的能级之间的联系与区别.

提示：(1)互补组态；(2)谱项与主量子数无关；(3)单组态近似下能级结构相同，但波函数及能级的具体数值不同.

16. 推导自旋角动量平方算符 $\hat{S}^2$ 在 $\hat{S}_z$ 的本征函数表象下的 Fock-Dirac 表达式[即式(1.8.67)和式(1.8.68)].

17. 解释钠原子的双线光谱.

18. 解释图 1.9.1 所示的光谱.

19. 对分子体系，导出一个开壳层中有两个电子时，三重态和单重态荷载的特征标计算式(1.12.19)和式(1.12.22)，并对结果做出解释.

20. 对分子体系，导出一个开壳层中有三个电子时，四重态和二重态荷载的特征标计算式(1.12.45)和式(1.12.47).

21. $T_d$ 对称性分子电子组态为 $(t_2)^3$，导出其中包含的谱项.

22. $D_{6h}$ 对称性分子(如苯)，激发态电子组态为 $(e_{1g})^3(e_{2u})^1$，导出其中包含的谱项.

23. $O_2$ 分子基态电子组态为 $(\pi_g)^2$，利用 $D_{\infty h}$ 群的特征标(表 1.13.2)，

(1) 写出该电子组态包含的全部 Slater 行列式；

(2) 导出该电子组态包含的谱项.

(3) 建造各谱项的波函数.

(4) 假定再取一个电子组态，其中包含谱项 ${}^3\Sigma_g^-$，讨论在这种情形 Schrödinger 方程的解.

24. 某分子具有 $T_d$ 对称性，该分子的一个电子组态为 $(a_1)^2(t_2)^3$，利用 $T_d$ 群生成元对不可约表示基的变换关系(表 1.13.3)，

(1) 导出这一组态包含的所有谱项.

(2) 取单组态近似，讨论波函数按谱项分类后久期行列式的约化情况.

(3) 导出所有的谱项波函数.

25. 用单组态价键理论处理苯分子的基态，将 σ 键相连的原子核及电子看作分子骨架，仅考虑 π 电子. 每个碳原子提供一个原子轨道 $\varphi = 2p_z$.

(1) 写出组态函数.

(2) 根据 Rumer 规则，写出线性无关的自旋本征函数，并讨论这些自旋本征函数与按 Young

图建造的自旋本征函数的关系.

(3) 给出单组态近似下价键波函数的表达式，进而求解 Schrödinger 方程，给出相应的矩阵方程.

(4) 写出有关的矩阵元表达式，讨论矩阵元的计算以及方程的进一步简化问题.

26. 对氢分子 ($H_2$)，选 1s 原子轨道(每个原子提供一个 1s 轨道)作基函数，分别用价键法和分子轨道法做计算. 以 $a$、$b$ 分别表示两原子的 1s 空间轨道，不计归一化因子，两分子轨道为

$$\varphi_1 = a + b\,, \qquad \varphi_2 = a - b$$

(1) 写出价键法和分子轨道法的全部 Slater 行列式.

(2) 分别建造满足自旋对称性和空间反演对称性的价键法和分子轨道法的双电子波函数.

(3) 由以上双电子波函数，用价键法和分子轨道法求解氢分子的基态和最低三重态(写出久期方程、能量和波函数表达式即可，不必具体计算).

(4) 将上述氢分子基态波函数分别简化为 Heitler-London 函数和 Hartree-Fock 单行列式波函数.

(5) 根据以上结果，讨论价键理论和分子轨道理论的关系.

27. 在 Born-Oppenheimer 近似下，用价键法求解由三个氢原子组成的 $H_3$ 体系电子运动的定态 Schrödinger 方程，

$$\hat{H}\Psi = E\Psi$$

式中，$\hat{H}$ 为 $H_3$ 体系电子运动的 Hamilton 量.

(1) 写出总自旋的可取值，并分别建造相应的自旋本征函数.

(2) 假定每个原子提供一个 1s 原子轨道，分别记作 $a$、$b$、$c$，并假定只取一个组态函数 $a(1)b(2)c(3)$，建造二重态价键波函数.

(3) 分析该二重态波函数中包含的分子的价键结构.

(4) 由上述波函数用变分法求解 Schrödinger 方程，写出久期方程和能量表达式.

# 第 2 章 Hartree-Fock-Roothaan 方程

## 2.0 导　　言

第 1 章为了建造多电子波函数，在非相对论近似和 Born-Oppenheimer 近似的基础上又引入单电子近似. 将 $N$ 电子原子、分子体系的 Hamilton 算符(1.3.2)写作式(1.3.22)，即

$$\hat{H} = \hat{H}_0 + \hat{H}' \tag{2.0.1}$$

其中，$\hat{H}_0$ 的表达式由式(1.3.23)和式(1.3.24)给出，即有

$$\hat{H}_0 = \sum_{i=1}^{N} \hat{h}'_i \quad , \qquad \hat{h}'_i = -\frac{1}{2}\nabla^2 + v_i(\vec{r}) \tag{2.0.2}$$

$\hat{h}'_i$ 为单粒子算符，按照分子轨道理论(在单电子算符的选取上，价键理论不同于分子轨道理论，参看 1.15.5 节)，$\hat{h}'_i$ 中的势函数 $v_i(\vec{r})$ 不仅包含所有原子核对某电子的吸引作用，而且部分地包含其他电子对该电子的排斥作用，以便使 $\hat{H}_0$ 足够接近 $\hat{H}$，或者说使 $\hat{H}'$ 足够小，可以作为微扰处理. 方程

$$\hat{H}_0 \varPhi = E^{(0)} \varPhi \tag{2.0.3}$$

是 $N$ 个独立子体系的运动方程，它可以约化为如下单电子运动方程

$$\hat{h}'_i \varphi_i(\vec{r}) = \varepsilon_i \varphi_i(\vec{r}) , \quad i = 1, 2, \cdots \tag{2.0.4}$$

满足该方程的单电子态称为分子轨道，假定该方程可以求解，则有单粒子态 $\phi_i$ [$\phi_i = \varphi(\vec{r})\sigma(m_s)$ 为自旋轨道]的完备集

$$\{\phi_i, i = 1, 2, \cdots\} \tag{2.0.5}$$

从该完备集中每次取出 $N$ 个单粒子态做直积，经反对称化后得到 $N$ 电子波函数(Slater 行列式)完备集

$$\left\{\varPhi_{i_1 i_2 \dots i_N} = \sqrt{N!}\hat{A}\left\{\phi_{i_1}(1)\phi_{i_2}(2)\cdots\phi_{i_N}(N)\right\},\ i_1 < i_2 < \cdots < i_N\right\} \tag{2.0.6}$$

由此出发，就可以建造出满足对称性要求的多电子波函数. 由此可见，建造单电子算符 $\hat{h}'_i$，并进而求解单电子运动方程(2.0.4)是分子轨道理论的基石. 但在第 1 章中，我们并没有给出 $\hat{h}'_i$ 的具体表达式，也没有讨论如何求解单电子运动方程，而只是假定该方程可以求解. 本章将解决这一问题. 本章将要给出的 Hartree-Fock 方程就是方程(2.0.4)的具体实现. 我们将通过变分原理推导出 Hartree-Fock 方程，进而讨论 Hartree-Fock 方程的性质和求解方法. 为了通过变分导出 Hartree-Fock 方程，必须首先给出体系的能量表达式，将 $N$ 个电子体系的总能量表达为单电子态的泛函，通过能量取极值导出单粒子态所满足的方程. 因此，本章内容从导出能量表达式开始.

## 2.1 Slater 行列式的矩阵元(单电子函数正交归一)

根据第 1 章的讨论，在非相对论近似和 Born-Oppenheimer 近似下，$N$ 电子原子分子体系中电子运动的定态 Schrödinger 方程为

$$\hat{H}\Psi = E\Psi \tag{2.1.1}$$

式中，$\hat{H}$ 为体系的 Hamilton 算符. 我们将沿用式(1.3.2)和式(1.3.3)的记号，但为了下面讨论方便，重新列出相关表达式，即有

$$\hat{H} = \sum_{i=1}^{N}\hat{h}_i + \sum_{i<j=1}^{N} g_{ij} \tag{2.1.2}$$

$$\hat{h}_i = -\frac{1}{2}\nabla_i^2 - \sum_a \frac{Z_a}{r_{ai}} \quad , \qquad g_{ij} = \frac{1}{r_{ij}} \tag{2.1.3}$$

$\hat{h}_i$ 和 $g_{ij}$ 分别称为单电子算符和双电子算符. 本书中，有时为了便于讨论，将 $\hat{h}_i$ 和 $g_{ij}$ 分别写作 $\hat{h}(i)$ 和 $g(ij)$，这两种写法的含义完全相同，可以不加区分. 在 Born-Oppenheimer 近似下，核间排斥能为常数，在推导有关计算公式时可以不必考虑，因此在式(2.1.2)中略去了核间排斥能. 同样，根据第 1 章的讨论，在分子轨道理论框架下，一个闭壳层电子组态只提供一个 Slater 行列式，如果采用单组态近似，即只取一个电子组态做计算，则式(2.1.1)中的波函数 $\Psi$ 就是单行列式函数，这时，如果行列式是归一化的，则 $N$ 电子体系的总能量，即式(2.1.1)中的能量 $E$ 就是 Slater 行列式的矩阵元，即 $E = \langle\Psi|\hat{H}|\Psi\rangle$. 如果采用多组态近似，则方程(2.1.1)中的波函数 $\Psi$ 应该是谱项波函数的线性组合[见式(1.8.69)和式(1.13.37)]，而谱项波函数则是 Slater 行列式的线性组合. 在价键理论框架下，无论采用单组态近似还是多组态近似，价键波函数都是 Slater 行列式的线性组合. 可见，在单电子近似的理论框架下求解方程(2.1.1)时，无论采用分子轨道理论还是采用价键理论，也无论近似等级如何，都必然会出现 Slater 行列式矩阵元的计算问题，本节将研究这一问题. 注意：行列式中的单电子函数可能是正交归一化的，也可能是非正交的，例如，价键理论通常将单电子态选作非正交的原子轨道. 两种情形下行列式的矩阵元不同，本节首先讨论单电子函数正交归一的情况.

这里所说的单电子函数是单电子自旋空间函数，包括空间和自旋两部分，记作

$$\phi_i = \varphi_i \sigma_i \tag{2.1.4}$$

式中，$\varphi_i$ 为空间函数；$\sigma_i$ 为自旋函数，可取 $\alpha$ 或者 $\beta$ 两种自旋态. 两个自旋空间函数可以因自旋不同而正交，也可以自旋相同但因空间部分正交而正交. 正交归一条件为

$$\langle\phi_i(1)|\phi_j(1)\rangle = \delta_{ij} \tag{2.1.5}$$

式中，(1) 代表电子 1 的空间和自旋坐标. 由于积分值与积分变量无关，电子编号 (1) 是随意的，在这里它只表示 $\phi_i$ 为单电子函数. 行列式函数为

$$\Phi_i = \frac{1}{\sqrt{N!}} D\left|\phi_{i_1}(1)\phi_{i_2}(2)\cdots\phi_{i_N}(N)\right| \tag{2.1.6}$$

$N$ 为体系中的电子数.

### 2.1.1 重叠矩阵元

重叠矩阵元$\langle \Phi_i | \Phi_j \rangle$记作$M_{ij}$，有

$$M_{ij} = \langle \Phi_i | \Phi_j \rangle = \delta_{ij} \tag{2.1.7}$$

这就是说，在单电子函数正交归一的情况下，Slater 行列式(2.1.6)也是正交归一化的，证明如下.

式(2.1.6)可写为

$$\Phi_i = \sqrt{N!}\hat{A}\left\{\phi_{i_1}(1)\phi_{i_2}(2)\cdots\phi_{i_N}(N)\right\} \tag{2.1.8}$$

于是对角元为

$$M_{ii} = N!\left\langle \hat{A}\left\{\phi_{i_1}(1)\phi_{i_2}(2)\cdots\phi_{i_N}(N)\right\} \middle| \hat{A}\left\{\phi_{i_1}(1)\phi_{i_2}(2)\cdots\phi_{i_N}(N)\right\}\right\rangle$$

设$\Phi_l$和$\Phi_k$为任意两个满足边界条件的波函数，则对任一 Hermite 算符$\hat{Q}$，有

$$\left\langle \hat{Q}\Phi_l \middle| \Phi_k \right\rangle = \left\langle \Phi_l \middle| \hat{Q}\Phi_k \right\rangle \tag{2.1.9}$$

反对称化算符$\hat{A}$是 Hermite 算符[见式(1.2.13)]，故有

$$M_{ii} = N!\left\langle \phi_{i_1}(1)\phi_{i_2}(2)\cdots\phi_{i_N}(N) \middle| \hat{A}^2\left\{\phi_{i_1}(1)\phi_{i_2}(2)\cdots\phi_{i_N}(N)\right\}\right\rangle$$

$\hat{A}$是幂等算符[见式(1.2.8)]，用其定义式(1.2.6)代入，则上式变为

$$\begin{aligned} M_{ii} &= N!\left\langle \phi_{i_1}(1)\phi_{i_2}(2)\cdots\phi_{i_N}(N) \middle| \hat{A}\left\{\phi_{i_1}(1)\phi_{i_2}(2)\cdots\phi_{i_N}(N)\right\}\right\rangle \\ &= \left\langle \phi_{i_1}(1)\phi_{i_2}(2)\cdots\phi_{i_N}(N) \middle| \sum_P \nu_P \hat{P}\left\{\phi_{i_1}(1)\phi_{i_2}(2)\cdots\phi_{i_N}(N)\right\}\right\rangle \end{aligned}$$

上式右矢中有$N!$项. 由于单电子函数是正交归一的，当置换算符$\hat{P}$为单位算符时，给出的一项与左矢完全相同，这时$4N$重积分可化为$N$个四重积分，并分别归一化，即有

$$\begin{aligned} &\left\langle \phi_{i_1}(1)\phi_{i_2}(2)\cdots\phi_{i_N}(N) \middle| \phi_{i_1}(1)\phi_{i_2}(2)\cdots\phi_{i_N}(N)\right\rangle \\ &= \left\langle \phi_{i_1}(1) \middle| \phi_{i_1}(1)\right\rangle \left\langle \phi_{i_2}(2) \middle| \phi_{i_2}(2)\right\rangle \cdots \left\langle \phi_{i_N}(N) \middle| \phi_{i_N}(N)\right\rangle = 1 \end{aligned}$$

当置换算符不是单位算符时，则由于置换作用，至少有两个电子在左右矢中占据不同的单电子态，从而使积分为零. 例如，当$\hat{P}$=(12)时，给出的一项为

$$\left\langle \phi_{i_1}(1) \middle| \phi_{i_2}(1)\right\rangle \left\langle \phi_{i_2}(2) \middle| \phi_{i_1}(2)\right\rangle \cdots \left\langle \phi_{i_N}(N) \middle| \phi_{i_N}(N)\right\rangle = 0$$

综合以上结果有

$$M_{ii} = 1$$

再考虑非对角元，即$\Phi_i \neq \Phi_j$. 此时，$\Phi_i$、$\Phi_j$至少有一个单粒子态不同，无论$P$是否为单位置换，左右矢中的单电子态总有差别，至少有一个电子在左右矢中占据不同的单电子态，因此

$$M_{ij} = 0, \qquad i \neq j$$

于是证明了式(2.1.7).

### 2.1.2 Hamilton 矩阵的对角元

由式(2.1.2)有

$$\langle \Phi_i | \hat{H} | \Phi_j \rangle = \langle \Phi_i | \sum_{k=1}^{N} \hat{h}(k) | \Phi_j \rangle + \langle \Phi_i | \sum_{l<k=1}^{N} g(lk) | \Phi_j \rangle \tag{2.1.10}$$

首先考虑对角元，即(为简化记号，以下略去求和指标下限)

$$\langle \Phi_i | \hat{H} | \Phi_i \rangle = \langle \Phi_i | \sum_{k}^{N} \hat{h}(k) | \Phi_i \rangle + \langle \Phi_i | \sum_{l<k}^{N} g(lk) | \Phi_i \rangle \tag{2.1.11}$$

在以下推导中，仍然利用反对称化算符 $\hat{A}$ 的 Hermite 性和幂等性，但是一定要注意，在利用这些性质时所有算符必须在同一空间中，否则就会产生所谓“不完备测量”问题，可参看相关文献[1]，在推导过程中，我们将对此做详细说明. 首先考虑式(2.1.11)右边第一项，利用全同粒子的不可分辨性，求和中所有 $\hat{h}(k)(k=1,2,\cdots,N)$ 的积分都相等，于是有

$$\begin{aligned}\langle \Phi_i | \sum_{k}^{N} \hat{h}(k) | \Phi_i \rangle &= N! \left\langle \hat{A}\left\{\phi_{i_1}(1)\phi_{i_2}(2)\cdots\phi_{i_N}(N)\right\} \middle| \sum_{k}^{N} \hat{h}(k) \middle| \hat{A}\left\{\phi_{i_1}(1)\phi_{i_2}(2)\cdots\phi_{i_N}(N)\right\} \right\rangle \\ &= N!N \left\langle \hat{A}\left\{\phi_{i_1}(1)\phi_{i_2}(2)\cdots\phi_{i_N}(N)\right\} \middle| \hat{h}(1) \middle| \hat{A}\left\{\phi_{i_1}(1)\phi_{i_2}(2)\cdots\phi_{i_N}(N)\right\} \right\rangle\end{aligned}$$

这时，算符 $\hat{h}(1)$ 是单粒子空间的算符，而 $\hat{A}$ 是 $N$ 粒子空间的算符，因此不能利用 $\hat{A}$ 的 Hermite 性和幂等性将上式的积分部分写为

$$\begin{aligned}&\left\langle \hat{A}\left\{\phi_{i_1}(1)\phi_{i_2}(2)\cdots\phi_{i_N}(N)\right\} \middle| \hat{h}(1) \middle| A\left\{\phi_{i_1}(1)\phi_{i_2}(2)\cdots\phi_{i_N}(N)\right\} \right\rangle \\ &= \left\langle \phi_{i_1}(1)\phi_{i_2}(2)\cdots\phi_{i_N}(N) \middle| \hat{h}(1) \middle| \hat{A}\left\{\phi_{i_1}(1)\phi_{i_2}(2)\cdots\phi_{i_N}(N)\right\} \right\rangle\end{aligned}$$

可见，不能按照这种思路推导公式. 以下给出正确的推导过程. 利用反对称化算符 $\hat{A}$ 的 Hermite 性和幂等性，有

$$\begin{aligned}\langle \Phi_i | \sum_{k}^{N} \hat{h}(k) | \Phi_i \rangle &= N! \left\langle \hat{A}\left\{\phi_{i_1}(1)\phi_{i_2}(2)\cdots\phi_{i_N}(N)\right\} \middle| \sum_{k}^{N} \hat{h}(k) \middle| \hat{A}\left\{\phi_{i_1}(1)\phi_{i_2}(2)\cdots\phi_{i_N}(N)\right\} \right\rangle \\ &= N! \left\langle \phi_{i_1}(1)\phi_{i_2}(2)\cdots\phi_{i_N}(N) \middle| \sum_{k}^{N} \hat{h}(k) \middle| \hat{A}\left\{\phi_{i_1}(1)\phi_{i_2}(2)\cdots\phi_{i_N}(N)\right\} \right\rangle \\ &= \sum_{k}^{N} \left\langle \phi_{i_1}(1)\phi_{i_2}(2)\cdots\phi_{i_N}(N) \middle| \hat{h}(k) \middle| \sum_{P} \nu_P \hat{P}\left\{\phi_{i_1}(1)\phi_{i_2}(2)\cdots\phi_{i_N}(N)\right\} \right\rangle\end{aligned} \tag{2.1.12}$$

上式的积分中，左矢中每个电子占据不同的轨道，因而不同的电子有不同的积分，即求和中各算符 $\hat{h}(k)(k=1,2,\cdots,N)$ 的积分不同. 考察求和中的第一项，即

$$\left\langle \phi_{i_1}(1)\phi_{i_2}(2)\cdots\phi_{i_N}(N) \middle| \hat{h}(1) \middle| \sum_{P} \nu_P \hat{P}\left\{\phi_{i_1}(1)\phi_{i_2}(2)\cdots\phi_{i_N}(N)\right\} \right\rangle$$

上式右矢中有 $N!$ 项. 置换算符 $\hat{P}$ 为单位算符时，给出的一项与左矢完全相同，这时 $4N$ 重积分可化为 $N$ 个四重积分，利用单电子函数的归一化条件，有

$$\begin{aligned}&\left\langle \phi_{i_1}(1)\phi_{i_2}(2)\cdots\phi_{i_N}(N) \middle| \hat{h}(1) \middle| \phi_{i_1}(1)\phi_{i_2}(2)\cdots\phi_{i_N}(N) \right\rangle \\ &= \left\langle \phi_{i_1}(1) \middle| \hat{h}(1) \middle| \phi_{i_1}(1) \right\rangle \left\langle \phi_{i_2}(2) \middle| \phi_{i_2}(2) \right\rangle \cdots \left\langle \phi_{i_N}(N) \middle| \phi_{i_N}(N) \right\rangle = \left\langle \phi_{i_1}(1) \middle| \hat{h}(1) \middle| \phi_{i_1}(1) \right\rangle\end{aligned}$$

可以将置换算符看作是作用于电子编号的算符，也可以看作是作用于轨道编号的算符，在以下的讨论中，我们把置换算符看作是作用于轨道编号的算符. 当置换算符不是单位算符时，由于置换作用至少有两个电子在左右矢中占据不同的单电子态，而单电子函数是正交归一的，

故积分为零. 例如，当 $\hat{P}=(12)$ 时，给出的一项 0 为

$$\left\langle \phi_{i_1}(1)\phi_{i_2}(2)\cdots\phi_{i_N}(N)\middle|\hat{h}(1)\middle|\phi_{i_2}(1)\phi_{i_1}(2)\cdots\phi_{i_N}(N)\right\rangle$$
$$=\left\langle \phi_{i_1}(1)\middle|\hat{h}(1)\middle|\phi_{i_2}(1)\right\rangle\left\langle \phi_{i_2}(2)\middle|\phi_{i_1}(2)\right\rangle\cdots\left\langle \phi_{i_N}(N)\middle|\phi_{i_N}(N)\right\rangle=0$$

因此

$$\left\langle \phi_{i_1}(1)\phi_{i_2}(2)\cdots\phi_{i_N}(N)\middle|\hat{h}(1)\middle|\sum_P \nu_P\hat{P}\left\{\phi_{i_1}(1)\phi_{i_2}(2)\cdots\phi_{i_N}(N)\right\}\right\rangle=\left\langle \phi_{i_1}(1)\middle|\hat{h}(1)\middle|\phi_{i_1}(1)\right\rangle$$

式(2.1.12)的每一项都给出类似的结果，如第 $l$ 项给出的结果为

$$\left\langle \phi_{i_l}(l)\middle|\hat{h}(l)\middle|\phi_{i_l}(l)\right\rangle$$

上式的积分值与算符的表达式及轨道有关，而与电子编号无关，电子编号仅仅是积分变量，可把 $l$ 换作 1，于是可将式(2.1.12)写为

$$\langle \Phi_i|\sum_k^N\hat{h}(k)|\Phi_i\rangle=\sum_i^N\langle \phi_i(1)|\hat{h}(1)|\phi_i(1)\rangle \tag{2.1.13}$$

式(2.1.13)是对行列式中包含的 $N$ 个轨道求和，轨道数目与电子数目是相同的. 再来推导式(2.1.11)中的双电子积分，有

$$\begin{aligned}\langle \Phi_i|\sum_{l<k}^N g(lk)|\Phi_i\rangle &= N!\left\langle \hat{A}\left\{\phi_{i_1}(1)\phi_{i_2}(2)\cdots\phi_{i_N}(N)\right\}\middle|\sum_{l<k}^N g(lk)\middle|\hat{A}\left\{\phi_{i_1}(1)\phi_{i_2}(2)\cdots\phi_{i_N}(N)\right\}\right\rangle\\ &= N!\left\langle \phi_{i_1}(1)\phi_{i_2}(2)\cdots\phi_{i_N}(N)\middle|\sum_{l<k}^N g(lk)\middle|\hat{A}\left\{\phi_{i_1}(1)\phi_{i_2}(2)\cdots\phi_{i_N}(N)\right\}\right\rangle\\ &= \sum_{l<k}^N\left\langle \phi_{i_1}(1)\phi_{i_2}(2)\cdots\phi_{i_N}(N)\middle|g(lk)\middle|\sum_P\nu_P\hat{P}\left\{\phi_{i_1}(1)\phi_{i_2}(2)\cdots\phi_{i_N}(N)\right\}\right\rangle\end{aligned} \tag{2.1.14}$$

上式对 $l$、$k$ 的求和包含 $\dfrac{N(N-1)}{2}$ 项，考察其中的一项，如 $g(12)$ 的积分，

$$\left\langle \phi_{i_1}(1)\phi_{i_2}(2)\cdots\phi_{i_N}(N)\middle|g(12)\middle|\sum_P\nu_P\hat{P}\left\{\phi_{i_1}(1)\phi_{i_2}(2)\cdots\phi_{i_N}(N)\right\}\right\rangle$$

上式右矢中的 $N!$ 项中，仅当置换算符 $\hat{P}$ 为单位算符和对换算符 $\hat{P}=(12)$ 时，积分才不为零，于是有

$$\left\langle \phi_{i_1}(1)\phi_{i_2}(2)\cdots\phi_{i_N}(N)\middle|g(12)\middle|\sum_P\nu_P\hat{P}\left\{\phi_{i_1}(1)\phi_{i_2}(2)\cdots\phi_{i_N}(N)\right\}\right\rangle$$
$$=\left\langle \phi_{i_1}(1)\phi_{i_2}(2)\middle|g(12)\middle|\phi_{i_1}(1)\phi_{i_2}(2)\right\rangle-\left\langle \phi_{i_1}(1)\phi_{i_2}(2)\middle|g(12)\middle|\phi_{i_2}(1)\phi_{i_1}(2)\right\rangle$$

式中的负号是因为，当 $\hat{P}$ 为对换算符时，$\nu_P=-1$. 式(2.1.14)的每一项都给出类似的结果，例如 $g(mn)$ 的积分为

$$\left\langle \phi_{i_1}(1)\cdots\phi_{i_m}(m)\cdots\phi_{i_n}(n)\cdots\phi_{i_N}(N)\middle|g(mn)\middle|\sum_P\nu_P\hat{P}\left\{\phi_{i_1}(1)\cdots\phi_{i_m}(m)\cdots\phi_{i_n}(n)\cdots\phi_{i_N}(N)\right\}\right\rangle$$
$$=\left\langle \phi_{i_m}(m)\phi_{i_n}(n)\middle|g(mn)\middle|\phi_{i_m}(m)\phi_{i_n}(n)\right\rangle-\left\langle \phi_{i_m}(m)\phi_{i_n}(n)\middle|g(mn)\middle|\phi_{i_n}(m)\phi_{i_m}(n)\right\rangle$$

上式的积分值与算符的表达式及轨道有关，而与电子编号无关，电子编号仅仅是积分变量，可把 $(mn)$ 换作 $(12)$，于是可将式(2.1.14)写为

$$\langle \Phi_i | \sum_{l<k}^{N} g(lk) | \Phi_i \rangle = \sum_{i<j}^{N} \begin{bmatrix} \langle \phi_i(1)\phi_j(2) | g(12) | \phi_i(1)\phi_j(2) \rangle \\ -\langle \phi_i(1)\phi_j(2) | g(12) | \phi_j(1)\phi_i(2) \rangle \end{bmatrix} \tag{2.1.15}$$

式(2.1.15)是对行列式中包含的 $N$ 个轨道求和，轨道数目与电子数目是相同的. 将式(2.1.13)和式(2.1.15)代入式(2.1.11)，得到 Hamilton 矩阵的对角元

$$\langle \Phi_i | \hat{H} | \Phi_i \rangle = \sum_{i}^{N} \langle \phi_i(1) | \hat{h}(1) | \phi_i(1) \rangle + \sum_{i<j}^{N} \begin{bmatrix} \langle \phi_i(1)\phi_j(2) | g(12) | \phi_i(1)\phi_j(2) \rangle \\ -\langle \phi_i(1)\phi_j(2) | g(12) | \phi_j(1)\phi_i(2) \rangle \end{bmatrix} \tag{2.1.16}$$

如果方程(2.1.1)中的波函数 $\varPsi$ 为单行列式函数，则式(2.1.16)就是体系的能量表达式，即有

$$E = \sum_{i}^{N} \langle \phi_i(1) | \hat{h}(1) | \phi_i(1) \rangle + \sum_{i<j}^{N} \begin{bmatrix} \langle \phi_i(1)\phi_j(2) | g(12) | \phi_i(1)\phi_j(2) \rangle \\ -\langle \phi_i(1)\phi_j(2) | g(12) | \phi_j(1)\phi_i(2) \rangle \end{bmatrix} \tag{2.1.17}$$

式中，$\phi$ 为自旋轨道. 由于 $\hat{h}(1)$ 和 $g(12)$ 中都不包含自旋，因此可先将自旋积分(求和)，于是式(2.1.17)可写为

$$E = \sum_{i}^{N} \langle \varphi_i(1) | \hat{h}(1) | \varphi_i(1) \rangle + \sum_{i<j}^{N} \begin{bmatrix} \langle \varphi_i(1)\varphi_j(2) | g(12) | \varphi_i(1)\varphi_j(2) \rangle \\ -\delta\left(m_{s_i} m_{s_j}\right) \langle \varphi_i(1)\varphi_j(2) | g(12) | \varphi_j(1)\varphi_i(2) \rangle \end{bmatrix} \tag{2.1.18}$$

式(2.1.18)可简写为

$$E = \sum_{i}^{N} h_{ii} + \sum_{i<j}^{N} \left[ J_{ij} - K_{ij} \right] \tag{2.1.19}$$

其中

$$h_{ii} = \langle \varphi_i(1) | \hat{h}(1) | \varphi_i(1) \rangle \tag{2.1.20}$$

$$J_{ij} = \langle \varphi_i(1)\varphi_j(2) | g(12) | \varphi_i(1)\varphi_j(2) \rangle \tag{2.1.21}$$

$$K_{ij} = \delta(m_{s_i} m_{s_j}) \langle \varphi_i(1)\varphi_j(2) | g(12) | \varphi_j(1)\varphi_i(2) \rangle \tag{2.1.22}$$

按式(2.1.3)，有

$$\hat{h}_1 = -\frac{1}{2}\nabla_1^2 - \sum_{a} \frac{Z_a}{r_{a1}} \tag{2.1.23}$$

$\varphi$ 为空间轨道；$J_{ij}$ 和 $K_{ij}$ 都是电子排斥积分的矩阵元，称 $J_{ij}$ 为 Coulomb 积分，$K_{ij}$ 为交换积分，其中，$m_{s_k}(k=i,j)$ 表示与 $\varphi_k(k=i,j)$ 匹配的自旋态，仅当与 $\varphi_i$ 和 $\varphi_j$ 匹配的自旋态相同时，交换积分才不为零.

这里，我们要讨论 Coulomb 积分和交换积分. 在量子化学中，Coulomb 积分和交换积分是两个重要术语，原则上讲，任何二体算符的矩阵元都有 Coulomb 积分和交换积分. 这里是二体算符电子排斥积分的矩阵元，在另外的场合则可能是其他包含二体算符的矩阵元，例如，式(1.15.18)中，包含二体算符的 Hamilton 量的矩阵元也分为 Coulomb 积分和交换积分. 不论算符如何不同，Coulomb 积分都是指与经典电荷密度相对应的矩阵元，而交换积分都是指与交换电荷密度相对应的矩阵元. 例如，式(2.1.21)Coulomb 积分 $J_{ij}$ 中的电荷密度为经典电荷密度 $\varphi_i^*(1)\varphi_i(1)$ 和 $\varphi_j^*(2)\varphi_j(2)$，而式(2.1.22) $K_{ij}$ 中的电荷密度则为 $\varphi_i^*(1)\varphi_i(2)$ 和 $\varphi_j^*(2)\varphi_j(1)$，也可写

作 $\varphi_i^*(1)\varphi_j(1)$ 和 $\varphi_j^*(2)\varphi_i(2)$，按第一种定义，电荷密度涉及同一轨道上的两个不同的电子，与经典的电荷密度相比，电子发生了交换. 按第二种定义，电荷密度涉及两个不同的轨道，与经典的电荷密度相比，轨道发生了交换. 这种电荷密度没有经典对应，称为交换电荷密度，相应地称 $K_{ij}$ 为交换积分. 交换电荷密度和交换积分来自 Pauli 不相容原理，是量子力学中特有的. 以下几章中出现 Coulomb 积分和交换积分时，不再一一说明.

如果每一空间轨道都是双占据的，则式(2.1.19)可进一步改写为

$$E = 2\sum_{i}^{N/2} h_{ii} + \sum_{i,j}^{N/2}\left[2J_{ij} - K_{ij}\right] \tag{2.1.24}$$

注意：上式第二个求和中的两个求和指标是独立的(不再有 $i < j$ 的限制)，而且由于求和中的轨道一定具有相同的自旋(只对 $\alpha$ 轨道或者只对 $\beta$ 轨道求和)，因此交换积分 $K_{ij}$ 表达式(2.1.22)中的 $\delta(m_{s_i}m_{s_j})$ 可以去掉.

### 2.1.3　Hamilton 矩阵的非对角元

在非对角元式(2.1.10)中，$\Phi_i$ 和 $\Phi_j$ 所包含的单粒子态有所不同，首先考虑它们相差一个单粒子态的情况. 设 $\Phi_i$ 和 $\Phi_j$ 中不同的单粒子态分别为 $\phi_i$ 和 $\phi_j$，除此之外，其他的单粒子态全部相同. 仿照以上的推导，有

$$\begin{aligned}
&\left\langle \Phi_i \middle| \sum_k^N \hat{h}(k) \middle| \Phi_j \right\rangle \\
&= N!\left\langle \hat{A}\left\{\phi_{i_1}(1)\phi_{i_2}(2)\cdots\phi_i(m)\cdots\phi_{i_N}(N)\right\} \middle| \sum_k^N \hat{h}(k) \middle| \hat{A}\left\{\phi_{i_1}(1)\phi_{i_2}(2)\cdots\phi_j(m)\cdots\phi_{i_N}(N)\right\}\right\rangle \\
&= N!\left\langle \phi_{i_1}(1)\phi_{i_2}(2)\cdots\phi_i(m)\cdots\phi_{i_N}(N) \middle| \sum_k^N \hat{h}(k) \middle| \hat{A}\left\{\phi_{i_1}(1)\phi_{i_2}(2)\cdots\phi_j(m)\cdots\phi_{i_N}(N)\right\}\right\rangle \\
&= \sum_k^N \left\langle \phi_{i_1}(1)\phi_{i_2}(2)\cdots\phi_i(m)\cdots\phi_{i_N}(N) \middle| \hat{h}(k) \middle| \sum_P \nu_P \hat{P}\left\{\phi_{i_1}(1)\phi_{i_2}(2)\cdots\phi_j(m)\cdots\phi_{i_N}(N)\right\}\right\rangle
\end{aligned} \tag{2.1.25}$$

式(2.1.25)中，当 $k \neq m$ 时，$\hat{h}(k)$ 的积分均为零，如 $\hat{h}(1)$ 的积分为

$$\left\langle \phi_{i_1}(1)\phi_{i_2}(2)\cdots\phi_i(m)\cdots\phi_{i_N}(N) \middle| \hat{h}(1) \middle| \sum_P \nu_P \hat{P}\left\{\phi_{i_1}(1)\phi_{i_2}(2)\cdots\phi_j(m)\cdots\phi_{i_N}(N)\right\}\right\rangle$$

当 $m \neq 1$ 时，式(2.1.25)右边的 $N!$ 项中，没有任何一项与左矢匹配，这使得 $\hat{h}(1)$ 的积分为零，因此式(2.1.25)中只有一项 $\langle \phi_i(m)|\hat{h}(m)|\phi_j(m)\rangle$ 不为零，在这里 $m$ 为积分变量，可将 $m$ 改写为 1，即有

$$\left\langle \Phi_i \middle| \sum_k^N \hat{h}(k) \middle| \Phi_j \right\rangle = \langle \phi_i(m)|\hat{h}(m)|\phi_j(m)\rangle = \langle \phi_i(1)|\hat{h}(1)|\phi_j(1)\rangle \tag{2.1.26}$$

同样有

$$\begin{aligned}
&\left\langle \phi_{i_1}(1)\cdots\phi_i(m)\cdots\phi_{i_n}(n)\cdots\phi_{i_N}(N) \middle| g(mn) \middle| \sum_P \nu_P \hat{P}\left\{\phi_{i_1}(1)\cdots\phi_j(m)\cdots\phi_{i_n}(n)\cdots\phi_{i_N}(N)\right\}\right\rangle \\
&= \left\langle \phi_i(m)\phi_{i_n}(n) \middle| g(mn) \middle| \phi_j(m)\phi_{i_n}(n)\right\rangle - \left\langle \phi_i(m)\phi_{i_n}(n) \middle| g(mn) \middle| \phi_{i_n}(m)\phi_j(n)\right\rangle
\end{aligned}$$

于是有

$$\left\langle \Phi_i \left| \sum_{l<k}^{N} g(lk) \right| \Phi_j \right\rangle = \sum_{m(m\neq j)}^{N} \begin{bmatrix} \left\langle \phi_i(1)\phi_m(2) \middle| g(12) \middle| \phi_j(2)\phi_m(2) \right\rangle \\ -\left\langle \phi_i(1)\phi_m(2) \middle| g(12) \middle| \phi_m(1)\phi_j(2) \right\rangle \end{bmatrix} \tag{2.1.27}$$

将式(2.1.26)和式(2.1.27)代入式(2.1.10)，得到两个行列式相差一个单粒子态时的矩阵元

$$\left\langle \Phi_i \middle| \hat{H} \middle| \Phi_j \right\rangle = \left\langle \phi_i(1) \middle| \hat{h}(1) \middle| \phi_j(1) \right\rangle + \sum_{m(m\neq j)}^{N} \begin{bmatrix} \left\langle \phi_i(1)\phi_m(2) \middle| g(12) \middle| \phi_j(1)\phi_m(2) \right\rangle \\ -\left\langle \phi_i(1)\phi_m(2) \middle| g(12) \middle| \phi_m(1)\phi_j(2) \right\rangle \end{bmatrix} \tag{2.1.28}$$

上式的求和包含 $(N-1)$ 个轨道，即 $\Phi_j$ 中包含的除 $\phi_j$ 以外的全部轨道，它们是行列式 $\Phi_i$ 和 $\Phi_j$ 中相同的那些轨道，而 $\phi_i$ 和 $\phi_j$ 则是两个不同的轨道，分别包含于 $\Phi_i$ 和 $\Phi_j$ 中.

再考虑相差两个单粒子态的情况. 设 $\Phi_i$ 和 $\Phi_j$ 中不同的单粒子态为 $\{\phi_i,\phi_j\}$ 和 $\{\phi_k,\phi_l\}$，除此之外，其他的单粒子态全部相同. 这时，由于左右矢中相差两个单粒子态，单电子算符的积分为零，而双电子算符的积分只剩下一项，即有

$$\left\langle \Phi_i \middle| \hat{H} \middle| \Phi_j \right\rangle = \left\langle \phi_i(1)\phi_j(2) \middle| g(12) \middle| \phi_k(1)\phi_l(2) \right\rangle - \left\langle \phi_i(1)\phi_j(2) \middle| g(12) \middle| \phi_l(1)\phi_k(2) \right\rangle \tag{2.1.29}$$

如果行列式 $\Phi_i$ 和 $\Phi_j$ 相差三个或三个以上的单粒子态，由于 Hamilton 量中仅包含单粒子算符和双粒子算符，因此总有一对以上不匹配的单电子态出现在重叠积分中而使矩阵元为零，即有

$$\left\langle \Phi_i \middle| \hat{H} \middle| \Phi_j \right\rangle = 0 \tag{2.1.30}$$

以上给出的单粒子态正交归一下的行列式矩阵元计算规则，称为 Slater 规则. 也可以用行列式展开的 Laplace 定理来推导 Slater 规则，可参看相关文献[2].

本书利用反对称化算符的性质推导 Slater 行列式的矩阵元，采用这种推导方法，推导过程较为明晰，物理概念更为清楚，而且在单粒子态非正交情况下，采用这种推导方法的优势更为明显(参见 2.2 节).

## 2.2　Slater 行列式的矩阵元(单电子函数非正交)

单粒子函数仍然用式(2.1.4)表示. 如果单电子自旋函数 $\phi_i$ 和 $\phi_j$ 具有不同的自旋，则两者必定是正交的，但如果它们的自旋相同而空间函数不正交，则这两个单电子态不正交，本节所讨论的就是这种情况. 简言之，本节讨论在单粒子态空间函数不正交的情况下，Slater 行列式矩阵元的计算规则.

### 2.2.1　重叠矩阵元

暂时仍用式(2.1.8)表示行列式，即仍然保留因子 $\sqrt{N!}$，利用反对称化算符 $\hat{A}$ 的 Hermite 性和幂等性，有

$$\begin{aligned} M_{ii} = \left\langle \Phi_i \middle| \Phi_i \right\rangle &= \left\langle \phi_{i_1}(1)\phi_{i_2}(2)\cdots\phi_{i_N}(N) \middle| \sum_P \nu_P \hat{P}\left\{\phi_{i_1}(1)\phi_{i_2}(2)\cdots\phi_{i_N}(N)\right\} \right\rangle \\ &= \sum_P \nu_P \left\langle \phi_{i_1}(1)\phi_{i_2}(2)\cdots\phi_{i_N}(N) \middle| \hat{P}\left\{\phi_{i_1}(1)\phi_{i_2}(2)\cdots\phi_{i_N}(N)\right\} \right\rangle \end{aligned} \tag{2.2.1}$$

设置换算符 $\hat{P}$ 为

$$\hat{P}=\begin{pmatrix} i_1\, i_2 \cdots\ i_N \\ j_1\ j_2 \cdots j_N \end{pmatrix}$$

以下推导中，将置换算符看作作用于轨道编号. 将置换算符 $\hat{P}$ 的表达式代入式(2.2.1)，有

$$\begin{aligned} M_{ii} &= \sum_P \nu_P \left\langle \phi_{i_1}(1)\phi_{i_2}(2)\cdots\phi_{i_N}(N) \middle| \phi_{j_1}(1)\phi_{j_2}(2)\cdots\phi_{j_N}(N) \right\rangle \\ &= \sum_{j_1 j_2 \cdots j_N} \nu_{j_1 j_2 \cdots j_N} \left\langle \phi_{i_1}(1) \middle| \phi_{j_1}(1) \right\rangle \left\langle \phi_{i_2}(2) \middle| \phi_{j_2}(2) \right\rangle \cdots \left\langle \phi_{i_N}(N) \middle| \phi_{j_N}(N) \right\rangle \end{aligned} \tag{2.2.2}$$

上式中的求和 $j_1 j_2 \cdots j_N$ 表示由 $\hat{P}$ 产生的置换，共有 $N!$ 项，因为有 $N!$ 个置换，它们恰好组成一个行列式(行列式的数学定义是：$N$ 级行列式等于所有来自不同行不同列的 $N$ 个元素的乘积 $a_{i_1 j_1} a_{i_2 j_2} \cdots a_{i_N j_N}$ 的代数和，其中，$j_1, j_2, \cdots, j_N$ 是 $i_1, i_2, \cdots, i_N$ 的一个排列，以排列 $i_1, i_2, \cdots, i_N$ 为准，$j_1, j_2, \cdots, j_N$ 为偶排列的项带正号，$j_1, j_2, \cdots, j_N$ 为奇排列的项带负号，共有 $N!$ 项[3])，记作 $D_{ii}$，于是有

$$\begin{aligned} M_{ii} = D_{ii} &= D\left| \left\langle \phi_{i_1}(1) \middle| \phi_{i_1}(1) \right\rangle \left\langle \phi_{i_2}(2) \middle| \phi_{i_2}(2) \right\rangle \cdots \left\langle \phi_{i_N}(N) \middle| \phi_{i_N}(N) \right\rangle \right| \\ &= \begin{vmatrix} \left\langle \phi_{i_1}(1) \middle| \phi_{i_1}(1) \right\rangle & \left\langle \phi_{i_1}(1) \middle| \phi_{i_2}(1) \right\rangle \cdots & \left\langle \phi_{i_1}(1) \middle| \phi_{i_N}(1) \right\rangle \\ \left\langle \phi_{i_2}(2) \middle| \phi_{i_1}(2) \right\rangle & \left\langle \phi_{i_2}(2) \middle| \phi_{i_2}(2) \right\rangle \cdots & \left\langle \phi_{i_2}(2) \middle| \phi_{i_N}(2) \right\rangle \\ & \vdots & \\ \left\langle \phi_{i_N}(N) \middle| \phi_{i_1}(N) \right\rangle & \left\langle \phi_{i_N}(N) \middle| \phi_{i_2}(N) \right\rangle \cdots & \left\langle \phi_{i_N}(N) \middle| \phi_{i_N}(N) \right\rangle \end{vmatrix} \end{aligned} \tag{2.2.3}$$

上面的第一个等式是行列式的一种简化记法，只写出了行列式的对角元，第二个等式则给出了行列式的全部元素，其中的单电子态包含在 Slater 行列式 $\Phi_i$ 中. 由于积分值与积分变量无关，因此行列式中的电子编号 $1,2,\cdots,N$ 可以全部写作 1. 之所以写出全部电子编号，是为了与式(2.2.2)对应，以便更好地理解式(2.2.3)的结果. 在式(2.2.2)中，左矢为单电子态的乘积，每个电子都有确定的轨道，例如，$k$ 电子在 $\phi_{i_k}$ 轨道上，即有单粒子态 $\phi_{i_k}(k)$，因此行列式(2.2.3)的每个元素，其左矢的电子编号与轨道编号一致. 由式(2.2.3)，在单电子态非正交的情况下，归一化的 Slater 行列式为

$$\Phi_i = (D_{ii} N!)^{-\frac{1}{2}} D\left| \phi_{i_1}(1)\phi_{i_2}(2)\cdots\phi_{i_N}(N) \right| \tag{2.2.4}$$

对于非对角元，由于 $\Phi_i$ 和 $\Phi_j$ 中包含的单电子态不尽相同，仿照式(2.2.1)有

$$\begin{aligned} M_{ij} = \left\langle \Phi_i \middle| \Phi_j \right\rangle &= (D_{ii} D_{jj})^{-\frac{1}{2}} \left\langle \phi_{i_1}(1)\phi_{i_2}(2)\cdots\phi_{i_N}(N) \middle| \sum_P \nu_P \hat{P}\left\{ \phi_{k_1}(1)\phi_{k_2}(2)\cdots\phi_{k_N}(N) \right\} \right\rangle \\ &= \left( D_{ii} D_{jj} \right)^{-\frac{1}{2}} \sum_P \nu_P \left\langle \phi_{i_1}(1)\phi_{i_2}(2)\cdots\phi_{i_N}(N) \middle| \hat{P}\left\{ \phi_{k_1}(1)\phi_{k_2}(2)\cdots\phi_{k_N}(N) \right\} \right\rangle \end{aligned}$$

设置换算符 $P$ 为

$$P=\begin{pmatrix} k_1 k_2 \cdots k_N \\ j_1 j_2 \cdots j_N \end{pmatrix}$$

于是有

$$\begin{aligned}M_{ij} &= (D_{ii}D_{jj})^{-\frac{1}{2}} \sum_{j_1j_2\cdots j_N} \nu_{j_1j_2\cdots j_N} \left\langle \phi_{i_1}(1)\phi_{i_2}(2)\cdots\phi_{i_N}(N) \middle| \phi_{j_1}(1)\phi_{j_2}(2)\cdots\phi_{j_N}(N) \right\rangle \\ &= (D_{ii}D_{jj})^{-\frac{1}{2}} \sum_{j_1j_2\cdots j_N} \nu_{j_1j_2\cdots j_N} \left\langle \phi_{i_1}(1) \middle| \phi_{j_1}(1) \right\rangle \left\langle \phi_{i_2}(2) \middle| \phi_{j_2}(2) \right\rangle \cdots \left\langle \phi_{i_N}(N) \middle| \phi_{j_N}(N) \right\rangle \\ &= (D_{ii}D_{jj})^{-\frac{1}{2}} D_{ij}\end{aligned} \tag{2.2.5}$$

其中

$$D_{ij} = D\left| \left\langle \phi_{i_1}(1) \middle| \phi_{j_1}(1) \right\rangle \left\langle \phi_{i_2}(2) \middle| \phi_{j_2}(2) \right\rangle \cdots \left\langle \phi_{i_N}(N) \middle| \phi_{j_N}(N) \right\rangle \right| \tag{2.2.6}$$

式中，单电子态 $\left\{\phi_{i_1}\phi_{i_2}\cdots\phi_{i_N}\right\}$ 和 $\left\{\phi_{j_1}\phi_{j_2}\cdots\phi_{j_N}\right\}$ 分别包含在行列式 $\Phi_i$ 和 $\Phi_j$ 中.

### 2.2.2 Hamilton 矩阵元

我们将给出 Hamilton 矩阵对角元和非对角元的统一表达式. 设 $\Phi_i$ 和 $\Phi_j$ 中包含的单电子态分别为 $\left\{\phi_{i_1}\phi_{i_2}\cdots\phi_{i_N}\right\}$ 和 $\left\{\phi_{j_1}\phi_{j_2}\cdots\phi_{j_N}\right\}$，对于对角元，两组单电子态相同. 由于这里要给出的是 Hamilton 对角元和非对角元的统一表达式，故用不同记号标记两组单电子态. 对于对角元，在最后的结果中使两组单电子态相同即可. 仿照式(2.1.12)，有

$$\left\langle \Phi_i \middle| \sum_k^N \hat{h}(k) \middle| \Phi_j \right\rangle = (D_{ii}D_{jj})^{-\frac{1}{2}} \sum_k^N \left\langle \phi_{i_1}(1)\phi_{i_2}(2)\cdots\phi_{i_N}(N) \middle| \hat{h}(k) \middle| \sum_P \nu_P \hat{P}\left\{\phi_{k_1}(1)\phi_{k_2}(2)\cdots\phi_{k_N}(N)\right\} \right\rangle$$

仿照式(2.2.1)和式(2.2.2)，有

$$\left\langle \Phi_i \middle| \sum_k^N \hat{h}(k) \middle| \Phi_j \right\rangle = (D_{ii}D_{jj})^{-\frac{1}{2}} \sum_k^N \sum_{j_1j_2\cdots j_N} \nu_{j_1j_2\cdots j_N} \left\langle \phi_{i_1}(1)\phi_{i_2}(2)\cdots\phi_{i_N}(n) \middle| \hat{h}(k) \middle| \phi_{j_1}(1)\phi_{j_2}(2)\cdots\phi_{j_N}(N) \right\rangle \tag{2.2.7}$$

考虑上式 $k$ 求和中的任一项，例如考虑 $k=m$ 的项，有

$$\begin{aligned}&\sum_{j_1j_2\cdots j_N} \left[ \nu_{j_1j_2\cdots j_N} \left\langle \phi_{i_1}(1)\phi_{i_2}(2)\cdots\phi_{i_m}(m)\cdots\phi_{i_N}(N) \middle| \hat{h}(m) \middle| \phi_{j_1}(1)\phi_{j_2}(2)\cdots\phi_{j_m}(m)\cdots\phi_{j_N}(N) \right\rangle \right] \\ &= \sum_{j_1j_2\cdots j_N} \left[ \nu_{j_1j_2\cdots j_N} \left\langle \phi_{i_m}(m) \middle| \hat{h}(m) \middle| \phi_{j_m}(m) \right\rangle \left\langle \phi_{i_1}(1) \middle| \phi_{j_1}(1) \right\rangle \left\langle \phi_{i_2}(2) \middle| \phi_{j_2}(2) \right\rangle \cdots \left\langle \phi_{i_N}(N) \middle| \phi_{j_N}(N) \right\rangle \right]\end{aligned} \tag{2.2.8}$$

上式中所有的积分值都与电子编号无关，因为电子编号在这里仅仅是积分变量，于是可将式(2.2.8)中的电子编号 $m$ 换作 1. 式(2.2.7) $k$ 求和中的每一项都可以这样做，于是，式(2.2.7)对 $k$ 的求和变为对 $\Phi_i$ 中包含的单粒子态的求和，而有

$$\begin{aligned}\left\langle \Phi_i \middle| \sum_k^N \hat{h}(k) \middle| \Phi_j \right\rangle &= (D_{ii}D_{jj})^{-\frac{1}{2}} \sum_{i_m,j_m}^N \sum_{\{j_1j_2\cdots j_N\}} \left[ \begin{aligned}&\nu_{j_1j_2\cdots j_N} \left\langle \phi_{i_m}(1) \middle| \hat{h}(1) \middle| \phi_{j_m}(1) \right\rangle \left\langle \phi_{i_1}(1) \middle| \phi_{j_1}(1) \right\rangle \\ &\times \left\langle \phi_{i_2}(2) \middle| \phi_{j_2}(2) \right\rangle \cdots \left\langle \phi_{i_N}(N) \middle| \phi_{j_N}(N) \right\rangle\end{aligned} \right] \\ &= (D_{ii}D_{jj})^{-\frac{1}{2}} \sum_{k,l}^N \left\langle \phi_k(1) \middle| \hat{h}(1) \middle| \phi_l(1) \right\rangle D_{ij}(k,l)\end{aligned} \tag{2.2.9}$$

式中，由于 $\Phi_j$ 中的单粒子态 $\phi_{j_m}$ 已被单独列出，求和记号 $\{j_1j_2\cdots j_N\}$ 表示对 $\Phi_j$ 中除 $j_m$ 以外的

单电子态的排列方式(由置换 $\hat{P}$ 产生)求和，最后的求和指标 $k$、$l$ 是求和指标 $i_m$、$j_m$ 的改写，分别表示对 $\Phi_i$ 和 $\Phi_j$ 中包含的单电子态求和，$D_{ij}(k,l)$ 是式(2.2.6)的行列式中去掉 $k$ 行 $l$ 列后的行列式. 仿照式(2.2.7)有

$$\begin{aligned}\left\langle \Phi_i \left| \sum_{l<k}^{N} g(lk) \right| \Phi_j \right\rangle &= (D_{ii}D_{jj})^{-\frac{1}{2}} \\ &\times \sum_{l<k}^{N} \sum_{j_1 j_2 \cdots j_N} v_{j_1 j_2 \cdots j_N} \left\langle \phi_{i_1}(1)\phi_{i_2}(2)\cdots\phi_{i_N}(N) \middle| g(lk) \middle| \phi_{j_1}(1)\phi_{j_2}(2)\cdots\phi_{j_N}(N) \right\rangle\end{aligned} \tag{2.2.10}$$

对第一个求和中的任一项，如 $g(mn)$，有

$$\begin{aligned}&\sum_{j_1 j_2 \cdots j_N} \left[ \begin{array}{l} v_{j_1 j_2 \cdots j_N} \\ \times \left\langle \phi_{i_1}(1)\phi_{i_2}(2)\cdots\phi_{i_m}(m)\cdots\phi_{i_n}(n)\cdots\phi_{i_N}(N) \middle| g(mn) \middle| \phi_{j_1}(1)\phi_{j_2}(2)\cdots\phi_{j_m}(m)\cdots\phi_{j_n}(n)\cdots\phi_{j_N}(N) \right\rangle \end{array} \right] \\ &= \sum_{j_1 j_2 \cdots j_N} v_{j_1 j_2 \cdots j_N} \left[ \begin{array}{l} \left\langle \phi_{i_m}(m)\phi_{i_n}(n) \middle| g(mn) \middle| \phi_{j_m}(m)\phi_{j_n}(n) \right\rangle \\ -\left\langle \phi_{i_m}(m)\phi_{i_n}(n) \middle| g(mn) \middle| \phi_{j_n}(m)\phi_{j_m}(n) \right\rangle \end{array} \right] \left\langle \phi_{i_1}(1) \middle| \phi_{j_1}(1) \right\rangle \left\langle \phi_{i_2}(2) \middle| \phi_{j_2}(2) \right\rangle \cdots \\ &\left\langle \phi_{i_N}(N) \middle| \phi_{j_N}(N) \right\rangle\end{aligned}$$

上式中所有的积分值都与电子编号无关，因为电子编号在这里仅仅是积分变量，于是可将上式中的电子编号 $m$、$n$ 换作 1、2. 式(2.2.10)第一个求和中的每一项都可以这样做，于是，式(2.2.10)对 $k$、$l$ 的求和变为对 $\Phi_i$ 中的单粒子态的求和，而有

$$\begin{aligned}\left\langle \Phi_i \left| \sum_{l<k}^{N} g(lk) \right| \Phi_j \right\rangle &= (D_{ii}D_{jj})^{-\frac{1}{2}} \\ &\times \sum_{l<k}^{N} \sum_{m<n}^{N} \sum_{\{j_1 j_2 \cdots j_N\}} \left[ \begin{array}{l} v_{j_1 j_2 \cdots j_N} \left[ \left\langle \phi_l(1)\phi_k(2) \middle| g(12) \middle| \phi_m(1)\phi_n(2) \right\rangle \right. \\ \left. -\left\langle \phi_l(1)\phi_k(2) \middle| g(12) \middle| \phi_n(1)\phi_m(2) \right\rangle \right] \end{array} \right] \\ &\times \left\langle \phi_{i_1}(1) \middle| \phi_{j_1}(1) \right\rangle \left\langle \phi_{i_2}(2) \middle| \phi_{j_2}(2) \right\rangle \cdots \left\langle \phi_{i_N}(N) \middle| \phi_{j_N}(N) \right\rangle \\ &= (D_{ii}D_{jj})^{-\frac{1}{2}} \sum_{l<k}^{N} \sum_{m<n}^{N} \left[ \begin{array}{l} \left\langle \phi_l(1)\phi_k(2) \middle| g(12) \middle| \phi_m(1)\phi_n(2) \right\rangle \\ -\left\langle \phi_l(1)\phi_k(2) \middle| g(12) \middle| \phi_n(1)\phi_m(2) \right\rangle \end{array} \right] D_{ij}(lkmn)\end{aligned} \tag{2.2.11}$$

式中，由于 $\Phi_j$ 中的单粒子态 $\phi_m$ 和 $\phi_n$ 已被单独列出，因此求和记号 $\{j_1 j_2 \cdots j_N\}$ 表示对 $\Phi_j$ 中除 $j_m$ 和 $j_n$ 以外的单电子态的排列方式(由置换 $\hat{P}$ 产生)求和，最后的求和指标 $k$、$l$ 代表 $\Phi_i$ 中的单电子态 $\phi_{i_k}$、$\phi_{i_l}$，而 $m$、$n$ 则代表 $\Phi_j$ 中的单电子态 $\phi_{j_m}$、$\phi_{j_n}$，$D_{ij}(lkmn)$ 是式(2.2.6)的行列式中去掉 $l$、$k$ 行和 $m$、$n$ 列后剩下的行列式.

综合式(2.2.9)和式(2.2.11)，有单电子态非正交情形下的 Hamilton 矩阵元

$$\begin{aligned}\left\langle \Phi_i \middle| \hat{H} \middle| \Phi_j \right\rangle &= (D_{ii}D_{jj})^{-\frac{1}{2}} \\ &\times \left\{ \begin{array}{l} \sum_{k,l}^{N} \left\langle \phi_k(1) \middle| \hat{h}(1) \middle| \phi_l(1) \right\rangle D_{ij}(kl) \\ + \sum_{l<k}^{N} \sum_{m<n}^{N} \left[ \begin{array}{l} \left\langle \phi_l(1)\phi_k(2) \middle| g(12) \middle| \phi_m(1)\phi_n(2) \right\rangle \\ -\left\langle \phi_l(1)\phi_k(2) \middle| g(12) \middle| \phi_n(1)\phi_m(2) \right\rangle \end{array} \right] D_{ij}(lkmn) \end{array} \right\}\end{aligned} \tag{2.2.12}$$

将式(2.2.6)给出的行列式 $D_{ij}$ 所对应的矩阵记为 $\boldsymbol{Q}_{ij}$：

$$\boldsymbol{Q}_{ij}=\begin{pmatrix}\langle\phi_{i_1}(1)|\phi_{j_1}(1)\rangle & \langle\phi_{i_1}(1)|\phi_{j_2}(1)\rangle\cdots\langle\phi_{i_1}(1)|\phi_{j_N}(1)\rangle \\ \langle\phi_{i_2}(2)|\phi_{j_1}(2)\rangle & \langle\phi_{i_2}(2)|\phi_{j_2}(2)\rangle\cdots\langle\phi_{i_2}(2)|\phi_{j_N}(2)\rangle \\ \vdots & \\ \langle\phi_{i_N}(N)|\phi_{j_1}(N)\rangle & \langle\phi_{i_N}(N)|\phi_{j_2}(N)\rangle\cdots\langle\phi_{i_N}(N)|\phi_{j_N}(N)\rangle\end{pmatrix} \tag{2.2.13}$$

$\boldsymbol{Q}$ 的下标 $ij$ 表示 $\boldsymbol{Q}_{ij}$ 是与行列式 $D_{ij}$ 对应的矩阵，而不表示 $\boldsymbol{Q}$ 的矩阵元. 由于积分值与积分变量无关，行列式中的电子编号 $1,2,\cdots,N$ 可以全部写作 1，之所以写出全部电子编号，是为了与式(2.2.6)对应. 可以看到，行列式(2.2.13)每个元素的左矢中，电子及其所在轨道的编号与式(2.2.6)的左矢一致. 由代数定理[4]，$\boldsymbol{Q}_{ij}$ 的逆矩阵 $\boldsymbol{Q}_{ij}^{-1}$ 为

$$\boldsymbol{Q}_{ij}^{-1}=\frac{1}{D_{ij}}\boldsymbol{Q}_{ij}^{*} \tag{2.2.14}$$

式中，$\boldsymbol{Q}_{ij}^{*}$ 为 $\boldsymbol{Q}_{ij}$ 的伴随矩阵，伴随矩阵 $\boldsymbol{Q}_{ij}^{*}$ 的第 $k$ 行第 $l$ 列的矩阵元 $(\boldsymbol{Q}_{ij}^{*})_{kl}$ 是行列式 $D_{ij}$ 的元素 $(D_{ij})_{kl}$ 的代数余子式，即式(2.2.12)第一个求和中的子行列式 $D_{ij}(kl)$. 于是有

$$(Q_{ij}^{-1})_{kl}=\frac{D_{ij}(kl)}{D_{ij}} \tag{2.2.15}$$

因此

$$D_{ij}(kl)=D_{ij}(Q_{ij}^{-1})_{kl} \tag{2.2.16}$$

同样，由

$$(Q_{ij}^{-1})_{lk}(Q_{ij}^{-1})_{mn}-(Q_{ij}^{-1})_{mn}(Q_{ij}^{-1})_{lk}=\frac{D_{ij}(lkmn)}{D_{ij}}$$

可得

$$D_{ij}(lkmn)=D_{ij}\left[(Q_{ij}^{-1})_{lk}(Q_{ij}^{-1})_{mn}-(Q_{ij}^{-1})_{mn}(Q_{ij}^{-1})_{lk}\right] \tag{2.2.17}$$

$D_{ij}(lkmn)$ 是行列式(2.2.6)中去掉 $l$、$k$ 行和 $m$、$n$ 列后剩下的行列式，即式(2.2.12)第二个求和中的子行列式 $D_{ij}(lkmn)$，因此如果按式(2.2.6)求出行列式 $D_{ij}$，就可以得到相应的矩阵 $\boldsymbol{Q}_{ij}^{-1}$，然后由式(2.2.16)和式(2.2.17)，可求得式(2.2.12)中的子行列式 $D_{ij}(kl)$ 和 $D_{ij}(lkmn)$，于是就可以计算单电子态非正交情况下的 Hamilton 矩阵元.

## 2.3　泛函　变分原理

在以下的讨论中，经常会遇到泛函这一概念，并涉及泛函的变分及其他运算问题. 为此，本节将对有关的概念和运算做简要介绍.

### 2.3.1　泛函与泛函的变分

简单地说，泛函就是函数的函数，是普通函数概念的推广. 例如，定义在区间 $[a,b]$ 上的普通函数

$$y=f(x) \tag{2.3.1}$$

自变量为 $x$，因变量为 $y$，区间 $[a,b]$ 上的任意 $x$ 值都有 $y$ 值与之对应，对应关系由 $f$ 确定，因此函数就是数值与数值的对应关系. 但是，如果在区间 $[a,b]$ 上求曲线 $f(x)$ 与坐标轴所包围的面积 $S$，则有

$$S[f]=\int_a^b f(x)\mathrm{d}x \tag{2.3.2}$$

面积 $S$ 的值依赖于函数 $f(x)$，函数不同，面积 $S$ 就会有不同值，我们称面积 $S$ 是函数 $f(x)$ 的泛函. 在这里，函数 $f(x)$ 是泛函的自变量，$x$ 是函数 $f(x)$ 的自变量，在式(2.3.2)中为积分变量. 由于积分值与积分变量无关，因此 $x$ 与泛函无直接关系. 通常约定，普通函数的自变量用圆括号表示，如 $f(x)$，而泛函的自变量即函数，则以方括号表示，如 $E[\Phi]=\langle\Phi|\hat{H}|\Phi\rangle$，表示能量期望值是尝试波函数 $\Phi$ 的泛函.

在区间 $[a,b]$ 上取不同的 $x_i(i=1,2,\cdots,n)$，由式(2.3.1)有

$$y_i=f(x_i),\quad i=1,2,\cdots,n$$

则 $f(x)$ 的变化可以由 $\{y_i\}$ 的变化来近似表达，于是可以将 $S$ 看成 $\{y_i\}$ 的函数

$$S[f]\approx S(y_1,\ y_2,\ \cdots,\ y_n) \tag{2.3.3}$$

当 $n\to\infty$，$\{x_i\}$ 布满 $[a,b]$ 区间时，$S(y_1,\ y_2,\ \cdots,\ y_n)$ 将与 $S[f]$ 精确相等. 因此，$S[f(x)]$ 也可以看成是无限多变量的多元函数.

对于函数 $f(x)$，当自变量 $x$ 有无穷小变化时，所引起的函数的变化称为函数的微分，且有

$$\mathrm{d}f=f'\mathrm{d}x=\frac{\mathrm{d}f}{\mathrm{d}x}\mathrm{d}x \tag{2.3.4}$$

同样，对泛函 $S[f]$，当函数 $f(x)$ 有无穷小变化时，所引起的泛函 $S[f]$ 的变化称为泛函的变分，记作 $\delta S$，并有

$$\delta S[f]=\int\frac{\delta S[f(x)]}{\delta f(x)}\delta f(x)\mathrm{d}x \tag{2.3.5}$$

与式(2.3.4)不同的是，在计算泛函的变分时，需要将 $x$ 的所有可能变化所引起的函数 $f(x)$ 的变化全部考虑在内. 类比式(2.3.4)，称式(2.3.5)中的 $\dfrac{\delta S[f(x)]}{\delta f(x)}$ 为泛函微商. 值得注意的是，如果已经将泛函的变分写作

$$\delta S[f]=\int Q(x)\delta f(x)\mathrm{d}x \tag{2.3.6}$$

则由式(2.3.5)，可得泛函微商

$$\frac{\delta S[f(x)]}{\delta f(x)}=Q(x) \tag{2.3.7}$$

可以将泛函微商看作多元函数微分的推广. 按式(2.3.3)，将泛函 $S[f(x)]$ 看作无限多变量的多元函数，则有

$$\mathrm{d}S(y_1,\ y_2,\ \cdots,\ y_n)=\sum_{i=1}^{n}\frac{\partial S}{\partial y_i}\mathrm{d}y_i=\sum_{i=1}^{n}\frac{\partial S}{\partial f(x_i)}\mathrm{d}f(x_i) \tag{2.3.8}$$

当 $n \to \infty$ 时，将求和写成积分，即为式(2.3.5).

进一步考虑三维空间的情况. 设 $\{\phi_i(x, y, z), i = 1, \cdots, \infty\}$ 为三维空间的完备基函数组，将函数 $f(x, y, z)$ 展开为

$$f(x, y, z) = \sum_{i=1}^{M} c_i \phi_i(x, y, z) \tag{2.3.9}$$

则 $f(x, y, z)$ 的变化将由展开系数 $\{c_i\}$ 来确定，于是 $S[f] \approx S(c_1, c_2, \cdots, c_M)$ 可以看成一个 $M$ 元函数. 由于基函数组 $\{\phi_i\}$ 是完备的，因此当 $M \to \infty$ 时，展开式(2.3.9)是精确的，于是 $S[f(x)]$ 就是无限变量 $\{c_i\}$ 的多元函数. 这时， $S[f]$ 的变分问题实际上就变成函数 $S(\{c_i\})$ 的微分问题

$$\delta S[f] \approx \mathrm{d}S(\{c_i\}) = \sum_i \frac{\partial S}{\partial c_i} \mathrm{d}c_i \tag{2.3.10}$$

与多元函数类似，泛函也可能存在极值. 求泛函的极值可以看成是求多元函数极值的推广. 与多元函数取极值的条件类似，泛函取极值的条件是

$$\delta S[f] \approx \mathrm{d}S(\{c_i\}) = 0 \tag{2.3.11}$$

由泛函的二阶微商可以进一步判断泛函极值的属性，如极大值或极小值等，判断依据与多元函数相同.

### 2.3.2 变分原理

变分原理又称能量最低原理，下面说明这一原理.

设量子体系的 Hamilton 量为 $\hat{H}$，并设有满足归一化条件的波函数 $\Psi$，

$$\langle \Psi | \Psi \rangle = \int \Psi^* \Psi \mathrm{d}\tau = 1 \tag{2.3.12}$$

以 $\bar{E}$ 表示体系能量的平均值，则有

$$\bar{E}[\Psi] = \langle \Psi | \hat{H} | \Psi \rangle = \int \Psi^* \hat{H} \Psi \mathrm{d}\tau \tag{2.3.13}$$

可以看到，能量平均值 $\bar{E}$ 是波函数 $\Psi$ 的泛函. 变分原理可以表述为，在满足式(2.3.12)的条件下，量子体系的状态函数 $\Psi$ 应当使能量平均值泛函 $\bar{E}[\Psi]$ 取极值. 这是一个基本假定，无需证明. 我们要证明的是，从这一原理出发，就能得到体系的定态 Schrödinger 方程，即能量本征值方程

$$\hat{H}\Psi = E\Psi \tag{2.3.14}$$

证明如下. 根据变分原理，有

$$\delta\bar{E} - \lambda\delta\langle \Psi | \Psi \rangle = 0 \tag{2.3.15}$$

式中，$\lambda$ 为 Lagrange 乘子. 将式(2.3.12)和式(2.3.13)代入式(2.3.15)，利用 $\hat{H}$ 的 Hermite 性质 ($\hat{H}^+ = \hat{H}$)，按式(2.3.5)，可将式(2.3.15)写为

$$\begin{aligned}
&\int \frac{\delta(\Psi^* \hat{H} \Psi)}{\delta \Psi^*} \delta \Psi^* \mathrm{d}\tau + \int \frac{\delta(\Psi^* \hat{H} \Psi)}{\delta \Psi} \delta \Psi \mathrm{d}\tau - \lambda \left\{ \int \frac{\delta(\Psi^* \Psi)}{\delta \Psi^*} \delta \Psi^* \mathrm{d}\tau + \int \frac{\delta(\Psi^* \Psi)}{\delta \Psi} \delta \Psi \mathrm{d}\tau \right\} \\
&= \int (\hat{H}\Psi) \delta \Psi^* \mathrm{d}\tau + \int (\Psi^* \hat{H}) \delta \Psi \mathrm{d}\tau - \lambda \left\{ \int \Psi \delta \Psi^* \mathrm{d}\tau + \int \Psi^* \delta \Psi \mathrm{d}\tau \right\} \\
&= \int (\hat{H} - \lambda) \Psi \delta \Psi^* \mathrm{d}\tau + \int (\hat{H} - \lambda) \Psi^* \delta \Psi \mathrm{d}\tau = 0
\end{aligned} \tag{2.3.16}$$

为了简洁，以上推导过程可用 Dirac 符号重写为

$$\begin{aligned}&\langle\delta\Psi|\hat{H}|\Psi\rangle+\langle\Psi|\hat{H}|\delta\Psi\rangle-\lambda\{\langle\delta\Psi|\Psi\rangle+\langle\Psi|\delta\Psi\rangle\}\\&=\langle\delta\Psi|(\hat{H}-\lambda)|\Psi\rangle+\langle\Psi|(\hat{H}-\lambda)|\delta\Psi\rangle=0\end{aligned}\tag{2.3.17}$$

两式相比较可见，采用 Dirac 符号使得推导过程简单明了，对于以后的类似推导，我们都将采用 Dirac 符号. 式(2.3.16)或式(2.3.17)中，尽管$\Psi^*$是$\Psi$的复数共轭，但$\delta\Psi^*$和$\delta\Psi$都是任意的，它们分别是$\Psi^*$和$\Psi$的任意无穷小变化，不要求二者之间有任何关联，因而是彼此独立的，于是有

$$(\hat{H}-\lambda)\Psi=0\ ,\ \ (\hat{H}-\lambda)\Psi^*=0$$

即有

$$\hat{H}\Psi=\lambda\Psi\ ,\ \ \hat{H}\Psi^*=\lambda\Psi^*\tag{2.3.18}$$

这正是量子体系的定态 Schrödinger 方程(2.3.14)，其中的 Lagrange 乘子正是体系的能量本征值. 另一方面，我们可以反过来证明，满足 Schrödinger 方程的本征函数，必定使能量取极值. 这就是说，如果体系的定态 Schrödinger 方程为

$$\hat{H}\Psi=E\Psi\tag{2.3.19}$$

假定$\Psi$满足归一化条件(2.3.12)，则必有

$$\delta\bar{E}-\lambda\delta\langle\Psi|\Psi\rangle=0\tag{2.3.20}$$

式(2.3.20)的证明并不复杂，但我们不再证明，有兴趣的读者可参看相关文献[5].

以上讨论表明，变分原理与 Schrödinger 方程等价. 如果将变分原理作为第一原理，则可以导出 Schrödinger 方程，反之，如果将 Schrödinger 方程作为第一原理，则其中的能量和波函数必定满足变分原理.

通过以上讨论，我们弄清了变分原理与 Schrödinger 方程的关系，在此基础上，将给出一个便于实际应用的定理，即变分定理.

变分定理：假定量子体系的定态 Schrödinger 方程为式(2.3.19)，具有能谱

$$E_0\leqslant E_1\leqslant E_2\leqslant\cdots\tag{2.3.21}$$

对应的正交归一化波函数为

$$\Psi_0,\Psi_1,\Psi_2,\cdots\tag{2.3.22}$$

则对任何一个满足边界条件的波函数$\Phi$，必有

$$\frac{\langle\Phi|\hat{H}|\Phi\rangle}{\langle\Phi|\Phi\rangle}\geqslant E_0\tag{2.3.23}$$

上述定理可证明如下：根据量子力学的基本假定，算符$\hat{H}$的本征函数$\Psi_i$组成正交归一化的完全集合，故有单位算符

$$\sum_i|\Psi_i\rangle\langle\Psi_i|=1\tag{2.3.24}$$

于是可将算符$\hat{H}$写作

$$\hat{H}=\sum_{i,k}|\Psi_i\rangle\langle\Psi_i|\hat{H}|\Psi_k\rangle\langle\Psi_k|=\sum_{i,k}E_i|\Psi_i\rangle\langle\Psi_i|\Psi_k\rangle\langle\Psi_k|=\sum_i E_i|\Psi_i\rangle\langle\Psi_i|\tag{2.3.25}$$

利用单位算符(2.3.24)，有

$$E_0 = \sum_i E_0 |\Psi_i\rangle\langle\Psi_i|$$

从而有

$$\hat{H} - E_0 = \sum_i (E_i - E_0)|\Psi_i\rangle\langle\Psi_i|$$

$$\left\langle \Phi \middle| (\hat{H} - E_0) \middle| \Phi \right\rangle = \sum_i (E_i - E_0)\left|\langle\Phi|\Psi_i\rangle\right|^2 \tag{2.3.26}$$

$E_0$ 是基态能量，由式(2.3.21)，恒有 $E_i - E_0 \geqslant 0$ ，故上式右端各项均大于或等于零，于是有

$$\left\langle \Phi \middle| (\hat{H} - E_0) \middle| \Phi \right\rangle \geqslant 0$$

即

$$\frac{\left\langle \Phi \middle| \hat{H} \middle| \Phi \right\rangle}{\left\langle \Phi \middle| \Phi \right\rangle} \geqslant E_0$$

式(2.3.23)得证. 不少教科书中将式(2.3.23)称为变分原理，这并不妥当. 应当站在这样的高度来看待变分原理，即变分原理与 Schrödinger 方程等价. 这就是说，使能量平均值泛函 $\bar{E} = \langle\Phi|\hat{H}|\Phi\rangle$ 取极值的归一化函数 $\Phi$ 必满足 Schrödinger 方程 $\hat{H}\Phi=E\Phi$ ，反之，满足 Schrödinger 方程 $\hat{H}\Phi=E\Phi$ 的归一化函数 $\Phi$ 必使能量平均值泛函 $\bar{E}[\Phi] = \langle\Phi|\hat{H}|\Phi\rangle$ 取极值. 式(2.3.23)只是为变分计算提供了保障：由任何满足边界条件的函数 $\Phi$ 得到的能量都不会比能量真值更低，得到的能量越低的函数越接近真实波函数.

上述结果也适用于激发态. 假设所选择的函数 $\Phi$ 与式(2.3.22)中 $\hat{H}$ 的前 $m$ 个本征函数正交，即有

$$\left\langle \Psi_0 \middle| \Phi \right\rangle = \left\langle \Psi_1 \middle| \Phi \right\rangle = \cdots = \left\langle \Psi_{m-1} \middle| \Phi \right\rangle = 0 \tag{2.3.27}$$

利用式(2.3.25)和式(2.3.24)，有

$$\hat{H} = \sum_{i=0}^{\infty} E_i |\Psi_i\rangle\langle\Psi_i|, \qquad E_m = \sum_{i=0}^{\infty} E_m |\Psi_i\rangle\langle\Psi_i|$$

两式相减，得

$$\hat{H} - E_m = \sum_{i=0}^{\infty} (E_i - E_m)|\Psi_i\rangle\langle\Psi_i|$$

故有

$$\left\langle \Phi \middle| (\hat{H} - E_m) \middle| \Phi \right\rangle = \sum_{i=0}^{\infty} (E_i - E_m)\left|\langle\Phi|\Psi_i\rangle\right|^2$$

利用式(2.3.27)，有

$$\left\langle \Phi \middle| (\hat{H} - E_m) \middle| \Phi \right\rangle = \sum_{i=m}^{\infty} (E_i - E_m)\left|\langle\Phi|\Psi_i\rangle\right|^2$$

等式右端大于或等于零，因此

$$\left\langle \Phi \middle| (\hat{H} - E_m) \middle| \Phi \right\rangle \geqslant 0$$

即

$$\frac{\langle\Phi|\hat{H}|\Phi\rangle}{\langle\Phi|\Phi\rangle} \geqslant E_m \tag{2.3.28}$$

这就是激发态的结果，式中试探函数 $\Phi$ 满足式(2.3.27).

### 2.3.3　变分原理的应用：变分法

除了一些简单的量子体系外，一般量子体系的定态 Schrödinger 方程(2.3.19)无法直接求解. 但是，根据变分原理，可以选择数学上简单、物理上合理的试探波函数 $\Phi$ ，于是有能量平均值

$$\bar{E}[\Phi]=\langle\Phi|\hat{H}|\Phi\rangle \tag{2.3.29}$$

$\bar{E}$ 为试探波函数 $\Phi$ 的泛函. 在 $\Phi$ 归一化的条件下，对 $\bar{E}[\Phi]$ 变分取极值，即令

$$\delta\left[\langle\Phi|\hat{H}|\Phi\rangle - E\langle\Phi|\Phi\rangle\right]=0 \tag{2.3.30}$$

根据变分原理，由式(2.3.30)确定的试探波函数 $\Phi$ 一定满足 Schrödinger 方程，即有

$$\hat{H}\Phi=E\Phi \tag{2.3.31}$$

但是，由式(2.3.23)，必有

$$E \geqslant E_0 \tag{2.3.32}$$

式中，$E_0$ 为量子体系基态能量的精确值. 因此，试探波函数 $\Phi$ 仅仅是体系的近似波函数，$E$ 越低，试探波函数 $\Phi$ 就越接近体系的精确波函数 $\Psi$ ，当 $E=E_0$ 时， $\Phi=\Psi$ . 因此，式(2.3.30)为我们提供了近似求解 Schrödinger 方程的方法，称为变分法. 根据变分原理， $E<E_0$ 是不可能的，这就是说，由变分法得到的能量只可能是精确能量的上限. 因此，用变分法求解 Schrödinger 方程的基本思想是，给出的能量越低的试探波函数，越接近体系的精确波函数. 这里要注意，近似波函数也可以满足 Schrödinger 方程，或者说，满足 Schrödinger 方程的波函数不一定是精确波函数. 例如，在单组态近似下，单行列式波函数满足 Schrödinger 方程，但它不是精确波函数.

变分法的具体应用可以分为以下几种：

(1) 可以导出未知函数所满足的方程.

如果已经知道能量泛函的明确表达式，则可通过对泛函的变分得到函数所满足的方程. 例如，由能量泛函的表达式(2.3.29)，可以通过变分得到试探波函数 $\Phi$ 所满足的式(2.3.31). 2.1 节指出，在一定近似下，$N$ 电子原子、分子体系的能量可以写成单电子函数(轨道)的泛函[见式(2.1.18)]

$$E[\varphi]=\sum_i^N\langle\varphi_i(1)|\hat{h}(1)|\varphi_i(1)\rangle+\sum_{i<j}^N\begin{bmatrix}\langle\varphi_i(1)\varphi_j(2)|g(12)|\varphi_i(1)\varphi_j(2)\rangle\\ -\delta(m_{s_i}m_{s_j})\langle\varphi_i(1)\varphi_j(2)|g(12)|\varphi_j(1)_i(2)\rangle\end{bmatrix}$$

由此出发，通过对能量变分即可得到单电子函数所满足的方程，即 Hartree-Fock 方程，2.4 节将详细讨论 Hartree-Fock 方程的推导过程.

(2) 可以确定试探波函数中非线性参数的最佳值：Ritz 变分法.

假定已经给出了试探波函数的具体形式，但其中包含非线性待定参数，例如，体系的基态波函数尝试取为 $\Phi(\vec{r};\alpha_1,\alpha_2,\cdots,\alpha_l)$ ，其中 $\alpha_1,\alpha_2,\cdots,\alpha_l$ 是 $l$ 个非线性可变参数， $\vec{r}$ 为粒子坐标的集合，则有

$$E(\alpha_1,\alpha_2,\cdots,\alpha_l)=\frac{\langle\Phi|\hat{H}|\Phi\rangle}{\langle\Phi|\Phi\rangle}\geqslant E_0 \tag{2.3.33}$$

类似于式(2.3.10)的讨论，这时泛函 $E(\alpha_1,\alpha_2,\cdots,\alpha_l)$ 的变分问题实际上变成函数 $E(\alpha_1,\alpha_2,\cdots,\alpha_l)$ 的微分问题，即有

$$\delta E(\alpha_1,\alpha_2,\cdots,\alpha_l)\approx \mathrm{d}E(\alpha_1,\alpha_2,\cdots,\alpha_l)=\sum_i\frac{\partial E}{\partial\alpha_i}\mathrm{d}\alpha_i \tag{2.3.34}$$

因此，$E(\alpha_1,\alpha_2,\cdots,\alpha_l)$ 取极小值的条件为

$$\frac{\partial E}{\partial\alpha_k}=0(k=1,2,\cdots,l) \tag{2.3.35}$$

在给定的函数形式下，由这组方程给出的参数所确定的能量 $E(\alpha_1,\alpha_2,\cdots,\alpha_l)$ 最接近方程(2.3.19)的基态能量 $E_0$，而相应参数下的试探波函数 $\Phi(\vec{r};\alpha_1,\alpha_2,\cdots,\alpha_l)$ 就是最好的近似基态波函数，因而这组参数就是在给定函数形式下的最佳参数. 以上处理方法称为 Ritz 变分法.

以氦原子基态计算为例，氦原子的 Hamilton 量为

$$\hat{H}=\hat{h}_1+\hat{h}_2+\frac{1}{r_{12}} \tag{2.3.36}$$

其中

$$\hat{h}_i=-\frac{1}{2}\nabla_i^{\,2}-\frac{Z}{r_i},\qquad i=1,2 \tag{2.3.37}$$

式中，$Z$ 为核电荷数；$\hat{h}_i$ 为类氢原子的 Hamilton 量. 如果选类氢原子的归一化基态波函数作为单电子波函数，即

$$\varphi_i=\sqrt{\frac{Z^3}{\pi}}\exp(-Zr_i) \tag{2.3.38}$$

则氦原子基态试探波函数的空间部分可写为(注意：氦原子基态为单重态，归一化的自旋函数 $\frac{1}{\sqrt{2}}\left[\alpha(1)\beta(2)-\alpha(2)\beta(1)\right]$ 是反对称的，因而空间函数是对称的)

$$\Phi=\varphi_1\varphi_2=\sqrt{\frac{Z^3}{\pi}}\exp(-Zr_1)\sqrt{\frac{Z^3}{\pi}}\exp(-Zr_2) \tag{2.3.39}$$

利用类氢原子的结果，有

$$\hat{h}_i\varphi_i=\varepsilon_i\varphi_i,\qquad \varepsilon_i=-\frac{Z^2}{2} \tag{2.3.40}$$

第 3 章将给出积分

$$\int\Phi^*\frac{1}{r_{12}}\Phi\mathrm{d}\tau=\frac{5}{8}Z \tag{2.3.41}$$

利用以上结果，可求得氦原子基态的能量

$$W=\int\Phi^*\hat{H}\Phi\mathrm{d}\tau=\int\Phi^*\hat{h}_1\Phi\mathrm{d}\tau+\int\Phi^*\hat{h}_2\Phi\mathrm{d}\tau+\int\Phi^*\frac{1}{r_{12}}\Phi\mathrm{d}\tau=-Z^2+\frac{5}{8}Z \tag{2.3.42}$$

对于氦原子，$Z=2$，于是有

$$W = -2.75\text{a.u.} = -74.8\text{eV} \tag{2.3.43}$$

而实验值(第一和第二电离能之和的负值)为$E = -78.986\text{eV}$，故$W > E$，相对误差为5.3%. 如果将式(2.3.38)中的$Z$变为可调参数$\varsigma$，即令

$$\varphi_i = \sqrt{\frac{\varsigma^3}{\pi}}\exp(-\varsigma r_i) \tag{2.3.44}$$

于是有

$$\Phi = \varphi_1\varphi_2 = \sqrt{\frac{\varsigma^3}{\pi}}\exp(-\varsigma r_1)\sqrt{\frac{\varsigma^3}{\pi}}\exp(-\varsigma r_2) \tag{2.3.45}$$

这时，有

$$\int \Phi^* \hat{h}_i \Phi \mathrm{d}\tau = \int \varphi_i^* \hat{h}_i \varphi_i \mathrm{d}\tau = \int \varphi_i^* \left(-\frac{1}{2}\nabla_i^2 - \frac{Z}{r_i}\right)\varphi_i \mathrm{d}\tau = \frac{1}{2}\varsigma^2 - Z\varsigma \tag{2.3.46}$$

推导上式时注意，$\mathrm{d}\tau = r^2\sin\theta \mathrm{d}r\mathrm{d}\theta\mathrm{d}\phi$，并利用积分公式

$$\int_0^\infty \mathrm{e}^{-2\varsigma r} r\mathrm{d}r = \frac{1}{4\varsigma^2}$$

仿照式(2.3.42)，有

$$W = \int \Phi^* \hat{h}_1 \Phi \mathrm{d}\tau + \int \Phi^* \hat{h}_2 \Phi \mathrm{d}\tau + \int \Phi^* \frac{1}{r_{12}} \Phi \mathrm{d}\tau = \varsigma^2 - 2\varsigma Z + \frac{5}{8}\varsigma \tag{2.3.47}$$

为了使能量最低，令

$$\frac{\partial W}{\partial \varsigma} = 2\varsigma - 2Z + \frac{5}{8} = 0$$

有

$$\varsigma = Z - \frac{5}{16} \tag{2.3.48}$$

代入式(2.3.47)，并与式(2.3.42)比较，可见$W$降低了$\left(\frac{5}{16}\right)^2$. 这时，氦原子的能量为

$$W = -2.848\text{a.u.} = -77.5\text{eV} \tag{2.3.49}$$

与实验值的相对误差为1.88%. 上述结果表明，采用变分法确定试探函数中的可调参数能够改善计算结果，由此得到的波函数更接近精确波函数，物理图像也更为合理. 这是因为，氦原子有两个电子，对于其中的一个电子而言，另一个电子对核电荷会产生一定程度的屏蔽，使得该电子感受到的核电荷不再是$Z$，而变为$\left(Z - \frac{5}{16}\right)$，这种现象称为屏蔽效应.

(3) 线性变分法. 将待求的波函数$\Psi$写作已知函数(基函数组)的线性组合，即令

$$\Psi = \sum_i c_i \Phi_i \tag{2.3.50}$$

这里，没有要求基函数集合$\{\Phi_i, i = 1,2,\cdots\}$是正交归一化的. 由于基函数集合$\{\Phi_i, i = 1,2,\cdots\}$是已知的，因此求解波函数$\Psi$的问题转化为求解系数$\{c_i, i = 1,2,\cdots\}$的问题，系数$\{c_i, i = 1,2,\cdots\}$是波函数$\Psi$在基函数$\{\Phi_i, i = 1,2,\cdots\}$上的一个表示. 有两种方法可以导出系数所满足的方程，一种是变分法，另一种则是将式(2.3.50)直接代入Schrödinger方程，下面将说明这两种方法是等价的.

先讨论变分法. 按式(2.3.13)，由式(2.3.50)可得能量平均值泛函

$$W(c_1,c_2,\cdots)=\frac{\langle\Psi|\hat{H}|\Psi\rangle}{\langle\Psi|\Psi\rangle}=\frac{\int\sum_i c_i^*\Phi_i^*\hat{H}\sum_j c_j\Phi_j}{\int\sum_{i,j}c_i^*c_j\Phi_i^*\Phi_j}=\frac{\sum_i\sum_j c_i^*c_jH_{ij}}{\sum_i\sum_j c_i^*c_jM_{ij}} \tag{2.3.51}$$

其中

$$H_{ij}=\langle\Phi_i|\hat{H}|\Phi_j\rangle=H_{ji}\quad,\qquad M_{ij}=\langle\Phi_i|\Phi_j\rangle=M_{ji} \tag{2.3.52}$$

式(2.3.51)可写作

$$W(c_1,c_2,\cdots)\sum_i\sum_j c_i^*c_jM_{ij}=\sum_i\sum_j c_i^*c_jH_{ij} \tag{2.3.53}$$

对泛函 $W(c_1,c_2,\cdots)$ 变分就可以得到系数所要满足的方程，但根据式(2.3.10)，在目前情况下，对 $W(c_1,c_2,\cdots)$ 变分就是将式(2.3.53)对 $c_k$ 求偏导数，于是有

$$\frac{\partial W(c_1,c_2,\cdots)}{\partial c_k}\sum_i\sum_j c_i^*c_jM_{ij}+W(c_1,c_2,\cdots)\frac{\partial\sum_i\sum_j c_i^*c_jM_{ij}}{\partial c_k}=\frac{\partial}{\partial c_k}\sum_i\sum_j c_i^*c_jH_{ij}$$

注意：对 $c_k$ 求偏导时，除 $c_k$ 以外的其他系数 $c_j(j\neq k)$ 为常数，因而其导数为零，故有

$$\frac{\partial W(c_1,c_2,\cdots)}{\partial c_k}\sum_{i,j}c_i^*c_jM_{ij}+W(c_1,c_2,\cdots)\sum_i c_i^*M_{ik}=\sum_i c_i^*H_{ik} \tag{2.3.54}$$

同样，式(2.3.53)对 $c_k^*$ 求偏导数，有

$$\frac{\partial W(c_1,c_2,\cdots)}{\partial c_k^*}\sum_{i,j}c_i^*c_jM_{ij}+W(c_1,c_2,\cdots)\sum_j c_jM_{kj}=\sum_j c_jH_{kj} \tag{2.3.55}$$

令 $W$ 取极值，即

$$\frac{\partial W(c_1,c_2,\cdots)}{\partial c_k}=0\,,\qquad\frac{\partial W(c_1,c_2,\cdots)}{\partial c_k^*}=0 \tag{2.3.56}$$

有

$$\sum_i c_i(H_{ik}-WM_{ik})=0\,,\quad\sum_i c_i^*(H_{ki}-WM_{ki})=0\,,\quad k=1,2,\cdots,n \tag{2.3.57}$$

对每一 $c_k$ 或 $c_k^*$ 变分都得到一个方程，因此得到以上两个等价的方程组，只讨论第一个方程组即可. 这是含有 $n$ 个独立变量，即式(2.3.50)中的 $n$ 个系数的齐次线性方程组，该方程组有非零解的条件是其本征行列式为零，即

$$|\boldsymbol{H}-W\boldsymbol{M}|=\begin{vmatrix}H_{11}-WM_{11} & H_{12}-WM_{12} & \cdots & H_{1n}-WM_{1n}\\ H_{21}-WM_{21} & H_{22}-WM_{22} & \cdots & H_{2n}-WM_{2n}\\ \vdots & \vdots & & \vdots\\ H_{n1}-WM_{n1} & H_{n2}-WM_{n2} & \cdots & H_{nn}-WM_{nn}\end{vmatrix}=0 \tag{2.3.58}$$

式(2.3.58)又称久期方程(secular equation)，这是因为该方程类似于天文学中用微扰理论讨论

行星的久期运动时所得到的方程. 其中, $\boldsymbol{H}$ 和 $\boldsymbol{M}$ 分别为 Hamilton 矩阵和重叠矩阵, 矩阵元由式(2.3.52)给出. 由于矩阵 $\boldsymbol{H}$ 和 $\boldsymbol{M}$ 都是 Hermite 对称的, 故式(2.3.58)的 $n$ 个根均为实数. 取其中的最小者 $W_0$ 代入式(2.3.57)的第一个方程组, 解得一组系数 $\{c_{01}, c_{02}, \cdots, c_{0n}\}$, 代入式(2.3.50), 得

$$\Psi_0 = \sum_i c_{0i} \Phi_i \tag{2.3.59}$$

由于 $W_0$ 和 $\Psi_0$ 都是通过对能量泛函(2.3.51)变分得到的, 根据变分原理, 它们必定满足 Schrödinger 方程, 即有

$$\hat{H}\Psi_0 = W_0 \Psi_0 \tag{2.3.60}$$

由式(2.3.23)可知, $W_0 \geqslant E_0$, 即 $W_0$ 为精确的体系基态能量 $E_0$ 的上限, 而 $\Psi_0$ 则是精确的体系基态波函数的近似.

以上结果是通过对能量泛函(2.3.51)变分得到的, 由于能量泛函(2.3.51)中包含的参数均为线性参数, 故称为线性变分法. 线性变分法的基本思想是, 将能量泛函表达为试探函数线性展开系数的多元函数, 即式(2.3.51), 这时泛函的变分问题转化为多元函数求极值的问题, 由此导出系数所满足的方程(2.3.57), 最后得到满足 Schrödinger 方程的波函数, 即式(2.3.60).

下面讨论另一种方法, 即直接求解 Schrödinger 方程的方法. 将式(2.3.50)代入 Schrödinger 方程(2.3.19), 可得

$$\hat{H}\sum_i c_i \Phi_i - E\sum_i c_i \Phi_i = 0 \tag{2.3.61}$$

上式左乘 $\Phi_k^*$ 并做积分, 可得

$$\sum_i c_i \left[ \langle \Phi_k | \hat{H} | \Phi_i \rangle - E \langle \Phi_k | \Phi_i \rangle \right] = 0, \qquad k = 1, 2, \cdots, n \tag{2.3.62}$$

利用式(2.3.52)的记号, 上式可写为

$$\sum_i c_i (H_{ik} - EM_{ik}) = 0, \qquad k = 1, 2, \cdots, n \tag{2.3.63}$$

与式(2.3.57)完全相同, 故有与式(2.3.58)完全相同的久期方程, 这就是说, 从 Schrödinger 方程出发得到的波函数能够使能量取极值. 因此以上两种方法是完全等价的.

下面分析上述结果. 本节一开始就证明, 变分原理与 Schrödinger 方程等价. 线性变分法是通过使能量泛函取极值得到试探函数(2.3.50)的展开系数所满足的式(2.3.57), 根据变分原理, 由这种系数确定的试探函数必满足 Schrödinger 方程(2.3.60). 反过来, 如果一开始就从 Schrödinger 方程出发求解试探函数的展开系数, 则所得到的试探函数必定使能量取极值. 基于这样的分析, 如果已经知道波函数所满足的方程, 将波函数表达为已知函数的线性组合时, 可以直接将展开式代入波函数所满足的方程以确定展开系数, 而不需要做变分处理. 将波函数的展开式代入波函数所满足的方程, 然后通过变分以确定展开系数, 这在逻辑上是错误的, 不符合变分法的思想. 由波函数的展开式建造能量泛函, 然后通过对泛函的线性变分导出系数所满足的方程进而求得展开系数, 这样做在理论上是正确的, 但步骤较为烦琐. 在 1.4 节讨论组态相互作用时, 我们没有通过线性变分法, 而是将波函数的线性展开式(1.4.136)直接代入 Schrödinger 方程, 进而得到了久期方程, 这种做法与线性变分法等价. 类似的情况在后面章节中还会出现, 例如, 在导出 Hartree-Fock-Roothaan 方程时, 也将不涉及线性变分法.

回到久期方程(2.3.58), 该方程有 $n$ 个实数根, 其中的最小者 $W_0$ 是基态精确能量的上限,

其他 $(n-1)$ 个根 $W_1, W_2, \cdots, W_{n-1}$ 分别是激发态精确能量 $E_1, E_2, \cdots, E_{n-1}$ 的上限，相应的波函数 $\Psi_1, \Psi_2, \cdots, \Psi_{n-1}$ 则是各激发态的近似波函数. 关于激发态的这一结论称为 MacDonald 定理，详细证明可参看相关文献[6]. 必须指出，这样得到的激发态能量和波函数仅仅是精确的激发态能量和波函数的粗略近似. 此外，也可利用式(2.3.27)和式(2.3.28)逐级计算激发态. 由式(2.3.27)可以看到，如果要通过变分得到第一激发态的近似能量和波函数，则必须知道基态的波函数；如果要得到第二激发态的近似能量和波函数，则必须知道基态和第一激发态的波函数. 由于定态 Schrödinger 方程的精确解难以求得，因此实际上常用基态变分得到的 $\Phi_0$ 代替式(2.3.27)的 $\Psi_0$ 求出第一激发态的近似波函数 $\Phi_1$，再用 $\Phi_1$ 代替式(2.3.27)的 $\Psi_1$ 求出第二激发态的近似波函数 $\Phi_2$，依次类推，直到求得 $m$ 激发态的近似波函数 $\Phi_m$ 和能量 $E_m$. 在逐级计算的过程中，试探函数可以不断调整，因此能够得到比解久期方程(2.3.58)更好的激发态结果. 当然，计算量也会大幅增加，因为解久期方程(2.3.58)可以同时得到 $n$ 个能级的近似解，而不必逐级计算.

### 2.3.4 变分原理的推广

上面讨论的变分原理只能得到能量本征值的上限，下面介绍能够同时得到能量本征值上下限的变分原理. 令 $\Phi$ 为任意归一化的尝试变分函数，$W$ 为能量算符 $\hat{H}$ 在 $\Phi$ 状态的平均值，即

$$W[\Phi] = \bar{E}[\Phi] \equiv \int \Phi^* \hat{H} \Phi \mathrm{d}\tau \tag{2.3.64}$$

又令 $\overline{E}^2$ 为能量平方算符 $\hat{H}^2$ 的平均值，即

$$\overline{E}^2 = \int \Phi^* \hat{H}^2 \Phi \mathrm{d}\tau = \int (\hat{H}\Phi)^* (\hat{H}\Phi) \mathrm{d}\tau \tag{2.3.65}$$

式(2.3.65)最后一步利用了 $\hat{H}$ 的 Hermite 对称性. 令

$$\Delta \equiv \overline{E}^2 - W^2 \tag{2.3.66}$$

我们要证明，体系的某个真正的本征能级 $E_k$ 满足以下关系

$$(W - \sqrt{\Delta}) \leqslant E_k \leqslant (W + \sqrt{\Delta}) \tag{2.3.67}$$

证明：将 $\Phi$ 按 $\hat{H}$ 的本征函数完全集合 $\{\Psi_i\}$ 展开

$$\Phi = \sum_i c_i \Psi_i \tag{2.3.68}$$

代入式(2.3.64)和式(2.3.65)，得

$$W = \sum_i c_i^* c_i E_i \tag{2.3.69}$$

$$\overline{E}^2 = \sum_i c_i^* c_i E_i^2 \tag{2.3.70}$$

式中，$E_i$ 为相应于 $\Psi_i$ 的本征值，即 $\hat{H}\Psi_i = E_i \Psi_i$，又因 $\Phi$ 是归一化的，故有

$$\sum_i c_i^* c_i = 1 \tag{2.3.71}$$

于是有

$$\begin{aligned}\Delta &= \overline{E}^2 - W^2 = \overline{E}^2 - 2W^2 + W^2 = \sum_i c_i^* c_i E_i^2 - 2W \sum_i c_i^* c_i E_i + W^2 \sum_i c_i^* c_i \\ &= \sum_i c_i^* c_i (E_i - W)^2\end{aligned} \tag{2.3.72}$$

在体系的本征能谱$\{E_i\}$中，总有一个$E_k$相比之下最接近$W$，于是有

$$(E_k - W)^2 \leqslant (E_i - W)^2 \tag{2.3.73}$$

$E_i$为体系的任意一个本征值. 将式(2.3.73)代入式(2.3.72)，得

$$\varDelta \geqslant \sum_i c_i^* c_i (E_k - W)^2 = (E_k - W)^2 \sum_i c_i^* c_i = (E_k - W)^2 \tag{2.3.74}$$

即有

$$\sqrt{\varDelta} \geqslant |E_k - W|$$

等式右边为$(E_k - W)$的绝对值，上式等价于

$$(W - \sqrt{\varDelta}) \leqslant E_k \leqslant (W + \sqrt{\varDelta})$$

这正是式(2.3.67). 式(2.3.67)包含两种可能的情形，即$E_k \geqslant W$或$E_k \leqslant W$. 对$\varDelta \equiv \overline{E}^2 - W^2$变分，取极值，就能得到精确本征值$E_k$的上下限. 由于$\varDelta$的积分计算较为困难，因此该方法在实际应用中比简单变分法困难得多. 值得注意的是，这里并没有对能量泛函$W$变分，但是通过对$\varDelta$的变分，能够使试探函数尽可能接近精确本征函数.

关于此方法的进一步讨论，可参阅相关文献[7].

## 2.4 闭壳层体系的 Hartree-Fock 方程

### 2.4.1 单组态近似下的波函数和能量

由第 1 章的讨论知道，原子、分子的闭壳层电子组态只包含一个谱项，并且只包含一个 Slater 行列式，如果采用单组态近似，即只取一个电子组态做计算，则 Schrödinger 方程(2.1.1)中的波函数$\varPsi$就是单行列式函数. 设原子、分子体系中有$N$个电子，其中$\alpha$自旋和$\beta$自旋的电子数各有$p$个，$p = \dfrac{N}{2}$. 则$N$电子波函数可写为

$$\varPsi = \sqrt{\frac{1}{N!}} \begin{vmatrix} \varphi_1(1)\alpha(1) & \varphi_1(2)\alpha(2) & \cdots & \varphi_1(N)\alpha(N) \\ \varphi_2(1)\alpha(1) & \varphi_2(2)\alpha(2) & \cdots & \varphi_2(N)\alpha(N) \\ \vdots & \vdots & & \vdots \\ \varphi_p(1)\alpha(1) & \varphi_p(2)\alpha(2) & \cdots & \varphi_p(N)\alpha(N) \\ \varphi_{p+1}(1)\beta(1) & \varphi_{p+1}(2)\beta(2) & \cdots & \varphi_{p+1}(N)\beta(N) \\ \vdots & \vdots & & \vdots \\ \varphi_N(1)\beta(1) & \varphi_N(2)\beta(2) & \cdots & \varphi_N(N)\beta(N) \end{vmatrix} \tag{2.4.1}$$

其中，单电子空间函数$(\varphi_1, \varphi_2, \cdots, \varphi_p)$和$(\varphi_{p+1}, \varphi_{p+2}, \cdots, \varphi_N)$已分别正交归一化，但两组空间函数之间不一定要求正交，因为自旋函数的正交性可以保证两组单电子空间自旋函数彼此正交，这样我们就有$N$个正交归一化的单电子空间自旋函数. 由式(2.1.18)可以得到$N$电子体系的能量表达式

$$E[\varphi]=\left\langle\Psi\left|\hat{H}\right|\Psi\right\rangle=\sum_{k=1}^{N}\left\langle\varphi_k(1)\left|\hat{h}_1\right|\varphi_k(1)\right\rangle+\frac{1}{2}\sum_{j}^{N}\sum_{k}^{N}\Big[\left\langle\varphi_j(1)\varphi_k(2)\left|g_{12}\right|\varphi_j(1)\varphi_k(2)\right\rangle$$
$$-\delta(m_{s_j}m_{s_k})\left\langle\varphi_j(1)\varphi_k(2)\left|g_{12}\right|\varphi_k(1)\varphi_j(2)\right\rangle\Big] \tag{2.4.2}$$

注意：上式第二个求和中 $j$、$k$ 是两个独立求和指标，而式(2.1.18)中它们并不独立，而是被限制为 $j<k$. 但是式(2.1.18)和式(2.4.2)是等价的. 这是因为，将 $j<k$ 改写为 $j\neq k$，求和项数增加一倍，而当 $j=k$ 时，第二个求和中的两项相等，互相抵消. 这样，在求和号前增加因子 $\frac{1}{2}$ 之后，式(2.1.18)和式(2.4.2)就完全等价了. 之所以这样做，是为了变分计算方便. 因子 $\delta(m_{s_j}m_{s_k})$ 表明，仅当 $\varphi_j$ 和 $\varphi_k$ 来自同一单电子空间函数集合 $(\varphi_1,\varphi_2,\cdots,\varphi_p)$ 或 $(\varphi_{p+1},\varphi_{p+2},\cdots,\varphi_n)$ 时，交换积分才不为零. 还必须指出，能量表达式中的电子标号 1、2 是 $N$ 电子体系的两个代表，它们只不过代表两组坐标变量，并不确指第一个和第二个电子，而仅仅是积分变量，可以用 $\vec{q}=(\vec{r},\sigma)$ 和 $\vec{q}'=(\vec{r}',\sigma')$ 来代替，只是为了书写方便，才用 1、2 表示.

### 2.4.2　能量泛函的变分：非正则 Hartree-Fock 方程

式(2.4.2)表明，电子总能量 $E$ 是单电子函数的泛函，根据 2.3.3 节的讨论，在保持单电子态正交归一化的条件下，将能量泛函对单粒子态变分，就能得到单电子态所满足的方程. 显然，这是一个条件极值的变分问题，按照 Lagrange 待定乘子法，就是求泛函

$$W=E-\sum_{j=1}^{N}\sum_{k=1}^{N}\delta\left(m_{s_j}m_{s_k}\right)\varepsilon_{jk}\left\langle\varphi_j\middle|\varphi_k\right\rangle \tag{2.4.3}$$

的极值. 变分运算过程中应注意：当对某一空间轨道 $\varphi_i\,(i=1,2,\cdots,N)$ 变分时，第一，每一求和中与该 $\varphi_i\,(i=1,2,\cdots,N)$ 无关的项均为零；第二，每一矩阵元的左右矢均可取给定的 $\varphi_i\,(i=1,2,\cdots,N)$，因此要对左右矢分别变分，这与函数乘积的微分规则是一致的，我们有 $\mathrm{d}(uv)=u\mathrm{d}v+v\mathrm{d}u$；第三，能量表达式第二项中的两个求和指标是独立的，它们均可取给定的 $i\,(i=1,2,\cdots,N)$ 值. 于是，由式(2.4.2)有

$$\begin{aligned}\delta E=&\left\langle\delta\varphi_i(1)\left|\hat{h}_i\right|\varphi_i(1)\right\rangle+\left\langle\varphi_i(1)\left|\hat{h}_i\right|\delta\varphi_i(1)\right\rangle\\&+\frac{1}{2}\sum_{k}\Big[\left\langle\delta\varphi_i(1)\varphi_k(2)\left|g_{12}\right|\varphi_i(1)\varphi_k(2)\right\rangle-\delta\left(m_{s_i}m_{s_k}\right)\left\langle\delta\varphi_i(1)\varphi_k(2)\left|g_{12}\right|\varphi_k(1)\varphi_i(2)\right\rangle\Big]\\&+\frac{1}{2}\sum_{j}\Big[\left\langle\varphi_j(1)\delta\varphi_i(2)\left|g_{12}\right|\varphi_j(1)\varphi_i(2)\right\rangle-\delta\left(m_{s_i}m_{s_j}\right)\left\langle\varphi_j(1)\delta\varphi_i(2)\left|g_{12}\right|\varphi_i(1)\varphi_j(2)\right\rangle\Big]\\&+\frac{1}{2}\sum_{k}\Big[\left\langle\varphi_i(1)\varphi_k(2)\left|g_{12}\right|\delta\varphi_i(1)\varphi_k(2)\right\rangle-\delta\left(m_{s_i}m_{s_k}\right)\left\langle\varphi_i(1)\varphi_k(2)\left|g_{12}\right|\varphi_k(1)\delta\varphi_i(2)\right\rangle\Big]\\&+\frac{1}{2}\sum_{j}\Big[\left\langle\varphi_j(1)\varphi_i(2)\left|g_{12}\right|\varphi_j(1)\delta\varphi_i(2)\right\rangle-\delta\left(m_{s_i}m_{s_j}\right)\left\langle\varphi_j(1)\varphi_i(2)\left|g_{12}\right|\delta\varphi_i(1)\varphi_j(2)\right\rangle\Big]\end{aligned}$$

将求和指标 $k$ 改写为 $j$，并注意积分值与积分变量无关，将上式第二、三、四、五求和项中的电子标号 1 和 2 做适当交换，则上式中的求和项可以两两合并，而有

$$
\begin{aligned}
\delta E &= \left\langle \delta\varphi_i(1)\middle|\hat{h}_1\middle|\varphi_i(1)\right\rangle + \left\langle \varphi_i(1)\middle|\hat{h}_1\middle|\delta\varphi_i(1)\right\rangle \\
&+\sum_j\left[\left\langle \delta\varphi_i(1)\varphi_j(2)\middle|g_{12}\middle|\varphi_i(1)\varphi_j(2)\right\rangle - \delta\left(m_{s_i}m_{s_j}\right)\left\langle \delta\varphi_i(1)\varphi_j(2)\middle|g_{12}\middle|\varphi_j(1)\varphi_i(2)\right\rangle\right] \\
&+\sum_j\left[\left\langle \varphi_i(1)\varphi_j(2)\middle|g_{12}\middle|\delta\varphi_i(1)\varphi_j(2)\right\rangle - \delta\left(m_{s_i}m_{s_j}\right)\left\langle \varphi_j(1)\varphi_i(2)\middle|g_{12}\middle|\varphi_j(2)\delta\varphi_i(1)\right\rangle\right] \\
&=\left\langle \delta\varphi_i(1)\middle|\left\{\begin{matrix} h_1\varphi_i(1)+\sum\limits_{j=1}^{N}\Big[\left\langle\varphi_j(2)|g_{12}|\varphi_j(2)\right\rangle\varphi_i(1) \\ -\delta\left(m_{s_i}m_{s_j}\right)\left\langle\varphi_j(2)|g_{12}|\varphi_i(2)\right\rangle\varphi_j(1)\Big]\end{matrix}\right\}\right\rangle \\
&+\left\langle\left\{\begin{matrix} h_1\varphi_i(1)+\sum\limits_{j=1}^{N}\Big[\left\langle\varphi_j(2)|g_{12}|\varphi_j(2)\right\rangle\varphi_i(1) \\ -\delta\left(m_{s_i}m_{s_j}\right)\left\langle\varphi_j(2)|g_{12}|\varphi_i(2)\right\rangle\varphi_j(1)\Big]\end{matrix}\right\}\middle|\delta\varphi_i(1)\right\rangle
\end{aligned}
\tag{2.4.4}
$$

对式(2.4.3)的第二项变分，有

$$
\begin{aligned}
&\delta\left(\sum_j\sum_k\delta\left(m_{s_j}m_{s_k}\right)\varepsilon_{jk}\left\langle\varphi_j(1)|\varphi_k(1)\right\rangle\right) \\
&=\sum_k\varepsilon_{ik}\delta\left(m_{s_i}m_{s_k}\right)\left\langle\delta\varphi_i(1)\middle|\varphi_k(1)\right\rangle+\sum_j\varepsilon_{ij}\delta\left(m_{s_i}m_{s_k}\right)\left\langle\varphi_j(1)\middle|\delta\varphi_i(1)\right\rangle \\
&=\sum_j\varepsilon_{ij}\delta\left(m_{s_i}m_{s_j}\right)\int\delta\varphi_i^*(1)\varphi_j(1)\mathrm{d}\tau_1+\sum_j\varepsilon_{ij}\delta\left(m_{s_i}m_{s_j}\right)\int\varphi_j^*(1)\delta\varphi_i(1)\mathrm{d}\tau_1
\end{aligned}
\tag{2.4.5}
$$

上式最后一步将第一个求和指标$k$改写为 $j$. 由式(2.4.3)，令$\delta w = 0$，将式(2.4.4)和式(2.4.5)的结果代入，得

$$
\begin{aligned}
&-\int\delta\varphi_i^*(1)\left\{\hat{h}_1\varphi_i(1)+\sum_j\left[\begin{matrix}\int\varphi_j^*(2)g_{12}\varphi_j(2)\mathrm{d}\tau_2\varphi_i(1)- \\ \delta\left(m_{s_i}m_{s_j}\right)\int\varphi_j^*(2)g_{12}\varphi_i(2)\,\mathrm{d}\tau_2\varphi_j(1)-\delta\left(m_{s_i}m_{s_j}\right)\varepsilon_{ij}\varphi_j(1)\end{matrix}\right]\right\}\mathrm{d}\tau_1 \\
&=\int\delta\varphi_i(1)\left\{\hat{h}_1\varphi_i^*(1)+\sum_j\left[\begin{matrix}\int\varphi_j^*(2)g_{12}\varphi_j(2)\mathrm{d}\tau_2\varphi_i^*(1)- \\ \delta\left(m_{s_i}m_{s_j}\right)\int\varphi_i^*(2)g_{12}\varphi_j(2)\,\mathrm{d}\tau_2\varphi_j^*(1)-\delta\left(m_{s_i}m_{s_j}\right)\varepsilon_{ji}\varphi_j^*(1)\end{matrix}\right]\right\}\mathrm{d}\tau_1
\end{aligned}
$$

由于$\delta\varphi_i(1)$和$\delta\varphi_i^*(1)$是任意的，故有

$$
\hat{h}_1\varphi_i(1)+\sum_j\left[\left\langle\varphi_j(2)|g_{12}|\varphi_j(2)\right\rangle\varphi_i(1)-\delta\left(m_{s_i}m_{s_j}\right)\left\langle\varphi_j(2)|g_{12}|\varphi_i(2)\right\rangle\varphi_j(1)\right]=\sum_j\delta\left(m_{s_i}m_{s_j}\right)\varepsilon_{ij}\varphi_j(1)
$$

$$
i=1,2,\cdots,N \tag{2.4.6}
$$

$$
\hat{h}_1\varphi_i^*(1)+\sum_j\left[\left\langle\varphi_j(2)|g_{12}|\varphi_j(2)\right\rangle\varphi_i^*(1)-\delta\left(m_{s_i}m_{s_j}\right)\left\langle\varphi_i(2)|g_{12}|\varphi_j(2)\right\rangle\varphi_j^*(1)\right]=\sum_j\delta\left(m_{s_i}m_{s_j}\right)\varepsilon_{ji}\varphi_j^*(1)
$$

$$
i=1,2,\cdots,N \tag{2.4.7}
$$

将式(2.4.7)取复数共轭，并减去式(2.4.6)得

$$\sum_j \left(\varepsilon_{ji}^* - \varepsilon_{ij}\right)\varphi_j(1) = 0 \tag{2.4.8}$$

因为 $\varphi_j$ 是线性独立的，故有 $\varepsilon_{ij} = \varepsilon_{ji}^*$，即 $\left[\varepsilon_{ij}\right]$ 为 Hermite 矩阵. 定义 Coulomb 算符 $\hat{J}_j(1)$ 和交换算符 $\hat{K}_j(1)$ 为[注意：不同于式(2.1.21)和式(2.1.22)所定义的 Coulomb 积分和交换积分]

$$\hat{J}_j(1) = \left\langle \varphi_j(2) \middle| g_{12} \middle| \varphi_j(2) \right\rangle \tag{2.4.9}$$

$$\hat{K}_j(1)\varphi_i(1) = \delta\left(m_{s_i} m_{s_j}\right)\left\langle \varphi_j(2) \middle| g_{12} \middle| \varphi_i(2) \right\rangle \varphi_j(1) \tag{2.4.10}$$

交换算符 $\hat{K}_j(1)$ 本身则应写作

$$\hat{K}_j(1) = \delta\left(m_{s_i} m_{s_j}\right)\left\langle \varphi_j(2) \middle| g_{12} \middle| \varphi_i(2) \right\rangle \frac{\varphi_j(1)}{\varphi_i(1)} \tag{2.4.11}$$

则式(2.4.6)可写为

$$\hat{F}_i(1)\varphi_i(1) = \sum_{j=1}^{N} \delta\left(m_{s_i} m_{s_j}\right)\varepsilon_{ij}\varphi_j(1), \quad i = 1, 2, \cdots, N \tag{2.4.12}$$

其中

$$\hat{F}_i(1) = \hat{h}_1 + \sum_{j=1}^{N}\left[\hat{J}_j(1) - \hat{K}_j(1)\right] \tag{2.4.13}$$

称为 Fock 算符，式(2.4.12)称为 Hartree-Fock 方程. 对能量 $E$ [式(2.4.2)]中包含的每一单电子态 $\varphi_i$ 变分都得到一个方程，故式(2.4.12)是由 $N$ 个方程组成的方程组. 式(2.4.13)表明，Fock 算符为单电子算符，因为该算符仅与一个电子坐标有关. 按本书规定，应该用小写字母表示单电子算符，但是考虑到不存在多电子 Fock 算符，将字母大写不会造成混淆，基于习惯，这里用大写字母 $F$ 表示单电子算符.

### 2.4.3 酉变换：正则 Hartree-Fock 方程

方程(2.4.12)不是标准的本征值方程，它表示 Fock 算符作用于单电子空间函数 $\varphi_i$ 得到的单电子空间函数 $F_i\varphi_i$ 是具有相同自旋的单电子空间函数的线性组合. 为了使方程(2.4.12)进一步简化，需要在 Fock 算符中包含的单电子函数所张成的空间内对单电子函数做酉变换.

根据前面的讨论知道，任意酉变换把一组正交归一化的基函数变为另一组正交归一化的基函数，Fock 算符中涉及的 $N$ 个自旋轨道是正交归一化的，在酉变换下，它们将变为另一组正交归一化的基函数. 由于空间函数的酉变换不改变自旋，因此可以只讨论空间函数的酉变换，令

$$\varphi_i'(1) = U\varphi_i(1) = \sum_\mu \delta\left(m_{s_i} m_{s_\mu}\right) c_{\mu i}\varphi_\mu(1) \tag{2.4.14}$$

在正交归一化基函数下，酉变换的矩阵 $\left[c_{\mu i}\right]$ 为酉矩阵，即有

$$\sum_\mu \delta\left(m_{s_i} m_{s_\mu}\right)\delta\left(m_{s_j} m_{s_\mu}\right) c_{\mu i}^* c_{\mu j} = \delta_{ij} \tag{2.4.15}$$

$$\sum_j \delta\left(m_{s_\mu} m_{s_j}\right)\delta\left(m_{s_\nu} m_{s_j}\right) c_{\mu j}^* c_{\nu j} = \delta_{\mu\nu} \tag{2.4.16}$$

式(2.4.15)表示矩阵$\left[c_{\mu i}\right]$的任意两列是正交的，每一列自身是归一化的，事实上矩阵$\left[c_{\mu i}\right]$的第$i$列是酉变换后得到的新单电子波函数$U\varphi_i$在原始基函数$\left(\varphi_1,\cdots,\varphi_n\right)$上的一个表示，由于新的单电子函数是正交归一化的，因此$\left[c_{\mu i}\right]$的列是正交归一化的. 式(2.4.16)表示矩阵$\left[c_{\mu i}\right]$的行也是正交归一化的. $\left[c_{\mu i}\right]$的第$\mu$行是原始基函数$\varphi_\mu$在新基函数$\left(U\varphi_1,\cdots,U\varphi_n\right)$上的一个表示，由于原始基函数是正交归一化的，因此$\left[c_{\mu i}\right]$的行也是正交归一化的. 由式(2.4.16)，利用Coulomb算符的定义式(2.4.9)，有

$$\begin{aligned}\sum_j \hat{J}'_j(1) &= \sum_j \left\langle U\varphi_j(2)\middle|g_{12}\middle|U\varphi_j(2)\right\rangle \\ &= \sum_\mu\sum_\nu\sum_j \delta\left(m_{s_j}m_{s_\mu}\right)\delta\left(m_{s_j}m_{s_\nu}\right)c^*_{\mu j}c_{\nu j}\left\langle\varphi_\mu(2)\middle|g_{12}\middle|\varphi_\nu(2)\right\rangle \\ &= \sum_\mu\left\langle\varphi_\mu(2)\middle|g_{12}\middle|\varphi_\mu(2)\right\rangle = \sum_j \hat{J}_j(1)\end{aligned} \tag{2.4.17}$$

上式最后一步将求和指数$\mu$改为$j$. 上式表明，$\sum\limits_j \hat{J}_j(1)$在任意酉变换下不变. 同样，由式(2.4.16)，利用交换算符的定义式(2.4.10)，对任意酉变换有

$$\begin{aligned}\sum_j K'_j(1)U\varphi_i(1) &= \sum_j \delta\left(m_{s_i}m_{s_j}\right)\left\langle U\varphi_j(2)\middle|g_{12}\middle|U\varphi_i(2)\right\rangle U\varphi_j(1) \\ &= \sum_\mu\sum_\nu\sum_j \delta\left(m_{s_i}m_{s_j}\right)\delta\left(m_{s_j}m_{s_\mu}\right)\delta\left(m_{s_j}m_{s_\nu}\right)c^*_{\mu j}c_{\nu j}\left\langle\varphi_\mu(2)\middle|g_{12}\middle|U\varphi_i(2)\right\rangle\varphi_\nu(1) \\ &= \sum_\mu \delta\left(m_{s_i}m_{s_\mu}\right)\left\langle\varphi_\mu(2)\middle|g_{12}\middle|U\varphi_i(2)\right\rangle\varphi_\mu(1) \\ &= \sum_j \delta\left(m_{s_i}m_{s_j}\right)\left\langle\varphi_j(2)\middle|g_{12}\middle|U\varphi_i(2)\right\rangle\varphi_j(1) = \sum_j \hat{K}_j(1)U\varphi_i(1)\end{aligned} \tag{2.4.18}$$

上式最后一步将求和指数$\mu$改为$j$. 将式(2.4.17)和式(2.4.18)与式(2.4.9)和式(2.4.10)比较可见，Coulomb 算符$\hat{J}_j(1)$和交换算符$\hat{K}_j(1)$在它们所包含的单电子函数张成的空间内的任意酉变换下不变，而 Fock 算符中的$\hat{h}_1$与单粒子态无关，因此 Fock 算符在它所包含的单电子函数空间内的任意酉变换下不变. 由于$\left[\varepsilon_{ij}\right]$为 Hermite 矩阵，由代数定理知道，一定存在酉变换使之对角化. 现在就用能使$\left[\varepsilon_{ij}\right]$对角化的酉变换对单电子函数做变换，这时方程(2.4.12)变为

$$\left\{\hat{h}_1 + \sum_j \hat{J}_j(1) + \sum_j \hat{K}_j(1)\right\}U\varphi_i(1) = \sum_j \delta\left(m_{s_i}m_{s_j}\right)\varepsilon_{ij}\delta_{ij}U\varphi_j(1) = \varepsilon_{ii}U\varphi_i(1) \tag{2.4.19}$$

式(2.4.14)中将$U\varphi_i$记作$\varphi'_i$，现在可以将记号一撇“′”去掉，并将$\varepsilon_{ii}$简记作$\varepsilon_i$，于是方程(2.4.19)变为

$$\hat{F}_i(1)\varphi_i(1) = \varepsilon_i\varphi_i(1), \qquad i = 1,2,\cdots,N \tag{2.4.20}$$

Fock 算符不变，其表达式仍然是

$$\hat{F}_i(1) = \hat{h}_1 + \sum_j\left[\hat{J}_j(1) - \hat{K}_j(1)\right] \tag{2.4.21}$$

$\hat{J}_j(1)$和$\hat{K}_j(1)$的表达式分别与式(2.4.9)和式(2.4.11)相同，但是其中所包含的单粒子态则是经

过酉变换之后得到的新的单粒子态. 方程(2.4.20)称为正则(canonical) Hartree-Fock 方程，它的解称为正则解.

从量子化学的发展历程看，Hartree-Fock 方程是在 Hartree 方程的基础上得到的，最初在求解 $N$ 电子原子的 Schrödinger 方程时，Hartree 把 $N$ 电子波函数写成单电子函数的直积，并用这样的直积波函数代入 Schrödinger 方程，由此计算体系的能量. Hartree 的工作没有考虑 Pauli 不相容原理(波函数仅写成单电子函数的直积而没有反对称化)，因此 Hartree 算符中不包含式(2.4.21)求和中的第二项，即交换项，也没有采用变分法. Fock 发现，考虑 Pauli 不相容原理并通过变分后，可以由第一性原理得到类似于 Hartree 方程的单电子运动方程，于是就有了我们现在看到的 Hartree-Fock 方程. 简言之，Hartree-Fock 方程是使 $N$ 电子体系总能量取极值的单电子波函数所满足的方程.

式(2.4.20)实际上是两组方程，分别是 $\alpha$ 自旋和 $\beta$ 自旋的单电子空间函数$\left[\text{即单电子空间函数集合}\left(\varphi_1,\varphi_2,\cdots,\varphi_p\right)\text{和}\left(\varphi_{p+1},\varphi_{p+2},\cdots,\varphi_N\right)\right]$所满足的方程. 其中的一组方程为

$$\hat{F}_m^{(\alpha)}(1)\varphi_m^{(\alpha)}(1)=\varepsilon_m^{(\alpha)}\varphi_m^{(\alpha)}(1),\qquad m=1,2,\cdots,p \tag{2.4.22}$$

式中

$$\begin{aligned}\hat{F}_m^{(\alpha)}(1)=\hat{h}_1&+\sum_{l=1}^{p}\left\langle\varphi_l^{(\alpha)}(2)\middle|g_{12}\middle|\varphi_l^{(\alpha)}(2)\right\rangle+\sum_{l=p+1}^{N}\left\langle\varphi_l^{(\beta)}(2)\middle|g_{12}\middle|\varphi_l^{(\beta)}(2)\right\rangle\\&-\sum_{l=1}^{p}\left\langle\varphi_l^{(\alpha)}(2)\middle|g_{12}\middle|\varphi_m^{(\alpha)}(2)\right\rangle\frac{\varphi_l^{(\alpha)}(1)}{\varphi_m^{(\alpha)}(1)}\end{aligned} \tag{2.4.23}$$

另一组方程为

$$\hat{F}_k^{(\beta)}(1)\varphi_k^{(\beta)}(1)=\varepsilon_k^{(\beta)}\varphi_k^{(\beta)}(1),\qquad k=p+1,\cdots,N \tag{2.4.24}$$

式中

$$\begin{aligned}\hat{F}_k^{(\beta)}(1)=\hat{h}_1&+\sum_{l=1}^{p}\left\langle\varphi_l^{(\alpha)}(2)\middle|g_{12}\middle|\varphi_l^{(\alpha)}(2)\right\rangle+\sum_{l=p+1}^{N}\left\langle\varphi_l^{(\beta)}(2)\middle|g_{12}\middle|\varphi_l^{(\beta)}(2)\right\rangle\\&-\sum_{l=p+1}^{N}\left\langle\varphi_l^{(\beta)}(2)\middle|g_{12}\middle|\varphi_k^{(\beta)}(2)\right\rangle\frac{\varphi_l^{(\beta)}(1)}{\varphi_k^{(\beta)}(1)}\end{aligned} \tag{2.4.25}$$

由于 $p=\dfrac{N}{2}$，即 $\alpha$ 自旋和 $\beta$ 自旋的电子数目相同，因此式(2.4.23)和式(2.4.25)两式给出的 Fock 算符具有一一对应关系，即 $m=i$ 和 $k=p+i$ 时的 Fock 算符完全相同，于是方程(2.4.22)和(2.4.24)的解也完全相同，即两组单电子空间函数$\left(\varphi_1\cdots\varphi_p\right)$和$\left(\varphi_{p+1}\cdots\varphi_N\right)$完全相同，它们是一一对应的，这表示每一空间轨道容纳两个自旋相反的电子. 本节开始我们对单电子空间函数的限制条件是$\left(\varphi_1\cdots\varphi_p\right)$和$\left(\varphi_{p+1}\cdots\varphi_N\right)$分别正交归一化，而对两组函数之间并没有限制(不同的自旋已保证它们相互正交). 最终结果表明，对闭壳层体系，这两组单电子空间函数合二为一. 因此，对闭壳层体系而言，方程(2.4.22)和(2.4.24)两组方程只要解一组就可以了. 为了以后引用方便，将方程(2.4.22)和(2.4.24)统一改写为

$$\hat{F}_i(1)\left|\varphi_i(1)\right\rangle=\varepsilon_i\left|\varphi_i(1)\right\rangle,\qquad i=1,2,\cdots,\frac{N}{2} \tag{2.4.26}$$

式中，Fock 算符的表达式仍然是式(2.4.21)，即

$$\hat{F}_i(1) = \hat{h}_1 + \sum_{j=1}^{N}\left[\hat{J}_j(1) - \hat{K}_j(1)\right] \tag{2.4.27}$$

为了以后讨论问题方便，将 Fock 算符用两种方式更明确地写出来，即

$$\hat{F}_i(1) = \hat{h}_1 + \sum_{j=1}^{N}\left[\left\langle \varphi_j(2)\middle|g_{12}\middle|\varphi_j(2)\right\rangle - \delta\left(m_{s_i}m_{s_j}\right)\left\langle \varphi_j(2)\middle|g_{12}\middle|\varphi_i(2)\right\rangle\frac{\varphi_j(1)}{\varphi_i(1)}\right] \tag{2.4.28}$$

$$\hat{F}_i(1) = \hat{h}_1 + \sum_{j=1}^{\frac{N}{2}}\left[2\left\langle \varphi_j(2)\middle|g_{12}\middle|\varphi_j(2)\right\rangle - \left\langle \varphi_j(2)\middle|g_{12}\middle|\varphi_i(2)\right\rangle\frac{\varphi_j(1)}{\varphi_i(1)}\right] \tag{2.4.29}$$

其中单电子算符 $\hat{h}_1$ 由式(2.1.23)给出，即

$$\hat{h}_1 = -\frac{1}{2}\nabla_1^2 - \sum_a \frac{Z_a}{r_{a1}} \tag{2.4.30}$$

前面已经指出，现在有两组空间轨道，即$\left(\varphi_1\cdots\varphi_p\right)$和$\left(\varphi_{p+1}\cdots\varphi_N\right)$，分别与自旋函数$\alpha$和$\beta$匹配. 对于闭壳层体系，这两组空间轨道完全相同. 式(2.4.28)中，这两组轨道仍然保持原有的编序，即它们仍然分别与自旋函数$\alpha$和$\beta$匹配. 式(2.4.29)则不再考虑自旋，并将两组空间轨道相同的 Coulomb 算符两两合并. 式(2.4.28)中，当$j=i$时，求和中的两项相同，因而互相抵消，求和中只有$(N-1)$项，这表明$\varphi_i$轨道上的电子仅受到$(N-1)$个电子的作用，这是自然的，因为体系中仅有$N$个电子. 但在式(2.4.29)中，当$j=i$时，求和中第二项只能抵消第一项的一半，还有一项$\left\langle \varphi_j(2)\middle|g_{12}\middle|\varphi_j(2)\right\rangle$不能抵消. 让我们对这一结果做出解释. 不失一般性，假定$\varphi_i$轨道上的电子具有$\alpha$自旋，则式(2.4.29)可写为

$$\begin{aligned}\hat{F}_i(1) &= \hat{h}_1 + \sum_{j=1}^{\frac{N}{2}}\left[\begin{array}{l}\left\langle \varphi_j^\alpha(2)\middle|g_{12}\middle|\varphi_j^\alpha(2)\right\rangle + \left\langle \varphi_j^\beta(2)\middle|g_{12}\middle|\varphi_j^\beta(2)\right\rangle \\ -\left\langle \varphi_j^\alpha(2)\middle|g_{12}\middle|\varphi_i^\alpha(2)\right\rangle\dfrac{\varphi_j^\alpha(1)}{\varphi_i^\alpha(1)}\end{array}\right] \\ &= \hat{h}_1 + \sum_{j\neq i}^{\frac{N}{2}}\left[\begin{array}{l}\left\langle \varphi_j^\alpha(2)\middle|g_{12}\middle|\varphi_j^\alpha(2)\right\rangle + \left\langle \varphi_j^\beta(2)\middle|g_{12}\middle|\varphi_j^\beta(2)\right\rangle \\ -\left\langle \varphi_j^\alpha(2)\middle|g_{12}\middle|\varphi_i^\alpha(2)\right\rangle\dfrac{\varphi_j^\alpha(1)}{\varphi_i^\alpha(1)}\end{array}\right] \\ &\quad + \left\langle \varphi_i^\alpha(2)\middle|g_{12}\middle|\varphi_i^\alpha(2)\right\rangle + \left\langle \varphi_i^\beta(2)\middle|g_{12}\middle|\varphi_i^\beta(2)\right\rangle - \left\langle \varphi_i^\alpha(2)\middle|g_{12}\middle|\varphi_i^\alpha(2)\right\rangle\end{aligned} \tag{2.4.31}$$

注意：式(2.4.31)后一等式中的求和为$j\neq i$，该式中的最后三项是$j=i$时得到的，其中的两项相互抵消. 由于现在考虑的是$\varphi_i$轨道上的$\alpha$自旋电子，$\alpha$自旋的两项相消正是消除了电子的自作用. 可以看到，不能抵消的项是由$\varphi_i$轨道上具有$\beta$自旋的电子提供的. 求和涉及$\left(\frac{N}{2}-1\right)$个轨道，每个轨道上均有两个电子，故求和项中包含$(N-2)$个电子，再加上$\varphi_i$轨道上具有$\beta$自旋的电子，因此$\varphi_i$轨道上具有$\alpha$自旋的电子仍然仅受到$(N-1)$个电子的作用. 从后一等式的求和项还可以看到，$\varphi_i$轨道以外的其他轨道上具有$\alpha$自旋的电子与$\varphi_i$轨道上具有$\alpha$自旋电子的 Coulomb 作用被交换作用部分抵消，无论哪条轨道上的$\beta$自旋电子的 Coulomb 作用都不受交换作用的影响，因而过高地估计了不同自旋的电子与$\varphi_i$轨道上$\alpha$自旋电子之间的排斥作用，从而不同自旋电子间的相关误差增大. 对此，我们将在 2.5 节做进一步讨论.

### 2.4.4 多电子体系电子总能量及其与轨道能量的关系

定义：

$$h_{ii}=\langle\varphi_i(1)|\hat{h}_1|\varphi_i(1)\rangle \tag{2.4.32}$$

$$G_i=\sum_{j=1}^{N}\left[\langle\varphi_i(1)|\hat{J}_j(1)|\varphi_i(1)\rangle-\langle\varphi_i(1)|\hat{K}_j(1)|\varphi_i(1)\rangle\right] \tag{2.4.33}$$

利用式(2.4.9)和式(2.4.10)可将式(2.4.2)改写为

$$E=\sum_{i=1}^{N}h_{ii}+\frac{1}{2}\sum_{i=1}^{N}G_i \tag{2.4.34}$$

由方程(2.4.12)或方程(2.4.20)有

$$\sum_{i=1}^{N}\varepsilon_i=\sum_{i=1}^{N}\langle\varphi_i(1)|\hat{F}_i(1)|\varphi_i(1)\rangle=\sum_{i=1}^{N}h_{ii}+\sum_{i=1}^{N}G_i \tag{2.4.35}$$

比较式(2.4.34)和式(2.4.35)，有

$$E=\sum_{i=1}^{N}\varepsilon_i-\frac{1}{2}\sum_{i=1}^{N}G_i \tag{2.4.36}$$

或

$$E=\frac{1}{2}\sum_{i=1}^{N}(\varepsilon_i+h_{ii}) \tag{2.4.37}$$

从以上推导过程可以看出，式(2.4.34)、式(2.4.35)和式(2.4.36)不限于正则 Hartree-Fock 方程. 式(2.4.36)表明，体系总能量 $E$ 不等于占据轨道能量之和，这是由于在计算每一轨道能量时都考虑了其他电子与该轨道电子的相互排斥作用，这样在 $\sum_i\varepsilon_i$ 中就把电子之间的排斥作用重复计算了，所以要减去 $\frac{1}{2}\sum_i G_i$ . 这是与计算 $\hat{H}_0$ 的本征值 $E^{(0)}$ 的式(1.3.30)的不同之处. 从非简并态微扰理论看，波函数(2.4.1)是 Hamilton 算符 $\hat{H}$ 的零级近似本征函数， $\hat{H}_0$ 的本征值 $E^{(0)}=\sum_{i=1}^{N}\varepsilon_i$ 仅仅是 $\hat{H}$ 的零级近似能量，而式(2.4.36)或式(2.4.37)给出的才是 $\hat{H}$ 的一级近似能量，即考虑微扰后由零级近似本征函数给出的能量.

读者可能会提出这样的问题：在本章的导言中指出，单电子运动方程是单电子近似下波函数理论的基础，因为只有通过求解单电子运动方程得到性能良好的单电子波函数的完备集，才能建造 $N$ 电子波函数，进而求解原子、分子体系的 Schrödinger 方程，但在第 1 章中并没有给出单电子运动方程的具体表达式. 既然 Hartree-Fock 方程正是我们所需要的单电子运动方程，为什么不首先给出 Hartree-Fock 方程，而要把 Hartree-Fock 方程放在本章讲授呢？这是因为 Hartree-Fock 方程是通过 $N$ 电子体系的总能量对单电子态变分得到的，为了得到 Hartree-Fock 方程，必须首先给出总能量的单电子态泛函表达式. 为此，我们需要知道两件事情，一是基于单电子态建造的 $N$ 电子体系的波函数，二是这种波函数的矩阵元(即能量表达式). 只有通过第 1 章的讨论，我们才能确定，在单组态近似下，闭壳层 $N$ 电子体系的波函数只包含一个 Slater 行列式，于是才有波函数的表达式(2.4.1). 只有通过 2.1 节的讨论，才能得到 $N$ 电子体系总能量的单电子态泛函表达式(2.4.2)，在此基础上通过变分才得到了 Hartree-Fock 方程. 因此，Hartree-Fock 方程只能放在本节讲授.

## 2.5　闭壳层 Hartree-Fock 方程的性质

下面研究闭壳层 Hartree-Fock 方程(2.4.26)的性质，为了引用方便，将方程(2.4.26)重新写出，即

$$\hat{F}_i(1)|\varphi_i(1)\rangle = \varepsilon_i|\varphi_i(1)\rangle, \qquad i=1,2,\cdots,\frac{N}{2} \tag{2.5.1}$$

式中，Fock 算符的表达式为

$$\hat{F}_i(1) = \hat{h}_1 + \sum_{j=1}^{N}\left[\hat{J}_j(1) - \hat{K}_j(1)\right] \tag{2.5.2}$$

其中，单电子算符 $\hat{h}_1$、Coulomb 算符 $\hat{J}_j(1)$ 和交换算符 $\hat{K}_j(1)$ 的表达式分别为

$$\hat{h}_1 = -\frac{1}{2}\nabla_1^2 - \sum_a \frac{Z_a}{r_{a1}} \tag{2.5.3}$$

$$\hat{J}_j(1) = \langle\varphi_j(2)|g_{12}|\varphi_j(2)\rangle \tag{2.5.4}$$

$$\hat{K}_j(1) = \delta\left(m_{s_i} m_{s_j}\right)\langle\varphi_j(2)|g_{12}|\varphi_i(2)\rangle\frac{\varphi_j(1)}{\varphi_i(1)} \tag{2.5.5}$$

交换算符 $\hat{K}_j(1)$ 又可写作

$$\hat{K}_j(1)\varphi_i(1) = \delta\left(m_{s_i} m_{s_j}\right)\langle\varphi_j(2)|g_{12}|\varphi_i(2)\rangle\varphi_j(1) \tag{2.5.6}$$

且有

$$g_{12} = \frac{1}{r_{12}} = \frac{1}{|\vec{r}_1 - \vec{r}_2|} \tag{2.5.7}$$

以上各式中涉及两个粒子，分别用 1 和 2 标记. 我们已多次指出，1 和 2 只是 $N$ 电子体系中的两个代表，并不确指哪两个电子. 1 和 2 实际上是两组积分变量，分别代表粒子的两组空间坐标 $\vec{r}_1$ 和 $\vec{r}_2$，如果将这两组空间坐标分别记作 $\vec{r}$ 和 $\vec{r}'$，则以上各式可重写如下

$$\hat{F}_i(\vec{r})|\varphi_i(\vec{r})\rangle = \varepsilon_i|\varphi_i(\vec{r})\rangle,\ i=1,2,\cdots,\frac{N}{2} \tag{2.5.8}$$

式中，Fock 算符的表达式为

$$\hat{F}_i(\vec{r}) = \hat{h} + \sum_{j=1}^{N}\left[\hat{J}_j(\vec{r}) - \hat{K}_j(\vec{r})\right] \tag{2.5.9}$$

其中，单电子算符 $\hat{h}$、Coulomb 算符 $\hat{J}_j(\vec{r})$ 和交换算符 $\hat{K}_j(\vec{r})$ 的表达式为

$$\hat{h} = -\frac{1}{2}\nabla^2 - \sum_a \frac{Z_a}{r_a} \tag{2.5.10}$$

$$\hat{J}_j(\vec{r}) = \left\langle\varphi_j(\vec{r}')\left|\frac{1}{|\vec{r}-\vec{r}'|}\right|\varphi_j(\vec{r}')\right\rangle = \int\frac{\varphi_j^*(\vec{r}')\varphi_j(\vec{r}')}{|\vec{r}-\vec{r}'|}\mathrm{d}\vec{r}' \tag{2.5.11}$$

$$\hat{K}_j(\vec{r}) = \delta\left(m_{s_i} m_{s_j}\right)\left\langle \varphi_j(\vec{r}')\left|\frac{1}{|\vec{r}-\vec{r}'|}\right|\varphi_i(\vec{r}')\right\rangle \frac{\varphi_j(\vec{r})}{\varphi_i(\vec{r})}$$

$$= \delta\left(m_{s_i} m_{s_j}\right)\int \frac{\varphi_j^*(\vec{r}')\varphi_i(\vec{r}')}{|\vec{r}-\vec{r}'|}\frac{\varphi_j(\vec{r})}{\varphi_i(\vec{r})}\mathrm{d}\vec{r}' \tag{2.5.12}$$

交换算符 $\hat{K}_j(\vec{r})$ 又可写作

$$\hat{K}_j(\vec{r})\varphi_i(\vec{r}) = \delta\left(m_{s_i} m_{s_j}\right)\left\langle \varphi_j(\vec{r}')\left|\frac{1}{|\vec{r}-\vec{r}'|}\right|\varphi_i(\vec{r}')\right\rangle \varphi_j(\vec{r})$$

$$= \delta\left(m_{s_i} m_{s_j}\right)\int \frac{\varphi_j^*(\vec{r}')\varphi_i(\vec{r}')\varphi_j(\vec{r})}{|\vec{r}-\vec{r}'|}\mathrm{d}\vec{r}' \tag{2.5.13}$$

用 1 和 2 标记两个粒子，不仅可以简化记号，而且便于讨论问题，因此本书将坚持用 1 和 2 标记两个粒子. 不过，不少文献都用 $\vec{r}$ 和 $\vec{r}'$ 标记两个粒子，因此我们将这两种标记方法一并列出，以便读者阅读文献.

### 2.5.1　Hartree-Fock 方程的解

为了便于下面的讨论，并为了以后应用方便，下面给出几个常用名词，首先是占据轨道和虚轨道. 在 Hartree-Fock 方程的解中，有电子占据的轨道称为占据轨道，没有电子占据的轨道称为虚轨道. 出现在行列式波函数(2.4.1)中的轨道均为占据轨道，其他轨道均为虚轨道. 占据轨道中能量最高的轨道称为最高占据(分子)轨道(highest occupied molecular orbital，HOMO)，虚轨道中能量最低的轨道称为最低未占(分子)轨道(lowest unoccupied molecular orbital，LUMO)，HOMO 和 LUMO 合称为前线轨道(frontier molecular orbital，FMO)，前线轨道对于研究分子的化学活性尤其重要，类似于价键理论中的价轨道，因此常常受到特别关注.

现在研究 Hartree-Fock 方程(2.5.1)的解的性质. Fock 算符(2.5.2)中既有微分算符，又有积分算符，因此 Hartree-Fock 方程(2.5.1)是一组积分微分方程，共有 $\frac{N}{2}$ 个方程，其中的每个方程都给出无穷多个解. 从下面的分析中可以看到，在方程组给出的无穷多个解中，只有 $\frac{N}{2}$ 个是占据轨道，其他都是虚轨道，每个方程只给出一个占据轨道，占据轨道和虚轨道具有不同的性质.

为了得到上述结论，只需注意两点. 第一，Fock 算符是从能量表达式(2.4.2)出发经变分得到的，出现在能量表达式中的轨道均为占据轨道，因此 Fock 算符中包含的轨道也都是占据轨道；第二，Fock 算符 $\hat{F}_i(1)$ 依赖于占据轨道 $\varphi_i$，不同占据轨道，其 Fock 算符不同，因此方程组(2.5.1)的每一方程只对应一个占据轨道，$\frac{N}{2}$ 个方程对应 $\frac{N}{2}$ 个不同的占据轨道. 2.4 节通过对 Fock 算符(2.4.27)的分析指出，占据轨道上的电子感受到的是其他 $(N-1)$ 个电子的排斥作用. 式(2.5.1)中的每一方程除给出一个占据轨道外，还给出无穷多个虚轨道，这些虚轨道与占据轨道对应同一 Fock 算符 $\hat{F}_i(1)$ (它们是同一 Fock 算符的本征函数)，因此虚轨道和占据轨道具有相同的势函数. 由此看来，虚轨道不能代表激发态的分子轨道，因为当原子、分子体系被激发时，相互作用势也应当改变. 虚轨道不能代表激发态的分子轨道，因此用一个虚轨道代替一个

占据轨道构成的 $N$ 电子波函数不代表 $N$ 电子体系的一个激发态. 但在组态叠加方法中，这样的 $N$ 电子波函数称为激发组态，或简称激发态，这只是一种习惯说法，这种说法是对电子填充轨道的微观状态而言的，并不表示这样的 $N$ 电子波函数描述体系的一个真实激发态. 如果一定要将 Fock 算符(2.5.2)中待求的分子轨道 $\varphi_i$ 换作虚轨道 $\varphi_a$，则由于求和项只限于占据轨道，$j \neq a$，无论 $j$ 取何值(限于占据轨道)，求和中的两项都不能相互抵消，这样虚轨道上的电子将感受到其他 $N$ 个电子的作用. 根据这种分析可知，虚轨道最多只能看成是 $(N+1)$ 电子体系的第 $(N+1)$ 个轨道，因此一个分子的一价正离子的虚轨道更接近该分子的激发轨道.

我们说 Hartree-Fock 方程有无穷多个解还有另外一层含义，那就是：就单电子态(分子轨道)本身而言，Hartree-Fock 方程的解并不是唯一的. 造成这种情况有两方面原因，一方面，作为单电子态泛函的电子总能量具有多个极值点，Hartree-Fock 方程是由能量取极值的必要条件推导出来的，所确定的极值点不一定是最小值点，在有多个极值点的情况下，对应的单电子态就会有多种形式. 另一方面，根据行列式的性质，行列式的任意一行乘以数再加到另一行上，行列式的值不变. 因此，体系的总能量不因单电子态的酉变换而改变，体系其他物理量的平均值也不会改变(因为波函数不变). 如果某一组单电子态使体系的总能量取极值，则由这些单电子态的某种线性组合得到的新的单电子态仍使体系的总能量取极值；若是酉变换，则仍保持单电子态之间的正交性，只是各组单电子态的函数形式不同. 事实上，在 2.4 节中正是利用这一性质从 Hartree-Fock 方程(2.4.12)通过酉变换得到正则方程(2.4.20). Hartree-Fock 方程的解的这种不确定性正好用在轨道的定域化描述中. 值得注意的是，对单电子态进行酉变换后，Hartree-Fock 方程不一定继续保持正则形式，这时虽然体系的总能量不变，但是单电子态可能不再是正则轨道，从而不再具有确定的能级[见式(2.4.12)].

由于 Fock 算符本身依赖于待求的分子轨道，因此 Hartree-Fock 方程(2.5.1)只能用迭代方法求解. 大致过程是：先假定一组占据轨道，求出相应的 Fock 算符，求解方程(2.5.1)得到一组新的占据轨道，这是第一轮计算. 这组新的轨道给出新的 Fock 算符，再次求解方程(2.5.1)得到另一组新的占据轨道，这是第二轮计算. 一直重复下去，直到 Fock 算符与它的解达到自洽为止，如此就得到 Hartree-Fock 方程的自洽解. 因此，Hartree-Fock 方法又称自洽场方法.

### 2.5.2 Fock 算符是 Hermite 算符

下面比较积分 $\left\langle \varphi_i(1) \middle| \hat{F}_i(1)\varphi_i(1) \right\rangle$ 和 $\left\langle \hat{F}_i(1)\varphi_i(1) \middle| \varphi_i(1) \right\rangle$ 的表达式. 由式(2.5.2)有

$$\left\langle \varphi_i(1) \middle| \hat{F}_i(1)\varphi_i(1) \right\rangle = \left\langle \varphi_i(1) \middle| \hat{h}_1\varphi_i(1) \right\rangle + \sum_j \left\langle \varphi_i(1)\varphi_j(2) \middle| g_{12}\varphi_j(2)\varphi_i(1) \right\rangle - \sum_j \left\langle \varphi_i(1)\varphi_j(2) \middle| g_{12}\varphi_i(2)\varphi_j(1) \right\rangle$$

$$\left\langle \hat{F}_i(1)\varphi_i(1) \middle| \varphi_i(1) \right\rangle = \left\langle \hat{h}_1\varphi_i(1) \middle| \varphi_i(1) \right\rangle + \sum_j \left\langle \varphi_i(1) g_{12}\varphi_j(2) \middle| \varphi_j(2)\varphi_i(1) \right\rangle - \sum_j \left\langle \varphi_j(1) g_{12}\varphi_i(2) \middle| \varphi_j(2)\varphi_i(1) \right\rangle$$

$\hat{h}_1$ 为 Hermite 算符，$g_{12}$ 为简单的乘积算符且为实算符，于是有

$$\begin{aligned}\left\langle \varphi_i(1) \middle| \hat{F}_i(1)\varphi_i(1) \right\rangle = &\left\langle \varphi_i(1) \middle| \hat{h}_1 \middle| \varphi_i(1) \right\rangle + \sum_j \left\langle \varphi_i(1)\varphi_j(2) \middle| g_{12} \middle| \varphi_i(1)\varphi_j(2) \right\rangle \\ &- \sum_j \left\langle \varphi_i(1)\varphi_j(2) \middle| g_{12} \middle| \varphi_j(1)\varphi_i(2) \right\rangle\end{aligned} \tag{2.5.14}$$

同样有

$$\begin{aligned}\left\langle \hat{F}_i(1)\varphi_i(1) \middle| \varphi_i(1) \right\rangle = &\left\langle \varphi_i(1) \middle| \hat{h}_1 \middle| \varphi_i(1) \right\rangle + \sum_j \left\langle \varphi_i(1)\varphi_j(2) \middle| g_{12} \middle| \varphi_i(1)\varphi_j(2) \right\rangle \\ &- \sum_j \left\langle \varphi_j(1)\varphi_i(2) \middle| g_{12} \middle| \varphi_i(1)\varphi_j(2) \right\rangle\end{aligned} \tag{2.5.15}$$

由于积分值与积分变量无关，可将式(2.5.15)最后一个求和中的电子标号 1、2 互换，然后比较式(2.5.14)和式(2.5.15)有

$$\left\langle \varphi_i(1) \middle| \hat{F}_i(1)\varphi_i(1) \right\rangle = \left\langle \hat{F}_i(1)\varphi_i(1) \middle| \varphi_i(1) \right\rangle \tag{2.5.16}$$

因此 $\hat{F}_i(1)$ 为 Hermite 算符. Hermite 算符有以下性质：

(1) 本征值为实数. 式(2.5.1)中的 $\varepsilon_i$ 是 $F_i(1)$ 的本征值，因此 $\varepsilon_i$ 为实数，$\varepsilon_i$ 就是正则分子轨道 $\varphi_i$ 的能级.

(2) 本征函数构成完备集合. 根据前面的分析，由 Hartree-Fock 方程(2.4.1)可以得到无穷多个解(分子轨道)，这些解构成完备集合，任何满足边界条件的单电子函数都可以用它们展开.

(3) 属于不同本征值的本征函数相互正交. 由此可知，当 $\varepsilon_i \neq \varepsilon_j$ 时，有 $\left\langle \varphi_i \middle| \varphi_j \right\rangle = 0$，即不同能量的分子轨道相互正交. 若 $\varepsilon_i$ 为简并能级，设简并度为 $\omega$，即对应 $\varepsilon_i$ 有 $\omega$ 个线性无关的分子轨道：$\varphi_1(1), \varphi_2(1), \cdots, \varphi_\omega(1)$，这时采用 Schmidt 方法可以将它们正交归一化.

在推导 Hartree-Fock 方程时，仅限定 $N$ 个占据轨道是正交归一化的，现在知道，式(2.5.1)的全部解都可以是正交归一化的，因此有一个正交归一化的单电子函数完备集.

Hartree-Fock 方程的解构成的函数空间可以分解为两个正交的子空间，一个子空间是由占据轨道 $\varphi_i\left(i = 1, 2, \cdots, N/2\right)$ 张成的，另一个子空间是由虚轨道 $\varphi_a\left(a = \dfrac{N}{2} + 1, \cdots, \infty\right)$ 张成的，在这两个子空间内部分别任意做线性变换，设 $\varphi_j$ 和 $\varphi_a$ 分别为两子空间内做任意线性变换后得到的单电子函数(变换后得到的单电子态一般不再是正则解)，则容易证明

$$\left\langle \varphi_a \middle| \varphi_j \right\rangle = 0 \tag{2.5.17}$$

$$\left\langle \varphi_a \middle| \hat{F}_j(1) \middle| \varphi_j \right\rangle = 0 \tag{2.5.18}$$

式(2.5.18)称为 Hartree-Fock 条件.

### 2.5.3 Fock 算符的对称性

Fock 算符的对称性指的是，Fock 算符具有原子、分子所属对称群的对称性，即 Fock 算符在原子、分子所属对称群的对称操作下不变，或者说 Fock 算符与原子、分子所属对称群的对称操作对易.

首先证明 Fock 算符(2.5.2)中的 $\hat{h}_1$ 在对称操作下不变. 对于 $N$ 电子原子体系

$$\hat{h}_1 = -\frac{1}{2}\nabla_1^2 - \frac{Z}{r_1} \tag{2.5.19}$$

式中，$Z$ 为原子核电荷数；$-\frac{1}{2}\nabla_1^2$ 为单电子动能算符 $\hat{t}(1)$. 在直角坐标系中，有

$$r_1^2 = x_1^2 + y_1^2 + z_1^2 \quad , \quad \hat{t}(1) = \frac{1}{2}\left(\dot{x}_1^2 + \dot{y}_1^2 + \dot{z}_1^2\right)$$

设对称操作 $R(Z,\alpha)$ 为绕 $z$ 轴旋转 $\alpha$ 角，其变换关系为

$$\begin{pmatrix} x_1' \\ y_1' \\ z_1' \end{pmatrix} = R(Z,\alpha)\begin{pmatrix} x_1 \\ y_1 \\ z_1 \end{pmatrix} = \begin{pmatrix} \cos\alpha & \sin\alpha & 0 \\ -\sin\alpha & \cos\alpha & 0 \\ 0 & 0 & 1 \end{pmatrix}\begin{pmatrix} x_1 \\ y_1 \\ z_1 \end{pmatrix}$$

即　　$x_1 = \cos\alpha x_1' - \sin\alpha y_1'$，　$y_1 = \sin\alpha x_1' + \cos\alpha y_1'$，　$z_1 = z_1'$

利用群论中变换函数的性质，有

$$\begin{aligned} r_1'^2 &= R(Z,\alpha) r_1^2 R^{-1}(Z,\alpha) = r_1^2\left[R^{-1}(Z,\alpha)(x_1,y_1,z_1)\right] \\ &= \left(\cos\alpha x_1' - \sin\alpha y_1'\right)^2 + \left(\sin\alpha x_1' + \cos\alpha y_1'\right)^2 + z_1'^2 = x_1'^2 + y_1'^2 + z_1'^2 \end{aligned} \tag{2.5.20}$$

式中，$r_1^2\left[R^{-1}(Z,\alpha)(x_1,y_1,z_1)\right]$ 表示将 $r_1^2$ 中的 $(x_1,y_1,z_1)$ 用 $R^{-1}(Z,\alpha)(x_1,y_1,z_1)$ 代替.

同样有

$$\begin{aligned} \hat{t}'(1) &= R(Z,\alpha)\hat{t}(1)R^{-1}(Z,\alpha) = \frac{1}{2}\left\{\left(\cos\alpha\dot{x}_1' - \sin\alpha\dot{y}_1'\right)^2 + \left(\sin\alpha\dot{x}_1' + \cos\alpha\dot{y}_1'\right)^2 + \dot{z}_1'^2\right\} \\ &= \frac{1}{2}\left(\dot{x}_1'^2 + \dot{y}_1'^2 + \dot{z}_1'^2\right) \end{aligned} \tag{2.5.21}$$

这表明 $\hat{h}_1$ 在绕 $z$ 轴的旋转变换下不变. 同样可以证明 $\hat{h}_1$ 对于绕任意轴的旋转都是不变的，这就是说，$\hat{h}_1$ 具有球对称性.

对于 $N$ 电子分子体系

$$\hat{h}_1 = -\frac{1}{2}\nabla_1^2 - \sum_\alpha \frac{Z_\alpha}{r_{\alpha_1}} \tag{2.5.22}$$

假定所考虑的分子为三原子分子，具有 $C_{2v}$ 对称性，此时有

$$\hat{h}_1 = -\frac{1}{2}\nabla_1^2 - \left[\frac{Z_\alpha}{|\vec{r}_1 - \vec{R}_1|} + \frac{Z_\alpha}{|\vec{r}_1 - \vec{R}_2|} - \frac{Z_\beta}{|\vec{r}_1 - \vec{R}_3|}\right] \tag{2.5.23}$$

式中，$\vec{R}_1$、$\vec{R}_2$ 和 $\vec{R}_3$ 为原子核的位置矢量，其中标号为 1、2 的两个核具有相同的核电荷数，它们为等价原子. 将分子绕 $C_2$ 轴转动的变换记作 $\hat{R}(C_2,\alpha)$，若 $\alpha$ 为任意角度，则 $\hat{h}_1$ 可能发生变化，但若 $\hat{R}(C_2,\alpha)$ 为点群 $C_{2v}$ 的对称操作，则 $\alpha = \frac{\pi}{2}$，变换的结果是两个等价原子互换，另一原子不动，即有

$$\hat{R}\left(C_2,\frac{\pi}{2}\right)|\vec{r}_1 - \vec{R}_1|\hat{R}^{-1}\left(C_2,\frac{\pi}{2}\right) = \left(\vec{r}_1 - \vec{R}_2\right),\quad \hat{R}\left(C_2,\frac{\pi}{2}\right)|\vec{r}_1 - \vec{R}_2|\hat{R}^{-1}\left(C_2,\frac{\pi}{2}\right) = \left(\vec{r}_1 - \vec{R}_1\right),$$

$$\hat{R}\left(C_2,\frac{\pi}{2}\right)|\vec{r}_1 - \vec{R}_3|\hat{R}^{-1}\left(C_2,\frac{\pi}{2}\right) = \left(\vec{r}_1 - \vec{R}_3\right)$$

因此电子-核吸引能算符在对称操作 $\hat{R}(C_2,\alpha)$ 作用下不变. 前面已证明，动能算符对于绕任意轴的任意旋转都是不变的，因此在 $\hat{R}(C_2,\alpha)$ 作用下不变. 这就是说式(2.5.23)中的两项都在 $\hat{R}(C_2,\alpha)$ 作用下不变，于是 $\hat{h}_1$ 在 $\hat{R}(C_2,\alpha)$ 作用下不变. 同样可以证明 $\hat{h}_1$ 在 $C_{2v}$ 群的每个对称操作作用下都是不变的.

其次证明 Fock 算符(2.5.2)中的电子排斥项在对称操作下不变. 为此，首先证明算符 $r_{12}^{-1}$ 在对称操作下不变，由于

$$r_{12}^2=(x_1-x_2)^2+(y_1-y_2)^2+(z_1-z_2)^2$$

仿照式(2.5.20)，有

$$\begin{aligned}r_{12}'^2&=\hat{R}(Z,\alpha)r_{12}^2\hat{R}^{-1}(Z,\alpha)=\{(\cos\alpha x_1'-\sin\alpha y_1')-(\cos\alpha x_2'-\sin\alpha y_2')\}^2\\&\quad+\{(\sin\alpha x_1'+\cos\alpha y_1')-(\sin\alpha x_2'+\cos\alpha y_2')\}^2+(z_1'-z_2')^2\\&=(x_1'-x_2')^2+(y_1'-y_2')^2+(z_1'-z_2')^2\end{aligned}$$

这表明 $r_{12}^2$ 对于绕 $z$ 轴的任意旋转不变. 同样可以证明，$r_{12}^2$ 对于绕任意轴的任意旋转、对于任意镜面的反映以及对于反演中心的反演都是不变的. 因此 $r_{12}^2$ 不仅具有球对称性而且具有分子点群对称性. 因为分子点群的对称操作无非是绕 $C_n$ 轴转动特定角度(如 $2\pi/n$)，某一镜面的反映，对称中心的反演或者它们的乘积，$r_{12}^2$ 在这些操作下不变. 另外，原子、分子每一亚层的所有轨道是对称群不可约表示的一组基，它们张成对称操作的一个不变子空间，对称操作仅在各亚层内对单电子态做酉变换. 闭壳层组态各亚层都充满电子，或者说，各亚层的所有轨道都是占据轨道，因而都被包含在 Fock 算符中(注意：开壳层组态不一定满足这个条件). 在推导正则 Hartree-Fock 方程时已经证明，$\sum\varphi_j^*(2)\varphi_j(2)$ 和 $\sum\varphi_j^*(2)\varphi_j(1)$ 在占据轨道内部的任意酉变换下不变[见式(2.4.17)和式(2.4.18)]，因而它们在对称操作的酉变换下不变. 于是证明 Fock 算符(2.5.2)中的电子排斥项在对称操作下不变.

到此已经证明，闭壳层组态的 Fock 算符具有原子、分子所属对称群的对称性，从而 Fock 算符的本征函数(单电子函数)是原子、分子对称群不可约表示的基，或者说，它们可以按原子、分子对称群的不可约表示分类.

在第 1 章中我们不止一次地提到单电子方程，如式(1.3.27)、式(1.6.23)和式(1.10.28). 每次提到单电子方程时，都会根据内容需要对方程的性质和它必须满足的条件做出一些限定. 从以上的讨论中可以看到，Hartree-Fock 方程满足了我们提到过的所有条件. 这说明 Hartree-Fock 方程是较为理想的单电子运动方程，同时也说明第 1 章的讨论是建立在可靠的理论基础之上的.

### 2.5.4 电子相关问题

由 Hartree-Fock 方程(2.5.1)和 Fock 算符的定义式(2.5.2)，可得轨道能量 $\varepsilon_i$ 的表达式

$$\begin{aligned}\varepsilon_i&=\langle\varphi_i(1)|\hat{F}_i(1)|\varphi_i(1)\rangle=\langle\varphi_i(\vec{r}_1)|\hat{h}_1|\varphi_i(\vec{r}_1)\rangle\\&\quad+\sum_{j(j\neq i)}\langle\varphi_i(\vec{r}_1)|\hat{J}_j(\vec{r}_1)|\varphi_i(\vec{r}_1)\rangle-\sum_{j(j\neq i)}\langle\varphi_i(\vec{r}_1)|\hat{K}_j(\vec{r}_1)|\varphi_i(\vec{r}_1)\rangle\end{aligned}\tag{2.5.24}$$

第一项包括电子的动能和电子-核吸引能，第二项和第三项为电子排斥积分. 从物理意义上说，

上式的两个求和中不应包括 $j=i$ 的项，但有时不明显标记出 $j\neq i$，是因为 $j=i$ 时两项相互抵消. 为了便于以下的讨论，现在把它明显标记出来. 将 $\hat{J}_j(1)$ 和 $\hat{K}_j(1)$ 的表达式(2.5.4)和式(2.5.5)代入式(2.5.24)，则式(2.5.24)的第二项和第三项分别为

$$\int \varphi_i^*(\vec{r}_1)\varphi_i(\vec{r}_1)g(12)\sum_{j(j\neq i)}\varphi_j^*(\vec{r}_2)\varphi_j(\vec{r}_2)\mathrm{d}\vec{r}_2\,\mathrm{d}\vec{r}_1 \tag{2.5.25}$$

$$\int \varphi_i^*(\vec{r}_1)\varphi_i(\vec{r}_1)g(12)\sum_{j(j\neq i)}\delta\left(m_{s_i}m_{s_j}\right)\frac{\varphi_j^*(\vec{r}_2)\varphi_i(\vec{r}_2)\varphi_j(\vec{r}_1)}{\varphi_i(\vec{r}_1)}\mathrm{d}\vec{r}_2\,\mathrm{d}\vec{r}_1 \tag{2.5.26}$$

在 2.1 节中已经引入了 Coulomb 积分和交换积分的概念，可以看到式(2.5.25)为 Coulomb 积分，式(2.5.26)为交换积分.

首先分析 Coulomb 积分式(2.5.25). 该式中，$\varphi_i^*(\vec{r}_1)\varphi_i(\vec{r}_1)$ 表示 $\varphi_i$ 轨道的电子密度分布. 由于采用了原子单位，电子电量 $e=1$，因此 $\varphi_i^*(\vec{r}_1)\varphi_i(\vec{r}_1)$ 可看作是 $\varphi_i$ 轨道上的电子分布在 $\vec{r}_1$ 点的电荷. 定义

$$\rho(\vec{r}_2)=\sum_{j(\neq i)}\varphi_j^*(\vec{r}_2)\varphi_j(\vec{r}_2) \tag{2.5.27}$$

$\rho(\vec{r}_2)$ 为 $\varphi_i$ 轨道以外的其他所有轨道上的电子分布在 $\vec{r}_2$ 点的电荷. 因此，式(2.5.25)的被积函数表示的是 $\varphi_i$ 轨道上的电子分布在 $\vec{r}_1$ 点的电荷与其他所有轨道上的电子分布在 $\vec{r}_2$ 点的电荷之间的排斥作用. 将 $\rho(\vec{r}_2)$ 对 $\vec{r}_2$ 积分，注意到式(2.5.27)的求和包含 $(N-1)$ 个占据轨道，而轨道已经归一化，因此有

$$\int \rho(\vec{r}_2)\mathrm{d}\vec{r}_2=(N-1)$$

这表明，除 $\varphi_i$ 轨道上的一个电子外，体系中还有 $(N-1)$ 个电子，这个结果是合理的. 由式(2.5.27)可知，$\varphi_i$ 轨道以外的其他所有轨道上的电子分布在 $\vec{r}_1$ 点的电荷为

$$\rho(\vec{r}_1)=\sum_{j(\neq i)}\varphi_j^*(\vec{r}_1)\varphi_j(\vec{r}_1) \tag{2.5.28}$$

如果只考虑与 $\varphi_i$ 轨道上的电子具有相同自旋态的其他电子，则式(2.5.28)变为

$$\rho_{m_{s_i}}(\vec{r}_1)=\sum_{j(\neq i)}\varphi_j^*(\vec{r}_1)\varphi_j(\vec{r}_1)\delta\left(m_{s_i}m_{s_j}\right) \tag{2.5.29}$$

其次讨论交换积分式(2.5.26). 根据以上分析，在交换积分式(2.5.26)中，与 $\varphi_i$ 轨道上的电子分布在 $\vec{r}_1$ 点的电荷产生相互作用的分布在 $\vec{r}_2$ 点的电荷为

$$\rho_{m_{s_i}}^{\mathrm{ex}}(\vec{r}_2)=\sum_{j(\neq i)}\delta\left(m_{s_i}\,m_{s_j}\right)\frac{\varphi_j^*(\vec{r}_2)\varphi_i(\vec{r}_2)\varphi_j(\vec{r}_1)}{\varphi_i(\vec{r}_1)} \tag{2.5.30}$$

这种电荷没有经典对应，它是由电子间的交换(反对称化)产生的，因此称为交换电荷. $\rho_{m_{s_i}}^{\mathrm{ex}}(\vec{r}_2)$ 是相对于 $\varphi_i$ 轨道上的电子位于 $\vec{r}_1$ 时，位于 $\vec{r}_2$ 点的交换电荷. 该交换电荷有以下三个特点：

(1) 由 $\delta\left(m_{s_i}\,m_{s_j}\right)$ 可知，交换电荷是由与 $\varphi_i$ 轨道上的电子具有相同自旋取向的电子贡献的.

(2) 交换电荷对全空间的积分为

$$\int \rho_{m_{s_i}}^{\mathrm{ex}}(\vec{r}_2)\mathrm{d}\vec{r}_2=0 \tag{2.5.31}$$

这是因为，式(2.5.30)的求和中不包括 $j=i$ 的项，而轨道已经正交归一化. 式(2.5.31)表明，虽然存在交换积分，但体系中并不存在所谓“交换电子”，交换积分仅仅是由 Pauli 不相容原理引入的积分项.

(3) 将式(2.5.30)中的 $\vec{r}_2$ 换作 $\vec{r}_1$ 可求得交换电荷在 $\vec{r}_1$ 点的值，再与式(2.5.29)比较可得

$$\rho_{m_{s_i}}^{\text{ex}}(\vec{r}_1)=\sum_{j(\neq i)}\delta\left(m_{s_i}\ m_{s_j}\right)\varphi_j^*(\vec{r}_1)\varphi_j(\vec{r}_1)=\rho_{m_{s_i}}(\vec{r}_1)$$

这表明，交换电荷在 $\vec{r}_1$ 点的值等于和位于 $\vec{r}_1$ 点的电子具有相同自旋的所有其他电子分布在该点的电荷值，但二者在式(2.5.24)中的符号相反，因而相互抵消. 因此，与 $\varphi_i$ 轨道上的电子具有相同自旋的其他所有电子在 $\varphi_i$ 轨道上的电子所在点 $\vec{r}_1$ 的电荷值恒为零，因为交换电荷正好把它抵消了，符合 Pauli 不相容原理. 根据 Pauli 不相容原理，空间任何一点不可能同时出现两个自旋态相同的电子. 所以，每个电子所在点及其邻域对其他自旋态相同的电子来说是一个禁区，一个电子运动到某处，其他自旋态相同的电子就会自动避开，在它周围形成一个“穴”(hole)，称为 Fermi 穴. 因此在 Hartree-Fock 方法中，自旋态相同的电子的运动并不是彼此独立而是相互制约的，这种相互制约性称为电子间的 Fermi 相关. 显然，自旋态不同的电子之间也应该有相关性，即每个电子所到之处，自旋态不同的电子由于静电排斥作用也会避开，这称为 Coulomb 穴. Hartree-Fock 方程不能反映这一点，这就是说，Hartree-Fock 方法过高地估计了自旋态不同的电子相互靠近的概率，这一点在 2.4 节中已做过较为深入的讨论[见关于式(2.4.31)的讨论]，现在则从电子运动的角度进行分析，从而使得相关作用的图像更为清晰. 此外，尽管存在 Fermi 穴，Hartree-Fock 方法对自旋态相同的电子相互靠近的概率仍然估计过高. 这些原因使得 Hartree-Fock 方法计算的电子排斥能偏高，因而所得的总能量比真值高，从而出现电子相关能误差. 粗略地说，Hartree-Fock 方法计算的能量与实际能量的差值称为电子相关能. 电子相关能的修正问题是量子化学中最基本的理论问题之一，将在第 5 章详细讨论.

本书后面将要介绍密度泛函理论，建造精确的交换-相关能泛函是密度泛函理论的核心内容. 为了便于密度泛函理论的学习，我们再来分析式(2.5.26)给出的交换积分. 在以上的讨论中，为了说明交换电荷的概念和作用，把交换积分写成式(2.5.26)的形式，但式(2.5.26)还可以写成

$$\varepsilon_x^i=\sum_{j(j\neq i)}\delta\left(m_{s_i}m_{s_j}\right)\int\varphi_i^*(\vec{r}_1)\varphi_i(\vec{r}_2)g(12)\varphi_j^*(\vec{r}_2)\varphi_j(\vec{r}_1)\mathrm{d}\vec{r}_2\mathrm{d}\vec{r}_1 \tag{2.5.32}$$

式中，$\varphi_i^*(\vec{r}_1)\varphi_i(\vec{r}_2)$ 和 $\varphi_j^*(\vec{r}_2)\varphi_j(\vec{r}_1)$ 都是交换电荷，根据式(2.5.26)，可以将 $\varepsilon_x^i$ 看作 $\varphi_i$ 轨道上的一个电子与所有相同自旋的交换电荷之间的交换能. 体系的总能量可以将 Hartree-Fock 轨道代入式(2.4.2)得到. 式(2.4.2)的第一项为电子的动能和核对电子的吸引能，第二项为电子间的 Coulomb 排斥作用，第三项为

$$\begin{aligned}E_x&=-\frac{1}{2}\sum_i\sum_{j(j\neq i)}\int\frac{1}{r_{12}}\left[\varphi_i^{*\alpha}(1)\varphi_i^{\alpha}(2)\varphi_j^{*\alpha}(2)\varphi_j^{\alpha}(1)+\varphi_i^{*\beta}(1)\varphi_i^{\beta}(2)\varphi_j^{*\beta}(2)\varphi_j^{\beta}(1)\right]\mathrm{d}\vec{r}_1\mathrm{d}\vec{r}_2\\&=-\frac{1}{2}\sum_{\sigma=\alpha,\beta}\sum_i\sum_{j(\neq i)}\int\frac{1}{r_{12}}\left[\varphi_i^{*\sigma}(1)\varphi_i^{\sigma}(2)\varphi_j^{*\sigma}(2)\varphi_j^{\sigma}(1)\right]\mathrm{d}\vec{r}_1\mathrm{d}\vec{r}_2\\&=-\frac{1}{2}\sum_{\sigma=\alpha,\beta}\sum_i\varepsilon_x^{i\sigma}\end{aligned} \tag{2.5.33}$$

式中，$\varphi_i^{*\sigma}(1)\varphi_i^{\sigma}(2)$ 和 $\varphi_j^{*\sigma}(2)\varphi_j^{\sigma}(1)$ 都是交换电荷；$\varepsilon_x^{i\sigma}$ 为一个电子的交换能，其表达式与式(2.5.32)一致. 因为在式(2.5.32)中，如果明确指出 $\varphi_i$ 轨道上的电子的自旋，则 $\delta\left(m_{s_i}m_{s_j}\right)$ 可以去掉. $E_x$ 是体系的总交换能. 因此，Hartree-Fock 方法只考虑了交换作用，这种交换作用是由 Fermi 相关(反对称化)导致的. 当然，也可以把交换作用看成是相关(Fermi 相关)作用的一部分，但在密度泛函理论中交换能和相关能是分开处理的，为了保持理论的一致性，这里也不把交换作用看成是相关作用的一部分，而认为 Hartree-Fock 方法只考虑了交换作用，并没有考虑相关作用.

### 2.5.5 Koopmans 定理

前面的讨论已经指出，Hartree-Fock 方程不一定要取正则形式，但是正则 Hartree-Fock 方程的本征值和本征函数有比较直观的物理意义，这可由 Koopmans 定理说明.

为了介绍 Koopmans 定理，先要弄清电离能概念. 从分子中取走一个电子所需的能量称为电离能，电离能的正确计算方法是，在考虑电子相关作用的情况下，分别计算中性分子和分子正离子的能量，二者的差值即为电离能. 值得注意的是，中性分子和分子正离子的分子结构不同，计算它们的能量时应分别优化构型，如果计算分子正离子的能量时不做构型优化，直接采用中性分子的结构参数做单点计算，则所得能量差称为垂直电离能.

Koopmans 定理可表述如下：正则 Hartree-Fock 轨道的能量近似等于该轨道上电子的垂直电离能的负值. 从 $N$ 电子体系的 Slater 行列式波函数中抽去一个正则轨道后得到的 Slater 行列式，能够使 $(N-1)$ 电子体系的能量取极值，因而是 $(N-1)$ 电子体系较好的近似波函数.

Koopmans 定理表达了两层意思，第一，正则轨道的能量近似等于该轨道上电子的垂直电离能的负值，这是 Koopmans 定理的结论；第二，要进一步说明结论的合理性：抽去一个正则轨道后得到的 Slater 行列式能够很好地描述 $(N-1)$ 电子体系，因而正则轨道的能量近似等于 $N$ 电子和 $(N-1)$ 电子体系的能量差，而且只有正则轨道才能做到这一点.

该定理证明如下：设 $N$ 电子体系的 Slater 行列式波函数为

$$\Phi=\frac{1}{\sqrt{N!}}\left|\phi_1(1)\phi_2(2)\cdots\phi_{k-1}(k-1)\phi_k(k)\phi_{k+1}(k+1)\cdots\phi_N(N)\right| \tag{2.5.34}$$

式中，$\phi_i$ 为自旋轨道，$\phi_i=\varphi_i\sigma_i$，$i=1,2,\cdots,n$，$\varphi_i$ 为空间轨道，$\sigma_i$ 为 $\alpha$ 或 $\beta$，抽去第 $k$ 个轨道后，$(N-1)$ 电子体系的行列式波函数为

$$\Phi(N-1)=\frac{1}{\sqrt{(N-1)!}}\left|\phi_1(1)\phi_2(2)\cdots\phi_{k-1}(k-1)\phi_{k+1}(k+1)\cdots\phi_N(N)\right| \tag{2.5.35}$$

按式(2.4.2)并利用式(2.4.9)、式(2.4.10)和式(2.4.27)的记号，可得 $(N-1)$ 电子体系的 Hamilton 量 $\hat{H}(N-1)$ 的期望值

$$\left\langle\hat{H}(N-1)\right\rangle=\sum_{i(i\neq k)}h_{ii}+\frac{1}{2}\sum_{\substack{i,j\\(i,j\neq k)}}\left(J_{ij}-K_{ij}\right) \tag{2.5.36}$$

比较式(2.4.2)和式(2.5.36)可得

$$E(N)-\left\langle\hat{H}(N-1)\right\rangle=h_{kk}+\sum_j\left(J_{kj}-K_{kj}\right)$$

与式(2.5.24)比较可得

$$E(N)-\left\langle\hat{H}(N-1)\right\rangle=\varepsilon_k \tag{2.5.37}$$

或

$$\left\langle\hat{H}(N-1)\right\rangle=E(N)-\langle\varphi_k|\hat{F}_k|\varphi_k\rangle \tag{2.5.38}$$

以上推导不论 $\varphi_k$ 是否为正则轨道都成立. 现在证明仅当 $\varphi_k$ 为正则轨道时，$\left\langle\hat{H}(N-1)\right\rangle$ 才取极小值，从而才是 $(N-1)$ 电子体系总能量 $E(N-1)$ 的较好近似.

由于空间坐标的酉变换不改变自旋态，只考虑空间轨道的变换关系. 设 $\left\{\varphi_i^0\right\}$ 和 $\{\varphi_i\}$ 分别为占据的正则轨道和非正则轨道集合，两组轨道之间一定存在酉变换，设

$$\varphi_k=\sum_{i=1}^{N}c_{ik}\varphi_i^0$$

代入式(2.5.38)，由 Fock 算符在酉变换下的变换性质有

$$\left\langle\hat{H}(N-1)\right\rangle=E(N)-\sum_{i=1}^{N}\sum_{j=1}^{N}c_{ik}^*c_{jk}\left\langle\varphi_i^0\middle|\hat{F}_j\middle|\varphi_j^0\right\rangle=E(N)-\sum_{i=1}^{N}\sum_{j=1}^{N}c_{ik}^*c_{jk}\delta_{ij}\varepsilon_j \tag{2.5.39}$$

归一化条件为

$$\langle\varphi_k|\varphi_k\rangle=\sum_{i=1}^{N}\sum_{j=1}^{N}c_{ik}^*c_{jk}\left\langle\varphi_i^0\middle|\varphi_j^0\right\rangle=\sum_{i=1}^{N}\sum_{j=1}^{N}c_{ik}^*c_{jk}\delta_{ij}=1 \tag{2.5.40}$$

这是一个条件极值的变分问题，按照 Lagrange 待定乘子法，就是求泛函

$$W=\left\langle\hat{H}(N-1)\right\rangle-\lambda\sum_{i}^{N}\sum_{j}^{N}c_{ik}^*c_{jk}\delta_{ij} \tag{2.5.41}$$

的极值. 式(2.5.41)对 $c_{ik}^*$ 变分得

$$\sum_{j=1}^{N}\left(-\delta_{ij}\varepsilon_j-\lambda\delta_{ij}\right)c_{jk}=0 \tag{2.5.42}$$

久期行列式为

$$\det\left(-\delta_{ij}\varepsilon_j-\lambda\delta_{ij}\right)=0 \tag{2.5.43}$$

其解为

$$\lambda=-\varepsilon_k,\qquad k=1,2,\cdots,N \tag{2.5.44}$$

代入式(2.5.42)得

$$(\varepsilon_k-\varepsilon_i)c_{ik}=0,\qquad i=1,2,\cdots,N \tag{2.5.45}$$

式(2.5.45)有非零解的条件为

$$c_{ik}=\delta_{ik} \tag{2.5.46}$$

故有

$$\varphi_k=\varphi_k^0 \tag{2.5.47}$$

这就是说，仅当 $\varphi_k$ 为正则轨道时，$\left\langle\hat{H}(N-1)\right\rangle$ 才取极值，从而才有

$$\left\langle\hat{H}(N-1)\right\rangle=E(N-1) \tag{2.5.48}$$

于是由式(2.5.37)有

$$\varepsilon_k = E(N) - E(N-1) = -I_k \tag{2.5.49}$$

式中，$I_k$ 为 $k$ 轨道上电子的垂直电离势，这就证明了 Koopmans 定理. 由于 $E(N-1)$ 对于除 $\varphi_k$ 以外的其余 $(N-1)$ 个轨道的任意酉变换不变，所以 Koopmans 定理只要求被抽掉的单电子态为正则轨道. 反过来说，如果从式(2.5.34)的波函数中抽掉的不是正则轨道，则式(2.5.35)的波函数 $\Phi(N-1)$ 不能使 $\langle \hat{H}(N-1) \rangle$ 取极值，因而 $E(N) - \langle \hat{H}(N-1) \rangle$ 不具有明确的物理意义，相应地，$\varepsilon_k$ 也就没有明确的物理意义.

Koopmans 定理并不严格成立，这是因为：第一，在 Koopmans 定理的推导过程中采用了“冻结”近似. 对 $\langle \hat{H}(N-1) \rangle$ 的变分限制在 $N$ 电子体系的占据子空间内，这意味着当从 $N$ 电子体系中取走一个电子后其余的单电子态不变，它们被“冻结”了. 这是不符合实际的，因为当取走一个电子后，势场改变，其他的单电子态也应该改变，所以 $\langle \hat{H}(N-1) \rangle$ 虽然是 $(N-1)$ 电子体系能量的一个极值，但并不是绝对极小值. 由于没有考虑其他电子态的弛豫作用，因此 $\langle \hat{H}(N-1) \rangle > E(N-1)$，这使得 Koopmans 定理估计的电离势偏高. 第二，Hartree-Fock 计算中没有考虑电子相关作用，而中性分子(电离前)和分子正离子(电离后)的电子相关作用不同，二者不能相互抵消. 尽管有以上误差，通常仍然将正则轨道能量的负值看作垂直电离能. 经验表明，对于主要由 s、p 原子轨道组成的分子轨道，Koopmans 定理基本成立. 但对于主要由 d 原子轨道组成的分子轨道，Koopmans 定理误差较大. 因为这种情况下，电子重排能很大，所以冻结近似造成的误差较大.

现在讨论激发能，激发能是指分子从基态转变为激发态所需的能量. 激发能的正确计算方法是，在考虑电子相关作用的情况下，分别计算分子基态和激发态的能量，二者的差值即为激发能. 值得注意的是，基态和激发态下的分子结构不同，计算它们的能量时应分别优化构型，如果计算分子激发态能量时不做构型优化，直接采用基态分子的结构参数做单点计算，则所得的能量差称为垂直激发能. 在单电子近似下，电子从基态的某个分子轨道跃迁到能量较高的某个分子轨道时所需的能量也可以近似地看作垂直激发能.

假定闭壳层组态中某一正则空间轨道 $\varphi_i$ 上的一个电子被激发到正则虚轨道 $\varphi_a$ 上，$\varphi_a$ 轨道上的电子可能有两种自旋态，分别与在 $\varphi_i$ 上剩下的另一个电子的自旋态相同或相反，于是激发态 $N$ 电子波函数有单重态和三重态的区别. 2.5.1 节已经说明，这样得到的波函数并不代表体系的真实激发态，但在冻结条件下，可以认为它们近似地代表体系的垂直激发态. 在冻结近似下，可以得到垂直激发能的表达式

$$\begin{aligned} {}^{1,3}\Delta E = {}^{1,3}E - E = \varepsilon_a - \varepsilon_i &- \langle \varphi_i(1)\varphi_a(2) | g_{12} | \varphi_i(1)\varphi_a(2) \rangle \\ &+ \delta\left({}^{1,3}\Delta E\right) \langle \varphi_i(1)\varphi_a(2) | g_{12} | \varphi_a(1)\varphi_i(2) \rangle \end{aligned} \tag{2.5.50}$$

$$\delta\left({}^{1,3}\Delta E\right) = \begin{cases} 2, & {}^{1}\Delta E \\ 0, & {}^{3}\Delta E \end{cases}$$

式(2.5.50)中，$E$、${}^1E$ 和 ${}^3E$ 分别为基态、单重激发态和三重激发态的能量；$\varepsilon_a$ 和 $\varepsilon_i$ 分别为正则轨道 $\varphi_a$ 和 $\varphi_i$ 的能量. 由于 $g_{12}$ 的交换积分为正值，因此单重激发态的激发能高于三重激发态，即三重激发态能量较低. 通常情况下，与 $(\varepsilon_a - \varepsilon_i)$ 相比，式(2.5.50)中 $g_{12}$ 的矩阵元数值很小，在不考虑单重态和三重态差别时可以忽略不计，这时正则占据轨道和虚轨道的能量差近

似等于体系的垂直激发能. 计算中虽然采用了冻结近似，但计算结果与实验得到的光谱数据相比，其近似程度还是相当令人满意的.

### 2.5.6 Brillouin 定理

为了叙述 Brillouin 定理，需要引入一些记号. 将单组态近似下的闭壳层 Hartree-Fock 波函数记作 $\varPsi_0$，它是一个单行列式波函数，包含 $N$ 个占据自旋轨道. 由于每一空间轨道都是双占据的，故只包含 $N/2$ 个占据空间轨道，即

$$\varPsi_0 = \frac{1}{\sqrt{N!}}\left|\phi_1(1)\cdots\phi_i(i)\cdots\phi_j(j)\cdots\phi_N(N)\right| \tag{2.5.51}$$

其中

$$\phi_i = \varphi_i \sigma_i$$

$\varphi_i$ 为空间轨道，$\sigma_i$ 为自旋函数，可取 $\alpha$ 或 $\beta$. 用 $i$、$j\cdots$ 标记占据轨道，$a$、$b\cdots$ 标记虚轨道. 用一个虚自旋轨道 $\phi_a$ 代替 $\varPsi_0$ 中的一个占据自旋轨道 $\phi_i$ 得到的行列式记作 $\varPhi_i^a$，称为单激发组态；用两个虚自旋轨道 $\phi_a$ 和 $\phi_b$ 代替 $\varPsi_0$ 中的两个占据自旋轨道 $\phi_i$ 和 $\phi_j$，得到的行列式记作 $\varPhi_{ij}^{ab}$，称为双激发组态. 依此类推，即

$$\varPhi_i^a = \frac{1}{\sqrt{N!}}\left|\phi_1(1)\cdots\phi_a(i)\cdots\phi_j(j)\cdots\phi_N(N)\right| \tag{2.5.52}$$

$$\varPhi_{ij}^{ab} = \frac{1}{\sqrt{N!}}\left|\phi_1(1)\cdots\phi_a(i)\cdots\phi_b(j)\cdots\phi_N(N)\right| \tag{2.5.53}$$

下面简要回顾定态微扰理论. 1.4.1 节给出了定态微扰理论各级近似波函数和近似能量的计算公式，为便于下面讨论，我们将有关结果再次简要列出.

原子、分子体系的定态 Schrödinger 方程为

$$\hat{H}\varPsi_n = E_n\varPsi_n \tag{2.5.54}$$

设待求的 $\hat{H}$ 的本征值和本征函数集合为

$$\{E_i,\ i=0,1,2,\cdots\}, \qquad \{\varPsi_i,\ i=0,1,2,\cdots\} \tag{2.5.55}$$

将体系的 Hamilton 算符 $\hat{H}$ 写作

$$\hat{H} = \hat{H}_0 + \hat{H}' \tag{2.5.56}$$

其中 $\hat{H}'$ 为微扰算符. $\hat{H}_0$ 的本征方程为

$$\hat{H}_0\varPhi_n = U_n\varPhi_n \tag{2.5.57}$$

假定式(2.5.57)已经解出，得到的本征值和本征函数集合为

$$\{U_n,\ n=0,1,2,\cdots\}, \quad \{\varPhi_n,\ n=0,1,2,\cdots\} \tag{2.5.58}$$

并假定 $U_k$ 为 $\hat{H}_0$ 的非简并能级，则相应的 $\hat{H}$ 的各级近似本征函数和近似能量本征值为

$$\varPsi_k^{(0)} = \varPhi_k \tag{2.5.59}$$

$$\varPsi_k^{(1)} = \varPsi_k^{(0)} + \sum_n{}' \frac{H'_{nk}}{E_k^{(0)} - E_n^{(0)}}\varPhi_n \tag{2.5.60}$$

$$\Psi_k^{(2)} = \Psi_k^{(1)} + \sum_m{}' \left\{ \sum_n{}' \frac{H'_{mn} H'_{nk}}{\left(E_k^{(0)} - E_m^{(0)}\right)\left(E_k^{(0)} - E_n^{(0)}\right)} - \frac{H'_{mk} H'_{kk}}{\left(E_k^{(0)} - E_m^{(0)}\right)^2} \right\} \Phi_m - \frac{1}{2}\left[ \sum_n{}' \frac{\left|H'_{nk}\right|^2}{\left(E_k^{(0)} - E_n^{(0)}\right)^2} \right] \Phi_k \tag{2.5.61}$$

$$E_k^{(0)} = U_k = \left\langle \Phi_k \middle| \hat{H}_0 \middle| \Phi_k \right\rangle \tag{2.5.62}$$

$$E_k^{(1)} = E_k^{(0)} + \left\langle \Phi_k \middle| \hat{H}' \middle| \Phi_k \right\rangle \tag{2.5.63}$$

$$E_k^{(2)} = E_k^{(1)} + \sum_n{}' \frac{\left|H'_{nk}\right|^2}{E_k^{(0)} - E_n^{(0)}} \tag{2.5.64}$$

以上各式中，$H'_{ij} = \left\langle \Phi_i \middle| \hat{H}' \middle| \Phi_j \right\rangle$，$\sum\limits_i{}'$ 是指对所有 $i \neq k$ 的量子态求和.

以上所述为定态微扰理论的一般结果，对于闭壳层体系，在单组态近似下，我们有如下结论：第一，闭壳层组态是非简并的，因为在单组态近似下闭壳层只有一个 Slater 行列式，即只有一个微观态；第二，Hartree-Fock 算符 $\hat{F}_i$ 就是式(2.0.2)中的单电子算符 $\hat{h}'_i$，因此有

$$\hat{H}_0 = \sum_i \hat{F}_i \tag{2.5.65}$$

从而，$\hat{H}_0$ 的本征函数集合(2.5.58)应为所有 Hartree-Fock 轨道(不限于正则轨道)组成的行列式集合，即

$$\left\{ \Phi_0, \Phi_i^a, \Phi_{ij}^{ab}, \cdots \right\} \tag{2.5.66}$$

集合(2.5.66)与集合(2.0.6)是等价的，两者的区别是，集合(2.5.66)将 $\hat{H}_0$ 的本征函数(Slater 行列式)按激发等级重新做了分类. 第三， Hartree-Fock 波函数 $\Psi_0$ [见式(2.5.51)]是量子体系的零级近似波函数，按式(2.5.59)的记号，有 $\Psi_0^{(0)} = \Phi_0 = \Psi_0$，其中 $\Psi_0^{(0)}$ 表示 Hamilton 量 $\hat{H}$ 的基态零级近似本征函数，而 $\Phi_0$ 则是 $\hat{H}_0$ 的基态波函数.

有了以上准备，下面就可以介绍 Brillouin 定理.

Brillouin 定理：设 $\Phi_i^a$ 为任意单激发组态行列式波函数，则有

$$\left\langle \Phi_i^a \middle| \hat{H} \middle| \Psi_0 \right\rangle = 0 \tag{2.5.67}$$

式中，$\hat{H}$ 为体系的 Hamilton 算符.

证明：因 $\Psi_0$ 和 $\Phi_i^a$ 相差一个单电子态，由行列式矩阵元公式(2.1.28)有

$$\left\langle \Phi_i^a \middle| \hat{H} \middle| \Psi_0 \right\rangle = \left\langle \varphi_a(1) \middle| \hat{h}_1 \middle| \varphi_i(1) \right\rangle + \sum_{j(j\neq i)}^{N} \begin{bmatrix} \left\langle \varphi_a(1)\varphi_j(2) \middle| g_{12} \middle| \varphi_i(1)\varphi_j(2) \right\rangle \\ -\delta\left(m_{s_i}\, m_{s_j}\right)\left\langle \varphi_a(1)\varphi_j(2) \middle| g_{12} \middle| \varphi_j(1)\varphi_i(2) \right\rangle \end{bmatrix}$$

上式求和中 $j = i$ 时两项相互抵消，因此 $j \neq i$ 的限制可以取消. 由式(2.4.9)、式(2.4.10)、式(2.4.12)和式(2.5.18)有

$$\left\langle \Phi_i^a \middle| \hat{H} \middle| \Psi_0 \right\rangle = \left\langle \varphi_a(1) \middle| \hat{h}_1 \middle| \varphi_i(1) \right\rangle + \left\langle \varphi_a(1) \middle| \sum_{j=1}^{N} \left[ \hat{J}_j(1) - \hat{K}_j(1) \right] \middle| \varphi_i(1) \right\rangle = \left\langle \varphi_a \middle| \hat{F}_i \middle| \varphi_i \right\rangle = 0$$

式(2.5.67)得证. 从以上证明过程可知，Brillouin 定理的成立不限于正则轨道.

Brillouin 定理有以下两个推论：

**推论 1**　体系的一级近似波函数中只包含双激发组态.

由式(2.1.30)，在单电子态正交归一的情况下，当两个行列式相差三个以上的单电子态时，其 Hamilton 矩阵元为 0. 因此在一级近似波函数(2.5.60)的求和中不包含三重激发态以上的组态，因为其系数为零. 再由式(2.5.67)可知，单激发组态也不包含在一级近似波函数中. 因此，一级近似的微扰波函数为

$$\Psi_0^{(1)} = \Psi_0 + \sum_{i<j} \sum_{a<b} c_{ij}^{ab} \Phi_{ij}^{ab} \tag{2.5.68}$$

式中 $\Psi_0 = \Phi_0$. 由式(2.5.63)可知，一级近似的能量本征值为

$$E_0^{(1)} = \langle \Phi_0 | \hat{H}_0 | \Phi_0 \rangle + \langle \Phi_0 | \hat{H}' | \Phi_0 \rangle = \sum_i \varepsilon_i - \frac{1}{2} \sum_i G_i \tag{2.5.69}$$

这正是式(2.4.36). 值得注意的是，根据 Slater 行列式矩阵元的计算公式和 Brillouin 定理可知，二级近似波函数(2.5.61)中应包含单激发、二重激发、三重激发和四重激发组态. 作为例子，我们来说明在式(2.5.61)中包含单激发组态的原因. 式(2.5.61)中的第一个求和项涉及矩阵元 $H'_{mn}$ 和 $H'_{nk}$，当 $\Phi_n$ 为二重激发组态而 $\Phi_m$ 为单激发组态时，两个行列式 $\Phi_n$ 和 $\Phi_m$ 可能仅相差一个或两个单电子态，这时就会有 $H'_{mn} \neq 0$ 和 $H'_{nk} \neq 0$，从而在二级近似波函数中包含单激发组态 $\Phi_m$. 因此，如果在计算中只考虑单激发和二重激发组态，则波函数的精度介于一级近似和二级近似之间.

**推论 2**(Møller-Plesset 定理)：用一级近似波函数 $\Psi_0^{(1)}$ 计算的单电子算符期望值等于用零级近似的波函数 $\Psi_0^{(0)} = \Psi_0$ (即 Hartree-Fock 波函数)计算的该算符的期望值. 或者说，用零级近似的 Hartree-Fock 波函数作为基态波函数，计算得到的单电子算符的期望值正确到一级.

为了便于证明推论 2，将式(2.5.68)改写为

$$\Psi_0^{(1)} = \Phi_0 + \sum_{\mu} c_{\mu} \Phi_{\mu} \tag{2.5.70}$$

式中，$\Phi_0 = \Psi_0$，$\Phi_{\mu}$ 为二重激发组态. 设 $\hat{B}$ 为任意的单电子算符

$$\hat{B} = \sum_i \hat{b}_i \tag{2.5.71}$$

由 Slater 行列式的矩阵元规则可知

$$\left\langle \Phi_0 \middle| \hat{B} \middle| \Phi_{ij}^{ab} \right\rangle = \left\langle \Phi_0 \middle| \hat{B} \middle| \Phi_{\mu} \right\rangle = 0 \tag{2.5.72}$$

故由一级近似波函数计算的 $\hat{B}$ 的期望值为

$$B^{(1)} = \left\langle \hat{B} \right\rangle = \frac{\left\langle \Psi_0^{(1)} \middle| \hat{B} \middle| \Psi_0^{(1)} \right\rangle}{\left\langle \Psi_0^{(1)} \middle| \Psi_0^{(1)} \right\rangle} = B_{00} + \frac{\sum_{\mu} |c_{\mu}|^2 (B_{\mu\mu} - B_{00}) + \sum_{\nu} \sum_{\mu(\mu\neq\nu)} c_{\mu}^* c_{\nu} B_{\mu\nu}}{1 + \sum_{\mu} |c_{\mu}|^2}$$

式中，$B_{\mu\nu} = \langle \Phi_{\mu} | \hat{B} | \Phi_{\nu} \rangle$. 可以证明上式第二项中的各项相互抵消，因此有

$$B^{(1)} = B_{00} = \langle \Phi_0 | \hat{B} | \Phi_0 \rangle \tag{2.5.73}$$

推论 2 表明，Hartree-Fock 波函数具有很好的性质. 人们已经证明，分子几何构型的优化可以归结为一个单电子算符的极值问题. 因此，根据推论 2，用 Hartree-Fock 方法能够很好地优化分子的几何构型，其结果正确到一级. 这一结论已被大量计算结果证实.

值得注意的是，根据式(2.5.69)，可由零级近似波函数计算一级近似能量，这是由于其中的 Hamilton 算符 $\hat{H}$ 包含微扰项，即 $\hat{H}=\hat{H}_0+\hat{H}'$，而并不仅仅是波函数本身的贡献；式(2.5.73)中，算符 $\hat{B}$ 本身并不包含微扰项，$\hat{B}$ 的期望值正确到一级，是由波函数的性质决定的. 因此，两式所表述的并不同.

## 2.6 开壳层体系的 Hartree-Fock 方程

由第 1 章讨论可知，闭壳层组态只包含一个谱项，而开壳层组态一般包含若干个谱项，如碳原子的 $p^2$ 组态包含三个谱项，即 $^1S$、$^3P$ 和 $^1D$；$O_2$ 分子的 $(1\pi_g)^2$ 组态也包含三个谱项，即 $^3\Sigma_g^-$、$^1\Sigma_g^+$ 和 $^1\Delta_g$. 在单组态近似下，闭壳层组态的谱项波函数都取单行列式形式，而开壳层组态的谱项波函数一般是几个 Slater 行列式的线性组合，组合系数由对称性确定. 由于开壳层情况各不相同，开壳层组态谱项波函数中包含的 Slater 行列式数目各不相同，没有“开壳层波函数”的统一表达式，从而没有开壳层体系电子总能量的统一表达式，因此原则上说无法通过电子总能量对单电子态的变分给出适用于所有开壳层的统一的 Hartree-Fock 方程.

### 2.6.1 自旋非限制的 Hartree-Fock 方程

作为一种近似处理，假定开壳层组态的基态可以用单行列式波函数描述. 在这种假定下，可以给出开壳层组态基态的统一 Hartree-Fock 方程.

与闭壳层组态不同，开壳层组态 $\alpha$ 和 $\beta$ 自旋的电子数目不相等，设 $N$ 电子开壳层体系有 $N_\alpha$ 个电子具有 $\alpha$ 自旋、$N_\beta$ 个电子具有 $\beta$ 自旋，取两组单电子空间函数 $\{\varphi_1^\alpha,\varphi_2^\alpha,\cdots,\varphi_{N_\alpha}^\alpha\}$ 和 $\{\varphi_1^\beta,\varphi_2^\beta,\cdots,\varphi_{N_\beta}^\beta\}$，$\varphi_i^\alpha$ 表示与 $\alpha$ 自旋匹配的空间轨道，$\varphi_j^\beta$ 表示与 $\beta$ 自旋匹配的空间轨道，则开壳层组态的单行列式波函数为

$$\Psi_{\text{UHF}} = \frac{1}{\sqrt{N!}}\left|\varphi_1^\alpha\alpha\,\varphi_2^\alpha\alpha\cdots\varphi_{N_\alpha}^\alpha\alpha\,\varphi_1^\beta\beta\,\varphi_2^\beta\beta\cdots\varphi_{N_\beta}^\beta\beta\right| \tag{2.6.1}$$

仿照闭壳层 Hartree-Fock 方程的推导方法，即由式(2.6.1)求出体系 Hamilton 量的期望值[见式(2.4.2)]，在保持两组空间轨道 $\{\varphi_1^\alpha,\varphi_2^\alpha,\cdots,\varphi_{N_\alpha}^\alpha\}$ 和 $\{\varphi_1^\beta,\varphi_2^\beta,\cdots,\varphi_{N_\beta}^\beta\}$ 各自正交归一化的条件下变分，然后在占据轨道张成的空间内进行酉变换，即可得到形式上与式(2.4.22)和式(2.4.24)完全相同的两组方程，即

$$\hat{F}_m^\alpha(1)\,\varphi_m^\alpha(1) = \varepsilon_m^\alpha\varphi_m^\alpha(1) \qquad m=1,2,\cdots,N_\alpha \tag{2.6.2}$$

和

$$\hat{F}_k^\beta(1)\,\varphi_k^\beta(1) = \varepsilon_k^\beta\varphi_k^\beta(1) \qquad k=1,2,\cdots,N_\beta \tag{2.6.3}$$

以上两式中[参见式(2.4.23)和式(2.4.25)]，

$$\hat{F}_m^{\alpha}(1)=\hat{h}_1+\sum_{l=1}^{N_\alpha}\left\langle \varphi_l^{\alpha}(2)\middle|g_{12}\middle|\varphi_l^{\alpha}(2)\right\rangle+\sum_{l=1}^{N_\beta}\left\langle \varphi_l^{\beta}(2)\middle|g_{12}\middle|\varphi_l^{\beta}(2)\right\rangle \\ -\sum_{l=1}^{N_\alpha}\left\langle \varphi_l^{\alpha}(2)\middle|g_{12}\middle|\varphi_m^{\alpha}(2)\right\rangle\frac{\varphi_l^{\alpha}(1)}{\varphi_m^{\alpha}(1)} \tag{2.6.4}$$

$$\hat{F}_k^{\beta}(1)=\hat{h}_1+\sum_{l=1}^{N_\alpha}\left\langle \varphi_l^{\alpha}(2)\middle|g_{12}\middle|\varphi_l^{\alpha}(2)\right\rangle+\sum_{l=1}^{N_\beta}\left\langle \varphi_l^{\beta}(2)\middle|g_{12}\middle|\varphi_l^{\beta}(2)\right\rangle \\ -\sum_{l=1}^{N_\beta}\left\langle \varphi_l^{\beta}(2)\middle|g_{12}\middle|\varphi_k^{\beta}(2)\right\rangle\frac{\varphi_l^{\beta}(1)}{\varphi_k^{\beta}(1)} \tag{2.6.5}$$

开壳层体系中，$N_\alpha \neq N_\beta$，不失一般性，假定 $N_\alpha > N_\beta$，这样式(2.6.4)和式(2.6.5)中的第三个求和不同，因而方程(2.6.2)和方程(2.6.3)的 Fock 算符不同，从而得到两组不同的空间轨道. 一般来说 $\varphi_i^{\alpha}$ 和 $\varphi_i^{\beta}$ 轨道的能级不同，空间分布也不同，不失一般性，可假定 $\varepsilon_i^{\alpha} < \varepsilon_i^{\beta}$，于是有图 2.6.1 所示的轨道能级图.

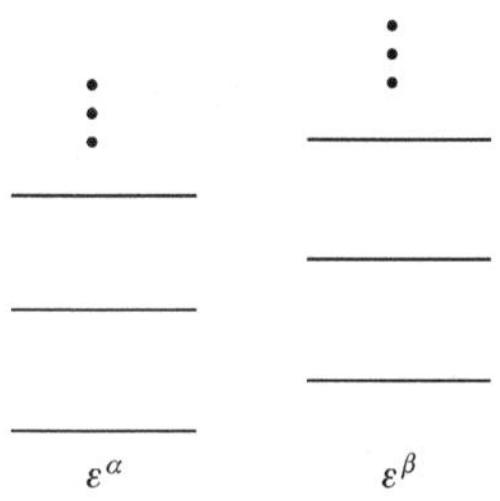

图 2.6.1　开壳层自旋非限制的 Hartree-Fock 轨道能级

自旋为 $\alpha$ 的 $N_\alpha$ 个电子与自旋为 $\beta$ 的 $N_\beta$ 个电子分别填充在 $\left\{\varphi_1^{\alpha},\varphi_2^{\alpha},\cdots,\varphi_{N_\alpha}^{\alpha}\right\}$ 和 $\left\{\varphi_1^{\beta},\varphi_2^{\beta},\cdots,\varphi_{N_\beta}^{\beta}\right\}$ 两组轨道上. 这与一个空间轨道容纳一对自旋相反的电子的传统看法相背，这是由于 $\alpha$ 和 $\beta$ 自旋的电子数目不同，它们的交换积分[式(2.6.4)和式(2.6.5)两式中的第三个求和]不同所导致的，这种现象称为自旋极化. 由于不按传统观点强制 $\varphi_i^{\alpha}$ 和 $\varphi_i^{\beta}$ 相同，因此这种方法称为自旋非限制的 Hartree-Fock 方法，相应地将方程(2.6.2)和方程(2.6.3)称为自旋非限制的 Hartree-Fock 方程(spin unrestricted Hartree-Fock equations，SUHF 或 UHF). 对闭壳层组态来说，只要解(2.4.22)和(2.4.24)两组方程中的一组就可以了，而对开壳层组态来说，(2.6.2)和(2.6.3)两组方程必须同时迭代求解. 由于 Fock 算符(2.6.4)和(2.6.5)的前两个求和中都同时包含两组单电子态，故两组方程是耦合在一起的.

SUHF 方法有许多优点，首先是它保持了 Hartree-Fock 方法的简单性，并且闭壳层 Hartree-Fock 方法的许多结论在这里仍然成立，特别是 Koopmans 定理和 Brillouin 定理仍然成立. 其次，这种方法对开壳层体系给出了统一描述，原则上讲，所有开壳层体系都可以按(2.6.2)和(2.6.3)两组方程求解. 再次，由于自旋态不同的电子所占的空间轨道不同，自旋态不同的两个电子相互靠近的概率降低，从而部分考虑了 Coulomb 相关，因此用 SUHF 方法可以得到更低的分子总能量. 最后，可以用 SUHF 方法计算体系的自旋密度，所得结果与实验符合较好，这为讨论与自旋密度有关的问题带来方便. 自旋密度 $\rho^{s}(\vec{r})$ 的定义为，在空间任一点 $\vec{r}$ 处 $\alpha$ 自旋电子的密度 $\rho^{\alpha}(\vec{r})$ 与 $\beta$ 自旋电子的密度 $\rho^{\beta}(\vec{r})$ 之差，即有

$$\rho^{s}(\vec{r})=\rho^{\alpha}(\vec{r})-\rho^{\beta}(\vec{r})=\sum_{i=1}^{N_\alpha}\varphi_i^{*\alpha}(\vec{r})\varphi_i^{\alpha}(\vec{r})-\sum_{i=1}^{N_\beta}\varphi_i^{*\beta}(\vec{r})\varphi_i^{\beta}(\vec{r}) \tag{2.6.6}$$

但是 SUHF 方法存在严重缺陷. 除了开壳层为半充满并且开壳层所有电子自旋平行的情况外，这种方法的 Fock 算符(2.6.4)和(2.6.5)都不具有原子、分子的对称性，即不属于原子、分子体系所属对称群的恒等表示. 这是因为，一个亚层的全部空间轨道(简并轨道组)张成原子、分子对称群的一个不可约表示空间，群的对称操作导致同一亚层空间轨道的正交(或酉)变换.

仅当同一亚层的空间轨道全部包含在 Fock 算符中时，Fock 算符对于对称操作导致的酉变换才能保持不变. 半充满以前的开壳层体系，至少有一个亚层的一个空间轨道不是占据轨道，而式(2.6.4)和式(2.6.5)只对占据轨道求和，因此至少有一个简并空间轨道不包含在 Fock 算符的求和中，因而 Fock 算符对于对称操作导致的酉变换不能保持不变. 半充满但电子自旋不是全部平行和半充满以后的开壳层体系，Fock 算符的三个求和中至少有一个不是对整个亚层进行的，同样对于对称操作导致的酉变换不能保持不变. 半充满并且开壳层所有电子自旋平行的体系，Fock 算符的每一个求和中全部包含或者全部不包含同一亚层的简并轨道，因而对于对称操作导致的酉变换保持不变. 在 Fock 算符不具有原子、分子对称性的情况下，Hartree-Fock 方程的解，即原子、分子轨道也不具有正确的对称性. 或者说，由 SUHF 方法得到的轨道一般不是原子、分子对称群不可约表示的基.

### 2.6.2　自旋污染与自旋态的纯化

SUHF 方法的另一个缺陷是，作为出发点的波函数(2.6.1)一般不是 $S^2$ 的本征函数，除非限制 $\varphi_i^\alpha = \varphi_i^\beta (i=1,2,\cdots,N_\beta)$，即限制 $\alpha$ 电子的前 $N_\beta$ 个轨道与 $\beta$ 电子的 $N_\beta$ 个轨道分别相同，即限制这些轨道都是双占据的(注意：已假定 $N_\alpha > N_\beta$)，并且单占据轨道上的电子都具有 $\alpha$ 自旋. 可证明如下.

行列式波函数(2.6.1)可写作

$$\begin{aligned}\Psi_{\text{UHF}} = \sqrt{N!}A\Big\{&\varphi_1^\alpha(1)\cdots\varphi_i^\alpha(i)\cdots\varphi_{N_\alpha}^\alpha(N_\alpha)\varphi_1^\beta(N_\alpha+1)\cdots\varphi_j^\beta(j)\cdots\varphi_{N_\beta}^\beta(N)\\&\alpha(1)\cdots\alpha(i)\cdots\alpha(N_\alpha)\beta(N_\alpha+1)\cdots\beta(j)\cdots\beta(N)\Big\}\end{aligned} \tag{2.6.7}$$

为了讨论方便，上式中将空间部分和自旋部分分开. 我们已多次指出，任意一个 Slater 行列式都是总自旋分量算符 $\hat{S}_z$ 的本征函数[例如，可参看式(1.7.30)]. 由式(1.7.31)或式(1.8.60)可知，波函数(2.6.1)对应的 $\hat{S}_z$ 的本征值为

$$M_S = \frac{1}{2}\left(N_\alpha - N_\beta\right) \tag{2.6.8}$$

由式(1.8.68)可求得总自旋算符 $\hat{S}^2$ 在 $\Psi_{\text{UHF}}$ 态的期望值 $\left\langle \Psi_{\text{UHF}}\middle|\hat{S}^2\middle|\Psi_{\text{UHF}}\right\rangle$. 将式(2.6.7)代入，利用反对称化算符 $\hat{A}$ 的定义及其 Hermite 性可得

$$\begin{aligned}\left\langle \Psi_{\text{UHF}}\middle|\hat{S}^2\middle|\Psi_{\text{UHF}}\right\rangle = &M_S(M_S+1)+N_\beta+\Big\langle\varphi_1^\alpha(1)\cdots\varphi_i^\alpha(i)\cdots\varphi_{N_\alpha}^\alpha(N_\alpha)\varphi_1^\beta(N_\alpha+1)\cdots\\&\varphi_j^\beta(j)\cdots\varphi_{N_\beta}^\beta(N)\alpha(1)\cdots\alpha(i)\cdots\alpha(N_\alpha)\beta(N_\alpha+1)\cdots\beta(j)\cdots\beta(N)\Big|\sum_i^{N_\alpha}\sum_j^{N_\beta}\hat{P}_{ij}^S\\&\Big|\sum_P \nu_P\hat{P}\,\Big\{\varphi_1^\alpha(1)\cdots\varphi_i^\alpha(i)\cdots\varphi_{N_\alpha}^\alpha(N_\alpha)\varphi_1^\beta(N_\alpha+1)\cdots\varphi_j^\beta(j)\cdots\varphi_{N_\beta}^\beta(N)\alpha(1)\cdots\\&\alpha(i)\cdots\alpha(N_\alpha)\beta(N_\alpha+1)\cdots\beta(j)\cdots\beta(N)\Big\}\Big\rangle\end{aligned}$$

仅当置换算符 $\hat{P}$ 和 $\hat{P}_{ij}^S$ 对自旋函数的置换作用相互抵消时，上述积分才不为 0，否则就会使 $\alpha(i)$ 和 $\beta(i)$ 碰到一起而使积分为 0. 因此只需考虑 $\hat{P}=\hat{P}_{ij}$ 的置换，这时 $\nu_P=-1$. 我们约定 $\hat{P}_{ij}^S$ 和 $\hat{P}_{ij}$ 的作用都是使电子标号不动而将函数交换. 注意：$\hat{P}_{ij}$ 的作用不仅是交换自旋函数，同时也使

空间函数交换，而 $\hat{P}_{ij}^{S}$ 则仅仅交换自旋函数. 因此对自旋函数而言，$\hat{P}_{ij}^{S}\hat{P}_{ij}=\hat{I}$ (单位算符)，即自旋函数位置不变，而 $i$ 和 $j$ 位置上的空间函数则发生了交换. 将自旋函数求积分，有

$$\left\langle \Psi_{\text{UHF}}\middle|\hat{S}^2\middle|\Psi_{\text{UHF}}\right\rangle = M_S\left(M_S+1\right)+N_\beta-\sum_i^{N_\alpha}\sum_j^{N_\beta}\left\langle \varphi_1^\alpha(1)\cdots\varphi_i^\alpha(i)\cdots\varphi_{N_\alpha}^\alpha(N_\alpha)\varphi_1^\beta(N_\alpha+1)\right.$$

$$\left.\cdots\varphi_j^\beta(j)\cdots\varphi_{N_\beta}^\beta(N)\middle|\varphi_1^\alpha(1)\cdots\varphi_j^\beta(i)\cdots\varphi_{N_\alpha}^\alpha(N_\alpha)\varphi_1^\beta(N_\alpha+1)\cdots\varphi_i^\alpha(j)\cdots\varphi_{N_\beta}^\beta(N)\right\rangle$$

由于 $\left\{\varphi_1^\alpha,\varphi_2^\alpha,\cdots,\varphi_{N_\alpha}^\alpha\right\}$ 和 $\left\{\varphi_1^\beta,\varphi_2^\beta,\cdots,\varphi_{N_\beta}^\beta\right\}$ 已分别正交归一化，故有

$$\left\langle \hat{S}^2\right\rangle_{\text{UHF}} = M_S\left(M_S+1\right)+N_\beta-\sum_i^{N_\alpha}\sum_j^{N_\beta}\left[\left\langle \varphi_i^\alpha(i)\middle|\varphi_j^\beta(i)\right\rangle\left\langle \varphi_j^\beta(j)\middle|\varphi_i^\alpha(j)\right\rangle\right]$$

由于积分值与积分变量无关，故上式可写为

$$\left\langle \hat{S}^2\right\rangle_{\text{UHF}} = M_S\left(M_S+1\right)+N_\beta-\sum_i^{N_\alpha}\sum_j^{N_\beta}\left|\left\langle \varphi_i^\alpha(1)\middle|\varphi_j^\beta(1)\right\rangle\right|^2 \tag{2.6.9}$$

上式求和共有 $N_\alpha\times N_\beta$ 项. 如果限制 $\varphi_j^\beta=\varphi_j^\alpha\,(j=1,2,\cdots,N_\beta)$，由轨道的正交归一化关系有

$$\left\langle \hat{S}^2\right\rangle_{\text{UHF}} = M_S\left(M_S+1\right)+N_\beta-\sum_j^{N_\beta}\left|\left\langle \varphi_j^\alpha(1)\middle|\varphi_j^\beta(1)\right\rangle\right|^2 = M_S\left(M_S+1\right) \tag{2.6.10}$$

这一结果表明，如果限制 $\varphi_j^\beta=\varphi_j^\alpha\,(j=1,2,\cdots,N_\beta)$，即限制 $N_\beta$ 个轨道为双占据，则式(2.6.1)给出的单行列式波函数是 $\hat{S}^2$ 的本征函数，并且有

$$S=M_S \tag{2.6.11}$$

进一步考虑取消 $\varphi_j^\beta=\varphi_j^\alpha\ \left(j=1,2,\cdots,N_\beta\right)$ 的限制时式(2.6.9)中的求和项. 上面的讨论中，两组分子轨道 $\left\{\varphi_1^\alpha\cdots\varphi_{N_\alpha}^\alpha\right\}$ 和 $\left\{\varphi_{N_\alpha+1}^\beta\cdots\varphi_N^\beta\right\}$ 是分别正交归一化的，而两组轨道之间并未加任何限制. 由于行列式的任意一行乘以数再加到另一行上，行列式的值不变，因此行列式波函数不因单电子态的线性变换而改变. 这样可以适当选择两组单电子态，使它们满足：

$$\left\langle \varphi_i^\alpha\middle|\varphi_j^\beta\right\rangle = T_i\,\delta_{ij} \tag{2.6.12}$$

这样的轨道称为对应轨道[8]. 这时式(2.6.9)变为

$$\left\langle \hat{S}^2\right\rangle_{\text{UHF}} = M_S\left(M_S+1\right)+N_\beta-\sum_{i=1}^{N_\beta}T_i^2 \tag{2.6.13}$$

由于两组轨道已分别归一化，因此必定有

$$T_i^2\leqslant 1 \tag{2.6.14}$$

仅当 $\varphi_i^\alpha=\varphi_i^\beta$ 时等号成立，当 $\varphi_i^\alpha\neq\varphi_i^\beta$ 时，有

$$N_\beta>\sum_i^{N_\beta}T_i^2 \tag{2.6.15}$$

因此

$$\left\langle \hat{S}^2\right\rangle_{\text{UHF}} > M_S\left(M_S+1\right) \tag{2.6.16}$$

式(2.6.16)表明，式(2.6.1)的波函数包含 $S'>M_S$ 的自旋态，由于 $N$ 电子体系中，$S'$ 可能取得的

最大值为 $\frac{N}{2}$，故在式(2.6.1)所描述的状态中，$S'$ 可能取值为

$$S' = M_S, M_S + 1, \cdots, \frac{N}{2} \tag{2.6.17}$$

利用式(2.6.8)，上式也可写作

$$S' = \frac{1}{2}\left(N_\alpha - N_\beta\right), \frac{1}{2}\left(N_\alpha - N_\beta\right) + 1, \cdots, \frac{1}{2}\left(N_\alpha + N_\beta\right) \tag{2.6.18}$$

因此，式(2.6.1)的波函数是多种自旋态的混合，即有

$$\Psi_{\text{UHF}} = \sum_{S'=M_S}^{N/2} C_{S'} \Psi_{S'} \tag{2.6.19}$$

式中，$\Psi_{S'}$ 是 $S^2$ 的量子数为 $S'$ 的本征函数. 形象地说，式(2.6.1)的波函数被 $S' > S = M_S$ 的自旋态污染. 为了消除污染，得到纯自旋态波函数，可用投影算符[见式(1.8.50)]

$$\hat{Q}_{S=M_S}\left(\hat{S}^2\right) = \prod_{S_i' \neq M_S} \frac{\hat{S}^2 - S_i'(S_i' + 1)}{\left[M_S(M_S + 1) - S_i'(S_i' + 1)\right]} \tag{2.6.20}$$

作用于式(2.6.19)的波函数. 但是这样得到的波函数是很多行列式的线性组合(组合系数是确定的)，形式过于复杂. 经验证明，主要的自旋污染来自 $S' = M_S + 1$ 的态，只要把它除去，就能得到几乎纯 $S = M_S$ 的自旋态. 这就是说，为了消除自旋污染，式(2.6.20)的投影算符只取一项就可以了，即取(略去不重要的分母)

$$Q_{S=M_S}\left(\hat{S}^2\right) = \hat{S}^2 - (M_S + 1)(M_S + 2) \tag{2.6.21}$$

作用于 $\Psi_{\text{UHF}}$ [式(2.6.19)]，得

$$\begin{aligned}\hat{Q}_{S=M_S}\left(\hat{S}^2\right)\Psi_{\text{UHF}} &= \sum_{S'=M_S}^{N/2} C_{S'}\left\{S'\left(S'+1\right) - \left(M_S + 1\right)\left(M_S + 2\right)\right\}\Psi_{S'} \\ &= -2\left(M_S + 1\right)C_{M_S}\Psi_{M_S} + 2\left(M_S + 2\right)C_{M_S+2}\Psi_{M_S+2} + \cdots\end{aligned} \tag{2.6.22}$$

可以证明，式(2.6.22)中只有系数 $C_{M_S}$ 的绝对值较大，其他系数的绝对值都很小. 例如，$C_{M_S}$ 比 $C_{M_S+2}$ 大 3～4 个数量级. 因此，可以认为式(2.6.22)基本上是 $S = M_S$ 的纯自旋态波函数.

消除自旋污染的最简单办法是在(2.6.2)和(2.6.3)两组方程中只求解(2.6.2)一组方程，在求得的 $N_\alpha$ 个占据轨道中令前 $N_\beta$ 个轨道为双占据的，即在式(2.6.1)中人为地限制 $\varphi_i^\beta = \varphi_i^\beta\ (i = 1, 2, \cdots, N_\beta)$，由式(2.6.10)可知，由此建造的行列式波函数是 $\hat{S}^2$ 的本征函数. 但这种方法已不再是自旋非限制性方法，而属于自旋限制性方法，2.6.3 将讨论这种方法.

### 2.6.3　限制性 Hartree-Fock 方法

1. 单行列式方案

曾经提出过多种处理开壳层体系的限制性 Hartree-Fock 方法，其中最简单的方案是单行列式方案，即用一个行列式作为近似波函数给出能量泛函. 具体做法在前面已经提到，即在(2.6.2)和(2.6.3)两组方程中只求解(2.6.2)一组，在求得的 $N_\alpha$ 个占据轨道中令前 $N_\beta$ 个轨道为双占据的，即在式(2.6.1)中人为地限制 $\varphi_i^\alpha = \varphi_i^\beta\ (i = 1, 2, \cdots, N_\beta)$. 由于施加了这样的限制，故属于限制性方法. 这种方法实际操作十分简单，只要指定不配对电子数目即可(不配对电子都具有 $\alpha$ 自

旋). 这是一种近似可行的办法,因为从 Fock 算符的表达式(2.6.4)和式(2.6.5)可以看到,算符 $\hat{F}_m^\alpha$ 和 $\hat{F}_m^\beta$ 的前三项，即主要部分相同，差别仅在最后一项且差别不大，因此空间轨道 $\varphi_m^\alpha$ 和 $\varphi_m^\beta$ 也不会差别太大，用 $\varphi_m^\alpha$ 替代 $\varphi_m^\beta$ 不会引起太大误差. 而且，式(2.6.10)表明，按这种方法建造的波函数是自旋本征函数，没有自旋污染，自旋本征值为 $S=M_S=\frac{1}{2}\left(N_\alpha-N_\beta\right)$，其中 $N_\alpha$ 和 $N_\beta$ 分别是 $\alpha$ 和 $\beta$ 自旋电子数. 但是，除了开壳层为半充满外，这种方法的 Fock 算符在分子对称群的变换下不能不变，因为开壳层轨道的占据数不同，开壳层轨道是不等价的. 因此，由这种方法得到的轨道不是分子对称群不可约表示的基，不满足对称性要求.

2. Roothaan 方案：谱项能量变分法

在处理开壳层的限制性 Hartree-Fock 方法中，学术界比较认可的是 Roothaan 提出的方案. 本质上说，Roothaan 提出的限制性 Hartree-Fock 方法就是谱项能量变分法，但该方法并不是由谱项中的一个波函数给出能量泛函，而是由谱项中自旋分量量子数 $M_S$ 相同的波函数共同给出能量泛函. 进一步地，为了使能量泛函表达式更具一般性，在能量泛函中引入一些参数，以便给出适用不同谱项的能量泛函的统一表达式，在此基础上再进行变分处理，从而扩大了谱项变分法的适用范围. 下面介绍这一方法.

根据第 1 章的讨论，我们可以建造原子、分子的谱项波函数，谱项波函数是总自旋 $\hat{S}^2$ 及其分量 $\hat{S}_z$ 的本征函数，同时还是原子、分子对称群不可约表示的基. 从谱项的任一波函数出发都能够导出能量泛函的表达式，但是这种做法存在两个问题：第一，不同谱项具有不同的波函数，没有谱项波函数的统一表达式，因此无法导出开壳层普适的能量泛函表达式，而必须针对某一体系的某一谱项单独处理；第二，在简并情形下，一个谱项中有多个简并波函数，这些波函数的全体构成原子分子对称群不可约表示的基，谱项中的单一波函数在对称操作作用下并不是不变的，例如，下面将要详细讨论的电子组态 $(a_1)^2(t_2)^3$ 中包含谱项 $^2T_2$，其简并度为 6. 一般来说，在对称操作作用下，$^2T_2$ 谱项的一个波函数应当是具有相同自旋分量(例如，$M_S=\frac{1}{2}$ 或者 $M_S=-\frac{1}{2}$)的简并波函数的线性组合(注意：$^2T_2$ 谱项中，$M_S=\frac{1}{2}$ 和 $M_S=-\frac{1}{2}$ 的波函数是能量简并的，但不同自旋分量的波函数在对称操作作用下不能互变). 尽管从谱项中的一个波函数出发能够得到谱项能量，但在这样得到的能量表达式中，所有开壳层轨道一般不可能等价地包含其中，如果从这样的能量表达式出发导出 Hartree-Fock 方程，则 Fock 算符在对称操作作用下不是不变的，从而得到的 Hartree-Fock 轨道不是原子、分子对称群不可约表示的基.

为了保证在所得到的能量泛函表达式中所有开壳层轨道都是等价的，我们人为地对谱项波函数加入一些限制. 第一个限制称为自旋等价限制. 我们规定自旋相反的电子一定是两两配对的，即它们两两占据同一空间轨道，无论闭壳层部分还是开壳层部分都要这样. 由式(2.6.10)可知，这样做能够保证所得的波函数是总自旋 $S^2$ 的本征函数. 第二个限制称为对称性等价限制. 对于 $q$ 重简并的单电子态，设空间轨道为 $\varphi_m,\cdots,\varphi_{m+q-1}$，我们要求这 $q$ 个空间轨道都是占据轨道，即它们都出现在总能量表达式中，并具有相同的占据数，这样做可以保证这 $q$ 个空间轨道在对称操作下按一定的不可约表示变换，从而使得 Fock 算符具有原子、分子的对称性.

如何实现上述设想呢? Roothaan 提出了一种实施方案，现叙述如下：

假定体系只有一个开壳层，取两组空间轨道，一组为闭壳层轨道 $\{\varphi_i, i=1,2,\cdots,p\}$，它们是双占据的；另一组为开壳层轨道$\{\varphi_j, j=p+1,\cdots,p+q\}$，开壳层的$q$个轨道构成体系所属对称群的一组不可约表示的基. 总电子数为$N$，$2p<N<2(p+q)$. 其中闭壳层电子数为$2p$，开壳层电子数为$N-2p$. 不失一般性，仍假定$N_\alpha > N_\beta$，$N_\alpha$、$N_\beta$分别为$\alpha$自旋和$\beta$自旋的电子数. 当$N_\beta > p$，即$\beta$自旋的电子数大于闭壳层轨道数时，在开壳层中也有$\beta$自旋的电子. 我们规定，无论在闭壳层还是在开壳层，$\beta$自旋的电子都与$\alpha$自旋的电子配对，二者占据同一空间轨道. 这样，当$N_\beta > p$时，开壳层中的部分轨道也是双占据的，单占据轨道上的电子都具有$\alpha$自旋. 根据第1章的讨论，由这两组轨道可以组成多个Slater行列式，某些开壳层轨道在某些行列式中可能是未占据轨道，而在另一些行列式中则可能是双占据轨道[可参看式(1.3.10)给出的前6个行列式]. 由这些行列式可以得到各个谱项的波函数. 将同一谱项中具有相同$M_S$值的波函数(这种波函数的个数等于所属的原子、分子对称群不可约表示的维数，并且是简并的)得到的能量表达式相加后求平均，由此得到的能量表达式中将包含闭壳层和开壳层全部简并轨道，而且开壳层所有轨道都具有相同的占据数，即它们都是等价的. 如果开壳层满足以下条件之一：

(1) 开壳层中只有一个电子或只缺少一个电子.

(2) 半闭壳层，即一组简并轨道半充满，且电子自旋相互平行.

(3) 开壳层轨道是二重或三重简并的.

则在大多数情况下，由上述方法得到的谱项能量表达式可以统一写为

$$
\begin{aligned}
E = {} & 2\sum_{k=1}^{p}\langle\varphi_k|\hat{h}_1|\varphi_k\rangle + \sum_{k=1}^{p}\sum_{l=1}^{p}(2J_{kl}-K_{kl}) \\
& + \nu\left[2\sum_{m=p+1}^{p+q}\langle\varphi_m|\hat{h}_1|\varphi_m\rangle + \nu\sum_{m=p+1}^{p+q}\sum_{t=p+1}^{p+q}(2aJ_{mt}-bK_{mt}) + 2\sum_{k=1}^{p}\sum_{m=p+1}^{p+q}(2J_{km}-K_{km})\right]
\end{aligned}
\tag{2.6.23}
$$

式中[见式(2.1.21)和式(2.1.22)]

$$
\begin{aligned}
J_{ij} &= \langle\varphi_i(1)\varphi_j(2)|g_{12}|\varphi_i(1)\varphi_j(2)\rangle \\
K_{ij} &= \delta(m_{s_i}m_{s_j})\langle\varphi_i(1)\varphi_j(2)|g_{12}|\varphi_j(1)\varphi_i(2)\rangle
\end{aligned}
\tag{2.6.24}
$$

以上两式中用$k$、$l(=1,\cdots,p)$标记闭壳层轨道，用$m$、$t(=p+1,\cdots,p+q)$标记开壳层轨道，用$i$、$j$标记任意一个轨道. 前两项求和为闭壳层能量，第三个、第四个求和项为开壳层能量，第五个求和项为闭壳层与开壳层之间的相互作用能. $\nu$为开壳层每一个自旋轨道的占据数，$0<\nu=\dfrac{N-2p}{2q}<1$，$a$、$b$为与谱项有关的参数. 这里要注意占据数$\nu$的定义，一个开壳层空间轨道上有一个电子时，占据数为$\dfrac{1}{2}$，对于半充满($q$个电子占据$q$个空间轨道)且电子自旋平行的开壳层体系(此时体系具有最高自旋多重度)，恒有

$$
\nu=\frac{1}{2},\ a=1,\ b=2 \tag{2.6.25}
$$

将能量写成式(2.6.23)，是为了变分后得到的方程较为对称. 事实上，由式(2.1.24)很容易理解式(2.6.23). 与式(2.1.24)不同的是，这里的开壳层轨道并不都是双占据的，因此式(2.6.24)中的$\delta(m_{s_i}m_{s_j})$有时可以去掉，但不是在任何情况下都能去掉.

下面以一个具体例子来说明式(2.6.23). 具有 $T_\mathrm{d}$ 对称性的某一分子体系，其电子组态为 $(\mathrm{a}_1)^2(\mathrm{t}_2)^3$，这一组态包含的谱项为 $^2T_1$、$^2T_2$、$^4A_2$ 和 $^2E$，简并度分别为 6、6、4 和 4. 1.13.1 节给出了所有谱项 $M_S=\dfrac{1}{2}$ 的波函数，对于谱项 $^2T_1$、$^2T_2$ 和 $^2E$，分别求出谱项中 $M_S=\dfrac{1}{2}$ 的每一波函数的能量，将求得的能量相加后取平均即得谱项能量表达式，然后与式(2.6.23)比较，即可确定谱项参数.

先讨论谱项 $^2T_2$. 式(1.13.27)给出了 $^2T_2$ 谱项 $M_S=\dfrac{1}{2}$ 并且分别按 $T_2^{(1)}$、$T_2^{(2)}$ 和 $T_2^{(3)}$ 变换的波函数为

$$\begin{aligned}
&\Psi\left({}^2T_2^{(1)},M_S=\frac{1}{2}\right)=\frac{1}{\sqrt{2}}\{D_3+D_5\}\\
&\Psi\left({}^2T_2^{(2)},M_S=\frac{1}{2}\right)=\frac{1}{\sqrt{2}}\{D_1+D_6\}\\
&\Psi\left({}^2T_2^{(3)},M_S=\frac{1}{2}\right)=\frac{1}{\sqrt{2}}\{D_2+D_4\}
\end{aligned}\tag{2.6.26}$$

于是有

$$\begin{aligned}
E\left({}^2T_2\right)&=\frac{1}{3}\left\{E\left(\Psi\left({}^2T_2^{(1)}\right)\right)+E\left(\Psi\left({}^2T_2^{(2)}\right)\right)+E\left(\Psi\left({}^2T_2^{(3)}\right)\right)\right\}\\
&=2\langle\xi|\hat{h}_1|\xi\rangle+\langle\xi\xi|g_{12}|\xi\xi\rangle\\
&\quad+\frac{1}{2}\left\{2\sum_{m=1}^{3}\langle\varphi_m|\hat{h}_1|\varphi_m\rangle+\frac{1}{2}\sum_{m=1}^{3}\sum_{t=1}^{3}2\times\frac{2}{3}\langle\varphi_m\varphi_t|g_{12}|\varphi_m\varphi_t\rangle\right.\\
&\quad\left.+2\sum_{m=1}^{3}\left[2\langle\xi\varphi_m|g_{12}|\xi\varphi_m\rangle-\langle\xi\varphi_m|g_{12}|\varphi_m\xi\rangle\right]\right\}
\end{aligned}\tag{2.6.27}$$

注意：本例中闭壳层只有一个空间轨道 $\xi$ (属于 $a_1$ 表示)，因此对闭壳层轨道 $k$、$l$ 的求和都只有一项. 与式(2.6.23)比较，可得

$$\nu=\frac{1}{2},\ a=\frac{2}{3},\ b=0\tag{2.6.28}$$

现在讨论谱项 $^2T_1$. 式(1.13.28)给出了 $^2T_1$ 谱项的三个 $M_S=\dfrac{1}{2}$ 的简并波函数

$$\begin{aligned}
&\Psi\left({}^2T_1^{(1)},M_S=\frac{1}{2}\right)=\frac{1}{\sqrt{2}}\{D_5-D_3\},\quad\Psi\left({}^2T_1^{(2)},M_S=\frac{1}{2}\right)=\frac{1}{\sqrt{2}}\{D_1-D_6\}\\
&\Psi\left({}^2T_1^{(3)},M_S=\frac{1}{2}\right)=\frac{1}{\sqrt{2}}\{D_4-D_2\}
\end{aligned}\tag{2.6.29}$$

故有谱项能量表达式为

$$\begin{aligned}
E\left({}^2T_1\right)&=\frac{1}{3}\left\{E\left(\Psi\left({}^2T_1^{(1)}\right)\right)+E\left(\Psi\left({}^2T_1^{(2)}\right)\right)+E\left(\Psi\left({}^2T_1^{(3)}\right)\right)\right\}\\
&=2\langle\xi|\hat{h}_1|\xi\rangle+\langle\xi\xi|g_{12}|\xi\xi\rangle\\
&\quad+\frac{1}{2}\left\{2\sum_{m=1}^{3}\langle\varphi_m|\hat{h}_1|\varphi_m\rangle+\frac{1}{2}\sum_{m=1}^{3}\sum_{t=1}^{3}\left[2\times\frac{2}{3}\langle\varphi_m\varphi_t|g_{12}|\varphi_m\varphi_t\rangle-\frac{4}{3}\langle\varphi_m\varphi_t|g_{12}|\varphi_t\varphi_m\rangle\Big|_{m\neq t}\right]\right.\\
&\quad\left.+2\sum_{m=1}^{3}\left[2\langle\xi\varphi_m|g_{12}|\xi\varphi_m\rangle-\langle\xi\varphi_m|g_{12}|\varphi_m\xi\rangle\right]\right\}
\end{aligned}\tag{2.6.30}$$

上式中，开壳层交换积分中的下标 $m \neq t$ 与式(2.6.24)中的 $\delta\left(m_{s_i} m_{s_j}\right)$ 相当，是 $\delta\left(m_{s_i} m_{s_j}\right)$ 的具体体现. 事实上，由式(2.6.29)和式(1.13.10)可见，在 $^2T_1$ 谱项波函数所包含的每一个行列式中，开壳层轨道总有一个是双占据的，当 $m = t$ 时，自旋总是相反的，因此同一空间轨道之间不存在交换积分. 与式(2.6.23)比较，可得

$$\nu = \frac{1}{2},\ a = \frac{2}{3},\ b = \frac{4}{3} \tag{2.6.31}$$

再讨论 $^4A_2$ 谱项. $^4A_2$ 谱项 $M_S = \frac{3}{2}$ 的波函数为

$$\Psi\left({}^4A_2, M_S = \frac{3}{2}\right) = D\left|\xi\alpha\xi\beta\varphi_1\alpha\varphi_2\alpha\varphi_3\alpha\right| \tag{2.6.32}$$

因此，$^4A_2$ 谱项的能量表达式为

$$\begin{aligned}E\left({}^4A_2\right) &= \left\langle D\left|\xi\alpha\xi\beta\varphi_1\alpha\varphi_2\alpha\varphi_3\alpha\right|\left|\hat{H}\right|D\left|\xi\alpha\xi\beta\varphi_1\alpha\varphi_2\alpha\varphi_3\alpha\right|\right\rangle \\ &= 2\left\langle\xi\left|\hat{h}_1\right|\xi\right\rangle + \left\langle\xi\xi\left|g_{12}\right|\xi\xi\right\rangle \\ &\quad + \frac{1}{2}\left\{2\sum_{m=1}^{3}\left\langle\varphi_m\left|\hat{h}_1\right|\varphi_m\right\rangle + \frac{1}{2}\sum_{m=1}^{3}\sum_{t=1}^{3}\left[2\left\langle\varphi_m\varphi_t\left|g_{12}\right|\varphi_m\varphi_t\right\rangle - 2\left\langle\varphi_m\varphi_t\left|g_{12}\right|\varphi_t\varphi_m\right\rangle\right]\right. \\ &\quad \left. + 2\sum_{m=1}^{3}\left[2\left\langle\xi\varphi_m\left|g_{12}\right|\xi\varphi_m\right\rangle - \left\langle\xi\varphi_m\left|g_{12}\right|\varphi_m\xi\right\rangle\right]\right\}\end{aligned} \tag{2.6.33}$$

上式中，开壳层交换积分中不再需要 $\delta\left(m_{s_i} m_{s_j}\right)$，这是因为由式(2.6.32)可见，开壳层轨道自旋都是相同的. 与式(2.6.23)比较，可得到与式(2.6.25)一致的结果，即

$$\nu = \frac{1}{2},\ a = 1,\ b = 2 \tag{2.6.34}$$

最后讨论 $^2E$ 谱项. 式(1.13.32)和式(1.13.33)给出了 $^2E$ 谱项的波函数

$$\Psi\left({}^2E^{(1)}, M_S = \frac{1}{2}\right) = \frac{1}{\sqrt{2}}\left(D_7 - D_8\right) \tag{2.6.35}$$

$$\Psi\left({}^2E^{(2)}, M_S = \frac{1}{2}\right) = \frac{1}{\sqrt{6}}\left(D_7 + D_8 - 2D_9\right) \tag{2.6.36}$$

因此，$^2E$ 谱项的能量表达式为

$$\begin{aligned}E\left({}^2E\right) &= \frac{1}{2}\left\{E\left(\Psi\left({}^2E^{(1)}\right)\right) + E\left(\Psi\left({}^2E^{(2)}\right)\right)\right\} = 2\left\langle\xi\left|\hat{h}_1\right|\xi\right\rangle + \left\langle\xi\xi\left|g_{12}\right|\xi\xi\right\rangle \\ &\quad + \frac{1}{2}\left\{2\sum_{m=1}^{3}\left\langle\varphi_m\left|\hat{h}_1\right|\varphi_m\right\rangle + \frac{1}{2}\sum_{m=1}^{3}\sum_{t=1}^{3}\left[2\times\frac{2}{3}\left\langle\varphi_m\varphi_t\left|g_{12}\right|\varphi_m\varphi_t\right\rangle - \frac{4}{3}\left\langle\varphi_m\varphi_t\left|g_{12}\right|\varphi_t\varphi_m\right\rangle\right]\right. \\ &\quad \left. + 2\sum_{m=1}^{3}\left[2\left\langle\xi\varphi_m\left|g_{12}\right|\xi\varphi_m\right\rangle - \left\langle\xi\varphi_m\left|g_{12}\right|\varphi_m\xi\right\rangle\right]\right\} \\ &\quad + \frac{1}{3}\left[\left\langle\varphi_1\varphi_2\left|g_{12}\right|\varphi_2\varphi_1\right\rangle + \left\langle\varphi_1\varphi_3\left|g_{12}\right|\varphi_3\varphi_1\right\rangle + \left\langle\varphi_2\varphi_3\left|g_{12}\right|\varphi_3\varphi_2\right\rangle\right]\end{aligned} \tag{2.6.37}$$

上式中，开壳层的交换积分不能通过添加 $\delta\left(m_{s_i} m_{s_j}\right)$ 加以调节以改变公式的形式. 这是因为由式(2.6.35)、式(2.6.36)和式(1.13.10)可见，在波函数所包含的不同行列式中，开壳层部分 $\alpha$ 自

旋和 $\beta$ 自旋的电子都不是配对的，使得同一开壳层轨道在波函数所包含的不同行列式中具有不同的自旋，两个开壳层轨道的自旋有时相同，有时不同. 简言之，$^2E$ 谱项的波函数不符合本节开始时提出的限制条件，因此 $^2E$ 谱项的能量表达式(2.6.37)不能归结为式(2.6.23)的形式.

从式(2.6.26)、式(2.6.29)和式(1.13.10)可以看到，$^2T_2$ 和 $^2T_1$ 谱项波函数的开壳层部分中，两个自旋相反的电子占据同一轨道，符合本节开始时提出的限制条件，因此这两个谱项的能量都可以写成式(2.6.23)的形式. 虽然式(1.13.30)给出的 $^4A_2$ 谱项 $M_S=\frac{1}{2}$ 的波函数开壳层部分不符合两个自旋相反的电子占据同一轨道的要求，但由于 $^4A_2$ 谱项所有波函数是简并的，只需用 $M_S=\frac{3}{2}$ 或 $M_S=-\frac{3}{2}$ 的波函数计算能量即可. $M_S=\pm\frac{3}{2}$ 的两个波函数开壳层部分为半充满，且 3 个电子自旋平行，符合前面的第二个条件，因此该谱项能量仍可写为式(2.6.23)的形式. 但 $^2E$ 谱项的波函数不符合一开始提出的限制条件，因此 $^2E$ 谱项的能量不能写成式(2.6.23)的形式. 由此可见，从本质上说，限制性 Hartree-Fock 方法是谱项能量变分法，但式(2.6.23)并不适用于所有谱项，由此得到的限制性 Hartree-Fock 方程也就不适用于所有谱项.

让我们回到能量表达式(2.6.23)并继续讨论. 有了能量表达式后可以建造泛函

$$W=E-\sum_{i=1}^{p+q}\sum_{j=1}^{p+q}2\varepsilon_{ij}\left\langle\varphi_i\middle|\varphi_j\right\rangle \tag{2.6.38}$$

式中，$E$ 的表达式为式(2.6.23)，求和项为分子轨道的正交归一化条件(注意：这里要求闭壳层和开壳层的空间轨道正交，因为它们可能有相同的自旋)；$\varepsilon_{ij}$ 为 Lagrange 乘子，这里添加因子 2 是为了变分后得到的方程较为对称. 变分时必须注意，现在有两组轨道，由于它们在能量表达式中的地位不同，因而变分结果不同. 仿照闭壳层 Hartree-Fock 方程的推导，对闭壳层轨道 $\varphi_i\left(i=1,\cdots,p\right)$ 变分，由式(2.6.23)有

$$\begin{aligned}\delta E&=2\left\langle\delta\varphi_i(1)\middle|\hat{h}_1+\sum_{k=1}^{p}\left[2\hat{J}_k-\hat{K}_k\right]+\nu\sum_{m=p+1}^{p+q}\left[2\hat{J}_m-\hat{K}_m\right]\middle|\varphi_i(1)\right\rangle\\&\quad+2\left\langle\varphi_i(1)\middle|\hat{h}_1+\sum_{k=1}^{p}\left[2\hat{J}_k-\hat{K}_k^*\right]+\nu\sum_{m=p+1}^{p+q}\left[2\hat{J}_m-\hat{K}_m^*\right]\middle|\delta\varphi_i(1)\right\rangle\end{aligned} \tag{2.6.39}$$

其中

$$\hat{J}_i=\left\langle\varphi_i(2)\middle|g_{12}\middle|\varphi_i(2)\right\rangle,\ \ \hat{K}_i=\left\langle\varphi_i(2)\middle|g_{12}\middle|\varphi_j(2)\right\rangle\frac{\varphi_i(1)}{\varphi_j(1)} \tag{2.6.40}$$

由正交归一化条件有

$$\delta\sum_{i=1}^{p+q}\sum_{j=1}^{p+q}2\varepsilon_{ij}\left\langle\varphi_i\middle|\varphi_j\right\rangle=\sum_{i=1}^{p+q}2\varepsilon_{ik}\left\langle\varphi_i\middle|\delta\varphi_k\right\rangle+\sum_{i=1}^{p+q}2\varepsilon_{ik}\left\langle\delta\varphi_k\middle|\varphi_i\right\rangle \tag{2.6.41}$$

由式(2.6.38)，令 $\delta W=0$，将式(2.6.39)和式(2.6.41)代入，由于 $\delta\varphi_i$ 和 $\delta\varphi_i^*$ 是任意的，有

$$\hat{F}_{\mathrm{c}}\varphi_k=\sum_{j=1}^{p+q}\varepsilon_{kj}\varphi_j=\sum_{l}^{p}\varepsilon_{kl}\varphi_l+\sum_{t=p+1}^{p+q}\varepsilon_{kt}\varphi_t,\quad k=1,\cdots,p \tag{2.6.42}$$

$$\hat{F}_{\mathrm{c}}^*\varphi_k^*=\sum_{j=1}^{p+q}\varepsilon_{jk}\varphi_j^*,\qquad k=1,\cdots,p \tag{2.6.43}$$

其中

$$\hat{F}_c=\hat{h}_1+\sum_{l=1}^{p}\left[2\hat{J}_l-\hat{K}_l\right]+\nu\sum_{t=p+1}^{p+q}\left[2\hat{J}_t-\hat{K}_t\right] \tag{2.6.44}$$

对开壳层轨道 $\varphi_i\left(i=p+1,\cdots,p+q\right)$ 变分，仿照上面的做法，有

$$\nu\hat{F}_o\varphi_m=\sum_{j=1}^{p+q}\varepsilon_{mj}\varphi_j=\sum_{l=1}^{p}\varepsilon_{ml}\varphi_l+\sum_{t=p+1}^{p+q}\varepsilon_{mt}\varphi_t,\quad m=p+1,\cdots,p+q \tag{2.6.45}$$

$$\nu\hat{F}_o^*\varphi_m^*=\sum_{j=1}^{p+q}\varepsilon_{jm}\varphi_j^*,\qquad m=p+1,\cdots,p+q \tag{2.6.46}$$

其中

$$\hat{F}_o=h_1+\sum_{l=1}^{p}\left[2\hat{J}_l-\hat{K}_l\right]+\nu\sum_{t=p+1}^{p+q}\left[2a\hat{J}_t-b\hat{K}_t\right] \tag{2.6.47}$$

$\hat{F}_c$ 和 $\hat{F}_o$ 分别为闭壳层和开壳层的单电子算符，它们都是 Hermite 算符. 式(2.6.42)和式(2.6.43)取复数共轭，并分别减去式(2.6.42)和式(2.6.43)，得

$$\varepsilon_{jk}^*=\varepsilon_{kj},\qquad\qquad \varepsilon_{jm}^*=\varepsilon_{mj} \tag{2.6.48}$$

即 $\varepsilon_{ij}^*=\varepsilon_{ji}$，$\left[\varepsilon_{ij}\right]$ 是 Hermite 矩阵. 在闭壳层组态和开壳层组态非限制的 Hartree-Fock 方法中，可以利用 Fock 算符对于占据轨道酉变换的不变性将所有非对称元 $\varepsilon_{ij}\left(i\neq j\right)$ 消去，从而得到正则方程. 在开壳层组态限制性谱项能量变分法中做不到这点，因为增加了等价限制条件，能量表达式和 Fock 算符[式(2.6.44)和式(2.6.47)]对于所有占据轨道的任意酉变换不是不变的. 但是，$\hat{F}_c$ 和 $\hat{F}_o$ 分别对于闭壳层子空间内部和开壳层子空间内部的酉变换是不变的[注意：由式(2.6.42)可见，在 $\hat{F}_c$ 作用下，闭壳层轨道变为闭壳层和开壳层轨道的组合，因此不可能对式(2.6.42)分别在闭壳层子空间内部和开壳层子空间内部做酉变换而使 $\hat{F}_c$ 不变]，可以利用这点消去式(2.6.42)中的 $\varepsilon_{kl}\left(l\neq k\right)$ 和式(2.6.45)中的 $\varepsilon_{mt}\left(t\neq m\right)$. 于是，式(2.6.42)和式(2.6.45)变为

$$\hat{F}_c\varphi_k=\varepsilon_k\varphi_k+\sum_{m=p+1}^{p+q}\varepsilon_{km}\varphi_m,\qquad k=1,\cdots,p \tag{2.6.49}$$

$$\nu\hat{F}_o\varphi_m=\varepsilon_m\varphi_m+\sum_{k=1}^{p}\varepsilon_{mk}\varphi_k,\quad m=p+1,\cdots,p+q \tag{2.6.50}$$

式中，$\varepsilon_k$、$\varepsilon_m$ 为实数，且 $\varepsilon_{mk}^*=\varepsilon_{km}$.

因此，对于开壳层组态的限制性谱项能量变分法，在保持轨道正交归一的条件下，无法得到单粒子本征值方程. 这给方程组(2.6.49)和(2.6.50)的求解造成一定困难. 不过，可以用下列投影算符方法将其变成准本征值方程. 这种方法的实质是将式(2.6.49)和式(2.6.50)中的非对角项归入算符 $\hat{F}_c$ 或 $\hat{F}_o$ 中.

用 $\varphi_m^*$ 乘式(2.6.49)并积分，利用轨道的正交关系，有

$$\varepsilon_{km}=\left\langle\varphi_m\middle|\hat{F}_c\middle|\varphi_k\right\rangle \tag{2.6.51}$$

另外，由式(2.6.46)可得

$$\varepsilon_{km}=\varepsilon_{mk}^*=\left\langle\varphi_k\middle|\nu\hat{F}_o\middle|\varphi_m\right\rangle^*=\left\langle\varphi_m\middle|\nu\hat{F}_o\middle|\varphi_k\right\rangle \tag{2.6.52}$$

取式(2.6.51)和式(2.6.52)的权重平均

$$\varepsilon_{km} = \left\langle \varphi_m \middle| \hat{F}_{\mathrm{A}} \middle| \varphi_k \right\rangle \tag{2.6.53}$$

$$\hat{F}_{\mathrm{A}} = x\hat{F}_{\mathrm{c}} + (1-x)\nu\hat{F}_{\mathrm{o}} \tag{2.6.54}$$

式中，$x$ 为待定权重因子，注意：不论 $x$ 取何值，式(2.6.53)总能成立. 对每个轨道 $\varphi_i$ 引入一个投影算符 $\hat{P}_i$，其定义为

$$\hat{P}_i\varphi = |\varphi_i\rangle\langle\varphi_i|\varphi\rangle \tag{2.6.55}$$

对于闭壳层轨道求和，得出投影到闭壳层子空间的算符

$$\hat{Q}_{\mathrm{c}}\varphi = \sum_{k=1}^{p}\hat{P}_k\varphi = \sum_{k=1}^{p}|\varphi_k\rangle\langle\varphi_k|\varphi\rangle \tag{2.6.56}$$

容易证明，$\hat{Q}_{\mathrm{c}}$ 是 Hermite 的和幂等的

$$\hat{Q}_{\mathrm{c}}^{+} = \hat{Q}_{\mathrm{c}} \qquad \hat{Q}_{\mathrm{c}}^{2} = \hat{Q}_{\mathrm{c}} \tag{2.6.57}$$

类似地，到开壳层子空间的投影算符为

$$\hat{Q}_{\mathrm{o}} = \sum_{m=p+1}^{p+q}\hat{P}_m = \sum_{m=p+1}^{p+q}|\varphi_m\rangle\langle\varphi_m| \tag{2.6.58}$$

它也是 Hermite 的和幂等的

$$\hat{Q}_{\mathrm{o}}^{+} = \hat{Q}_{\mathrm{o}} \qquad \hat{Q}_{\mathrm{o}}^{2} = \hat{Q}_{\mathrm{o}} \tag{2.6.59}$$

$\hat{Q}_{\mathrm{c}}$ 和 $\hat{Q}_{\mathrm{o}}$ 对轨道的作用为

$$\hat{Q}_{\mathrm{c}}\varphi_k = \varphi_k \qquad \hat{Q}_{\mathrm{c}}\varphi_m = 0 \tag{2.6.60}$$

$$\hat{Q}_{\mathrm{o}}\varphi_k = 0 \qquad \hat{Q}_{\mathrm{o}}\varphi_m = \varphi_m \tag{2.6.61}$$

利用式(2.6.53)可将式(2.6.49)改写为

$$\hat{F}_{\mathrm{c}}\varphi_k = \varepsilon_k\varphi_k + \sum_{m=p+1}^{p+q}|\varphi_m\rangle\left\langle\varphi_m\middle|\hat{F}_{\mathrm{A}}\middle|\varphi_k\right\rangle \tag{2.6.62}$$

利用式(2.6.58)，式(2.6.62)可写为

$$\hat{F}_{\mathrm{c}}\varphi_k = \varepsilon_k\varphi_k + \hat{Q}_{\mathrm{o}}\hat{F}_{\mathrm{A}}\varphi_k \tag{2.6.63}$$

即

$$\left(\hat{F}_{\mathrm{c}} - \hat{Q}_{\mathrm{o}}\hat{F}_{\mathrm{A}}\right)\varphi_k = \varepsilon_k\varphi_k \tag{2.6.64}$$

$\hat{Q}_{\mathrm{o}}\hat{F}_{\mathrm{A}}$ 不是 Hermite 的，但 $\hat{Q}_{\mathrm{o}}\hat{F}_{\mathrm{A}} + \hat{F}_{\mathrm{A}}\hat{Q}_{\mathrm{o}}$ 是 Hermite 的，而且由式(2.6.61)可知，$\hat{F}_{\mathrm{A}}\hat{Q}_{\mathrm{o}}\varphi_k = 0$. 因此，式(2.6.64)可写成

$$\left[F_{\mathrm{c}} - \left(\hat{Q}_{\mathrm{o}}\hat{F}_{\mathrm{A}} + \hat{F}_{\mathrm{A}}\hat{Q}_{\mathrm{o}}\right)\right]\varphi_k = \varepsilon_k\varphi_k \tag{2.6.65}$$

或

$$\hat{h}_{\mathrm{c}}\varphi_k = \varepsilon_k\varphi_k, \quad k = 1,\cdots,p \tag{2.6.66}$$

其中

$$\hat{h}_{\mathrm{c}} = \hat{F}_{\mathrm{c}} - \left(\hat{Q}_{\mathrm{o}}\hat{F}_{\mathrm{A}} + \hat{F}_{\mathrm{A}}\hat{Q}_{\mathrm{o}}\right) \tag{2.6.67}$$

为闭壳层的有效单电子 Hamilton 算符. 这样，就得到一组形式上的本征值方程.

类似地，对于开壳层轨道，有

$$\hat{h}_{\mathrm{o}}\varphi_m=\eta_m\varphi_m, \quad m=p+1,\cdots,p+q \tag{2.6.68}$$

式中，$\hat{h}_{\mathrm{o}}$ 是开壳层的有效单电子 Hamilton 算符，

$$\hat{h}_{\mathrm{o}}=\hat{F}_{\mathrm{o}}-\frac{1}{\nu}\left(\hat{Q}_{\mathrm{c}}\hat{F}_{\mathrm{A}}+\hat{F}_{\mathrm{A}}\hat{Q}_{\mathrm{c}}\right) \tag{2.6.69}$$

$$\eta_m=\frac{1}{\nu}\varepsilon_m \tag{2.6.70}$$

从 $F_{\mathrm{A}}$ 的定义[式(2.6.54)]中 $x$ 的任意性可以看出，有效单电子 Hamilton 算符的选择有一定的任意性，实际上设 $\hat{R}$ 是任意的对于闭壳层子空间内部的酉变换不变的 Hamilton 算符，则

$$\begin{aligned}\left[\hat{R}-\left(\hat{Q}_{\mathrm{c}}\hat{R}+\hat{R}\hat{Q}_{\mathrm{c}}\right)\right]\varphi_k&=\hat{R}\varphi_k-\hat{Q}_{\mathrm{c}}\hat{R}\varphi_k-\hat{R}\varphi_k\\&=-\hat{Q}_{\mathrm{c}}\hat{R}\varphi_k=-\sum_{l=1}^{p}\varphi_l\left\langle\varphi_l\left|\hat{R}\right|\varphi_k\right\rangle\equiv\sum_{l=1}^{p}\varphi_l\xi_{kl}\end{aligned} \tag{2.6.71}$$

将式(2.6.66)和式(2.6.71)相加，得

$$\left[\hat{h}_{\mathrm{c}}+\hat{R}-\left(\hat{Q}_{\mathrm{c}}\hat{R}+\hat{R}\hat{Q}_{\mathrm{c}}\right)\right]\varphi_k=\sum_{l=1}^{p}\left(\xi_{kl}+\delta_{kl}\varepsilon_k\right)\varphi_l \tag{2.6.72}$$

方程左边的算符是 Hermite 的，且对于闭壳层子空间的酉变换不变，故可通过酉变换将右边的 Hermite 矩阵 $\left[\xi_{kl}+\delta_{kl}\varepsilon_k\right]$ 对角化，从而将式(2.6.72)变成准本征值方程. 因此，将算符 $\left[\hat{R}-\left(\hat{Q}_{\mathrm{c}}\hat{R}+\hat{R}\hat{Q}_{\mathrm{c}}\right)\right]$ 加入 $\hat{h}_{\mathrm{c}}$ 中，只在闭壳层子空间内部引起一种酉变换，对方程(2.6.66)的解没有本质影响. 同理，若 $\hat{T}$ 是 Hermite 算符，且对于开壳层子空间内部的酉变换不变，则将 $\left[\hat{T}-\left(\hat{Q}_{\mathrm{o}}\hat{T}+\hat{T}\hat{Q}_{\mathrm{o}}\right)\right]$ 加入 $\hat{h}_{\mathrm{o}}$ 中，对方程(2.6.69)的解也没有本质影响. 由此可见，本征值方程(2.6.66)和方程(2.6.68)不像闭壳层组态本征值方程那样有确定的解，而只能确定到闭壳层子空间和开壳层子空间，在各个子空间内，解的选择有任意性. 利用这种任意性，适当选择 $\hat{R}$ 和 $\hat{T}$，可以使得开壳层和闭壳层的有效单电子 Hamilton 量相同.

不过，从实际计算的角度看，更方便的是让 $\hat{h}_{\mathrm{c}}$ 和 $\hat{h}_{\mathrm{o}}$ 不同. 适当选择 $x$，可使 $\hat{F}_{\mathrm{A}}$ 中的大部分项相互抵消. 由 $\hat{F}_{\mathrm{o}}$ 和 $\hat{F}_{\mathrm{A}}$ 的定义可知，若令

$$x+(1-x)\nu=0$$

即

$$x=-\frac{\nu}{1-\nu}$$

此时有

$$(1-x)\nu=\frac{\nu}{1-\nu}$$

由式(2.6.44)和式(2.6.47)可知，此时 $\hat{F}_{\mathrm{A}}$ 中仅剩下开壳层中的 Coulomb 算符 $\hat{J}_m$ 和交换算符和 $\hat{K}_m$. 这样，式(2.6.67)和式(2.6.69)可简化为

$$\hat{h}_{\mathrm{c}}=\hat{h}_1+2\hat{J}_{\mathrm{c}}-\hat{K}_{\mathrm{c}}+2\hat{J}_{\mathrm{o}}-\hat{K}_{\mathrm{o}}+2\alpha\hat{L}_{\mathrm{o}}-\beta\hat{M}_{\mathrm{o}} \tag{2.6.73}$$

$$\hat{h}_{\mathrm{o}}=\hat{h}_1+2\hat{J}_{\mathrm{c}}-\hat{K}_{\mathrm{c}}+2a\hat{J}_{\mathrm{o}}-bK_{\mathrm{o}}+2\alpha\hat{L}_{\mathrm{c}}-\beta\hat{M}_{\mathrm{c}} \tag{2.6.74}$$

式中

$$\hat{J}_{\mathrm{c}}=\sum_{k=1}^{p}\hat{J}_k \qquad \hat{K}_{\mathrm{c}}=\sum_{k=1}^{p}\hat{K}_k \qquad J_{\mathrm{o}}=\nu\sum_{m=p+1}^{p+q}\hat{J}_m \qquad K_{\mathrm{o}}=\nu\sum_{m=p+1}^{p+q}\hat{K}_m$$

$$\hat{L}_{\mathrm{c}}=\hat{Q}_{\mathrm{c}}\hat{J}_{\mathrm{o}}+\hat{J}_{\mathrm{o}}\hat{Q}_{\mathrm{c}} \qquad \hat{M}_{\mathrm{c}}=\hat{Q}_{\mathrm{c}}\hat{K}_{\mathrm{o}}+\hat{K}_{\mathrm{o}}\hat{Q}_{\mathrm{c}}$$

$$\hat{L}_{\mathrm{o}}=\nu\left(\hat{Q}_{\mathrm{o}}\hat{J}_{\mathrm{o}}+\hat{J}_{\mathrm{o}}\hat{Q}_{\mathrm{o}}\right) \qquad \hat{M}_{\mathrm{o}}=\nu\left(\hat{Q}_{\mathrm{o}}\hat{K}_{\mathrm{o}}+\hat{K}_{\mathrm{o}}\hat{Q}_{\mathrm{o}}\right)$$

$$\alpha=\frac{1-a}{1-\nu} \qquad \beta=\frac{1-b}{1-\nu} \tag{2.6.75}$$

$\hat{L}_{\mathrm{c}}$、$\hat{M}_{\mathrm{c}}$、$\hat{L}_{\mathrm{o}}$、$\hat{M}_{\mathrm{o}}$ 称为耦合算符. 这样选择 $x$，可以使耦合项 $L$、$M$ 的作用较小. 用 $\varphi_k^*$ 和 $\varphi_m^*$ 分别乘式(2.6.66)和式(2.6.68)并积分，注意到式(2.6.73)和式(2.6.74)，得

$$\varepsilon_k=h_{kk}+\sum_{l=1}^{p}\left(2J_{kl}-K_{kl}\right)+\nu\sum_{m=p+1}^{p+q}\left(2J_{km}-K_{km}\right) \tag{2.6.76}$$

$$\eta_m=h_{mm}+\sum_{k=1}^{p}\left(2J_{km}-K_{km}\right)+\nu\sum_{t=p+1}^{p+q}\left(2aJ_{mt}-bK_{mt}\right) \tag{2.6.77}$$

式中，

$$h_{ii}=\langle\varphi_i|\hat{h}_1|\varphi_i\rangle$$

将式(2.6.76)和式(2.6.77)与总能量表达式(2.6.23)比较，得

$$E=\sum_{k=1}^{p}\left(h_{kk}+\varepsilon_k\right)+\nu\sum_{m=p+1}^{p+q}\left(h_{mm}+\eta_m\right) \tag{2.6.78}$$

与闭壳层组态的式(2.4.37)类似.

应当注意到，式(2.6.23)中第三、四、五个求和项是对整个简并轨道组(开壳层子空间)进行的，尽管开壳层中电子不一定是半充满的. 因此，能量表达式(2.6.23)对于闭壳层子空间和开壳层子空间内部的任意酉变换是不变的，从而对于体系所属对称性群的变换是不变的. 由这个能量表达式导出的 Fock 算符也具有体系完全的对称性，它的本征函数构成体系所属对称性群的不可约表示的基函数. 因此，用这种方法处理，能保证单粒子模型的解的对称性质符合群论原理的要求.

以上推导是建立在能量可表达成式(2.6.23)的基础上的. 我们已经对满足式(2.6.23)的三种情况做了说明，虽然不是所有体系都能满足式(2.6.23)，但上述三种情况和闭壳层的情况加在一起，已经包括绝大多数原子、分子、离子和自由基的基态. 因此，Roothaan 方法应用很广泛. 将上述方法推广到有几个未充满壳层，但每个对称类型的未充满壳层只出现一次的情况，可参考相关文献[9].

### 2.6.4　Slater 平均化方法

如前面所述，开壳层组态一般包含几个谱项. 例如，碳原子的 $\mathrm{p}^2$ 组态包含三个谱项，即 $^1S$、$^3P$ 和 $^1D$；$\mathrm{O}_2$ 分子的 $(1\pi_{\mathrm{g}})^2$ 组态也包含三个谱项，即 $^3\Sigma_{\mathrm{g}}^-$、$^1\Sigma_{\mathrm{g}}^+$ 和 $^1\Delta_{\mathrm{g}}$. 谱项能量变分法处理开壳层体系时，要对各个谱项分别变分. 这样做的好处是能够得到较低的谱项能量从而与实验

值较为接近，但缺点也很明显，其一，由各个谱项得到的轨道一般并不相同，例如，对于碳原子的 $p^2$ 组态来说，由三个谱项 $^1S$ 、$^3P$ 和 $^1D$ 将得到三组不同的 1s、2s、2p 轨道，这不利于电子结构的讨论；其二，由于三个谱项的能量是基于不同轨道求得的，因此谱项能量差失去意义，这给光谱跃迁的计算带来麻烦. 为了克服这些缺点，Slater 提出对组态平均能量变分的方法[10]. 该方法的基本框架是，对开壳层组态的所有谱项的能量求平均，得到组态平均能量，对平均能量变分，得到单电子态(轨道)所满足的方程，进而求得该开壳层组态的轨道，然后用这样得到的轨道建造各谱项波函数，进而求得各谱项能量. 这种方法称为 Slater 平均化方法，有时也称为超 Hartree-Fock 方法. 采用这种方法能够得到开壳层组态的统一轨道，从而克服了谱项能量变分法的上述缺点，但由此求得的谱项能量偏高，因为由谱项平均能量变分得到的轨道对某一谱项而言并不是最优的.

下面推导组态平均能量的表达式. 首先考察只有一个开壳层的组态. 设体系的 $N$ 个电子中有 $N_1$ 个在闭壳层，$N_2$ 个在开壳层. 限定闭壳层轨道都是双占据的，因此闭壳层空间轨道数目为 $p=\dfrac{N_1}{2}$. 设开壳层有 $q$ 个简并空间轨道，即有 $2q$ 个简并空间自旋轨道，填充着 $N_2$ 个电子，故电子填充方式数为 $\varpi=\begin{pmatrix}2q\\N_2\end{pmatrix}$，亦即有 $\varpi$ 个 Slater 行列式 $\varPhi$. 根据前几章的讨论，可以由这些行列式建造出满足自旋和空间对称性的谱项波函数，从而大大简化 Schrödinger 方程的求解，并使所得结果直接与光谱项相对应. 本节中，我们首先关心的是谱项能量的平均值，并不急于得到具体的谱项能量和谱项波函数，因此这里不做对称性处理，而将多电子波函数 $\varPsi$ 写成所有 Slater 行列式的线性组合

$$\varPsi=\sum_{k}^{\varpi}c_k\varPhi_k \tag{2.6.79}$$

假定构成 Slater 行列式的空间自旋轨道是正交归一的，将式(2.6.79)代入 Schrödinger 方程，得到系数所要满足的方程[参见式(1.4.141)]

$$\boldsymbol{HC}=E\boldsymbol{C} \tag{2.6.80}$$

其中 $\boldsymbol{H}$ 是 $\varpi$ 阶的矩阵，其矩阵元为

$$H_{ij}=\left\langle\varPhi_i\middle|\hat{H}\middle|\varPhi_j\right\rangle \tag{2.6.81}$$

$\boldsymbol{C}$ 是式(2.6.79)中的系数构成的列向量，$E$ 为能量. 解本征值方程(2.6.80)就是将 $\boldsymbol{H}$ 对角化，对角元就是 $\varpi$ 个多电子波函数的相应能量，即谱项能量. 矩阵对角化是通过相似变换实现的，而相似变换不改变矩阵的迹. 式(1.3.4)给出了相似变换的表达式，即 $\hat{A}=\hat{Q}^{-1}\hat{B}\hat{Q}$. 算符 $\hat{A}$ 、$\hat{B}$ 、$\hat{Q}$ 的表示矩阵 $\boldsymbol{A}$ 、$\boldsymbol{B}$ 、$\boldsymbol{Q}$ 也满足同样的关系. 由于矩阵的迹不因矩阵的循环置换而改变，故有 $\mathrm{Tr}\boldsymbol{A}=\mathrm{Tr}\left(\boldsymbol{Q}^{-1}\boldsymbol{BQ}\right)=\mathrm{Tr}\left(\boldsymbol{QQ}^{-1}\boldsymbol{B}\right)=\mathrm{Tr}\boldsymbol{B}$，说得更明确一点就是，同一个算符在不同正交归一化基组下有不同的表示矩阵，但这些不同表示矩阵的对角元之和相等. 由式(2.6.81)可知，对角化之前矩阵 $\boldsymbol{H}$ 的迹是 $\varpi$ 个 Slater 行列式的对角元之和，因此 $\varpi$ 个多电子波函数(谱项波函数)相应的能量(即谱项能量)之和等于 $\varpi$ 个 Slater 行列式的对角元之和. 于是，我们所要求的这 $\varpi$ 个多电子波函数(谱项波函数)相应的能量 $E_i$ (即谱项能量)的平均值 $\bar{E}$ 应为

$$\bar{E}=\varpi^{-1}\sum_{i=1}^{\varpi}E_i=\omega^{-1}\sum_{k=1}^{\varpi}\left\langle\varPhi_k\middle|\hat{H}\middle|\varPhi_k\right\rangle \tag{2.6.82}$$

式中，所有行列式的闭壳层部分是完全相同的，取平均的结果相当于一个行列式闭壳层部分的贡献. 由式(2.1.24)，得到闭壳层部分对能量平均值的贡献为

$$\bar{E}_{\mathrm{c}}=2\sum_{k}^{p}\left\langle\varphi_k\left|\hat{h}_1\right|\varphi_k\right\rangle+\sum_{k,l}^{p}\left[2\left\langle\varphi_k\varphi_l\left|g_{12}\right|\varphi_k\varphi_l\right\rangle-\left\langle\varphi_k\varphi_l\left|g_{12}\right|\varphi_l\varphi_k\right\rangle\right] \tag{2.6.83}$$

式中，$\varphi_k$、$\varphi_l$ 为闭壳层空间轨道；$\hat{h}_1$ 由式(2.1.23)给出. 现在考虑开壳层的贡献. 由式(2.1.18)可知，在行列式的 Hamilton 矩阵对角元中只有两类项，一类是单电子算符 $\hat{h}_1$ 的矩阵元，另一类是双电子算符 $g_{12}$ 的矩阵元，这些矩阵元中的轨道都是占据轨道，正如式(2.6.83)所显示的那样.如果开壳层中一个空间自旋轨道 $\phi_m\left(\phi_m=\varphi_m\sigma,\sigma=\alpha,\beta\right)$ 被一个电子占据，则开壳层中还余下 $(2q-1)$ 个自旋轨道和 $(N_2-1)$ 个电子. 这些电子可能分布成 $\varpi_1=\begin{pmatrix}2q-1\\N_2-1\end{pmatrix}$ 种形式，即有 $\varpi_1$ 个行列式中包含空间自旋轨道 $\phi_m$. 同样，如果开壳层中有两个空间自旋轨道 $\phi_m$、$\phi_t$ 被占据，则可能构成行列式的数目为 $\varpi_2=\begin{pmatrix}2q-2\\N_2-2\end{pmatrix}$，亦即有 $\varpi_2$ 个行列式中包含空间自旋轨道 $\phi_m$、$\phi_t$. 于是，可求得开壳层部分对能量平均值的贡献为

$$\begin{aligned}\bar{E}_{\mathrm{o}}&=\varpi^{-1}\left\{\varpi_1\sum_{m=1}^{2q}\left\langle\phi_m\left|\hat{h}_1\right|\phi_m\right\rangle+\varpi_2\sum_{k<l}^{2q}\left[\left\langle\phi_m\phi_l\left|g_{12}\right|\phi_m\phi_l\right\rangle-\left\langle\phi_m\phi_l\left|g_{12}\right|\phi_l\phi_m\right\rangle\right]\right\}\\&=\varpi^{-1}\left\{\varpi_1\sum_{m=1}^{q}2\left\langle\varphi_m\left|\hat{h}_1\right|\varphi_m\right\rangle+\varpi_2\sum_{k,l}^{q}\left[2\left\langle\varphi_m\varphi_l\left|g_{12}\right|\varphi_m\varphi_l\right\rangle-\left\langle\varphi_m\varphi_l\left|g_{12}\right|\varphi_l\varphi_m\right\rangle\right]\right\}\end{aligned} \tag{2.6.84}$$

上式最后一步表示对开壳层的空间轨道求和. 最后考虑开壳层和闭壳层之间的相互作用. 由于开、闭壳层之间的空间轨道已假定正交，故开、闭壳层之间只有双电子算符 $g_{12}$ 的矩阵元，且在 $g_{12}$ 的矩阵元中开、闭壳层各提供一个轨道. 根据上面的讨论，这样的行列式有 $\varpi_1$ 个，于是有

$$\begin{aligned}\bar{E}_{\mathrm{oc}}&=\varpi^{-1}\varpi_1\sum_{k=1}^{2p}\sum_{m=1}^{2q}\left[\left\langle\varphi_k\varphi_m\left|g_{12}\right|\varphi_k\varphi_m\right\rangle-\delta\left(m_{s_k}m_{s_m}\right)\left\langle\varphi_k\varphi_m\left|g_{12}\right|\varphi_m\varphi_k\right\rangle\right]\\&=\varpi^{-1}\varpi_1\sum_{k=1}^{p}\sum_{m=1}^{q}\left[4\left\langle\varphi_k\varphi_m\left|g_{12}\right|\varphi_k\varphi_m\right\rangle-2\left\langle\varphi_k\varphi_m\left|g_{12}\right|\varphi_m\varphi_k\right\rangle\right]\end{aligned} \tag{2.6.85}$$

注意：由于求和指标 $k$、$m$ 分别标记闭壳层和开壳层轨道，因此没有 $k<m$ 的限制. 当求和上限减半时，会出现因子 4. 将式(2.6.83)、式(2.6.84)和式(2.6.85)相加，就得到多电子体系的平均能量 $\bar{E}$，即

$$\begin{aligned}\bar{E}=&\sum_{k=1}^{p}2\left\langle\varphi_k\left|\hat{h}_1\right|\varphi_k\right\rangle+\sum_{k,l}^{p}\left[2\left\langle\varphi_k\varphi_l\left|g_{12}\right|\varphi_k\varphi_l\right\rangle-\left\langle\varphi_k\varphi_l\left|g_{12}\right|\varphi_l\varphi_k\right\rangle\right]\\&+\frac{N_2}{2q}\left\{\sum_{m=1}^{q}2\left\langle\varphi_m\left|\hat{h}_1\right|\varphi_m\right\rangle+\frac{N_2-1}{2q-1}\sum_{m,t}^{q}\left[2\left\langle\varphi_m\varphi_t\left|g_{12}\right|\varphi_m\varphi_t\right\rangle-\left\langle\varphi_m\varphi_t\left|g_{12}\right|\varphi_t\varphi_m\right\rangle\right]\right\}\\&+\frac{N_2}{q}\sum_{k=1}^{p}\sum_{m=1}^{q}\left[2\left\langle\varphi_k\varphi_m\left|g_{12}\right|\varphi_k\varphi_m\right\rangle-\left\langle\varphi_k\varphi_m\left|g_{12}\right|\varphi_m\varphi_k\right\rangle\right]\end{aligned} \tag{2.6.86}$$

式中，用 $k$、$l(=1,\cdots,p)$ 标记闭壳层空间轨道，用 $m$、$t(=1,\cdots,q)$ 标记开壳层空间轨道. 与式(2.6.23)比较，只要取

$$\nu=\frac{N_2}{2q},\qquad a=b=\frac{(N_2-1)}{(2q-1)}\frac{2q}{N_2} \tag{2.6.87}$$

则两式完全相同. 因此，可以按照谱项能量变分法的推导方法得到 Slater 平均化方法下的 Hartree-Fock 方程，即得到使组态平均能量取极值的单电子态(轨道)所满足的方程. 然后，用这些轨道建造谱项波函数，进而求得谱项能量. 值得注意的是，用这种轨道得到的谱项能量一般不是谱项能量的极值. 相关内容不再做进一步讨论.

最后，将式(2.6.86)与闭壳层和开壳层的结果做比较. 若 $N_2=0$ (或 $N_2=2q$ )，此时为闭壳层，式(2.6.86)也回到式(2.1.24)，因此式(2.6.86)与闭壳层结果一致. 但是对于开壳层来说，式(2.6.86)与式(2.6.23)并没有直接对应关系，这是因为式(2.6.86)是对所有对角元之和做平均得到的，这意味着要对所有谱项能量求平均，而且要计及每一谱项的简并度. 式(2.6.23)则仅对一个谱项中自旋分量相同的态求能量平均. 因此，当开壳层组态中仅包含一个谱项时，两者才可能有对应关系. 例如，当 $N_2=q$ 时，电子可能分布成 $\begin{pmatrix}2q\\q\end{pmatrix}$ 种形式，包含若干谱项，前面讨论的电子组态 $(\mathrm{a}_1)^2(\mathrm{t}_2)^3$ 就是一例，其中包含谱项 $^2T_1$ 、$^2T_2$ 、$^4A_2$ 和 $^2E$ . 半充满并且自旋平行只是 $\begin{pmatrix}2q\\q\end{pmatrix}$ 种电子分布方式中的一种分布方式，相应的行列式属于 $^4A_2$ 谱项. 因此，用 $N_2=q$ 代入式(2.6.86)并不能与式(2.6.23)半充满且自旋平行时 $\nu=\frac{1}{2}$, $a=1$, $b=2$ 相对应. 对于电子组态 $(\mathrm{a}_1)^2(\mathrm{t}_2)^3$ 这一特例来说，$\nu=\frac{1}{2}$, $a=1$, $b=2$ 仅适用于 $^4A_2$ 谱项，而不适用于 $^2T_1$ 、$^2T_2$ 、$^4A_2$ 和 $^2E$ 的平均能量. 这就是式(2.6.86)与式(2.6.23)的区别.

## 2.7　多电子原子体系 Hartree-Fock 方程的求解

多电子原子体系有开、闭两种壳层结构，要分别用不同的 Hartree-Fock 方程处理. Hartree-Fock 方程是在单电子近似的基础上导出的，根据 1.6 节的讨论，对于原子体系，除了单电子近似之外又增加了中心场近似，这时势场具有球对称性，原子轨道即 Hartree-Fock 方程

$$\hat{F}_i\varphi_i=\varepsilon_i\varphi_i$$

的解具有如下形式

$$\phi_{nlm_lm_s}=R_{nl}(r)Y_{lm_l}(\theta\varphi)\sigma \tag{2.7.1}$$

闭壳层体系的电荷分布是球形对称的，势场本来就具有球对称性，因此中心场近似不是额外引入的简化，但对开壳层体系则是额外引入的简化，是对真实势场的球形平均.

从式(2.7.1)可以看出，原子轨道的角度部分是已知的，未知的只是径向部分. 将式(2.7.1)代入 Hartree-Fock 方程，就可得到径向部分所满足的方程，这时 Hartree-Fock 方程就变为单变量的二阶微分方程，这种方程可以用数值方法求解.

我们仅以闭壳层组态为例来说明有关的物理思想. Hartree 首先给出了闭壳层原子体系的径向方程[11]，但它并不是将式(2.7.1)直接代入 Hartree-Fock 方程，而是通过对总能量变分得到

径向方程的. 将式(2.7.1)代入能量表达式，在保持 $P_{n_il_i}(r)=rR_{n_il_i}(r)$ 正交的条件下对能量变分，可以得到能量取极值时的径向 Hartree-Fock 方程

$$\left[-\frac{1}{2}\frac{\mathrm{d}^2}{\mathrm{d}r^2}+\frac{1}{2}Q_{n_il_i}(r)\right]P_{n_il_i}(r)=\varepsilon_{n_il_i}P_{n_il_i}(r)+\frac{1}{r}X_{n_il_i}(r) \tag{2.7.2}$$

其中

$$Q_{n_il_i}(r)=\frac{l_i(l_i+1)}{r^2}-\frac{2}{r}\left[Z-\sum_j(4l_j+2)Y_0(n_jl_j,n_jl_j/r)\right] \tag{2.7.3}$$

$$X_{n_il_i}(r)=\sum_j\sqrt{\frac{2l_j+1}{2l_i+1}}\sum_k c^k(l_i0,l_j0)Y_k(n_il_i,n_jl_j/r)P_{n_jl_j}(r) \tag{2.7.4}$$

且有

$$Y_k(n_il_i,n_jl_j/r)=\frac{1}{r^k}\int_0^r P_{n_il_i}(r')P_{n_jl_j}(r')\,r'^k\mathrm{d}r'+r^{k+1}\int_r^\infty P_{n_il_i}(r')P_{n_jl_j}(r')\,r'^{-k-1}\mathrm{d}r' \tag{2.7.5}$$

$$\begin{aligned}c^k(lm,l'm')&=\sqrt{\frac{2}{2k+1}}\left\langle\Theta_l^{|m|}\middle|\Theta_k^{|m-m'|}\middle|\Theta_{l'}^{|m'|}\right\rangle\\&=(-1)\left[m+|m|+m'+|m'|+(m-m')+|m-m'|\right]\\&\quad\times\sqrt{\frac{(k-|m-m'|)!}{(k+|m-m'|)!}}\sqrt{\frac{(l-|m|)!(2l+1)}{2(l+|m|)!}}\sqrt{\frac{(l'-|m'|)!(2l'+1)}{(l'+|m'|)!}}\\&\quad\times\frac{1}{2}\int_{-1}^1 P_l^{|m|}(x)P_{l'}^{|m'|}(x)P_k^{|m-m'|}(x)\mathrm{d}x\end{aligned} \tag{2.7.6}$$

式中，$\Theta_l^m$ 为归一化连带 Legendre 函数，是球谐函数 $Y_{lm}(\theta,\varphi)$ 的 $\theta$ 部分.

$$\Theta_l^{|m|}=(-1)^{|m|}\sqrt{\frac{(l-|m|)!(2l+1)}{2(l+|m|)!}}P_l^{|m|}(\cos\theta) \tag{2.7.7}$$

式中，$\varepsilon_{n_il_i}$ 为原子轨道能量，$Z$ 为核电荷数.

方程(2.7.2)是一个非线性的积分微分方程，只能用迭代方法求解，因此求解过程是相当繁琐琐的. 当用数值方法求解时得到的是径向函数的数值表，即以表格形式给出当 $r$ 取某值时相应的 $P_{n_il_i}(r)$ 的函数值. 对这种函数的微分、积分等运算，需要用数值计算方法进行. 20 世纪 50 年代之前，由于计算条件的限制，量子化学计算大多是围绕原子的电子结构开展的，求解原子的径向 Hartree-Fock 方程是其中的一项主要工作.

开壳层体系 Hartree-Fock 方程的求解问题不再讨论，因为有些内容已经过时. 本节的目的是梳理量子化学发展的历史脉络，并不是系统介绍径向方程的求解方法. 事实上，本节内容仅仅是为 2.8 节介绍 Roothaan 方程所做的铺垫.

## 2.8　闭壳层体系的 Hartree-Fock-Roothaan 方程

### 2.8.1　LCAO-MO 近似

方程(2.5.1)为闭壳层体系的 Hartree-Fock 方程，为了本节引用方便，将该方程重新写出，

$$\hat{F}_i(1)\left|\varphi_i(1)\right\rangle=\varepsilon_i\left|\varphi_i(1)\right\rangle,\qquad i=1,2,\cdots,\frac{N}{2} \tag{2.8.1}$$

其中

$$\hat{F}_i(1)=\hat{h}_1+\sum_{j=1}^{\frac{N}{2}}2\left\langle\varphi_j(2)\right|g_{12}\left|\varphi_j(2)\right\rangle-\sum_{j=1}^{\frac{N}{2}}\left\langle\varphi_j(2)\right|g_{12}\left|\varphi_i(2)\right\rangle\frac{\varphi_j(1)}{\varphi_i(1)}$$

$$\hat{h}_1=-\frac{1}{2}\nabla_1^2-\sum_a\frac{Z_a}{r_{a1}}$$

这是一个积分微分方程组，每个方程中都包含一个电子的 3 个空间坐标. 根据 2.7 节的讨论，在中心场近似下，原子的势场具有球对称性，其 Hartree-Fock 方程可以简化成径向方程，用数值方法求解，而分子体系不具有球对称性，Hartree-Fock 方程不能简化成径向方程. 除了双原子分子外，用数值方法求解分子体系的 Hartree-Fock 方程至少在目前是不现实的. 而且，用数值方法求解得到的是原子、分子轨道的数值表，不能直接得到原子、分子轨道的解析表达式，因此不便于应用. 为了克服以上困难，我们将分子轨道按某个选定的完备基函数集合 $\left\{\chi_\mu,\mu=1,2,\cdots\right\}$ 展开，

$$\varphi_i=\sum_{\nu}^{m}c_{\nu i}\chi_\nu\ ,\qquad i=1,2,\cdots,\frac{N}{2} \tag{2.8.2}$$

基函数集合 $\left\{\chi_\nu,\nu=1,2,\cdots\right\}$ 简称基组，适当选取基组，可以用有限项展开式按一定精确度要求逼近精确的分子轨道. 这样，分子轨道的求解就转化为展开系数的求解，Hartree-Fock 方程就从一组非线性的积分-微分方程转化为一组数目有限的代数方程——Hartree-Fock-Roothaan 方程. 对于原子体系，当然也可以这样做，对于分子体系，则必须这样做.

基组的选择是任意的，总的原则是“提高效率”，即要求基函数的数目尽可能小，而精度尽可能高. 氢分子离子的计算结果表明，可以将基组选为分子中所含原子的原子轨道的集合，从而将分子轨道表达为原子轨道的线性组合，即采用 LCAO-MO(linear combination of atomic orbital-molecular orbital)方法. 这种选择是合理的，首先，分子是由原子相互作用形成的，而原子的相互作用表现为原子轨道的相互作用；其次，当原子组成分子时，原子的内层电子分布变化很小，即内层轨道变化较小，只有价层轨道变化较大. LCAO 方法能够只用很小的基组就可以将分子轨道的主要特征表达出来，这是其他基组做不到的. 另外，LCAO 方法还能将分子的性质和原子的性质联系起来，这对于寻找化学现象的规律很有帮助. 不过，从计算量子化学的角度看，用精确的原子轨道做基函数并不是最有效的，因为分子轨道毕竟不是原子轨道的简单叠加. 由于原子形成分子时，价电子层电荷分布有较大变化，所以不一定非要用原子轨道作为基函数，只要效率高，选择其他形式的基组也是完全可以的.

### 2.8.2 闭壳层体系 Hartree-Fock-Roothaan 方程的推导及求解

由以上讨论可知，Hartree-Fock-Roothaan 方程实际上就是 Hartree-Fock 方程在所选基函数张成的空间中的矩阵表示，因此只要将 Hartree-Fock 方程中的算符和分子轨道用矩阵表示出来，就可得到 Hartree-Fock-Roothaan 方程.

有两种方法推导 Hartree-Fock-Roothaan 方程，一种是线性变分法，将线性展开式(2.8.2)代入闭壳层能量表达式(2.4.2)，于是能量成为式(2.8.2)中展开系数的泛函，在满足单粒子态正

交归一的条件下对系数变分，得到能量取极值时系数所满足的方程，即 Hartree-Fock-Roothaan 方程.

另一种方法是将式(2.8.2)代入 Hartree-Fock 方程式(2.8.1)，不需要再做变分，直接就能得到 Hartree-Fock-Roothaan 方程，我们在 2.3 节已详细讨论过这样做的理论依据. 事实上，Hartree-Fock 方程(2.8.1)本来就是经过变分得到的，满足该方程的轨道必定是使能量取极值的轨道. 因此,满足 Hartree-Fock 方程与上一段所说的线性变分法(对能量泛函变分)是等价的. 我们现在就采用第二种方法推导 Hartree-Fock-Roothaan 方程.

将式(2.8.2)代入式(2.8.1)，左乘 $\chi_\mu$ 并做积分，可得

$$\sum_\nu \left(F_{\mu\nu} - \varepsilon_i S_{\mu\nu}\right) c_{\nu i} = 0 \qquad \left(\mu = 1, \cdots, m;\ i = 1, 2, \cdots, \frac{N}{2}\right) \tag{2.8.3}$$

其中

$$F_{\mu\nu} = \left\langle \chi_\mu \middle| \hat{F}_i \middle| \chi_\nu \right\rangle = h_{\mu\nu} + G_{\mu\nu} \tag{2.8.4}$$

$$h_{\mu\nu} = \int \chi_\mu(1) \hat{h}(1) \chi_\nu(1) \mathrm{d}\tau_1 \tag{2.8.5}$$

$$\begin{aligned} G_{\mu\nu} &= \sum_\lambda \sum_\sigma \left( \sum_j c_{\sigma j} c_{\lambda j}^* \right) \left[ 2(\mu\nu|\lambda\sigma) - (\mu\sigma|\lambda\nu) \right] \\ &= \sum_\lambda \sum_\sigma \left[ 2(\mu\nu|\lambda\sigma) - (\mu\sigma|\lambda\nu) \right] P_{\sigma\lambda} \end{aligned} \tag{2.8.6}$$

$$S_{\mu\nu} = \int \chi_\mu(1) \chi_\nu(1) \mathrm{d}\tau_1 \tag{2.8.7}$$

$h_{\mu\nu}$、$G_{\mu\nu}$ 和 $S_{\mu\nu}$ 分别为单电子积分、双电子积分和重叠积分. 此外还有

$$P_{\sigma\lambda} = \sum_j^{\text{occ}} c_{\sigma j} c_{\lambda j}^* \tag{2.8.8}$$

$$(\mu\nu|\lambda\sigma) = \iint \chi_\mu(1) \chi_\nu(1) g_{12} \chi_\lambda(2) \chi_\sigma(2) \mathrm{d}\tau_1 \mathrm{d}\tau_2 \tag{2.8.9}$$

注意：记号 $(\mu\nu|\lambda\sigma)$ 中，左边两个基函数中都是电子 1 的坐标，右边则全是电子 2 的坐标，与记号 $\langle \varphi_i(1)\varphi_j(2) | g_{12} | \varphi_k(1)\varphi_l(2) \rangle$ [如式(2.4.2)中的记号]不同. 基组 $\{\chi_\nu, \nu = 1, 2, \cdots\}$ 不同，积分式(2.8.5)～式(2.8.7)就会有不同的表达式，Slater 函数和 Gauss 函数是最常用的两种基函数，我们将在第 3 章给出用这两种函数作基函数时，积分式(2.8.5)～式(2.8.7)的解析表达式，它们都可以写作级数和. 由于所有积分都可以写成级数和，可以很方便地通过计算机求算，因此方程(2.8.3)可以通过计算机求解. 方程(2.8.3)称为 Hartree-Fock-Roothaan(HFR)方程，可用矩阵形式表达为

$$\boldsymbol{Fc} = \boldsymbol{Sc\varepsilon} \tag{2.8.10}$$

$$\boldsymbol{F} = \boldsymbol{h} + \boldsymbol{G} \tag{2.8.11}$$

通常将 $\boldsymbol{F}$、$\boldsymbol{h}$ 和 $\boldsymbol{G}$ 矩阵分别称为 Fock 矩阵、Hamilton 矩阵和电子排斥矩阵，矩阵元分别按式(2.8.4)、式(2.8.5)和式(2.8.6)计算. 矩阵 $\boldsymbol{P} = [P_{\sigma\lambda}]$ 称为密度矩阵，$\boldsymbol{S} = [S_{\mu\nu}]$ 称为重叠矩阵. 式(2.8.10)是一个广义的本征值方程，$\boldsymbol{\varepsilon} \equiv [\varepsilon_i \delta_{ij}]$ 是 $\boldsymbol{F}$ 的广义本征值矩阵，$\boldsymbol{c}$ 是相应的广义本征轨道系数矩阵. 为了求解广义本征方程(2.8.10)，必须将该方程转化为标准的本征值方程，这样才能得到久期方程，进而求得系数和能量本征值，即分子轨道能量. 为此，我们需要引入

一个新的矩阵.

定义：若 $\boldsymbol{A}$ 为对称正定方阵，则它可以分解为三角矩阵 $\boldsymbol{B}$ 与其转置矩阵 $\boldsymbol{B}^{\mathrm{T}}$ 的乘积，称 $\boldsymbol{B}$ 为 $\boldsymbol{A}$ 的平方根矩阵，记作 $\boldsymbol{B}=\boldsymbol{A}^{\frac{1}{2}}$，即若 $\boldsymbol{B}\boldsymbol{B}^{\mathrm{T}}=\boldsymbol{A}$，则 $\boldsymbol{B}=\boldsymbol{A}^{\frac{1}{2}}$.

$\boldsymbol{B}$ 可取为上三角矩阵，也可取为下三角矩阵，视方便而定. 值得注意的是，矩阵是没有开方运算的，称 $\boldsymbol{B}$ 为 $\boldsymbol{A}$ 的平方根矩阵，只是一种约定术语，并不表示矩阵 $\boldsymbol{B}$ 由 $\boldsymbol{A}$ 开平方得到，只能通过矩阵乘法计算 $\boldsymbol{B}$ 的矩阵元，具体计算方法可参看相关文献[12]. 本节讨论将不涉及平方根矩阵的具体形式，因此不讨论平方根矩阵的矩阵元计算问题. 另外，平方根矩阵具有一般矩阵的所有性质，例如，$\boldsymbol{A}^{\frac{1}{2}}\left(\boldsymbol{A}^{\frac{1}{2}}\right)^{-1}=\left(\boldsymbol{A}^{\frac{1}{2}}\right)^{-1}\boldsymbol{A}^{\frac{1}{2}}=\boldsymbol{I}$，$\boldsymbol{I}$ 为单位矩阵.

显然，重叠矩阵 $\boldsymbol{S}=\left[S_{\mu\nu}\right]$ 为对称正定方阵，其逆矩阵 $\boldsymbol{S}^{-1}$ 当然也是对称正定方阵，因此有平方根矩阵 $\boldsymbol{S}^{\frac{1}{2}}$ 和 $\boldsymbol{S}^{-\frac{1}{2}}$，且有

$$\boldsymbol{S}=\boldsymbol{S}^{\frac{1}{2}}\left(\boldsymbol{S}^{\frac{1}{2}}\right)^{\mathrm{T}} \tag{2.8.12}$$

$$\boldsymbol{S}^{-1}=\boldsymbol{S}^{-\frac{1}{2}}\left(\boldsymbol{S}^{-\frac{1}{2}}\right)^{\mathrm{T}} \tag{2.8.13}$$

对于两个可逆矩阵 $\boldsymbol{G}$、$\boldsymbol{F}$ 乘积的逆，有 $(\boldsymbol{G}\boldsymbol{F})^{-1}=\boldsymbol{F}^{-1}\boldsymbol{G}^{-1}$，于是由式(2.8.12)有

$$\boldsymbol{S}^{-1}=\left(\left(\boldsymbol{S}^{\frac{1}{2}}\right)^{\mathrm{T}}\right)^{-1}\left(\boldsymbol{S}^{\frac{1}{2}}\right)^{-1}$$

与式(2.8.13)比较，可得

$$\left(\boldsymbol{S}^{\frac{1}{2}}\right)^{-1}=\left(\boldsymbol{S}^{-\frac{1}{2}}\right)^{\mathrm{T}},\qquad \left(\left(\boldsymbol{S}^{\frac{1}{2}}\right)^{\mathrm{T}}\right)^{-1}=\boldsymbol{S}^{-\frac{1}{2}} \tag{2.8.14}$$

故有

$$\boldsymbol{S}^{-\frac{1}{2}}\left(\boldsymbol{S}^{-\frac{1}{2}}\right)^{-1}=\boldsymbol{S}^{-\frac{1}{2}}\left(\boldsymbol{S}^{\frac{1}{2}}\right)^{\mathrm{T}}=\boldsymbol{I},\qquad \left(\boldsymbol{S}^{-\frac{1}{2}}\right)^{\mathrm{T}}\boldsymbol{S}\boldsymbol{S}^{-\frac{1}{2}}=\boldsymbol{I} \tag{2.8.15}$$

式中，$\boldsymbol{I}$ 为单位矩阵. 以 $\left(\boldsymbol{S}^{-\frac{1}{2}}\right)^{\mathrm{T}}$ 左乘方程(2.8.10)，并插入单位矩阵 $\boldsymbol{S}^{-\frac{1}{2}}\left(\boldsymbol{S}^{\frac{1}{2}}\right)^{\mathrm{T}}$，有

$$\left(\boldsymbol{S}^{-\frac{1}{2}}\right)^{\mathrm{T}}\boldsymbol{F}\boldsymbol{S}^{-\frac{1}{2}}\left(\boldsymbol{S}^{\frac{1}{2}}\right)^{\mathrm{T}}\boldsymbol{c}=\left(\boldsymbol{S}^{-\frac{1}{2}}\right)^{\mathrm{T}}\boldsymbol{S}\boldsymbol{S}^{-\frac{1}{2}}\left(\boldsymbol{S}^{\frac{1}{2}}\right)^{\mathrm{T}}\boldsymbol{c}\boldsymbol{\varepsilon} \tag{2.8.16}$$

令

$$\boldsymbol{F}^{\tau}=\left(\boldsymbol{S}^{-\frac{1}{2}}\right)^{\mathrm{T}}\boldsymbol{F}\boldsymbol{S}^{-\frac{1}{2}} \tag{2.8.17}$$

$$c^{\tau}=\left(S^{\frac{1}{2}}\right)^{\mathrm{T}}c \tag{2.8.18}$$

利用式(2.8.15)第二式，可得 Hartree-Fock-Roothaan 方程的本征形式

$$F^{\tau}c^{\tau}=c^{\tau}\varepsilon \tag{2.8.19}$$

解方程(2.8.19)就是要得到正交归一化的分子轨道以及轨道能级，即要求系数 $c^{\tau}$ 满足

$$\left(c^{\tau}\right)^{+}c^{\tau}=I\,,\quad \left(c^{\tau}\right)^{+}F^{\tau}c^{\tau}=\varepsilon \tag{2.8.20}$$

式中，$\left(c^{\tau}\right)^{+}$ 为 $c^{\tau}$ 的转置共轭矩阵.

式(2.8.19)已在形式上转化为标准本征值方程，从式(2.8.17)和式(2.8.18)可以看到，式(2.8.19)与式(2.8.3)中所包含的基函数积分是相同的，这些积分都由式(2.8.5)～式(2.8.7)给出. 由式(2.8.8)可见，Fock 矩阵本身是分子轨道组合系数$\{c_{\mu i}\}$的二次函数，因此式(2.8.19)实际上是关于组合系数$\{c_{\mu i}\}$的三次方程，目前只能用迭代方法求得自洽解. 虽然求解过程仍然比较复杂，但比 Hartree-Fock 方程的求解容易多了，因为 Hartree-Fock 方程是积分微分方程. 当然，对于 Hartree-Fock 方程来说，Hartree-Fock-Roothaan 方程的解只是近似的，因为要精确逼近 Hartree-Fock 方程的解，展开式(2.8.2)必须包含无限多项，而实际上只能取有限项. 通常将严格满足 Hartree-Fock 方程的解称为 Hartree-Fock 轨道，而将在选定的有限基组下满足 Hartree-Fock-Roothaan 方程的解称为自洽场分子轨道. 自洽场轨道的极限精确值就是 Hartree-Fock 轨道. 目前，除极简单的分子外，严格的 Hartree-Fock 分子轨道是得不到的. 通常将精确度足够高的自洽场轨道称为近似 Hartree-Fock 轨道(near Hartree-Fock orbital).

下面进一步讨论式(2.8.18)所做的变换. 将式(2.8.2)写成矩阵形式

$$\varphi=\chi c \tag{2.8.21}$$

式中，$\varphi=\left(\varphi_1,\varphi_2,\cdots,\varphi_{\frac{N}{2}}\right)$为分子轨道行矩阵；$\chi=(\chi_1,\chi_2,\cdots,\chi_m)$为基组行矩阵；$c=(c_1,c_2,\cdots,c_m)$为系数矩阵，它的任一列 $c_i$ 是分子轨道 $\varphi_i$ 的组合系数，其转置行矩阵为$(c_i)^{\mathrm{T}}=(c_{1i},c_{2i},\cdots,c_{mi})$. 由式(2.8.18)并利用式(2.8.14)第二式，有

$$c=S^{-\frac{1}{2}}c^{\tau} \tag{2.8.22}$$

代入式(2.8.21)，有

$$\varphi=\chi S^{-\frac{1}{2}}c^{\tau} \tag{2.8.23}$$

令

$$\chi^{\tau}=\chi S^{-\frac{1}{2}} \tag{2.8.24}$$

有

$$\varphi=\chi^{\tau}c^{\tau} \tag{2.8.25}$$

$\chi^{\tau}=\left(\chi_1^{\tau},\chi_2^{\tau},\cdots,\chi_m^{\tau}\right)$是由原来的基组行矩阵 $\chi$ 经变换得到的新基组行矩阵，有

$$\left\langle \chi_{\mu}^{\tau} \middle| \chi_{\nu}^{\tau} \right\rangle = \left\langle \sum_{\lambda} \chi_{\lambda} \left( \boldsymbol{S}^{-\frac{1}{2}} \right)_{\mu\lambda}^{\mathrm{T}} \middle| \sum_{\sigma} \chi_{\sigma} \left( \boldsymbol{S}^{-\frac{1}{2}} \right)_{\sigma\nu} \right\rangle$$
$$= \sum_{\lambda} \sum_{\sigma} \left( \boldsymbol{S}^{-\frac{1}{2}} \right)_{\mu\lambda}^{\mathrm{T}} \boldsymbol{S}_{\lambda\sigma} \left( \boldsymbol{S}^{-\frac{1}{2}} \right)_{\sigma\nu} = \left[ \left( \boldsymbol{S}^{-\frac{1}{2}} \right)^{\mathrm{T}} \boldsymbol{S} \boldsymbol{S}^{-\frac{1}{2}} \right]_{\mu\nu} = \delta_{\mu\nu} \tag{2.8.26}$$

因此，$\boldsymbol{\chi}^{\tau} = \left( \chi_1^{\tau}, \chi_2^{\tau}, \cdots, \chi_m^{\tau} \right)$为正交归一化基组. 变换式(2.8.24)是 Lowding 提出的对称正交化方法的表达式[13]. 式(2.8.10)是 Hartree-Fock 方程在非正交基组$\boldsymbol{\chi} = (\chi_1, \chi_2, \cdots, \chi_m)$所张成的空间中的表示，而式(2.8.19)则是 Hartree-Fock 方程在正交归一化基组$\boldsymbol{\chi}^{\tau} = \left( \chi_1^{\tau}, \chi_2^{\tau}, \cdots, \chi_m^{\tau} \right)$所张成的空间中的表示. 它们是 Hartree-Fock-Roothaan 方程的两种形式.

式(2.8.23)和式(2.8.25)给出了分子轨道的两种组合方式，式(2.8.25)中，$\boldsymbol{c}^{\tau}$是式(2.8.19)的解，它们是分子轨道在正交归一化基组$\boldsymbol{\chi}^{\tau} = \left( \chi_1^{\tau}, \chi_2^{\tau}, \cdots, \chi_m^{\tau} \right)$下的组合系数，而分子轨道在非正交基组$\boldsymbol{\chi} = (\chi_1, \chi_2, \cdots, \chi_m)$下的组合系数为$\boldsymbol{c} = \boldsymbol{S}^{-\frac{1}{2}} \boldsymbol{c}^{\tau}$，如式(2.8.22)所示.

### 2.8.3 电子总能量

求得本征值$\varepsilon$和本征矢$c^{\tau}$后，即可计算体系的电子总能量$E$. 式(2.4.34)给出了电子总能量与分子轨道积分的关系

$$E = \sum_{i=1}^{N} h_{ii} + \frac{1}{2} \sum_{i=1}^{N} G_i = \sum_{i=1}^{N/2} 2h_{ii} + \sum_{i=1}^{N/2} G_i \tag{2.8.27}$$

其中

$$h_{ii} = \left\langle \varphi_i(1) \middle| \hat{h}_1 \middle| \varphi_i(1) \right\rangle \tag{2.8.28}$$

$$G_i = \sum_{j=1}^{N/2} \left[ 2\left\langle \varphi_i(1) \middle| \hat{J}_j(1) \middle| \varphi_i(1) \right\rangle - \left\langle \varphi_i(1) \middle| \hat{K}_j(1) \middle| \varphi_i(1) \right\rangle \right] \tag{2.8.29}$$

将式(2.8.2)代入，引用式(2.8.4)～式(2.8.9)的记号，有

$$E = \sum_{i=1}^{N/2} \sum_{\mu=1}^{m} \sum_{\nu=1}^{m} 2c_{\mu i}^{*} h_{\mu\nu} c_{\nu i} + \sum_{i=1}^{N/2} \sum_{j=1}^{N/2} \sum_{\mu=1}^{m} \sum_{\lambda=1}^{m} \sum_{\nu=1}^{m} \sum_{\sigma=1}^{m} c_{\mu i}^{*} c_{\nu i} c_{\lambda j}^{*} c_{\sigma j} \left[ 2(\mu\nu|\lambda\sigma) - (\mu\sigma|\lambda\nu) \right] \tag{2.8.30}$$

上式就是我们在 2.8.2 节第二段中提到的作为分子轨道展开系数泛函的能量表达式，由此式出发，结合轨道正交归一化条件，通过对系数的变分也可以导出 Hartree-Fock-Roothaan 方程(2.8.10)或方程(2.8.19). 式(2.8.30)可写为

$$E = 2\mathrm{Tr}(\boldsymbol{Ph}) + \mathrm{Tr}(\boldsymbol{PG}) \tag{2.8.31}$$

式(2.8.30)给出了电子总能量与基组矩阵元的关系. 由式(2.8.20)第二式可得

$$\mathrm{Tr}\left( \left( \boldsymbol{c}^{\tau} \right)^{+} \boldsymbol{F}^{\tau} \boldsymbol{c}^{\tau} \right) = \sum_{i}^{\mathrm{occ}} \left( \left( \boldsymbol{c}^{\tau} \right)^{+} \boldsymbol{F}^{\tau} \boldsymbol{c}^{\tau} \right)_{ii} = \sum_{i}^{\mathrm{occ}} \varepsilon_i = \mathrm{Tr}\boldsymbol{\varepsilon} \tag{2.8.32}$$

将式(2.8.19)代入，注意：矩阵转置运算$(\boldsymbol{GF})^{\mathrm{T}} = \boldsymbol{F}^{\mathrm{T}} \boldsymbol{G}^{\mathrm{T}}$，并利用式(2.8.16)，有

$$\sum_i^{\mathrm{occ}}\sum_\mu\sum_\nu\left(S^{-\frac{1}{2}}c^\tau\right)_{i\mu}^{\mathrm{T}}F_{\mu\nu}\left(S^{-\frac{1}{2}}c^\tau\right)_{\nu i}=\sum_i^{\mathrm{occ}}\sum_\mu\sum_\nu c_{i\mu}^*F_{\mu\nu}c_{\nu i}=\sum_i^{\mathrm{occ}}\varepsilon_i \tag{2.8.33}$$

利用式(2.8.8)，有

$$\sum_\mu\sum_\nu P_{\nu\mu}F_{\mu\nu}=\sum_i^{\mathrm{occ}}\varepsilon_i \tag{2.8.34}$$

式中

$$P_{\nu\mu}=\sum_i c_{i\mu}^*c_{\nu i}=\sum_i\left(S^{-\frac{1}{2}}c^\tau\right)_{i\mu}^{\mathrm{T}}\left(S^{-\frac{1}{2}}c^\tau\right)_{\nu i} \tag{2.8.35}$$

可写作

$$\mathrm{Tr}(\boldsymbol{PF})=\mathrm{Tr}\boldsymbol{\varepsilon} \tag{2.8.36}$$

对 $\boldsymbol{\varepsilon}$ 的求迹只计及占据轨道. 由于 $\hat{F}=\hat{h}+\hat{G}$ ，利用式(2.8.31)，电子总能量又可通过轨道能量表示为

$$E=\mathrm{Tr}\boldsymbol{\varepsilon}+\mathrm{Tr}(\boldsymbol{Ph})=2\mathrm{Tr}\boldsymbol{\varepsilon}-\mathrm{Tr}(\boldsymbol{PG}) \tag{2.8.37}$$

式(2.8.37)给出了电子总能量与轨道能量的关系，由该式可见，电子总能量并不等于电子的轨道能量之和，而是要减去电子的排斥能 $\sum_\mu\sum_\nu P_{\nu\mu}G_{\mu\nu}$ . 这是因为在计算每个电子的轨道能量时都考虑到其他电子的排斥作用，在全部电子的轨道能量之和中，每对电子的排斥能就被计算了两次. 因此，计算体系电子的总能量时应该从轨道能量之和中减去多计算的电子排斥能.

### 2.8.4　定域分子轨道

Hartree-Fock-Roothaan(HFR)方程(2.8.10)或方程(2.8.19)是由正则 Hartree-Fock 方程(2.8.1)导出的，所得的轨道为正则分子轨道. 正则分子轨道是分子所属对称群不可约表示的基，具有正确的变换性质，轨道能级通过 Koopmans 定理与光谱数据对应，具有明确的物理意义. 但是，正则分子轨道通常是离域的，即分子中所有原子的原子轨道都可能出现在展开式(2.8.2)中，因此，正则分子轨道的电子云一般不会定域在两个或者几个(对于多中心键而言)成键原子所在的区域，而可能在分子中所有原子的周围都有分布，这与化学键图像不符，不能很好地描述化学键. 而化学键是一个非常有用的概念，化学键具有可移植性和加和性，这就是说不论出现在何种分子中，很多化学键的键能基本不变，总的键能基本上等于各键能之和. 为了便于讨论化学键，需要定域分子轨道，定域分子轨道基本上由参与成键的原子轨道组合而成，其电子云基本上仅分布于成键原子的周围，与化学键图像相符. 以甲烷分子( $CH_4$ )为例，式(1.10.45)给出了该分子的基态电子组态，即

$$(1\mathrm{a}_1)^2(2\mathrm{a}_1)^2(1\mathrm{t}_2)^6$$

式中，$\mathrm{a}_1$、$\mathrm{t}_2$ 都是离域的正则分子轨道，其中空间轨道 $\mathrm{a}_1$ 是不简并的，而 $\mathrm{t}_2$ 则是三重简并的，轨道 $\mathrm{a}_1$ 和 $\mathrm{t}_2$ 不等价. 但化学上认定的成键图像是，甲烷分子中除了 C 原子 $1\mathrm{s}^2$ 电子外，还有 4 个等价的C—H 键. 我们希望得到 4 个等价的定域分子轨道，每个定域分子轨道对应一个C—H 键.

有两种方法可以得到定域分子轨道，一种方法是直接求解包含定域势或定域分子轨道的单电子运动方程，例如，将分子分成若干区，在每个区中选取中心位于该区内的基函数，由这些

基函数直接(不做组合)构成变分空间，给出相应的能量表达式，然后通过能量极小化即可求得定域在该区内的轨道. 这种方法的计算精度较低，任意性大，适用范围有限；另一种方法是首先求解正则 Hartree-Fock 方程得到正则分子轨道，然后通过适当的线性变换将正则分子轨道变换为定域分子轨道. 这种方法的依据是，行列式波函数对于任意酉变换不变，对于任意的非奇异线性变换实际上也是不变的，下面将对此做出较为详细的讨论. 无论采用哪种方法得到定域分子轨道，都涉及定域标准或定域准则问题. 因为有了定域标准之后，才能确定从正则轨道到定域轨道的变换矩阵或者有关的单电子运动方程. 已经提出了多种定域准则，这些准则大体上可以分为两类，一类为外部定域准则，即人为指定定域轨道的形状和位置，显然这种准则有很大的任意性；另一类为内禀定域准则，包括轨道重心距离平方和最大的互斥轨道定域准则及轨道内部电子 Coulomb 排斥能之和最大的能量定域准则等. 我们不再详细讨论，可参看相关文献[14].

下面具体讨论线性变换(包括酉变换和一般非奇异线性变换)对行列式波函数和单电子波函数(轨道)的影响. 我们的结论是：线性变换不改变行列式波函数，因而不改变对量子体系的整体描述，但经线性变换后，单电子波函数及其性质将发生根本性变化.

下面比较非正则 Hartree-Fock 方程(2.4.12)和正则 Hartree-Fock 方程(2.8.1). 为便于讨论，我们将正则和非正则分子轨道分别记作 $\varphi_i$ 和 $\varphi_i'$. 方程(2.4.12)表示，Fock 算符作用于单电子空间函数 $\varphi_i'$ 得到的单电子空间函数 $F_i\varphi_i'$ 是具有相同自旋的单电子空间函数的线性组合，因此可将方程(2.4.12)改写为

$$\hat{F}_i(1)\varphi_i'(1)=\sum_{j=1}^{N/2}\varepsilon_{ij}\varphi_j'(1),\qquad i=1,2,\cdots,\frac{N}{2}\tag{2.8.38}$$

求和只涉及具有相同自旋的轨道，因此 $\delta\left(m_{s_i}m_{s_j}\right)$ 可以去掉.

先讨论酉变换. 如果将正则分子轨道通过酉变换(在实空间为正交变换)转化为定域分子轨道，则所得的定域分子轨道是正交归一化的. 这样的定域分子轨道一定满足非正则 Hartree-Fock 方程，因为在非正则 Hartree-Fock 方程的推导过程中仅要求轨道是正交归一化的，因此任何正交归一化的轨道都满足非正则 Hartree-Fock 方程. 用 $\varphi_i$ 和 $\varphi_i'$ 分别左乘式(2.8.1)和式(2.8.38)两边并对电子坐标积分，将分别得到两组方程的矩阵形式

$$\begin{pmatrix}\langle\varphi_1|\hat{F}_1|\varphi_1\rangle & 0 & \cdots & 0\\ 0 & \langle\varphi_2|\hat{F}_2|\varphi_2\rangle & \cdots & 0\\ & \vdots & & \\ 0 & 0 & \cdots & \left\langle\varphi_{\frac{N}{2}}\middle|\hat{F}_{\frac{N}{2}}\middle|\varphi_{\frac{N}{2}}\right\rangle\end{pmatrix}=\begin{pmatrix}\varepsilon_1 & 0 & \cdots & 0\\ 0 & \varepsilon_2 & \cdots & 0\\ & \vdots & & \\ 0 & 0 & \cdots & \varepsilon_{\frac{N}{2}}\end{pmatrix}\tag{2.8.39}$$

$$\begin{pmatrix}\langle\varphi_1'|\hat{F}_1|\varphi_1'\rangle & \langle\varphi_1'|\hat{F}_2|\varphi_2'\rangle & \cdots & \left\langle\varphi_1'\middle|\hat{F}_{\frac{N}{2}}\middle|\varphi_{\frac{N}{2}}'\right\rangle\\ \langle\varphi_2'|\hat{F}_1|\varphi_1'\rangle & \langle\varphi_2'|\hat{F}_2|\varphi_2'\rangle & \cdots & \left\langle\varphi_2'\middle|\hat{F}_{\frac{N}{2}}\middle|\varphi_{\frac{N}{2}}'\right\rangle\\ & \vdots & & \\ \left\langle\varphi_{\frac{N}{2}}'\middle|\hat{F}_1\middle|\varphi_1'\right\rangle & \left\langle\varphi_{\frac{N}{2}}'\middle|\hat{F}_2\middle|\varphi_2'\right\rangle & \cdots & \left\langle\varphi_{\frac{N}{2}}'\middle|\hat{F}_{\frac{N}{2}}\middle|\varphi_{\frac{N}{2}}'\right\rangle\end{pmatrix}=\begin{pmatrix}\varepsilon_{11}' & \varepsilon_{12}' & \cdots & \varepsilon_{1\frac{N}{2}}'\\ \varepsilon_{21}' & \varepsilon_{22}' & \cdots & \varepsilon_{2\frac{N}{2}}'\\ & \vdots & & \\ \varepsilon_{\frac{N}{2}1}' & \varepsilon_{\frac{N}{2}2}' & \cdots & \varepsilon_{\frac{N}{2}\frac{N}{2}}'\end{pmatrix}\tag{2.8.40}$$

在正则 Hartree-Fock 方程(2.8.39)中，方程左右两边的矩阵都是对角矩阵，对角元就是分子轨道的能量. 而在非正则 Hartree-Fock 方程(2.8.40)中，方程左右两边的矩阵都是非对角矩阵，对角元 $\langle\varphi_i'|\hat{F}_i|\varphi_i'\rangle\left(i=1,2,\cdots,\dfrac{N}{2}\right)$ 不是分子轨道的能量，不具有单电子态能级的意义，而只是 Fock 算符 $\hat{F}_i$ 的平均值. 这一结果表明，经酉变换后得到的定域分子轨道没有确定的能级，而只是具有不同能量的正则分子轨道混合在一起的状态. 类似于杂化原子轨道，可以将定域分子轨道称为杂化分子轨道. 例如，前面提到的甲烷分子，可以通过正交变换，将 4 个正则分子轨道 $(2a_1,1t_2)$ 变换为定域在 C—H 键区域的 4 个定域分子轨道，这样的定域分子轨道不对应确定的单电子能级. 不过，由于两组轨道 $\varphi_i$ 和 $\varphi_i'$ 之间通过酉变换相联系，而酉变换不改变矩阵的迹，因此式(2.8.39)和式(2.8.40)左右两边的对角元之和相等，即有

$$\sum_{j=1}^{N/2}\langle\varphi_j|\hat{F}_j|\varphi_j\rangle=\sum_{j=1}^{N/2}\langle\varphi_j'|\hat{F}_j|\varphi_j'\rangle,\qquad \sum_{j=1}^{N/2}\varepsilon_j=\sum_{j=1}^{N/2}\varepsilon_{jj}' \tag{2.8.41}$$

再来看一般非奇异线性变换，即不附加正交化条件的非奇异线性变换. 如果通过这样的线性变换将正则分子轨道变换为定域分子轨道，所得的定域分子轨道不是正交化的. 这样的定域分子轨道不满足非正则 Hartree-Fock 方程，由于存在轨道间的重叠积分，式(2.8.41)也不再成立. 这就是说，就单电子能量而言，非正交的定域分子轨道比正交的定域分子轨道具有更高的“杂化度”.

举一个具体例子，为了讨论简单，假定两个正则轨道 $\varphi_1$、$\varphi_2$ 变换为两个定域轨道 $\chi_1$、$\chi_2$，并假定两个定域轨道是对称的(如 $H_2O$ 的两个 OH 键). 先看酉变换，即 $\chi_1$、$\chi_2$ 正交归一的情况，这时正则分子轨道与定域轨道的关系为

$$\varphi_1=\frac{1}{\sqrt{2}}(\chi_1+\chi_2),\qquad \varphi_2=\frac{1}{\sqrt{2}}(\chi_1-\chi_2) \tag{2.8.42}$$

$$\chi_1=\frac{1}{\sqrt{2}}(\varphi_1+\varphi_2),\qquad \chi_2=\frac{1}{\sqrt{2}}(\varphi_1-\varphi_2) \tag{2.8.43}$$

正交定域轨道 $\chi_1$、$\chi_2$ 满足非正则 Hartree-Fock 方程，于是有

$$\hat{F}\begin{pmatrix}\chi_1\\ \chi_2\end{pmatrix}=\begin{pmatrix}\langle\chi_1|\hat{F}|\chi_1\rangle & \langle\chi_1|\hat{F}|\chi_2\rangle\\ \langle\chi_2|\hat{F}|\chi_1\rangle & \langle\chi_2|\hat{F}|\chi_2\rangle\end{pmatrix}\begin{pmatrix}\chi_1\\ \chi_2\end{pmatrix} \tag{2.8.44}$$

正则分子轨道 $\varphi_1$、$\varphi_2$ 满足正则 Hartree-Fock 方程，于是有

$$\hat{F}\begin{pmatrix}\varphi_1\\ \varphi_2\end{pmatrix}=\begin{pmatrix}\varepsilon_1 & 0\\ 0 & \varepsilon_2\end{pmatrix}\begin{pmatrix}\varphi_1\\ \varphi_2\end{pmatrix} \tag{2.8.45}$$

由式(2.8.42)，有

$$\varepsilon_1=\langle\varphi_1|\hat{F}|\varphi_1\rangle=\frac{1}{2}\left[\langle\chi_1|\hat{F}|\chi_1\rangle+\langle\chi_2|\hat{F}|\chi_2\rangle+2\langle\chi_1|\hat{F}|\chi_2\rangle\right]$$

$$\varepsilon_2=\langle\varphi_2|\hat{F}|\varphi_2\rangle=\frac{1}{2}\left[\langle\chi_1|\hat{F}|\chi_1\rangle+\langle\chi_2|\hat{F}|\chi_2\rangle-2\langle\chi_1|\hat{F}|\chi_2\rangle\right] \tag{2.8.46}$$

于是有

$$\varepsilon_1+\varepsilon_2=\langle\chi_1|\hat{F}|\chi_1\rangle+\langle\chi_2|\hat{F}|\chi_2\rangle \tag{2.8.47}$$

可见，式(2.8.44)和式(2.8.45)的对角元之和相等. 通过这个例子我们验证了，在正则轨道和正交

归一化的定域轨道这样两种正交归一化基函数下，Fock 矩阵的对角元之和不变. 由式(2.8.43)有

$$\langle \chi_1|\hat{F}|\chi_1\rangle=\frac{1}{2}(\varepsilon_1+\varepsilon_2),\qquad \langle \chi_2|\hat{F}|\chi_2\rangle=\frac{1}{2}(\varepsilon_1+\varepsilon_2) \tag{2.8.48}$$

可见，定域轨道 $\chi_1$、$\chi_2$ 并不对应分子的单电子能级. 这就验证了前面的结论，即正交归一化的定域分子轨道没有确定的能级，而只是具有不同能量的正则轨道混合在一起的状态.

再来看一般非奇异线性变换，即两个定域轨道 $\chi_1$、$\chi_2$ 不正交的情况，为了简化记号，假定 $\chi_1$、$\chi_2$ 已经归一化，即重叠积分 $M_{ii}=\langle \chi_i|\chi_i\rangle=1$，但 $M_{ij}=\langle \chi_i|\chi_j\rangle\neq 0\ (i,j=1,2,\ i\neq j)$，这时，正则分子轨道与定域轨道的关系为

$$\varphi_1=\frac{1}{\sqrt{2(1+M_{12})}}[\chi_1+\chi_2],\qquad \varphi_2=\frac{1}{\sqrt{2(1-M_{12})}}[\chi_1-\chi_2] \tag{2.8.49}$$

$$\chi_1=\frac{1}{\sqrt{2}}\left\{\sqrt{1+M_{12}}\,\varphi_1+\sqrt{1-M_{12}}\,\varphi_2\right\},\quad \chi_2=\frac{1}{\sqrt{2}}\left\{\sqrt{1+M_{12}}\,\varphi_1-\sqrt{1-M_{12}}\,\varphi_2\right\} \tag{2.8.50}$$

由于不满足正交条件，因此 $\chi_1$、$\chi_2$ 不满足非正则 Hartree-Fock 方程. 由式(2.8.49)，可求得

$$\varepsilon_1=\langle \varphi_1|\hat{F}|\varphi_1\rangle=\frac{1}{2(1+M_{12})}\left[\langle \chi_1|\hat{F}|\chi_1\rangle+\langle \chi_2|\hat{F}|\chi_2\rangle+2\langle \chi_1|\hat{F}|\chi_2\rangle\right]$$

$$\varepsilon_2=\langle \varphi_2|\hat{F}|\varphi_2\rangle=\frac{1}{2(1-M_{12})}\left[\langle \chi_1|\hat{F}|\chi_1\rangle+\langle \chi_2|\hat{F}|\chi_2\rangle-2\langle \chi_1|\hat{F}|\chi_2\rangle\right] \tag{2.8.51}$$

于是有

$$\varepsilon_1+\varepsilon_2=\frac{1}{1-M_{12}^2}\left\{\langle \chi_1|\hat{F}|\chi_1\rangle+\langle \chi_2|\hat{F}|\chi_2\rangle-2M_{12}\langle \chi_1|\hat{F}|\chi_2\rangle\right\} \tag{2.8.52}$$

可见，非正交定域轨道的对角元之和与式(2.8.45)的对角元之和不再相等，即式(2.8.41)不再成立. 值得注意的是，这里讨论的是基函数 $\chi_i(i=1,2)$ 的对角元 $\langle \chi_i|\hat{F}|\chi_i\rangle$，而不是 Fock 算符 $\hat{F}$ 在基函数 $\{\chi_i,i=1,2\}$ 张成的空间上的表示矩阵的对角元. 在基函数非正交的情况下，表示矩阵的对角元中除基函数的对角元之外，还包括其他项. 易于验证，表示矩阵的对角元之和在相似变换下不变，即 Fock 算符 $\hat{F}$ 在基函数 $\{\chi_i,i=1,2\}$ 张成的空间上的表示矩阵的对角元之和正是式(2.8.52)的右边. 由式(2.8.50)可得

$$\langle \chi_1|\hat{F}|\chi_1\rangle=\frac{1}{2}\left[(1+M_{12})\varepsilon_1+(1-M_{12})\varepsilon_2\right]$$

$$\langle \chi_2|\hat{F}|\chi_2\rangle=\frac{1}{2}\left[(1+M_{12})\varepsilon_1+(1-M_{12})\varepsilon_2\right] \tag{2.8.53}$$

可见，非正交定域分子轨道没有确定的能级，与式(2.8.48)比较可见，就单电子能量而言，非正交定域分子轨道比正交化的定域分子轨道具有更高的“杂化度”.

以上讨论表明，经线性变换后，单电子波函数及其性质发生了根本性变化，但是，从式(2.8.42)和式(2.8.43)可以看到，正交归一化的定域轨道 $\chi_1$、$\chi_2$ 所组成的行列式与正则分子轨道 $\varphi_1$、$\varphi_2$ 所组成的行列式是完全相同的；从式(2.8.49)和式(2.8.50)可以看到，非正交的定域轨道 $\chi_1$、$\chi_2$ 所组成的行列式与正则分子轨道 $\varphi_1$、$\varphi_2$ 组成的行列式，仅归一化因子不同，实际上也是完全相同的. 这表明分子的总波函数不随分子轨道的线性变换而改变. 因此，通过线性变换联系起来的定域轨道和正则轨道对于由电子整体决定的分子性质的描述是完全等价的. 简言之，线性变换(包括酉变换和一般非奇异线性变换)不改变行列式波函数，因而不改变对量子体系的整体描述.

我们知道，正则轨道能够更好地反映分子中与单电子能量相关的性质，如电离能(Koopmans 定理)、激发能(激发能近似等于轨道能级差)等. 但从以上分析可以看到，定域轨道不适合描述与单电子能量有关的过程，因为定域轨道不对应单电子能级. 然而，定域轨道能够更直观地反映分子中电子云的空间分布，从而能够更好地描述分子的空间结构. 但对于由电子整体决定的分子性质的描述，两者是完全等价的.

近年来，大尺寸体系的线性标度算法以及一些相关能计算方法得到快速发展，这些算法实际上是建立在轨道定域的基础上的. 因此，随着大体系计算方法的发展，定域轨道引起理论化学界的更多重视. 正交化定域轨道带有“正交化尾巴”，即每一个正交化定域轨道除了主要分布的空间区域以外，在其他区域必须有少量分布，才能实现和其他轨道的正交. “正交化尾巴”的存在与传统的化学键图像不一致，不具有可移植性，并使得以定域轨道为基础的相关能计算和线性标度计算的效率大打折扣. 不过，定域轨道满足正交条件并不是必须的，取消轨道间相互正交的条件，“正交化尾巴”就可以去掉，从而得到更加紧缩的非正交定域轨道. 但是，简单地取消轨道间正交化的限制会导致得到的非正交定域轨道线性相关，从而违反 Pauli 不相容原理. 因此，如何得到线性无关的非正交定域轨道成为重要的研究课题. Lipscomb 等[15]提出，以定域轨道重叠矩阵保持满秩代替轨道间正交作为限制条件，可以避免所得的轨道线性相关. 具体地说，他们采用“Hartree 能量 $\langle\Phi|\hat{H}|\Phi\rangle$ 极小化”的定域准则建造非正交定域轨道，$\Phi$ 为单粒子态的直积(未反对称化)，$\hat{H}$ 为体系的 Hamilton 算符. Hartree 能量中不包含交换项，能量表达式与经典的由若干块电子云拼成的体系的能量表达式相同，因此变分得到的轨道应当是经典的定域轨道. 为了避免所得轨道线性相关，将 $|S|^2\langle\Phi|H|\Phi\rangle$ 作为变分函数，其中 $|S|$ 为非正交定域轨道重叠矩阵 $\boldsymbol{S}$ 的行列式. $|S|\neq 0$ 可以保证重叠矩阵 $\boldsymbol{S}$ 是非奇异的，从而保证所得的非正交定域轨道线性无关. 这种方法可以推广到其他定域准则，包括轨道重心距离平方和最大的互斥轨道定域准则及轨道内部电子 Coulomb 排斥能之和最大的能量定域准则等. 但用这种方法所得的非正交定域轨道与正交定域轨道非常接近，因此得出了非正交定域轨道无优势的结论. 之所以会出现这种情况，是因为在变分过程中 $|S|^2$ 趋于 1，即非正交定域轨道趋于正交化. Liu 等[16]提出，在保持变换矩阵满秩(即 $|S|\neq 0$)的前提下以轨道的延伸度之和最小为定域准则，得到了延伸度比正交定域轨道显著缩小的非正交定域轨道，但该方法不够稳定，能否得到“好”的非正交定域轨道与初始条件的选取有很大关系. 为了克服这一缺点，黎乐民等[17]提出，将非正交定域轨道的重心固定在正交自然键轨道的重心上，最小化轨道延伸度，可以获得基本上符合要求的非正交定域轨道.

## 2.9　开壳层体系的 Hartree-Fock-Roothaan 方程

2.6 节给出了开壳层组态的 Hartree-Fock 方程，本节将给出开壳层组态的 Hartree-Fock-Roothaan 方程. 同闭壳层一样，开壳层组态的 Hartree-Fock-Roothaan 方程实际上就是开壳层组态的 Hartree-Fock 方程在所选基函数张成的空间中的矩阵表示. 因此，只要将开壳层组态 Hartree-Fock 方程中的算符和分子轨道用矩阵表示出来，就可得到开壳层组态的 Hartree-Fock-Roothaan 方程. 仿照 2.8 节的做法，将分子轨道写作原子轨道的线性组合，代入相应的 Hartree-Fock 方程，即可得到组合系数所满足的代数方程，即 Hartree-Fock-Roothaan 方程.

### 2.9.1　非限制性 Hartree-Fock-Roothaan 方程

2.6.1 节给出的自旋非限制性 Hartree-Fock 方程为

$$\hat{F}_k^\alpha(1)\varphi_k^\alpha(1)=\varepsilon_k^\alpha\varphi_k^\alpha(1)\qquad k=1,2,\cdots,N_\alpha \tag{2.9.1}$$

和

$$\hat{F}_m^\beta(1)\varphi_m^\beta(1)=\varepsilon_m^\beta\varphi_m^\beta(1)\qquad m=1,2,\cdots,N_\beta \tag{2.9.2}$$

两方程中，Fock 算符的表达式分别由式(2.6.4)和式(2.6.5)给出. 令

$$\varphi_i^\sigma=\sum_\nu^m c_{\nu i}^\sigma\chi_\nu,\qquad \sigma=\alpha,\beta \tag{2.9.3}$$

分别代入以上两个方程，各自左乘 $\chi_\mu$ 并做积分，可得

$$\sum_\nu\left(F_{\mu\nu}^\alpha-\varepsilon_k^\alpha S_{\mu\nu}\right)c_{\nu k}^\alpha=0 \tag{2.9.4}$$

$$\sum_\nu\left(F_{\mu\nu}^\beta-\varepsilon_m^\beta S_{\mu\nu}\right)c_{\nu m}^\beta=0 \tag{2.9.5}$$

式中

$$F_{\mu\nu}^\alpha=h_{\mu\nu}+\sum_{\sigma\lambda}\left[P_{\sigma\lambda}^{\mathrm{t}}(\mu\nu|\lambda\sigma)-P_{\sigma\lambda}^\alpha(\mu\sigma|\lambda\nu)\right]=h_{\mu\nu}+G_{\mu\nu}^\alpha \tag{2.9.6}$$

$$F_{\mu\nu}^\beta=h_{\mu\nu}+\sum_{\sigma\lambda}\left[P_{\sigma\lambda}^{\mathrm{t}}(\mu\nu|\lambda\sigma)-P_{\sigma\lambda}^\beta(\mu\sigma|\lambda\nu)\right]=h_{\mu\nu}+G_{\mu\nu}^\beta \tag{2.9.7}$$

$$P_{\nu\mu}^\alpha=\sum_{i=1}^m c_{\nu i}^\alpha c_{\mu i}^{\alpha *},\qquad P_{\nu\mu}^\beta=\sum_{i=1}^m c_{\nu i}^\beta c_{\mu i}^{\beta *},\qquad P_{\nu\mu}^{\mathrm{t}}=P_{\nu\mu}^\alpha+P_{\nu\mu}^\beta \tag{2.9.8}$$

$$h_{\mu\nu}=\int\chi_\mu(1)\hat{h}(1)\chi_\nu(1)\mathrm{d}\tau_1,\quad S_{\mu\nu}=\int\chi_\mu(1)\chi_\nu(1)\mathrm{d}\tau_1 \tag{2.9.9}$$

$$G_{\mu\nu}^\alpha=\sum_{\sigma\lambda}\left[P_{\sigma\lambda}^{\mathrm{t}}(\mu\nu|\lambda\sigma)-P_{\sigma\lambda}^\alpha(\mu\sigma|\lambda\nu)\right],\quad G_{\mu\nu}^\beta=\sum_{\sigma\lambda}\left[P_{\sigma\lambda}^{\mathrm{t}}(\mu\nu|\lambda\sigma)-P_{\sigma\lambda}^\beta(\mu\sigma|\lambda\nu)\right] \tag{2.9.10}$$

写成矩阵形式，有

$$\boldsymbol{F}^\alpha\boldsymbol{c}^\alpha=\boldsymbol{S}\boldsymbol{c}^\alpha\boldsymbol{\varepsilon}^\alpha \tag{2.9.11}$$

$$\boldsymbol{F}^\beta\boldsymbol{c}^\beta=\boldsymbol{S}\boldsymbol{c}^\beta\boldsymbol{\varepsilon}^\beta \tag{2.9.12}$$

$$\boldsymbol{F}^\alpha=\boldsymbol{h}+\boldsymbol{G}^\alpha,\qquad \boldsymbol{F}^\beta=\boldsymbol{h}+\boldsymbol{G}^\beta \tag{2.9.13}$$

称式(2.9.11)和式(2.9.12)为自旋非限制性 Hartree-Fock-Roothaan 方程(UHFR)，其中，$\boldsymbol{h}$、$\boldsymbol{G}^\alpha$、$\boldsymbol{G}^\beta$ 的矩阵元分别是 $h_{\mu\nu}$、$G_{\mu\nu}^\alpha$、$G_{\mu\nu}^\beta$. 显然，式(2.9.11)和式(2.9.12)是互耦的，因为它们都与 $P_{\sigma\lambda}^t$ 有关系. 所以对 $\alpha$ 和 $\beta$ 轨道的求解要联合进行，直到两组轨道都得到自洽解为止. 电子总能量与轨道能量的关系和闭壳组态很类似[见式(2.8.37)]，有

$$E=\frac{1}{2}\left(\sum_{\nu\mu}P_{\nu\mu}^{\mathrm{t}}h_{\mu\nu}+\sum_i^{\mathrm{occ}}\varepsilon_i^\alpha+\sum_j^{\mathrm{occ}}\varepsilon_j^\beta\right)=\frac{1}{2}\left[\mathrm{Tr}\left(\boldsymbol{P}^{\mathrm{t}}\boldsymbol{h}\right)+\mathrm{Tr}\boldsymbol{\varepsilon}^\alpha+\mathrm{Tr}\boldsymbol{\varepsilon}^\beta\right] \tag{2.9.14}$$

对 $\boldsymbol{\varepsilon}^\alpha$ 和 $\boldsymbol{\varepsilon}^\beta$ 的求迹只计及占据轨道.

### 2.9.2　限制性 Hartree-Fock-Roothaan 方程

根据 2.6.3 节的讨论，开壳层组态限制性 Hartree-Fock 方法有两种方案，一种是单行列式方案，这种方案给出的 Hartree-Fock 方程形式上与自旋非限制性 Hartree-Fock 方程(2.9.1)相同

(注意：单行列式方案中，虽然只需求解一组方程[方程(2.6.2)]，但由于开壳层与闭壳层占据数不同，因此方程(2.6.2)与闭壳层 Hartree-Fock 方程并不同)，所不同的仅仅是电子在轨道上的填充方式．于是，单行列式方案下的限制性 Hartree-Fock- Roothaan 方程与自旋非限制性 Hartree-Fock- Roothaan 方程(2.9.4)从形式上也应该是相同的，因此，对单行列式方案下的限制性 Hartree-Fock- Roothaan 方程无需再做进一步讨论，只要讨论另一种限制性方案，即谱项能量变分法的 Hartree-Fock-Roothaan 方程就可以了．

式(2.6.66)和式(2.6.68)是谱项能量变分法下的开壳层组态限制性 Hartree-Fock 方程的最终表达式，它们是由式(2.6.49)和式(2.6.50)经一系列变换后得到的．式(2.6.49)和式(2.6.50)才是变分的直接结果(当然，分别在开壳层、闭壳层做了酉变换)．如果从式(2.6.66)和式(2.6.68)出发推导谱项能量变分法下的开壳层组态限制性 Hartree-Fock-Roothaan 方程，则必须给出算符 $\hat{Q}_{\mathrm{c}}$ 和 $\hat{Q}_{\mathrm{o}}$ 在基组 $\{\chi_\mu,\mu=1,2,\cdots\}$ 上的表示．为了使推导过程更为易懂，下面从式(2.6.49)和式(2.6.50)出发进行推导，为便于阅读，将式(2.6.49)和式(2.6.50)重新写出，即

$$\hat{F}_{\mathrm{c}}\varphi_k=\varepsilon_k\varphi_k+\sum_{m=p+1}^{p+q}\varepsilon_{km}\varphi_m,\qquad k=1,\cdots,p \tag{2.9.15}$$

$$\nu\hat{F}_{\mathrm{o}}\varphi_m=\varepsilon_m\varphi_m+\sum_{k=1}^{p}\varepsilon_{mk}\varphi_k,\quad m=p+1,\cdots,p+q \tag{2.9.16}$$

式中，$\varepsilon_k$、$\varepsilon_m$ 为实数，且 $\varepsilon_{mk}^*=\varepsilon_{km}$．

我们仍然遵从 2.6 节的约定，即用 $k$、$l(=1,\cdots,p)$ 标记闭壳层轨道，用 $m$、$t(=p+1,\cdots,p+q)$ 标记开壳层轨道，用 $i$、$j$ 标记任意一个轨道．将式(2.9.3)分别代入方程(2.9.15)和方程(2.9.16)，各自左乘 $\chi_\mu$ 并做积分，即可得到谱项能量变分法下的开壳层组态限制性 Hartree-Fock-Roothaan 方程．由于算符在基组 $\{\chi_\mu,\mu=1,2,\cdots\}$ 上用矩阵表示，为了更方便地表示矩阵元，将算符中表示开、闭壳层的记号(分别用小写英文字母 o 和 c 表示)放在算符的右上角，并用 $\gamma$ 代替 $\nu$ 表示开壳层轨道的占据数．即有

$$\sum_\nu F_{\mu\nu}^{\mathrm{c}}c_{\nu k}=\varepsilon_k\sum_\nu S_{\mu\nu}c_{\nu k}+\sum_m\sum_\nu S_{\mu\nu}c_{\nu m}\varepsilon_{mk} \tag{2.9.17}$$

$$\sum_\nu \gamma F_{\mu\nu}^{\mathrm{o}}c_{\nu m}=\varepsilon_m\sum_\nu S_{\mu\nu}c_{\nu m}+\sum_k\sum_\nu S_{\mu\nu}c_{\nu k}\varepsilon_{km} \tag{2.9.18}$$

写成矩阵形式，有

$$\boldsymbol{F}^{\mathrm{c}}\boldsymbol{c}_k=\boldsymbol{S}\boldsymbol{c}_k\varepsilon_k+\sum_m\boldsymbol{S}\boldsymbol{c}_m\varepsilon_{mk} \tag{2.9.19}$$

$$\gamma\boldsymbol{F}^{\mathrm{o}}\boldsymbol{c}_m=\boldsymbol{S}\boldsymbol{c}_m\varepsilon_m+\sum_k\boldsymbol{S}\boldsymbol{c}_k\varepsilon_{km} \tag{2.9.20}$$

式中

$$\boldsymbol{F}^{\mathrm{c}}=\boldsymbol{h}+\sum_k\left(2\boldsymbol{J}_k-\boldsymbol{K}_k\right)+\gamma\sum_m\left(2\boldsymbol{J}_m-\boldsymbol{K}_m\right) \tag{2.9.21}$$

$$\boldsymbol{F}^{\mathrm{o}}=\boldsymbol{h}+\sum_k\left(2\boldsymbol{J}_k-\boldsymbol{K}_k\right)+2a\gamma\sum_m\boldsymbol{J}_m-b\gamma\sum_m\boldsymbol{K}_m \tag{2.9.22}$$

$\boldsymbol{h}$ 是 Hamilton 矩阵，$\boldsymbol{J}_i$ 和 $\boldsymbol{K}_i$ 分别是 Coulomb 算符和交换算符的矩阵表示

$$\left(J_j\right)_{\mu\nu}=\sum_\lambda\sum_\sigma c_{\lambda j}^*c_{\sigma j}\left(\mu\nu|\lambda\sigma\right),\ \left(K_j\right)_{\mu\nu}=\sum_\lambda\sum_\sigma c_{\lambda j}^*c_{\sigma j}\left(\mu\sigma|\lambda\nu\right) \tag{2.9.23}$$

为了消去式(2.9.19)和式(2.9.20)中的非对角元$\varepsilon_{mk}$，可以仿照 2.6.2 节的方法，借助投影算符，将非对角项引入 Fock 算符中，但有关变换十分困难. Roothaan 提出了一种较为简单的处理方法[18]，介绍如下.

式(2.9.19)和式(2.9.20)两方程中的$c_i\left(i=k,m\right)$是式(2.9.3)中的分子轨道系数组成的列向量，由轨道的正交归一化条件

$$\left\langle\varphi_i\middle|\varphi_j\right\rangle=\sum_{\mu\nu}c_{\mu i}^*c_{\nu j}S_{\mu\nu}=\boldsymbol{c}_i^+\boldsymbol{S}\boldsymbol{c}_j=\delta_{ij} \tag{2.9.24}$$

式中，$\boldsymbol{c}_i^+$是$\boldsymbol{c}_i$的转置共轭，可将式(2.9.19)和式(2.9.20)中的$\varepsilon_{mk}$写作

$$\varepsilon_{mk}=\varepsilon_{km}^*=\boldsymbol{c}_m^+\boldsymbol{F}^{\mathrm{c}}\boldsymbol{c}_k=\boldsymbol{c}_m^+\gamma\boldsymbol{F}^{\mathrm{o}}\boldsymbol{c}_k=\boldsymbol{c}_m^+\boldsymbol{F}^{\mathrm{A}}\boldsymbol{c}_k$$

其中

$$\boldsymbol{F}^{\mathrm{A}}=x\boldsymbol{F}^{\mathrm{c}}+\left(1-x\right)\gamma\boldsymbol{F}^{\mathrm{o}} \tag{2.9.25}$$

$\boldsymbol{F}^{\mathrm{A}}$为$\boldsymbol{F}^{\mathrm{c}}$和$\boldsymbol{F}^{\mathrm{o}}$的权重平均；$x$为待定权重因子. 于是可将式(2.9.19)写作

$$\boldsymbol{F}^{\mathrm{c}}\boldsymbol{c}_k=\boldsymbol{S}\boldsymbol{c}_k\varepsilon_k+\sum_m\boldsymbol{S}\boldsymbol{c}_m\boldsymbol{c}_m^+\boldsymbol{F}^{\mathrm{A}}\boldsymbol{c}_k=\boldsymbol{S}\boldsymbol{c}_k\varepsilon_k+\boldsymbol{S}\boldsymbol{P}^{\mathrm{o}}\boldsymbol{F}^{\mathrm{A}}\boldsymbol{c}_k \tag{2.9.26}$$

其中

$$\boldsymbol{P}^{\mathrm{o}}=\sum_m\boldsymbol{c}_m\boldsymbol{c}_m^+ \tag{2.9.27}$$

其矩阵元为

$$P_{\nu\mu}^{\mathrm{o}}=\sum_{m=p+1}^{p+q}c_{\nu m}c_{\mu m}^* \tag{2.9.28}$$

式(2.9.26)中，$\boldsymbol{S}\boldsymbol{P}^{\mathrm{o}}\boldsymbol{F}^{\mathrm{A}}$不是 Hermite 的，而$\left(\boldsymbol{S}\boldsymbol{P}^{\mathrm{o}}\boldsymbol{F}^{\mathrm{A}}+\boldsymbol{F}^{\mathrm{A}}\boldsymbol{P}^{\mathrm{o}}\boldsymbol{S}\right)$是 Hermite 的，注意：$m$、$k$分别表示开壳层和闭壳层轨道，因此它们是正交的，故有

$$\boldsymbol{P}^{\mathrm{o}}\boldsymbol{S}\boldsymbol{c}_k=\sum_m\boldsymbol{c}_m\boldsymbol{c}_m^+\boldsymbol{S}\boldsymbol{c}_k=0$$

于是可将式(2.9.26)写作

$$\boldsymbol{F}^{\mathrm{c}}\boldsymbol{c}_k=\boldsymbol{S}\boldsymbol{c}_k\varepsilon_k+\left(\boldsymbol{S}\boldsymbol{P}^{\mathrm{o}}\boldsymbol{F}^{\mathrm{A}}+\boldsymbol{F}^{\mathrm{A}}\boldsymbol{P}^{\mathrm{o}}\boldsymbol{S}\right)\boldsymbol{c}_k \tag{2.9.29}$$

或

$$\boldsymbol{h}^{\mathrm{c}}\boldsymbol{c}_k=\boldsymbol{S}\boldsymbol{c}_k\varepsilon_k \tag{2.9.30}$$

其中

$$\boldsymbol{h}^{\mathrm{c}}=\boldsymbol{F}^{\mathrm{c}}-\left(\boldsymbol{S}\boldsymbol{P}^{\mathrm{o}}\boldsymbol{F}^{\mathrm{A}}+\boldsymbol{F}^{\mathrm{A}}\boldsymbol{P}^{\mathrm{o}}\boldsymbol{S}\right) \tag{2.9.31}$$

同样，式(2.9.20)可转化为

$$\boldsymbol{h}^{\mathrm{o}}\boldsymbol{c}_m=\boldsymbol{S}\boldsymbol{c}_m\eta_m \tag{2.9.32}$$

其中

$$\boldsymbol{h}^{\mathrm{o}}=\boldsymbol{F}^{\mathrm{o}}-\frac{1}{\gamma}\left(\boldsymbol{S}\boldsymbol{P}^{\mathrm{c}}\boldsymbol{F}^{\mathrm{A}}+\boldsymbol{F}^{\mathrm{A}}\boldsymbol{P}^{\mathrm{c}}\boldsymbol{S}\right),\quad \eta_m=\frac{1}{\gamma}\varepsilon_m \tag{2.9.33}$$

2.6 节已经指出，若取$x=-\gamma/\left(1-\gamma\right)$，则$\boldsymbol{F}^{\mathrm{A}}$中只剩下来自开壳层轨道的 Coulomb 项与交换项，有效 Hamilton 简化为

$$\boldsymbol{h}^{\mathrm{c}}=\boldsymbol{h}+2\boldsymbol{J}^{\mathrm{c}}-\boldsymbol{K}^{\mathrm{c}}+2\boldsymbol{J}^{\mathrm{o}}-\boldsymbol{K}^{\mathrm{o}}+2\alpha\boldsymbol{L}^{\mathrm{o}}-\beta\boldsymbol{M}^{\mathrm{o}} \tag{2.9.34}$$

$$\boldsymbol{h}^{\mathrm{o}}=\boldsymbol{h}+2\boldsymbol{J}^{\mathrm{c}}-\boldsymbol{K}^{\mathrm{c}}+2a\boldsymbol{J}^{\mathrm{o}}-b\boldsymbol{K}^{\mathrm{o}}+2\alpha\boldsymbol{L}^{\mathrm{c}}-\beta\boldsymbol{M}^{\mathrm{c}} \tag{2.9.35}$$

式中

$$\boldsymbol{J}^{\mathrm{c}}=\sum_{k}\boldsymbol{J}_{k},\quad \boldsymbol{K}^{\mathrm{c}}=\sum_{k}\boldsymbol{K}_{k},\quad \boldsymbol{J}^{\mathrm{o}}=\gamma\sum_{m}\boldsymbol{J}_{m},\quad \boldsymbol{K}^{\mathrm{o}}=\gamma\sum_{m}\boldsymbol{K}_{m}$$

$$\boldsymbol{L}^{\mathrm{c}}=\boldsymbol{S}\boldsymbol{P}^{\mathrm{c}}\boldsymbol{J}^{\mathrm{o}}+\boldsymbol{J}^{\mathrm{o}}\boldsymbol{P}^{\mathrm{c}}\boldsymbol{S},\qquad \boldsymbol{M}^{\mathrm{c}}=\boldsymbol{S}\boldsymbol{P}^{\mathrm{c}}\boldsymbol{K}^{\mathrm{o}}+\boldsymbol{K}^{\mathrm{o}}\boldsymbol{P}^{\mathrm{c}}\boldsymbol{S}$$

$$\boldsymbol{L}^{\mathrm{o}}=\gamma\left(\boldsymbol{S}\boldsymbol{P}^{\mathrm{o}}\boldsymbol{J}^{\mathrm{o}}+\boldsymbol{J}^{\mathrm{o}}\boldsymbol{P}^{\mathrm{o}}\boldsymbol{S}\right),\qquad \boldsymbol{M}^{\mathrm{o}}=\gamma\left(\boldsymbol{S}\boldsymbol{P}^{\mathrm{o}}\boldsymbol{K}^{\mathrm{o}}+\boldsymbol{K}^{\mathrm{o}}\boldsymbol{P}^{\mathrm{o}}\boldsymbol{S}\right)$$

$$\alpha=\frac{1-a}{1-\gamma},\qquad \beta=\frac{1-b}{1-\gamma} \tag{2.9.36}$$

式(2.9.30)和式(2.9.32)都是广义本征值方程，求解时需先转化为标准本征值方程. 与闭壳层组态的情况类似，可求得总电子能量与分子轨道能级的关系

$$E=\sum_{k}\left(f_{k}+\varepsilon_{k}\right)+\gamma\sum_{m}\left(f_{m}+\eta_{m}\right)=\sum_{\sigma\lambda}P_{\sigma\lambda}^{\mathrm{c}}h_{\lambda\sigma}+\sum_{\sigma\lambda}\gamma P_{\sigma\lambda}^{\mathrm{o}}h_{\lambda\sigma}+\sum_{k}\varepsilon_{k}+\sum_{m}\varepsilon_{m} \tag{2.9.37}$$

$$E=\operatorname{Tr}\left[\left(\boldsymbol{P}^{\mathrm{c}}+\gamma\boldsymbol{P}^{\mathrm{o}}\right)\boldsymbol{h}\right]+\operatorname{Tr}\left(\boldsymbol{\varepsilon}_{k}+\boldsymbol{\varepsilon}_{m}\right) \tag{2.9.38}$$

以上推导也适用于由组态平均能量(Slater 平均化方法)导出 Hartree-Fock-Roothaan 方程. 事实上，只要将$\gamma(\nu)$、$a$、$b$按式(2.6.87)做变换，就可以将式(2.9.30)和式(2.9.32)变为 Slater 平均化方法下的 Hartree-Fock-Roothaan 方程，2.6 节已做过讨论，不再赘述.

同闭壳层一样，开壳层组态的 Hartree-Fock-Roothaan 方程也涉及基函数的矩阵元. 例如，非限制性 Hartree-Fock-Roothaan 方程的基函数矩阵元由式(2.9.9)和式(2.9.10)给出；谱项能量变分法下的限制性 Hartree-Fock-Roothaan 方程(2.9.30)和(2.9.32)的基函数矩阵元也有类似的形式. 基组$\{\chi_{\nu},\nu=1,2,\cdots\}$不同，基函数矩阵元就会有不同的表达式，Slater 函数和 Gauss 函数是最常用的两种基函数，在第 3 章将给出用这两种函数做基函数时基函数矩阵元的解析表达式，它们都可以写作级数和. 由于所有基函数矩阵元都可以写成级数和，可以很方便地通过计算机求算，因此开壳层组态的 Hartree-Fock-Roothaan 方程可以通过计算机求解.

值得注意的是，对于谱项能量变分法下的限制性 Hartree-Fock 方法，Koopmans 定理并不成立. 这是由于谱项能量变分法下的限制性 Hartree-Fock 方程的本征函数(轨道)不能唯一地确定，从而其本征值(轨道能量)有任意性. 不过，按照 Roothaan 建议的方法选取$x$，耦合作用很小，故由式(2.9.30)和式(2.9.32)求得的轨道能量基本上满足 Koopmans 定理.

## 2.10　原子轨道基组

在 Hartree-Fock-Roothaan 方法中，将待求的分子轨道(即 Hartree-Fock 轨道)展开为原子轨道的线性组合，即

$$\varphi_{i}=\sum_{\mu}^{m}c_{\mu i}\chi_{\mu} \tag{2.10.1}$$

式中，$\{\chi_{\mu},\mu=1,2,\cdots\}$为原子轨道基组. 一般来说，基组中包含的基函数数目越多，计算结果就越精确，但计算量也会越大. 假定基函数数目为$m$，由于需要计算电子排斥积分$(\mu\nu|\lambda\sigma)$等物理量，故 Hartree-Fock-Roothaan 方法的计算量将为$m^{4}$. 因此，选择尽可能好的原子轨道是开展相关计算的基础. 本节将讨论一些常见的原子轨道基组.

### 2.10.1 类氢原子轨道

1.6 节给出了类氢原子的解为[见式(1.6.9)]

$$\chi_{nlm_lm_s}(r,\theta,\varphi,m_s)=R_{nl}(r)Y_{lm_l}(\theta,\varphi)\sigma(m_s) \tag{2.10.2}$$

$$n=1,2,\cdots,\quad l=0,1,\cdots,(n-1),\quad m_l=0,\pm1,\cdots,\pm l,\quad m_s=\pm\frac{1}{2}$$

式中，$R_{nl}(r)$为波函数的径向部分，其表达式为

$$R_{nl}(r)=N\mathrm{e}^{-\frac{\rho}{2}}\rho^l L_{n+1}^{2l+1}(\rho),\qquad \rho=\frac{2Z}{n}r \tag{2.10.3}$$

其中，$N$为归一化因子；$L_{n+1}^{2l+1}(\rho)$为连带 Laguerre 多项式，其表达式为

$$L_{n+1}^{2l+1}(\rho)=\sum_{k=0}^{n-l-1}(-1)^{k+1}\frac{\left[(n+l)!\right]^2}{(n-l-1-k)!(2l+1+k)!k!}\rho^k \tag{2.10.4}$$

$Y_{lm_l}(\theta,\varphi)$为波函数的角度部分，称为球谐函数，其表达式为

$$Y_{lm_l}(\theta,\varphi)=N'P_l^m(\cos\theta)\exp(-\mathrm{i}m\varphi) \tag{2.10.5}$$

其中，$N'$为归一化因子；$P_l^m$为连带 Legendre 函数. 式(2.10.3)和式(2.10.4)表明，径向函数$R_{nl}(r)$是一个多项式与指数因子相乘，多项式共有$(n-l)$项，最高幂为$r^{n-1}$. 类氢原子轨道满足 Schrödinger 方程

$$\left\{-\frac{1}{2}\nabla^2-\frac{Z}{r}\right\}\psi=\varepsilon\psi \tag{2.10.6}$$

因此，类氢原子轨道是单电子波函数空间的完备集，但其形式过于复杂，不适于用作原子轨道基组. 我们介绍这一完备集是为了引进 Slater 函数(轨道).

### 2.10.2 Slater 轨道

Slater 函数(轨道)的表达式为

$$\chi_{nlm_lm_s}(r,\theta,\varphi,m_s)=R_{nl}(\varsigma,r)Y_{lm_l}(\theta,\varphi)\sigma(m_s) \tag{2.10.7}$$

其中

$$R_{nl}(\varsigma,r)=N_s r^{n-1}\exp(-\varsigma r) \tag{2.10.8}$$

Slater 型轨道简记作 STO (slater type orbital)，是 Slater 最早建议使用的基组. 比较式(2.10.8)与式(2.10.3)可知，Slater 函数的径向部分不再依赖于$l$，这是因为类氢原子轨道径向部分的多项式部分被简化了，Slater 函数只取了多项式的首项. 但为了保持符号的统一性，且与球谐函数相衔接，仍将径向部分记作$R_{nl}$. 这个集合也是完备的，因为当$n$取遍所有值时，类氢原子轨道径向部分的所有多项式都将包含在该集合中，因此与类氢原子轨道的完备集等价. Slater 函数满足下述方程

$$\left\{-\frac{1}{2}\nabla^2-\frac{\varsigma n}{r}+\frac{n(n-1)-l(l+1)}{2r^2}\right\}\chi=\varepsilon\chi \tag{2.10.9}$$

该方程与类氢原子的 Schrödinger 方程类似，其中的 Hamilton 算符是 Hermite 的，由此也可论证 Slater 函数集合的完备性. Slater 函数能够很好地再现类氢原子轨道的性质，例如，$r\to0$和

$r \to \infty$ 时 Slater 函数都有正确的渐近行为，满足歧点条件(cusp condition)[19]，而且形式简单，便于应用. 但是，由于只取了连带 Laguerre 多项式的首项，因此 Slater 函数无节点(节点是指当 $r$ 取非零有限值时，函数值为零的点). 由于球谐函数的正交性，同一原子的具有不同 $l$、$m$ 值的 Slater 函数仍然是正交的，但同一原子的 $l$、$m$ 值相同，$n$ 值不同的 Slater 函数不再正交. 例如，1s 轨道与 2s 轨道不再正交. 式(2.10.8)中的 $\varsigma$ 称为轨道指数，为了体现形成分子后原子轨道的变形，把 $\varsigma$ 作为变分参数，其值一般通过相应原子的自洽场计算确定，用于分子计算时不再优选. 一个原子轨道，如 1s 轨道、2p 轨道等，可以用一个 Slater 函数描述，这种基组称为单 $\varsigma$ 基，也可以用两个 Slater 函数描述，它们具有不同的轨道指数，这种基组称为双 $\varsigma$ 基，类似地，可以有三 $\varsigma$ 基，等等. 在基组中加入极化函数可以使计算精度明显提高，因为极化函数很好地考虑了形成分子时原子轨道的变形. 极化函数是指角量子数大于价层轨道角量子数的 Slater 函数，如对第二周期元素加入 d 轨道等. 由于式(2.10.1)中的原子轨道是由组成分子的各个原子提供的，每一原子提供的原子轨道均以该原子为中心，因此必然会出现多中心积分问题. Slater 函数的主要缺点是计算多中心积分十分困难. 双原子分子最多只有双中心积分，在椭球坐标下，Slater 函数的积分能够得到解析表达式. 关于 Slater 函数的积分问题，将在第 3 章讨论.

### 2.10.3 Gauss 轨道

球 Gauss 函数(轨道)的表达式为

$$\chi_{nlm_lm_s}(r,\theta,\varphi,m_s) = R_n(\alpha,r)Y_{lm_l}(\theta,\varphi)\sigma(m_s) \tag{2.10.10}$$

其中

$$R_n(\alpha,r) = N_g r^{n-1}\exp\left(-\alpha r^2\right) \tag{2.10.11}$$

Gauss 型轨道简记作 GTO(Gaussian type orbital)，是 Boys 首先建议使用的. 球 Gauss 函数与直角坐标形式的 Gauss 函数可以相互写为线性组合，因此在讨论函数的有关性质时可以不加区分. 比较式(2.10.11)与式(2.10.8)可见，Gauss 函数与 Slater 函数的区别在于指数中的变量 $r$ 的幂次不同，在 Slater 函数中为一次幂，而在 Gauss 函数中为二次幂. $r$ 是电子到原子核(轨道中心)的距离，$r=\sqrt{x^2+y^2+z^2}$，当指数函数中包含 $r$ 的二次幂时，可以分离变量，使三重积分转化为三次积分，从而大大简化了积分计算，并可望得到积分的解析表达式，Slater 函数则做不到这一点. 关于 Gauss 函数的积分问题将在第 3 章讨论.

谐振子波函数为

$$\psi_n(x) = \left(\frac{\alpha}{\pi^{\frac{1}{2}}2^n n!}\right)^{\frac{1}{2}} \mathrm{e}^{-\frac{1}{2}\alpha^2x^2} H_n(\alpha x), \qquad n = 0,1,\cdots$$

其中，$H_n(\alpha x)$ 是以 $\alpha x$ 为宗量的 Hermite 多项式，$\alpha = (\mu\omega)^{\frac{1}{2}}$，$\mu$ 和 $\omega$ 分别为振子质量和频率. 这是一个完备集合，其中的 Hermite 多项式是一个 $n$ 次多项式. 式(2.10.11)将谐振子波函数中的 Hermite 多项式做了简化，仿照对 Slater 函数的分析可知，Gauss 函数也是一个完备集合. Gauss 函数满足下述方程

$$\left\{-\frac{1}{2}\nabla^2+2\alpha r^2-\frac{n(n-1)-l(l+1)}{2r^2}\right\}\chi=\varepsilon\chi \tag{2.10.12}$$

该方程与谐振子的 Schrödinger 方程类似. 在本节的讨论中，一直强调基组的完备性，这完全是出于理论严谨性的考虑. 在实际应用中，任何线性展开都只能取有限项，不可能包含完备集合中的所有项.

第 3 章将证明，Gauss 函数的一个重要优点是，两个不同中心的 Gauss 函数的乘积可以表达为另一个中心的 Gauss 函数的线性组合，从而将多中心积分转化为单中心积分，克服了多中心积分的困难. 实际应用中，式(2.10.11)中指前因子 $r$ 的幂次取为 $l$，即每种类型的轨道都只取 $n$ 的一个最小允许值 $(l+1)$ [注意：对于确定的 $l$，$n$ 的可取值为 $(l+1),(l+2),\cdots$]. 具体地说，实际应用的 Gauss 函数只有 1s, 2p, 3d, 4f, ⋯，这就是说，所有 s 型轨道都取 1s 的形式，所有 p 型轨道都取 2p 的形式，如此等等. 故实际应用的 Gauss 函数的一般形式为

$$\chi_{nlm_lm_s}(r,\theta,\varphi,m_s)=R_n(\alpha,r)Y_{lm_l}(\theta,\varphi)\sigma(m_s) \tag{2.10.13}$$

$$R_n(\alpha,r)=N_g r^l\exp\left(-\alpha r^2\right),\quad l=0,1,2,\cdots \tag{2.10.14}$$

式中，$\alpha$ 称为轨道指数. Gauss 函数的主要缺点是，在 $r\to 0$ 和 $r\to\infty$ 时不具有正确的渐近行为，不满足歧点条件. 由于电子到原子核(轨道中心)的距离 $r$ 以平方的形式出现在指数因子中，因此波函数趋于零的速度加快，电子云被“压缩”，鉴于这种情况，$\alpha$ 值通常较小. 基于这些原因，对于描述原子轨道而言，Gauss 轨道不如 Slater 轨道，需要 3～5 个具有不同轨道指数的 Gauss 轨道组合起来才相当于一个 Slater 轨道.

收缩 Gauss 基组(contracted Gaussian type orbital, CGTO)是最常用的 Gauss 基组，这种基组是将多个 GTO 线性组合作为一个基函数，这样做的好处，一是可以从形式上减小基函数的数目从而降低 Roothaan 方程的矩阵维数，二是可以将这样一个基函数看作一个 Slater 轨道，从而使得基函数的物理意义更为明确. 我们有

$$\text{STO}=\left(\chi_{nlm}\right)_{\text{CGTO}}=r^lY_{lm}(\theta,\varphi)\sum_i^K c_i\exp\left(-\alpha_i r^2\right) \tag{2.10.15}$$

上式表示将 $K$ 个 GTO 收缩为一个基函数，并记作 STO，如 STO-3G、STO-6G 等. 其中的组合系数和轨道指数可以通过原子的自洽场计算优选，或者用其他方法(如数值方法)首先求出原子的精确 Hartree-Fock 轨道，然后用最小二乘法拟合确定组合系数和轨道指数. 收缩 Gauss 基组中还有一种分裂价基，这种基组对不同价层的轨道采用不同的处理方法. 对内层轨道用一个收缩 Gauss 基组，或者说一个 Slater 函数描述，而对价层轨道则用两个收缩 Gauss 基组，或者说两个 Slater 函数描述，以便充分考虑形成分子时价层轨道的变化，如 4-31G、6-31G 等. 此外，与 Slater 基组对应，这里也有双 $\varsigma$ 基、三 $\varsigma$ 基、极化基组等，不再详细介绍.

对于电子云弥散的体系，如原子负离子或分子负离子体系，由于核外电子数大于核电荷数，电子云弥散到更大的空间，这时需在基组中添加弥散函数. 弥散函数是指轨道指数特别小的 Gauss 函数，详细讨论可参看相关文献[20].

相关一致基组是一种精度较高的收缩 Gauss 基组，这种基组不仅适用于 Hartree-Fock 计算，也适用于后续的电子相关能计算. 相关一致是指基组每扩大一步，所增加的基函数对相关能的贡献基本接近. 常用的相关一致基组包括 cc-pVDZ、cc-pVTZ、cc-pVQZ、cc-pV5Z、cc-pV6Z 等，分别表示相关一致极化价层双/三/四/五/六 $\zeta$ (correlation consistent polarized valence double/triple/quadruple/quintuple/sextuple zeta)基组. 例如，第一个 d 型函数使能量下降最多，第二个 d 型函数与第一个 f 型函数的贡献接近，第三个 d 型函数、第二个 f 型函数与第一个 $g$ 型函数的贡献接近，等等. 因此，逐步扩大基组时添加极化函数的顺序是：1d，2d1f，3d2f1g，等等. 如果添加弥散函数，则加 aug- 字头表示. 例如，aug-cc-pVDZ 基组是在 cc-pVDZ 基组中添加一个 s 型、一个 p 型、一个 d 型函数. 此外，为了照顾基组平衡，随着极化函数的增加，sp 型基组也要增加. 考虑芯-芯、芯-价层相关的基组记作 cc-pCVXZ$(X = D,T,Q,\cdots)$，是在相应的 cc-pVXZ 中添加大指数的基函数构成的. 例如，cc-pCVTZ 基组是在 cc-pVTZ 基组中添加 2 个 s 型、两个 p 型、一个 d 型大指数函数构成的. 相关一致基组的计算精度较高，但计算量较大，一般仅用于较小体系的计算.

极化一致基组(polarization consistent basis set)也是目前常用的基组，简写为 pc-$n$ $(n = 0\sim4)$，$n$ 值越大，基组越大，pc-1 和 pc-2 分别相当于双 $\varsigma$(DZ) 和三 $\varsigma$(TZ) 基组. 添加弥散函数的极化一致基组记作 aug-pc-$n$. 极化一致基组更注重基组中极化函数配置的优化，能够更好地描述形成分子时原子电荷向成键区的转移，即电荷的极化. 无论在 Hartree-Fock 计算中还是在后面将要介绍的密度泛函计算中，这种基组都得到广泛应用.

需要说明的是，在 Slater 函数和 Gauss 函数的表达式[见式(2.10.7)和式(2.10.13)]中都出现了数字 $n$、$l$、$m$，它们与类氢原子中的相应量子数并无直接联系，因为三者满足不同的方程. 将 Slater 轨道或者 Gauss 轨道称为 1s、2p 等等，只不过是一种习惯叫法，并不表明它们是真正的 1s、2p 等原子轨道. 对于类氢原子来说，真正的原子轨道如式(2.10.2)所示，对于多电子原子来说，真正的原子轨道应通过求解原子的 Hartree-Fock-Roothaan 方程得到，如此求得的原子轨道是不同 Slater 函数或者 Gauss 函数的线性组合[见式(2.10.1)]. 这样的原子轨道被称为 Hartree-Fock 轨道. 把 Slater 轨道或者 Gauss 轨道称为原子轨道，一方面是为了与原子轨道线性组合成分子轨道的理论框架相一致，为化学键提供明确的物理图像，有利于将分子的某些性质向组成分子的原子分解，另一方面这种称谓也为人们建造基函数提供了思路，基函数应当能够较好地描述原子轨道，并要考虑到成键后原子轨道的变形.

### 2.10.4　其他类型的基函数

1. 键函数

在以上讨论中，原子轨道是由组成分子的各个原子提供的，每一原子提供的原子轨道均以该原子为中心. 而键函数的中心不在原子上，而是在价键区域的某个位置上，故称为键函数. 基组中添加键函数可以更好地反映成键后原子轨道的变形. 但键函数的最优中心位置和轨道指数随分子不同而异，比较难以预见.

2. Gauss 瓣函数

基组中只包含 1s Gauss 函数，p 型 Gauss 函数和 d 型 Gauss 函数分别用 2 个 1s Gauss 函数和 4 个 1s Gauss 函数近似，即每一瓣用一个 1s Gauss 函数近似，1s Gauss 函数的中心可以根据需要浮动. Gauss 瓣函数(Gauss lobe function)的优点是积分计算简单.

此外，椭球 Gauss 函数

$$\chi_{nlm} = x^l y^m z^n \exp\left(-\alpha x^2 - \beta y^2 - \gamma z^2\right) \tag{2.10.16}$$

以及约化 Bessel 函数等都可以作为基函数，不再详细讨论.

3. 单中心基函数

单中心基函数是指所有基函数的中心位于空间同一点. 单中心基函数不存在多中心积分问题，因而积分计算较为方便，通常选 Slater 函数做单中心基函数，因为 Slater 函数更接近原子轨道. 单中心基函数的缺点也十分明显，这种基函数很难描述电子波函数在各原子核所在点出现的尖点，这种尖点反映了电子在原子核附近出现的概率最高. 对此不再做详细讨论，有兴趣者可参看相关文献[21]. 由于不能正确地描述波函数的行为，因此单中心基函数的效率较低. 单中心基函数的不成功，从反面证明了 LCAO-MO，即原子轨道线性组合成分子轨道是一种好方法.

### 2.10.5 基组复合误差校正

前面提到，在求解 Hartree-Fock-Roothaan 方程时，实际使用的基组都是不完备的，因此会引起计算误差. 如果两个体系所使用基组的(不)完备性一致，则在计算两个体系的能量差时，基组不完备性所引起的误差可以相互抵销，因此仍然可以得到较为满意的能量差值. 但是如果两个体系所使用基组的(不)完备性有差别，则基组误差不能抵消. 例如，对于化学反应：

$$A + B = AB$$

假定计算体系 A、B、AB 时分别使用基组 $a$、$b$、$ab$，基组 $ab$ 通常是基组 $a$ 和基组 $b$ 的复合，显然这时体系 AB 所用的基组大于体系 A 和 B 所用的基组，如果根据 Hartree-Fock-Roothaan 方程的计算结果，采用下式计算反应能量

$$\Delta E^0 = E_{AB}^{ab} - E_A^a - E_B^b \tag{2.10.17}$$

则在反应能量 $\Delta E^0$ 中就会存在基组误差，英文中称这种误差为 BSSE(baisis set superposition error)，中文中有人翻译为基组重叠误差，但我们认为称之为基组复合误差或许更为确切. 基组复合误差是将两个基组复合在一起，从而造成基组完备性不同，或者说基组不均衡引起的. 上式中，$E_{AB}^{ab}$ 表示用复合基组 $ab$ 计算得到的体系 AB 的能量，余类推.

消除基组复合误差的根本办法是采用完备性基组，或者采用完全均衡基组，但这在实际上做不到. 校正基组复合误差的一种方法是平衡校正(counterpoise correction, CP). 为便于说明平衡校正，将 AB 中的基团(或单个原子) A、B 分别记作 $A^*$、$B^*$，以区别于游离的 A、B . 在 AB 构型下分别对 $A^*$、$B^*$ 采用基组 $a$、$b$ 各计算一次，再用复合基组 $ab$ 各计算一次. 在用复合基组 $ab$ 计算 $A^*$ 时，基组配置与计算 AB 时相同，但 B 部分的原子核和电子不包含在计算中，通常称包含在复合基组 $ab$ 中的 $b$ 基组函数为鬼基函数. 用同样的办法处理 $B^*$ 部分，然后按下式计算反应能量：

$$\Delta E = E_{AB}^{ab} - E_{A^*}^{ab} - E_{B^*}^{ab} + \left\{\left[E_{A^*}^a - E_A^a\right] + \left[E_{B^*}^b - E_B^b\right]\right\} \tag{2.10.18}$$

式中大括号内的项是 $A \to A^*$ 和 $B \to B^*$ 的能量变化. $\Delta E^0$ [见式(2.10.17)]与 $\Delta E$ [见式(2.10.18)]的差值记为 $\Delta E_{cp}$，而有

$$\Delta E_{cp} = \left(E_{A^*}^{ab} - E_{A^*}^a\right) + \left(E_{B^*}^{ab} - E_{B^*}^b\right) \tag{2.10.19}$$

这就是用平衡校正法得到的基组复合误差. 还有其他一些校正基组复合误差的方法，不再详细讨论.

## 2.11　电子密度分布与电荷布居分析

通过 Hartree-Fock 计算，能够得到原子、分子体系电子的总能量，轨道能级等重要物理量以及电子结构和分子的几何结构等重要信息，还能得到体系的电子密度分布. 对 $N$ 电子体系而言，电子密度是指有一个电子出现在 $\vec{q}$ 处的概率密度. 这里，$\vec{q}$ 为电子坐标，包括空间坐标 $\vec{r}$ 和自旋坐标 $\sigma(\sigma=\alpha,\beta)$. 按照 Born 的统计解释，自旋轨道 $\phi_i$ 上的电子出现在 $\vec{q}$ 处的概率密度 $\rho_i(\vec{q})$ 为

$$\rho_i(\vec{q})=\phi_i^*(\vec{q})\phi_i(\vec{q}) \tag{2.11.1}$$

将自旋积分，可以得到电子出现在空间 $\vec{r}$ 处的概率密度 $\rho_i(\vec{r})$

$$\rho_i(\vec{r})=\varphi_i^*(\vec{r})\varphi_i(\vec{r}) \tag{2.11.2}$$

$\varphi_i$ 为空间轨道. 于是，对于单行列式波函数，可以得到 $N$ 个电子中有一个电子出现在空间 $\vec{r}$ 处总的概率密度 $\rho(\vec{r})$

$$\rho(\vec{r})=\sum_j^{\text{occ}} n_j\varphi_j^*(\vec{r})\varphi_j(\vec{r}) \tag{2.11.3}$$

式中，$n_j$ 为轨道 $\varphi_j$ 的占据数，即 $\varphi_j$ 轨道上的电子数目，求和只涉及行列式中包含的轨道. 5.8 节中，我们将严格导出式(2.11.3). 由式(2.11.3)，可以绘制电子密度的等值线图或立体图，用以分析分子成键或激发前后电子密度的变化. 电子密度分布可以实验测定，因此可以将计算结果与实验比对. 此外，还可以由概率密度计算静电势、电荷布居，并进行拓扑分析(topological analysis)等.

### 2.11.1　静电势

静电势也称 Coulomb 势，空间 $\vec{r}$ 点的静电势定义为

$$V_{\text{coul}}(\vec{r})=-\sum_a\frac{Z_a}{\left|\vec{r}-\vec{R}_a\right|}+\int\frac{\rho(\vec{r}')}{\left|\vec{r}-\vec{r}'\right|}\mathrm{d}\vec{r}' \tag{2.11.4}$$

式中，$\vec{R}_a$ 和 $Z_a$ 分别为原子 $a$ 的位置矢量和核电荷数. 式(2.11.4)表明，空间任一点的静电势是由分子中各原子的几何位置、核电荷数以及电子密度分布决定的. 由于电子密度分布中包含体系中所有电子的贡献，因此式(2.11.4)计算的静电势并不是分子中固有的一个电子所受到的静电作用，而是一个外来试探电子感受到的作用. 静电势常用于分析分子间相互作用.

### 2.11.2　电子密度拓扑分析

拓扑一词是英文“Topology”的音译，直译为地志学，最初是一门与研究地形、地貌相关的学科. 因此，电子密度分布的形貌学分析又称电子密度拓扑分析，主要目的是通过分析电子密度分布的特征以获得分子的电子结构信息. 分子的电子密度实际上分布在三维空间中，但是由式(2.11.3)可以看到，电子密度函数中包含三个变量，即电子的三个位置坐标，因此电子密度分布也可以看成四维空间中的一个超曲面. 采用后一种看法，更有利于理解电子密度分布的形貌学分析. 注意：这里所说的超曲面与势能面不是同一概念，势能面是 $N$ 个原子核的

$(3N-6)/(3N-5)$个坐标的函数，而电子密度的超曲面则是一个电子的三个位置坐标的函数.

分子中的电子密度分布是不均匀的，所分布的超曲面上存在驻点，或称临界点(critical point)，包括极大值点、极小值点和鞍点，研究临界点的性质是一项很有意义的工作.

根据数学定义，梯度为零的点就是密度分布的临界点，但要进一步判断临界点的性质，需要密度分布的二阶导数，即电子密度的 Hessian 矩阵 $\boldsymbol{D}_{\text{hess}}(\vec{r})$

$$\boldsymbol{D}_{\text{hess}}(\vec{r})=\begin{pmatrix} \dfrac{\partial^2\rho(\vec{r})}{\partial x^2} & \dfrac{\partial^2\rho(\vec{r})}{\partial x\partial y} & \dfrac{\partial^2\rho(\vec{r})}{\partial x\partial z} \\ \dfrac{\partial^2\rho(\vec{r})}{\partial y\partial x} & \dfrac{\partial^2\rho(\vec{r})}{\partial y^2} & \dfrac{\partial^2\rho(\vec{r})}{\partial y\partial z} \\ \dfrac{\partial^2\rho(\vec{r})}{\partial z\partial x} & \dfrac{\partial^2\rho(\vec{r})}{\partial z\partial y} & \dfrac{\partial^2\rho(\vec{r})}{\partial z^2} \end{pmatrix} \tag{2.11.5}$$

研究发现[22]，在分子构型基本合理的情况下，临界点处的 Hessian 矩阵是满秩的. 矩阵的秩是矩阵的行(列)向量所组成的向量组中线性无关的向量数目，满秩矩阵的行(列)向量组全部是线性无关的. Hessian 矩阵是满秩矩阵，因此有三个本征值. 根据多元函数取极值的条件，可由 Hessian 矩阵正负本征值的个数将临界点分为以下四类.

(1) 三个本征值均为负值，临界点为极大值点，一般出现在原子核所在位置.

(2) 三个本征值均为正值，临界点为极小值点，一般出现在笼形分子的中心，故称为笼临界点.

(3) 两个本征值为负值，一个本征值为正值，临界点为鞍点. 这类鞍点出现在有化学键的两原子之间，故称为键临界点(bond critical point). 在两原子连线方向上鞍点处的密度为极小值，在垂直于两原子连线的平面上鞍点处的密度为极大值.

(4) 两个本征值为正值，一个本征值为负值，临界点也是鞍点. 这类鞍点出现在环状分子的中心，故称为环临界点(ring critical point). 在环平面的法线方向上鞍点处的密度为极大值，在环平面内鞍点处的密度为极小值.

由式(2.11.5)，电子密度的 Hessian 矩阵的迹为

$$\frac{\partial^2\rho(\vec{r})}{\partial x^2}+\frac{\partial^2\rho(\vec{r})}{\partial y^2}+\frac{\partial^2\rho(\vec{r})}{\partial z^2}=\nabla^2\rho(\vec{r}) \tag{2.11.6}$$

称$\nabla^2\rho(\vec{r})$构成的标量场为 Laplace 场，它与化学键有联系. 若两原子间存在共价键，则两者之间必有一区域$\nabla^2\rho(\vec{r})<0$，否则不存在共价键.

电子密度拓扑分析可用于讨论分子中的化学键，这种方法已经得到广泛应用. 电子密度拓扑分析的结果能够为一些奇特分子的成键情况以及化学反应过程中化学键的断裂和形成过程提供有用信息，从而帮助人们确定分子结构或者理解微观过程. 不过，这种分析只是定性的、描述性的.

### 2.11.3　电荷布居分析

原子成键后，原子所带电荷将发生变化. 电子密度分布虽然给出了电子的空间分布，但这种描述方式基本上类似于电子云概念，无法将电子分布与原子电荷相联系. 为了表明电荷在各组成原子间的分布情况，Mulliken 提出了电荷布居分析方法[23].

式(2.11.3)表明，按照分子轨道理论，分子的电子密度是由各占据分子轨道上的电子贡献的，而分子轨道是原子轨道的线性组合，即

$$\varphi_i = \sum_{\mu}^{m} c_{\mu i}\chi_\mu \tag{2.11.7}$$

因此，也可以将分子的电子密度看成是由分子中各原子的原子轨道上的电子贡献的，于是电子在各原子轨道上有一个分布或者布居，这种看法就是电荷布居分析的基础.

让我们做具体推导. 假定分子中有 $N$ 个电子、$M$ 个原子核，并以 $A, B, \cdots$ 标记原子核，分子轨道为

$$\varphi_i = \sum_{A}\sum_{\mu(A)} c_{\mu i}^{A}\chi_\mu^{A} \tag{2.11.8}$$

与式(2.11.7)的不同之处在于，式(2.11.8)明确指出了某原子轨道是由哪个原子提供的. 例如，$\chi_\mu^A$ 表示第 $\mu$ 个原子轨道 $\chi_\mu$ 是由 $A$ 原子提供的，而求和指标 $\mu(A)$ 则表示仅对 $A$ 原子提供的原子轨道求和. 于是有(假定组合系数取实数)

$$\varphi_i^*\varphi_i = \sum_{A}\sum_{B}\sum_{\mu(A)}\sum_{\nu(B)} c_{i\mu}^{A}c_{\nu i}^{B}\chi_\mu^{A}\chi_\nu^{B} \tag{2.11.9}$$

两边积分，假定同一原子的各原子轨道是正交归一化的，就得到分子轨道 $\varphi_i$ 上的 $n_i$ 个电子在全空间的分布

$$n_i = n_i\sum_{A}\sum_{\mu(A)}\left(c_{i\mu}^{A}\right)^2 + 2n_i\sum_{A(>B)}\sum_{B}\sum_{\mu(A)}\sum_{\nu(B)} c_{i\mu}^{A}c_{\nu i}^{B}S_{\nu\mu}^{AB} \tag{2.11.10}$$

于是可做如下电荷布居分析：

(1) 分子轨道 $\varphi_i$ 上的 $n_i$ 个电子分布在原子轨道 $\chi_\mu^A$ 上的电荷为

$$n(i, A\mu) = n_i c_{\mu i}^{A}c_{i\mu}^{A} = n_i\left(c_{\mu i}^{A}\right)^2 \tag{2.11.11}$$

(2) 对占据分子轨道求和，得到所有占据分子轨道上的电子布居在原子轨道 $\chi_\mu^A$ 上的电荷

$$n(A\mu) = \sum_{i} n_i c_{\mu i}^{A}c_{i\mu}^{A} = P_{\mu\mu}^{\mathrm{t}} \tag{2.11.12}$$

(3) 对 $A$ 原子提供的所有原子轨道求和，得到所有占据分子轨道上的电子布居在原子 $A$ 上的电荷

$$n(A) = \sum_{\mu} n(A\mu) = \sum_{\mu} P_{\mu\mu}^{\mathrm{t}} \tag{2.11.13}$$

(4) 分子轨道 $\varphi_i$ 上的 $n_i$ 个电子分布在 $A$ 原子的原子轨道 $\chi_\mu^A$ 和 $B$ 原子的原子轨道 $\chi_\nu^B$ 的重叠区中的电荷为

$$n(i, A\mu, B\nu) = 2n_i c_{\mu i}^{A}c_{i\nu}^{B}S_{\mu\nu}^{AB} \tag{2.11.14}$$

(5) 再对占据分子轨道求和，得到所有分子轨道上的电子分布在 $A$ 原子的原子轨道 $\chi_\mu^A$ 和 $B$ 原子的原子轨道 $\chi_\nu^B$ 的重叠区中的电荷为

$$n(A\mu, B\nu) = \sum_{i} n(i, A\mu, B\nu) = \sum_{i} 2n_i c_{\mu i}^{A}c_{i\nu}^{B}S_{\mu\nu}^{AB} = 2P_{\mu\nu}^{\mathrm{t}}S_{\mu\nu}^{AB} = 2\rho_{\mu\nu} \tag{2.11.15}$$

称 $\rho_{\mu\nu}$ 为原子轨道的布居矩阵.

(6) 再对 $A$ 和 $B$ 原子提供的所有原子轨道求和，得到所有分子轨道上的电子分布在 $A$ 和 $B$ 原子间的总重叠电荷

$$n(A,B)=2\sum_{\mu(A)}\sum_{\nu(B)}P_{\mu\nu}^{\mathrm{t}}S_{\mu\nu}^{AB}=2\sum_{\mu(A)}\sum_{\nu(B)}\rho_{\mu\nu} \tag{2.11.16}$$

$n(A,B)$ 的值反映了 $A$ 和 $B$ 原子间形成共价键的程度，如果 $n(A,B)$ 的值较大，则 $A$ 和 $B$ 原子间有共价键存在，否则 $A$ 和 $B$ 原子间不存在化学键或者只有离子键，因此通常将

$$\left(M_{AB}=\sum_{\mu(A)}\sum_{\nu(B)}\rho_{\mu\nu}\right)$$

称为 Mulliken 键级矩阵.

(7) 对分子中所有原子求和，得到体系中 $N$ 个电子的总布居

$$N=\sum_{A}n(A)+\sum_{A(A>B)}\sum_{B}n(A,B)=\sum_{A}\sum_{\mu(A)}P_{\mu\mu}^{\mathrm{t}}+2\sum_{A(A>B)}\sum_{B}\sum_{\mu(A)}\sum_{\nu(B)}P_{\mu\nu}^{\mathrm{t}}S_{\mu\nu}^{AB} \tag{2.11.17}$$

由于已假定同一原子内的各轨道是正交归一化的，对同一原子来说，重叠矩阵为单位矩阵，于是可将式(2.11.17)的两个求和项合并，去掉求和中 $A>B$ 的限制，使之变为两个独立的求和指标，因子 2 消去，即有

$$N=\sum_{\sigma}\sum_{\lambda}P_{\sigma\lambda}^{\mathrm{t}}S_{\lambda\sigma}=\sum_{\sigma}\sum_{\lambda}\rho_{\sigma\lambda} \tag{2.11.18}$$

式中的两个求和均遍及所有原子轨道，因此不必再考虑对原子的求和.

以上所罗列的布居分析中，比较常用的是某一轨道的布居分析，即上面提到的(1)和(4)分析，例如，为了确定成键情况，常常要对前线轨道、配位轨道或者孤对电子轨道等做布居分析. Mulliken 键级矩阵，即(6)分析也比较常用，但更常用的是原子电荷. 为了确定原子电荷，Mulliken 将重叠区电子平均分配给有关原子，即将式(2.11.17)第二个求和项平均分配给两个相关的原子，于是可得布居在 $A$ 原子上的总电子数

$$n_A=\sum_{\mu(A)}P_{\mu\mu}^{\mathrm{t}}+\sum_{\mu(A)}\sum_{\nu(B)}P_{\mu\nu}^{\mathrm{t}}S_{\mu\nu}^{AB}=\sum_{\mu(A)}\sum_{\nu(B)}\rho_{\mu\nu} \tag{2.11.19}$$

因此，原子 $A$ 上的净电荷为

$$q_A=Z_A-n_A \tag{2.11.20}$$

式中，$Z_A$ 为 $A$ 原子的核电荷数.

Mulliken 布居分析在一定程度上反映了分子中的电荷分布情况，因此在分子结构、分子光谱、核磁共振谱等方面得到广泛应用. 但 Mulliken 布居分析存在一些严重缺陷，主要表现在：

(1) 将重叠区电子平均分配给两个原子显然不合理，在极性键中，电子分布明显偏向一边.

(2) 将一个原子提供的原子轨道上布居的电子全部划归该原子并不合适，因为原子的外层轨道通常扩展得很远，$A$ 原子某些轨道上的电荷可能主要分布在 $B$ 原子附近，对 $B$ 原子可能有更强的作用.

(3) 电荷布居依赖于原子轨道基组，而基组可以任意选择，因此布居分析有很大任意性.

(4) 有时会得到不合理的电荷布居，如原子轨道的电子布居数大于 2，这显然违背 Pauli 不相容原理.

已经提出了多种方案用于改进 Mulliken 布居分析，但大多数方案没有得到学界的广泛认可.

应用比较广泛的是自然原子轨道(natural atomic orbital, NAO)分析和自然键轨道(natural bond orbital, NBO)分析. 两者的基本思想都是解决重叠区电子的分配问题. 自然原子轨道分析的基本做法是，采用角度平均和加权对称正交化等方法将原来的原子轨道改造为正交化的原子轨道，称为自然原子轨道，使得重叠积分为零，从而消除了重叠区电子的分配问题，克服了 Mulliken 布居分析的一些缺陷. 但该方法在轨道正交化的过程中实际上隐含了重叠区电子的分配问题，因此所得结果仍然不完全合理. 自然键轨道分析的基本做法是，在自然原子轨道的基础上，通过进一步对称正交化建造正交化的键轨道，称为自然键轨道，从而消除了重叠区电子的分配问题，计算结果有所改进. 此外，Bader 基于 2.11.2 节讨论过的电子密度拓扑分析，提出了分子中的原子(atoms in, molecule, AIM)模型，该模型按物理空间划分原子电荷，将一个原子核周围盆地(basin)中包含的电荷指定为分子中该原子的电荷，这是一种基于密度函数的几何学方法，不同于以上讨论的几种基于波函数的方法. 有关内容不再详细讨论，可参见相关文献[24].

## 参 考 文 献


[1] 曾谨言. 量子力学(卷Ⅱ). 3 版. 北京: 科学出版社, 2000: 43-49.

[2] 唐敖庆, 杨忠志, 李前树. 量子化学. 北京: 科学出版社, 1982: 127-137.

[3] 北京大学数学力学系. 高等代数. 北京: 人民教育出版社, 1978: 55.

[4] 北京大学数学力学系. 高等代数. 北京: 人民教育出版社, 1978: 173-176.

[5] 曾谨言. 量子力学(卷Ⅰ). 3 版. 北京: 科学出版社, 2000: 588-590.

[6] MacDonald J K L. Phys Rev, 1933, 43: 830.

[7] Weinstein D H. Proc Nat Acad Sci, 1934, 20: 529; MacDonalda J K L. Phys Rev, 1934, 46: 828; Weinhold F. Advances in Quantum Chemistry. Vol 6. //Lowdin P O. New York: Academic Press, 1972.

[8] Amos T, Suyder L C. J Chem Phys, 1964, 41: 1773.

[9] Roothaan C C J, Bagus R S. Methods in Computational Physics. Vol 2. New York: Academic Press, 1963.

[10] Slater J C. Quantum Theory of Atomic Structure. New York: McGraw-Hill, 1960.

[11] Hartree D R. The Calculation of Atomic Structures. New York: John Wiley & Sons, 1957.

[12] 徐光宪, 黎乐民, 王德民. 量子化学——基本原理和从头计算法(上册). 2 版. 北京: 科学出版社, 2007: 附录 1, A1.4.6.

[13] Lowdin P O. J Chem Phys, 1950, 18: 365.

[14] 徐光宪, 黎乐民, 王德民. 量子化学——基本原理和从头计算法(中册). 2 版. 北京: 科学出版社, 2009: 315-334.

[15] Sundberg K R, Bieerano J, Lipseomb W N. J Chem Phys, 1979, 71: 1515-1524.

[16] Liu S B, Perez-Jorda J M, Yang W T. J Chem Phys, 2000, 112: 1634-1644.

[17] 冯华升, 卞江, 黎乐民. 中国科学 B, 2003, 33: 361-369; 冯华升, 卞江, 黎乐民. 高等学校化学学报, 2004, 25: 1291-1297.

[18] Roothaan C C J. Rev Mod Phys, 1960, 32: 179.

[19] 刘成卜, 邓从豪. 山东大学学报, 1985, (2): 104.

[20] 刘成卜, 邓从豪. 高等学校化学学报, 1988, 9(2): 157.

[21] Ira N. 量子化学. 宁世光, 佘敬曾, 刘尚长, 译. 北京: 人民教育出版社, 1980: 480.

[22] Bader R F W. Atoms in Molecules: A Quantum Theory. Oxford: Oxford University Press, 1990.

[23] Mulliken R S. J Chem Phys, 1955, 23: 1833.

[24] 徐光宪, 黎乐民, 王德民. 量子化学——基本原理和从头计算法(中册). 2 版. 北京: 科学出版社, 2009: 305-315.

## 习　题

1. 某分子体系的定态 Schrödinger 方程为

$$\hat{H}\Psi = E\Psi$$

体系的 Hamilton 算符 $\hat{H}$ 为

$$\hat{H} = \sum_{i=1}^{N} h_i + \sum_{i<j=1}^{N} g_{ij}$$

其中

$$h_i = -\frac{1}{2} - \sum_a \frac{Z_a}{r_{ai}}, \qquad g_{ij} = \frac{1}{r_{ij}}$$

式中，$\sum_a$ 表示对原子核求和. 将 $N$ 电子波函数 $\Psi$ 展开为 Slater 行列式 $\Phi$ 的线性组合，

$$\Psi = \sum_i c_i \Phi_i$$

其中

$$\Phi_i = \sqrt{N!}\hat{A}\left\{\phi_{i_1}(1)\phi_{i_2}(2)\ldots\phi_{i_N}(N)\right\}$$

$\hat{A}$ 为反对称化算符

$$\hat{A} = \frac{1}{N!}\sum_P \nu_P \hat{P}$$

(1) 在单电子态正交归一的情况下，导出 Hamilton 算符 $\hat{H}$ 的非对角元 $\langle\Phi_i|\hat{H}|\Phi_j\rangle (i \neq j)$ 的计算公式.

(2) 在单电子态非正交的情况下，导出 Hamilton 算符 $\hat{H}$ 的对角元 $\langle\Phi_i|\hat{H}|\Phi_i\rangle$ 的计算公式.

2. 试论证：变分原理与 Schrödinger 方程等价. 若将待求的波函数写作已知基函数的线性组合

$$\Psi = \sum_i c_i \Phi_i$$

分别用变分法和直接将上述展开式代入 Schrödinger 方程的方法导出展开系数所满足的方程，给出系数的求解过程，并讨论两种方法之间的联系.

3. 设量子体系的 Hamilton 算符为 $\hat{H}$，基态能量为 $E_0$，$\Phi$ 为任一满足边界条件的归一化波函数，$\hat{H}$ 不显含时间. 证明 $\left\langle\Phi\middle|\hat{H}\middle|\Phi\right\rangle \geqslant E_0$，并讨论该式的物理意义.

4. 在单电子近似下求解 $N$ 电子闭壳层原子、分子体系的定态 Schrödinger 方程，取单组态近似.

(1) 写出基态电子波函数的表达式(即 Hartree-Fock 波函数).

(2) 导出作为分子轨道泛函的 $N$ 电子能量表达式(假定分子轨道正交归一化).

(3) 利用变分原理并通过酉变换导出正则 Hartree-Fock 方程.

(4) 导出 $N$ 电子能量与轨道能级的关系式.

5. 对于闭壳层原子、分子体系，Hartree-Fock 方程为

$$\hat{F}_i(1)|\varphi_i(1)\rangle = \varepsilon_i|\varphi_i(1)\rangle, \quad i = 1,2,\cdots,\frac{N}{2} \tag{1}$$

式中，Fock 算符的表达式为

$$\hat{F}_i(1)=\hat{h}_1+\sum_{j=1}^{N}\left[\hat{J}_j(1)-\hat{K}_j(1)\right] \tag{2}$$

其中，单电子算符 $\hat{h}_1$ 、Coulomb 算符 $\hat{J}_j(1)$ 和交换算符 $\hat{K}_j(1)$ 的表达式分别为

$$\hat{h}_1=-\frac{1}{2}\nabla_1^2-\sum_a\frac{Z_a}{r_{a1}} \tag{3}$$

$$\hat{J}_j(1)=\left\langle\varphi_j(2)\middle|g_{12}\middle|\varphi_j(2)\right\rangle \tag{4}$$

$$\hat{K}_j(1)=\delta\left(m_{s_i}m_{s_j}\right)\left\langle\varphi_j(2)\middle|g_{12}\middle|\varphi_i(2)\right\rangle\frac{\varphi_j(1)}{\varphi_i(1)} \tag{5}$$

$$g_{12}=\frac{1}{r_{12}}=\frac{1}{\left|\vec{r}_1-\vec{r}_2\right|} \tag{6}$$

(1) 论证 Fock 算符具有原子、分子所属对称群的对称性，进而讨论轨道的对称性(提示：轨道用一组完备的量子数组标记).

(2) 证明 Fock 算符为 Hermite 算符，进而讨论其本征值和本征函数的性质.

(3) 由方程(1)写出轨道能量表达式，进而讨论电子相关问题.

(4) 简述 Koopmans 定理，说明 Koopmans 定理成立的条件及其缺陷.

(5) 简述 Brillouin 定理及两个重要推论.

6. 用自旋非限制的 Hartree-Fock 方法处理开壳层.

(1) 写出 Hartree-Fock 方程.

(2) 评述该方法的优势和缺陷.

(3) 分析波函数中的自旋污染，讨论如何消除自旋污染.

7. 用自旋限制性 Hartree-Fock 方法处理开壳层.

(1) 评述单行列式方法的优势和缺点.

(2) 叙述谱项能量变分法的基本框架.

(3) 电子组态 $(\mathrm{a}_1)^2(\mathrm{t}_2)^3$ 包含的谱项为 $^2T_1$ 、$^2T_2$ 、$^4A_2$ 和 $^2E$ ，导出各谱项的能量表达式，给出谱项 $^2T_1$ 、$^2T_2$ 、$^4A_2$ 的谱项参数.

(4) 根据电子组态 $(\mathrm{a}_1)^2(\mathrm{t}_2)^3$ 的各谱项能量表达式，讨论谱项能量变分法的适用范围.

8. 用 Slater 平均化方法处理开壳层.

(1) 简述 Slater 平均化方法的优势和缺陷.

(2) 对于只有一个开壳层的体系，给出组态平均能量的表达式.

(3) 讨论组态平均能量表达式与闭壳层能量表达式以及开壳层限制性谱项能量变分法能量表达式的关系.

9. 闭壳层体系的 Hartree-Fock 方程为

$$\hat{F}_i(1)\left|\varphi_i(1)\right\rangle=\varepsilon_i\left|\varphi_i(1)\right\rangle,\qquad i=1,2,\cdots,\frac{N}{2}$$

将分子轨道向原子轨道基组 $\left\{\chi_\mu,\mu=1,2,\cdots,m\right\}$ 展开，

$$\varphi_i=\sum_{\nu}^{m}c_{\nu i}\chi_\nu,\qquad i=1,2,\cdots,\frac{N}{2}$$

可以得到 Hartree-Fock-Roothaan 方程.

(1) 导出 Hartree-Fock-Roothaan 方程.

(2) 将所得到的广义本征方程转换为本征方程.

(3) 概述 Hartree-Fock-Roothaan 方程的求解过程.

10. 对分子轨道定域化做简单综述.

11. 量子化学从头算中有多种原子轨道基组，原子轨道基组至少应满足以下条件：①是一个完备集合；②能够较好地描述原子轨道的性质，特别是能够恰当地描述在形成分子时原子轨道的极化；③便于积分计算；④尽可能减少数据存储，降低久期方程的维数. 根据以上要求讨论下列问题：

(1) 类氢原子轨道基组

(a) 写出一般表达式.

(b) 评价该基组的优势和缺点.

(2) Slater 基组

(a) 写出一般表达式.

(b) 分析该基组与类氢原子轨道基组的联系.

(c) 如何优化轨道指数？简要解释多重 $\varsigma$ 基组的含义.

(d) 评价该基组的优势和缺点.

(3) Gauss 基组

(a) 写出一般表达式.

(b) 如何优化轨道指数？

(c) 评价该基组的优势和缺点.

(d) 简要解释 STO-3G、6-311G 的含义.

12. 讨论基组复合误差的来源及其校正方法.

13. 基于 Hartree-Fock 计算结果，给出分子体系的静电势表达式，讨论其物理意义.

14. 概述电子密度拓扑分析的理论依据，拓扑分析结果能为研究分子结构提供哪些信息？

15. 导出 Mulliken 布居分析中计算原子电荷的公式，概述 Mulliken 布居分析的用途、缺陷及其改进方法.

# 第 3 章　基函数矩阵元的计算

## 3.0　导　　言

本章将要讨论基函数的矩阵元，为此先要弄清基函数的概念. 第 1 章和第 2 章中多次用到基函数一词，每次都根据具体情况对基函数概念做了说明. 现在我们要对基函数概念做进一步说明. 基函数组相当于几何学中的坐标系，有正交归一化基函数组和非正交基函数组两种，分别相当于几何学中的正交坐标系和非正交坐标系，而归一化的基函数则相当于坐标轴上的单位向量.与普通几何学中的坐标系不同的是，基函数组张成的空间理论上应当是无穷维的，称这种无穷维的空间为 Hilbert 空间. 在几何学中，任一空间矢量都可以写作基矢量的线性组合，同样，波函数也可以写作基函数的线性组合.

另一方面，任何 Hermite 算符的本征函数都构成完备集合，或者说，Hermite 算符的本征函数张成一个完备空间，该空间中的任意函数都可以用这组本征函数展开，因此称它们为基函数组，简称基组.

不同空间要选择不同的坐标系，同一空间也可选择不同的坐标系. 我们有单电子函数空间和多电子函数空间(电子数 $N\geqslant 2$)，在单电子函数空间中，任意品优的单电子函数完备集都可以作为基函数组. Hartree-Fock 算符是 Hermite 算符，因此 Hartree-Fock 方程的解，即原子、分子轨道就是单电子函数空间中的基函数完备集. 此外，普通原子轨道(不是 Hartree-Fock 原子轨道)也构成单电子函数空间的完备集. 多电子函数空间中的基函数是多电子波函数，任意品优的多电子波函数完备集都可作为多电子函数空间中的基函数组. Slater 行列式或者谱项波函数都可以作为基组用于展开多电子波函数. 同一空间中的两组基函数之间存在变换关系，通过酉变换(在实数空间中为正交变换)可以把一组正交归一化的基函数变为另一组正交归一化的基函数，这相当于在同一空间中选择不同的坐标系. 例如，在推导 Hartree-Fock 方程时，我们曾通过酉变换，将正交归一化的非正则轨道变换为正交归一化的正则轨道. 随着基组的变换，力学量算符的表示也将相应变换. 力学量算符在不同基组下有不同的表示，这些表示通过相似变换/酉变换相联系. 对此，在 1.3.1 节已做过讨论.

当未知函数用基函数展开进而求解相应方程时，就会出现基函数的矩阵元计算问题. 根据以上讨论，有以下两类基函数的矩阵元.

一类是多电子基函数的矩阵元，包括 Slater 行列式的矩阵元、谱项波函数的矩阵元等.Slater 行列式的矩阵元计算问题本应属于本章讨论的内容，但因推导 Hartree-Fock 方程的需要，将有关内容在第 2 章中讨论了. 以谱项波函数为基函数时会出现谱项波函数的矩阵元 $\left\langle \Phi_i\left(LM_LSM_S\right)\middle|\hat{H}\middle|\Phi_j\left(LM_LSM_S\right)\right\rangle$ 或 $\left\langle \Phi_i\left(\Lambda TSM_S\right)\middle|\hat{H}\middle|\Phi_j\left(\Lambda TSM_S\right)\right\rangle$. 由于谱项波函数是 Slater 行列式 $\Phi$ 的线性组合，即有 $\Phi_i\left(LM_LSM_S\right)=\sum_j c_{ji}\Phi_j$ 或 $\Phi_i\left(\Lambda TSM_S\right)=\sum_j c_{ji}\Phi_j$，因此谱项波函数的矩阵元可以转化为 Slater 行列式的矩阵元. 但是，同一 Slater 行列式可能在不同谱项波函数中重复出现，如果将谱项波函数的矩阵元转化为 Slater 行列式的矩阵元，则许多行列式的矩阵元就会

重复计算. 为了提高计算效率，应当给出直接计算谱项波函数矩阵元的公式. 事实上，根据谱项波函数的不同建造方法，已经提出了很多计算谱项波函数矩阵元的方法. 对此，我们不再做进一步讨论，有兴趣的读者可参看相关文献[1]. 此外，还有用其他方法建造的多电子基函数，如酉群方法、辛群方法等，相应的矩阵元计算方法涉及连续群的表示问题，因此也不再介绍，可参看文献[2-4].

另一类是单电子基函数的矩阵元，本章将要讨论的是分子轨道展开成原子轨道的线性组合时出现的原子轨道的矩阵元计算问题，包括两种原子轨道，即 Slater 轨道(函数)和 Gauss 轨道(函数)，这是最常见的两种单电子基函数. 通过第 2 章的讨论我们知道，在求解 Hartree-Fock 方程时，需要将待求的分子轨道展开为基函数(原子轨道)的线性组合，如式(2.10.1)所示. 2.10 节指出，Slater 函数和 Gauss 函数是两类最常用的原子轨道，因此在 Hartree-Fock-Roothaan 方程中就会出现 Slater 函数和 Gauss 函数的矩阵元，对于闭壳层体系，如式(2.8.5)、式(2.8.7)和式(2.8.9)所示；对于开壳层体系，非限制性方法如式(2.9.9)和式(2.9.10)所示，限制性方法如式(2.9.23)等所示. 在以上所列各式中涉及的基函数积分包括：基函数(包括 Slater 函数和 Gauss 函数)的重叠积分 $S_{\mu\nu}=\langle\chi_\mu|\chi_\nu\rangle$、电子的动能积分 $\mathrm{KE}=\langle\chi_\mu|-\frac{1}{2}\nabla^2|\chi_\nu\rangle$、电子-核吸引能积分 $\mathrm{NAI}=\langle\chi_\mu|\frac{1}{r_\mathrm{a}}|\chi_\nu\rangle$ 以及电子排斥积分 $ERI=\langle\chi_\mu\chi_\nu|\frac{1}{r_{12}}|\chi_\lambda\chi_\sigma\rangle$. 本章将给出所有这些积分的解析表达式.

## 3.1 广义坐标系

在求解 Schrödinger 方程时必须选择合适的坐标系，只有在合适的坐标系中方程才能分离变量求解. 体系势函数的对称性或者边界条件决定着坐标系的选择. 例如，对于中心力场，势函数具有球对称性，只有在球坐标系中才能分离变量求解方程. 因此必须选择球坐标系，为了对各种坐标系有一个较为全面的了解，下面讨论广义坐标系.

### 3.1.1 邻近两点间的距离

设 $(q_1,q_2,q_3)$ 是三维空间中三个线性无关的坐标变量，则 $(q_1,q_2,q_3)$ 张成一个坐标系. 习惯上，人们把直角坐标系 $(x,y,z)$ 以外的坐标系 $(q_1,q_2,q_3)$ 称为广义坐标系. 广义坐标系又称曲线坐标系，因其坐标面[$q_i(i=1,2,3)$ 为常数的曲面]为曲面，从而与直角坐标系坐标面的交线(称为坐标线)为曲线. 直角坐标系 $(x,y,z)$ 与广义坐标系 $(q_1,q_2,q_3)$ 之间存在确定的变换关系，可以一般地写作

$$x=x(q_1,q_2,q_3),\quad y=y(q_1,q_2,q_3),\quad z=z(q_1,q_2,q_3) \tag{3.1.1}$$

逆变换为

$$q_1=q_1(x,y,z),\quad q_2=q_2(x,y,z),\quad q_3=q_3(x,y,z) \tag{3.1.2}$$

例如，对于球坐标系，$q_1=r$，$q_2=\theta$，$q_3=\phi$，则有

$$x=r\sin\theta\cos\phi,\quad y=r\sin\theta\sin\phi,\quad z=r\cos\theta \tag{3.1.3}$$

逆变换为

$$r=\sqrt{x^2+y^2+z^2},\quad \theta=\cos^{-1}\left(\frac{z}{\sqrt{x^2+y^2+z^2}}\right),\quad \phi=\tan^{-1}\frac{y}{x} \tag{3.1.4}$$

在圆柱坐标系中，$q_1=r$，$q_2=\theta$，$q_3=z$，则有

$$x=r\cos\theta,\quad y=r\sin\theta,\quad z=z \tag{3.1.5}$$

逆变换为

$$r=\sqrt{x^2+y^2},\quad \theta=\tan^{-1}\frac{y}{x},\quad z=z \tag{3.1.6}$$

在直角坐标系中，点 $P(x,y,z)$ 与 $Q(x+\mathrm{d}x,y+\mathrm{d}y,z+\mathrm{d}z)$ 之间的距离 $\mathrm{d}s$ 可表示为

$$(\mathrm{d}s)^2=(\mathrm{d}x)^2+(\mathrm{d}y)^2+(\mathrm{d}z)^2 \tag{3.1.7}$$

下面求广义坐标系中点 $P(q_1,q_2,q_3)$ 和 $Q(q_1+\mathrm{d}q_1,q_2+\mathrm{d}q_2,q_3+\mathrm{d}q_3)$ 之间的距离表达式. 按照式(3.1.1)，有

$$\mathrm{d}x=\sum_{i=1}^{3}\frac{\partial x}{\partial q_i}\mathrm{d}q_i,\quad \mathrm{d}y=\sum_{i=1}^{3}\frac{\partial y}{\partial q_i}\mathrm{d}q_i,\quad \mathrm{d}z=\sum_{i=1}^{3}\frac{\partial z}{\partial q_i}\mathrm{d}q_i$$

代入式(3.1.7)，有

$$\begin{aligned}(\mathrm{d}s)^2&=\left(\sum_{i}^{3}\frac{\partial x}{\partial q_i}\mathrm{d}q_i\right)\left(\sum_{j}^{3}\frac{\partial x}{\partial q_j}\mathrm{d}q_j\right)+\left(\sum_{i}^{3}\frac{\partial y}{\partial q_i}\mathrm{d}q_i\right)\left(\sum_{j}^{3}\frac{\partial y}{\partial q_j}\mathrm{d}q_j\right)+\left(\sum_{i}^{3}\frac{\partial z}{\partial q_i}\mathrm{d}q_i\right)\left(\sum_{j}^{3}\frac{\partial z}{\partial q_j}\mathrm{d}q_j\right)\\&=\sum_{i=1}^{3}\left[\left(\frac{\partial x}{\partial q_i}\right)^2+\left(\frac{\partial y}{\partial q_i}\right)^2+\left(\frac{\partial z}{\partial q_i}\right)^2\right]\mathrm{d}q_i^2+\sum_{i\neq j}^{3}\left[\frac{\partial x}{\partial q_i}\frac{\partial x}{\partial q_j}+\frac{\partial y}{\partial q_i}\frac{\partial y}{\partial q_j}+\frac{\partial z}{\partial q_i}\frac{\partial z}{\partial q_j}\right]\mathrm{d}q_i\mathrm{d}q_j\end{aligned} \tag{3.1.8}$$

此即广义坐标系中 $P(q_1,q_2,q_3)$ 和 $Q(q_1+\mathrm{d}q_1,q_2+\mathrm{d}q_2,q_3+\mathrm{d}q_3)$ 两点之间的距离表达式.

### 3.1.2　正交广义坐标系

式(3.1.8)中，如果第二个求和中的求和项为零，即

$$\frac{\partial x}{\partial q_i}\frac{\partial x}{\partial q_j}+\frac{\partial y}{\partial q_i}\frac{\partial y}{\partial q_j}+\frac{\partial z}{\partial q_i}\frac{\partial z}{\partial q_j}=0,\quad i\neq j \tag{3.1.9}$$

由于 $\frac{\partial x}{\partial q_i}$、$\frac{\partial y}{\partial q_i}$、$\frac{\partial z}{\partial q_i}$ 是坐标曲面 $q_i=$ 常数的法线在直角坐标系中的方向数(即法线与三个直角坐标轴的夹角的余弦，简言之，即法线的方向)，故式(3.1.9)意味着微分矢量 $\mathrm{d}\vec{q}_1$、$\mathrm{d}\vec{q}_2$、$\mathrm{d}\vec{q}_3$ 彼此垂直，即

$$\mathrm{d}\vec{q}_i\cdot\mathrm{d}\vec{q}_j=0,\quad i\neq j;\ i,j=1,2,3 \tag{3.1.10}$$

称满足式(3.1.9)的坐标系为正交广义坐标系，否则为非正交广义坐标系[可用球坐标系验证式(3.1.9)]. 于是，对于正交广义坐标系，式(3.1.8)简化为

$$(\mathrm{d}s)^2=\sum_{i=1}^{3}\left[\left(\frac{\partial x}{\partial q_i}\right)^2+\left(\frac{\partial y}{\partial q_i}\right)^2+\left(\frac{\partial z}{\partial q_i}\right)^2\right]\mathrm{d}q_i^2=\sum_{i=1}^{3}h_i^2\mathrm{d}q_i^2 \tag{3.1.11}$$

其中

$$h_i^2=\left(\frac{\partial x}{\partial q_i}\right)^2+\left(\frac{\partial y}{\partial q_i}\right)^2+\left(\frac{\partial z}{\partial q_i}\right)^2,\quad i=1,2,3 \tag{3.1.12}$$

可将式(3.1.11)改写为

$$(\mathrm{d}s)^2=(\mathrm{d}s_1)^2+(\mathrm{d}s_2)^2+(\mathrm{d}s_3)^2=h_1^2\mathrm{d}q_1^2+h_2^2\mathrm{d}q_2^2+h_3^2\mathrm{d}q_3^2 \tag{3.1.13}$$

于是有

$$\mathrm{d}s_i=h_i\mathrm{d}q_i\ ,\quad i=1,2,3 \tag{3.1.14}$$

称式(3.1.13)或式(3.1.14)为正交广义坐标系的距离公式. 例如，球坐标系中有

$$h_1^2=h_r^2=\left(\frac{\partial x}{\partial r}\right)^2+\left(\frac{\partial y}{\partial r}\right)^2+\left(\frac{\partial z}{\partial r}\right)^2=\sin^2\theta\cos^2\phi+\sin^2\theta\sin^2\phi+\cos^2\phi$$

$$=\sin^2\theta+\cos^2\theta=1$$

同理

$$h_2^2=h_\theta^2=\left(\frac{\partial x}{\partial \theta}\right)^2+\left(\frac{\partial y}{\partial \theta}\right)^2+\left(\frac{\partial z}{\partial \theta}\right)^2=r^2\cos^2\theta\cos^2\phi+r^2\cos^2\theta\sin^2\phi+r^2\sin^2\theta=r^2$$

$$h_3^2=h_\phi^2=\left(\frac{\partial x}{\partial \phi}\right)^2+\left(\frac{\partial y}{\partial \phi}\right)^2+\left(\frac{\partial z}{\partial \phi}\right)^2=r^2\sin^2\theta\sin^2\phi+r^2\sin^2\theta\cos^2\phi=r^2\sin^2\theta$$

因此

$$h_1=1,\quad h_2=r,\quad h_3=r\sin\theta$$

$$\mathrm{d}s_1=\mathrm{d}r,\quad \mathrm{d}s_2=r\mathrm{d}\theta,\quad \mathrm{d}s_3=r\sin\theta\mathrm{d}\phi \tag{3.1.15}$$

直角坐标系中的体积元 $\mathrm{d}\tau$ 为

$$\mathrm{d}\tau=\mathrm{d}x\mathrm{d}y\mathrm{d}z \tag{3.1.16}$$

故在正交广义坐标系中，有

$$\mathrm{d}\tau=\mathrm{d}s_1\mathrm{d}s_2\mathrm{d}s_3=h_1h_2h_3\mathrm{d}q_1\mathrm{d}q_2\mathrm{d}q_3 \tag{3.1.17}$$

例如，在球坐标系中，有

$$\mathrm{d}\tau=r^2\sin\theta\mathrm{d}r\mathrm{d}\theta\mathrm{d}\phi \tag{3.1.18}$$

### 3.1.3 Laplace 算符在正交广义坐标系中的表达式

在量子力学中，动能算符的表达式为

$$T=-\frac{1}{2}\nabla^2$$

称 $\nabla^2$ 为 Laplace 算符. 在不同坐标系中求解 Schrödinger 方程时，要用到 Laplace 算符在所选坐标系中的表达式. 我们现在要导出 Laplace 算符在正交广义坐标系中的一般表达式.

引入矢量微分算符 $\nabla$，它在直角坐标系 $\{\vec{e}_1,\vec{e}_2,\vec{e}_3\}$ 中的表达式定义为

$$\nabla=\vec{e}_1\frac{\partial}{\partial x}+\vec{e}_2\frac{\partial}{\partial y}+\vec{e}_3\frac{\partial}{\partial z} \tag{3.1.19}$$

当 $\nabla$ 作用于某一标量函数 $u$ 时，得到如下矢量

$$\nabla u=\vec{e}_1\frac{\partial u}{\partial x}+\vec{e}_2\frac{\partial u}{\partial y}+\vec{e}_3\frac{\partial u}{\partial z} \tag{3.1.20}$$

称矢量 $\nabla u$ 为 $u$ 的梯度. 矢量微分算符 $\nabla$ 与矢量 $\vec{A}$ 的标量积称为 $\vec{A}$ 的散度，以 $\operatorname{div}\vec{A}$ 表示，即

$$\operatorname{div}\vec{A}=\nabla\cdot\vec{A}=\frac{\partial A_x}{\partial x}+\frac{\partial A_y}{\partial y}+\frac{\partial A_z}{\partial z} \tag{3.1.21}$$

因此，标量函数 $u$ 的梯度 $\nabla u$ 的散度为

$$\operatorname{div}(\nabla u)=\nabla\cdot\nabla u=\nabla^2 u=\left(\vec{e}_1\frac{\partial}{\partial x}+\vec{e}_2\frac{\partial}{\partial y}+\vec{e}_3\frac{\partial}{\partial z}\right)\cdot\left(\vec{e}_1\frac{\partial}{\partial x}+\vec{e}_2\frac{\partial}{\partial y}+\vec{e}_3\frac{\partial}{\partial z}\right)u$$

故有

$$\nabla^2=\frac{\partial^2}{\partial x^2}+\frac{\partial^2}{\partial y^2}+\frac{\partial^2}{\partial z^2} \tag{3.1.22}$$

这就是 Laplace 算符在直角坐标系中的表达式. 原则上讲，可以根据正交广义坐标与直角坐标的关系式(3.1.1)，通过导数运算，由式(3.1.22)求得 Laplace 算符在正交广义坐标系的表达式，但这样做计算较烦琐. 为了简化计算，下面以流体模型推导 Laplace 算符在正交广义坐标系的一般表达式.

图 3.1.1 表示正交广义坐标系中体积为 $\upsilon$ 的一个区域. 假定坐标系的空间充满某一流体，它在点 $P(q_1,q_2,q_3)$ 的密度为 $\rho(q_1,q_2,q_3)$. 又假定流体在任何方向从该体积向外的流速为 $-\frac{\mathrm{d}\upsilon}{\mathrm{d}s}$，$\mathrm{d}s$ 为流速方向的位移.

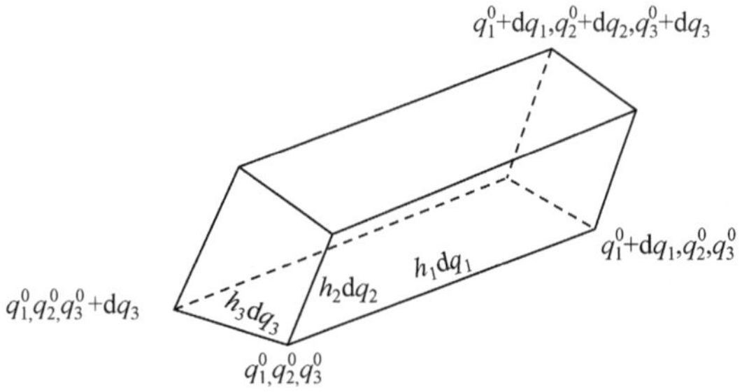


图 3.1.1　广义坐标系中的体积元

现在考虑由下列六个面：

$$q_1=q_1^0 \qquad q_1=q_1^0+\mathrm{d}q_1$$
$$q_2=q_2^0 \qquad q_2=q_2^0+\mathrm{d}q_2$$
$$q_3=q_3^0 \qquad q_3=q_3^0+\mathrm{d}q_3$$

包围的体积元 $\mathrm{d}\tau$ 中流体积累的速度. 先考虑 $q_1=q_1^0$ 面，由式(3.1.14)，垂直于此面的流速为

$$-\frac{\mathrm{d}\upsilon}{\mathrm{d}s_1}=-\frac{1}{h_1}\frac{\partial\upsilon}{\partial q_1} \tag{3.1.23}$$

而此面的面积为 $\mathrm{d}s_2\mathrm{d}s_3=h_2h_3\mathrm{d}q_2\mathrm{d}q_3$，故通过此面的质量流速为

$$\rho\left(-\frac{\mathrm{d}\upsilon}{\mathrm{d}s_1}\right)h_2h_3\mathrm{d}q_2\mathrm{d}q_3=-\rho\frac{h_2h_3}{h_1}\frac{\partial\upsilon}{\partial q_1}\mathrm{d}q_2\mathrm{d}q_3 \tag{3.1.24}$$

通过它相对的面 $q_1=q_1^0+\mathrm{d}q_1$ 的质量流速为

$$\rho\frac{h_2h_3}{h_1}\frac{\partial\upsilon}{\partial q_1}\mathrm{d}q_2\mathrm{d}q_3+\frac{\partial}{\partial q_1}\left(\rho\frac{h_2h_3}{h_1}\frac{\partial\upsilon}{\partial q_1}\right)\mathrm{d}q_2\mathrm{d}q_3\mathrm{d}q_1 \tag{3.1.25}$$

上式第二项中，$\frac{\partial}{\partial q_1}\left(\rho\frac{h_2h_3}{h_1}\frac{\partial\upsilon}{\partial q_1}\right)\mathrm{d}q_2\mathrm{d}q_3$ 表示质量流速沿 $\vec{q}_1$ 方向的变化率. 因此在这一对“面”之间的流体质量积累速度为

$$\frac{\partial}{\partial q_1}\left(\rho\frac{h_2h_3}{h_1}\frac{\partial\upsilon}{\partial q_1}\right)\mathrm{d}q_1\mathrm{d}q_2\mathrm{d}q_3 \tag{3.1.26}$$

同样，在另外两对“面”之间的流体质量积累速度分别为

$$\frac{\partial}{\partial q_2}\left(\rho\frac{h_1h_3}{h_2}\frac{\partial\upsilon}{\partial q_2}\right)\mathrm{d}q_1\mathrm{d}q_2\mathrm{d}q_3 \tag{3.1.27}$$

$$\frac{\partial}{\partial q_3}\left(\rho\frac{h_1h_2}{h_3}\frac{\partial\upsilon}{\partial q_3}\right)\mathrm{d}q_1\mathrm{d}q_2\mathrm{d}q_3 \tag{3.1.28}$$

在体积元 $\mathrm{d}\tau$ 内总的质量积累速度等于以上三式之和，又因为

$$\mathrm{d}\tau=\mathrm{d}s_1\mathrm{d}s_2\mathrm{d}s_3=h_1h_2h_3\mathrm{d}q_1\mathrm{d}q_2\mathrm{d}q_3 \tag{3.1.29}$$

在体积元 $\mathrm{d}\tau$ 内密度增加的速度为

$$\frac{\partial\rho}{\partial t}=\frac{1}{\mathrm{d}\tau}\{\mathrm{d}\tau\text{ 内总的质量积累速度}\}$$

即有

$$\frac{\partial\rho}{\partial t}=\frac{1}{h_1h_2h_3}\left[\frac{\partial}{\partial q_1}\left(\rho\frac{h_2h_3}{h_1}\frac{\partial\upsilon}{\partial q_1}\right)+\frac{\partial}{\partial q_2}\left(\rho\frac{h_1h_3}{h_2}\frac{\partial\upsilon}{\partial q_2}\right)+\frac{\partial}{\partial q_3}\left(\rho\frac{h_1h_2}{h_3}\frac{\partial\upsilon}{\partial q_3}\right)\right] \tag{3.1.30}$$

以上推导当然也适用于直角坐标系，故在直角坐标系中，有

$$\frac{\partial\rho}{\partial t}=\frac{\partial}{\partial x}\left(\rho\frac{\partial\upsilon}{\partial x}\right)+\frac{\partial}{\partial y}\left(\rho\frac{\partial\upsilon}{\partial y}\right)+\frac{\partial}{\partial z}\left(\rho\frac{\partial\upsilon}{\partial z}\right) \tag{3.1.31}$$

将 $\rho\nabla\upsilon$ 视为一矢量函数，利用式(3.1.21)，可将式(3.1.31)写为

$$\frac{\partial\rho}{\partial t}=\nabla\cdot(\rho\nabla\upsilon) \tag{3.1.32}$$

由于 $\frac{\partial\rho}{\partial t}$ 与坐标的选择无关，有

$$\nabla\cdot(\rho\nabla\upsilon)=\frac{1}{h_1h_2h_3}\left[\frac{\partial}{\partial q_1}\left(\rho\frac{h_2h_3}{h_1}\frac{\partial\upsilon}{\partial q_1}\right)+\frac{\partial}{\partial q_2}\left(\rho\frac{h_1h_3}{h_2}\frac{\partial\upsilon}{\partial q_2}\right)+\frac{\partial}{\partial q_3}\left(\rho\frac{h_1h_2}{h_3}\frac{\partial\upsilon}{\partial q_3}\right)\right] \tag{3.1.33}$$

考虑 $\rho$ 为常数的特例，并注意到 $\nabla\cdot\nabla=\nabla^2$，得

$$\nabla^2=\frac{1}{h_1h_2h_3}\left[\frac{\partial}{\partial q_1}\left(\frac{h_2h_3}{h_1}\frac{\partial}{\partial q_1}\right)+\frac{\partial}{\partial q_2}\left(\frac{h_1h_3}{h_2}\frac{\partial}{\partial q_2}\right)+\frac{\partial}{\partial q_3}\left(\frac{h_1h_2}{h_3}\frac{\partial}{\partial q_3}\right)\right] \tag{3.1.34}$$

式(3.1.34)就是 Laplace 算符在正交广义坐标系的表示式. 例如，球坐标系中

$$q_1=r\quad q_2=\theta\quad q_3=\phi$$

$$h_1=1\quad h_2=r\quad h_3=r\sin\theta$$

代入式(3.1.34)，得

$$\nabla^2=\frac{1}{r^2}\frac{\partial}{\partial r}\left(r^2\frac{\partial}{\partial r}\right)+\frac{1}{r^2\sin\theta}\frac{\partial}{\partial\theta}\left(\sin\theta\frac{\partial}{\partial\theta}\right)+\frac{1}{r^2\sin^2\theta}\frac{\partial^2}{\partial\phi^2} \tag{3.1.35}$$

利用式(1.5.7)给出的角动量平方算符，可将式(3.1.35)写为

$$\nabla^2 = \frac{1}{r^2}\frac{\partial}{\partial r}\left(r^2\frac{\partial}{\partial r}\right) - \frac{l^2}{r^2} \tag{3.1.36}$$

圆柱坐标系中

$$q_1 = r \quad q_2 = \theta \quad q_3 = z$$
$$h_1 = 1 \quad h_2 = r \quad h_3 = 1$$

代入式(3.1.34)，得

$$\nabla^2 = \frac{1}{r}\frac{\partial}{\partial r}\left(r\frac{\partial}{\partial r}\right) + \frac{1}{r^2}\frac{\partial^2}{\partial \theta^2} + \frac{\partial^2}{\partial z^2} \tag{3.1.37}$$

### 3.1.4　椭球坐标系

椭球坐标系也是量子化学中常用的一种正交坐标系. 由于在分子中，成键电子一般分属于相邻的两个原子，用这两个原子核作为焦点的椭球坐标系对计算有关分子积分比较方便.

椭球坐标系也称椭圆坐标系，与以上单中心坐标系不同，椭球坐标系是一种双中心正交坐标系. 为了描述椭球坐标系，与球坐标系一样，也以直角坐标系作为衬托. 如图 3.1.2 所示，设 $z$ 轴上两点 $A$、$B$ 相距为 $R$，它们的直角坐标分别为 $\left(0,0,-\frac{R}{2}\right)$ 和 $\left(0,0,\frac{R}{2}\right)$，空间任一点 $P$ 到 $A$、$B$ 的距离分别为 $r_a$ 和 $r_b$，平面 $APB$ 与坐标面 $xOz$ 之间的二面角 $(0\sim2\pi)$ 记作 $\phi$.

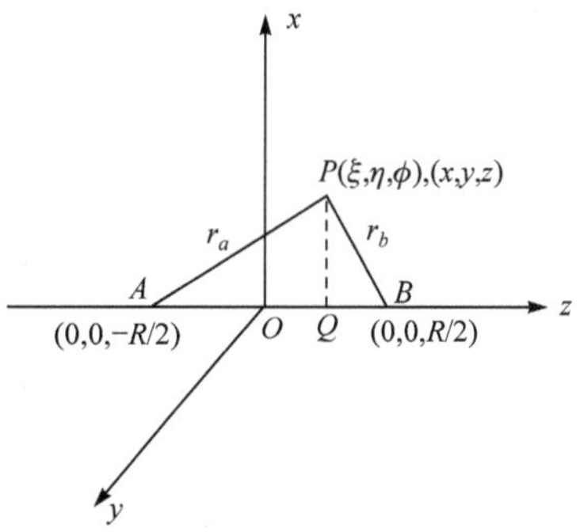


图 3.1.2　椭球坐标系

定义

$$\xi = \frac{r_a + r_b}{R}, \qquad \eta = \frac{r_a - r_b}{R} \tag{3.1.38}$$

由三角形的三边关系，显然有

$$1 \leqslant \xi \leqslant \infty, \quad -1 \leqslant \eta \leqslant 1, \quad 0 \leqslant \phi \leqslant 2\pi \tag{3.1.39}$$

$(\xi,\eta,\phi)$ 称为空间任一点 $P$ 的椭球坐标，这样的坐标系称为椭球坐标系，$A$、$B$ 是椭球坐标系的两个中心，或称两个焦点. 因此，椭球坐标系是双中心坐标系. $\xi$ 等于常数的坐标面是以 $A$、$B$ 为焦点绕长轴旋转的椭球面，$\eta$ 等于常数的坐标面是以 $A$、$B$ 为焦点绕长轴旋转的双曲面的一支，$\phi$ 等于常数的坐标面是通过长轴并与坐标面 $xOz$ 之间的夹角为 $\phi$ 的半平面，$\phi$ 的定义与球坐标系相同. 现在求 $P$ 点的椭球坐标 $(\xi,\eta,\phi)$ 与直角坐标 $(x,y,z)$ 之间的关系.

在图 3.1.2 中，作 $PQ$ 垂直于 $z$ 轴，则有

$$\overline{PQ}^2 = r_a^2 - \overline{AQ}^2 = r_a^2 - \left(\frac{R}{2}+z\right)^2 = r_b^2 - \overline{QB}^2 = r_b^2 - \left(\frac{R}{2}-z\right)^2 \tag{3.1.40}$$

故有

$$z = \frac{r_a^2 - r_b^2}{2R} \tag{3.1.41}$$

同样有

$$r_a = \frac{1}{2}R(\xi+\eta), \qquad r_b = \frac{1}{2}R(\xi-\eta) \tag{3.1.42}$$

将式(3.1.42)代入式(3.1.41)，得

$$z = \frac{1}{2}R\xi\eta \tag{3.1.43}$$

将以上两式代入式(3.1.40)，得

$$\begin{aligned}\overline{PQ}^2 &= \frac{1}{4}R^2(\xi+\eta)^2 - \frac{1}{4}R^2(1+\xi\eta)^2 = \frac{1}{4}R^2\left(\xi^2+\eta^2+2\xi\eta-1-2\xi\eta-\xi^2\eta^2\right) \\ &= \frac{1}{4}R^2\left(\xi^2-1\right)\left(1-\eta^2\right)\end{aligned}$$

因此

$$\overline{PQ} = \frac{R}{2}\sqrt{\left(\xi^2-1\right)\left(1-\eta^2\right)}$$

为便于推导直角坐标$(x,y)$与椭球坐标的关系，将$PQ$投影到$xOy$坐标面上，如图 3.1.3 所示. 将图 3.1.2 旋转，使其$z$轴向上，略去无关的量，就得到图 3.1.3. 图中，$MO$就是$PQ$在$xOy$坐标面上的投影，由该图显然有

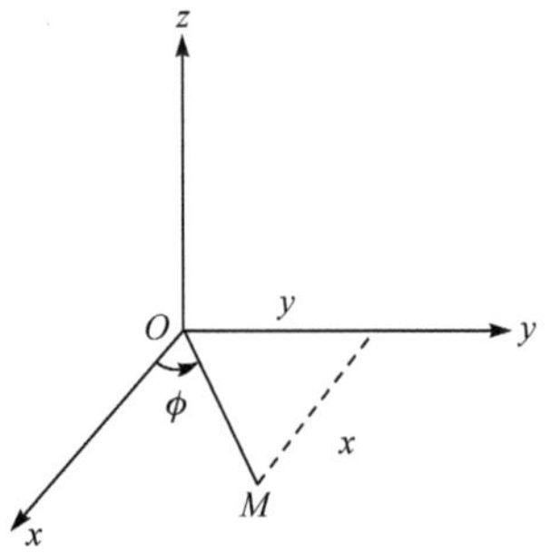

图 3.1.3　椭球坐标系中的坐标变换

$$x = \overline{PQ}\cos\phi = \frac{R}{2}\sqrt{\left(\xi^2-1\right)\left(1-\eta^2\right)}\cos\phi \tag{3.1.44}$$

$$y = \overline{PQ}\sin\phi = \frac{R}{2}\sqrt{\left(\xi^2-1\right)\left(1-\eta^2\right)}\sin\phi \tag{3.1.45}$$

由式(3.1.43)、式(3.1.44)和式(3.1.45)，易于证明$(\xi,\eta,\phi)$满足式(3.1.9)，因此椭球坐标系为正交曲线坐标系. 利用式(3.1.12)，可求得

$$h_\xi = \frac{R}{2}\sqrt{\frac{\xi^2-\eta^2}{\xi^2-1}}, \qquad h_\eta = \frac{R}{2}\sqrt{\frac{\xi^2-\eta^2}{1-\eta^2}}, \qquad h_\phi = \frac{R}{2}\sqrt{\left(\xi^2-1\right)\left(1-\eta^2\right)} \tag{3.1.46}$$

现以$h_\xi$为例说明式(3.1.46)的推导过程，由式(3.1.44)有

$$\frac{\partial x}{\partial \xi} = \frac{R}{2}\frac{\xi\left(1-\eta^2\right)}{\sqrt{\left(\xi^2-1\right)\left(1-\eta^2\right)}}\cos\phi$$

因此

$$\left(\frac{\partial x}{\partial \xi}\right)^2 = \frac{R^2}{4}\frac{\xi^2\left(1-\eta^2\right)}{\left(\xi^2-1\right)}\cos^2\phi$$

同样有

$$\left(\frac{\partial y}{\partial \xi}\right)^2 = \frac{R^2}{4}\frac{\xi^2\left(1-\eta^2\right)}{\left(\xi^2-1\right)}\sin^2\phi, \qquad \left(\frac{\partial z}{\partial \xi}\right)^2 = \frac{1}{4}R^2\eta^2$$

代入式(3.1.12)，有

$$h_\xi^2 = \frac{R^2}{4}\left[\frac{\xi^2\left(1-\eta^2\right)}{\left(\xi^2-1\right)} + \eta^2\right] = \frac{R^2}{4}\frac{\left(\xi^2-\eta^2\right)}{\left(\xi^2-1\right)}$$

由式(3.1.17)，利用式(3.1.46)，有

$$d\tau = h_\xi h_\eta h_\phi d\xi d\eta d\phi = \frac{R^3}{8}\left(\xi^2 - \eta^2\right) d\xi d\eta d\phi \tag{3.1.47}$$

由式(3.1.34)，利用式(3.1.46)，得到 Laplace 算符在椭球坐标系中的表达式

$$\nabla^2 = \frac{4}{R^2\left(\xi^2-\eta^2\right)}\left\{\frac{\partial}{\partial\xi}\left[\left(\xi^2-1\right)\frac{\partial}{\partial\xi}\right]+\frac{\partial}{\partial\eta}\left[\left(1-\eta^2\right)\frac{\partial}{\partial\eta}\right]+\frac{\left(\xi^2-\eta^2\right)}{\left(\xi^2-1\right)\left(1-\eta^2\right)}\frac{\partial^2}{\partial\phi^2}\right\} \tag{3.1.48}$$

## 3.2　$\frac{1}{r_{12}}$ 的球坐标展开：单中心展开

在原子、分子的 Hamilton 算符中包含电子间的排斥作用 $\frac{1}{r_{12}}$，因此在求解 Schrödinger 方程时需要计算 $\frac{1}{r_{12}}$ 的矩阵元，即电子排斥积分 $\mathrm{ERI} = \left\langle \chi_\mu \chi_\nu \middle| \frac{1}{r_{12}} \middle| \chi_\lambda \chi_\sigma \right\rangle$. 如果基函数 $\{\chi_\mu, \mu = 1, 2, \cdots\}$ 选为 Slater 函数，则只有将 $\frac{1}{r_{12}}$ 做适当展开，才能求得电子排斥积分的解析表达式. 在 20 世纪 30～50 年代，导出 $\frac{1}{r_{12}}$ 的展开式曾经是一项重要工作. 现在，由于采用 Gauss 函数作基函数，在计算电子排斥积分时，不必再将 $\frac{1}{r_{12}}$ 做这样的展开就能得到电子排斥积分的解析表达式，因此对计算电子排斥积分来说，$\frac{1}{r_{12}}$ 的展开式似乎不太重要了. 但是，在有些场合，如原子或者双原子分子，采用 Slater 函数作基函数仍然具有明显优势，而且在分子间力以及高压反应动力学等研究领域都会涉及 $\frac{1}{r_{12}}$ 的展开. 此外，弄清 $\frac{1}{r_{12}}$ 的展开式不仅有助于阅读文献，而且有助于理解量子化学中常用的数学手段. 因此，我们要介绍 $\frac{1}{r_{12}}$ 的展开式. 本节首先介绍在球坐标系中的展开，球坐标只有一个中心即坐标原点，因此又称为单中心展开. 单中心展开式可以采用生成函数方法也可以采用解方程方法得到.

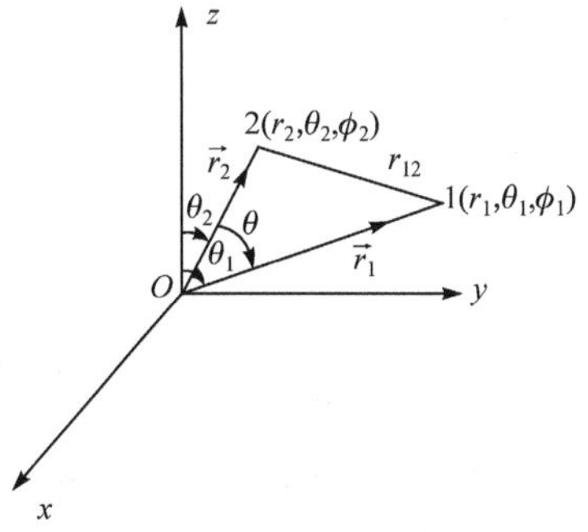


图 3.2.1　球坐标系中的 $r_{12}$

### 3.2.1　生成函数方法

图 3.2.1 中，$\vec{r}_1(r_1,\theta_1,\phi_1)$、$\vec{r}_2(r_2,\theta_2,\phi_2)$ 分别为两个电子的位矢，$\theta$ 为 $\vec{r}_1$ 和 $\vec{r}_2$ 之间的夹角，$r_{12}$ 为两个电子间的距离. 由余弦定理，有

$$r_{12}^2 = r_1^2 + r_2^2 - 2r_1 r_2 \cos\theta \tag{3.2.1}$$

令

$$t = \frac{r_<}{r_>} < 1 \tag{3.2.2}$$

式中，$r_>$ 和 $r_<$ 分别表示 $r_1$ 和 $r_2$ 中的较大者和较小者. 则式(3.2.1)可写为

$$r_{12}^2 = r_>^2\left(1+t^2-2t\cos\theta\right)$$

于是有

$$r_{12} = r_>\sqrt{1+t^2-2t\cos\theta}$$

故有

$$\frac{1}{r_{12}} = \frac{1}{r_>}\frac{1}{\sqrt{1+t^2-2t\cos\theta}} \tag{3.2.3}$$

将$\left(1+t^2-2t\cos\theta\right)^{-1/2}$在$t=0$点做 Taylor 展开，记

$$\frac{1}{\sqrt{1+t^2-2t\cos\theta}} = \sum_{l=0}^{\infty} P_l(\cos\theta)\, t^l \tag{3.2.4}$$

下面求展开系数$P_l(\cos\theta)$，为了书写方便，记$x=\cos\theta$，利用展开公式$(|y|<1)$

$$\begin{aligned}(1-y)^{-1/2} &= 1+\frac{1}{2}y+\frac{1}{2}\frac{3}{4}y^2+\frac{1}{2}\frac{3}{4}\frac{5}{6}y^3+\frac{1}{2}\frac{3}{4}\frac{5}{6}\frac{7}{8}y^4+\cdots \\ &= \sum_{k=0}^{\infty}\frac{(2k-1)!!}{k!2^k}y^k\end{aligned} \tag{3.2.5}$$

和($m>0$)

$$\begin{aligned}(1-y)^{-m} &= 1+my+\frac{m(m+1)}{2!}y^2+\frac{m(m+1)(m+2)\cdots(m+n-1)}{n!}y^n+\cdots \\ &= \sum_{n=0}^{\infty}\frac{(m+n-1)!}{n!(m-1)!}y^n\end{aligned} \tag{3.2.6}$$

有

$$\begin{aligned}\left(1+t^2-2xt\right)^{-1/2} &= \left[(1-t)^2-2(x-1)t\right]^{-1/2} = \frac{1}{1-t}\left[1-\frac{2(x-1)t}{(1-t)^2}\right]^{-1/2} \\ &= \frac{1}{1-t}\sum_{k=0}^{\infty}\frac{(2k-1)!!}{k!2^k}\left[\frac{2(x-1)t}{(1-t)^2}\right]^k \\ &= \sum_{k=0}^{\infty}\frac{(2k-1)!!}{k!}(x-1)^k t^k (1-t)^{-(2k+1)} \\ &= \sum_{k=0}^{\infty}\frac{(2k-1)!!}{k!}(x-1)^k t^k \sum_{n=0}^{\infty}\frac{(2k+n)!}{n!(2k)!}t^n \\ &= \sum_{l=0}^{\infty}\left[\sum_{k=0}^{l}\frac{(l+k)!}{(k!)^2(l-k)!}\left(\frac{x-1}{2}\right)^k\right]t^l\end{aligned} \tag{3.2.7}$$

与式(3.2.4)比较，有

$$P_l(x) = \sum_{k=0}^{l}\frac{1}{(k!)^2}\frac{(l+k)!}{(l-k)!}\left(\frac{x-1}{2}\right)^k \tag{3.2.8}$$

称$P_l(x)$为 Legendre 多项式. 可见，Legendre 多项式是函数$\left(1+t^2-2xt\right)^{-1/2}$在$t=0$点做 Taylor 展开时的展开系数，故称函数$\left(1+t^2-2xt\right)^{-1/2}$为 Legendre 多项式的生成函数，或称母函数. Legendre 多项式的微分表示[Rodrigues 公式]为

$$P_l(x)=\frac{1}{2^l l!}\frac{\mathrm{d}^l}{\mathrm{d}x^l}\left(x^2-1\right)^l \tag{3.2.9}$$

Legendre 多项式满足正交归一化关系

$$\int_{-1}^{1}P_k(x)P_l(x)\mathrm{d}x=\frac{2}{2l+1}\delta_{ki} \tag{3.2.10}$$

以上推导过程和有关公式可参看相关文献[5,6].

将式(3.2.4)代入式(3.2.3)，并利用式(3.2.2)得

$$\frac{1}{r_{12}}=\frac{1}{r_>}\sum_{l=0}^{\infty}\frac{r_<^l}{r_>^l}P_l(\cos\theta) \tag{3.2.11}$$

我们希望用动点坐标$(r_1,\theta_1,\phi_1)$和$(r_2,\theta_2,\phi_2)$来表示$\frac{1}{r_{12}}$的展开，为此，需将式(3.2.11)中的$P_l(\cos\theta)$表示成包含动点坐标$(\theta_1,\phi_1)$和$(\theta_2,\phi_2)$的公式，于是要用到球谐函数的加法公式，即

$$P_l(\cos\theta)=\sum_{m=-l}^{l}\frac{(l-|m|)!}{(l+|m|)!}P_l^{|m|}(\cos\theta_1)P_l^{|m|}(\cos\theta_2)\mathrm{e}^{\mathrm{i}m(\phi_1-\phi_2)} \tag{3.2.12}$$

式中，$P_l^{|m|}(\cos\theta)$ 为连带 Legendre 函数，它与 Legendre 多项式的关系为

$$P_l^{|m|}(x)=\left(1-x^2\right)^{\frac{|m|}{2}}\frac{\mathrm{d}^{|m|}}{\mathrm{d}x^{|m|}}P_l(x) \tag{3.2.13}$$

连带 Legendre 函数满足

$$\int_{-1}^{1}P_k^m(x)P_l^m(x)\mathrm{d}x=\frac{2}{2l+1}\frac{(l+m)!}{(l-m)!}\delta_{kl} \tag{3.2.14}$$

加法公式(3.2.12)将关于$\theta$、$\theta_1$、$\theta_2$的三个 Legendre 多项式联系起来，为了内容连贯，将加法公式的证明作为扩展资料附在本节之后，而在正文中则直接利用这一结果.

将加法公式(3.2.12)代入式(3.2.11)，得

$$\frac{1}{r_{12}}=\sum_{l=0}^{\infty}\sum_{m=-l}^{l}\frac{(l-|m|)!}{(l+|m|)!}\frac{r_<^l}{r_>^{l+1}}P_l^{|m|}(\cos\theta_1)P_l^{|m|}(\cos\theta_2)\mathrm{e}^{\mathrm{i}m(\phi_1-\phi_2)} \tag{3.2.15}$$

将求和中$m=-|m|,m=|m|$的项合并，并将$m=0$的项单独列出，则式(3.2.15)化为

$$\frac{1}{r_{12}}=\sum_{l=0}^{\infty}\frac{r_<^l}{r_>^{l+1}}\left[P_l(\cos\theta_1)P_l(\cos\theta_2)+2\sum_{m=1}^{l}\frac{(l-|m|)!}{(l+|m|)!}P_l^m(\cos\theta_1)P_l^m(\cos\theta_2)\cos m(\phi_1-\phi_2)\right] \tag{3.2.16}$$

引入归一化球谐函数$Y_{lm}(\theta,\phi)$，其定义为

$$Y_{lm}(\theta,\phi)=\sqrt{\frac{2l+1}{4\pi}\frac{(l-|m|)!}{(l+|m|)!}}P_l^{|m|}(\cos\theta)\mathrm{e}^{\mathrm{i}m\phi}$$

$$m=0,\pm1,\pm2,\cdots,\pm l \tag{3.2.17}$$

代入式(3.2.15)，得

$$\frac{1}{r_{12}}=\sum_{l=0}^{\infty}\sum_{m=-l}^{l}\frac{4\pi}{2l+1}\frac{r_<^l}{r_>^{l+1}}Y_{lm}(\theta_1,\phi_1)Y_{lm}^*(\theta_2,\phi_2) \tag{3.2.18}$$

式中，$Y_{lm}^*(\theta,\phi)$ 为 $Y_{lm}(\theta,\phi)$ 的复数共轭，且有

$$\int_0^{\pi}\int_0^{2\pi} Y_{lm}(\theta,\phi)Y_{l'm'}^*(\theta,\phi)\sin\theta\mathrm{d}\theta\mathrm{d}\phi=\delta_{ll'}\delta_{mm'} \tag{3.2.19}$$

式(3.2.15)、式(3.2.16)和式(3.2.18)是 $\frac{1}{r_{12}}$ 在球坐标系中展开的不同形式. $r_{12}$ 中包含两个粒子的 6 个坐标变量,即 $(r_1,\theta_1,\phi_1)$ 和 $(r_2,\theta_2,\phi_2)$，从式(3.2.3)可以看到,这 6 个坐标变量是耦合在一起的，而在展开式(3.2.15)、式(3.2.16)和式(3.2.18)中，6 个坐标变量被分离开来，这使得六重积分 $\langle \chi_\mu(1)\chi_\nu(2)|\frac{1}{r_{12}}|\chi_\lambda(1)\chi_\sigma(2)\rangle$ 可能化为 6 次单积分，进而得到积分的解析表达式，这正是我们推求 $\frac{1}{r_{12}}$ 展开式的目的.

由于 $(1+t^2-2xt)^{-1/2}$ 是 Legendre 多项式 $P_l(x)$ 的生成函数(又称母函数)[见式(3.2.4)]，称以上所采用的展开方法为生成函数法.

Legendre 多项式和连带 Legendre 函数的递推关系十分有用，为了引用方便，下面给出 Legendre 多项式和连带 Legendre 函数的一些递推关系.

将 Legendre 多项式 $P_l(x)$ 的母函数 $(1+t^2-2xt)^{-1/2}$ 记作 $T(t,x)$，即

$$T(t,x)\equiv\sum_{l=0}^{\infty}P_l(x)t^l\equiv(1+t^2-2xt)^{-1/2} \tag{3.2.20}$$

将 $T$ 对 $t$ 求偏导

$$\frac{\partial T}{\partial t}=\sum_{l=0}^{\infty}lP_l(x)t^{l-1}\equiv-\frac{1}{2}(-2x+2t)(1+t^2-2xt)^{-3/2}=(x-t)(1+t^2-2xt)^{-3/2}$$

上式两边乘以 $(1+t^2-2xt)$，并利用式(3.2.20)，有

$$(1+t^2-2xt)\sum_{l=0}^{\infty}lP_l(x)t^{l-1}=(x-t)\sum_{l=0}^{\infty}P_l(x)t^l$$

比较 $t^l$ 的系数，得

$$(l+1)P_{l+1}-2xlP_l+(l-1)P_{l-1}=xP_l-P_{l-1}$$

于是有递推公式

$$(2l+1)xP_l=(l+1)P_{l+1}+lP_{l-1} \tag{3.2.21}$$

将 $T$ 对 $x$ 求偏导

$$\frac{\partial T}{\partial x}=\sum_{l=0}^{\infty}P_l'(x)t^l\equiv t(1+t^2-2xt)^{-3/2}$$

可写作

$$(1+t^2-2xt)\sum_{l=0}^{\infty}P_l'(x)t^l\equiv t\sum_{l=0}^{\infty}P_l(x)t^l$$

比较 $t^{l+1}$ 的系数，得

$$P_{l+1}'-2xP_l'+P_{l-1}'=P_l \tag{3.2.22}$$

式(3.2.21)对 $x$ 求偏导，得

$$(l+1)P'_{l+1}-(2l+1)P_l-(2l+1)xP'_l+lP'_{l-1}=0 \tag{3.2.23}$$

将式(3.2.22)代入式(3.2.23)，消去 $P'_{l+1}$ 或 $P'_{l-1}$，分别得

$$xP'_l=P'_{l-1}+lP_l \tag{3.2.24}$$

$$xP'_l=P'_{l+1}-(l+1)P_l \tag{3.2.25}$$

由以上两式，可得

$$(2l+1)P_l=P'_{l+1}-P'_{l-1} \tag{3.2.26}$$

式(3.2.26)对 $x$ 微分 $|m|$ 次，得

$$(2l+1)\frac{\mathrm{d}^{|m|}}{\mathrm{d}x^{|m|}}P_l=\frac{\mathrm{d}^{|m|+1}}{\mathrm{d}x^{|m|+1}}P_{l+1}-\frac{\mathrm{d}^{|m|+1}}{\mathrm{d}x^{|m|+1}}P_{l-1}$$

上式两边乘 $\left(1-x^2\right)^{\frac{|m|+1}{2}}$，并利用式(3.2.13)，得

$$(2l+1)\left(1-x^2\right)^{\frac{1}{2}}P_l^{|m|}=P_{l+1}^{|m|+1}-P_{l-1}^{|m|+1} \tag{3.2.27}$$

将式(3.2.25)对 $x$ 微分 $\left(|m|-1\right)$ 次，得

$$x\frac{\mathrm{d}^{|m|}}{\mathrm{d}x^{|m|}}P_l+\left(|m|-1\right)\frac{\mathrm{d}^{|m|-1}}{\mathrm{d}x^{|m|-1}}P_l=\frac{\mathrm{d}^{|m|}}{\mathrm{d}x^{|m|}}P_{l+1}-(l+1)\frac{\mathrm{d}^{|m|-1}}{\mathrm{d}x^{|m|-1}}P_l$$

上式可写为

$$x\frac{\mathrm{d}^{|m|}}{\mathrm{d}x^{|m|}}P_l=\frac{\mathrm{d}^{|m|}}{\mathrm{d}x^{|m|}}P_{l+1}-\left(l+|m|\right)\frac{\mathrm{d}^{|m|-1}}{\mathrm{d}x^{|m|-1}}P_l$$

以 $(2l+1)\left(1-x^2\right)^{\frac{|m|}{2}}$ 乘上式两边，并利用式(3.2.13)，得

$$(2l+1)xP_l^{|m|}=(2l+1)P_{l+1}^{|m|}-(2l+1)\left(l+|m|\right)\left(1-x^2\right)^{\frac{1}{2}}P_l^{|m|-1} \tag{3.2.28}$$

将式(3.2.27)中的 $|m|$ 改为 $\left(|m|-1\right)$，代入式(3.2.28)，得

$$(2l+1)xP_l^{|m|}=(2l+1)P_{l+1}^{|m|}-\left(l+|m|\right)\left(P_{l+1}^{|m|}-P_{l-1}^{|m|}\right)$$

即

$$(2l+1)xP_l^{|m|}=\left(l-|m|+1\right)P_{l+1}^{|m|}+\left(l+|m|\right)P_{l-1}^{|m|} \tag{3.2.29}$$

令 $x=\cos\theta$，则 $\left(1-x^2\right)^{\frac{1}{2}}=\sin\theta$，于是式(3.2.27)和式(3.2.29)可写为

$$\sin\theta P_l^{|m|}(\cos\theta)=\frac{1}{2l+1}\left\{P_{l+1}^{|m|+1}(\cos\theta)-P_{l-1}^{|m|+1}(\cos\theta)\right\} \tag{3.2.30}$$

$$\cos\theta P_l^{|m|}(\cos\theta)=\frac{1}{2l+1}\left[\left(l-|m|+1\right)P_{l+1}^{|m|}(\cos\theta)+\left(l+|m|\right)P_{l-1}^{|m|}(\cos\theta)\right] \tag{3.2.31}$$

这正是 1.4 节中所用公式[见式(1.4.121)和式(1.4.122)]

### 3.2.2 解方程方法

除生成函数方法外，还可以用解 Laplace 方程的方法得到 $\frac{1}{r_{12}}$ 的展开式，这里仅粗略介绍解方程方法的基本思想. 事实上，除奇点 $r_{12}=0$ 外，无论对第一个粒子的坐标 $(r_1,\theta_1,\phi_1)$ 还是对第二个粒子的坐标 $(r_2,\theta_2,\phi_2)$ 来说，$\frac{1}{r_{12}}$ 都满足 Laplace 方程

$$\nabla^2 F(r,\theta,\phi)=0 \tag{3.2.32}$$

因而 $\frac{1}{r_{12}}$ 是式(3.2.32)的一个解. 由二阶线性齐次微分方程的一般理论得知，方程的任一解均可表示为方程的两个线性无关解的线性组合，故 $\frac{1}{r_{12}}$ 可表示为方程(3.2.32)的关于 $r$、$\theta$、$\phi$ 的线性无关解的线性组合，再确定出组合系数，就可以得到展开公式. 这种方法是普遍适用的，无论球坐标还是椭球坐标都可应用.

现在求式(3.2.32)的线性无关解. 由式(3.1.35)，在球坐标系下式(3.2.32)转化为

$$\left[\frac{1}{r^2}\frac{\partial}{\partial r}\left(r^2\frac{\partial}{\partial r}\right)+\frac{1}{r^2\sin\theta}\frac{\partial}{\partial\theta}\left(\sin\theta\frac{\partial}{\partial\theta}\right)+\frac{1}{r^2\sin^2\theta}\frac{\partial^2}{\partial\phi^2}\right]F(r,\theta,\phi)=0 \tag{3.2.33}$$

为了分离变量，可令

$$F(r,\theta,\phi)=R(r)\Theta(\theta)\Phi(\phi) \tag{3.2.34}$$

代入式(3.2.33)即可分离出三个线性齐次微分方程

$$\frac{\mathrm{d}^2\Phi}{\mathrm{d}\phi^2}=-m^2\Phi \tag{3.2.35}$$

$$\frac{1}{\sin\theta}\frac{\mathrm{d}}{\mathrm{d}\theta}\left(\sin\theta\frac{\mathrm{d}\Theta}{\mathrm{d}\theta}\right)+\left(\lambda-\frac{m^2}{\sin^2\theta}\right)\Theta=0 \tag{3.2.36}$$

$$\frac{1}{r^2}\frac{\mathrm{d}}{\mathrm{d}r}\left(r^2\frac{\mathrm{d}R}{\mathrm{d}r}\right)-\frac{\lambda}{r^2}R=0 \tag{3.2.37}$$

其中 $m^2$ 和 $\lambda$ 是分离变数时引入的与 $r$、$\theta$、$\phi$ 无关的常数. 式(3.2.36)可改写为

$$\frac{\mathrm{d}}{\mathrm{d}(\cos\theta)}\left(\left(1-\cos^2\theta\right)\frac{\mathrm{d}\Theta}{\mathrm{d}(\cos\theta)}\right)+\left(\lambda-\frac{m^2}{\left(1-\cos^2\theta\right)}\right)\Theta=0 \tag{3.2.38}$$

令 $x=\cos\theta$，式(3.2.38)变为

$$\frac{\mathrm{d}}{\mathrm{d}x}\left(\left(1-x^2\right)\frac{\mathrm{d}V(x)}{\mathrm{d}x}\right)+\left(\lambda-\frac{m^2}{\left(1-x^2\right)}\right)V(x)=0 \tag{3.2.39}$$

式(3.2.39)称为连带 Legendre 方程，而方程(即 $m=0$ 时)

$$\frac{\mathrm{d}}{\mathrm{d}x}\left(\left(1-x^2\right)\frac{\mathrm{d}V(x)}{\mathrm{d}x}\right)+\lambda V(x)=0 \tag{3.2.40}$$

或写作

$$\frac{\mathrm{d}^2V(x)}{\mathrm{d}x^2}-\left(\frac{2x}{1-x^2}\right)\frac{\mathrm{d}V(x)}{\mathrm{d}x}+\left(\frac{\lambda}{1-x^2}\right)V(x)=0 \tag{3.2.41}$$

则是 Legendre 方程. 在本例中，由于$0\leqslant\theta\leqslant\pi$，$-1\leqslant x=\cos\theta\leqslant 1$，因此需要在$-1\leqslant x\leqslant 1$区间内求解连带 Legendre 方程(3.2.39).为此，我们可以先求解 Legendre 方程(3.2.41). 由式(3.2.41)可见，$x=\pm 1$这两点是Legendre方程的奇点，可以证明，仅当$\lambda=l(l+1)(l=0,1,2,\cdots)$时，Legendre方程(3.2.41)才有在区间$-1\leqslant x\leqslant 1$中有界的解，这个解就是 Legendre 多项式(3.2.8). 对应于一个 $l$ 值，有唯一的一个多项式. 将式(3.2.13)定义的连带 Legendre 函数代入连带 Legendre 方程(3.2.39)，结果表明，如此定义的连带 Legendre 函数满足连带 Legendre 方程，因此连带 Legendre 函数正是连带 Legendre 方程的解.

再来求解方程(3.2.35)和(3.2.37). 方程(3.2.35)满足单值性条件的解为

$$\Phi(\phi)=\mathrm{e}^{\mathrm{i}m\phi},\qquad m\text{ 为0或整数} \tag{3.2.42}$$

对于方程(3.2.37)[注意: $\lambda=l(l+1)$]，利用变数变换

$$t=\ln r$$

可将式(3.2.37)化为常系数二阶微分方程，立即可得该方程的两个线性无关解[注意：式(3.2.37)中无势函数，与类氢原子的径向方程不同]

$$R_1=r^l,\quad R_2=r^{-(l+1)} \tag{3.2.43}$$

将式(3.2.13)、式(3.2.42)和式(3.2.43)代入式(3.2.34)，可以得到式(3.2.33)的两组线性无关解

$$F_1(r,\theta,\phi)=Nr^kP_k^{|m|}(\cos\theta)\mathrm{e}^{\mathrm{i}m\phi} \tag{3.2.44}$$

$$F_2(r,\theta,\phi)=N'r^{-(k+1)}P_k^{|m|}(\cos\theta)\mathrm{e}^{\mathrm{i}m\phi} \tag{3.2.45}$$

其中，$N$ 和 $N'$ 为任意常数. 由于$\dfrac{1}{r_{12}}$中的两组坐标$(r_1,\theta_1,\phi_1)$和$(r_2,\theta_2,\phi_2)$都满足方程(3.2.33)，故$\dfrac{1}{r_{12}}$可以用包含这两组坐标的方程(3.2.33)的解来表示. 考虑到$\dfrac{1}{r_{12}}$对$(r_1,\theta_1,\phi_1)$和$(r_2,\theta_2,\phi_2)$的对称性，就有

$$\frac{1}{r_{12}}=\sum_{l=0}^{\infty}\sum_{m=-l}^{l}A_{lm}\frac{r_<^l}{r_>^{l+1}}P_l^{|m|}(\cos\theta_2)P_l^{|m|}(\cos\theta_1)\mathrm{e}^{\mathrm{i}m(\phi_1-\phi_2)} \tag{3.2.46}$$

将$r_1$和$r_2$中的较大者$r_>$做分母以保证级数收敛. 进一步可以确定组合系数$A_{lm}$，我们不再详细讨论，其结果为

$$A_{lm}=\frac{(l-|m|)!}{(l+|m|)!} \tag{3.2.47}$$

代入式(3.2.46)，所得结果与式(3.2.15)完全相同.

需要说明的是，由 Laplace 方程的两组线性无关解式(3.2.44)和式(3.2.45)不能确定式(3.2.46)的指数部分为$\mathrm{e}^{\mathrm{i}m(\phi_1-\phi_2)}$，即不能确定$\phi_1$和$\phi_2$的符号相反. 必须从式(3.2.1)和下面将要给出的式(3.2.48)来说明. 由这两式看到，在$r_{12}^2$的展开式中，$(\phi_1-\phi_2)$是作为一个整体出现的，故在式(3.2.46)中，$(\phi_1-\phi_2)$也应作为一个整体出现，因此两者符号相反.

**扩展资料：加法公式(3.2.12)的证明**

为便于引用，下面的公式编号将延续正文.

利用直角坐标与球坐标的关系式(3.1.3)，有

$$\begin{aligned}\vec{r}_1\cdot\vec{r}_2 &= r_1r_2\cos\theta = x_1x_2+y_1y_2+z_1z_2\\ &=(r_1\sin\theta_1\cos\phi_1)(r_2\sin\theta_2\cos\phi_2)+(r_1\sin\theta_1\sin\phi_1)(r_2\sin\theta_2\sin\phi_2)\\ &\quad+(r_1\cos\theta_1)(r_2\cos\theta_2)\end{aligned}$$

两边消去$r_1$和$r_2$，则得

$$\cos\theta=\sin\theta_1\sin\theta_2\cos(\phi_1-\phi_2)+\cos\theta_1\cos\theta_2 \tag{3.2.48}$$

顺便指出，结合式(3.2.1)可见，在$r_{12}^2$的展开式中，$(\phi_1-\phi_2)$是作为一个整体出现的，故在展开式(3.2.46)中，$(\phi_1-\phi_2)$也应作为一个整体出现，两者符号相反，这一点在前面已经提到. 将$P_l(\cos\theta)$用$P_l^{|m|}(\cos\theta_1)\mathrm{e}^{-\mathrm{i}m\phi_1}$展开，有

$$P_l(\cos\theta)=\sum_{m'=-l}^{l}A_{m'}P_l^{|m'|}(\cos\theta_1)\mathrm{e}^{\mathrm{i}m'\phi_1} \tag{3.2.49}$$

为了求系数$A_{m'}$，将(3.2.49)两边乘以$P_l^{|m|}(\cos\theta_1)\mathrm{e}^{-\mathrm{i}m\phi_1}\mathrm{d}\Omega_1$ $(\mathrm{d}\Omega_1=\sin\theta_1\mathrm{d}\theta_1\mathrm{d}\phi_1)$并做积分，利用式(3.2.14)，得

$$\int P_l^{|m|}(\cos\theta_1)\mathrm{e}^{-\mathrm{i}m\phi_1}P_l(\cos\theta)\mathrm{d}\Omega_1=\sum_{m'=-l}^{l}A_{m'}\int P_l^{|m|}(\cos\theta_1)P_l^{|m'|}(\cos\theta_1)\mathrm{e}^{\mathrm{i}(m'-m)\phi_1}\mathrm{d}\Omega_1$$

$$=\begin{cases}0 & (m'\neq m)\\ A_m\int_{-1}^{+1}\left[P_l^{|m|}(\cos\theta_1)\right]^2\mathrm{d}\cos\theta_1\int_0^{2\pi}\mathrm{d}\phi_1\end{cases}=A_m\left[\frac{2}{(2l+1)}\frac{(l+|m|)!}{(l-|m|)!}2\pi\right] \tag{3.2.50}$$

故有

$$A_m=\frac{(2l+1)}{4\pi}\frac{(l-|m|)!}{(l+|m|)!}\int P_l^{|m|}(\cos\theta_1)\mathrm{e}^{-\mathrm{i}m\phi_1}P_l(\cos\theta)\mathrm{d}\Omega_1 \tag{3.2.51}$$

为了将式(3.2.51)进一步简化，将$P_l^{|m|}(\cos\theta_1)\mathrm{e}^{-\mathrm{i}m\phi_1}$再用$P_l^{|k|}(\cos\theta)\mathrm{e}^{\mathrm{i}k\phi}$展开，

$$P_l^{|m|}(\cos\theta_1)\mathrm{e}^{-\mathrm{i}m\phi_1}=\sum_{k'=-l}^{l}B_{k'}P_l^{|k'|}(\cos\theta)\mathrm{e}^{\mathrm{i}k'\phi} \tag{3.2.52}$$

为了求$B_{k'}$，将式(3.2.52)两边乘以$P_l^{|k|}(\cos\theta)\mathrm{e}^{-\mathrm{i}k\phi}\mathrm{d}\Omega$ $(\mathrm{d}\Omega=\sin\theta\mathrm{d}\theta\mathrm{d}\phi)$，并做积分，利用式(3.2.14)得

$$\begin{aligned}&\int P_l^{|m|}(\cos\theta_1)\mathrm{e}^{-\mathrm{i}m\phi_1}P_l^{|k|}(\cos\theta)\mathrm{e}^{-\mathrm{i}k\phi}\mathrm{d}\Omega\\ &=\sum_{k'=-l}^{l}B_{k'}\int P_l^{|k'|}(\cos\theta)P_l^{|k|}(\cos\theta)\mathrm{e}^{\mathrm{i}(k'-k)\phi}\mathrm{d}\Omega\\ &=\begin{cases}0 & (k'\neq k)\\ B_k\int_{-1}^{+1}\left[\int P_l^{|k|}(\cos\theta)\right]^2\mathrm{d}\cos\theta\int_0^{2\pi}\mathrm{d}\phi=B_k\left[\dfrac{2}{(2l+1)}\dfrac{(l+|k|)!}{(l-|k|)!}2\pi\right]\end{cases}\end{aligned}$$

故有

$$B_k = \frac{(2l+1)}{4\pi}\frac{(l-|k|)!}{(l+|k|)!}\int P_l^{|m|}(\cos\theta_1)\mathrm{e}^{-\mathrm{i}m\phi_1}P_l^{|k|}(\cos\theta)\mathrm{e}^{-\mathrm{i}k\phi}\mathrm{d}\Omega \tag{3.2.53}$$

对于 $k=0$，有

$$B_0 = \frac{2l+1}{4\pi}\int P_l^{|m|}(\cos\theta_1)\mathrm{e}^{-\mathrm{i}m\phi_1}P_l(\cos\theta)\mathrm{d}\Omega \tag{3.2.54}$$

在式(3.2.51)和式(3.2.54)中，立体角元的大小不因变量(极轴)的改变而改变[7]，即有

$$\mathrm{d}\Omega_1 = \sin\theta_1\mathrm{d}\theta_1\mathrm{d}\phi_1 = \sin\theta\mathrm{d}\theta\mathrm{d}\phi = \mathrm{d}\Omega$$

代入式(3.2.51)，得

$$A_m = \frac{(2l+1)}{4\pi}\frac{(l-|m|)!}{(l+|m|)!}\int P_l^{|m|}(\cos\theta_1)\mathrm{e}^{-\mathrm{i}m\phi_1}P_l(\cos\theta)\mathrm{d}\Omega \tag{3.2.55}$$

与式(3.2.54)比较，得

$$A_m = \frac{(l-|m|)!}{(l+|m|)!}B_0 \tag{3.2.56}$$

现在求 $B_0$. 注意：当 $\theta=0$，即 $\vec{r}_1$ 与 $\vec{r}_2$ 重合时，$\theta_1=\theta_2$，$\phi_1=\phi_2$，由式(3.2.52)有

$$P_l^{|m|}(\cos\theta_2)\mathrm{e}^{-\mathrm{i}m\phi_2} = \sum_{k'=-l}^{l}B_{k'}P_l^{|k'|}(1)\mathrm{e}^{\mathrm{i}k'\phi} \tag{3.2.57}$$

再来计算 $P_l^{|k'|}(1)$ 的值[将顺便给出 $P_l^{|k'|}(-1)$ 的值，尽管本节不需要该值]. 利用 Taylor 展开，

$$(1\mp t)^{-1} = \sum_{l=0}^{\infty}(\pm t)^l\text{，}\quad(|t|<1)$$

有

$$\left(1\mp 2t+t^2\right)^{-\frac{1}{2}} = (1\mp t)^{-1} = \sum_{l=0}^{\infty}(\pm t)^l$$

与式(3.2.4)比较，可得

$$P_l^{|k'|}(1) = P_l(1) = 1\text{，}\quad P_l^{|k'|}(-1) = P_l(-1) = (-1)^l\quad(\text{当 } k'=0 \text{ 时}) \tag{3.2.58}$$

由式(3.2.13)，有

$$P_l^{|k'|}(1) = 0\quad(\text{当 } k'\neq 0 \text{ 时}) \tag{3.2.59}$$

将式(3.2.58)和式(3.2.59)代入式(3.2.57)，得

$$B_0 = P_l^{|m|}(\cos\theta_2)\mathrm{e}^{-\mathrm{i}m\phi_2} \tag{3.2.60}$$

将式(3.2.56)和式(3.2.60)代入式(3.2.49)，得

$$P_l(\cos\theta) = \sum_{m=-l}^{l}\frac{(l-|m|)!}{(l+|m|)!}P_l^{|m|}(\cos\theta_1)P_l^{|m|}(\cos\theta_2)\mathrm{e}^{\mathrm{i}m(\phi_1-\phi_2)} \tag{3.2.61}$$

这正是加法公式(3.2.12).

# 3.3　$\dfrac{1}{r_{12}}$ 的椭球坐标展开：双中心展开

## 3.3.1　椭球坐标下 Laplace 方程的解

3.2 节指出，$\dfrac{1}{r_{12}}$ 的展开式可以通过 Laplace 方程的解的线性组合得到，这是一种普遍适用的方法，无论球坐标还是椭球坐标都可应用. 因此，为了得到 $\dfrac{1}{r_{12}}$ 在椭球坐标系的展开式，我们先讨论 Laplace 方程在椭球坐标下的解. 椭球坐标系是双中心坐标系，因此称 $\dfrac{1}{r_{12}}$ 在椭球坐标系的展开为双中心展开.

由式(3.1.48)可知，Laplace 方程

$$\nabla^2 F(\xi,\eta,\phi)=0 \tag{3.3.1}$$

在椭球坐标下为

$$\frac{\partial}{\partial\xi}\left[\left(\xi^2-1\right)\frac{\partial F}{\partial\xi}\right]+\frac{\partial}{\partial\eta}\left[\left(1-\eta^2\right)\frac{\partial F}{\partial\eta}\right]+\left(\frac{1}{\xi^2-1}+\frac{1}{1-\eta^2}\right)\frac{\partial^2 F}{\partial\phi^2}=0 \tag{3.3.2}$$

用变数分离法求解，令

$$F(\xi,\eta,\phi)=V(\xi)U(\eta)\Phi(\phi) \tag{3.3.3}$$

代入式(3.3.2)，可得三个常微分方程

$$\frac{\mathrm{d}^2\Phi(\phi)}{\mathrm{d}\phi^2}=-m^2\Phi(\phi) \tag{3.3.4}$$

$$\frac{\mathrm{d}}{\mathrm{d}\eta}\left[\left(1-\eta^2\right)\frac{\mathrm{d}U(\eta)}{\mathrm{d}\eta}\right]+\left(\lambda-\frac{m^2}{1-\eta^2}\right)U(\eta)=0 \tag{3.3.5}$$

$$\frac{\mathrm{d}}{\mathrm{d}\xi}\left[\left(1-\xi^2\right)\frac{\mathrm{d}V(\xi)}{\mathrm{d}\xi}\right]+\left(\lambda-\frac{m^2}{1-\xi^2}\right)V(\xi)=0 \tag{3.3.6}$$

其中，$\lambda$ 和 $m$ 是分离变数时引入的与 $\xi$、$\eta$、$\phi$ 无关的常数. 与连带 Legendre 方程(3.2.39)比较可知，式(3.3.5)和式(3.3.6)都是连带 Legendre 方程. 但方程(3.3.5)中，$\eta$ 的定义域为 $-1\leqslant\eta\leqslant 1$，而方程(3.3.6)中 $\xi$ 的定义域为 $1\leqslant\xi\leqslant\infty$，因此应在不同区间求解两个连带 Legendre 方程. 由式(3.2.39)的讨论可知，仅当 $\lambda=k(k+1)$ $(k=0,1,2,\cdots)$ 时，方程(3.3.5)才有在 $\eta=\pm1$ 处有界的解，受方程(3.3.5)的影响，方程(3.3.6)中也应有 $\lambda=k(k+1)$.

3.2 节中，在求解连带 Legendre 方程(3.2.39)时，首先求解 Legendre 方程(3.2.41)[连带 Legendre 方程(3.2.39)中 $m=0$ 时就得到 Legendre 方程]，然后由 Legendre 方程的解通过(3.2.13)给出连带 Legendre 方程的解. 现在我们仍然要采用这种办法求解连带 Legendre 方程(3.3.5)和(3.3.6)，即首先求解 Legendre 方程(即令连带 Legendre 方程中 $m=0$). Legendre 方程是二阶线性齐次微分方程，应该有两个线性无关解，3.2 节中给出了它的一个解，即 Legendre 多项式(3.2.8)，现在求它的第二个解. 根据微分方程理论，二阶线性齐次微分方程的两个线性无关解

之间存在着确定的关系,我们首先给出这种关系,然后利用这一关系,由第一个解求得Legendre方程的第二个解. 设二阶线性齐次微分方程的一般形式为

$$W''(x)+p(x)W'(x)+q(x)W(x)=0$$

若$W_1$和$W_2$是方程的两个线性无关解，则必有

$$W_1''+p(x)W_1'+q(x)W_1=0 \tag{3.3.7}$$

$$W_2''+p(x)W_2'+q(x)W_2=0 \tag{3.3.8}$$

式(3.3.7)乘以$(-W_2)$，式(3.3.8)乘以$W_1$，再逐项相加，得

$$\left(W_1W_2''-W_2W_1''\right)+p(x)\left(W_1W_2'-W_2W_1'\right)=0$$

即

$$\frac{\mathrm{d}}{\mathrm{d}x}\left(W_1W_2'-W_2W_1'\right)=-p(x)\left(W_1W_2'-W_2W_1'\right) \tag{3.3.9}$$

令

$$\Delta\left(W_1,W_2\right)=W_1W_2'-W_2W_1'=\begin{vmatrix} W_1 & W_2 \\ W_1' & W_2' \end{vmatrix} \tag{3.3.10}$$

通常称$\Delta\left(W_1,W_2\right)$为两个解$W_1$和$W_2$的 Wronskin 行列式. 于是，式(3.3.9)变为

$$\frac{\mathrm{d}\Delta\left(W_1,W_2\right)}{\mathrm{d}x}=-p(x)\Delta\left(W_1,W_2\right)$$

由此得到 Wronskin 行列式的一个重要性质，即

$$\Delta\left(W_1,W_2\right)=A\mathrm{e}^{-\int p(x)\mathrm{d}x} \tag{3.3.11}$$

式中，$A$为积分常数. 将式(3.3.11)两边乘以积分因子$\frac{1}{W_1^2}$，有

$$\frac{W_1W_2{}'-W_2W_1{}'}{W_1^2}=\frac{\mathrm{d}}{\mathrm{d}x}\left(\frac{W_2}{W_1}\right)=A\frac{\mathrm{e}^{-\int p(x)\mathrm{d}x}}{W_1^2}$$

积分得

$$\frac{W_2}{W_1}=A\int\frac{\mathrm{e}^{-\int p(x)\mathrm{d}x}}{W_1^2}\mathrm{d}x+D$$

其中，$D$也为积分常数，于是

$$W_2=AW_1\int\frac{\mathrm{e}^{-\int p(x)\mathrm{d}x}}{W_1^2}\mathrm{d}x+DW_1 \tag{3.3.12}$$

因此，可用式(3.3.12)由二阶线性齐次微分方程的第一个解求出第二个解.

对于 Legendre 方程[见式(3.2.41)]

$$W''-\frac{2x}{1-x^2}W'+\frac{k(k+1)}{1-x^2}W=0 \tag{3.3.13}$$

已知它的一个解为 Legendre 多项式$P_k(x)$，于是第二个解为

$$W_2 = AP_k(x)\int \frac{e^{-\int -\frac{2x}{1-x^2}dx}}{[P_k(x)]^2}dx + DP_k(x) = AP_k(x)\int \frac{dx}{(x^2-1)[P_k(x)]^2} + DP_k(x)$$

如果选择 $A=1$，$D=0$，则称这个解为第二类 Legendre 函数，即

$$Q_k(x) = P_k(x)\int_x^{\infty} \frac{dx}{(x^2-1)[P_k(x)]^2} \tag{3.3.14}$$

将 $P_k(x)$ 的降幂表达式

$$P_k(x) = \frac{(2k)!}{2^k(k!)^2}x^k\left[1-\frac{k(k-1)}{2(2k-1)}x^{-2}+\cdots\right] \tag{3.3.15}$$

代入式(3.3.14)，并将 $Q_k(x)$ 写成

$$Q_k(x) = \frac{2^k(k!)^2}{(2k+1)!}x^{-(k+1)}\left[1+\sum_{n=1}^{\infty}\frac{a_n}{x^{2n}}\right] \tag{3.3.16}$$

其中，$a_n$ 是特定系数，将式(3.3.16)代入式(3.3.13)，按求级数解方法，可以得到

$$a_1 = \frac{(k+1)(k+2)}{2(2k+3)},\quad a_n = \frac{(k+2n-1)(k+2n)}{2n(2k+2n+1)}a_{n-1}$$

于是

$$Q_k(x) = \frac{2^k(k!)^2}{(2k+1)!}x^{-(k+1)}\left[1+\sum_{n=1}^{\infty}\frac{(2k+2)!(k+n)!(k+2n)!}{2k!n!(k+1)!(2k+2n+1)!}\frac{1}{x^{2n}}\right] \tag{3.3.17}$$

这是一个无穷级数，不便于积分. 可将它演化成积分形式，即 Neumann 表示

$$Q_k(x) = \frac{1}{2}\int_{-1}^{1}\frac{P_k(t)}{x-t}dt \tag{3.3.18}$$

设 $x>1$，则当 $-1 \leqslant t \leqslant 1$ 时，$\frac{t}{x}<1$，将 $\frac{1}{x-t} = x^{-1}\left(1-\frac{t}{x}\right)^{-1}$ 展开，代入式(3.3.18)，积分即得式(3.3.17). 因此，式(3.3.17)和式(3.3.18)是等价的，式(3.3.18)可改写为

$$Q_k(x) = \frac{1}{2}\int_{-1}^{1}\frac{P_k(x)}{x-t}dt - \frac{1}{2}\int_{-1}^{1}\frac{P_k(x)-P_k(t)}{x-t}dt = \frac{1}{2}P_k(x)\ln\frac{x+1}{x-1} - W_{k-1}(x) \tag{3.3.19}$$

式(3.3.19)就是 $Q_k(x)$ 的有限表达式，其中

$$W_{k-1}(x) = \frac{1}{2}\int_{-1}^{1}\frac{P_k(x)-P_k(t)}{x-t}dt \tag{3.3.20}$$

如果将 $P_k(x)$ 在 $x=t$ 处展开

$$P_k(x) = P_k(t) + \sum_{i=1}^{k}\frac{(k-t)^i}{i!}\left[\frac{d^iP_k(x)}{dx^i}\right]_{x=t}$$

代入式(3.3.20)，则得到

$$W_{k-1}(x) = \frac{1}{2}\sum_{i=1}^{k}\int_{-1}^{1}\frac{(x-t)^{i-1}}{i!}\left[\frac{d^iP_k(x)}{dx^i}\right]_{x=t}dt \tag{3.3.21}$$

因此，$W_{k-1}(x)$ 是 $x$ 的 $(k-1)$ 次多项式，由式(3.3.19)可见，$Q_n(x)$ 的无穷级数性质以及奇异性都

表现在 $\ln\dfrac{x+1}{x-1}$ 中. 利用 $Q_n(x)$ 的有限表达式(3.3.19)和 Legendre 多项式 $P_k(x)$ 的表达式(3.2.8)，即可得到 $Q_n(x)$ 的具体表达式，例如

$$Q_0(x)=\frac{1}{2}\ln\frac{x+1}{x-1}, \qquad Q_1(x)=\frac{1}{2}x\ln\frac{x+1}{x-1}-1$$

$$Q_2(x)=\frac{1}{4}\left(3x^2-1\right)\ln\frac{x+1}{x-1}-\frac{3}{2}x, \cdots \tag{3.3.22}$$

到此为止，我们得到了 Legendre 方程的两个解，即 Legendre 多项式 $P_k(x)$ 和第二类 Legendre 函数 $Q_k(x)$. 仿照式(3.2.13)，定义

$$P_k^{|m|}(x)=\left(1-x^2\right)^{\frac{|m|}{2}}P_k^{(|m|)}(x) \tag{3.3.23}$$

$$Q_k^{|m|}(x)=\left(x^2-1\right)^{\frac{|m|}{2}}Q_k^{(|m|)}(x) \tag{3.3.24}$$

称 $P_k^{|m|}(x)$ 为第一类 $k$ 次 $m$ 阶连带 Legendre 函数，$Q_k^{|m|}(x)$ 为第二类 $k$ 次 $m$ 阶连带 Legendre 函数. 注意：以上两式中，等式右边的 $P_k^{(|m|)}(x)$ 和 $Q_k^{(|m|)}(x)$ 分别表示 Legendre 多项式 $P_k(x)$ 和第二类 Legendre 函数 $Q_k(x)$ 的 $|m|$ 阶导数，与等式左边的 $P_k^{|m|}(x)$ 和 $Q_k^{|m|}(x)$ 的含义不同. 可以验证，式(3.3.23)和式(3.3.24)定义的 $P_k^{|m|}(x)$ 和 $Q_k^{|m|}(x)$ 都满足连带 Legendre 方程(3.3.5)和方程(3.3.6). 因此，$P_k^{|m|}(x)$ 和 $Q_k^{|m|}(x)$ 是连带 Legendre 方程的两个线性无关的解. 在 $-1\leqslant x\leqslant 1$ 区间中，$P_k^{|m|}(x)$ 是单值、连续且收敛的，而 $Q_k^{|m|}(x)$ 是发散的. 但当 $x>1$ 时，$P_k^{|m|}(x)$ 和 $Q_k^{|m|}(x)$ 都是单值、连续的，除 $x=\infty$ 外，$P_k^{|m|}(x)$ 在各点都是有限的；虽然 $Q_k^{|m|}(x)$ 在 $x=1$ 处发散，但其广义积分却是收敛的.

由以上结果可知，连带 Legendre 方程(3.3.5)的有界解为($-1\leqslant\eta\leqslant 1$)

$$U(\eta)=P_k^{|m|}(\eta), \quad k=0,1,2,\cdots,\infty, \quad m=0,\pm1,\pm2,\cdots,\pm k \tag{3.3.25}$$

而连带 Legendre 方程(3.3.6)的两个线性无关的有界解为($1\leqslant\xi\leqslant\infty$)

$$V_1=P_k^{|m|}(\xi), \quad V_2=Q_k^{|m|}(\xi), \quad k=0,1,2,\cdots,\infty, \quad m=0,\pm1,\pm2,\cdots,\pm k \tag{3.3.26}$$

方程(3.3.4)的解为

$$\Phi(\phi)=\mathrm{e}^{\mathrm{i}m\phi} \tag{3.3.27}$$

将式(3.3.25)、式(3.3.26)和式(3.3.27)代入式(3.3.3)，得到在固定 $k$ 值下式(3.3.2)的两类线性无关的有界解

$$P_k^{|m|}(\xi)P_k^{|m|}(\eta)\mathrm{e}^{\mathrm{i}m\phi}, \qquad Q_k^{|m|}(\xi)P_k^{|m|}(\eta)\mathrm{e}^{\mathrm{i}m\phi} \tag{3.3.28}$$

其中

$$k=0,1,2,\cdots,\infty, \qquad m=0,\pm1,\pm2,\cdots,\pm k$$

### 3.3.2　$\dfrac{1}{r_{12}}$ 的双中心展开

$\dfrac{1}{r_{12}}$ 中的两组变量都满足方程(3.3.2)，因而 $\dfrac{1}{r_{12}}$ 可以表示为方程(3.3.2)在所有 $k$ 值下的完全解[如式(3.3.28)所示]的线性组合. 当 $\xi=\infty$ 时，函数 $P_k^{|m|}(\xi)$ 发散，而函数 $Q_k^{|m|}(\xi)$ 收敛，为了保

证 $\frac{1}{r_{12}}$ 的展开式收敛，只能有

$$\frac{1}{r_{12}}=\sum_{k=0}^{\infty}\sum_{m=-k}^{k}\alpha_{km}Q_k^{|m|}(\xi_>)P_k^{|m|}(\xi_<)P_k^{|m|}(\eta_2)P_k^{|m|}(\eta_1)\mathrm{e}^{\mathrm{i}m(\phi_1-\phi_2)} \tag{3.3.29}$$

其中，$\xi_>$ 和 $\xi_<$ 分别代表 $\xi_1$ 和 $\xi_2$ 中的较大者和较小者；$\alpha_{km}$ 为组合系数. 现在的任务是求出组合系数 $\alpha_{km}$ 的表达式，为此，我们要回到 Laplace 方程. 由于推导过程十分复杂，不再详细介绍，只给出最后结果. 通过求解 Laplace 方程，可以得到组合系数 $\alpha_{km}$ 的表达式

$$\alpha_{km}=(-1)^m(2k+1)\left[\frac{(k-|m|)!}{(k+|m|)!}\right]^2\frac{2}{R} \tag{3.3.30}$$

代入式(3.3.29)，得

$$\frac{1}{r_{12}}=\frac{2}{R}\sum_{k=0}^{\infty}\sum_{m=-k}^{k}(-1)^m(2k+1)\left[\frac{(k-|m|)!}{(k+|m|)!}\right]^2 Q_k^{|m|}(\xi_>)P_k^{|m|}(\xi_<)P_k^{|m|}(\eta_2)P_k^{|m|}(\eta_1)\mathrm{c}^{\mathrm{i}m(\phi_1-\phi_2)} \tag{3.3.31}$$

这就是 $\frac{1}{r_{12}}$ 在椭球坐标系的展开式(双中心展开式). $r_{12}$ 中包含两个粒子的 6 个坐标变量，即 $(\xi_1,\eta_1,\phi_1)$ 和 $(\xi_2,\eta_2,\phi_2)$，这 6 个坐标变量本来是耦合在一起的，但在展开式(3.3.31)中，6 个坐标变量被分离开来，这使得椭球坐标系中的六重积分 $\left\langle\chi_\mu(1)\chi_\nu(2)\left|\frac{1}{r_{12}}\right|\chi_\lambda(1)\chi_\sigma(2)\right\rangle$ 有可能化为 6 次单积分，进而得到积分的解析表达式，这正是我们推求 $\frac{1}{r_{12}}$ 双中心展开式的目的.

需要说明的是，由 Laplace 方程的两个线性无关解(3.3.28)不能确定式(3.3.31)的指数部分为 $\mathrm{e}^{im(\phi_1-\phi_2)}$，即不能确定 $\phi_1$ 和 $\phi_2$ 的符号相反. 必须从式(3.2.1)和式(3.2.48)说明. 由这两式看到，在 $r_{12}^2$ 的展开式中，$(\phi_1-\phi_2)$ 是作为一个整体出现的，故在式(3.3.31)中，$(\phi_1-\phi_2)$ 也应作为一个整体出现，因此两者符号相反.

## 3.4 Slater 函数的单中心积分

Slater 函数又称 Slater 轨道，不包含自旋的 Slater 函数(轨道)的表达式为[见式(2.10.7)]

$$\chi_{nlm}(r,\theta,\varphi)=R_{nl}(\varsigma,r)Y_{lm}(\theta,\varphi) \tag{3.4.1}$$

其中，$R_{nl}(\varsigma,r)$ 和 $Y_{lm}(\theta,\varphi)$ 都是归一化的，归一化的径向函数 $R_{nl}(\varsigma,r)$ 的表达式为

$$R_{nl}(\varsigma,r)=(2\varsigma)^{n+\frac{1}{2}}\left[(2n)!\right]^{-\frac{1}{2}}r^{n-1}\exp(-\varsigma r) \tag{3.4.2}$$

在求解 Hartree-Fock-Roothaan 方程时，如果采用 Slater 函数作基函数(原子轨道)，就会出现 Slater 函数的积分. 本节首先介绍 Slater 函数的单中心积分，即在被积函数中只涉及一个中心，其中包括动能积分、电子-核吸引能积分以及电子排斥能积分. 单中心积分可能出现在原子的 Hartree-Fock-Roothaan 方程中，也可能出现在分子的 Hartree-Fock-Roothaan 方程中，如果出现在分子的 Hartree-Fock-Roothaan 方程中，则意味着积分中的 Slater 基函数由同一个原子提供，并且在计算电子-核吸引能积分时，计算的是提供基函数的原子对电子的吸引能. 为了书写方便，将用量子数组 $(nlm)$ 表示 Slater 函数.

### 3.4.1　动能积分

先考虑对角元，动能积分 $T(nl)$ 的形式为

$$T(nl)=\left\langle nlm\left|-\frac{1}{2}\nabla^2\right|nlm\right\rangle \tag{3.4.3}$$

其中

$$|nlm\rangle=\chi_{nlm}=R_{nl}(r)Y_{lm}(\theta,\phi)$$

这里，将 $R_{nl}(\varsigma,r)$ 简记作 $R_{nl}(r)$. 在球坐标系中，由式(3.1.36)可知

$$\nabla^2|nlm\rangle=\nabla^2(R_{nl}Y_{lm})=Y_{lm}\left\{\frac{1}{r^2}\frac{\mathrm{d}}{\mathrm{d}r}\left(r^2\frac{\mathrm{d}R_{nl}}{\mathrm{d}r}\right)-l(l+1)\frac{R_{nl}}{r^2}\right\} \tag{3.4.4}$$

令 $F_{nl}(r)=rR_{nl}(r)$，则有 $F_{nl}^*=rR_{nl}^*$，且有

$$\frac{1}{r^2}\frac{\mathrm{d}}{\mathrm{d}r}\left(r^2\frac{\mathrm{d}R_{nl}}{\mathrm{d}r}\right)=\frac{1}{r}\frac{\mathrm{d}^2F_{nl}}{\mathrm{d}r^2}$$

代入式(3.4.4)，得

$$\nabla^2|nlm\rangle=Y_{lm}\frac{1}{r}\left[\frac{\mathrm{d}^2F_{nl}}{\mathrm{d}r^2}-\frac{l(l+1)}{r^2}F_{nl}\right] \tag{3.4.5}$$

将式(3.4.5)代入式(3.4.3)，利用球函数 $Y_{lm}$ 正交归一化条件，

$$\int_0^{\pi}\int_0^{2\pi}Y_{lm}(\theta,\phi)Y_{l'm'}^*(\theta,\phi)\sin\theta\mathrm{d}\theta\mathrm{d}\phi=\delta_{ll'}\delta_{mm'}$$

则动能积分为

$$\begin{aligned}T(nl)&=\frac{1}{2}\iint|Y_{lm}|^2\,\mathrm{d}\Omega\int_0^{\infty}\frac{F_{nl}^*}{r}\frac{1}{r}\left[-\frac{\mathrm{d}^2F_{nl}}{\mathrm{d}r^2}+\frac{l(l+1)}{r^2}F_{nl}\right]r^2\mathrm{d}r\\&=\frac{1}{2}\int_0^{\infty}F_{nl}^*\left[-\frac{\mathrm{d}^2F_{nl}}{\mathrm{d}r^2}+\frac{l(l+1)}{r^2}F_{nl}\right]\mathrm{d}r\end{aligned} \tag{3.4.6}$$

从式(3.4.6)出发，可以得到下面一系列等式，

$$T(nl)=\frac{1}{2}\int_0^{\infty}\left[\frac{\mathrm{d}F_{nl}^*}{\mathrm{d}r}\frac{\mathrm{d}F_{nl}}{\mathrm{d}r}+\frac{l(l+1)}{r^2}F_{nl}^*F_{nl}\right]\mathrm{d}r \tag{3.4.7}$$

$$=\frac{1}{2}\int_0^{\infty}\left[r^2\frac{\mathrm{d}R_{nl}^*}{\mathrm{d}r}\frac{\mathrm{d}R_{nl}}{\mathrm{d}r}+l(l+1)R_{nl}^*R_{nl}\right]\mathrm{d}r \tag{3.4.8}$$

$$=\frac{1}{2}\int_0^{\infty}\left[r^{2l+2}\frac{\mathrm{d}}{\mathrm{d}r}\left(\frac{R_{nl}^*}{r^l}\right)\frac{\mathrm{d}}{\mathrm{d}r}\left(\frac{R_{nl}}{r^l}\right)\right]\mathrm{d}r \tag{3.4.9}$$

其中的最后一个等式(3.4.9)称为 Löwdin 公式，现分别给出证明.

在以下的证明中将要用到如下式所示的分部积分公式，

$$\int_a^b u\mathrm{d}v=uv\big|_a^b-\int_a^b v\mathrm{d}u$$

先证明式(3.4.7). 为了简明，以下讨论中略去下标 $nl$. 对式(3.4.6)中的第一项做分部积分，有

$$-\int_0^\infty F^* \frac{\mathrm{d}^2 F}{\mathrm{d}r^2}\mathrm{d}r = -F^* \frac{\mathrm{d}F}{\mathrm{d}r}\bigg|_0^\infty + \int_0^\infty \frac{\mathrm{d}F}{\mathrm{d}r}\frac{\mathrm{d}F^*}{\mathrm{d}r}\mathrm{d}r = \int_0^\infty \frac{\mathrm{d}F}{\mathrm{d}r}\frac{\mathrm{d}F^*}{\mathrm{d}r}\mathrm{d}r \tag{3.4.10}$$

最后一个等式成立是因为 $F^*$ 在 0 和 ∞ 处均为零. 将此结果代入式(3.4.6)，即得式(3.4.7).

再证明式(3.4.8). 由式(3.4.7)第一项得

$$\begin{aligned}\int_0^\infty \frac{\mathrm{d}F^*}{\mathrm{d}r}\frac{\mathrm{d}F}{\mathrm{d}r}\mathrm{d}r &\equiv \int_0^\infty \frac{\mathrm{d}}{\mathrm{d}r}\left(rR^*\right)\frac{\mathrm{d}}{\mathrm{d}r}(rR)\mathrm{d}r = \int_0^\infty \left(R^* + r\frac{\mathrm{d}R^*}{\mathrm{d}r}\right)\left(R + r\frac{\mathrm{d}R}{\mathrm{d}r}\right)\mathrm{d}r \\ &= \int_0^\infty \left[r^2 \frac{\mathrm{d}R^*}{\mathrm{d}r}\frac{\mathrm{d}R}{\mathrm{d}r} + \left(R^*R + rR^*\frac{\mathrm{d}R}{\mathrm{d}r} + rR\frac{\mathrm{d}R^*}{\mathrm{d}r}\right)\right]\mathrm{d}r\end{aligned} \tag{3.4.11}$$

只要证明式(3.4.11)中的第二项等于零，即可得式(3.4.8). 为了书写方便，记

$$A \equiv \int_0^\infty rR^* \frac{\mathrm{d}R}{\mathrm{d}r}\mathrm{d}r, \qquad B \equiv \int_0^\infty rR\frac{\mathrm{d}R^*}{\mathrm{d}r}\mathrm{d}r$$

对 $A$ 做分部积分，有

$$A = rR^*R\Big|_0^\infty - \int_0^\infty R\frac{\mathrm{d}\left(rR^*\right)}{\mathrm{d}r}\mathrm{d}r = -\int_0^\infty Rr\frac{\mathrm{d}R^*}{\mathrm{d}r}\mathrm{d}r - \int_0^\infty RR^*\mathrm{d}r = -B - \int_0^\infty RR^*\mathrm{d}r$$

同样，对 $B$ 做分部积分，有

$$B = \int_0^\infty rR\frac{\mathrm{d}R^*}{\mathrm{d}r}\mathrm{d}r = -A - \int_0^\infty RR^*\mathrm{d}r$$

故有

$$\int_0^\infty RR^*\mathrm{d}r = -(A+B) = -\left\{\int_0^\infty rR^*\frac{\mathrm{d}R}{\mathrm{d}r}\mathrm{d}r + \int_0^\infty rR\frac{\mathrm{d}R^*}{\mathrm{d}r}\mathrm{d}r\right\} \tag{3.4.12}$$

将式(3.4.12)代入式(3.4.11)，得

$$\int_0^\infty \frac{\mathrm{d}}{\mathrm{d}r}\left(rR^*\right)\frac{\mathrm{d}}{\mathrm{d}r}(rR)\mathrm{d}r \equiv \int_0^\infty \frac{\mathrm{d}F^*}{\mathrm{d}r}\frac{\mathrm{d}F}{\mathrm{d}r}\mathrm{d}r = \int_0^\infty r^2\frac{\mathrm{d}R^*}{\mathrm{d}r}\frac{\mathrm{d}R}{\mathrm{d}r}\mathrm{d}r \tag{3.4.13}$$

将式(3.4.13)代入式(3.4.7)，即得式(3.4.8).

最后证明式(3.4.9). 式(3.4.8)可写为

$$\begin{aligned}T(nl) &= \frac{1}{2}\int_0^\infty \left[r^2\frac{\mathrm{d}R_{nl}^*}{\mathrm{d}r}\frac{\mathrm{d}R_{nl}}{\mathrm{d}r} + l^2R_{nl}^*R_{nl} + lR_{nl}^*R_{nl}\right]\mathrm{d}r \\ &= \frac{1}{2}\int_0^\infty r^{(2l+2)}\left[\frac{1}{r^{2l}}\frac{\mathrm{d}R_{nl}^*}{\mathrm{d}r}\frac{\mathrm{d}R_{nl}}{\mathrm{d}r} + \frac{l^2}{r^{(2l+2)}}R_{nl}^*R_{nl} + \frac{l}{r^{(2l+2)}}R_{nl}^*R_{nl}\right]\mathrm{d}r\end{aligned}$$

对上式最后一项利用式(3.4.12)，有

$$\begin{aligned}T(nl) &= \frac{1}{2}\int_0^\infty r^{(2l+2)}\left[\frac{1}{r^{2l}}\frac{\mathrm{d}R_{nl}^*}{\mathrm{d}r}\frac{\mathrm{d}R_{nl}}{\mathrm{d}r} + \frac{l^2}{r^{(2l+2)}}R_{nl}^*R_{nl} - \frac{l}{r^{(2l+1)}}R_{nl}^*\frac{\mathrm{d}R_{nl}}{\mathrm{d}r} - \frac{l}{r^{(2l+1)}}R_{nl}\frac{\mathrm{d}R_{nl}^*}{\mathrm{d}r}\right]\mathrm{d}r \\ &= \frac{1}{2}\int_0^\infty r^{(2l+2)}\left[\frac{1}{r^l}\frac{\mathrm{d}R_{nl}^*}{\mathrm{d}r} - \frac{l}{r^{(l+1)}}R_{nl}^*\right]\left[\frac{1}{r^l}\frac{\mathrm{d}R_{nl}}{\mathrm{d}r} - \frac{l}{r^{(l+1)}}R_{nl}\right]\mathrm{d}r \\ &= \frac{1}{2}\int_0^\infty \left[r^{(2l+2)}\frac{\mathrm{d}}{\mathrm{d}r}\left(\frac{R_{nl}^*}{r^l}\right)\frac{\mathrm{d}}{\mathrm{d}r}\left(\frac{R_{nl}}{r^l}\right)\right]\mathrm{d}r\end{aligned}$$

这正是 Löwdin 公式(3.4.9). 利用 Löwdin 公式，可以很方便地求得具体 Slater 函数的积分，例如，对于归一化 1s Slater 函数，有

$$R_{1s}(\varsigma, r) = N_{1s}\exp(-\varsigma r)$$

代入 Löwdin 公式，得

$$T(10) = \varsigma^2 \int_0^\infty R_{10}^*(r) R_{10}(r) r^2 \mathrm{d}r = \varsigma^2$$

上式利用了归一化条件

$$\int_0^\infty R_{10}^*(r) R_{10}(r) r^2 \mathrm{d}r = 1$$

再考虑动能积分的非对角元

$$T(n_1 l_1 n_2 l_2) = \left\langle n_1 l_1 m_1 \left| -\frac{1}{2}\nabla^2 \right| n_2 l_2 m_2 \right\rangle$$

对于单中心积分，基函数由同一原子提供，由于球谐函数 $Y_{lm}$ 的正交归一关系，由式(3.4.6)可知，$(l_1, m_1) \neq (l_2, m_2)$ 的非对角元均为 0，仅存在 $n_1 \neq n_2$ 的非对角元，可以仿照对角元的计算给出这种非对角元的计算公式，但是通常只选 1s, 2p, 3d, $\cdots$ 轨道，这就是说，s 类轨道只选 1s，p 类轨道只选 2p，等等，此时当 $n_1 \neq n_2$ 时，必有 $(l_1, m_1) \neq (l_2, m_2)$，因此上面所说的非对角元实际上并不存在.

### 3.4.2 电子-核吸引能积分

仿照上面的讨论，只需考虑电子-核吸引能积分的对角元 $V(nl)$ 即可

$$V(nl) \equiv \left\langle nlm \left| -\frac{Z}{r} \right| nlm \right\rangle$$

注意：对于分子问题来说，这里计算的是提供 Slater 函数的原子对电子的吸引能，以保证积分中只涉及一个中心. 将式(3.4.1)代入，利用式(3.2.19)有

$$V(nl) = \int Y_{lm}^* Y_{lm} \mathrm{d}\Omega \int R_{nl} \left( -\frac{Z}{\mathrm{r}} \right) R_{nl} r^2 \mathrm{d}r = -Z \int_0^\infty R_{nl}^* R_{nl} r \mathrm{d}r \tag{3.4.14}$$

这是一元函数的积分，易于处理.

### 3.4.3 电子排斥能积分

两个电子之间的排斥能 $V_{\mathrm{ee}}$ 的表达式为

$$V_{\mathrm{ee}} = \left\langle \chi_1(1)\chi_2(2) \left| \frac{1}{r_{12}} \right| \chi_3(1)\chi_4(2) \right\rangle \tag{3.4.15}$$

式中，$\chi_i (i = 1,2,3,4)$ 由同一个原子(单中心)提供，并按式(3.4.1)定义，即

$$\chi_i(r, \theta, \phi) = R_{n_i l_i}(\varsigma, r) Y_{l_i m_i}(\theta, \phi) \tag{3.4.16}$$

$r_{12}$ 为电子 1 和电子 2 之间的距离. 将 $\dfrac{1}{r_{12}}$ 的单中心展开式(3.2.18)代入式(3.4.15)，注意到式(3.4.16)，可将 $V_{\mathrm{ee}}$ 写成级数形式

$$V_{\mathrm{ee}} = \sum_{k=0}^{\infty} R^k(1234) A^k \tag{3.4.17}$$

其中

$$R^k(1234) \equiv \left\langle R_{n_1l_1}(1)R_{n_2l_2}(2)\left|\frac{r_<^k}{r_>^{k+1}}\right|R_{n_3l_3}(1)R_{n_4l_4}(2)\right\rangle \tag{3.4.18}$$

$$\begin{aligned}A^k &\equiv \frac{4\pi}{2k+1}\sum_{q=-k}^{k}\left\langle Y_{l_1}^{m_1}(1)\left|Y_k^q(1)\right|Y_{l_3}^{m_3}(1)\right\rangle\left\langle Y_{l_2}^{m_2}(2)\left|Y_k^{q*}(2)\right|Y_{l_4}^{m_4}(2)\right\rangle \\ &= \frac{4\pi}{2k+1}\sum_{q=-k}^{k}\left\langle \Theta_{l_1}^{|m_1|}(1)\left|\Theta_k^{|q|}(1)\right|\Theta_{l_3}^{|m_3|}(1)\right\rangle\left\langle \Theta_{l_2}^{|m_2|}(2)\left|\Theta_k^{|q|}(2)\right|\Theta_{l_4}^{|m_4|}(2)\right\rangle\end{aligned} \tag{3.4.19}$$

$$\times\left\langle \Phi_{m_1}(1)\left|\Phi_q(1)\right|\Phi_{m_3}(1)\right\rangle\left\langle \Phi_{m_2}(2)\left|\Phi_q^*(2)\right|\Phi_{m_4}(2)\right\rangle \tag{3.4.20}$$

式中，$Y_k^q(i)=\Theta_k^q(i)\Phi_q(i)$ 来自 $\dfrac{1}{r_{12}}$ 的展开式，而 $Y_l^m(i)=\Theta_l^m(i)\Phi_m(i)$ 则来自 Slater 函数. $\Theta_l^{|m|}$ 是归一化连带 Legendre 函数. $A^k$ 中与 $\Phi_m$ 有关的积分为

$$\begin{aligned}&\int_0^{2\pi}\frac{1}{\sqrt{2\pi}}\mathrm{e}^{-\mathrm{i}m_1\phi_1}\frac{1}{\sqrt{2\pi}}\mathrm{e}^{\mathrm{i}q\phi_1}\frac{1}{\sqrt{2\pi}}\mathrm{e}^{\mathrm{i}m_3\phi_1}\mathrm{d}\phi_1\int_0^{2\pi}\frac{1}{\sqrt{2\pi}}\mathrm{e}^{-\mathrm{i}m_2\phi_2}\frac{1}{\sqrt{2\pi}}\mathrm{e}^{-\mathrm{i}q\phi_2}\frac{1}{\sqrt{2\pi}}\mathrm{e}^{\mathrm{i}m_4\phi_2}\mathrm{d}\phi_2 \\ &= \frac{1}{8\pi^3}\int_0^{2\pi}\frac{1}{\sqrt{2\pi}}\mathrm{e}^{-\mathrm{i}(m_3-m_1+q)\phi_1}\mathrm{d}\phi_1\int_0^{2\pi}\mathrm{e}^{\mathrm{i}(m_4-m_2-q)\phi_2}\mathrm{d}\phi_2\end{aligned} \tag{3.4.21}$$

仅当

$$m_3-m_1+q=0,\quad m_4-m_2-q=0 \tag{3.4.22}$$

或

$$q=m_4-m_2=m_1-m_3 \tag{3.4.23}$$

或

$$m_1+m_2=m_3+m_4 \tag{3.4.24}$$

时，积分(3.4.21)才不为零，而等于$\dfrac{1}{2\pi}$，故式(3.4.20)实际上只剩下一项，即

$$A^k=\frac{2}{2k+1}\left\langle \Theta_{l_1}^{|m_1|}(1)\left|\Theta_k^{|m_1-m_3|}(1)\right|\Theta_{l_3}^{|m_3|}(1)\right\rangle\left\langle \Theta_{l_2}^{|m_2|}(2)\left|\Theta_k^{|m_4-m_2|}(2)\right|\Theta_{l_4}^{|m_4|}\right\rangle \tag{3.4.25}$$

记

$$c^k(lm,l'm')\equiv\sqrt{\frac{2}{2k+1}}\left\langle \Theta_l^{|m|}\left|\Theta_k^{|m-m'|}\right|\Theta_{l'}^{|m'|}\right\rangle$$

利用

$$\Theta_l^{|m|}=(-1)^{|m|}\sqrt{\frac{(l-|m|)!(2l+1)}{2(1+|m|)!}}P_l^{|m|}(\cos\theta)$$

有

$$\begin{aligned}c^k(lm,l'm') &= (-1)^{\left[m+|m|+m'+|m'|+(m-m')+|m-m'|\right]/2} \\ &\quad\times\sqrt{\frac{(k-|m-m'|)!}{(k+|m-m'|)!}}\sqrt{\frac{(l-|m|)!(2l+1)}{(l+|m|)!2}}\sqrt{\frac{(l'-|m'|)!(2l'+1)}{(l'+|m'|)!2}} \\ &\quad\times\int_{-1}^{+1}P_l^{|m|}(x)P_{l'}^{|m'|}(x)P_k^{|m-m'|}(x)\mathrm{d}x\end{aligned} \tag{3.4.26}$$

式(3.4.25)可写为

$$A^k = c^k\left(l_1m_1, l_3m_3\right)c^k\left(l_4m_4, l_2m_2\right)$$

于是式(3.4.17)可写为

$$V_{\mathrm{ee}} = \sum_{k=0}^{\infty} R^k(1234)c^k\left(l_1m_1, l_3m_3\right)c^k\left(l_4m_4, l_2m_2\right) \tag{3.4.27}$$

式中，$c^k\left(lm, l'm'\right)$是三个归一化连带 Legendre 函数乘积的积分，如式(3.4.26)所示. Gaunt 给出了它的积分表示式，故又称 Gaunt 积分. 具体表示式为($|m|$ 大于$|m'|$及$|m-m'|$)

$$\begin{aligned}\int_{-1}^{+1} P_l^{|m|}(x)P_{l'}^{|m'|}(x)P_k^{|m-m'|}(x)\mathrm{d}x &= 2(-1)^{s-l'-|m-m'|}\frac{\left(k+|m-m'|\right)!\left(l'+|m'|\right)!(2s-2l')!s!}{\left(l'-|m'|\right)!(s-l)!(s-l')!(s-k)!(2s+1)!} \\ &\times\sum_t(-1)^t\frac{\left(l+|m|+t\right)!\left(k+l'-|m|-t\right)!}{t!\left(l-|m|-t\right)!\left(l'-k+|m|+t\right)!\left(k-|m-m'|-t\right)!}\end{aligned} \tag{3.4.28}$$

其中

$$s = \frac{1}{2}(l+k+l')$$

对 $t$ 求和时，$t$ 只取不出现负数阶乘的各种可能值. 仅当

$$\left|l-l'\right| \leqslant k \leqslant (l+l'), \quad l+l'+k = \text{偶数} \tag{3.4.29}$$

时式(3.4.28)才不等于零. 由于式(3.4.29)的限制，式(3.4.27)的求和只有有限的几项. 例如，对于 $\mathrm{d}^n$ 组态，只有 $k=0,2,4$ 三项. $(lm, l'm', k)$ 取不同值时的 $c^k(lm, l'm')$ 的值已经计算出来并已列成表格，可参看有关文献[8].

式(3.4.27)为电子排斥能$V_{\mathrm{ee}}$的计算公式，只要按式(3.4.18)计算出 $R^k(1234)$，按式(3.4.26)计算出 $c^k(lm, l'm')$，代入式(3.4.27)，即得$V_{\mathrm{ee}}$.

在式(3.4.15)中，当 $\chi_1=\chi_3$，$\chi_2=\chi_4$ 时，$V_{\mathrm{ee}}$ 的表达式为

$$V_{\mathrm{ee}} = \left\langle \chi_1(1)\chi_2(2)\left|\frac{1}{r_{12}}\right|\chi_1(1)\chi_2(2)\right\rangle$$

这就是 Coulomb 排斥能积分. 通常用 $J_{ij}$、$\langle ij|g|ij\rangle$ 或 $(ij|ij)$ 标记 Coulomb 积分，而有

$$\begin{aligned}J_{ij} \equiv \langle ij|g|ij\rangle \equiv (ij|ij) &= \left\langle \chi_i(1)\chi_j(2)\left|\frac{1}{r_{12}}\right|\chi_i(1)\chi_j(2)\right\rangle \\ &= \sum_{k=0}^{\infty} a^k\left(l_im_i, l_jm_j\right)F^k\left(n_il_i, n_jl_j\right)\end{aligned} \tag{3.4.30}$$

其中

$$a^k\left(l_im_i, l_jm_j\right) = c^k\left(l_im_i, l_im_i\right)c^k\left(l_jm_j, l_jm_j\right) \tag{3.4.31}$$

$$F^k\left(n_il_i, n_jl_j\right) = \int_0^{\infty}\int_0^{\infty} R_{n_il_i}^*(1)R_{n_jl_j}^*(2)R_{n_il_i}(1)R_{n_jl_j}(2)\frac{r_<^k}{r_>^{k+1}}r_1^2r_2^2\,\mathrm{d}r_1\,\mathrm{d}r_2 \tag{3.4.32}$$

同样，在式(3.4.15)中，当 $\chi_1=\chi_4$，$\chi_2=\chi_3$ 时，$V_{\mathrm{ee}}$ 的表达式为

$$V_{\mathrm{ee}} = \left\langle \chi_1(1)\chi_2(2)\left|\frac{1}{r_{12}}\right|\chi_2(1)\chi_1(2)\right\rangle$$

这就是交换积分. 通常用 $K_{ij}$ 、$\langle ij|g|ji\rangle$ 或 $(ij|ji)$ 标记交换积分，而有

$$K_{ij} \equiv \langle ij|g|ji\rangle \equiv (ij|ji) = \left\langle \chi_i(1)\chi_j(2) \left| \frac{1}{r_{12}} \right| \chi_j(1)\chi_i(2) \right\rangle$$

$$= \sum_{k=0}^{\infty} b^k\left(l_i m_i, l_j m_j\right) G^k\left(n_i l_i, n_j l_j\right) \tag{3.4.33}$$

其中

$$b^k\left(l_i m_i, l_j m_j\right) = \left[c^k\left(l_i m_i, l_j m_j\right)\right]^2 \tag{3.4.34}$$

$$G^k\left(n_i l_i, n_j l_j\right) = \int_0^{\infty}\int_0^{\infty} R^*_{n_i l_i}(1) R^*_{n_j l_j}(2) R_{n_j l_j}(1) R_{n_i l_i}(2) \frac{r_<^k}{r_>^{k+1}} r_1^2 r_2^2 \,\mathrm{d}r_1 \,\mathrm{d}r_2 \tag{3.4.35}$$

$G^k$ 和 $F^k$ [见式(3.4.32)]统称 Slater- Condon 参量. $a^k$ 和 $b^k$ 都易由 $c^k$ 算出，并已列成表格，可参看有关文献[9].

## 3.5　Slater 函数的双中心积分

在求解双原子分子的 Hartree-Fock-Roothaan 方程时，如果采用 Slater 函数作基函数(原子轨道)，则被积函数中可能出现两个中心，称这样的积分为双中心积分，包括重叠积分、动能积分、电子-核吸引能积分以及电子排斥能积分等. 双中心积分包含两种情况，一种情况是，Slater 基函数是由两个原子分别提供的；另一种情况是，Slater 基函数由一个原子提供，但是要计算的是另外一个核对电子的吸引能.

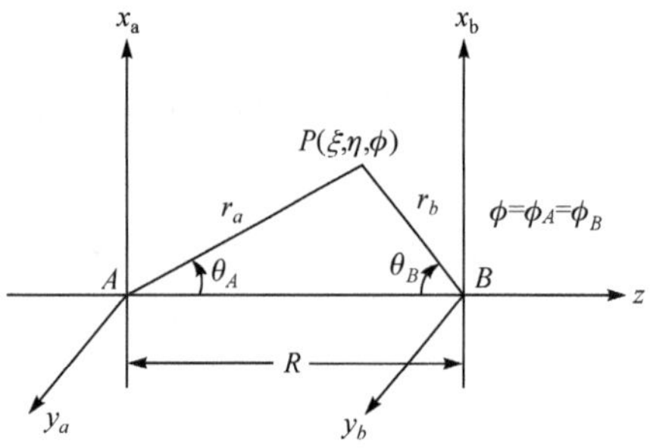


图 3.5.1　椭球坐标系

计算双中心积分要用椭球坐标系，如图 3.5.1 所示. 图中，$A$、$B$ 为两个原子核的位置，两原子核之间的距离为 $R$ ，它们分别是两个 Slater 函数的中心，$P(\xi,\eta,\phi)$ 为动点，即电子所在位置. $A$、$B$ 上的直角坐标仅作为衬托.

### 3.5.1　重叠积分

分别以 $A$、$B$ 为中心的两个 Slater 函数的重叠积分记作 $S_{ab}$ ，即

$$S_{ab} = \left\langle \chi_{n_a l_a m_a} \middle| \chi_{n_b l_b m_b} \right\rangle \equiv \left\langle n_a l_a m_a \middle| n_b l_b m_b \right\rangle \tag{3.5.1}$$

球坐标系中的 Slater 函数为[见式(3.4.1)和式(3.4.2)]

$$|nlm\rangle = N r^{n-1} \mathrm{e}^{-\varsigma r} Y_{lm}(\theta,\phi) \tag{3.5.2}$$

式中，$N$ 为归一化常数

$$N = (2\varsigma)^{n+\frac{1}{2}} \left[(2n)!\right]^{-\frac{1}{2}} \tag{3.5.3}$$

$$Y_{lm}(\theta,\phi) = \Theta_{lm}(\cos\theta)\Phi_m(\phi) \tag{3.5.4}$$

$$\Theta_{lm}(\cos\theta)=\left[\frac{(2l+1)(l-m)!}{2(l+m)!}\right]^{\frac{1}{2}}P_l^m(\cos\theta) \tag{3.5.5}$$

$$\Phi_m(\phi)=\begin{cases}\pi^{-\frac{1}{2}}\cos m\phi & (m\neq 0)\\ (2\pi)^{-\frac{1}{2}} & (m=0)\end{cases} \tag{3.5.6}$$

$$P_l^m(\cos\theta)=\frac{(m+1)!}{8}\sin^m\theta\sum_{u=0}^{l-m}c_{lmu}\cos^u\theta \tag{3.5.7}$$

式中，$c_{lmu}$ 为展开系数.

在椭球坐标系中，有[见式(3.1.42)和式(3.1.47)]

$$r_{\mathrm{a}}=\frac{1}{2}R(\xi+\eta),\qquad r_{\mathrm{b}}=\frac{1}{2}R(\xi-\eta),\qquad \mathrm{d}\tau=\frac{R^3}{8}\left(\xi^2-\eta^2\right)\mathrm{d}\xi\,\mathrm{d}\eta\,\mathrm{d}\phi \tag{3.5.8}$$

除式(3.5.8)外，还需要以下关系式，由图 3.5.1 可得

$$\cos\theta_A=\frac{1+\xi\eta}{\xi+\eta},\qquad \cos\theta_B=\frac{1-\xi\eta}{\xi-\eta} \tag{3.5.9}$$

$$\sin\theta_A=\frac{\left[\left(\xi^2-1\right)\left(1-\eta^2\right)\right]^{\frac{1}{2}}}{\xi+\eta},\quad \sin\theta_B=\frac{\left[\left(\xi^2-1\right)\left(1-\eta^2\right)\right]^{\frac{1}{2}}}{\xi-\eta} \tag{3.5.10}$$

首先将 $\Theta_{l_am}\left(\cos\theta_A\right)\Theta_{l_bm}\left(\cos\theta_B\right)$ 转换到椭球坐标系中，令

$$T(\xi,\eta)\equiv\Theta_{l_am}\left(\cos\theta_A\right)\Theta_{l_bm}\left(\cos\theta_B\right) \tag{3.5.11}$$

这里，$m$ 不必再区分为 $m_a$ 和 $m_b$，因为在椭球坐标系中有 $\phi=\phi_A=\phi_B$，它们都是动点绕 $z$ 轴旋转的角度. 将式(3.5.7)代入式(3.5.5)，并利用式(3.5.9)和式(3.5.10)，得

$$\Theta_{l_am}\left(\cos\theta_A\right)=\left[\frac{\left(2l_a+1\right)}{2}\frac{\left(l_a-m\right)!}{\left(l_a+m\right)!}\right]^{\frac{1}{2}}\frac{(m+1)!}{8}\frac{\left[\left(\xi^2-1\right)\left(1-\eta^2\right)\right]^{\frac{m}{2}}}{(\xi+\eta)^m}\sum_{u=0}^{l_a-m}c_{l_amu}\frac{(1+\xi\eta)^u}{(\xi+\eta)^u} \tag{3.5.12}$$

类似地

$$\Theta_{l_bm}\left(\cos\theta_B\right)=\left[\frac{\left(2l_b+1\right)}{2}\frac{\left(l_b-m\right)!}{\left(l_b+m\right)!}\right]^{\frac{1}{2}}\frac{(m+1)!}{8}\frac{\left[\left(\xi^2-1\right)\left(1-\eta^2\right)\right]^{\frac{m}{2}}}{(\xi-\eta)^m}\sum_{v=0}^{l_b-m}c_{l_bmv}\frac{(1-\xi\eta)^v}{(\xi-\eta)^v} \tag{3.5.13}$$

于是有

$$\begin{aligned}T(\xi,\eta)=&D\left(l_a,l_b,m\right)\sum_{u=0}^{l_a-m}\sum_{v=0}^{l_b-m}c_{l_amu}c_{l_bmv}\left(\xi^2-1\right)^m\\&\times\left(1-\eta^2\right)^m(1+\xi\eta)^u(1-\xi\eta)^v(\xi+\eta)^{-m-u}(\xi-\eta)^{-m-v}\end{aligned} \tag{3.5.14}$$

其中

$$D\left(l_a,l_b,m\right)=\left[\frac{(m+1)!}{8}\right]^2\left[\frac{2l_a+1}{2}\frac{\left(l_a-m\right)!}{\left(l_a+m\right)!}\right]^{\frac{1}{2}}\left[\frac{2l_b+1}{2}\frac{\left(l_b-m\right)!}{\left(l_b+m\right)!}\right]^{\frac{1}{2}} \tag{3.5.15}$$

定义约化重叠积分 $s\left(n_a,l_a,m,n_b,l_b,\lambda,\mu\right)$，

$$s(n_a,l_a,m,n_b,l_b,\lambda,\mu) = \int_1^\infty \int_{-1}^1 (\xi+\eta)^{n_a}(\xi-\eta)^{n_b} \exp\left[-\frac{1}{2}(\lambda+\mu)\xi - \frac{1}{2}(\lambda-\mu)\eta\right] T(\xi,\eta)\,\mathrm{d}\xi\,\mathrm{d}\eta \tag{3.5.16}$$

其中

$$\lambda = \varsigma_a R \qquad \mu = \varsigma_b R \tag{3.5.17}$$

将式(3.5.14)代入式(3.5.16)，得

$$s(n_a,l_a,m,n_b,l_b,\lambda,\mu) = D(l_a,l_b,m)\sum_{u=0}^{l_a-m}\sum_{v=0}^{l_b-m} c_{l_a mu}c_{l_b mv}\int_1^\infty \int_{-1}^1 \exp\left[-\frac{1}{2}(\lambda+\mu)\xi - \frac{1}{2}(\lambda-\mu)\eta\right]$$
$$\times(\xi^2-1)^m(1-\eta^2)^m(1+\xi\eta)^u(1-\xi\eta)^v(\xi+\eta)^{n_a-m-u}(\xi-\eta)^{n_b-m-v}\,\mathrm{d}\xi\,\mathrm{d}\eta \tag{3.5.18}$$

式中，令

$$\sum_{u=0}^{l_a-m}\sum_{v=0}^{l_b-m} c_{l_a mu}c_{l_b mv}(\xi^2-1)^m(1-\eta^2)^m(1+\xi\eta)^u(1-\xi\eta)^v(\xi+\eta)^{n_a-m-u}(\xi-\eta)^{n_b-m-v} = \sum_{i,j=0} F_{ij\kappa}\xi^i\eta^j \tag{3.5.19}$$

其中，系数 $F_{ij\kappa}$ 的下标 $\kappa$ 由 $n_a$ 、$n_b$ 、$l_a$ 、$l_b$ 和 $m$ 决定. 只要将式(3.5.19)左边各个因子展开再归并，就可得到右边的形式. 引入式(3.5.19)，仅仅是为了使重叠积分有较为简洁的表达式. 利用式(3.5.19)，可将式(3.5.18)写为

$$s(n_a,l_a,m,n_b,l_b,\lambda,\mu) = D(l_a,l_b,m)\times\sum_{i,j} F_{ij\kappa}\int_1^\infty \xi^i \exp\left[-\frac{1}{2}(\lambda+\mu)\xi\right]\mathrm{d}\xi \int_{-1}^1 \eta^j \exp\left[-\frac{1}{2}(\lambda-\mu)\eta\right]\mathrm{d}\eta \tag{3.5.20}$$

利用定积分公式

$$A_n(\alpha) = \int_1^\infty r^n\,\mathrm{e}^{-\alpha r}\,\mathrm{d}r = \alpha^{-(n+1)}\,\mathrm{e}^{-\alpha}\sum_{k=0}^{n}\frac{n!}{k!}\alpha^k \tag{3.5.21}$$

$$\tilde{A}_n(\alpha) = \int_{-1}^\infty r^n\,\mathrm{e}^{-\alpha r}\,\mathrm{d}r = \alpha^{-(n+1)}\mathrm{e}^{\alpha}\sum_{k=0}^{n}\frac{n!}{k!}(-\alpha)^k \tag{3.5.22}$$

$$B_n(\alpha) = \int_{-1}^1 r^n\,\mathrm{e}^{-\alpha r}\,\mathrm{d}r = \tilde{A}_n(\alpha) - A_n(\alpha) \tag{3.5.23}$$

可将式(3.5.20)简化为

$$s(n_a,l_a,m,n_b,l_b,\lambda,\mu) = D(l_a,l_b,m)\sum_{i,j} F_{ij\kappa}A_i\left[\frac{1}{2}(\lambda+\mu)\right]B_j\left[\frac{1}{2}(\lambda-\mu)\right] \tag{3.5.24}$$

将重叠积分式(3.5.1)变换到椭球坐标系中，有

$$S_{ab} = N_a N_b \int r_a^{n_a-1} r_b^{n_b-1}\exp(-\varsigma_a r_a - \varsigma_b r_b)\Theta_{l_a m}(\cos\theta_A)\Theta_{l_b m}(\cos\theta_B)\Phi_m^2(\phi)\,\mathrm{d}\tau$$
$$= N_a N_b\left(\frac{R}{2}\right)^{n_a+n_b-2}\int_1^\infty\int_{-1}^1\int_0^{2\pi}\frac{(\xi+\eta)^{n_a}(\xi-\eta)^{n_b}}{\xi^2-\eta^2}\exp\left[-\frac{1}{2}(\lambda+\mu)\xi - \frac{1}{2}(\lambda-\mu)\eta\right] \tag{3.5.25}$$
$$\times T(\xi,\eta)\Phi_m^2(\phi)\left(\frac{R}{2}\right)^3(\xi^2-\eta^2)\,\mathrm{d}\xi\,\mathrm{d}\eta\,\mathrm{d}\phi$$

式中，两个归一化常数之积为

$$N_a N_b = (2\varsigma_a)^{n_a+\frac{1}{2}} (2\varsigma_b)^{n_b+\frac{1}{2}} \left[(2n_a)!(2n_b)!\right]^{-\frac{1}{2}} \tag{3.5.26}$$

且有

$$\int_0^{2\pi} \Phi_m^2(\phi)\,\mathrm{d}\phi = 1$$

利用式(3.5.20)，重叠积分式(3.5.25)可简化为

$$S_{ab} = N_a N_b \left(\frac{R}{2}\right)^{n_a+n_b+1} s(n_a, l_a, m, n_b, l_b, \lambda, \mu) \tag{3.5.27}$$

这就是双中心重叠积分的最后表达式，其中约化重叠积分 $s(n_a, l_a, m, n_b, l_b, \lambda, \mu)$ 由式(3.5.24)给出. 作为例子，用式(3.5.27)计算分别以 $A$、$B$ 为中心的两个 s (注意：不限于 1s )型 Slater 函数(轨道)的重叠积分. 对这样的两个 s 型 Slater 函数(轨道)，有 $l_a = l_b = m_a = m_b = 0$，由式(3.5.2)、式(3.5.5)和式(3.5.6)，有

$$s_a = (4\pi)^{-\frac{1}{2}} N_a r_a^{n_a-1} \mathrm{e}^{-\varsigma_a r_a}, \quad s_b = (4\pi)^{-\frac{1}{2}} N_b r_b^{n_b-1} \mathrm{e}^{-\varsigma_b r_b}$$

式中，$N_a$ 和 $N_b$ 由式(3.5.3)给出，因子 $(4\pi)^{-\frac{1}{2}}$ 来自 $\theta,\phi$ 函数的归一化. 由式(3.2.5)有，$P_0(x)=1$，代入式(3.5.7)，有 $c_{000}=8$. 由式(3.5.15)，有 $D(000)=\dfrac{1}{128}$，由式(3.5.18)，有

$$s(n_a, 0, 0, n_b, 0, 0, \lambda, \mu) = \frac{1}{2}\int_1^{\infty}\int_{-1}^{1} \mathrm{e}^{-\frac{1}{2}(\lambda+\mu)\xi}\, \mathrm{e}^{-\frac{1}{2}(\lambda-\mu)\eta} (\xi+\eta)^{n_a} (\xi-\eta)^{n_b}\, \mathrm{d}\xi\, \mathrm{d}\eta$$

代入式(3.5.27)，得

$$S_{ab} = \frac{1}{2} N_a N_b \left(\frac{R}{2}\right)^{n_a+n_b+1} \int_1^{\infty}\int_{-1}^{1} \mathrm{e}^{-\frac{1}{2}(\varsigma_a+\varsigma_b)R\xi}\, \mathrm{e}^{-\frac{1}{2}(\varsigma_a-\varsigma_b)R\eta} (\xi+\eta)^{n_a} (\xi-\eta)^{n_b}\, \mathrm{d}\xi\, \mathrm{d}\eta \tag{3.5.28}$$

这就是分别以 $A$、$B$ 为中心的两个 s (注意：不限于 1s )型 Slater 函数(轨道)重叠积分的表达式. 若 $\varsigma_a=\varsigma_b$，$n_a=n_b=1$，$N_a=N_b=2\varsigma^{\frac{3}{2}}$，即对同核双原子分子的 1s 轨道，有

$$S_{ab} = \frac{\varsigma^3 R^3}{4}\int_1^{\infty}\int_{-1}^{1} \mathrm{e}^{-\varsigma R\xi} (\xi^2-\eta^2)\,\mathrm{d}\xi\,\mathrm{d}\eta = \left(1+\varsigma R+\frac{1}{3}\varsigma^2 R^2\right)\mathrm{e}^{-\varsigma R} \tag{3.5.29}$$

给定 $\varsigma$、$R$，很容易算出积分值.

### 3.5.2　动能积分

双中心动能积分 $T(a,b)$ 的表达式为

$$T(a,b) \equiv \left\langle n_a l_a m_a \middle| \hat{\boldsymbol{T}} \middle| n_b l_b m_b \right\rangle = \left\langle n_a l_a m_a \middle| -\frac{1}{2}\nabla^2 \middle| n_b l_b m_b \right\rangle \tag{3.5.30}$$

式中，$a$、$b$ 是两个 Slater 函数(轨道)的中心，Slater 函数为[见式(3.5.2)]

$$|nlm\rangle = N r^{n-1} \mathrm{e}^{-\varsigma r} Y_{lm}(\theta,\phi) \tag{3.5.31}$$

利用 Laplace 算符的球坐标表达式[见式(3.1.36)]，易于求得[见式(3.4.5)]

$$\nabla^2\left|nlm\right\rangle = Y_{lm}\frac{1}{r}\left[\frac{\mathrm{d}^2 F_{nl}}{\mathrm{d}r^2} - \frac{l(l+1)}{r^2}F_{nl}\right] \tag{3.5.32}$$

其中

$$F_{nl}(r) = rR_{nl}(r) = (2\varsigma)^{n+\frac{1}{2}}\left[(2n)!\right]^{-\frac{1}{2}} r^n \mathrm{e}^{-\varsigma r} \tag{3.5.33}$$

利用式(3.5.32)，式(3.5.30)变为

$$\begin{aligned} T(a,b) = -\frac{1}{2}\varsigma_b^2\Bigg[&\left\langle n_a l_a m_a \middle| n_b l_b m_b\right\rangle - 2\sqrt{\frac{2n_b}{2n_b - 1}}\left\langle n_a l_a m_a \middle| (n_b - 1) l_b m_b\right\rangle \\ &+ \frac{4(n_b + l_b)(n_b - l_b - 1)}{\sqrt{2n_b(2n_b - 1)(2n_b - 2)(2n_b - 3)}}\left\langle n_a l_a m_a \middle| (n_b - 2) l_b m_b\right\rangle\Bigg] \end{aligned} \tag{3.5.34}$$

式中，$\left|(n_b - k) l_b m_b\right\rangle (k = 0,1,2)$是归一化的 Slater 函数

$$\left|(n_b - k) l_b m_b\right\rangle = N_{n_b - k} r^{n_b - k - 1}\mathrm{e}^{-\varsigma_b r_b} Y_{l_b m_b}(\theta_\mathrm{B}, \phi_\mathrm{B}), \quad k = 0,1,2 \tag{3.5.35}$$

$$N_{n_b - k} = (2\varsigma)^{n_b - k + \frac{1}{2}}\left\{\left[2(n_b - k)\right]!\right\}^{-\frac{1}{2}} \tag{3.5.36}$$

式(3.5.34)表明，动能积分转化为三个重叠积分，每个重叠积分按式(3.5.27)计算即可.

### 3.5.3 电子-核吸引能积分

双中心电子-核吸引能积分$V(a,b)$的表达式为

$$V(a,b) \equiv \left\langle n_a l_a m_a \middle| -\frac{Z}{r_b} \middle| n_b l_b m_b\right\rangle \tag{3.5.37}$$

式中，左右矢分别为 $A$、$B$ 两原子提供的 Slater 函数(轨道)，$r_b$ 是电子到 $B$ 核的距离. 此外，$V(a,b)$还可能有以下多种情况，即

$$\left\langle n_a l_a m_a \middle| -\frac{Z}{r_a} \middle| n_b l_b m_b\right\rangle, \quad \left\langle n_b l_b m_b \middle| -\frac{Z}{r_a} \middle| n_b l_b m_b\right\rangle, \quad \left\langle n_a l_a m_a \middle| -\frac{Z}{r_b} \middle| n_a l_a m_a\right\rangle$$

但所有这些形式都可以式(3.5.37)作为代表，因此只给出式(3.5.37)的解析表达式即可. 由式(3.5.2)和式(3.5.3)，有

$$\begin{aligned} \frac{1}{r_b}\left|n_b l_b m_b\right\rangle &= Y_{l_b m_b}\frac{1}{r_b}R_{n_b l_b} = Y_{l_b m_b}(2\varsigma_b)^{n_b + \frac{1}{2}}\left[(2n_b)!\right]^{-\frac{1}{2}} r_b^{n_b - 2}\mathrm{e}^{-\varsigma_b r_b} \\ &= Y_{l_b m_b}\frac{2\varsigma_b}{\sqrt{2n_b(2n_b - 1)}}(2\varsigma_b)^{(n_b - 1) + \frac{1}{2}}\left\{\left[2(n_b - 1)\right]!\right\}^{-\frac{1}{2}} r_b^{n_b - 2}\mathrm{e}^{-\varsigma_b r_b} \\ &= Y_{l_b m_b}\frac{2\varsigma_b}{\sqrt{2n_b(2n_b - 1)}}R_{n_b - 1, l_b} \end{aligned} \tag{3.5.38}$$

式中，$R_{n_b - 1, l_b}$ 为归一化径向函数

$$R_{n_b - 1, l_b} \equiv \left|(n_b - 1) l_b m_b\right\rangle = (2\varsigma_b)^{(n_b - 1) + \frac{1}{2}}\left\{\left[2(n_b - 1)\right]!\right\}^{-\frac{1}{2}} r_b^{n_b - 2}\mathrm{e}^{-\varsigma_b r_b} \tag{3.5.39}$$

将以上结果代入式(3.5.37)，得

$$V(a,b)=\frac{-2\varsigma_b Z}{\sqrt{2n_b(2n_b-1)}}\langle n_a l_a m_a|(n_b-1)l_b m_b\rangle \tag{3.5.40}$$

$$=\frac{-2Z\varsigma(1-t)}{\sqrt{2n_b(2n_b-1)}}\langle n_a l_a m_a|(n_b-1)l_b m_b\rangle \tag{3.5.41}$$

其中

$$\varsigma=\frac{\varsigma_a+\varsigma_b}{2},\qquad t=\frac{\varsigma_a-\varsigma_b}{\varsigma_a+\varsigma_b}$$

可见，双中心电子-核吸引能积分最后也归结为重叠积分.

### 3.5.4　电子排斥能积分

电子排斥能积分 $V_{ee}$ 有多种情况，即

$$\left\langle \chi_{n_{1a}l_{1a}m_{1a}}(1)\chi_{n_{1b}l_{1b}m_{1b}}(2)\left|\frac{1}{r_{12}}\right|\chi_{n_{1a}l_{1a}m_{1a}}(1)\chi_{n_{1b}l_{1b}m_{1b}}(2)\right\rangle \tag{3.5.42}$$

$$\left\langle \chi_{n_{1a}l_{1a}m_{1a}}(1)\chi_{n_{2a}l_{2a}m_{2a}}(2)\left|\frac{1}{r_{12}}\right|\chi_{n_{1a}l_{1a}m_{1a}}(1)\chi_{n_{1b}l_{1b}m_{1b}}(2)\right\rangle \tag{3.5.43}$$

$$\left\langle \chi_{n_{1a}l_{1a}m_{1a}}(1)\chi_{n_{2a}l_{2a}m_{2a}}(2)\left|\frac{1}{r_{12}}\right|\chi_{n_{1b}l_{1b}m_{1b}}(1)\chi_{n_{2b}l_{2b}m_{2b}}(2)\right\rangle \tag{3.5.44}$$

它们依次称为 Coulomb 积分、混合积分和交换积分. 以上三式中，下标 $a$、$b$ 分别表示由 $A$、$B$ 原子提供的 Slater 函数. 由于同一原子可以提供不同的 Slater 函数，来自同一原子的 Slater 函数可能有不同的量子数.

电子排斥能积分 $V_{ee}$ 的计算十分复杂，我们不再详细讨论，只给出计算的基本思路.

对于 Coulomb 积分(3.5.42)和混合积分(3.5.43)，可以先做积分

$$\int \chi_{n_{1a}l_{1a}m_{1a}}(1)\chi_{n_{1a}l_{1a}m_{1a}}(1)\frac{1}{r_{12}}\mathrm{d}\tau_1$$

将 $r_{12}^{-1}$ 的球坐标展开(单中心展开)代入上式，在球坐标系下做积分，积分结果是以 A 为中心的电子 2 的坐标的函数. 将积分结果代入式(3.5.42)或式(3.5.43)，然后换用椭球坐标对电子 2 做双中心积分.

对于交换积分(3.5.44)，无论电子 1 还是电子 2 的积分都涉及两个中心. 因此，必须将 $r_{12}^{-1}$ 做双中心展开，并在椭球坐标下完成积分. 积分公式的推导过程十分复杂.

关于电子排斥能积分的详细讨论可参看有关文献[10,11].

多原子分子体系中，核吸引能积分将会出现三中心积分，例如

$$V(a,b,c)\equiv\left\langle n_a l_a m_a\left|-\frac{Z}{r_c}\right|n_b l_b m_b\right\rangle$$

电子排斥能积分将会出现四中心积分，例如

$$V_{ee}=\left\langle \chi_{n_a l_a m_a}(1)\chi_{n_b l_b m_b}(2)\left|\frac{1}{r_{12}}\right|\chi_{n_c l_c m_c}(1)\chi_{n_d l_d m_d}(2)\right\rangle$$

积分中的 Slater 函数分别由原子 A、B、C、D 提供. 目前,这些积分尚无较好的处理办法,因此 Slater 函数一般只用于原子和双原子分子的计算，多原子分子体系一般不直接用 Slater 函数做计算.

## 3.6 Gauss 函数的积分

在求解 Hartree-Fock-Roothaan 方程时，如果选用 Gauss 函数做基函数(原子轨道)，就会出现 Gauss 函数的积分，其中包括重叠积分、动能积分、电子-核吸引能积分以及电子排斥能积分. 本节将给出有关的积分公式.

### 3.6.1 Gauss 函数的定义和性质

通常的以 $A$ 为中心的 Gauss 函数为

$$\chi(A,\alpha)=\mathrm{e}^{-\alpha r_A^2} \tag{3.6.1}$$

式中，$\alpha$ 为参数，在量子化学中称为轨道指数；$r_A$ 是 Gauss 函数中心 $A(A_x,A_y,A_z)$ 到动点 $(x,y,z)$(通常指电子的位置)的距离，将动点位矢记作 $\vec{r}$，则有

$$r_A^2=(\vec{r}-\vec{A})^2=(x-A_x)^2+(y-A_y)^2+(z-A_z)^2\equiv x_A^2+y_A^2+z_A^2$$

式中

$$x_A=x-A_x,\quad y_A=y-A_y,\quad z_A=z-A_z \tag{3.6.2}$$

在以下的讨论中，对 Gauss 函数的描述都将采用式(3.6.2)的规定，即 Gauss 函数中心所在点的位矢以标记该点的字母作为向量来表示，如 Gauss 函数中心 $A$ 点的位矢记作 $\vec{A}$；Gauss 函数中心所在点的直角坐标用标记该点的字母分别加下标 $x,y,z$ 表示，如上面 Gauss 函数中心 $A$ 点的坐标为 $(A_x,A_y,A_z)$；Gauss 函数中心到动点的向量的坐标则是始终点向量坐标之差，如 $\vec{r}_A=\vec{r}-\vec{A}$，其坐标为 $(x_A,y_A,z_A)$，如式(3.6.2)所示. 这样的记号在下面将会用到，到时不再一一说明.

Boys 于 1950 年提出以 $A$ 为中心的广义 Gauss 函数，其直角坐标形式为

$$\chi(A,\alpha,l,m,n)=Nx_A^l y_A^m z_A^n\,\mathrm{e}^{-\alpha r_A^2} \tag{3.6.3}$$

当 $l=m=n=0$ 时，称为 1s 型 Gauss 函数，当 $l=1$，$m=n=0$ 时，称为 $2\mathrm{p}_x$ 型 Gauss 函数，当 $m=1$，$l=n=0$ 时，称为 $2\mathrm{p}_y$ 型 Gauss 函数，余类推. 注意：这里的数字 $lmn$ 与原子轨道中的量子数没有联系，$1\mathrm{s},2\mathrm{p}_x,2\mathrm{p}_y$ 等也只是习惯称谓，并不是真正的原子轨道，对此，2.10 节已做过详细说明. 显然，广义 Gauss 函数(3.6.3)可以写为三个一维 Gauss 函数的乘积

$$\begin{aligned}\chi(A,\alpha,l,m,n)&=N\left(x_A^l\,\mathrm{e}^{-\alpha x_A^2}\right)\left(y_A^m\,\mathrm{e}^{-\alpha y_A^2}\right)\left(z_A^n\,\mathrm{e}^{-\alpha z_A^2}\right)\\&=\chi(A,\alpha,l)\chi(A,\alpha,m)\chi(A,\alpha,n)\end{aligned} \tag{3.6.4}$$

容易计算出式(3.6.4)中 Gauss 函数的归一化因子

$$N(\alpha,l,m,n)=\left[\frac{2^{2(l+m+n)+3/2}\alpha^{l+m+n+3/2}}{(2l-1)!!(2m-1)!!(2n-1)!!\pi^{\frac{3}{2}}}\right]^{\frac{1}{2}}$$

其中，$(2l-1)!!=1\times3\times5\times\cdots\times(2l-1)$.

Gauss 函数的一个重要特性是，两个不同中心的 Gauss 函数的乘积可以表达为另一个单中心的 Gauss 函数的线性组合，这是有名的球型电荷分布的 Coulomb 势变换，即有

$$\chi(A,\alpha_1,l_1,m_1,n_1)\chi(B,\alpha_2,l_2,m_2,n_2)=\sum_{l,m,n}c_{lmn}\chi(P,\beta,l,m,n) \tag{3.6.5}$$

其中，新的 Gauss 函数中心 $P(P_x,P_y,P_z)$ 点的坐标和参数 $\beta$ 为

$$\vec{P}=\frac{\alpha_1\vec{A}+\alpha_2\vec{B}}{\alpha_1+\alpha_2},\qquad \beta=\alpha_1+\alpha_2$$

可以看到，$P$ 点类似于质量中心. 在以下的讨论中，两个 Gauss 函数中心之间的向量用两中心所在点的字母加箭头表示，其直角坐标则分别加下标 $x,y,z$ . 例如，图 3.6.1 中，用 $\overrightarrow{AB}$ 表示从中心 $A$ 到中心 $B$ 的向量，其坐标为 $(AB_x,AB_y,AB_z)$，其长度平方为 $AB^2$ . 以后遇到类似情况不再一一说明.

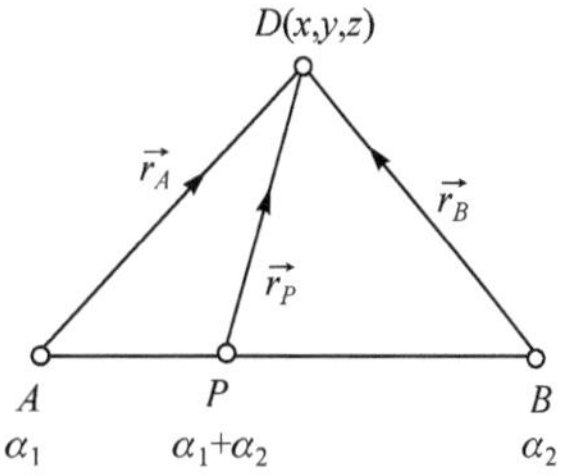

图 3.6.1　Gauss 函数乘积变换示意图

现在证明式(3.6.5). 首先，对于两个 Gauss 函数的幂指数部分，有公式

$$e^{-\alpha_1 r_A^2}e^{-\alpha_2 r_B^2}=e^{-\alpha_1\alpha_2 AB^2/\beta}e^{-\beta r_P^2} \tag{3.6.6}$$

式中右边第一项为常数. 式(3.6.6)可证明如下，如图 3.6.1 所示，$D(x,y,z)$ 为动点，$A(A_x,A_y,A_z)$、$B(B_x,B_y,B_z)$ 为两个 Gauss 函数的中心. 注意到式(3.6.2)，有

$$\overrightarrow{AB}=\vec{r}_A-\vec{r}_B$$

$$AB^2=(x_A-x_B)^2+(y_A-y_B)^2+(z_A-z_B)^2$$

依据常数 $\beta$ 和 $P$ 点的定义，有

$$\beta r_P^2=\frac{1}{(\alpha_1+\alpha_2)}\left[(\alpha_1x_A+\alpha_2x_B)^2+(\alpha_1y_A+\alpha_2y_B)^2+(\alpha_1z_A+\alpha_2z_B)^2\right]$$

经过简单的数学运算，可知

$$\alpha_1r_A^2+\alpha_2r_B^2=\alpha_1\alpha_2\,AB^2/\beta+\beta r_P^2$$

于是式(3.6.6)成立. 由图 3.6.1 可以看出

$$\vec{r}_A=\vec{r}_P-\overrightarrow{PA},\qquad \vec{r}_B=\vec{r}_P-\overrightarrow{PB}$$

因此

$$x_A^{l_1}x_B^{l_2}=(x_P-PA_x)^{l_1}(x_P-PB_x)^{l_2}=\sum_{j=0}^{l_1+l_2}f_j(l_1,l_2,PA_x,PB_x)x_P^j \tag{3.6.7}$$

其中，$f_j(l_1,l_2,PA_x,PB_x)$ 为展开系数，对于给定的 $l_1,l_2$，将 $(x_P-PA_x)^{l_1}(x_P-PB_x)^{l_2}$ 展开即得 $f_j(l_1,l_2,PA_x,PB_x)$ 的表达式. 乘积 $y_A^{m_1}y_B^{m_2}$ 和 $z_A^{n_1}z_B^{n_2}$ 也有类似展开式. 由此可见，对于两个 Gauss 函数的乘积，有

$$\begin{aligned}&\chi(A,\alpha_1,l_1,m_1,n_1)\chi(B,\alpha_2,l_2,m_2,n_2)\\&=N_AN_Bx_A^{l_1}x_B^{l_2}y_A^{m_1}y_B^{m_2}z_A^{n_1}z_B^{n_2}e^{-\alpha_1r_A^2}e^{-\alpha_2r_B^2}\\&=N_AN_Be^{-\alpha_1\alpha_2AB^2/\beta}\left[\sum_i f_i(l_1,l_2,PA_x,PB_x)x_P^i\right]\left[\sum_j f_j(m_1,m_2,PA_y,PB_y)y_P^j\right]\\&\quad\times\left[\sum_k f_k(n_1,n_2,PA_z,PB_z)z_P^k\right]e^{-\beta r_P^2}\end{aligned} \tag{3.6.8}$$

式(3.6.8)表明，两个不同中心的 Gauss 函数的乘积能够用另一个中心的 Gauss 函数的线性组合表达出来. 第 2 章已经看到，当把分子轨道表示为原子轨道的线性组合时，原子轨道是由组成分子的各个原子提供的，每一原子提供的原子轨道均以该原子为中心，因此会出现多中心积分，计算十分困难. Gauss 函数的这一特性使得多中心积分的计算可以转化为单中心积分计算，从而容易进行. 事实上，Gauss 函数的所有多中心积分都能得到解析表达式，下面将给出有关的积分公式.

### 3.6.2 几个数学公式

在下面推导各种积分表达式时，会用到一些数学公式，在此分别介绍.

(1) 积分公式

$$\int_{-\infty}^{\infty} x^{2n} e^{-\alpha x^2} dx = \left(\frac{\pi}{\alpha}\right)^{\frac{1}{2}} \frac{(2n-1)!!}{(2\alpha)^n}$$
$$\int_{-\infty}^{\infty} x^{2n+1} e^{-\alpha x^2} dx = 0 \tag{3.6.9}$$

其中，$(2n-1)!! = 1\times 3\times 5\times\cdots\times(2n-1)$.

(2) 对 $x^n$ 的 Gauss 积分变换公式

$$\int_{-\infty}^{\infty} e^{iyx} x^n e^{-\alpha x^2} dx = i^n \left(\frac{\pi}{\alpha}\right)^{\frac{1}{2}} \left(\frac{1}{2\sqrt{\alpha}}\right)^n H_n\left(\frac{y}{2\sqrt{\alpha}}\right) e^{-\left(y^2/4\alpha\right)} \tag{3.6.10}$$

式中，i 为虚数单位，$i^2=-1$；$H_n(z)$ 是 Hermite 函数，定义为

$$H_n(z) = (-1)^n e^{z^2} \frac{d^n}{dz^n} e^{-z^2} = n! \sum_{k=0}^{\left[\frac{n}{2}\right]} \frac{(-1)^k (2z)^{n-2k}}{k!(n-2k)!} \tag{3.6.11}$$

符号$[x]$代表等于或小于 $x$ 的最大整数，即 $k$ 取$[0,x]$之间的所有整数. 式(3.6.10)可用数学归纳法证明如下.

当 $n=0$ 时，式(3.6.10)的左端为

$$\int_{-\infty}^{\infty} e^{iyx} e^{-\alpha x^2} dx = e^{-\left(y^2/4\alpha\right)} \int_{-\infty}^{\infty} e^{-\left[\sqrt{\alpha}x - i\left(y/2\sqrt{\alpha}\right)\right]^2} dx$$
$$= e^{-\left(y^2/4\alpha\right)} \left(\frac{1}{\sqrt{\alpha}}\right) \int_{-\infty}^{\infty} e^{-z^2} dz = \left(\frac{\pi}{\alpha}\right)^{\frac{1}{2}} e^{-\left(y^2/4\alpha\right)}$$

即当 $n=0$ 时，式(3.6.10)成立. 设 $n=n$ 时，式(3.6.10)成立，将该式两边对 $y$ 微分，得

$$i\int e^{iyx} x^{n+1} e^{-\alpha x^2} dx = i^n \left(\frac{\pi}{\alpha}\right)^{\frac{1}{2}} \left(\frac{1}{2\sqrt{\alpha}}\right)^n \left[\frac{1}{2\sqrt{\alpha}} H_n'\left(\frac{y}{2\sqrt{\alpha}}\right) - \frac{1}{2\alpha} y H_n\left(\frac{y}{2\sqrt{\alpha}}\right)\right] e^{-\left(y^2/4\alpha\right)}$$
$$= i^n \left(\frac{\pi}{\alpha}\right)^{\frac{1}{2}} \left(\frac{1}{2\sqrt{\alpha}}\right)^{n+1} \left[H_n'\left(\frac{y}{2\sqrt{\alpha}}\right) - 2\times\frac{y}{2\sqrt{\alpha}} H_n\left(\frac{y}{2\sqrt{\alpha}}\right)\right] e^{-\left(y^2/4\alpha\right)} \tag{3.6.12}$$
$$= -i^n \left(\frac{\pi}{\alpha}\right)^{\frac{1}{2}} \left(\frac{1}{2\sqrt{\alpha}}\right)^{n+1} H_{n+1}\left(\frac{y}{2\sqrt{\alpha}}\right) e^{-\left(y^2/4\alpha\right)}$$

式(3.6.12)最后一步用到 Hermite 多项式的下述性质：

$$2zH_n(z)-H_n'(z)=H_{n+1}(z)$$

式(3.6.12)表明，当$n$为$n+1$时，有

$$\int \mathrm{e}^{\mathrm{i}yx}x^{n+1}\mathrm{e}^{-\alpha x^2}\mathrm{d}x=\mathrm{i}^{n+1}\left(\frac{\pi}{\alpha}\right)^{\frac{1}{2}}\left(\frac{1}{2\sqrt{\alpha}}\right)^{n+1}H_{n+1}\left(\frac{y}{2\sqrt{\alpha}}\right)\mathrm{e}^{-\left(y^2/4\alpha\right)}$$

故式(3.6.10)得证.

(3) 展开公式

$$\frac{1}{r}=\frac{1}{2\pi^2}\int\frac{\mathrm{e}^{\mathrm{i}\vec{k}\cdot\vec{r}}}{k^2}\mathrm{d}\vec{k} \tag{3.6.13}$$

将上式右端在极坐标下积分，即

$$\begin{aligned}\frac{1}{2\pi^2}\int\frac{\mathrm{e}^{\mathrm{i}\vec{k}\cdot\vec{r}}}{k^2}\mathrm{d}\vec{k}&=\frac{1}{2\pi^2}\iiint\mathrm{e}^{\mathrm{i}kr\cos\theta}\sin\theta\mathrm{d}k\mathrm{d}\theta\mathrm{d}\phi=\frac{1}{\pi}\int_0^{\infty}\mathrm{d}k\int_0^{\pi}\mathrm{e}^{\mathrm{i}kr\cos\theta}\mathrm{d}(-\cos\theta)\\&=\frac{1}{\pi}\int_0^{\infty}\frac{\mathrm{e}^{\mathrm{i}kr}-\mathrm{e}^{-\mathrm{i}kr}}{\mathrm{i}kr}\mathrm{d}k=\frac{2}{\pi}\int_0^{\infty}\frac{\sin kr}{kr}\mathrm{d}k=\frac{2}{\pi}\frac{1}{r}\int_0^{\infty}\frac{\sin y}{y}\mathrm{d}y=\frac{1}{r}\end{aligned}$$

因此，式(3.6.13)成立. 以上推导中，曾令$y=kr$并引用了积分公式

$$\int_0^{\infty}\frac{\sin y}{y}\mathrm{d}y=\frac{\pi}{2}$$

(4) 从恒等式

$$\mathrm{e}^{-\alpha}=\alpha\int_1^{\infty}\mathrm{e}^{-\alpha x}\mathrm{d}x$$

出发，令$\alpha=\sigma k^2$，$x=\dfrac{1}{S^2}$，可得积分公式

$$\mathrm{e}^{-\sigma k^2}=2\sigma k^2\int_0^1 S^{-3}\mathrm{e}^{-\left(\sigma k^2/S^2\right)}\mathrm{d}S \tag{3.6.14}$$

式(3.6.10)、式(3.6.13)和式(3.6.14)相结合，可用于计算电子-核吸引能积分和电子排斥积分，三式的作用相当于用 Laplace 变换将$r^{-1}$变换成含 Gauss 函数积分的形式，即

$$\frac{1}{r}=\pi^{-\frac{1}{2}}\int_0^{\infty}\exp\left(-Sr^2\right)S^{-\frac{1}{2}}\mathrm{d}S$$

上式可证明如下：令$u=Sr^2$，则有$S=ur^{-2}$，$S^{-\frac{1}{2}}\mathrm{d}S=u^{-\frac{1}{2}}r^{-1}\mathrm{d}u$，于是有

$$\pi^{-\frac{1}{2}}\int_0^{\infty}\exp\left(-Sr^2\right)S^{-\frac{1}{2}}\mathrm{d}S=\pi^{-\frac{1}{2}}r^{-1}\int_0^{\infty}\exp(-u)u^{-\frac{1}{2}}\mathrm{d}u=\pi^{-\frac{1}{2}}r^{-1}\pi^{\frac{1}{2}}=\frac{1}{r}$$

上式推导中利用了积分公式

$$\int_0^{\infty}\exp(-u)u^{-\frac{1}{2}}\mathrm{d}u=\pi^{\frac{1}{2}}$$

(5) 定义辅助函数

$$F_v(t)=\int_0^1 u^{2v}\mathrm{e}^{-tu^2}\mathrm{d}u \tag{3.6.15}$$

该函数有相应计算公式，可参看相关文献[12].

### 3.6.3　重叠积分

Gauss 函数彼此之间是非正交的，因此有重叠积分，由式(3.6.8)，两个 Gauss 函数间的重叠积分为

$$
\begin{aligned}
S_{AB} &= \int \chi(A,\alpha_1,l_1,m_1,n_1)\chi(B,\alpha_2,l_2,m_2,n_2)\mathrm{d}\tau \\
&= N_A N_B \int x_A^{l_1} x_B^{l_2} y_A^{m_1} y_B^{m_2} z_A^{n_1} z_B^{n_2} \mathrm{e}^{-\alpha_1 r_A^2-\alpha_2 r_B^2}\mathrm{d}\tau \\
&= N_A N_B \mathrm{e}^{-\alpha_1\alpha_2 AB^2/\beta}\int \sum_{i=0}^{l_1+l_2} f_i(l_1,l_2,PA_x,PB_x)x_P^i\,\mathrm{e}^{-\beta x_P^2}\,\mathrm{d}x_P \\
&\quad \times \int \sum_{j=0}^{m_1+m_2} f_j\left(m_1,m_2,PA_y,PB_y\right)y_P^j \mathrm{e}^{-\beta y_P^2}\mathrm{d}y_P \int \sum_{k=0}^{n_1+n_2} f_k\left(n_1,n_2,PA_z,PB_z\right)z_P^k \mathrm{e}^{-\beta z_P^2}\mathrm{d}z_P
\end{aligned}
$$

由式(3.6.9)可知，当$i$、$j$、$k$中有一个是奇数时，上述积分项为零，仅当$i$、$j$、$k$三者皆为偶数时积分值才不为零，再利用式(3.6.9)，得

$$
\begin{aligned}
S_{AB} = N_A N_B\left(\frac{\pi}{\beta}\right)^{\frac{3}{2}}\mathrm{e}^{-\alpha_1\alpha_2 AB^2/\beta} &\sum_{i=0}^{[(l_1+l_2)/2]} f_{2i}\left(l_1,l_2,PA_x,PB_x\right)\frac{(2i-1)!!}{(2\beta)^i} \\
\times &\sum_{j=0}^{[(m_1+m_2)/2]} f_{2j}\left(m_1,m_2,PA_y,PB_y\right)\frac{(2j-1)!!}{(2\beta)^j} \\
\times &\sum_{k=0}^{[(n_1+n_2)/2]} f_{2k}\left(n_1,n_2,PA_z,PB_z\right)\frac{(2k-1)!!}{(2\beta)^k}
\end{aligned}
\tag{3.6.16}
$$

同式(3.6.11)一样，上式中的求和上限符号$[x]$代表等于或小于$x$的最大整数，即对$[0,x]$之间的所有整数求和. 且规定，当$i=0$时，$(2i-1)!!=1$. 也可以将式中的$2i$改写为$i$，这时$i$的求和上限应该写为$[l_1+l_2]$，并对$[0,l_1+l_2]$之间的所有偶数求和. 其他两项可做类似讨论.

虽然式(3.6.16)右端包含三重求和，但由于在实际应用中$l_1,l_2,m_1,m_2,n_1,n_2$的取值都很小，求和包含的项数并不多.

### 3.6.4　动能积分

动能积分记为KE，下面将看到动能积分可以用重叠积分表示. 为了方便，重叠积分将采用下面的符号，即

$$
S(l,m,n)=\int \chi\left(A,\alpha_1,l_1,m_1,n_1\right)\chi\left(B,\alpha_2,l,m,n\right)\mathrm{d}\tau \tag{3.6.17}
$$

值得注意的是，这个记号中不包含 Gauss 函数的归一化因子，即两个 Gauss 函数都是未归一化的. 此外，记号$S(l,m,n)$中仅包含第二个 Gauss 函数的信息，因为在动能积分中，第一个 Gauss 函数是确定的，有

$$
\begin{aligned}
\mathrm{KE} &= \int \chi(A,\alpha_1,l_1,m_1,n_1)\left(-\frac{1}{2}\nabla^2\right)\chi(B,\alpha_2,l_2,m_2,n_2)\mathrm{d}\tau \\
&= -\frac{1}{2}\int \chi(A,\alpha_1,l_1,m_1,n_1)\left(\frac{\partial^2}{\partial x_B^2}+\frac{\partial^2}{\partial y_B^2}+\frac{\partial^2}{\partial z_B^2}\right)\chi(B,\alpha_2,l_2,m_2,n_2)\mathrm{d}\tau \\
&= -\frac{1}{2}\int \chi(A,\alpha_1,l_1,m_1,n_1)\Big\{\left[l_2(l_2-1)x_B^{l_2-2}-2\alpha_2(2l_2+1)x_B^{l_2}+4\alpha_2^2x_B^{l_2+2}\right]y_B^{m_2}z_B^{n_2} \\
&\quad +\left[m_2(m_2-1)y_B^{m_2-2}-2\alpha_2(2m_2+1)y_B^{m_2}+4\alpha_2^2y_B^{m_2+2}\right]x_B^{l_2}z_B^{n_2} \\
&\quad +\left[n_2(n_2-1)z_B^{n_2-2}-2\alpha_2(2n_2+1)z_B^{n_2}+4\alpha_2^2z_B^{n_2+2}\right]x_B^{l_2}y_B^{m_2}\Big\}\mathrm{e}^{-\alpha_2r_B^2}\mathrm{d}\tau \\
&= \alpha_2\left[2(l_2+m_2+n_2)+3\right]S(l_2,m_2,n_2)-2\alpha_2^2\big[S(l_2+2,m_2,n_2) \\
&\quad +S(l_2,m_2+2,n_2)+S(l_2,m_2,n_2+2)\big]-\frac{1}{2}\big[l_2(l_2-1)S(l_2-2,m_2,n_2) \\
&\quad +m_2(m_2-1)S(l_2,m_2-2,n_2)+n_2(n_2-1)S(l_2,m_2,n_2-2)\big]
\end{aligned}
\tag{3.6.18}
$$

这就是 Gauss 函数的动能积分表达式. 当$(l_2-1)\leqslant 0$时，相应的项不存在，其他类推.

### 3.6.5 电子-核吸引能积分

电子-核吸引能是指原子核对电子的吸引能，下面计算原子核 $C$ 对电子的吸引能，用符号 NAI 表示电子-核吸引能，即

$$
\mathrm{NAI}=\int \chi(A,\alpha_1,l_1,m_1,n_1)\frac{1}{r_C}\chi(B,\alpha_2,l_2,m_2,n_2)\mathrm{d}\tau
$$

式中的两个 Gauss 函数分别由 $A$、$B$ 两原子提供，如果 $A$、$B$、$C$ 是三个不同的原子，则电子-核吸引能积分为三中心积分. 利用式(3.6.13)，将$\dfrac{1}{r_C}$展开

$$
\frac{1}{r_C}=\frac{1}{2\pi^2}\int\frac{\mathrm{d}\vec{k}}{k^2}\mathrm{e}^{\mathrm{i}\vec{k}\cdot\vec{r}_C} \tag{3.6.19}
$$

由式(3.6.8)，以 $A$、$B$ 为中心的两个 Gauss 函数的乘积可以用以 $P$ 为中心的 Gauss 函数的组合来表示，如图 3.6.2 所示，有向量等式

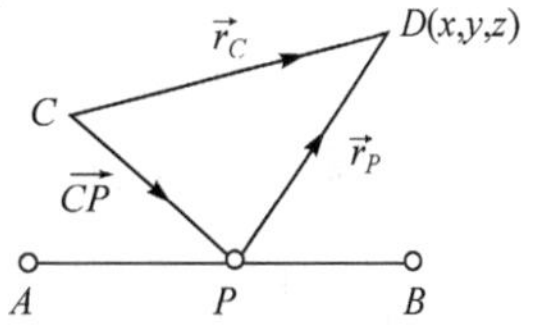


图 3.6.2 电子-核吸引能积分示意图

$$
\vec{r}_C=\vec{r}_P+\overrightarrow{CP}
$$

其中，$\vec{r}_C$ 和 $\vec{r}_P$ 分别为原子 $C$ 和 Gauss 函数中心 $P$ 到动点 $D$ 的向量，向量 $\overrightarrow{CP}$ 的坐标为 $(CP_x,CP_y,CP_z)$，于是，式(3.6.19)可写为

$$
\frac{1}{r_C}=\frac{1}{2\pi^2}\int\frac{\mathrm{d}\vec{k}}{k^2}\mathrm{e}^{\mathrm{i}\vec{k}\cdot\overrightarrow{CP}}\mathrm{e}^{\mathrm{i}\vec{k}\cdot\vec{r}_P}
$$

利用式(3.6.8)，有

$$
\begin{aligned}
\mathrm{NAI} &= \int \chi(A,\alpha_1,l_1,m_1,n_1)\frac{1}{r_C}\chi(B,\alpha_2,l_2,m_2,n_2)\mathrm{d}\tau=\frac{1}{2\pi^2}N_AN_B\mathrm{e}^{-\alpha_1\alpha_2AB^2/\beta} \\
&\quad \times\sum_{g,j,k}f_g(l_1,l_2,PA_x,PB_x)f_j(m_1,m_2,PA_y,PB_y)f_k(n_1,n_2,PA_z,PB_z) \\
&\quad \times\int\frac{\mathrm{d}\vec{k}}{k^2}\mathrm{e}^{\mathrm{i}\vec{k}\cdot\overrightarrow{CP}}\int\mathrm{d}x\mathrm{e}^{\mathrm{i}k_xx}x^g\mathrm{e}^{-\beta x^2}\int\mathrm{d}y\mathrm{e}^{\mathrm{i}k_yy}y^j\mathrm{e}^{-\beta y^2}\int\mathrm{d}z\mathrm{e}^{\mathrm{i}k_zz}z^k\mathrm{e}^{-\beta z^2}
\end{aligned}
\tag{3.6.20}
$$

利用式(3.6.10)，对 $x^g$、$y^j$ 和 $z^k$ 做 Guess 积分交换，并且令

$$\delta=\frac{1}{4\beta}$$

则式(3.6.20)的积分部分可表示为

$$I=\int\frac{\mathrm{d}\vec{k}}{k^2}\mathrm{e}^{\mathrm{i}\vec{k}\cdot\overrightarrow{CP}}\mathrm{i}^g\left(\frac{\pi}{\beta}\right)^{\frac{1}{2}}\left(\frac{1}{2\sqrt{\beta}}\right)^g H_g\left(\frac{k_x}{2\sqrt{\beta}}\right)\mathrm{i}^j\left(\frac{\pi}{\beta}\right)^{\frac{1}{2}}\left(\frac{1}{2\sqrt{\beta}}\right)^j H_j\left(\frac{k_y}{2\sqrt{\beta}}\right)$$
$$\times\mathrm{i}^k\left(\frac{\pi}{\beta}\right)^{\frac{1}{2}}\left(\frac{1}{2\sqrt{\beta}}\right)^k H_k\left(\frac{k_z}{2\sqrt{\beta}}\right)\mathrm{e}^{-\delta k^2}$$

利用式(3.6.14)，有

$$\begin{aligned}I=&\,\mathrm{i}^{g+j+k}\left(\frac{\pi}{\beta}\right)^{\frac{3}{2}}\left(\frac{1}{2\sqrt{\beta}}\right)^{g+j+k}2\delta\int_0^1\mathrm{d}SS^{-3}\int\mathrm{d}k_x\mathrm{e}^{\mathrm{i}k_xCP_x}H_g\left(\frac{k_x}{2\sqrt{\beta}}\right)\mathrm{e}^{-(\delta k_x^2/S^2)}\\&\times\int\mathrm{d}k_y\mathrm{e}^{\mathrm{i}k_yCP_y}H_j\left(\frac{k_y}{2\sqrt{\beta}}\right)\mathrm{e}^{-(\delta k_y^2/S^2)}\int\mathrm{d}k_z\mathrm{e}^{\mathrm{i}k_zCP_z}H_k\left(\frac{k_z}{2\sqrt{\beta}}\right)\mathrm{e}^{-(\delta k_z^2/S^2)}\end{aligned}\tag{3.6.21}$$

利用 Hermite 多项式 $H_n$ 的表达式(3.6.11)，式(3.6.21)中对 $\mathrm{d}k_x$ 的积分可写为

$$I_x=\int\mathrm{d}k_x\mathrm{e}^{\mathrm{i}k_xCP_x}H_g\left(\frac{k_x}{2\sqrt{\beta}}\right)\mathrm{e}^{-\left(\delta k_x^2/S^2\right)}=g!\sum_{r=0}^{[g/2]}\frac{(-1)^r}{r!(g-2r)!}\int\mathrm{d}k_x\mathrm{e}^{\mathrm{i}k_xCP_x}\left(\frac{k_x}{\sqrt{\beta}}\right)^{g-2r}\mathrm{e}^{-\left(\delta k_x^2/S^2\right)}$$

右端的积分仍为 Gauss 积分变换的形式，应用式(3.6.10)，得

$$I_x=g!\sum_{r=0}^{[g/2]}\frac{(-1)^r}{r!(g-2r)!}\frac{1}{\beta^{(g-2r)/2}}\mathrm{i}^{(g-2r)}\left(\frac{S^2\pi}{\delta}\right)^{\frac{1}{2}}\left(\frac{S}{2\sqrt{\delta}}\right)^{g-2r}H_{g-2r}\left(\frac{CP_xS}{2\sqrt{\delta}}\right)\mathrm{e}^{-\left(S^2/4\delta\right)CP_x^2}$$

再将 $H_n$ 的表达式代入上式，得

$$\begin{aligned}I_x=&\,g!\sum_{r=0}^{[g/2]}\frac{(-1)^r}{r!(g-2r)!}\frac{1}{\beta^{(g-2r)/2}}\cdot\mathrm{i}^{(g-2r)}\left(\frac{S^2\pi}{\delta}\right)^{\frac{1}{2}}\left(\frac{S}{2\sqrt{\delta}}\right)^{g-2r}(g-2r)!\\&\times\sum_{u=0}^{[(g-2r)/2]}\frac{(-1)^u\left(\dfrac{SCP_x}{\sqrt{\delta}}\right)^{g-2r-2u}}{u!(g-2r-2u)!}\mathrm{e}^{-\left(S^2CP_x^2/4\delta\right)}\end{aligned}$$

$I_y$、$I_z$ 也有相应表达式，将这些表达式代入式(3.6.21)可得

$$\begin{aligned}I=&\,\frac{4\pi^3}{\beta}(-1)^g g!\sum_{r=0}^{\left[\frac{g}{2}\right]}\frac{\delta^r}{r!}\sum_{u=0}^{\left[\frac{g-2r}{2}\right]}\frac{(-1)^u CP_x^{g-2r-2u}\delta^u}{u!(g-2r-2u)!}(-1)^j j!\sum_{s=0}^{\left[\frac{j}{2}\right]}\frac{\delta^s}{s!}\sum_{v=0}^{\left[\frac{j-2s}{2}\right]}\frac{(-1)^v CP_y^{i-2s-2v}\delta^v}{v!(j-2s-2v)!}\\&\times(-1)^k k!\sum_{t=0}^{\left[\frac{k}{2}\right]}\frac{\delta^t}{t!}\sum_{w=0}^{\left[\frac{k-2t}{2}\right]}\frac{(-1)^w CP_z^{k-2t-2w}\delta^w}{w!(k-2t-2w)!}\int_0^1\mathrm{d}SS^{2[(g+j+k)-2(r+s+t)-(u+v+w)]}\mathrm{e}^{-\left(CP^2/4\delta\right)S^2}\end{aligned}\tag{3.6.22}$$

借助辅助函数(3.6.15)，并令

$$A_{g,r,u}(l_1,l_2,A_x,B_x,C_x,\beta)=(-1)^g f_g(l_1,l_2,PA_x,PB_x)\frac{(-1)^u g!CP_x^{g-2r-2u}\delta^u}{u!(g-2r-2u)!}\frac{\delta^r}{r!} \tag{3.6.23}$$

将式(3.6.22)和式(3.6.23)代入式(3.6.20)，得

$$\begin{aligned}\text{NAI}&=\int\chi(A,\alpha_1,l_1,m_1,n_1)\frac{1}{r_C}\chi(B,\alpha_2,l_2,m_2,n_2)\mathrm{d}\tau=N_AN_B(2\pi/\beta)\mathrm{e}^{-\alpha_1\alpha_2AB^2/\beta}\\&\times\sum_{g,r,u}A_{g,r,u}(l_1,l_2,A_x,B_x,C_x,\beta)\sum_{j,s,v}A_{j,s,v}(m_1,m_2,A_y,B_y,C_y,\beta)\\&\times\sum_{k,t,w}A_{k,t,w}(n_1,n_2,A_z,B_z,C_z,\beta)F_\lambda\left(\frac{CP^2}{4\delta}\right)\end{aligned} \tag{3.6.24}$$

其中 $\lambda=g+j+k-2(r+s+t)-(u+v+w)$，求和限为 $g=0\sim(l_1+l_2)$，$r=0\sim\left[\frac{g}{2}\right]$，$u=0\sim\left[\frac{g-2r}{2}\right]$. $j,s,v$ 和 $k,t,w$ 则有相应的求和限.

式(3.6.24)看上去求和项数很多，但由于实际应用中，$l$、$m$ 和 $n$ 常常取 0～2 的值，所以项数并不多. 但对 Slater 函数来说，相应的计算公式是一个无穷级数，并且收敛相当慢.

### 3.6.6　电子排斥能积分

采用 Gauss 函数做基函数，电子排斥能积分有如下形式：

$$\begin{aligned}\text{ERI}=&\int\chi(A,\alpha_1,l_1,m_1,n_1)\chi(B,\alpha_2,l_2,m_2,n_2)\frac{1}{r_{12}}\\&\times\chi(C,\alpha_3,l_3,m_3,n_3)\chi(D,\alpha_4,l_4,m_4,n_4)\mathrm{d}\tau_1\mathrm{d}\tau_2\end{aligned}$$

其中，$r_{12}$ 为两个电子间的距离；$A$、$B$、$C$、$D$ 分别为四个 Gauss 函数的中心，前两个 Gauss 函数描述第一个电子，后两个 Gauss 函数描述第二个电子. 如果四个中心 $A$、$B$、$C$、$D$ 各不相同，则电子排斥积分为四中心积分. 由于涉及两个动点(两个电子)，故 Gauss 函数中心到动点的向量需明确标出始点、终点以便区分两个电子，如图 3.6.3 中的 $\vec{r}_{A1}$、$\vec{r}_{C2}$ 等，它们的坐标仍用式(3.6.2)定义，如 $\vec{r}_{A1}$ 的坐标为 $(x_{A1},y_{A1},z_{A1})$. 将 Gauss 函数的表达式(3.6.3)代入上式，有

$$\begin{aligned}\text{ERI}=&N_AN_BN_CN_D\iint\mathrm{d}\vec{r}_1\mathrm{d}\vec{r}_2x_{A1}^{l_1}y_{A1}^{m_1}z_{A1}^{n_1}\mathrm{e}^{-\alpha_1r_{A1}^2}x_{B1}^{l_2}y_{B1}^{m_2}z_{B1}^{n_2}\mathrm{e}^{-\alpha_2r_{B1}^2}\frac{1}{r_{12}}x_{C2}^{l_3}y_{C2}^{m_3}z_{C2}^{n_3}\mathrm{e}^{-\alpha_3r_{C2}^2}\\&\times x_{D2}^{l_4}y_{D2}^{m_4}z_{D2}^{n_4}\mathrm{e}^{-\alpha_4r_{D2}^2}\end{aligned} \tag{3.6.25}$$

如图 3.6.3 所示，定义 $P$ 点和 $Q$ 点的坐标为

$$\vec{P}=\frac{\alpha_1\vec{A}+\alpha_2\vec{B}}{\alpha_1+\alpha_2},\qquad \vec{Q}=\frac{\alpha_3\vec{C}+\alpha_4\vec{D}}{\alpha_3+\alpha_4}$$

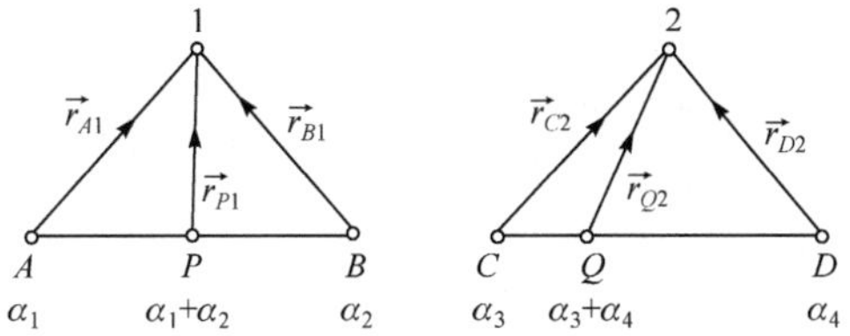


图 3.6.3　电子排斥能积分中的函数变换

设 $\beta_1=\alpha_1+\alpha_2$，$\beta_2=\alpha_3+\alpha_4$，由 Gauss 函数的性质式(3.6.8)，可将式(3.6.25)写为

$$\begin{aligned}
\mathrm{ERI}&=N_AN_BN_CN_D\mathrm{e}^{-\alpha_1\alpha_2AB^2/\beta_1}\mathrm{e}^{-\alpha_3\alpha_4CD^2/\beta_2}\\
&\times\sum_{g_1,j_1,k_1}f_{g_1}(l_1,l_2,PA_x,PB_x)f_{j_1}(m_1,m_2,PA_y,PB_y)f_{k_1}(n_1,n_2,PA_z,PB_z)\\
&\times\sum_{g_2,j_2,k_2}f_{g_2}(l_3,l_4,QC_x,QD_x)f_{j_2}(m_3,m_4,QC_y,QD_y)f_{k_2}(n_3,n_4,QC_z,QD_z)\\
&\times\iint x_{P1}^{g_1}y_{P1}^{j_1}z_{P1}^{k_1}\mathrm{e}^{-\beta_1r_{P1}^2}\frac{1}{r_{12}}x_{Q2}^{g_2}y_{Q2}^{j_2}z_{Q2}^{k_2}\mathrm{e}^{-\beta_2r_{Q2}^2}\mathrm{d}\tau_1\mathrm{d}\tau_2
\end{aligned}\tag{3.6.26}$$

由图 3.6.4 可以看出，$\vec{r}_{12}=\overrightarrow{PQ}-\vec{r}_{P1}+\vec{r}_{Q2}$，利用式(3.6.13)，有

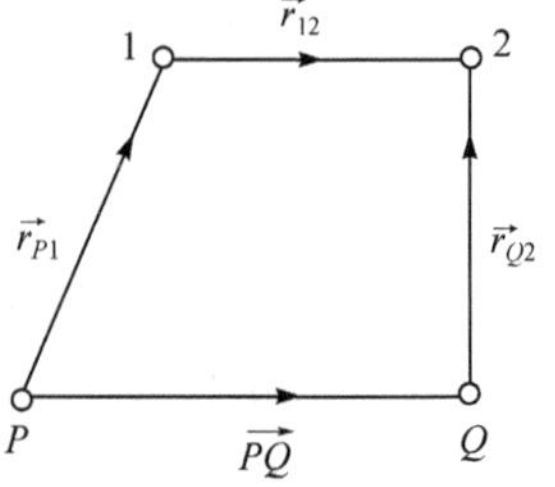


图 3.6.4　电子排斥能积分示意图

$$\frac{1}{r_{12}}=\frac{1}{2\pi^2}\int\left(\mathrm{d}\vec{k}/k^2\right)\mathrm{e}^{\mathrm{i}\vec{k}\cdot\vec{r}_{12}}=\frac{1}{2\pi^2}\int\left(\mathrm{d}\vec{k}/k^2\right)\mathrm{e}^{\mathrm{i}\vec{k}\cdot\left(\overrightarrow{PQ}-\vec{r}_{P1}+\vec{r}_{Q2}\right)}$$

将式(3.6.26)中后面的积分记作 $I'$，利用上式得

$$\begin{aligned}
I'&=\iint x_{P1}^{g_1}y_{P1}^{j_1}z_{P1}^{k_1}\mathrm{e}^{-\beta_1r_{P1}^2}\frac{1}{r_{12}}x_{Q2}^{g_2}y_{Q2}^{j_2}z_{Q2}^{k_2}\mathrm{e}^{-\beta_2r_{Q2}^2}\mathrm{d}\tau_1\mathrm{d}\tau_2\\
&=\frac{1}{2\pi^2}\int\frac{\mathrm{d}\vec{k}}{k^2}\mathrm{e}^{\mathrm{i}\vec{k}\cdot\overrightarrow{PQ}}\int\mathrm{e}^{-\mathrm{i}\vec{k}\cdot\vec{r}_{P1}}x_{P1}^{g_1}y_{P1}^{j_1}z_{P1}^{k_1}\mathrm{e}^{-\beta_1r_{P1}^2}\mathrm{d}\vec{r}_{P1}\\
&\times\int\mathrm{e}^{\mathrm{i}\vec{k}\cdot\vec{r}_{Q2}}x_{Q2}^{g_2}y_{Q2}^{j_2}z_{Q2}^{k_2}\mathrm{e}^{-\beta_2r_{Q2}^2}\mathrm{d}\vec{r}_{Q2}
\end{aligned}$$

对 $\mathrm{d}\vec{r}_{P1}$ 和 $\mathrm{d}\vec{r}_{Q2}$ 的每一分量积分都应用式(3.6.10)后，积分中就会出现因子 $\mathrm{e}^{-(1/4\beta_1+1/4\beta_2)k^2}$，对此因子用式(3.6.14)进行置换，经过繁多运算得

$$\begin{aligned}
I'&=\pi\sigma\left(\frac{1}{\beta_1\beta_1}\right)^{\frac{3}{2}}\int_0^1\mathrm{d}SS^{-3}(-1)^{g_1}\mathrm{i}^{(g_1+g_2)}\left(\frac{1}{2\beta_1}\right)^{g_1}\left(\frac{1}{2\beta_2}\right)^{g_2}g_1!g_2!\\
&\times\sum_{r_1=0}^{\left[\frac{g_1}{2}\right]}\sum_{r_2=0}^{\left[\frac{g_2}{2}\right]}\frac{(-1)^{r_1+r_2}\beta_1^{r_1}\beta_2^{r_2}}{r_1!(g_1-2r_1)!r_2!(g_2-2r_2)!}\int\mathrm{d}k_xk_x^{g_1+g_2-2(r_1+r_2)}\mathrm{e}^{\mathrm{i}k_xPQ_x}\mathrm{e}^{-(\sigma/S^2)k_x^2}\\
&\times(-1)^{j_1}\mathrm{i}^{(j_1+j_2)}\left(\frac{1}{2\beta_1}\right)^{j_1}\left(\frac{1}{2\beta_2}\right)^{j_2}j_1!j_2!\\
&\times\sum_{s_1=0}^{\left[\frac{j_1}{2}\right]}\sum_{s_2=0}^{\left[\frac{j_2}{2}\right]}\frac{(-1)^{s_1+s_2}\beta_1^{s_1}\beta_2^{s_2}}{s_1!(j_1-2s_1)!s_2!(j_2-2s_2)!}\int\mathrm{d}k_yk_y^{j_1+j_2-2(s_1+s_2)}\mathrm{e}^{\mathrm{i}k_yPQ_y}\mathrm{e}^{-(\sigma/S^2)k_y^2}\\
&\times(-1)^{k_1}\mathrm{i}^{(k_1+k_2)}\left(\frac{1}{2\beta_1}\right)^{k_1}\left(\frac{1}{2\beta_2}\right)^{k_2}k_1!k_2!\\
&\times\sum_{t_1=0}^{\left[\frac{k_1}{2}\right]}\sum_{t_2=0}^{\left[\frac{k_2}{2}\right]}\frac{(-1)^{t_1+t_2}\beta_1^{t_1}\beta_2^{t_2}}{t_1!(k_1-2t_1)!t_2!(k_2-2t_2)!}\int\mathrm{d}k_zk_z^{k_1+k_2-2(t_1+t_2)}\mathrm{e}^{\mathrm{i}k_zPQ_z}\mathrm{e}^{-(\sigma/S^2)k_z^2}
\end{aligned}$$

其中常数

$$\sigma=\frac{1}{4\beta_1}+\frac{1}{4\beta_2}$$

再应用式(3.6.10)对 $k_x$ 积分，得

$$
\begin{aligned}
I'_x &= \int \mathrm{d}k_x \mathrm{e}^{\mathrm{i}k_x PQ_x} k_x^{g_1+g_2-2(r_1+r_2)} \mathrm{e}^{-(\sigma/S^2)k_x^2} \\
&= \mathrm{i}^{(g_1+g_2)}(-1)^{r_1+r_2}\left(\frac{\pi}{\sigma}\right)^{\frac{1}{2}} S\left(\frac{S}{2\sqrt{\sigma}}\right)^{g_1+g_2-2(r_1+r_2)} H_{g_1+g_2-2(r_1+r_2)}\left(\frac{PQ_x S}{2\sqrt{\sigma}}\right)\mathrm{e}^{-(PQ_x^2/4\sigma)S^2} \\
&= \mathrm{i}^{(g_1+g_2)}(-1)^{r_1+r_2}\left(\frac{\pi}{\sigma}\right)^{\frac{1}{2}} S\left(\frac{1}{2\sigma}\right)^{g_1+g_2-2(r_1+r_2)} \left[g_1+g_2-2(r_1+r_2)\right]! \\
&\quad \times \sum_u \frac{(-1)^u \sigma^u PQ_x^{g_1+g_2-2(r_1+r_2)-2u}}{u!(g_1+g_2-2r_1-2r_2-2u)!} S^{2\left[g_1+g_2-2(r_1+r_2)-u\right]} \mathrm{e}^{-(PQ_x^2/4\sigma)S^2}
\end{aligned}
$$

同样地，对 $k_y$、$k_z$ 做积分，先代入 $I'$ 中，再代入 ERI 的表达式中，最后得

$$
\begin{aligned}
\mathrm{ERI} &= \int \chi(A,\alpha_1,l_1,m_1,n_1)\chi(B,\alpha_2,l_2,m_2,n_2)\frac{1}{r_{12}} \\
&\quad \times \chi(C,\alpha_3,l_3,m_3,n_3)\chi(D,\alpha_4,l_4,m_4,n_4)\mathrm{d}\vec{r}_1\mathrm{d}\vec{r}_2 \\
&= N_A N_B N_C N_D \frac{2\pi^2}{\beta_1\beta_2}\left(\frac{\pi}{\beta_1+\beta_2}\right)^{\frac{1}{2}} \mathrm{e}^{-\alpha_1\alpha_2 AB^2/\beta_1}\mathrm{e}^{-\alpha_3\alpha_4 CD^2/\beta_2} \\
&\quad \times \sum_{g_1,g_2,r_1,r_2,u} B_{g_1,g_2,r_1,r_2,u}(l_1,l_2,A_x,B_x,P_x,\beta_1 \mid l_3,l_4,C_x,D_x,Q_x,\beta_2) \\
&\quad \times \sum_{j_1,j_2,s_1,s_2,v} B_{j_1,j_2,s_1,s_2,v}(m_1,m_2,A_y,B_y,P_y,\beta_1 \mid m_3,m_4,C_y,D_y,Q_y,\beta_2) \\
&\quad \times \sum_{k_1,k_2,t_1,t_2,w} B_{k_1,k_2,t_1,t_2,w}(n_1,n_2,A_z,B_z,P_z,\beta_1 \mid n_3,n_4,C_z,D_z,Q_z,\beta_2) F_\lambda\left(\frac{PQ^2}{4\sigma}\right)
\end{aligned}
\tag{3.6.27}
$$

其中

$$
\beta_1=\alpha_1+\alpha_2,\ \beta_2=\alpha_3+\alpha_4,\ \sigma=\frac{1}{4\beta_1}+\frac{1}{4\beta_2}
$$

$$
\lambda=g_1+g_2+j_1+j_2+k_1+k_2-2(r_1+r_2+s_1+s_2+t_1+t_2)-u-v-w
$$

$g_1$、$g_2$、$r_1$、$r_2$ 和 $u$ 的求和下限为 0，上限分别为 $(l_1+l_2)$、$(l_3+l_4)$、$\left[\frac{g_1}{2}\right]$、$\left[\frac{g_2}{2}\right]$ 和 $\left[\frac{g_1+g_2}{2}-r_1-r_2\right]$，做相应置换即可得到其他指标的求和限. 函数 $B$ 的定义为

$$
\begin{aligned}
& B_{g_1,g_2,r_1,r_2,u}(l_1,l_2,A_x,B_x,P_x,\beta_1 \mid l_3,l_4,C_x,D_x,Q_x,\beta_2) \\
&= (-1)^{g_2} f_{g_1}(l_1,l_2,PA_x,PB_x) f_{g_2}(l_3,l_4,QC_x,QD_x)\frac{g_1!g_2!}{(4\beta_1)^{g_1}(4\beta_2)^{g_2}\sigma^{g_1+g_2}} \\
&\quad \times \frac{(4\beta_1)^{r_1}(4\beta_2)^{r_2}\sigma^{2(r_1+r_2)}}{r_1!r_2!(g_1-2r_1)!(g_2-2r_2)!}(g_1+g_2-2r_1-2r_2)! \\
&\quad \times \frac{(-1)^u\sigma^u PQ_x^{g_1+g_2-2(r_1+r_2)-2u}}{u!\left[g_1+g_2-2(r_1+r_2)-2u\right]!}
\end{aligned}
\tag{3.6.28}
$$

至此，我们已给出 Gauss 函数的四种多中心积分的解析表达式，虽然有些表达式看上去求和指标较多，但在实际应用时求和指标变化的范围都很小，因此求和的项数并不多.

## 3.7 结　　语

到此为止，我们已经介绍了波函数理论的基本框架. 分子轨道理论和价键理论是波函数理论框架内处理化学键问题的两种理论方法. 两种理论方法各有优势，但是相比之下，分子轨道理论方法发展得更快，应用也更为广泛. 因此，我们着重介绍了分子轨道理论. 下面将分子轨道理论的有关内容作简单总结.

在非相对论近似和 Born-Oppenheimer 近似下，原子、分子体系电子运动的定态 Schrödinger 方程为

$$\hat{H}\Psi = E\Psi \tag{3.7.1}$$

其中

$$\begin{aligned}\hat{H} &= \sum_i -\frac{1}{2}\nabla_i^{\ 2} - \sum_{ai}\frac{Z_a}{r_{ai}} + \sum_{i<j}\frac{1}{r_{ij}} + \sum_{a<b}\frac{Z_a Z_b}{R_{ab}} \\ &= \sum_i^N \hat{h}(i) + \sum_{i<j} g(ij) + \sum_{a<b}\frac{Z_a Z_b}{R_{ab}}\end{aligned} \tag{3.7.2}$$

$$\hat{h}(i) = -\frac{1}{2}\nabla_i^{\ 2} - \sum_a \frac{Z_a}{r_{ai}} \ , \qquad g(ij) = \frac{1}{r_{ij}} \tag{3.7.3}$$

算符 $\hat{h}(i)$ 和 $g(ij)$ 也可写作 $\hat{h}_i$ 和 $g_{ij}$，分别称为单电子算符和双电子算符. 在 Born-Oppenheimer 近似下，核间排斥能为常数，暂时不予考虑. 由于 $g_{ij}$ 的存在，直接求解方程(3.7.1)十分困难. 为了求解方程(3.7.1)，我们借助微扰理论的思想，将 Hamilton 算符分成两部分，即

$$\hat{H} = \hat{H}_0 + \hat{H}' \tag{3.7.4}$$

这里有两条原则，一是 $\hat{H}_0$ 的本征值方程

$$\hat{H}_0\Phi = E^{(0)}\Phi \tag{3.7.5}$$

应该能够较为方便地求解；二是 $\hat{H}'$ 要足够小. 为此，我们采用了单电子近似，令

$$\hat{H}_0 = \sum_i \hat{h}_i' \tag{3.7.6}$$

其中

$$\hat{h}_i' = -\frac{1}{2}\nabla_i^2 + v_i(\vec{r}_i) \tag{3.7.7}$$

$\hat{h}_i'$ 为单粒子算符，它不同于式(3.7.3)的单粒子算符 $\hat{h}_i$. $\hat{h}_i'$ 不仅包含 $\hat{h}_i$ 的所有项，其势能 $v_i(\vec{r}_i)$ 中还包含部分电子排斥能，以便使 $\hat{H}'$ 足够小，可以作为微扰处理. 算符 $\hat{h}_i'$ 具有原子、分子的对称性，它依赖于势函数 $v_i(\vec{r}_i)$，而不是依赖于某一个具体的电子. 我们首先求解 $\hat{H}_0$ 的本征值方程(3.7.5)，由于 $\hat{H}_0$ 为单粒子算符 $\hat{h}_i'$ 的直和，通过分离变量可以将方程(3.7.5)的求解转化为单电子方程

$$\hat{h}_i'(1)\phi_i(1) = \varepsilon_i\phi_i(1) \ , \quad i = 1, 2, \cdots \tag{3.7.8}$$

的求解. $\phi_i$ 为单电子波函数，称为自旋轨道(在原子问题中为原子轨道，在分子问题中为分子

轨道)，单电子波函数 $\phi_i$ 是原子、分子对称群不可约表示的基. 现在我们知道，闭壳层体系单组态近似下的Fock算符符合我们假定的单粒子算符 $\hat{h}_i'$ 的一切要求，而单组态近似下的Hartree-Fock 方程正是方程(3.7.8)的一个具体实现，即有

$$\hat{H}_0 = \sum_i \hat{F}_i \tag{3.7.9}$$

$$\hat{F}_i(1)\varphi_i(1) = \varepsilon_i \varphi_i(1) \tag{3.7.10}$$

其中

$$\hat{F}_i(1) = \hat{h}_1 + \sum_{j=1}^{N}\left[\left\langle \varphi_j(2)\middle|g_{12}\middle|\varphi_j(2)\right\rangle - \delta\left(m_{s_i}m_{s_j}\right)\left\langle \varphi_j(2)\middle|g_{12}\middle|\varphi_i(2)\right\rangle \frac{\varphi_j(1)}{\varphi_i(1)}\right] \tag{3.7.11}$$

式中，算符 $\hat{h}_1$ 和 $g_{12}$ 的表达式由式(3.7.3)给出. 可以看到，Fock 算符中不仅包含 $\hat{h}_i$ 的所有项，而且其求和项中包含部分电子排斥作用，此外，Fock 算符依赖于单电子态 $\varphi_i$，进而依赖于势函数，因此与我们对 $\hat{h}_i'$ 的描述完全吻合. 更重要的是，Fock 算符具有原子、分子的对称性，因而 Hartree-Fock 方程的解，即原子、分子轨道是原子、分子对称群不可约表示的基，于是原子轨道 $\phi_i$ 可用四个量子数 $\left(n_i, l_i, m_{l_i}, m_{s_i}\right)$ 标记，而分子轨道 $\phi_i$ 则可用四个量子数 $\left(n_i, \lambda, t, m_{s_i}\right)$ 标记，其中 $t$ 为点群不可约表示 $\lambda$ 的第 $t$ 行基. 这样对原子、分子体系，我们有单粒子态完备集和相应的单粒子态能谱(原子轨道或分子轨道能级)

$$\{\phi_i, i = 1, 2, \cdots\}, \qquad \{\varepsilon_i, i = 1, 2, \cdots\} \tag{3.7.12}$$

从单粒子态完备集中每次取出 $N$ 个( $N$ 为原子分子体系中电子的数目)单粒子态做直积，经反对称化后得到 $N$ 电子波函数完备集和相应的能谱.

$$\left\{\Phi_{i_1 i_2 \cdots i_N} = \sqrt{N!}A\left\{\phi_{i_1}(1)\phi_{i_2}(2)\cdots\phi_{i_N}(N)\right\},\ i_1 < i_2 < \cdots < i_N\right\} \tag{3.7.13}$$

$$\left\{E_{i_1 i_2 \dots i_N} = \sum_{i=i_1}^{i_N} \varepsilon_i,\ i_1 < i_2 < \cdots < i_N\right\} \tag{3.7.14}$$

式(3.7.13)中的每一函数 $\Phi$ 都是一个 Slater 行列式，它们都是 $\hat{H}_0$ 的本征函数，本征值用式(3.7.14)表示.

原子、分子中的电子按能量最低原则填充在各个亚层上，因此可以用电子在各亚层的填充情况来描述原子、分子的电子结构，称为原子、分子的电子组态(注意：激发态电子组态也符合能量最低原则，不过这时的能量要与其他激发态比较). 原子、分子的电子组态可分别表示为 $(n_1l_1)^{x_1}(n_2l_2)^{x_2}\cdots(n_kl_k)^{x_k}\cdots$ 和 $(n_1\lambda_1)^{x_1}(n_2\lambda_2)^{x_2}\cdots(n_k\lambda_k)^{x_k}\cdots$. 一个闭壳层组态只有一种电子填充方式，因此只对应一个 Slater 行列式，该行列式是 $\hat{H}_0$ 的非简并本征函数，根据非简并态微扰理论，在单组态近似下，该行列式是 $\hat{H}$ 的零级近似本征函数，由此可以得到体系的一级近似能量. 对于基态电子组态来说，这正是 Hartree-Fock 波函数和能量. 因此，从微扰理论看，所谓单组态近似就是零级近似. 一个开壳层组态能给出多个 Slater 行列式，这些行列式是简并的，它们对应 $\hat{H}_0$ 的一个简并能级. 微扰 $\hat{H}'$ 使得 $\hat{H}_0$ 的简并能级分裂，根据简并态的微扰理论，在单组态近似下，$\hat{H}$ 的零级近似本征函数应当是 $\hat{H}_0$ 的来自同一电子组态的简并本征函数(即 Slater 行列式)的线性组合，通过解久期方程可以得到组合系数和 $\hat{H}$ 的一级近似能量.

以上内容是应用微扰理论对原子、分子的电子结构所做的分析，但是实际上我们并没有将

原子、分子的电子结构理论停留在微扰理论上，而是根据原子、分子的对称性将波函数进行了分类. 在不考虑旋轨耦合的情况下，原子、分子体系分别有对易算符的完备集$\left\{\hat{H},\hat{L}^2,\hat{L}_z,\hat{S}^2,\hat{S}_z\right\}$和$\left\{\hat{H},G\left(\hat{R}\right),\hat{S}^2,\hat{S}_z\right\}$，因而这些算符有共同本征函数. 算符集合$\left\{\hat{L},\hat{L}_z,\hat{S}^2,\hat{S}_z\right\}$和$\left\{G\left(\hat{R}\right),\hat{S}^2,\hat{S}_z\right\}$的共同本征函数集合分别称为原子光谱项和分子光谱项，分别用记号$^{2S+1}L$和$^{2S+1}\Lambda$表示. 我们可以推导出每一电子组态中所包含的光谱项，并由每一电子组态所包含的行列式建造谱项波函数，

$$\left\{\Phi_i\left(LM_LSM_S\right)=\sum_j C_{ji}\Phi_j,\quad i=1,2,\cdots\right\}\tag{3.7.15}$$

或

$$\left\{\Phi_i\left(\Lambda TSM_{\mathrm{S}}\right)=\sum_j C_{ji}\Phi_j,\quad i=1,2,\cdots\right\}\tag{3.7.16}$$

以上两式中，$\Phi_j$为式(3.7.13)中的 Slater 行列式，$C_{ji}$为组合系数. 值得注意的是，这里组合系数$C_{ji}$的不是变分参数，而是由对称性严格确定的数值. $\Phi_i\left(\Lambda TSM_S\right)$表示该波函数为分子点群$\Lambda$不可约表示的第$T$行基. 同式(3.7.13)一样，式(3.7.15)和式(3.7.16)也是$N$电子波函数的完备集，所不同的是，式(3.7.15)和式(3.7.16)已按对称性将$N$电子波函数做了分类. 可以根据精度需要从式(3.7.15)或式(3.7.16)中选择一定数目的谱项波函数做组合以建造原子、分子体系的波函数，即把 Schrödinger 方程(3.7.1)的解写作

$$\Psi_k\left(E_kLM_LSM_S\right)=\sum_i^m C_{ik}\Phi_i\left(LM_LSM_S\right)\tag{3.7.17}$$

或

$$\Psi_k\left(E_k\Lambda TSM_S\right)=\sum_i^m C_{ik}\Phi_i\left(\Lambda TSM_S\right)\tag{3.7.18}$$

式中$C_{ik}$为变分参数，将式(3.7.17)或式(3.7.18)代入方程(3.7.1)，可以得到广义本征值方程

$$\boldsymbol{HC}=\boldsymbol{MCE}\tag{3.7.19}$$

式(3.7.1)为微分方程，而式(3.7.19)则为代数方程，其中$\boldsymbol{H}$、$\boldsymbol{C}$、$\boldsymbol{M}$、$\boldsymbol{E}$都是矩阵，其矩阵元都可以化为 Slater 行列式的矩阵元，我们已经给出了 Slater 行列式矩阵元的计算公式，因此方程(3.7.19)的求解原则上已没有问题. 与式(1.4.136)一样，式(3.7.17)和式(3.7.18)也称为组态叠加，但其中的组态为谱项波函数，因此，式(3.7.17)和式(3.7.18)又称为谱项混合或谱项相互作用(注意：由式(3.7.17)和式(3.7.18)可见，谱项相互作用是指相同谱项中其他量子数也相同的波函数组合，而不是将全部谱项波函数做组合，事实上，组合时每个谱项中只取一个波函数). 通过以上分析可以看到，根据原子、分子的对称性将波函数进行分类至少有以下优点：第一，可以使计算结果与光谱相对应；第二，不必做具体计算就能得到原子分子的能级结构；第三，可以大大减少计算量，具体地说，对于开壳层组态，在单组态近似下，所建造的谱项波函数就是前面提到的简并态微扰理论求解久期方程所得的波函数，然而，由微扰理论求得的仅仅是波函数的组合系数，只有通过进一步的理论分析才能确定所求得的波函数的对称性，这相当于又回到建造谱项波函数的出发点. 而且，从微扰理论看，单组态近似仅仅是零级近似，如果需要更精确的结果，就必须考虑更多电子组态，即考虑组态叠加，这时每增加一个电子组态，只需考虑该组态中相同谱

项的一个波函数，而不必考虑该组态所能提供的所有行列式，从而将电子组态的叠加变为谱项的叠加，而谱项波函数已经建造成功，组态叠加计算也就相对简化了.

不过，Hartree-Fock 方程(3.7.10)实际上仍然无法解析求解，因此，我们将方程中待求的分子轨道写作原子轨道的线性组合，即

$$\varphi_i = \sum_{\mu}^{m} c_{\mu i} \chi_{\mu} \tag{3.7.20}$$

于是，Hartree-Fock 方程转化为 Hartree-Fock-Roothaan 方程. 我们已多次指出，Hartree-Fock-Roothaan 方程只不过是 Hartree-Fock 方程在所选基组空间上的表示. Hartree-Fock 方程是积分微分方程，而 Hartree-Fock-Roothaan 方程则是矩阵方程，即代数方程. 我们已经给出了以 Slater 函数或者 Gauss 函数为基的矩阵元计算公式，因此 Hartree-Fock-Roothaan 方程的求解问题已经解决.

可以看到，Hartree-Fock 方程是分子轨道理论的基石，但是 Hartree-Fock 方程是通过 $N$ 电子总能量对单电子态变分导出的，因此我们必须首先给出 $N$ 电子波函数，进而将 $N$ 电子总能量表达为单电子态的泛函，这样才能采用变分法导出 Hartree-Fock 方程. 因此，我们必须首先研究多电子波函数，而不是首先给出 Hartree-Fock 方程.

以上方法称为从头算方法，它以三个近似作为出发点，即非相对论近似、Born-Oppenheimer 近似和单粒子近似，基于这三个近似求解 Schrödinger 方程(3.7.1)，不借助任何经验参数，因此称为从头算，这里所说的“头”就是 Schrödinger 方程. 必须指出，Hartree-Fock 方法并不等同于从头算方法. 在从头算方法三个近似的基础上，Hartree-Fock 方法又增加了单组态近似和有限基组近似(分子轨道用有限个原子轨道展开). 因此，Hartree-Fock 方法仅仅是从头算方法中最基础的部分.

根据以上三章中给出的方程、计算方法和计算公式，已经开发了各种计算程序. 目前，已有大量商业软件可供使用. 所有商业软件基本上都可以比作“傻瓜相机”，只要按动按钮，“傻瓜相机”就可以拍照. 类似地，只要输入规定的参数，商业软件就可以给出计算结果，因此学会使用从头算商业软件并不困难，这为广大科学工作者提供了很好的工具，为理论化学的应用提供了广阔的空间. 当然，如何解决计算中可能出现的问题，如何从计算结果中提取信息，用于分析和解决科学问题，如何进一步发展或者完善理论方法，等等，则需要有较为深厚的理论基础. 因此，一个合格的理论化学工作者，不仅要能够使用合适的计算软件进行计算，而且要有较高的理论素养以分析和解决科学问题，并提出新的理论方法或者进一步完善现有的理论方法，这需要坚实的理论功底.

由于采用了单组态近似，Hartree-Fock 方法不能充分考虑电子的交换-相关作用，因而造成相关能误差，相关能修正是从头算方法要解决的核心问题. 原则上讲，组态叠加方法能够克服相关能误差，但该方法需要考虑数目庞大的组态才能得到较为满意的结果，使得计算过于复杂，很难应用于大尺寸分子体系. 而且，不完全的组态叠加(即采用有限个组态函数做组合)计算不满足尺寸(大小)一致性. 因此，除组态叠加方法之外，还发展了其他一些计算相关能的方法. 我们将计算相关能的各种方法统称后 Hartree-Fock 方法，将在下面的章节中介绍.

## 参考文献

[1] 徐光宪，黎乐民，王德民. 量子化学——基本原理和从头计算法(中册). 2 版. 北京: 科学出版社, 2009: 369-373.

[2] 文振翼，王育斌. 多参考态组态相互作用. //帅志刚，邵久书，等. 理论化学原理与应用. 北京：科学出版社，2008: 248-308.
[3] 刘成卜，李伯符. 辛群群链不可约表示基函数的组态相互作用方法.吉林大学学报, 1991, (1): 68.
[4] Liu C B, Deng C H, Jin B Y, et al. Int J Quantum Chem, 1992, 43: 301.
[5] 吴崇试. 数学物理方法. 北京：北京大学出版社，1999: 354-400.
[6] 郭敦仁. 数学物理方法. 北京：人民教育出版社，1965: 253-288.
[7] 郭敦仁. 数学物理方法. 北京：人民教育出版社，1965: 285.
[8] 徐光宪，黎乐民，王德民. 量子化学——基本原理和从头计算法(中册). 2 版. 北京：科学出版社，2009: 31-33.
[9] 徐光宪，黎乐民，王德民. 量子化学——基本原理和从头计算法(中册). 2 版. 北京：科学出版社，2009: 35-36.
[10]唐敖庆，杨忠志，李前树. 量子化学. 北京：科学出版社，1982: 96-103.
[11] Slater J C. Quantum Theory of Molecules and Solids. New York: McGraw-Hill Book Company，Inc., 1963; Miller J, Gerhanser J M, Matsen F A. Quantum Chemical Integrals and Tables. Austin: University of Texes Press, 1959.
[12] Ditchfield R, Hehre W J, Pople J A. J Chem Phys, 1971, 54: 724-728.

## 习　题

1. 导出正交广义坐标系中的距离公式.

2. Laplace 算符 $\nabla^2$ 在直角坐标系中的表达式为

$$\nabla^2 = \frac{\partial^2}{\partial x^2} + \frac{\partial^2}{\partial y^2} + \frac{\partial^2}{\partial z^2}$$

(1) 导出 $\nabla^2$ 在正交广义坐标系中的表达式.

(2) 由(1)给出的表达式，导出 $\nabla^2$ 在球坐标系中的表达式.

(3) 由(1)给出的表达式，导出 $\nabla^2$ 在椭球坐标系中的表达式.

3. 设 $\vec{r}_1(r_1,\theta_1,\phi_1)$、$\vec{r}_2(r_2,\theta_2,\phi_2)$ 分别为两个电子的位矢，$r_{12}$ 为两电子之间的距离. $\dfrac{1}{r_{12}}$ 中包含 Legendre 多项式 $P_l(x)$ 的母函数(生成函数). 此外，易于证明，除奇点 $r_{12}=0$ 外，无论对第一个粒子的坐标 $(r_1,\theta_1,\phi_1)$ 还是对第二个粒子的坐标 $(r_2,\theta_2,\phi_2)$，$\dfrac{1}{r_{12}}$ 都满足 Laplace 方程

$$\nabla^2 F(r,\theta,\phi) = 0$$

(1) 用生成函数法导出 $\dfrac{1}{r_{12}}$ 在球坐标系中对坐标 $(r_1,\theta_1,\phi_1)$ 和 $(r_2,\theta_2,\phi_2)$ 的展开式.

(2) 用解 Laplace 方程的方法导出 $\dfrac{1}{r_{12}}$ 在球坐标系中对两组坐标的展开式.

4. $\vec{r}_1(\xi_1,\eta_1,\phi_1)$、$\vec{r}_2(\xi_2,\eta_2,\phi_2)$ 分别为椭球坐标系中两个电子的位矢，$r_{12}$ 为两电子之间的距离. 易于证明，除奇点 $r_{12}=0$ 外，无论对第一个粒子的坐标 $(\xi_1,\eta_1,\phi_1)$ 还是对第二个粒子的坐标 $(\xi_2,\eta_2,\phi_2)$，$\dfrac{1}{r_{12}}$ 都满足 Laplace 方程

$$\nabla^2 F(\xi,\eta,\phi) = 0$$

用解 Laplace 方程的方法导出 $\dfrac{1}{r_{12}}$ 在椭球坐标系中对两组坐标的展开式.

5. 以 Slater 函数为基求解 Hartree-Fock-Roothaan 方程时，将会出现动能积分 $T(a,b) \equiv \left\langle n_a l_a m_a \left| -\frac{1}{2}\nabla^2 \right| n_b l_b m_b \right\rangle$，电子-核吸引能积分 $V(a,b) \equiv \langle n_a l_a m_a | -\frac{Z}{r_b} | n_b l_b m_b \rangle$，其中 $(nlm)$ 为 Slater 轨道的量子数

$$|nlm\rangle = Nr^{n-1}\mathrm{e}^{-\varsigma r}Y_{lm}(\theta,\phi)$$

$a$、$b$ 均表示原子，当 $a=b$ 时，表示两个 Slater 轨道由同一原子提供.

(1) 导出在球坐标系中计算 $T(a,a)$ 和 $V(a,a)$ 的公式.

(2) 导出在椭球坐标系中计算 $T(a,b)$ 和 $V(a,b)$ 的公式，其中 $a \neq b$ .

6. 以 $A$ 为中心的 Gauss 函数的直角坐标形式为

$$\chi(A,\alpha,l,m,n) = Nx_A^l y_A^m z_A^n \mathrm{e}^{-\alpha r_A^2}$$

式中 $(x_A, y_A, z_A)$ 为 $A$ 点的坐标，$\vec{r}_A$ 为 $A$ 点的位矢，$N$ 为归一化常数. 证明：两个不同中心 $A$、$B$ 的 Gauss 函数的乘积可以表达为另一个中心 $P$ 的 Gauss 函数的线性组合，即

$$\chi(A,\alpha_1,l_1,m_1,n_1)\chi(B,\alpha_2,l_2,m_2,n_2) = \sum_{l,m,n} c_{lmn}\chi(P,\beta,l,m,n)$$

讨论 Gauss 函数的这一性质在基函数矩阵元计算中的作用.

7. 以 $A$ 为中心的广义 Gauss 函数，其直角坐标形式为

$$\chi(A,\alpha,l,m,n) = Nx_A^l y_A^m z_A^n \mathrm{e}^{-\alpha r_A^2}$$

式中 $(x_A, y_A, z_A)$ 为 $A$ 点的坐标，$\vec{r}_A$ 为 $A$ 点的位矢，$N$ 为归一化常数.

(1) 导出动能积分 $\mathrm{KE} = \int \chi(A,\alpha_1,l_1,m_1,n_1)\left(-\frac{1}{2}\nabla^2\right)\chi(B,\alpha_2,l_2,m_2,n_2)\mathrm{d}\tau$ 的计算公式.

(2) 导出电子-核吸引能积分 $\mathrm{NAI} = \int \chi(A,\alpha_1,l_1,m_1,n_1)\frac{1}{r_C}\chi(B,\alpha_2,l_2,m_2,n_2)\mathrm{d}\tau$ 的计算公式，其中 $A$、$B$、$C$ 是三个不同的原子.

# 第 4 章　势能面与分子动态学

## 4.0　导　　言

我们知道，在 Born-Oppenheimer 近似下，分子体系的定态 Schrödinger 方程分解为两个方程，分别描述电子运动和核运动，即[见式(1.1.5)和式(1.1.14)]

$$\hat{H}^{(\mathrm{e})}\Psi^{(\mathrm{e})}\left(\vec{R},\vec{q}\right)=U\left(\vec{R}\right)\Psi^{(\mathrm{e})}\left(\vec{R},\vec{q}\right) \tag{4.0.1}$$

$$\left\{\hat{T}^{(\mathrm{n})}+U\left(\vec{R}\right)\right\}\Psi^{(\mathrm{n})}\left(\vec{R}\right)=E^{(\mathrm{t})}\Psi^{(\mathrm{n})}\left(\vec{R}\right) \tag{4.0.2}$$

称以上两方程中的$U\left(\vec{R}\right)$为势能面(potential energy surface)，在式(4.0.1)中，它是电子运动的能量，由于电子的能量与核构型有关，因此$U\left(\vec{R}\right)$是核坐标$\vec{R}$的函数；在方程(4.0.2)中，它是原子核运动的势能函数. 前几章中我们着重介绍了式(4.0.1)中的波函数，本章介绍该方程中的另一个重要物理量，即势能面.

理论与计算化学研究两种微观粒子的运动，一是电子，二是原子核. 通过研究电子的运动可以得到分子的几何结构、电子结构、电子光谱，找出分子的性质与结构之间的关联. 此外，通过求解分子不同几何构型下的电子运动方程可以得到势能面，这将为研究原子核的运动提供基础. 通过研究核的运动，可以得到分子的振动、转动光谱和分子的其他动态性质. 习惯上，把研究电子运动的学科称为量子化学，把研究核运动的学科称为分子动态学，包括分子动力学和分子反应动力学等. 由于原子核的质量较大(与电子相比)，有时可以近似地作为经典粒子处理. 因此，在研究核运动时，除量子理论外还有经典理论. 无论采用量子理论还是经典理论，分子动态学研究都离不开势能面.

势能面是理论化学中最重要的基本概念. 一方面，它是量子化学计算的主要结果之一；另一方面，它是分子振转光谱、分子动力学模拟和分子反应动力学等计算的基础，因此它是量子化学与分子光谱学、分子动力学模拟和分子反应动力学等之间的桥梁. 把势能面的概念弄清楚，有助于理解理论化学的其他概念，因此我们将在本章较为系统地介绍与势能面有关的一些基本知识，在此基础上，简单介绍分子动态学的一些初步知识.

## 4.1　双原子分子的势能曲线

关于势能面的介绍，将从双原子分子开始.

在 Born-Oppenheimer 近似下，双原子分子中电子运动的定态 Schrödinger 方程为

$$\left\{\sum_{i}-\frac{1}{2}\nabla_i^2-\sum_{Ai}\frac{Z_A}{r_{Ai}}+\sum_{i<j}\frac{1}{r_{ij}}+\frac{Z_AZ_B}{R}\right\}\Psi\left(R,\vec{q}\right)=U\left(R\right)\Psi\left(R,\vec{q}\right) \tag{4.1.1}$$

式中，$Z_A$、$Z_B$分别为原子核$A$和$B$的核电荷数；$R$为核间距. 给定某一$R$求解方程(4.1.1)可

以得到该 $R$ 值下的电子能量，与所有 $R$ 值对应的电子能量构成势能面. 对于双原子，核间距 $R$ 是决定分子构型的唯一变量，因此 $U(R)$ 仅为核间距 $R$ 的函数，于是双原子的势能面简化为势能曲线.

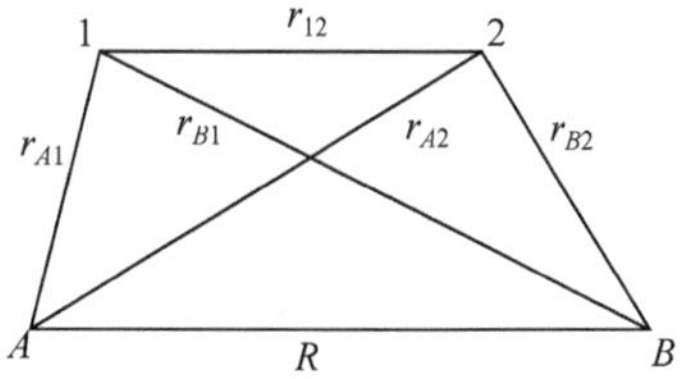

图 4.1.1　氢分子的原子坐标

氢分子是最简单的多电子双原子分子，本节将以氢分子为例讨论双原子分子势能曲线的一般特征.

图 4.1.1 给出了氢分子的原子坐标，由图 4.1.1 可知，氢分子的 Hamilton 算符为

$$\hat{H} = -\frac{1}{2}\nabla_1^2 - \frac{1}{2}\nabla_2^2 - \frac{1}{r_{A1}} - \frac{1}{r_{A2}} - \frac{1}{r_{B1}} - \frac{1}{r_{B2}} + \frac{1}{r_{12}} + \frac{1}{R} \tag{4.1.2}$$

电子运动的定态 Schrödinger 方程为

$$\hat{H}\Psi = E\Psi \tag{4.1.3}$$

### 4.1.1　价键处理：Heitler-London 方法

1.15 节和 1.16 节详细讨论了氢分子的价键波函数，本节将直接引用有关结果而不再详细推导. 在仅考虑中性组态(单组态近似)的情况下，氢分子的单重态价键波函数，即 Heitler-London 波函数为[见式(1.15.10)或式(1.16.23)]，

$${}^1\Psi = N\left[a(1)b(2) + a(2)b(1)\right]\frac{1}{\sqrt{2}}\left[\alpha(1)\beta(2) - \alpha(2)\beta(1)\right] \tag{4.1.4}$$

而三重态价键波函数为[见式(1.15.11)或式(1.16.20)]，

$${}^3\Psi = N'\left[a(1)b(2) - a(2)b(1)\right]\begin{cases}\alpha(1)\alpha(2) \\ \dfrac{1}{\sqrt{2}}\left[\alpha(1)\beta(2) + \alpha(2)\beta(1)\right] \\ \beta(1)\beta(2)\end{cases} \tag{4.1.5}$$

以上两式中，$N$ 和 $N'$ 为归一化常数，归一化的原子轨道为

$$a(i) = 1\mathrm{s}_A(i) = \frac{1}{\sqrt{\pi}}\mathrm{e}^{-r_{Ai}} \quad , \quad b(i) = 1\mathrm{s}_B(i) = \frac{1}{\sqrt{\pi}}\mathrm{e}^{-r_{Bi}} \tag{4.1.6}$$

将原子轨道 $a$ 和 $b$ 的重叠积分记作

$$M_{ab} = \langle a(1)|b(1)\rangle \tag{4.1.7}$$

则式(4.1.4)和式(4.1.5)中的归一化常数分别为

$$N = \left[2\left(1 + M_{ab}{}^2\right)\right]^{-\frac{1}{2}} \quad , \qquad N' = \left[2\left(1 - M_{ab}{}^2\right)\right]^{-\frac{1}{2}} \tag{4.1.8}$$

将式(4.1.4)和式(4.1.5)代入式(4.1.3)，可得单重态和三重态的能量表达式分别为

$$\begin{aligned}{}^1E = \left\langle {}^1\Psi\middle|\hat{H}\middle|{}^1\Psi\right\rangle &= \frac{1}{1+M_{ab}^2}\left[\left\langle a(1)b(2)\middle|\hat{H}\middle|a(1)b(2)\right\rangle + \left\langle a(1)b(2)\middle|\hat{H}\middle|b(1)a(2)\right\rangle\right] \\ &= \frac{Q+K}{1+M_{ab}^2}\end{aligned} \tag{4.1.9}$$

$$ {}^{3}E = \left\langle {}^{3}\Psi \middle| \hat{H} \middle| {}^{3}\Psi \right\rangle = \frac{Q-K}{1-M_{ab}^{2}} \tag{4.1.10} $$

式中，$Q = \left\langle a(1)b(2) \middle| \hat{H} \middle| a(1)b(2) \right\rangle$ 为 Coulomb 积分，$K = \left\langle a(1)b(2) \middle| \hat{H} \middle| b(1)a(2) \right\rangle$ 为交换积分.

由于 Hamilton 算符 $\hat{H}$ [见式(4.1.2)]中包含核间距 $R$，能量 ${}^{1}E$ 和 ${}^{3}E$ 都是核间距 $R$ 的函数. 给 $R$ 不同的值，逐点计算出 $Q$、$K$ 和 $M_{ab}$，进而求得能量 ${}^{1}E$ 和 ${}^{3}E$，将表示 ${}^{1}E$ 和 ${}^{3}E$ 的点分别连接起来就可以得到二者随 $R$ 变化的曲线，即势能曲线. 这里不介绍计算的具体细节，仅叙述计算结果. 通常取孤立氢原子基态的能量 $\varepsilon_{\rm H}^{0} = 0$，即把两个氢原子相距无穷远时作为氢分子的能量零点，此时可得如图 4.1.2 所示的势能曲线.

图 4.1.2 中，${}^{1}\Sigma$ 和 ${}^{3}\Sigma$ 分别表示单重态和三重态的势能曲线. 从图中可以看到，对于三重态 ${}^{3}\Sigma$，当两个氢原子从无穷远开始相互靠近时，体系的能量一直上升，始终表现为相互排斥；而对于单重态 ${}^{1}\Sigma$，当两个氢原子相互靠近时，体系的能量先下降，达到极小值后再上升，形成一个势阱，两个原子被束缚在势阱中而形成稳定分子. 与能量极小值对应的核间距称为平衡核间距或平衡键长，势阱深度被定义为结合能. 按式(4.1.9)计算的平衡键长 $R_0 = 0.080\text{nm}$，结合能 $D = 3.20\text{eV}$，而实验值 $R_0 = 0.074\text{nm}$，$D = 4.75\text{eV}$，这表明计算得到的势阱位置和深度都与实验值有差别. 为便于比较，图 4.1.2 也给出了势能曲线的实验观测结果以及谐振子的势能曲线(抛物线 $U$ ).

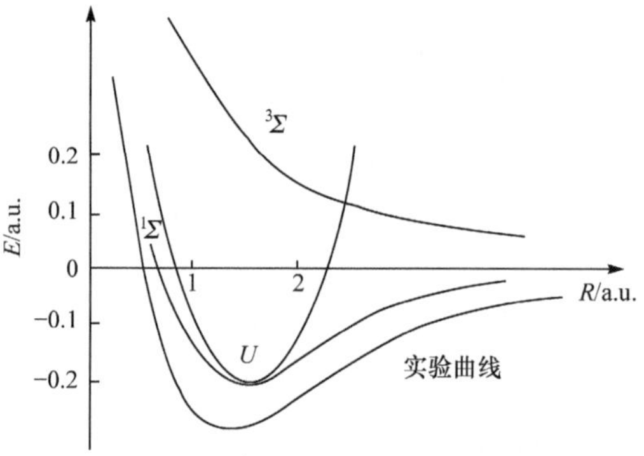


图 4.1.2　氢分子的势能曲线(价键法)

### 4.1.2　分子轨道方法

1.16 节给出了用分子轨道方法处理氢分子的结果，在忽略反键组态的情况下，式(1.16.29)约化为单行列式波函数，即 Hartree-Fock 波函数

$$ {}^{1}\Psi = \frac{1}{\sqrt{2}} \left| \varphi_1(1)\alpha(1)\varphi_1(2)\beta(2) \right| \tag{4.1.11} $$

式中，$\varphi_1$ 为归一化分子轨道

$$ \varphi_1 = \frac{1}{\sqrt{2(1+M_{ab})}}(a+b) \tag{4.1.12} $$

$a$ 和 $b$ 分别为两个氢原子的 1s 轨道，$M_{ab}$ 的定义见式(4.1.7). 将式(4.1.11)代入式(4.1.3)，并将自旋积分，可得氢分子的基态能量

$$^1E = \left\langle {}^1\Psi \middle| \hat{H} \middle| {}^1\Psi \right\rangle = \left\langle \varphi_1(1)\varphi_1(2) \middle| \hat{H} \middle| \varphi_1(1)\varphi_1(2) \right\rangle \tag{4.1.13}$$

$^1E$ 是核间距 $R$ 的函数，给 $R$ 不同的值，逐点计算出 $^1E$，将这些点连接起来可以得到 $^1E$ 随 $R$ 变化的曲线，即势能曲线. 这里不介绍计算的具体细节，仅叙述计算结果. 取氢原子基态的能量 $\varepsilon_{\mathrm{H}}^0 = 0$，即把两个氢原子相距无穷远时作为能量零点，得到的势能曲线图 4.1.3 所示.

图 4.1.3 中的实线为按式(4.1.13)计算得到的势能曲线. 该曲线上也有势阱，表明两个氢原子可以形成稳定分子. 但当 $R \to \infty$ 时，该曲线并不趋于零，这表明当氢分子解离时并不是仅仅生成两个氢原子，因为我们已将两个氢原子相距无穷远时取作能量零点. 对此，在 1.16 节已经做过较为深入的分析，我们指出，式(4.1.11)给出的 Hartree-Fock 波函数将共价键和离子键同等考虑，它所预测的氢分子解离行为是，形成两个氢原子或者一个氢负离子 $H^-$ 和一个氢正离子 $H^+$，这两种结果有相同的概率，这显然是不正确的. 因此，式(4.1.11)给出的 Hartree-Fock 波函数对氢分子解离行为的预测是错误的. 按照 1.16 节的分析，采用式(1.16.29)的波函数做组态叠加计算，就能给出正确的解离行为. 这再一次表明，在第 1 章中给出的建造波函数的方法是可取的.

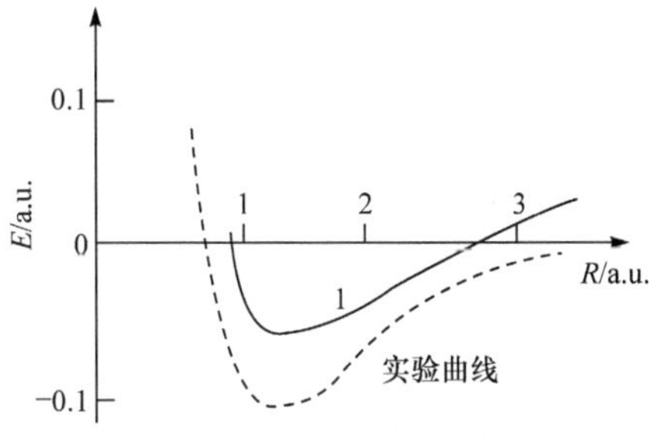


图 4.1.3　氢分子的势能曲线(分子轨道法)

### 4.1.3　几种常见的解析势能曲线

以上两段分别用价键法和分子轨道法计算了氢分子的势能曲线，在此基础上讨论一般双原子分子的势能曲线. 一般双原子分子的势能曲线与氢分子的势能曲线有大体相同的形状，当然，势阱深度和宽度会有所不同. 注意：由式(4.1.9)或者式(4.1.13)所得的计算结果实际上是一张数表，它给出核间距 $R$ 取不同值时相应电子态的能量，即一个个单点的能量值. 这样的数表不便于应用，我们希望用一个解析函数拟合这些单点，从而得到一条光滑的势能曲线，这样的解析函数称为势函数. 现在介绍一些常用的解析势函数.

最简单的势函数是谐振子势，其表达式为

$$U(R) = \frac{1}{2}k(R - R_0)^2 \tag{4.1.14}$$

式中，$R$ 和 $R_0$ 分别为即时键长和平衡键长；$k$ 为力常数. $R_0$ 和 $k$ 的值可由实验测定，也可由拟合计算结果确定，它们的值依赖于具体的分子体系. 从图 4.1.2 可以看到，谐振子势与双原子分子的“真实”势函数有明显区别. 谐振子势是一条抛物线，当核间距增加时，振子势能将趋于无穷大，这意味着，束缚在这种势阱中的原子不能从势阱中“逃逸”出来，因此不能用这种势函数研究化学反应或分子的解离行为. 但在平衡键长附近谐振子势能够较好地反映两原子间的相互作用，因此它仅能近似地用于描述低振动态.

Morse 提出一种更精确的双原子势函数，称为 Morse 势，其形式为

$$U(R) = D\left[ e^{-2\alpha(R-R_0)} - 2e^{-\alpha(R-R_0)} \right] \tag{4.1.15}$$

式中包含三个参数，即 $D$、$\alpha$ 和 $R_0$，它们均取正值，其具体数值因分子而异. $R$ 为即时核间距.

下面讨论 Morse 势的性质. 显然，当 $R = \infty$ 时，$U(R) = 0$，这意味着将两个原子相距无穷远时的能量取作能量零点. 当 $R = R_0$ 时，

$$U(R_0) = -D \tag{4.1.16}$$

并且有

$$\frac{\mathrm{d}U(R)}{\mathrm{d}R}\bigg|_{R=R_0} = D\left[-2\alpha \mathrm{e}^{-2\alpha(R-R_0)} + 2\alpha \mathrm{e}^{-\alpha(R-R_0)}\right]_{R=R_0} = 0 \tag{4.1.17}$$

$$\frac{\mathrm{d}^2U(R)}{\mathrm{d}R^2}\bigg|_{R=R_0} = 2D\alpha^2 > 0 \tag{4.1.18}$$

因此，$U(R)$在$R_0$处有极小值，从而形成势阱，阱的深度为$D=-U(R_0)$，$D$是结合能，$R_0$为平衡核间距. 对于双原子分子，将两原子分开所需的能量定义为解离能，以$D_e$表示，

$$D_e = D - \frac{1}{2}h\nu \tag{4.1.19}$$

式中，$\frac{1}{2}h\nu$为零点振动能；$\nu$为振动基频.

将式(4.1.15)在$R=R_0$附近展开，利用式(4.1.16)、式(4.1.17)和式(4.1.18)，可得

$$U(R) = -D + \frac{1}{2}(2D\alpha^2)(R-R_0)^2 + \cdots \tag{4.1.20}$$

因此弹力常数$k=2D\alpha^2$，从而得到$\nu$和$\alpha$的关系为

$$\nu = \frac{1}{2\pi}\sqrt{\frac{k}{\mu}} = \frac{1}{2\pi}\sqrt{\frac{2D\alpha^2}{\mu}} \tag{4.1.21}$$

$\mu$为$A$和$B$两原子的折合质量，即

$$\frac{1}{\mu} = \frac{1}{m_A} + \frac{1}{m_B}$$

$D_e$和$\nu$可由实验测定，代入式(4.1.19)可确定$D$，再由式(4.1.21)可得参数$\alpha$. 此外，通过转动光谱可以测定平衡核间距$R_0$，详细讨论可参看 4.6.1 节. 这样，对于特定的分子，其 Morse 势函数就完全确定了. 当然，Morse 势中的参数也可由拟合理论计算结果得到，首先求解双原子分子的电子运动方程，得到势能曲线上的一系列点(如氢分子)，然后用 Morse 函数做非线性拟合，就可以确定参数$D$、$\alpha$和$R_0$. 式(4.1.20)表明，如果只展开到二次项，Morse 势就简化为谐振子势，因此谐振子势是 Morse 势的近似.

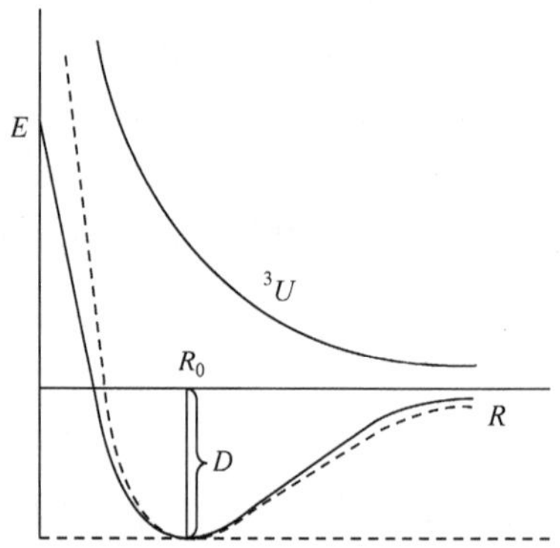

图 4.1.4　双原子分子的势能曲线

此图参考了唐敖庆，李前树. 分子反应动态学. 长春：吉林大学出版社，1988 年，第 23 页图 1.2

图 4.1.4 画出了 Morse 势能曲线(图下部的实线)和真实的势能曲线(用虚线表示). 文献上给出的 Morse 势有时取以下形式，

$$U(R) = D\left[1-\mathrm{e}^{-\alpha(R-R_0)}\right]^2 = D\left[1-\frac{\mathrm{e}^{\alpha R_0}}{\mathrm{e}^{\alpha R}}\right]^2 \tag{4.1.22}$$

将式(4.1.22)展开，再与式(4.1.15)比较可知，二者仅差一常数$D$. 因此，将图 4.1.4 中的横轴下移$D$，即可得到式(4.1.22)所表示的曲线.

由图 4.1.4 可见，当$R=0$时，Morse 势取有限值，而真实的势能为无穷大，这是 Morse 势的一个主要缺

陷. 为了克服这一缺陷，邓从豪等[1]提出了一个双原子分子的势函数，其形式为

$$U(R)=D\left[1-\frac{b}{e^{\alpha R}-1}\right]^2,\quad b=e^{\alpha R_0}-1 \tag{4.1.23}$$

将式(4.1.22)最后一个等式中的分子和分母中各减 1 就得到式(4.1.23). 按此式，当 $R=0$ 时，$U(R)=\infty$，从而克服了 Morse 势的一个主要缺陷.

Morse 函数(4.1.15)可用于描述基态的势能曲线，而有些激发态的势能曲线则可以用反 Morse 势描述，这类势能曲线上无极小值点. 例如，图 4.1.2 中 $H_2$ 分子第一激发态 $^3\Sigma$ 的势能曲线可用反 Morse 势表达为

$$^3U={}^3D\left\{e^{-2\beta(R-R_0)}+2e^{-\beta(R-R_0)}\right\} \tag{4.1.24}$$

式中，$R$ 和 $R_0$ 分别为即时键长和平衡键长，$^3D$ 为 $R_0$ 处三重激发态垂直激发能的三分之一，即

$$^3D=\frac{1}{3}{}^3U(R)\Big|_{R=R_0} \tag{4.1.25}$$

$^3D$ 的值可由实验测定分子的垂直激发能获得，也可由计算激发态在 $R_0$ 处的能量来确定，$\beta$ 值则可由拟合分子激发态能量来确定. 对任意 $R$ 值，恒有

$$\frac{d^3U(R)}{dR}\neq 0 \tag{4.1.26}$$

因此，反 Morse 势能曲线上无极小值点，如图 4.1.4 中的曲线 $^3U$ 所示. 反 Morse 势又称 Sato(佐藤)势，与式(4.1.15)相比，Sato 势与 Morse 势的表达式形式上看仅差一负号.

谐振子势和 Morse 势一般用于描述两成键原子间的相互作用，属于强相互作用势. 分子中还存在大量弱相互作用，包括弱键(如氢键)和非键(如范德华力)相互作用，一般用 Lennard-Jones (LJ)势来描述，其形式为

$$U_{LJ}=4\varepsilon\left[\left(\frac{\sigma}{R}\right)^{12}-\left(\frac{\sigma}{R}\right)^{6}\right] \tag{4.1.27}$$

易于求得

$$\frac{dU_{LJ}}{dR}\bigg|_{R=2^{\frac{1}{6}}\sigma}=0,\qquad U_{LJ}\big|_{R=2^{\frac{1}{6}}\sigma}=-\varepsilon \tag{4.1.28}$$

因此，LJ 势也存在势阱，势阱深度为 $\varepsilon$，两原子间的平衡距离 $R_0=2^{\frac{1}{6}}\sigma$. 图 4.1.5 给出了 LJ 势的形状，其中的虚线分别为式(4.1.27)中两项各自的曲线形状.

在研究两个分子之间的相互作用时，为了简化模型，可以将每一个分子整体看作一个超原子，这时也可以用 LJ 势来描述两个分子之间的相互作用.

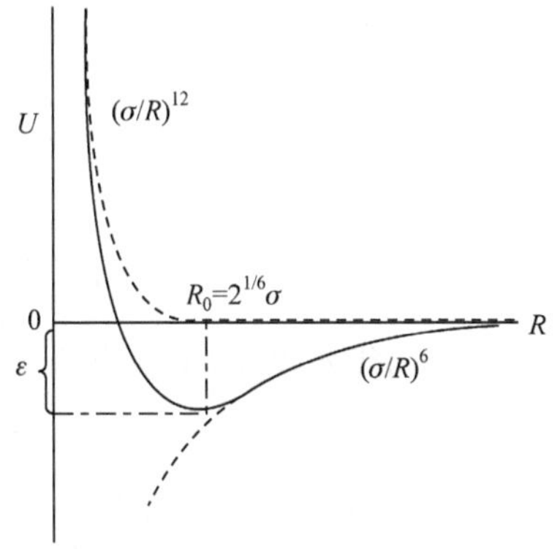


图 4.1.5　LJ 势能曲线

## 4.2 三原子分子的势能面

三原子分子从头算势能面已有大量报道，本节以三个氢原子组成的体系 $H_3$ 为例来介绍多原子分子势能面的一些基本概念.

理论研究应以提供概念和模型为要务，因此一个新领域的诞生常常是从研究最简单的体系开始的. 就量子化学来说，氢原子、氢分子离子、氢分子的研究分别开启了原子的电子结构理论、分子轨道理论和价键理论，$H_3$ 势能面的研究则是一般势能面研究的模板. 这里提到的每个体系都是相应领域中最简单的体系，但是所得到的研究结果都具有划时代意义.

### 4.2.1 $H_3$ 分子电子能量的计算

$H_3$ 分子中有三个电子，由角动量加法可知电子总自旋 $S$ 可取 $\frac{1}{2}$ 和 $\frac{3}{2}$ 两个值，我们仅对 $S=\frac{1}{2}$ 的二重态做计算. Schrödinger 方程为

$$\hat{H}^2\Psi = E^2\Psi \tag{4.2.1}$$

式中，$E$ 为电子运动的能量，Hamilton 量 $\hat{H}$ 为

$$\hat{H} = \sum_{i=1}^{3} -\frac{1}{2}\nabla_i^2 - \sum_{A=1}^{3}\sum_{i=1}^{3}\frac{1}{r_{Ai}} + \sum_{i<j=1}^{3}\frac{1}{r_{ij}} + \sum_{A<B=1}^{3}\frac{1}{R_{AB}} \tag{4.2.2}$$

假定每一氢原子只提供一个归一化的 1s 原子轨道，分别记作 $a$、$b$、$c$，并用 $A$、$B$、$C$ 分别标记三个原子核(注意：其他章节中在不引起混淆的情况下，一般用英文小写字母 $a$、$b$、$c$ 标记原子核). 假定只取一个组态函数 $a(1)b(2)c(3)$，则二重态价键波函数由式(1.17.16)给出. 本节中，为了讨论方便，改变式(1.17.16)中组态函数 $\Phi$ 的下标，将式(1.17.16)重写为(将 $\Phi_5$、$\Phi_6$ 改写作 $\Phi_1$、$\Phi_2$)

$$^2\Psi = c_1\Phi_1 + c_2\Phi_2 \tag{4.2.3}$$

其中 $c_1$、$c_2$ 为待定的组合系数，组态函数 $\Phi_1$、$\Phi_2$ 由式(1.17.17)给出，即

$$\Phi_1 = D_1 - D_2,\quad \Phi_2 = D_3 - D_2 \tag{4.2.4}$$

$$D_1 = \frac{1}{\sqrt{3!}}D\left|a(1)\alpha(1)b(2)\beta(2)c(3)\alpha(3)\right|$$

$$D_2 = \frac{1}{\sqrt{3!}}D\left|a(1)\beta(1)b(2)\alpha(2)c(3)\alpha(3)\right|$$

$$D_3 = \frac{1}{\sqrt{3!}}D\left|a(1)\alpha(1)b(2)\alpha(2)c(3)\beta(3)\right| \tag{4.2.5}$$

将式(4.2.3)代入式(4.2.1)，有

$$c_1\left(\hat{H}-E\right)\Phi_1 + c_2\left(\hat{H}-E\right)\Phi_2 = 0 \tag{4.2.6}$$

分别用 $\Phi_1$ 和 $\Phi_2$ 左乘上式两边，并对电子坐标积分得

$$\left\langle\Phi_1\middle|\hat{H}-E\middle|\Phi_1\right\rangle c_1 + \left\langle\Phi_1\middle|\hat{H}-E\middle|\Phi_2\right\rangle c_2 = 0$$

$$\left\langle\Phi_2\middle|\hat{H}-E\middle|\Phi_1\right\rangle c_1 + \left\langle\Phi_2\middle|\hat{H}-E\middle|\Phi_2\right\rangle c_2 = 0 \tag{4.2.7}$$

久期方程为

$$\begin{vmatrix} H_{11}-E\mathcal{M}_{11} & H_{12}-E\mathcal{M}_{12} \\ H_{21}-E\mathcal{M}_{21} & H_{22}-E\mathcal{M}_{22} \end{vmatrix}=0 \tag{4.2.8}$$

其中

$$H_{ij}=\langle \Phi_i|\hat{H}|\Phi_j\rangle,\quad \mathcal{M}_{ij}=\langle \Phi_i|\Phi_j\rangle,\quad i,j=1,2,\cdots \tag{4.2.9}$$

4.1 节中，我们用 $M_{ab}$ 表示原子轨道 $a$ 和 $b$ 的重叠积分[见式(4.1.7)]，本节中，我们用花体 $\mathcal{M}_{ij}$ 表示多电子波函数 $\Phi_i$ 和 $\Phi_j$ 的重叠积分. 本书以下章节还有可能都将采用这种记号，即用 $M_{ij}$ 表示单电子波函数(原子轨道或分子轨道)的重叠积分，而用花体 $\mathcal{M}_{ij}$ 表示多电子波函数的重叠积分. 由式(4.2.8)可求得 $E$ 所满足的方程为

$$F_1E^2-2F_2E+F_3=0$$

于是有

$$E_{\mp}=\frac{F_2\mp\sqrt{F_2^2-F_1F_3}}{F_1} \tag{4.2.10}$$

其中

$$\begin{aligned} F_1&=\mathcal{M}_{11}\mathcal{M}_{22}-\mathcal{M}_{12}\mathcal{M}_{21} \\ F_2&=\frac{1}{2}\left(H_{11}\mathcal{M}_{22}+H_{22}\mathcal{M}_{11}-H_{12}\mathcal{M}_{21}-H_{21}\mathcal{M}_{12}\right) \\ F_3&=H_{11}H_{22}-H_{12}H_{21} \end{aligned} \tag{4.2.11}$$

每指定一个核构型，可以计算出 $F_1$、$F_2$、$F_3$ 的值，代入式(4.2.10)可求得能量 $E$，对所有核构型做计算就得到 $H_3$ 势能面.

由式(4.2.10)可知，在同一构型下，$E$ 有两个值，数值较小者(用 $E_-$ 表示)为基态能量，较大者(用 $E_+$ 表示)为激发态能量. 由于我们使用的波函数过于简单，得到的势能面的精度不会理想. 但本节的目的并不是计算精确的 $H_3$ 势能面，而是通过尽可能简单的计算给出势能面的一般特征，为此我们要对上述计算公式做进一步简化.

### 4.2.2　London 近似和 London 公式

为了使公式简洁，引入下列记号

$$M_{ij}=\langle i|j\rangle,\qquad i,j=a,b,c \tag{4.2.12}$$

$$Q=\langle a(1)b(2)c(3)|\hat{H}|a(1)b(2)c(3)\rangle \tag{4.2.13}$$

$$(ij)=\langle i(1)j(2)k(3)|\hat{H}|j(1)i(2)k(3)\rangle,\qquad i,j,k=a,b,c \tag{4.2.14}$$

$$(abc)=\langle a(1)b(2)c(3)|\hat{H}|b(1)c(2)a(3)\rangle \tag{4.2.15}$$

$M_{ij}$ 表示原子轨道 $i$ 和 $j$ 的重叠积分，$Q$ 为 Coulomb 积分，$(abc)$ 为交换积分，而 $(ij)$ 称为混合积分，其中的 $\hat{H}$ 为 $H_3$ 的 Hamilton 算符[式(4.2.2)]. 利用以上记号，有

$$\mathcal{M}_{11}=2+2{M_{ab}}^2-{M_{bc}}^2-{M_{ca}}^2-2M_{ab}M_{bc}M_{ca} \tag{4.2.16}$$

$$\mathcal{M}_{22}=2+2M_{bc}^2-M_{ca}^2-M_{ab}^2-2M_{ab}M_{bc}M_{ca} \tag{4.2.17}$$

$$\mathcal{M}_{12} = -1 + 2M_{ca}^2 - M_{ab}^2 - M_{bc}^2 + M_{ab}M_{bc}M_{ca} \tag{4.2.18}$$

$$H_{11} = 2Q + 2(ab) - (bc) - (ca) - 2(abc) \tag{4.2.19}$$

$$H_{22} = 2Q + 2(bc) - (ca) - (ab) - 2(abc) \tag{4.2.20}$$

$$H_{12} = H_{21} = -Q + 2(ca) - (ab) - (bc) \tag{4.2.21}$$

为了简化计算，London 提出如下近似：

(1) 原子轨道的重叠积分为 0，即

$$M_{ij} = \langle i|j\rangle = 0\,, \qquad i \neq j\,, \quad i,j = a,b,c \tag{4.2.22}$$

这时，由式(4.2.16)～式(4.2.18)，有

$$\mathcal{M}_{11} = \mathcal{M}_{22} = 2\,, \qquad \mathcal{M}_{12} = \mathcal{M}_{21} = -1 \tag{4.2.23}$$

(2)
$$Q = Q_{ab} + Q_{bc} + Q_{ca} \tag{4.2.24}$$

$$(ij) = K_{ij} \tag{4.2.25}$$

$$(abc) = 0 \tag{4.2.26}$$

式(4.2.24)中

$$Q_{ij} = \langle i(1)\,j(2)|\hat{H}_{ij}|i(1)\,j(2)\rangle\,, \qquad i,j = a,b,c \tag{4.2.27}$$

式(4.2.25)中

$$K_{ij} = \langle i(1)\,j(2)|\hat{H}_{ij}|\,j(1)i(2)\rangle\,, \qquad i,j = a,b,c \tag{4.2.28}$$

式(4.2.27)和式(4.2.28)中，$\hat{H}_{ij}$ 为由 $i$ 和 $j$ 两个氢原子组成的氢分子的 Hamilton 算符[式(4.1.2)]. 因此，式(4.2.27)和式(4.2.28)正是 4.1 节中定义的 Coulomb 积分和交换积分[见式(4.1.9)或式(4.1.10)]. London 给出的第二个近似(4.2.24)的物理思想是，把一个三原子体系分解为三个双原子体系，对于 $H_3$ 体系来说，就是分解为三个氢分子. 按以上近似，由式(4.2.19)～式(4.2.21)可得

$$H_{11} = 2(Q_{ab} + Q_{bc} + Q_{ca}) + 2K_{ab} - K_{bc} - K_{ca} \tag{4.2.29}$$

$$H_{22} = 2(Q_{ab} + Q_{bc} + Q_{ca}) + 2K_{bc} - K_{ac} - K_{ab} \tag{4.2.30}$$

$$H_{12} = -(Q_{ab} + Q_{bc} + Q_{ca}) + 2K_{ac} - K_{ab} - K_{bc} \tag{4.2.31}$$

将以上结果代入式(4.2.10)，可求得

$$E_{\mp} = Q_{ab} + Q_{bc} + Q_{ca} \mp \frac{1}{\sqrt{2}}\left\{(K_{ab} - K_{bc})^2 + (K_{bc} - K_{ca})^2 + (K_{ca} - K_{ab})^2\right\}^{\frac{1}{2}} \tag{4.2.32}$$

这就是计算 $H_3$ 分子电子能量的 London 公式，可以看到，在 London 近似下，三体势被约化为双体势的组合，从而大大简化了计算.

### 4.2.3 Eyring-Polanyi-Sato 势能面

由式(4.2.32)计算势能面，需要计算双原子分子的 Coulomb 积分和交换积分，在得到式(4.2.32)时，已经引入了一系列近似，因此对 Coulomb 积分和交换积分的精确计算已没有意义. Eyring、Polanyi、Sato 相继提出了计算双原子分子 Coulomb 积分和交换积分的近似方法.

由式(4.1.15)可知，双原子分子 $AB$ 的势函数可用 Morse 势表示

$$^1E^{(AB)}(R) = {}^1D\left\{\exp\left[-2\alpha(R - R_0)\right] - 2\exp\left[-\alpha(R - R_0)\right]\right\} \tag{4.2.33}$$

参数 ${}^{1}D$ 、 $\alpha$ 和 $R_0$ 可由实验确定，一旦这些参数确定后，Morse 势就完全确定了. 对任意键长 $R$ ，均可由式(4.2.33)求得相应的能量 ${}^{1}E^{(AB)}(R)$ . 由式(4.1.9)并利用 London 近似式(4.2.22)可得

$$ {}^{1}E^{(AB)}(R) = Q_{ab} + K_{ab} \tag{4.2.34} $$

Eyring 和 Polanyi 进一步假定

$$ \frac{|Q_{ab}|}{|Q_{ab} + K_{ab}|} = \rho \tag{4.2.35} $$

$\rho$ 为常数. 对于氢分子， $\rho$ 值为 0.1～0.15. 由式(4.2.33)、式(4.2.34)和式(4.2.35)，可以计算氢分子在任意核间距下的 Coulomb 积分和交换积分，代入式(4.2.32)，可以得到 $H_3$ 的基态势能面. 由于 $H_3$ 中的三个原子都是氢原子，式(4.2.32)中包含的三个双原子分子是相同的，都是氢分子，因此只需利用氢分子的一条 Morse 曲线，即只需由实验确定三个参数就可以进行势能面的计算. 一般三原子体系中的三个原子可能不尽相同或者完全不同，若用本节方法计算，则对不同双原子分子需利用不同的 Morse 势，计算将更为复杂. Eyring 第一次用上述方法计算了 $H_3$ 势能面，并在这个势能面上找到了一个所谓“过渡态”. 但是计算得到的“过渡态”附近的势能面形状不是马鞍型而是盆型的，称为 Eyring 湖(Eyring lake)，这与通常的过渡态概念不一致. 从势能面上看，过渡态应位于反应途径上的最高点，该点与其他途径上的临近点相比又是最低点，因此过渡态附近的势能面应呈马鞍型，过渡态是势能面上的马鞍点. 因此，Eyring 的计算有待改进.

Eyring 所用的式(4.2.35)有一定的人为性. 为了消除这种人为性，Sato 引入反 Morse 势[参见式(4.1.24)]

$$ {}^{3}E^{(AB)}(R) = {}^{3}D\left\{\exp\left[-2\beta(R-R_0)\right] + 2\exp\left[-\beta(R-R_0)\right]\right\} \tag{4.2.36} $$

其中的参数 ${}^{3}D$、 $\beta$、 $R_0$ 可由实验确定. 由式(4.1.10)，并利用 London 近似式(4.2.22)可得

$$ {}^{3}E^{(AB)} = Q_{ab} - K_{ab} \tag{4.2.37} $$

由式(4.2.34)和式(4.2.37)，有

$$ Q_{ab} = \frac{1}{2}\left[{}^{1}E^{(AB)}(R) + {}^{3}E^{(AB)}(R)\right] \tag{4.2.38} $$

$$ K_{ab} = \frac{1}{2}\left[{}^{1}E^{(AB)}(R) - {}^{3}E^{(AB)}(R)\right] \tag{4.2.39} $$

由于 $H_3$ 中的三个原子都是氢原子，因此只需利用氢分子的 Morse 曲线和反 Morse 曲线即可由式(4.2.38)和式(4.2.39)计算氢分子的 Coulomb 积分和交换积分. Sato 用以上方法计算了 $H_3$ 的势能面，计算结果表明，Eyring 湖消失了，过渡态的确是势能面上的马鞍点，但计算所得的活化能与实验值相比仍然太小.

将式(4.2.38)和式(4.2.39)代入式(4.2.32)，就得到 $H_3$ 体系 Eyring-Polanyi-Sato 势能面的解析表达式，该表达式将三个氢分子的 Morse 势和反 Morse 势组合在一起描述 $H_3$ 体系的势能面，其中每个氢分子的 Morse 势和反 Morse 势均以该分子的核间距为坐标变量.

### 4.2.4　Porter-Karplus 计算方案

Porter-Karplus 认为，Eyring-Polanyi-Sato 势能面存在的问题，可能与 London 公式中忽略

原子轨道的重叠积分有关，因此他们从式(4.2.10)出发，在不忽略原子轨道重叠积分的情形下给出了新的计算方案.

将式(4.2.16)～式(4.2.21)代入式(4.2.11)，可求得

$$F_1 = 3\left(1 - M_{ab}M_{bc}M_{ca}\right)^2 - \frac{3}{2}\left[\left(M_{ab}^2 - M_{bc}^2\right)^2 + \left(M_{bc}^2 - M_{ca}^2\right)^2 + \left(M_{ca}^2 - M_{ab}^2\right)^2\right] \quad (4.2.40)$$

$$F_2 = 3\left[Q - (abc)\right]^2 - \frac{3}{2}\left\{\left[(ab) - (bc)\right]^2 + \left[(bc) - (ca)\right]^2 + \left[(ca) - (ab)\right]^2\right\} \quad (4.2.41)$$

$$\begin{aligned} F_3 = {} & 3\left(1 - M_{ab}M_{bc}M_{ca}\right)\left[Q - (abc)\right] - \frac{3}{2}\left\{\left(M_{ab}^2 - M_{bc}^2\right)\left[(ab) - (bc)\right]\right. \\ & \left. + \left(M_{bc}^2 - M_{ca}^2\right)\left[(bc) - (ca)\right] + \left(M_{ca}^2 - M_{ab}^2\right)\left[(ca) - (ab)\right]\right\} \end{aligned} \quad (4.2.42)$$

代入式(4.2.10)，可以得到 $H_3$ 势能面的具体表达式.

下面讨论式(4.2.40)～式(4.2.42)中有关积分的计算问题. 式(4.2.2)可改写为

$$\hat{H} = \left(-\frac{1}{2}\nabla_1^2 - \frac{1}{r_{A1}}\right) + \left(-\frac{1}{2}\nabla_2^2 - \frac{1}{r_{B2}}\right) + \left(-\frac{1}{2}\nabla_3^2 - \frac{1}{r_{C3}}\right) + \hat{H}' \quad (4.2.43)$$

其中

$$\hat{H}' = \left(-\frac{1}{r_{A2}} - \frac{1}{r_{B1}} + \frac{1}{r_{12}} + \frac{1}{R_{AB}}\right) + \left(-\frac{1}{r_{B3}} - \frac{1}{r_{C2}} + \frac{1}{r_{23}} + \frac{1}{R_{BC}}\right) + \left(-\frac{1}{r_{C1}} - \frac{1}{r_{A3}} + \frac{1}{r_{13}} + \frac{1}{R_{CA}}\right) \quad (4.2.44)$$

式(4.2.43)中的前三项分别是三个孤立氢原子的 Hamilton 算符，如果将三个孤立氢原子的能量定为势能计算中的能量零点，则只需计算算符 $\hat{H}'$ 的积分. 现在对有关的积分分别讨论，首先给出有关的计算公式.

(1) $Q$ 的计算公式.

将式(4.2.44)与式(4.1.2)比较，如果把氢分子看作是氢原子核 $A$ 与电子 1 及核 $B$ 与电子 2 形成的两个氢原子组成的，当把孤立氢原子的能量作为能量零点后，式(4.2.44)第一个括号内的项恰好为氢分子 $AB$ 的 Hamilton 量. 同样，式(4.2.44)另外两个括号中的项恰好分别为氢分子 $BC$ 和 $CA$ 的 Hamilton 量. 因此有

$$Q = \left\langle abc\middle|\hat{H}'\middle|abc\right\rangle = Q_{ab} + Q_{bc} + Q_{ca} \quad (4.2.45)$$

这正是式(4.2.24). 最初 London 是作为假定提出这一公式的，现在已经证明，当选取三个孤立氢原子体系的能量为能量零点时，三原子体系的 Coulomb 积分可以严格地表示为三对双原子体系的 Coulomb 积分之和.

(2) $(ab)$、$(bc)$ 和 $(ca)$ 的计算公式.

由式(4.2.14)有

$$\begin{aligned} (ab) &= \left\langle a(1)b(2)c(3)\middle|\hat{H}'\middle|b(1)a(2)c(3)\right\rangle \\ &= \left\langle ab\middle| -\frac{1}{r_{A2}} - \frac{1}{r_{B1}} + \frac{1}{r_{12}} + \frac{1}{R_{AB}}\middle|ba\right\rangle \\ &\quad + \left\langle abc\middle| -\frac{1}{r_{A3}} - \frac{1}{r_{B3}} - \frac{1}{r_{C1}} - \frac{1}{r_{C2}} + \frac{1}{r_{23}} + \frac{1}{r_{13}} + \frac{1}{R_{BC}} + \frac{1}{R_{CA}}\middle|bac\right\rangle \\ &= K_{ab} + \Delta K_{ab} \end{aligned} \quad (4.2.46)$$

$K_{ab}$ 和 $\Delta K_{ab}$ 分别为其左边的第一、二项. 同样有

$$(bc) = K_{bc} + \Delta K_{bc} \tag{4.2.47}$$

$$(ac) = K_{ac} + \Delta K_{ac} \tag{4.2.48}$$

(3) $(abc)$ 的计算公式.

由式(4.2.15)有

$$\begin{aligned}(abc) &= \left\langle a(1)b(2)c(3)\middle|\hat{H}'\middle|b(1)c(2)a(3)\right\rangle \\ &= M_{ac}\langle ab|\frac{1}{r_{12}}|bc\rangle + M_{ab}\langle bc|\frac{1}{r_{23}}|ca\rangle + M_{bc}\langle ac|\frac{1}{r_{13}}|ba\rangle \\ &\quad - M_{bc}M_{ca}\langle a|\frac{1}{r_{B1}} + \frac{1}{r_{C1}}|b\rangle - M_{ab}M_{ca}\langle b|\frac{1}{r_{A2}} + \frac{1}{r_{C2}}|c\rangle \\ &\quad - M_{ab}M_{bc}\langle c|\frac{1}{r_{A3}} + \frac{1}{r_{B3}}|a\rangle + M_{ab}M_{bc}M_{ca}\left(\frac{1}{R_{AB}} + \frac{1}{R_{BC}} + \frac{1}{R_{CA}}\right)\end{aligned} \tag{4.2.49}$$

以下讨论上述公式中包含的各项积分的计算.

(1) $Q_{ab}$ 和 $K_{ab}$、$Q_{bc}$ 和 $K_{bc}$ 以及 $Q_{ca}$ 和 $K_{ca}$ 的计算.

利用式(4.1.9)和式(4.1.10)，注意：两式中的 $M_{ab} \neq 0$，并利用 Morse 势和反 Morse 势，有

$${}^1E^{(AB)} = \frac{Q_{ab} + K_{ab}}{1 + M_{ab}^2}, \qquad {}^3E^{(AB)} = \frac{Q_{ab} - K_{ab}}{1 - M_{ab}^2}$$

可得

$$Q_{ab} = \frac{1}{2}\left\{{}^1E^{(AB)} + {}^3E^{(AB)} + M_{ab}^2\left[{}^1E^{(AB)} - {}^3E^{(AB)}\right]\right\} \tag{4.2.50}$$

$$K_{ab} = \frac{1}{2}\left\{{}^1E^{(AB)} - {}^3E^{(AB)} + M_{ab}^2\left[{}^1E^{(AB)} + {}^3E^{(AB)}\right]\right\} \tag{4.2.51}$$

同样可推得 $Q_{bc}$、$Q_{ca}$、$K_{bc}$ 和 $K_{ca}$ 的表达式.

(2) $M_{ab}$、$M_{bc}$ 和 $M_{ca}$ 的计算.

氢原子的归一化1s轨道为

$$a = N\exp(-\mu r_A), \qquad b = N\exp(-\mu r_B)$$

以上两式中，$r_A$、$r_B$ 分别为电子到核 $A$ 和核 $B$ 的距离；$N$ 为归一化常数；$\mu$ 为屏蔽常数，其值与核间距 $R$ 有关，经验公式为

$$\mu = 1 + x\exp(-\lambda R) \tag{4.2.52}$$

其中 $x$ 和 $\lambda$ 为经验参数. 在椭球坐标系下可求得

$$M_{ab} = \langle a|b\rangle = \left(1 + \mu R_{AB} + \frac{1}{3}\mu^2 R_{AB}{}^2\right)\exp(-\mu R) \tag{4.2.53}$$

同样可求得 $M_{bc}$ 和 $M_{ca}$ 的表达式.

(3) $\Delta K_{ab}$、$\Delta K_{bc}$ 和 $\Delta K_{ca}$ 的计算.

由于 $\Delta K_{ab}$ 远比 $K_{ab}$ 的值小，可取无屏蔽的1s原子轨道，例如

$$a = N\exp(-r_A)$$

按 $\Delta K_{ab}$ 的定义式(4.2.46)计算，其中的双中心积分可在椭球坐标系下完成. 由于没有引入屏蔽常数，计算结果有一定误差，为此引入校正因子 $\delta$，把 $\Delta K_{ab}$ 表示为

$$\Delta K_{ab} = \delta M_{ab}^2\left[\frac{1}{R_{AC}}(1+R_{AC})\exp(-2R_{AC})+\frac{1}{R_{BC}}(1+R_{BC})\exp(-2R_{BC})\right] \tag{4.2.54}$$

适当选择$\delta$，使计算结果与 Heitler-London 处理氢分子的结果相接近.

类似地可求得$\Delta K_{bc}$和$\Delta K_{ca}$的表达式.

(4) $(abc)$的计算.

$(abc)$的计算较为繁杂，但其值较小. 由式(4.2.49)可知，$(abc)$的值与$M_{ab}$、$M_{bc}$和$M_{ca}$的大小有关. 作为近似，令

$$(abc) = \varepsilon M_{ab}M_{bc}M_{ca} \tag{4.2.55}$$

其中，$\varepsilon$为参数. 这样，在选定参数$x$、$\lambda$、$\delta$、$\varepsilon$，并确定 Morse 势和反 Morse 势中的参数后，就可以求得各种积分值，代入式(4.2.40)～式(4.2.42)，然后由式(4.2.10)就可以得到$H_3$的势能面. 表 4.2.1 中列出了 Porter 和 Karplus 计算$H_3$势能面时所用的参数值.

**表 4.2.1　$H_3$势能面计算中的参数**

| | | |
|---|---|---|
| $R_0 = 1.40083$a.u. | $^1D = 4.7466$eV | $^3D = 1.9668$eV |
| $\alpha = 1.04435$a.u. | $\beta = 1.000122$a.u | $\lambda = 0.65$ |
| $x = 0.60$ | $\delta = 1.12$ | $\varepsilon = -0.616$ |

### 4.2.5　Porter-Karplus 势能面

$H_3$势能面用于氢交换反应

$$H_2 + H = H + H_2 \tag{4.2.56}$$

的动力学计算中. 对于三原子分子(记作$ABC$)，分子构型由三个结构参数确定，结构参数可选核间距$R_{AB}$、$R_{BC}$、$R_{CA}$，也可选两个核间距如$R_{AB}$和$R_{BC}$以及它们之间的夹角$\gamma$. 键长、键角和二面角等称为分子的内坐标或内禀坐标. 三原子分子势能面$E(\vec{R})$是三个内坐标的函数，可写作$E(\vec{R}) = E(R_{AB}, R_{BC}, R_{CA})$，或写作$E(\vec{R}) = E(R_{AB}, R_{BC}, \gamma)$，如图 4.2.1 所示.

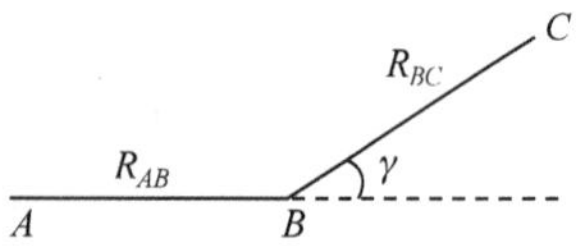


图 4.2.1　$H_3$体系的坐标参量

从几何上看，势能面$E(R_{AB}, R_{BC}, \gamma)$是四维空间中的曲面. 为了能够在平面上表示，通常在固定$\gamma$角下，绘制势能随原子核间距$R_{AB}$和$R_{BC}$变化的等值线(也称等高线)图.

图 4.2.2 展示了$H_3$体系基态势能面在不同$\gamma$角下的等值线图，是 Porter 和 Karplus 在 20 世纪 60 年代利用前面给出的 Porter-Karplus 计算方案得到的. 图中，同一条实线上的点具有相同的能量(高度相同). $\gamma = 0, \pi/4, \pi/2$ [图(a)、(b)、(c)]的等值线图是相似的，属于标准的势能面等值线图. 现以图 4.2.2(a)($\gamma = 0$，线性碰撞)为例讨论势能面的一般特征. 整个图形以$R_{AB} = R_{BC}$直线为对称，按能量最低原理，可以从该图上找到反应途径. 反应途径是沿势能面连接始态和终态的诸途径中，所经过的诸点势能最低的一条途径. 按这一定义，图中点 1 到 7 的弧形虚线就是反应途径，它位于谷底. 该虚线穿过不同的等值线，因此该虚线上相邻两点的能量值不同. 从点 1 到点 2 原子核间距$R_{BC}$变小，但$R_{AB}$为定值，这相当于$A$、$B$两个氢原子构成一个稳定的氢分子，氢原子$C$从无穷远处射来的始态. 此时，氢分子$AB$和氢原子$C$之间基本无相互作用. 过了点 2 之后，进入了氢分

子 $AB$ 和氢原子 $C$ 的相互作用区. 此时，核间距 $R_{AB}$ 被拉长，$R_{BC}$ 缩短，能量上升. 到了点 4，原子核间距 $R_{AB}$ 和 $R_{BC}$ 相等. 此后 $R_{BC}$ 继续减小而 $R_{AB}$ 继续增大，到了点 6 之后，$R_{BC}$ 为一个定值,而 $R_{AB}$ 逐渐趋于无穷，这相当于 $B$、$C$ 两个氢原子形成一个稳定的氢分子 $BC$，而氢原子 $A$ 被散射出去的终态，此时反应完毕. 点 4 显然对应于反应的过渡态. 在反应途径上它是能量的最高点，但是与其他途径上的邻近点相比，又是势能的最低点，因此它是势能面上的马鞍点. 过渡态(点 4)的能量与孤立氢分子和氢原子的能量之和的差值就是活化能. 我们把虚线上的点称为体系的代表点(因每一点都代表反应体系的一个构型)，值得注意的是，代表点实际上并不是沿谷底的虚线移动的. 以后我们将要研究分子的平动、转动和振动，分子的总能量是电子运动的能量以及核运动能量之和，由于核运动能量(动能)为正值，代表点实际上是沿谷底上空的弯曲虚线移动的，但习惯上人们仍然把位于谷底的虚线称为反应途径，因为它有明确的定义，不依赖于分子的振转态和平动能的大小. $\gamma=\pi/4$ 和 $\pi/2$ 的势能面等值线图与 $\gamma=0$ 的基本相同，也能找到反应途径和过渡态，只是相对应的能量升高，如图 4.2.2(b)和(c)所示. 但是，$\gamma=2\pi/3$ 的势能面等值线图[图 4.2.2(d)]与它们不同. 虽然该图也关于 $R_{AB}=R_{BC}$ 的直线对称，但在这直线上有歧点. 这是由于在过渡态时 $R_{AB}=R_{BC}=R_{CA}$，体系为等边三角形，氢原子 $A$、$B$ 和 $C$ 处

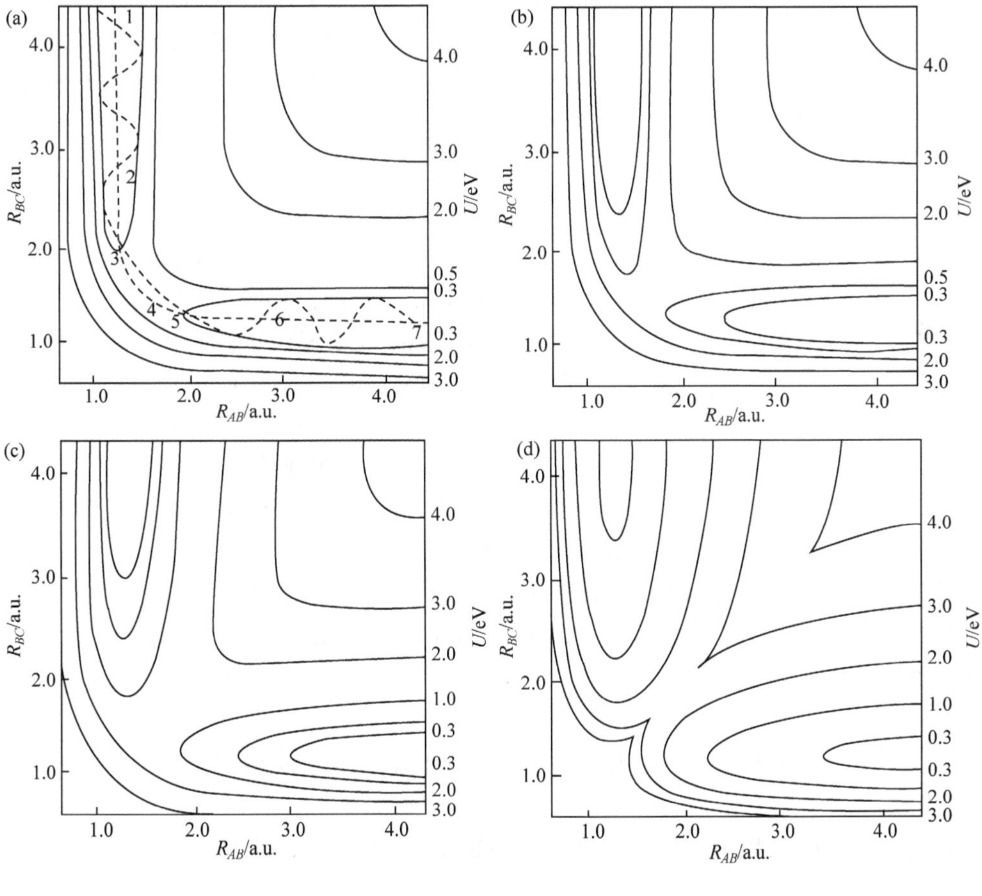


图 4.2.2　$H_3$ 基态势能面在不同 $\gamma$ 角下的等值线图

(a) $\gamma=0$；(b) $\gamma=\frac{\pi}{4}$；(c) $\gamma=\frac{\pi}{2}$；(d) $\gamma=\frac{2\pi}{3}$

该图参考了唐敖庆，李前树. 分子反应动态学. 长春: 吉林大学出版社，1988 年，第 35-36 页图 1.4～图 1.7

于等同地位，它可以有三种不同的分解方式，或者说它有三个反应通道[图 4.2.3(a)]，并且有相同的分解概率，因此难以确定反应途径，这与图 4.2.2(d)中存在着歧点相对应. $\gamma=0,\pi/4$ 和 $\pi/2$ 时的过渡态只有两种分解方式，或者说有两个反应通道[图 4.2.3(b)]，活化态的分解不是返回到始态，就是到达终态，从而有明确的反应途径.

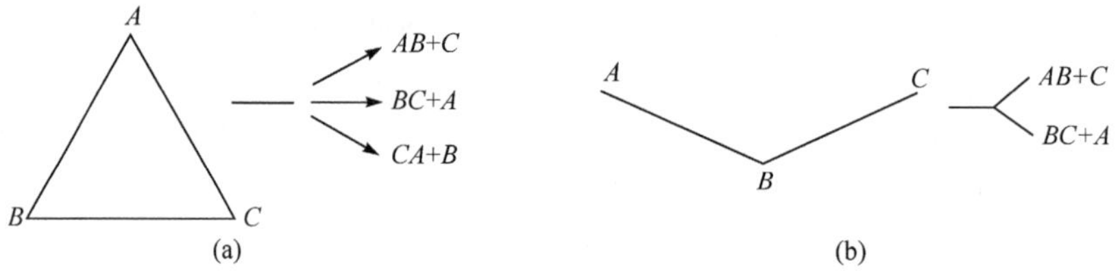


图 4.2.3 不同入射角度时过渡态的分解方式

(a) $\gamma=2\pi/3$ ；(b) $\gamma=0,\pi/4,\pi/2$

现在进一步讨论氢原子 $C$ 从不同方向接近氢分子 $AB$ (即不同 $\gamma$ 角)时的活化能大小.

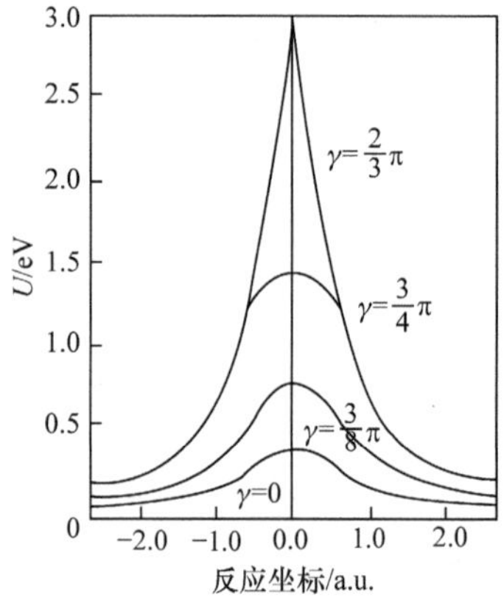


图 4.2.4 沿反应途径的 $H_3$ 势能曲线

该图参考了唐敖庆，李前树. 分子反应动态学. 长春: 吉林大学出版社，1988 年，第 38 页图 1.8

图 4.2.4 中的各条曲线是 $\gamma$ 取不同值时沿反应途径(位于谷底的虚线)并垂直于势能面的曲面与势能面的交线，因此它们是沿反应途径的势能曲线，常称为势能剖面. 横坐标为反应坐标，它是体系代表点移动的途径，对反应(4.2.56)，反应坐标可取作

$$R=R_{AB}-R_{BC} \tag{4.2.57}$$

由图 4.2.4 可见，随着 $\gamma$ 值的增大，活化能也增大，在 $\gamma=2\pi/3$ 时，活化能急速增大. 由此得知，对反应(4.2.56)来说，直线进攻的形式是最容易起反应的.

Heitler-London 处理氢分子所得的结果奠定了分子结构的价键理论，同样 Porter-Karplus 关于 $H_3$ 体系基态势能面的研究结果对一般分子的势能面也具有普遍意义. 他们从势能面上找到了合理的反应途径和具有马鞍点性质的过渡态(也称活化态)，进而计算了反应的活化能，这些概念可直接推广到一般的势能面，从而为利用势能面讨论化学反应奠定了基础.

应当指出，上述 Porter-Karplus 计算中引入了若干经验参数，因此得到的是半经验势能面. 随着计算方法和计算能力的快速进步，人们可以用几百万个组态建造波函数，从而可以得到精确的 $H_3$ 势能面.

## 4.3 Hellmann-Feynman 定理及其应用

为了进一步研究势能面的性质，下面介绍 Hellmann-Feynman 定理.

### 4.3.1 Hellmann-Feynman 定理

暂时不考虑 Born-Oppenheimer 近似，假定量子体系的 Hamilton 算符 $\hat{H}$ 不显含时间，于是有定态 Schrödinger 方程

$$\hat{H}\Psi = E\Psi \tag{4.3.1}$$

设 $\lambda$ 是 Hamilton 量 $\hat{H}$ 中包含的任意一个参数，在这种情况下，能量本征值 $E$ 将是 $\lambda$ 的函数，波函数 $\Psi$ 也将依赖于 $\lambda$. 假定 $\Psi$ 已经归一化，这时有

$$\frac{\partial E}{\partial \lambda} = \langle \Psi | \frac{\partial \hat{H}}{\partial \lambda} | \Psi \rangle \tag{4.3.2}$$

式(4.3.2)称为 Hellmann-Feynman 定理. 它是 1937～1939 年间由 Hellmann 和 Feynman 分别独立地提出的，是一个严格的量子力学定理，证明如下.

由式(4.3.1)有

$$E = \langle \Psi | \hat{H} | \Psi \rangle$$

对 $\lambda$ 求偏微分，利用式(4.3.1)并注意到 $\hat{H}$ 为 Hermite 算符，有

$$\frac{\partial E}{\partial \lambda} = \left\langle \frac{\partial \Psi}{\partial \lambda} \middle| \hat{H} \middle| \Psi \right\rangle + \left\langle \Psi \middle| \hat{H} \middle| \frac{\partial \Psi}{\partial \lambda} \right\rangle + \langle \Psi | \frac{\partial \hat{H}}{\partial \lambda} | \Psi \rangle = E \frac{\partial}{\partial \lambda} \langle \Psi | \Psi \rangle + \langle \Psi | \frac{\partial \hat{H}}{\partial \lambda} | \Psi \rangle$$

由于

$$\langle \Psi | \Psi \rangle = 1$$

故有

$$\frac{\partial}{\partial \lambda} \langle \Psi | \Psi \rangle = 0$$

于是有

$$\frac{\partial E}{\partial \lambda} = \langle \Psi | \frac{\partial \hat{H}}{\partial \lambda} | \Psi \rangle$$

定理得证.

应用 Hellmann-Feynman 定理可以使很多问题的求解简化. 例如，对一维谐振子，有

$$\hat{H} = -\frac{1}{2m}\frac{\mathrm{d}^2}{\mathrm{d}x^2} + \frac{1}{2}kx^2, \qquad E_n = \left(n + \frac{1}{2}\right)\omega = \left(n + \frac{1}{2}\right)\left(\frac{k}{m}\right)^{\frac{1}{2}}$$

以上两式中，$m$ 和 $k$ 分别是振子质量和力常数，两者都可以看作参量，对参量 $k$ 有

$$\frac{\partial \hat{H}}{\partial k} = \frac{1}{2}x^2, \qquad \frac{\partial E_n}{\partial k} = \frac{1}{2}\left(n + \frac{1}{2}\right)(mk)^{-\frac{1}{2}} = \frac{1}{2}\left(n + \frac{1}{2}\right)\frac{\omega}{k}$$

将以上两式代入式(4.3.2)，可得

$$\langle x^2 \rangle = \left(n + \frac{1}{2}\right)\frac{\omega}{k} \tag{4.3.3}$$

式中，$\langle\ \rangle$ 为力学量平均值记号，即

$$\langle x^2 \rangle = \langle \Psi | x^2 | \Psi \rangle$$

本书以下章节中也将采用这一记号表示力学量的平均值. 由式(4.3.3)可知，将 Hellmann-Feynman 定理应用于一维谐振子，不必进行积分计算就可以求得 $x^2$ 的平均值.

同样，将 Hellmann-Feynman 定理应用于类氢原子，将核电荷数 $Z$ 看作参数，则可得 $r^{-1}$ 的平均值为(类氢原子的能量为 $E = -\frac{Z^2}{2n^2}$)

$$\left\langle \frac{1}{r} \right\rangle = \frac{Z}{n^2} \tag{4.3.4}$$

因此，氢原子的 Bohr 半径为 $r = 1$ a.u.(原子单位).

### 4.3.2　静电定理

现在考虑分子体系. 在 Born-Oppenheimer 近似下，电子运动的定态 Schrödinger 方程为

$$\hat{H}\Psi\left(\vec{q},\vec{R}\right) = U\left(\vec{R}\right)\Psi\left(\vec{q},\vec{R}\right) \tag{4.3.5}$$

其中

$$\hat{H} = \sum_i -\frac{1}{2}\nabla_i^2 + V, \qquad V = -\sum_{ai}\frac{Z_a}{r_{ai}} + \sum_{i<j}\frac{1}{r_{ij}} + \sum_{a<b}\frac{Z_a Z_b}{R_{ab}} \tag{4.3.6}$$

从式(4.3.5)出发，同样可以导出式(4.3.2)，这就是说，在 Born-Oppenheimer 近似下，Hellmann-Feynman 定理(4.3.2)仍然成立. 以核坐标为参量，并以 $(x_a, y_a, z_a)$ 表示核 $a$ 的直角坐标，则有

$$\frac{\partial U\left(\vec{R}\right)}{\partial x_a} = \langle \Psi | \frac{\partial \hat{H}}{\partial x_a} | \Psi \rangle$$

在电子的动能算符中不包含核坐标，因此由式(4.3.6)，有

$$\frac{\partial U\left(\vec{R}\right)}{\partial x_a} = \langle \Psi | \frac{\partial V}{\partial x_a} | \Psi \rangle$$

同样有

$$\frac{\partial U\left(\vec{R}\right)}{\partial y_a} = \langle \Psi | \frac{\partial V}{\partial y_a} | \Psi \rangle, \qquad \frac{\partial U\left(\vec{R}\right)}{\partial z_a} = \langle \Psi | \frac{\partial V}{\partial z_a} | \Psi \rangle$$

合写为

$$\nabla_a U\left(\vec{R}\right) = \langle \Psi | \nabla_a V | \Psi \rangle \tag{4.3.7}$$

由 Ehrenfest 定理

$$\left\langle \vec{F}_a \right\rangle = -\langle \nabla_a V \rangle \tag{4.3.8}$$

有

$$\left\langle \vec{F}_a \right\rangle = -\langle \nabla_a V \rangle = -\nabla_a U\left(\vec{R}\right) \tag{4.3.9}$$

Ehrenfest 定理(4.3.8)表明，经典力学中力与势函数的关系在量子力学中仍然保持，不过在量子力学中，力与势函数的梯度都要用其平均值表示. 将 Ehrenfest 定理(4.3.8)与 Hellmann-Feynman 定理所得结果(4.3.7)相结合，就得到关系式(4.3.9). 式(4.3.9)称为静电定理，它表明在 Born-Oppenheimer 近似下，分子体系中作用在原子核 $a$ 上的力等于势能面 $U(\vec{R})$ 对该核坐标的梯度的负值.

静电定理是 Hellmann-Feynman 定理的一个特例，根据这一定理，如果已经得到分子体系的势能面，就可以从势能面的梯度计算原子核所受的力. 如果原子核的运动采用经典力学处理，则可由已知的势能面直接求解牛顿运动方程，这正是分子动力学模拟的依据.

### 4.3.3　双原子分子：成键区与反键区

将静电定理应用于双原子分子，则可为分子的成键作用提供直观图像.

如图 4.3.1 所示，将两原子核 $a$ 和 $b$ 所在的分子轴选作 $x$ 轴，原子核 $a$ 和 $b$ 的直角坐标分别为 $(x_a,y_a,z_a)$ 和 $(x_b,y_b,z_b)$，以 $(x,y,z)$ 表示某一电子的坐标. 对于双原子分子，势能曲线 $U(R)$ 只是核间距 $R$ 的函数，因此由式(4.3.9)有

$$\left\langle \hat{F}_{ax} \right\rangle = -\frac{\partial U(\vec{R})}{\partial x_a} = -\frac{\mathrm{d}U(\vec{R})}{\mathrm{d}R}\frac{\partial R}{\partial x_a}$$

$$\left\langle \hat{F}_{bx} \right\rangle = -\frac{\partial U(\vec{R})}{\partial x_b} = -\frac{\mathrm{d}U(\vec{R})}{\mathrm{d}R}\frac{\partial R}{\partial x_b}$$

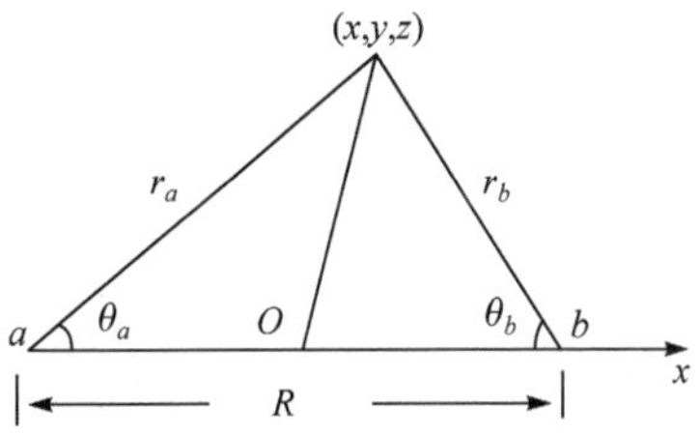


图 4.3.1　双原子分子的坐标系($O$ 为坐标原点)

由分子对称性可知，作用在两核上的力的 $y$ 和 $z$ 分量均为零. 由于 $R = x_b - x_a$，代入上式有

$$\left\langle \hat{F}_{ax} \right\rangle = \frac{\mathrm{d}U(\vec{R})}{\mathrm{d}R} = -\left\langle \hat{F}_{bx} \right\rangle \tag{4.3.10}$$

这相当于将力的方向取作 $x$ 轴的正方向. 式(4.3.10)表明，作用在两核上的力大小相等，方向相反.

另外，由式(4.3.9)有

$$\left\langle \hat{F}_{ax} \right\rangle = -\left\langle \frac{\partial V}{\partial x_a} \right\rangle,\quad \left\langle \hat{F}_{bx} \right\rangle = -\left\langle \frac{\partial V}{\partial x_b} \right\rangle \tag{4.3.11}$$

对于双原子分子，式(4.3.6)简化为

$$V = \frac{Z_a Z_b}{R} - \sum_i \frac{Z_a}{r_{ai}} - \sum_i \frac{Z_b}{r_{bi}} + \sum_{i<j} \frac{1}{r_{ij}}$$

其中

$$r_{ai} = \left\{ (x_i - x_a)^2 + (y_i - y_a)^2 + (z_i - z_a)^2 \right\}^{\frac{1}{2}}$$

故有

$$\frac{\partial V}{\partial x_a} = \frac{Z_a Z_b}{R^2} - \frac{Z_a (x_i - x_a)}{r_{ai}{}^3}$$

将上式代入式(4.3.11)，可得

$$\left\langle \hat{F}_{ax} \right\rangle = -\frac{Z_a Z_b}{R^2} + \sum_i \int \frac{Z_a}{r_{ai}^2} \frac{x_i - x_a}{r_{ai}} \Psi^* \Psi \mathrm{d}\vec{q} \tag{4.3.12}$$

式(4.3.12)积分是对所有的电子坐标进行的，设电子数目为 $N$，则有

$$\mathrm{d}\vec{q} = \mathrm{d}\vec{q}_1 \mathrm{d}\vec{q}_2 \cdots \mathrm{d}\vec{q}_N$$

$\mathrm{d}\vec{q}_i$ 代表电子 $i$ 的空间和自旋坐标，由于电子是不可区分的，因此式(4.3.12)中对 $i$ 求和中的每一项都是相等的，于是有

$$\left\langle \hat{F}_{ax} \right\rangle = -\frac{Z_a Z_b}{R^2} + N\int \frac{Z_a}{r_{a1}^2} \frac{x_1 - x_a}{r_{a1}} \Psi^* \Psi \mathrm{d}\vec{q} = -\frac{Z_a Z_b}{R^2} + N\int \frac{Z_a}{r_{a1}^2} \frac{x_1 - x_a}{r_{a1}} \mathrm{d}\vec{q}_1 \int \Psi^* \Psi \mathrm{d}\vec{q}_2 \cdots \mathrm{d}\vec{q}_N$$

由于

$$\rho^{(1)}(\vec{q}_1) = \int \Psi^* \Psi \mathrm{d}\vec{q}_2 \cdots \mathrm{d}\vec{q}_N$$

代表电子 1 出现在 $\vec{q}_1$、其他电子出现在任何可能位置时的概率密度，因而

$$\rho(\vec{q}_1)=N\rho^{(1)}(\vec{q}_1)$$

代表 $N$ 个电子中有一个出现在 $\vec{q}_1$、其他电子出现在任何可能位置时的概率密度，于是有

$$\left\langle \hat{F}_{ax}\right\rangle=-\frac{Z_aZ_b}{R^2}+Z_a\int\rho(\vec{r})\frac{1}{r_a^2}\frac{x-x_a}{r_a}\mathrm{d}\vec{r} \tag{4.3.13}$$

式(4.3.13)中略去了下标 1，并把体积元 $\mathrm{d}\vec{q}_1$ 改写作 $\mathrm{d}\vec{r}$，$\vec{r}$ 为电子的空间坐标，这意味着已对自旋做了求和，由图 4.3.1 可得

$$\frac{x-x_a}{r_a}=\cos\theta_a$$

从而

$$\left\langle \hat{F}_{ax}\right\rangle=-\frac{Z_aZ_b}{R^2}+Z_a\int\frac{\rho(\vec{r})\cos\theta_a}{r_a^2}\mathrm{d}\vec{r} \tag{4.3.14}$$

类似地有

$$\left\langle \hat{F}_{bx}\right\rangle=\frac{Z_aZ_b}{R^2}-Z_b\int\frac{\rho(\vec{r})\cos\theta_b}{r_b^2}\mathrm{d}\vec{r} \tag{4.3.15}$$

由式(4.3.10)有

$$\left\langle \hat{F}_{ax}\right\rangle=\frac{1}{2}\left[\left\langle \hat{F}_{ax}\right\rangle-\left\langle \hat{F}_{bx}\right\rangle\right]$$

将式(4.3.14)和式(4.3.15)代入上式，得

$$\begin{aligned}\left\langle \hat{F}_{ax}\right\rangle&=-\frac{Z_aZ_b}{R^2}+\frac{1}{2}\int\rho(\vec{r})\left(\frac{Z_a\cos\theta_a}{r_a^2}+\frac{Z_b\cos\theta_b}{r_b^2}\right)\mathrm{d}\vec{r}\\&=-\frac{Z_aZ_b}{R^2}+\frac{1}{2}\int f\rho(\vec{r})\mathrm{d}\vec{r}\end{aligned} \tag{4.3.16}$$

其中

$$f=\frac{Z_a\cos\theta_a}{r_a^2}+\frac{Z_b\cos\theta_b}{r_b^2}$$

式(4.3.16)最后的积分可以在 $f>0$ 和 $f<0$ 的两个区域分别进行( $f=0$ 时积分为零)，即有

$$\left\langle \hat{F}_{ax}\right\rangle=-\frac{Z_aZ_b}{R^2}+\frac{1}{2}\int_{f>0}f\rho(\vec{r})\mathrm{d}\vec{r}+\frac{1}{2}\int_{f<0}f\rho(\vec{r})\mathrm{d}\vec{r} \tag{4.3.17}$$

式(4.3.17)右端第一项代表核 $b$ 对核 $a$ 的静电排斥力，其他两项为电子对核的作用力. 由于 $\rho(\vec{r})$ 总取正值，因此第二项表示在 $f>0$ 的区域电子与核的作用是将核 $a$ 拉向核 $b$，第三项表示在 $f<0$ 的区域电子与核的作用是将两核分开，因此可以说，在 $f>0$ 的区域电子起成键作用，而在 $f<0$ 的区域电子起反键作用，相应的区域分别称为成键区和反键区，两区域分界面的方程是 $f=0$.

对于同核双原子分子，$Z_a=Z_b$，由 $f=0$ 有

$$\frac{\cos\theta_a}{r_a^2}+\frac{\cos\theta_b}{r_b^2}=0 \tag{4.3.18}$$

当 $\theta_a < 90°$ 同时 $\theta_b < 90°$ 时，$f > 0$，为成键区，当 $\theta_a$ 和 $\theta_b$ 中有一个大于 $90°$ 时，则可能有 $f < 0$，为反键区. 在 $xOz$ 平面上画出 $f = 0$ 的曲线，如图 4.3.2 所示. 将图中的曲线绕 $x$ 轴旋转一周，即得三维图. 从图中可以看出，介于两核之间的区域为成键区，这是容易理解的，因为电子出现在这个区域时，将对两个核同时发生吸引作用，从而把它们拉在一起. 类似地可以分析反键区域(阴影部分).

对于异核双原子分子，假定 $Z_a > Z_b$，成键区和反键区的划分示意于图 4.3.3.

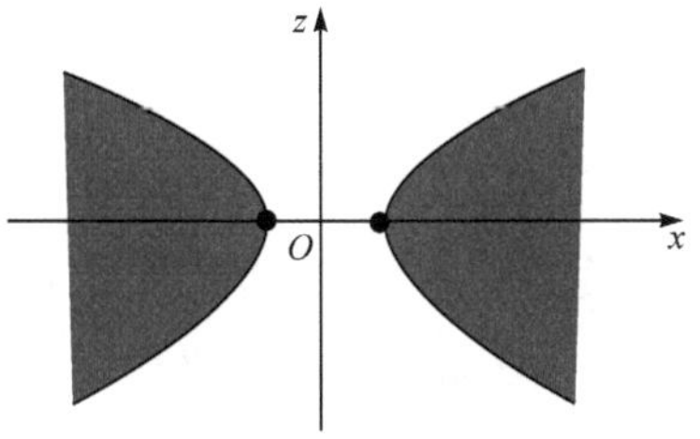


图 4.3.2　同核双原子分子的成键区和反键区(阴影部分)

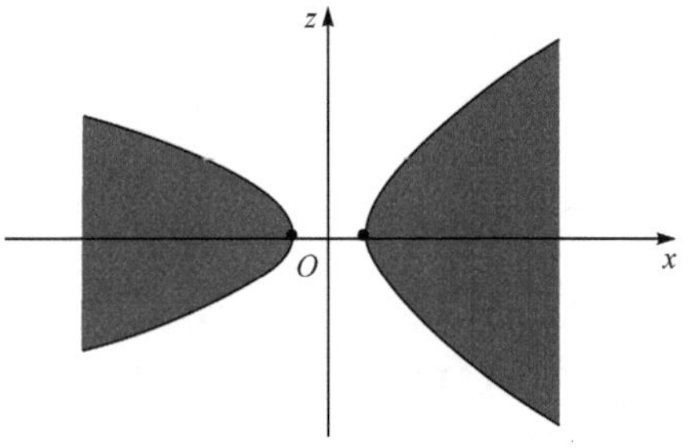


图 4.3.3　异核双原子分子的成键区和反键区(阴影部分)($Z_a > Z_b$)

### 4.3.4　多原子分子中的原子核受力分析

设多原子分子中有 $N$ 个电子，根据静电定理可以计算多原子分子中核 $a$ 所受的力. 应用式(4.3.8)和式(4.3.6)，注意：在进行微分运算时，与核 $a$ 的坐标无关的项均为 0，于是有

$$\begin{aligned}\left\langle \vec{F}_a \right\rangle &= -\left\langle \nabla_a V \right\rangle = -\sum_{b(b\neq a)} \frac{Z_a Z_b}{R_{ab}^2}\frac{\vec{R}_{ab}}{R_{ab}} + \sum_{i=1}^{N}\int \frac{Z_a}{r_{ai}^2}\frac{\vec{r}_{ai}}{r_{ai}}\Psi^*\Psi \mathrm{d}\vec{q} \\ &= -\sum_{b(b\neq \mathrm{a})} \frac{Z_a Z_b}{R_{\mathrm{ab}}^2}\frac{\vec{R}_{ab}}{R_{ab}} + \int \frac{Z_a}{r_a^2}\frac{\vec{r}_a}{r_a}\rho(\vec{r})\mathrm{d}\vec{r}\end{aligned} \tag{4.3.19}$$

式(4.3.19)最后一步的处理方式以及 $\rho(\vec{r})$ 的物理意义与 4.3.3 节相同. $r_a$ 是核 $a$ 到电子所在点的距离，$\vec{r}_a$ 是相应的向量. 式中第一项是其他核对核 $a$ 的 Coulomb 排斥力，第二项是所有电子对核 $a$ 的吸引作用，它由电子密度分布 $\rho$ 决定. 可以看到，如果已知体系的电子密度 $\rho(\vec{r})$，则可由式(4.3.19)计算原子核所受的力. 如果将电子密度 $\rho(\vec{r})$ 适当分解，例如，将 $\rho(\vec{r})$ 分解为两个子体系的电子密度及其叠加，则可分别考察各部分电子密度对原子核受力的贡献. 在研究原子力显微镜(AFM)的成像机理时就采用了这种方法，可参看相关文献[2].

当体系处于平衡状态时，各原子核受力均为零，此时有

$$-\sum_{b(b\neq a)} \frac{Z_a Z_b}{{R_{ab}}^2}\frac{\vec{R}_{ab}}{R_{ab}} + \int \frac{Z_a}{r_a^2}\frac{\vec{r}_a}{r_a}\rho(\vec{r})\mathrm{d}\vec{r} = 0 \tag{4.3.20}$$

设有 $M$ 个原子核，则式(4.3.20)代表 $3M$ 个方程，$\rho(\vec{r})$ 要满足这 $3M$ 个方程，由此可以讨论 $\rho(\vec{r})$ 的一些性质. 另外，由分子的对称性也可以讨论 $\rho(\vec{r})$ 的一些性质，因为 $\rho(\vec{r})$ 要满足分子的对称性要求. 但 $\rho(\vec{r})$ 是整个空间的函数，由式(4.3.20)和分子的对称性并不能完全确定 $\rho(\vec{r})$.

由式(4.3.20)还可以看到，对多原子分子体系，不能像双原子分子那样，将空间区域简单地划分为成键区和反键区.

# 4.4　Virial 定理及其应用

在量子力学的早期发展阶段，人们总希望找到经典物理量的量子力学对应，以便弄清经典力学与量子力学之间的关联，加深对量子力学的理解. Virial 是经典力学中的一个重要物理量，Virial 定理是经典力学中的一个定理，本节将给出经典 Virial 定理及其对应的量子力学 Virial 定理，在此基础上，探讨分子体系中电子的动能和势能之间的关系以及随着核构型变化二者的消长.

## 4.4.1　量子 Poisson 括号

为了便于公式推导，首先介绍量子 Poisson 括号及有关的恒等式. 通常用量子 Poisson 括号表示力学量算符之间的对易关系，式(1.5.11)给出了量子 Poisson 括号的定义，即设 $\hat{A}$、$\hat{B}$ 为两个线性算符，则量子 Poisson 括号的定义为

$$\left[\hat{A},\hat{B}\right]=\hat{A}\hat{B}-\hat{B}\hat{A} \tag{4.4.1}$$

式(1.5.13)给出了量子 Poisson 括号的两个恒等式，除了这两个恒等式之外，还有其他恒等式，为了以后引用方便，把有关量子 Poisson 括号的恒等式一并列出

$$\left[\hat{A},\hat{B}\right]=-\left[\hat{B},\hat{A}\right] \tag{4.4.2}$$

$$\left[\hat{A},\hat{B}+\hat{C}\right]=\left[\hat{A},\hat{B}\right]+\left[\hat{A},\hat{C}\right] \tag{4.4.3}$$

$$\left[\hat{A},\hat{B}\hat{C}\right]=\left[\hat{A},\hat{B}\right]\hat{C}+\hat{B}\left[\hat{A},\hat{C}\right] \tag{4.4.4}$$

$$\left[k\hat{A},\hat{B}\right]=\left[\hat{A},k\hat{B}\right]=k\left[\hat{A},\hat{B}\right] \tag{4.4.5}$$

$$\left[\hat{A},\left[\hat{B},\hat{C}\right]\right]+\left[\hat{B},\left[\hat{C},\hat{A}\right]\right]+\left[\hat{C},\left[\hat{A},\hat{B}\right]\right]=0 \tag{4.4.6}$$

以上各式中，$\hat{A}$、$\hat{B}$、$\hat{C}$ 都是线性算符，$k$ 为常数，由式(4.4.1)易于证明上列恒等式，例如，式(4.4.4)可证明如下：由式(4.4.1)有

$$\begin{aligned}\left[\hat{A},\hat{B}\hat{C}\right]&=\hat{A}\hat{B}\hat{C}-\hat{B}\hat{C}\hat{A}=\hat{A}\hat{B}\hat{C}-\hat{B}\hat{A}\hat{C}+\hat{B}\hat{A}\hat{C}-\hat{B}\hat{C}\hat{A}\\&=\left(\hat{A}\hat{B}-\hat{B}\hat{A}\right)\hat{C}+\hat{B}\left(\hat{A}\hat{C}-\hat{C}\hat{A}\right)=\left[\hat{A},\hat{B}\right]\hat{C}+\hat{B}\left[\hat{A},\hat{C}\right]\end{aligned}$$

证毕. 其他恒等式不再一一证明.

## 4.4.2　Virial 定理

暂时不考虑 Born-Oppenheimer 近似，设体系的 Hamilton 算符 $\hat{H}\left(=\hat{T}+\hat{V}\right)$ 不显含时间，则定态 Schrödinger 方程为

$$\hat{H}\Psi=E\Psi \tag{4.4.7}$$

又设 $\hat{A}$ 为另一个不显含时间的线性算符，则对 $\hat{H}$ 的任何定态，有如下定理

$$\left\langle\left[\hat{A},\hat{H}\right]\right\rangle=0 \tag{4.4.8}$$

式(4.4.8)左端表示量子 Poisson 括号 $\left[\hat{A},\hat{H}\right]$ 对 $\hat{H}$ 的定态求平均值. 式(4.4.8)称为广义 Virial

定理，它表明任一线性算符 $\hat{A}$ (不一定与 $\hat{H}$ 对易)与 $\hat{H}$ 的对易关系在定态的平均值均为零，证明如下.

由式(4.4.1)和式(4.4.7)有

$$\left\langle\left[\hat{A},\hat{H}\right]\right\rangle = \langle\Psi|\hat{A}\hat{H}|\Psi\rangle - \langle\Psi|\hat{H}\hat{A}|\Psi\rangle = E\langle\Psi|\hat{A}|\Psi\rangle - E\langle\Psi|\hat{A}|\Psi\rangle = 0 \tag{4.4.9}$$

证毕. 以上证明利用了 $\hat{H}$ 的 Hermite 性质.

取

$$\hat{A} = \sum_{i=1}^{3n} x_i \hat{p}_i \tag{4.4.10}$$

式中，$n$ 为体系中包含的粒子(对分子体系而言，指的是电子和核)的总数目；$x_i$ 和 $\hat{p}_i$ 分别为 $i$ 粒子的坐标和动量. 这里，已将粒子的坐标统一编号，把第 $m$ 个粒子的坐标 $(x_m, y_m, z_m)$ 标记为 $(x_{3m-2}, x_{3m-1}, x_{3m})$，这样，$n$ 个粒子的坐标统一记为 $x_1, x_2, x_3, \cdots, x_{3n-2}, x_{3n-1}, x_{3n}$，相应的动量为 $\hat{p}_1, \hat{p}_2, \hat{p}_3, \cdots, \hat{p}_{3n-2}, \hat{p}_{3n-1}, \hat{p}_{3n}$. 采用这种记号后，式(4.4.7)中的 Hamilton 算符为

$$\hat{H} = \hat{T} + \hat{V} = \sum_j \frac{\vec{p}_j^{\,2}}{2m_j} + V\left(x_1 \cdots x_{3n}\right)$$

其中

$$\vec{p}_j = -\mathrm{i}\nabla_j, \quad j = 1, \cdots, n$$

由式(4.4.2)～式(4.4.6)，并利用对易关系(注意用原子单位)

$$\left[x_k, \hat{p}_j\right] = \mathrm{i}\delta_{kj}$$

易于证明

$$\left[x_k, \hat{H}\right] = \frac{\mathrm{i}}{m_k}\hat{p}_k \quad , \quad \left[\hat{p}_k, \hat{H}\right] = -\mathrm{i}\frac{\partial V}{\partial x_k}$$

以上四式中的 $\mathrm{i} = \sqrt{-1}$ 为虚数单位，$V$ 是 $\hat{H}$ 中的位能项，于是有

$$\begin{aligned}\left[\hat{A},\hat{H}\right] &= \sum_{k=1}^{3n}\left[x_k\hat{p}_k, \hat{H}\right] = \sum_{k=1}^{3n}\left[x_k, \hat{H}\right]\hat{p}_k + \sum_{k=1}^{3n} x_k\left[\hat{p}_k, \hat{H}\right] \\ &= \mathrm{i}\sum_{k=1}^{3n}\frac{\hat{p}_k^2}{m_k} - \mathrm{i}\sum_{k=1}^{3n} x_k\frac{\partial V}{\partial x_k} = \mathrm{i}2\hat{T} - \mathrm{i}\sum_{k=1}^{3n} x_k\frac{\partial V}{\partial x_k}\end{aligned}$$

由式(4.4.8)，有

$$\left\langle\hat{T}\right\rangle = \frac{1}{2}\left\langle\sum_{k=1}^{3n} x_k\frac{\partial V}{\partial x_k}\right\rangle \tag{4.4.11}$$

式(4.4.11)称为 Virial 定理，右边的物理量称为 Virial，它是广义 Virial 定理式(4.4.8)的一个特例.

下面解释 Virial 定理. 由 Ehrenfest 定理[见式(4.3.8)]有

$$\left\langle\sum_{k=1}^{3n} x_k\frac{\partial V}{\partial x_k}\right\rangle = -\left\langle\sum_{k=1}^{3n} x_k\hat{F}_k\right\rangle \tag{4.4.12}$$

代入式(4.4.11)，有

$$\left\langle\hat{T}\right\rangle = -\frac{1}{2}\left\langle\sum_{k=1}^{3n} x_k\hat{F}_k\right\rangle \tag{4.4.13}$$

Virial 一词是 Clausius 根据拉丁文 Vires(力)造出来的，并称 $-\frac{1}{2}\sum_i \vec{r}_i \cdot \vec{F}_i$ 为粒子体系的 Virial，其中 $\vec{F}_i$ 为 $i$ 粒子所受的力，$\vec{r}_i$ 为 $i$ 粒子的位矢，从而提出分子热运动的 Virial 定理

$$\frac{1}{2}\sum_i m_i v_i^2 = -\frac{1}{2}\sum_i \vec{r}_i \cdot \vec{F}_i \tag{4.4.14}$$

即分子体系的总动能等于 Virial. 由式(4.4.13)和式(4.4.14)可以看出，量子力学中的 Virial 定理和经典的 Virial 定理有完全相同的形式，而且 Virial 本身的定义也相同，只不过是用力学量的平均值来表示. 在热力学中，Virial 一词曾被广泛运用，而气体物态方程中的修正项则表示分子间的相互作用力使 $PV$ 关系偏离理想气体的程度，因此这些修正项的系数称为第二、第三……Virial 系数. Virial 一词最初被错误地翻译为“均功”，事实上 Virial 中的 $\vec{r}$ 并不是粒子的位移矢量，而是粒子的位置矢量，因此虽然 $\vec{r}\cdot\vec{F}$ 具有功的量纲，但并不代表功，只能称为“力的 Virial”，正像我们把 $\vec{r}\times\vec{F}$ 称为力的矩(力矩)一样(其中，$\vec{r}$ 为力的作用点的位置矢量). 图 4.4.1 表明了力矩、Virial 以及功的关系. 图中，$\vec{F}$ 为质点 $P$ 所受到的作用力，$\vec{r}$ 为质点 $P$ 的位置矢量，$\vec{S}$ 为质点 $P$ 在力 $\vec{F}$ 作用下的位移，于是有力矩 $\vec{M}=\vec{r}\times\vec{F}$， $\text{Virial}=-\frac{1}{2}\vec{r}\cdot\vec{F}$，功 $W=\vec{F}\cdot\vec{S}$.

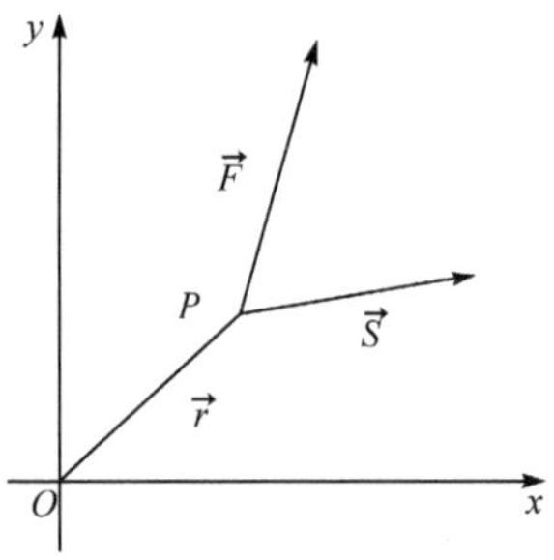

图 4.4.1 力矩、Virial 和功

以上讨论是为了让读者了解 Virial 定理的历史渊源，从而正确地理解这一定理. 下面用 Virial 定理讨论化学成键作用.

### 4.4.3 Virial 定理的某些简化形式

首先介绍齐次函数定理. 若函数 $f(x_1,x_2,\cdots,x_l)$ 具有下列性质

$$f(tx_1,tx_2,\cdots,tx_l)=t^m f(x_1,x_2,\cdots,x_l) \tag{4.4.15}$$

则称 $f$ 为 $m$ 次齐函数，式中 $t$ 为任意参数. 例如，$f(x,y)=x^2+xy+y^2$ 为二次齐函数，因为

$$f(tx,ty)=t^2\left(x^2+xy+y^2\right)$$

我们有 Euler 齐次函数定理：若 $f(x_1,x_2,\cdots,x_l)$ 为 $m$ 次齐函数，则

$$\sum_{i=1}^{l} x_i\frac{\partial f}{\partial x_i}=mf \tag{4.4.16}$$

事实上，因 $f$ 为 $m$ 次齐函数，故有

$$f(tx_1,tx_2,\cdots,tx_l)=t^m f(x_1,x_2,\cdots,x_l)$$

两边对 $t$ 求微分有

$$\sum_{i=1}^{l}\frac{\partial f}{\partial(tx_i)}\frac{\partial(tx_i)}{\partial t}=\sum_{i=1}^{l}x_i\frac{\partial f}{\partial(tx_i)}=mt^{m-1}f(x_1,x_2,\cdots,x_l)$$

上式为一恒等式，令 $t=1$ 则有

$$\sum_{i=1}^{l} x_i\frac{\partial f}{\partial x_i}=mf$$

因此，如果体系的势能 $V$ 是粒子坐标 $\{x_i\}$ 的 $m$ 次齐函数，则有

$$\sum_i x_i \frac{\partial V}{\partial x_i} = mV \tag{4.4.17}$$

在这种情况下，Virial 定理式(4.4.11)可简化为

$$\langle \hat{T} \rangle = \frac{m}{2}\langle V \rangle \tag{4.4.18}$$

另一方面，由于

$$E = \langle \hat{H} \rangle = \langle \hat{T} \rangle + \langle V \rangle$$

故有

$$\langle \hat{T} \rangle = \frac{mE}{m+2}, \quad \langle V \rangle = \frac{2E}{m+2} \tag{4.4.19}$$

例如，一维谐振子的势能

$$V = \frac{1}{2}kx^2$$

是 $x$ 的二次齐函数，所以

$$\langle \hat{T} \rangle = \langle V \rangle = \frac{1}{2}E = \frac{1}{2}\left(n + \frac{1}{2}\right)\omega$$

$N$ 电子原子体系的势能

$$V = -\sum_i \frac{Z}{\left(x_i^2 + y_i^2 + z_i^2\right)^{\frac{1}{2}}} + \sum_{i<j} \frac{1}{\left[\left(x_i - x_j\right)^2 + \left(y_i - y_j\right)^2 + \left(z_i - z_j\right)^2\right]^{\frac{1}{2}}}$$

是 $3N$ 个电子坐标的 $(-1)$ 次齐函数，由式(4.4.18)和式(4.4.19)有

$$\langle \hat{T} \rangle = -\frac{1}{2}\langle V \rangle, \quad \langle \hat{T} \rangle = -E, \quad \langle V \rangle = 2E \tag{4.4.20}$$

### 4.4.4　Born-Oppenheimer 近似下的 Virial 定理

在 Born-Oppenheimer 近似下，$N$ 电子体系的 Hamilton 算符为

$$\hat{H}_{\mathrm{e}} = \hat{T}_{\mathrm{e}} + V \tag{4.4.21}$$

其中

$$\hat{T}_{\mathrm{e}} = \frac{1}{2}\sum_i \hat{p}_i^2, \quad V = V_{\mathrm{e}} + V_{\mathrm{n}} \tag{4.4.22}$$

$$V_{\mathrm{e}} = -\sum_{i,a} \frac{Z_a}{r_{ai}} + \sum_{i<j} \frac{1}{r_{ij}}, \quad V_{\mathrm{n}} = \sum_{a<b} \frac{Z_a Z_b}{R_{ab}} \tag{4.4.23}$$

以上诸式中，$i$、$j$ 表示对电子求和，$a$、$b$ 表示对核求和. 电子运动的 Schrödinger 方程为

$$\hat{H}_{\mathrm{e}} \Psi\left(\vec{q}, \vec{R}\right) = U\left(\vec{R}\right) \Psi\left(\vec{q}, \vec{R}\right) \tag{4.4.24}$$

式中，$\vec{q}$ 和 $\vec{R}$ 分别代表电子和核的集体坐标. 设 $\hat{A}_{\mathrm{e}}$ 为不包含时间的线性算符，仿照式(4.4.9)可以证明，广义 Virial 定理(4.4.8)对 $\hat{H}_{\mathrm{e}}$ 的定态仍然成立，即有 Born-Oppenheimer 近似下的广义

Virial 定理

$$\left\langle\left[\hat{A}_{\mathrm{e}},\hat{H}_{\mathrm{e}}\right]\right\rangle=0 \tag{4.4.25}$$

值得注意的是，式(4.4.25)是对电子的定态波函数求平均，这里，电子坐标为变量，而核坐标仅为参量，相应地，算符 $\hat{A}_{\mathrm{e}}$ 也只能是与电子运动有关的算符，因为算符 $\hat{A}_{\mathrm{e}}$ 与 $\hat{H}_{\mathrm{e}}$ 必须是同一空间中的算符，否则就会产生“不完备测量”问题[3]. 仿照式(4.4.10)，取

$$\hat{A}_{\mathrm{e}}=\sum_{i=1}^{3N}x_i\hat{p}_i \tag{4.4.26}$$

式中，$N$ 为体系中包含的电子数目；$x_i$ 和 $\hat{p}_i$ 分别为 $i$ 电子的坐标和动量，并将电子的坐标和动量做了统一编号，可参见式(4.4.10)的有关说明. 由以上讨论可见，式(4.4.26)给出的算符与式(4.4.10)给出的算符并不相同，式(4.4.26)中不包含核的坐标和动量. 与式(4.4.11)相对应，对于分子体系，有 Born-Oppenheimer 近似下的 Virial 定理，

$$\left\langle\hat{T}_{\mathrm{e}}\right\rangle=\frac{1}{2}\left\langle\sum_{k=1}^{3N}x_k\frac{\partial V}{\partial x_k}\right\rangle \tag{4.4.27}$$

式(4.4.27)右端的求和不包含核坐标，这是该式与式(4.4.11)的重要区别，其原因就在于引入了 Born-Oppenheimer 近似. 在这种情况下，对于分子体系来说，势函数 $V$ 不再是粒子(仅考虑电子，不包括核)坐标的齐次函数，这可由(4.4.23)第一式看出

$$\begin{aligned}r_{ai}^{-1}&=\left[\left(tx_i-x_a\right)^2+\left(ty_i-y_a\right)^2+\left(tz_i-z_a\right)^2\right]^{-\frac{1}{2}}\\&\neq t^{-1}\left[\left(x_i-x_a\right)^2+\left(y_i-y_a\right)^2+\left(z_i-z_a\right)^2\right]^{-\frac{1}{2}}\end{aligned}$$

但是，如果把势函数 $V$ 看作电子坐标和核坐标二者的函数，则它是 $(-1)$ 次齐次函数，这时，由 Euler 定理，有

$$\sum_{k=1}^{3N}x_k\frac{\partial V}{\partial x_k}+\sum_{a=1}^{3M}x_a\frac{\partial V}{\partial x_a}=-V \tag{4.4.28}$$

式中，$N$、$M$ 分别为分子中电子和核的数目，第一项仅对电子坐标求和，它就是式(4.4.27)右端的算符，第二项则对核坐标求和，代入式(4.4.27)，有

$$\left\langle\hat{T}_{\mathrm{e}}\right\rangle=-\frac{1}{2}\langle V\rangle-\frac{1}{2}\left\langle\sum_{a=1}^{3M}x_a\frac{\partial V}{\partial x_a}\right\rangle \tag{4.4.29}$$

由 Hellmann-Feynman 定理，有

$$\left\langle\frac{\partial V}{\partial x_a}\right\rangle=\frac{\partial U\left(\vec{R}\right)}{\partial x_a}$$

式中，$U\left(\vec{R}\right)$ 为势能面. 代入式(4.4.29)可得

$$\left\langle\hat{T}_{\mathrm{e}}\right\rangle=-\frac{1}{2}\langle V\rangle-\frac{1}{2}\left\langle\sum_{a=1}^{3M}x_a\frac{\partial U\left(\vec{R}\right)}{\partial x_a}\right\rangle \tag{4.4.30}$$

这就是 Born-Oppenheimer 近似下 Virial 定理的表达式. 再由

$$\left\langle \hat{T}_{\mathrm{e}} \right\rangle + \left\langle V \right\rangle = U\left(\vec{R}\right) \tag{4.4.31}$$

可求得

$$\left\langle \hat{T}_{\mathrm{e}} \right\rangle = -U\left(\vec{R}\right) - \left\langle \sum_{a=1}^{3M} x_a \frac{\partial U\left(\vec{R}\right)}{\partial x_a} \right\rangle$$

$$\left\langle V \right\rangle = 2U\left(\vec{R}\right) + \left\langle \sum_{a=1}^{3M} x_a \frac{\partial U\left(\vec{R}\right)}{\partial x_a} \right\rangle \tag{4.4.32}$$

当分子处于平衡位置 $\vec{R}_0$ 时，势能对核坐标取极值，即有

$$\left. \frac{\partial U\left(\vec{R}\right)}{\partial x_a} \right|_{\vec{R}=\vec{R}_0} = 0 \tag{4.4.33}$$

代入式(4.4.32)，可得分子处于平衡位置时的关系式

$$\left\langle \hat{T}_{\mathrm{e}} \right\rangle = -U\left(\vec{R}_0\right)$$

$$\left\langle V \right\rangle = 2U\left(\vec{R}_0\right) \tag{4.4.34}$$

当体系的势能函数 $V$ 是粒子坐标的 $m$ 次齐次函数时，如果用精确波函数求平均值，则 Virial 定理式(4.4.18)或式(4.4.34)($m=-1$)总能满足，而如果用近似波函数做计算，则所得结果不一定满足 Virial 定理，但是可以证明，如果将近似波函数中的粒子坐标标度化(scaling)，即用一个变分参数(称为标度因子)乘以粒子坐标，则变分计算的结果总可满足 Virial 定理. 例如，氢分子的 Heitler-London 波函数中没有标度因子，因此计算结果不满足式(4.4.34)，而 Hartree-Fork 波函数采用了标度因子(即基函数的轨道指数)，因此所得的计算结果满足式(4.4.34). 详细讨论可参看相关文献[4].

有些文献或教科书中在讨论 Born-Oppenheimer 近似下的 Virial 定理时采用另外的方式，现对有关问题予以说明.

在 Born-Oppenheimer 近似下，式(4.4.23)中的核排斥能 $V_{\mathrm{n}}$ 为常数. 因此，可以不包含在势函数 $V$ 中，即取 Hamilton 算符为

$$\hat{H}_{\mathrm{e}} = \hat{T}_{\mathrm{e}} + V_{\mathrm{e}}$$

$\hat{T}_{\mathrm{e}}$ 和 $V_{\mathrm{e}}$ 分别由式(4.4.22)和式(4.4.23)给出，这时电子运动的 Schrödinger 方程为

$$\hat{H}_{\mathrm{e}} \Psi\left(\vec{q}, \vec{R}\right) = U_{\mathrm{e}}\left(\vec{R}\right) \Psi\left(\vec{q}, \vec{R}\right) \tag{4.4.35}$$

其中

$$U_{\mathrm{e}}\left(\vec{R}\right) = U\left(\vec{R}\right) - V_{\mathrm{n}}$$

为纯电子运动的能量，不包含核排斥能，在这种情况下，易于证明式(4.4.25)～式(4.4.32)仍然成立，只需将其中的势函数 $V$ 改写为 $V_{\mathrm{e}}$，并将 $U\left(\vec{R}\right)$ 改写为 $U_{\mathrm{e}}\left(\vec{R}\right)$，例如，式(4.4.32)变为

$$\left\langle \hat{T}_{\mathrm{e}} \right\rangle = -U_{\mathrm{e}}\left(\vec{R}\right) - \left\langle \sum_{a=1}^{3M} x_a \frac{\partial U_{\mathrm{e}}\left(\vec{R}\right)}{\partial x_a} \right\rangle$$

$$\langle V_e \rangle = 2U_e(\vec{R}) + \left\langle \sum_{a=1}^{3M} x_a \frac{\partial U_e(\vec{R})}{\partial x_a} \right\rangle \tag{4.4.36}$$

但是由于$U_e(\vec{R})$中不包含核间排斥能，当分子处于平衡位置时，$U_e(\vec{R})$对核坐标不取极值，因此对$U_e(\vec{R})$来说，式(4.4.33)不再成立，相应的式(4.4.34)也不再成立.

### 4.4.5　双原子分子

对双原子分子来说，势能面仅是核间距$R$的函数，即有

$$U(\vec{R}) = U(R) \tag{4.4.37}$$

$$U_e(\vec{R}) = U_e(R) \tag{4.4.38}$$

为了推导公式方便，选择合适的坐标系，以一个核为坐标原点，以分子轴为坐标轴，两核坐标分别为$(0,0,0)$和$(R,0,0)$，此时有

$$\left\langle \sum_a x_a \frac{\partial U(R)}{\partial x_a} \right\rangle = R\frac{\mathrm{d}U(R)}{\mathrm{d}R} \tag{4.4.39}$$

代入式(4.4.36)，可得

$$\langle \hat{T}_e \rangle = -U_e(R) - R\frac{\mathrm{d}U_e(R)}{\mathrm{d}R} \tag{4.4.40}$$

$$\langle V_e \rangle = 2U_e(R) + R\frac{\mathrm{d}U_e(R)}{\mathrm{d}R} \tag{4.4.41}$$

让我们回到势函数$V$中包含核间排斥能的情况，这时由式(4.4.34)有

$$\langle \hat{T}_e \rangle_{eq} = -U(R_{eq})$$

$$\langle V \rangle_{eq} = 2U(R_{eq}) \tag{4.4.42}$$

另一方面，当$R \to \infty$时，双原子分子分解为两个独立的原子，这时$U(R)$与核间距无关，因而对核坐标的导数为0，故由式(4.4.32)有

$$\langle \hat{T}_e \rangle_\infty = -U(\infty), \quad \langle V \rangle_\infty = 2U(\infty) \tag{4.4.43}$$

以上诸式中，eq和$\infty$分别标记平衡位置和完全分离两种情况. 由式(4.4.42)和式(4.4.43)可求得双原子分子由平衡构型分解为两个独立原子时动能和势能的变化分别为

$$\Delta T = \langle \hat{T}_e \rangle_\infty - \langle \hat{T}_e \rangle_{eq} = -\left[U(\infty) - U(R_{eq})\right]$$

$$\Delta V = 2\left[U(\infty) - U(R_{eq})\right]$$

对成键双原子分子有

$$U(R_{eq}) < U(\infty)$$

其结合能定义为

$$B = U(\infty) - U(R_{eq})$$

故有

$$\Delta T = -B\,, \qquad \Delta V = 2B \tag{4.4.44}$$

可见，当键合的双原子分子分解为两个原子时，电子的动能减小，而势能增加，或者反过来说，当两个分离的原子结合成稳定的分子时，电子的动能增加，而体系的势能减小，势能减小值二倍于动能增加值，因而分子的总能量降低.

## 4.5　分子的几何构型优化

确定分子稳定几何构型的过程称为分子的几何构型优化，几何构型优化是量子化学计算的一项重要内容. 分子在稳定几何构型下的电子总能量对应势能面上的极小值点，若势能面上有多个极小值点，则表明该分子有多个稳定的几何异构体，其中的最小值(或称全局极小值)对应最稳定的几何构型. 当分子处于任一稳定构型(即任一能量极小点)时，分子中各原子核受力均为零. 因此，确定分子稳定几何构型的基本思路是：从分子的某个初始构型出发，使每个原子核都向受力减小的方向移动，直至受力为零. 实际计算中采用非线性优化方法搜索势能面上的极小值点，最常用的方法包括最陡下降法、共轭梯度法等. 不论采用哪种方法，都需要计算能量梯度. 下面以闭壳层 Hartree-Fock-Roothaan 能量表达式为例，给出能量(势能面)梯度的解析计算方法.

由式(2.8.30)可得 $N$ 电子闭壳层体系的 Hartree-Fock 能量表达式[注意：式(2.8.30)中不包含核间排斥能]

$$E = U\left(\left\{\vec{R}\right\}\right) = \sum_{i=1}^{N/2}\sum_{\mu}^{m}\sum_{\nu}^{m} c_{\mu i}^{*}\left(2h_{\mu\nu} + G_{\mu\nu}\right)c_{\nu i} + E_{\text{nuc}} \tag{4.5.1}$$

其中

$$G_{\mu\nu} = \sum_{j=1}^{N/2}\sum_{\lambda}^{m}\sum_{\sigma}^{m} c_{\lambda j}^{*}c_{\sigma j}\left[2\left(\mu\nu|\lambda\sigma\right) - \left(\mu\sigma|\lambda\nu\right)\right] \tag{4.5.2}$$

$$E_{\text{nuc}} = \sum_{A<B}\frac{Z_A Z_B}{\left|\vec{A} - \vec{B}\right|} \tag{4.5.3}$$

$E_{\text{nuc}}$ 为核间排斥能. 前面以小写英文字母标记原子核，为了使符号醒目，此处用大写字英文母 $A,B,\cdots$ 标记原子核，同时用 $\vec{A},\vec{B},\cdots$ 标记相应原子核的位矢，并用字母分别加下标 $x,y,z$ 表示原子核的直角坐标，例如，$\vec{A}$ 的坐标为 $\left(A_x,A_y,A_z\right)$. $\left\{\vec{R}\right\}$ 为核坐标集合 $\left\{\vec{R} = \vec{A},\vec{B},\cdots\right\}$. 式(4.5.1)是 Hartree-Fock-Roothaan 能量表达式，当然也是 Hartree-Fock 势能面的解析表达式，其中基函数组合系数及基函数积分都是势函数表达式中的参量，核构型不同，这些参量的值也不同，即这些参量都随核位置变化而变化，因此都是核坐标的函数. 由式(4.3.9)可知，能量(势能面)梯度的表达式为

$$-\left\langle \vec{F}_{\text{A}}\right\rangle = \nabla_{\text{A}}U \equiv \vec{e}_1\frac{\partial U}{\partial A_x} + \vec{e}_2\frac{\partial U}{\partial A_y} + \vec{e}_3\frac{\partial U}{\partial A_z} \tag{4.5.4}$$

将势能函数(4.5.1)对核坐标 $A_q, q = x,y,z$ 求微商，得

$$\frac{\partial U}{\partial A_q} = \sum_{i=1}^{N/2}\sum_{\mu,\nu}\left(\frac{\partial c_{\mu i}^{*}}{\partial A_q}2h_{\mu\nu}c_{\nu i} + \text{c.c.} + 2c_{\mu i}^{*}\frac{\partial h_{\mu\nu}}{\partial A_q}c_{\nu i}\right) + \frac{\partial}{\partial A_q}\sum_{i=1}^{N/2}\sum_{\mu,\nu}c_{\mu i}^{*}G_{\mu\nu}c_{\nu i} + \frac{\partial E_{\text{nuc}}}{\partial A_q} \tag{4.5.5}$$

式中，c.c.表示取前一项的复数共轭. 将式(4.5.5)第二项展开，有

$$\frac{\partial}{\partial A_q}\sum_{i=1}^{N/2}\sum_{\mu,\nu}c_{\mu i}^{*}G_{\mu\nu}c_{\nu i}=\frac{\partial}{\partial A_q}\left\{\sum_{i}^{N/2}\sum_{j}^{N/2}\sum_{\mu,\nu}\sum_{\lambda,\sigma}c_{\mu i}^{*}c_{\nu i}c_{\lambda j}^{*}c_{\sigma j}\left[2(\mu\nu|\lambda\sigma)-(\mu\sigma|\lambda\nu)\right]\right\}$$

$$=\sum_{i}^{N/2}\sum_{j}^{N/2}\sum_{\mu,\nu}\sum_{\lambda,\sigma}\left\{2\frac{\partial c_{\mu i}^{*}}{\partial A_q}c_{\nu i}c_{\lambda j}^{*}c_{\sigma j}\left[2(\mu\nu|\lambda\sigma)-(\mu\sigma|\lambda\nu)\right]+\text{c.c.}\right.$$

$$\left.+c_{\mu i}^{*}c_{\nu i}c_{\lambda j}^{*}c_{\sigma j}\left[2\frac{\partial}{\partial A_q}(\mu\nu|\lambda\sigma)-\frac{\partial}{\partial A_q}(\mu\sigma|\lambda\nu)\right]\right\}$$

$$=\sum_{i=1}^{N/2}\sum_{\mu,\nu}\left[2\frac{\partial c_{\mu i}^{*}}{\partial A_q}c_{\nu i}G_{\mu\nu}+c.c.+c_{\mu i}^{*}c_{\nu i}G'_{\mu\nu}\right] \tag{4.5.6}$$

这里利用了式(4.5.2)，且有

$$G'_{\mu\nu}=\sum_{j}^{N/2}\sum_{\lambda,\sigma}c_{\lambda j}^{*}c_{\sigma j}\left[2\frac{\partial}{\partial A_q}(\mu\nu|\lambda\sigma)-\frac{\partial}{\partial A_q}(\mu\sigma|\lambda\nu)\right] \tag{4.5.7}$$

于是有

$$\frac{\partial U}{\partial A_q}=\sum_{i=1}^{N/2}\sum_{\mu,\nu}\frac{\partial c_{\mu i}^{*}}{\partial A_q}(2h_{\mu\nu}+2G_{\mu\nu})c_{\nu i}+\text{c.c.}+\sum_{i=1}^{N/2}\sum_{\mu,\nu}c_{\mu i}^{*}\left(2\frac{\partial h_{\mu\nu}}{\partial A_q}+G'_{\mu\nu}\right)c_{\nu i}+\frac{\partial E_{\text{nuc}}}{\partial A_q} \tag{4.5.8}$$

分子轨道的正交归一化条件为

$$\langle\varphi_i|\varphi_j\rangle=\sum_{\mu,\nu}c_{\mu i}^{*}S_{\mu\nu}c_{\nu j}=\delta_{ij} \tag{4.5.9}$$

式中，$S_{\mu\nu}$ 为重叠矩阵元. 式(4.5.9)对核坐标微商可得

$$\sum_{\mu,\nu}\frac{\partial c_{\mu i}^{*}}{\partial A_q}S_{\mu\nu}c_{\nu i}+\text{c.c.}=-\sum_{\mu,\nu}c_{\mu i}^{*}\frac{\partial S_{\mu\nu}}{\partial A_q}c_{\nu i} \tag{4.5.10}$$

利用式(2.8.3)和式(2.8.4)，有

$$\sum_{\nu}F_{\mu\nu}c_{\nu i}=\sum_{\nu}(h_{\mu\nu}+G_{\mu\nu})c_{\nu i}=\sum_{\nu}S_{\mu\nu}c_{\nu i}\varepsilon_i \tag{4.5.11}$$

故式(4.5.8)右边前两项可写为

$$\sum_{i=1}^{N/2}\sum_{\mu,\nu}\frac{\partial c_{\mu i}^{*}}{\partial A_q}(2h_{\mu\nu}+2G_{\mu\nu})c_{\nu i}+\text{c.c.}=-2\sum_{i=1}^{N/2}\varepsilon_i\sum_{\mu,\nu}c_{\mu i}^{*}\frac{\partial S_{\mu\nu}}{\partial A_q}c_{\nu i} \tag{4.5.12}$$

于是，式(4.5.8)可写为

$$\frac{\partial U}{\partial A_q}=\sum_{i=1}^{N/2}\sum_{\mu,\nu}c_{\mu i}^{*}\left(2\frac{\partial h_{\mu\nu}}{\partial A_q}-2\varepsilon_i\frac{\partial S_{\mu\nu}}{\partial A_q}+G'_{\mu\nu}\right)c_{\nu i}+\frac{\partial E_{\text{nuc}}}{\partial A_q}$$

$$=\sum_{\mu,\nu}P_{\mu\nu}\left\{\frac{\partial h_{\mu\nu}}{\partial A_q}+\frac{1}{2}\sum_{\lambda,\sigma}P_{\lambda\sigma}\left[\frac{\partial}{\partial A_q}(\mu\nu|\lambda\sigma)-\frac{1}{2}\frac{\partial}{\partial A_q}(\mu\sigma|\lambda\nu)\right]\right\}$$

$$+\frac{\partial E_{\text{nuc}}}{\partial A_q}-2\sum_{i=1}^{N/2}\sum_{\mu,\nu}c_{\mu i}^{*}\varepsilon_i\frac{\partial S_{\mu\nu}}{\partial A_q}c_{\nu i} \tag{4.5.13}$$

式中，密度矩阵元 $P_{\mu\nu}$ 按式(2.8.8)定义，即

$$P_{\mu\nu}=\sum_{i=1}^{N}c_{\mu i}^{*}c_{\nu i}\ ,\qquad P_{\lambda\sigma}=\sum_{j=1}^{N}c_{\lambda j}^{*}c_{\sigma j} \tag{4.5.14}$$

注意：式(4.5.14)的求和上限为 $N$，故式(4.5.13)第一项中的因子发生了变化. 利用单电子算符表达式(2.1.3)，注意到电子的动能算符与核坐标无关，对核吸引能求导后仅剩下与核 A 有关的量，于是有

$$\begin{aligned}\frac{\partial h_{\mu\nu}}{\partial A_q}&=\left\langle \chi_\mu\left|\frac{\partial}{\partial A_q}\left(-\frac{1}{2}\nabla^2-\sum_{\mathrm{B}}\frac{Z_{\mathrm{B}}}{\left|\vec{r}-\vec{B}\right|}\right)\right|\chi_\nu\right\rangle+\left\langle\frac{\partial\chi_\mu}{\partial A_q}\left|\hat{h}\right|\chi_\nu\right\rangle+\left\langle\chi_\mu\left|\hat{h}\right|\frac{\partial\chi_\nu}{\partial A_q}\right\rangle\\&=\left\langle \chi_\mu\left|-Z_{\mathrm{A}}\frac{\left(x-A_q\right)}{\left|\vec{r}-\vec{A}\right|^3}\right|\chi_\nu\right\rangle+\left\langle\frac{\partial\chi_\mu}{\partial A_q}\left|\hat{h}\right|\chi_\nu\right\rangle+\left\langle\chi_\mu\left|\hat{h}\right|\frac{\partial\chi_\nu}{\partial A_q}\right\rangle\end{aligned} \tag{4.5.15}$$

此外还有

$$\frac{\partial E_{\mathrm{nuc}}}{\partial A_q}=\frac{\partial}{\partial A_q}\left(\sum_{\mathrm{A<B}}\frac{Z_{\mathrm{A}}Z_{\mathrm{B}}}{\left|\vec{A}-\vec{B}\right|}\right)=\sum_{\mathrm{B}(\neq\mathrm{A})}Z_{\mathrm{A}}Z_{\mathrm{B}}\frac{\left(A_q-B_q\right)}{\left|\vec{A}-\vec{B}\right|^3} \tag{4.5.16}$$

由式(3.6.2)和式(3.6.3)，直角坐标下以 $A$ 为中心的 GTO 基函数的一般形式为

$$\chi(A,\alpha,l,m,n)=N\left(x-A_x\right)^l\left(y-A_y\right)^m\left(z-A_z\right)^n\mathrm{e}^{-\alpha\left(\vec{r}-\vec{A}\right)^2}$$

式中，$N$ 是归一化常数. 故有

$$\begin{aligned}\frac{\partial}{\partial A_x}\chi(A,\alpha,l,m,n)=N\mathrm{e}^{-\alpha\left(\vec{r}-\vec{A}\right)^2}\Big[&2\alpha\left(x-A_x\right)^{l+1}\left(y-A_y\right)^m\left(z-A_z\right)^n\\&-l\left(x-A_x\right)^{l-1}\left(y-A_y\right)^m\left(z-A_z\right)^n\Big]\end{aligned} \tag{4.5.17}$$

对 $A_y$ 和 $A_z$ 的微商有类似表达式. 可见基函数对核坐标微商的结果仍然是 GTO 函数的线性组合，因此式(4.5.13)中所有基函数积分的微商都可以较为方便地求得. 将式(4.5.15)和式(4.5.16)代入式(4.5.13)，并利用式(4.5.17)，即可计算能量梯度. 注意：式(4.5.13)、式(4.5.15)和式(4.5.16)中均不含对组合系数的微商，因此只要计算出基组对核坐标的微商，做一次自洽场计算就可以计算出能量梯度. 采用这种办法做几何构型优化，比采用数值方法更快、更准确.这种方法是 Pulay 首先提出的[5].

值得注意的是，以上推导中将能量梯度取为能量对核的直角坐标的微商，其中包含描述分子整体平动和转动的坐标(4.6 节将介绍分子的平动和转动)，这会妨碍几何构型优化的进程. 应当采用对内坐标的能量梯度，为此需要进行坐标变换，详细内容不再进一步讨论，可参看有关文献[6].

## 4.6　分子的平动、转动与振动

方程(4.0.2)为 Born-Oppenheimer 近似下的核运动方程，即

$$\left\{\hat{T}^{(\mathrm{n})}+U\left(\vec{R}\right)\right\}\varPsi^{(\mathrm{n})}\left(\vec{R}\right)=E^{(\mathrm{t})}\varPsi^{(\mathrm{n})}\left(\vec{R}\right) \tag{4.6.1}$$

式中，$\hat{T}^{(\mathrm{n})}$ 和 $\Psi^{(\mathrm{n})}\left(\vec{R}\right)$ 分别为核运动的动能算符和波函数；$E^{(\mathrm{t})}$ 为分子体系的总能量，包括电子运动的能量及核运动的能量；$U\left(\vec{R}\right)$ 为势能面. 我们已经较为详细地讨论了电子的运动，现在讨论原子核的运动. 分子中原子核的运动包括分子整体的平动和转动以及分子内各原子核间的相对运动(振动)，所有这些运动都包含在方程(4.6.1)中. 从式(4.6.1)可以看到，要研究原子核的运动必须知道势能面；另一方面，了解原子核运动的概貌有助于加深对势能面的认识. 因此，研究势能面和研究原子核的运动是相辅相成的. 本节将不涉及势能面的具体形式，而仅仅利用势能面的概念来讨论核的运动. 为了使问题简化，我们首先研究双原子分子的核运动，然后将有关结论推广到多原子分子，建立起多原子分子核运动的粗浅图像，并进一步加深对势能面的认识.

### 4.6.1　双原子分子的平动、转动与振动

双原子分子是最简单的一类分子，对于双原子分子，方程(4.6.1)简化为

$$\left\{\hat{T}_1+\hat{T}_2+U(R)\right\}\Psi^{(\mathrm{n})}\left(\vec{R}_1,\vec{R}_2\right)\equiv\left\{-\frac{1}{2m_1}\nabla_1{}^2-\frac{1}{2m_2}\nabla_2{}^2+U(R)\right\}\Psi^{(\mathrm{n})}\left(\vec{R}_1,\vec{R}_2\right)=E^{(\mathrm{t})}\Psi^{(\mathrm{n})}\left(\vec{R}_1,\vec{R}_2\right) \tag{4.6.2}$$

等号左边的两个式子是等价的，把它们同时写出来是为了下面讨论方便. 式中，$m_1$ 和 $m_2$ 分别为两个核的质量，$\vec{R}_1$ 和 $\vec{R}_2$ 为两原子的位置矢量，$R$ 为核间距，$U(R)$ 就是 4.1 节讨论过的势能曲线.

下面研究双原子分子中核的运动，即研究方程(4.6.2)的求解.

1. 平动

方程(4.6.2)为二体运动方程，对于二体问题，一般是通过坐标变换，使运动方程分解为质心运动和相对运动两个方程，图 4.6.1 给出了坐标变换中的有关量. 令

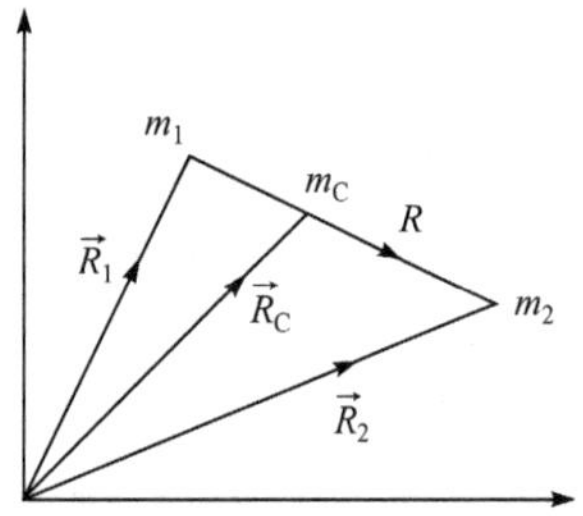

图 4.6.1　二体问题的坐标变换

$$m_\mathrm{C}=m_1+m_2\,,\quad \mu=\frac{m_1m_2}{m_\mathrm{C}}\,,\quad \vec{R}_\mathrm{C}=\frac{m_1\vec{R}_1+m_2\vec{R}_2}{m_\mathrm{C}}\,,\qquad \vec{R}=\vec{R}_2-\vec{R}_1$$

$\mu$ 称为折合质量或约化质量，易于求得

$$\vec{R}_1=\vec{R}_\mathrm{C}-\frac{m_2}{m_\mathrm{C}}\vec{R}\,,\qquad \vec{R}_2=\vec{R}_\mathrm{C}+\frac{m_1}{m_\mathrm{C}}\vec{R}$$

速度$\left(\vec{V}=\mathrm{d}\vec{R}/\mathrm{d}t\right)$之间的关系相应为

$$\vec{V}_1=\vec{V}_\mathrm{C}-\frac{m_2}{m_\mathrm{C}}\vec{V}\,,\qquad \vec{V}_2=\vec{V}_\mathrm{C}+\frac{m_1}{m_\mathrm{C}}\vec{V}$$

$\vec{V}_\mathrm{C}$ 和 $\vec{V}$ 分别是质心运动和相对运动的速度. 于是动能可表达为

$$T_1+T_2=\frac{1}{2}m_1V_1^2+\frac{1}{2}m_2V_2{}^2=\frac{1}{2}m_\mathrm{C}V_\mathrm{C}{}^2+\frac{1}{2}\mu V^2=T_\mathrm{C}+T_\mu$$

即

$$\hat{T}_1+\hat{T}_2=\hat{T}_\mathrm{C}+\hat{T}_\mu \tag{4.6.3}$$

以上关系完全从经典力学导出，它表明两个粒子的动能之和可以表达为质心运动的动能和相对运动的动能之和. 式(4.6.3)也可从 Laplace 算符 $\nabla^2$ 出发利用 $\vec{R}_1$、$\vec{R}_2$ 与 $\vec{R}_\mathrm{C}$、$\vec{R}$ 之间的关系，

通过导数运算得到，但过程较为繁琐. 将式(4.6.2)中的两个动能算符按式(4.6.3)做替换，可得

$$\left\{-\frac{1}{2m_{\mathrm{C}}}\nabla_{\mathrm{C}}{}^{2}-\frac{1}{2\mu}\nabla^{2}+U(R)\right\}\Psi^{(\mathrm{n})}\left(\vec{R}_{\mathrm{C}},\vec{R}\right)=E^{(\mathrm{t})}\Psi^{(\mathrm{n})}\left(\vec{R}_{\mathrm{C}},\vec{R}\right) \tag{4.6.4}$$

注意: $U(R)$ 中的 $R$ 是 $\vec{R}=\{R,\theta,\phi\}$ 的径向坐标，与 $\vec{R}_{\mathrm{C}}$ 无关，这就是说，方程(4.6.4)中的 Hamilton 算符是质心运动的动能算符和相对运动的 Hamilton 算符的直和，因此 $\Psi^{(\mathrm{n})}\left(\vec{R}_{\mathrm{C}},\vec{R}\right)$ 必然可写为描述质心运动和相对运动的波函数的乘积，即

$$\Psi^{(\mathrm{n})}\left(\vec{R}_{\mathrm{C}},\vec{R}\right)=\Psi_{\mathrm{t}}\left(\vec{R}_{\mathrm{C}}\right)\Psi_{\mathrm{rel}}\left(\vec{R}\right) \tag{4.6.5}$$

于是式(4.6.4)可分离变量而等价于下面两个方程

$$-\frac{1}{2m_{\mathrm{C}}}\nabla_{\mathrm{C}}^{2}\Psi_{\mathrm{t}}\left(\vec{R}_{\mathrm{C}}\right)=\varepsilon_{\mathrm{t}}\Psi_{\mathrm{t}}\left(\vec{R}_{\mathrm{C}}\right) \tag{4.6.6}$$

$$\left\{-\frac{1}{2\mu}\nabla^{2}+U(R)\right\}\Psi_{\mathrm{rel}}\left(\vec{R}\right)=\left(E^{(\mathrm{t})}-\varepsilon_{\mathrm{t}}\right)\Psi_{\mathrm{rel}}\left(\vec{R}\right) \tag{4.6.7}$$

本小节先讨论方程(4.6.6)的求解，后面讨论方程(4.6.7)的求解.

方程(4.6.6)是质心运动方程，可以看出质心在三维空间做平动运动(translation)，它相当于三维空间中的自由粒子，式(4.6.6)为常系数二阶线性齐次微分方程，其解为

$$\Psi_{\mathrm{t}}\left(\vec{R}_{\mathrm{C}}\right)=A\exp\left(\mathrm{i}\sqrt{2m_{\mathrm{C}}\varepsilon_{\mathrm{t}}}\vec{R}_{\mathrm{C}}\right)+B\exp\left(-\mathrm{i}\sqrt{2m_{\mathrm{C}}\varepsilon_{\mathrm{t}}}\vec{R}_{\mathrm{C}}\right) \tag{4.6.8}$$

$A$、$B$ 为归一化常数，$\mathrm{i}^2=-1$. 式(4.6.8)中的第一项表示沿 $\vec{R}_{\mathrm{C}}$ 方向运动的平面波，第二项表示沿 $-\vec{R}_{\mathrm{C}}$ 方向运动的平面波. 自由粒子的能量与动量的关系为

$$\varepsilon_{\mathrm{t}}=\frac{1}{2m_{\mathrm{C}}}p^{2}\ , \qquad p=\pm\sqrt{2m_{\mathrm{C}}\varepsilon_{\mathrm{t}}} \tag{4.6.9}$$

因此，式(4.6.8)中的两项分别是粒子的动量算符 $\hat{p}$ 的本征值为 $\sqrt{2m_{\mathrm{C}}\varepsilon_{\mathrm{t}}}$ 和 $-\sqrt{2m_{\mathrm{C}}\varepsilon_{\mathrm{t}}}$ 的本征函数，它们是粒子能量和动量的共同本征函数，而波函数(4.6.8)只是能量本征函数，它是两个动量本征函数的线性组合.

这样，质心运动就被完全分离出来而可以单独处理. 可以看到，分子的平动就是分子质心的运动，需要三个坐标变量描述.

以后将会看到，均匀电子气模型是密度泛函理论的基本模型，密度泛函理论的许多方程和公式都是通过均匀电子气模型导出的. 均匀电子气体系中，电子间无相互作用，电子为自由粒子，其运动用平面波描述. 为了以后引用方便，让我们进一步讨论平面波，即方程(4.6.6)的解(4.6.8). 可以看到，在不同的边界条件下，方程的解(4.6.8)中的系数 $A$、$B$ 及能量 $\varepsilon_{\mathrm{t}}$ 具有不同的表达式.

首先考虑三维空间中的自由粒子，即粒子的无界运动. 在无界运动中平动能 $\varepsilon_{\mathrm{t}}$ 为连续谱，这时波函数归一化为 $\delta$ 函数，$\delta$ 函数的定义为

$$\delta\left(x-x_0\right)=\begin{cases}0, & x\neq x_0\\ \infty, & x=x_0\end{cases} \tag{4.6.10}$$

且有

$$\int_{-\infty}^{+\infty}\delta\left(x-x_0\right)\mathrm{d}x=1 \tag{4.6.11}$$

式(4.6.11)可以等效地表述为，对于在 $x=x_0$ 附近连续的任何函数 $f(x)$，有

$$f(x_0)=\int_{-\infty}^{+\infty} f(x)\delta(x-x_0)\mathrm{d}x \tag{4.6.12}$$

按 Fourier 积分公式，对于分段连续函数 $f(x)$，有

$$f(x_0)=\frac{1}{2\pi}\int_{-\infty}^{+\infty} f(x)\mathrm{d}x\int_{-\infty}^{+\infty} \mathrm{e}^{\mathrm{i}k(x-x_0)}\mathrm{d}k \tag{4.6.13}$$

将式(4.6.13)与式(4.6.12)比较，有

$$\delta(x-x_0)=\frac{1}{2\pi}\int_{-\infty}^{+\infty} \mathrm{e}^{\mathrm{i}k(x-x_0)}\mathrm{d}k \tag{4.6.14}$$

取动量本征函数，即平面波为

$$\Psi_{\vec{k}}(\vec{R}_\mathrm{C})=(2\pi)^{-\frac{3}{2}}\exp(\mathrm{i}\vec{k}\cdot\vec{R}_\mathrm{C}),\quad \Psi_{-\vec{k}}(\vec{R}_\mathrm{C})=(2\pi)^{-\frac{3}{2}}\exp(-\mathrm{i}\vec{k}\cdot\vec{R}_\mathrm{C}) \tag{4.6.15}$$

式中，$\vec{k}$ 为动量 $\vec{p}$ 的量子数，$\vec{p}=\hbar\vec{k}$，取原子单位，有 $\vec{p}=\vec{k}$. 由式(4.6.15)，利用式(4.6.14)，有

$$\int_{-\infty}^{+\infty}\Psi_{\vec{k}'}^{*}(\vec{R}_\mathrm{C})\Psi_{\vec{k}}(\vec{R}_\mathrm{C})\mathrm{d}\vec{R}_\mathrm{C}=(2\pi)^{-3}\int_{-\infty}^{+\infty}\mathrm{e}^{\mathrm{i}(\vec{k}-\vec{k}')\cdot\vec{R}_\mathrm{C}}\mathrm{d}\vec{R}_\mathrm{C}=\delta(\vec{k}-\vec{k}') \tag{4.6.16}$$

或者

$$\int_{-\infty}^{+\infty}\Psi_{\vec{R}_\mathrm{C}'}^{*}(\vec{k})\Psi_{\vec{R}_\mathrm{C}}(\vec{k})\mathrm{d}\vec{k}=(2\pi)^{-3}\int_{-\infty}^{+\infty}\mathrm{e}^{\mathrm{i}\vec{k}\cdot(\vec{R}_\mathrm{C}-\vec{R}_\mathrm{C}')}\mathrm{d}\vec{k}=\delta(\vec{R}_\mathrm{C}-\vec{R}_\mathrm{C}') \tag{4.6.17}$$

因此，式(4.6.15)给出的动量本征函数，即平面波，归一化为 $\delta$ 函数. 将式(4.6.15)与式(4.6.8)比较，式(4.6.8)中若取

$$A=B=(2\pi)^{-\frac{3}{2}}$$

则无界空间中自由粒子的能量本征函数为

$$\Psi_\mathrm{t}(\vec{R}_\mathrm{C})=(2\pi)^{-\frac{3}{2}}\exp(\mathrm{i}\vec{k}\cdot\vec{R}_\mathrm{C})+(2\pi)^{-\frac{3}{2}}\exp(-\mathrm{i}\vec{k}\cdot\vec{R}_\mathrm{C}) \tag{4.6.18}$$

其中

$$|\vec{k}|=\sqrt{2m_\mathrm{C}\varepsilon_\mathrm{t}} \tag{4.6.19}$$

由式(4.6.15)可知，式(4.6.18)中的两项分别是粒子动量算符 $\hat{p}$ 的本征值为 $|\vec{k}|$ 和 $-|\vec{k}|$ 的归一化本征函数，作为能量本征函数，式(4.6.18)尚未归一化.

其次，考虑有界运动. 在有界运动中，$\varepsilon_\mathrm{t}$ 为分立谱. 现以三维立方箱为例讨论方程(4.6.6)的解. 在直角坐标系中，式(4.6.6)可以分解为三个一维箱，以 $(x,y,z)$ 表示质心坐标，则有

$$-\frac{1}{2m_\mathrm{C}}\nabla_\mathrm{C}^2=-\frac{1}{2m_\mathrm{C}}\left(\frac{\partial^2}{\partial x^2}+\frac{\partial^2}{\partial y^2}+\frac{\partial^2}{\partial z^2}\right) \tag{4.6.20}$$

$$\Psi_\mathrm{t}(\vec{R}_\mathrm{C})=X(x)Y(y)Z(z) \tag{4.6.21}$$

$$-\frac{1}{2m_\mathrm{C}}\frac{\partial^2 X}{\partial x^2}=\varepsilon_\mathrm{t}^x X,\quad -\frac{1}{2m_\mathrm{C}}\frac{\partial^2 Y}{\partial y^2}=\varepsilon_\mathrm{t}^y Y,\quad -\frac{1}{2m_\mathrm{C}}\frac{\partial^2 Z}{\partial z^2}=\varepsilon_\mathrm{t}^z Z \tag{4.6.22}$$

$$\varepsilon_\mathrm{t}=\varepsilon_\mathrm{t}^x+\varepsilon_\mathrm{t}^y+\varepsilon_\mathrm{t}^z \tag{4.6.23}$$

由三维立方箱的对称性可知，只需讨论一维箱，即式(4.6.22)中的一个方程即可，不失一般性，

下面讨论 $X(x)$. 由式(4.6.8)可知，$X(x)$ 应当是两个平面波的组合，即有

$$X(x)=A\exp\left(\mathrm{i}\sqrt{2m_{\mathrm{C}}\varepsilon_{\mathrm{t}}^{x}}\,x\right)+B\exp\left(-\mathrm{i}\sqrt{2m_{\mathrm{C}}\varepsilon_{\mathrm{t}}^{x}}\,x\right) \tag{4.6.24}$$

为了计算方便，方程的解 $X(x)$ 用三角函数表示，利用 Euler 公式，

$$\exp(\mathrm{i}\alpha)=\cos\alpha+\mathrm{i}\sin\alpha\,,\quad \exp(-\mathrm{i}\alpha)=\cos\alpha-\mathrm{i}\sin\alpha$$

可将方程的解式(4.6.24)改写为

$$X(x)=A'\cos\left(\sqrt{2m_{\mathrm{C}}\varepsilon_{\mathrm{t}}^{x}}\,x\right)+B'\sin\left(\sqrt{2m_{\mathrm{C}}\varepsilon_{\mathrm{t}}^{x}}\,x\right) \tag{4.6.25}$$

式中，$A'=A+B$，$B'=\mathrm{i}(A-B)$.

设一维箱的长度为 $l$，取两种坐标系，分别将坐标原点选在一维箱的中点和左端点，如图 4.6.2 所示.

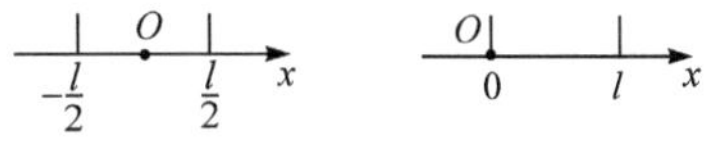


图 4.6.2　两种坐标系中的一维箱

由于粒子被束缚在箱内，当原点选在中点时，有边界条件

$$X\left(-\frac{l}{2}\right)=X\left(\frac{l}{2}\right)=0 \tag{4.6.26}$$

代入式(4.6.25)，有 $A'=0$，故波函数为

$$X(x)=B'\sin\left(\sqrt{2m_{\mathrm{C}}\varepsilon_{\mathrm{t}}^{x}}\,x\right) \tag{4.6.27}$$

且有

$$B'\sin\left(\sqrt{2m_{\mathrm{C}}\varepsilon_{\mathrm{t}}^{x}}\,\frac{l}{2}\right)=0 \tag{4.6.28}$$

故有

$$\sqrt{2m_{\mathrm{C}}\varepsilon_{\mathrm{t}}^{x}}\,\frac{l}{2}=n_x\pi\,,\qquad n_x=1,2,\cdots \tag{4.6.29}$$

从而有

$$\varepsilon_{\mathrm{t}}^{x}=\frac{(2\pi)^2 n_x^2}{2m_{\mathrm{C}}l^2}\,,\qquad n_x=1,2,\cdots \tag{4.6.30}$$

注意：$n_x\neq 0$，因为当 $n_x=0$ 时，由式(4.6.27)有 $X(x)\equiv 0$，这样的波函数没有意义. 由于 $h=2\pi\hbar$，为便于和原子单位对应，式(4.6.30)中保留了因子 $(2\pi)^2$，而没有写作 $\dfrac{2\pi^2 n_x^2}{m_{\mathrm{C}}l^2}$. 利用三维立方箱的对称性，由式(4.6.23)，可得三维立方箱中粒子的能量

$$\varepsilon_{\mathrm{t}}(n_x,n_y,n_z)=\frac{(2\pi)^2}{2m_{\mathrm{C}}l^2}\left(n_x^2+n_y^2+n_z^2\right),\quad n_x,n_y,n_z=0,1,2,\cdots \tag{4.6.31}$$

这里，$n_x,n_y,n_z$ 不能同时为零. 将式(4.6.30)代入式(4.6.27)，归一化条件为

$$\int_{-\frac{l}{2}}^{\frac{l}{2}} B'^2\sin^2\left(\frac{2\pi n_x}{l}x\right)\mathrm{d}x=1 \tag{4.6.32}$$

利用公式 $\sin^2 x=\dfrac{1-\cos 2x}{2}$，式(4.6.32)可写为

$$\frac{B'^2 l}{2\pi n_x}\int_{-n_x\pi}^{n_x\pi}\sin^2 y\mathrm{d}y=\frac{B'^2 l}{2\pi n_x}\left[\frac{1}{2}y-\frac{1}{4}\sin 2y\right]_{-n_x\pi}^{n_x\pi}=\frac{B'^2 l}{2}=1$$

故有归一化的能量本征函数

$$X(x)=\sqrt{\frac{2}{l}}\sin\left(\frac{2\pi n_x}{l}x\right) \tag{4.6.33}$$

利用 Euler 公式

$$\cos\alpha=\frac{\exp(\mathrm{i}\alpha)+\exp(-\mathrm{i}\alpha)}{2},\quad \sin\alpha=\frac{\exp(\mathrm{i}\alpha)-\exp(-\mathrm{i}\alpha)}{2\mathrm{i}}$$

可将能量本征函数(4.6.33)写为指数形式

$$X(x)=l^{-\frac{1}{2}}\exp(\mathrm{i}k_x x)-l^{-\frac{1}{2}}\exp(-\mathrm{i}k_x x) \tag{4.6.34}$$

其中

$$k_x=\frac{2\pi n_x}{l} \tag{4.6.35}$$

式(4.6.34)中的两项分别是粒子动量算符 $\hat{p}$ 的本征值为 $k_x$ 和 $-k_x$ 的归一化本征函数，当然它们也是能量本征函数. 但两者组合所得的函数 $X(x)$ 则不是动量本征函数，而仅仅为能量本征函数，而且 $X(x)$ 本身尚未归一化. 因此，在边界条件(4.6.26)下，三维箱中粒子能量和动量的共同归一化本征函数，即归一化的平面波为

$$\Phi_1=l^{-\frac{3}{2}}\exp\left\{\mathrm{i}\left(k_x x+k_y y+k_z z\right)\right\}=l^{-\frac{3}{2}}\exp\left(\mathrm{i}\vec{k}\cdot\vec{R}_{\mathrm{C}}\right)$$

$$\Phi_2=l^{-\frac{3}{2}}\exp\left\{-\mathrm{i}\left(k_x x+k_y y+k_z z\right)\right\}=l^{-\frac{3}{2}}\exp\left(-\mathrm{i}\vec{k}\cdot\vec{R}_{\mathrm{C}}\right) \tag{4.6.36}$$

其中

$$k_x=\frac{2\pi n_x}{l},\quad k_y=\frac{2\pi n_y}{l},\quad k_z=\frac{2\pi n_z}{l} \tag{4.6.37}$$

当原点选在左端点时，有边界条件

$$X(0)=X(l)=0 \tag{4.6.38}$$

代入式(4.6.25)，有 $A'=0$，故波函数由式(4.6.27)给出，且有

$$B'\sin\left(\sqrt{2m_{\mathrm{C}}\varepsilon_{\mathrm{t}}^x}\,l\right)=0 \tag{4.6.39}$$

故有

$$\varepsilon_{\mathrm{t}}^x=\frac{\pi^2 n_x^2}{2m_{\mathrm{C}}l^2}=\frac{(2\pi)^2 n_x^2}{8m_{\mathrm{C}}l^2},\qquad n_x=1,2,\cdots \tag{4.6.40}$$

仿照式(4.6.30)的讨论，$n_x\neq 0$. 三维立方箱中粒子的能量为

$$\varepsilon_{\mathrm{t}}\left(n_x,n_y,n_z\right)=\frac{(2\pi)^2}{8m_{\mathrm{C}}l^2}\left(n_x^2+n_y^2+n_z^2\right),\quad n_x,n_y,n_z=0,1,2,\cdots \tag{4.6.41}$$

$n_x$、$n_y$、$n_z$ 不能同时为零. 由于 $h=2\pi\hbar$，为便于和原子单位对应，式(4.6.41)中保留了因子 $(2\pi)^2$，而没有将因子 2 取出并与分母中的因子相消. 将式(4.6.40)代入式(4.6.27)，归一化

条件为

$$\int_0^l B'^2 \sin^2\left(\frac{\pi n_x}{l} x\right) \mathrm{d}x = 1 \tag{4.6.42}$$

仿照式(4.6.33)的推导，可得归一化能量本征函数

$$X(x) = \sqrt{\frac{2}{l}} \sin\left(\frac{\pi n_x}{l} x\right) \tag{4.6.43}$$

仿照式(4.6.34)，可将能量本征函数(4.6.43)写为指数形式

$$X(x) = l^{-\frac{1}{2}} \exp(\mathrm{i}k_x x) - l^{-\frac{1}{2}} \exp(-\mathrm{i}k_x x) \tag{4.6.44}$$

其中

$$k_x = \frac{\pi n_x}{l} \tag{4.6.45}$$

式(4.6.44)中的两项分别是粒子动量算符 $\hat{p}$ 的本征值为 $k_x$ 和 $-k_x$ 的归一化本征函数，但能量本征函数 $X(x)$ 本身尚未归一化. 因此，在边界条件(4.6.38)下，三维箱中粒子能量和动量的共同归一化本征函数，即归一化的平面波为

$$\varPhi_1 = l^{-\frac{3}{2}} \exp\left\{\mathrm{i}\left(k_x x + k_y y + k_z z\right)\right\} = l^{-\frac{3}{2}} \exp\left(\mathrm{i}\vec{k} \cdot \vec{R}_{\mathrm{C}}\right)$$

$$\varPhi_2 = l^{-\frac{3}{2}} \exp\left\{-i\left(k_x x + k_y y + k_z z\right)\right\} = l^{-\frac{3}{2}} \exp\left(-\mathrm{i}\vec{k} \cdot \vec{R}_{\mathrm{C}}\right) \tag{4.6.46}$$

$$k_x = \frac{\pi n_x}{l}, \quad k_y = \frac{\pi n_y}{l}, \quad k_z = \frac{\pi n_z}{l} \tag{4.6.47}$$

由图 4.6.2 可以看到，对于从坐标原点出发的粒子[粒子的坐标为 $(x, y, z)$]而言，边界条件不同时，粒子所处环境并不相同，这使得粒子的动量不同(分别为 $k_x = \frac{2\pi n_x}{l}$ 和 $k_x = \frac{\pi n_x}{l}$，见[式(4.6.37)和式(4.6.47)]，因此在不同边界条件下，一维箱的能量表达式(4.6.30)和式(4.6.40)不同，从而三维箱的能量表达式式(4.6.31)和式(4.6.41)不同，平面波(4.6.36)和(4.6.46)中的宗量也不同，但平面波的归一化因子相同.

### 2. 相对运动

现在讨论相对运动方程(4.6.7). 为了方便，选用球坐标系，以第一个核为坐标原点，质量为 $\mu$ 的约化粒子的坐标为 $\vec{R} = \{R, \theta, \phi\}$，$R$ 为两者之间的距离. 由于 $U(R)$ 只与 $R$ 有关，因此为中心力场. 方程(4.6.7)描述质量为 $\mu$ 的一个约化粒子在中心场中的运动，它与氢原子中的电子运动方程有些相似，只不过在氢原子问题中，势为 Coulomb 势 $\left(-\frac{1}{r}\right)$，波函数描述电子运动，而式(4.6.7)则是关于核运动的方程，其中的势函数可能要复杂一些，势函数的具体形式依赖于具体的双原子体系. 处理中心力场问题有一套固定的分离变量方法，在氢原子问题中已系统讲授过，现简述如下. 对于中心力场，应选择球坐标系，这时有

$$\nabla^2 = \frac{1}{R^2} \frac{\partial}{\partial R}\left(R^2 \frac{\partial}{\partial R}\right) - \frac{\hat{L}^2}{R^2}$$

$$\hat{L}^2 = -\left\{\frac{1}{\sin\theta}\frac{\partial}{\partial\theta}\left(\sin\theta\frac{\partial}{\partial\theta}\right)+\frac{1}{\sin^2\theta}\frac{\partial^2}{\partial\phi^2}\right\}$$

方程(4.6.7)变为

$$\left\{-\frac{1}{2\mu}\frac{1}{R^2}\frac{\partial}{\partial R}\left(R^2\frac{\partial}{\partial R}\right)+\frac{\hat{L}^2}{2\mu R^2}+U(R)\right\}\Psi_{\text{rel}}(\vec{R})=\left(E^{(\text{t})}-\varepsilon_{\text{t}}\right)\Psi_{\text{rel}}(\vec{R}) \tag{4.6.48}$$

其中，$\hat{L}^2$ 为角动量平方算符. 分离变量，令

$$\Psi_{\text{rel}}(\vec{R})=\Psi'(R)Y_{lm}(\theta,\varphi)$$

则方程(4.6.48)分解为两个方程

$$\hat{L}^2Y_{lm}(\theta,\varphi)=l(l+1)Y_{lm}(\theta,\varphi) \tag{4.6.49}$$

$$\left\{-\frac{1}{2\mu}\frac{1}{R^2}\frac{\mathrm{d}}{\mathrm{d}R}\left(R^2\frac{\mathrm{d}}{\mathrm{d}R}\right)+\frac{l(l+1)}{2\mu R^2}+U(R)\right\}\Psi'(R)=\left(E^{(t)}-\varepsilon_t\right)\Psi'(R) \tag{4.6.50}$$

方程(4.6.49)是描述约化粒子绕力心(即球坐标的坐标原点)做转动运动的方程，这种转动是分子整体的转动，其解为球谐函数. 在所有的中心力场问题中，角动量平方算符 $\hat{L}^2$ 的本征函数都是球谐函数，因为 $\hat{L}^2$ 所满足的方程(4.6.49)与中心势的具体形式无关，而仅依赖于中心势的球对称性. 例如，在类氢原子中，电子角动量平方算符的本征函数也用球谐函数表示.

令 $\Psi(R)=R\Psi'(R)$，代入方程(4.6.50)有

$$\left\{-\frac{1}{2\mu}\frac{\mathrm{d}^2}{\mathrm{d}R^2}+\frac{l(l+1)}{2\mu R^2}+U(R)\right\}\Psi(R)=\left(E^{(\text{t})}-\varepsilon_{\text{t}}\right)\Psi(R) \tag{4.6.51}$$

这是约化粒子径向运动所满足的方程，其中的 $\frac{l(l+1)}{2\mu R^2}$ 相当于转动所引起的离心力对径向运动的影响. 对于 $l=0,1,2,\cdots$ 分别求解方程(4.6.51)就得到相应的本征函数 $\Psi(R)$.

3. 转动：刚性转子模型

方程(4.6.51)表明，约化粒子的径向运动(振动)和转动实际是耦合在一起的，即振动和转动互相影响. 转动的能量算符为

$$\hat{T}_{\text{r}}=\frac{\hat{L}^2}{2\mu R^2} \tag{4.6.52}$$

为了将振动和转动分开讨论，以便得到一些有用的基本概念，取刚性转子模型，即在考虑转动运动时，把核间距看作固定不变. 这是一个较为合理的模型，因为在低振动态下，双原子分子的核间距仅在平衡核间距 $R_0$ 附近做微小变化(微小振动)，故在刚性转子模型下，转动的能量算符为

$$\hat{T}_{\text{r}}=\frac{\hat{L}^2}{2\mu {R_0}^2}$$

其本征方程为

$$\frac{\hat{L}^2}{2\mu R_0^{\ 2}} Y_{lm}(\theta,\varphi) = \frac{l(l+1)}{2\mu R_0^{\ 2}} Y_{lm}(\theta,\varphi) \tag{4.6.53}$$

故转动能级为

$$\varepsilon_{\mathrm{r}} = \frac{l(l+1)}{2\mu R_0^2} = \frac{l(l+1)}{2I}, \quad l = 0,1,2,\cdots \tag{4.6.54}$$

其中 $I = \mu R_0^{\ 2}$，称为转动惯量. 式(4.6.54)表明，通过研究转动光谱可以决定双原子分子的平衡核间距 $R_0$，4.1 节中在讨论 Morse 函数时已经利用了这一结果. 由式(4.6.53)可以看到，双原子分子的整体转动需要两个坐标变量描述，通常说双原子分子的转动有两个自由度.

4. 振动

在刚性转子模型下，方程(4.6.51)变为

$$\left\{-\frac{1}{2\mu}\frac{\mathrm{d}^2}{\mathrm{d}R^2} + U(R)\right\}\Psi(R) = \left(E^{(\mathrm{t})} - \varepsilon_{\mathrm{t}} - \varepsilon_{\mathrm{r}}\right)\Psi(R) \tag{4.6.55}$$

式(4.6.55)是一般的二阶微分方程，对具体双原子分子，可以按 4.1 节的办法求得势能曲线 $U(R)$ 的具体形式，代入式(4.6.55)即可求解约化粒子的径向运动. 现在做一般性讨论，不涉及具体双原子分子，因而不涉及 $U(R)$ 的具体形式.

在平衡位置 $R_0$ 附近将势能曲线 $U(R)$ 展开，有

$$U(R) = U(R_0) + \frac{\mathrm{d}U(R)}{\mathrm{d}R}\Big|_{R=R_0}(R-R_0) + \frac{1}{2}\frac{\mathrm{d}^2U(R)}{\mathrm{d}R^2}\Big|_{R=R_0}(R-R_0)^2 + \cdots \tag{4.6.56}$$

由于 $R = R_0$ 时能量取极值，故有

$$\frac{\mathrm{d}U(R)}{\mathrm{d}R}\Big|_{R=R_0} = 0$$

略去式(4.6.56)中的高次项，并定义

$$\xi = R - R_0, \quad E_{\mathrm{e}} = U(R_0), \quad k = \frac{\mathrm{d}^2U(R)}{\mathrm{d}R^2}\Big|_{R=R_0}$$

$E_{\mathrm{e}}$ 为核处于平衡位置时电子的总能量，$k$ 为力常数. 代入方程(4.6.55)有

$$\left\{-\frac{1}{2\mu}\frac{\mathrm{d}^2}{\mathrm{d}\xi^2} + \frac{1}{2}k\xi^2\right\}\Psi(\xi) = \varepsilon_{\mathrm{v}}\Psi(\xi) \tag{4.6.57}$$

其中

$$\varepsilon_{\mathrm{v}} = E^{(\mathrm{t})} - E_{\mathrm{e}} - \varepsilon_{\mathrm{t}} - \varepsilon_{\mathrm{r}} \tag{4.6.58}$$

方程(4.6.57)是简谐振子的定态 Schrödinger 方程，于是有

$$\varepsilon_{\mathrm{v}} = \left(n + \frac{1}{2}\right)\omega, \qquad n = 0,1,2,\cdots, \qquad \omega = \sqrt{\frac{k}{\mu}}$$

$$\Psi_{\mathrm{n}}(\xi) = \left(\frac{\alpha}{\pi^{\frac{1}{2}} 2^n n!}\right)^{\frac{1}{2}} \mathrm{e}^{-\frac{1}{2}\alpha^2\xi^2} H_{\mathrm{n}}(\alpha\xi) \tag{4.6.59}$$

其中，$\alpha=(\mu\omega)^{\frac{1}{2}}$，$H_n(\alpha\xi)$是以$\alpha\xi$为宗量的 Hermite 多项式.

至此，我们已经得到了双原子分子运动的全部解. 双原子分子的运动可以分解成电子的运动以及核的平动、振动和转动. 体系的总能量相应地分解为电子运动的能量，核的振动能、转动能与平动能之和，即将式(4.6.58)写为

$$E^{(t)}=E_e+\varepsilon_v+\varepsilon_r+\varepsilon_t \tag{4.6.60}$$

在数量级上，$E_e$约为$\varepsilon_v$的 100 倍，$\varepsilon_v$约为$\varepsilon_r$的 100 倍. 电子能级要在紫外或可见光谱区观测，振动能级要在红外光谱区观测，而转动能级则要在远红外区观测，平动能级通常为连续谱.

以上处理方法实际上是用谐振子势作为双原子分子的势能曲线，代入方程(4.6.55)求解核运动. 4.1 节已对谐振子势做了较为深入的讨论[见式(4.1.14)]，从图 4.1.2 可以看到，仅在平衡位置附近谐振子势才与真实的势能曲线较为一致，因此谐振子势只适用于研究低振动态. 相比之下，Morse 势与真实的势能曲线较为相似，以 Morse 势作为双原子分子的势能曲线用以研究核运动，应该能够得到更好的结果. 的确，用 Morsc 势[见式(4.1.15)]代入双原子分子的核运动方程(4.6.55)或者(4.6.51)(不采用刚性转子模型)，可以得到修正的振动能级公式，并得到更好的振转运动的解析解. 由 Morse 势解得的振动不再是简谐振动，所得的三级力常数与实验值符合得很好，但四级力常数符合得不好. 以邓从豪势[见式(4.1.23)]作为双原子分子的势能曲线，也能得到分子振转运动的解析解，并使四级力常数得到改进，可参看相关文献[7].

### 4.6.2 多原子分子的平动、转动和简正振动

在 Born-Oppenheimer 近似下，多原子分子的核运动可以通过方程(4.6.1)求解. 给出势能面，原则上讲就可以求解核运动方程. 我们不准备详细讨论多原子分子核运动方程的求解，而仅仅要借助双原子分子的结果，粗略地描述多原分子的核运动.

多原子分子的核运动比双原子分子要复杂一些，但仍然可分为以上三种运动，即质心的平动(即分子整体的平动)、分子整体的转动、分子内各原子间的相对运动(即振动)，只不过振动运动将具有更多的自由度.

同双原子分子一样，需要三个坐标才能确定多原子分子质心的空间位置，因此多原子分子的平动也有三个自由度，需要三个变量表示. 双原子分子的转动有两个自由度，所有线型分子的整体转动也都只有两个自由度，但非线型分子的整体转动(不是分子的内旋转)则有三个自由度，需要三个变量表示. 因此，对于由 $N$ 个原子组成的分子体系，分子内各原子间的相对运动即振动其自由度为$(3N-6)$(非线型分子)或者$(3N-5)$(线型分子).

在此之前，我们仅仅一般地说，势能面是核坐标的函数，现在当我们对核运动有了粗略的了解之后，应当对势能面与核坐标的关系做进一步分析. 势能面上的任一点都对应一定核构型下的电子总能量，即电子 Hamilton 算符$\hat{H}$的本征值. 由电子 Hamilton 算符$\hat{H}$的表达式[见式(1.1.4)]可知，核坐标通过核与电子之间的距离(核对电子的吸引作用)以及核与核之间的距离(核间排斥作用)影响电子能量，因此电子能量仅与分子构型即分子中原子的相对位置有关，而与分子的平动和整体转动无关. 这是容易理解的，因为平动和整体转动只改变分子的空间位置和取向，而不改变分子中原子的相对位置，即不改变分子构型，在分子构型不变的情况下，电子能量不会由于分子整体的空间位置的变化而变化. 这就是说，势能面与分子的平动和转动无关. 例如，双原子分子中，平动运动方程(4.6.6)、转动运动方程(4.6.49)或(4.6.53)都与势能面无关. 因此，势能面是$(3N-6)$(非线型分子)或者$(3N-5)$(线型分子)个核坐标的函数，与分子振

动具有相同的自由度. 这是我们研究核运动所得的重要结论.

取分子的键长、键角和二面角作为坐标，称为分子的内坐标，由于这些坐标是分子本身固有的，故又称为分子的内禀坐标. 分子构型常用内坐标描述，故势能函数(势能面)是内坐标的函数. 用$\vec{\eta}=\{\eta_1,\eta_2,\cdots\}$表示内坐标的集合，将质心运动和分子的整体转动分离，并将振动运动的动能算符$\hat{T}^{(\mathrm{v})}$和势能面用内坐标表示，可由式(4.6.1)得到分子振动运动的方程

$$\left\{\hat{T}^{(\mathrm{v})}(\vec{\eta})+U(\vec{\eta})\right\}\Psi^{(\mathrm{v})}(\vec{\eta})=(E^{(\mathrm{t})}-E_{\mathrm{t}}-E_{\mathrm{r}})\Psi^{(\mathrm{v})}(\vec{\eta}) \tag{4.6.61}$$

上标(v)表示与振动有关的量；$E_{\mathrm{t}}$和$E_{\mathrm{r}}$分别表示质心平动和分子整体转动的能量.

仿照式(4.6.56)，将$U(\vec{\eta})$在平衡位置$\vec{\eta}_0$附近展开，运用多元函数的 Taylor 展开公式，保留到二级项，有

$$U(\vec{\eta})=U(\vec{\eta}_0)+\frac{1}{2}\sum_{i,j}\frac{\partial^2U(\vec{\eta})}{\partial\eta_i\partial\eta_j}\Big|_{\vec{\eta}=\vec{\eta}_0}(\eta_i-\eta_{i0})(\eta_j-\eta_{j0}) \tag{4.6.62}$$

式(4.6.62)表明，势函数对于坐标的二阶导数是一个矩阵，称为 Hessian 矩阵，也称力常数矩阵. 例如，当$U(\vec{\eta})=U(\eta_1,\eta_2)$，即$U(\vec{\eta})$只包含两个坐标时，其 Hessian 矩阵为

$$\begin{pmatrix}\dfrac{\partial^2U}{\partial\eta_1^2} & \dfrac{\partial^2U}{\partial\eta_1\partial\eta_2}\\[2ex] \dfrac{\partial^2U}{\partial\eta_1\partial\eta_2} & \dfrac{\partial^2U}{\partial\eta_2^2}\end{pmatrix}$$

注意：Hessian 矩阵是非对角的，这是由于在$U(\vec{\eta})$的展开式(4.6.62)中出现了混合偏导数. 另外，当采用内坐标时，式(4.6.61)中的动能算符$\hat{T}^{(\mathrm{v})}(\vec{\eta})$也不一定取标准(或称为正则)形式，即在其表达式中也可能出现混合偏导数，当用求导数的链规则将动能算符从直角坐标转化为内坐标时很可能出现这种情况. 但是$\hat{T}^{(\mathrm{v})}(\vec{\eta})$是正定的 Hermite 算符(动能恒为正值且为 Hermite 算符)，而$U(\vec{\eta})$的 Hessian 矩阵为实对称矩阵(混合偏导数与求导次序无关)，根据线性代数理论，总可以找到一个线性变换$\hat{Q}$同时将二者对角化. 另外，线性变换$\hat{Q}$把内坐标$\vec{\eta}$变成另一组坐标$\vec{\xi}=\{\xi_1,\xi_2,\cdots\}$，$\vec{\xi}=\hat{Q}\vec{\eta}$. 令

$$\hat{T}^{(\mathrm{v})}(\vec{\xi})=\hat{Q}\hat{T}^{(\mathrm{v})}(\vec{\eta})\hat{Q}^{-1},\quad U(\vec{\xi})=\hat{Q}U(\vec{\eta})\hat{Q}^{-1},$$

$$\Psi(\vec{\xi})=\hat{Q}\Psi(\vec{\eta}),\quad k_i=\frac{\mathrm{d}^2U(\vec{\xi})}{\mathrm{d}\xi_i^2}\Bigg|_{\xi_i=\xi_{i0}} \tag{4.6.63}$$

注意：$\hat{T}^{(\mathrm{v})}(\vec{\xi})$和$U(\vec{\xi})$都是对角的，代入式(4.6.61)，有

$$\left\{\sum_i-\frac{1}{2\mu_i}\frac{\mathrm{d}^2}{\mathrm{d}\xi_i^2}+\frac{1}{2}\sum_i k_i(\xi_i-\xi_{i0})^2\right\}\Psi_m^{(\mathrm{v})}(\vec{\xi})=E^{(\mathrm{v})}\Psi_m^{(\mathrm{v})}(\vec{\xi}) \tag{4.6.64}$$

$$E^{(\mathrm{v})}=E^{(\mathrm{t})}-E_{\mathrm{t}}-E_{\mathrm{r}}-U(\vec{\xi}_0)$$

$\mu_i$为与坐标$\xi_i$相对应的约化质量. 式(4.6.64)中的 Hamilton 算符是$(3N-5)$或$(3N-6)$个谐振子 Hamilton 算符的直和. 因此可以分离变量得到$(3N-5)$或$(3N-6)$个一维谐振子运动方程，即

$$\left\{-\frac{1}{2\mu_i}\frac{\mathrm{d}^2}{\mathrm{d}\xi_i^2}+\frac{1}{2}k_i\left(\xi_i-\xi_{i0}\right)^2\right\}\varphi_i^{(\mathrm{v})}\left(\xi_i\right)=\varepsilon_i^{(\mathrm{v})}\varphi_i^{(\mathrm{v})}\left(\xi_i\right),\quad i=1,2,\cdots \tag{4.6.65}$$

式(4.6.65)与式(4.6.57)有完全相同的形式，这表明坐标 $\xi_i$ 做简谐振动，该简谐振动的固有频率 $\nu_i$、圆频率 $\omega_i$ 和能级 $\varepsilon_i$ 分别为

$$\nu_i=\frac{1}{2\pi}\sqrt{\frac{k_i}{\mu_i}}\quad,\quad \omega_i=2\pi\nu_i\,,\quad \varepsilon_i=\left(n_i+\frac{1}{2}\right)\omega_i \tag{4.6.66}$$

$\vec{\xi}=\{\xi_1,\xi_2,\cdots\}$ 称为简正坐标，其振动称为简正振动，$\nu_i$ 为 $\xi_i$ 振动的简正频率. 在处理分子振动问题时，通常采用质量坐标，即在式(4.6.65)中以坐标 $\sqrt{\mu_i}\xi_i$ 替换坐标 $\xi_i$，从而将该方程动能算符中的质量因子消除，此时有 $\omega_i=\sqrt{\mu_i k_i}$，频率 $\nu_i$ 和圆频率 $\omega_i$ 都是原来值的 $\mu_i$ 倍，并称 $\omega_i$ 为 $i$ 简正振动的基频. 为了求解简正振动式(4.6.65)，必须计算 Hessian 矩阵求得力常数 $k_i$，这涉及势能面对核坐标的二阶导数. 式(4.5.13)给出了势能面对核坐标的一阶导数，在此基础上必须再求一次导数才能求得力常数. 由于式(4.5.13)中包含分子轨道组合系数和基函数，势能面对核坐标的二阶导数将会涉及分子轨道组合系数和基函数对核坐标的微商，计算量很大. 由于势能面展开式(4.6.62)只取到二阶导数，计算得到的频率与实验值有一定误差，如果采用 Hartree-Fock 方法得到势能面，计算频率一般比实验值高约 10%，通常将计算结果乘以校正因子 0.9.

简正坐标 $\xi_i$ 是内坐标 $\vec{\eta}$ 的线性组合，可以由分子对称性确定 $\xi_i$ 的对称性，从而确定 $\xi_i$ 的简正振动所属的不可约表示. 对简正坐标做逆变换，有

$$\vec{\eta}=\hat{Q}^{-1}\vec{\xi} \tag{4.6.67}$$

这就是说，内坐标 $\vec{\eta}$ 也可以表示为简正坐标的线性组合，因此每一内坐标 $\eta_i$ 的运动是由 $(3N-5)$ 或 $(3N-6)$ 个简正振动叠加而成的复杂运动. 当然，如果一个简正坐标只包含一个内坐标，则该内坐标将做简正振动，通常称这种振动模式为局域模式.

如前面所述，振动方程描述在势能面极值点[式(4.6.62)中一阶导数为零]附近核的运动，因此根据简正振动的频率可以判断势能面上极值点的性质. 如果所有基频均为正值，由式(4.6.63)和式(4.6.66)可知，势能面对内坐标的二阶导数均为正值，因此该极值点为极小值点，即分子处于稳定构型；若有一个且仅有一个基频为虚数，则仅有一个二阶导数为负值，表明该极值点为势能面上的鞍点，因为鞍点是反应途径上的最高点，而与其他任何方向相比都是势能面上的最低点，仅在反应途径方向不存在简正振动.

### 4.6.3　分子的电子-振动光谱

下面简要介绍文献中经常提到的电子-振动光谱. 电子-振动光谱是分子的电子能级和振动能级同时发生改变时所产生的光谱. 当电子态发生能级跃迁时，气相中的分子一般会伴有振动态的改变. 图 4.6.3 示意说明了双原子分子电子能级和振动能级同时改变的情况. 图中显示，当电子能级从基态 $E_0$ 跃迁到第一激发态 $E_1$ 时，振动能级从基态电子能级下的 $\nu_1^0$ 改变为第一激发态下的 $\nu_2^1$，所产生的光谱就是电子-振动光谱. 显然，电子-振动光谱不同于纯粹的电子光谱，也不同于纯粹的振动光谱，而是二者耦合的产物. 由 Franck-Condon 原理可以确定电子-振动跃迁的强度.

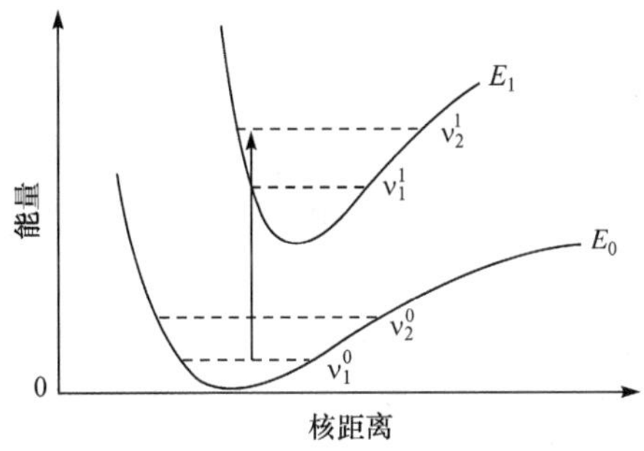


图 4.6.3　电子-振动光谱示意图

电子-振动光谱能够提供很多信息，利用这些信息，可以确定分子结构(如键长)、电子激发态性质等. 特别是这些信息可用于研究不稳定分子体系，如双碳体系 $C_2$ 等. 另外，在燃烧和天文方面，电子-振动光谱也有重要应用.

## 4.7　势能面与分子力场

以上几节，我们讨论了双原子分子的势能曲线和三原子分子的势能面，讨论了原子核受力与势能面梯度的关系以及势能面与核坐标的关系等，现在我们对与势能面有关的一些基本概念做进一步说明.

### 4.7.1　势能面与势函数

通过以上讨论我们知道，势能面是不同核构型下代表电子总能量的各点所形成的曲面，因此势能面仅与分子构型即分子中原子的相对位置有关，而与分子的平动和整体转动无关，因为分子的平动和整体转动不改变分子中原子的相对位置. 因此，对于由 $N$ 个原子组成的分子体系，势能面是 $(3N-6)$(非线型分子)或者 $(3N-5)$(线型分子)个核坐标的函数. 从几何上看，势能面 $U(\vec{R})$ 是由 $(3N-6)/(3N-5)$ 个坐标张成的空间中的一个超曲面. 通常用内坐标来描述分子构型. 采用内坐标后，势能面将与 $(3N-6)$(非线型分子)或 $(3N-5)$(线型分子)个内坐标有关. 例如，在双原子分子中，势能面(势能曲线) $U(\vec{R})$ 仅与核间距有关；在非线型三原子分子中，势能面 $U(\vec{R})$ 仅与两个键长和一个键角有关.

势能面在量子化学、分子光谱、分子力学模拟和分子反应动力学中都占有十分重要的地位. 建造性能优良的势能面是量子化学计算的目标，同时又是动力学计算的起点[8,9].

如果将势能面用解析函数表示，则称为解析势能面，相应的解析函数称为势函数，势能面和势函数两个词经常不加区分地使用. 势能面大体上可以分为以下三类.

第一类是从头算势能面. 这类势能面的建造方法是，先求解 Born-Oppenheimer 近似下的电子运动方程，得到不同核构型下的电子总能量，它们相当于势能面上的一个个单点，通常要计算几千乃至几万个单点，然后设计适当的解析函数，其中含有若干个参量，用该解析函数拟合计算得到的单点，用最小二乘法或者其他方法确定解析函数中的参量，从而得到势能面的解析表达式. 如此建造的势能面的质量取决于单点的计算精度、单点的布局、解析函数的形式是否合适等因素. 由于这种势能面是通过解 Schrödinger 方程得到的，它直接来自第一性原理，因此称为从头算势能面.

第二类是经验势能面. 人们根据经验选定势能面的函数形式，其中包含一系列参数，然后根据光谱数据或其他实验数据确定参数值，从而得到势能面的解析表达式. 这种方法不需要求解电子运动的 Schrödinger 方程，从而大大简化了计算. 但是这种势能面依赖于经验，其建造过程带有一定的盲目性.

介于以上两类之间的是半经验势能面. 这类势能面的建造方法通常是将计算结果与实验值比对，以确定势函数中的参量，既需要理论计算，也需要实验资料.

在求解核运动方程时需要给出势函数，因此势能面的解析式更便于应用. 但解析式也存在缺陷，一般解析函数很难在势能面的各个部位都能很准确地拟合实验或理论计算结果，这将对核运动方程的求解造成影响. 因此，许多动力学计算不采用势函数的解析式，而是对势能面做数值拟合，并在此基础上求解动力学问题，称之为直接动力学方法.

### 4.7.2 分子力场

实际应用中，我们经常遇到的是复杂化学体系，这类体系中包含的原子数目众多，如生物大分子体系、自组装体系等. 为了研究复杂化学体系的形貌和性质，必须研究核的运动. 由于原子数目众多，对复杂化学体系进行完全的量子力学处理是不可能的. 与电子相比，原子核的质量很大，因此可以近似地用经典力学处理，即通过解牛顿方程来研究核的运动，这种方法称为分子力学或分子动力学模拟. 开展分子力学或分子动力学模拟的前提是要给出质点(原子或原子基团)所受的力，不仅仅是在某一点的受力，而是要给出在所考虑的整个空间区域上的受力情况，故将质点所受的力称为分子力场. Hellmann-Feynman 定理[式(4.3.9)]确定了原子受力与势能面的关系，即原子所受的力是势能面梯度的负值，这就是说，给定了势函数也就给定了分子力场，因此在分子动力学模拟中把势能函数(势能面)称为分子力场.

要得到复杂化学体系精确的从头算势能面在目前情况下是不可能的，因此分子动力学模拟中所用的势函数(力场)大多为经验或者半经验势函数(力场). 为了使势函数符合化学概念并具有较为明确的物理图像，一般把势函数分解为如下一些项的加和：

势函数=键伸缩势+键角弯曲势+二面角扭曲势+离平面振动势+Coulomb 作用势+范德华作用势+弱键作用势，即

$$U(\xi) = U_{\mathrm{b}} + U_{\theta} + U_{\varphi} + U_{x} + U_{\mathrm{el}} + U_{\mathrm{nb}} + U_{\mathrm{wb}} \tag{4.7.1}$$

式中，$\xi$ 为分子内坐标集合. 键伸缩势 $U_{\mathrm{b}}$ 描述两个成键原子间的相互作用. 对于稳定分子来说，各原子在其平衡位置附近做微小振动，因此原子间的键长并非维持恒定，而是在其平衡值附近做小幅变动. 最简单的方法是将 $U_{\mathrm{b}}$ 取为谐振子势，即

$$U_{\mathrm{b}} = \frac{1}{2}\sum_{i} k_i \left(R_i - R_i^0\right)^2 \tag{4.7.2}$$

式中，$k_i$ 为第 $i$ 个化学键的力常数；$R_i$ 和 $R_i^0$ 分别为第 $i$ 个键长的即时值和平衡值. $k_i$ 越大，振动频率越大.

键角弯曲势 $U_{\theta}$ 描述由键角变化引起的能量变化. 分子中连续键连的三原子形成键角. 与键的伸缩一样，这些键角也并非维持恒定不变，而是在其平衡值附近做小幅变动. $U_{\theta}$ 的最简单形式也取为谐振子势，即

$$U_\theta = \frac{1}{2}\sum_i k_i^\theta \left(\theta_i - \theta_i^0\right)^2 \tag{4.7.3}$$

式中，$k_i^\theta$ 为第 $i$ 个键角弯曲的弹力常数；$\theta_i$ 和 $\theta_i^0$ 分别为第 $i$ 个键角的即时值和平衡值.

二面角扭曲势 $U_\phi$ 描述由二面角变化引起的能量变化. 分子中连续键连的四个原子形成二面角(dihedral)，一般来说，二面角较易于扭曲(torsion)，$U_\varphi$ 的最简单形式可取为

$$U_\varphi = \frac{1}{2}\sum_i k_i^\varphi \left[1 + \cos\left(\varphi_i - \varphi_i^0\right)\right] \tag{4.7.4}$$

式中，$k_i^\varphi$ 为第 $i$ 个二面角扭曲的弹力常数；$\varphi_i$ 和 $\varphi_i^0$ 分别为第 $i$ 个二面角的即时值和平衡值.

有些分子中会出现四个以上的原子共平面的情况. 例如，在平衡位置时，丙酮($CH_3COCH_3$)中的三个碳原子与氧原子共平面. 通常共平面的四个原子的中心原子(如 $CH_3COCH_3$ 的中心碳原子)在平面上下做小幅振动. 这种振动引起的能量变化称为离平面振动势(out-of-plane bending energy). 它的最简单形式可取为

$$U_x = \frac{1}{2}\sum_i k_i^x x_i^2 \tag{4.7.5}$$

式中，$k_i^x$ 为离平面振动的弹力常数；$x_i$ 为中心原子偏离平面的距离.

### 4.7.3　分子中的弱相互作用

式(4.7.2)～式(4.7.5)描述的是成键原子间的相互作用，可以称为强相互作用，强相互作用维持着分子的刚性骨架. 在分子内或分子间还广泛存在着弱相互作用. 靠弱相互作用聚集在一起的原子或分子聚集体具有柔性结构. 式(4.7.1)的后三项给出了常见的三种弱相互作用，即静电作用、范德华作用和弱键作用. 下面逐一介绍这三种弱相互作用.

静电作用包括两种情况，一是带电荷的两原子(离子)间存在的 Coulomb 相互作用. 其形式为

$$U_{\mathrm{el}} = \sum_{ij} \frac{q_i q_j}{DR_{ij}} \tag{4.7.6}$$

式中，$q_i$ 和 $q_j$ 分别为第 $i$ 个和第 $j$ 个原子所带电荷；$R_{ij}$ 为 $i$、$j$ 两原子间距离；$D$ 为有效介电常数(effective dielectronic constant). 注意：这里所涉及的两原子(离子)间并不形成离子键，它们所带电量 $q$ 通常很小而且原子间的距离通常较远. 一般力场中，原子所带电荷 $q$ 是固定值，不随分子构型改变而改变，这样做可以大大减少计算量，但这种模型是不合理的. 如果原子所带电荷 $q$ 随分子构型改变而改变，并不取固定值，称这样的力场为可极化力场.

二是极性分子间的偶极相互作用. 其形式为

$$U_{\mathrm{dipole}} = \frac{\mu_i \mu_j}{DR_{ij}^3}\left(\cos x - 3\cos\alpha_i \cos\alpha_j\right) \tag{4.7.7}$$

式中，$\mu_i$ 和 $\mu_j$ 为分子的偶极；$x$ 和 $\alpha$ 的定义如图 4.7.1 所示. 目前流行的力场中，一般不包含偶极相互作用项，而是将偶极相互作用隐含在 Coulomb 作用项中，这样做更有利于提高计算效率.

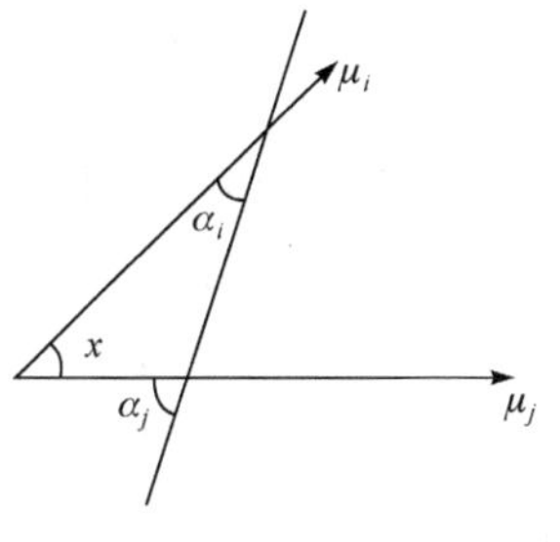

图 4.7.1　分子偶极作用的坐标

当两个原子 $a$、$b$ 属于同一分子但其间隔多于两个化学键(如 $a-c-d-b$)，或者两原子分属不同分子时，则该原子对之间的相互作用称为范德华作用. 因此，范德华作用为非键相互作

用，包括吸引作用和排斥作用. 吸引作用产生的原因在于，当两个原子或分子相互靠近时，由于电子的相互回避，原子或分子的电子云发生变化，诱导产生了瞬时偶极，吸引作用就是瞬时偶极间的相互作用引起的.

1930 年，德国物理学家 London[10-12]采用基于二阶微扰的量子理论首次对惰气原子间的相互作用进行了研究，给出了两原子 A、B 之间范德华吸引作用的计算公式

$$E_{AB}^{disp}=\frac{3\alpha_A\alpha_B I_A I_B}{4(I_A+I_B)}R^{-6} \tag{4.7.8}$$

式中，$\alpha_A$、$\alpha_B$、$I_A$、$I_B$ 分别为两原子的极化率和第一电离势；$R$ 为原子间距离.

London 处理惰气原子间相互作用的理论方法与光色散的量子理论十分相似，因此 London 提出了"色散效应"这一术语，从此由瞬时偶极引起的相互作用称为色散作用，并将色散力(dispersion force)称为 London 力或 London 色散力. 色散作用随着原子、分子的尺寸变大而增强，例如，随着原子半径增大，室温下的卤素(氟、氯、溴、碘)从气态变为固态.

范德华吸引作用的主要部分是色散作用，色散力是原子、分子间的重要吸引力，惰气的液化就是靠色散力实现的. 除强极性分子外，一般原子、分子间的弱吸引相互作用主要是色散作用. 表 4.7.1 给出了不同体系中色散作用在总的分子间相互作用中所占的比例[13].

**表 4.7.1　不同体系中色散作用在总的分子间相互作用中所占的比例**

| 分子对 | 比例/% | 分子对 | 比例/% |
|---|---|---|---|
| Ne—Ne | 100 | $CH_3Cl$—$CH_3Cl$ | 68 |
| $CH_4$—$CH_4$ | 100 | $NH_3$—$NH_3$ | 57 |
| HCl—HCl | 86 | $H_2O$—$H_2O$ | 24 |
| HBr—HBr | 96 | HCl—HI | 96 |
| HI—HI | 99 | $H_2O$—$CH_4$ | 87 |

在描述范德华作用时，除了要考虑两原子间的色散引力外，还要考虑原子核之间的排斥作用，因此可以用 LJ 势(又称 12-6 势)描述范德华作用，即

$$U_{nb}=4\varepsilon\left[\left(\frac{\sigma}{R}\right)^{12}-\left(\frac{\sigma}{R}\right)^{6}\right] \tag{4.7.9}$$

式中，$R$ 为原子对间的距离；$\varepsilon$ 和 $\sigma$ 为势能参数，因原子的种类而异. $\sigma$ 反映原子间的平衡距离，$\varepsilon$ 反映势阱的深度. LJ 势能中，第一项为排斥能，第二项为吸引能，当 $R$ 很大时，LJ 势能趋于零. 4.1.3 节已对 LJ 势做过讨论.

弱键与化学键(如共价键)相似，具有方向性和饱和性，其键长小于弱键键连的两原子的范德华半径之和，但弱键键能比通常的化学键小得多，成键机理也与通常的化学键不同. 例如，氢键、卤键、磷键等都属于弱键. 关于氢键已有较多研究，例如，有文献将氢键势函数取作式(4.7.9)，但将第一个幂指数取作 10.卤键的情况更为复杂，卤键是指分子或分子片中的共价卤原子与该分子内或另一分子中具有亲核性的原子或基团之间形成的弱相互作用. 可以用一个简单式子表示卤键：$R_1—X\cdots Y—R_2$，其中 X 为卤原子，Y 为具有亲核性的原子或基团，$R_1$ 和 $R_2$ 分别代表与 X 和 Y 相连的基团，虚线代表卤键. 卤键的作用能范围为 5～180kJ · mol$^{-1}$，可见，卤键强度可调范围大，在很多情况下比氢键更强. 卤键的主要特点是共

价卤原子的静电势呈各向异性分布. 在垂直 $R_1$—X 键轴方向上，静电势为负值，卤原子具有亲核性，可以作为氢键受体，与亲电基团形成氢键. 在沿 $R_1$—X 键轴方向上，存在一个帽(cap)状的正电区，称为 $\sigma$ 穴($\sigma$-hole)，在这一方向上，静电势为正值，卤原子具有亲电性，可以作为卤键给体，与亲核基团形成卤键. 共价卤原子的这种特性称为两亲性，它既可以作为 Lewis 酸又可以作为 Lewis 碱与其他 Lewis 酸碱发生作用. 对共价卤原子的两亲性做出数学描述，即给出卤键势函数的解析表达式是建立包含卤键的力场的关键. 我们曾提出可极化椭球势用于描述卤键[14]，其解析式为

$$U_{\text{ab}}(r;\xi,\eta,\phi)=\exp(-\alpha\xi)f(\xi,\eta,\phi)\cos\theta-r^{-1}\exp(-\beta\bar{r}) \tag{4.7.10}$$

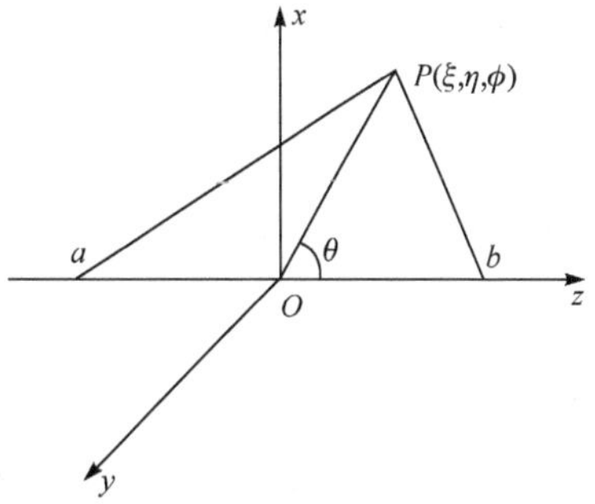

图 4.7.2　椭球坐标系

式中，$(\xi,\eta,\phi)$ 是势能面上动点 $P$ 的椭球坐标(参见 3.1.4 节及图 4.7.2)，$\theta$ 为动点 $P(\xi,\eta,\phi)$ 与坐标原点的连线 $OP$ 与 $O$-$z$ 轴的夹角，动点确定后，$\theta$ 是确定的，其值可由动点 $P(\xi,\eta,\phi)$ 的坐标求出. 当 $0°\leqslant\theta\leqslant 90°$ 时，$\cos\theta$ 取正值，与 $\sigma$ 穴相对应. 第二项是各向同性的球形势函数，球半径 $r$ 是一个参量，可根据具体体系优选. $f(\xi,\eta,\phi)$ 为 $\xi$、$\eta$、$\phi$ 的函数，$\alpha$、$\beta$ 均为可调参数. 该函数的特点是将一个球和一个椭球叠合在一起，这样能较好地描述共价卤原子电荷分布的各向异性，如图 4.7.3 所示.

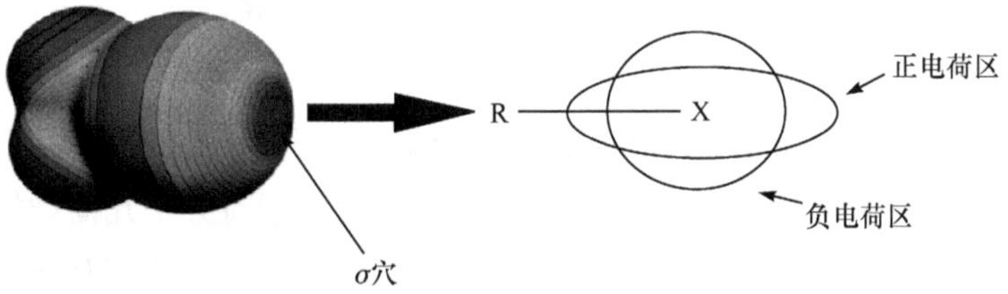

图 4.7.3　卤键的可极化椭球势示意图

根据不同体系或者不同的研究目标，人们已建立了大量势函数(力场). 必须指出，并不是任一体系的势函数都包含式(4.7.1)中的所有项；有些体系的势函数中可能还会出现式(4.7.1)以外的相互作用项. 选择合适的势函数(力场)是分子动力学模拟能否成功的前提. 另外，虽然已有大量势函数供人们选择，但是在进行分子力学模拟研究时，人们仍然常常找不到合适的分子力场. 因此，建造性能优良的分子力场，特别是准确描述弱相互作用的力场仍然是理论与计算化学面临的一项重要任务.

注意：式(4.7.1)中的各项势函数大多以谐振子势的形式出现，关于谐振子势，已在 4.1 节做过较为详细的讨论. 谐振子曲线是抛物线，当核间距增大时，势能趋于无穷大，这相当于把有关的原子束缚在势阱中，因此不能用这种势函数研究化学反应. 因为在发生化学反应时，必然涉及某些化学键的断裂和重组，这就要求某些原子必须从势阱中“逃逸”出来. 因此，用谐振子势描述的分子力场不能用于研究化学反应过程.

最后对分子内和分子间的相互作用问题做进一步分析. 上面提到分子内和分子间存在多种相互作用，包括强键作用、弱键作用和非键作用等. 除此之外，人们还根据需要，提出了各种各样的术语用于命名分子内和分子间的一些特殊相互作用，如 π-π 相互作用、σ-π 相互作用、共轭作用、超共轭作用等. 这些说法能够帮助我们认识分子内和分子间相互作用的机理，但也

容易造成混乱，让人觉得似乎分子内和分子间存在着无穷无尽的相互作用. 事实上，分子内和分子间只有一种相互作用，即电磁作用. 上面提到的所有相互作用都只是电磁作用的不同分解形式，或者说是为了理解电磁作用的机理而提出的不同物理模型.

众所周知，现代物理学认为，宇宙间只存在四种基本力，即万有引力、电磁力、强相互作用力和弱相互作用力. 强相互作用力和弱相互作用力仅存在于基本粒子之间，注意：这里所说的强、弱相互作用力不是上面所说的强、弱相互作用. 因此，原子、分子中电子和原子核之间仅存在万有引力和电磁力. 电磁力包含静电作用力(也称 Coulomb 力)和由荷点质点运动导致的磁作用力，磁作用属于相对论效应，主要表现为旋轨耦合，在非相对论近似下可以不予考虑. 这样，只需要考虑静电力和万有引力. 以氢原子为例，计算原子核(质子)与电子之间的万有引力与静电力. 原子核的线度$\leqslant 10^{-15}\text{m}$，电子的线度$\leqslant 10^{-18}\text{m}$，基态氢原子中电子的轨道半径$r = 5.29\times 10^{-11}\text{m}$，故原子核和电子均可看作点电荷. 万有引力与静电力的计算公式分别为$F_m = Gm_1m_2/r^2$和$F_e = kq_1q_2/r^2$，其中$G = 6.67\times10^{-11}\ \text{N}\cdot\text{m}^2\cdot\text{kg}^{-2}$，$k = 9.0\times10^9\text{N}\cdot\text{m}^2\cdot\text{C}^{-2}$，$m_1 = 1.67\times 10^{-27}\text{kg}$，$m_2 = 9.11\times10^{-31}\text{kg}$，$q_1 = 1.60\times10^{-19}\text{C}$，$q_2 = -1.60\times10^{-19}\text{C}$. 故静电力与万有引力之比为$F_e/F_m = 2.27\times10^{39}$. 可见，与静电力相比，万有引力非常小，可以忽略不计. 因此，在我们所讨论的原子分子问题中，仅存在静电作用. 事实上，在非相对论近似下求解原子、分子中电子运动的 Schrödinger 方程时，体系的 Hamilton 量中也仅仅包含静电作用，

$$\hat{H} = \sum_i -\frac{1}{2}\nabla_i^{\ 2} - \sum_{a,i}\frac{Z_a}{r_{ai}} + \sum_{i<j}\frac{1}{r_{ij}} + \sum_{a<b}\frac{Z_aZ_b}{R_{ab}}$$

所得到的能量期望值$E = \langle\Psi|\hat{H}|\Psi\rangle$中已经包含全部静电作用，这就是说前面提到的各种相互作用，包括强键作用、弱键作用、非键作用、π-π 相互作用、σ-π 相互作用等，都已经包含在能量期望值$E = \langle\Psi|\hat{H}|\Psi\rangle$中. 但是，为了更好地理解静电作用对分子几何结构、电子结构及分子性质的影响，常常要将能量做适当分解，这时就会出现各种各样的相互作用项，而且被冠以不同的专业术语，虽然让人眼花缭乱，但总体来说是有益的. 需要注意的是，在做能量分解时，所对应的物理模型应当合理，并且有助于阐释分子的结构和性质. 事实上，分子力场[如式(4.7.1)]的形式就是一种能量分解方式.

## 4.8 势能面相交规则

一个分子体系可以有不同的能级，因而有不同的势能面，一般来说，这些势能面都是同一组内坐标[$(3N-6)/(3N-5)$个]的函数，即它们是同一空间中的超曲面，因此不同势能面可能相交. 当两个势能面相交时，两能级将出现简并，习惯上称为“偶然简并”. 在势能面相交区域，常常会发生非绝热现象，使得分子表现出一些特殊的动态行为[15]. 对于研究化学过程的重要性而言，两个或多个势能面的交叉点类似于单个势能面上的鞍点. 虽然交叉点和鞍点性质不同，但两者都可以帮助我们判断反应途径、分析反应机理. 本节不讨论交叉点的具体性质，而仅介绍势能面的相交规则.

### 4.8.1 双原子分子势能曲线的相交规则

双原子分子的势能面简化为势能曲线，对于双原子分子的势能曲线，有如下相交规则：对

称性(包括自旋和空间)相同的态的势能曲线不能相交，对称性不同的态的势能曲线可以相交.

简要解释上述规则. 势能曲线是电子 Hamilton 量的本征能量曲线，相应的本征函数应具有两种对称性，一是自旋对称性，即电子波函数应该是自旋算符的本征函数，总自旋算符有确定值 $S$，通常用 $(2S+1)$ 表示电子波函数的自旋多重度. 此外，电子波函数还应具有分子所属点群的对称性，即它应当是分子所属点群不可约表示的基. 上述规则意味着，当两个电子态波函数具有相同的自旋多重度并属于分子点群同一不可约表示时，相应的势能曲线不能相交，称之为避免交叉.

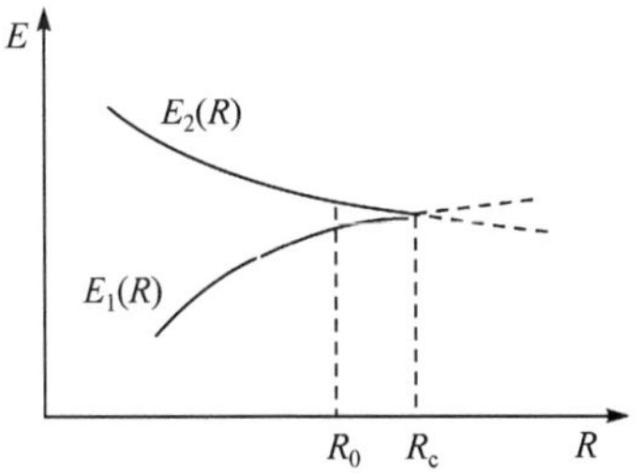

图 4.8.1　势能曲线相交

下面证明这一规则. 双原子分子具有 $D_{\infty h}$ (同核)或 $C_{\infty h}$ (异核)对称性. 设 ${}^{(2S_1+1)}\Psi_1^{(\lambda)}(R,\vec{q})$ 和 ${}^{(2S_2+1)}\Psi_2^{(\mu)}(R,\vec{q})$ 为某一双原子分子的两组正交归一化的电子波函数，分别为点群的 $\lambda$ 和 $\mu$ 不可约表示的基，自旋多重度分别为 $(2S_1+1)$ 和 $(2S_2+1)$，相应的势能曲线分别记作 $E_1(R)$ 和 $E_2(R)$，如图 4.8.1 所示.

假定两曲线相交于 $R_c$ 点，即 $E_1(R_c)=E_2(R_c)$，并设 $R_0$ 为 $R_c$ 附近的一点，记

$$\hat{H}_0=\hat{H}(R_0),\quad E_1^0=E_1(R_0),\quad \Psi_1^0={}^{(2S_1+1)}\Psi_1^{(\lambda)}(R_0,\vec{q}),$$
$$E_2^0=E_2(R_0),\quad \Psi_2^0={}^{(2S_2+1)}\Psi_2^{(\mu)}(R_0,\vec{q})$$

则有

$$\hat{H}_0\Psi_1^0=E_1^0\Psi_1^0 \tag{4.8.1}$$
$$\hat{H}_0\Psi_2^0=E_2^0\Psi_2^0 \tag{4.8.2}$$

假定核间距有一微小变化 $\delta R$，$R=R_0+\delta R$，这时体系的 Hamilton 算符相应变为

$$\hat{H}=\hat{H}_0+\delta R\left(\frac{\partial\hat{H}}{\partial R}\right)_{R=R_0}=\hat{H}_0+\hat{V} \tag{4.8.3}$$

式中，$\hat{V}=\delta R\left(\frac{\partial\hat{H}}{\partial R}\right)_{R=R_0}$，相应的 Schrödinger 方程为

$$\hat{H}\Psi(R,\vec{q})=E\Psi(R,\vec{q}) \tag{4.8.4}$$

势能曲线是 $R$ 的连续函数，由于 $E_1(R_c)=E_2(R_c)$，在 $R_c$ 附近的任何点 $R$，都应有 $E_1(R)\approx E_2(R)$，因此可按简并态微扰方法求解式(4.8.4)，于是有

$$\Psi(R,\vec{q})=c_1\Psi_1^0+c_2\Psi_2^0 \tag{4.8.5}$$

代入式(4.8.4)，分别左乘 $\Psi_1^{0*}$ 和 $\Psi_2^{0*}$，并对电子坐标积分，可得久期方程

$$\begin{vmatrix} H_{11}-E & V_{12} \\ V_{21} & H_{22}-E \end{vmatrix}=0 \tag{4.8.6}$$

式中，$H_{ii}=E_i^0+V_{ii}=E_i^0+\langle\Psi_i^0|V|\Psi_i^0\rangle$；$V_{ij}=\langle\Psi_i^0|V|\Psi_j^0\rangle$. 假定不考虑自旋-轨道耦合(体系中不含重原子)，则 $\Psi_1^0$ 和 $\Psi_2^0$ 可以选为实函数，这时 $V_{12}$ 和 $V_{21}$ 为实数，并有 $V_{12}=V_{21}$. 由式(4.8.6)可解得

$$E_{\pm}=\frac{1}{2}\left(H_{11}+H_{22}\right)\pm\frac{1}{2}\left[\left(H_{11}-H_{22}\right)^{2}+4V_{12}^{2}\right]^{\frac{1}{2}} \tag{4.8.7}$$

相应的波函数分别为

$$\Psi_{+}=\cos\frac{\theta}{2}\Psi_{1}-\sin\frac{\theta}{2}\Psi_{2}, \quad \Psi_{-}=\sin\frac{\theta}{2}\Psi_{1}+\cos\frac{\theta}{2}\Psi_{2} \tag{4.8.8}$$

式中，$\theta$ 由下式确定

$$\tan\theta=\frac{V_{12}}{\left|H_{22}-H_{11}\right|} \tag{4.8.9}$$

我们考察交点 $R_c$ 的坐标所应满足的条件. 显然，在交点上，式(4.8.7)左边的两个能量 $E_+$ 和 $E_-$ 必定相等. 为此，根号中的表达式必须为零. 根号中的两项均为平方形式，故应分别为零，即有

$$\begin{cases} H_{11}-H_{22}=\left(E_{1}^{0}+V_{11}\right)-\left(E_{2}^{0}+V_{22}\right)=0 \\ V_{12}=0 \end{cases} \tag{4.8.10}$$

微扰 $V$ 中只含有一个可变参量 $R$，要使式(4.8.10)中的两式同时为零是很困难的，仅当 $V_{12}\equiv 0$ 时才可能实现. 这就是说，仅当 $V_{12}$ 恒为零时两曲线才可能相交. 由群论得出，当两个波函数具有不同的对称性时，$V_{12}\equiv 0$，此时两势能面发生交叉是可能的，如图 4.8.2(a) 所示. 而当 $\Psi_1^0$ 和 $\Psi_2^0$ 具有相同的对称性时，一般 $V_{12}\neq 0$，此时两势能面不可能相交，而应相互回避(避免交叉)，如图 4.8.2(b) 所示. 这就证明了本节一开始所给出的势能曲线的相交规则.

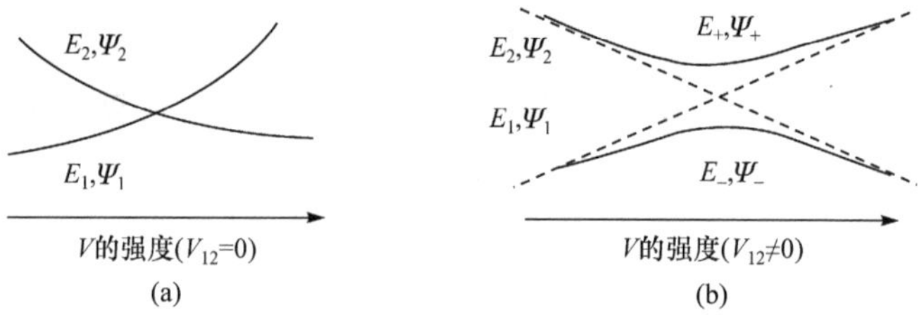


图 4.8.2　势能曲线的相交规则

由图 4.8.2 可以进一步讨论在势能曲线交叉或避免交叉时相应电子态的变化. 首先讨论两势能曲线相交的情况[图 4.8.2(a)]，这时 $V_{12}=0$，由式(4.8.8)可知

$$\Psi_{-}=\Psi_{1}, \qquad \Psi_{+}=\Psi_{2} \tag{4.8.11}$$

这表明在交叉前后，能量为 $E_1$ 的态的波函数始终为 $\Psi_1$，而能量为 $E_2$ 的态的波函数始终为 $\Psi_2$. 在通过交叉点后，波函数并不"混合"，或者说电子态并不跃迁，因而电子运动是绝热的. 但是在避免交叉时，情况有所不同[图 4.8.2 (b) ]. 这时，由于 $V_{12}\neq 0$，由式(4.8.7)和式(4.8.8)可知，能级由 $E_1$ 和 $E_2$ 分别变为 $E_-$ 和 $E_+$，相应的波函数则由 $\Psi_1$ 和 $\Psi_2$ 分别变为 $\Psi_-$ 和 $\Psi_+$，$\Psi_-$ 和 $\Psi_+$ 均为 $\Psi_1$ 和 $\Psi_2$ 的线性组合. 这表明在两个势能面相互靠近的过程中，波函数发生了"混合"，或者说电子态发生了跃迁，因而电子运动是非绝热的(nonadiabatic). 在 $V_{12}\neq 0$ 的情况下有两种表象，一种表象是 $\{E_1,E_2,\Psi_1,\Psi_2\}$，该表象中的能量和波函数通常是在分子的平衡核构型下求得的，分别描述分子的不同本征态，在平衡核构型下，各态之间不会发生"混合"，故称为绝热(adiabatic)表象. 从这种表象看，在势能面相互靠近的过程中，电子态发生了跃迁，化学反应不

是在一个势能面上发生的. 另一种表象是$\{E_-,E_+,\Psi_-,\Psi_+\}$，该表象中的能量和波函数分别是由绝热表象中的不同能量和波函数“混合”而成的，故称为透热(diabatic)表象. 从这种表象看，在势能面相互靠近的过程中，波函数始终用式(4.8.8)表示，电子态并没有发生跃迁，化学反应始终是在一个势能面($E_-$ 或 $E_+$)上发生的. 不过，在远离交叉点时，$|H_{22}-H_{11}|$很大，因而式(4.8.9)中的$\theta$角很小，于是式(4.8.8)中的波函数基本只有一个分量，相当于前一表象中的态，或者说两个表象基本没有区别. 因此，仅在交叉点附近，才需要考虑透热表象.

必须指出，这里所说的非绝热与 1.1 节中的非绝热是有区别的. 1.1 节中的非绝热问题是由电子运动受到核运动(核动能算符)的扰动造成的，电子的 Hamilton 量并未发生变化，可以看作电子在两个定态之间的跃迁. 而本节所讨论的非绝热问题则是核构型变化使得电子的 Hamilton 量发生变化所引起的电子态的跃迁，其实质在于，随着核构型变化，电子运动的波函数已经不能用原来的单组态描述，而具有多组态性质，必须将能量相近的组态叠加在一起作为波函数，因此不能将这种跃迁看作定态之间的跃迁.

前面已经提到，在势能曲线交叉或避免交叉的区域，常伴有特殊的分子动态学行为. 以 NaCl 为例，有两条势能曲线对应的电子态具有相同的对称性$^1\Sigma$，但是这两个态具有不同的解离极限，其中一个的解离极限是生成两个原子(Na+Cl)，记作$1^1\Sigma$，另一个的解离极限是生成两个离子($Na^+$+$Cl^-$)，记作$2^1\Sigma$. 两曲线在$R=1.0$nm 附近相互回避(避免交叉)，波函数发生了混合，从而出现电荷转移，这是电荷转移反应的主要特征，如图 4.8.3 所示.

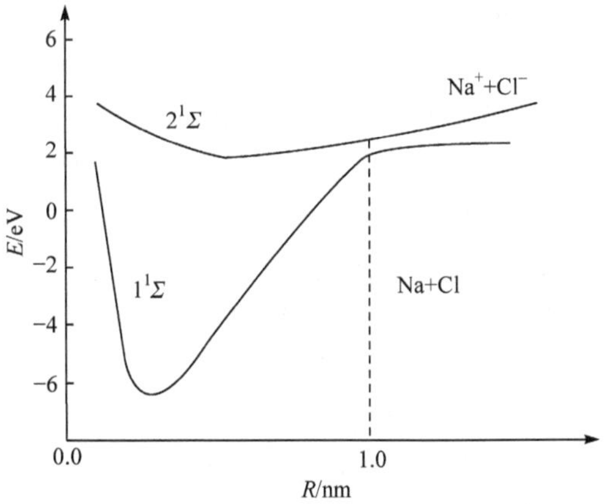


图 4.8.3　NaCl 的两条势能曲线

### 4.8.2　多原子分子的势能面相交：锥形交叉

多原子(两原子以上)分子的势能面至少含有两个以上独立坐标，式(4.8.10)总可以得到满足，因此多原子分子的任意两个势能面都可以相交. 设$x$、$y$为势能面中包含的两个独立坐标(相当于反应坐标)，固定其他坐标不变，只考虑这两个坐标的变化. 如果我们只关心势能面在交叉点邻域的性质，则可以假设式(4.8.6)中的矩阵元是$x$、$y$的线性函数. 取交叉点为坐标原点和能量零点，即在交叉点有$x=0,y=0,E=0$. 此外，可以选择适当的函数，使得当$y=0$时，能量矩阵是对角化的，这样式(4.8.6)可写为

$$\begin{vmatrix}\alpha_1x+\beta_1y-E & by \\ by & \alpha_2x+\beta_2y-E\end{vmatrix}=0 \tag{4.8.12}$$

$\alpha_1$、$\beta_1$、$\alpha_2$、$\beta_2$分别是势能面关于$x$、$y$的斜率. 我们不关心势能面斜率的具体数值，而仅仅关心势能面的交叉方式，因此可以把问题简化为$\alpha_1=\alpha_2=\alpha$，$\beta_1=\beta_2=\beta$，则式(4.8.12)变为

$$\begin{vmatrix} \alpha x+\beta y-E & by \\ by & \alpha x+\beta y-E \end{vmatrix}=0 \tag{4.8.13}$$

可解得

$$E_{\pm}=\pm\sqrt{(\alpha x+\beta y)^2+(by)^2} \tag{4.8.14}$$

上式的图形为两个圆锥面，即在交叉点$(x=0,y=0)$处，两势能面均为圆锥面，称为锥形交叉，如图 4.8.4 所示. 在这一区域，分子常有特殊的光化学行为.

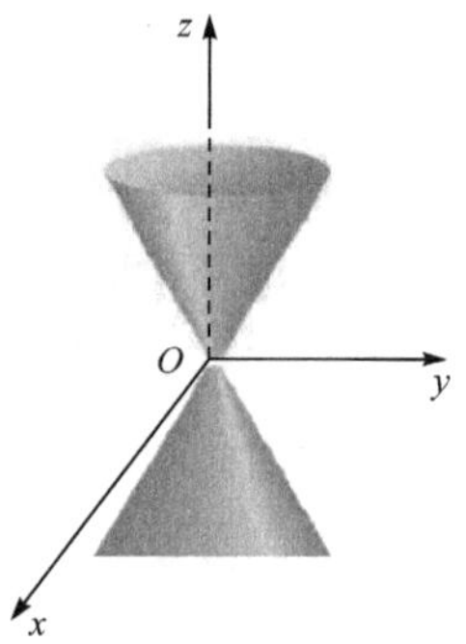

图 4.8.4　势能面的锥形交叉

用$n$表示势能面的维度，$n=(3N-6)/(3N-5)$. 一般而言，如果两电子态的对称性相同$(V_{12}\neq 0)$，则两势能面相交的部分是比原势能面低两维的曲面，即为$(n-2)$维曲面；如果两电子态的对称性不同$(V_{12}=0)$，则两势能面相交的部分是比原势能面低一维的曲面，即为$(n-1)$维曲面. 例如，双原子分子两个对称性不同的态，其势能曲线可以相交于一点. 三原子分子两个对称性相同的态，其势能面可以相交于一条曲线，并发生锥形交叉. 必须指出，多原子分子势能面的锥形交叉是对势能面的拓扑结构而言的，势能面的实际形状可能十分复杂.

除了核构型变化能引起电子的 Hamilton 量发生变化外，其他微扰也能引起电子的 Hamilton 量发生变化，如旋轨耦合作用. 考虑旋轨耦合作用后，自旋不再是好量子数，波函数的对称性将发生变化，原来对称性相同的波函数，其对称性有可能变得不再相同，能级的高低也将发生变化，原来不同的能级可能出现偶然简并，因此可能会出现势能面交叉或避免交叉的情况. 一般来说，如果分子受到微扰，则其 Hamilton 量中将增加微扰项. 微扰的存在将改变 Hamilton 量的对称性，从而使得波函数的对称性发生改变，能量的高低也将发生变化，原来不同的能级也可能出现偶然简并. 通常是在固定的核构型下讨论这些微扰的作用，有些情形可以归结为电子的定态跃迁，有些情形则需要将波函数重新分类. 因此，由微扰参量引起的势能面交叉或避免交叉问题不同于由核构型变化引起的势能面相交问题. 以上讨论，可参看相关文献[16-18].

## 4.9　化学反应途径：Fukui 方程

前面已经提到，势能面可看作分子内坐标(键长、键角、二面角)的函数. 对于内坐标的每一组确定值(即每一分子构型)，电子的总能量都对应着势能面上的一个点. 在化学反应过程中，分子构型不断变化，相应的能量点就会在势能面上不断“行走”，从而在势能面上描绘出一条曲线，这条曲线就是化学反应所经历的途径，称为反应途径. 简言之， 反应途径就是反应过程中分子各种构型所对应的能量点在势能面上描绘出的曲线. 4.2 节绘出了在 $H_3$ 势能面上$(H_2+H)$交换反应的反应途径. 但这样得到的反应途径是逐点绘出的，人们希望能够从势能面上解析地找出反应途径，这对研究化学反应来说是非常重要的. Fukui 于 1971 年提出了利用势能面求解反应途径的微分方程，称为 Fukui 方程，在此基础上形成了 IRC 路径解析方法，本

节将介绍有关知识.

### 4.9.1　Fukui 方程的推导

Fukui 方程有直角坐标、质量坐标和内坐标三种形式，现在分别加以介绍.

设分子体系中有 $N$ 个原子，其质量分别为 $m_1, m_2, \cdots, m_N$，它们的直角坐标依次为 $(X_1,Y_1,Z_1),(X_2,Y_2,Z_2),\cdots,(X_N,Y_N,Z_N)$. 根据牛顿运动定律，并考虑到静电定理(4.3.9)，可得任一核的运动方程

$$\frac{\mathrm{d}}{\mathrm{d}t}\left(m_i\dot{X}_i\right)=-\frac{\partial U}{\partial X_i},\quad \frac{\mathrm{d}}{\mathrm{d}t}\left(m_i\dot{Y}_i\right)=-\frac{\partial U}{\partial Y_i},\quad \frac{\mathrm{d}}{\mathrm{d}t}\left(m_i\dot{Z}_i\right)=-\frac{\partial U}{\partial Z_i} \tag{4.9.1}$$

$$i=1,2,\cdots,N$$

式中，$\left(\dot{X}_i,\dot{Y}_i,\dot{Z}_i\right)$ 为核 $i$ 的运动速度. 在很短的时间间隔 $(t-t_0)$ 内对以上各式做积分，可得

$$m_i\dot{X}_i=-\frac{\partial U}{\partial X_i}(t-t_0),\quad m_i\dot{Y}_i=-\frac{\partial U}{\partial Y_i}(t-t_0),\quad m_i\dot{Z}_i=-\frac{\partial U}{\partial Z_i}(t-t_0) \tag{4.9.2}$$

$$i=1,2,\cdots,N$$

故在任一时刻 $t$ 有下列微分方程组

$$\frac{m_1\mathrm{d}X_1}{\partial U/\partial X_1}=\frac{m_1\mathrm{d}Y_1}{\partial U/\partial Y_1}=\frac{m_1\mathrm{d}Z_1}{\partial U/\partial Z_1}=\cdots=\frac{m_N\mathrm{d}Z_N}{\partial U/\partial Z_N} \tag{4.9.3}$$

令

$$\frac{m_1\mathrm{d}X_1}{\partial U/\partial X_1}=\cdots=\frac{m_N\mathrm{d}Z_N}{\partial U/\partial Z_N}=\mathrm{d}\tau \tag{4.9.4}$$

就得到 $3N$ 个一阶微分方程，这就是 Fukui 方程的直角坐标形式，由此可解得

$$X_i=X_i(\tau),\quad Y_i=Y_i(\tau),\quad Z_i=Z_i(\tau)\qquad i=1,2,\cdots,N \tag{4.9.5}$$

式(4.9.5)定义了 $3N$ 维空间中的一条曲线，参数 $\tau$ 为反应坐标. 事实上，按照经典力学原理，式(4.9.4)的解依赖于初始条件，仅当 $\tau$ 为反应坐标时，才有可能得到反应途径. 式(4.9.4)可以改写为

$$m_i\frac{\mathrm{d}X_i}{\mathrm{d}\tau}=\frac{\partial U}{\partial X_i},\quad m_i\frac{\mathrm{d}Y_i}{\mathrm{d}\tau}=\frac{\partial U}{\partial Y_i},\quad m_i\frac{\mathrm{d}Z_i}{\mathrm{d}\tau}=\frac{\partial U}{\partial Z_i}\qquad i=1,2,\cdots,N \tag{4.9.6}$$

引入质量坐标，并将核坐标统一编号，即令

$$x_{3i-2}=m_i^{1/2}X_i,\quad x_{3i-1}=m_i^{1/2}Y_i,\quad x_{3i}=m_i^{1/2}Z_i\qquad i=1,2,\cdots,N \tag{4.9.7}$$

则式(4.9.4)可改写为

$$\frac{\mathrm{d}x_1}{\partial U/\partial x_1}=\frac{\mathrm{d}x_2}{\partial U/\partial x_2}=\cdots=\frac{\mathrm{d}x_{3N}}{\partial U/\partial x_{3N}}=\mathrm{d}\tau \tag{4.9.8}$$

式(4.9.8)就是 Fukui 方程的质量坐标形式.

有些教科书和文献中，称式(4.9.4)和式(4.9.8)给出的曲线为反应途径. 但是必须指出，这些曲线都是 $3N$ 维空间中的曲线，其中包含分子的平动和转动，因此这些曲线并不直接定义在势能面上，它们描述的是图 4.2.2(a)中弯曲虚线所示的反应途径. 只有将平动和转动分离后，才能得到沿势能面的反应途径.

下面给出采用内坐标时 Fukui 方程的表达式. 我们曾多次指出，势能面包含 $(3N-6)$ 或

$(3N-5)$个独立变量，因此只需要$(3N-6)$或$(3N-5)$个独立变量就可以确定势能面上的反应途径. 于是可以选用一组线性无关的变量$\{q_1,q_2,\cdots,q_{3N-6},Q_1,Q_2,\cdots,Q_6\}$来描述反应体系. 其中$Q_1$、$Q_2$、$Q_3$和$Q_4$、$Q_5$、$Q_6$分别为表示体系质心平动及整体转动的变量，而$q_1,q_2,\cdots,q_{3N-6}$为内坐标. 内坐标通常包括分子键长、键角和二面角，具体选择视所讨论体系的性质和处理的方便而定. 例如，双原子体系只有一个内坐标，可选为原子之间的距离(键长). 三原子体系有三个内坐标，可选取三原子中两两之间的距离(即 3 个键长)，也可选取两对两原子间的距离以及这两个距离之间的夹角(即 2 个键长 1 个键角).

内坐标$q_i\,(i=1,2,\cdots,3N-6)$与质量直角坐标$x_i\,(i=1,2,\cdots,3N)$之间存在着变换关系，可表示为

$$x_i = x_i(q_1,q_2,\cdots,q_{3N-6},Q_1,Q_2,\cdots,Q_6),\quad i=1,2,\cdots,3N \tag{4.9.9}$$

值得注意的是，由于直角坐标是质量加权的，这里的内坐标也是质量加权的. 势能面只是$(3N-6)$或$(3N-5)$个内坐标$q_i$的函数，即

$$U = U(q_1,q_2,\cdots,q_{3N-6}) \tag{4.9.10}$$

定义了内坐标后，实际上是引入了一个 Riemann 空间，关于这一点，下面将给出简要说明. 上式表明，势能面是 Riemann 空间中的超曲面，沿势能面的反应途径是 Riemann 空间的一条曲线. 因此，以内坐标为变量的 Fukui 方程应当在 Riemann 空间中以张量形式表达. 为了使不熟悉张量运算的读者也能了解 Fukui 方程，这里不过多地涉及张量运算，而只在必要时采用一些张量记号.

比较式(4.9.9)和式(4.9.10)可知，势能面所在的$(3N-6)$或$(3N-5)$维 Riemann 空间实际上嵌在$3N$维的直角坐标空间中. 因此，这两个空间中两点之间的距离是一样的. 这样可以仅在 Riemann 空间中讨论两点之间的距离$\mathrm{d}s$，而有

$$\mathrm{d}s^2 = \sum_i \mathrm{d}x_i\mathrm{d}x_i = \sum_{k\,l}\sum_i \frac{\partial x_i}{\partial q_k}\frac{\partial x_i}{\partial q_l}\mathrm{d}q_k\mathrm{d}q_l \tag{4.9.11}$$

注意：由于仅在 Riemann 空间中做运算，因此式(4.9.11)右端不包含$Q_1,Q_2,\cdots,Q_6$. 令

$$a^{kl} = \sum_i \frac{\partial x_i}{\partial q_k}\frac{\partial x_i}{\partial q_l} \tag{4.9.12}$$

于是有

$$\mathrm{d}s^2 = \sum_{k\,l} a^{kl}\mathrm{d}q_k\mathrm{d}q_l = a^{kl}\mathrm{d}q_k\mathrm{d}q_l \tag{4.9.13}$$

上式最后一步采用了 Einstein 的张量求和记号，即上指标和下指标字母相同者表示求和. 粗略地说，如果两相邻点$(q_1,q_2,\cdots,q_n)$和$(q_1+\mathrm{d}q_1,q_2+\mathrm{d}q_2,\cdots,q_n+\mathrm{d}q_n)$间的距离用式(4.9.13)定义，则称此空间为 Riemann 空间，与式(3.1.8)比较，由于不满足式(3.1.9)，内坐标$(q_1,q_2,\cdots,q_{3N-6})$组成的坐标系并不是正交坐标系，形象地说，Riemann 空间是“弯曲”的. 再定义

$$\mathrm{d}q^k = \sum_l a^{kl}\mathrm{d}q_l = a^{kl}\mathrm{d}q_l,\quad k=1,2,\cdots,3N-6 \tag{4.9.14}$$

则有

$$\mathrm{d}s^2 = \sum_k \mathrm{d}q_k\mathrm{d}q^k = \mathrm{d}q_k\mathrm{d}q^k \tag{4.9.15}$$

由式(4.9.8)有

$$dx_i = \frac{\partial U}{\partial x_i} d\tau \tag{4.9.16}$$

即

$$\sum_l \frac{\partial x_i}{\partial q_l} dq_l = \sum_l \frac{\partial U}{\partial q_l}\frac{\partial q_l}{\partial x_i} d\tau \tag{4.9.17}$$

将式(4.9.17)两边乘以 $\frac{\partial x_i}{\partial q_k}$ 并对 $i$ 求和，则有

$$\sum_i \sum_l \frac{\partial x_i}{\partial q_k}\frac{\partial x_i}{\partial q_l} dq_l = \sum_i \sum_l \frac{\partial U}{\partial q_l}\frac{\partial q_l}{\partial x_i}\frac{\partial x_i}{\partial q_k} d\tau = \frac{\partial U}{\partial q_k} d\tau, \quad k = 1,2,\cdots,3N-6 \tag{4.9.18}$$

利用式(4.9.12)有

$$\sum_l a^{kl} dq_l = a^{kl} dq_l = \frac{\partial U}{\partial q_k} d\tau, \qquad k = 1,2,\cdots,3N-6 \tag{4.9.19}$$

再由式(4.9.14)可得

$$dq^k = \frac{\partial U}{\partial q_k} d\tau, \qquad k = 1,2,\cdots,3N-6 \tag{4.9.20}$$

式(4.9.19)可写作

$$\frac{\sum_l a^{1l} dq_l}{\partial U/\partial q_1} = \frac{\sum_l a^{2l} dq_l}{\partial U/\partial q_2} = \cdots = \frac{\sum_l a^{(3N-6)l} dq_l}{\partial U/\partial q_{3N-6}} = d\tau \tag{4.9.21}$$

或按式(4.9.20)写作

$$\frac{dq^1}{\partial U/\partial q_1} = \frac{dq^2}{\partial U/\partial q_2} = \cdots = \frac{dq^{3N-6}}{\partial U/\partial q_{3N-6}} = d\tau \tag{4.9.22}$$

式(4.9.21)或式(4.9.22)就是 Riemann 空间中以内禀反应坐标(intrinsic reaction coordinate，IRC)为变量的 Fukui 方程，或称 IRC 方程. 按张量术语，式(4.9.22)是 IRC 方程的逆变形式. IRC 方程所确定的反应途径直接定义在势能面上.

由式(4.9.11)和式(4.9.16)有

$$ds^2 = \sum_i \left(\frac{\partial U}{\partial x_i}\right)^2 d\tau^2 \tag{4.9.23}$$

而

$$dU = \sum_i \frac{\partial U}{\partial x_i} dx_i = \sum_i \left(\frac{\partial U}{\partial x_i}\right)^2 d\tau \tag{4.9.24}$$

故有

$$ds^2 = dU d\tau \tag{4.9.25}$$

由式(4.9.25)和式(4.9.23)有

$$\frac{dU}{ds} = \frac{ds}{d\tau} = \pm\sqrt{\sum_i \left(\frac{\partial U}{\partial x_i}\right)^2} \tag{4.9.26}$$

式(4.9.25)还可写作

$$\mathrm{d}\tau = \frac{\mathrm{d}s}{\mathrm{d}U/\mathrm{d}s}$$

利用式(4.9.8)可得

$$\frac{\mathrm{d}x_i}{\partial U/\partial x_i} = \frac{\mathrm{d}s}{\mathrm{d}U/\mathrm{d}s}$$

于是有

$$\frac{\mathrm{d}x_i}{\mathrm{d}s} = \frac{\partial U/\partial x_i}{\mathrm{d}U/\mathrm{d}s} \tag{4.9.27}$$

式(4.9.26)和式(4.9.27)是IRC计算的基础.

### 4.9.2 Fukui 方程的性质

Fukui 方程有如下重要性质.

**性质 1** 满足 Eckart 条件

式(4.9.6)的第一式可改写为

$$m_i \frac{\mathrm{d}X_i}{\mathrm{d}t}\frac{\mathrm{d}t}{\mathrm{d}\tau} = \frac{\partial U}{\partial X_i}, \quad i = 1,2,\cdots,N \tag{4.9.28}$$

将上式两边求和，有

$$\frac{\mathrm{d}t}{\mathrm{d}\tau}\sum_i m_i \frac{\mathrm{d}X_i}{\mathrm{d}t} = \sum_i \frac{\partial U}{\partial X_i} = -\sum_i F_{X_i} = -F_X \tag{4.9.29}$$

其中 $F_X$ 为作用于整个分子体系的外力 $\vec{F}$ 在 $x$ 轴上的分量，由于分子整体不受外力作用，有 $F_X = 0$，从而

$$\frac{\mathrm{d}t}{\mathrm{d}\tau}\sum_i m_i \frac{\mathrm{d}X_i}{\mathrm{d}t} = 0 \tag{4.9.30}$$

$\tau$ 为反应坐标，故 $\frac{\mathrm{d}t}{\mathrm{d}\tau} \neq 0$，从而

$$\sum_i m_i \frac{\mathrm{d}X_i}{\mathrm{d}t} = 0 \tag{4.9.31}$$

分子总质量 $M$ 和分子质心坐标 $\vec{R}(X,Y,Z)$ 的定义为(可参看 4.6.1 节)

$$M = \sum_i m_i, \quad \vec{R} = \frac{1}{M}\sum_i m_i \vec{R}_i$$

故有

$$MX = \sum_i m_i X_i$$

由式(4.9.31)有

$$M\frac{\mathrm{d}X}{\mathrm{d}t} = 0 \tag{4.9.32}$$

类似地有

$$M\frac{\mathrm{d}Y}{\mathrm{d}t}=\sum_i m_i\frac{\mathrm{d}Y_i}{\mathrm{d}t}=0\,,\quad M\frac{\mathrm{d}Z}{\mathrm{d}t}=\sum_i m_i\frac{\mathrm{d}Z_i}{\mathrm{d}t}=0$$

由以上三式有

$$\dot{X}=\dot{Y}=\dot{Z}=0 \tag{4.9.33}$$

这表明反应体系的总动量为零. 其次，将式(4.9.6)的前两式两边分别乘以 $Y_i$ 和 $X_i$ 后相减，再将两边对 $i$ 求和，则有

$$\sum_i\left[X_i\left(m_i\frac{\mathrm{d}Y_i}{\mathrm{d}\tau}\right)-Y_i\left(m_i\frac{\mathrm{d}X_i}{\mathrm{d}\tau}\right)\right]=\sum_i\left(X_i\frac{\partial U}{\partial Y_i}-Y_i\frac{\partial U}{\partial X_i}\right)=-\sum_i\left(X_iF_{Y_i}-Y_iF_{X_i}\right) \tag{4.9.34}$$

式(4.9.34)的最后结果为反应体系的总力矩在 $Z$ 轴上的分量，由于体系无外力作用，总力矩为零，因此有

$$\sum_i\left[X_i\left(m_i\frac{\mathrm{d}Y_i}{\mathrm{d}\tau}\right)-Y_i\left(m_i\frac{\mathrm{d}X_i}{\mathrm{d}\tau}\right)\right]=\frac{\mathrm{d}t}{\mathrm{d}\tau}\sum_i\left[X_i\left(m_i\frac{\mathrm{d}Y_i}{\mathrm{d}t}\right)-Y_i\left(m_i\frac{\mathrm{d}X_i}{\mathrm{d}t}\right)\right]=0$$

同样，由于 $\dfrac{\mathrm{d}t}{\mathrm{d}\tau}\neq 0$，故有

$$\sum_i\left[X_i\left(m_i\frac{\mathrm{d}Y_i}{\mathrm{d}t}\right)-Y_i\left(m_i\frac{\mathrm{d}X_i}{\mathrm{d}t}\right)\right]=0 \tag{4.9.35}$$

式(4.9.35)左端为反应体系的总角动量 $\vec{L}$ 在 $Z$ 轴上的分量，即有

$$L_Z=0 \tag{4.9.36}$$

类似地有

$$L_X=0\,,\quad L_Y=0 \tag{4.9.37}$$

这表明反应体系的总角动量为零. 由于反应体系不受外力作用，故反应体系的总动量和总角动量应当为零，这些条件称为 Eckart 条件，是化学反应必须满足的条件. Fukui 方程满足 Eckart 条件.

**性质 2**　在反应途径上满足

$$\delta\int_{\tau_1}^{\tau_2}\left(\frac{\mathrm{d}U}{\mathrm{d}\tau}\right)\mathrm{d}\tau=0 \tag{4.9.38}$$

$\tau$ 为反应坐标. 以下给出该式的证明. 在 Riemann 空间中，有

$$\frac{\mathrm{d}U}{\mathrm{d}\tau}=\sum_i\frac{\partial U}{\partial q_i}\frac{\mathrm{d}q_i}{\mathrm{d}\tau} \tag{4.9.39}$$

可见，$\dfrac{\mathrm{d}U}{\mathrm{d}\tau}$ 是 $q_i$ 和 $\dfrac{\mathrm{d}q_i}{\mathrm{d}\tau}$ $(i=1,2,\cdots,3N-6)$ 的函数. 令

$$F\left(q_i,\frac{\mathrm{d}q_i}{\mathrm{d}\tau}\right)=\frac{\mathrm{d}U}{\mathrm{d}\tau} \tag{4.9.40}$$

在以下的推导过程中，要注意变分运算和微积分运算可以交换，并且 $\mathrm{d}y/\mathrm{d}x$ 可以作为分数处理，这样就有(以下推导过程可参看相关文献[19])

$$\delta\int_{\tau_1}^{\tau_2}F\mathrm{d}\tau=\int_{\tau_1}^{\tau_2}\delta F\mathrm{d}\tau=\int_{\tau_1}^{\tau_2}\left[\sum_i\frac{\partial F}{\partial q_i}\delta q_i+\sum_i\frac{\partial F}{\partial\left(\frac{\mathrm{d}q_i}{\mathrm{d}\tau}\right)}\delta\left(\frac{\mathrm{d}q_i}{\mathrm{d}\tau}\right)\right]\mathrm{d}\tau \tag{4.9.41}$$

对第二项做分部积分，有

$$\int_{\tau_1}^{\tau_2}\sum_i\frac{\partial F}{\partial\left(\frac{\mathrm{d}q_i}{\mathrm{d}\tau}\right)}\delta\left(\frac{\mathrm{d}q_i}{\mathrm{d}\tau}\right)\mathrm{d}\tau=\int_{\tau_1}^{\tau_2}\sum_i\frac{\partial F}{\partial\left(\frac{\mathrm{d}q_i}{\mathrm{d}\tau}\right)}\mathrm{d}(\delta q_i)$$

$$=\sum_i\frac{\partial F}{\partial\left(\frac{\mathrm{d}q_i}{\mathrm{d}\tau}\right)}\delta q_i\Big|_{\tau_1}^{\tau_2}-\int_{\tau_1}^{\tau_2}\frac{\mathrm{d}}{\mathrm{d}\tau}\left(\sum_i\frac{\partial F}{\partial\left(\frac{\mathrm{d}q_i}{\mathrm{d}\tau}\right)}\right)\delta q_i\mathrm{d}\tau$$

变分法要求 $\delta q_i(\tau_1)=\delta q_i(\tau_2)=0$，故上式第一项为零，将以上结果代入式(4.9.41)，可得

$$\delta\int_{\tau_1}^{\tau_2}F\mathrm{d}\tau=\int_{\tau_1}^{\tau_2}\sum_i\left[\frac{\partial F}{\partial q_i}-\frac{\mathrm{d}}{\mathrm{d}\tau}\frac{\partial F}{\partial\left(\frac{\mathrm{d}q_i}{\mathrm{d}\tau}\right)}\right]\delta q_i\mathrm{d}\tau \tag{4.9.42}$$

由式(4.9.40)和式(4.9.39)有

$$\frac{\partial F}{\partial q_i}-\frac{\mathrm{d}}{\mathrm{d}\tau}\frac{\partial F}{\partial\left(\frac{\mathrm{d}q_i}{\mathrm{d}\tau}\right)}=\frac{\mathrm{d}}{\mathrm{d}\tau}\frac{\partial U}{\partial q_i}-\frac{\mathrm{d}}{\mathrm{d}\tau}\frac{\partial U}{\partial q_i}=0$$

因此

$$\delta\int_{\tau_1}^{\tau_2}\left(\frac{\mathrm{d}U}{\mathrm{d}\tau}\right)\mathrm{d}\tau=0$$

式(4.9.38)称为化学反应的变分原理. 为了更好地理解该式的物理意义，让我们回顾经典力学中的最小作用原理[20]. 在经典力学中，设体系在时刻 $t_1$ 从点 $A$ 出发，经过某轨道 $q(t)$ 到达点 $B$，如图 4.9.1 所示，对于每一条轨道 $q(t)$，可定义作用量(action)

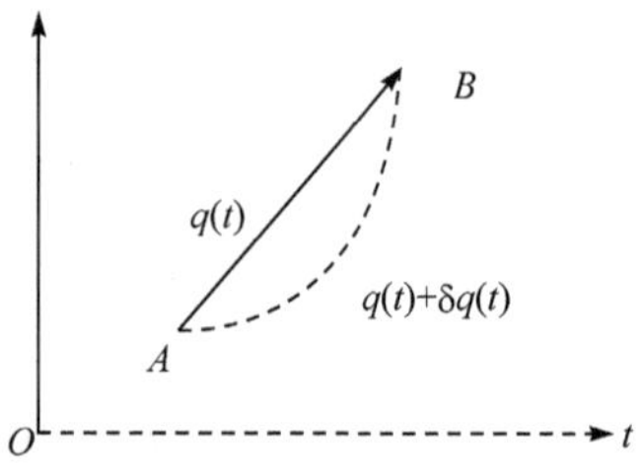

图 4.9.1　最小作用原理示意图

$$S(q(t))=\int_{t_1}^{t_2}L(q,\dot{q})\mathrm{d}t \tag{4.9.43}$$

式中，$q$ 为确定体系位置的坐标集合；$L(q,\dot{q})$ 为体系的 Lagrange 函数，它与体系的动能和势能的关系为 $L(q,\dot{q})=T-V$.

作用量依赖于体系所走的轨道 $q(t)$，因此它是一个泛函. 对于给定的始终点 $A$ 和 $B$，体系可以有各种可能的轨道. 在自然界中，体系将沿着哪一条轨道运动呢？最小作用原理(principle of least action)的回答是：体系实际所走的轨道应使 $S$ 取极小值. 设 $q(t)$ 做无穷小变化，$q(t)\to q(t)+\delta q(t)$，在下列条件下

$$\delta q(t_1)=\delta q(t_2)=0 \tag{4.9.44}$$

要求

$$\delta S = 0 \tag{4.9.45}$$

这就是说，体系实际所走的轨道与相邻的各种可能轨道(始终点位置相同)相比，其作用量取极小值.

让我们回到式(4.9.38)，式中 $\tau$ 为反应坐标，可理解为核的位移，由 Hellmann-Feynman 定理有

$$\frac{\mathrm{d}U}{\mathrm{d}\tau} = -F \tag{4.9.46}$$

令

$$W = \int_{\tau_1}^{\tau_2}\left(\frac{\mathrm{d}U}{\mathrm{d}\tau}\right)\mathrm{d}\tau \tag{4.9.47}$$

可以将 $W$ 理解为体系沿反应途径从始态到终态所做的功，按式(4.9.38)有

$$\delta W = 0 \tag{4.9.48}$$

按照这种理解，可以将 Fukui 方程所确定的反应途径看作做功最小的途径，类似于满足最小作用原理的经典途径.

**性质 3**　反应途径的准测地线性质

Riemann 几何已经证明，Riemann 曲面上两点间的距离以测地线为最短.

对 IRC 方程所确定的曲线长度作如下变换

$$\mathrm{d}S^{*2} = \mathrm{d}s^2\left(\frac{\mathrm{d}U}{\mathrm{d}s}\right)^2$$

定义出一个新的 Riemann 空间，称为刚性 Riemann 空间. 由上式有

$$\mathrm{d}S^{*2} = \mathrm{d}U^2$$

或者

$$\mathrm{d}S^{*} = \mathrm{d}U$$

从而有

$$\delta\int_{\tau_1}^{\tau_2}\mathrm{d}S^{*} = \delta\int_{\tau_1}^{\tau_2}\mathrm{d}U = \delta\int_{\tau_1}^{\tau_2}\left(\frac{\mathrm{d}U}{\mathrm{d}\tau}\right)\mathrm{d}\tau = 0$$

在刚性 Riemann 空间中，长度取极值的曲线称为测地线，因此 $S^*$ 是刚性 Riemann 空间中的测地线，这就是说由 IRC 方程确定的反应途径对应于刚性空间中始态到终态的最短距离，具有测地线性质.

### 4.9.3　反应途径解析(IRC 路径解析)

以上给出了 Fukui 方程的三种形式. 分别用直角坐标[式(4.9.4)]、质量坐标[式(4.9.8)]和内坐标[式(4.9.21)或式(4.9.22)]表示. 本质上说，Fukui 方程就是经典的牛顿运动方程，其特点是，质点(原子核)所受的力是由势能面对反应坐标的导数确定的，而势能面是 Riemann 空间中的曲面. 因此，虽然 Fukui 方程的表达式并不复杂，但是其求解过程较为繁琐，因为方程中涉及反应坐标. 前面已经提出了许多求解方法，其中能量梯度法是应用较为广泛并且较为有效的方法.

实际计算中，通常先优化过渡态及反应物、中间体和产物的几何结构，然后由过渡态出发按最陡下降法分别关联反应物、产物或中间体，从而获得反应途径. 详细计算过程在此不做进一步讨论.

在确定反应途径的同时，可以获得在反应途径上反应体系的能量、几何构型、电子结构以及振动态变化的数据，进而讨论反应过程中各基团间轨道相互作用的性质以及各种化学键的改组情形. 通过对振动态的相关分析，可以得到促进化学反应的关键性振动模式. 有了反应途径，可以得到反应势垒的形状(高度与宽度)，进而计算反应活化能、反应热和同位素效应等. 上述资料对于描述反应的动态行为、判断反应机理都是至关重要的. 所有这些工作通常合并称为反应路径解析，由于通常采用内坐标计算，因此也称IRC路径解析.

4.2 节指出，反应途径上的任意一点称为反应体系的一个代表点. 必须指出，反应体系的真正代表点并不在IRC方程所确定的反应途径上，因为在IRC方程中并没有考虑分子的平动能和振动能，所以真正的代表点位于反应途径的上方. 形象地说，反应体系的代表点并不是沿着反应途径“爬行”，而是在反应途径的上方“飞行”，这一点已在 4.2 节中做过讨论，可参看图 4.2.2(a)的有关说明.

原则上，所有动力学研究都涉及原子核的运动，反过来说，涉及原子核运动的研究就可以称为动力学或者动态学研究. 研究原子核的运动有两种方法，一种是量子力学方法，另一种是经典力学方法. 分子动力学模拟、IRC路径解析以及分子的几何构型优化等都采用经典力学方法研究原子核的运动. 在经典力学方法中，将原子核看作质点，根据经典力学原理，在确定了质点受力和初始状态后，可以确定质点在以后任何时刻的位置和运动状态，从而可以确定体系代表点在势能面上的运动途径. 但是，由于不考虑分子的转动态和振动态，无法通过经典力学处理以获得态-态反应信息以及光谱的精细结构等. 尽管如此，仍然可以将这些基于经典力学的核运动研究归属动力学范畴. 当然，这里所说的动力学有别于量子理论下的动力学. 严格地说，这里所说的动力学属于运动学(kinetics)，而量子理论下的处理结果才是真正的动力学(dynamics). 为了区别这两种动力学研究，我们将前者称为动态学研究.

## 参 考 文 献

[1] 邓从豪，樊悦朋. 山东大学学报，1957, (1): 162-166.
[2] Schneiderbauer M, Emmrich M, Weymouth A J, et al. Phys Rev Lett, 2014, 112: 166102.
[3] 曾谨言. 量子力学(卷Ⅱ). 3 版. 北京：科学出版社，2000: 43-49.
[4] Kauzmann W. Quantum Chemistry. New York: Academic Press, 1957: 229; Ira N L. Quantum Chemistry. 5th ed. Boston: Allyn and Bacon. Inc, 2001: 465.
[5] Pulay P. Mol Phys, 1969,17: 197.
[6] Yamaguchi V, Osamura Y, Goddard J D, et al. A New Dimension of Quantum Chemistry: Analytic Derivative Methods in *Ab Initio* Molecular Electronic Structure Theory. Oxford: Oxford University Press, 1994.
[7] 邓从豪，樊悦朋. 山东大学学报, 1957, (1): 162-166.
[8] Wang T, Yang T G, Xiao C L, et al. Chem Soc Rev, 2018, 47: 6744-6763.
[9] Xie C J, Ma J Y, Zhu X L, et al. J Phys Chem Lett, 2014, 5: 1055-1060.
[10] Eisenschitz R, London F. Z Physik, 1930, 60: 491.
[11] London F. Z Physik,1930, 63: 245.
[12] London F. Transactions of the Faraday Society, 1937, 33: 8-26.
[13] Israelachvili J. Intermolecular and Surface Forces. 2nd ed. New York: Academic Press, 1992.
[14] Du L, Gao J, Bi F, et al. J Comput Chem, 2013, 34: 2032-2040.
[15] Yang W J, Chen X B, Fang W H. ACS Catal, 2018, 8: 7388-7396.
[16] Herzberg G, Longuet-Higgins H C. Discuss Faraday Soc, 1963, 35: 77.
[17] Longuet-Higgins H C. Proc Roy Soc London, Ser A, 1975, 344: 147 .
[18] 曾谨言. 量子力学(卷Ⅱ). 3 版. 北京：科学出版社, 2000: 427-435.
[19] 彭桓武. 理论物理基础. 北京：北京大学出版社, 2011: 8-9.
[20] 曾谨言. 量子力学(卷Ⅱ). 3 版. 北京：科学出版社, 2000: 664-668.

## 习 题

1. Morse 势是一种重要的双原子分子势能曲线，其表达式为

$$U(R)=D\left[e^{-2\alpha(R-R_0)}-2e^{-\alpha(R-R_0)}\right]$$

其中 $R$ 为双原子核间距，$D$、$\alpha$、$R_0$ 为参数.

(1) 讨论参数 $D$ 和 $R_0$ 的物理意义.

(2) 讨论如何用实验数据确定参数 $D$、$\alpha$ 和 $R_0$ .

(3) 讨论如何用 Morse 势拟合从头算得到的不同核间距下的电子能量.

(4) 对 Morse 势做简单评述.

2. 谐振子势、反 Morse 势和 LJ 势等都是常见的势能曲线.

(1) 写出三种势能曲线的解析表达式.

(2) 讨论三种势函数中所包含参数的物理意义.

(3) 对三种势函数做简单评述.

3. 用价键法求解由三个氢原子组成的 $H_3$ 体系二重态基态势能面，Schrödinger 方程为

$$\hat{H}\,{}^2\Psi=E\,{}^2\Psi$$

式中，$\hat{H}$ 为 $H_3$ 分子电子运动的 Hamilton 量，波函数为

$$^2\Psi=c_1\Phi_1+c_2\Phi_2 \tag{1}$$

其中，$c_1$、$c_2$ 为待定的组合系数；组态函数 $\Phi_1$、$\Phi_2$ 为

$$\Phi_1=D_1-D_2,\quad \Phi_2=D_3-D_2 \tag{2}$$

$$D_1=\frac{1}{\sqrt{3!}}D\left|a(1)\alpha(1)b(2)\beta(2)c(3)\alpha(3)\right|$$

$$D_2=\frac{1}{\sqrt{3!}}D\left|a(1)\beta(1)b(2)\alpha(2)c(3)\alpha(3)\right|$$

$$D_3=\frac{1}{\sqrt{3!}}D\left|a(1)\alpha(1)b(2)\alpha(2)c(3)\beta(3)\right| \tag{3}$$

$D_1$、$D_2$、$D_3$ 为 Slater 行列式，$a$、$b$、$c$ 分别是三个氢原子提供的 1s 原子轨道

(1) 由波函数(1)求解 Schrödinger 方程，写出久期方程和能量表达式.

(2) 采用 London 近似简化 $H_3$ 体系二重态基态能量表达式.

(3) 讨论在 London 近似下如何利用氢分子的价键计算结果及氢分子的 Morse 势和反 Morse 势计算 $H_3$ 的势能面.

(4) 讨论在不忽略原子轨道重叠积分的情形下，用上述方案得到的 $H_3$ 势能面(Porter-Karplus 势能面)的基本特征，并讨论进一步改进计算的途径.

4. 设量子体系的 Hamilton 量 $\hat{H}$ 不显含时间，但包含参数 $\lambda$ .

(1) 由定态 Schrödinger 方程，证明 Hellmann-Feynman 定理：$\dfrac{\partial E}{\partial\lambda}=\langle\Psi|\dfrac{\partial\hat{H}}{\partial\lambda}|\Psi\rangle$.

(2) 对分子体系，在 Born-Oppenheimer 近似下，利用 Hellmann-Feynman 定理导出静电定理，讨论该定理的物理意义.

5. 设量子体系的 Hamilton 量 $\hat{H}$ 不显含时间，$\hat{A}$ 为不包含时间的线性算符.

(1) 由定态 Schrödinger 方程，证明广义 Virial 定理：$\langle\Psi|[\hat{A},\hat{H}]|\Psi\rangle=0$，其中$[\hat{A},\hat{H}]$为量子 Poisson 括号，$\Psi$ 为满足定态 Schrödinger 方程的波函数.

(2) 设量子体系中包含$n$个粒子，将粒子坐标和动量统一编号，第$k$个粒子的坐标和动量分别为$\vec{x}_k=(x_{3k-2},x_{3k-1},x_{3k})$和$\vec{p}_k=(\hat{p}_{3k-2},\hat{p}_{3k-1},\hat{p}_{3k})$，取$\hat{A}=\sum_{i=1}^{3n}x_i\hat{p}_i$，由广义 Virial 定理导出 Virial 定理. 讨论量子 Virial 定理与经典 Virial 定理的联系.

(3) 利用 Virial 定理导出原子体系中电子动能与势能平均值的关系.

(4) 导出 Born-Oppenheimer 近似下的广义 Virial 定理和 Virial 定理.

(5) 利用 Born-Oppenheimer 近似下的 Virial 定理讨论双原子分子成键过程中动能和势能的变化.

6. 计算势能面梯度是分子构型优化的重要环节，导出闭壳层体系 Hartree-Fock 能量梯度的计算公式.

7. 在 Born-Oppenheimer 近似下，双原子分子的核运动方程为

$$\left\{-\frac{1}{2m_1}\nabla_1^{\ 2}-\frac{1}{2m_2}\nabla_2^{\ 2}+U(R)\right\}\Psi(\vec{R}_1,\vec{R}_2)=E^{(t)}\Psi(\vec{R}_1,\vec{R}_2) \tag{1}$$

其中，$m_1$和$m_2$为两个核的质量，$\vec{R}_1$和$\vec{R}_2$为两原子的位置矢量，$R$为核间距，$U(R)$为势能曲线.

(1) 在无界和有界(采用三维箱模型)条件下求解质心运动.

(2) 采用刚性转子模型求解分子的转动运动.

(3) 采用刚性转子模型和谐振子近似求解分子的振动运动.

(4) 讨论如何修正对分子的振动运动的描述.

8. 基于双原子分子核运动方程的求解结果，讨论多原子分子的振动运动.

9. 试从以下几方面对分子力场做简单评述.

(1) 分子力场与势能面.

(2) 分子力场与原子核运动.

(3) 分子力场的基本形式.

(4) 评述你所熟悉的一个分子力场.

10. 讨论双原子分子势能曲线的相交规则.

11. 讨论含三原子及三原子以上分子的势能面相交问题.

12. 导出以 IRC 为变量的 Fukui 方程，并简评 IRC 路径解析.

# 第 5 章　电子相关理论与计算

## 5.0　导　　言

第 2 章介绍 Hartree-Fock 方法时已经指出，Hartree-Fock 方程是在独立子模型下得到的，它描述的是单个 Hartree-Fock 粒子的运动. Hartree-Fock 粒子是一个抽象的粒子，它平均地考虑了体系中其他电子与一个电子的相互作用(平均场)，但是没有考虑电子之间的瞬时相互作用，因而存在电子相关问题，所得结果不能满足化学精度要求.

从波函数的角度看，Hartree-Fock 方法之所以出现电子相关问题，是因为所采用的多电子波函数不够精确. 我们知道，Hartree-Fock 波函数是由单电子波函数(分子轨道)的乘积经反对称化得到的，反对称化是为了满足 Pauli 不相容原理，虽然在计算能量时，反对称波函数会导致交换积分，从而部分地考虑了电子的交换作用，但反对称化并没有改变单电子模型的实质. 根据微扰理论，Hartree-Fock 波函数仅仅是量子体系 Hamilton 量 $\hat{H}$ 的零级近似波函数. 因此，要想消除相关能误差，就必须提高波函数的精度.

根据以上讨论，在单电子近似的框架下考虑电子相关问题的基本途径是提高波函数的精度. 即在 Hartree-Fock 方法的基础上，通过建造更加精确的多电子波函数来处理电子相关问题. 有关的理论方法包括：组态相互作用方法、微扰方法和相关簇方法等. 本章将较详细地介绍有关方法，其中组态相互作用方法内容较多，因此在介绍该方法时将其内容分作 3 节. 由于这些方法都以 Hartree-Fock 方法为基础，故统称后 Hartree-Fock 方法.

考虑电子相关问题的另一种途径是修正独立子模型，放弃平均场近似. 有关的理论方法包括：密度矩阵方法和显含电子间距离的波函数方法等. 原则上说，第 6 章将介绍的密度泛函方法也属于这类方法，但由于密度泛函方法已发展成一种独立的内容丰富的理论方法，因此将用专门一章加以介绍. 此外，由于密度矩阵方法内容较多，本章介绍密度矩阵方法时将其内容分作 4 节.

需要说明的是，原则上讲，密度矩阵方法并不是从波函数出发而是从约化密度矩阵或者密度函数出发来研究量子体系的. 但由于存在 $N$ 表示问题，目前密度矩阵方法仍然难以绕开波函数，难以绕开轨道概念，仍然常常以 Hartree-Fock 方法为基础. 此外，显含电子间距离的波函数方法中也常常用到 Hartree-Fock 轨道. 因此，虽然密度矩阵方法和显含电子间距离的波函数方法并不建立在独立子模型的基础上，但也可以将二者归入后 Hartree-Fock 方法中.

通过建造更加精确的多电子波函数，价键理论也发展了许多处理电子相关问题的方法. 价键理论不采用独立子模型，不涉及分子轨道，化学图像清晰，但计算较为复杂，因此本章不做介绍.

概括地说，精确计算电子相关能的实质是精确求解 Schrödinger 方程，因此是一项十分困难的工作. 发展精度高、速度快的理论方法以计算电子相关能，已经成为量子化学发展的瓶颈之一.

## 5.1 电子相关问题的物理背景

在 Born-Oppenheimer 近似下，$N$ 电子原子、分子体系电子运动的定态 Schrödinger 方程为[见方程(1.3.1)]

$$\hat{H}\Psi = E\Psi \tag{5.1.1}$$

$\hat{H}$ 为体系的 Hamilton 算符[不计核间排斥能，见式(1.3.2)]，

$$\hat{H} = \sum_{i=1}^{N} -\frac{1}{2}\nabla_i^2 - \sum_{i=1}^{N}\sum_{a}\frac{Z_a}{r_{ai}} + \sum_{i<j=1}^{N}\frac{1}{r_{ij}} = \sum_{i=1}^{N}\hat{h}_i + \sum_{i<j=1}^{N} g_{ij} \tag{5.1.2}$$

其中，$a$ 表示对原子核求和，单粒子算符 $\hat{h}_i$ 和双粒子算符 $g_{ij}$ 的表达式分别为[见式(1.3.3)]

$$\hat{h}_i = -\frac{1}{2}\nabla_i^2 - \sum_{a}\frac{Z_a}{r_{ai}}\ ,\qquad g_{ij} - \frac{1}{r_{ij}} \tag{5.1.3}$$

由于电子间存在相互作用，即在 Hamilton 算符(5.1.2)中包含双电子算符 $g_{ij}$，因此式(5.1.1)无法精确求解. 为了求解该方程，我们借助微扰论的思想，将 Hamilton 算符 $\hat{H}$ 分解为两部分，即有

$$\hat{H} = \hat{H}_0 + \hat{H}' \tag{5.1.4}$$

式中，$\hat{H}_0$ 为单电子算符的直和(独立子模型)，即有[见式(1.3.23)]

$$\hat{H}_0 = \sum_{i=1}^{N}\hat{h}'_i \tag{5.1.5}$$

$\hat{h}'$ 为单电子算符[见式(1.3.24)]，

$$\hat{h}'_i = -\frac{1}{2}\nabla^2 + v_i(\vec{r}) \tag{5.1.6}$$

于是，微扰算符 $\hat{H}'$ 的表达式为

$$\hat{H}' = \hat{H} - \hat{H}_0 = \sum_{i=1}^{N}\left\{-\sum_{a}\frac{Z_a}{r_{ai}} - v_i(\vec{r})\right\} + \sum_{i<j=1}^{N} g_{ij} \tag{5.1.7}$$

$\hat{H}_0$ 的本征方程为[见式(1.3.26)]

$$\hat{H}_0\Phi = E^{(0)}\Phi \tag{5.1.8}$$

为了简化讨论，以闭壳层为例. 2.5.6 节指出，单电子算符 $\hat{h}'_i$ 就是 Hartree-Fock 算符 $\hat{F}_i$，即有[见式(2.5.65)]

$$\hat{H}_0 = \sum_{i}\hat{F}_i \tag{5.1.9}$$

式中，Fock 算符 $\hat{F}_i$ 的表达式为[见式(2.4.28)]

$$\hat{F}_i(1) = \hat{h}(1) + \sum_{j=1}^{N}\left[\left\langle\varphi_j(2)\right|g_{12}\left|\varphi_j(2)\right\rangle - \delta\left(m_{s_i}m_{s_j}\right)\left\langle\varphi_j(2)\right|g_{12}\left|\varphi_i(2)\right\rangle\frac{\varphi_j(1)}{\varphi_i(1)}\right] \tag{5.1.10}$$

由式(5.1.9)和式(5.1.10)，可将微扰算符 $\hat{H}'$ (5.1.7)改写为

$$\hat{H}'=\sum_{i<j=1}^{N}\frac{1}{r_{ij}}-\sum_{i=1}^{N}\sum_{j=1}^{N}\left[\left\langle\varphi_j(2)\middle|g_{12}\middle|\varphi_j(2)\right\rangle-\delta\left(m_{s_i}m_{s_j}\right)\left\langle\varphi_j(2)\middle|g_{12}\middle|\varphi_i(2)\right\rangle\frac{\varphi_j(1)}{\varphi_i(1)}\right] \tag{5.1.11}$$

上式中的第一项为实际体系中电子间的相互作用，第二项包含二重求和，其中对 $j$ 的求和表达一个电子( $j$ 电子)受到的其他电子的平均作用，故对 $j$ 的求和应为 $j\neq i$ ，这是必须的，因为每个电子只能与其他 $(N-1)$ 个电子发生相互作用，而不能与自身发生相互作用. 但由于当 $j=i$ 时，求和中的两项相互抵消，因此 $j\neq i$ 的限制可以取消. 对 $i$ 的求和则表示将所有电子所受到的其他电子的平均作用加和. 注意：在计算每个电子所受到的电子间相互作用时都考虑了其他所有电子，例如，在计算电子 1 所受到的电子间相互作用时考虑了电子 2，而在计算电子 2 所受到的电子间相互作用时又考虑了电子 1，因此电子间的平均相互作用被重复计算.

Hartree-Fock 方程为[见式(2.4.26)]

$$\hat{F}_i(1)\varphi_i(1)=\varepsilon_i\varphi_i(1)\quad,\qquad i=1,2,\cdots,\frac{N}{2} \tag{5.1.12}$$

由于无微扰算符 $\hat{H}_0$ 是 Hartree-Fock 算符 $\hat{F}_i$ 的直和[见式(5.1.9)]，因此式(5.1.8)中， $\hat{H}_0$ 的本征函数 $\Phi$ 是由 Fock 算符 $\hat{F}_i$ 的本征函数(分子轨道)的乘积经反对称化得到的，对于基态，有

$$\Phi_0=\sqrt{N!}\hat{A}\left\{\varphi_1(1)\alpha\varphi_1(2)\beta\cdots\varphi_{\frac{N}{2}}(N-1)\alpha\varphi_{\frac{N}{2}}(N)\beta\right\} \tag{5.1.13}$$

对应的能量本征值为

$$E^{(0)}=\left\langle\Phi_0\middle|\hat{H}_0\middle|\Phi_0\right\rangle=2\sum_{i=1}^{N/2}\varepsilon_i \tag{5.1.14}$$

由以上讨论可见，Hartree-Fock 方程是在独立子模型下得到的，独立子模型将相互作用的 $N$ 电子体系约化为 $N$ 个独立的 Hartree-Fock 粒子组成的体系，体系的总能量是 $N$ 个独立粒子的能量之和. 但是，独立子体系的 Hamilton 算符 $\hat{H}_0$ 仅仅是实际体系 Hamilton 算符 $\hat{H}$ 的零级近似， $\hat{H}_0$ 的本征函数仅仅是 $\hat{H}$ 的零级近似波函数，由式(1.4.9)，可得 $\hat{H}$ 的一级近似能量

$$E^{(1)}=\left\langle\Phi_0\middle|\hat{H}\middle|\Phi_0\right\rangle=E^{(0)}+\left\langle\Phi_0\middle|\hat{H}'\middle|\Phi_0\right\rangle \tag{5.1.15}$$

将 $E^{(0)}$ 的表达式(5.1.14)和 $\hat{H}'$ 的表达式(5.1.11)代入，注意：式(5.1.11)第二项中的两个求和指标是独立的，利用式(2.1.15)，有

$$E^{(1)}\equiv E_0=2\sum_{i=1}^{N/2}\varepsilon_i-\frac{1}{2}\sum_{i<j}^{N}\left[\begin{array}{l}\left\langle\varphi_i(1)\varphi_j(2)\middle|g_{12}\middle|\varphi_i(1)\varphi_j(2)\right\rangle\\-\delta\left(m_{s_i}m_{s_j}\right)\left\langle\varphi_i(1)\varphi_j(2)\middle|g_{12}\middle|\varphi_j(1)\varphi_i(2)\right\rangle\end{array}\right] \tag{5.1.16}$$

式(5.1.16)与式(2.4.36)完全一致，因此 $E^{(1)}$ 正是由 Hartree-Fock 波函数给出的 $N$ 电子体系的能量. 为了保持符号一致，将 $E^{(1)}$ 记作 $E_0$ ，表示由 Hartree-Fock 波函数得到的与 Hamilton 量 $\hat{H}$ 对应的基态能量(即实际体系而不是独立子体系的基态能量).

式(5.1.16)中的第二项是为了扣除第一项(轨道能量之和)中重复计算的电子间相互作用. 可以看到，电子间相互作用包含两部分，即 Coulomb 作用和交换作用. 交换作用是量子力学中特有的，它来自 Pauli 不相容原理，具体地说是由波函数的反对称化引起的，没有经典对应.

基于以上结果，我们可以讨论电子相关能了. 注意：在原子、分子的 Hamilton 量 $\hat{H}$ [见式(5.1.2)]

中包含电子间的相互作用 $\sum_{i<j=1}^{N} g_{ij}$，因此电子间本来就是相互关联的. 在求解 Schrödinger 方程(5.1.1)时，如果 Hamilton 量 $\hat{H}$ 中包含的电子间相互作用不被完全忽略，则在所求得的能量 $E$ 中就一定包含电子相关能. 如此说来，Hartree-Fock 能量 $E_0$ [式(5.1.16)]中也包含电子相关能，因为 Hartree-Fock 算符 $\hat{F}_i$ [式(5.1.10)]中包含电子间的相互作用. 按照这种观点，电子相关能的定义应该是：求解两个 Schrödinger 方程，这两个方程的 Hamilton 量的区别是，其中一个不包含电子间相互作用项 $\sum_{i<j=1}^{N} g_{ij}$，另一个则包含电子间相互作用项 $\sum_{i<j=1}^{N} g_{ij}$，两个方程的精确能量之差就是电子相关能的精确值. 但是，现在普遍接受的电子相关能的定义是 Löwdin 给出的[1]，即"指定的一个 Hamilton 量的某个本征态的电子相关能是指该 Hamilton 量的该状态的精确本征值与它的限制的 Hartree-Fock 极限期望值之差". 粗略地说，由 Hartree-Fock 方法得到的 $N$ 电子体系的能量 $E_0$ [式(5.1.16)]与式(5.1.1)中的精确能量本征值 $E$ 之差就是电子相关能. 根据该定义，体系的电子相关能 $E_c$ 为

$$E_c = E - E_0 \tag{5.1.17}$$

式中，$E$ 和 $E_0$ 分别为 Hamilton 量 $\hat{H}$ 的精确本征能量[即式(5.1.1)中的精确能量]和由 Hartree-Fock 波函数计算得到的能量[式(5.1.16)].

现在基于电子相关能的 Löwdin 给出的定义来分析电子相关能产生的原因. 简单地说，电子相关能来源于 Hartree-Fock 方法的两个近似：一是单电子近似(独立子模型)，二是单组态近似. 将体系的 Hamilton 量 $\hat{H}$ 分解为 $\hat{H}_0$ 和 $\hat{H}'$ 之和[式(5.1.4)]，再将 $\hat{H}_0$ 写作 Fock 算符 $\hat{F}_i$ 的直和[见式(5.1.9)]，通过求解单电子运动方程(5.1.12)得到单电子运动状态(分子轨道)，在此基础上建造 $N$ 电子波函数，进而求解 Schrödinger 方程(5.1.1)，这就是单电子近似的基本框架. 在单电子近似下，算符 $\hat{H}_0$ 的本征函数 $\Phi$ [即式(5.1.8)的解]为 Slater 行列式，而 Hamilton 量 $\hat{H}$ 的本征函数 $\Psi$ [即式(5.1.1)的解]则是谱项波函数的线性组合，谱项波函数本身则是行列式的线性组合，因此在不考虑对称性的情况下，可将 $N$ 电子波函数 $\Psi$ 写作行列式的 $\{\Phi_i\}$ 线性组合，即[见式(1.4.136)]

$$\Psi = \sum_i c_i \Phi_i \tag{5.1.18}$$

也可以用微扰方法求得 Hamilton 量 $\hat{H}$ 的各级微扰波函数，例如，$\hat{H}$ 的一级非简并微扰波函数为[见式(1.4.12)]

$$\Psi_k = \Phi_k + \sum_m{}' \frac{\langle \Phi_m | \hat{H}' | \Phi_k \rangle}{U_k - U_m} \Phi_m \tag{5.1.19}$$

由于采用了单组态近似，Hartree-Fock 波函数为单行列式波函数. 从微扰的角度看，Hartree-Fock 波函数相当于零级近似波函数，即式(5.1.19)中的首项；从组态相互作用的角度看，Hartree-Fock 波函数相当于在展开式(5.1.18)中只取了首项. 简言之，相关能误差是由 Hartree-Fock 波函数的精度不够造成的. 由此可见，在单电子近似下，要提高电子相关能的计算精度，就必须提高波函数的精度. 这正是提高电子相关能计算精度的基本思路之一.

另一方面，原则上讲，在单电子近似下，要精确计算电子相关能，必须将波函数 $\Psi$ 按式(5.1.18)做无穷展开，或者计算到波函数 $\Psi$ 的无穷级微扰，这实际是做不到的. 更为不幸的

是，无论组态相互作用方法还是微扰方法，展开式的收敛速度一般情况下都非常缓慢，即使是相关能计算的微小改进，也可能需要考虑大量组态. 根本原因在于，从数学上看，不可能用有限的单粒子算符之和来精确地代替双粒子算符，而独立子模型恰恰是用有限的单粒子算符之和来代替体系的 Hamilton 量 $\hat{H}$ 中存在的双粒子算符 $g_{ij}$. 独立子模型采用平均场来描述电子间的相互作用，不能很好地考虑电子间的瞬时相互作用，从而过高地估计了两个电子相互接近的概率，这正是电子相关问题产生的物理背景. 改变这种状况的根本途径是放弃独立子模型，放弃单电子近似，这是精确、高效地计算电子相关能的另一个基本思路.

此外，针对电子相关能的定义式(5.1.17)，还有以下几个问题需要说明.

第一，Hamilton 算符 $\hat{H}$ 的精度等级不同，则其能量本征值 $E$ 不同，从而相关能也就不同. 一般在计算相关能时，Hamilton 量中只计及 Coulomb 作用而忽略磁效应[如式(5.1.2)]，即忽略相对论效应，而在目前情况下，尚难进行精确的相对论校正.

第二，$E_0$ 应为 Hartree-Fock 极限能量，但实际计算中一般不能达到 Hartree-Fock 极限. 基于以上两个原因，实际计算的电子相关能并不严格符合上述 Löwdin 定义.

第三，从 Hamilton 算符 $\hat{H}$ 的表达式(5.1.2)看，电子间相互作用 $g_{ij}$ 为静电作用，但由于波函数的反对称性，在能量表达式[如式(5.1.16)]中电子间的相互作用能则表现为 Coulomb 作用和交换作用. 因此，式(5.1.17)定义的电子相关能中包含了交换能误差，故应该称为交换-相关能. 但是，正如我们在 2.5.4 节的分析中所指出的，Hartree-Fock 方法已经较好地考虑了交换作用，因此在波函数理论中，习惯上将交换-相关能误差简称相关能误差.

第四，对于给定的分子体系，相关能随着核构型变化而变化，并不是恒定值. 可以氢分子为例讨论电子相关能随核构型的变化. 图 5.1.1 给出了氢分子的两个对称性相同组态的能量曲线. 其中，$1^1\Sigma_g^+$ 是由 Hartree-Fock 波函数 $D|\varphi_1\alpha\varphi_1\beta|(\sigma_g^2)$ 给出的能量曲线，而 $2^1\Sigma_g^+$ 则是由组态 $D|\varphi_2\alpha\varphi_2\beta|(\sigma_u^2)$ 给出的能量曲线.

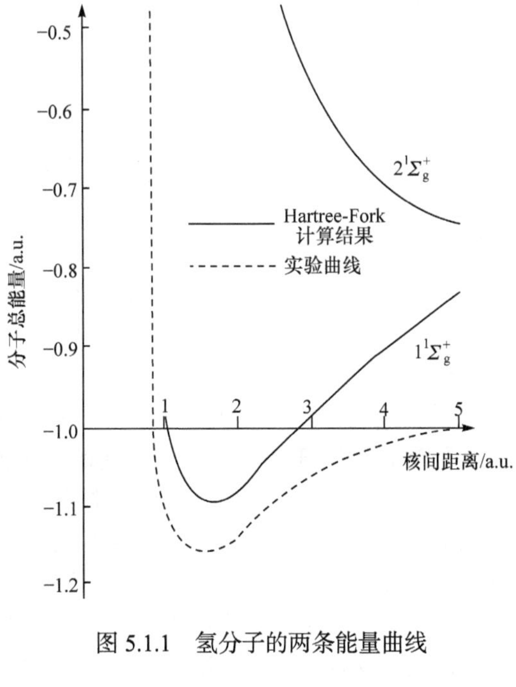


图 5.1.1 氢分子的两条能量曲线

由图 5.1.1 可见，在平衡核构型下，虽然存在相关能误差，但 Hartree-Fock 能量曲线$1^1\Sigma_g^+$定性正确. 而在接近解离的情况下，该曲线定性错误. 这表明，在平衡核构型下相关能误差较小，而在近解离情况下，相关能误差较大，已经不能给出定性正确的结果. 上述情况是由组态$D|\varphi_1\alpha\varphi_1\beta|$和$D|\varphi_2\alpha\varphi_2\beta|$的能量随着核构型变化而变化造成的. 1.16.2 节指出，如果将氢分子的电子波函数写作两个组态$D|\varphi_1\alpha\varphi_1\beta|\left(1^1\Sigma_g^+\right)$和$D|\varphi_2\alpha\varphi_2\beta|\left(2^1\Sigma_g^+\right)$的组合，即

$$\Psi = c_1 D|\varphi_1\alpha\varphi_1\beta| + c_2 D|\varphi_2\alpha\varphi_2\beta| \tag{5.1.20}$$

用变分法确定组合系数，就可以得到定性正确的解离曲线. 由图 5.1.1 可以看到，在平衡核构型下两个组态的能量曲线相距很远，而在接近解离的情况下二者趋向交叉. 由式(5.1.19)可见，两个态的能量差决定组合系数. 在平衡核构型下，组态$D|\varphi_2\alpha\varphi_2\beta|$的组合系数很小，因此用 Hartree-Fock 波函数$D|\varphi_1\alpha\varphi_1\beta|$计算就可以使电子相关能误差足够小. 在近解离情况下，组态$D|\varphi_2\alpha\varphi_2\beta|$的组合系数很大，因此仅用 Hartree-Fock 波函数$D|\varphi_1\alpha\varphi_1\beta|$计算就不能得到定性正确的结果. 图 5.1.2 给出了两个组合系数随着核构型变化的情况.

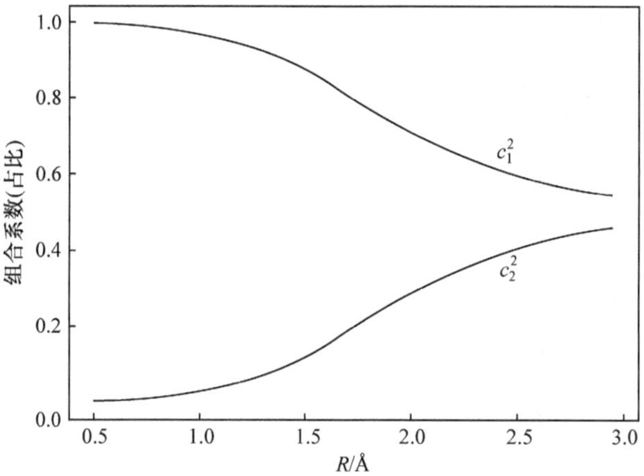


图 5.1.2　氢分子波函数中两个组态组合系数随核构型的变化

该图参考了 2018 年知乎网，强关联系统，麻省理工学院，叶洪舟图

以上讨论表明，对于给定的分子体系， Hartree-Fock 计算误差随着核构型变化而变化，从而造成相关能随着核构型变化而变化. 根本原因在于，平均场给出的电子间相互作用与实际电子间相互作用的误差随着核构型变化而变化.

第五，由于独立粒子模型过高地估计了两个电子相互接近的概率，计算出的电子排斥能过高，因而电子相关能一定为负值. 此外，由式(5.1.15)和式(5.1.16)可见，Hartree-Fock 方法给出的$N$电子体系的能量$E_0$已经达到了能量本征值$E$的一级近似，因此两者之差即电子相关能的数值应该不大，一般来说，电子相关能在体系总能量中所占比例为 0.3%～1%. 因此应该说，就总能量的相对误差而言，独立粒子模型(Hartree-Fock 方法)是一种相当好的近似. 然而不幸的是，化学和物理过程涉及的通常是能量的差值，例如，化学过程的反应热或活化能就由能量差确定，而电子相关能与这种能量差值在同一数量级，有时甚至大一个数量级. 因此，对于化学问题来说，相关能偏差是一个严重问题. 除非所考虑的化学过程的始态和终态的相关能几乎一样，从而相互抵消，否则由 Hartree-Fock 方法提供的计算结果将完全不可靠. 虽然不少情况下体系相关能近似守恒，但一般情况下这种“规律”并不成立，特别是当涉及电子激发、反应途

径(势能面)和分子解离等过程的计算时，相关误差使 Hartree-Fock 方法显现出致命的弱点，有时连定性结论也不正确. 因此，电子相关能的计算在量子化学研究中占有重要地位，成为长时期以来最活跃的研究领域之一.

## 5.2　组态相互作用与单参考态组态相互作用方法

本节及接下来的 5.3 节和 5.4 节中，将介绍组态相互作用方法.

### 5.2.1　组态相互作用方法的基本框架

5.1 节指出，产生电子相关问题，是由于 Hartree-Fock 波函数的精度不够，为了提高能量的计算精度，必须增加波函数的精度. 事实上，波函数方法处理电子相关问题的基本思路就是，通过建造越来越精确的电子波函数，实现对分子电子结构越来越精确的计算. 组态相互作用方法正是基于这一思路发展起来的.

为便于介绍多电子波函数，1.4.7 节粗略地介绍了组态相互作用方法. 现在对组态相互作用方法做更为深入的讨论，为此简要回顾有关内容.

由 Hartree-Fock 方程得到的全部单粒子态(分子轨道)构成单粒子波函数空间中的完备集合，由此可以得到 $N$ 电子波函数空间的完备集合[见式(1.4.134)]

$$\left\{\Phi_{i_1 i_2\cdots i_N}=\sqrt{N!}\hat{A}\prod_{i_k}\phi_{i_k}(k)=\sqrt{N!}\hat{A}\left\{\phi_{i_1}(1)\phi_{i_2}(2)\cdots\phi_{i_N}(N)\right\},\quad i_1,i_2,\cdots,i_N\in(i,j,\cdots)\right\}\qquad(5.2.1)$$

其中，$\phi_i$ 为自旋分子轨道，而 $\Phi_{i_1 i_2\cdots i_N}$ 则是 Slater 行列式，称为组态函数，简称组态(configuration)，可简记作 $\Phi_s$，即将组态函数的一组下标用一个数字标记，并用 $\{\Phi_s\}$ 标记完备集合(5.2.1). 于是，$N$ 电子波函数 $\Psi$ 可以精确地写作

$$\Psi_i=\sum_s c_{si}\Phi_s,\qquad i=0,1,2,\cdots\qquad(5.2.2)$$

称式(5.2.2)为组态相互作用(configuration interaction，CI)，又称组态叠加(superposition of configuration)或组态混合(configuration mixing). 如果限定 $\phi_i$ 为 Hartree-Fock 轨道，则式(5.2.2)中的 $\Phi_0$ 正是闭壳层 Hartree-Fock 波函数，由此可见，Hartree-Fock 方法所采用的波函数仅仅取了展开式(5.2.2)的首项，由于波函数的精度不够，必然会引起相关能误差. 从组态相互作用的角度看，展开式项数越多，则波函数越精确，计算所得的能量就会越接近精确能量.

将式(5.2.2)代入定态 Schrödinger 方程(5.1.1)，用 $\Phi_t$ 左乘并做内积，可得久期方程[见式(1.4.137)]

$$\sum_s\left(H_{ts}-E_iM_{ts}\right)c_{si}=0,\quad t=0,1,2,\cdots,\quad i=0,1,2,\cdots\qquad(5.2.3)$$

其中

$$H_{ts}=\langle\Phi_t|\hat{H}|\Phi_s\rangle,\quad M_{ts}=\langle\Phi_t|\Phi_s\rangle\qquad(5.2.4)$$

如果组态函数 $\{\Phi_s\}$ 是正交归一化集合，则有

$$M_{ts}=\langle\Phi_t|\Phi_s\rangle=\delta_{ts}\qquad(5.2.5)$$

这时，式(5.2.3)简化为

$$\sum_s H_{ts}c_{si}=E_ic_{ti},\quad t=0,1,2,\cdots,\quad i=0,1,2,\cdots\qquad(5.2.6)$$

方程组(5.2.6)中，$t$ 为用来左乘的组态函数的编号，$i$ 为组态叠加后得到的波函数的编号. 方程组(5.2.3)和方程组(5.2.6)均为久期方程的代数形式，可分别写作如下的矩阵形式[见式(1.4.139)]

$$\boldsymbol{HC}=\boldsymbol{MCE} \tag{5.2.7}$$

$$\boldsymbol{HC}=\boldsymbol{CE} \tag{5.2.8}$$

式中，$\boldsymbol{H}$、$\boldsymbol{C}$、$\boldsymbol{M}$、$\boldsymbol{E}$ 均为矩阵；$\boldsymbol{H}$ 和 $\boldsymbol{M}$ 分别称为 Hamilton 矩阵和重叠矩阵，其矩阵元由式(5.2.4)定义. $\boldsymbol{C}$ 为系数矩阵，

$$\boldsymbol{C}=\left(\boldsymbol{C}_1\ \boldsymbol{C}_2\cdots\right) \tag{5.2.9}$$

它的一列 $\boldsymbol{C}_i=\left(c_{si}\right)\left(s=0,1,2,\cdots,\ i=0,1,2,\cdots\right)$ 就是式(5.2.2)中的一组组合系数，实际上就是波函数 $\Psi_i$ 在完备集(5.2.1)上的一个表示. $\boldsymbol{E}$ 为对角矩阵，对角元 $E_i\left(i=1,2,\cdots\right)$ 给出体系的第 $i$ 能级. 利用矩阵的分块乘法可以将式(5.2.7)和式(5.2.8)分别写作[见式(1.4.141)]

$$\boldsymbol{HC}_i=E_i\boldsymbol{MC}_i\qquad i=0,1,2,\cdots \tag{5.2.10}$$

$$\boldsymbol{HC}_i=E_i\boldsymbol{C}_i\qquad i=0,1,2,\cdots \tag{5.2.11}$$

1.4.7 节中已经指出，式(5.2.3)/式(5.2.6)、式(5.2.7)/式(5.2.8)和式(5.2.10)/式(5.2.11)是久期方程的三种形式. 解久期方程，可得波函数[即式(5.2.2)中组态函数的组合系数]和能量本征值. 将能量本征值从低到高排列

$$E_0\leqslant E_1\leqslant E_2\leqslant\cdots\leqslant E_m \tag{5.2.12}$$

$E_i\left(i=0,1,2,\cdots\right)$ 是 Hamilton 量 $\hat{H}$ 的相应精确本征值的上界，当 $m\to\infty$ 时，$E_i$ 为相应态能量的精确值. 以上就是 CI 方法的基本理论框架.

CI 方法既适用于闭壳层体系，也适用于开壳层体系；既适用于基态，也适用于激发态；既适用于体系的平衡几何构型，也适用于远离平衡的几何构型；等等. 因此，CI 方法是一种普遍适用的计算电子相关能的方法.

### 5.2.2　单参考态组态相互作用方法

为了使图像更为清晰，概念更为明确，限定本小节仅讨论闭壳层体系. 对于闭壳层体系，完备集合(5.2.1)中包含 Hartree-Fock 波函数 $\Phi_0$，$\Phi_0$ 为单行列式函数，其中的轨道为 Hartree-Fock 占据轨道. 完备集合中的其他组态都可以看作是用不同虚轨道代替 $\Phi_0$ 中的占据轨道得到的. 于是，可以将完备集合(5.2.1)改写为[见式(2.5.66)]

$$\left\{\Phi_0,\Phi_i^a,\Phi_{ij}^{ab},\cdots\right\} \tag{5.2.13}$$

其中，$\Phi_0,\Phi_i^a,\Phi_{ij}^{ab},\cdots$ 分别为 Hartree-Fock 波函数、单激发波函数、双激发波函数等. 完备集合(5.2.1)和(5.2.13)是等价的. 仿照式(5.2.2)，可以写出由式(5.2.13)给出的 CI 波函数. 在以下的讨论中，将 $\Psi$ 限定为所要讨论的体系的一个确定的态，如基态或某一激发态，为了更明确起见，限定为基态，即在式(5.2.6)中，取 $i=0$，对应的 CI 波函数为基态波函数 $\Psi_0$，但为了简化记号，略去 $\Psi$ 的下标. 于是，由完备集合(5.2.13)给出的 $N$ 电子 CI 波函数为

$$\begin{aligned}\Psi&=\Phi_0+\sum_a\sum_i c_i^a\Phi_i^a+\sum_{a<b}\sum_{i<j}c_{ij}^{ab}\Phi_{ij}^{ab}+\sum_{a<b<c}\sum_{i<j<k}c_{ijk}^{abc}\Phi_{ijk}^{abc}+\cdots\\&=\Phi_0+\sum_a\sum_i c_i^a\Phi_i^a+\left(\frac{1}{2!}\right)^2\sum_{a\neq b}\sum_{i\neq j}c_{ij}^{ab}\Phi_{ij}^{ab}+\left(\frac{1}{3!}\right)^2\sum_{a\neq b\neq c}\sum_{i\neq j\neq k}c_{ijk}^{abc}\Phi_{ijk}^{abc}+\cdots\end{aligned} \tag{5.2.14}$$

在第二个等号中，利用了组合系数 $c$ 和组态函数 $\Phi$ 对于上/下指标置换的反对称性质. 完备集合(5.2.13)中，所有组态都是在 $\Phi_0$ 的基础上建造的，因此称 $\Phi_0$ 为参考态. 式(5.2.14)中仅涉及一个参考态，因此称为单参考态组态相互作用. 由于我们的讨论仅限于一个特定的波函数，并略去了 $\Psi$ 的下标，因此式(5.2.6)简化为

$$\sum_s H_{ts}c_s = E_0 c_t\,,\qquad t = 0,1,2,\cdots \tag{5.2.15}$$

式中，$t$ 为用来左乘的组态函数的编号.

式(5.2.14)中取系数 $c_0 = 1$，假定波函数 $\Psi$ 是归一化的，则由式(5.2.14)有 $\langle \Phi_0 | \Psi \rangle = 1$，因此 $\Psi$ 的归一化常数为

$$\left(\langle \Psi | \Psi \rangle\right)^{-\frac{1}{2}} = \left(1 + \langle X | X \rangle\right)^{-\frac{1}{2}} \tag{5.2.16}$$

式中，$X = \Psi - \Phi_0$，为波函数的相关部分.

现在讨论如何由式(5.2.15)计算体系基态的电子相关能. 根据 Slater 行列式矩阵元的计算规则，当两个组态相差三个以上的单粒子态时，其矩阵元为零. 故当 $t = 0$ 时方程组(5.2.15)中包含的一个方程是

$$\left\langle \Phi_0 \middle| \hat{H} \middle| \Phi_0 \right\rangle + \sum_a \sum_i c_i^a \left\langle \Phi_0 \middle| \hat{H} \middle| \Phi_i^a \right\rangle + \sum_{i<j} \sum_{a<b} c_{ij}^{ab} \left\langle \Phi_0 \middle| \hat{H} \middle| \Phi_{ij}^{ab} \right\rangle = E_0 \tag{5.2.17}$$

或写作

$$\begin{aligned} E_0 &= E_0^{(1)} + \sum_i \varepsilon_i + \sum_{i<j} \varepsilon_{ij} \\ E_\mathrm{c} &= E_0 - E_0^{(1)} = \sum_i \varepsilon_i + \sum_{i<j} \varepsilon_{ij} \end{aligned} \tag{5.2.18}$$

式中

$$E_0 = \left\langle \Psi \middle| \hat{H} \middle| \Psi \right\rangle,\qquad E_0^{(1)} = \left\langle \Phi_0 \middle| \hat{H} \middle| \Phi_0 \right\rangle \tag{5.2.19}$$

$$\varepsilon_i = \sum_a \left\langle \Phi_0 \middle| \hat{H} \middle| \Phi_i^a \right\rangle c_i^a\,,\quad \varepsilon_{ij} = \sum_{a<b} \left\langle \Phi_0 \middle| \hat{H} \middle| \Phi_{ij}^{ab} \right\rangle c_{ij}^{ab} \tag{5.2.20}$$

$E_0^{(1)}$ 为 Hartree-Fock 能量，它是 CI 波函数给出的体系能量 $E_0$ 的一级近似. $E_\mathrm{c}$ 为电子相关能. 式(5.2.18)表明，为了得到体系基态的精确能量 $E_0$ 或精确电子相关能 $E_\mathrm{c}$，只需知道展开式(5.2.14)中单激发和双激发组态的系数即可. 但这并不意味着只需要将式(5.2.14)展开到双激发组态 $\Phi_{ij}^{ab}$，因为更高激发组态的系数通过波函数 $\Psi$ 的归一化条件限制 $c_i^a$ 、$c_{ij}^{ab}$ 的数值. 让我们做具体分析. $t = 1,2$ (即 $\Phi_t$ 分别为 $\Phi_i^a$ 和 $\Phi_{ij}^{ab}$)时，方程组(5.2.15)中包含的两个方程分别为

$$\begin{aligned} &\left\langle \Phi_i^a \middle| \hat{H} \middle| \Phi_0 \right\rangle + \sum_j \sum_b \left\langle \Phi_i^a \middle| \hat{H} \middle| \Phi_j^b \right\rangle c_j^b + \sum_{j<k} \sum_{b<c} \left\langle \Phi_i^a \middle| \hat{H} \middle| \Phi_{jk}^{bc} \right\rangle c_{jk}^{bc} \\ &+ \sum_{j<k<l} \sum_{b<c<d} \left\langle \Phi_i^a \middle| \hat{H} \middle| \Phi_{jkl}^{bcd} \right\rangle c_{jkl}^{bcd} = E_0 c_i^a \end{aligned} \tag{5.2.21}$$

$$\begin{aligned} &\left\langle \Phi_{ij}^{ab} \middle| \hat{H} \middle| \Phi_0 \right\rangle + \sum_k \sum_c \left\langle \Phi_{ij}^{ab} \middle| \hat{H} \middle| \Phi_k^c \right\rangle c_k^c + \sum_{k<l} \sum_{c<d} \left\langle \Phi_{ij}^{ab} \middle| \hat{H} \middle| \Phi_{kl}^{cd} \right\rangle c_{kl}^{cd} \\ &+ \sum_{k<l<m} \sum_{c<d<e} \left\langle \Phi_{ij}^{ab} \middle| \hat{H} \middle| \Phi_{klm}^{cde} \right\rangle c_{klm}^{cde} + \sum_{k<l<m<n} \sum_{c<d<e<f} \left\langle \Phi_{ij}^{ab} \middle| \hat{H} \middle| \Phi_{klmn}^{cdef} \right\rangle c_{klmn}^{cdef} = E_0 c_{ij}^{ab} \end{aligned} \tag{5.2.22}$$

式(5.2.21)表明，要计算 $c_i^a$，需知道 $c_{jk}^{bc}$ 和 $c_{jkl}^{bcd}$，而要从式(5.2.22)计算 $c_{ij}^{ab}$，需知道 $c_{klm}^{cde}$ 、$c_{klmn}^{cdef}$

等. 由此可见，为了求得单激发和双激发组态的组合系数，必须知道所有激发组态的组合系数，即要完全解方程组(5.2.15)，也就是要在展开式(5.2.14)中包括由式(5.2.13)给出的全部组态函数，这样的 CI 计算称为完全的 CI (full CI, FCI) 计算，简言之，必须通过 FCI 计算才能确定单、双激发组态的组合系数，进而精确地计算电子相关能. 不过，单激发和双激发组态是展开式中最重要的组态，实际计算经验表明，只要展开到单激发组态和双激发组态就可以计算出 95% 以上的相关能. 如果需要更为精确的相关能才能满足要求，就需要在展开式(5.2.14)中包括更高激发的组态函数. 将式(5.2.14)展开到单(single)、双(double)、三(triple)、四(quadruple)激发组态的计算分别简记为 CIS、CISD、CISDT、CISDTQ，称这样的计算为“截短的” CI 计算.

式(5.2.18)表明，电子相关能 $E_c$ 可分解为单电子贡献与双电子贡献之和. 如果将分子轨道取为 Hartree-Fock 轨道(不论是正则轨道或定域轨道)，则根据 Brillouin 定理，$\left\langle \Phi_0 \middle| \hat{H} \middle| \Phi_i^a \right\rangle = 0$，式(5.2.18)简化为

$$E_c = \sum_{i<j} \varepsilon_{ij} \tag{5.2.23}$$

由式(5.2.20)可知，计算 $\varepsilon_{ij}$ 时涉及的两个组态函数相差两个单粒子态，故式(5.2.23)可写为[参见式(2.1.29)]

$$E_c = \sum_{i<j} \varepsilon_{ij} = \sum_{i<j} \sum_{a<b} \left\langle \phi_i \phi_j \middle| \frac{1}{r_{12}} \left(1 - \hat{P}_{12}\right) \middle| \phi_a \phi_b \right\rangle c_{ij}^{ab} \tag{5.2.24}$$

式中，$\hat{P}_{12}$ 是电子 1 和 2 的坐标置换算符. 式(5.2.24)说明，电子相关能是由激发轨道与占据轨道电子间的相互作用贡献的. 从式(5.2.20)还可以看出，只要

$$c_i^a = 0 \tag{5.2.25}$$

则式(5.2.18)也可以简化为式(5.2.23). 称式(5.2.25)为 Brueckner 条件，并称满足这一条件的分子轨道为 Brueckner 轨道. 可以证明，由 Brueckner 轨道构成的单组态波函数与精确波函数具有最大的重叠，因此 Brueckner 轨道是实现最优 CI 展开的一种轨道. 但 Brueckner 轨道是通过精确波函数定义的，实际上无法求得. 通常将能使近似 CI 展开式中不出现单激发组态 $\Phi_i^a$ 的分子轨道近似地看作 Brueckner 轨道. 对于闭壳层组态，Brueckner 轨道很接近 Hartree-Fock 轨道. 对于一级组态相互作用强烈的场合，它的含义比 Hartree-Fock 轨道明确. 注意：Hartree-Fock 轨道或 Brueckner 轨道虽然都简化式(5.2.18)，但含义不同. 用 Hartree-Fock 轨道时，展开式(5.2.14)中 $c_i^a \neq 0$，只是 $\left\langle \Phi_i^a \middle| \hat{H} \middle| \Phi_0 \right\rangle = 0$，而矩阵元 $\left\langle \Phi_i^a \middle| \hat{H} \middle| \Phi_{ij}^{ab} \right\rangle$、$\left\langle \Phi_i^a \middle| \hat{H} \middle| \Phi_{ijk}^{abc} \right\rangle$ 等并不等于零. 因此，对于高精度 CI 计算，采用 Hartree-Fock 轨道时，单激发组态也应当包括在 CI 展开式中.

### 5.2.3 尺寸一致性问题

前面提到，如果式(5.2.2)或式(5.2.14)的求和中包含全部组态函数，则称为 FCI 展开，相应地，称这样的方法为 FCI 方法. 如前面所述，FCI 方法是一种严格的变分计算，能够给出体系的精确波函数和精确能量本征值. 但这只是一种理论结果，实际上不可能做到. 实际计算中，我们只能取有限个组态做展开，即只能进行截短的 CI 计算. 只要仔细挑选组态函数，采用截短的 CI 展开，也能得到足够精确的结果. 但是，采用截短的 CI 计算不满足尺寸一致性.

尺寸一致性(size consistency)又称大小一致性，是对量子化学计算的一个基本要求，是衡量一个量子化学理论方法是否合理的重要标准之一. 量子化学中的尺寸一致性指的是，假定一个复合量子体系中包含两个以上彼此间无相互作用的子体系(如稀薄气体)，则计算所得的复合体系的能量应当等于无相互作用子体系的能量之和. 为了使上述表述更为明确，可以复合体系 AB 为例，尺寸一致性要求，体系 AB 的能量应等于两个无相互作用子体系的能量之和，即

$$E_{\mathrm{AB}} = E_{\mathrm{A}} + E_{\mathrm{B}} \tag{5.2.26}$$

但是，截短的 CI 计算不满足这一要求. 为了讨论简单，设 A 和 B 均为双电子分子(如两个氢分子)，考虑截短的 CI 计算，并假定它们的波函数展开到二重激发组态，即有

$$\varPsi_{\mathrm{A}}(1,2) = \hat{A}_2\left[\phi_1(1)\phi_2(2) + \varPhi_{12}(1,2)\right] \tag{5.2.27}$$

$$\varPsi_{\mathrm{B}}(3,4) = \hat{A}_2\left[\phi_3(3)\phi_4(4) + \varPhi_{34}(3,4)\right] \tag{5.2.28}$$

式中，$\hat{A}_2$ 为双电子态反对称化算符；$\phi_i(i=1,2,3,4)$ 为相互正交的自旋轨道；$\varPhi_{ij}(i,j)$ 表示所有双激发组态的贡献. 由于分子 A、B 之间无相互作用，即复合体系的 Hamilton 量为子体系 Hamilton 量之和，$\hat{H}_{\mathrm{AB}} = \hat{H}_{\mathrm{A}} + \hat{H}_{\mathrm{B}}$，因此复合体系波函数应为子体系波函数的反对称化乘积，即有

$$\varPsi_{\mathrm{AB}}(1,2,3,4) = \hat{A}_4\{\varPsi_{\mathrm{A}}\varPsi_{\mathrm{B}}\} = \hat{A}_4\begin{bmatrix}\phi_1(1)\phi_2(2)\phi_3(3)\phi_4(4) + \phi_1(1)\phi_2(2)\varPhi_{34}(3,4)\\ +\phi_3(3)\phi_4(4)\varPhi_{12}(1,2) + \varPhi_{12}(1,2)\varPhi_{34}(3,4)\end{bmatrix} \tag{5.2.29}$$

如果对子体系和复合体系分别用波函数(5.2.27)、波函数(5.2.28)和波函数(5.2.29)做计算，则子体系和复合体系的能量满足式(5.2.26)，即满足尺寸一致性，但这时子体系和复合体系的波函数具有不同的展开等级. 如果将复合体系作为一个整体，展开到二重激发，则波函数为

$$\varPsi_{\mathrm{AB}}(1,2,3,4) = \hat{A}_4\begin{bmatrix}\phi_1(1)\phi_2(2)\phi_3(3)\phi_4(4) + \phi_1(1)\phi_2(2)\varPhi_{34}(3,4)\\ +\phi_3(3)\phi_4(4)\varPhi_{12}(1,2)\end{bmatrix} \tag{5.2.30}$$

波函数(5.2.30)与波函数(5.2.27)和波函数(5.2.28)具有相同的展开等级，但是如果对子体系和复合体系分别用波函数(5.2.27)、波函数(5.2.28)和波函数(5.2.30)做计算，则子体系和复合体系的能量不满足式(5.2.26)，即不满足尺寸一致性.

很显然，式(5.2.29)与式(5.2.30)不同，式(5.2.29)中的 $\varPhi_{12}(1,2)\varPhi_{34}(3,4)$ 为四重激发. 从物理图像上看，不包括二重以上激发的 CI 展开式(5.2.30)，相当于假定有一对电子激发时，体系中的另一对电子无论距离激发电子对多远也被禁止激发. 当体系的这两部分分得很开时，这种限制显然是不合理的. 体系中相对独立部分越多，这种不合理性越突出. 因此，体系越大，截短的 CI 计算引起的误差越大，因为独立的同时发生的多重激发的概率越大. 可以证明，即使 CI 展开到 $p$ 重激发($p<N$，$N$ 是体系的电子数)，计算结果仍没有尺寸一致性.

让我们做进一步理论分析. 假定 CI 展开到二重激发，不考虑单重激发组态，由式(5.2.14)，波函数为

$$\varPsi = \varPhi_0 + \sum_{a<b}\sum_{i<j} c_{ij}^{ab}\varPhi_{ij}^{ab} \tag{5.2.31}$$

由式(5.2.17)和式(5.2.22)可得(取 $t=0,2$)

$$\left\langle \varPhi_0\middle|\hat{H}\middle|\varPhi_0\right\rangle + \sum_{a<b}\sum_{i<j} c_{ij}^{ab}\left\langle \varPhi_0\middle|\hat{H}\middle|\varPhi_{ij}^{ab}\right\rangle = E_0 \tag{5.2.32}$$

$$\left\langle \Phi_{ij}^{ab} \middle| \hat{H} \middle| \Phi_0 \right\rangle + \sum_{c<d}\sum_{k<l} c_{kl}^{cd} \left\langle \Phi_{ij}^{ab} \middle| \hat{H} \middle| \Phi_{kl}^{cd} \right\rangle = c_{ij}^{ab} E_0 \tag{5.2.33}$$

设体系为$n$个氢分子的稀薄气体，这相当于$n$个独立的双电子体系．假定采用最小基组，则每个分子只有一个空轨道，在展开到二重激发的限制下，$n$个氢分子体系的 CI 波函数中将包含$n$个二重激发组态，各激发组态能量相同，记作$E_1$，二重激发组态的系数也都相同，记作$c_1$，二重激发组态与基态的矩阵元均为$H_{01}$．取 Hartree-Fock 能量为能量零点，即取$\left\langle \Phi_0 \middle| \hat{H} \middle| \Phi_0 \right\rangle = 0$，则式(5.2.32)和式(5.2.33)简化为

$$E_c = nc_1 H_{01} \tag{5.2.34}$$

$$H_{01} + c_1 E_1 = c_1 E_c \tag{5.2.35}$$

以上两式中，$E_c$为相关能，$E_c = E_0 - \left\langle \Phi_0 \middle| \hat{H} \middle| \Phi_0 \right\rangle$．式(5.2.35)可写为

$$E_c^2 - E_1 E_c - \frac{1}{c_1} E_c H_{01} = 0 \tag{5.2.36}$$

将式(5.2.34)代入式(5.2.36)的最后一项，得

$$E_c^2 - E_1 E_c - H_{01} n H_{01} = 0 \tag{5.2.37}$$

可解得

$$E_c = \frac{E_1}{2} - \frac{1}{2}\sqrt{E_1^2 + 4n\left|H_{01}\right|^2} \tag{5.2.38}$$

$E_1$为有限值，故当$n \to \infty$时

$$E_c = -\sqrt{n}\left|H_{01}\right| \tag{5.2.39}$$

可见，相关能$E_c$正比于$\sqrt{n}$，而不是正比于$n$，因而不具有尺寸一致性．如果$n < \dfrac{E_1^2}{4H_{01}^2}$，利用幂级数展开公式

$$\sqrt{1+x} = 1 + \frac{x}{2} - \frac{1}{2}\frac{1}{4}x^2 + \frac{1}{2}\frac{1}{4}\frac{3}{6}x^3 - \cdots$$

可由式(5.2.38)得

$$E_c = -\frac{nH_{01}^2}{E_1} + \frac{n^2 H_{01}^4}{E_1^3} - 2\frac{n^3 H_{01}^6}{E_1^5} + \cdots \tag{5.2.40}$$

当$nH_{01}^2 / E_1$足够小时，$E_c$对于$n$的偏差表现为$n^2$项．因此，只考虑二重激发的 CI 计算结果，不能用于严格比较大小不同的分子．例如，有人计算过 $2BH_3 \longrightarrow B_2H_6$ 的二聚能，用$E(B_2H_6) - 2E(BH_3)$与用$E(B_2H_6) - E(BH_3 \cdots BH_3)$做计算的结果分别为$-115\ kJ \cdot mol^{-1}$和$-143\ kJ \cdot mol^{-1}$，后者的计算结果是正确的，因为当用两个$BH_3$计算时，实际上考虑了两对电子的同时激发，而在$B_2H_6$的计算中只计及二重激发.

尺寸广延性(size extensivity)是与尺寸一致性含义相近但并不相同的另一个概念．尺寸一致性是对于无相互作用的子体系定义的，尺寸广延性所涉及的子体系间可以有相互作用，并要求计算得到的量与子体系的数目有正确的标度关系．FCI 计算同时满足尺寸一致性和尺寸广延性要求，但所有截短的 CI 计算均不满足这些要求，因此用截短的 CI 计算得到的相关能在总相关能中的比例随体系增大而越来越小．因为随着体系增大，被舍弃的高激发组态越来越多.

已提出很多修正方法，用于减少尺寸不一致所造成的误差，例如 QCI (quadratic configuration interaction) 就是一种修正截短的 CI 尺寸不一致问题的方法. 此外，经验表明，为了满足尺寸一致性要求，CI 展开式中应当至少包括四重激发，这是很难办到的. Davidson 等[2]曾提出由二重激发组态贡献的相关能 $\Delta E_{\mathrm{D}}$ 估计四重激发组态贡献的相关能 $\Delta E_{\mathrm{Q}}$ 的简单公式

$$\Delta E_{\mathrm{Q}} = \left(1 - c_{\mathrm{D0}}\right)^2 \Delta E_{\mathrm{D}} \tag{5.2.41}$$

式中，$c_{\mathrm{D0}}$ 是包括全部二重激发组态的归一化 CI 展开式中 Hartree-Fock 波函数 $\Phi_0$ 的系数(闭壳层组态). 经验表明，这个公式的估计值相当不错. 由于高激发组态项数极多，要直接将它们包括在 CI 计算中是不可能的，因此这类校正方法是有实际意义的.

## 5.3　多组态自洽场与多参考态组态相互作用方法

### 5.3.1　多组态自洽场方法

为了更好地了解多组态自洽场方法，先讨论氢分子 $H_2$ 的计算. 5.1 节以氢分子为例来说明电子相关能随核构型变化而变化. 现在仍然以氢分子为例来说明多组态自洽场方法.

1.16.2 节给出了 $H_2$ 的两个能量最低的分子轨道，即 $\sigma_{\mathrm{g}}$ 和 $\sigma_{\mathrm{u}}$，其中 $\sigma_{\mathrm{g}}$ 为占据轨道，$\sigma_{\mathrm{u}}$ 为最低空轨道，于是有闭壳层电子组态 $\left(\sigma_{\mathrm{g}}\right)^2$ 和 $\left(\sigma_{\mathrm{u}}\right)^2$，对应的组态函数分别为[参见式(1.16.26)]

$$\Phi_1\left({}^1\Sigma_{\mathrm{g}}^+\right) = \Phi_1^{\mathrm{g}}\left(\sigma_{\mathrm{g}}^2\right), \quad \Phi_2\left({}^1\Sigma_{\mathrm{g}}^+\right) = \Phi_2^{\mathrm{g}}\left(\sigma_{\mathrm{u}}^2\right) \tag{5.3.1}$$

$\Phi_1\left({}^1\Sigma_{\mathrm{g}}^+\right)$ 为氢分子的 Hartree-Fock 波函数，而 $\Phi_2\left({}^1\Sigma_{\mathrm{g}}^+\right)$ 则相当于式(5.2.14)中的双激发组态，它们都是氢分子所属点群 $D_{\infty\mathrm{h}}$ 不可约表示 $\Sigma_{\mathrm{g}}^+$ 的基. 用波函数 $\Phi_1\left({}^1\Sigma_{\mathrm{g}}^+\right)$ 和 $\Phi_2\left({}^1\Sigma_{\mathrm{g}}^+\right)$ 做计算所得势能曲线 ${}^1\Sigma_{\mathrm{g}}^+\left(\sigma_{\mathrm{g}}^2\right)$ 和 ${}^1\Sigma_{\mathrm{g}}^+\left(\sigma_{\mathrm{u}}^2\right)$ 如图 5.3.1 实线所示. 可以看到，在平衡构型附近，Hartree-Fock 曲线 ${}^1\Sigma_{\mathrm{g}}^+\left(\sigma_{\mathrm{g}}^2\right)$ 是一个相当好的近似，至少是定性正确的. 但在远离平衡构型时，Hartree-Fock 方法的缺点变得十分突出，以致给出了错误的解离极限. 1.16.2 节指出，Hartree-Fock 波函数 $\Phi_1\left({}^1\Sigma_{\mathrm{g}}^+\right)$ 预示的解离产物为两个氢原子及 $H^-$ 和 $H^+$ 的混合物，而实验的结果是两个氢原子. 这样的例子还有很多. 因此，根据 Hartree-Fock 方法计算出来的势能面预测分子的解离行为，常常得不到定性正确的结论.

下面对以上结果作进一步分析. 从图 5.3.1 可以看到，在远离平衡构型时，势能曲线 ${}^1\Sigma_{\mathrm{g}}^+\left(\sigma_{\mathrm{g}}^2\right)$ 和 ${}^1\Sigma_{\mathrm{g}}^+\left(\sigma_{\mathrm{u}}^2\right)$ 将出现交叉. 由于两个波函数的对称性相同，根据 4.8.1 节的讨论，对称性相同的态的势能曲线不能相交. 事实上，在势能曲线接近相交的情况下，两个态的能量接近简并，当两个态的对称性相同时，波函数将严重混合，因此不能再用其中的任何一个描述该状态，而必须将两者线性组合. 即应将波函数取作

$$\Psi = c_1\Phi_1^{\mathrm{g}}\left(\sigma_{\mathrm{g}}^2\right) + c_2\Phi_2^{\mathrm{g}}\left(\sigma_{\mathrm{u}}^2\right) \tag{5.3.2}$$

解久期方程，可以得到两个波函数 $\Psi_1\left({}^1\Sigma_{\mathrm{g}}^+\right)$ 和 $\Psi_2\left({}^1\Sigma_{\mathrm{g}}^+\right)$，在分子接近解离的情况下，组合系数

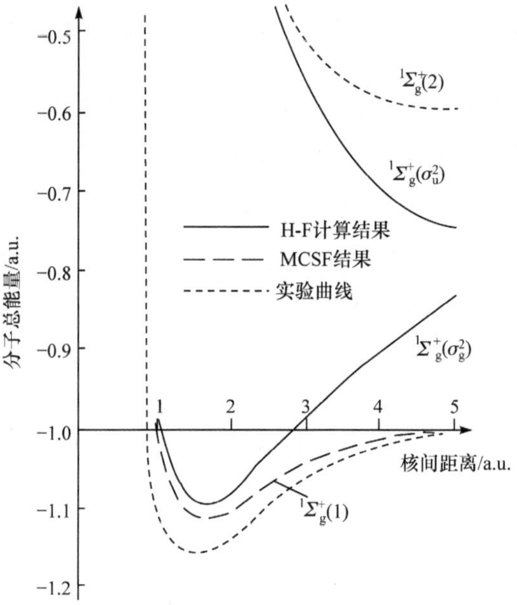


图 5.3.1　$H_2$ 分子的势能曲线

该图参考了徐光宪，黎乐民，王德民. 量子化学——基本原理和从头计算法(中册). 2 版. 北京：科学出版社，2009 年，第 352 页图 14.2.1

$c_1$ 和 $c_2$ 的数值相近. 这两个波函数所对应的势能曲线分别记作 $^1\Sigma_g^+(1)$ 和 $^1\Sigma_g^+(2)$，如图 5.3.1 中短划线所示. 从图中可以看出，虽然曲线 $^1\Sigma_g^+(1)$ 定量上与实验值仍有差距，但在预言解离产物方面是定性正确的.

现在可以一般地讨论多组态自洽场(MCSCF)方法. 假定量子体系有 $m$ 个近简并组态 $\{\Phi_s, s=1,2,\cdots,m\}$，将波函数写作这些近简并组态的线性组合，可以得到 $m$ 个波函数 $\{\Psi_t, t=1,2,\cdots,m\}$

$$\Psi_t=\sum_{s=1}^{m} c_{st}\Phi_s\,,\qquad t=1,2,\cdots,m \tag{5.3.3}$$

组态函数 $\Phi_s$ 是自旋分子轨道 $\{\phi_k\}$ 构成的 Slater 行列式，而自旋分子轨道 $\phi_k$ 则是原子轨道的线性组合

$$\phi_k=\sum_{l} d_{lk}\chi_l \tag{5.3.4}$$

因此，波函数 $\Psi_t$ 中包含两组系数，一组是组态 $\{\Phi_s\}$ 的组合系数 $\{c_{st}\}$，另一组是原子轨道 $\{\chi_l\}$ 的组合系数 $\{d_{lk}\}$. 多组态自洽场方法将对这两组系数变分，对组态组合系数变分得到通常的久期方程，而对原子轨道组合系数的变分则得到一组代数方程(类似于 Hartree-Fock-Roothaan 方程). 两组方程是互相耦合的，因而需要用迭代方法求解. 经两次变分后，可以得到 MCSCF 方法中的 Fock 方程

$$\boldsymbol{F}_i\left(\{c_{st}\},\ \{d_{lk}\}\right)\boldsymbol{D}_i=\varepsilon_i\boldsymbol{S}\boldsymbol{D}_i+\sum_{j\neq i}\varepsilon_{ji}\boldsymbol{S}\boldsymbol{D}_j \tag{5.3.5}$$

式中，$\boldsymbol{F}_i\left(\{c_{st}\},\ \{d_{lk}\}\right)$ 表示 Fock 矩阵 $\boldsymbol{F}_i$ 是组态组合系数 $\{c_{st}\}$ 和原子轨道组合系数 $\{d_{lk}\}$ 的函数；$\boldsymbol{D}_i$ 是原子轨道组合系数 $\{d_{li}\}$ 的列矩阵，即自旋轨道 $\phi_i$ 在原子基组 $\{\chi_l\}$ 上的表示，如式(5.3.4)

所示；$\boldsymbol{S}$ 是原子轨道重叠矩阵，$S_{pq}=\left\langle\chi_p\middle|\chi_q\right\rangle$；$\varepsilon_i$ 和 $\varepsilon_{ij}$ 是为了使分子轨道满足条件

$$\boldsymbol{D}_i^{+}\boldsymbol{S}\boldsymbol{D}_j=\delta_{ij} \tag{5.3.6}$$

引进的 Lagrange 乘子，且有

$$\varepsilon_{ij}=\varepsilon_{ji}^{*} \tag{5.3.7}$$

式(5.3.5)可以用 Roothaan 处理开壳层组态的自洽场(SCF)方法简化为准本征值方程. 由式(5.3.5)和式(5.3.6)得

$$\boldsymbol{D}_j^{+}\boldsymbol{F}_i\boldsymbol{D}_i=\varepsilon_{ji} \tag{5.3.8}$$

用式(5.3.8)替换式(5.3.5)中的 $\varepsilon_{ij}$，可将式(5.3.5)写作

$$\boldsymbol{F}_i\boldsymbol{D}_i=\varepsilon_i\boldsymbol{S}\boldsymbol{D}_i+\sum_{j\neq i}\boldsymbol{S}\boldsymbol{D}_j\boldsymbol{D}_j^{+}\boldsymbol{F}_i\boldsymbol{D}_i=\varepsilon_i\boldsymbol{S}\boldsymbol{D}_i+\sum_{j\neq i}\left[\boldsymbol{S}\boldsymbol{D}_j\left(\boldsymbol{F}_i\boldsymbol{D}_j\right)^{+}+\boldsymbol{F}_i\boldsymbol{D}_j\left(\boldsymbol{S}\boldsymbol{D}_j\right)^{+}\right]\boldsymbol{D}_i \tag{5.3.9}$$

由式(5.3.6)可知，式(5.3.9)方括号内的第二项作用在 $\boldsymbol{D}_i$ 上为零，加入该项是为了使方括号内的表示式具有 Hermite 性质. 定义

$$\boldsymbol{R}_i=\sum_{j\neq i}\left[\boldsymbol{S}\boldsymbol{D}_j\left(\boldsymbol{F}_i\boldsymbol{D}_j\right)^{+}+\boldsymbol{F}_i\boldsymbol{D}_j\left(\boldsymbol{S}\boldsymbol{D}_j\right)^{+}\right] \tag{5.3.10}$$

则式(5.3.5)可写成

$$\left(\boldsymbol{F}_i-\boldsymbol{R}_i\right)\boldsymbol{D}_i=\varepsilon_i\boldsymbol{S}\boldsymbol{D}_i \tag{5.3.11}$$

式中，$\boldsymbol{R}_i$、$\boldsymbol{F}_i$ 和 $\boldsymbol{S}$ 都是实对称矩阵. 多组态自洽场方法的基本任务就是求解方程(5.3.11)，但是一般来说，由正交归一化条件(5.3.6)和式(5.3.11)不能完全确定 $\boldsymbol{D}_i$ 和 $\varepsilon_i$，需要加上关于 $\boldsymbol{D}_i$ 的限制条件. 从式(5.3.7)和式(5.3.8)可得

$$\boldsymbol{D}_i^{+}\left(\boldsymbol{F}_j-\boldsymbol{F}_i\right)\boldsymbol{D}_j=0 \tag{5.3.12}$$

多组态自洽场计算的关键问题之一是解决收敛问题. 表面上看来，似乎可以用类似于单组态自洽场的方法迭代求解方程(5.3.11)，但实际上这样通常得不到符合要求的收敛解. 已经提出了许多求解方程(5.3.11)的方法， 利用这些方法能够较快地得到收敛结果，不再详细讨论，可参看有关文献[3].

一般来说，随着分子核构型的变化，常常会出现几个对称性相同的组态接近简并的情况，这将导致 Hartree-Fock 方法完全失效. 前面讨论的氢分子就属于这种情况，类似的例子还有很多，如氟分子 $F_2$[4]，单组态(组态函数为 $\left[1\sigma_{\mathrm{g}}^2 1\sigma_{\mathrm{u}}^2 2\sigma_{\mathrm{g}}^2 2\sigma_{\mathrm{u}}^2\right]3\sigma_{\mathrm{g}}^2 1\pi_{\mathrm{u}}^4 1\pi_{\mathrm{g}}^4$) Hartree-Fock 计算给出 $F_2$ 的解离能为−1.37eV，即 $F_2$ 为不稳定分子，这显然是不对的. 但如果采用双组态(另一个组态为 $\left[1\sigma_{\mathrm{g}}^2 1\sigma_{\mathrm{u}}^2 2\sigma_{\mathrm{g}}^2 2\sigma_{\mathrm{u}}^2\right]3\sigma_{\mathrm{u}}^2 1\pi_{\mathrm{u}}^4 1\pi_{\mathrm{g}}^4$，即将 Hartree-Fock 波函数中的 $3\sigma_{\mathrm{g}}^2$ 用 $3\sigma_{\mathrm{u}}^2$ 替代(后者为双激发组态)，进行 MCSCF 计算， 得到的 $F_2 \longrightarrow 2F$ 的解离能为 0.54 eV，这一结果至少是定性正确的. 因此，MCSCF 方法是计算出部分相关能的有效方法，特别适用于势能曲线(或曲面)的计算. 由于采用了二次变分的自洽场方法，同时优化了分子轨道和组态组合系数，MCSCF 波函数比组态数目相同的 CI 波函数自然精确得多.

下面讨论 MCSCF 方法与一般的 CI 方法的区别和联系. 从原理上说，MCSCF 方法也是一种 CI 方法，但与一般的 CI 方法有两点不同. 一是，在一般的 CI 方法中，组态函数 $\{\Phi_s\}$ 是完全确定的，其中的单电子态(轨道)在计算过程中保持不变，改变的只是组态的组合系数. 而在

MCSCF 方法中，对组态中的轨道和组态的组合系数都要做变分，直到自洽为止. 二是，MCSCF 方法一般只选择接近简并的很少几个组态，而 CI 方法所用的组态则要多得多. 当然，也可以采用很多组态进行 MCSCF 计算，但是由于需要两次变分，当组态数目过多时，计算量就会大幅增加，实际上无法进行. 简言之，MCSCF 方法主要用来计算相关能中对分子几何构型改变灵敏的部分，虽然只能得到总相关能中的一小部分，但已经能得到相当精确的光谱常数，并能正确地描述分子解离行为，即能够得到比较准确的势能面.

用很少几个近简并的组态通过 MCSCF 计算所得的相关能称为非动态相关能，或一级组态相互作用，而采用大规模 CI 计算所得的相关能称为动态相关能. 非动态相关是相关能中对分子几何构型改变灵敏的部分，由于涉及的组态数目较少，因而较为容易处理. 而动态相关能随分子几何构型变化很小，是由电子之间的瞬时排斥作用引起的，具有“恒定性”，因此难以处理. 但是，动态相关能具有“恒定性”，可以参数化，这在势能面的计算中是很重要的. 当然，非动态相关能和动态相关能不能严格分开，因为 MCSCF 计算中已经包含部分动态相关. 实际上，将二者严格区分没有意义，提出非动态相关能这一概念仅仅是为了提醒我们，当出现近简并组态时，可以用 MCSCF 方法较为高效地计算出对势能面(曲线)行为有重要影响的部分相关能.

我们无法预先判定哪些组态随着分子几何构型的改变将会成为近简并组态，因此如何选取组态函数是 MCSCF 计算中的重要问题. 现在最常用的方法之一是活性空间自洽场方法，采用这种方法，就会将组态的选择变为活性空间和活性电子的选择，使得组态的选择问题有章可循. 该方法又分为完全活性空间自洽场(complete active space self-consistent field, CASSCF)方法和限制性活性空间自洽场(restricted active space self-consistent field, RASSCF)方法. CASSCF 方法又称完全优化反应空间(full optimized reaction space, FORS)方法. 具体做法是，将分子轨道空间划分为活性和非活性两个子空间，其中活性子空间通常由 Hartree-Fock 计算得到的若干前线轨道或者在所研究的问题中变化显著的那些轨道张成，其余轨道则属于非活性子空间. 活性子空间的电子称为活性电子，设活性子空间包含 $m$ 个自旋轨道和 $n$ 个活性电子，将活性电子以所有可能的方式放入活性轨道中，将得到的组态函数集合全部纳入展开式(5.3.3)中，在保持非活性空间不变的情况下进行 MCSCF 计算，习惯上将这样的计算简记为 $[n,m]$-CASSCF. 当活性子空间太大时，可以采用 RASSCF 方法. RASSCF 方法进一步将活性子空间划分为三区，根据轨道所在区选择组态，并限制激发等级，从而减少了组态数目. 由于非活性子空间以及非活性与活性子空间之间的相关作用没有考虑，CACSCF 方法存在对电子相关作用处理不平衡的问题. 合理选择“活性轨道空间”是 MCSCF 计算获得满意结果的关键之一.

应当指出，在非动态相关效应很重要的情况下，Löwdin 对电子相关能的定义[见式(5.1.17)]是有缺陷的. 当有几个组态接近简并时，用 Hartree-Fock 方法得不到合理的不包括电子相关能的参考组态，因此 Hartree-Fock 计算的能量不能作为相关能的零点，而用 MCSCF 方法得到的能量中已经包括部分相关能，也不能用作计算相关能的零点.

### 5.3.2 多参考态组态相互作用方法

5.2 节介绍了单参考态 CI 方法，该方法中，所有的激发组态都是从 Hartree-Fock 波函数出发，通过电子从占据轨道激发到虚轨道产生的，或者说用虚轨道代替 Hartree-Fock 波函数中的占据轨道产生的. 当体系有几个组态接近简并，需要用 MCSCF 方法处理时，得到的波函数是多个组态的线性组合. 如果取 MCSCF 波函数中的组态或其中一部分作为参考组态做 CI 计算，则称为多参考态 CI(multi-reference configuration interaction, MRCI)方法. 在 MRCI 方法中，激发组态由所有参考组态产生.

下面分析单参考态与多参考态 CI 方法的区别和联系. 如果进行 FCI 计算，则两者相同. 这是因为，无论从单参考态还是从多参考态出发，所得到的组态函数集合是相同的，它们是同一个完备集合，如式(5.2.13)所示. 但是，如果进行截短的 CI 计算，两者就会有明显区别. 以展开到双激发为例，从单参考态出发与从多参考态出发，所得到的组态函数集合是完全不同的，后者包含的组态数目更多. 另外，由于 MCSCF 方法对轨道做了重新优化，更好地考虑了相关作用，因此 MCSCF 波函数中的轨道更适于进行相关能的计算. 综合以上两个因素，MRCI 方法可以得到更精确的计算结果，当然计算量也会更大. 关于多参考态 CI 方法的进一步讨论，可参看有关文献[5,6].

## 5.4　组态相互作用计算中的几个具体问题

粗略地说，CI 计算的基本任务是求解久期方程(5.2.10)或(5.2.11). 计算过程大致包括：

(1) 选定原子轨道基组 $\{\chi_\nu\}$，计算原子轨道积分，进行 Hartree-Fock-Roothaan 计算(或称自洽场 SCF 计算)，求得分子轨道. 分子轨道为原子轨道的线性组合，即有[参见式(2.8.2)]

$$\varphi_i = \sum_{\nu}^{m} c_{\nu i}\chi_\nu\ , \qquad i = 1, 2, \cdots \tag{5.4.1}$$

(2) 选择分子轨道基组 $\{\varphi_i\}$，并由原子轨道积分计算分子轨道积分. 分子轨道基组构成的空间称为分子轨道空间，一般选择正交归一的分子轨道基组.

(3) 由分子轨道基组建造组态函数集合 $\{\Phi_i\}$，构成组态空间，CI 计算就是在组态空间中的变分计算. 如果在 CI 展开式中包含由分子轨道基组建造的全部组态，则称为 FCI 计算，否则为截短的 CI 计算. 对于电子数目较多的体系，FCI 计算难以实现，因此只能进行截短的 CI 计算，这时组态的选择十分重要.

(4) 利用分子轨道积分计算组态函数的 Hamilton 矩阵元，求解久期方程(5.2.11).

以上过程中，计算原子轨道积分、分子轨道积分以及组态函数的 Hamilton 矩阵元是费时最多的步骤. 为了提高计算效率，必须解决好以下几个问题.

### 5.4.1　原子轨道基组的选择

与 Hartree-Fock 自洽场计算不同，CI 计算中，原子轨道积分花费的时间在全部计算中所占比例降低，因此原子轨道基组的选择与单纯的 SCF 计算有所不同. 为了能对电子相关有合适的描述，除了要考虑 SCF 计算的要求外，还必须在基组中增加好的相关基函数，以便得到好的相关分子轨道. 这种基函数一般要有更多的节面，如环绕原子的节面、处于两原子之间的节面、通过分子平面的节面以及通过原子中心或分子轴的节面等，分别用于描述径向相关(内外相关)、侧向相关(左右相关)、上下相关以及角向相关. 一般来说，为了获得较好的相关轨道，必须用包含极化函数的扩展基组，它们的指数需要与单纯的 SCF 计算所用的相近. 如果要计算体系的总相关能(包括原子内层电子的相关能)，则对原子的内层轨道也需要增加极化函数. 如果要计算激发态，还要增加适于描述该激发态的基函数. 2.10.3 节中讨论过的相关一致基组就是为计算电子相关能而设计的基组.

### 5.4.2　分子轨道基组的选择

可以说，原子轨道基组的质量决定了 CI 计算可能达到的最高精度，而分子轨道基组的选择则决定了 CI 展开的收敛速度，因此分子轨道基组的选择同样是十分重要的.

下面分析为什么说分子轨道的选择决定了 CI 展开的收敛速度. 在 FCI 计算中，计算结果完全由原子轨道基组决定，与分子轨道的形式无关，即对于分子轨道的任意非奇异性变换不变. 这是因为，FCI 计算是在整个组态空间中进行的变分计算，采用不用形式的分子轨道，组态函数会有所不同，但它们都是组态空间中的完备集合，选择不同的组态函数相当于在组态空间中选择不同的基矢，因此不影响计算结果. 类似地可以知道，如果分子轨道空间可以分解为几个相互正交的子空间，则组态函数可按这些子空间分类. 如果在 CI 波函数中完全包括或者完全不包括某类组态函数，则 CI 波函数对于在该子空间内部的任意非奇异线性变换不变. 例如，闭壳层的 SCF 轨道空间可以分为占据空间和虚空间，两者相互正交. 将组态函数按激发等级分类，如果 CI 展开中完全包括或完全不包括某一激发等级的组态函数，则计算结果对于在占据空间和虚空间内部的任意非奇异变换不变. 通常称这样的 CI 计算为完全类的 CI(full-class CI)计算. 子空间的划分是任意的，一种常见的分法是将分子轨道空间分为由内层原子轨道组成的内层空间、由价层原子轨道组成的价层空间(包括占据轨道和空轨道)以及其余虚空间. 其余虚空间对相关能计算贡献不大，必要时可能忽略. 例如，对于 $F_2$ 分子来说，$1\sigma_g 1\sigma_u 2\sigma_g 2\sigma_u$ 构成内层空间，$3\sigma_g 3\sigma_u 1\pi_g 1\pi_u 2\pi_g 2\pi_u$ 构成价层空间，更高能量的轨道构成其余虚空间. 完全类的 CI 计算结果与子空间的分法有关，而与各子空间中分子轨道的选择无关. 但是，各子空间内选择不同形式的轨道，将使得有重要作用的组态函数的数目不同，从而影响 CI 展开的收敛速度. 而且，如果我们不是做 FCI 计算，而只是选取一部分组态函数，则应当选取的组态函数的数目取决于所选择的分子轨道，因此选择合适的分子轨道是十分重要的.

Hartree-Fock 轨道是 CI 计算中最常用的分子轨道，但其空轨道并不太适于用作相关轨道，因为在大基组自洽场计算中(一般 CI 计算都用大基组)，空轨道过分弥散，其分布与占据轨道不在同一空间区域，因而不能有效地起相关轨道的作用. 2.5.1 节中指出，Hartree-Fock 的占据轨道是在$(N-1)$个电子的等效势场下得到的，而空轨道是由 $N$ 个电子的等效势场产生的. 为克服这一缺点，有人提出用包含$(N-1)$个电子的等效势场的 Hamilton 求空轨道，并保持这些空轨道与原 Hamilton 的占据轨道空间正交. 这种轨道更接近于实际的激发轨道，能计算出更多的电子相关能. 此外，也有人尝试用定域轨道. 当然，从理论上说最好采用自然轨道(将在 5.10 节讨论). 如果要计算激发态相关能，则最好用由对该激发态的自洽场计算得到的轨道，而不要简单地用基态 Hartree-Fock 轨道. 如果要计算势能面，则最好用 MCSCF 轨道. MCSCF 轨道能够较好地描述相关作用. 因此，将 MCSCF 方法与 CI 方法相结合是不错的选择，首先用不多的组态做 MCSCF 计算，然后用 MCSCF 轨道做大规模 CI 计算，可以提高计算效率.

为了方便地计算 Hamilton 矩阵元，一般选用正交归一的分子轨道. 若用 Hartree-Fock 轨道或自然轨道，这个条件基本上能够得到满足，不过最好用 Schmidt 方法再正交化一次，因为如果正交归一化的精确度不够高，误差传播到 Hamilton 矩阵元中可能变得相当大. 另外，分子轨道的位相最好能按一定规则固定，以保证多维不可约表示的各个基按规定的不可约表示矩阵变换.

### 5.4.3　组态函数的选择

量子体系的波函数 $\varPsi$ 必须满足一定的对称性. 首先必须满足反对称性，这是 Pauli 不相容原理的要求；在量子体系的 Hamilton 算符 $\hat{H}$ 不含自旋的情况下，$\hat{H}$ 与体系的总自旋算符 $\hat{S}^2$ 及其分量 $\hat{S}_z$ 对易，因此 $\Psi$ 应当是总自旋算符 $\hat{S}^2$ 和 $\hat{S}_z$ 的本征函数，即具有自旋对称性；同样，$\hat{H}$ 与分子所属点群的对称操作对易，因此 $\Psi$ 还应当是分子所属点群不可约表示的基，即具有空间对称性. 如果组态函数也满足上述对称性要求，则可以大大简化计算，对此，在第 1 章已做了较为充分的讨论. 具体地说，我们希望组态函数满足以下对称性要求：

(1) 反对称性. 不满足反对称要求的波函数不能用于描述 Fermi 体系，因此反对称要求必须严格遵守. 不过，反对称要求易于满足，只要用反对称化算符 $\hat{A}$ 作用于 $N$ (体系中的电子数目)电子波函数，就能实现组态函数的反对称化. 如果 $N$ 电子波函数是单电子态的乘积，用反对称化算符作用的结果就得到 Slater 行列式波函数；如果 $N$ 电子波函数采用另外的形式，如包含电子间距离 $r_{ij}$ 的波函数(5.11 节将介绍这类波函数)，得到的波函数将不具有 Slater 行列式的形式，但同样是反对称化的.

(2) 自旋对称性. 在量子体系的 Hamilton 算符不含自旋的情况下，组态函数应当是体系总自旋平方算符 $\hat{S}^2$ 及其分量 $\hat{S}_z$ 的本征函数.

(3) 空间对称性. 在分子具有空间对称性的情况下，组态函数应当是分子所属点群不可约表示的基.

第 1 章中已经较为系统地介绍了如何建造具有自旋对称性和空间对称性波函数的方法. 例如，1.8 节和 1.14 节分别介绍了用投影算符和 Young 图建造自旋本征函数的方法；1.8 节介绍了用投影算符建造原子的具有空间对称性(旋转对称性)的波函数的方法，1.13 节和 1.16 节以具体例子介绍了建造具有分子点群对称性的波函数的方法. 我们没有系统介绍建造具有分子点群对称性波函数的方法，因为从一般原则上说，所用的方法就是投影算符法. 但对于不同点群，投影算符不同，因此难以进行一般性讨论. 对于 Abel 群，由于只有一维不可约表示，投影算符方法较为简单；对于其他高阶群，投影算符方法较为烦琐，通常用分子所属点群的某个子群处理. 例如，1.16 节中，用子群 $C_i=\{1,I\}$ 代替 $D_{\infty h}$ 来建造氢分子的电子波函数. 除了第 1 章中介绍的各种方法之外，还有许多其他方法用于建造满足对称性要求的组态函数，如酉群方法等. 一般来说，满足对称性要求的组态函数是若干 Slater 行列式的线性组合，计算组态函数的矩阵元 $\langle\Phi_t|\hat{H}|\Phi_s\rangle$ 时，不必按 Slater 规则对组态函数中的每一个行列式分别计算，而是将组态函数作为一个整体来计算. 用不同方法建造组态函数，计算矩阵元的方法也会有所不同. 有关内容不再详细介绍. 可参看有关文献[6,7].

必须指出，理论上说，组态函数的完备集合 $\{\Phi_s\}$ 中应当包含无穷多组态，按对称性分类之后，对称性相同的组态仍然有无穷多. 实际计算只能在有限的组态空间中进行，这时对称性相同的组态数目可以大为减少，但满足对称性要求的组态仍然很多. 让我们来做具体分析. 假定空间分子轨道数为 $m$，电子数为 $N$，则从 $2m$ 个自旋轨道中每取出 $N$ 个就可以构成一个 Slater 行列式，因此组态 $\Phi$ 的数目 $n(\Phi)$ 为

$$n(\Phi)=\binom{2m}{N}=\frac{(2m)!}{N!(2m-N)!} \tag{5.4.2}$$

暂时不考虑空间对称性，仅考虑自旋对称性. 1.14.1 节给出 $N$ 电子体系总自旋值 $S$ 出现的次数[见式(1.14.1)]

$$n_S = \begin{pmatrix} N \\ \frac{N}{2} - S \end{pmatrix} - \begin{pmatrix} N \\ \frac{N}{2} - S - 1 \end{pmatrix} = \frac{N!(2S+1)}{\left(\frac{N}{2}+S+1\right)!\left(\frac{N}{2}-S\right)!} \tag{5.4.3}$$

再考虑空间函数的个数. $N$ 电子体系总自旋 $S$ 的最大值 $S=\frac{N}{2}$，依次减 1 即得其他 $S$ 值，最小值为 0 或 $\frac{1}{2}$. 为了方便，考虑组态 $\Phi_{SS}$ 的个数，即自旋分量 $S_z = S$ 的组态数. 轨道均为单占据时，有 $\begin{pmatrix} m \\ N \end{pmatrix}$ 个由轨道乘积组成的空间函数，每一个这样的空间函数乘积都可以与任何 $S$ 值的自旋函数匹配，经反对称化后得到 $\Phi_{SS}$. $S$ 取最大值 $S=\frac{N}{2}$ 的自旋函数只能与 $\begin{pmatrix} m \\ N \end{pmatrix}$ 个单占据的空间函数乘积匹配，但 $S$ 值减少 1 的自旋函数，除了可以与 $\begin{pmatrix} m \\ N \end{pmatrix}$ 个单占据的空间函数乘积匹配外，还能与包含一个双占据空间轨道的一组空间函数乘积匹配，依次类推，直至包含 $\left(\frac{N}{2}-S\right)$ 个双占据空间轨道的一组空间函数乘积. 如果从 $m$ 个轨道中每次取出 $\left(\frac{N}{2}-S\right)$ 个轨道作为双占据轨道，剩下的单占据电子数为 $N-2\left(\frac{N}{2}-S\right)=2S$，再从剩下的 $\left[m-\left(\frac{N}{2}-S\right)\right]$ 个轨道中每次取出 $2S$ 个轨道. 于是，与自旋本征函数匹配的空间函数的数目为

$$\sum_{S'=S}^{N/2} \begin{pmatrix} m \\ \frac{1}{2}(N-2S') \end{pmatrix} \begin{pmatrix} m - \frac{1}{2}(N-2S') \\ 2S' \end{pmatrix} \tag{5.4.4}$$

式(5.4.3)与式(5.4.4)相乘，可得到组态 $\Phi_{SS}$ 的个数 $n(N,m,S)$

$$n(N,m,S) = \frac{2S+1}{m+1} \begin{pmatrix} m+1 \\ \frac{1}{2}(N-2S) \end{pmatrix} \begin{pmatrix} m+1 \\ \frac{1}{2}(N+2S)+1 \end{pmatrix} \tag{5.4.5}$$

例如，设有 10 个分子轨道，5 个电子，则由式(5.4.2)得总的组态数目为 15504. 由式(5.4.5)得组态 $\Phi_{SS}$ 的数目为

$$n\left(5,10,\frac{5}{2}\right)=252, \quad n\left(5,10,\frac{3}{2}\right)=1848, \quad n\left(5,10,\frac{1}{2}\right)=3300$$

$S_z$ 可取 $(2S+1)$ 个值，因此总自旋值为 $S$ 的自旋函数的个数为 $(2S+1)n(N,m,S)$，故总组态数为 $252\times 6+1848\times 4+3300\times 2=15504$，与由式(5.4.2)得总的组态数一致.

可以看到，对于 5 个电子的体系，取 10 个分子轨道，则组态数目已达 15504. 即使这样小的体系，行列式已经过万了. 随体系增大，组态数目会迅速增加. 考虑自旋对称性后，组态数目仍然很大. 因此，即使将组态按对称性做了分类，仍然需要从满足对称性要求的组态中挑选出部分组态进行 CI 计算. 实际计算表明，适当选择组态，只要取满足对称性要求的较少组态，就能获得相当大部分的相关能. 选择组态是进行 CI 计算的重要技巧，既不能将有重要作用的组态漏掉，又要使选用的组态尽可能少.

组态 $\Phi_s$ 的重要性可以从它在 CI 展开式中的系数或者对相关能的贡献来考察. 如果组态是由 Hartree-Fock 轨道构成的，则系数的量级一般由激发程度决定. 因此，选择组态的重要原则是限制激发等级. 当组态 $\Phi_s$ 和 $\Phi_t$ 中有两个以上轨道不同时，矩阵元 $\langle \Phi_s | \hat{H} | \Phi_t \rangle$ 为零，三重激发以上的组态与参考态之间不存在相互作用，而仅与其他激发组态有相互作用，故对相关能的贡献较小. 因此，一般只考虑到二重激发组态，最多只考虑到四重激发组态，即进行 CISD、CISDT 或 CISDTQ 计算. 即使这样，组态函数仍然太多，需要进一步筛选. 方法之一是在同一激发等级内将组态分类. 首先将分子轨道分成若干集合，如内层轨道集合、价层轨道集合等. 如果要计算化学反应过程中的相关能之差，而不是要计算总相关能或者涉及内层电子的过程，则可以不考虑内层电子的激发(相当于不考虑内层电子的相关能，因为在化学反应过程中内层电子的相关能近似不变)，只考虑价层电子的激发，而且只激发到空价层轨道而不激发到其余空轨道等，由此产生的组态数目将会大为减少. 对这样得到的组态还可以做进一步筛选. 做进一步筛选时，很多时候要凭经验. 例如，根据组态函数中包含的分子轨道对相关作用的重要性来估计. 一种有章可循的办法是通过微扰理论，根据 Rayleigh-Schrödinger 微扰公式，在组态函数正交归一的情况下，展开式中组态 $\Phi_s$ 的系数 $c_s$ 为

$$c_s = \frac{H_{0s}}{H_{00} - H_{ss}} \tag{5.4.6}$$

式中，$H_{st} = \langle \Phi_s | \hat{H} | \Phi_t \rangle$，$\Phi_0$ 为参考态. 组态 $\Phi_s$ 对二级微扰能的贡献为

$$\Delta E_s = \frac{|H_{0s}|^2}{H_{00} - H_{ss}} \tag{5.4.7}$$

只要参考态 $\Phi_0$ 是 $\Psi$ 的好的零级近似函数，而 $\Phi_s$ 对相关能的贡献主要是通过与参考态 $\Phi_0$ 的直接作用产生的，则以上估计式是相当好的近似. 计算出矩阵元 $H_{0s}$ 和 $H_{ss}$，就可以求出 $c_s$ 和 $\Delta E_s$，从而确定 $\Phi_s$ 是否重要. 如果 $\Phi_s$ 与参考态 $\Phi_0$ 的作用很小，对相关能的贡献主要是通过与其他激发组态产生的，则式(5.4.6)和式(5.4.7)不再适用. 这时，可以先对参考态和要检验的组态如 $\Phi_s$、$\Phi_r$ 等解一次本征值问题，求得系数 $c_s$. 可以粗略地估计组态 $\Phi_s$ 对相关能的贡献. 从 $\Psi$ 的展开式中抽去 $\Phi_s$，保持其余展开系数不变，所得的波函数为 $\Psi' = \Psi - c_s\Phi_s$. 设 $\Psi$ 是归一化的，但 $\Psi'$ 并未归一化，则总能量的变化为

$$\Delta E_s = \frac{\langle (\Psi - c_s\Phi_s) | \hat{H} | (\Psi - c_s\Phi_s) \rangle}{\langle (\Psi - c_s\Phi_s) | (\Psi - c_s\Phi_s) \rangle} - \langle \Psi | \hat{H} | \Psi \rangle$$

忽略矩阵元 $H_{rs}$，可由上式得

$$\Delta E_s = \frac{\left( \langle \Psi | \hat{H} | \Psi \rangle - H_{ss} \right) |c_s|^2}{\left( 1 - |c_s|^2 \right)} \tag{5.4.8}$$

当 $|c_s|^2 \ll 1$ 时，可得组态 $\Phi_s$ 对二级微扰能的贡献 $\Delta E_s$

$$\Delta E_s = |c_s|^2 (H_{00} - H_{ss}) \tag{5.4.9}$$

式(5.4.9)中不包括 $H_{0s}$，即使 $H_{0s} = 0$ ($\Phi_s$ 与参考态 $\Phi_0$ 无直接作用)，$\Delta E_s$ 也不一定等于零，所以包括了 $\Phi_s$ 的更高级贡献.

顺便指出，式(5.4.8)也适用于 $\Phi_s$ 是参考态空间中的一个函数的情况，这在参考态空间尚未

确定的场合是重要的. 从式(5.4.6)和式(5.4.7)看，根据$|c_s|$或$\Delta E_s$的大小选择组态函数，有时结论会有所不同，因为即使$|c_s|$较小(由于$H_{00}-H_{ss}$较大)，如果$H_{0s}$较大，$\Phi_s$也会有相当大的贡献. 就相关能的计算而言，能量标准更合适一些，但在选择参考态空间时根据展开系数做判断更为合理，因为这里涉及与参考态作用的其他激发组态的作用效果. $|c_s|$或$\Delta E_s$多大的组态才予以保留，应视要求的精确度而定，一般可取$\Delta E_s < 10^{-5}$a.u.. 改变舍弃标准，做一系列计算，还可以通过外推对计算的精确度做出估计.

一般来说，对于较小的分子，只要选择适当的参考态，并在相对于参考态为单重激发和二重激发的组态中根据$\Delta E_s$的大小选择组态，CI 计算的结果将很接近于完全不加选择地包括全部组态的计算结果，而且与所选择的分子轨道形式没有很大关系. 当然，分子轨道形式的选择对展开式长度有很大影响，从而影响计算工作量.

读者可能注意到，在 CI 波函数的展开式(5.2.2)和式(5.2.14)中，仅仅考虑了组态函数的反对称要求，并没有涉及自旋对称性和空间对称性，即没有对组态的自旋和空间对称性提出要求，因为两个展开式中的组态函数都仅仅是 Slater 行列式. 用这样的展开式进行 CI 计算，得到的波函数$\Psi$能否满足自旋对称性和空间对称性？答案是肯定的. 这是因为，当指定量子体系的空间对称性和自旋态之后，如果用展开式(5.2.2)或(5.2.14)进行 CI 计算，则在得到的波函数中，不满足空间和自旋对称性要求的组态函数的组合系数为零. 例如，前面提到的 5 电子体系，取 10 个分子轨道，假定要计算六重态，如果不加区分地取用全部组态进行 CI 计算，则组态数目为 15504，但从计算结果中将会发现，只有 252 个组态的系数不为零. 与其在大量计算之后确定组态的取舍，不如在开展 CI 计算之前，首先组合出满足对称性要求的组态函数. 252 个满足自旋对称性的组态函数是由同样数目的(即 252 个)Slater 行列式组合而成的. 另一个问题是，为什么要用包含不满足自旋和空间对称性要求的组态做展开[即式(5.2.2)和式(5.2.14)]来表达 CI 波函数呢？这是为了便于对 CI 方法进行理论分析. 式(5.2.2)给出了组态函数与分子轨道的联系，便于从分子轨道出发考察组态函数；式(5.2.14)则从激发等级对组态进行分类，从而为组态的选择提供依据. 实际计算时，才需要考虑组态的对称性.

前面提到，可以用酉群方法建造满足对称性要求的组态函数，并给出了相关参考文献[6]. 事实上，用酉群建造组态函数的方法已经取得重要进展，并已经得到较为广泛的应用. 除了酉群之外，其他连续群也可用于建造满足对称性要求的组态函数，如辛群. 满足辛群对称性要求的组态函数不仅可用于约化密度矩阵 $\boldsymbol{N}$ 表示问题的讨论[8,9]，而且可以很好地用于 CI 计算[10-12]. 本书不介绍有关工作，因为考虑到大多数读者不熟悉连续群理论，如果介绍用连续群方法建造组态函数，就要用较大篇幅介绍连续群，包括李代数和连续群的表示等，这将使得本书显得“头重脚轻”. 如果可能，这些内容将在以后的专题讨论中介绍.

## 5.5　耦合簇理论方法[13]

### 5.5.1　波函数的单参考态耦合簇展开

为了便于说明有关理论方法，我们以相对简单的闭壳层为例展开讨论. 将精确波函数写作

$$\Psi = \Phi_0 + \Omega \tag{5.5.1}$$

其中，$\Phi_0$为 Hartree-Fock 波函数，称为参考态(reference state)，由于仅选择了一个参考态，故

称式(5.5.1)为单参考态展开. $\Omega$ 描写电子相关作用，故称为相关波函数.

在 CI 方法中，将波函数按完备集合[见式(5.2.13)]

$$\left\{\Phi_0, \Phi_i^a, \Phi_{ij}^{ab}, \cdots\right\} \tag{5.5.2}$$

展开，即

$$\Psi = \Phi_0 + \sum_i \sum_a c_i^a \Phi_i^a + \sum_{a<b} \sum_{i<j} c_{ij}^{ab} \Phi_{ij}^{ab} + \cdots \tag{5.5.3}$$

其中，组态函数 $\Phi_0, \Phi_i^a, \Phi_{ij}^{ab}, \cdots$ 分别为 Hartree-Fock 波函数、单激发波函数、双激发波函数等. 故 CI 方法中相关波函数的表达式为

$$\Omega = \sum_i \sum_a c_i^a \Phi_i^a + \sum_{a<b} \sum_{i<j} c_{ij}^{ab} \Phi_{ij}^{ab} + \cdots \tag{5.5.4}$$

这里，将相关波函数按激发等级分解，不同激发等级的组态函数表示不同数目的电子相关，$n$ 级激发与 $n$ 电子相关相联系，即 $n$ 级激发描写 $n$ 个电子之间的相关作用. 因此，从电子相关作用的角度看，FCI 方法中的相关波函数考虑了所有可能的电子相关作用，正因为如此，FCI 方法能够得到给定基组下的精确结果. 但是从下面的分析中可以看到，$n$ 级激发组态所描写的 $n$ 电子相关中包含不同种类的相关作用，CI 展开时没有做这种区分，从而造成 CI 展开式(5.5.3)收敛缓慢，并使得截短的 CI 计算不具有尺寸一致性. 现在从电子相关的物理图像做具体分析.

本质上说，电子相关效应是由于 Hartree-Fock 方法不能正确地描述电子之间的相互作用而产生的. 电子之间相互作用的强弱与电子相互靠近的程度有关，出现在同一空间区域的电子之间耦合较强，对相关能的贡献较大，出现在不同空间区域的电子之间耦合较弱，对相关能的贡献较小. 因此，可以用“多体碰撞”的图像将相互作用的电子进行分类. 一类是同时出现在同一空间区域的电子，这类电子直接“碰撞”，称为相连簇(connected cluster)；另一类是同时出现在不同空间区域的电子，这类电子并不发生直接“碰撞”，仅存在较弱的相互作用，称为不相连簇(disconnected cluster). 相连簇和不相连簇统称耦合簇(coupled cluster, CC)，也称相关簇. 因此，可以按照多体碰撞的图像将 $N$ 电子波函数分解为不同的耦合簇，将波函数展开为各种耦合簇的线性组合，称为波函数的耦合簇展开，于是波函数的单参考态耦合簇展开为

$$\Psi = \Phi_0 + \sum_i^N \Theta^{(i)} + \sum_{i<j}^N \Theta^{(i,j)} + \sum_{i<j<k}^N \Theta^{(i,j,k)} + \sum_{i<j<k<l}^N \Theta^{(i,j,k,l)} \cdots \tag{5.5.5}$$

式中，$\Phi_0$ 为闭壳层组态的 Slater 行列式波函数，$i, j, \cdots$ 标记电子，函数 $\Theta^{(i,j,\cdots)}$ 表示按耦合簇(包括相连簇和不相连簇)分类的 $N$ 电子波函数. 例如，$\Theta^{(i)}$ 表示单电子耦合簇波函数，$\Theta^{(i,j)}$ 表示双电子耦合簇波函数，其中包括两个电子直接碰撞的相连簇和两个单电子的不相连簇，等等. 式(5.5.5)中没有明确写出耦合簇的展开系数，而是将展开系数隐含于耦合簇波函数中，下面将给出展开系数的表达式. 可以看到，式(5.5.5)与 CI 展开式(5.5.3)是对应的，式(5.5.5)中的 $n$ 电子耦合簇正是式(5.5.3)中的 $n$ 级激发组态(包括系数)函数. 但是下面将会看到，耦合簇理论从式(5.5.5)出发，将耦合簇区分为相连簇与不相连簇，从而与 CI 方法区分开来.

现在推导耦合簇函数 $\Theta^{(i,j,\cdots)}$ 的表达式. 设 $\vartheta_{ij\cdots}$ 是一个能够精确描述轨道 $i, j, \cdots$ 上的电子的相关作用的函数，耦合簇 $\Theta^{(i,j,\cdots)}$ 就是将函数 $\Phi_0$ 中的轨道 $i, j, \cdots$ 用 $\vartheta_{ij\cdots}$ 取代而得到的. 例如，对于双电子耦合簇波函数 $\Theta^{(12)}$，有

$$\Theta^{(12)}=\hat{A}\left\{\vartheta_{12}\left(x_1x_2\right)\phi_3\left(x_3\right)\cdots\right\}$$

式中，$\hat{A}$ 为反对称化算符. 任意函数都可以按完备集合展开，因此 $\Theta^{(i,j,\cdots)}$ 可以表示成 $\varPhi_0$ 中 $i,j,\cdots$ 轨道上的电子被激发所产生的所有组态函数的线性组合，例如，有

$$\Theta^{(i,j)}=\sum_{a<b}c_{ij}^{ab}\varPhi_{ij}^{ab} \tag{5.5.6}$$

为了区分 $\Theta^{(i,j,\cdots)}$ 中的相连簇和不相连簇，引入以下关系式

$$\begin{aligned}
&\Theta^{(i)}=\hat{t}^{(i)}\varPhi_0\\
&\Theta^{(i,j)}=\hat{t}^{(i,j)}\varPhi_0+\hat{t}^{(i)}\hat{t}^{(j)}\varPhi_0\\
&\Theta^{(i,j,k)}=\hat{t}^{(i,j,k)}\varPhi_0+\hat{t}^{(i)}\hat{t}^{(j,k)}\varPhi_0+\hat{t}^{(j)}\hat{t}^{(k,i)}\varPhi_0+\hat{t}^{(k)}\hat{t}^{(i,j)}\varPhi_0+\hat{t}^{(i)}\hat{t}^{(j)}\hat{t}^{(k)}\varPhi_0\\
&\Theta^{(i,j,k,l)}=\hat{t}^{(i,j,k,l)}\varPhi_0+\hat{t}^{(i)}\hat{t}^{(j,k,l)}\varPhi_0+\hat{t}^{(j)}\hat{t}^{(i,k,l)}\varPhi_0+\hat{t}^{(k)}\hat{t}^{(i,j,l)}\varPhi_0+\hat{t}^{(l)}\hat{t}^{(i,j,k)}\varPhi_0\\
&\qquad+\hat{t}^{(i)}\hat{t}^{(j)}\hat{t}^{(k,l)}\varPhi_0+\hat{t}^{(i)}\hat{t}^{(k)}\hat{t}^{(j,l)}\varPhi_0+\hat{t}^{(i)}\hat{t}^{(l)}\hat{t}^{(j,k)}\varPhi_0+\hat{t}^{(j)}\hat{t}^{(k)}\hat{t}^{(i,l)}\varPhi_0+\hat{t}^{(j)}\hat{t}^{(l)}\hat{t}^{(i,k)}\varPhi_0\\
&\qquad+\hat{t}^{(k)}\hat{t}^{(l)}\hat{t}^{(i,j)}\varPhi_0+\hat{t}^{(i,j)}\hat{t}^{(k,l)}\varPhi_0+\hat{t}^{(i,k)}\hat{t}^{(j,l)}\varPhi_0+\hat{t}^{(i,l)}\hat{t}^{(j,k)}\varPhi_0+\hat{t}^{(i)}\hat{t}^{(j)}\hat{t}^{(k)}\hat{t}^{(l)}\varPhi_0\\
&\qquad\vdots
\end{aligned} \tag{5.5.7}$$

算符 $\hat{t}^{(i,j,\cdots)}$ 是相连簇产生算符，其功能为作用在 $\varPhi_0$ 上产生相连耦合簇，可具体写为

$$\begin{aligned}
\sum_i\hat{t}^{(i)}\varPhi_0&=\sum_i\sum_a t_i^a\varPhi_i^a\\
\sum_{i<j}\hat{t}^{(i,j)}\varPhi_0&=\sum_{i<j}\sum_{a<b}t_{ij}^{ab}\varPhi_{ij}^{ab}\\
\sum_{i<j<k}\hat{t}^{(i,j,k)}\varPhi_0&=\sum_{i<j<k}\sum_{a<b<c}t_{ijk}^{abc}\varPhi_{ijk}^{abc}\\
&\vdots
\end{aligned} \tag{5.5.8}$$

$n$ 级相连簇产生算符称为 $n$ 体算符，例如，$\hat{t}^{(i)}$ 为单体算符，$\hat{t}^{(i,j)}$ 为二体算符，等等. 定义

$$\begin{aligned}
&\hat{T}_1=\sum_{i=1}^N\hat{t}^{(i)},\quad \hat{T}_2=\sum_{i<j=1}^N\hat{t}^{(i,j)},\quad \hat{T}_3=\sum_{i<j<k=1}^N\hat{t}^{(i,j,k)},\cdots\\
&\hat{T}=\hat{T}_1+\hat{T}_2+\cdots+\hat{T}_N
\end{aligned} \tag{5.5.9}$$

$N$ 为体系中的电子数. 将波函数写作

$$\varPsi=\mathrm{e}^{\hat{T}}\varPhi_0=\mathrm{e}^{\hat{T}_1}\mathrm{e}^{\hat{T}_2}\cdots\mathrm{e}^{\hat{T}_N}\varPhi_0 \tag{5.5.10}$$

展开得

$$\varPsi=\left(1+\hat{T}+\frac{\hat{T}^2}{2!}+\frac{\hat{T}^3}{3!}+\cdots\right)\varPhi_0=\varPhi_0+\varOmega \tag{5.5.11}$$

$\varOmega$ 为相关波函数. 将算符 $\hat{T}$ 作用在 $\varPhi_0$ 上，利用式(5.5.9)和式(5.5.8)，并将相同激发等级的组态函数归并在一起，则可将式(5.5.11)转化为式(5.5.3)的形式，并与式(5.5.3)比较，可求得组态函数 $\varPhi_i^a,\varPhi_{ij}^{ab},\cdots$ 的系数有如下关系：

$$c_i^a=t_i^a$$

$$
\begin{aligned}
c_{ij}^{ab} &= t_{ij}^{ab} + t_i^a t_j^b - t_i^b t_j^a = t_{ij}^{ab} + \hat{A}_{ij}^{ab}\left(\frac{t_i^a t_j^b}{2!}\right) \\
c_{ijk}^{abc} &= t_{ijk}^{abc} + t_i^a t_{jk}^{bc} - t_j^a t_{ik}^{bc} + t_k^a t_{ij}^{bc} - t_i^b t_{jk}^{ac} + t_j^b t_{ik}^{ac} - t_k^b t_{ij}^{ac} + t_i^c t_{jk}^{ab} - t_j^c t_{ik}^{ab} \\
&\quad + t_k^c t_{ij}^{ab} + t_i^a t_j^b t_k^c - t_i^a t_j^c t_k^b - t_i^b t_j^a t_k^c + t_i^b t_j^c t_k^a + t_i^c t_j^a t_k^b - t_i^c t_j^b t_k^a \\
&= t_{ijk}^{abc} + \hat{A}_{ijk}^{abc}\left(\frac{t_i^a t_j^b t_k^c}{3!} + \frac{t_i^a t_{jk}^{bc}}{(2!)^2}\right) \qquad (5.5.12) \\
c_{ijkl}^{abcd} &= t_{ijkl}^{abcd} + \hat{A}_{ijkl}^{abcd}\left[\frac{t_i^a t_j^b t_k^c t_l^d}{4!} + \frac{t_i^a t_j^b t_{kl}^{cd}}{(2!)^2 2!} + \frac{t_i^a t_{jkl}^{bcd}}{(3!)^2} + \frac{t_{ij}^{ab} t_{kl}^{cd}}{(2!)^2 (2!)^2 2!}\right] \\
&\quad \vdots
\end{aligned}
$$

式中，$\hat{A}_{ij}^{ab} \equiv \hat{A}^{ab}\hat{A}^{ij} = \left(1-(ab)\right)\left(1-(ij)\right)$ 等是指标置换算符；$t_i^a, t_{ij}^{ab}, \cdots$ 为式(5.5.11)的展开系数，在耦合簇理论中习惯上称这类展开系数为振幅.

前面提到，从形式上看，CI 展开式(5.5.3)与耦合簇展开式(5.5.5)并无差别，两者都用激发组态展开，但两种展开的指导思想并不相同. CI 展开只是将完备集合(5.5.2)作为基组，笼统地将基组按激发等级分类，而耦合簇展开的基本量是耦合簇，与“多体碰撞”这一物理图像相联系. 从式(5.5.7)可以看到，某一激发等级的组态函数应该区分为不同类型的耦合簇成分，即分为相连耦合簇和几个不相连耦合簇的乘积. 以四电子耦合簇 $\Theta^{(i,j,k,l)}$ 为例，由式(5.5.7)可见，其中包括四体项，还包括单体项与三体项的乘积以及两个二体项的乘积. 显然，三个或四个电子“碰”到一起的概率是很小的，因此在耦合簇 $\Theta^{(i,j,k,l)}$ 中，三体项和四体项应该是不重要的，而两个二体项的乘积则应该比较重要，因为两对电子分别“碰”到一起的概率较大. 可见，将四电子耦合簇一概忽略将会引起较大误差，更多电子的耦合簇也有类似情况. 因此，我们应该设法将相连簇和不相连簇分开处理. 即应该将同一激发等级的组态函数分解为不同类型的成分. CI 展开不做这种区分，这是该方法的主要缺陷. 由于计算量过大，CI 展开式中难以包含激发程度很高的组态函数，通常只能到二重激发组态，三重激发以上的组态都被忽略了. 但是高激发组态的组合系数中含有低级项系数的乘积. 以上面提到的四重激发组态为例，由式(5.5.12)可见，组态系数中包含两个双电子相连簇系数的乘积，其值并不太小，将其忽略就会引起较大误差. 电子数越多，这种误差越大. 这是使 CI 展开式收敛缓慢的重要原因之一，也是截短的 CI 展开不具有尺寸一致性的原因. 耦合簇展开能够克服这一缺陷，为了说明这一点，取

$$\hat{T} = \hat{T}_1 + \hat{T}_2$$

这时，由式(5.5.11)有

$$
\begin{aligned}
\Psi &= \left\{1 + \left(\hat{T}_1 + \hat{T}_2\right) + \frac{1}{2!}\left(\hat{T}_1 + \hat{T}_2\right)^2 + \frac{1}{3!}\left(\hat{T}_1 + \hat{T}_2\right)^3 + \cdots\right\}\Phi_0 \\
&= \Phi_0 + \sum_i \sum_a t_i^a \Phi_i^a + \sum_{i<j}\sum_{a<b} t_{ij}^{ab}\Phi_{ij}^{ab} + \sum_{i<j}\sum_{a<b} t_i^a t_j^b \Phi_{ij}^{ab} + \sum_k \sum_c \sum_{i<j(\neq k)} \sum_{a<b(\neq c)} t_k^c t_{ij}^{ab} \Phi_{ijk}^{abc} \qquad (5.5.13) \\
&\quad + \sum_{i<j}\sum_{a<b}\sum_{k<l(\neq i,j)}\sum_{c<d(\neq a,b)} t_{ij}^{ab} t_{kl}^{cd} \Phi_{ijkl}^{abcd} + \cdots
\end{aligned}
$$

可见，即使只考虑到二体直接相关，忽略更多电子的直接相关，起重要作用的不相连耦合簇对高激发项的贡献仍然保留，从而减小了误差，而且能够保持尺寸一致性. 这种分析也给 CI 方法的改进提供了线索，因为波函数的 CI 展开式中高激发项系数的主要部分是低激发项系

数的乘积，知道了低激发项的系数就可以估计不应该忽略的高激发项的系数. 正是基于这样的分析，Davidson 等提出了由双激发组态贡献的相关能估计四重激发组态贡献的相关能的公式[见式(5.2.41)]，

$$\Delta E_{\mathrm{Q}}=\left(1-c_{\mathrm{D}0}\right)^2\Delta E_{\mathrm{D}}$$

### 5.5.2 单参考态耦合电子对近似

原则上说，耦合簇展开式(5.5.11)中应当包含所有的电子耦合簇，但实际上只有双电子耦合簇才是最重要的. 这是因为，第一，量子体系的 Hamilton 量中最多只包含双电子算符，因此电子间的相互作用可以分解为各对电子作用之和，当考虑一对电子的作用时，其他电子只是间接地起作用；第二，Pauli 不相容原理禁止三个电子同时出现在空间一点，因为三个电子中至少有两个是自旋相同的. 因此，三个电子以上的相连耦合簇对短程相关能的贡献可以忽略. 实际计算表明，90% 以上的相关能来自二重激发组态. 对于闭壳层，三重激发的贡献很小(约占千分之几). 对于开壳层，三重激发的贡献可能会有较大比例，但其贡献主要来自二体项与单体项的乘积(由于此时 Brillouin 定理不严格成立，单激发组态有贡献)，而不是相连的三电子耦合簇(三体项). 而四重激发组态的贡献则可达百分之几，但四重激发组态的贡献主要来自二体项的乘积，四体项及单体项与三体项乘积的贡献很少. 基于这种分析，在式(5.5.9)中取 $\hat{T}\approx\hat{T}_2$，至少对于闭壳层组态，应该是足够好的近似. 这种只考虑二体项的理论方法称为耦合电子对理论. 现在介绍这一理论. 取 $\hat{T}\approx\hat{T}_2$，由式(5.5.10)有

$$\varPsi=\mathrm{e}^{\hat{T}_2}\varPhi_0 \tag{5.5.14}$$

如果直接用变分法处理，即求出泛函 $\langle\varPsi|\hat{H}|\varPsi\rangle/\langle\varPsi|\varPsi\rangle$ 的极值，则四重激发态以上的组态函数太多，收敛缓慢，而且方程的变分系数不是线性的，求得的总相关能不等于各电子对相关能之和. 为了克服这些困难，Cizek 等[14]建议采用一种非变分的处理方法，称为耦合对多电子理论(CPMET)，下面介绍这一理论.

将 $\mathrm{e}^{\hat{T}_2}\varPhi_0$ 展开，并与 CI 展开式(5.5.3)比较，可得[参考式(5.5.12)]

$$\begin{aligned}
c_i^a&=0\\
c_{ij}^{ab}&=t_{ij}^{ab}\\
c_{ijk}^{abc}&=0\quad(\text{因 } c_i^a=0)\\
c_{ijkl}^{abcd}&=t_{ij}^{ab}t_{kl}^{cd}-t_{ik}^{ab}t_{jl}^{cd}+t_{il}^{ab}t_{jk}^{cd}-t_{ij}^{ac}t_{kl}^{bd}+t_{ik}^{ac}t_{jl}^{bd}-t_{il}^{ac}t_{jk}^{bd}+t_{ij}^{ad}t_{kl}^{bc}-t_{ik}^{ad}t_{jl}^{bc}+t_{il}^{ad}t_{jk}^{bc}\\
&\quad+t_{ij}^{cd}t_{kl}^{ab}-t_{ik}^{cd}t_{jl}^{ab}+t_{il}^{cd}t_{jk}^{ab}-t_{ij}^{bd}t_{kl}^{ac}+t_{ik}^{bd}t_{jl}^{ac}-t_{il}^{bd}t_{jk}^{ac}+t_{ij}^{bc}t_{kl}^{ad}-t_{ik}^{bc}t_{jl}^{ad}+t_{il}^{bc}t_{jk}^{ad}\\
&=\frac{\hat{A}_{ijkl}^{abcd}t_{ij}^{ab}t_{kl}^{cd}}{(2!)^2(2!)^2\times2}
\end{aligned} \tag{5.5.15}$$

Schrödinger 方程为

$$\hat{H}\mathrm{e}^{\hat{T}_2}|\varPhi_0\rangle=E\mathrm{e}^{\hat{T}_2}|\varPhi_0\rangle \tag{5.5.16}$$

以 $\langle\varPhi_0|$ 左乘式(5.5.16)，得

$$\langle \Phi_0 | \hat{H} e^{\hat{T}_2} | \Phi_0 \rangle = \langle \Phi_0 | \hat{H} (1+\hat{T}_2) | \Phi_0 \rangle = E \langle \Phi_0 | e^{\hat{T}_2} | \Phi_0 \rangle = E \tag{5.5.17}$$

式(5.5.17)中第一个等号是因为，根据 Slater 行列式的矩阵元规则，$\hat{H}$ 的矩阵元中两个波函数的不同轨道不能超过两个，因此 $e^{\hat{T}_2}$ 展开式中的高次项被消除. 第二个等号则利用了 Schrödinger 方程(5.5.16)，最后一个等号仍然是基于 Slater 行列式矩阵元规则，重叠积分中的两个波函数不能有不同轨道，故 $e^{\hat{T}_2}$ 展开式中只能包含常数项.

以 $\langle \Phi_{ij}^{ab} |$ 左乘式(5.5.16)，基于同样的分析，得

$$\langle \Phi_{ij}^{ab} | \hat{H} e^{\hat{T}_2} | \Phi_0 \rangle = \left\langle \Phi_{ij}^{ab} \middle| \hat{H} \left(1+\hat{T}_2+\frac{1}{2}\hat{T}_2^2\right) \middle| \Phi_0 \right\rangle = E \langle \Phi_{ij}^{ab} | e^{\hat{T}_2} | \Phi_0 \rangle = E \langle \Phi_{ij}^{ab} | (1+\hat{T}_2) \Phi_0 \rangle = E t_{ij}^{ab} \tag{5.5.18}$$

将 $E$ 的表达式(5.5.17)代入式(5.5.18)，可得

$$\left\langle \Phi_{ij}^{ab} \middle| \hat{H} \left(1+\hat{T}_2+\frac{1}{2}\hat{T}_2^2\right) \middle| \Phi_0 \right\rangle = \langle \Phi_0 | \hat{H} (1+\hat{T}_2) | \Phi_0 \rangle t_{ij}^{ab} \tag{5.5.19}$$

由式(5.5.17)，有

$$\langle \Phi_0 | \hat{H} | \Phi_0 \rangle + \sum_{a<b} \sum_{i<j} \langle \Phi_0 | \hat{H} | \Phi_{ij}^{ab} \rangle t_{ij}^{ab} = E \tag{5.5.20}$$

由式(5.5.18)，并利用式(5.5.15)有

$$\langle \Phi_{ij}^{ab} | \hat{H} | \Phi_0 \rangle + \sum_{c<d} \sum_{k<l} \langle \Phi_{ij}^{ab} | \hat{H} | \Phi_{kl}^{cd} \rangle t_{kl}^{cd} + \sum_{\substack{c<d \\ (\neq a,b)}} \sum_{\substack{k<l \\ (\neq i,j)}} \langle \Phi_{ij}^{ab} | \hat{H} | \Phi_{ijkl}^{abcd} \rangle \hat{A}_{ijkl}^{abcd} \frac{t_{ij}^{ab} t_{kl}^{cd}}{(2!)^2 (2!)^2 \times 2} = E t_{ij}^{ab} \tag{5.5.21}$$

由式(5.5.19)，有

$$\begin{aligned} &\langle \Phi_{ij}^{ab} | \hat{H} | \Phi_0 \rangle + \sum_{c<d} \sum_{k<l} \langle \Phi_{ij}^{ab} | \hat{H} | \Phi_{kl}^{cd} \rangle t_{kl}^{cd} + \sum_{\substack{c<d \\ (\neq a,b)}} \sum_{\substack{k<l \\ (\neq i,j)}} \langle \Phi_{ij}^{ab} | \hat{H} | \Phi_{ijkl}^{abcd} \rangle \hat{A}_{ijkl}^{abcd} \frac{t_{ij}^{ab} t_{kl}^{cd}}{32} \\ &= \langle \Phi_0 | \hat{H} | \Phi_0 \rangle t_{ij}^{ab} + \sum_{c<d} \sum_{k<l} \langle \Phi_0 | \hat{H} | \Phi_{kl}^{cd} \rangle t_{kl}^{cd} t_{ij}^{ab} \end{aligned} \tag{5.5.22}$$

式(5.5.20)、式(5.5.21)和式(5.5.22)是 CPMET 的基本公式. 注意：式(5.5.22)是一个包括双线性项的方程组，可以用迭代方法求解. 将求得的系数 $t_{ij}^{ab}$ 代入式(5.5.20)，即可求得总能量 $E$ 或相关能 $E_c = E - \langle \Phi_0 | \hat{H} | \Phi_0 \rangle$. 式(5.5.22)看起来很复杂，但实际上其中的很多项可以相消. 例如，由于

$$\langle \Phi_{ij}^{ab} | \hat{H} | \Phi_{ijkl}^{abcd} \rangle t_{ij}^{ab} t_{kl}^{cd} = \langle \Phi_0 | \hat{H} | \Phi_{kl}^{cd} \rangle t_{ij}^{ab} t_{kl}^{cd} \qquad (i,j \neq k,l; a,b \neq c,d) \tag{5.5.23}$$

故可将有关项消去. 事实上，正是这种抵消作用保证了体系能量具有尺寸一致性.

从以上推导可以看到，CPMET 的基本公式是通过 $\Phi_0$ 和 $\Phi_{ij}^{ab}$ 做内积得到的，故 CPMET 相当于将 Schrödinger 方程投影到 $\Phi_0$ 和 $\Phi_{ij}^{ab}$ 子空间. 因此，CPMET 的公式对于这两个子空间内部的变换是不变的，即可以有以下操作：第一，将 $\Phi_{ij}^{ab}$ 做成各种形式的线性组合，如可以组成自旋和对称性匹配的组态函数；第二，在各占据轨道内部和相关轨道内部进行任意线性变换，并

不影响结果，因此计算时并不要求采用正则轨道. 这是 CPMET 的优点.

CPEMT 方程组不是由变分法得到的(没有解久期方程，仅仅投影到两个子空间通过迭代求解)，因而求得的能量没有上界性质. 但由于该方法的准确度较高，这个问题并不严重.

虽然很多项可以相消，但 CPEMT 方程组仍然比较复杂. 为了简化，Meyer[15]引入耦合电子对近似(couple-electron pair approximation, CEPA)，假定式(5.5.22)左边的第三大项可简化为

$$\sum_{\substack{c<d\\(\neq a,b)}}\sum_{\substack{k<l\\(\neq i,j)}}\left\langle \Phi_{ij}^{ab}\middle|\hat{H}\middle|\Phi_{kl}^{cd}\right\rangle \hat{A}_{ijkl}^{abcd}\frac{t_{ij}^{ab}t_{kl}^{cd}}{(2!)^2(2!)^2\cdot 2}\approx t_{ij}^{ab}\sum_{k<l(\neq i,j)}\sum_{c<d}\left\langle \Phi_{kl}^{cd}\middle|\hat{H}\middle|\Phi_0\right\rangle t_{kl}^{cd} \tag{5.5.24}$$

这相当于将四重激发组态中非相连耦合簇的系数用其中较为重要的一部分来代替. 因此，在 CEPA 中，虽然波函数仍为$\Psi=\mathrm{e}^{\hat{T}_2}\Phi_0$，但对$\hat{T}_2\cdot\hat{T}_2$耦合簇做了部分忽略. 经验证明，当电子对及相应的虚轨道定域较好时，式(5.5.24)是一种好的近似. 于是式(5.5.22)简化为

$$\begin{aligned}&\left\langle \Phi_{ij}^{ab}\middle|\hat{H}\middle|\Phi_0\right\rangle+\sum_{c<d}\sum_{k<l}\left\langle \Phi_{ij}^{ab}\middle|\hat{H}\middle|\Phi_{kl}^{cd}\right\rangle t_{kl}^{cd}+t_{ij}^{ab}\sum_{k<l(\neq i,j)}\sum_{c<d}\left\langle \Phi_{kl}^{cd}\middle|\hat{H}\middle|\Phi_0\right\rangle t_{kl}^{cd}\\&=\left\langle \Phi_0\middle|\hat{H}\middle|\Phi_0\right\rangle t_{ij}^{ab}+\sum_{c<d}\sum_{k<l}\left\langle \Phi_0\middle|\hat{H}\middle|\Phi_{kl}^{cd}\right\rangle t_{kl}^{cd}t_{ij}^{ab}\end{aligned} \tag{5.5.25}$$

若定义电子对相关能$\varepsilon_{kl}$为

$$\varepsilon_{kl}=\sum_{c<d}\left\langle \Phi_0\middle|\hat{H}\middle|\Phi_{kl}^{cd}\right\rangle t_{kl}^{cd} \tag{5.5.26}$$

则由式(5.5.20)，相关能$E_{\mathrm{c}}$为

$$E_{\mathrm{c}}=E-\left\langle \Phi_0\middle|\hat{H}\middle|\Phi_0\right\rangle=\sum_{c<d}\sum_{k<l}\left\langle \Phi_0\middle|\hat{H}\middle|\Phi_{kl}^{cd}\right\rangle t_{kl}^{cd}=\sum_{k<l}\varepsilon_{kl} \tag{5.5.27}$$

由式(5.5.22)，有

$$\left\langle \Phi_{ij}^{ab}\middle|\hat{H}\middle|\Phi_0\right\rangle+\sum_{c<d}\sum_{k<l}\left\langle \Phi_{ij}^{ab}\middle|\hat{H}\middle|\Phi_{kl}^{cd}\right\rangle t_{kl}^{cd}=t_{ij}^{ab}\left\langle \Phi_0\middle|\hat{H}\middle|\Phi_0\right\rangle+t_{ij}^{ab}\varepsilon_{ij} \tag{5.5.28}$$

式(5.5.27)和式(5.5.28)可用迭代方法联合求解：先假定一组$\varepsilon_{ij}$，代入式(5.5.28)求得系数$t_{ij}^{ab}$等，再用式(5.5.27)求得$\varepsilon_{ij}$，直到自洽. 如果在 CEPA 中使用准自然轨道就是 CEPA-PSNO 方法.

CEPA 不是一种变分方法，也不是对于占据轨道的酉变换不变的. 但用这种方法做过的一系列小分子计算表明，其精确度可与 CPMET 相匹敌. 对于分子几何结构、光谱常数、偶极矩、解离能、电离势和电子亲和势等的计算结果都相当好. 在离开平衡构型不太远的范围内，势能面计算结果也相当好(但在远离平衡构型时计算结果不好，不能收敛到正确的解离产物). 大致来说，当基组足够大(至少包含两组极化函数)时，CEPA 方法可计算出 85%左右的相关能.

由于考虑了二体算符和二体算符的乘积，CPMET 和 CEPA 方法都同时考虑了电子对内和电子对间的相关作用. 文献上还有许多其他形式的基于耦合电子对的理论，它们的主要差异在于如何处理不同电子对之间的耦合，虽然各有一些优缺点，但计算结果差别不大.

### 5.5.3 单参考态耦合簇计算

为了简化计算，耦合电子对方法将波函数的耦合簇展开式(5.5.10)简化为(5.5.14). 这样做的物理背景是，二体项对相关能做出主要贡献. 然而，由于忽略了其他耦合簇对相关能的贡献，耦合电子对方法不能得到更准确的计算结果. 为了进一步改进计算，需要更完整的耦合簇理论(coupled cluster theory)，即从波函数的耦合簇展开式(5.5.10)出发导出有关的计算公式.

将式(5.5.10)代入 Schrödinger 方程，得

$$\hat{H}\exp(\hat{T})\varPhi_0 = E_{\text{cc}}\exp(\hat{T})\varPhi_0 \tag{5.5.29}$$

式中，$E_{\text{cc}}$ 表示由耦合簇理论得到的能量，下面将会看到 $E_{\text{cc}}$ 对应着一个特殊的物理量. 我们有能量泛函

$$\begin{aligned}E_{\text{cc}} &= \frac{\left\langle \exp(\hat{T})\varPhi_0 \middle| \hat{H} \middle| \exp(\hat{T})\varPhi_0 \right\rangle}{\left\langle \exp(\hat{T})\varPhi_0 \middle| \exp(\hat{T})\varPhi_0 \right\rangle} \\ &= \frac{\left\langle \left(1+\hat{T}+\frac{1}{2}\hat{T}^2+\cdots+\frac{1}{N!}\hat{T}^N\right)\varPhi_0 \middle| \hat{H} \middle| \left(1+\hat{T}+\frac{1}{2}\hat{T}^2+\cdots+\frac{1}{N!}\hat{T}^N\right)\varPhi_0 \right\rangle}{\left\langle \left(1+\hat{T}+\frac{1}{2}\hat{T}^2+\cdots+\frac{1}{N!}\hat{T}^N\right)\varPhi_0 \middle| \left(1+\hat{T}+\frac{1}{2}\hat{T}^2+\cdots+\frac{1}{N!}\hat{T}^N\right)\varPhi_0 \right\rangle}\end{aligned} \tag{5.5.30}$$

$\hat{T}$ 由式(5.5.9)给出. 可以看到，式(5.5.30)十分复杂，很难据此进行实际变分计算. 为避开这一困难，定义退激发算符 $\exp(-\hat{T})$，当作用于左侧波函数时，退激发算符将使激发组态按指定方式退激发. 以 $\exp(-\hat{T})$ 乘以式(5.5.29)两边，得

$$\exp(-\hat{T})\hat{H}\exp(\hat{T})\varPhi_0 = \hat{H}_{\text{cc}}\varPhi_0 = E_{\text{cc}}\varPhi_0 \tag{5.5.31}$$

式中，$\hat{H}_{\text{cc}}=\exp(-\hat{T})\hat{H}\exp(\hat{T})$，故 $\hat{H}_{\text{cc}}$ 可以看作 $\hat{H}$ 的相似变换，但由于 $\hat{H}_{\text{cc}} \neq \hat{H}_{\text{cc}}^{+}$，$\hat{H}_{\text{cc}}$ 不是 Hermite 算符，因此式(5.5.31)不再是本征方程，$E_{\text{cc}}$ 不能称为 $\hat{H}_{\text{cc}}$ 的本征值，二者之间仅存在普通的对应关系. 用 $\varPhi_0^*$ 乘式(5.5.31)两边并积分，得

$$\langle\varPhi_0|\exp(-\hat{T})\hat{H}\exp(\hat{T})|\varPhi_0\rangle = \langle\varPhi_0|\hat{H}_{\text{cc}}|\varPhi_0\rangle = \langle\varPhi_0|\hat{H}\exp(\hat{T})|\varPhi_0\rangle = E_{\text{cc}} \tag{5.5.32}$$

由于 $\varPhi_0^*$ 不能再退激发，$\exp(-\hat{T})$ 作用于 $\varPhi_0^*$ 仍然得到 $\varPhi_0^*$. 式(5.5.32)比式(5.5.30)简单得多，但此时 $E_{\text{cc}}$ 已不是变分极值，没有上界性质. 将式(5.5.32)展开，由于 $\hat{H}$ 中只有单、双电子算符，根据 Slater 行列式矩阵元的计算规则，有

$$\begin{aligned}E_{\text{cc}} &= \langle\varPhi_0|\hat{H}\left(1+\hat{T}+\frac{1}{2}\hat{T}^2\right)|\varPhi_0\rangle \\ &= E_0 + \sum_{i}^{\text{occ}}\sum_{a}^{\text{unocc}} t_i^a\langle\varPhi_0|\hat{H}|\varPhi_i^a\rangle + \sum_{i<j}^{\text{occ}}\sum_{a<b}^{\text{unocc}}\left(t_{ij}^{ab}+t_i^a t_j^b - t_i^b t_j^a\right)\langle\varPhi_0|\hat{H}|\varPhi_{ij}^{ab}\rangle\end{aligned} \tag{5.5.33}$$

如果 $\varPhi_0$ 是由 Hartree-Fock 轨道构成的行列式，则由 Brillouin 定理，式(5.5.33)变为

$$E_{\text{cc}} = E_0 + \sum_{i<j}^{\text{occ}}\sum_{a<b}^{\text{unocc}}\left(t_{ij}^{ab}+t_i^a t_j^b - t_i^b t_j^a\right)\left[\langle\phi_i\phi_j|\frac{1}{r_{12}}|\phi_a\phi_b\rangle - \langle\phi_i\phi_j|\frac{1}{r_{12}}|\phi_b\phi_a\rangle\right] \tag{5.5.34}$$

式中，$\{\phi_p\}$ 为自旋轨道.

由式(5.5.31)，有以下关系式：

$$\langle\varPhi_m^e|\hat{H}_{\text{cc}}|\varPhi_0\rangle = 0 \tag{5.5.35}$$

$$\langle\varPhi_{mn}^{ef}|\hat{H}_{\text{cc}}|\varPhi_0\rangle = 0 \tag{5.5.36}$$

$$\left\langle \Phi_{mnl}^{efg} \middle| \hat{H}_{cc} \middle| \Phi_0 \right\rangle = 0 \\ \vdots \tag{5.5.37}$$

利用这些关系式可以求得式(5.5.11)中相关波函数的展开系数，下面给出有关推导. 式(5.5.35)～式(5.5.37)中均包含算符 $\hat{H}_{cc} = e^{-\hat{T}}\hat{H}e^{\hat{T}}$，由于退激发算符最多只能将左矢变为 $\Phi_0$，$e^{-\hat{T}}$ 只需展开为有限项，即

$$\begin{aligned} e^{-\hat{T}} &= 1 - \hat{T} + \frac{1}{2}\hat{T}^2 - \cdots = 1 - \left(\hat{T}_1 + \hat{T}_2 + \cdots\right) + \frac{1}{2}\left(\hat{T}_1 + \hat{T}_2 + \cdots\right)^2 - \cdots \\ &= 1 - \hat{T}_1 - \hat{T}_2 + \frac{1}{2}\hat{T}_1^2 + \cdots \end{aligned} \tag{5.5.38}$$

又由于 $\hat{H}$ 中只包含单、双粒子算符，根据 Slater 矩阵元计算规则，$e^{\hat{T}}$ 也只需展开为有限项，即

$$\begin{aligned} e^{\hat{T}} &= 1 + \hat{T} + \frac{1}{2}\hat{T}^2 + \frac{1}{3!}\hat{T}^3 + \frac{1}{4!}\hat{T}^4 + \cdots = 1 + \left(\hat{T}_1 + \hat{T}_2 + \hat{T}_3 + \hat{T}_4 + \cdots\right) + \frac{1}{2}\left(\hat{T}_1 + \hat{T}_2 + \hat{T}_3 + \hat{T}_4 + \cdots\right)^2 \\ &\quad + \frac{1}{6}\left(\hat{T}_1 + \hat{T}_2 + \hat{T}_3 + \hat{T}_4 + \cdots\right)^3 + \frac{1}{24}\left(\hat{T}_1 + \hat{T}_2 + \hat{T}_3 + \hat{T}_4 + \cdots\right)^4 + \cdots = 1 + \hat{T}_1 + \left(\hat{T}_2 + \frac{1}{2}\hat{T}_1^2\right) \\ &\quad + \left(\hat{T}_3 + \hat{T}_2\hat{T}_1 + \frac{1}{6}\hat{T}_1^3\right) + \left(\hat{T}_4 + \hat{T}_3\hat{T}_1 + \frac{1}{2}\hat{T}_2^2 + \frac{1}{2}\hat{T}_2\hat{T}_1^2 + \frac{1}{24}\hat{T}_1^4\right) + \cdots \end{aligned} \tag{5.5.39}$$

式(5.5.39)的最后结果中，括号内分别为二体项、三体项和四体项. 于是，式(5.5.35)、式(5.5.36)和式(5.5.37)都只有有限项. 例如，式(5.5.35)展开为

$$\left\langle \Phi_m^e\left(1 - \hat{T}_1\right) \middle| \hat{H} \middle| \left[1 + \hat{T}_1 + \left(\hat{T}_2 + \frac{1}{2}\hat{T}_1^2\right) + \left(\hat{T}_3 + \hat{T}_2\hat{T}_1 + \frac{1}{6}\hat{T}_1^3\right)\right]\Phi_0 \right\rangle = 0 \tag{5.5.40}$$

即最多包含到 $\hat{T}_3$ 算符. 类似地，式(5.5.36)的展开式中最多包含到 $\hat{T}_4$ 算符

$$\left\langle \Phi_{mn}^{ef}\left(1 - \hat{T}_1 - \hat{T}_2 + \frac{1}{2}\hat{T}_1^2\right) \middle| \hat{H} \middle| \begin{bmatrix} 1 + \hat{T}_1 + \left(\hat{T}_2 + \frac{1}{2}\hat{T}_1^2\right) + \left(\hat{T}_3 + \hat{T}_2\hat{T}_1 + \frac{1}{6}\hat{T}_1^3\right) \\ + \left(\hat{T}_4 + \hat{T}_3\hat{T}_1 + \frac{1}{2}\hat{T}_2^2 + \frac{1}{2}\hat{T}_2\hat{T}_1^2 + \frac{1}{24}\hat{T}_1^4\right) \end{bmatrix} \Phi_0 \right\rangle = 0 \tag{5.5.41}$$

在完全的耦合簇理论中，对于 $N$ 电子体系，若取

$$\hat{T} = \sum_{i=1}^{N} \hat{T}_i \tag{5.5.42}$$

则计算结果对给定的基组而言是精确的，与 FCI 的计算结果等价. 但这样做，计算量很大，对于稍大的体系难以实现，故只能取式(5.5.42)的前几项，做截短的耦合簇计算. 通常将取 $\hat{T} = \hat{T}_2$、$\hat{T} = \hat{T}_1 + \hat{T}_2$、$\hat{T} = \hat{T}_1 + \hat{T}_2 + \hat{T}_3$ 和 $\hat{T} = \hat{T}_1 + \hat{T}_2 + \hat{T}_3 + \hat{T}_4$ 的耦合簇计算分别记作 CCD、CCSD、CCSDT 和 CCSDTQ. CCSDT 和 CCSDTQ 方法的计算量分别正比于 $n^3m^5$ 和 $n^4m^6$（$n$、$m$ 分别为占据、非占据自旋轨道数目)，故只能用于很小的体系. CCSD 的计算量大致正比于 $n^2m^4$，是目前实际可以应用于中等大小分子的耦合簇计算方法.

对于 CCSDT 计算，需求解方程(5.5.40)，将式(5.5.40)展开，可得

$$\begin{aligned}&\sum_{ia}t_i^a\left\langle\Phi_m^e\middle|\hat{H}\middle|\Phi_i^a\right\rangle+\sum_{ijab}\left(t_{ij}^{ab}+t_i^at_j^b-t_i^bt_j^a\right)\left\langle\Phi_m^e\middle|\hat{H}\middle|\Phi_{ij}^{ab}\right\rangle\\&+\sum_{ijkabc}\left(t_{ij}^{ab}t_k^c+\cdots+t_i^at_j^bt_k^c+\cdots\right)\left\langle\Phi_m^e\middle|\hat{H}\middle|\Phi_{ijk}^{abc}\right\rangle-t_m^eE_0\\&-t_m^e\sum_{ijab}\left(t_{ij}^{ab}+t_i^at_j^b-t_i^bt_j^a\right)\left\langle\Phi_m^e\middle|\hat{H}\middle|\Phi_{ij}^{ab}\right\rangle=0\end{aligned}\tag{5.5.43}$$

对于CCSDTQ计算，需求解式(5.5.41)，将式(5.5.41)展开，可得

$$\begin{aligned}&\left\langle\Phi_{mn}^{ef}\middle|\hat{H}\middle|\Phi_0\right\rangle+\sum_{ia}t_i^a\left\langle\Phi_{mn}^{ef}\middle|\hat{H}\middle|\Phi_i^a\right\rangle+\sum_{ijab}\left(t_{ij}^{ab}+t_i^at_j^b-t_i^bt_j^a\right)\left\langle\Phi_{mn}^{ef}\middle|\hat{H}\middle|\Phi_{ij}^{ab}\right\rangle\\&+\sum_{ijkabc}\left(t_{ij}^{ab}t_k^c+\cdots+t_i^at_j^bt_k^c+\cdots\right)\left\langle\Phi_{mn}^{ef}\middle|\hat{H}\middle|\Phi_{ijk}^{abc}\right\rangle\\&+\sum_{ijkjabcd}\left(t_{ij}^{ab}t_{kl}^{cd}+\cdots+t_{ij}^{ab}t_k^ct_l^d+\cdots+t_i^at_j^bt_k^ct_l^d+\cdots\right)\left\langle\Phi_{mn}^{ef}\middle|\hat{H}\middle|\Phi_{ijkl}^{abcd}\right\rangle\\&-t_n^f\sum_{ia}t_i^a\left\langle\Phi_m^e\middle|\hat{H}\middle|\Phi_i^a\right\rangle-t_n^f\sum_{ijab}\left(t_{ij}^{ab}+t_i^at_j^b-t_i^bt_j^a\right)\left\langle\Phi_m^e\middle|\hat{H}\middle|\Phi_{ij}^{ab}\right\rangle\\&-t_n^f\sum_{ijkabc}\left(t_{ij}^{ab}t_k^c+\cdots+t_i^at_j^bt_k^c+\cdots\right)\left\langle\Phi_m^e\middle|\hat{H}\middle|\Phi_{ijk}^{abc}\right\rangle\\&+\left(-t_{mn}^{ef}+t_m^et_n^f-t_m^ft_n^e\right)\left[E_0+\sum_{ijab}\left(t_{ij}^{ab}+t_i^at_j^b-t_i^bt_j^a\right)\left\langle\Phi_0\middle|\hat{H}\middle|\Phi_{ij}^{ab}\right\rangle\right]=0\end{aligned}\tag{5.5.44}$$

按 Slater 行列式矩阵元计算规则，式(5.5.43)和式(5.5.44)中的 Hamilton 矩阵元，如果两边的行列式有两个以上分子轨道不同，则其值为零. 令角标遍取所有允许值，就得到一个包含全部单、双激发振幅的非线性方程组. 用迭代方法解该方程组可以求得所需单、双激发振幅，代入能量表达式(5.5.34)和波函数展开式(5.5.10)，即可求得耦合簇计算的总能量和波函数. 应该指出的是，在耦合簇方法中考虑到的激发等级比耦合簇的截断值大，如CCSD方法中最大耦合簇为 2，而部分四激发组态存在于振幅方程组中.

耦合簇计算方法满足尺寸一致性和尺寸广延性，是当前可以实际应用于中等分子电子结构计算的最精确方法之一.

上面以闭壳层为例介绍了单参考态耦合簇理论. 对于开壳层体系，通常选择自旋非限制性HF 波函数(SUHF)作为参考态，但由于存在自旋污染，很多情况下 SUHF 作为参考态的计算结果不够理想. 这时，可以选择多组态自洽场波函数作为参考态.

此外，采用耦合簇方法计算时，如果选用正则分子轨道，则计算量将随体系增大而迅速增加，这是由正则分子轨道的高度离域性导致的. 在轨道高度离域的情况下，所有组态系数之间都有强烈耦合，因此必须全部考虑. 而如果选用局域相关模型，即选用原子轨道或局域分子轨道，则有可能使计算量降低到线性标度. 基于这样的考虑，学术界提出了各种各样的基于局域相关的线性标度算法，这些算法的主要区别在于如何用原子轨道或局域分子轨道来表示占据轨道和空轨道，表示方式不同会导致完全不同的方程式. 除了上述基于第一性原理的局域相关方法之外，还有基于分子片的简化算法. 这类方法的基本思想是，将一个大分子体系的相关能计算分解为一些小体系的相关能计算. 尽管严格性和普适性存在问题，但由于计算简单，分子片法仍有一定应用价值.

除单参考态耦合簇方法之外，多参考态耦合簇(multi-reference coupled cluster, MRCC)方法

也在发展中. 已经提出了多种形式的 MRCC 方法[16], 但由于计算量随参考态增加而迅速增加, MRCC 方法尚未获得广泛应用.

## 5.6 微扰理论方法(续)

微扰理论可用于研究量子体系的基态，也可用于研究激发态，因而得到广泛应用[17]. 1.4 节介绍了微扰理论的基本框架，并且 2.5.6 节介绍了微扰波函数与激发组态的关系.

现在进一步讨论微扰理论. 为了便于进一步讨论，简要回顾微扰理论用于研究原子、分子电子结构问题的基本思路. 假定量子体系的定态 Schrödinger 方程

$$\hat{H}\Psi = E\Psi \tag{5.6.1}$$

无法直接求解，为此，将体系的 Hamilton 算符 $\hat{H}$ 写作

$$\hat{H} = \hat{H}_0 + \hat{V} \tag{5.6.2}$$

式中，$\hat{V}$ 为微扰算符. 前几章中，为了与通常的势能算符 $\hat{V}$ 相区别，用 $\hat{H}'$ 表示微扰算符，本节中为了与下面将要介绍的多体微扰理论的符号相一致，用 $\hat{V}$ 表示微扰算符. $\hat{H}_0$ 的选择有任意性，但是必须满足两个条件，一是 $\hat{H}_0$ 必须是 $\hat{H}$ 的主要部分，使得 $\hat{V}$ 足够小，可以作为微扰处理；二是 $\hat{H}_0$ 的本征方程

$$\hat{H}_0\Phi_i = U_i\Phi_i, \qquad i = 0,1,\cdots,\infty \tag{5.6.3}$$

能够求解，得到能谱

$$U_0, U_1, U_2, \cdots \tag{5.6.4}$$

和正交归一化波函数集合

$$\Phi_0, \Phi_1, \Phi_2, \cdots \tag{5.6.5}$$

微扰理论的基本思路是，从求得的 $\hat{H}_0$ 的本征函数集合 $\{\Phi\}$ 出发，通过逐级考虑微扰作用，得到方程(5.6.1)的近似波函数和近似能量.

如果用微扰理论求解原子、分子的定态 Schrödinger 方程(5.6.1)，则需要分别考虑闭壳层和开壳层电子组态. 闭壳层电子组态只有一个 Slater 行列式，因而是 $\hat{H}_0$ 的非简并本征态，可用非简并微扰理论处理；开壳层电子组态包含若干个 Slater 行列式，它们是 $\hat{H}_0$ 的能量简并态，要用简并态微扰理论处理. 但是在以上几章的讨论中，仅仅用微扰理论分析问题，并没有用微扰方法开展计算. 根据第 1 章的讨论，利用原子、分子的对称性，不必进行微扰计算，就能建造谱项波函数. 无论是闭壳层还是开壳层体系，由一个电子组态建造的谱项波函数都相当于微扰理论的零级近似波函数，由此可以求得能量的一级近似. 在此基础上，通过谱项相互作用可以得到更精确的波函数和能量. 谱项相互作用相当于更高级的微扰处理，而谱项相互作用属于线性变分法，因此采用线性变分法可以得到与微扰理论相近的结果. 在 2.5.6 节，我们进一步分析了微扰等级与激发等级的关系，我们证明，按照 Rayleigh-Schrödinger 的微扰逐级近似方案，一级微扰波函数中仅包含双激发组态，二级微扰波函数中则应包含单激发、双激发、三激发和四激发等组态.

谱项相互作用实际上就是组态相互作用(CI)，我们将微扰方法和 CI 方法做粗略对比，以便对微扰理论有一个基本认识. CI 方法是一种变分方法，计算得到的能量具有下确界性质，即

所得能量总是高于体系的精确能量. 随着组态数目的增加，所得能量将越来越接近并最终收敛到体系的精确能量. 而微扰计算所得能量不具有下确界性质，它可能高于也可能低于体系的精确能量，可能收敛于体系的精确能量，也可能围绕体系的精确能量振荡，甚至发散；CI 方法的缺点是计算量大，而且截短的 CI 计算不具有尺寸一致性和尺寸广延性. 低阶微扰理论计算量较小，精度较高，并且具有尺寸一致性和尺寸广延性. CI 方法有单参考态和多参考态之分，与此类似，微扰方法也有单参考态和多参考态之分. 下面介绍具体的计算方法.

### 5.6.1 单参考态微扰方法

参考态是指无微扰 Hamilton 量 $\hat{H}_0$ 的本征态或其组合，单参考态就是只取 $\hat{H}_0$ 的一个态作为无微扰态.

1. 单参考态闭壳层微扰方法

前面指出，如何选择 $\hat{H}_0$ 是微扰方法的基础. Møller 和 Plesset 首先将 Rayleigh-Schrödinger 微扰展开应用于闭壳层体系，他们将 $\hat{H}_0$ 取作

$$\hat{H}_0 = \sum_i^N \hat{F}_i \tag{5.6.6}$$

其中，$N$ 为电子数目或占据的自旋轨道数目；$\hat{F}_i$ 为 Fock 算符[见式(2.4.27)和式(2.4.28)]，

$$\begin{aligned}\hat{F}_i(1) &= \hat{h}(1) + \sum_j^N \left[J_j(1) - K_j(1)\right] \\ &= -\frac{1}{2}\nabla_1^2 - \sum_a \frac{Z_a}{r_{a1}} + \sum_{j=1}^N \left[\begin{aligned}&\langle\varphi_j(2)|g_{12}|\varphi_j(2)\rangle \\ &-\delta\left(m_{s_i} m_{s_j}\right)\langle\varphi_j(2)|g_{12}|\varphi_i(2)\rangle\frac{\varphi_j(1)}{\varphi_i(1)}\end{aligned}\right]\end{aligned} \tag{5.6.7}$$

Fock 算符为单电子算符，$\hat{H}_0$ 的本征函数是 Slater 行列式，对于 Hamilton 量 $\hat{H}$ 来说，每一个 Slater 行列式都称为组态函数.

设单参考态为 $\Phi_i$[见式(5.6.5)]，其能量为 $U_i$，根据 1.4 节的讨论，可以得到 $\hat{H}$ 的相应本征值和本征函数的各级近似，如本征值 $E_i$ 的 Rayleigh-Schrödinger 微扰展开为

$$\begin{aligned}E_i &= E_i^{(0)} + \lambda V_{ii} + \lambda^2 \sum_{j\neq i} \frac{V_{ij}V_{ji}}{U_i - U_j} \\ &\quad + \lambda^3 \left[\sum_{\substack{j\neq i \\ k\neq i}} \frac{V_{ij}V_{jk}V_{ki}}{(U_i - U_j)(U_i - U_k)} - V_{ii}\sum_{j\neq i}\frac{V_{ij}V_{ji}}{(U_i - U_j)^2}\right] + \cdots\end{aligned} \tag{5.6.8}$$

式中，$V_{ij} = \langle\Phi_i|\hat{V}|\Phi_j\rangle$，$E_i^{(0)}$ 为 $E_i$ 的零级近似，$E_i^{(0)} = U_i$ [见式(5.6.4)]，$\lambda$ 的幂次分别与 $E_i$ 的各级修正相对应，如 $\lambda$ 的一次幂对应 $E_i$ 的一级修正 $E_i^{(1)}$. 按式(5.6.6)选取 $\hat{H}_0$ 的方法被称为 Møller-Plesset 划分，习惯上用 MP 标志，并称相应的微扰理论为 MP 微扰理论. 关于 MP 微扰理论，将在“多体微扰理论”一节做进一步讨论.

2. 单参考态开壳层微扰方法

首先讨论参考态的选择问题. 根据 2.6 节的讨论，自旋限制性 Hartree-Fock 方法(spin

restricted open-shell Hartree-Fock, ROHF)和自旋非限制 Hartree-Fock 方法(spin unrestricted open-shell Hartree-Fock, UHF)是处理开壳层的两种自洽场方法，因此单参考态方法中的参考态可分别取作 ROHF 或 UHF 波函数. 其中，UHF 波函数不是自旋算符 $S^2$ 的本征波函数，存在自旋污染，故基于 UHF 波函数的 UMP 微扰方法的计算结果通常较差. 基于 ROHF 波函数，文献中提出了很多微扰方法，其中比较典型的有 Murray 和 Davidson[18]提出的 OPT1 和 OPT2，Amos 等[19]提出的 ROMP，Lauderdale 等[20]提出的 RMP，以及 Lee 和 Jayatilaka[21]提出的 ZAPT 等. 基于 ROHF 波函数的 CASPT2 也是一个单参考态微扰方法，简记为 CASPT2/ROHF[22].

其次，发展单参考态开壳层微扰方法的关键是定义一个合理的单电子算符，进而给出合适的无微扰 Hamilton 量 $\hat{H}_0$，然后就可以直接按照 Rayleigh-Schrödinger 方法做微扰展开. 与闭壳层体系不同，开壳层体系单电子算符的选择有一定任意性，文献中提出了多种单电子算符，这些单电子算符的优劣很难从理论上判断，通常是根据实际计算结果来判断. 例如，前面提到的 OSPT 和 CASPT2/ROHF 方法中，双占据空间、单占据空间和非占据空间的单粒子算符分别定义为

$$-\frac{\hat{F}_\alpha}{2}+\frac{3\hat{F}_\beta}{2}, \qquad \frac{\hat{F}_\alpha}{2}+\frac{\hat{F}_\beta}{2}, \qquad \frac{3\hat{F}_\alpha}{2}-\frac{\hat{F}_\beta}{2} \tag{5.6.9}$$

$$\frac{\hat{F}_\alpha}{2}+\frac{\hat{F}_\beta}{2}, \qquad \frac{\hat{F}_\alpha}{2}+\frac{\hat{F}_\beta}{2}, \qquad \frac{\hat{F}_\alpha}{2}+\frac{\hat{F}_\beta}{2} \tag{5.6.10}$$

式中，$\hat{F}_\alpha$ 和 $\hat{F}_\beta$ 分别为对应 $\alpha$ 自旋和 $\beta$ 自旋的 Fock 算符. 单电子算符定义不同，导致不同微扰方法的计算精度不同，有时甚至连定性结论也不一致.

就自旋而言，开壳层微扰波函数可以分为两类，一类是微扰波函数不存在自旋污染. 前面提到的 OPT1、OPT2、CASPT2/ROHF 和 OSPT 微扰方法都属于这一类. 另一类是微扰波函数存在自旋污染，是自旋不纯的. 自旋不纯的微扰波函数对二阶微扰能量的计算没有影响，但对三阶以上微扰能量计算有影响. 前面提到的微扰方法 ROMP、RMP 和 ZAPT 属于这一类.

单参考态微扰理论取得了很大成功，但存在以下不足：①它不能正确地描述分子体系的解离行为；②当激发态出现简并，或者体系偏离平衡几何构型，波函数出现多组态特征时，微扰计算常常发散；③当基组中包含弥散函数时，即使分子处于平衡几何构型或平衡构型附近，微扰能量和电子偶极矩也常出现发散，尤其是高阶微扰计算常常发散. 前两类问题一般寄希望于多参考态微扰理论来解决，但至今没有找到解决第三类问题的有效办法.

### 5.6.2　多参考态微扰方法

为了解决前述单参考态微扰方法存在的第一类和第二类问题，人们提出了多参考态微扰方法. 与单参考态微扰方法相比，多参考态微扰方法要复杂得多. 除了利用 Rayleigh-Schrödinger 微扰展开之外，多参考态微扰方法还常借助 CI 方法或耦合簇方法. 多参考态微扰方法有大量文献报道，在这些报道中，无论参考态的选择还是微扰算符的定义都没有固定模式，我们不再逐一讨论，仅列出一些文献供参考. 例如，Kozlowski 和 Davidson[23]提出的 MROPT，Chen 和 Fan[24]提出的 SMRPT. 等等，不再详细列举.

与单参考态微扰方法相比，多参考态微扰方法的计算精度明显提高，但计算量也随之增加. 由于同时考虑多个参考态，参考态之间的简并基本解除，因此多参考态微扰理论可以直接计算激发态，也可以用来计算势能面. 但多参考态微扰方法的计算结果仍然不尽如人意. 目前，多

参考态微扰方法主要面临以下问题：第一，计算结果是否具有尺寸广延性. 单参考态微扰计算满足尺寸广延性，但对多参考态微扰方法来说，尺寸广延性却是一个很大的挑战，文献报道的许多多参考态微扰方法均不具有尺寸广延性. 第二，微扰能量对轨道的酉变换是否具有不变性. 如果不具有不变性，则当采用不同形式的轨道计算时，所得能量不同，不少多参考态微扰方法不具有这种不变性. 第三，虽然多参考态微扰方法的计算结果比单参考态微扰方法有很大改进，但仍然不能正确地描述分子的解离行为. 第四，侵入态的影响仍然存在. 对单参考态微扰方法，当参考态与其他组态能量简并时，将出现侵入态，导致微扰能量发散. 在多参考态微扰方法中，虽然参考态之间的能量简并基本消除，但参考态的能谱和其他态的能谱之间可能还会有重叠，因此多参考态微扰理论中也存在侵入态的问题. 由于侵入态的存在，微扰能量收敛缓慢，计算出来的势能面不够光滑.

到目前为止，单参考态闭壳层微扰方法已经基本成熟，单参考态开壳层微扰问题也已基本解决. 但多参考态微扰方法仍然存在许多困难，特别是侵入态问题以及分子的解离问题值得进一步深入研究.

### 5.6.3　多体微扰理论

多体微扰理论(many-body perturbation theory, MBPT)是在微扰理论基本框架的基础上，利用图解方法计算微扰矩阵元的一种理论方法，该方法不仅大大简化了微扰计算，而且按照一定的作图规则可以使计算结果具有尺寸一致性. Feynman 首先在量子电动力学中使用了这种图解技术，图的具体样式很多，但统称为 Feynman 图. Brucckner 和 Goldstone 将图解技术引进核多体理论，Kelly 首先在量子化学中使用了图解技术，直接获得用分子轨道电子排斥积分表示的微扰矩阵元和微扰能(相关能)公式，从而开创了量子化学多体微扰理论. 现在介绍有关的理论背景. 为了使讨论更为明晰，首先介绍处理闭壳层的单参考态多体微扰方法.

利用式(5.6.2)，可将 Schrödinger 方程(5.6.1)改写为

$$\left(E-\hat{H}_0\right)|\Psi\rangle=\hat{V}|\Psi\rangle \tag{5.6.11}$$

将 $\Psi$ 按 $H_0$ 的本征函数集合 $\{\Phi_i\}$ [见式(5.6.5)]展开

$$\Psi=\sum_{i=0}^{\infty}a_i\Phi_i\ , \qquad a_0\equiv 1 \tag{5.6.12}$$

设正交归一化条件为

$$\left\langle\Phi_i\middle|\Phi_j\right\rangle=\delta_{ij}\ , \qquad a_0=\langle\Phi_0|\Psi\rangle=1 \tag{5.6.13}$$

用 $\langle\Phi_i|$ 乘式(5.6.11)两边并对电子坐标积分，得

$$\left(E-U_i\right)a_i=\langle\Phi_i|\hat{V}|\Psi\rangle \tag{5.6.14}$$

一般来说，$E\neq U_i$，故有

$$a_i=\frac{\langle\Phi_i|\hat{V}|\Psi\rangle}{E-U_i} \tag{5.6.15}$$

取投影算符 $\hat{P}_0=|\Phi_0\rangle\langle\Phi_0|$，它将函数 $\Psi$ 投影到 $\Phi_0$，即有

$$\hat{P}_0|\Psi\rangle\equiv|\Phi_0\rangle\langle\Phi_0|\Psi\rangle=|\Phi_0\rangle \tag{5.6.16}$$

于是，利用式(5.6.15)有

$$\Psi = \sum_i a_i \Phi_i = \Phi_0 + \sum_{i=1}^{\infty} a_i \Phi_i = \Phi_0 + \sum_{i=1}^{\infty} \frac{\langle \Phi_i | \hat{V} | \Psi \rangle}{E - U_i} |\Phi_i\rangle = \Phi_0 + \sum_{i=1}^{\infty} \frac{|\Phi_i\rangle\langle \Phi_i|}{E - U_i} \left( \hat{V} |\Psi\rangle \right) \tag{5.6.17}$$

$H_0$的本征函数集合$\{\Phi_i\}$ [见式(5.6.5)]是完备集合，故有单位算符

$$\sum_{i=0}^{\infty} |\Phi_i\rangle\langle \Phi_i| = 1$$

于是有

$$\Psi = \sum_{i=0}^{\infty} |\Phi_i\rangle\langle \Phi_i | \Psi\rangle$$

上式可改写为

$$\begin{aligned}\left(1 - |\Phi_0\rangle\langle\Phi_0|\right)|\Psi\rangle &= \sum_{i=1}^{\infty} |\Phi_i\rangle\langle\Phi_i|\Psi\rangle = \sum_{i=1}^{\infty} \frac{(E - U_i)}{(E - U_i)} |\Phi_i\rangle\langle\Phi_i|\Psi\rangle \\ &= \sum_{i=1}^{\infty} \frac{\left(E - \hat{H}_0\right)|\Phi_i\rangle\langle\Phi_i|\Psi\rangle}{E - U_i} = \left(E - \hat{H}_0\right) \sum_{i=1}^{\infty} \frac{|\Phi_i\rangle\langle\Phi_i|\Psi\rangle}{E - U_i}\end{aligned}$$

$E$不是$\hat{H}_0$的本征值，因此$\left(E - \hat{H}_0\right)$的逆$\left(E - \hat{H}_0\right)^{-1}$存在，故有

$$\frac{\left(1 - |\Phi_0\rangle\langle\Phi_0|\right)\Psi\rangle}{\left(E - \hat{H}_0\right)} = \sum_{i=1}^{\infty} \frac{|\Phi_i\rangle\langle\Phi_i|\Psi\rangle}{E - U_i}$$

以上推导对任意$\Psi$都成立，故有算符方程

$$\frac{1 - |\Phi_0\rangle\langle\Phi_0|}{\left(E - \hat{H}_0\right)} = \sum_{i=1}^{\infty} \frac{|\Phi_i\rangle\langle\Phi_i|}{E - U_i} \tag{5.6.18}$$

代入式(5.6.17)，可得

$$\Psi = \Phi_0 + \frac{1 - \hat{P}_0}{E - \hat{H}_0} \hat{V} |\Psi\rangle = \Phi_0 + \hat{G}\hat{V}|\Psi\rangle \tag{5.6.19}$$

其中

$$\hat{G} = \frac{1 - \hat{P}_0}{E - \hat{H}_0} \tag{5.6.20}$$

由于包含待求的能量和波函数，式(5.6.19)只能用迭代方法求解，可将待求的基态能量和波函数写作

$$\Psi = \sum_{n=o}^{\infty} \left(\hat{G}\hat{V}\right)^n |\Phi_0\rangle \tag{5.6.21}$$

$$E = U_0 + \langle\Phi_0|\hat{V}|\Psi\rangle = U_0 + \langle\Phi_0|\hat{V} \sum_{n=0}^{\infty} \left(\hat{G}\hat{V}\right)^n |\Phi_0\rangle \tag{5.6.22}$$

具体表达式为

$$\Psi = |\Phi_0\rangle + \left|\Psi^{(1)}\right\rangle + \left|\Psi^{(2)}\right\rangle + \cdots \tag{5.6.23}$$

$$E = U_0 + E^{(1)} + E^{(2)} + E^{(3)} + \cdots \tag{5.6.24}$$

其中，波函数和能量的各级修正为

$$\Psi^{(1)} = \hat{G}\hat{V}|\Phi_0\rangle,\ \Psi^{(2)} = \hat{G}\hat{V}\hat{G}\hat{V}|\Phi_0\rangle \tag{5.6.25}$$

$$E^{(1)} = \langle\Phi_0|\hat{V}|\Phi_0\rangle,\quad E^{(2)} = \langle\Phi_0|\hat{V}\hat{G}\hat{V}|\Phi_0\rangle,\ E^{(3)} = \langle\Phi_0|\hat{V}\hat{G}\hat{V}\hat{G}\hat{V}|\Phi_0\rangle \tag{5.6.26}$$

称$\Psi$的展开式(5.6.21)和 $E$ 的展开式(5.6.22)为 Brillouin-Wigner(BW)微扰展开. 表面上看两个展开式很紧凑，但由于算符$\hat{G}$中包含待求的能量$E$，迭代求解时，$E$只好用近似值代替，因此仅当展开到无穷项时，才能得到真正的$E$值. 另外，容易看出，由于$E$出现在算符$\hat{G}$的分母中，BW 展开式不是按照微扰参数$\lambda$的级数展开的，因此$E$的各级修正$E^{(k)}$不具有正确的尺寸一致性. 为了消除这一缺点，可将$E$按$\lambda$的级数展开，代入式(5.6.22)，重新整理$\lambda$的同次幂项，就可得到 Rayleigh-Schrödinger 微扰展开式. 将式(5.6.2)改写为$\hat{H} = \hat{H}_0 + \lambda\hat{V}$，式(5.6.14)可写为(注意$a_i = \langle\Phi_i|\Psi\rangle$)

$$(U_0 - U_i)a_i = \langle\Phi_i|\lambda\hat{V}|\Psi\rangle + (U_0 - E)a_i = \langle\Phi_i|\lambda\hat{V} + U_0 - E|\Psi\rangle \tag{5.6.27}$$

于是有

$$a_i = \frac{\langle\Phi_i|\lambda\hat{V} + U_0 - E|\Psi\rangle}{U_0 - U_i} \tag{5.6.28}$$

仿照式(5.6.15)～式(5.6.19)的推导过程，可将式(5.6.19)、式(5.6.21)和式(5.6.22)改写为

$$\Psi = \Phi_0 + \frac{(1-\hat{P}_0)}{U_0 - \hat{H}_0}\left[\lambda\hat{V} + U_0 - E\right]|\Psi\rangle = \Phi_0 + \hat{G}_0\lambda\hat{V}'|\Psi\rangle = \sum_{n=0}^{\infty}\left(\hat{G}_0\lambda\hat{V}'\right)^n|\Phi_0\rangle \tag{5.6.29}$$

$$E = U_0 + \langle\Phi_0|\lambda\hat{V}|\Psi\rangle = U_0 + \langle\Phi_0|\lambda\hat{V}\sum_{n=0}^{\infty}\left(\hat{G}_0\lambda\hat{V}'\right)^n|\Phi_0\rangle \tag{5.6.30}$$

其中

$$\lambda\hat{V}' = \lambda\hat{V} - (E - U_0),\qquad \hat{G}_0 = \frac{1-\hat{P}_0}{U_0 - \hat{H}_0}$$

于是可将$E$展开成微扰参数$\lambda$的级数形式

$$E = U_0 + \lambda E^{(1)} + \lambda^2 E^{(2)} + \lambda^3 E^{(3)} + \lambda^4 E^{(4)} + \cdots$$

式中，各级能量修正的表达式为

$$\begin{aligned}
E^{(1)} &= \langle\Phi_0|\hat{V}|\Phi_0\rangle = \langle\hat{V}\rangle \\
E^{(2)} &= \langle\Phi_0|\hat{V}\hat{G}_0\hat{V}|\Phi_0\rangle \\
E^{(3)} &= \langle\Phi_0|\hat{V}\hat{G}_0\hat{V}\hat{G}_0\hat{V}|\Phi_0\rangle - \langle\Phi_0|\hat{V}\hat{G}_0\hat{G}_0\hat{V}|\Phi_0\rangle\langle\Phi_0|\hat{V}|\Phi_0\rangle \\
&= \langle\Phi_0|\hat{V}\hat{G}_0\left(\hat{V} - \langle\hat{V}\rangle\right)\hat{G}_0\hat{V}|\Phi_0\rangle \\
E^{(4)} &= \langle\Phi_0|\hat{V}\hat{G}_0\left(\hat{V} - \langle\hat{V}\rangle\right)\hat{G}_0\left(\hat{V} - \langle\hat{V}\rangle\right)\hat{G}_0\hat{V}|\Phi_0\rangle - E^{(2)}\langle\Phi_0|\hat{V}\hat{G}_0\hat{G}_0\hat{V}|\Phi_0\rangle
\end{aligned} \tag{5.6.31}$$

从形式上看，展开式(5.6.31)比展开式(5.6.26)复杂，但展开式(5.6.31)克服了式(5.6.26)的缺点. 而且，写出式(5.6.31)各项的规则很简单. 第$n$级的首项形式为$\langle\Phi_0|\hat{V}\hat{G}_0\hat{V}\hat{G}_0\hat{V}\cdots\hat{V}\hat{G}_0\hat{V}|\Phi_0\rangle$(共有$n$个$\hat{V}$)，其余各项只需以所有可能的方式在首项中插入成对的尖括号(Dirac 符号)即可得到. 尖括号对内可以包括任何数目的因子，且尖括号内可以放尖括号对，但插入的尖括号需在$\hat{V}$旁边，且最靠近两边的$\hat{V}$要除外. 所得各项的符号为$(-1)^l$，其中$l$为所加尖括号的对数. 第$n$级的总

项数为(包括首项)$\dfrac{(2n-2)}{n!(n-1)!}$. 例如，第四级$E^{(4)}$有$\dfrac{(8-2)!}{4!3!}=5$项，它们分别是

$$
\begin{aligned}
&(1)\ \langle \Phi_0|\hat{V}\hat{G}_0\hat{V}\hat{G}_0\hat{V}\hat{G}_0\hat{V}|\Phi_0\rangle \\
&(2)\ -\langle \Phi_0|\hat{V}\hat{G}_0\langle \hat{V}\rangle \hat{G}_0\hat{V}\hat{G}_0\hat{V}|\Phi_0\rangle = -\langle \hat{V}\rangle\langle \Phi_0|\hat{V}\hat{G}_0\hat{G}_0\hat{V}\hat{G}_0\hat{V}|\Phi_0\rangle \\
&(3)\ -\langle \Phi_0|\hat{V}\hat{G}_0\hat{V}\hat{G}_0\langle \hat{V}\rangle \hat{G}_0\hat{V}|\Phi_0\rangle = -\langle \hat{V}\rangle\langle \Phi_0|\hat{V}\hat{G}_0\hat{V}\hat{G}_0\hat{G}_0\hat{V}|\Phi_0\rangle \\
&(4)\ \langle \Phi_0|\hat{V}\hat{G}_0\langle \hat{V}\rangle \hat{G}_0\langle \hat{V}\rangle \hat{G}_0\hat{V}|\Phi_0\rangle = \langle \hat{V}\rangle\langle \hat{V}\rangle\langle \Phi_0|\hat{V}\hat{G}_0\hat{G}_0\hat{G}_0\hat{V}|\Phi_0\rangle \\
&(5)\ -\langle \Phi_0|\hat{V}\hat{G}_0\langle \hat{V}\hat{G}_0\hat{V}\rangle \hat{G}_0\hat{V}|\Phi_0\rangle = -\langle \Phi_0|\hat{V}\hat{G}_0\hat{V}|\Phi_0\rangle\langle \Phi_0|\hat{V}\hat{G}_0\hat{G}_0\hat{V}|\Phi_0\rangle
\end{aligned}
\tag{5.6.32}
$$

通常称有两个以上尖括号对的项为重整化项.

无微扰算符$\hat{H}_0$的选择有一定任意性，最简单的办法是将$\hat{H}_0$取为Fock算符之和，即采用Møller-Plesset划分. 但是，为了使有关的讨论不限于正则Hartree-Fock轨道，定义新的Fock算符$\hat{F}'(i)$

$$\hat{F}'(i)=\hat{h}(i)+\hat{U}(i)=\hat{h}(i)+\left[\hat{V}_{\text{HF}}(i)-\hat{h}'(i)\right] \tag{5.6.33}$$

其中

$$\hat{h}(i)=-\frac{1}{2}\nabla_i^2-\sum_a\frac{Z_a}{r_{ia}}, \qquad \hat{V}_{\text{HF}}(i)=\sum_j\left(\hat{J}_j(i)-\hat{K}_j(i)\right)$$

式(5.6.33)与式(5.6.7)给出的Fock算符的区别是，新的Fock算符在原来的Fock算符中添加了算符$\hat{h}'$，即$\hat{F}'(i)=\hat{F}(i)-\hat{h}'(i)$，

$$\hat{h}'(i)=\sum_{\mu\neq r}|\mu\rangle\langle r|\varepsilon_{\mu r}+\sum_{k\neq r}|k\rangle\langle r|\varepsilon_{kr} \tag{5.6.34}$$

其中

$$\varepsilon_{nr}=\langle n|-\frac{1}{2}\nabla_i^2-\sum_a\frac{Z_a}{r_{ia}}+\hat{V}_{\text{HF}}(i)|r\rangle, \qquad n=\mu,k \tag{5.6.35}$$

指标$\mu$、$k$和$r$分别标记空轨道、占据轨道和任意轨道. 添加算符$\hat{h}'$之后，无论对于正则Hartree-Fock轨道还是经某种酉变换得到的非正则轨道，都满足方程

$$\hat{F}'(i)|r\rangle=\varepsilon_r|r\rangle \tag{5.6.36}$$

这是因为，在2.4节已经证明，闭壳层Hartree-Fock算符$\hat{F}(i)$在占据轨道的任意酉变换下不变. 对于正则Hartree-Fock轨道，由式(5.6.35)有

$$\varepsilon_{\mu r}=0(\mu\neq r), \quad \varepsilon_{kr}=0(k\neq r)$$

从而$\hat{h}'=0$，这时，式(5.6.36)为正则Hartree-Fock方程；对于非正则Hartree-Fock占据轨道$l$，式(5.6.36)为

$$\left\{\hat{F}(i)+\sum_{k(\neq l)}\varepsilon_{kl}|k\rangle\right\}|l\rangle=\varepsilon_l|l\rangle \tag{5.6.37}$$

这正是非正则Hartree-Fock方程(2.4.12). 值得注意的是，非正则轨道并不是原来的Fock算符$\hat{F}$的本征态，而是新的Fock算符$\hat{F}'$的本征态.

由于(不计核间排斥项)

$$\hat{H} = \sum_i \hat{h}_i + \sum_{i>j} \frac{1}{r_{ij}}$$

若取

$$\hat{H}_0 = \sum_i \hat{F}'(i) = \sum_i \left[\hat{h}(i) + \hat{U}(i)\right] = \sum_i \left\{\hat{h}(i) + \left[\hat{V}_{\mathrm{HF}}(i) - \hat{h}'(i)\right]\right\} \tag{5.6.38}$$

则有

$$\hat{H}_0 \Phi_0 = U_0 \Phi_0 \tag{5.6.39}$$

$$U_0 = \sum_k \varepsilon_k \tag{5.6.40}$$

$\Phi_0$ 中的轨道可以是正则轨道，也可以是非正则轨道，$\varepsilon_k$ 是新的 Fock 算符 $\hat{F}'$ 的本征值. 微扰算符 $\hat{V}$ 为

$$\hat{V} = \hat{H} - \hat{H}_0 = \sum_{i<j} \hat{g}_{ij} - \sum_i \left[\hat{V}_{\mathrm{HF}}(i) - \hat{h}'(i)\right] \tag{5.6.41}$$

其中

$$\hat{g}_{ij} = \frac{1}{r_{ij}}$$

利用式(2.1.15)和式(2.4.27)，有

$$\langle \Phi_0 | \sum_{i<j} \hat{g}_{ij} | \Phi_0 \rangle = \frac{1}{2} \sum_k \sum_l \langle kl | \hat{g}_{12} \left(1 - \hat{P}_{12}\right) | kl \rangle = \frac{1}{2} \sum_k \langle k | \hat{V}_{\mathrm{HF}} | k \rangle$$

由于 $\Phi_0$ 中不包含非占据轨道，故有

$$\langle \Phi_0 | \left[ \sum_{\mu \neq r} |\mu\rangle\langle r| \right] | \Phi_0 \rangle = 0$$

又由于 $k \neq r$，当 $r$ 为占据轨道时，在 $\langle \Phi_0 | k \rangle$ 和 $\langle r | \Phi_0 \rangle$ 中必然包含不同的占据轨道，从而有

$$\langle \Phi_0 | \left[ \sum_{k \neq r} |k\rangle\langle r| \right] | \Phi_0 \rangle = 0$$

当 $r$ 不是占据轨道时，显然上式也成立，于是由式(5.6.34)，有

$$\langle \Phi_0 | \hat{h}' | \Phi_0 \rangle = 0 \tag{5.6.42}$$

利用以上结果，可得一级微扰能

$$\begin{aligned} E^{(1)} &= \langle \Phi_0 | \hat{V} | \Phi_0 \rangle = \frac{1}{2} \sum_k \sum_l \langle kl | \hat{g}_{12} \left(1 - \hat{P}_{12}\right) | kl \rangle - \sum_k \langle k | \hat{V}_{\mathrm{HF}} | k \rangle \\ &= -\frac{1}{2} \sum_k \langle k | \hat{V}_{\mathrm{HF}} | k \rangle = -\langle \Phi_0 | \sum_{i<j} \hat{g}_{ij} | \Phi_0 \rangle \end{aligned} \tag{5.6.43}$$

式(5.6.40)表明，采用 Møller-Plesset 划分选择 $\hat{H}_0$，则 $\hat{H}$ 的零级近似能量 $E_0^{(0)} = U_0$ 是轨道能量之和，而不是体系能量的 Hartree-Fock 期望值[见式(2.4.36)]. 一级微扰能为 $-\langle \Phi_0 | \sum_{i<j} \hat{g}_{ij} | \Phi_0 \rangle$，因此微扰能不等于电子相关能，因为电子相关能定义为能量的 Hartree-Fock 期望值与精确值之差. 这是 Møller-Plesset 划分的一个缺点，为了避免这一缺点，可取

$$\hat{H}_0' = \hat{H}_0 - \langle \Phi_0 | \sum_{i<j} \hat{g}_{ij} | \Phi_0 \rangle \tag{5.6.44}$$

$$\hat{V}' = \hat{V} + \langle \Phi_0 | \sum_{i<j} \hat{g}_{ij} | \Phi_0 \rangle \tag{5.6.45}$$

这样，能量的零级近似 $E_0 = \langle \Phi_0 | \hat{H} | \Phi_0 \rangle$，一级修正 $E^{(1)} = 0$. 如果取 Hartree-Fock 能量为零点，定义

$$\begin{aligned}
\hat{H}^{\mathrm{c}} &= \hat{H} - \langle \Phi_0 | \hat{H} | \Phi_0 \rangle \\
\hat{H}_0^{\mathrm{c}} &= \hat{H}_0 - \langle \Phi_0 | \hat{H}_0 | \Phi_0 \rangle \\
\hat{W} &= \hat{H}^{\mathrm{c}} - \hat{H}_0^{\mathrm{c}} = \left(\hat{H} - \hat{H}_0\right) - \langle \Phi_0 | \hat{H} - \hat{H}_0 | \Phi_0 \rangle \\
&= \left[\sum_{i<j} \frac{1}{r_{ij}} - \sum_i U(i)\right] - \langle \Phi_0 | \left[\sum_{i<j} \frac{1}{r_{ij}} - \sum_i U(i)\right] | \Phi_0 \rangle
\end{aligned} \tag{5.6.46}$$

则

$$\hat{H}^{\mathrm{c}} |\Psi\rangle = E_{\mathrm{c}} |\Psi\rangle \tag{5.6.47}$$

$$E_{\mathrm{c}} = E - \langle \Phi_0 | \hat{H} | \Phi_0 \rangle \tag{5.6.48}$$

算符 $\hat{H}^{\mathrm{c}}$ 的本征值 $E_{\mathrm{c}}$ 就是体系的电子相关能，其微扰展开式为

$$E_{\mathrm{c}} = \sum_n E^{(n)}$$

式中的各级修正依次为

$$\begin{aligned}
E^{(1)} &= \langle \Phi_0 | \hat{W} | \Phi_0 \rangle = 0 \\
E^{(2)} &= \langle \Phi_0 | \hat{W} \hat{G}_0 \hat{W} | \Phi_0 \rangle \\
E^{(3)} &= \langle \Phi_0 | \hat{W} \hat{G}_0 \hat{W} \hat{G}_0 \hat{W} | \Phi_0 \rangle \\
E^{(4)} &= \langle \Phi_0 | \hat{W} \hat{G}_0 \hat{W} \hat{G}_0 \hat{W} \hat{G}_0 \hat{W} | \Phi_0 \rangle - \langle \Phi_0 | \hat{W} \hat{G}_0 \hat{W} | \Phi_0 \rangle = \langle \Phi_0 | \hat{W} \hat{G}_0 \hat{G}_0 \hat{W} | \Phi_0 \rangle
\end{aligned} \tag{5.6.49}$$

习惯上用MP$n$标记展开到$n$级的微扰计算，这里所说的$n$级指的是能量修正的级别，而不是波函数修正的级别，前者比后者高一级. 例如，MP3 计算的近似相关能为 $E_{\mathrm{c}}(\mathrm{MP3}) = E^{(1)} + E^{(2)} + E^{(3)}$. 于是，相关能的计算就归结为计算形如式(5.6.31)或式(5.6.49)的各级微扰项(矩阵元). 传统的微扰方法是将 Hartree-Fock 波函数直接代入来求这些矩阵元，然而，对于多电子体系来说，这样做不仅效率很低(因为当矩阵元简化到用电子排斥积分表示时，大部分项可以消去)，而且计算时不包括完备的同一等级激发组态，所得结果不符合尺寸一致性要求. 采用图解技术可以避免这些缺点，图解技术的具体步骤是，首先画出所有对应非零贡献的 Feynman 图，然后根据所画出的图写出用轨道表示的矩阵元表达式. 画图和写矩阵元表达式的规则是根据二次量子化表象中的 Fick 定律导出的，具体做法不再详细讨论，可参看相关文献[25].

除了单参考态多体微扰理论外，还有多参考态多体微扰理论，如以 CASSCF 波函数为参考态的 CASMP2 或 CASTP2 方法[5]等，不再详细介绍.

必须指出，多体微扰理论采用图解方法，简化了微扰矩阵元的计算，从而提供了计算相关能主要部分的简易办法，但并不能解决微扰理论的基本缺陷. 第一，展开式的收敛问题. 波函数展开式(5.6.29)或者能量展开式(5.6.30)或式(5.6.49)收敛缓慢，计算到二级一般不能满足精度

要求，计算到三级或者四级才能得到较好结果. 而要计算出全部相关能，则需要展开到无穷级. 但计算到四级以上时由于计算量过大而变得十分困难. 更严重的是，展开式有时不收敛，而且至今没有办法判断一个具体体系的微扰展开是否收敛，即使低级项表现出收敛趋势，也不能保证高级项一定收敛. 可以肯定的是，如果参考态选择不合适，则多体展开式的收敛行为很差. 因此，目前的做法只能是，根据所研究体系的具体情况，选择合适的参考态做低级微扰计算. 经验表明，一般情况下，MP2 能计算出 80%～90%的相关能，MP3 可达 90%～95%，MP4 可达 95%～98%. 当然，对具体体系而言，添加高级微扰项并不一定能改进计算精度，例如，对有些体系来说，MP3 的计算结果反而不如 MP2 的结果好. 第二，计算所得的能量不具有上界性质. 但是，这个问题并不特别严重. 因为在大多数情况下，要计算的是体系在不同状态下的能量差值，只要不同状态下微扰计算的条件比较一致(基组相同，微扰级别相同)，则误差可以大部分相互抵消，能量差值相对来说还是比较准确的.

最后，让我们将组态相互作用方法、耦合簇理论及多体微扰理论做简单比较.

前面已经指出，CI 展开中的 $n$ 重激发组态与耦合簇展开中的 $n$ 电子耦合簇含义相同，但耦合簇展开将 $n$ 电子耦合簇区分为相连簇和不相连簇，不相连簇的展开系数可以从较小耦合簇的展开系数求得.

在多体微扰理论中，相关能由各级微扰能贡献，但微扰的一级并不对应于一种相关簇，也不对应于一种激发组态. 实际上在各级微扰能中都包含低于其级数的各级激发组态的贡献，而每种激发组态则可能是由几个耦合簇贡献的.

## 5.7　密度函数与密度矩阵

由以上讨论可见，电子相关问题产生的根本原因在于，Hartree-Fock 方法采用了单电子近似和单组态近似，致使波函数精度不够. 解决电子相关问题的根本途径是精确求解量子体系的定态 Schrödinger 方程. Schrödinger 方程的基本思想是用波函数描述体系的状态，因此又称为波函数方法. 用波函数方法解决电子相关问题的基本思路是提高波函数的精度，虽然解决问题的思路是清晰的，但是随着波函数精度的提高，计算过程越来越复杂. 于是人们希望绕开波函数，不要求解 Schrödinger 方程，而用另外一种方式来描述量子体系. 密度矩阵理论正是基于这样的理念发展起来的. 本节以及接下来的三节将介绍密度矩阵理论.

在密度矩阵理论中，电子密度函数是最基本的物理量之一，因此首先要弄清电子密度函数这一概念. 虽然密度矩阵理论并不是从波函数出发的，但是作为知识延续，仍然从波函数出发来说明电子密度函数的概念. 可以说，电子密度函数是连接波函数理论和密度矩阵理论的桥梁. 前几章中已多次用到电子密度这一物理量，例如，2.11 节和 4.3 节中都曾用到过，本节将对这一物理量做详细介绍.

### 5.7.1　密度函数

设 $\Psi(\vec{q}_1,\cdots,\vec{q}_N)$ 为归一化的 $N$ 电子波函数，其中 $\vec{q}_i$ 为电子 $i$ 的空间和自旋坐标，$\vec{q}_i=\vec{r}_i\sigma_i$，$\sigma$ 为自旋，可以取 $\alpha$ 或 $\beta$. $\Psi(\vec{q}_1,\vec{q}_2,\cdots,\vec{q}_N)$ 是 $4N$ 维空间的一个函数，按照 Born 的统计解释

$$\left|\Psi(\vec{q}_1,\vec{q}_2,\cdots,\vec{q}_N)\right|^2=\Psi(\vec{q}_1,\vec{q}_2,\cdots,\vec{q}_N)\Psi^*(\vec{q}_1,\vec{q}_2,\cdots,\vec{q}_N) \tag{5.7.1}$$

代表第一个电子出现在 $\vec{q}_1$，同时第二个电子出现在 $\vec{q}_2$，……，同时第 $N$ 个电子出现在 $\vec{q}_N$ 的概率密度，而

$$\left|\Psi\left(\vec{q}_1,\vec{q}_2,\cdots,\vec{q}_N\right)\right|^2 \mathrm{d}\vec{q}_1\mathrm{d}\vec{q}_2\cdots\mathrm{d}\vec{q}_N \tag{5.7.2}$$

则代表第一个电子出现在 $\vec{q}_1$ 处的小体积元 $\mathrm{d}\vec{q}_1$，同时第二个电子出现在 $\vec{q}_2$ 处的小体积元 $\mathrm{d}\vec{q}_2$，……，同时第 $N$ 个电子出现在 $\vec{q}_N$ 处的小体积元 $\mathrm{d}\vec{q}_N$ 的概率.

现在考虑某一个电子 $i$ 出现在 $\vec{q}_i$ 处的小体积元 $\mathrm{d}\vec{q}_i$，而不管其他 $(N-1)$ 个电子在何处出现(它们可以出现在任何可能位置)时的概率. 显然，为了求得该概率，应当对式(5.7.2)中其他 $(N-1)$ 个电子的坐标做积分，该概率为

$$\mathrm{d}\vec{q}_i\int\left|\Psi\left(\vec{q}_1,\cdots,\vec{q}_{i-1},\vec{q}_i,\vec{q}_{i+1},\cdots,\vec{q}_N\right)\right|^2 \mathrm{d}\vec{q}_1\mathrm{d}\vec{q}_2\cdots\mathrm{d}\vec{q}_{i-1}\mathrm{d}\vec{q}_{i+1}\cdots\mathrm{d}\vec{q}_N \tag{5.7.3}$$

由于积分值与积分变量无关，可以把积分变量 $\vec{q}_1$ 记作 $\vec{q}_i$，同时把 $\vec{q}_i$ 记作 $\vec{q}_1$，于是可以把上式写作

$$\begin{aligned}&\mathrm{d}\vec{q}_1\int\left|\Psi\left(\vec{q}_1,\cdots,\vec{q}_{i-1},\vec{q}_i,\vec{q}_{i+1},\cdots,\vec{q}_N\right)\right|^2 \mathrm{d}\vec{q}_i\mathrm{d}\vec{q}_2\cdots\mathrm{d}\vec{q}_{i-1}\mathrm{d}\vec{q}_{i+1}\cdots\mathrm{d}\vec{q}_N\\&=\mathrm{d}\vec{q}_1\int\left|\Psi\left(\vec{q}_1,\vec{q}_2,\cdots,\vec{q}_N\right)\right|^2 \mathrm{d}\vec{q}_2\mathrm{d}\vec{q}_3\cdots\mathrm{d}\vec{q}_N\end{aligned} \tag{5.7.4}$$

其中

$$\int\left|\Psi\left(\vec{q}_1,\vec{q}_2,\cdots,\vec{q}_N\right)\right|^2 \mathrm{d}\vec{q}_2\mathrm{d}\vec{q}_3\cdots\mathrm{d}\vec{q}_N$$

为除 $\vec{q}_1$ 以外其他 $(N-1)$ 个电子坐标的积分，它是电子 1 出现在 $\vec{q}_1$ 处的小体积元 $\mathrm{d}\vec{q}_1$，其他 $(N-1)$ 个电子出现在任何可能位置时的概率密度. 电子是不可分辨的,因此上式对任何一个电子都成立，于是可以定义单电子密度函数

$$\rho_1\left(\vec{q}_1\right)=N\int\left|\Psi\left(\vec{q}_1,\vec{q}_2,\cdots,\vec{q}_N\right)\right|^2 \mathrm{d}\vec{q}_2\mathrm{d}\vec{q}_3\cdots\mathrm{d}\vec{q}_N \tag{5.7.5}$$

它表示在 $\vec{q}_1$ 处出现任何一个电子而不管其他 $(N-1)$ 个电子出现在何处时的概率密度. 从以上讨论中可以看到，$\vec{q}_1$ 是任意指定的，它可以代表任意一个电子的坐标，不失一般性，可写为

$$\rho\left(\vec{q}\right)\equiv\rho_1\left(\vec{q}\right)=N\int\left|\Psi\left(\vec{q},\vec{q}_2,\cdots,\vec{q}_N\right)\right|^2 \mathrm{d}\vec{q}_2\mathrm{d}\vec{q}_3\cdots\mathrm{d}\vec{q}_N \tag{5.7.6}$$

式(5.7.6)表示，$N$ 个电子中有一个电子出现在 $\vec{q}$，其他 $(N-1)$ 个电子出现在任何可能位置时的概率密度. 其中的第一个等式为恒等式，表示 $\rho(\vec{q})$ 的定义. 习惯上人们用 $\rho(\vec{q})$ 表示单电子密度函数(不再用下标 1)，它就是前几章中出现的以及将要在第 6 章中介绍的密度泛函理论中的密度函数. 显然有

$$\int\rho\left(\vec{q}\right)\mathrm{d}\vec{q}=N\int\left|\Psi\left(\vec{q},\vec{q}_2,\cdots,\vec{q}_N\right)\right|^2 \mathrm{d}\vec{q}\mathrm{d}\vec{q}_2\cdots\mathrm{d}\vec{q}_N=N \tag{5.7.7}$$

表示在全空间中可以找到 $N$ 个电子.

同样，$N$ 个电子中有任意两个电子分别在 $\vec{q}_1$ 和 $\vec{q}_2$ 处同时出现(即第一个电子出现在 $\vec{q}_1$，同时第二个电子出现在 $\vec{q}_2$)，而不管其他 $(N-2)$ 个电子出现在何处时的概率密度为

$$\rho_2\left(\vec{q}_1,\vec{q}_2\right)=\binom{N}{2}\int\left|\Psi\left(\vec{q}_1,\vec{q}_2,\cdots,\vec{q}_N\right)\right|^2 \mathrm{d}\vec{q}_3\cdots\mathrm{d}\vec{q}_N \tag{5.7.8}$$

称 $\rho_2(\vec{q}_1,\vec{q}_2)$ 为双电子密度函数(也称对密度函数). 式中，因子 $\begin{pmatrix} N \\ 2 \end{pmatrix}$ 表示从 $N$ 个电子中任意取出两个电子的取法. 文献中，也有将 $\rho_2(\vec{q}_1,\vec{q}_2)$ 定义为

$$\rho_2(\vec{q}_1,\vec{q}_2)=2!\begin{pmatrix} N \\ 2 \end{pmatrix}\int\left|\Psi(\vec{q}_1,\vec{q}_2,\cdots,\vec{q}_N)\right|^2 \mathrm{d}\vec{q}_3\cdots\mathrm{d}\vec{q}_N \tag{5.7.9}$$

这时，$\rho_2(\vec{q}_1,\vec{q}_2)$ 表示 $N$ 个电子中有两个电子在 $\vec{q}_1$ 和 $\vec{q}_2$ 处同时出现(不指定第一个电子出现在 $\vec{q}_1$，第二个电子出现在 $\vec{q}_2$)，而不管其他 $(N-2)$ 个电子出现在何处时的概率密度. 因子 $2!$ 来自两个电子的排布方式，包括甲电子在 $\vec{q}_1$，乙电子在 $\vec{q}_2$，或者两者的位置互换. 推而广之，可以定义 $m$ 个电子的密度函数

$$\rho_m(\vec{q}_1,\cdots,\vec{q}_m)=\begin{pmatrix} N \\ m \end{pmatrix}\int\left|\Psi(\vec{q}_1,\cdots,\vec{q}_N)\right|^2 \mathrm{d}\vec{q}_{m+1}\cdots\mathrm{d}\vec{q}_N \tag{5.7.10}$$

它表示，$N$ 个电子中有任意 $m$ 个电子分别在 $\vec{q}_1,\cdots,\vec{q}_m$ 处同时出现(即第一个电子出现在 $\vec{q}_1$，同时第二个电子出现在 $\vec{q}_2$，……，同时第 $m$ 个电子出现在 $\vec{q}_m$)，而不管其他 $(N-m)$ 个电子出现在何处时的概率密度. 当 $m=1$ 时，式(5.7.10)回到式(5.7.5). 文献中，也有将 $\rho_m(\vec{q}_1,\cdots,\vec{q}_m)$ 定义为

$$\rho_m(\vec{q}_1,\cdots,\vec{q}_m)=m!\begin{pmatrix} N \\ m \end{pmatrix}\int\left|\Psi(\vec{q}_1,\cdots,\vec{q}_N)\right|^2 \mathrm{d}\vec{q}_{m+1}\cdots\mathrm{d}\vec{q}_N \tag{5.7.11}$$

这时，$\rho_m(\vec{q}_1,\cdots,\vec{q}_m)$ 表示 $N$ 个电子中有任意 $m$ 个电子在 $\vec{q}_1,\cdots,\vec{q}_m$ 处同时出现(不指定第一个电子出现在 $\vec{q}_1$，第二个电子出现在 $\vec{q}_2$，……，第 $m$ 个电子出现在 $\vec{q}_m$)而不管其他 $(N-m)$ 个电子出现在何处时的概率密度. 当 $m=N$ 时，式(5.7.10)回到式(5.7.1)，而按式(5.7.11)则有

$$\rho_N(\vec{q}_1,\cdots,\vec{q}_N)=N!\left|\Psi(\vec{q}_1,\cdots,\vec{q}_N)\right|^2 \tag{5.7.12}$$

注意:式(5.7.12)与式(5.7.1)的含义并不相同. 式(5.7.12)表示 $N$ 个电子中有任意一个电子出现在 $\vec{q}_1$，剩下的 $(N-1)$ 个电子中有任意一个电子同时出现在 $\vec{q}_2$，……，剩下的最后一个电子同时出现在 $\vec{q}_N$ 的概率密度，它并没有确切指定任何一个电子的位置，而式(5.7.1)则确切指定了所有电子的位置，因此二者相差 $N!$ ( $N$ 个数字的排列)因子. 而这也正是式(5.7.11)与式(5.7.10)的区别. 在以下的讨论中，如果不特别说明，$\rho_m(\vec{q}_1,\cdots,\vec{q}_m)$ 的定义都将采用式(5.7.11). 这意味着，$\rho_2(\vec{q}_1,\vec{q}_2)$ 的定义将采用式(5.7.9).

从定义可以看到，电子密度函数 $\rho_m(\vec{q}_1,\cdots,\vec{q}_m)$ 中包含自旋，如果将密度函数中的自旋做积分(求和)，就得到只与空间坐标有关的密度函数，例如

$$\rho(\vec{r})=\int\rho(\vec{q})\mathrm{d}\sigma \tag{5.7.13}$$

$$\rho_2(\vec{r}_1,\vec{r}_2)=\int\rho_2(\vec{q}_1,\vec{q}_2)\mathrm{d}\sigma_1\mathrm{d}\sigma_2 \tag{5.7.14}$$

电子密度函数 $\rho(\vec{r})$ 是可观测(如 X 射线衍射)物理量.

### 5.7.2　力学量平均值

有了密度函数之后，可以很方便地计算力学量的平均值，设 $\hat{F}$ 为 $N$ 电子体系的包含 $m$ 个电子坐标的全对称力学量算符(即 $\hat{F}$ 在置换群 $D_N$ 作用下不变)，

$$\hat{F}=\sum_{i_1<i_2<\cdots<i_m}\hat{f}\left(\vec{q}_{i_1},\vec{q}_{i_2},\cdots,\vec{q}_{i_m}\right) \tag{5.7.15}$$

并假定该力学量与波函数之间的运算仅仅是通常意义上的乘法，不包含微分等运算，在计算力学量的平均值时，可以先对波函数中其余的$(N-m)$个电子坐标做积分，从而得到用密度函数表示的力学量平均值

$$\begin{aligned}\langle\Psi|\hat{F}|\Psi\rangle&=\binom{N}{m}\langle\Psi|\hat{f}(\vec{q}_1,\vec{q}_2,\cdots,\vec{q}_m)|\Psi\rangle\\&=\int\hat{f}(\vec{q}_1,\vec{q}_2,\cdots,\vec{q}_m)\mathrm{d}\vec{q}_1\cdots\mathrm{d}\vec{q}_m\binom{N}{m}\int\left|\Psi(\vec{q}_1,\cdots,\vec{q}_N)\right|^2\mathrm{d}\vec{q}_{m+1}\cdots\mathrm{d}\vec{q}_N\\&=\frac{1}{m!}\int\hat{f}(\vec{q}_1,\vec{q}_2,\cdots,\vec{q}_m)\rho_m(\vec{q}_1,\cdots,\vec{q}_m)\mathrm{d}\vec{q}_1\cdots\mathrm{d}\vec{q}_m\end{aligned} \tag{5.7.16}$$

式中，$\binom{N}{m}$表示式(5.7.15)中求和的项数. 大多数力学量通常只与空间坐标有关而与自旋无关，因此可以将密度函数中的自旋先做积分(求和). 如果 $\hat{F}$ 为包含单电子或双电子空间坐标的全对称力学量乘积算符，则其平均值分别为

$$\left\langle\hat{F}\right\rangle=\left\langle\sum_i\hat{f}(\vec{r}_i)\right\rangle=\int\hat{f}(\vec{r})\rho(\vec{r})\mathrm{d}\vec{r} \tag{5.7.17}$$

$$\left\langle\hat{F}\right\rangle=\left\langle\sum_{i<j}\hat{f}\left(\vec{r}_i,\vec{r}_j\right)\right\rangle=\frac{1}{2}\int\hat{f}(\vec{r}_1,\vec{r}_2)\rho_2(\vec{r}_1,\vec{r}_2)\mathrm{d}\vec{r}_1\mathrm{d}\vec{r}_2 \tag{5.7.18}$$

### 5.7.3 密度矩阵

密度矩阵的概念早在 20 世纪 20 年代就已经提出，提出这一概念的目的之一是为了计算力学量的平均值. 在导出式(5.7.16)时，我们强调力学量 $\hat{F}$ 与波函数的关系仅仅是通常意义上的乘法，但是，如果力学量中包含其他算符如微分算符，计算该力学量的平均值时，必须先对波函数做微分运算，然后做积分. 如果代表这种运算的算符不是 Hermite 的，则该算符作用于左矢还是右矢就不能随意变动，以梯度算符为例，当波函数为复函数时，

$$\langle\nabla\Psi|\Psi\rangle\neq\langle\Psi|\nabla\Psi\rangle$$

这就是说，以梯度算符作用于左矢和右矢，所得结果并不相同. 为了使算符的平均值能够写成统一形式，我们可以把力学量和左右矢中的变量用不同标记加以区分，并约定力学量只作用于变量标记相同的波函数. 通常的做法是将左矢变量加一撇以区别于右矢变量. 例如，式(5.7.16)可写作

$$\langle\Psi|\hat{F}|\Psi\rangle=\binom{N}{m}\int\Psi^*(\vec{q}_1',\cdots,\vec{q}_N')\hat{f}(\vec{q}_1,\vec{q}_2,\cdots,\vec{q}_m)\Psi(\vec{q}_1,\cdots,\vec{q}_N)\mathrm{d}\vec{q}_1\cdots\mathrm{d}\vec{q}_N$$

算符 $\hat{f}$ 作用于具有相同变量的右矢，作用完成后，再将左矢变量上的一撇去掉进行积分，这样，在积分表达式中无论将算符置于何种位置都不会发生混乱. 仿照式(5.7.16)，有

$$\begin{aligned}\langle\Psi|\hat{F}|\Psi\rangle &= \binom{N}{m}\int\hat{f}(\vec{q}_1,\vec{q}_2,\cdots,\vec{q}_m)\Psi^*(\vec{q}_1',\cdots,\vec{q}_N')\Psi(\vec{q}_1,\cdots,\vec{q}_N)\mathrm{d}\vec{q}_1\cdots\mathrm{d}\vec{q}_N \\ &= \frac{1}{m!}\int\hat{f}(\vec{q}_1,\vec{q}_2,\cdots,\vec{q}_m)\hat{\rho}_m(\vec{q}_1,\cdots,\vec{q}_m;\vec{q}_1',\cdots,\vec{q}_m')\mathrm{d}\vec{q}_1\cdots\mathrm{d}\vec{q}_m\end{aligned} \quad (5.7.19)$$

上式最后一步对波函数中与 $\hat{f}(\vec{q}_1,\cdots,\vec{q}_m)$ 无关的坐标做了积分(因为这些坐标不需要区分)，其中

$$\hat{\rho}_m(\vec{q}_1,\cdots,\vec{q}_m;\vec{q}_1',\cdots,\vec{q}_m') = m!\binom{N}{m}\int\Psi(\vec{q}_1,\cdots,\vec{q}_m,\vec{q}_{m+1},\cdots,\vec{q}_N)\Psi^*(\vec{q}_1',\cdots,\vec{q}_m',\vec{q}_{m+1},\cdots,\vec{q}_N)\mathrm{d}\vec{q}_{m+1}\cdots\mathrm{d}\vec{q}_N$$

(5.7.20)

与(5.7.11)式相比，$\hat{\rho}_m(\vec{q}_1,\cdots,\vec{q}_m;\vec{q}_1',\cdots,\vec{q}_m')$ 中有两组变量，称为 $m$ 阶约化密度矩阵. 5.7.4 节将对约化密度矩阵做进一步讨论.

20 世纪 40～50 年代，统计热力学发展迅速，密度矩阵作为统计算符被广泛应用，人们对密度矩阵的概念也有了全新的认识，而不再仅仅限于力学量平均值的一种表示方法. 上面从力学量平均值的角度引出密度矩阵的概念，是为了使读者对密度矩阵的概念有一个较为直观的认识，现在让我们对密度矩阵进行一般性讨论. 设 $\Psi$ 为 $N$ 电子波函数，密度矩阵 $\hat{D}$ 的定义为

$$\hat{D}(\vec{q}_1,\cdots,\vec{q}_N;\vec{q}_1',\cdots,\vec{q}_N') = |\Psi\rangle\langle\Psi| = \Psi(\vec{q}_1,\cdots,\vec{q}_N)\Psi^*(\vec{q}_1',\cdots,\vec{q}_N') \quad (5.7.21)$$

如果把 $(\vec{q}_1,\cdots,\vec{q}_N)$ 看作行指标，$(\vec{q}_1',\cdots,\vec{q}_N')$ 看作列指标，则 $\hat{D}$ 是具有连续行连续列的矩阵. 当行列指标相同，即两组变量相同时，$D(\vec{q}_1,\cdots,\vec{q}_N;\vec{q}_1,\cdots,\vec{q}_N)$ 代表密度矩阵的对角元，可简记为 $D(\vec{q}_1,\cdots,\vec{q}_N)$. 与式(5.7.1)比较可知，密度矩阵的对角元就是概率密度. 另一方面，也可将密度矩阵 $\hat{D}$ 看作算符，并规定 $\hat{D}$ 按以下方式作用于 $N$ 电子波函数 $\Phi(\vec{q}_1,\vec{q}_2,\cdots,\vec{q}_N)$，即

$$\begin{aligned}\hat{D}\Phi(\vec{q}_1,\vec{q}_2,\cdots,\vec{q}_N) &= |\Psi\rangle\langle\Psi|\Phi\rangle \\ &= \Psi(\vec{q}_1,\vec{q}_2,\cdots,\vec{q}_N)\int\Psi^*(\vec{q}_1',\vec{q}_2',\cdots,\vec{q}_N')\Phi(\vec{q}_1',\vec{q}_2',\cdots,\vec{q}_N')\mathrm{d}\vec{q}_1'\mathrm{d}\vec{q}_2'\cdots\mathrm{d}\vec{q}_N'\end{aligned}$$

(5.7.22)

即将波函数 $\Phi(\vec{q}_1,\vec{q}_2,\cdots,\vec{q}_N)$ 中的变量 $\{\vec{q}\}$ 改为 $\{\vec{q}'\}$ 并对变量 $\vec{q}'$ 做积分.

易于证明，密度矩阵 $\hat{D}$ 有如下性质：

(1) $\hat{D}$ 是 Hermite 算符. 利用 $\hat{D}$ 的定义式(5.7.21)易于证明

$$\hat{D}^+ = |\Psi\rangle\langle\Psi| = \hat{D} \quad (5.7.23)$$

(2) $\hat{D}$ 为正算符. 对任意满足边界条件的函数，如果一个算符的平均值总不小于零，则称该算符为正值确定的，简称正定的，或称正算符. 由于对任意满足边界条件的函数 $\Phi$，总有 $\langle\Phi|\hat{D}|\Phi\rangle = \langle\Phi|\Psi\rangle\langle\Psi|\Phi\rangle = |\langle\Phi|\Psi\rangle|^2 \geqslant 0$，仅当 $\langle\Phi|\Psi\rangle = 0$ 时等号成立，因此 $\hat{D}$ 是正算符，记作

$$\hat{D} \geqslant 0 \quad (5.7.24)$$

(3) 如果波函数 $\Psi$ 是归一化的，则有

$$\mathrm{Tr}\hat{D} = 1 \quad (5.7.25)$$

式中，Tr(trace)表示对矩阵求迹，即矩阵的对角元之和. 在计算对角元时，左右矢中的变量相

同，又由于变量连续取值，求迹运算应当用积分表达，即有

$$\mathrm{Tr}\,\hat{D}=\int \Psi^*(\vec{q}_1,\cdots,\vec{q}_N)\Psi(\vec{q}_1,\cdots,\vec{q}_N)\,\mathrm{d}\vec{q}_1\cdots\mathrm{d}\vec{q}_N=1$$

(4) 如果波函数是归一化的，则 $\hat{D}$ 为幂等算符，即

$$\hat{D}^2=\hat{D} \tag{5.7.26}$$

这是因为

$$\hat{D}^2=|\Psi\rangle\langle\Psi|\Psi\rangle\langle\Psi|=|\Psi\rangle\langle\Psi|=\hat{D}$$

(5) 对于各对指标置换的反对称性. 由式(5.7.21)，利用波函数的反对称性，即

$$P_{12}\Psi(\vec{q}_1,\vec{q}_2,\vec{q}_3,\cdots,\vec{q}_N)=\Psi(\vec{q}_2,\vec{q}_1,\vec{q}_3,\cdots,\vec{q}_N)=-\Psi(\vec{q}_1,\vec{q}_2,\vec{q}_3,\cdots,\vec{q}_N)$$

易于得到

$$\hat{D}(\vec{q}_1,\vec{q}_2,\cdots,\vec{q}_N;\vec{q}_1',\vec{q}_2',\cdots,\vec{q}_N')=-\hat{D}(\vec{q}_2,\vec{q}_1,\cdots,\vec{q}_N;\vec{q}_1',\vec{q}_2',\cdots,\vec{q}_N') \tag{5.7.27}$$

$$\hat{D}(\vec{q}_1,\vec{q}_2,\cdots,\vec{q}_N;\vec{q}_1',\vec{q}_2',\cdots,\vec{q}_N')=-\hat{D}(\vec{q}_1,\vec{q}_2,\cdots,\vec{q}_N;\vec{q}_2',\vec{q}_1',\cdots,\vec{q}_N') \tag{5.7.28}$$

如果

$$\Psi_1,\Psi_2,\cdots \tag{5.7.29}$$

是一个正交归一的完备集合，则对每一波函数 $\Psi_i$ 可以定义密度矩阵算符

$$\hat{D}_i=|\Psi_i\rangle\langle\Psi_i|,\qquad i=1,2,\cdots \tag{5.7.30}$$

于是有

$$\hat{D}_i\hat{D}_j=|\Psi_i\rangle\langle\Psi_i|\Psi_j\rangle\langle\Psi_j|=\hat{D}_i\delta_{ij}$$

对任意满足边界条件的函数 $\Phi$，可以用完备集合 $\{\Psi_j\}$ 展开为

$$|\Phi\rangle=\sum_j c_j|\Psi_j\rangle$$

于是有

$$\sum_i\hat{D}_i|\Phi\rangle=\sum_i|\Psi_i\rangle\langle\Psi_i|\Phi\rangle=\sum_{ij}c_j|\Psi_i\rangle\langle\Psi_i|\Psi_j\rangle=\sum_j c_j|\Psi_j\rangle=|\Phi\rangle$$

因此

$$\sum_i\hat{D}_i=1 \tag{5.7.31}$$

即 $\sum\limits_i\hat{D}_i$ 为单位算符. 在理论推导中，这一结果经常被用来做表象变换. 由以上讨论可见，由波函数的完备集合(5.7.29)给出的密度矩阵集合 $\{\hat{D}_i,i=1,2,\cdots\}$ 构成正交投影算符的完备集.

仿照式(5.7.21)，可以定义跃迁密度矩阵 $\hat{D}_{IJ}(\vec{q}_1,\cdots,\vec{q}_N;\vec{q}_1',\cdots,\vec{q}_N')$，

$$\hat{D}_{IJ}(\vec{q}_1,\cdots,\vec{q}_N;\vec{q}_1',\cdots,\vec{q}_N')=|\Psi_I\rangle\langle\Psi_J|=\Psi_I(\vec{q}_1,\cdots,\vec{q}_N)\Psi_J^*(\vec{q}_1',\cdots,\vec{q}_N') \tag{5.7.32}$$

利用密度矩阵，可以得到任意力学量 $\hat{F}$ 的平均值的另外一种表示方法，即

$$\langle\Psi|\hat{F}|\Psi\rangle=\mathrm{Tr}\hat{F}\hat{D} \tag{5.7.33}$$

式中，$\hat{D}=|\Psi\rangle\langle\Psi|$. 证明如下：设 $\{\Psi_i\}$ 为正交归一化的完备集，利用式(5.7.31)，有

$$\hat{F}\hat{D}=\sum_{ij}\left|\Psi_i\right\rangle\left\langle\Psi_i\left|\hat{F}\hat{D}\right|\Psi_j\right\rangle\left\langle\Psi_j\right|$$

这就是说，在 $\{\Psi_i\}$ 张成的空间上，乘积算符 $\hat{F}\hat{D}$ 被表示为矩阵，$\left\langle\Psi_i\left|\hat{F}\hat{D}\right|\Psi_j\right\rangle$ 就是该表示的矩阵元，其迹(对角元之和)为

$$\begin{aligned}\mathrm{Tr}\hat{F}\hat{D}&=\sum_i\left\langle\Psi_i\left|\hat{F}\hat{D}\right|\Psi_i\right\rangle=\sum_i\left\langle\Psi_i\left|\hat{F}\right|\Psi\right\rangle\left\langle\Psi\middle|\Psi_i\right\rangle\\&=\sum_i\left\langle\Psi\middle|\Psi_i\right\rangle\left\langle\Psi_i\left|\hat{F}\right|\Psi\right\rangle=\left\langle\Psi\left|\hat{F}\right|\Psi\right\rangle\end{aligned}$$

这就证明了式(5.7.33).

### 5.7.4 约化密度矩阵

式(5.7.20)定义了约化密度矩阵，现在对约化密度矩阵做进一步讨论. 为了书写方便，引入记号

$$\underset{m+1,\cdots,N}{\mathrm{Tr}}\hat{D}=\int\Psi^*\left(\vec{q}_1',\cdots,\vec{q}_m',\vec{q}_{m+1},\cdots,\vec{q}_N\right)\Psi\left(\vec{q}_1,\cdots,\vec{q}_m,\vec{q}_{m+1},\cdots,\vec{q}_N\right)\mathrm{d}\vec{q}_{m+1}\cdots\mathrm{d}\vec{q}_N$$

上式左端表示对密度矩阵 $\hat{D}$ 的部分指标 $(m+1,\cdots,N)$ 求迹，它的具体含义就是对这些坐标做积分. 由式(5.7.20)，可以将 $m$ 阶约化密度矩阵写为

$$\hat{\rho}_m\left(\vec{q}_1,\cdots,\vec{q}_m;\vec{q}_1',\cdots,\vec{q}_m'\right)=m!\binom{N}{m}\underset{m+1,\cdots,N}{\mathrm{Tr}}\left|\Psi\right\rangle\left\langle\Psi\right|=m!\binom{N}{m}\underset{m+1,\cdots,N}{\mathrm{Tr}}\hat{D}\tag{5.7.34}$$

也可以将 $m$ 阶约化密度矩阵定义为

$$\hat{\rho}_m\left(\vec{q}_1,\cdots,\vec{q}_m;\vec{q}_1',\cdots,\vec{q}_m'\right)=\binom{N}{m}\underset{m+1,\cdots,N}{\mathrm{Tr}}\left|\Psi\right\rangle\left\langle\Psi\right|=\binom{N}{m}\underset{m+1,\cdots,N}{\mathrm{Tr}}\hat{D}\tag{5.7.35}$$

利用式(5.7.25)，易得 $\hat{\rho}_m(\vec{q}_1,\cdots,\vec{q}_m;\vec{q}_1',\cdots,\vec{q}_m')$ 的迹为

$$\underset{1,\cdots,m}{\mathrm{Tr}}\hat{\rho}_m\left(\vec{q}_1,\cdots,\vec{q}_m;\vec{q}_1',\cdots,\vec{q}_m'\right)=m!\binom{N}{m}\underset{1,\cdots,N}{\mathrm{Tr}}\hat{D}=N(N-1)\cdots(N-m+1)\tag{5.7.36}$$

或者按式(5.7.35)有

$$\underset{1,\cdots,m}{\mathrm{Tr}}\hat{\rho}_m\left(\vec{q}_1,\cdots,\vec{q}_m;\vec{q}_1',\cdots,\vec{q}_m'\right)=\binom{N}{m}\underset{1,\cdots,N}{\mathrm{Tr}}\hat{D}=\frac{N(N-1)\cdots(N-m+1)}{m!}\tag{5.7.37}$$

$\hat{\rho}_m$ 中有两组变量，相当于矩阵的行和列指标，其对角元分别为式(5.7.11)和式(5.7.10)给出的密度函数 $\rho_m\left(\vec{q}_1,\cdots,\vec{q}_m\right)$. 以下的讨论中，如不特别说明，均将式(5.7.34)作为 $\hat{\rho}_m$ 的表达式. 采用上述记号，可将力学量 $\hat{F}=\sum\limits_{i_1<i_2<\cdots<i_m}\hat{f}\left(\vec{q}_{i_1},\vec{q}_{i_2},\cdots,\vec{q}_{i_m}\right)$ 的平均值式(5.7.19)改写为

$$\left\langle\Psi\left|\hat{F}\right|\Psi\right\rangle=\frac{1}{m!}\underset{1,\cdots,m}{\mathrm{Tr}}\hat{f}\left(\vec{q}_1,\cdots,\vec{q}_m\right)\hat{\rho}_m\left(\vec{q}_1,\cdots,\vec{q}_m;\vec{q}_1',\cdots,\vec{q}_m'\right)\tag{5.7.38}$$

如果 $\hat{F}$ 为包含微分等运算的单电子或双电子全对称力学量算符，则其平均值为

$$\left\langle\hat{F}\right\rangle=\left\langle\sum_i\hat{f}\left(\vec{r}_i\right)\right\rangle=\int\hat{f}\left(\vec{r}\right)\hat{\rho}_1\left(\vec{r},\vec{r}'\right)\mathrm{d}\vec{r}\tag{5.7.39}$$

$$\left\langle \hat{F} \right\rangle = \left\langle \sum_{i<j} \hat{f}\left(\vec{r}_i, \vec{r}_j\right) \right\rangle = \frac{1}{2}\int \hat{f}\left(\vec{r}_1, \vec{r}_2\right) \hat{\rho}_2\left(\vec{r}_1, \vec{r}_2; \vec{r}_1', \vec{r}_2'\right) \mathrm{d}\vec{r}_1 \mathrm{d}\vec{r}_2 \tag{5.7.40}$$

结合式(5.7.39)、式(5.7.17)和式(5.7.18)，如果体系的 Hamilton 算符(不计核间排斥能)为

$$\hat{H} = \sum_i -\frac{1}{2}\nabla_i^2 - \sum_{a,i} \frac{Z_a}{r_{ai}} + \sum_{i<j} \frac{1}{r_{ij}} \tag{5.7.41}$$

则有能量表达式为

$$E = -\frac{1}{2}\int \nabla^2 \hat{\rho}_1\left(\vec{r}_1; \vec{r}_1'\right) \mathrm{d}\vec{r}_1 + \int \left( -\sum_a \frac{Z_a}{r_{a1}} \right) \rho\left(\vec{r}_1\right) \mathrm{d}\vec{r}_1 + \frac{1}{2}\int \frac{\rho_2\left(\vec{r}_1, \vec{r}_2\right)}{r_{12}} \mathrm{d}\vec{r}_1 \mathrm{d}\vec{r}_2 \tag{5.7.42}$$

由式(5.7.34)可得一阶和二阶约化密度矩阵

$$\hat{\rho}_1\left(\vec{q}_1; \vec{q}_1'\right) = N\int \Psi\left(\vec{q}_1, \vec{q}_2, \cdots, \vec{q}_N\right) \Psi^*\left(\vec{q}_1', \vec{q}_2, \cdots, \vec{q}_N\right) \mathrm{d}\vec{q}_2 \cdots \mathrm{d}\vec{q}_N \tag{5.7.43}$$

$$\hat{\rho}_2\left(\vec{q}_1, \vec{q}_2; \vec{q}_1', \vec{q}_2'\right) = N(N-1)\int \Psi\left(\vec{q}_1, \vec{q}_2, \vec{q}_3, \cdots, \vec{q}_N\right) \Psi^*\left(\vec{q}_1', \vec{q}_2', \vec{q}_3, \cdots, \vec{q}_N\right) \mathrm{d}\vec{q}_3 \cdots \mathrm{d}\vec{q}_N \tag{5.7.44}$$

也可按式(5.7.35)，将 $\hat{\rho}_2\left(\vec{q}_1, \vec{q}_2; \vec{q}_1', \vec{q}_2'\right)$ 写作

$$\hat{\rho}_2\left(\vec{q}_1, \vec{q}_2; \vec{q}_1', \vec{q}_2'\right) = \frac{N(N-1)}{2}\int \Psi\left(\vec{q}_1, \vec{q}_2, \vec{q}_3, \cdots, \vec{q}_N\right) \Psi^*\left(\vec{q}_1', \vec{q}_2', \vec{q}_3, \cdots, \vec{q}_N\right) \mathrm{d}\vec{q}_3 \cdots \mathrm{d}\vec{q}_N \tag{5.7.45}$$

与式(5.7.6)和式(5.7.9)比较可知，一阶和二阶约化密度矩阵的对角元分别为单电子密度函数 $\rho(\vec{q})$ 和双电子密度函数(对密度函数) $\rho_2\left(\vec{q}_1, \vec{q}_2\right)$. 不含自旋的一阶和二阶约化密度矩阵为

$$\hat{\rho}_1\left(\vec{r}_1; \vec{r}_1'\right) = \int \hat{\rho}_1\left(\vec{q}_1; \vec{q}_1'\right) \mathrm{d}\sigma_1 \tag{5.7.46}$$

$$\hat{\rho}_2\left(\vec{r}_1, \vec{r}_2; \vec{r}_1', \vec{r}_2'\right) = \int \hat{\rho}_2\left(\vec{q}_1, \vec{q}_2; \vec{q}_1', \vec{q}_2'\right) \mathrm{d}\sigma_1 \mathrm{d}\sigma_2 \tag{5.7.47}$$

类似于式(5.7.27)和式(5.7.28)，有

$$\hat{\rho}_2\left(\vec{q}_1, \vec{q}_2; \vec{q}_1', \vec{q}_2'\right) = -\hat{\rho}_2\left(\vec{q}_2, \vec{q}_1; \vec{q}_1', \vec{q}_2'\right) = \hat{\rho}_2\left(\vec{q}_2, \vec{q}_1; \vec{q}_2', \vec{q}_1'\right) \tag{5.7.48}$$

即二阶约化密度矩阵对于每对坐标的置换具有反对称性. 当 $\vec{q}_1 = \vec{q}_2 = \vec{q}_1' = \vec{q}_2'$ 时，有

$$\rho_2\left(\vec{q}_1, \vec{q}_1\right) = -\rho_2\left(\vec{q}_1, \vec{q}_1\right) \tag{5.7.49}$$

因此

$$\rho_2\left(\vec{q}_1, \vec{q}_1\right) = 0 \tag{5.7.50}$$

即具有相同自旋的两个电子出现在空间相同位置的概率为零，这表明二阶约化密度矩阵 $\hat{\rho}_2\left(\vec{q}_1, \vec{q}_2; \vec{q}_1', \vec{q}_2'\right)$ 包含 Fermi 子的反对称信息. 但是，不含自旋的二阶约化密度矩阵 $\hat{\rho}_2\left(\vec{r}_1, \vec{r}_2; \vec{r}_1', \vec{r}_2'\right)$ 不存在与式(5.7.48)对应的关系，这表明 Pauli 不相容原理不能保证两个自旋不同的电子不可以同时出现在空间同一位置上，因此电子相关作用不仅应当考虑 Fermi 相关，还应当考虑 Coulomb 相关.

仿照式(5.7.43)、式(5.7.44)和式(5.7.45)，可以定义一、二阶约化跃迁密度矩阵

$$\hat{\rho}_{1IJ}\left(\vec{q}_1; \vec{q}_1'\right) = N\int \Psi_I\left(\vec{q}_1, \vec{q}_2, \cdots, \vec{q}_N\right) \Psi_J^*\left(\vec{q}_1', \vec{q}_2, \cdots, \vec{q}_N\right) \mathrm{d}\vec{q}_2 \cdots \mathrm{d}\vec{q}_N \tag{5.7.51}$$

$$\hat{\rho}_{2IJ}\left(\vec{q}_1, \vec{q}_2; \vec{q}_1', \vec{q}_2'\right) = N(N-1)\int \Psi_I\left(\vec{q}_1, \vec{q}_2, \vec{q}_3, \cdots, \vec{q}_N\right) \Psi_J^*\left(\vec{q}_1', \vec{q}_2', \vec{q}_3, \cdots, \vec{q}_N\right) \mathrm{d}\vec{q}_3 \cdots \mathrm{d}\vec{q}_N \tag{5.7.52}$$

或者

$$\hat{\rho}_{2IJ}\left(\vec{q}_1,\vec{q}_2;\vec{q}_1',\vec{q}_2'\right)=\frac{N(N-1)}{2}\int\Psi_I\left(\vec{q}_1,\vec{q}_2,\vec{q}_3,\cdots,\vec{q}_N\right)\Psi_J^*\left(\vec{q}_1',\vec{q}_2',\vec{q}_3,\cdots,\vec{q}_N\right)\mathrm{d}\vec{q}_3\cdots\mathrm{d}\vec{q}_N \quad (5.7.53)$$

这里有一个问题需要说明，按式(5.7.34)，当 $m=N$ 时，有

$$\hat{\rho}_N\left(\vec{q}_1,\cdots,\vec{q}_N;\vec{q}_1',\cdots,\vec{q}_N'\right)=N!\hat{D}=N!|\Psi\rangle\langle\Psi|$$

其对角元就是式(5.7.12)给出的密度函数 $\rho_N\left(\vec{q}_1,\cdots,\vec{q}_N\right)$. 从上式来看，由密度矩阵 $\hat{D}$ 到约化密度矩阵 $\hat{\rho}_N$，密度矩阵 $\hat{D}$ 并没有被约化(没有对任何坐标做积分)，因此把 $\hat{\rho}_N$ 称为约化密度矩阵似乎有些牵强，但为了将 $\hat{\rho}_N$ 与 $\hat{D}$ 相区别(二者相差因子 $N!$)，我们仍然称 $\hat{\rho}_N$ 为约化密度矩阵.

### 5.7.5　*N* 表示问题

为了方便，将式(5.7.41)的 Hamilton 算符写作

$$\hat{H}=\sum_i\hat{h}_i+\sum_{i<j}g_{ij} \quad (5.7.54)$$

其中

$$\hat{h}_i=-\frac{1}{2}\nabla_i^2-\sum_a\frac{Z_a}{r_{ai}},\qquad g_{ij}=\frac{1}{r_{ij}} \quad (5.7.55)$$

仿照式(5.7.38)，可以将能量期望值式(5.7.42)写为

$$E=\langle\Psi|\hat{H}|\Psi\rangle=\operatorname*{Tr}_1\hat{h}_1\hat{\rho}_1\left(\vec{r}_1;\vec{r}_1'\right)+\frac{1}{2}\operatorname*{Tr}_{1,2}g_{12}\hat{\rho}_2\left(\vec{r}_1,\vec{r}_2;\vec{r}_1',\vec{r}_2'\right) \quad (5.7.56)$$

由式(5.7.43)和式(5.7.44)有

$$\hat{\rho}_1\left(\vec{r}_1;\vec{r}_1'\right)=\frac{1}{N-1}\operatorname*{Tr}_2\hat{\rho}_2\left(\vec{r}_1,\vec{r}_2;\vec{r}_1',\vec{r}_2'\right) \quad (5.7.57)$$

因此，式(5.7.56)可以写为

$$E=\frac{1}{2(N-1)}\operatorname*{Tr}_{1,2}\left[\hat{h}_1+\hat{h}_2+(N-1)g_{12}\right]\hat{\rho}_2\left(1,2;1',2'\right)=\frac{1}{2(N-1)}\operatorname*{Tr}_{1,2}\hat{\hat{H}}\hat{\rho}_2 \quad (5.7.58)$$

其中

$$\hat{\hat{H}}=\hat{h}_1+\hat{h}_2+(N-1)g_{12} \quad (5.7.59)$$

$\hat{\hat{H}}$ 称为约化 Hamilton 量.

式(5.7.58)将 $N$ 电子体系的能量表达为二阶约化密度矩阵的泛函，从形式上看相当于求解两电子体系. 由于求解 Schrödinger 方程十分困难，很长时间以来人们希望跳过求解 $N$ 电子体系的 Schrödinger 方程，直接建造 $N$ 电子体系的二阶约化密度矩阵，然后通过式(5.7.58)计算体系的能量. 但是，由于不清楚二阶约化密度矩阵需要满足的边界条件，不能通过对式(5.7.58)变分导出二阶约化密度矩阵所满足的方程，只能根据二阶约化密度矩阵应当满足的一些必要条件来建造二阶约化密度矩阵. 由于这样建造的二阶约化密度矩阵不是来自变分原理，因此不能保证所得的能量是体系能量的上界. 事实上，利用一些约束条件建造二阶约化密度矩阵进而通过式(5.7.58)计算体系的能量时，所得结果常常比真值更低，出现了所谓的“玻色凝聚”，即电子全部聚集在能量最低的双粒子态上. 人们逐渐认识到，合理的二阶约化密度矩阵必须满足 $N$ 表示条件，或者说，满足 $N$ 表示条件的二阶约化密度矩阵才会使所得的能量具有能量上界的性质，即满足变分原理的要求. 让我们简要介绍 $N$ 表示条件：这里有两个集合，一个是 $N$ 电

子波函数(包括精确的和近似的)集合，另一个是二阶约化密度矩阵集合. 两者之间并不是一一对应的. 如果已经知道 $N$ 电子波函数 $\Psi$，则可很方便地由式(5.7.44)或式(5.7.45) 通过“收缩”得到二阶约化密度矩阵，即任何 $N$ 电子波函数都可以通过式(5.7.44)或式(5.7.45)在二阶约化密度矩阵集合中找到它的“像”. 但是，二阶约化密度矩阵集合中的任意一个成员，即任意一个二阶约化密度矩阵，其“原像”却并不一定是 $N$ 电子波函数(包括近似的和精确的). 或者说，不能保证任意二阶约化密度矩阵都能“膨胀”为 $N$ 电子波函数(包括近似的和精确的)，因为“膨胀”所得的波函数不一定满足 $N$ 电子波函数的对称性和边界条件. 只有那些满足充分必要条件的二阶约化密度矩阵才对应某一 $N$ 电子波函数. 这些充分必要条件称为 $N$ 表示条件，满足 $N$ 表示条件的二阶约化密度矩阵称为 $N$ 可表示的. 可见，在波函数未知的情况下(不解 Schrödinger 方程)，如何建造 $N$ 电子体系的二阶约化密度矩阵是密度矩阵理论的一个关键科学问题，此即 $N$ 表示问题.

关于二阶约化密度的 $N$ 表示问题，已有大量研究工作报道. 虽然已经找到了一些必要条件，甚至找到了某些特例下的充分必要条件，但并没有找到普遍适用的充分必要条件，因此二阶约化密度矩阵的 $N$ 表示问题并没有解决. 人们已经尝试了很多方法寻找二阶约化密度矩阵的 $N$ 表示条件，其中一种方法是建造膨胀算符，还有一种方法是寻找端点. 已经证明二阶约化密度矩阵是一个凸集合，凸集合中的任一元素都可以表示为端点的组合. 如果能够找到该凸集合的全部端点，则可以推断二阶约化密度矩阵的 $N$ 表示条件. 但是我们已经证明，具有辛群对称性的所有 $N$ 电子波函数(一个完备的无穷集合)的二阶约化密度矩阵全部是凸集合的端点[8,9]. 这一结果表明，通过寻找端点来推断 $N$ 表示条件的办法是不可行的. 既然凸集合的端点是无穷集合，那么 $N$ 可表示的二阶约化密度矩阵应该是端点的无穷加和，而无穷加和是无法用于实际计算的. 我们知道，二阶约化密度矩阵是由 $N$ 电子波函数通过式(5.7.44)或式(5.7.45)收缩而来的，在收缩过程中，Pauli 不相容原理部分地(指被收缩的部分)被掩盖了. 出于这种考虑，我们认为将二阶约化密度矩阵展开成对函数密度矩阵的线性组合，即

$$\hat{\rho}_2(\vec{q}_1,\vec{q}_2;\vec{q}_1',\vec{q}_2') = \sum_i c_i \left|\Psi_i(\vec{q}_1,\vec{q}_2)\right\rangle\left\langle\Psi_i(\vec{q}_1,\vec{q}_2)\right| \tag{5.7.60}$$

式中，$\Psi_i(\vec{q}_1,\vec{q}_2)$ 为对函数. 适当选择对函数，使得展开式(5.7.60)尽快收敛，在满足 $N$ 电子体系 Pauli 不相容原理的条件下找到展开系数 $c_i$ 之间的递推关系，或许是推动二阶约化密度矩阵理论发展的可行方案.

尽管二阶约化密度矩阵的 $N$ 表示问题没有解决，但是一阶约化密度矩阵的 $N$ 表示问题已经解决了[26]，一阶约化密度矩阵的 $N$ 表示条件为

$$\hat{\rho}_1(\vec{q};\vec{q}') \geqslant 0 \tag{5.7.61}$$

$$\mathrm{Tr}\hat{\rho}_1(\vec{q};\vec{q}') = N \tag{5.7.62}$$

相应地，单电子密度函数的 $N$ 表示条件为[27]：任意可微函数 $\rho(\vec{q})$，若满足

$$\rho(\vec{q}) \geqslant 0 \tag{5.7.63}$$

$$\int \rho(\vec{q})\mathrm{d}\vec{q} = N \tag{5.7.64}$$

则 $\rho(\vec{q})$ 一定是 $N$ 可表示的. 条件(5.7.63)保证空间任何一点的电子密度不为负值，这是由密度函数的物理意义决定的；条件(5.7.64)给出了体系所包含的电子数. 由式(5.7.6)和式(5.7.7)可见，由已知的波函数得到的密度函数的确满足式(5.7.63)和式(5.7.64). 反之，满足式(5.7.63)和

式(5.7.64)的密度函数一定是 $N$ 可表示的，即一定有波函数(近似的或精确的)与之对应. 这启发我们，在满足条件(5.7.63)和条件(5.7.64)的前提下，建造尽可能好的密度函数，就可能跳过 Schrödinger 方程，直接从密度函数而不是从波函数出发来研究微观体系的性质. 这正是第 6 章将要介绍的密度泛函理论的基本思想.

## 5.8　Slater 行列式的密度矩阵与密度函数　密度算符

### 5.8.1　Slater 行列式的密度矩阵与密度函数

根据 1.3.3 节的讨论，无相互作用的电子(独立子)体系的 Hamilton 算符 $\hat{H}_0$ 可以写作单电子算符的直和，因此独立子体系的基态和激发态的精确波函数都是行列式波函数[参见关于式(1.3.26)的讨论]. 对于实际的多电子体系，在单电子近似下，体系的波函数是 Slater 行列式的线性组合，而 Hartree-Fock 波函数则是单行列式波函数. 因此，给出 Slater 行列式的密度矩阵与密度函数，无论对于无相互作用的粒子体系还是对于实际体系都具有重要意义. 本节将讨论由已知的 Slater 行列式，如何求出相应的密度矩阵和密度函数.

设有正交归一化的单电子函数(自旋空间轨道)完备集 $\{\phi_i(\vec{q}), i=1,2,\cdots\}$，$\phi_i(\vec{q})=\varphi_i(\vec{r})\sigma$，$\varphi$ 为空间函数，$\sigma$ 为自旋函数，可取 $\alpha$ 或 $\beta$，则归一化的 $N$ 电子行列式波函数为

$$\Psi=\sqrt{N!}\left|\hat{A}\phi_{i_1}(1)\cdots\phi_{i_N}(N)\right\rangle \tag{5.8.1}$$

将行列式中的自旋轨道分为两个集合，一个集合中包含 $m$ 个自旋轨道，记作 $\{\phi_{i_1}\cdots\phi_{i_m}\}$，另一个集合中包含 $(N-m)$ 个自旋轨道，记作 $\{\phi_{i_{m+1}}\cdots\phi_{i_N}\}$，它们张成两个子空间，

$$\hat{A}_m=\frac{1}{m!}\sum_{P(m)}\nu_P\hat{P} \tag{5.8.2}$$

和

$$\hat{A}_{N-m}=\frac{1}{(N-m)!}\sum_{P(N-m)}\nu_P\hat{P} \tag{5.8.3}$$

分别表示两个子空间的反对称化算符，$N$ 电子空间的反对称化算符 $\hat{A}$ 是它们的直积算符之和，即有

$$\hat{A}=\frac{m!(N-m)!}{N!}\sum_{i_1<i_2<\cdots<i_m}\hat{A}_m\hat{A}_{N-m} \tag{5.8.4}$$

式中的求和表示从 $N$ 个自旋轨道中每次取出 $m$ 个自旋轨道的不同取法，即直积空间的不同分割方法. 由式(5.7.34)并利用式(5.8.4)，可以得到由行列式波函数(5.8.1)给出的 $m$ 阶约化密度矩阵

$$\begin{aligned}&\hat{\rho}_m(\vec{q}_1,\cdots,\vec{q}_m;\vec{q}_1',\cdots,\vec{q}_m')\\&=m!\binom{N}{m}N!\underset{m+1,\cdots,N}{\mathrm{Tr}}\left|\hat{A}\phi_{i_1}\cdots\phi_{i_N}\right\rangle\left\langle\hat{A}\phi_{i_1}\cdots\phi_{i_N}\right|\\&=m!\binom{N}{m}N!\left[\frac{m!(N-m)!}{N!}\right]^2\sum_{i_1<i_2<\cdots<i_m}\underset{m+1,\cdots,N}{\mathrm{Tr}}\left|\hat{A}_m\phi_{i_1}\ldots\phi_{i_m}\right\rangle\left|\hat{A}_{N-m}\phi_{i_{m+1}}\cdots\phi_{i_N}\right\rangle\left\langle\hat{A}_m\phi_{i_1}\cdots\phi_{i_m}\right|\left\langle\hat{A}_{N-m}\phi_{i_{m+1}}\cdots\phi_{i_N}\right|\end{aligned}$$

对 $(\vec{q}_{m+1},\cdots,\vec{q}_N)$ 做积分，注意 $\hat{A}_{N-m}$ 为幂等算符，利用式(5.8.3)，有

$$
\begin{aligned}
&\hat{\rho}_m\left(\vec{q}_1,\cdots,\vec{q}_m;\vec{q}_1',\cdots,\vec{q}_m'\right)\\
&=(m!)^2\sum_{i_1<i_2<\cdots<i_m}\left|\hat{A}_m\phi_{i_1}\cdots\phi_{i_m}\right\rangle\left\langle\hat{A}_m\phi_{i_1}\cdots\phi_{i_m}\right|\left\langle\phi_{i_{m+1}}\cdots\phi_{i_N}\right|\sum_{P(m+1)}\nu_P\hat{P}\left|\phi_{i_{m+1}}\cdots\phi_{i_N}\right\rangle\\
&=m!\sum_{i_1<i_2<\cdots<i_m}\left|\Psi_{i_1\cdots i_m}\left(\vec{q}_1,\cdots,\vec{q}_m\right)\right\rangle\left\langle\Psi_{i_1\cdots i_m}\left(\vec{q}_1,\cdots,\vec{q}_m\right)\right| \qquad (5.8.5)
\end{aligned}
$$

其中

$$
\Psi_{i_1\cdots i_m}\left(\vec{q}_1,\cdots,\vec{q}_m\right)=\sqrt{m!}\hat{A}_m\left\{\phi_{i_1}\left(\vec{q}_1\right)\cdots\phi_{i_m}\left(\vec{q}_m\right)\right\} \qquad (5.8.6)
$$

为归一化的 $m$ 阶行列式波函数. 也可采用将行列式做 Laplace 展开的办法推导式(5.8.5). 式(5.8.5)是由行列式(5.8.1)给出的 $m$ 阶约化密度矩阵的一般表达式. 当 $m=1$ 时，即得行列式(5.8.1)给出的一阶约化密度矩阵(又称 Fock-Dirac 密度矩阵)

$$
\hat{\rho}_1\left(\vec{q}_1;\vec{q}_1'\right)=\sum_i^{N(\mathrm{occ})}\left|\phi_i\left(\vec{q}_1\right)\right\rangle\left\langle\phi_i\left(\vec{q}_1\right)\right|=\sum_i^{N(\mathrm{occ})}\phi_i\left(\vec{q}_1\right)\phi_i^*\left(\vec{q}_1'\right) \qquad (5.8.7)
$$

相应的密度函数为

$$
\rho\left(\vec{q}\right)=\sum_i^{N(\mathrm{occ})}\phi_i^*\left(\vec{q}\right)\phi_i\left(\vec{q}\right) \qquad (5.8.8)
$$

将自旋积分(求和)，可得仅与空间坐标有关的一阶约化密度矩阵和密度函数

$$
\hat{\rho}_1\left(\vec{r}_1;\vec{r}_1'\right)=\sum_i^{N(\mathrm{occ})}\left|\varphi_i\left(\vec{r}_1\right)\right\rangle\left\langle\varphi_i\left(\vec{r}_1\right)\right|=\sum_i^{N(\mathrm{occ})}\varphi_i\left(\vec{r}_1\right)\varphi_i^*\left(\vec{r}_1'\right) \qquad (5.8.9)
$$

$$
\rho\left(\vec{r}\right)=\sum_i^{N(\mathrm{occ})}\varphi_i^*\left(\vec{r}\right)\varphi_i\left(\vec{r}\right) \qquad (5.8.10)
$$

任意 $N$ 电子行列式波函数的一阶约化密度矩阵和密度函数都可以写成式(5.8.7)～式(5.8.10)的形式，各式的求和上限均为 $N(\mathrm{occ})$，其中 $N$ 表示求和项数，occ 则表示求和范围限定为给定行列式中包含的轨道，称为占据轨道. 行列式不同，占据轨道就会不同. 增加符号 $(\mathrm{occ})$ 的目的是强调必须根据给定的行列式确定求和范围. 无相互作用粒子体系基态和激发态的精确波函数都是行列式波函数，因此不仅 Hartree-Fock 波函数，而且任何无相互作用的 $N$ 粒子体系波函数的一阶约化密度矩阵和密度函数都可以写成式(5.8.7)～式(5.8.10)的形式.

当 $m=2$ 时，有行列式波函数的二阶约化密度矩阵为

$$
\begin{aligned}
\hat{\rho}_2\left(\vec{q}_1,\vec{q}_2;\vec{q}_1',\vec{q}_2'\right)&=2\sum_{i<j}^{N(\mathrm{occ})}\left|\Psi_{ij}\left(\vec{q}_1,\vec{q}_2\right)\right\rangle\left\langle\Psi_{ij}\left(\vec{q}_1,\vec{q}_2\right)\right|\\
&=\sum_{i<j}^{N(\mathrm{occ})}D\left|\phi_i\left(\vec{q}_1\right)\phi_j\left(\vec{q}_2\right)\right|D^*\left|\phi_i\left(\vec{q}_1'\right)\phi_j\left(\vec{q}_2'\right)\right| \qquad (5.8.11)\\
&=\frac{1}{2}\sum_{i\neq j}^{N(\mathrm{occ})}D\left|\phi_i\left(\vec{q}_1\right)\phi_j\left(\vec{q}_2\right)\right|D^*\left|\phi_i\left(\vec{q}_1'\right)\phi_j\left(\vec{q}_2'\right)\right|
\end{aligned}
$$

上式最后一步将求和指标 $i<j$ 换作 $i\neq j$，因此出现因子 $\frac{1}{2}$，这样做是为了以下推导方便. 其中，$D\left|\phi_i\left(\vec{q}_1\right)\phi_j\left(\vec{q}_2\right)\right|$ 为未归一化的二阶行列式函数，

$$
D\left|\phi_i(1)\phi_j(2)\right|=\sqrt{2}\Psi_{ij}\left(\vec{q}_1,\vec{q}_2\right)=\begin{vmatrix}\phi_i(1) & \phi_j(1)\\ \phi_i(2) & \phi_j(2)\end{vmatrix}=\phi_i(1)\phi_j(2)-\phi_j(1)\phi_i(2) \qquad (5.8.12)
$$

注意：$\Psi_{ij}(\vec{q}_1,\vec{q}_2)$为归一化的二阶行列式函数. 为了书写方便，上式中已用$i$代替$\vec{q}_i$. 式(5.8.11)的求和指标$i$、$j$表示从给定的$N$电子行列式波函数(5.8.1)所包含的$N$个自旋轨道中，每次取出$i$、$j$两个自旋轨道. 由行列式性质可知，求和限制$i\neq j$可以取消，因为当$i=j$时，求和中的行列式为零. 式(5.8.11)涉及两个行列式相乘，可以将行列式按式(5.8.12)展开，然后相乘，也可以将行列式相乘转化为矩阵相乘，即两个行列式之积等于两个行列式所对应的矩阵之积的行列式. 我们按后一种方法计算，将$D$的行列式转置并取复数共轭可以得到$D^*$(左矢)，按相应的矩阵乘法可得(注意乘积顺序为$DD^*$)

$$\hat{\rho}_2(\vec{q}_1,\vec{q}_2;\vec{q}_1',\vec{q}_2')=\begin{vmatrix}\sum_i\phi_i(1)\phi_i^*(1') & \sum_i\phi_i(1)\phi_i^*(2')\\ \sum_i\phi_i(2)\phi_i^*(1') & \sum_i\phi_i(2)\phi_i^*(2')\end{vmatrix}=\begin{vmatrix}\hat{\rho}_1(1,1') & \hat{\rho}_1(1,2')\\ \hat{\rho}_1(2,1') & \hat{\rho}_1(2,2')\end{vmatrix}$$
$$=\hat{\rho}_1(1,1')\hat{\rho}_1(2,2')-\hat{\rho}_1(1,2')\hat{\rho}_1(2,1') \tag{5.8.13}$$

当$1'=1$，$2'=2$时，得到二阶约化密度矩阵$\hat{\rho}_2(\vec{q}_1,\vec{q}_2;\vec{q}_1',\vec{q}_2')$的对角元，即双电子密度函数

$$\rho_2(\vec{q}_1,\vec{q}_2)=\rho(\vec{q}_1)\rho(\vec{q}_2)-\rho_1(\vec{q}_1,\vec{q}_2)\rho_1(\vec{q}_2,\vec{q}_1) \tag{5.8.14}$$

其中

$$\rho(\vec{q})=\sum_i^{N(\text{occ})}\phi_i^*(\vec{q})\phi_i(\vec{q})\quad,\quad \rho_1(\vec{q}_1,\vec{q}_2)=\sum_{i=1}^{N(\text{occ})}\phi_i(\vec{q}_1)\phi_i^*(\vec{q}_2) \tag{5.8.15}$$

值得注意的是，式(5.8.13)的密度矩阵$\hat{\rho}_2$是以$\vec{q}$为行、以$\vec{q}'$为列的连续矩阵，因此它的对角元并不是该式中行列式的对角元，而应是行列式展开后取$1'=1$、$2'=2$的结果. 由式(5.8.15)，有

$$\rho_1(\vec{q}_2,\vec{q}_1)=\sum_{i=1}^{N(\text{occ})}\phi_i(\vec{q}_2)\phi_i^*(\vec{q}_1)=\rho_1^*(\vec{q}_1,\vec{q}_2) \tag{5.8.16}$$

代入式(5.8.14)，得对密度函数的表达式

$$\rho_2(\vec{q}_1,\vec{q}_2)=\rho(\vec{q}_1)\rho(\vec{q}_2)-\left|\rho_1(\vec{q}_1,\vec{q}_2)\right|^2 \tag{5.8.17}$$

$\rho(\vec{q})$和$\rho_1(\vec{q}_1,\vec{q}_2)$分别为电子密度和交换电子密度. 任意$N$电子行列式波函数的交换电子密度函数和对密度函数都可以写成式(5.8.15)和式(5.8.17)的形式，求和上限的含义与式(5.8.7)～式(5.8.10)相同. 同样，不仅 Hartree-Fock 波函数，而且任何无相互作用的$N$粒子体系的交换电子密度函数和对密度函数都可以写成式(5.8.15)和式(5.8.17)的形式. 由式(5.8.17)，将自旋积分(求和)，可得只与空间坐标有关的双电子密度函数和交换电子密度函数. 在推导过程中需要注意的是，这里所涉及的轨道均为自旋轨道，这就是说，对于任一轨道$\phi_i$，占据该轨道的电子的自旋态是完全确定的，如果该轨道的自旋态为$\sigma_1$，则占据该轨道的任一电子$j$，其空间自旋坐标应写为$(\vec{r}_j\sigma_1)$，如有$\phi_i(\vec{r}_1\sigma_1)$、$\phi_i(\vec{r}_2\sigma_1)$等. 于是由式(5.8.17)，有

$$\rho_2(\vec{r}_1,\vec{r}_2)=\rho(\vec{r}_1)\rho(\vec{r}_2)-\sum_{\sigma_1,\sigma_2}\delta\left(m_{s_i}m_{s_j}\right)\left[\sum_{i=1}^N\phi_i(\vec{r}_1\sigma_1)\phi_i^*(\vec{r}_2\sigma_1)\sum_{j=1}^N\phi_j(\vec{r}_2\sigma_2)\phi_j^*(\vec{r}_1\sigma_2)\right]$$
$$=\rho(\vec{r}_1)\rho(\vec{r}_2)-\sum_{ij}\left[\varphi_i^\alpha(\vec{r}_1)\varphi_j^{*\alpha}(\vec{r}_1)\varphi_i^{*\alpha}(\vec{r}_2)\varphi_j^\alpha(\vec{r}_2)\right.$$
$$\left.+\varphi_i^\beta(\vec{r}_1)\varphi_j^{*\beta}(\vec{r}_1)\varphi_i^{*\beta}(\vec{r}_2)\varphi_j^\beta(\vec{r}_2)\right] \tag{5.8.18}$$

作为自旋轨道，$\phi_i$只有一种自旋态，作为空间轨道，$\varphi_i$可以有两种自旋态，即有$\varphi_i^\alpha$和$\varphi_i^\beta$，但并不是所有空间轨道的两种自旋态都出现在给定的行列式(5.8.1)中，这取决于给定行列式的组成. 无

论行列式的具体组成如何，式(5.8.18)第一个等号后的求和指标$i$、$j$的上限均为$N$，因为这里是对自旋轨道求和；但第二个等号后的求和项的上限将因给定的行列式不同而不同，因为这里是对空间轨道求和. 对于闭壳层，每一空间轨道都是双占据的，该求和中的指标$i$、$j$的上限均为$N/2$；而对于开壳层，$i$、$j$的求和应限于给定行列式中包含的与自旋$\sigma(\sigma=\alpha,\beta)$匹配的空间轨道的数目$N_\sigma(\text{occ})$，$N_\sigma$的值因行列式不同而异，而且对同一行列式来说，$N_\alpha$和$N_\beta$不一定相等.

式(2.5.26)和式(2.5.32)给出了空间交换电荷密度的两种表示方法，即$\varphi_i^\sigma(\vec{r}_1)\varphi_j^{*\sigma}(\vec{r}_1)$和$\varphi_i^\sigma(\vec{r}_1)\varphi_i^{*\sigma}(\vec{r}_2)$，都可用来表示空间交换电荷密度. 式(5.8.15)给出了交换电荷密度的定义，即$\phi_i(\vec{q}_1)\phi_i^*(\vec{q}_2)$. 从式(5.8.18)的推导可以看到，导出空间交换电荷密度时必须对交换电荷密度中的电子自旋进行积分(求和)，而$\varphi_i^\sigma(\vec{r}_1)\varphi_j^{*\sigma}(\vec{r}_1)$才是自旋积分的直接结果(只能对同一变量，即同一电子坐标积分)，因此用$\varphi_i^\sigma(\vec{r}_1)\varphi_j^{*\sigma}(\vec{r}_1)$表示交换空间电荷密度或许更为明确. 但是，由式(5.8.18)，我们也可以将空间交换电荷密度看作是两个相同自旋的电子之间产生的，即用$\varphi_i^\sigma(\vec{r}_1)\varphi_i^{*\sigma}(\vec{r}_2)$表示空间交换电荷密度，这种表示方法与交换电荷密度的表示方法$\phi_i(\vec{q}_1)\phi_i^*(\vec{q}_2)$相一致，从而将交换电荷密度和空间交换电荷密度的表示方法统一起来，并能为建造交换-相关能泛函(第 6 章将介绍交换-相关能泛函)提供方便. 基于此，可将式(5.8.18)写为

$$\begin{aligned}\rho_2(\vec{r}_1,\vec{r}_2)&=\rho(\vec{r}_1)\rho(\vec{r}_2)-\left[\rho_1^{\alpha\alpha}(\vec{r}_1,\vec{r}_2)\rho_1^{*\alpha\alpha}(\vec{r}_1,\vec{r}_2)+\rho_1^{\beta\beta}(\vec{r}_1,\vec{r}_2)\rho_1^{*\beta\beta}(\vec{r}_1,\vec{r}_2)\right]\\&=\rho(\vec{r}_1)\rho(\vec{r}_2)-\sum_{\sigma=\alpha,\beta}\left|\rho_1^{\sigma\sigma}(\vec{r}_1,\vec{r}_2)\right|^2\end{aligned}\tag{5.8.19}$$

其中，$\rho_1^{\sigma\sigma}(\vec{r}_1,\vec{r}_2)$为不含自旋的交换电子密度，即空间交换电子密度，其表达式为

$$\rho_1^{\sigma\sigma}(\vec{r}_1,\vec{r}_2)=\sum_i^{N_\sigma(\text{occ})}\varphi_i^\sigma(\vec{r}_1)\varphi_i^{*\sigma}(\vec{r}_2),\quad \rho_1^{*\sigma\sigma}(\vec{r}_1,\vec{r}_2)=\sum_i^{N_\sigma(\text{occ})}\varphi_i^\sigma(\vec{r}_2)\varphi_i^{*\sigma}(\vec{r}_1)\tag{5.8.20}$$

必须再次强调，式(5.8.20)中的求和只限于给定行列式中包含的具有$\sigma$自旋的空间轨道，对于不同行列式，式(5.8.20)的求和上限可能不同，特别是对同一行列式，$\rho_1^{\alpha\alpha}(\vec{r}_1,\vec{r}_2)$和$\rho_1^{\beta\beta}(\vec{r}_1,\vec{r}_2)$的求和上限也可能不同. 仅对所有轨道都是双占据的行列式波函数，例如，$N$电子闭壳层体系的 Hartree-Fock 波函数，$\rho_1^{\alpha\alpha}(\vec{r}_1,\vec{r}_2)$和$\rho_1^{\beta\beta}(\vec{r}_1,\vec{r}_2)$的求和上限才是相同的，并且有

$$\rho(\vec{r})=\sum_{i=1}^{N(\text{occ})}\varphi_i(\vec{r})\varphi_i^*(\vec{r})=2\sum_{i=1}^{N/2(\text{occ})}\varphi_i(\vec{r})\varphi_i^*(\vec{r})\tag{5.8.21}$$

$$\rho_1^{\sigma\sigma}(\vec{r}_1,\vec{r}_2)=\sum_{i=1}^{N/2(\text{occ})}\varphi_i^\sigma(\vec{r}_1)\varphi_i^{*\sigma}(\vec{r}_2),\quad \sigma=\alpha,\beta\tag{5.8.22}$$

同样可以证明

$$\hat{\rho}_m(\vec{q}_1,\cdots,\vec{q}_m;\vec{q}_1',\cdots,\vec{q}_m')=\begin{vmatrix}\hat{\rho}_1(11')\hat{\rho}_1(12')\cdots\hat{\rho}_1(1m')\\\hat{\rho}_1(21')\hat{\rho}_1(22')\cdots\hat{\rho}_1(2m')\\\vdots\qquad\vdots\qquad\vdots\\\hat{\rho}_1(m1')\hat{\rho}_1(m2')\cdots\hat{\rho}_1(mm')\end{vmatrix}\tag{5.8.23}$$

因此，单 Slater 行列式波函数的任意阶约化密度矩阵都可以用一阶约化密度矩阵表示出来.

### 5.8.2　密度算符

设$\{\phi_k\}$为正交归一自旋分子轨道的完备集合，按照密度矩阵的定义[见式(5.7.21)]，有相应的密度矩阵

$$\hat{\gamma}_{1i}(\vec{q}_1,\vec{q}_1')=|\phi_i(\vec{q}_1)\rangle\langle\phi_i(\vec{q}_1')| \ , \qquad i=1,2,\cdots \tag{5.8.24}$$

显然，密度矩阵$\hat{\gamma}_1(\vec{q}_1,\vec{q}_1')$是一阶的(只有一对变量). 值得注意的是，一阶密度矩阵$\hat{\gamma}_1(\vec{q}_1,\vec{q}_1')$是直接由单电子态定义而不是由 $N$ 电子波函数经约化而来的，因此一阶密度矩阵$\hat{\gamma}_1(\vec{q}_1,\vec{q}_1')$与一阶约化密度矩阵$\hat{\rho}_1(\vec{q}_1,\vec{q}_1')$有所不同,故用不同的符号表示. 由于一阶密度矩阵常用作理论分析的工具,要特别加以讨论. 易于证明,一阶密度矩阵$\hat{\gamma}_1(\vec{q}_1,\vec{q}_1')$具有密度矩阵的所有性质(见 5.7.3 节)，包括 Hermite 性、正定性、幂等性、互斥性以及完备性等，即

$$\hat{\gamma}_{1i}=\hat{\gamma}_{1i}^{+} \ , \quad \hat{\gamma}_{1i}\geqslant 0 \ , \quad \hat{\gamma}_{1i}^{2}=\hat{\gamma}_{1i} \ , \quad \hat{\gamma}_{1i}\hat{\gamma}_{1j}=\hat{\gamma}_{1i}\delta_{ij} \ , \qquad \sum_i \hat{\gamma}_{1i}=1 \tag{5.8.25}$$

根据式(5.7.22)，以$\hat{\gamma}_{1i}(\vec{q}_1,\vec{q}_1')$作用于任意满足边界条件的单电子波函数$\phi'(\vec{q}_1)$，则有

$$\hat{\gamma}_{1i}(\vec{q}_1,\vec{q}_1')\phi'(\vec{q}_1)=|\phi_i(\vec{q}_1)\rangle\langle\phi_i(\vec{q}_1')|\phi'(\vec{q}_1)\rangle=\int\phi_i(\vec{q}_1)\phi_i^*(\vec{q}_1')\phi'(\vec{q}_1')\mathrm{d}\vec{q}_1' \tag{5.8.26}$$

基于式(5.8.26)，可以定义一阶密度算符$\hat{\gamma}_1$，它是以一阶密度矩阵$\hat{\gamma}_1(\vec{q}_1,\vec{q}_1')$为核的一个积分算符，将它作用于函数$\phi'(\vec{q}_1)$，就是将被作用函数$\phi'(\vec{q}_1)$中的变量$\vec{q}_1$改为$\vec{q}_1'$，乘以积分核$\hat{\gamma}_1(\vec{q}_1,\vec{q}_1')=|\phi(\vec{q}_1)\rangle\langle\phi(\vec{q}_1')|$后对$\vec{q}_1'$积分，得到一个新函数$\phi''(\vec{q}_1)$，即有

$$\phi''(\vec{q}_1)=\hat{\gamma}_1\phi'(\vec{q}_1)=\int\phi(\vec{q}_1)\phi^*(\vec{q}_1')\phi'(\vec{q}_1')\mathrm{d}\vec{q}_1' \tag{5.8.27}$$

显然，$\hat{\gamma}_1$为线性算符，积分的核$\hat{\gamma}_1(\vec{q}_1,\vec{q}_1')$是它的一个特殊表示，表示的行、列指标是连续的. 若取$\{\eta_k\}$为单电子基函数，则可以得到$\hat{\gamma}_1$的一个普通表示$[\gamma_{1ij}]$，表示的矩阵元为

$$\langle\eta_k|\hat{\gamma}_1|\eta_l\rangle=\int\eta_k^*(\vec{q}_1)\hat{\gamma}_1(\vec{q}_1,\vec{q}_1')\eta_l(\vec{q}_1)\mathrm{d}\vec{q}_1=\int\eta_k^*(\vec{q}_1)\phi(\vec{q}_1)\mathrm{d}\vec{q}_1\int\phi(\vec{q}_1')\eta_l(\vec{q}_1')\mathrm{d}\vec{q}_1'$$

从以上讨论可以看到，如果规定一阶密度矩阵按式(5.8.26)作用于函数，则一阶密度矩阵就是一阶密度算符. 事实上我们已经指出，一阶密度矩阵是一阶密度算符的一个特殊表示，因此它们实际上是同一个算符，故在实际应用上可以不加区分. 由于文献和书籍中经常会出现这两个术语，因此我们不得不加以介绍.

式(5.8.7)给出了单行列式波函数的一阶约化密度矩阵，它是由一阶密度矩阵表示的. 若$\{\phi_r\}$为一组完备的正交归一自旋轨道，其中有 $N$ 个占据自旋轨道，则与单行列式波函数的一阶约化密度矩阵相应的一阶密度算符$\hat{\gamma}_\mathrm{F}$(下标表示该算符与 Hartree-Fock 方法相联系)的核为

$$\hat{\gamma}_\mathrm{F}(\vec{q}_1,\vec{q}_1')=\sum_r^{N(\mathrm{occ})}|\phi_r(\vec{q}_1)\rangle\langle\phi_r(\vec{q}_1)|=\sum_r^{N(\mathrm{occ})}\gamma_{1r} \tag{5.8.28}$$

设有任意满足边界条件的单电子函数$\phi'(\vec{q}_1)$，它在正交归一化完备集合$\{\phi_r\}$中的展开式为

$$\phi'(\vec{q}_1)=\sum_s c_s\phi_s(\vec{q}_1) \tag{5.8.29}$$

用$\hat{\gamma}_\mathrm{F}$作用，得

$$\hat{\gamma}_{\mathrm{F}}\phi'(\vec{q}_1)=\sum_{r}^{\mathrm{occ}}\sum_{s}c_s\left|\phi_r(\vec{q}_1)\right\rangle\left\langle\phi_r(\vec{q}_1')\middle|\phi_s(\vec{q}_1')\right\rangle=\sum_{r}^{\mathrm{occ}}c_s\phi_r(\vec{q}_1)\delta_{rs}=\sum_{r}^{\mathrm{occ}}c_r\phi_r(\vec{q}_1) \tag{5.8.30}$$

这表明，一阶密度算符 $\hat{\gamma}_{\mathrm{F}}$ 消除了 $\phi'(\vec{q}_1)$ 中除占据轨道以外的所有成分，即将 $\phi'(\vec{q}_1)$ 投影到占据自旋轨道张成的子空间中. 如果占据轨道只有一个，即

$$\hat{\gamma}_{\mathrm{F}}(\vec{q}_1,\vec{q}_1')=\left|\phi_r(\vec{q}_1)\right\rangle\left\langle\phi_r(\vec{q}_1)\right| \tag{5.8.31}$$

则算符 $\hat{\gamma}_{\mathrm{F}}(\vec{q}_1,\vec{q}_1')$ 作用于任意满足边界条件的单电子函数 $\phi'(\vec{q}_1)$，就将 $\phi'(\vec{q}_1)$ 中所包含的占据轨道成分 $\phi_r(\vec{q}_1)$ 投影出来，即有

$$\hat{\gamma}_{\mathrm{F}}\phi'(\vec{q}_1)=\int\phi_r(\vec{q}_1)\phi_r^*(\vec{q}_1')\phi'(\vec{q}_1')\mathrm{d}\vec{q}_1'=\phi_r(\vec{q}_1)\int\phi_r^*(\vec{q}_1')\phi'(\vec{q}_1')\mathrm{d}\vec{q}_1' \tag{5.8.32}$$

可以用一阶密度算符进行布居分析，所得结果与 Mulliken 布居分析一致，但公式更为简洁.

也可以用原子轨道定义一阶密度矩阵和一阶密度算符. 设原子轨道基组为 $\{\chi_\mu\}$，则由原子轨道定义的一阶密度矩阵为

$$\hat{\gamma}_{1\nu}=\left|\chi_\nu\right\rangle\left\langle\chi_\nu\right|,\quad \nu=1,2,\cdots \tag{5.8.33}$$

它是一阶密度算符 $\hat{\gamma}_{1\nu}$ 的核，即对任意原子轨道 $\chi'(\vec{q}_1)$，有

$$\hat{\gamma}_{1\nu}\chi'(\vec{q}_1)=\left|\chi_\nu(\vec{q}_1)\right\rangle\left\langle\chi_\nu(\vec{q}_1')\middle|\chi'(\vec{q}_1')\right\rangle=\chi_\nu(\vec{q}_1)\int\chi_\nu(\vec{q}_1')\chi'(\vec{q}_1')\mathrm{d}\vec{q}_1' \tag{5.8.34}$$

使用原子轨道定义的密度矩阵和密度算符，能够简化一些公式的推导，并使得一些物理量的表达式更为简洁.

仿照一阶密度矩阵和一阶密度算符，可以定义用分子轨道和原子轨道表达的二阶密度矩阵和二阶密度算符. 由于二阶密度矩阵和二阶密度算符用得较少，而且从内容看，只不过是一阶密度矩阵和一阶密度算符的简单推广，所以不再详细讨论.

## 5.9　CI 波函数的约化密度矩阵

5.7 节和 5.8 节介绍了约化密度矩阵的有关概念，并给出了 Slater 行列式的各阶约化密度矩阵. 下面给出 CI 波函数的一阶和 $m$ 阶约化密度矩阵.

设 $\{\phi_i(\vec{q}),i=1,2,\cdots\}$ 为正交归一化的自旋分子轨道集合，从其中任意选择 $N$ (体系中的电子数目)个自旋轨道，可以构成一个归一化的 Slater 行列式

$$\varPhi=\frac{1}{\sqrt{N!}}\begin{vmatrix}\phi_{l_1}(\vec{q}_1) & \phi_{l_1}(\vec{q}_2) & \cdots & \phi_{l_1}(\vec{q}_N)\\ \phi_{l_2}(\vec{q}_1) & \phi_{l_2}(\vec{q}_2) & \cdots & \phi_{l_2}(\vec{q}_N)\\ \vdots & \vdots & & \vdots\\ \phi_{l_N}(\vec{q}_1) & \phi_{l_N}(\vec{q}_2) & \cdots & \phi_{l_N}(\vec{q}_N)\end{vmatrix} \tag{5.9.1}$$

其中，分子轨道的下标已按次序排列，即有

$$l_1<l_2<\cdots<l_N$$

CI 波函数为

$$\varPsi=\sum_I c_I\varPhi_I \tag{5.9.2}$$

这里，组态函数 $\varPhi_I$ 为 Slater 行列式. 由式(5.7.35)，可得 CI 波函数 $\varPsi$ 的一阶约化密度矩阵

$$\hat{\rho}_1(\vec{q}_1,\vec{q}_1')=\binom{N}{1}\underset{2,\cdots,N}{\mathrm{Tr}}|\Psi\rangle\langle\Psi|=N\sum_{I,J}c_Ic_J^*\underset{2,\cdots,N}{\mathrm{Tr}}|\Phi_I\rangle\langle\Phi_J|=\sum_{I,J}c_Ic_J^*\hat{\rho}_{1IJ}(\vec{q}_1,\vec{q}_1') \tag{5.9.3}$$

式中，$\hat{\rho}_{1IJ}(\vec{q}_1,\vec{q}_1')$ 为行列式 $\Phi_I$ 和 $\Phi_J$ 之间的一阶约化跃迁密度矩阵[见式(5.7.51)]

$$\hat{\rho}_{1IJ}(\vec{q}_1,\vec{q}_1')=N\underset{2,\cdots,N}{\mathrm{Tr}}|\Phi_I\rangle\langle\Phi_J| \tag{5.9.4}$$

将行列式 $\Phi$ 向前 $m$ 列展开(Laplace 展开)，有

$$\Phi=\binom{N}{m}^{-\frac{1}{2}}\sum_{i_1<i_2<\cdots<i_m}\frac{1}{\sqrt{m!}}\left|\phi_{i_1}(\vec{q}_1)\phi_{i_2}(\vec{q}_2)\cdots\phi_{i_m}(\vec{q}_m)\right|\frac{1}{\sqrt{(N-m)!}}\Delta^{\binom{i_1i_2\cdots i_m}{12\cdots m}}(\vec{q}_{m+1},\cdots,\vec{q}_N) \tag{5.9.5}$$

式中，$\left|\phi_{i_1}(\vec{q}_1)\phi_{i_2}(\vec{q}_2)\cdots\phi_{i_m}(\vec{q}_m)\right|$ 是 $m$ 行 $m$ 列的行列式，这里仅写出了行列式的对角元，$\Delta^{\binom{i_1i_2\cdots i_m}{12\cdots m}}(\vec{q}_{m+1},\cdots,\vec{q}_N)$ 是行列式 $\left|\phi_{i_1}(\vec{q}_1)\phi_{i_2}(\vec{q}_2)\cdots\phi_{i_m}(\vec{q}_m)\right|$ 的代数余子式，$(m!)^{-\frac{1}{2}}$ 和 $((N-m)!)^{-\frac{1}{2}}$ 分别是两个子行列式的归一化因子. 特殊地，当 $m=1$ 时，有

$$\Phi=N^{-\frac{1}{2}}\sum_i\phi_i(\vec{q}_1)\frac{1}{\sqrt{(N-1)!}}\Delta^{\binom{i}{1}}(\vec{q}_2,\cdots,\vec{q}_N) \tag{5.9.6}$$

利用式(5.9.6)，可将式(5.9.4)用自旋分子轨道表达为

$$\hat{\rho}_{1IJ}(\vec{q}_1,\vec{q}_1')=\sum_{i,j(i\in I,j\in J)}\rho_{1IJij}|\phi_i\rangle\langle\phi_j| \tag{5.9.7}$$

式中，自旋分子轨道 $\phi_i$、$\phi_j$ 分别来自行列式 $\Phi_I$、$\Phi_J$. 以 $\{I-i\}$ 和 $\{I-j\}$ 表示从行列式 $\Phi_I$ 和 $\Phi_J$ 中分别抽去轨道 $\phi_i$、$\phi_j$ 后剩下的轨道集合. 仅当 $\{I-i\}$ 和 $\{I-j\}$ 中的轨道相同时，轨道 $\phi_i$ 和 $\phi_j$ 的余子式才能相匹配. 否则，只要 $\{I-i\}$ 和 $\{I-j\}$ 中有一对轨道不相同，则两个余子式乘积的积分为零. 假定轨道 $\phi_i$ 在行列式 $\Phi_I$ 中处于 $s$ 行，轨道 $\phi_j$ 在行列式 $\Phi_J$ 中处于 $t$ 行，则将二者调换到同一行时，将会出现因子 $(-1)^{s-t}$. 由于我们约定行列式中的轨道已按次序排列，当轨道 $\phi_i\in\Phi_I$ 和 $\phi_j\in\Phi_J$ 调换到同一行时，如果 $\{I-i\}$ 和 $\{I-j\}$ 中的轨道相同，则两集合中轨道的排列顺序也必然是相同的，记作 $\{I-i\}=\{I-j\}$，于是有

$$\rho_{1IJij}=(-1)^{s-t}\,\delta_{\{I-i\}\{J-i\}} \tag{5.9.8}$$

注意：式(5.9.4)中的因子 $N$ 已被两个行列式的 Laplace 展开式中都出现的因子 $N^{-\frac{1}{2}}$ [见式(5.9.6)]抵消. 将式(5.9.7)和式(5.9.8)代入式(5.9.3)，可得 CI 波函数的一阶约化密度矩阵

$$\hat{\rho}_1(\vec{q}_1,\vec{q}_1')=\sum_{i,j(i\in I,j\in J)}\sum_{I,J}c_Ic_J^*\rho_{1IJij}|\phi_i\rangle\langle\phi_j|=\sum_{i,j(i\in I,j\in J)}\rho_{1ij}|\phi_i\rangle\langle\phi_j| \tag{5.9.9}$$

其中

$$\rho_{1ij}=\sum_{I,J(I\subseteq i,J\subseteq j)}c_Ic_J^*\rho_{1IJij} \tag{5.9.10}$$

式中，求和限于包含自旋轨道 $\phi_i$ 的行列式 $I$ 和包含自旋轨道 $\phi_j$ 的行列式 $J$. 同样，由式(5.7.35)[也可以采用式(5.7.34)，所得的最终结论是相同的]可得 CI 波函数 $\Psi$ 的 $m$ 阶约化密度矩阵

$$\hat{\rho}_m(\vec{q}_1,\cdots,\vec{q}_m;\vec{q}_1',\cdots,\vec{q}_m') = \binom{N}{m} \underset{3,\cdots,N}{\mathrm{Tr}} |\Psi\rangle\langle\Psi| = \binom{N}{m} \sum_{I,J} c_I c_J^* \underset{3,\cdots,N}{\mathrm{Tr}} |\Phi_I\rangle\langle\Phi_J| \tag{5.9.11}$$

利用行列式的 Laplace 展开式(5.9.5)，可将式(5.9.11)用自旋分子轨道表达为

$$\begin{aligned}
&\hat{\rho}_m(\vec{q}_1,\cdots\vec{q}_m;\vec{q}_1',\cdots\vec{q}_m') \\
&= \sum_{I,J} \sum_{i_1<i_2<\cdots<i_m} \sum_{j_1<j_2<\cdots<j_m} c_I c_J^* (m!)^{-1} \left|\phi_{i_1}(\vec{q}_1)\phi_{i_2}(\vec{q}_2)\cdots\phi_{i_m}(\vec{q}_m)\right| \left|\phi_{j_1}(\vec{q}_1')\phi_{j_2}(\vec{q}_2')\cdots\phi_{j_m}(\vec{q}_m')\right|^* \\
&\times\left((N-m)!\right)^{-1} \int \Delta^{\binom{i_1 i_2\cdots i_m}{12\cdots m}}(\vec{q}_{m+1},\cdots,\vec{q}_N) \Delta^{\binom{j_1 j_2\cdots j_m}{12\cdots m}}(\vec{q}_{m+1},\cdots,\vec{q}_N)\mathrm{d}\vec{q}_{m+1}\cdots\mathrm{d}\vec{q}_N
\end{aligned} \tag{5.9.12}$$

自旋分子轨道 $\phi_{i_1},\cdots,\phi_{i_m}$ 和 $\phi_{j_1},\cdots,\phi_{j_m}$ 分别来自行列式 $\Phi_I$ 和 $\Phi_J$，记作 $i_1,\cdots,i_m \in I$，$j_1,\cdots,j_m \in J$，以 $\{I-i_1-\cdots-i_m\}$ 表示行列式 $\Phi_I$ 中抽去轨道 $\phi_{i_1},\cdots,\phi_{i_m}$ 后剩下的轨道集合，$\{J-j_1-\cdots-j_m\}$ 表示行列式 $\Phi_J$ 中抽去轨道 $\phi_{j_1}\cdots\phi_{j_m}$ 后剩下的轨道集合. 仅当剩下的两个集合中的轨道完全相同并且排列次序也完全相同时，两个余子式乘积的积分才不为零而归一. 将这样的两个集合记作 $\{I-i_1-\cdots-i_m\}=\{J-j_1-\cdots-j_m\}$，于是有 CI 波函数 $\Psi$ 的 $m$ 阶约化密度矩阵为

$$\begin{aligned}
\hat{\rho}_m(\vec{q}_1,\cdots,\vec{q}_m;\vec{q}_1',\cdots,\vec{q}_m') &= \sum_{I,J} \sum_{i_1<i_2<\cdots<i_m\in I} \sum_{j_1<j_2<\cdots<j_m\in J} c_I c_J^* (-1)^{(i_1-j_1)+\cdots+(i_m-j_m)} \delta_{\{I-i_1-\cdots-i_m\}\{J-j_1-\cdots-j_m\}} \\
&\times (m!)^{-1} \left|\phi_{i_1}(\vec{q}_1)\phi_{i_2}(\vec{q}_2)\cdots\phi_{i_m}(\vec{q}_m)\right| \left|\phi_{j_1}(\vec{q}_1')\phi_{j_2}(\vec{q}_2')\cdots\phi_{j_m}(\vec{q}_m')\right|^*
\end{aligned} \tag{5.9.13}$$

式(5.9.9)表明，当自旋轨道基组 $\{\phi_k\}$ 确定以后，CI 波函数的一阶约化密度矩阵 $\hat{\rho}_1(\vec{q}_1,\vec{q}_1')$ 由系数 $\{\rho_{1ij}\}$ 唯一地确定. 故 $[\rho_{1ij}]$ 也称为一阶密度矩阵. 实际上，矩阵 $[\rho_{1ij}]$ 是一阶约化密度矩阵 $\hat{\rho}_1(\vec{q}_1,\vec{q}_1')$ 的一个表示，$[\rho_{1ij}]$ 才是普通意义上的矩阵，而 $\hat{\rho}_1(\vec{q}_1,\vec{q}_1')$ 则是一种广义的矩阵，其中 $\vec{q}_1$、$\vec{q}_1'$ 是连续变化的.

必须指出，本节讨论所采用的 CI 波函数(5.9.2)中的组态均为 Slater 行列式，并没有进一步考虑组态函数的空间和自旋对称性. 但是，式(5.9.9)和式(5.9.13)对具有空间和自旋对称性的组态函数同样适用，或者说，具有空间和自旋对称性的 CI 波函数的约化密度矩阵也可以用式(5.9.9)和式(5.9.13)来表达. 这是因为，具有空间和自旋对称性的组态函数归根结底是 Slater 行列式的组合，只不过限定了其中的组合系数必须满足一定的对称性要求. 式(5.9.9)和式(5.9.13)都是用行列式的组合系数表达的，因此已经涵盖了组态函数具有空间和自旋对称性的情况.

## 5.10 自然轨道与波函数的自然展开

5.4.2 节中提到，进行 CI 计算时，如果选择自然轨道，则 CI 展开能够尽快收敛，即自然轨道是 CI 计算中最好的轨道，因此有必要了解自然轨道. 简单地说，自然轨道就是一阶约化密度矩阵的本征函数. 为了弄清自然轨道概念，必须从约化密度矩阵开始.

### 5.10.1 自然轨道

式(5.9.9)给出了 CI 波函数的一阶约化密度矩阵 $\hat{\rho}_1(\vec{q}_1,\vec{q}_1')$，该表达式中涉及两个求和指标，即表示矩阵 $[\rho_{1ij}]$ 不是对角化的. 我们希望通过适当的酉变换，将两个求和指标变为一个求和

指标，即将表示矩阵$\left[\rho_{1ij}\right]$对角化.

由于一阶约化密度矩阵$\hat{\rho}_1(\vec{q}_1,\vec{q}_1')$为 Hermite 算符，其表示矩阵$\left[\rho_{1ij}\right]$为 Hermite 矩阵，因此一定存在酉变换使其对角化. 将使矩阵$\left[\rho_{1ij}\right]$对角化的酉变换记作$\hat{u}$，相应的矩阵为$\boldsymbol{u}=\left[u_{ij}\right]$，变换后得到的正交归一化自旋轨道记作$\eta=\{\eta_1,\eta_2,\cdots\}$，即有

$$\hat{u}\hat{u}^+=\hat{u}^+\hat{u}=1,\qquad \eta=\hat{u}\phi,\qquad \phi=\hat{u}^+\eta \tag{5.10.1}$$

式中，$\phi=\{\phi_1,\phi_2,\cdots\}$为酉变换之前 CI 波函数中的正交归一化自旋轨道，$\eta$与$\phi$的变换关系也可写作

$$\eta_k=\sum_l u_{lk}\phi_l\quad,\qquad \phi_i=\sum_k u_{ki}^*\eta_k \tag{5.10.2}$$

代入式(5.9.9)，有

$$\hat{\rho}_1(\vec{q}_1,\vec{q}_1')=\sum_{ij(i\in I,j\in J)}\rho_{1ij}|\phi_i\rangle\langle\phi_j|=\sum_k\sum_{ij(i\in I,j\in J)}u_{ki}^*\rho_{1ij}u_{kj}|\eta_k\rangle\langle\eta_k|=\sum_k n_k|\eta_k\rangle\langle\eta_k| \tag{5.10.3}$$

其中

$$n_k=\sum_{ij(i\in I,j\in J)}u_{ki}^*\rho_{1ij}u_{kj} \tag{5.10.4}$$

利用酉矩阵的性质，有

$$n_k=\sum_{ij(i\in I,j\in J)}u_{ki}^*\rho_{1ij}u_{kj}=\sum_{ij(i\in I,j\in J)}u_{ki}^*\rho_{1ij}u_{kj}\delta_{ij}=\sum_{i(i\in I)}\rho_{1ii} \tag{5.10.5}$$

由式(5.10.3)，易得

$$\hat{\rho}_1(\vec{q}_1,\vec{q}_1')\eta_i=n_i\eta_i \tag{5.10.6}$$

可见，$\eta=\{\eta_1,\eta_2,\cdots\}$是一阶约化密度矩阵$\hat{\rho}_1(\vec{q}_1,\vec{q}_1')$的本征函数，$n_i$为本征值. Löwdin 将这样的函数称为自然自旋轨道(NSO)，有时简称自然轨道. 式(5.10.3)称为一阶约化密度矩阵$\hat{\rho}_1(\vec{q}_1,\vec{q}_1')$的自然展开. 自然展开中仅包含一个求和指标，与式(5.9.9)相比，形式更为简单. 由于$\hat{\rho}_1(\vec{q}_1,\vec{q}_1')$为正算符，由式(5.10.6)，有

$$n_k=\langle\eta_k|\hat{\rho}_1(\vec{q}_1,\vec{q}_1')|\eta_k\rangle\geqslant 0 \tag{5.10.7}$$

由式(5.9.2)，利用波函数的正交归一条件有

$$\sum_k|c_k|^2=1 \tag{5.10.8}$$

将式(5.9.8)和式(5.9.10)代入式(5.10.5)，有

$$n_k=\sum_{I(I\in i)}|c_I|^2 \tag{5.10.9}$$

式(5.10.9)求和仅限于包含自旋轨道$i$的行列式，与式(5.10.8)比较，并考虑式(5.10.7)，有

$$0\leqslant n_k\leqslant 1 \tag{5.10.10}$$

由式(5.7.37)，有

$$\underset{1}{\mathrm{Tr}}\,\hat{\rho}_1(\vec{q}_1,\vec{q}_1')=N \tag{5.10.11}$$

一阶约化密度矩阵$\hat{\rho}_1(\vec{q}_1,\vec{q}_1')$的迹为其本征值之和，故有

$$\sum_k n_k = N \tag{5.10.12}$$

式中，$N$ 为体系中的电子数目. 基于以上性质，称一阶约化密度矩阵 $\hat{\rho}_1(\vec{q}_1,\vec{q}_1')$ 的本征值 $n_i$ 为自然轨道 $\eta_i$ 上的占据数，占据数是不大于 1 的正数，占据数之和等于总电子数. 可以将占据数从大到小排序，并将相应的自然轨道排序，即有

$$1 \geqslant n_1 \geqslant n_2 \cdots \geqslant 0, \quad \eta_1,\eta_2,\cdots \tag{5.10.13}$$

占据数的大小标志着相应的自然轨道的重要程度. 自然轨道是由原始自旋轨道 $\phi=\{\phi_1,\phi_2,\cdots\}$ 经酉变换得到的，由于原始自旋轨道集合 $\phi=\{\phi_1,\phi_2,\cdots\}$ 是一个完备集合，自然轨道集合 $\eta=\{\eta_1,\eta_2,\cdots\}$ 也是一个完备集合. 一般而言，自然轨道应该有无穷多个，但是从式(5.10.3)可以看到，占据数为零的自然轨道不必包含在一阶约化密度矩阵 $\hat{\rho}_1(\vec{q}_1,\vec{q}_1')$ 的展开式中. 此外，如果在展开式中仅保留占据数大的自然轨道，舍去占据数小的自然轨道，则可以用尽可能少的项数得到尽可能好的一阶约化密度矩阵的近似表达式. 这是按照“自然标准”选择的轨道，故称为自然轨道. 可见，用自然轨道可以得到一阶约化密度矩阵的最佳展开.

类似地，$m$ 阶约化密度矩阵 $\hat{\rho}_m(\vec{q}_1,\cdots,\vec{q}_m;\vec{q}_1',\cdots,\vec{q}_m')$ 的自然展开为

$$\hat{\rho}_m(\vec{q}_1,\cdots,\vec{q}_m;\vec{q}_1',\cdots,\vec{q}_m') = \sum_i \omega_i \left|\Omega_i(\vec{q}_1,\cdots,\vec{q}_m)\right\rangle\left\langle\Omega_i(\vec{q}_1,\cdots,\vec{q}_m)\right| \tag{5.10.14}$$

式中，$\omega_i$ 和 $\Omega_i(\vec{q}_1,\cdots,\vec{q}_m)$ 分别为 $\hat{\rho}_m(\vec{q}_1,\cdots,\vec{q}_m;\vec{q}_1',\cdots,\vec{q}_m')$ 的本征值和本征函数.

### 5.10.2 波函数的自然展开

广义地说，$N$ 电子波函数 $\Psi$ 向其 $m(m=1,2,\cdots,N-1)$ 阶约化密度矩阵 $\hat{\rho}_m(\vec{q}_1,\cdots,\vec{q}_m;\vec{q}_1',\cdots,\vec{q}_m')$ 的本征函数 $\Omega_i(\vec{q}_1,\cdots,\vec{q}_m)$ 展开都称为 $\Psi$ 的自然展开. 特殊地，$N$ 电子波函数 $\Psi$ 向一阶约化密度矩阵 $\hat{\rho}_1(\vec{q}_1,\vec{q}_1')$ 的本征函数(即自然轨道)展开，也是 $\Psi$ 的一种自然展开. 在单粒子近似下，后一种自然展开才有实际意义. 但是，为了更全面地了解波函数的自然展开，本节首先讨论一般的自然展开，然后将波函数的自然轨道展开作为特例引入.

为了简化记号，用 $\vec{x}$ 标记 $m$ 个坐标变量的集合，用 $\vec{y}$ 标记 $(N-m)$ 个坐标变量的集合，即有 $\vec{x}=(\vec{q}_1,\vec{q}_2,\cdots,\vec{q}_m)$ $\vec{y}=(\vec{q}_{m+1},\cdots,\vec{q}_N)$. 设

$$f_1(\vec{x}),f_2(\vec{x}),\cdots,f_K(\vec{x}) \tag{5.10.15}$$

和

$$g_1(\vec{y}),g_2(\vec{y}),\cdots,g_L(\vec{y}) \tag{5.10.16}$$

分别是包含 $m$ 个和 $(N-m)$ 个坐标变量的正交归一化函数的集合，于是可将 $N$ 电子波函数 $\Psi(\vec{x},\vec{y})$ 近似表达为

$$\Psi(\vec{x},\vec{y}) \approx \Phi(\vec{x},\vec{y}) = \sum_i^K \sum_j^L c_{ij} f_i(\vec{x}) g_j(\vec{y}) \tag{5.10.17}$$

这里需要做一些说明. 初看起来，式(5.10.17)似乎不满足波函数的反对称要求，但仔细分析后就会发现，该式能够满足反对称要求. $\Psi(\vec{x},\vec{y})$ 可以用 Slater 行列式展开，再将 Slater 行列式做 Laplace 展开，如式(5.9.5)所示，或者更进一步，将行列式按定义展开，这时波函数 $\Psi(\vec{x},\vec{y})$ 就具有式(5.10.17)的形式. 因此，集合(5.10.15)和集合(5.10.16)中的函数 $\{f_i(\vec{x})\}$ 和 $\{g_i(\vec{y})\}$ 可以分别看作 $m$ 阶和 $(N-m)$ 阶 Slater 行列式的集合，也可以分别看作 $m$ 个和 $(N-m)$ 个自旋轨道乘积的

集合，如 $f_1(\vec{x})=\phi_{i_1}(\vec{q}_1)\phi_{i_2}(\vec{q}_2)\cdots\phi_{i_m}(\vec{q}_m)$等. 不失一般性，可假定式(5.10.17)中 $L>K$ ，令

$$g_i'(\vec{y})=\sum_j^L c_{ij}g_j(\vec{y}) \tag{5.10.18}$$

则式(5.10.17)可写为

$$\Psi(\vec{x},\vec{y})\approx\Phi(\vec{x},\vec{y})=\sum_i^K f_i(\vec{x})g_i'(\vec{y}) \tag{5.10.19}$$

所谓不失一般性是指，如果 $K>L$ ，则可令

$$f_i'(\vec{x})=\sum_i^K c_{ij}f_i(\vec{x})$$

于是有

$$\Phi(\vec{x},\vec{y})=\sum_i^L f_i'(\vec{x})g_i(\vec{y})$$

两种情况下，$\Phi(\vec{x},\vec{y})$ 的形式是相同的. 现以最小二乘法为判据，考察在何种条件下，式(5.10.19)中的函数 $\Phi(\vec{x},\vec{y})$ 才是波函数 $\Psi(\vec{x},\vec{y})$ 的最好近似，令

$$\begin{aligned}\varepsilon&=\underset{\vec{x},\vec{y}}{\mathrm{Tr}}|\Psi-\Phi|^2=\underset{\vec{x},\vec{y}}{\mathrm{Tr}}\big(|\Psi\rangle-|\Phi\rangle\big)\big(\langle\Psi|-\langle\Phi|\big)\\&=\underset{\vec{x},\vec{y}}{\mathrm{Tr}}|\Psi\rangle\langle\Psi|-\underset{\vec{x},\vec{y}}{\mathrm{Tr}}|\Psi\rangle\langle\Phi|-\underset{\vec{x},\vec{y}}{\mathrm{Tr}}|\Phi\rangle\langle\Psi|+\underset{\vec{x},\vec{y}}{\mathrm{Tr}}|\Phi\rangle\langle\Phi|\end{aligned} \tag{5.10.20}$$

将式(5.10.19)代入式(5.10.20)，并对最后一项应用函数 $\{f_i(\vec{x})\}$ 的正交归一化条件，有

$$\begin{aligned}\varepsilon&=\underset{\vec{x},\vec{y}}{\mathrm{Tr}}|\Psi\rangle\langle\Psi|+\underset{\vec{y}}{\mathrm{Tr}}\sum_i\Big[g_i'(\vec{y})-\int f_i^*(\vec{x})\Psi(\vec{x},\vec{y})\mathrm{d}\vec{x}\Big]\Big[g_i'^*(\vec{y})-\int f_i(\vec{x})\Psi^*(\vec{x},\vec{y})\mathrm{d}\vec{x}\Big]\\&\quad-\underset{\vec{y}}{\mathrm{Tr}}\sum_i\Big[\int f_i^*(\vec{x})\Psi(\vec{x},\vec{y})\mathrm{d}\vec{x}\Big]\Big[\int f_i(\vec{x})\Psi^*(\vec{x},\vec{y})\mathrm{d}\vec{x}\Big]\end{aligned} \tag{5.10.21}$$

上式第二项两个括号中的项互为复数共轭，故该项取最小值的条件为

$$g_i'(\vec{y})=\int f_i^*(\vec{x})\Psi(\vec{x},\vec{y})\mathrm{d}\vec{x} \tag{5.10.22}$$

式(5.10.21)第三项中两个括号内的项为复数共轭，求和中的一项可写作

$$\begin{aligned}&\underset{\vec{y}}{\mathrm{Tr}}\Big[\int f_i^*(\vec{x})\Psi(\vec{x},\vec{y})\mathrm{d}\vec{x}\Big]\Big[\int f_i(\vec{x})\Psi^*(\vec{x},\vec{y})\mathrm{d}\vec{x}\Big]\\&=\underset{\vec{y}}{\mathrm{Tr}}\underset{\vec{x},\vec{x}'}{\mathrm{Tr}}f_i^*(\vec{x})\Psi(\vec{x},\vec{y})\Psi^*(\vec{x}',\vec{y})f_i(\vec{x}')\end{aligned} \tag{5.10.23}$$

要使式(5.10.21)第三项最大，就要使式(5.10.23)在归一化条件 $\int f_i^*(\vec{x})f_i(\vec{x})\mathrm{d}\vec{x}=1$ 下取极大值. 定义泛函

$$F\big[f_i^*(\vec{x})\big]=\underset{\vec{x}}{\mathrm{Tr}}\Big\{\underset{\vec{x}'}{\mathrm{Tr}}\underset{\vec{y}}{\mathrm{Tr}}f_i^*(\vec{x})\Psi(\vec{x},\vec{y})\Psi^*(\vec{x}',\vec{y})f_i(\vec{x}')-\omega_i'f_i^*(\vec{x})f_i(\vec{x})\Big\}$$

对 $f_i^*(\vec{x})$ 变分，即令

$$\frac{\partial F\big[f_i^*(\vec{x})\big]}{\partial f_i^*(\vec{x})}=0$$

可得

$$\underset{\vec{x}'}{\mathrm{Tr}}\,\underset{\vec{y}}{\mathrm{Tr}}\,\Psi(\vec{x},\vec{y})\Psi^*(\vec{x}',\vec{y})f_i(\vec{x}')=\omega_i' f_i(\vec{x}) \tag{5.10.24}$$

$\omega_i'$ 为 Lagrange 乘子. 注意：波函数 $\Psi(\vec{x},\vec{y})$ 的 $m$ 阶约化密度矩阵为[这里采用了式(5.7.35)的定义，也可采用式(5.7.34)的定义，所得结论相同]

$$\hat{\rho}_m(\vec{x},\vec{x}')=\binom{N}{m}\underset{\vec{y}}{\mathrm{Tr}}\left|\Psi(\vec{x},\vec{y})\right\rangle\left\langle\Psi(\vec{x},\vec{y})\right|$$

故式(5.10.24)可写为

$$\hat{\rho}_m(\vec{x},\vec{x}')\left|f_i(\vec{x}')\right\rangle=\omega_i\left|f_i(\vec{x})\right\rangle \tag{5.10.25}$$

其中

$$\omega_i=\binom{N}{m}\omega_i' \tag{5.10.26}$$

可见，要使式(5.10.20)的 $\varepsilon$ 取极小值，则函数 $f_i(\vec{x})$ 必须为 $\hat{\rho}_m(\vec{x},\vec{x}')$ 的本征函数 $\Omega_i^{(m)}(\vec{x})$，即有

$$f_i(\vec{x})=\Omega_i^{(m)}(\vec{x}) \tag{5.10.27}$$

于是式(5.10.25)可写为

$$\hat{\rho}_m(\vec{x},\vec{x}')\Omega_i^{(m)}(\vec{x}')=\omega_i^{(m)}\Omega_i^{(m)}(\vec{x}) \tag{5.10.28}$$

式中，$\omega_i^{(m)}$ 表示 $m$ 阶约化密度矩阵的本征值. 由于 $\left\{f_i(\vec{x})\right\}$ 是正交归一化的，$\left\{\Omega_i^{(m)}(\vec{x})\right\}$ 也是正交归一化的. 将式(5.10.22)和式(5.10.27)代入式(5.10.19)，可以得到以最小二乘法为判据的 $\Psi$ 的最好近似展开

$$\Psi(\vec{x},\vec{y})=\sum_i^K\Omega_i^{(m)}(\vec{x})\int\Omega_i^{(m)*}(\vec{x})\Psi(\vec{x},\vec{y})\mathrm{d}\vec{x} \tag{5.10.29}$$

在式(5.10.19)中，坐标 $\vec{x}$、$\vec{y}$ 是等价的，故对 $\vec{y}$ 同样有

$$\Psi(\vec{x},\vec{y})=\sum_i^K\Omega_i^{(n)}(\vec{y})\int\Omega_i^{(n)*}(\vec{y})\Psi(\vec{x},\vec{y})\mathrm{d}\vec{y} \tag{5.10.30}$$

事实上，在式(5.10.21)中，只要将 $f_i(\vec{x})$ 和 $g_i'(\vec{y})$ 的角色互换，就能用同样的推导方法导出式(5.10.30). 其中，$m+n=N$. 比较式(5.10.29)和式(5.10.30)，其中含变量 $\vec{x}$、$\vec{y}$ 的部分应分别相等(可以相差一个相因子)，故有

$$\int\Omega_i^{(m)*}(\vec{x})\Psi(\vec{x},\vec{y})\mathrm{d}\vec{x}=\lambda_i\Omega_i^{(n)}(\vec{y}) \tag{5.10.31}$$

$$\int\Omega_i^{(n)*}(\vec{y})\Psi(\vec{x},\vec{y})\mathrm{d}\vec{y}=\mu_i\Omega_i^{(m)}(\vec{x}) \tag{5.10.32}$$

利用 $\left\{\Omega_i^{(m)}(\vec{x})\right\}$ 和 $\left\{\Omega_i^{(n)}(\vec{y})\right\}$ 的正交归一性，可由以上两式分别得到

$$\int\Omega_i^{(n)*}(\vec{y})\mathrm{d}\vec{y}\int\Omega_i^{(m)*}(\vec{x})\Psi(\vec{x},\vec{y})\mathrm{d}\vec{x}=\lambda_i \tag{5.10.33}$$

$$\int\Omega_i^{(m)*}(\vec{x})\mathrm{d}\vec{x}\int\Omega_i^{(n)*}(\vec{y})\Psi(\vec{x},\vec{y})\mathrm{d}\vec{y}=\mu_i \tag{5.10.34}$$

以上两式左边相同，故有

$$\lambda_i=\mu_i \tag{5.10.35}$$

将式(5.10.31)代入式(5.10.32)，并利用式(5.10.35)，有

$$\iint \Omega_i^{(m)}(\vec{x}')\Psi^*(\vec{x}',\vec{y})\Psi(\vec{x},\vec{y})\mathrm{d}\vec{x}'\mathrm{d}\vec{y} = \lambda_i^*\lambda_i\Omega_i^{(m)}(\vec{x}) \tag{5.10.36}$$

式(5.10.36)可写为

$$\mathop{\mathrm{Tr}}_{\vec{y}}\left|\Psi(\vec{x},\vec{y})\right\rangle\left\langle\Psi^*(\vec{x}',\vec{y})\middle|\Omega_i^{(m)}(\vec{x}')\right\rangle = \lambda_i^*\lambda_i\left|\Omega_i^{(m)}(\vec{x})\right\rangle$$

即

$$\hat{\rho}_m(\vec{x},\vec{x}')\Omega_i^{(m)}(\vec{x}') = \binom{N}{m}\lambda_i^*\lambda_i\Omega_i^{(m)}(\vec{x}) \tag{5.10.37}$$

与式(5.10.28)比较，得

$$\binom{N}{m}\lambda_i^*\lambda_i = \omega_i^{(m)} \tag{5.10.38}$$

同样，将式(5.10.32)代入式(5.10.31)，并利用式(5.10.35)，可得

$$\binom{N}{m}\lambda_i^*\lambda_i = \omega_i^{(n)} \tag{5.10.39}$$

式中，$\omega_i^{(n)}$表示$n$阶约化密度矩阵的本征值. 于是有

$$\omega_i^{(m)} = \omega_i^{(n)} \tag{5.10.40}$$

将式(5.10.32)代入式(5.10.29)，并利用式(5.10.31)，可得

$$\Psi(\vec{x},\vec{y}) = \sum_i^K \lambda_i\Omega_i^{(m)}(\vec{x})\Omega_i^{(n)}(\vec{y}) \tag{5.10.41}$$

适当选择相因子，可使

$$\lambda_i = \binom{N}{m}^{-\frac{1}{2}}\left(\omega_i^{(n)}\right)^{\frac{1}{2}} \tag{5.10.42}$$

这就是波函数的自然展开，即波函数向其约化密度矩阵的本征函数展开. 式中，$\omega_i^{(m)}$是$m$阶约化密度矩阵的本征值，$\Omega_i^{(m)}(\vec{x})$和$\Omega_i^{(n)}(\vec{y})$分别是$m$阶和$n$阶约化密度矩阵的本征函数，$m+n=N$. 本征函数$\Omega_i^{(m)}(\vec{x})$和$\Omega_i^{(n)}(\vec{y})$之间存在由式(5.10.31)和式(5.10.32)给出的关系，本征值之间则存在式(5.10.40)所示的关系. 特殊地，令$m=1$，则自然展开式(5.10.41)变为

$$\Psi(\vec{q}_1,\vec{y}) = \sum_i^K n_i^{\frac{1}{2}}\eta_i(\vec{q}_1)\Omega_i^{(N-1)}(\vec{y}) \tag{5.10.43}$$

式中，$\eta_i$为一阶约化密度矩阵的本征函数，即自然轨道；$n_i$为自然轨道$\eta_i$的占据数. 式(5.10.43)为波函数向自然轨道展开的表达式，这是一种特殊的自然展开. 由式(5.10.41)和式(5.10.43)，易得式(5.10.14)和式(5.10.3).

基于上述讨论，关于波函数的自然展开，有以下结论.

(1) 以最小二乘法为判据，自然展开是波函数的最佳展开. 最佳展开包含两层含义. 一是近似效果好，仅当自然展开时，式(5.10.20)中的$\varepsilon$才取极小值；二是展开式中的项数少. 从式(5.10.17)看，波函数用其他基函数展开时涉及两个求和指标，展开式中包含$K\times L$ $(L>K)$项，而自然展开式(5.10.41)中仅包含$K$项，因此自然展开式项数少.

(2) 式(5.10.43)表明，占据数为零的自然轨道不必包含在波函数的展开式中.

(3) 如果将波函数表示为由自然轨道构成的 Slater 行列式的组合，则占据数为 1 的自然轨道必定出现在所有的 Slater 行列式中. 事实上，式(5.10.8)和式(5.10.9)已经给出了这一结论. 由两式看，仅当所有行列式都包含自然轨道 $\eta_i$ 时，其占据数才等于 1. 因此，如果 $N$ 电子体系有 $N$ 个占据数为 1 的自然轨道，则该体系的波函数可以用单行列式表示；反之，如果 $N$ 电子体系的波函数为单行列式函数，则在该行列式所表示的状态下，每个轨道的占据数都等于 1，独立子体系就属于这种情况.

(4) 式(5.10.43)表明，如果选择有限个自然轨道展开做 CI 计算，则选择占据数大的自然轨道能够得到最好的结果.

获得自然轨道的方法是，先进行 CI 计算，然后按式(5.10.2)进行酉变换，将自旋轨道变换为自然轨道. 精确的自然轨道是很难得到的，因为它要由精确的波函数计算. 但是经验表明，合理的近似自然轨道几乎具有精确自然轨道的所有优点. 因此人们提出了多种求近似自然轨道的方法，这里不再详细讨论，有兴趣的读者可参看有关文献[28,29].

以上，我们用四节篇幅介绍了密度矩阵理论. 从有关内容看，密度矩阵理论似乎并没有提供计算电子相关能的切实可行的系统方案. 但是，密度矩阵理论提供了解决电子相关问题的新思路和新概念，并深刻地影响了量子化学理论方法的发展. 例如，不从波函数而是从约化密度矩阵或者密度函数出发来研究量子体系、$N$ 表示问题、自然轨道，等等. 其中许多概念与密度泛函理论相联系，甚至可以说，密度泛函理论正是在约化密度矩阵，特别是一阶约化密度矩阵理论的基础上发展起来的，因此将密度矩阵理论作为解决电子相关问题的方法放在本章介绍. 这样做，不仅可以开拓研究电子相关问题的视野，而且能为第 6 章介绍密度泛函理论奠定基础.

## 5.11　波函数中显含电子间距离的相关能计算方法

两个电子 $i$ 和 $j$ 之间的距离记作 $r_{ij}$. 考虑到电子相关作用取决于两个电子之间的瞬时距离，包含电子间距离 $r_{ij}$ 的波函数应该能够更好地描述相关作用. 实际上，早在 1929 年 Hylleraas 就用包含 $r_{12}$ 的变分函数求得了基态 He 原子的精确总能量[30]. 此后，人们相继用包含 $r_{12}$ 的变分函数计算了氢分子等体系，同样得到非常好的计算结果. 首先简略介绍氢分子的计算结果，然后讨论如何将有关方法推广到三电子以上的体系.

### 5.11.1　氢分子的计算结果

求解双原子分子需要用 3.1.4 节介绍的椭球坐标系，图 5.11.1 给出了椭球坐标系中氢分子各质点的坐标，其中 $(\xi_i,\eta_i,\phi_i)(i=1,2)$ 为电子坐标

$$\xi_i=\frac{r_{ai}+r_{bi}}{R},\qquad \eta_i=\frac{r_{ai}-r_{bi}}{R}$$

式中，$r_{ai}$、$r_{bi}$ 分别为 $i(i=1,2)$ 电子到核 $a$、$b$ 的距离；$r_{12}$ 为两电子间距离；$R$ 为核间距.

1933 年，James 和 Goolidge[31]用以下形式的变分函数计算了 $H_2$ 的基态，

$$\varPhi(1,2)=\exp\left[-\delta(\xi_1+\xi_2)\right]\sum_{klmnp}c_{klmnp}\xi_1^k\xi_2^l\eta_1^m\eta_2^n r_{12}^p \tag{5.11.1}$$

$\varPhi(1,2)$ 的展开式收敛很快，例如，用以下仅包含 5 项的波函数

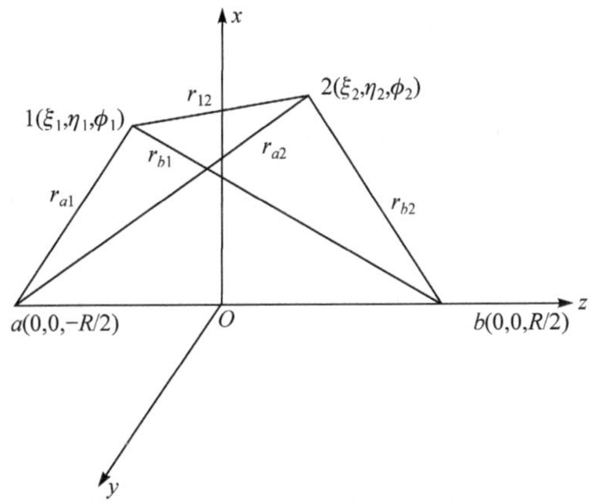


图 5.11.1　椭球坐标系中氢分子各质点的坐标

$$\Phi(1,2)=\frac{1}{2\pi}\exp\left[-0.75(\xi_1+\xi_2)\right]\left\{2.23779+0.80483\left(\eta_1^2+\eta_2^2\right)\right.$$
$$\left.-0.55994\eta_1\eta_2-0.60985(\xi_1+\xi_2)+0.56906r_{12}\right\} \tag{5.11.2}$$

做计算，得到氢分子的结合能 $D$ 为 4.53eV. 用包含 13 项的变分波函数做计算，即可求得 $D=4.72\text{eV}$ [当时公认的实验值为 $(4.74\pm0.04)$ eV ]. 1968 年，Kolos 和 Wolniewiez[32]用包含 100 项的变分函数做计算，求得氢分子的解离能为 $D_e=36117.4\text{cm}^{-1}$，比当时公认的实验值低 $3.8\text{cm}^{-1}$，两者之差超出实验误差范围.于是有人重新进行了实验测定，结果为 $36116.3\text{cm}^{-1}<D_e<36118.3\text{cm}^{-1}$，表明理论计算结果是正确的. 这些情况表明，用包含电子间距离的波函数做计算，精度和效率都是其他方法难以达到的.

但是，将这种方法推广到 $N(N\geqslant3)$ 电子体系，会出现 $3N$ 重积分困难，使得计算无法进行. 为便于讨论，将式(5.11.1)改写为

$$\Phi(1,2)=\varphi(1)\varphi(2)\chi(12) \tag{5.11.3}$$

式中，$\varphi(i)$ 为单电子函数；$\chi(12)$ 为包含 $r_{12}$ 的相关函数. 氢分子基态为单重态，自旋函数是反对称的

$$\Theta_{00}=\alpha(1)\beta(2)-\alpha(2)\beta(1) \tag{5.11.4}$$

故波函数的空间部分，即式(5.11.3)取对称形式. 经验表明，$\chi(12)$ 中只需包含 $r_{12}$ 的一次幂，而不必包含 $r_{12}$ 的高次幂，因为 $r_{12}$ 的高次幂对改善波函数的质量作用有限，而计算量会显著增加. 于是，可将式(5.11.3)写为

$$\Phi(1,2)=\varphi(1)\varphi(2)(1+cr_{12}) \tag{5.11.5}$$

式中，$c$ 为变分参数，如果考虑歧点条件，则 $c=\dfrac{1}{2}$，不再是变分参数[33].

现在将式(5.11.5)推广到 $N(N\geqslant3)$ 电子体系，需要注意以下两点，一是 $N(N\geqslant3)$ 电子体系行列式波函数的自旋和空间不能再分为两部分；二是在单电子函数反对称的情况下，相关函数应该保持对称，故有

$$\Phi(1,2,\cdots,N)=\Phi_0\chi(1,2,\cdots)=\Phi_0\prod_{i<j}\left(1+cr_{ij}\right) \tag{5.11.6}$$

式中，$\Phi_0$ 为行列式波函数，可以是单行列式(如 Hartree-Fock 波函数)，也可以是行列式组合. 相关函数 $\chi(1,2,\cdots)$ 是对称的. 以 $N=4$ 为例，有

$$\Phi(1,2,3,4)=\Phi_0(1+cr_{12})(1+cr_{13})(1+cr_{14})(1+cr_{23})(1+cr_{24})(1+cr_{34}) \tag{5.11.7}$$

用这样的函数计算能量矩阵元 $\langle\Phi|\hat{H}|\Phi\rangle$ 时，被积函数中将会出现乘积项 $r_{12}r_{13}r_{14}r_{23}r_{24}r_{34}$ 等，这是 12 重($3N$ 重)的空间积分，所有电子坐标将耦合在一起，类似于统计热力学中的 Mayer 链，计算无法实现. 因此，要将包含电子间距离的波函数方法推广到三电子以上的体系，必须解决 $3N$ 重积分的计算问题.

### 5.11.2 超相关方法

超相关方法的理论基础是数学上的权重商方法，为了弄清超相关方法，必须先了解权重商方法.

设 $N$ 电子体系非简并基态的能量为 $E$，Schrödinger 方程为

$$(\hat{H}-E)\Psi=0 \tag{5.11.8}$$

取 $\Psi$ 为实函数，对任意满足边界条件的函数 $\Phi$，显然有

$$\langle\Phi|(\hat{H}-E)|\Psi\rangle=0 \tag{5.11.9}$$

如果选取近似波函数 $\Psi=\Psi(\alpha;\vec{q})$，其中 $\alpha=\{\alpha_1,\alpha_2,\cdots,\alpha_n\}$ 和 $\vec{q}=\{\vec{q}_1,\vec{q}_2,\cdots,\vec{q}_N\}$ 分别为参数集合和电子坐标集合，则方程

$$\langle\Phi|(\hat{H}-E)|\Psi(\alpha;\vec{q})\rangle=0 \tag{5.11.10}$$

将给出基态能量的近似值，只要 $\Psi(\alpha;\vec{q})$ 足够接近精确波函数，则由式(5.11.10)计算的能量就会足够接近精确能量，计算结果对 $\Phi$ 的依赖不大. 反过来说，设

$$\Phi_0,\Phi_1,\Phi_2,\cdots \tag{5.11.11}$$

为一组完备的函数集合，即有单位算符

$$\sum_i|\Phi_i\rangle\langle\Phi_i|=1 \tag{5.11.12}$$

如果式(5.11.10)对集合 $\{\Phi_m\}$ 中的任一函数 $\Phi_i$ 均成立，即有

$$\sum_i|\Phi_i\rangle\langle\Phi_i|(\hat{H}-E)|\Psi(\alpha;\vec{q})\rangle=0 \tag{5.11.13}$$

则必有

$$(\hat{H}-E)|\Psi(\alpha;\vec{q})\rangle=0 \tag{5.11.14}$$

其中的能量 $E$ 和波函数 $\Psi(\alpha;\vec{q})$ 即为 Schrödinger 方程(5.11.8)的近似解，称集合 $\{\Phi_i\}$ 为权重函数. 因此，适当选择权重函数 $\{\Phi_i\}$，利用方程组

$$\langle\Phi_i|(\hat{H}-E)|\Psi(\alpha;\vec{q})\rangle=0\text{，}\quad i=0,1,2,\cdots \tag{5.11.15}$$

可以求得近似能量 $E$ 和波函数 $\Psi(\alpha;\vec{q})$. 这就是数学上的权重商方法.

现在介绍超相关方法. 回到波函数表达式(5.11.6)，为了便于讨论，将式(5.11.6)改写为

$$\Psi(\alpha;\vec{q})=\chi\Psi_0=\prod_{i\neq j}f_{ij}\Psi_0 \tag{5.11.16}$$

$\Psi$ 为实函数，$\Psi_0$ 为非相关波函数，假定为单行列式，$\chi$ 为满足对称性要求的相关函数

$$\chi = \prod_{i \neq j} f_{ij} \tag{5.11.17}$$

$f_{ij}$ 仅为变量 $r_{ij}$ 的函数. 如前面所述，用这样的函数做计算，将会出现 $3N$ 重积分. 为了克服这一困难，Boys 提出了超相关方法(transcorrelated method)[34]，取完备集合

$$\{\Phi_i\} = \left\{\chi^{-1}\Psi_0, \chi^{-1}\Psi_i^a, \chi^{-1}\Psi_{ij}^{ab}, \cdots\right\} \tag{5.11.18}$$

将式(5.11.16)和式(5.11.18)代入式(5.11.15)，可以得到如下方程组

$$\begin{aligned}
&\left\langle \Psi_0 \middle| \chi^{-1}\hat{H}\chi - E \middle| \Psi_0 \right\rangle = 0 && (\text{A})\text{能量方程} \\
&\left\langle \Psi_i^a \middle| \chi^{-1}\hat{H}\chi - E \middle| \Psi_0 \right\rangle = 0 && (\text{B})\text{轨道方程} \\
&\left\langle \Psi_{ij}^{ab} \middle| \chi^{-1}\hat{H}\chi - E \middle| \Psi_0 \right\rangle = 0 && (\text{C})\text{相关方程} \\
&\left\langle \Psi_{ijk}^{abc} \middle| \chi^{-1}\hat{H}\chi - E \middle| \Psi_0 \right\rangle = 0 && (\text{D})
\end{aligned} \tag{5.11.19}$$

其中，$\hat{H}$ 为体系的 Hamilton 算符(不计核间排斥能)

$$\hat{H} = \sum_i -\frac{1}{2}\nabla_i^2 - \sum_{a,i}\frac{Z_a}{r_{ai}} + \sum_{i<j}\frac{1}{r_{ij}} = \hat{T} - \sum_{a,i}\frac{Z_a}{r_{ai}} + \sum_{i<j}\frac{1}{r_{ij}} \tag{5.11.20}$$

记

$$\hat{H}_{\mathrm{tr}} = \chi^{-1}\hat{H}\chi \tag{5.11.21}$$

称 $\hat{H}_{\mathrm{tr}}$ 为超相关 Hamilton 量. 由式(5.11.20)可见，相关函数与动能算符不对易，但与其他项对易，故有

$$\hat{H}_{\mathrm{tr}} = \hat{H} + \left(\chi^{-1}\hat{T}\chi - \hat{T}\right) \tag{5.11.22}$$

利用微分公式

$$\nabla^2(uv) = u\nabla^2 v + v\nabla^2 u + 2\nabla u \nabla v$$

有

$$\chi^{-1}\hat{T}\chi - \hat{T} = -\frac{1}{2}\sum_{i\neq j}\frac{\nabla_i^2 f_{ij}}{f_{ij}} - \sum_{i\neq j}\frac{\nabla_i f_{ij}\nabla_i}{f_{ij}} - \frac{1}{2}\sum_{i\neq j\neq k}\frac{\nabla_i f_{ij}\nabla_i f_{ik}}{f_{ij}f_{ik}} \tag{5.11.23}$$

于是，$\hat{H}_{\mathrm{tr}}$ 可表示为对称的一、二、三体算符之和，即有

$$\hat{H}_{\mathrm{tr}} = \chi^{-1}\hat{H}\chi = \sum_i \hat{\Omega}_i + \frac{1}{2!}\sum_{i\neq j}\hat{\Omega}_{ij} + \frac{1}{3!}\sum_{i\neq j\neq k}\hat{\Omega}_{ijk} \tag{5.11.24}$$

其中

$$\begin{aligned}
\hat{\Omega}_i &= -\frac{1}{2}\nabla_i^2 - \sum_a \frac{Z_a}{r_{ai}} \\
\hat{\Omega}_{ij} &= \frac{1}{r_{ij}} - \frac{\nabla_i^2 f_{ij}}{f_{ij}} - \frac{2\nabla_i f_{ij}\nabla_i}{f_{ij}} \\
\hat{\Omega}_{ijk} &= -\frac{3\nabla_i f_{ij}\nabla_i f_{ik}}{f_{ij}f_{ik}}
\end{aligned} \tag{5.11.25}$$

将以上表达式代入式(5.11.19)，根据 Slater 行列式矩阵元的计算规则，有关矩阵元简化为一、

二、三电子积分. 三电子积分(九维积分)还可以进一步简化

$$I_f \equiv \int f(\vec{r}_1,\vec{r}_2) f(\vec{r}_1,\vec{r}_3) \mathrm{d}\vec{r}_1 \mathrm{d}\vec{r}_2 \mathrm{d}\vec{r}_3$$

对 $\vec{r}_2$、$\vec{r}_3$ 的积分可以独立进行，故整个积分的计算量大约仅比六维积分的多一倍，而比一般九维积分的计算量要小得多，有时称这类积分为准六维积分. 因此，Boys 提出的方法避开了 $3N$ 重积分的问题，最多只涉及准六维积分.

式(5.11.19)是超相关方法的基本方程. 值得注意的是，由于 $\chi^{-1}\hat{H}\chi$ 中最多只包含到三电子算符，故对四重以上的激发组态 $\Phi_i$ [见式(5.11.18)]，式(5.11.19)总能满足，因此只需考虑四个方程即可. 实际上，方程(D)也是多余的，即在确定变分参数时不需要该方程，但该方程可用于检验解的精确度. 此外，也无需由全部双激发组态建造方程(C)，选择部分双激发组态，结合方程(A)和(B)即足以确定能量 $E$ 及参数 $\alpha_s$.

超相关方法的一个缺点是，所求得的能量没有上界性质，仅当精确度足够高时，这个缺点才不突出；另一个缺点是计算其他算符的期望值有很大困难，即使计算单电子算符的期望值，也会出现 $3N$ 重积分. 由于这些缺点，波函数显含电子间距离的方法对于三电子以上的体系至今没有得到实际应用，但有关的研究一直在进行中.

现在进一步讨论权重商方法. 设

$$\{W_i\} = W_0, W_1, W_2, \cdots \tag{5.11.26}$$

为一组完备函数集合，将波函数 $\Psi$ 展开为

$$\Psi = W_0 + \sum_i c_i W_i \tag{5.11.27}$$

代入 Schrödinger 方程(5.11.8)，用式(5.11.11)给出的另一个完备集合 $\{\Phi_i\}$ 做内积，根据权重商方法，有

$$\sum_{j=0} c_j \langle \Phi_i | (\hat{H} - E) | W_j \rangle = 0, \qquad i = 0,1,2,\cdots \tag{5.11.28}$$

系数 $\{c_j\}$ 有非零解的条件为

$$\left| \langle \Phi_i | (\hat{H} - E) | W_j \rangle \right| = 0, \qquad i = 0,1,2,\cdots; j = 0,1,2,\cdots \tag{5.11.29}$$

式(5.11.27)是波函数 $\Psi$ 的线性展开，展开系数 $\{c_i\}$ 为线性参数. 如果选取试探函数 $\Psi = \Psi(\alpha;\vec{q})$，其中 $\alpha = \{\alpha_1, \alpha_2, \cdots, \alpha_n\}$ 为参数集合，$\vec{q} = \{\vec{q}_1, \vec{q}_2, \cdots, \vec{q}_N\}$ 为电子坐标集合. 假定参数 $\{\alpha_s, s = 1,2,\cdots,n\}$ 均为非线性参数，可将 $\Psi(\alpha;\vec{q})$ 对非线性参数做 Taylor 展开，而有

$$\Psi(\alpha + \delta\alpha) = \Psi(\alpha) + \sum_{s=1}^{n} \frac{\partial \Psi(\alpha)}{\partial \alpha_s} \delta\alpha_s + 0\left((\delta\alpha_s)^2\right) \tag{5.11.30}$$

取

$$W_0 = \Psi(\alpha), \quad W_s = \frac{\partial \Psi(\alpha)}{\partial \alpha_s}, \quad c_s = \delta\alpha_s \quad (s = 1,2,\cdots,n) \tag{5.11.31}$$

则式(5.11.29)仍然成立. 值得注意的是，函数集合 $\{\Phi_i\}$ 和 $\{W_j\}$ 并不相同，因此式(5.11.29)中的矩阵是非对称的，所以也是非 Hermite 的，故由该式求得的本征值不具有真实能量上界的性质. 事实上，式(5.11.29)依据的是权重商方法，根据该方法，可以由式(5.11.29)求得近似能量本征

值 $E$ 和参数 $\{\alpha_s, s=1,2,\cdots,n\}$. 如果函数 $\Phi_i$ 的数目大于参数 $\alpha_s$ 的数目，则可以用最小二乘法求得能量 $E$ 和参数 $\alpha$ 的值. 式(5.11.29)需要用迭代方法求解.

如果函数集合 $\{\Phi_i\}$ 和 $\{W_j\}$ 相同，按照上述同样步骤，则得到久期方程

$$\left|\langle\Phi_i|\left(\hat{H}-E\right)|\Phi_j\rangle\right|=0\,,\quad i=0,1,2,\cdots,n;\, j=0,1,2,\cdots,n \tag{5.11.32}$$

因此，久期方程是权重商方程的特例. 解久期方程，可以得到近似能量和近似波函数. 我们在 2.3 节已经指出,变分法与 Schrödinger 方程等价. 由于久期方程是由 Schrödinger 方程导出的，因此由久期方程求得的能量满足变分要求. 虽然权重商方程(5.11.29)所得的能量不满足变分要求，但该方法给予了选择函数 $\Phi_i$ 的自由，从而可以简化计算. 这里将久期方程与权重商方程进行比较，目的是更好地理解权重商方法.

### 5.11.3　约化密度矩阵方法

在 5.7 节介绍密度矩阵理论时，给出了量子体系的能量表达式(5.7.58)，即

$$E=\frac{1}{2(N-1)}\mathop{\mathrm{Tr}}_{1,2}\left[\hat{h}_1+\hat{h}_2+(N-1)g_{12}\right]\hat{\rho}_2(1,2;1',2')=\frac{1}{2(N-1)}\mathop{\mathrm{Tr}}_{1,2}\hat{\hat{H}}\hat{\rho}_2 \tag{5.11.33}$$

式中，$\hat{\rho}_2$ 为二阶约化密度矩阵，其表达式为

$$\hat{\rho}_2(\vec{r}_1,\vec{r}_2;\vec{r}_1',\vec{r}_2')=N(N-1)\int\Psi(\vec{q}_1,\vec{q}_2,\vec{q}_3,\cdots,\vec{q}_N)\Psi^*(\vec{q}_1',\vec{q}_2',\vec{q}_3,\cdots,\vec{q}_N)\mathrm{d}\vec{q}_3\cdots\mathrm{d}\vec{q}_N\mathrm{d}\sigma_1\mathrm{d}\sigma_2 \tag{5.11.34}$$

$\hat{\hat{H}}$ 为约化 Hamilton 量，其表达式为

$$\hat{\hat{H}}=\hat{h}_1+\hat{h}_2+(N-1)/r_{12} \tag{5.11.35}$$

其中，$\hat{h}_i(i=1,2)$ 为单电子算符，包括电子的动能和电子-核吸引能

$$\hat{h}_i=-\frac{1}{2}\nabla_i^2-\sum_a\frac{z_a}{r_{ai}} \tag{5.11.36}$$

如果用式(5.11.33)计算电子能量，则必须给出满足 $N$ 表示条件的二阶约化密度矩阵 $\hat{\rho}_2(\vec{r}_1,\vec{r}_2;\vec{r}_1',\vec{r}_2')$. 由已知波函数得到的二阶约化密度矩阵必定是 $N$ 可表示的,我们已经给出了行列式波函数的二阶约化密度矩阵. 但如果用显含电子间距离的波函数，如式(5.11.16)给出的波函数，由式(5.11.34)导出二阶约化密度矩阵，则在导出过程中将会出现 $(3N-6)$ 重积分，从而无法得到这种波函数的二阶约化密度矩阵的明确表达式，因此仍然无法应用于 $N(N>3)$ 电子体系. 而且这样做有违二阶约化密度矩阵理论的初衷,二阶约化密度矩阵理论的初衷是绕过多电子波函数，直接建造二阶约化密度矩阵，进而通过式(5.11.33)计算能量. 如果由双电子函数如式(5.11.5)给出的函数，直接建造二阶约化密度矩阵，就可以绕过多电子波函数，将 $N$ 电子体系直接约化为双电子体系，不会出现 $3N$ 重积分的困难. 这样做既能充分利用显含电子间距离的波函数的优势，又不会造成计算困难，从而为量子化学的发展绘制了美好愿景. 但是，问题的关键在于，必须保证用这种方法建造的二阶约化密度矩阵满足 $N$ 表示条件，否则计算结果没有意义.

还有一个问题值得注意，当二阶约化密度矩阵 $\hat{\rho}_2$ 中显含电子间距离 $r_{12}$ 时，如果单电子函数(轨道)写作原子轨道的线性组合，则在多原子分子的电子-核吸引能积分中将会出现五中心积分

$$\left\langle \chi_A(1)\chi_B(2)r_{12}\left|\frac{z_G}{r_{Gi}}\right|\chi_C(1)\chi_D(2)r_{12}\right\rangle$$

式中，$\chi_F(F=A,B,C,D)$为以原子F为中心的原子轨道，而$r_{Gi}$则是电子$i$到A、B、C、D原子以外的另一原子G的距离．需要将$r_{12}$做超几何级数展开，才能计算这种六重积分，可参看刘成卜博士论文《量子化学计算中的几个问题》．

需要说明的是，由于波函数中显含电子间距离，该方法的基础已经不再是独立子模型．但由于该方法在建造波函数时常常借助 Hartree-Fock 轨道，因此，我们仍然可以将该方法归入后 Hartree-Fock 方法中．

## 参 考 文 献


[1] Löwdin P O. Adv Chem Phys, 1959, 2: 207.

[2] Langhoff S R, Davidson E R. Inter J Quantum Chem, 1974, 8: 61.

[3] Das G. J Chem Phys, 1981,74: 5775.

[4] Wahl A C. J Chem Phys, 1964, 41: 2600.

[5] Dykstra C E, Frenking G, Kim K S, et al. Theory and Applications of Computational Chemistry: The Fist Forty Years. Amsterdam: Elsevier B V, 2005.

[6] 文振翼，王玉彬．多参考态组态相互作用//帅志刚，邵久书，等．理论化学原理与应用．北京：科学出版社，2008: 248-308.

[7] 徐光宪，黎乐民，王德民．量子化学——基本原理和从头计算法(中册). 2 版．北京：科学出版社，2009: 364-373.

[8] Sun J Z, Li B F, Zeng Z H, et al. J Chin Univ, 1989, 5 (4): 344.

[9] Liu C B, Deng C H, Hu H Q, et al. J Quantum Chem, 1992, 42: 339.

[10] Liu C B, Deng C H, Jin B Y, et al. J Quantum Chem, 1992, 43: 301.

[11] 刘成卜，曾宗浩，孙家钟．具有辛群对称性的一类 n 电子波函数的研究．科学通报，1990，(10)：758.

[12] 胡海泉，刘成卜，金北雁，等．具有辛群对称性的一类价激发 n 电子波函的性质和应用．高等学校化学学报，1991，12：648.

[13] 黎书华，帅志刚．耦合簇方法的研究进展．//帅志刚，邵久书，等．理论化学原理与应用．北京：科学出版社，2008: 209-247.

[14] Cizek J, Paldus J. Int J Quantum Chem, 1971, 5: 359.

[15] Meyer W. J Chem Phys, 1973, 58: 1017.

[16] Ivanov V V, Adamowicz L. J Chem Phys, 2000, 112: 9258.

[17] 陈飞武．微扰理论的发展现状及展望．//国家自然科学基金委员会，中国科学院．中国学科发展战略：理论与计算化学．北京：科学出版社，2016: 80-91.

[18] Murray C W, Davidson E R. Chem Phys Lett, 1991, 187: 451-454.

[19] Amos R D, Andrews J S, Handy N C. Chem Phys Lett, 1991, 185: 256-264.

[20] Lauderdale W J, Stanton J F, Gauss J, et al. Chem Phys Lett, 1991, 187: 21-28.

[21] Lee T J, Jayatilaka D. Chem Phys Lett, 1993, 201: 1-10.

[22] Andersson K, Malmqvist P A, Roos B O, et al. J Chem Phys, 1992, 96: 1218-1226.

[23] Kozlowski P M, Davidson E R. J Chem Phys, 1994, 100: 3672-3682.

[24] Chen F, Fan Z. J Comput Chem, 2014, 35: 121-129.

[25] 徐光宪，黎乐民，王德民．量子化学——基本原理和从头计算法(中册). 2 版．北京：科学出版社，2009: 403-416.

[26] 李振宇，梁万珍，杨金龙．密度泛函理论及其数值方法．//帅志刚，邵久书，等．理论化学原理与应用．北京：科学出版社，2008: 13-17.

[27] Gilbert T L. Phys Rev B, 1975, 12: 2111.

[28] Löwdin P O. Phys Rev, 1955, 97: 1474, 1490, 1509.
[29] Shavitt I, Rosenberg B J, Palalikit S. Int J Quantum Chem, 1976, S10: 33.
[30] Hylleraas E A. Z Physik, 1929, 54:347.
[31] James H, Coolidge A S. J Chem Phys, 1933, 1: 825.
[32] Kolos W, Wolniewiez L. Phys Rev Lett, 1968, 20: 243.
[33] 刘成卜，邓从豪. 山东大学学报(自然科学版)，1985，2: 104-111.
[34] Boys S F. Proc Roy Soc(London), 1969, A309: 195.

## 习　题

1. 概述电子相关作用的物理背景.

2. 概述单参考态和多参考态组态相互作用方法的基本思想，论证截短的 CI 方法不满足尺寸一致性.

3. 波函数 $\Psi$ 的单参考态组态相互作用展开式为

$$\Psi = \Phi_0 + \sum_a \sum_i c_i^a \Phi_i^a + \sum_{a<b} \sum_{i<j} c_{ij}^{ab} \Phi_{ij}^{ab} + \sum_{a<b<c} \sum_{i<j<k} c_{ijk}^{abc} \Phi_{ijk}^{abc} + \cdots$$

(1) 假定组态函数 $\Phi$ 为 Slater 行列式，单电子态是正交归一化的，导出计算相关能 $E_{\mathrm{c}}$ 的公式为

$$E_{\mathrm{c}} = \sum_i \varepsilon_i + \sum_{i<j} \varepsilon_{ij}$$

其中

$$\varepsilon_i = \sum_a \left\langle \Phi_0 \middle| \hat{H} \middle| \Phi_i^a \right\rangle c_i^a \text{，} \quad \varepsilon_{ij} = \sum_{a<b} \left\langle \Phi_0 \middle| \hat{H} \middle| \Phi_{ij}^{ab} \right\rangle c_{ij}^{ab}$$

(2) 通过展开系数之间的关联，论证截短的 CI 方法不能精确地计算相关能.

4. 导出多组态自洽场方程，并对多组态自洽场方法做简短评述.

5. 结合你所看到的文献或你自己的科学研究工作，就 CI 计算中原子轨道基组、分子轨道基组以及组态函数的选择写一篇简短的综述.

6. 耦合簇方法将电子耦合簇区分为相连簇和不相连簇，并定义相连簇产生算符 $\hat{t}^{(i,j,\cdots)}$，其功能为作用在参考态 $\Phi_0$ 上产生相连耦合簇. 再定义算符

$$\hat{T}_1 = \sum_{i=1}^{N} \hat{t}^{(i)} \text{，} \quad \hat{T}_2 = \sum_{i<j=1}^{N} \hat{t}^{(i,j)} \text{，} \quad \hat{T}_3 = \sum_{i<j<k=1}^{N} \hat{t}^{(i,j,k)}, \cdots$$

$$\hat{T} = \hat{T}_1 + \hat{T}_2 + \cdots + \hat{T}_N$$

(1) 取 $\hat{T} = \hat{T}_2$，导出耦合电子对近似下单参考态耦合簇方法中的波函数展开式和相关能计算公式.

(2) 取 $\hat{T} = \hat{T}_1 + \hat{T}_2$ (CCSD)，导出单参考态耦合簇方法中 CCSD 波函数展开式和相关能计算公式.

(3) 取 $\hat{T} = \hat{T}_1 + \hat{T}_2 + \hat{T}_3$ (CCSDT)，导出单参考态耦合簇方法中 CCSDT 波函数展开式和相关能计算公式.

(4) 讨论耦合簇方法与 CI 方法的联系和区别.

7. 概述多体微扰理论方法的基本框架.

8. 已知 $N$ 电子体系的状态函数为 $\Psi$ ，$\hat{F}$ 为包含两个电子坐标的全对称力学量算符.

(1) 导出电子密度函数和双电子密度函数的表达式.

(2) 导出一、二阶约化密度矩阵的表达式.

(3) 用密度函数或密度矩阵给出 $\hat{F}$ 的期望值的表达式.

(4) 用密度函数和密度矩阵给出能量期望值的表达式.

9. 已知 $N$ 电子体系的状态函数为 $\Psi$ .

(1) 写出密度矩阵的表达式.

(2) 讨论密度矩阵的性质.

10. 设 $N$ 电子闭壳层体系的行列式波函数为

$$\Psi = \sqrt{N!}\left|\hat{A}\phi_{i_1}(1)\cdots\phi_{i_N}(N)\right\rangle$$

其中，$\hat{A}$ 为反对称化算符，单电子波函数 $\{\phi_i\}$ 是正交归一化集合.

(1) 导出 $\Psi$ 给出的一、二阶约化密度矩阵.

(2) 导出 $\Psi$ 给出的密度函数和双电子密度函数.

(3) 导出 $\Psi$ 给出的密度算符，并讨论其性质.

11. 导出 CI 波函数的 $m$ 阶约化密度矩阵的表达式.

12. 导出自然轨道所满足的方程，讨论方程中本征值的物理意义.

13. 导出波函数的自然展开表达式，进而论证自然轨道在 CI 计算中的优势.

14. 围绕以下问题，评述显含电子间距离的波函数方法.

(1) 如何建造显含电子间距离的多电子波函数?

(2) 显含电子间距离的波函数方法所面临的主要困难是什么?

(3) 如何克服显含电子间距离的波函数方法所面临的困难?

(4) 你对进一步发展和完善显含电子间距离的波函数方法有何建议?

# 第 6 章　密度泛函理论

## 6.0　导　　言

以上几章内容属于波函数理论，本章将介绍密度泛函理论. 我们在概论中已经指出，密度泛函理论的基本思想是用电子密度函数描述和确定体系的性质，而不再求助于波函数. 因此，密度泛函理论不是从波函数出发，而是从密度函数出发搭建理论体系. 本章内容将沿着这一思路逐步展开.

但是，密度泛函理论与波函数理论要解决的问题是相同的，如两者都着眼于原子、分子的电子结构，结构-性能关系等. 因此，两种理论之间必然存在关联. 在学习密度泛函理论时，我们一方面要注意改变思维方式，按照密度泛函理论的逻辑关系分析问题；另一方面要注意利用波函数理论的成果来理解密度泛函理论. 正是出于这样的考虑，在介绍密度泛函理论时我们会经常回到波函数理论，以便两相对照，加深对这两种理论的理解.

为了加深对密度泛函理论的理解，应当追溯到密度矩阵理论. 密度函数是密度矩阵的对角元，因此密度矩阵理论是更基本的理论. 密度矩阵虽然是通过波函数定义的，但是密度矩阵的概念建立之后，理论本身发生了"异化"：密度矩阵理论的基本思想是，不再依赖波函数，而是直接用约化密度矩阵来研究量子体系，这一思想深刻地影响了密度泛函理论. 事实上，密度泛函理论正是在约化密度矩阵理论，特别是一阶约化密度矩阵理论的基础上发展起来的. 因此，密度泛函理论的讨论应当从约化密度矩阵开始. 但为了保持密度矩阵内容的完整性，我们已将有关内容合并在第 5 章中. 5.7 节由波函数定义了密度矩阵和密度函数. 在 5.8 节导出了行列式波函数的一、二阶约化密度矩阵和密度函数. 为了本章引用方便，将出现在 5.7 节和 5.8 节中的有关公式列出.

由 $N$ 电子波函数 $\Psi(\vec{q}_1,\vec{q}_2,\cdots,\vec{q}_N)$ 给出的一阶和二阶约化密度矩阵的表达式分别为[见式(5.7.43)和(5.7.44)]

$$\hat{\rho}_1(\vec{q}_1;\vec{q}_1')=N\int\Psi(\vec{q}_1,\vec{q}_2,\cdots,\vec{q}_N)\Psi^*(\vec{q}_1',\vec{q}_2,\cdots,\vec{q}_N)\mathrm{d}\vec{q}_2\cdots\mathrm{d}\vec{q}_N \tag{6.0.1}$$

$$\hat{\rho}_2(\vec{q}_1,\vec{q}_2;\vec{q}_1',\vec{q}_2')=N(N-1)\int\Psi(\vec{q}_1,\vec{q}_2,\vec{q}_3,\cdots,\vec{q}_N)\Psi^*(\vec{q}_1',\vec{q}_2',\vec{q}_3,\cdots,\vec{q}_N)\mathrm{d}\vec{q}_3\cdots\mathrm{d}\vec{q}_N \tag{6.0.2}$$

相应的不含自旋的一阶和二阶约化密度矩阵分别为[见式(5.7.46)和(5.7.47)]

$$\hat{\rho}_1(\vec{r}_1;\vec{r}_1')=\int\hat{\rho}_1(\vec{r}_1\sigma_1;\vec{r}_1'\sigma_1)\mathrm{d}\sigma_1 \tag{6.0.3}$$

$$\hat{\rho}_2(\vec{r}_1,\vec{r}_2;\vec{r}_1',\vec{r}_2')=\int\hat{\rho}_2(\vec{r}_1\sigma_1,\vec{r}_2\sigma_2;\vec{r}_1'\sigma_1,\vec{r}_2'\sigma_2)\mathrm{d}\sigma_1\mathrm{d}\sigma_2 \tag{6.0.4}$$

上述矩阵的对角元，即含自旋和不含自旋的单电子密度(简称电子密度)函数和双电子密度(对密度)函数分别为[见式(5.7.6)、式(5.7.9)、式(5.7.13)和式(5.7.14)]

$$\rho(\vec{q})=N\int\left|\Psi(\vec{q},\vec{q}_2,\cdots,\vec{q}_N)\right|^2\mathrm{d}\vec{q}_2\mathrm{d}\vec{q}_3\cdots\mathrm{d}\vec{q}_N \tag{6.0.5}$$

$$\rho_2(\vec{q}_1,\vec{q}_2)=2!\binom{N}{2}\int\left|\Psi(\vec{q}_1,\vec{q}_2,\cdots,\vec{q}_N)\right|^2 \mathrm{d}\vec{q}_3\cdots\mathrm{d}\vec{q}_N \tag{6.0.6}$$

$$\rho(\vec{r})=\int\rho(\vec{r}\sigma)\mathrm{d}\sigma \tag{6.0.7}$$

$$\rho_2(\vec{r}_1,\vec{r}_2)=\int\rho_2(\vec{r}_1\sigma_1,\vec{r}_2\sigma_2)\mathrm{d}\sigma_1\mathrm{d}\sigma_2 \tag{6.0.8}$$

如果 $\hat{F}$ 为包含单电子或双电子空间坐标的全对称力学量乘积算符，则其平均值分别为[见式(5.7.17)和式(5.7.18)]

$$\left\langle\hat{F}\right\rangle=\left\langle\sum_i\hat{f}(\vec{r}_i)\right\rangle=\int\hat{f}(\vec{r})\rho(\vec{r})\mathrm{d}\vec{r} \tag{6.0.9}$$

$$\left\langle\hat{F}\right\rangle=\left\langle\sum_{i<j}\hat{f}(\vec{r}_i,\vec{r}_j)\right\rangle=\frac{1}{2}\int\hat{f}(\vec{r}_1,\vec{r}_2)\rho_2(\vec{r}_1,\vec{r}_2)\mathrm{d}\vec{r}_1\mathrm{d}\vec{r}_2 \tag{6.0.10}$$

而如果 $\hat{F}$ 为包含微分等运算的单电子或双电子全对称力学量算符，则其平均值分别为[见式(5.7.39)和式(5.7.40)]

$$\left\langle\hat{F}\right\rangle=\left\langle\sum_i\hat{f}(\vec{r}_i)\right\rangle=\int\hat{f}(\vec{r})\hat{\rho}_1(\vec{r},\vec{r}')\mathrm{d}\vec{r} \tag{6.0.11}$$

$$\left\langle\hat{F}\right\rangle=\left\langle\sum_{i<j}\hat{f}(\vec{r}_i,\vec{r}_j)\right\rangle=\frac{1}{2}\int\hat{f}(\vec{r}_1,\vec{r}_2)\hat{\rho}_2(\vec{r}_1,\vec{r}_2;\vec{r}_1',\vec{r}_2')\mathrm{d}\vec{r}_1\mathrm{d}\vec{r}_2 \tag{6.0.12}$$

由 $N$ 电子行列式波函数给出的包含和不包含自旋的一、二阶约化密度矩阵分别为[见式(5.8.7)、式(5.8.13)和式(5.8.9)]

$$\hat{\rho}_1(\vec{q}_1;\vec{q}_1')=\sum_i^{N(\mathrm{occ})}\left|\phi_i(\vec{q}_1)\right\rangle\left\langle\phi_i(\vec{q}_1)\right|=\sum_i^{N(\mathrm{occ})}\phi_i(\vec{q}_1)\phi_i^*(\vec{q}_1') \tag{6.0.13}$$

$$\hat{\rho}_2(\vec{q}_1,\vec{q}_2;\vec{q}_1',\vec{q}_2')=\hat{\rho}_1(\vec{q}_1,\vec{q}_1')\hat{\rho}_1(\vec{q}_2,\vec{q}_2')-\hat{\rho}_1(\vec{q}_1,\vec{q}_2')\hat{\rho}_1(\vec{q}_2,\vec{q}_1') \tag{6.0.14}$$

$$\hat{\rho}_1(\vec{r}_1;\vec{r}_1')=\sum_i^{N(\mathrm{occ})}\varphi_i(\vec{r}_1)\varphi_i^*(\vec{r}_1') \tag{6.0.15}$$

$$\hat{\rho}_2(\vec{r}_1,\vec{r}_2;\vec{r}_1',\vec{r}_2')=\hat{\rho}_1(\vec{r}_1,\vec{r}_1')\hat{\rho}_1(\vec{r}_2,\vec{r}_2')-\hat{\rho}_1(\vec{r}_1,\vec{r}_2')\hat{\rho}_1(\vec{r}_2,\vec{r}_1') \tag{6.0.16}$$

式(6.0.14)和式(6.0.16)中

$$\hat{\rho}_1(\vec{q}_1,\vec{q}_2')=\sum_i^{N(\mathrm{occ})}\phi_i(\vec{q}_1)\phi_i^*(\vec{q}_2'),\quad \hat{\rho}_1(\vec{r}_1,\vec{r}_2')=\sum_i^{N(\mathrm{occ})}\varphi_i(\vec{r}_1)\varphi_i^*(\vec{r}_2') \tag{6.0.17}$$

上述矩阵的对角元，即由 $N$ 电子行列式波函数给出的包含和不包含自旋的电子密度函数和对密度函数分别为 [见式(5.8.8)、式(5.8.10)、式(5.8.17)和式(5.8.19)]

$$\rho(\vec{q})=\sum_i^{N(\mathrm{occ})}\phi_i^*(\vec{q})\phi_i(\vec{q}),\qquad \rho(\vec{r})=\sum_i^{N(\mathrm{occ})}\varphi_i^*(\vec{r})\varphi_i(\vec{r}) \tag{6.0.18}$$

$$\rho_2(\vec{q}_1,\vec{q}_2)=\rho(\vec{q}_1)\rho(\vec{q}_2)-\left|\rho_1(\vec{q}_1,\vec{q}_2)\right|^2 \tag{6.0.19}$$

$$\rho_2(\vec{r}_1,\vec{r}_2)=\rho(\vec{r}_1)\rho(\vec{r}_2)-\sum_{\sigma=\alpha,\beta}\left|\rho_1^{\sigma\sigma}(\vec{r}_1,\vec{r}_2)\right|^2 \tag{6.0.20}$$

式(6.0.19)和式(6.0.20)中

$$\left|\rho_1(\vec{q}_1,\vec{q}_2)\right|^2=\rho_1(\vec{q}_1,\vec{q}_2)\rho_1^*(\vec{q}_1,\vec{q}_2)=\rho_1(\vec{q}_1,\vec{q}_2)\rho_1(\vec{q}_2,\vec{q}_1) \tag{6.0.21}$$

$$\left|\rho_1^{\sigma\sigma}(\vec{r}_1,\vec{r}_2)\right|^2=\rho_1^{\sigma\sigma}(\vec{r}_1,\vec{r}_2)\rho_1^{*\sigma\sigma}(\vec{r}_1,\vec{r}_2)=\rho_1^{\sigma\sigma}(\vec{r}_1,\vec{r}_2)\rho_1^{\sigma\sigma}(\vec{r}_2,\vec{r}_1) \tag{6.0.22}$$

而 $\rho_1(\vec{q}_1,\vec{q}_2)$ 和 $\rho_1^{\sigma\sigma}(\vec{r}_1,\vec{r}_2)$ 则分别是由 $N$ 电子行列式波函数给出的包含和不包含自旋的交换电子密度函数[见式(5.8.15)、式(5.8.16)和式(5.8.20)]，

$$\rho_1(\vec{q}_1,\vec{q}_2)=\sum_i^{N(\mathrm{occ})}\phi_i(\vec{q}_1)\phi_i^*(\vec{q}_2) \tag{6.0.23}$$

$$\rho_1^*(\vec{q}_1,\vec{q}_2)=\sum_i^{N(\mathrm{occ})}\phi_i(\vec{q}_2)\phi_i^*(\vec{q}_1)=\rho_1(\vec{q}_2,\vec{q}_1) \tag{6.0.24}$$

$$\rho_1^{\sigma\sigma}(\vec{r}_1,\vec{r}_2)=\sum_i^{N_\sigma(\mathrm{occ})}\varphi_i^\sigma(\vec{r}_1)\varphi_i^{*\sigma}(\vec{r}_2) \tag{6.0.25}$$

$$\rho_1^{*\sigma\sigma}(\vec{r}_1,\vec{r}_2)=\sum_i^{N_\sigma(\mathrm{occ})}\varphi_i^\sigma(\vec{r}_2)\varphi_i^{*\sigma}(\vec{r}_1)=\rho_1^{\sigma\sigma}(\vec{r}_2,\vec{r}_1) \tag{6.0.26}$$

式(6.0.13)～式(6.0.26)为 $N$ 电子行列式波函数给出的一、二阶约化密度矩阵、密度函数、对密度函数以及交换电子密度函数等的表达式. 表达式中涉及的求和上限写作 $N(\mathrm{occ})$ 或者 $N_\sigma(\mathrm{occ})$. 其中，$N$ 或 $N_\sigma$ 表示求和项数，而 occ 则表示求和的范围限定为给定行列式中包含的轨道，称为占据轨道. 由于不同行列式中包含的轨道不同，求和结果也会有所不同. 增加符号 $(\mathrm{occ})$ 正是为了强调必须根据给定的行列式来确定求和范围. 此外必须强调的是，式(6.0.13)～式(6.0.26)适用于任何 $N$ 电子行列式波函数，不仅适用于 Hartree-Fock 波函数，而且适用于无相互作用的 $N$ 粒子体系的基态和激发态波函数. 因为根据 1.3.3 节的讨论，无相互作用的电子(独立子)体系的 Hamilton 算符 $\hat{H}_0$ 可以写作单电子算符的直接和，所以无相互作用粒子体系的基态和激发态的精确波函数都是行列式波函数[参见关于方程(1.3.26)的讨论]. 对于所有轨道都是双占据的行列式波函数，例如，$N$ 电子闭壳层体系的 Hartree-Fock 波函数，$\rho_1^{\alpha\alpha}(\vec{r}_1,\vec{r}_2)$ 和 $\rho_1^{\beta\beta}(\vec{r}_1,\vec{r}_2)$ 的求和上限是相同的，这时密度函数 $\rho(\vec{r})$ 和交换电子密度 $\rho_1^{\sigma\sigma}(\vec{r}_1,\vec{r}_2)$ 的表达式简化为[见式(5.8.21)和式(5.8.22)]

$$\rho(\vec{r})=\sum_{i=1}^{N(\mathrm{occ})}\varphi_i(\vec{r})\varphi_i^*(\vec{r})=2\sum_{i=1}^{N/2(\mathrm{occ})}\varphi_i(\vec{r})\varphi_i^*(\vec{r}) \tag{6.0.27}$$

$$\rho_1^{\sigma\sigma}(\vec{r}_1,\vec{r}_2)=\sum_{i=1}^{N/2(\mathrm{occ})}\varphi_i^\sigma(\vec{r}_1)\varphi_i^{*\sigma}(\vec{r}_2),\quad \sigma=\alpha,\beta \tag{6.0.28}$$

本章经常会采用无相互作用的粒子体系作为理想模型来导出有关公式，因此以上公式经常会用于理论推导中.

此外，一阶约化密度矩阵和密度函数的 $N$ 表示条件分别为[见式(5.7.61)～式(5.7.64)]

$$\hat{\rho}_1(\vec{q};\vec{q}')\geqslant 0,\qquad \mathrm{Tr}\hat{\rho}_1(\vec{q};\vec{q}')=N \tag{6.0.29}$$

和

$$\rho(\vec{q})\geqslant 0,\qquad \int\rho(\vec{q})\mathrm{d}\vec{q}=N \tag{6.0.30}$$

## 6.1 交换-相关作用

为了加深对密度泛函理论中一些基本概念的理解，进一步讨论电子的交换-相关作用.

### 6.1.1 交换-相关穴密度函数

式(6.0.5)和式(6.0.6)分别给出了单电子和双电子密度函数 $\rho(\vec{q})$ 和 $\rho_2(\vec{q}_1,\vec{q}_2)$ 的定义. $\rho_2(\vec{q}_1,\vec{q}_2)\mathrm{d}\vec{q}_1\mathrm{d}\vec{q}_2$ 表示 $N$ 个电子中有两个电子同时分别出现在 $\vec{q}_1$ 和 $\vec{q}_2$ 处的小体积元 $\mathrm{d}\vec{q}_1$ 和 $\mathrm{d}\vec{q}_2$ 中的概率，这是一个条件概率问题，它等价于 $\vec{q}_1$ 附近出现一个电子的概率 $\mathrm{d}\vec{q}_1\rho(\vec{q}_1)$ 乘以 $\vec{q}_2$ 附近同时出现另一个电子的条件概率 $\mathrm{d}\vec{q}_2 P_2(\vec{q}_1,\vec{q}_2)$，于是有

$$\rho_2(\vec{q}_1,\vec{q}_2)=\rho(\vec{q}_1)P_2(\vec{q}_1,\vec{q}_2) \tag{6.1.1}$$

不考虑自旋，有

$$\rho_2(\vec{r}_1,\vec{r}_2)=\rho(\vec{r}_1)P_2(\vec{r}_1,\vec{r}_2) \tag{6.1.2}$$

或写作

$$P_2(\vec{q}_1,\vec{q}_2)=\frac{\rho_2(\vec{q}_1,\vec{q}_2)}{\rho(\vec{q}_1)} \tag{6.1.3}$$

$$P_2(\vec{r}_1,\vec{r}_2)=\frac{\rho_2(\vec{r}_1,\vec{r}_2)}{\rho(\vec{r}_1)} \tag{6.1.4}$$

由于体系中只有 $N$ 个电子，$P_2(\vec{q}_1,\vec{q}_2)$ 在全空间对 $\vec{q}_2$ 的积分只能为 $(N-1)$. 事实上，由式(6.0.5)和式(6.0.6)有

$$\begin{aligned}\int \vec{P}_2(\vec{q}_1,\vec{q}_2)\mathrm{d}\vec{q}_2&=\int\frac{\rho_2(\vec{q}_1,\vec{q}_2)}{\rho(\vec{q}_1)}\mathrm{d}\vec{q}_2=\frac{N(N-1)\int\left|\Psi(\vec{q}_1,\vec{q}_2,\cdots,\vec{q}_N)\right|^2\mathrm{d}\vec{q}_2\cdots\mathrm{d}\vec{q}_N}{\rho(\vec{q}_1)}\\&=\frac{(N-1)\rho(\vec{q}_1)}{\rho(\vec{q}_1)}=N-1\end{aligned} \tag{6.1.5}$$

式(6.1.5)对式(6.1.4)同样成立. 定义交换-相关穴密度函数

$$\rho_{\mathrm{xc}}(\vec{q}_1,\vec{q}_2)=P_2(\vec{q}_1,\vec{q}_2)-\rho(\vec{q}_2) \tag{6.1.6}$$

或

$$\rho_{\mathrm{xc}}(\vec{r}_1,\vec{r}_2)=P_2(\vec{r}_1,\vec{r}_2)-\rho(\vec{r}_2) \tag{6.1.7}$$

显然，如果电子是独立运动的，则

$$\rho_2(\vec{q}_1,\vec{q}_2)=\rho(\vec{q}_1)\rho(\vec{q}_2),\quad \rho_2(\vec{r}_1,\vec{r}_2)=\rho(\vec{r}_1)\rho(\vec{r}_2)$$

代入式(6.1.3)或式(6.1.4)，有

$$P_2(\vec{q}_1,\vec{q}_2)=\rho(\vec{q}_2),\quad P_2(\vec{r}_1,\vec{r}_2)=\rho(\vec{r}_2)$$

从而有

$$\rho_{\mathrm{xc}}(\vec{q}_1,\vec{q}_2)=0,\quad \rho_{\mathrm{xc}}(\vec{r}_1,\vec{r}_2)=0 \tag{6.1.8}$$

但由于两电子间存在相互作用，它们的运动并不是彼此独立而是彼此关联的. 例如，由于存在 Coulomb 排斥作用，当一个电子在 $\vec{q}_1$ 附近出现时，另一个电子在 $\vec{q}_2$ 或 $\vec{r}_2$ 处出现的概率密度

$P_2(\vec{q}_1,\vec{q}_2)$ 或 $P_2(\vec{r}_1,\vec{r}_2)$ 变小(因电子间存在排斥作用)，即 $P_2(\vec{q}_1,\vec{q}_2)<\rho(\vec{q}_2)$，$P_2(\vec{r}_1,\vec{r}_2)<\rho(\vec{r}_2)$，因此，由式(6.1.6)或式(6.1.7)可知，$\rho_{\mathrm{xc}}(\vec{q}_1,\vec{q}_2)$ 或 $\rho_{\mathrm{xc}}(\vec{r}_1,\vec{r}_2)$ 一定取负值，而且 $q_{12}$ 或 $r_{12}$ 越小(两电子靠得越近)，Coulomb 排斥作用越强，则 $P_2(\vec{q}_1,\vec{q}_2)$ 或 $P_2(\vec{r}_1,\vec{r}_2)$ 越小，因而 $\rho_{\mathrm{xc}}(\vec{q}_1,\vec{q}_2)$ 或 $\rho_{\mathrm{xc}}(\vec{r}_1,\vec{r}_2)$ 越负，即另一个电子出现在这一区域的概率越小. 形象地说，$\rho_{\mathrm{xc}}(\vec{q}_1,\vec{q}_2)$ 或 $\rho_{\mathrm{xc}}(\vec{r}_1,\vec{r}_2)$ 确定了一个环绕 $\vec{q}_1$ 或 $\vec{r}_1$ 的“相关穴”，其他电子不能“自由”地进入该穴. 除经典 Coulomb 相关作用外，电子间还存在由交换电荷引起的交换作用，交换作用来自 Pauli 不相容原理，没有经典对应. 简言之，电子间存在交换-相关作用，因此称 $\rho_{\mathrm{xc}}(\vec{q}_1,\vec{q}_2)$ 或 $\rho_{\mathrm{xc}}(\vec{r}_1,\vec{r}_2)$ 为交换-相关穴密度函数. $\rho_{\mathrm{xc}}(\vec{q}_1,\vec{q}_2)$ 和 $\rho_{\mathrm{xc}}(\vec{r}_1,\vec{r}_2)$ 有如下性质：

(1) 当 $q_{12}=|\vec{q}_1-\vec{q}_2|\to 0$ 或 $r_{12}=|\vec{r}_1-\vec{r}_2|\to 0$ 时，有 $P_2(\vec{q}_1,\vec{q}_2)\to 0$ 或 $P_2(\vec{r}_1,\vec{r}_2)\to 0$，由式(6.1.6)和式(6.1.7)，有

$$\rho_{\mathrm{xc}}(\vec{q}_1,\vec{q}_2)\big|_{q_{12}\to 0}=-\rho(\vec{q}_1),\qquad \rho_{\mathrm{xc}}(\vec{r}_1,\vec{r}_2)\big|_{r_{12}\to 0}=-\rho(\vec{r}_1) \tag{6.1.9}$$

(2) 由式(6.1.5)和式(5.7.7)，有

$$\int\rho_{\mathrm{xc}}(\vec{q}_1,\vec{q}_2)\mathrm{d}\vec{q}_2=\int P_2(\vec{q}_1,\vec{q}_2)\mathrm{d}\vec{q}_2-\int\rho(\vec{q}_2)\mathrm{d}\vec{q}_2=(N-1)-N=-1 \tag{6.1.10}$$

$$\int\rho_{\mathrm{xc}}(\vec{r}_1,\vec{r}_2)\mathrm{d}\vec{r}_2=\int P_2(\vec{r}_1,\vec{r}_2)\mathrm{d}\vec{r}_2-\int\rho(\vec{r}_2)\mathrm{d}\vec{r}_2=(N-1)-N=-1 \tag{6.1.11}$$

这意味着，若有一个电子出现在 $\vec{q}_1$ 或 $\vec{r}_1$，则在剩下的体系中就少了一个电子，$\rho_{\mathrm{xc}}(\vec{q}_1,\vec{q}_2)$ 或 $\rho_{\mathrm{xc}}(\vec{r}_1,\vec{r}_2)$ 必须移去一个电子，以保证不会出现自相关作用，即保证一个电子不会与自身发生相互作用.

### 6.1.2　交换穴密度函数与相关穴密度函数

由式(6.1.1)和式(6.1.6)以及式(6.1.2)和式(6.1.7)，可以将对密度函数写为

$$\rho_2(\vec{q}_1,\vec{q}_2)=\rho(\vec{q}_1)\rho(\vec{q}_2)+\rho(\vec{q}_1)\rho_{\mathrm{xc}}(\vec{q}_1,\vec{q}_2) \tag{6.1.12}$$

$$\rho_2(\vec{r}_1,\vec{r}_2)=\rho(\vec{r}_1)\rho(\vec{r}_2)+\rho(\vec{r}_1)\rho_{\mathrm{xc}}(\vec{r}_1,\vec{r}_2) \tag{6.1.13}$$

在密度泛函理论中，通常将交换作用和相关作用分开考虑，以便更方便地建造交换-相关能泛函. 因此，为了以后讨论问题方便，我们将交换-相关穴分解为交换穴和相关穴两部分，即有

$$\begin{gathered}\rho_{\mathrm{xc}}(\vec{q}_1,\vec{q}_2)=\rho_{\mathrm{x}}(\vec{q}_1,\vec{q}_2)+\rho_{\mathrm{c}}(\vec{q}_1,\vec{q}_2)\\ \rho_{\mathrm{xc}}(\vec{r}_1,\vec{r}_2)=\rho_{\mathrm{x}}(\vec{r}_1,\vec{r}_2)+\rho_{\mathrm{c}}(\vec{r}_1,\vec{r}_2)\end{gathered} \tag{6.1.14}$$

于是，式(6.1.12)和式(6.1.13)可写为

$$\rho_2(\vec{q}_1,\vec{q}_2)=\rho(\vec{q}_1)\rho(\vec{q}_2)+\rho(\vec{q}_1)\left[\rho_{\mathrm{x}}(\vec{q}_1,\vec{q}_2)+\rho_{\mathrm{c}}(\vec{q}_1,\vec{q}_2)\right] \tag{6.1.15}$$

$$\rho_2(\vec{r}_1,\vec{r}_2)=\rho(\vec{r}_1)\rho(\vec{r}_2)+\rho(\vec{r}_1)\left[\rho_{\mathrm{x}}(\vec{r}_1,\vec{r}_2)+\rho_{\mathrm{c}}(\vec{r}_1,\vec{r}_2)\right] \tag{6.1.16}$$

以上讨论中没有涉及波函数的具体形式，因而所有结论都是普遍成立的. 现在讨论由单行列式 $N$ 电子波函数给出的交换-相关穴密度函数. 将式(6.1.15)与式(6.0.19)比较，式(6.1.16)与式(6.0.20)比较，并利用式(6.0.23)～式(6.0.26)，对于行列式波函数，有

$$\rho_{\mathrm{x}}(\vec{q}_1,\vec{q}_2)=-\frac{|\rho_1(\vec{q}_1,\vec{q}_2)|^2}{\rho(\vec{q}_1)},\qquad \rho_{\mathrm{c}}(\vec{q}_1,\vec{q}_2)=0 \tag{6.1.17}$$

其中

$$\rho(\vec{q}_1)=\sum_{i}^{N(\mathrm{occ})}\phi_i^*(\vec{q}_1)\phi_i(\vec{q}_1)\,,\quad \rho_1(\vec{q}_1,\vec{q}_2)=\sum_{i=1}^{N(\mathrm{occ})}\phi_i(\vec{q}_1)\phi_i^*(\vec{q}_2)\,,$$

$$\rho_1^*(\vec{q}_1,\vec{q}_2)=\sum_{j=1}^{N(\mathrm{occ})}\phi_j(\vec{q}_2)\phi_j^*(\vec{q}_1)=\rho_1(\vec{q}_2,\vec{q}_1) \tag{6.1.18}$$

$$\rho_{\mathrm{x}}(\vec{r}_1,\vec{r}_2)=\frac{-\sum\limits_{\sigma=\alpha,\beta}\left|\rho_1^{\sigma\sigma}(\vec{r}_1,\vec{r}_2)\right|^2}{\rho(\vec{r}_1)}\,,\qquad \rho_{\mathrm{c}}(\vec{r}_1,\vec{r}_2)=0 \tag{6.1.19}$$

且有

$$\rho(\vec{r}_1)=\sum_{i}^{N(\mathrm{occ})}\varphi_i^*(\vec{r}_1)\varphi_i(\vec{r}_1)\,,\quad \rho_1^{\sigma\sigma}(\vec{r}_1,\vec{r}_2)=\sum_{i}^{N_\sigma(\mathrm{occ})}\varphi_i^{\sigma}(\vec{r}_1)\varphi_i^{*\sigma}(\vec{r}_2)\,,$$

$$\rho_1^{*\sigma\sigma}(\vec{r}_1,\vec{r}_2)=\sum_{j}^{N_\sigma(\mathrm{occ})}\varphi_j^{\sigma}(\vec{r}_2)\varphi_j^{*\sigma}(\vec{r}_1)=\rho_1^{\sigma\sigma}(\vec{r}_2,\vec{r}_1)\,,\qquad \sigma=\alpha,\beta \tag{6.1.20}$$

式(6.1.17)和式(6.1.19)中，$\rho_1(\vec{q}_1,\vec{q}_2)$ 和 $\rho_1^{\sigma\sigma}(\vec{r}_1,\vec{r}_2)$ 均为交换电荷密度，因此由单行列式波函数给出的 $\rho_{\mathrm{xc}}(\vec{q}_1,\vec{q}_2)$ 或 $\rho_{\mathrm{xc}}(\vec{r}_1,\vec{r}_2)$ 仅包含交换穴密度，并不包含相关穴密度. 我们在 2.5 节中已经指出[见式(2.5.32)或式(2.5.33)]，Hartree-Fock 波函数仅考虑了电子间的交换作用，没有考虑相关作用，本节的结果进一步印证了这一结论.

式(6.1.19)表明，空间交换穴密度函数 $\rho_{\mathrm{x}}(\vec{r}_1,\vec{r}_2)$ 与空间交换电荷密度有关，由于需要对电子的自旋坐标做积分，仅在自旋相同的电子间才存在空间交换电荷密度. 同样，仅在自旋相同的电子间才存在空间交换穴，自旋不同的电子间不存在空间交换穴. 事实上，式(6.1.19)可写为

$$\rho_{\mathrm{x}}(\vec{r}_1,\vec{r}_2)=-\frac{\sum\limits_{\sigma=\alpha,\beta}\rho_1^{\sigma\sigma}(\vec{r}_1,\vec{r}_2)\rho_1^{*\sigma\sigma}(\vec{r}_1,\vec{r}_2)}{\rho(\vec{r}_1)}=\rho_{\mathrm{x}}^{\alpha\alpha}(\vec{r}_1,\vec{r}_2)+\rho_{\mathrm{x}}^{\beta\beta}(\vec{r}_1,\vec{r}_2) \tag{6.1.21}$$

其中

$$\rho_{\mathrm{x}}^{\sigma\sigma}(\vec{r}_1,\vec{r}_2)=-\frac{\rho_1^{\sigma\sigma}(\vec{r}_1,\vec{r}_2)\rho_1^{*\sigma\sigma}(\vec{r}_1,\vec{r}_2)}{\rho(\vec{r}_1)}\,,\qquad \sigma=\alpha,\beta \tag{6.1.22}$$

$\rho_1^{\sigma\sigma}(\vec{r}_1,\vec{r}_2)$ 仍用式(6.1.20)表达. 对一般行列式波函数而言，由于所包含的 $\alpha,\beta$ 自旋电子数目不同，由式(6.1.20)给出的 $\rho_1^{\alpha\alpha}(\vec{r}_1,\vec{r}_2)$ 和 $\rho_1^{\beta\beta}(\vec{r}_1,\vec{r}_2)$ 可能不同. 仅对所有轨道都是双占据的行列式波函数，如 $N$ 电子闭壳层体系的 Hartree-Fock 波函数，才会有

$$\rho_1^{\alpha\alpha}(\vec{r}_1,\vec{r}_2)=\rho_1^{\beta\beta}(\vec{r}_1,\vec{r}_2) \tag{6.1.23}$$

且有[见式(6.0.27)和式(6.0.28)]

$$\rho(\vec{r})=\sum_{i=1}^{N(\mathrm{occ})}\varphi_i(\vec{r})\varphi_i^*(\vec{r})=2\sum_{i=1}^{N/2(\mathrm{occ})}\varphi_i(\vec{r})\varphi_i^*(\vec{r})$$

$$\rho_1^{\sigma\sigma}(\vec{r}_1,\vec{r}_2)=\sum_{i=1}^{N/2(\mathrm{occ})}\varphi_i^{\sigma}(\vec{r}_1)\varphi_i^{*\sigma}(\vec{r}_2)\,,\quad \sigma=\alpha,\beta \tag{6.1.24}$$

行列式波函数给出的交换-相关穴密度函数是“真实”交换-相关穴密度函数的近似，但是

易于证明，在单行列式近似下，交换-相关穴密度函数的两个重要性质仍然保留，即式(6.1.9)、式(6.1.10)和式(6.1.11)仍然成立. 例如，由式(6.1.21)、式(6.1.22)和式(6.1.24)，易于求得

$$\int \rho_{\mathrm{x}}\left(\vec{r}_1,\vec{r}_2\right)\mathrm{d}\vec{r}_2 = -1 \tag{6.1.25}$$

与式(6.1.11)比较可见，空间-交换穴密度函数即可保证不会出现自相关作用，即保证一个电子不会与自身发生相互作用. 但是必须指出，由于仅在自旋相同的电子间才存在交换穴，自旋不同的电子间不存在交换穴，因此交换穴密度函数只能保证自旋相同的电子不会出现在空间同一点，而不能保证自旋不同的电子不会出现在空间同一点，这显然是不正确的. 因此，不包含相关穴的 Hartree-Fock 波函数必然会产生相关能误差. 比较式(6.1.11)和式(6.1.25)，并利用式(6.1.14)，有

$$\int \rho_{\mathrm{c}}\left(\vec{r}_1,\vec{r}_2\right)\mathrm{d}\vec{r}_2 = 0 \tag{6.1.26}$$

即相关穴密度函数在全空间积分为零. 注意：式(6.1.26)与式(6.1.19)第二式的含义并不相同. 式(6.1.19)第二式仅对行列式波函数成立，而式(6.1.26)则对任意波函数都成立. 式(6.1.26)表明，相关穴密度 $\rho_{\mathrm{c}}\left(\vec{r}_1,\vec{r}_2\right)$ 在空间的分布有正有负. 由于 $\left|\rho_1^{\sigma\sigma}\left(\vec{r}_1,\vec{r}_2\right)\right|^2 \geqslant 0$，$\rho\left(\vec{r}\right)\geqslant 0$，由式(6.1.19)可知，交换穴 $\rho_{\mathrm{x}}\left(\vec{r}_1,\vec{r}_2\right)\leqslant 0$，即交换穴在全空间恒为负值，因此相关穴与交换穴不同. 这是可以理解的，因为不论电子取何种自旋，由于电子间的 Coulomb 排斥作用，第二个电子应该尽可能远离第一个电子所处的位置 $\vec{r}_1$，因此相关穴在 $\vec{r}_1$ 附近应该取较大的负值，而在远离 $\vec{r}_1$ 的某些位置，不同自旋的电子间的相关穴则可能取正值. 由此可见，电子间的交换作用和相关作用都是离域的，但二者的远程作用方向相反，在一定程度上可以相互抵消，剩下的部分主要是局域的，这一结果对研究电子的交换-相关作用有重要指导意义.

### 6.1.3　能量表达式与 Hartree-Fock 方法的重新表述

下面用交换-相关穴密度函数重新表达多电子体系的能量，并重新表述 Hartree-Fock 方法.

由式(6.0.10)，$N$ 电子体系电子排斥能的期望值可以用对密度函数表示为

$$\left\langle \sum_{i<j}\frac{1}{r_{ij}}\right\rangle = \frac{1}{2}\int \frac{\rho_2\left(\vec{r}_1,\vec{r}_2\right)}{r_{12}}\mathrm{d}\vec{r}_1\mathrm{d}\vec{r}_2$$

将式(6.1.16)代入，有

$$\left\langle \sum_{i<j}\frac{1}{r_{ij}}\right\rangle = \frac{1}{2}\int \frac{\rho\left(\vec{r}_1\right)\rho\left(\vec{r}_2\right)}{r_{12}}\mathrm{d}\vec{r}_1\mathrm{d}\vec{r}_2 + \frac{1}{2}\int \frac{\rho\left(\vec{r}_1\right)\left[\rho_{\mathrm{x}}\left(\vec{r}_1,\vec{r}_2\right)+\rho_{\mathrm{c}}\left(\vec{r}_1,\vec{r}_2\right)\right]}{r_{12}}\mathrm{d}\vec{r}_1\mathrm{d}\vec{r}_2 \tag{6.1.27}$$

上式右边第一项为经典 Coulomb 作用，第二项为交换-相关作用，没有经典对应. 利用式(6.1.27)，可将 Born-Oppenheimer 近似下的能量(不计核间排斥作用)表达式(5.7.42)写作

$$\begin{aligned} E = &\int \hat{h}\left(\vec{r}_1\right)\hat{\rho}_1\left(\vec{r}_1,\vec{r}_1'\right)\mathrm{d}\vec{r}_1 + \frac{1}{2}\int \frac{\rho\left(\vec{r}_1\right)\rho\left(\vec{r}_2\right)}{r_{12}}\mathrm{d}\vec{r}_1\mathrm{d}\vec{r}_2 \\ &+ \frac{1}{2}\int \frac{\rho\left(\vec{r}_1\right)\left[\rho_{\mathrm{x}}\left(\vec{r}_1,\vec{r}_2\right)+\rho_{\mathrm{c}}\left(\vec{r}_1,\vec{r}_2\right)\right]}{r_{12}}\mathrm{d}\vec{r}_1\mathrm{d}\vec{r}_2 \end{aligned} \tag{6.1.28}$$

式中，$\hat{\rho}_1\left(\vec{r}_1,\vec{r}_1'\right)$ 为一阶约化密度矩阵；$\hat{h}\left(\vec{r}_1\right)$ 为单电子算符

$$\hat{h}\left(\vec{r}_1\right) = -\frac{1}{2}\nabla_1{}^2 - \sum_a \frac{Z_a}{r_{a1}} \tag{6.1.29}$$

式(6.1.27)和式(6.1.28)都没有涉及波函数的具体形式，因而两式分别是 Born-Oppenheimer 近似下电子排斥能和总能量的精确表达式. 现在借助交换-相关穴密度函数的概念进一步讨论 Hartree-Fock 方法.

将式(6.1.19)代入式(6.1.28)，可以得到用一阶约化密度矩阵，密度函数和交换穴密度函数等表达的由行列式波函数给出的能量为

$$\begin{aligned}E&=\int\hat{h}(\vec{r}_1)\hat{\rho}_1(\vec{r}_1,\vec{r}_1')\mathrm{d}\vec{r}_1+\frac{1}{2}\int\frac{\rho(\vec{r}_1)\rho(\vec{r}_2)}{r_{12}}\mathrm{d}\vec{r}_1\mathrm{d}\vec{r}_2+\frac{1}{2}\int\frac{\rho(\vec{r}_1)\rho_{\mathrm{x}}(\vec{r}_1,\vec{r}_2)}{r_{12}}\mathrm{d}\vec{r}_1\mathrm{d}\vec{r}_2\\&=\int\hat{h}(\vec{r}_1)\hat{\rho}_1(\vec{r}_1,\vec{r}_1')\mathrm{d}\vec{r}_1+\frac{1}{2}\int\frac{\rho(\vec{r}_1)\rho(\vec{r}_2)}{r_{12}}\mathrm{d}\vec{r}_1\mathrm{d}\vec{r}_2-\frac{1}{2}\sum_{\sigma=\alpha,\beta}\int\frac{\left|\rho_1^{\sigma\sigma}(\vec{r}_1,\vec{r}_2)\right|^2}{r_{12}}\mathrm{d}\vec{r}_1\mathrm{d}\vec{r}_2\end{aligned}\tag{6.1.30}$$

式(6.1.30)适用于任意 $N$ 电子行列式波函数，对一般 $N$ 电子行列式波函数，$\rho_1^{\sigma\sigma}(\vec{r}_1,\vec{r}_2)$ 由式(6.1.20)给出；对 Hartree-Fock 波函数，$\rho_1^{\sigma\sigma}(\vec{r}_1,\vec{r}_2)$ 由式(6.1.24)给出. 可以验证，式(6.1.30)与式(2.4.2)完全相同. 于是，可将闭壳层 Hartree-Fock 方程重写为[参见式(2.4.26)、式(2.4.27)和式(2.4.29)]

$$\hat{F}_i(1)\varphi_i(1)=\varepsilon_i\varphi_i(1)\tag{6.1.31}$$

$$\hat{F}_i(1)=-\frac{1}{2}\nabla_1^2-\sum_a\frac{z_a}{r_{a1}}+\int\frac{\rho(\vec{r}_2)}{r_{12}}\mathrm{d}\vec{r}_2-\int\frac{1}{r_{12}}\left(\frac{\rho_1^{\sigma\sigma}(\vec{r}_1,\vec{r}_2)\varphi_i(\vec{r}_2)}{\varphi_i(\vec{r}_1)}\right)\mathrm{d}\vec{r}_2\tag{6.1.32}$$

式(6.1.32)中的 $\rho_1^{\sigma\sigma}(\vec{r}_1,\vec{r}_2)$ 可取作 $\rho_1^{\alpha\alpha}(\vec{r}_1,\vec{r}_2)$，也可取作 $\rho_1^{\beta\beta}(\vec{r}_1,\vec{r}_2)$，并按式(6.1.24)计算.

由式(6.1.27)可以看到，密度函数和交换-相关穴密度函数充分描述了体系中电子间的相互作用，如果能够得到精确的密度函数和交换-相关穴密度函数，则可以精确地计算电子间的相互作用，从而精确地计算体系的能量. 与密度函数相比，交换-相关穴密度函数更为复杂. 现代密度泛函理论的经验表明，交换-相关穴密度函数的表达式改进一小步，能量计算就会改进一大步.

## 6.2　$X_\alpha$ 方法

为了改进和简化 Hartree-Fock 计算，Slater[1]于 1951 年提出了 $X_\alpha$ 方法.

### 6.2.1　$X_\alpha$ 方程

由式(6.1.30)，闭壳层体系的 Hartree-Fock 能量为

$$E=\int\hat{h}(\vec{r}_1)\hat{\rho}_1(\vec{r}_1,\vec{r}_1')\mathrm{d}\vec{r}_1+\frac{1}{2}\int\frac{\rho(\vec{r}_1)\rho(\vec{r}_2)}{r_{12}}\mathrm{d}\vec{r}_1\mathrm{d}\vec{r}_2+\frac{1}{2}\int\frac{\rho(\vec{r}_1)\rho_{\mathrm{x}}(\vec{r}_1,\vec{r}_2)}{r_{12}}\mathrm{d}\vec{r}_1\mathrm{d}\vec{r}_2\tag{6.2.1}$$

式中，电子密度函数 $\rho(\vec{r})$ 和交换穴密度函数 $\rho_{\mathrm{x}}(\vec{r}_1,\vec{r}_2)$ 分别为[见式(6.1.24)和式(6.1.19)]

$$\rho(\vec{r})=\sum_i^{N(\mathrm{occ})}\varphi_i^*(\vec{r})\varphi_i(\vec{r})=2\sum_i^{N/2(\mathrm{occ})}\varphi_i^*(\vec{r})\varphi_i(\vec{r})\tag{6.2.2}$$

$$\rho_{\mathrm{x}}(\vec{r}_1,\vec{r}_2)=\rho_{\mathrm{xc}}(\vec{r}_1,\vec{r}_2)=-\frac{\sum\limits_{\sigma=\alpha,\beta}\left|\rho_1^{\sigma\sigma}(\vec{r}_1,\vec{r}_2)\right|^2}{\rho(\vec{r}_1)}\tag{6.2.3}$$

其中[见式(6.1.24)]

$$\rho_1^{\sigma\sigma}(\vec{r}_1,\vec{r}_2)=\sum_i^{N/2(\text{occ})}\varphi_i^{\sigma}(\vec{r}_1)\varphi_i^{*\sigma}(\vec{r}_2),\quad \sigma=\alpha,\beta \tag{6.2.4}$$

我们知道，Hartree-Fock 方法给出的交换穴密度函数 $\rho_{\text{x}}(\vec{r}_1,\vec{r}_2)$ 并不能很好地描述交换-相关作用，但式(6.2.3)表明，$\rho_{\text{x}}(\vec{r}_1,\vec{r}_2)$ 的计算却十分复杂. 为了简化 $\rho_{\text{x}}(\vec{r}_1,\vec{r}_2)$ 的表达式，根据式(6.1.9)[注意：6.1.2 节已经指出，$\rho_{\text{x}}(\vec{r}_1,\vec{r}_2)$ 也满足式(6.1.9)]

$$\rho_{\text{x}}(\vec{r}_1,\vec{r}_2)\Big|_{r_{12}\to 0}=-\rho(\vec{r}_1)$$

Slater 假定

$$\rho_{\text{x}}(\vec{r}_1,\vec{r}_2)=-\rho(\vec{r}_1)f\left(\frac{\vec{r}_{12}}{b}\right) \tag{6.2.5}$$

常数 $b$ 代表交换-相关作用的影响范围，$b$ 越大，则影响范围越大. 函数 $f$ 具有如下性质

$$f(0)=1$$

由式(6.1.11)，有

$$\int\rho_{\text{x}}(\vec{r}_1,\vec{r}_2)\mathrm{d}\vec{r}_2=-\rho(\vec{r}_1)\int f\left(\frac{\vec{r}_{12}}{b}\right)\mathrm{d}\vec{r}_2=-1 \tag{6.2.6}$$

以电子 1 所在位置为坐标原点，采用球坐标做积分，可得

$$\begin{aligned}\int\rho_{\text{x}}(\vec{r}_1,\vec{r}_2)\mathrm{d}\vec{r}_2&=-\rho(\vec{r}_1)\int f\left(\frac{\vec{r}}{b}\right)r^2\sin\theta\mathrm{d}r\mathrm{d}\theta\mathrm{d}\phi\\&=-b^3\rho(\vec{r}_1)\int_0^{\infty}x^2\mathrm{d}x\int f(\vec{x})\sin\theta\mathrm{d}\theta\mathrm{d}\phi\end{aligned}$$

式中，$\vec{x}=\dfrac{\vec{r}}{b}$，将 $f(\vec{x})$ 在各方向[由$(\theta,\varphi)$确定]距离原点为 $x$ 的平均值记为 $\overline{f}(x)$，则有

$$\int\rho_{\text{x}}(\vec{r}_1,\vec{r}_2)\mathrm{d}\vec{r}_2=-4\pi b^3\rho(\vec{r}_1)\int_0^{\infty}x^2\overline{f}(x)\mathrm{d}x \tag{6.2.7}$$

代入式(6.2.6)，有

$$b=\left[4\pi\rho(\vec{r}_1)\right]^{-\frac{1}{3}}\left[\int_0^{\infty}x^2\overline{f}(x)\mathrm{d}x\right]^{-\frac{1}{3}} \tag{6.2.8}$$

同样有

$$\begin{aligned}\int\frac{\rho_{\text{x}}(\vec{r}_1,\vec{r}_2)}{r_{12}}\mathrm{d}\vec{r}_2&=-\rho(\vec{r}_1)\int\frac{f\left(\dfrac{\vec{r}_{12}}{b}\right)}{r_{12}}\mathrm{d}\vec{r}_2=-4\pi b^2\rho(\vec{r}_1)\int_0^{\infty}x\overline{f}(x)\mathrm{d}x\\&=-\left[4\pi\rho(\vec{r}_1)\right]^{\frac{1}{3}}\frac{\displaystyle\int_0^{\infty}x\overline{f}(x)\mathrm{d}x}{\left[\displaystyle\int_0^{\infty}x^2\overline{f}(x)\mathrm{d}x\right]^{\frac{2}{3}}}\end{aligned} \tag{6.2.9}$$

将式(6.2.9)代入式(6.2.1)的最后一项，有

$$\int \frac{\rho(\vec{r}_1)\rho_{\mathrm{x}}(\vec{r}_1,\vec{r}_2)}{r_{12}} \mathrm{d}\vec{r}_1 \mathrm{d}\vec{r}_2 = -(4\pi)^{\frac{1}{3}} \frac{\int_0^{\infty} x\overline{f}(x)\mathrm{d}x}{\left[\int_0^{\infty} x^2\overline{f}(x)\mathrm{d}x\right]^{\frac{2}{3}}} \int \rho^{\frac{4}{3}}(\vec{r}_1)\mathrm{d}\vec{r}_1$$

$$= -c(4\pi)^{\frac{1}{3}} \int \rho^{\frac{4}{3}}(\vec{r}_1)\mathrm{d}\vec{r}_1 \tag{6.2.10}$$

由于没有给出函数 $f$ 的具体形式，式(6.2.10)中的两个定积分的值不能确定，但定积分必为常数，上式最后一步用 $c$ 表示积分所得常数. Slater 将式(6.2.10)写成如下形式

$$\int \frac{\rho(\vec{r}_1)\rho_{\mathrm{x}}(\vec{r}_1,\vec{r}_2)}{r_{12}} \mathrm{d}\vec{r}_1 \mathrm{d}\vec{r}_2 = \int \rho(\vec{r}_1) v_{X_\alpha}(\vec{r}_1)\mathrm{d}\vec{r}_1 \tag{6.2.11}$$

其中

$$v_{X_\alpha}(\vec{r}_1) = -\frac{9}{2}\alpha\left[\frac{3}{8\pi}\rho(\vec{r}_1)\right]^{\frac{1}{3}} \tag{6.2.12}$$

称为交换势，$\alpha$ 为可调参数，故称为 $X_\alpha$ 方法(按照惯例，用 x 表示“交换”). 代入式(6.2.1)，有

$$E = \int \hat{h}(\vec{r}_1)\rho(\vec{r}_1,\vec{r}_1')\mathrm{d}\vec{r}_1 + \frac{1}{2}\int \frac{\rho(\vec{r}_1)\rho(\vec{r}_2)}{r_{12}}\mathrm{d}\vec{r}_1\mathrm{d}\vec{r}_2 + \frac{1}{2}\int \rho(\vec{r}_1)v_{X_\alpha}(\vec{r}_1)\mathrm{d}\vec{r}_1 \tag{6.2.13}$$

与 Hartree-Fock 能量表达式(6.2.1)比较可见，式(6.2.13)中用交换势 $v_{X_\alpha}(\vec{r}_1)$ 代替了式(6.2.1)中的交换积分，即将离域的交换作用定域化，因为在式(6.2.13)中，交换能仅与一个电子的坐标 $\vec{r}$ 有关，从而大大简化了计算. 根据式(6.2.13)，体系的能量由电子密度函数 $\rho(\vec{r})$ 确定，如果取式(6.2.2)作为 $\rho(\vec{r})$ 的表达式(如对闭壳层体系)，代入式(6.2.13)，则将总能量 $E$ 表达为单粒子态 $\varphi$ 的泛函，仿照 Hartree-Fock 方程的推导过程，可得 $X_\alpha$ 方程

$$\hat{F}_{X_\alpha}(1)\varphi_i(1) = \varepsilon_i\varphi_i(1) \tag{6.2.14}$$

其中

$$\hat{F}_{X_\alpha} = \hat{h}(1) + \int \frac{\rho(\vec{r}_2)}{r_{12}}\mathrm{d}\vec{r}_2 + \frac{2}{3}v_{X_\alpha}(1) \tag{6.2.15}$$

其中的前两项与 Fock 算符的前两项相同，而 $v_{X_\alpha}(1)$ 则由式(6.2.12)给出. 有的文献中将算符 $F_{X_\alpha}$ 取成如下形式

$$\hat{F}_{X_\alpha} = \hat{h}(1) + \int \frac{\rho(\vec{r}_2)}{r_{12}}\mathrm{d}\vec{r}_2 + v_{X_\alpha}(1) \tag{6.2.16}$$

这时，$v_{X_\alpha}$ 的表达式为

$$v_{X_\alpha}(1) = -3\alpha\left(\frac{3}{8\pi}\rho(\vec{r}_1)\right)^{\frac{1}{3}} \tag{6.2.17}$$

$X_\alpha$ 方程也必须用自洽场方法求解，因为算符 $\hat{F}_{X_\alpha}$ 本身与待求的轨道有关.

如果自旋不受限制，即自旋不同的两个电子可以占用不同的空间轨道，这时 $X_\alpha$ 方程为

$$\hat{F}^{\sigma}_{X_\alpha}(1)\varphi_i^{\sigma}(1) = \varepsilon_i^{\sigma}\varphi_i^{\sigma}(1) \tag{6.2.18}$$

式中

$$\hat{F}_{X_\sigma}^{\sigma}(1)=\hat{h}(1)+\int\frac{\rho(\vec{r}_2)}{r_{12}}\mathrm{d}\vec{r}_2+v_{X_\alpha}^{\sigma}(1) \tag{6.2.19}$$

其中

$$v_{X_\alpha}^{\sigma}(1)=-3\alpha\left[\frac{3}{4\pi}\rho^{\sigma}(\vec{r}_1)\right]^{\frac{1}{3}} \tag{6.2.20}$$

且有

$$\rho^{\sigma}(\vec{r}_1)=\sum_i\varphi_i^{*\sigma}(\vec{r}_1)\varphi_i^{\sigma}(\vec{r}_1) \tag{6.2.21}$$

$\sigma$ 分别取 $\alpha$ 、$\beta$ 就得到两组方程，它们合在一起就是自旋非限制的 $X_\alpha$ 方程.

交换势 $v_{X_\alpha}$ [式(6.2.12)或式(6.2.17)]也可采用均匀分布的电子气模型导出，采用均匀分布的电子气模型推导交换势 $v_{X_\alpha}$ 的表达式，有助于理解 $X_\alpha$ 方法中涉及的一些基本概念. 但是，为了使 $X_\alpha$ 方程的推导过程不至于过于冗长，从而能够更多地关注该方程的基本性质，我们将采用均匀分布的电子气模型推导交换势 $v_{X_\alpha}$ 的表达式的有关内容作为扩展资料放在本节最后，供有兴趣的读者参考.

### 6.2.2　$X_\alpha$ 方程的性质

1. 分子轨道能量

由式(6.2.14)和式(6.2.15)有

$$\varepsilon_i=\langle\varphi_i\,|\,\hat{h}\,|\,\varphi_i\rangle+\langle\varphi_i\,|\,v_{\mathrm{e}}(1)\,|\,\varphi_i\rangle+\frac{2}{3}\langle\varphi_i\,|\,v_{X_\alpha}(1)\,|\,\varphi_i\rangle \tag{6.2.22}$$

其中

$$v_{\mathrm{e}}(\vec{r}_1)=\int\frac{\rho(\vec{r}_2)}{r_{12}}\mathrm{d}\vec{r}_2 \tag{6.2.23}$$

又因为

$$\rho(\vec{r}_1)=\sum_{i=1}^{N}n_i\varphi_i^{*}(\vec{r}_1)\varphi_i(\vec{r}_1) \tag{6.2.24}$$

代入式(6.2.13)，有

$$E=\sum_{i=1}^{N}n_i\left\langle\varphi_i(1)\middle|\hat{h}(1)\middle|\varphi_i(1)\right\rangle+\frac{1}{2}\int\rho(\vec{r}_1)v_{\mathrm{e}}(\vec{r}_1)\mathrm{d}\vec{r}_1+\frac{1}{2}\int\rho(\vec{r}_1)v_{X_\alpha}(\vec{r}_1)\mathrm{d}\vec{r}_1$$

可见，电子的总能量与轨道占据数 $n_i$ 有关. 注意：$v_{\mathrm{e}}$ 和 $v_{X_\alpha}$ 也通过 $\rho(\vec{r}_1)$ 包含 $n_i$，以 $n_i$ 为变量，对总能量求偏微商，可得

$$\frac{\partial E(N)}{\partial n_i}=\left\langle\varphi_i(1)\middle|\hat{h}(1)\middle|\varphi_i(1)\right\rangle+\left\langle\varphi_i(1)\middle|v_{\mathrm{e}}(1)\middle|\varphi_i(1)\right\rangle+\frac{2}{3}\left\langle\varphi_i(1)\middle|v_{X_\alpha}(1)\middle|\varphi_i(1)\right\rangle$$

由式(6.2.22)可得

$$\frac{\partial E(N)}{\partial n_i} = \varepsilon_i \tag{6.2.25}$$

这是一个重要结果，由此可以定义过渡态和轨道电负性.

2. 过渡态

由 2.5.5 节可知，Hartree-Fock 方程满足 Koopmans 定理：在冻核近似下，正则 Hartree-Fock 轨道的能级等于该轨道上电子的电离势的负值，即

$$-I_k = E(N) - E(N-1) = \varepsilon_k \tag{6.2.26}$$

但这一定理对 $X_\alpha$ 方程并不成立. 对 $X_\alpha$ 方程有

$$\begin{aligned}-I_k &= E(n_k=1) - E(n_k=0) = \langle\varphi_i|\hat{h}|\varphi_i\rangle + \langle\varphi_i|v_{\mathrm{e}}(1)|\varphi_i\rangle + \langle\varphi_i|v_{X_\alpha}(1)|\varphi_i\rangle \\ &= \varepsilon_k + \frac{1}{3}\langle\varphi_k|v_{X_\alpha}|\varphi_k\rangle\end{aligned} \tag{6.2.27}$$

上式最后一步利用了式(6.2.22). 为了便于计算电离能和激发能，Slater 提出如下办法：设轨道 $\varphi_k$ 上只放置 $\frac{1}{2}$ 个电子，体系总能量为 $E\left(N-\frac{1}{2}\right)$，将 $E(N)$ 和 $E(N-1)$ 以 $E\left(N-\frac{1}{2}\right)$ 为基点做 Taylor 展开，得

$$\begin{aligned}-I_k &= E(N) - E(N-1) = E\left(N-\frac{1}{2}+\frac{1}{2}\right) - E\left(N-\frac{1}{2}-\frac{1}{2}\right) \\ &= \left\{E\left(N-\frac{1}{2}\right) + \left(\frac{\partial E}{\partial n_k}\right)\left(\frac{1}{2}\right) + \frac{1}{2!}\left(\frac{\partial^2 E}{\partial n_k^2}\right)\left(\frac{1}{2}\right)^2 + \frac{1}{3!}\left(\frac{\partial^3 E}{\partial n_k^3}\right)\left(\frac{1}{2}\right)^3 + \cdots\right\} \\ &\quad - \left\{E\left(N-\frac{1}{2}\right) - \left(\frac{\partial E}{\partial n_k}\right)\left(\frac{1}{2}\right) + \frac{1}{2!}\left(\frac{\partial^2 E}{\partial n_k^2}\right)\left(\frac{1}{2}\right)^2 - \frac{1}{3!}\left(\frac{\partial^3 E}{\partial n_k^3}\right)\left(\frac{1}{2}\right)^3 + \cdots\right\} \\ &\approx \frac{\partial E}{\partial n_k} + \frac{1}{24}\left(\frac{\partial^3 E}{\partial n_k^3}\right)\cdots \approx \varepsilon_k\left(n_k = \frac{1}{2}\right)\end{aligned} \tag{6.2.28}$$

上式最后一步利用了式(6.2.25).

必须指出，式(6.2.28)中的 $\varepsilon_k\left(n_k=\frac{1}{2}\right)$ 已不是原来的分子轨道能量，而是当半个电子被取走、半个电子留在轨道 $\varphi_k$ 时的分子轨道能量，即 $\varphi_k$ 轨道上缺少 $\frac{1}{2}$ 个电子时求解 $X_\alpha$ 方程得到的 $-\varepsilon_k$ 等于电子从该轨道上电离的电离势. Slater 把这种中间状态称为过渡态.

同样可以证明，当一个电子由 $\varphi_k$ 跃迁到 $\varphi_i$ 时，其激发能等于过渡态(即半个电子在 $\varphi_k$ 轨道，半个电子在 $\varphi_i$ 轨道)的两个分子轨道能量之差，即

$$\Delta E = \varepsilon_i\left(n_i = \frac{1}{2}\right) - \varepsilon_k\left(n_k = \frac{1}{2}\right) \tag{6.2.29}$$

电离能和激发能都可以通过计算过渡态的分子轨道能量得到，这里不再需要冻核近似，从而包含部分弛豫能和相关能的变化，因此所得结果一般比 Hartree-Fock 方法中按 Koopmans 定理得到的结果要好些.

$X_\alpha$ 方程还有其他一些重要性质，我们不再做进一步讨论.

### 6.2.3　$X_\alpha$ 方程与 Hartree-Fock 方程

现在将 $X_\alpha$ 方程与 Hartree-Fock 方程做比较，以便更好地理解下面几节将介绍的密度泛函理论. 为了阅读方便，把 $X_\alpha$ 方程与 Hartree-Fock 方程重新列出.

$X_\alpha$ 方程为[见式(6.2.14)和式(6.2.16)]

$$\hat{F}_{X_\alpha}(1)\varphi_i(1)=\varepsilon_i\varphi_i(1) \tag{6.2.30}$$

其中

$$\hat{F}_{X_\alpha}=\hat{h}(1)+\int\frac{\rho(\vec{r}_2)}{r_{12}}\mathrm{d}\vec{r}_2+\left\{-3\alpha\left(\frac{3}{8\pi}\rho(\vec{r}_1)\right)^{\frac{1}{3}}\right\} \tag{6.2.31}$$

Hartree-Fock 方程为[见式(6.1.31)、式(6.1.32)和式(6.2.4)]

$$\hat{F}_i(1)\varphi_i(1)=\varepsilon_i\varphi_i(1) \tag{6.2.32}$$

式中

$$\begin{aligned}\hat{F}_i(1)&=-\frac{1}{2}\nabla_1^2-\sum_a\frac{Z_a}{r_{a1}}+\int\frac{\rho(\vec{r}_2)}{r_{12}}\mathrm{d}\vec{r}_2-\int\frac{1}{r_{12}}\left(\frac{\rho_1^{\sigma\sigma}(\vec{r}_1,\vec{r}_2)\varphi_i(\vec{r}_2)}{\varphi_i(\vec{r}_1)}\right)\mathrm{d}\vec{r}_2\\&=\hat{h}(1)+\int\frac{\rho(\vec{r}_2)}{r_{12}}\mathrm{d}\vec{r}_2+\left\{-\sum_{j=1}^{N/2}\int\frac{\varphi_j^*(2)\varphi_i(2)\varphi_j(1)}{r_{12}\varphi_i(1)}\mathrm{d}\vec{r}_2\right\}\end{aligned} \tag{6.2.33}$$

比较式(6.2.31)和式(6.2.33)可见，$X_\alpha$ 方程与 Hartree-Fock 方程的区别在于算符 $\hat{F}_{X_\alpha}$ 与 $\hat{F}$ 的第三项不同. $\hat{F}_{X_\alpha}$ 的第三项用密度函数代替算符 $\hat{F}$ 中的交换积分，因而计算量大大减小. 此外，参数 $\alpha$ 的值可以通过与实验值或其他精确的理论计算结果相比较而加以调整，这使得 $X_\alpha$ 方程能够给出更好的计算结果，因此在 20 世纪 90 年代以前 $X_\alpha$ 方程得到广泛应用.

式(6.2.13)表明，在 $X_\alpha$ 方法中，电子总能量是密度函数 $\rho(\vec{r})$ 的泛函. 可以证明，该能量泛函满足 Virial 定理和 Hellmann-Feynman 定理. 因此，Slater 提出的 $X_\alpha$ 方法可以看作一种密度泛函理论. 但是，$X_\alpha$ 方法的基本出发点是为了减少 Hartree-Fock 方法的计算量，并没有把电子总能量当作密度函数的泛函来处理，没有一般地证明体系的状态不需要借助波函数而可以直接用密度函数精确描述，因此 $X_\alpha$ 方法仅仅被看作一种有用的近似计算方法，而不被看作密度泛函理论. 一般认为密度泛函理论是在 Hohenberg 和 Kohn 提出两个定理后才正式建立起来的，我们随后将介绍这两个定理.

**扩展资料：均匀电子气模型下的交换势**

为便于引用，下面的公式编号将延续正文.

前面从 Slater 假定(6.2.5)出发，导出了交换势 $v_{X_\alpha}$ 的表达式(6.2.12)，现在采用均匀分布的电子气模型导出交换势 $v_{X_\alpha}$ 的表达式.

由式(6.2.33)，可将 Fock 算符中的交换势写为

$$-\sum_{j=1}^{N/2}\int\varphi_j^*(\vec{r}_2)\varphi_j(\vec{r}_1)\frac{\varphi_l(\vec{r}_2)\varphi_l^*(\vec{r}_1)}{r_{12}\varphi_l^*(\vec{r}_1)\varphi_l(\vec{r}_1)}\mathrm{d}\vec{r}_2\equiv v_x^l(\vec{r}_1) \tag{6.2.34}$$

$v_x^l(\vec{r}_1)$ 为 $l$ 轨道上的电子所感受到的交换势，令

$$\sum_{j=1}^{N/2}\frac{\varphi_j^*(\vec{r}_2)\varphi_j(\vec{r}_1)\varphi_l(\vec{r}_2)\varphi_l^*(\vec{r}_1)}{\varphi_l^*(\vec{r}_1)\varphi_l(\vec{r}_1)}=\rho_{\mathrm{x}}^l(\vec{r}_1,\vec{r}_2) \tag{6.2.35}$$

称 $\rho_{\mathrm{x}}^l(\vec{r}_1,\vec{r}_2)$ 为对于 $l$ 轨道电子的交换电荷密度，于是有

$$v_x^l(\vec{r}_1)=-\int\frac{\rho_{\mathrm{x}}^l(\vec{r}_1,\vec{r}_2)}{r_{12}}\mathrm{d}\vec{r}_2 \tag{6.2.36}$$

为了从式(6.2.35)得到交换电荷密度 $\rho_{\mathrm{x}}^l(\vec{r}_1,\vec{r}_2)$ 的明确表达式，需要给出分子轨道 $\{\varphi\}$ 的明确表达式. 为此，我们要采用均匀分布的电子气模型. 对于均匀分布的电子气体系，电子的波函数为平面波. 由式(4.6.15)，无界空间中归一化(归一化为 $\delta$ 函数)的平面波为

$$\varphi_l(\vec{r})=(2\pi)^{-\frac{3}{2}}\exp\left(\mathrm{i}\vec{k}_l\cdot\vec{r}\right) \tag{6.2.37}$$

注意，式(6.2.37)并不是 Hartree-Fock 方程的解，而只是均匀电子气模型下的电子运动状态. 将式(6.2.37)代入式(6.2.35)，由于 $\{k_j\}$ 很密集，可将对轨道的求和用积分代替，于是可将式(6.2.35)写作

$$\rho_{\mathrm{x}}^{k_l}(\vec{r}_1,\vec{r}_2)=(2\pi)^{-3}\int\exp\left[-\mathrm{i}\left(\vec{k}_j-\vec{k}_l\right)(\vec{r}_2-\vec{r}_1)\right]\mathrm{d}k_{j_x}\mathrm{d}k_{j_y}\mathrm{d}k_{j_z} \tag{6.2.38}$$

需要注意的是，求和与积分的变换关系是

$$\sum_{j=1}^{N/2}\varphi_j^*(\vec{r}_2)\varphi_j(\vec{r}_1)=\int\varphi_{k_j}^*(\vec{r}_2)\varphi_{k_j}(\vec{r}_1)\mathrm{d}\vec{k}_j=\int\exp\left[-\mathrm{i}\vec{k}_j(\vec{r}_2-\vec{r}_1)\right]\mathrm{d}\vec{k}_j \tag{6.2.39}$$

以下推导过程中，凡遇到求和转化为积分时，都应与式(6.2.39)保持一致. 式(6.2.38)的积分域为动量空间中以零点为中心，以 Fermi 能级 $\left|\vec{k}_F\right|$ 为半径的 Fermi 球(有电子占据的空间)，将式(6.2.38)代入式(6.2.36)，有

$$v_x^{k_l}(\vec{r}_1)=-(2\pi)^{-3}\int\mathrm{d}k_{j_x}\mathrm{d}k_{j_y}\mathrm{d}k_{j_z}\int\frac{\exp\left[-\mathrm{i}\left(\vec{k}_j-\vec{k}_l\right)\cdot(\vec{r}_2-\vec{r}_1)\right]}{r_{12}}\mathrm{d}\vec{r}_2 \tag{6.2.40}$$

以电子 1 所在的位置为坐标原点，这时对 $\vec{r}_2$ 的积分变为对 $\vec{r}_{12}$ 的积分. 记 $(\vec{k}_j-\vec{k}_l)$ 与 $\vec{r}_{12}$ 的夹角为 $\theta$，则有

$$\int\frac{\exp\left[-\mathrm{i}\left(\vec{k}_j-\vec{k}_l\right)\cdot\vec{r}_{12}\right]}{r_{12}}\mathrm{d}\vec{r}_{12}=\int\exp\left[-\mathrm{i}\left|\vec{k}_j-\vec{k}_l\right|r_{12}\cos\theta\right]\frac{1}{r_{12}}r_{12}^2\sin\theta\mathrm{d}r_{12}\mathrm{d}\theta\mathrm{d}\phi=\frac{4\pi}{\left|\vec{k}_j-\vec{k}_l\right|^2}$$

代入式(6.2.40)，以 $\vec{k}_l$ 的起点为坐标原点，将 $\vec{k}_j$ 与 $\vec{k}_l$ 的夹角记作 $\theta_{jl}$，利用公式

$$\int\frac{\mathrm{d}x}{ax+b}=\frac{1}{a}\ln(ax+b)$$

有

$$v_x^{k_l}(\vec{r}_1) = -\frac{1}{2\pi^2}\int \frac{1}{\left|\vec{k}_j - \vec{k}_l\right|^2} \mathrm{d}k_{j_x}\mathrm{d}k_{j_y}\mathrm{d}k_{j_z} = -\frac{1}{2\pi^2}\int \frac{k_j^{\ 2}\sin\theta_{jl}\mathrm{d}k_j\mathrm{d}\theta_{jl}\mathrm{d}\phi}{k_j^{\ 2} + k_l^{\ 2} - 2k_jk_l\cos\theta_{jl}}$$
$$= \frac{1}{\pi}\int \frac{k_j^{\ 2}\mathrm{d}k_j\mathrm{d}\left(\cos\theta_{jl}\right)}{k_j^{\ 2} + k_l^{\ 2} - 2k_jk_l\cos\theta_{jl}} = \frac{1}{\pi}\int \frac{k_j^{\ 2}\mathrm{d}k_j}{-2k_jk_l}\ln\left(k_j^{\ 2} + k_l^{\ 2} - 2k_jk_l\cos\theta_{jl}\right)\Big|_0^{\pi}$$
$$= -\frac{1}{2\pi k_l}\int k_j\mathrm{d}k_j\left\{\ln\left(k_j^{\ 2} + k_l^{\ 2} + 2k_jk_l\right) - \ln\left(k_j^{\ 2} + k_l^{\ 2} - 2k_jk_l\right)\right\}$$
$$= -\frac{1}{\pi k_l}\int_0^{k_F} k_j \ln\frac{k_j + k_l}{\left|k_j - k_l\right|}\mathrm{d}k_j \tag{6.2.41}$$

将积分区域分为 $k_j > k_l$ 和 $k_j > k_l$ 两个区域，并利用公式

$$\int x^n \ln x \mathrm{d}x = \frac{x^{n+1}}{n+1}\ln x - \frac{x^{n+1}}{(n+1)^2} \tag{6.2.42}$$

可得

$$v_x^{k_l}(\vec{r}_1) = -\frac{1}{\pi k_l}\left\{\int_0^{k_F} k_j\ln\left(k_j + k_l\right)\mathrm{d}k_j - \int_{k_l}^{k_F}\ln\left(k_j - k_l\right)\mathrm{d}k_j - \int_0^{k_l} k_j\ln\left(k_l - k_j\right)\mathrm{d}k_j\right\}$$
$$= -\frac{k_F}{\pi}\left\{1 + \frac{1-\eta^2}{2\eta}\ln\frac{1+\eta}{1-\eta}\right\} \tag{6.2.43}$$

式中，$\eta = \dfrac{k_l}{k_F}$. 由式(6.2.2)，对闭壳层体系有

$$\begin{aligned}\rho(\vec{r}) &= 2\sum_{j=1}^{N/2}\varphi_j^*(\vec{r})\varphi_j(\vec{r}) = 2\int \varphi_{k_j}^*(\vec{r})\varphi_{k_j}(\vec{r})\mathrm{d}\vec{k}_j \\ &= 2\int \varphi_{k_j}^*(\vec{r})\varphi_{k_j}(\vec{r})k_j^2\sin\theta\mathrm{d}k_j\mathrm{d}\theta\mathrm{d}\phi = 8\pi\int \varphi_{k_j}^*(\vec{r})\varphi_{k_j}(\vec{r})k_j^2\mathrm{d}k_j\end{aligned} \tag{6.2.44}$$

由式(6.2.37)，有

$$\varphi_{k_j}^*(\vec{r})\varphi_{k_j}(\vec{r}) = (2\pi)^{-3} \tag{6.2.45}$$

这表明自由电子在空间的概率密度处处相等，与电子坐标 $\vec{r}$ 无关. 将式(6.2.45)代入式(6.2.44)，可得均匀电子气体系的电子密度

$$\rho(\vec{r}) = \frac{1}{\pi^2}\int_0^{k_F} k_j^2\mathrm{d}k_j = \frac{1}{3\pi^2}k_F^3$$

故有

$$k_F = \left(3\pi^2\rho\right)^{\frac{1}{3}} \tag{6.2.46}$$

可见，均匀电子气体系的电子密度 $\rho$ 也处处相等，与电子坐标 $\vec{r}$ 无关. 将式(6.2.46)代入式(6.2.43)，有

$$v_x^{k_l}(\vec{r}) = -\left(\frac{3\rho}{\pi}\right)^{\frac{1}{3}}\left\{1 + \frac{1-\eta^2}{2\eta}\ln\frac{1+\eta}{1-\eta}\right\} \tag{6.2.47}$$

式中，已用 $\vec{r}$ 代替 $\vec{r}_1$，因为均匀电子气各点是等价的. 式(6.2.47)表明，$v_x^{k_l}(\vec{r})$ 与 $k_l$ 有关，这就

是说，不同轨道(或者说不同量子态)上的电子感受到的交换势是不同的. 为了减少计算，我们取所有量子态交换势的平均值. 由式(6.2.44)和式(6.2.45)可知

$$\varphi_{k_l}^*(\vec{r})\varphi_{k_l}(\vec{r})4\pi k_l^2 = \frac{1}{2}\pi^{-2}k_l^2$$

代表一个量子态对密度函数的贡献，为了求得平均交换势，取

$$w_l = \frac{\varphi_{k_l}^*(\vec{r})\varphi_{k_l}(\vec{r})4\pi k_l^2}{\int \varphi_{k_l}^*(\vec{r})\varphi_{k_l}(\vec{r})4\pi k_l^2 \mathrm{d}k_l} = \frac{k_l^2}{\pi^2\rho} \tag{6.2.48}$$

为权重因子，注意：这里利用了式(6.2.39)和式(6.2.2)，即有

$$\int \varphi_{k_l}^*(\vec{r})\varphi_{k_l}(\vec{r})4\pi k_l^2 \mathrm{d}k_l = \sum_{l=1}^{N/2}\varphi_l^*(\vec{r})\varphi_l(\vec{r}) = \frac{1}{2}\rho$$

利用权重因子(6.2.48)，对所有量子态求和，注意到 $k_l = \eta k_{\mathrm{F}}$ 及式(6.2.46)，可得

$$v_x(\vec{r}) = \int_0^{k_F} w_l v_x^{k_l}(\vec{r})\mathrm{d}k_l = -\int_0^{k_F}\left[\left(\frac{3\rho}{\pi}\right)^{\frac{1}{3}}\left(1+\frac{1-\eta^2}{2\eta}\ln\frac{1+\eta}{1-\eta}\right)\frac{k_l^2}{\pi^2\rho}\mathrm{d}k_l\right]$$

$$= -\int_0^1\left[3\left(\frac{3\rho}{\pi}\right)^{\frac{1}{3}}\left(1+\frac{1-\eta^2}{2\eta}\ln\frac{1+\eta}{1-\eta}\right)\eta^2\right]\mathrm{d}\eta$$

利用积分公式(6.2.42)可得

$$v_x(\vec{r}) = -3\left(\frac{3\rho}{8\pi}\right)^{\frac{1}{3}} \tag{6.2.49}$$

式(6.2.49)是自旋成对的均匀电子气体系在空间任意一点的平均交换势的精确表达式，但是均匀电子气体系只是一种近似模型，由于外部势场(即电子-核吸引能)是不均匀的，原子、分子体系中电子密度分布是不均匀的. 为了使式(6.2.49)能够应用于原子分子体系，Slater 引入可调参数 $\alpha$ ，并将交换势取为

$$v_{X_\alpha}(\vec{r}) = -3\alpha\left(\frac{3\rho}{8\pi}\right)^{\frac{1}{3}} = -3\alpha\left(\frac{3\rho_\sigma}{4\pi}\right)^{\frac{1}{3}} \tag{6.2.50}$$

式中，$\sigma$ 标记自旋态，对闭壳层体系有

$$\rho_\alpha = \rho_\beta = \frac{1}{2}\rho$$

式(6.2.50)与式(6.2.17)及式(6.2.20)完全一致.

由于参数 $\alpha$ 的值可以通过与实验值或其他精确的理论计算结果相比较而加以调整，尽管交换势 $v_{X_\alpha}(\vec{r})$ 是由 Hartree-Fock 算符中的交换项导出的，但交换势 $v_{X_\alpha}(\vec{r})$ 中除了交换作用外，还可以包含相关作用，与 Hartree-Fock 算符中的交换作用并不等价.

## 6.3　Thomas-Fermi 模型

量子力学诞生不久，人们就试图从密度函数而不是从波函数出发研究微观体系，其中

Thomas-Fermi(TF)的工作最具代表性. 本节将简要介绍这项工作，因为它为密度泛函理论提供了模型和概念.

1927 年，Thomas 和 Fermi 几乎同时分别采用量子统计的方法研究了均匀电子气体系，这是一个电子间无相互作用并且电子密度均匀分布(处处相等)的理想模型. 通过逐级修正理想模型可以逐级逼近真实体系，这正是我们研究理想模型的意义.

6.2 节扩展资料已经指出，对于均匀电子气体系，电子的波函数为平面波. 采用立方箱模型，将空间分为许多边长为 $l$ 的小立方体，将每一小立方体视作一个三维立方箱，在边界条件($\varphi$ 为不含自旋的单电子波函数)

$$\varphi(0)=\varphi(l)=0 \tag{6.3.1}$$

下，利用式(4.6.41)，得到箱中电子的能量(原子单位，电子质量为 1)

$$\varepsilon\left(n_x,n_y,n_z\right)=\frac{(2\pi)^2}{8l^2}\left(n_x^2+n_y^2+n_z^2\right)=\frac{(2\pi)^2k^2}{8l^2} \tag{6.3.2}$$

其中

$$k^2=n_x^2+n_y^2+n_z^2,\quad n_x,n_y,n_z=0,1,2,\cdots,\infty$$

$n_x$、$n_y$、$n_z$ 不能同时为零. 取 $n_x$、$n_y$、$n_z$ 分别与坐标轴 $x$、$y$、$z$ 重合，这样，任何三个正整数所对应的点(这些点均在第一卦限，即只占空间的 $\frac{1}{8}$)都代表一个量子态. 以坐标原点为中心，以 $k$ 为半径的球面上(第一卦限内)的点具有相同的能量. 由式(6.3.2)，可得能量小于等于 $\varepsilon$ 的量子态数目

$$\theta(\varepsilon)=\frac{1}{8}\left(\frac{4}{3}\pi k^3\right)=\frac{\pi}{6}\left(\frac{8l^2\varepsilon}{4\pi^2}\right)^{\frac{3}{2}} \tag{6.3.3}$$

利用

$$\left(a^3-b^3\right)=(a-b)\left(a^2+ab+b^2\right)$$

和 Taylor 展开

$$(1+x)^{\frac{1}{2}}=1+\frac{1}{2}x$$

有

$$\begin{aligned}(\varepsilon+\Delta\varepsilon)^{\frac{3}{2}}-\varepsilon^{\frac{3}{2}}&=\varepsilon^{\frac{3}{2}}\left(\left(1+\frac{\Delta\varepsilon}{\varepsilon}\right)^{\frac{3}{2}}-1\right)\\&=\varepsilon^{\frac{3}{2}}\left(\left(1+\frac{\Delta\varepsilon}{\varepsilon}\right)^{\frac{1}{2}}-1\right)\left(\left(1+\frac{\Delta\varepsilon}{\varepsilon}\right)+\left(1+\frac{\Delta\varepsilon}{\varepsilon}\right)^{\frac{1}{2}}+1\right)\\&=\varepsilon^{\frac{3}{2}}\left(1+\frac{1}{2}\frac{\Delta\varepsilon}{\varepsilon}-1\right)\left(\left(1+\frac{\Delta\varepsilon}{\varepsilon}\right)+\left(1+\frac{1}{2}\frac{\Delta\varepsilon}{\varepsilon}\right)+1\right)\\&=\frac{3}{2}\varepsilon^{\frac{1}{2}}\Delta\varepsilon\left(1+\frac{1}{2}\frac{\Delta\varepsilon}{\varepsilon}\right)\end{aligned}$$

代入式(6.3.3)，可得能量在$\varepsilon \sim \varepsilon+\Delta\varepsilon$范围的能级数目

$$\chi(\varepsilon)\Delta\varepsilon=\theta(\varepsilon+\Delta\varepsilon)-\theta(\varepsilon)=\frac{\pi}{4}\left(\frac{8l^2}{4\pi^2}\right)^{\frac{3}{2}}\varepsilon^{\frac{1}{2}}\Delta\varepsilon+O\left[(\Delta\varepsilon)^2\right] \tag{6.3.4}$$

$\chi(\varepsilon)$是能级$\varepsilon$处的态密度. 对于闭壳层体系，每一量子态有两个电子，在0K温度下，能量小于或等于 Fermi 能级$\varepsilon_{\mathrm{F}}$的各小立方体中的粒子组成的体系的能量为

$$\Delta E=2\int_0^{\varepsilon_{\mathrm{F}}}\varepsilon\chi(\varepsilon)\mathrm{d}\varepsilon=4\pi\left(\frac{2}{4\pi^2}\right)^{\frac{3}{2}}l^3\int_0^{\varepsilon_{\mathrm{F}}}\varepsilon^{\frac{3}{2}}\mathrm{d}\varepsilon=\frac{8\pi}{5}\left(\frac{2}{4\pi^2}\right)^{\frac{3}{2}}l^3\varepsilon_{\mathrm{F}}^{\frac{5}{2}} \tag{6.3.5}$$

粒子数为

$$\Delta N=2\int_0^{\varepsilon_{\mathrm{F}}}\chi(\varepsilon)\mathrm{d}\varepsilon=\frac{8\pi}{3}\left(\frac{2}{4\pi^2}\right)^{\frac{3}{2}}l^3\varepsilon_{\mathrm{F}}^{\frac{3}{2}} \tag{6.3.6}$$

利用式(6.3.6)，可将式(6.3.5)改写为

$$\Delta E=\frac{3}{5}\Delta N\varepsilon_{\mathrm{F}}=\frac{3(2\pi)^2}{10}\left(\frac{3}{8\pi}\right)^{\frac{2}{3}}l^3\left(\frac{\Delta N}{l^3}\right)^{\frac{5}{3}} \tag{6.3.7}$$

令

$$l^3=\Delta V\,,\qquad \rho(\vec{r})=\lim_{l\to 0}\frac{\Delta N}{\Delta V}$$

体系的总能量为

$$\begin{aligned}E&=\lim_{l\to 0}\sum_{j=1}^{\infty}\Delta E_j=\lim_{l\to 0}\sum_{j=1}^{\infty}\frac{3(2\pi)^2}{10}\left(\frac{3}{8\pi}\right)^{\frac{2}{3}}\left(\frac{\Delta N}{\Delta V}\right)^{\frac{5}{3}}\Delta V_j=\frac{3(2\pi)^2}{10}\left(\frac{3}{8\pi}\right)^{\frac{2}{3}}\int\rho^{\frac{5}{3}}(\vec{r})\mathrm{d}\vec{r}\\&=C_{\mathrm{F}}\int\rho^{\frac{5}{3}}(\vec{r})\mathrm{d}\vec{r}\end{aligned} \tag{6.3.8}$$

式中，$C_{\mathrm{F}}=\frac{3}{10}\left(3\pi^2\right)^{\frac{2}{3}}$.

注意:式(6.3.8)将体系的总能量与电子密度联系起来. 由于所讨论的体系中粒子只有动能，故得动能泛函

$$T_{\mathrm{TF}}[\rho]=C_{\mathrm{F}}\int\rho^{\frac{5}{3}}(\vec{r})\mathrm{d}\vec{r} \tag{6.3.9}$$

按 2.3 节的规定，式(6.3.9)中泛函的自变量即密度函数以方括号表示，以下所有泛函都将采用这种记号. 将 Thomas-Fermi 模型用于原子体系，利用式(6.1.28)，得到能量泛函

$$E_{\mathrm{TF}}[\rho]=C_{\mathrm{F}}\int\rho^{\frac{5}{3}}(\vec{r})\mathrm{d}\vec{r}-z\int\frac{\rho(\vec{r})}{r}\mathrm{d}\vec{r}+\frac{1}{2}\int\frac{\rho(\vec{r})\rho(\vec{r}')}{|\vec{r}-\vec{r}'|}\mathrm{d}\vec{r}\mathrm{d}\vec{r}' \tag{6.3.10}$$

与式(6.1.28)不同的是，式(6.3.10)仅考虑了电子间的经典 Coulomb 排斥作用，无交换-相关项，即已假定$\rho_{\mathrm{xc}}(\vec{r}_1,\vec{r}_2)=0$. 对于分子体系，上式第二项(电子-核吸引能)须做相应改变，应包含所有核的吸引项. $\rho(\vec{r})$应满足条件

$$\int \rho(\vec{r})\mathrm{d}\vec{r} = N \tag{6.3.11}$$

$N$ 为体系中的电子数. 用 Lagrange 乘子法将能量对密度函数变分求极值，即令

$$\delta\left\{E_{\mathrm{TF}}[\rho] - \mu_{\mathrm{TF}}\left(\int \rho(\vec{r})\mathrm{d}\vec{r} - N\right)\right\} = 0 \tag{6.3.12}$$

可得密度函数 $\rho(\vec{r})$ 所满足的方程(Euler-Lagrange 方程)

$$\mu_{\mathrm{TF}} = \frac{\delta E_{\mathrm{TF}}[\rho]}{\delta\rho} = \frac{5}{3}C_{\mathrm{F}}\rho^{\frac{2}{3}}(\vec{r}) + v(\vec{r}) \tag{6.3.13}$$

$$v(\vec{r}) = -\frac{Z}{r} + \int \frac{\rho(\vec{r}')}{|\vec{r} - \vec{r}'|}\mathrm{d}\vec{r}' \tag{6.3.14}$$

式中，$\mu_{\mathrm{TF}}$ 为 Lagrange 乘子；$v(\vec{r})$ 为 Coulomb 势. 由式(6.3.14)可见，式(6.3.13)为积分方程. 将式(6.3.11)与式(6.3.13)联立求解可得密度函数 $\rho(\vec{r})$，代入式(6.3.10)，即可求得能量 $E_{\mathrm{TF}}$. 实际计算表明，按 Thomas-Fermi 模型求得的 $\rho(\vec{r})$ 与真实原子体系的 $\rho(\vec{r})$ 接近，但无法得到较精细的壳层结构. 用于分子计算时，所得到的分子总能量总大于组成原子的能量之和，因此不能说明原子可以形成分子. 这是由两个因素造成的，一是动能泛函的表达式(6.3.9)是在独立子模型下得到的，不完全适用于粒子间有相互作用的体系；二是在式(6.3.10)中不包含交换-相关项. 后来，人们对 Thomas-Fermi 模型做了改进，将交换-相关项引进 Thomas-Fermi 模型中，但结果没有根本改善. 尽管 Thomas-Fermi 模型用于化学问题并不成功，但用于某些物理问题(如计算 X 射线散射因子等)是成功的，因此至今仍在使用.

## 6.4　Hohenberg-Kohn 定理

我们知道，在 Born-Oppenheimer 近似下，$N$ 电子原子、分子体系中电子运动的定态 Schrödinger 方程为[见式(1.3.1)].

$$\hat{H}\Psi = E\Psi \tag{6.4.1}$$

式中

$$\hat{H} = \sum_{i=1}^{N} -\frac{1}{2}\nabla_i^2 - \sum_{a,i}\frac{Z_a}{r_{ai}} + \sum_{i<j=1}^{N}\frac{1}{r_{ij}} + \sum_{a<b}\frac{Z_a Z_b}{R_{ab}} = \sum_{i=1}^{N}\hat{h}_i + \sum_{i<j=1}^{N} g_{ij} + \sum_{a<b}\frac{Z_a Z_b}{R_{ab}} \tag{6.4.2}$$

其中

$$\hat{h}_i = -\frac{1}{2}\nabla_i^2 - \sum_{a}\frac{Z_a}{r_{ai}}, \qquad g_{ij} = \frac{1}{r_{ij}} \tag{6.4.3}$$

式(6.4.2)中，$a$、$b$ 表示原子核. 通过求解 Schrödinger 方程研究原子、分子体系电子结构的方法有两个基本特点，一是体系的状态用波函数 $\Psi(\vec{q}_1,\vec{q}_2,\cdots,\vec{q}_N)$ 描述，其中包含 $N$ 个电子的 $4N$ 个坐标，求得波函数之后即可求得所有物理量的平均值，并可通过式(6.0.5)求得电子密度函数，因而求解 Schrödinger 方程的方法称为波函数方法；二是把整个原子或分子看成一个体系，其中包含原子核和电子. 当电子数目和原子核的势场(与核构型对应)确定之后，Hamilton 算符(6.4.2)就完全确定了，进而波函数 $\Psi(\vec{q}_1,\vec{q}_2,\cdots,\vec{q}_N)$ 和相应的电子密度也就完全确定了. 因此，电子数目和核的势场是决定体系性质的两个基本要素. 在分子的波函数方法中，我们

总是在一个确定的核构型下求解 $N$ 电子体系的 Schrödinger 方程. 现在，让我们对“体系”的看法做些改变，仅把体系看成由 $N$ 个电子构成，这时原子核的势场对 $N$ 电子体系而言就成为“外部势场”，简称外势(external potential). 从以上的分析中看到，在波函数方法中，对 $N$ 电子体系而言，外势确定了波函数从而确定了电子密度. 现在我们提出一个相反的问题：电子密度能否唯一地确定外势？1964 年，Hohenberg 和 Kohn 提出的唯一性定理对这一问题作了肯定回答.

**定理 1**(唯一性定理) 体系的基态电子密度与体系所处外势场有一一对应关系(不计无关紧要的任意常数)，从而完全确定体系基态的所有性质.

为了方便，将 $N$ 电子体系的 Hamilton 量(6.4.2)写为(不计核间排斥能)

$$\hat{H}=\hat{T}+\sum_{i<j=1}^{N}\frac{1}{r_{ij}}+\sum_{i=1}^{N}v_{\text{ext}}(\vec{r}_i) \tag{6.4.4}$$

式中，$\hat{T}$ 为体系的动能算符，是各电子动能算符之和. 式(6.4.4)的前两项是 $N$ 电子体系自身固有的，适用于所有 $N$ 电子体系. 第三项为外势，记作 $V_{\text{ext}}$. 例如，对于分子体系，其外势为核对电子的 Coulomb 吸引作用，由式(6.4.2)有

$$V_{\text{ext}}(\vec{r}_1,\vec{r}_2,\cdots,\vec{r}_N)=\sum_{i=1}^{N}v_{\text{ext}}(\vec{r}_i)=\sum_{i=1}^{N}\sum_{a}-\frac{Z_a}{r_{ai}} \tag{6.4.5}$$

上式中，用大写字母 $V$ 表示整个体系所受外势，而用小写字母 $v$ 表示单个电子所受外势. 式(6.4.4)表明，两个 $N$ 电子体系的区别就在于，它们的外势是否相同. 有了这些准备之后，就可以证明定理 1.

**证明**：用反证法. 假定有两个 $N$ 电子体系，分别处于外势场 $V_{\text{ext}}^1=\sum_i v_{\text{ext}}^1(\vec{r}_i)$ 和 $V_{\text{ext}}^2=\sum_i v_{\text{ext}}^2(\vec{r}_i)$ 中，$V_{\text{ext}}^1-V_{\text{ext}}^2\neq$ 常数，于是有两个不同的 Hamilton 量

$$\hat{H}_1=\hat{T}+\sum_{i<j=1}^{N}\frac{1}{r_{ij}}+\sum_{i=1}^{N}v_{\text{ext}}^1(\vec{r}_i) \tag{6.4.6}$$

$$\hat{H}_2=\hat{T}+\sum_{i<j=1}^{N}\frac{1}{r_{ij}}+\sum_{i=1}^{N}v_{\text{ext}}^2(\vec{r}_i) \tag{6.4.7}$$

设 $\hat{H}_1$ 和 $\hat{H}_2$ 的非简并基态波函数分别为 $\Psi_1$ 和 $\Psi_2$，按式(6.0.5)可求得相应的电子密度，设分别为 $\rho_{\text{I}}(\vec{r})$ 和 $\rho_{\text{II}}(\vec{r})$，按变分原理并利用式(6.0.9)，有

$$\begin{aligned}E_1&=\langle\Psi_1|\hat{H}_1|\Psi_1\rangle<\langle\Psi_2|\hat{H}_1|\Psi_2\rangle=\langle\Psi_2|\hat{H}_2|\Psi_2\rangle+\langle\Psi_2|\hat{H}_1-\hat{H}_2|\Psi_2\rangle\\&=E_2+\int\rho_{\text{II}}(\vec{r})\left[v_{\text{ext}}^1(\vec{r})-v_{\text{ext}}^2(\vec{r})\right]\mathrm{d}\vec{r}\end{aligned} \tag{6.4.8}$$

类似地有

$$\begin{aligned}E_2&=\langle\Psi_2|\hat{H}_2|\Psi_2\rangle<\langle\Psi_1|\hat{H}_2|\Psi_1\rangle=\langle\Psi_1|\hat{H}_1|\Psi_1\rangle+\langle\Psi_1|\hat{H}_2-\hat{H}_1|\Psi_1\rangle\\&=E_1-\int\rho_{\text{I}}(\vec{r})\left[v_{\text{ext}}^1(\vec{r})-v_{\text{ext}}^2(\vec{r})\right]\mathrm{d}\vec{r}\end{aligned} \tag{6.4.9}$$

如果 $\rho_{\text{I}}(\vec{r})=\rho_{\text{II}}(\vec{r})$，将式(6.4.8)和式(6.4.9)相加得

$$E_1+E_2<E_1+E_2$$

这是不可能的，因此 $\rho_{\mathrm{I}}(\vec{r}) \neq \rho_{\mathrm{II}}(\vec{r})$. 这说明密度函数 $\rho(\vec{r})$ 和外势 $V_{\mathrm{ext}}$ 有一一对应关系，因此密度函数 $\rho(\vec{r})$ 确定了外势 $V_{\mathrm{ext}}$ (对分子体系而言，确定了外势就是确定了分子的几何结构，即核构型)，而 $\int \rho(\vec{r})\mathrm{d}\vec{r} = N$ 确定了体系的电子数目，于是确定了体系的 Hamilton 量，从而确定了体系的所有性质. 定理 1 得证.

这里有必要讨论，为什么定理 1 要限定基态. 在以上证明过程中，已假定 $\Psi_1$ 是 $\hat{H}_1$ 的非简并基态波函数，以 $\Psi_2$ (与 $\Psi_1$ 不止差一个相因子)为尝试波函数，按变分原理，必然有

$$\left\langle \Psi_1 \middle| \hat{H}_1 \middle| \Psi_1 \right\rangle < \left\langle \Psi_2 \middle| \hat{H}_1 \middle| \Psi_2 \right\rangle \tag{6.4.10}$$

这正是式(6.4.8)和式(6.4.9)成立的基础. 如果不限定基态，则不能保证式(6.4.10)成立，从而整个证明不能成立.

上述证明中，假定基态为非简并，1985 年 Kohn 证明定理 1 对简并基态同样成立.

定理 1 表明，可以用密度函数 $\rho(\vec{r})$ 代替电子数目和外势来表征一个体系. 由于 $\rho(\vec{r})$ 唯一地确定了体系的 Hamilton 量，因此体系的所有性质，包括基态和所有激发态的性质，均由基态密度 $\rho(\vec{r})$ 唯一地确定，从这个意义上讲，密度泛函理论不仅仅适用于基态.

下面进一步分析密度泛函理论为什么以定理 1 作为切入点. 定理 1 的作用在于，它确定了电子密度函数的地位，进而确定了存在能量密度泛函 $E[\rho]$. 根据定理 1，基态电子密度确定之后，体系也就完全确定了，因此体系的总能量 $E$ 、动能 $T$ 和电子间相互作用能 $E_{\mathrm{ee}}$ 都是 $\rho(\vec{r})$ 的泛函，分别记作 $E[\rho]$、$T[\rho]$ 和 $E_{\mathrm{ee}}[\rho]$，且有

$$E[\rho] = T[\rho] + E_{\mathrm{ee}}[\rho] + \int \rho(\vec{r}) v_{\mathrm{ext}}(\vec{r})\mathrm{d}\vec{r} \equiv F[\rho] + \int \rho(\vec{r}) v_{\mathrm{ext}}(\vec{r})\mathrm{d}\vec{r} \tag{6.4.11}$$

其中

$$F[\rho] = T[\rho] + E_{\mathrm{ee}}[\rho] \tag{6.4.12}$$

$F[\rho]$ 只包含电子动能和电子排斥能，因此它是对 $N$ 电子体系的普适泛函.

**定理 2**　对任意 $N$ 可表示的密度函数 $\rho'(\vec{r})$，均有 $E[\rho'(\vec{r})] \geqslant E_0$，$E_0$ 为体系的基态能量.

在证明定理 2 之前，先回顾密度函数的 $N$ 表示条件. 对 $N$ 可表示的密度函数 $\rho'(\vec{r})$，由式(6.0.30)有

$$\rho'(\vec{r}) \geqslant 0, \qquad \int \rho'(\vec{r})\mathrm{d}\vec{r} = N \tag{6.4.13}$$

必须指出，满足 $N$ 表示条件的密度函数不一定是体系的精确密度函数，但根据定理 2，这样的密度函数给出的能量不会低于体系的真实能量，因此能够给出最低能量(最接近能量真值)的 $N$ 可表示的密度函数应该就是最好的密度函数，这正是变分计算的基础(能量泛函应取极值，即有 $\partial E[\rho(\vec{r})]/\partial \rho = 0$). 以下给出定理的证明.

**证明：** 按定理 1，$\rho'(\vec{r})$ 唯一地确定一个外势 $V'_{\mathrm{ext}}$，从而有相应的 Hamilton 量 $\hat{H}'$ 及基态波函数 $\Psi'$. 设体系的 Hamilton 量为 $\hat{H}$，基态波函数为 $\Psi$，以 $\Psi'$ 为试探函数，由式(6.4.11)有

$$\begin{aligned} \left\langle \Psi' \middle| \hat{H} \middle| \Psi' \right\rangle &= F[\rho'(\vec{r})] + \int \rho'(\vec{r}) v_{\mathrm{ext}}(\vec{r})\mathrm{d}\vec{r} = E[\rho'(\vec{r})] \\ &\geqslant \left\langle \Psi \middle| \hat{H} \middle| \Psi \right\rangle = E[\rho(\vec{r})] = E_0 \end{aligned} \tag{6.4.14}$$

即

$$E\left[\rho'(\vec{r})\right] \geqslant E_0 \tag{6.4.15}$$

定理 2 为计算体系基态总能量提供了一种变分计算方法，按 Lagrange 不定乘子法，有

$$\delta\left\{E\left[\rho(\vec{r})\right]-\mu\left[\int \rho(\vec{r})\mathrm{d}\vec{r}-N\right]\right\}=0 \tag{6.4.16}$$

可得 Euler-Lagrange 方程

$$\mu=\frac{\delta E[\rho]}{\delta\rho}=v_{\text{ext}}(\vec{r})+\frac{\delta F\left[\rho(\vec{r})\right]}{\delta\rho} \tag{6.4.17}$$

式中，$\mu$ 为 Lagrange 乘子. 如果知道 $F\left[\rho(\vec{r})\right]$ 的具体表达式，则可由式(6.4.17)得到密度函数 $\rho(\vec{r})$ 所满足的方程，求得密度函数并进而得到基态总能量 $E\left[\rho(\vec{r})\right]$.

值得指出的是，在波函数的变分中，通过假定波函数的正交性，可以把变分原理直接推广到激发态的计算[见式(2.3.28)]. 但是在密度泛函理论中只有基态能量泛函而没有激发态能量泛函的表述，无法简单地通过正交条件把变分原理直接推广到激发态的计算，因此密度泛函理论通常称为基态的理论. 为了计算激发态，必须将密度泛函理论进一步拓展.

现在进一步讨论 $F[\rho]$. 如果 $F[\rho]$ 已知，则可求得 $\rho$，并通过下式计算外势 $V_{\text{ext}}$ 的期望值[见式(6.0.9)]，即

$$\langle V_{\text{ext}}\rangle=\int \rho(\vec{r})v_{\text{ext}}(\vec{r})d\vec{r} \tag{6.4.18}$$

进而通过式(6.4.11)给出体系的总能量. 但是 $F[\rho]$ 的密度泛函表达式是未知的. Hohenberg-Kohn 定理 1 保证了这个泛函的存在，定理 2 奠定了变分计算的基础，即式(6.4.16). 但两个定理都没有给出建造这一泛函的方法，因此寻找 $F[\rho]$ 的密度泛函形式是密度泛函理论的核心问题. 为了加深对这一问题的理解，让我们回顾 Hartree-Fock 方程的推导过程. 为了得到 Hartree-Fock 方程，首先将总能量表达为单粒子态的泛函，这个泛函有着明确的表达式[见式(2.4.2)]，然后将总能量对单粒子态变分，导出单粒子态所满足的方程，即 Hartree-Fock 方程. 类似地，要通过变分法[即式(6.4.16)]导出电子密度所满足的方程，就必须知道能量泛函 $E\left[\rho(\vec{r})\right]$ 或普适泛函 $F[\rho]$ 的明确表达式.

1982 年，Levy[2]提出了一种 $F[\rho]$ 的约束搜索方法. 其基本要点是：将满足边界条件的归一化反对称波函数集合 $\{\Psi\}$，按产生相同密度函数 $\rho(\vec{r})$ 分组，并按下式确定 $F[\rho]$

$$F[\rho]=\langle\Psi|\hat{T}+V_{\text{ee}}|\Psi\rangle \tag{6.4.19}$$

式中，$V_{\text{ee}}=\sum\limits_{i<j=1}^{N}\frac{1}{r_{ij}}$. 由于 $\rho(\vec{r})$ 确定后 $\langle V_{\text{ext}}\rangle$ 是确定的，在所有 $\rho(\vec{r})$ 的集合中以及同一 $\rho(\vec{r})$ 对应的波函数集合内部，找出使 $F[\rho]$ 取最小值的波函数，由此就可得到 $F[\rho]$ 的表达式

$$F[\rho]=\min\langle\Psi_\rho|\hat{T}+V_{\text{ee}}|\Psi_\rho\rangle \tag{6.4.20}$$

## 6.5　Kohn-Sham 方程

以上讨论表明，密度泛函理论的基本问题是要找出能量泛函 $E[\rho]$ 或 $F[\rho]$ 的具体表达式.

Levy 提出的约束搜索虽然原则上给出了求 $F[\rho]$ 的方法，但是很难用于实际计算. 为了克服构建真实体系能量泛函这一困难，在借鉴 Thomas-Fermi 模型、$X_\alpha$ 方法和 Hartree-Fock 方法的基础上，Kohn 和 Sham 从均匀电子气模型出发，提出了基于密度泛函理论计算真实体系的方程，即 Kohn-Sham 方程.

### 6.5.1 Kohn-Sham 方程的推导

6.3 节的讨论表明，对于均匀电子气体系，即粒子间无相互作用的理想体系，可以较为方便地得到能量泛函 $E[\rho]$ 或 $F[\rho]$ 的具体表达式，而均匀电子气体系是真实体系的近似，因此可以借助均匀电子气体系来研究真实体系. 事实上，均匀电子气模型是密度泛函理论的基本模型，密度泛函理论的许多方程和公式都是借助这一模型导出的.

6.0 节导言中已经指出，无相互作用粒子体系的基态和激发态的精确波函数都是行列式波函数，而 $N$ 电子行列式波函数给出的不包含自旋的一约化密度矩阵和密度函数分别由式(6.0.15)和(6.0.18)给出，即

$$\hat{\rho}_1(\vec{r}_1;\vec{r}_1') = \sum_i^{N(\text{occ})} \varphi_i(\vec{r}_1)\varphi_i^*(\vec{r}_1')$$

$$\rho(\vec{r}) = \sum_i^{N(\text{occ})} \varphi_i^*(\vec{r})\varphi_i(\vec{r})$$

对于一个真实的 $N$ 电子体系，假定存在一个电子间无相互作用的 $N$ 电子理想体系(均匀电子气体系)，该理想体系与真实体系具有相同的基态电子密度分布 $\rho(\vec{r})$，并存在正交归一的单电子函数组 $\{\varphi_i, i=1,2,\cdots,N\}$，满足条件

$$\rho(\vec{r}) = \sum_{i=1}^{N} \varphi_i^*(\vec{r})\varphi_i(\vec{r}) \tag{6.5.1}$$

式(6.5.1)是理想体系电子密度函数的精确表达式. 由式(6.0.11)和(6.5.1)，理想体系的动能可以精确表达为

$$T_s[\rho] = \int\left(-\frac{1}{2}\nabla^2\right)\hat{\rho}_1(\vec{r},\vec{r}')\mathrm{d}\vec{r} = \sum_{i=1}^{N}\langle\varphi_i|-\frac{1}{2}\nabla^2|\varphi_i\rangle \tag{6.5.2}$$

将真实体系的动能 $T[\rho]$ 与理想体系的动能 $T_s[\rho]$ 之差记作 $\Delta T[\rho]$，而有

$$\Delta T[\rho] = T[\rho] - T_s[\rho] \tag{6.5.3}$$

由式(6.4.12)，对真实体系有

$$F[\rho] = T_s[\rho] + \Delta T[\rho] + E_{\text{ee}}[\rho] \tag{6.5.4}$$

$E_{\text{ee}}[\rho]$ 为电子间的相互作用能，由式(6.1.27)，有

$$E_{\text{ee}}[\rho] = \left\langle \sum_{i<j}\frac{1}{r_{ij}} \right\rangle = \frac{1}{2}\int\frac{\rho(\vec{r}_1)\rho(\vec{r}_2)}{r_{12}}\mathrm{d}\vec{r}_1\mathrm{d}\vec{r}_2 + \frac{1}{2}\int\frac{\rho(\vec{r}_1)\rho_{\text{xc}}(\vec{r}_1,\vec{r}_2)}{r_{12}}\mathrm{d}\vec{r}_1\mathrm{d}\vec{r}_2 = J[\rho] + E_{\text{xc}}'[\rho] \tag{6.5.5}$$

其中，$J[\rho]$ 为经典的 Coulomb 相互作用

$$J[\rho] = \frac{1}{2}\int\frac{\rho(\vec{r}_1)\rho(\vec{r}_2)}{r_{12}}\mathrm{d}\vec{r}_1\mathrm{d}\vec{r}_2 \tag{6.5.6}$$

$E_{\text{xc}}'[\rho]$ 为交换-相关作用

$$E'_{\rm xc}(\rho)=\frac{1}{2}\int\frac{\rho(\vec r_1)\rho_{\rm xc}(\vec r_1,\vec r_2)}{r_{12}}{\rm d}\vec r_1{\rm d}\vec r_2=E_{\rm ee}[\rho]-J[\rho] \tag{6.5.7}$$

定义

$$E_{\rm xc}[\rho]=E'_{\rm xc}[\rho]+\Delta T[\rho] \tag{6.5.8}$$

称 $E_{\rm xc}[\rho]$ 为交换-相关能泛函，其中不仅包含电子间的非经典交换-相关作用 $E'_{\rm xc}[\rho]$，而且包含真实体系与理想体系的动能差别. 因此，$E_{\rm xc}[\rho]$ 和 $E'_{\rm xc}[\rho]$ 的含义并不相同，但在后面介绍杂化泛函时将会看到，在绝热关联的情况下，$E_{\rm xc}[\rho]$ 也可以用式(6.5.7)表示，只不过这时交换-相关穴具有耦合平均的意义，详细讨论可参看杂化泛函一节. 将以上各式代入式(6.5.4)，有

$$\begin{aligned}F[\rho]&=T_s[\rho]+J[\rho]+E_{\rm xc}[\rho]\\&=\sum_{i=1}^{N}\langle\varphi_i|-\frac{1}{2}\nabla^2|\varphi_i\rangle+\frac{1}{2}\int\frac{\rho(\vec r_1)\rho(\vec r_2)}{r_{12}}{\rm d}\vec r_1{\rm d}\vec r_2+E_{\rm xc}[\rho]\end{aligned} \tag{6.5.9}$$

这里利用了式(6.5.2)和式(6.5.6). 式(6.5.8)虽然在形式上给出了 $E_{\rm xc}[\rho]$ 的表达式，但实际上 $E_{\rm xc}[\rho]$ 仍然是未知的. 然而，从以上分析可知，式(6.5.9)中的 $T_s[\rho]$ 和 $J[\rho]$ 应该是真实体系 $F[\rho]$ 的主要部分，非主要部分 $E_{\rm xc}[\rho]$ 可以做近似处理. 因此，以上处理方法的基本思想是，通过理想体系给出真实体系的 $E[\rho]$ 或 $F[\rho]$ 的主要部分(动能和 Coulomb 作用能)，剩余的非主要部分放入交换-相关泛函的黑箱中，从而为各种近似处理留下广阔空间.

由式(6.4.11)，可得体系的能量泛函

$$E[\rho]=\sum_{i=1}^{N}\langle\varphi_i|-\frac{1}{2}\nabla^2|\varphi_i\rangle+\frac{1}{2}\int\frac{\rho(\vec r_1)\rho(\vec r_2)}{r_{12}}{\rm d}\vec r_1{\rm d}\vec r_2+\int v_{\rm ext}(\vec r)\rho(\vec r){\rm d}\vec r+E_{\rm xc}[\rho] \tag{6.5.10}$$

上式已将能量表达为电子密度的泛函，而电子密度通过式(6.5.1)由单电子空间轨道给出，因此能量实际上是单电子态的泛函. 在 $\langle\varphi_i|\varphi_j\rangle=\delta_{ij}\ (i,j=1,2,\cdots,N)$ 的条件下将 $E[\rho]$ 对单电子态 $\{\varphi_i\}$ 变分，令

$$\delta\left\{E[\rho]-\sum_{i}^{N}\sum_{j}^{N}\varepsilon_{ij}\int\varphi_i^*(\vec r)\varphi_i(\vec r){\rm d}\vec r\right\}=0 \tag{6.5.11}$$

即得 Kohn-Sham 方程

$$\hat h_{\rm KS}\varphi_i(\vec r)=\varepsilon_i\varphi_i(\vec r),\quad i=1,\cdots,N \tag{6.5.12}$$

其中

$$\hat h_{\rm KS}=-\frac{1}{2}\nabla^2+v_{\rm eff}(\vec r) \tag{6.5.13}$$

$$v_{\rm eff}(\vec r)=v_{\rm ext}(\vec r)+\int\frac{\rho(\vec r')}{|\vec r-\vec r'|}{\rm d}\vec r'+v_{\rm xc}(\vec r) \tag{6.5.14}$$

$$v_{\rm xc}(\vec r)=\frac{\delta E_{\rm xc}[\rho]}{\delta\rho(\vec r)} \tag{6.5.15}$$

称 $\hat h_{\rm KS}$ 为 Kohn-Sham(KS)算符；$v_{\rm eff}(\vec r)$ 为有效势；$v_{\rm xc}(\vec r)$ 为交换-相关势；$\{\varphi_i\}$ 为 KS 轨道；$\{\varepsilon_i\}$ 是 KS 轨道能级. 求解 Kohn-Sham 方程可得到 KS 轨道，进而由式(6.5.1)求得基态电子密度 $\rho(\vec r)$，根据 Hohenberg-Kohn 定理，基态电子密度 $\rho(\vec r)$ 确定之后，体系的所有性质就都确定了.

必须指出，Kohn-Sham 方程(6.5.12)是轨道 $\{\varphi(\vec{r})\}$ 所满足的方程，而不是电子密度 $\rho(\vec{r})$ 所满足的方程，这似乎让人费解．因为按照 Hohenberg-Kohn 定理所确定的框架，电子密度函数 $\rho(\vec{r})$ 是体系的基本变量，电子能量是电子密度的泛函，$E=E[\rho(\vec{r})]$，对能量变分，应该得到电子密度函数 $\rho(\vec{r})$ 所满足的方程，而不是轨道所满足的方程．之所以要给出轨道而不是电子密度函数所满足的方程，至少有两个原因．一是，由于实际上无法得到能量泛函 $E[\rho(\vec{r})]$ 关于电子密度 $\rho(\vec{r})$ 的解析表达式，因此无法通过变分得到电子密度函数 $\rho(\vec{r})$ 所满足的方程；二是，得到轨道所满足的方程后，可以将待求的轨道向完备集合(至少在理论上)展开，这样做既可给出待求轨道的解析表达式，又可将待求的方程变为代数方程（类似 Hartree-Fock-Roothnan 方程）．而对于密度函数，不存在相应的完备集，因此无法给出待求密度函数的解析表达式，这样即使给出了密度函数所满足的方程，实际求解仍然无法进行．Kohn-Sham 方程的贡献在于，通过引入理想体系，可以将电子密度函数 $\rho(\vec{r})$ 精确表达为式(6.5.1)，进而给出了能量 $E[\rho(\vec{r})]$ 的表达式(6.5.10)，该式将能量的主要部分解析表达，而将次要部分放入交换-相关能泛函 $E_{\mathrm{xc}}[\rho]$ 的黑箱中，然后通过变分得到轨道所满足的方程，于是就有了 Kohn-Sham 方程．这样，只需建造交换-相关能泛函 $E_{\mathrm{xc}}[\rho]$，就可以将密度泛函方法应用于实际体系．

还有一个问题需要讨论．6.3 节已经给出动能的密度泛函表达式[见式(6.3.9)]

$$T_{\mathrm{TF}}[\rho]=C_{\mathrm{F}}\int\rho^{\frac{5}{3}}(\vec{r})\mathrm{d}\vec{r}$$

为什么式(6.5.10)中，理想体系的动能不用 $T_{\mathrm{TF}}[\rho]$ 表达？的确，用 $T_{\mathrm{TF}}[\rho]$ 表达式(6.5.10)中理想体系的动能，能使 Kohn-Sham 算符(6.5.13)中不出现微分算符，从而变得简单，却降低了理想体系动能计算的精度，增加了建造交换-相关能泛函 $E_{\mathrm{xc}}[\rho]$ 的难度，因此实际上得不偿失．

### 6.5.2 基态电子总能量和势能面

现在讨论电子的基态总能量 $E[\rho]$ 与轨道能量 $\varepsilon_i$ 的关系．由式(6.5.12)有

$$\varepsilon_i=\langle\varphi_i|\hat{h}_{\mathrm{KS}}|\varphi_i\rangle=\langle\varphi_i|-\frac{1}{2}\nabla^2|\varphi_i\rangle+\int\frac{\rho(\vec{r}_2)}{r_{12}}\varphi_i^*(\vec{r}_1)\varphi_i(\vec{r}_1)\mathrm{d}\vec{r}_1\mathrm{d}\vec{r}_2$$
$$+\int v_{\mathrm{ext}}(\vec{r})\varphi_i^*(\vec{r})\varphi_i(\vec{r})\mathrm{d}\vec{r}+\int v_{\mathrm{xc}}(\vec{r})\varphi_i^*(\vec{r})\varphi_i(\vec{r})\mathrm{d}\vec{r} \tag{6.5.16}$$

故有

$$\sum_i^N\varepsilon_i=\sum_i^N\langle\varphi_i|-\frac{1}{2}\nabla^2|\varphi_i\rangle+\int\frac{\rho(\vec{r}_2)}{r_{12}}\left[\sum_i^N\varphi_i^*(\vec{r}_1)\varphi_i(\vec{r}_1)\right]\mathrm{d}\vec{r}_1\mathrm{d}\vec{r}_2$$
$$+\int v_{\mathrm{ext}}(\vec{r})\left[\sum_i^N\varphi_i^*(\vec{r})\varphi_i(\vec{r})\right]\mathrm{d}\vec{r}+\int v_{\mathrm{xc}}(\vec{r})\left[\sum_i^N\varphi_i^*(\vec{r})\varphi_i(\vec{r})\right]\mathrm{d}\vec{r} \tag{6.5.17}$$
$$=\sum_i^N\langle\varphi_i|-\frac{1}{2}\nabla^2|\varphi_i\rangle+\int\frac{\rho(\vec{r}_2)\rho(\vec{r}_1)}{r_{12}}\mathrm{d}\vec{r}_1\mathrm{d}\vec{r}_2+\int v_{\mathrm{ext}}(\vec{r})\rho(\vec{r})\mathrm{d}\vec{r}+\int v_{\mathrm{xc}}(\vec{r})\rho(\vec{r})\mathrm{d}\vec{r}$$

与式(6.5.10)比较可得

$$E[\rho]=\sum_i^N\varepsilon_i-\frac{1}{2}\int\frac{\rho(\vec{r}_1)\rho(\vec{r}_2)}{r_{12}}\mathrm{d}\vec{r}_1\mathrm{d}\vec{r}_2+E_{\mathrm{xc}}[\rho]-\int v_{\mathrm{xc}}(\vec{r})\rho(\vec{r})\mathrm{d}\vec{r}+\sum_{a<b}\frac{Z_aZ_b}{R_{ab}} \tag{6.5.18}$$

上式中最后一项为分子体系中原子核之间的排斥能．在密度泛函理论框架中，关注的是 $N$

电子体系，分子中原子核对电子的吸引作用称为外势，原子核之间的排斥作用与电子体系无关，因此之前几节所给出的能量公式中均不包含核间排斥能. 我们将核间排斥能加入式(6.5.18)是要说明，密度泛函方法同样能够给出分子体系的势能面. 显然，式(6.5.18)给出的能量与分子构型有关，这体现在两个方面，一是，由式(6.5.13)和式(6.5.14)可见，轨道能量 $\varepsilon_i$ 与外势 $v_{\text{ext}}(\vec{r})$ 有关，从而 $E[\rho]$ 与外势 $v_{\text{ext}}(\vec{r})$ 有关，对于分子体系，外势 $v_{\text{ext}}(\vec{r})$ 就是原子核对电子的吸引作用，因而与核构型有关；二是，核间排斥能与核构型有关. 因此，基于式(6.5.18)计算不同核构型下的分子能量，就能得到体系的势能面. 当然，式(6.5.10)也可用来计算不同核构型下的分子能量，进而得到体系的势能面，只要在该式中加入核间排斥能即可. 我们已对势能面做了较为详细的介绍，这里就不再展开讨论势能面.

下面进一步讨论式(6.5.18)，可以参照对式(2.4.36)的讨论来理解以下的讨论. 式(6.5.14)表明，$v_{\text{xc}}(\vec{r})$ 为单电子交换-相关势，由式(6.0.9)，与 $N$ 个单电子交换-相关势之和所对应的交换-相关能为

$$\left\langle \sum_{i=1}^{N} v_{\text{xc}}(\vec{r}_i) \right\rangle = \int v_{\text{xc}}(\vec{r})\rho(\vec{r})\mathrm{d}\vec{r} \tag{6.5.19}$$

从式(6.5.17)可以看到，轨道能量之和中包含动能、外势能、电子间的 Coulomb 排斥能和交换-相关能. 将式(6.5.17)与式(6.5.10)比较可见，轨道能量之和中，电子间的 Coulomb 排斥能被重复计算了，因此式(6.5.18)中出现的第二项是为了扣除了第一项中重复计算的 Coulomb 作用. 同样，轨道能量之和中，电子间的交换-相关能也被重复计算了，即在单粒子交换-相关能之和 $\int v_{\text{xc}}(\vec{r})\rho(\vec{r})\mathrm{d}\vec{r}$ 中，既包含体系的交换-相关能 $E_{\text{xc}}(\rho)$，同时也包含重复计算的交换-相关能，因此式(6.5.18)中出现的 $E_{\text{xc}}[\rho]$ 和 $\int v_{\text{xc}}(\vec{r})\rho(\vec{r})\mathrm{d}\vec{r}$ 两项之差则是为了扣除了第一项(即轨道能量之和)中重复计算的交换-相关能.

由以上讨论可见，体系的交换-相关能不等于单粒子交换-相关能之和，因为在计算单粒子交换-相关能之和时交换-相关作用被重复计算了，必须扣除重复计算的单粒子交换-相关能才能得到体系的交换-相关能. 当然，如果交换-相关能泛函 $E_{\text{xc}}[\rho]$ 是 $\rho$ 的一次齐次函数，则由齐次函数定理[见式(4.4.15)和式(4.4.16)]，可得

$$\int v_{\text{xc}}(\vec{r})\rho(\vec{r})\mathrm{d}\vec{r} = \int \frac{\partial E_{\text{xc}}(\rho)}{\partial \rho}\rho(\vec{r})\mathrm{d}\vec{r} = E_{\text{xc}}[\rho] \tag{6.5.20}$$

这时，体系的交换-相关能与单粒子交换-相关能之和相等. 这一结果从反面告诉我们，真实体系的交换-相关能泛函 $E_{\text{xc}}[\rho]$ 不可能是 $\rho$ 的一次齐次函数.

### 6.5.3 Kohn-Sham 方程与 Hartree-Fock 方程的对比分析

让我们将 Kohn-Sham(KS)方程(6.5.12)与 $X_\alpha$ 方程(6.2.30)以及 Hartree-Fock 方程(6.2.32)做比较. 从形式上看，三个方程几乎完全相同，差别仅在于算符 $\hat{h}_{\text{KS}}$、$\hat{F}_{X_\alpha}$ 和 $\hat{F}$ 中的交换-相关项不同. 如果把 KS 方程中的交换-相关项用 $v_{X_\alpha}$ 代替，则 KS 方程就变成了 $X_\alpha$ 方程，用 Hartree-Fock 交换势代替，则 KS 方程就变成了 Hartree-Fock 方程. 这种相似性决定了 KS 方程的求解过程也与 Hartree-Fock 方程类似. 将分子轨道展开为原子轨道的线性组合，即将式(6.5.12)中的轨道写作

$$\varphi_i(\vec{r})=\sum_{k=1}^{m}c_{ki}\chi_k(\vec{r}),\quad i=1,\cdots,N \tag{6.5.21}$$

称$\{\chi_k\}$为基组，可以取 Slater 基组(STO)、Gauss 基组(GTO)，也可以取数值基组. 数值基组是用数值方法解有关原子或离子的 Kohn-Sham 方程得到原子轨道，然后通过样条函数插值等方法转换为解析表达式. 将式(6.5.21)代入式(6.5.12)，再用$\chi_j$左乘并积分，得

$$\sum_{k=1}^{m}\langle\chi_j|\hat{h}_{\text{KS}}|\chi_k\rangle c_{ki}=\sum_{k=1}^{m}\langle\chi_j|\chi_k\rangle\varepsilon_i c_{ki},\quad j=1,\cdots,m,\ i=1,\cdots,N,\ m\geqslant N \tag{6.5.22}$$

写成矩阵形式，有

$$\boldsymbol{hC}=\boldsymbol{SC\varepsilon} \tag{6.5.23}$$

其中

$$h_{jk}=\langle\chi_j|\hat{h}_{\text{KS}}|\chi_k\rangle,\quad S_{jk}=\langle\chi_j|\chi_k\rangle \tag{6.5.24}$$

$\boldsymbol{\varepsilon}$为本征值矩阵，$\boldsymbol{C}$为系数矩阵，它的每一列就是式(6.5.21)中的一组系数. 式(6.5.23)与 Hartree-Fock-Roothaan 方程类似，也要采用迭代方法求解. 由于KS方程中的交换-相关势被局域化(只与一个位置有关)，最多只涉及三中心积分，没有四中心积分，KS方程的计算量为基组的三次方量级，这使得大尺寸体系的计算量大幅减少.

以上只是将三个方程在形式上做比较，从原理上说，它们之间有着根本性区别. Hartree-Fock 方程来自 Schrödinger 方程，用波函数描述体系. $X_\alpha$方程的出发点是简化 Hartree-Fock 计算. 而KS方程则依据 Hohenberg-Kohn 的两个定理,用密度函数描述体系. 即使采用最大基组，达到了 Hartree-Fock 极限，通过解 Hartree-Fock 方程也不能得到体系的精确解，仍然存在着电子相关问题. 但是如果能够找到精确的交换-相关能泛函，则通过求解KS方程，就可以获得精确的密度函数$\rho(\vec{r})$，从而得到体系的精确解. 因此，KS方程的核心问题是如何建造足够精确的交换-相关能泛函.

还应指出，KS轨道与HF轨道也有原则区别，由占据HF轨道确定的电子密度

$$\rho^{\text{HF}}(\vec{r})=\sum_i\varphi_i^{\text{HF}}(\vec{r})\varphi_i^{*\text{HF}}(\vec{r}) \tag{6.5.25}$$

不是真实体系的电子密度，而只是独立粒子体系(称为HF粒子)的电子密度. 但由占据KS轨道确定的电子密度

$$\rho(\vec{r})=\sum_i\varphi_i^{\text{KS}}(\vec{r})\varphi_i^{*\text{KS}}(\vec{r}) \tag{6.5.26}$$

不仅是无相互作用的粒子(或称独立粒子)体系的电子密度，而且是真实体系的电子密度. KS 方程是如何做到这一点的呢？下面做具体分析.

### 6.5.4　理想体系与真实体系①

将(6.5.9)式代入式(6.4.17)，并利用式(6.5.15)，则对真实体系有

$$\mu=\frac{\delta T_s[\rho]}{\delta\rho}+\frac{\delta J[\rho]}{\delta\rho}+v_{\text{xc}}(\vec{r})+v_{\text{ext}}(\vec{r}) \tag{6.5.27}$$

由式(6.5.6)有

① 本节内容参考了张颖，徐昕编写的复旦大学讲义“密度泛函理论简介”，第 26～30 页.

$$\frac{\delta J[\rho]}{\delta\rho(\vec{r})}=\int\frac{\rho(\vec{r}')}{|\vec{r}-\vec{r}'|}\mathrm{d}\vec{r}'\equiv v_{\mathrm{coul}}(\vec{r}) \tag{6.5.28}$$

于是对真实体系有

$$\mu=\frac{\delta T_s[\rho]}{\delta\rho}+v_{\mathrm{coul}}(\vec{r})+v_{\mathrm{xc}}(\vec{r})+v_{\mathrm{ext}}(\vec{r}) \tag{6.5.29}$$

对于理想体系，电子间无相互作用，但是可以处于外势场中，故其基态能量的密度泛函为

$$E_s[\rho]=\langle T_s\rangle+\langle V_{\mathrm{ext},s}\rangle=<\Phi_\rho^{\min}|T|\Phi_\rho^{\min}>+\int v_{\mathrm{ext},s}(\vec{r})\rho(\vec{r})\mathrm{d}\vec{r} \tag{6.5.30}$$

其中 $\Phi_\rho^{\min}$ 是能给出密度 $\rho(\vec{r})$ 的波函数子空间 $\{\Phi_\rho\}$ 中使动能期望值最小的波函数. 类比于式(6.4.17)，对密度变分得

$$\mu_s=\frac{\delta T_s[\rho]}{\delta\rho}+v_{\mathrm{ext},s}(\vec{r}) \tag{6.5.31}$$

比较式(6.5.29)与式(6.5.31)可见，要使两方程有相同的密度解，只需保证

$$v_{\mathrm{ext},s}(\vec{r})=v_{\mathrm{coul}}(\vec{r})+v_{\mathrm{xc}}(\vec{r})+v_{\mathrm{ext}}(\vec{r})+\mu_s-\mu \tag{6.5.32}$$

由于 $\mu_s-\mu$ 为常数，不影响理想体系的基态电子密度及动能期望值，可选 $\mu_s-\mu=0$，于是得到与真实体系具有相同电子密度的理想体系的外势

$$v_{\mathrm{ext},s}(\vec{r})=v_{\mathrm{coul}}(\vec{r})+v_{\mathrm{xc}}(\vec{r})+v_{\mathrm{ext}}(\vec{r}) \tag{6.5.33}$$

其 Hamilton 量为

$$\hat{H}_s=\sum_i\left\{-\frac{1}{2}\nabla_i^2+v_{\mathrm{ext},s}(\vec{r}_i)\right\} \tag{6.5.34}$$

$\hat{H}_s$ 是单电子算符的直和，因此其波函数可以精确地写作 Slater 行列式

$$\Phi_s=|\phi_1(\vec{q}_1)\phi_2(\vec{q}_2)\cdots\phi_N(\vec{q}_N)| \tag{6.5.35}$$

进而由式(6.0.18)可知，其电子密度可以精确地写作式(6.5.1). 式(6.5.35)中，$\phi_i$ 为含自旋的单电子波函数，所满足的方程为

$$\hat{f}_{\mathrm{KS}}\phi_i=\varepsilon_i\phi_i \tag{6.5.36}$$

其中

$$\hat{f}_{\mathrm{KS}}=-\frac{1}{2}\nabla^2+v_{\mathrm{coul}}(\vec{r})+v_{\mathrm{xc}}(\vec{r})+v_{\mathrm{ext}}(\vec{r}) \tag{6.5.37}$$

比较式(6.5.36)与式(6.5.12)可见，二者是完全相同的. 因此，$\hat{f}_{\mathrm{KS}}$ 也称为 KS 算符，$\phi_i$ 也称为 KS 轨道，这样，我们就把真实体系严格地转化为粒子间无相互作用的理想体系，二者具有相同的基态电子密度.

这里要注意，6.4 节 Hohenberg-Kohn 定理 1 指出，电子密度唯一地确定外势，这里的两个体系既然有相同的电子密度，为什么会有不同的外势？这是因为，这里涉及的是两个完全不同的体系，它们的区别在于电子之间有无相互作用. Hohenberg-Kohn 定理 1 并不适用于这样两个不同的电子体系. 事实上，式(6.5.33)等号右端的前两项分别为真实体系中电子之间的 Coulomb

相互作用和交换-相关作用，去掉这两项之后，理想体系转变为真实体系，这时两个体系的外势是相同的.

### 6.5.5 Kohn-Sham 轨道

前面指出，由 KS 轨道可以按式(6.5.26)给出真实体系的电子密度 $\rho(\vec{r})$，而 HF 轨道则不具备这种性质. 由于 KS 轨道与 HF 轨道有区别，因此 HF 轨道的有些性质对 KS 轨道不再成立. 例如，KS 轨道不满足 Koopmans 定理. 但是，仿照式(6.2.25)，对 KS 轨道能量有

$$\varepsilon_i = \frac{\partial E(N)}{\partial n_i} \tag{6.5.38}$$

上式称为 Janak 定理. 同样，仿照式(6.2.28)可以证明，对 KS 轨道能量有

$$-I_i = \varepsilon_i\left(n_i = \frac{1}{2}\right) \tag{6.5.39}$$

亦即求解过渡态(即 KS 轨道 $\varphi_i$ 上缺少 $\frac{1}{2}$ 个电子，或者说 $\varphi_i$ 轨道上的半个电子被取走)的 KS 方程得到的轨道能量 $\varepsilon_i$ 等于电子从 $\varphi_i$ 轨道电离时电离势的负值. 同样，在 LUMO 上放置 $\frac{1}{2}$ 个电子做计算，得到的 $-\varepsilon_{\text{LUMO}}$ 即为体系的电子亲和势. 与式(6.2.29)相似，对电子跃迁能有

$$\Delta E = \varepsilon_i\left(n_i = \frac{1}{2}\right) - \varepsilon_k\left(n_k = \frac{1}{2}\right)$$

式中，$\varepsilon_i\left(n_i = \frac{1}{2}\right)$是轨道 $\varphi_i$ 上放置 $\frac{1}{2}$ 个电子的过渡态轨道 $\varphi_i$ 的能级.

由以上讨论可知，KS 轨道与 HF 轨道无论在概念上还是在性质上都有区别. 但是它们的形状很相似. 因此，通常仍然把 KS 轨道看成近似的分子轨道，于是可以仿照波函数的分子轨道理论，用 KS 轨道做相应讨论，如布居分析等.

最后进一步讨论理想体系，理想体系中电子间无相互作用，因此理想体系就是独立子体系. 前面提到，利用理想体系可以得到相关能泛函的主要部分，剩下的次要部分可以做近似处理，这当然是引进理想体系的重要理由. 同样重要的是，只有假定存在与真实体系具有相同基态电子密度的理想体系，才能将真实体系基态电子密度写作式(6.5.1)，于是才可以将对密度的变分转化为对轨道的变分，进而得到使体系能量取极值的轨道所满足的方程，即 KS 方程(6.5.12). 我们已经证明，这样的理想体系是存在的，并且该理想体系的轨道所满足的方程与真实体系完全相同，只不过这两个体系的能量并不相同，因为它们的 Hamilton 量不同.

## 6.6 自旋密度泛函理论

在以上讨论中，我们实际上假定外势 $V_{\text{ext}}(\vec{r})$ 与自旋无关，在这种情况下，体系基态的电子密度作为基本变量可以决定体系的一切性质. 但是如果外势与自旋有关，如存在一个外加磁场，由于外磁场与电子自旋存在相互作用，外势与自旋有关，这时必须将基态电子密度和自旋密度 $\rho^s(\vec{r}) = \rho_\alpha(\vec{r}) - \rho_\beta(\vec{r})$ [见式(2.6.6)]同时作为基本变量才能决定体系的性质. 这种同时以体系基

态电子密度和自旋密度作为基本变量的密度泛函理论称为自旋密度泛函理论(spin density functional theory, SDFT).

### 6.6.1 外磁场存在下的 Kohn-Sham 方程

当存在外磁场时，如果只考虑外磁场与自旋之间的相互作用(忽略外磁场与电子的轨道角动量之间的相互作用)，则体系的 Hamilton 算符为[可参看式(1.9.69)]

$$\hat{H}=-\frac{1}{2}\sum_{i=1}^{N}\nabla_i^2+\sum_{i<j}^{N}\frac{1}{r_{ij}}+\sum_{i}^{N}v_{\text{ext}}(\vec{r})+2\mu_{\text{B}}\sum_{i=1}^{N}\vec{\mathcal{H}}(\vec{r})\cdot\vec{s}_i \tag{6.6.1}$$

式中，$\mu_{\text{B}}=\dfrac{e\hbar}{2mc}$ 为 Bohr 磁子；$v_{\text{ext}}(\vec{r}_i)$ 为与自旋无关的单电子外势；$\vec{\mathcal{H}}(\vec{r})$ 为外磁场强度；$\vec{s}_i$ 为 $i$ 电子的自旋角动量. 注意：磁相互作用也是单电子算符之和，于是可将外势表达为

$$V_{\text{ext}}=\sum_{i=1}^{N}v_{\text{ext}}(\vec{r})+2\mu_{\text{B}}\sum_{i=1}^{N}\vec{\mathcal{H}}(\vec{r})\cdot\vec{s}_i=\int v_{\text{ext}}(\vec{r})\hat{\rho}(\vec{r})\mathrm{d}\vec{r}-\int\vec{\mathcal{H}}(\vec{r})\cdot\vec{\mu}_s(\vec{r})\mathrm{d}\vec{r} \tag{6.6.2}$$

其中

$$\hat{\rho}(\vec{r})=\sum_{i=1}^{N}\delta(\vec{r}-\vec{r}_i) \tag{6.6.3}$$

为电子密度算符，

$$\vec{\mu}_s(\vec{r})=-2\mu_{\text{B}}\sum_{i=1}^{N}\vec{s}_i\delta(\vec{r}-\vec{r}_i) \tag{6.6.4}$$

为 $N$ 电子体系的自旋磁矩[见式(1.9.8)和式(1.9.59)]. 以上两式中的 $\delta(\vec{r}-\vec{r}_i)$ 为 Dirac $\delta$ 函数，4.6 节做过讨论，它有如下性质[见式(4.6.12)]

$$\int f(\vec{r})\delta(\vec{r}-\vec{r}_i)\mathrm{d}\vec{r}=f(\vec{r}_i) \tag{6.6.5}$$

利用式(6.6.5)很容易导出式(6.6.2). 我们仅讨论最简单的情况，即假定 $\vec{\mathcal{H}}(\vec{r})$ 和 $\vec{\mu}_s(\vec{r})$ 方向相同，取该方向为 $z$ 轴，则外势期望值为

$$\langle\Psi|V_{\text{ext}}|\Psi\rangle=\int v_{\text{ext}}(\vec{r})\rho(\vec{r})\mathrm{d}\vec{r}-\int\mathcal{H}(\vec{r})\mu_s(\vec{r})\mathrm{d}\vec{r} \tag{6.6.6}$$

其中

$$\rho(\vec{r})=\langle\Psi|\hat{\rho}(\vec{r})|\Psi\rangle=\langle\Psi|\sum_{i=1}^{N}\delta(\vec{r}-\vec{r}_i)|\Psi\rangle=\rho_\alpha(\vec{r})+\rho_\beta(\vec{r}) \tag{6.6.7}$$

$$\begin{aligned}\mu_s(\vec{r})&=-2\mu_{\text{B}}\langle\Psi|\sum_{i=1}^{N}s_z(i)\delta(\vec{r}-\vec{r}_i)|\Psi\rangle=-2\mu_{\text{B}}\sum_{\sigma=\alpha,\beta}s_z\rho_\sigma(\vec{r})\\&=-2\mu_{\text{B}}\left[\frac{1}{2}\rho_\alpha(\vec{r})-\frac{1}{2}\rho_\beta(\vec{r})\right]=-\mu_{\text{B}}\left[\rho_\alpha(\vec{r})-\rho_\beta(\vec{r})\right]\end{aligned} \tag{6.6.8}$$

$\rho_\alpha(\vec{r})$ 和 $\rho_\beta(\vec{r})$ 分别是 $\alpha$ 和 $\beta$ 自旋态的电子密度. 应用 6.4 节介绍的 Levy 约束搜索方法，可以导出与前述 Hohenberg-Kohn 定理对应的结论，即在外势与自旋有关的情况下，体系的性质由基态电子密度和自旋密度确定，基态能量是基态电子密度和自旋密度的泛函，即有(式中的 inf 表示最小值)

$$\begin{aligned} E_0 &= \inf_{\Psi} \langle \Psi | T + V_{ee} + \sum_{i=1}^{N} v_{ext}(\vec{r}) + 2\mu_B \sum_{i=1}^{N} \mathcal{H}(\vec{r}_i) s_z(i) | \Psi \rangle \\ &= \inf_{\rho_\alpha, \rho_\beta} \left\{ \inf_{\Psi \to \rho_\alpha, \rho_\beta} \langle \Psi | T + V_{ee} | \Psi \rangle + \int \left[ v_{ext}(\vec{r}) \rho(\vec{r}) - \mathcal{H}(\vec{r}) \mu_s(\vec{r}) \right] d\vec{r} \right\} \\ &= \inf_{\rho_\alpha, \rho_\beta} \left\{ F\left[\rho_\alpha, \rho_\beta\right] + \int \left[ \begin{array}{l} \left(v_{ext}(\vec{r}) + \mu_B \mathcal{H}(\vec{r})\right) \rho_\alpha(\vec{r}) \\ + \left(v_{ext}(\vec{r}) - \mu_B \mathcal{H}(\vec{r})\right) \rho_\beta(\vec{r}) \end{array} \right] d\vec{r} \right\} \\ &= \inf_{\rho} E\left[\rho_\alpha, \rho_\beta\right] \end{aligned} \tag{6.6.9}$$

其中

$$F\left[\rho_\alpha, \rho_\beta\right] = \inf_{\Psi \to \rho_\alpha, \rho_\beta} \langle \Psi | T + V_{ee} | \Psi \rangle \tag{6.6.10}$$

仿照 Kohn-Sham 方法，设自旋轨道函数组 $\{\varphi_i^\sigma, \sigma = \alpha, \beta\}$ 满足以下条件

$$\sum_i n_{i\alpha} |\varphi_i^\alpha(\vec{r})|^2 = \rho_\alpha(\vec{r}) \tag{6.6.11}$$

$$\sum_i n_{i\beta} |\varphi_i^\beta(\vec{r})|^2 = \rho_\beta(\vec{r}) \tag{6.6.12}$$

$\varphi_i^\sigma$ 为与 $\sigma$ 自旋相匹配的空间轨道. 将体系总能量表示为 $\left\{\varphi_i^\sigma, \sigma = \alpha, \beta\right\}$ 的泛函，

$$\begin{aligned} E\left[\rho_\alpha, \rho_\beta\right] = &\sum_{i,\sigma} n_{i\sigma} \int d\vec{r} \varphi_i^{\sigma*}(\vec{r}) \left(-\frac{1}{2}\nabla_i^2\right) \varphi_i^\sigma(\vec{r}) + J\left[\rho_\alpha + \rho_\beta\right] + E_{xc}\left[\rho_\alpha, \rho_\beta\right] \\ &+ \int \left\{ \left[v_{ext}(\vec{r}) + \mu_B \mathcal{H}(\vec{r})\right] \rho_\alpha(\vec{r}) + \left[v_{ext}(\vec{r}) - \mu_B \mathcal{H}(\vec{r})\right] \rho_\beta(\vec{r}) \right\} d\vec{r} \end{aligned} \tag{6.6.13}$$

在 $\left\{\varphi_i^\sigma, \sigma = \alpha, \beta\right\}$ 满足正交归一的条件下，将 $E\left[\rho_\alpha, \rho_\beta\right]$ 对 $\varphi_i^\sigma$ 变分求极值，即得 SDFT 的 Kohn-Sham 方程

$$\hat{h}_{KS}^\sigma \varphi_i^\sigma(\vec{r}) = \varepsilon_{i\sigma} \varphi_i^\sigma(\vec{r}), \quad i = 1, \cdots, N \tag{6.6.14}$$

其中

$$\hat{h}_{KS}^\sigma = -\frac{1}{2}\nabla^2 + v_{eff}^\sigma(\vec{r}) \tag{6.6.15}$$

$$v_{eff}^\alpha(\vec{r}) = v_{ext}(\vec{r}) + \mu_B \mathcal{H}(\vec{r}) + \int \frac{\rho(\vec{r}')}{|\vec{r} - \vec{r}'|} d\vec{r}' + v_{xc}^\alpha(\vec{r}) \tag{6.6.16}$$

$$v_{eff}^\beta(\vec{r}) = v_{ext}(\vec{r}) - \mu_B \mathcal{H}(\vec{r}) + \int \frac{\rho(\vec{r}')}{|\vec{r} - \vec{r}'|} d\vec{r}' + v_{xc}^\beta(\vec{r}) \tag{6.6.17}$$

$$v_{xc}^\alpha(\vec{r}) = \frac{\delta E_{xc}\left[\rho_\alpha, \rho_\beta\right]}{\delta \rho_\alpha}, \quad v_{xc}^\beta(\vec{r}) = \frac{\delta E_{xc}\left[\rho_\alpha, \rho_\beta\right]}{\delta \rho_\beta}, \quad \varepsilon_{i\sigma} = \frac{\varepsilon_{i\sigma}'}{n_{i\sigma}} \tag{6.6.18}$$

$\varepsilon_{i\sigma}'$ 为 Lagrange 乘子；$v_{eff}^\sigma(\vec{r})$ 为有效势；$v_{xc}^\alpha(\vec{r})$ 和 $v_{xc}^\beta(\vec{r})$ 为交换-相关势. 此外还有

$$\int \rho_\alpha(\vec{r}) d\vec{r} = N_\alpha, \quad \int \rho_\beta(\vec{r}) d\vec{r} = N_\beta, \quad N_\alpha + N_\beta = N \tag{6.6.19}$$

式中，$N_\alpha$ 和 $N_\beta$ 分别为 $\alpha$ 和 $\beta$ 自旋电子数，对不同自旋态应分别求解方程组(6.6.14)，但由于 $v_{\text{eff}}^{\sigma}$ 同时与 $\rho_\alpha$ 和 $\rho_\beta$ 有关，因此两种自旋态的 Kohn-Sham 方程是耦合在一起的.

### 6.6.2　开壳层体系的计算

现在简单讨论开壳层体系的计算问题. 读者可能已经注意到，无论是 6.4 节的 Hohenberg-Kohn 定理，还是 6.5 节的 Kohn-Sham 方程都没有涉及体系为开壳层还是闭壳层的问题，这就是说，在外势与自旋无关的情况下，无论是开壳层还是闭壳层体系，基态电子密度都决定了体系的所有性质，包括体系的自旋密度，原则上讲，当外势与自旋无关时，无论是开壳层还是闭壳层体系自旋密度都不是基本变量，因此不必用自旋密度泛函方法处理. 这就是说，6.5 节的 Kohn-Sham 方程也可适用于开壳层体系. 但是注意到，一般来说，开壳层体系 $\alpha$ 和 $\beta$ 自旋电子具有不同的电子密度，因而有不同的交换-相关势 $v_{\text{xc}}^{\sigma}(\vec{r})$，这就是说，对不同自旋的电子而言，式(6.5.12)中的 KS 算符 $\hat{h}_{\text{KS}}$ 并不相同，从而满足不同的 Kohn-Sham 方程. 简言之，用 Kohn-Sham 方程(6.5.12)处理开壳层体系时，实际上要分别处理 $\alpha$ 和 $\beta$ 自旋电子. 因此，对于开壳层体系来说，求解 Kohn-Sham 方程(6.5.12)与在 $\mathcal{H}(\vec{r})=0$ (不存在外磁场)的情况下，求解 Kohn-Sham 方程(6.6.14)是等效的. 从形式上看，求解式(6.6.14)相当于用自旋密度泛函理论处理开壳层体系，将自旋密度也当作一个基本变量，但从以上分析可知，这样做与 Hohenberg-Kohn 定理并不矛盾. 由于自旋密度泛函理论提供了建造依赖于自旋的交换-相关能泛函的理论框架，能够对开壳层体系给出更好的描述，因此采用自旋密度泛函方法处理开壳层体系所得结果与实验更加吻合.

Kohn-Sham 方程形式上是单电子方程，其解对应于基态单行列式波函数. 但是，6.5 节已经证明，对于粒子间无相互作用的理想体系来说，Kohn-Sham 方程是严格成立的；另外，可以将与理想体系有相同电子密度的真实体系严格地转化为理想体系，因此 Kohn-Sham 方程对真实体系闭壳层和开壳层都是严格成立的，问题在于能否建造出精确的交换-相关能泛函. 对于开壳层体系，一个基态电子组态可以产生多个简并或非简并状态，称为多重态结构，这些状态一般不能用单行列式波函数描述. 多重态结构不同，$\alpha$ 和 $\beta$ 自旋电子的交换-相关势就会不同，因此原则上讲，很难直接用 Kohn-Sham 方程处理多重态问题(但可由谱项能量和等方法计算多重态，见 6.9 节的讨论)，因为我们没有办法针对每一种多重态建造相应的交换-相关势，这常常导致在多重态计算时得到不合理的结果(如导致三重态能级分裂等). 但是注意到，在 Hartree-Fock 方法中，可以从单行列式波函数出发(包括自旋限制和非限制)来处理开壳层体系，与此类似，我们也可以从单行列式出发用密度泛函方法处理开壳层问题，只要建造出合适的 $\alpha$ 和 $\beta$ 自旋电子的交换-相关势，就可以用 Kohn-Sham 方程近似地计算开壳层基态.

根据以上讨论，无论是否有外磁场存在，自旋密度泛函理论都具有重要的意义. 当外势与自旋有关时，具体地说，当存在外磁场时，可以用自旋密度泛函理论研究体系的磁学性质；当不存在外磁场 $[\mathcal{H}(\vec{r})=0]$ 时，可以用自旋密度泛函理论研究开壳层体系，这时，由于 $N_\alpha \neq N_\beta$，$v_{\text{xc}}^{\alpha} \neq v_{\text{xc}}^{\beta}$，从而 $\{\varphi_i^{\alpha}(\vec{r})\}$ 与 $\{\varphi_i^{\beta}(\vec{r})\}$ 也不相同.

必须指出，当用密度泛函理论研究含重元素的体系时，由于相对论效应显著，需要用相对论密度泛函理论处理，可参看相关文献[3].

## 6.7　近似交换-相关能泛函

将密度泛函理论用于实际计算，就是要求解 Kohn-Sham 方程(6.5.12)或(6.6.14). 为了求解 Kohn-Sham 方程，必须知道交换-相关能 $E_{xc}[\rho]$ 与电子密度 $\rho(\vec{r})$ 的泛函关系，即要给出交换-相关能泛函的明确表达式，这是密度泛函理论的核心问题. 本节将介绍交换-相关能泛函 $E_{xc}[\rho]$ 的各种近似表达式.

密度泛函方法从原理上讲是精确的，但是由于不知道交换-相关能泛函的精确表达式，实际计算时只能使用近似的交换-相关能密度泛函，计算结果的精度依赖于计算时所选用的交换-相关能密度泛函是否适合于所研究的体系，带有一定的经验性质. 正因为如此，很多人不把密度泛函计算归入从头算系列，而称为第一性原理计算.

### 6.7.1　Jacob 天梯

Jacob 天梯(Jacob’s ladder)来自一则西方文明中很熟悉的圣经故事，一名叫 Jacob 的男子在梦中见到进入天堂的天梯，后人便把这梦想中的梯子，称为 Jacob 天梯.

回到我们要讨论的近似交换-相关能密度泛函. 已经提出了多种形式的近似交换-相关能密度泛函，最早的近似交换-相关能密度泛函是基于局域密度近似(local density function approximation， LDA)提出的，空间每一点的交换-相关能采用与该点电子密度相同的均匀电子气的交换-相关能. 后来，Becke 和 Perdew 等又分别提出依赖于电子密度及其梯度的交换-相关能泛函(generalized gradient approximation，GGA)，使得计算精度有很大提高，特别是对键能的计算. 之后，动能密度又被引入交换-相关能泛函之中，这种包含电子密度、密度梯度及动能密度的泛函称为超密度梯度近似(meta-GGA)泛函. 在此基础上，Becke 等提出了杂化泛函，即在 LDA、GGA 或 meta-GGA 泛函的交换能中添加部分 Hartree-Fock 交换能的泛函，进一步提高了计算精度，尤其对于有机分子体系，杂化泛函很快成为最常使用的泛函之一. 这种泛函需要计算 Hartree-Fock 交换能，因此依赖于占据轨道. Perdew 将交换-相关能泛函的发展历程概括为 Jacob 天梯：由只依赖于电子密度的 LDA 泛函，到同时依赖于电子密度及其梯度的 GGA 泛函，再到还依赖于动能密度的 meta-GGA 泛函，第四阶梯是依赖于占据轨道的杂化泛函，第五阶梯则是依赖于空轨道的泛函. Perdew 认为，沿着这个天梯，密度泛函计算可以从地面(Hartree-Fock 水平)到达“天堂”(化学精度). 虽然从统计平均的意义上说，泛函的梯级越高计算精度越高，但实际情况并不总是如此，对某些体系来说，梯级高的泛函的计算精度却并不高，而且至今尚未找到一种实际可用的系统提高泛函精度并使计算结果的不确定性稳定降低的方法. 因此，发展更精确的交换-相关能泛函仍然是密度泛函理论最重要的任务之一.

本节将按照上述天梯顺序介绍一些常用的近似密度泛函.

### 6.7.2　局域密度近似泛函(LDA 泛函)

Kohn-Sham 方程(6.5.12)和方程(6.6.14)表明，构造精确的交换-相关能泛函是密度泛函理论最为关键的环节. 但是，密度泛函理论并没有给出构造交换-相关能泛函的准则和思路，因此可以说，构造交换-相关能泛函看似“没谱”，为了使所构造的交换-相关能泛函“靠谱”，我们需要从理想体系着手，所选择的理想体系应该满足以下两个条件，一是理想体系交换-

相关能泛函的精确表达式能够得到，二是理想体系交换-相关能泛函表达了真实体系交换-相关能泛函的主要部分，是真实体系交换-相关能泛函的零级近似，剩下的次要部分可以通过逐级修正得到. 均匀电子气体系(即粒子间无相互作用的体系)就是这样的理想体系. 均匀电子气体系是一个假想模型，我们将从这一假想模型出发研究真实体系. 为了方便，将交换-相关能 $E_{\mathrm{xc}}$ 分成交换能 $E_{\mathrm{x}}$ 和相关能 $E_{\mathrm{c}}$ 两部分，再将两者按不同的电子自旋态分开处理，即

$$E_{\mathrm{xc}}[\rho]=E_{\mathrm{x}}[\rho]+E_{\mathrm{c}}[\rho] \tag{6.7.1}$$

$$E_{\mathrm{x}}[\rho]=E_{\mathrm{x}}^{\alpha\alpha}[\rho_\alpha]+E_{\mathrm{x}}^{\beta\beta}[\rho_\beta] \tag{6.7.2}$$

$$E_{\mathrm{c}}[\rho]=E_{\mathrm{c}}^{\alpha\alpha}[\rho_\alpha]+E_{\mathrm{c}}^{\beta\beta}[\rho_\beta]+E_{\mathrm{c}}^{\alpha\beta}[\rho_\alpha,\rho_\beta] \tag{6.7.3}$$

$$\rho(\vec{r})=\rho_\alpha(\vec{r})+\rho_\beta(\vec{r}) \tag{6.7.4}$$

在自旋密度泛函理论中，需要用电子密度 $\rho(\vec{r})$ 和自旋密度 $\rho^s(\vec{r})=\rho_\alpha(\vec{r})-\rho_\beta(\vec{r})$ 作为变量，为了方便，定义

$$\varsigma(\vec{r})=\frac{\rho_\alpha(\vec{r})-\rho_\beta(\vec{r})}{\rho_\alpha(\vec{r})+\rho_\beta(\vec{r})} \tag{6.7.5}$$

称 $\varsigma(\vec{r})$ 为自旋极化度，它可以代替自旋密度 $\rho^s(\vec{r})$ 作为基本变量. 对于闭壳层体系，$\rho^s(\vec{r})=0$，从而 $\varsigma(\vec{r})=0$.

首先讨论均匀电子气体系的交换能泛函. 6.0 节导言中已经指出，均匀电子气体系基态和激发态的精确波函数都是行列式波函数，而行列式波函数给出的交换能计算公式为[见式(6.1.30)]

$$E_{\mathrm{x}}^{\sigma}[\rho_\sigma]=-\frac{1}{2}\int\frac{\left|\rho_1^{\sigma\sigma}(\vec{r}_1,\vec{r}_2)\right|^2}{r_{12}}\mathrm{d}\vec{r}_1\mathrm{d}\vec{r}_2=-\frac{1}{2}\int\frac{\rho_1^{\sigma}(\vec{r}_1,\vec{r}_2)\rho_1^{\sigma}(\vec{r}_2,\vec{r}_1)}{r_{12}}\mathrm{d}\vec{r}_1\mathrm{d}\vec{r}_2 \tag{6.7.6}$$

式中，$\rho_1^{\sigma}(\vec{r}_1,\vec{r}_2)$ 为空间交换电子密度，其表达式为[见式(6.0.25)]

$$\rho_1^{\sigma\sigma}(\vec{r}_1,\vec{r}_2)=\sum_i^{N_\sigma(\mathrm{occ})}\varphi_i^{\sigma}(\vec{r}_1)\varphi_i^{*\sigma}(\vec{r}_2)$$

均匀电子气体系中的电子为自由粒子，波函数 $\varphi_i^{\sigma}(\vec{r}_1)$ 为平面波. 选择适当的边界条件，给出波函数 $\varphi_i^{\sigma}(\vec{r}_1)$ 的表达式，采用与 6.2 节扩展资料中类似的推导方法，即可得到均匀电子气体系交换能泛函的解析表达式. 为了突出主题并保持内容连贯，我们将推导过程作为扩展资料放在本节的最后，这里则直接给出推导结果：对于均匀电子气体系，$\sigma$ 自旋电子的总交换能密度泛函的表达式为

$$E_{\mathrm{x}}^{\sigma}[\rho_\sigma]=\int\varepsilon_{\mathrm{x}}^{\sigma}[\rho_\sigma]\rho_\sigma(\vec{r})\mathrm{d}\vec{r} \tag{6.7.7}$$

式中，$\varepsilon_{\mathrm{x}}^{\sigma}$ 为一个 $\sigma$ 自旋电子的交换能

$$\varepsilon_{\mathrm{x}}^{\sigma}[\rho_\sigma]=-c_{\mathrm{x}}\rho_\sigma^{1/3}(\vec{r})\ ,\qquad c_{\mathrm{x}}=\frac{3}{2}\left(\frac{3}{4\pi}\right)^{1/3} \tag{6.7.8}$$

当有两种自旋电子时

$$\rho(\vec{r})=\sum_{\sigma}\rho_{\sigma}=\rho_{\alpha}(\vec{r})+\rho_{\beta}(\vec{r}) \tag{6.7.9}$$

$$\varepsilon_{\mathrm{x}}[\rho]=\sum_{\sigma}\varepsilon_{\mathrm{x}}^{\sigma}[\rho_{\sigma}] \tag{6.7.10}$$

$$E_{\mathrm{x}}[\rho]=\sum_{\sigma}E_{\mathrm{x}}^{\sigma}[\rho_{\sigma}] \tag{6.7.11}$$

当进行自旋极化计算时，也可写成

$$\varepsilon_{\mathrm{x}}[\rho,\zeta]=-2^{-1/3}c_{\mathrm{x}}g(\zeta)\rho^{1/3}(\vec{r}) \tag{6.7.12}$$

$$E_{\mathrm{x}}[\rho,\zeta]=\int\varepsilon_{\mathrm{x}}[\rho,\zeta]\rho(\vec{r})\mathrm{d}\vec{r} \tag{6.7.13}$$

$$g[\zeta]=\frac{1}{2}\left[(1+\zeta)^{4/3}+(1-\zeta)^{4/3}\right] \tag{6.7.14}$$

式中，$\zeta$ 为自旋极化度[见式(6.7.5)]. 将式(6.7.14)代入式(6.7.12)，利用式(6.7.5)，可将式(6.7.13)化为

$$E_{\mathrm{x}}[\rho,\zeta]=-C_{\mathrm{x}}\int\left[\rho_{\alpha}^{4/3}(\vec{r})+\rho_{\beta}^{4/3}(\vec{r})\right]\mathrm{d}\vec{r} \tag{6.7.15}$$

与式(6.7.11)及式(6.7.7)是一致的. 在不发生自旋极化的情况下，式(6.7.10)似乎没有太多的物理意义，它可以看作一对自旋相反的电子的交换能之和，引入该式的目的是便于理解式(6.7.12)，以便讨论自旋极化的情形.

再来讨论均匀电子气体系相关能泛函的解析表达式. 均匀电子气体系交换能泛函的精确表达式(6.7.7)、式(6.7.11)和式(6.7.13)是由均匀电子气模型直接导出的. 但是，从均匀电子气模型出发，难以得到相关能泛函的精确解析表达式. 于是，人们提出了多种近似表达式. 1980 年，Ceperley 等采用蒙特卡罗方法求得了均匀电子气体系相关能与电子密度 $\rho$ 的精确数值函数关系，Vosko、Wilk 和 Nusair 将这些数值关系拟合为解析表达式，称为 VWN 相关能密度泛函[4]. 1992 年，Perdew 和 Wang 拟合出更为简洁的表达式[5]，将一个电子的相关能 $\varepsilon_{\mathrm{c}}$ 表示为

$$\varepsilon_{\mathrm{c}}^{\mathrm{LDA}}[r_S,\zeta]=\varepsilon_{\mathrm{c}}(r_S,0)+\alpha_{\mathrm{c}}(r_S)\frac{f(\zeta)}{f''(\zeta)}(1-\zeta^4)+\left[\varepsilon_{\mathrm{c}}(r_S,1)-\varepsilon_{\mathrm{c}}(r_S,0)\right]f(\zeta)\zeta^4 \tag{6.7.16}$$

其中

$$r_S=\left[\frac{3}{4\pi}(\rho_{\alpha}+\rho_{\beta})^{-1}\right]^{\frac{1}{3}} \tag{6.7.17}$$

$$f(\zeta)=\left[(1+\zeta)^{\frac{4}{3}}+(1-\zeta)^{\frac{4}{3}}-2\right]\Big/\left(2^{\frac{4}{3}}-2\right) \tag{6.7.18}$$

称 $r_S$ 为 Wigner-Seitz 半径，扩展资料中将给出 $r_S$ 的物理意义. $\varepsilon_{\mathrm{c}}(r_S,0)$、$\varepsilon_{\mathrm{c}}(r_S,1)$ 和 $\alpha_{\mathrm{c}}(r_S)$ 可由下述经验公式计算

$$G(r_S,A,\alpha_1,\beta_1,\beta_2,\beta_3,\beta_4)=-2A(1+\alpha_1 r_S)\ln\left[1+\frac{1}{2A\left(\beta_1 r_S^{\frac{1}{2}}+\beta_2 r_S+\beta_3 r_S^{\frac{3}{2}}+\beta_4 r_S^{2}\right)}\right] \tag{6.7.19}$$

函数 $G(r_S, A, \alpha_1, \beta_1, \beta_2, \beta_3, \beta_4)$ 代表 $\varepsilon_c(r_S, 0)$ 、 $\varepsilon_c(r_S, 1)$ 或者 $\alpha_c(r_S)$ . 式中的 $A$、$\alpha_1$、$\beta_1$、$\beta_2$、$\beta_3$、$\beta_4$ 是通过拟合实验结果确定的参数. 相关能泛函为

$$E_c[\rho] = \int \varepsilon_c[\rho]\rho(\vec{r})d\vec{r} \tag{6.7.20}$$

由 $E_x[\rho]$ 和 $E_c[\rho]$，可以得到 $E_{xc}[\rho] = E_x[\rho_\alpha, \rho_\beta] + E_c[\rho_\alpha, \rho_\beta]$. 利用式(6.6.18)可得 Kohn-Sham 方程中的交换-相关势

$$v_{xc}^\sigma[\rho_\alpha, \rho_\beta] = \frac{\delta E_{xc}[\rho_\alpha, \rho_\beta]}{\delta \rho_\sigma} = \frac{\delta[E_x[\rho_\alpha, \rho_\beta] + E_c[\rho_\alpha, \rho_\beta]]}{\delta \rho_\sigma} = v_x^\sigma[\rho_\sigma] + v_c^\sigma[\rho_\alpha, \rho_\beta] \tag{6.7.21}$$

式中[参见式(6.7.7)和式(6.7.20), 并利用式(2.3.7)],

$$v_x^\sigma[\rho_\sigma] = \frac{\delta E_x^\sigma[\rho_\sigma]}{\delta \rho_\sigma} = \varepsilon_x^\sigma[\rho_\sigma] + \rho_\sigma(\vec{r})\frac{\delta \varepsilon_x^\sigma[\rho_\sigma]}{\delta \rho_\sigma} \tag{6.7.22}$$

$$v_c^\sigma[\rho_\alpha, \rho_\beta] = \frac{\delta E_c[\rho_\alpha, \rho_\beta]}{\delta \rho_\sigma} = \varepsilon_c[\rho_\alpha, \rho_\beta] + \rho_\sigma(\vec{r})\frac{\delta \varepsilon_c[\rho_\alpha, \rho_\beta]}{\delta \rho_\sigma} \tag{6.7.23}$$

值得注意的是，由于 $E_{xc}[\rho_\alpha, \rho_\beta]$ 对于 $\rho_\sigma$ 不是线性的，单电子交换-相关势 ($v_{xc}^\sigma = v_x^\sigma + v_c^\sigma$) 与单电子相关能 ($\varepsilon_{xc}^\sigma = \varepsilon_x^\sigma + \varepsilon_c^\sigma$) 并不对应.

以上结果对于均匀电子气体系是准确的. 但是均匀电子气体系的电子密度分布是均匀的(电子密度处处相等)，与坐标 $\vec{r}$ 无关. 例如，6.2 节扩展资料中，当电子态用平面波表示时，单电子概率密度为 $(2\pi)^{-3}$ ，电子密度为 $\rho(\vec{r}) = (3\pi^2)^{-1} k_F^3$ ，如式(6.2.45)和式(6.2.46)所示. 而实际电子体系的电子密度分布并不均匀，由式(6.5.1)、式(6.6.11)和式(6.6.12)可见，当采用真实体系的分子轨道(如 KS 轨道)时，$\rho(\vec{r})$ 、$\rho_\alpha(\vec{r})$ 和 $\rho_\beta(\vec{r})$ 都与坐标 $\vec{r}$ 有关，而不再处处相等. 因此，局域密度近似方法的基本思想是，由于无法给出真实体系交换-相关能泛函的精确表达式，于是不得不借助均匀电子气体系导出交换能泛函的解析式(6.7.7)和相关能泛函的解析式(6.7.20)，然后采用逐点近似的办法将这些泛函形式应用于实际体系. 即对于实际体系来说，空间各点的交换-相关能均采用均匀电子气模型提供的泛函形式，但由于各点的电子密度不同，空间各区域的交换-相关能泛函实际上并不相同，或者说，空间各点对应着不同的均匀电子气体系. 这意味着对于真实体系来说，仅仅假定在很小的空间区域内电子密度可以看成是均匀分布的，因此称为局域密度近似(local density approximation，LDA)，在自旋密度泛函方法中称为局域自旋密度近似(local spin-density approximation，LSDA).

由于采用了局域密度近似，LDA 或 LSDA 泛函的计算结果并不理想，为此，人们提出了多种改进方案.

### 6.7.3　含密度梯度矫正的泛函(GGA 类泛函)

如上所述，LDA 的基本图像是，空间各点的交换-相关能所采用的泛函形式是相同的，这种泛函形式来自均匀电子气模型，但各点所对应的均匀电子气的电子密度并不相同，或者说，各点对应着不同的均匀电子气体系，因此空间电子密度分布是逐点变化的. 为了矫正 LDA 引起的误差，最简单的办法是将表征电子密度分布不均匀性的电子密度梯度包含到交换-相关能密度泛函的表达式中. 最初的近似是将交换-相关能按密度梯度展开(gradient expansion approximation，GEA)

$$E_{\mathrm{xc}}^{\mathrm{GEA}}[\rho]=\int\left[\rho\varepsilon_{\mathrm{xc}}^{\mathrm{LDA}}[\rho]+C_{\mathrm{xc}}[\rho]\frac{|\nabla\rho|}{\rho^{\frac{4}{3}}}+\cdots\right]\mathrm{d}\vec{r} \tag{6.7.24}$$

原则上讲，式(6.7.24)有无穷多项，但通常只取到二次项. 然而，取有限项的 GEA 近似不是单调一致收敛的，这使得 GEA 泛函产生了许多不正确行为. 为了改进 GEA 泛函，人们提出了广义梯度近似(generalized gradient approximation，GGA)泛函，试图将高次展开项的贡献压缩到一阶梯度校正中，并尽可能保证所得泛函有正确的行为，其一般形式可写为

$$E_{\mathrm{xc}}^{\mathrm{GGA}}[\rho]=\int\rho(\vec{r})\varepsilon_{\mathrm{xc}}^{\mathrm{GGA}}\left[\rho(\vec{r}),|\nabla\rho|\right]\mathrm{d}\vec{r} \tag{6.7.25}$$

这种泛函中同时包含电子密度及其梯度，称为 GGA 型泛函.

已经提出过很多种 GGA 型泛函，特别是 GGA 型的交换能泛函(因为交换能泛函误差对计算结果的影响最大，相关能通常不超过总交换-相关能的 10%). 为了使读者对各种近似 GGA 型交换-相关能泛函有比较具体的认识，下面列举一些比较常见的 GGA 型交换-相关能泛函，具体设计思想可参看相关文献. 根据约定俗成的泛函命名规则，在泛函命名时，通常将交换能泛函放在前边，而将相关能泛函放在后边.

GGA 型交换-相关能泛函可以 B88、PW86、LYP 等为例. 1988 年，Becke 提出的 GGA 型交换能泛函(称为 B88)为[6]

$$E_{\mathrm{x}}^{\mathrm{B88}}[\rho_\sigma,x_\sigma]=E_{\mathrm{x}}^{\mathrm{LDA}}[\rho_\sigma]-b\int\rho_\sigma^{4/3}\frac{x_\sigma^2}{1+6bx_\sigma\sinh^{-1}x_\sigma}\mathrm{d}\vec{r} \tag{6.7.26}$$

式中，$x_\sigma=|\nabla\rho_\sigma|\rho_\sigma^{-4/3}$，称为约化密度梯度，为无量纲的量；参数 $b$ 由拟合惰性气体原子的已知数据确定，$b$=0.0042. $E_{\mathrm{x}}^{\mathrm{B88}}[\rho_\sigma,x_\sigma]$中只包含一个可调参数 $b$，可将 LDA 泛函的交换能误差降低约两个数量级，因此得到较高评价.

Perdew 和 Wang 提出的 PW86 交换能泛函的表达式为[7]

$$E_{\mathrm{x}}^{\mathrm{PW86}}[\rho]=-\frac{3}{4}\left(\frac{3}{\pi}\right)^{1/3}\int\rho^{4/3}(\vec{r})F(x)\mathrm{d}\vec{r} \tag{6.7.27}$$

$$F(x)=\left[1+1.296(hx)^2+14(hx)^4+0.2(hx)^6\right]^{\frac{1}{15}} \tag{6.7.28}$$

式中，$h=\left(24\pi^2\right)^{-1/3}$，$x=|\nabla\rho|\rho^{-4/3}$.

李振德、杨伟涛和 Parr 提出的 LYP 相关能泛函是目前应用较为广泛的一类泛函，表达式为[8]

$$E_{\mathrm{c}}^{\mathrm{LYP}}(\rho_\alpha,\rho_\beta)=-a\int\frac{\gamma(\vec{r})}{1+d\rho^{-1/3}}\left\{\rho+2b\rho^{-5/3}\left[\begin{array}{l}2^{2/3}C_{\mathrm{F}}\rho_\alpha^{8/3}+2^{2/3}C_F\rho_\beta^{8/3}-\rho t_w(\vec{r})\\+\frac{1}{9}\left[\rho_\alpha t_w^\alpha(\vec{r})+\rho_\beta t_w^\beta(\vec{r})\right]\\+\frac{1}{18}\left(\rho_\alpha\nabla^2\rho_\alpha+\rho_\beta\nabla^2\rho_\beta\right)\end{array}\right]\exp\left(-cp^{-1/3}\right)\right\}\mathrm{d}\vec{r} \tag{6.7.29}$$

其中

$$\gamma(\vec{r})=2\left[1-\frac{\rho_\alpha^2(\vec{r})+\rho_\beta^2(\vec{r})}{\rho^2(\vec{r})}\right],\quad t_w(\vec{r})=\frac{1}{8}\frac{\left|\nabla\rho(\vec{r})\right|^2}{\rho(\vec{r})}-\frac{1}{8}\nabla^2\rho(\vec{r}),\quad C_F=\frac{3}{10}\left(3\pi^2\right)^{\frac{2}{3}}$$

$a$、$b$、$c$、$d$ 是通过拟合氦原子有关数据得到的常数，$a=0.04918$，$b=0.132$，$c=0.2533$，$d=0.349$. 后来，Miehlich 等[9]进一步将式(6.7.29)变换成不包含 $\nabla^2\rho(r)$ 的形式，从而更便于计算.

### 6.7.4　含密度梯度和动能密度的交换-相关能泛函(meta-GGA 类泛函)

由式(6.5.8)可知，求解 Kohn-sham 方程所需要的交换-相关能 $E_{xc}[\rho]$ [见式(6.5.15)]中包含了实际体系与无相互作用参考体系的动能之差，因此在交换和相关能泛函中包含动能密度作为变量应有助于提高近似泛函的精度. 这种以电子密度及其梯度以及动能密度作为变量的泛函称为超密度梯度近似(meta-GGA)泛函.

注意，由于 $\nabla^2=\nabla\cdot\nabla$，单电子动能表达式可写为

$$\varepsilon=-\frac{1}{2}\langle\varphi(\vec{r})|\nabla^2|\varphi(\vec{r})\rangle=-\frac{1}{2}\int\left(\nabla\varphi(\vec{r})\right)^*\cdot\left(\nabla\varphi(\vec{r})\right)\mathrm{d}\vec{r}=-\frac{1}{2}\int\left|\nabla\varphi(\vec{r})\right|^2\mathrm{d}\vec{r} \tag{6.7.30}$$

式中，$\varphi$ 为单电子空间函数，即空间轨道. 因此，对于单电子体系来说，$|\nabla\varphi|^2$ 可以看作动能密度，动能密度的全空间积分即为动能. 对于多电子体系来说，$|\nabla\varphi|^2$ 可以看作关于轨道的动能密度. 有了这样的认识之后，就可以比较容易地接受下面将提到的一些动能密度泛函.

1989 年，Becke 和 Roussel 首先提出包含动能密度变量的交换能泛函 BR89[10]. 对于 $\sigma$ 自旋态电子，定义动能密度 $\tau_\sigma$ 和 $\tau_{\omega\sigma}$ 分别为

$$\tau_\sigma=\frac{1}{2}\sum_i^{\mathrm{occ}}\left|\nabla\phi_{i\sigma}(\vec{r})\right|^2,\qquad \tau_{\omega\sigma}(\vec{r})=\frac{\left|\nabla\rho_\sigma(\vec{r})\right|^2}{8\rho_\sigma(\vec{r})} \tag{6.7.31}$$

式中，$\{\phi_{i\sigma}\}$ 是 Kohn-Sham 自旋轨道. BR89 交换能泛函的表达式为

$$E_{\mathrm{x}}^{\mathrm{BR89}}[\rho]=\sum_{\sigma=\alpha,\beta}\int\varepsilon_{\mathrm{x}\sigma}^{\mathrm{BR89}}(\vec{r})\rho_\sigma(\vec{r})\,\mathrm{d}\vec{r} \tag{6.7.32}$$

其中，$\varepsilon_{\mathrm{x}\sigma}^{\mathrm{BR89}}$ 是 BR89 交换能泛函中一个电子的交换能

$$\varepsilon_{\mathrm{x}\sigma}^{\mathrm{BR89}}(\vec{r})=-\frac{2-(2+ab)\exp(-ab)}{4b} \tag{6.7.33}$$

此外还有

$$a^3\exp(-ab)=8\pi\rho_\sigma(\vec{r}) \tag{6.7.34}$$

$$a(ab-2)=b\frac{\nabla^2\rho_\sigma(\vec{r})-4\left[\tau_\sigma(\vec{r})-\tau_{\omega\sigma}(\vec{r})\right]}{\rho_\sigma(\vec{r})} \tag{6.7.35}$$

对于给定的 $\rho_\sigma(\vec{r})$ 以及 $\nabla^2\rho_\sigma(\vec{r})$、$\tau_\sigma(\vec{r})$ 和 $\tau_{\omega\sigma}(\vec{r})$，联立求解式(6.7.34)和式(6.7.35)可得 $a$、$b$.

TPSS 泛函[11]是近年提出的精度较高的 meta-GGA 型泛函. 对于零自旋密度体系，TPSS 交换能泛函的表达式为

$$E_{\mathrm{x}}^{\mathrm{TPSS}}[\rho]=\int \mathrm{d}\vec{r}\rho(\vec{r})\varepsilon_{\mathrm{x}}^{\mathrm{LSDA}}(\vec{r})F_{\mathrm{x}}^{\mathrm{TPSS}}(p,z) \tag{6.7.36}$$

式中，$\rho(\vec{r})=\rho_\alpha(\vec{r})+\rho_\beta(\vec{r})$；$\varepsilon_{\mathrm{x}}^{\mathrm{LSDA}}[\rho]=-\frac{3}{4\pi}\left[3\pi^2\rho(\vec{r})\right]^{\frac{1}{3}}$是均匀电子气的交换能.

$$F_{\mathrm{x}}^{\mathrm{TPSS}}=1+\kappa-\frac{\kappa}{1+x/\kappa} \tag{6.7.37}$$

$$x=\left\{\begin{array}{l}\left[\frac{10}{81}+\frac{cz^2}{\left(1+z^2\right)^2}\right]p+\frac{146}{2025}\bar{q}_b^2-\frac{73}{405}\bar{q}_b\left[\frac{1}{2}\left(\frac{3}{5}z\right)^2+\frac{1}{2}p^2\right]^{\frac{1}{2}}\\+\frac{1}{\kappa}\left(\frac{10}{81}\right)^2p^2+\frac{20e^{\frac{1}{2}}}{81}\left(\frac{3}{5}z\right)^2+e\mu p^3\end{array}\right\}\left(1+e^{\frac{1}{2}}p\right)^{-2} \tag{6.7.38}$$

式中，$\kappa=0.084$；$c=1.59096$；$e=1.537$；$\mu=0.21951$；$z$ 和 $p$ 为无量纲量，$x(p,z)\geqslant 0$

$$z=\tau_\omega/\tau\leqslant 1,\quad \tau_\omega=\frac{\left|\nabla\rho(\vec{r})\right|^2}{8\rho(\vec{r})},\quad \tau=\sum_\sigma\tau_\sigma,\quad \tau_\sigma=\frac{1}{2}\sum_i^{\mathrm{occ}}\left|\nabla\phi_{i\sigma}(\vec{r})\right|^2$$

$$p=\frac{\left|\nabla\rho(\vec{r})\right|^2}{4\left(3\pi^2\right)^{\frac{2}{3}}\rho^{\frac{8}{3}}(\vec{r})},\quad \bar{q}_b=\frac{(9/20)(\alpha-1)}{\left[1+b\alpha(\alpha-1)\right]^{\frac{1}{2}}}+\frac{2p}{3}$$

其中，$b=0.40$；$\alpha=(\tau-\tau_\omega)/\tau_{\mathrm{unif}}=(5p/3)\left(z^{-1}-1\right)\geqslant 0$，$\tau_{\mathrm{unif}}=\frac{3}{10}\left(3\pi^2\right)^{\frac{2}{3}}\left[\rho(\vec{r})\right]^{\frac{5}{3}}$是均匀电子气的动能密度函数.

利用关系式$E_{\mathrm{x}}\left[\rho_\alpha,\rho_\beta\right]=\frac{1}{2}\left\{E_{\mathrm{x}}\left[2\rho_\alpha\right]+E_{\mathrm{x}}\left[2\rho_\beta\right]\right\}$可以计算非零自旋密度体系的交换能.

TPSS 相关能泛函的表达式为

$$E_{\mathrm{c}}^{\mathrm{TPSS}}\left[\rho_\alpha,\rho_\beta\right]=\int \mathrm{d}\vec{r}\rho(\vec{r})\varepsilon_{\mathrm{c}}^{\mathrm{TPSS0}}\left[1+d\varepsilon_{\mathrm{c}}^{\mathrm{TPSS0}}\left(\tau_\omega/\tau\right)^3\right] \tag{6.7.39}$$

$d=2.8$ a.u.，对于零自旋密度体系，令 $d=0$，则

$$\begin{aligned}\varepsilon_{\mathrm{c}}^{\mathrm{TPSS0}}=&\varepsilon_{\mathrm{c}}^{\mathrm{PBE}}\left[\rho_\alpha,\rho_\beta,\nabla\rho_\alpha,\nabla\rho_\beta\right]\left[1+C(\zeta,\xi)\left(\tau_\omega/\tau\right)^2\right]\\&-\left[1+C(\zeta,\xi)\left(\tau_\omega/\tau\right)^2\sum_\sigma\frac{\rho_\sigma(\vec{r})}{\rho(\vec{r})}\bar{\varepsilon}_{\mathrm{c}}\right]\end{aligned} \tag{6.7.40}$$

式中，$\varepsilon_{\mathrm{c}}^{\mathrm{PBE}}\left[\rho_\alpha,\rho_\beta,\nabla\rho_\alpha,\nabla\rho_\beta\right]$是 PBE 泛函一个电子的相关能

$$\varepsilon_{\mathrm{c}}=\max\left[\varepsilon_{\mathrm{c}}^{\mathrm{PBE}}\left[\rho_\sigma,0,\nabla\rho_\sigma,0\right],\ \varepsilon_{\mathrm{c}}^{\mathrm{PBE}}\left[\rho_\alpha,\rho_\beta,\nabla\rho_\alpha,\nabla\rho_\beta\right]\right] \tag{6.7.41}$$

$$C(\zeta,\xi)=\frac{C(\zeta,0)}{\left\{1+\xi^2\left[(1+\zeta)^{-\frac{4}{3}}+(1-\zeta)^{-\frac{4}{3}}\right]\Big/2\right\}^4} \tag{6.7.42}$$

其中，$\zeta$ 是自旋极化度，

$$\xi=\frac{|\nabla\zeta|}{2\left[3\pi^2\rho(\vec{r})\right]^{1/3}},\quad C(\zeta,0)=0.53+0.87\zeta^2+0.50\zeta^4+2.26\zeta^6 \tag{6.7.43}$$

TPSS 泛函的特点是不包含依赖实验数据调整的参数，表达式中的数字系数是根据精确能量泛函应满足的条件确定的. 对电子分布比较均匀的晶体体系和电子分布激烈变化的分子体系都有较高的精度，因此可用于同时涉及固体和分子的体系(如研究表面吸附和催化反应).

### 6.7.5 杂化型泛函　自作用问题

在以上介绍的各种泛函中，并没有有意识地考虑所谓自作用问题，因此影响了泛函质量，引起较大误差. 下面对自作用问题做深入讨论.

与 Hartree-Fock 方程类似，Kohn-Shan 方程(6.5.12)也是单电子运动方程，Kohn-Shan 算符 $\hat{h}_{\text{KS}}$ 中的有效势 $v_{\text{eff}}(\vec{r})$ [见式(6.5.14)]为单电子有效势，其中的 Coulomb 势 $\int\frac{\rho(\vec{r}')}{|\vec{r}-\vec{r}'|}\mathrm{d}\vec{r}'$ 是由 Coulomb 作用能[见式(6.5.6)]变分得到的，而式(6.5.6)中 Coulomb 作用能表达的是 $N$ (体系中的电子数目)个电子之间的 Coulomb 作用. 这表明，有效势 $v_{\text{eff}}(\vec{r})$ 中的 Coulomb 势是 $N$ 电子 Coulomb 势，单从 Coulomb 势看，Kohn-Shan 方程描述的是在 $N$ 个电子所形成的 Coulomb 场中的单电子运动，这显然是不正确的. 因为 $N$ 电子体系中的一个电子只能受到其他 $(N-1)$ 电子的 Coulomb 作用. 显然，有效势 $v_{\text{eff}}(\vec{r})$ 中包含了一个电子与其自身的 Coulomb 作用，如果式(6.5.14)中的交换相关势 $v_{xc}(\vec{r})$ 不能将这种作用消除，则将产生自作用问题. 这种情况是如何造成的? 让我们做进一步分析.

式(2.4.2)是闭壳层 Hartree-Fock 能量的表达式，为了讨论方便，将该式重新列出

$$\begin{aligned}E=\langle\Psi|\hat{H}|\Psi\rangle=&\sum_{k=1}^{N}\langle\varphi_k(1)|\hat{h}_1|\varphi_k(1)\rangle+\frac{1}{2}\sum_{j}^{N}\sum_{k}^{N}\Big[\langle\varphi_j(1)\varphi_k(2)|g_{12}|\varphi_j(1)\varphi_k(2)\rangle\\&-\delta\left(m_{s_j}m_{s_k}\right)\langle\varphi_j(1)\varphi_k(2)|g_{12}|\varphi_k(1)\varphi_j(2)\rangle\Big]\end{aligned} \tag{6.7.44}$$

上式右端涉及 $g_{12}$ 的两个求和分别为电子间的 Coulomb 作用能和交换作用能，在讨论式(2.4.2)时已经指出，这两个求和应限定 $j\neq k$，这是因为，它们均来自 Hamilton 算符中的电子排斥项 $\sum_{i<j}\frac{1}{r_{ij}}$，有

$$\left\langle\sum_{j<k}\frac{1}{r_{jk}}\right\rangle=\frac{1}{2}\left\langle\sum_{j\neq k}\frac{1}{r_{jk}}\right\rangle \tag{6.7.45}$$

式中，$j$、$k$ 表示对电子求和，如果求和中包含 $j=k$，就意味着将会出现 $\frac{1}{r_{kk}}$ 的矩阵元，很明显这是电子与自身的排斥作用. 在 Hartree-Fock 方法中，波函数为 Slater 行列式，将行列式代入式(6.7.45)后，对电子的求和将转化为对轨道的求和[可参看式(2.1.15)的推导过程]，即有式(6.7.44). 但是，在式(6.7.44)中，$j\neq k$ 的限制可以取消，因为当 $j=k$ 时，求和中的两项即 Coulomb 作用和交换作用正好相互抵消，所以实际上包含了 $j\neq k$；另一方面，必须将 $j\neq k$ 的限制取消，才能将式(6.7.44)写作

$$\begin{aligned}E=&\sum_{i=1}^{N}\langle\varphi_i|-\frac{1}{2}\nabla^2|\varphi_i\rangle+\int v_{\text{ext}}(\vec{r})\rho(\vec{r})\mathrm{d}\vec{r}+\frac{1}{2}\int\frac{\rho(\vec{r}_1)\rho(\vec{r}_2)}{r_{12}}\mathrm{d}\vec{r}_1\mathrm{d}\vec{r}_2\\&+\frac{1}{2}\int\frac{\rho(\vec{r}_1)\rho_{\text{x}}(\vec{r}_1,\vec{r}_2)}{r_{12}}\mathrm{d}\vec{r}_1\mathrm{d}\vec{r}_2\end{aligned} \tag{6.7.46}$$

其中

$$v_{\text{ext}}(\vec{r})=-\sum_a\frac{Z_a}{r_a},\qquad \rho(\vec{r})=\sum_{j=1}^{N(\text{occ})}\varphi_j^*(\vec{r})\varphi_j(\vec{r}) \tag{6.7.47}$$

$$\rho_{\text{x}}(\vec{r}_1,\vec{r}_2)=-\frac{\sum\limits_{\sigma=\alpha,\beta}\rho_1^{\sigma\sigma}(\vec{r}_1,\vec{r}_2)\rho_1^{*\sigma\sigma}(\vec{r}_1,\vec{r}_2)}{\rho(\vec{r}_1)} \tag{6.7.48}$$

式(6.7.46)正是式(6.1.30)，而式(6.7.48)正是式(6.1.19). 由式(6.1.30)的讨论可知，任意单行列式波函数给出的能量均可用式(6.7.46)表达，其中对一般单行列式波函数，有[见式(6.1.20)]

$$\rho_1^{\sigma\sigma}(\vec{r}_1,\vec{r}_2)=\sum_j^{N_\sigma(\text{occ})}\varphi_j^\sigma(\vec{r}_1)\varphi_j^{*\sigma}(\vec{r}_2),\qquad \sigma=\alpha,\beta \tag{6.7.49}$$

而对闭壳层 Hartree-Fock 波函数，有[见式(6.1.24)]

$$\rho_1^{\sigma\sigma}(\vec{r}_1,\vec{r}_2)=\sum_{j=1}^{N/2(\text{occ})}\varphi_j^\sigma(\vec{r}_1)\varphi_j^{*\sigma}(\vec{r}_2),\qquad \sigma=\alpha,\beta \tag{6.7.50}$$

式(6.7.46)的最后一项为交换能，利用以上公式，可将行列式波函数给出的交换能写作

$$E_{\text{x}}[\rho]=\frac{1}{2}\int\frac{\rho(\vec{r}_1)\rho_{\text{x}}(\vec{r}_1,\vec{r}_2)}{r_{12}}\text{d}\vec{r}_1\text{d}\vec{r}_2=-\frac{1}{2}\int\frac{\sum\limits_{\sigma=\alpha,\beta}\rho_1^{\sigma\sigma}(\vec{r}_1,\vec{r}_2)\rho_1^{*\sigma\sigma}(\vec{r}_1,\vec{r}_2)}{r_{12}}\text{d}\vec{r}_1\text{d}\vec{r}_2 \tag{6.7.51}$$

其中，对一般单行列式波函数，$\rho_1^{\sigma\sigma}(\vec{r}_1,\vec{r}_2)$由式(6.7.49)给出，而对闭壳层 Hartree-Fock 波函数，$\rho_1^{\sigma\sigma}(\vec{r}_1,\vec{r}_2)$由式(6.7.50)给出.

这里，我们重述了 6.1 节的有关内容，以便于下面讨论. 式(6.7.47)表明，电子密度函数$\rho(\vec{r})$的表达式中包含所有占据轨道，求和中共有$N$项($N$个占据轨道). 如果保留$j\neq k$的限制，则式(6.7.44)的双电子 Coulomb 积分中包含的电子密度应分别写作$\sum\limits_{j(\neq k)}^{\text{occ}}\varphi_j^*(\vec{r}_1)\varphi_j(\vec{r}_1)$和$\sum\limits_{k(\neq j)}^{\text{occ}}\varphi_k^*(\vec{r}_2)\varphi_k(\vec{r}_2)$，与电子密度$\rho(\vec{r})$的表达式相比，求和中都缺少一项，因而不能将式(6.7.44)写作式(6.7.46). 由此可见，式(6.7.46)是在允许$j=k$的情况下由式(6.7.44)得到的. 从式(6.7.44)可以看到，允许$j=k$意味着在式(6.7.46)的 Coulomb 积分$\frac{1}{2}\int\frac{\rho(\vec{r}_1)\rho(\vec{r}_2)}{r_{12}}\text{d}\vec{r}_1\text{d}\vec{r}_2$中，将会出现电子密度分布$\varphi_k(\vec{r}_1)\varphi_k(\vec{r}_1)^*$和$\varphi_k(\vec{r}_2)\varphi_k(\vec{r}_2)^*$之间的 Coulomb 作用，由$\rho(\vec{r})$的表达式可以看到，求和中的每一轨道都是单占据的(求和上限为$N$，双占据的空间轨道已用自旋区分因而编号不同)，因此$\varphi_k(\vec{r}_1)\varphi_k(\vec{r}_1)^*$和$\varphi_k(\vec{r}_2)\varphi_k(\vec{r}_2)^*$是同一个电子分布在$\vec{r}_1$和$\vec{r}_2$两个不同区域上的电子云，两者之间的作用显然是一个电子和自身的作用，故称为自作用(不同轨道上的电子不可能是同一个电子，因而不存在自作用问题). 但是注意，式(6.7.46)只不过是式(6.7.44)的另一种写法，从上面的分析可以看到，取消$j\neq k$的限制后，式(6.7.46)的最后一项中包含的$j=k$时的交换作用能够将前一项中包含的 Coulomb 自作用抵消，因此在 Hartree-Fock 方法中不存在自作用问题. Kohn-Sham 方法中，电子密度函数$\rho(\vec{r})$的表达式(6.5.1)与式(6.7.47)相同，但其能量表达式则为式(6.5.10)，即

$$E[\rho]=\sum_{i=1}^{N}\langle\varphi_i|-\frac{1}{2}\nabla^2|\varphi_i\rangle+\frac{1}{2}\int\frac{\rho(\vec{r}_1)\rho(\vec{r}_2)}{r_{12}}\mathrm{d}\vec{r}_1\mathrm{d}\vec{r}_2+\int v_{\mathrm{ext}}(\vec{r})\rho(\vec{r})\mathrm{d}\vec{r}+E_{\mathrm{xc}}[\rho] \tag{6.7.52}$$

严格地说，式(6.7.52)与式(6.7.46)中的动能项并不相同，分别为理想体系的动能和真实体系的动能，而外势能和 Coulomb 排斥能则是相同的，因此两式中交换-相关能的含义也不完全相同，式(6.7.52)中的$E_{\mathrm{xc}}[\rho]$包含理想体系与真实体系的动能差. 前面指出，式(6.7.46)的最后一项中包含的交换作用能够保证将前一项中包含的 Coulomb 自作用抵消. 如果能够给出式(6.7.52)中交换-相关能泛函$E_{\mathrm{xc}}[\rho]$的精确表达式，则也一定能自动将$\frac{1}{2}\int\frac{\rho(\vec{r}_1)\rho(\vec{r}_2)}{r_{12}}\mathrm{d}\vec{r}_1\mathrm{d}\vec{r}_2$中包含的自作用抵消，但是以上讨论过的几类近似交换-相关能泛函做不到这一点，因此存在自作用误差. 自作用误差的存在使得电子间的排斥作用高估，对计算结果产生不利影响。为了消除自作用误差，最好将 Hartree-Fock 交换能引入交换-相关能泛函中，于是提出了杂化泛函. 杂化(hybrid)泛函就是将 Hartree-Fock 交换能与近似交换-相关能按一定比例混合得到的泛函，是现在常用的一种泛函.

简言之，电子密度函数$\rho(\vec{r})=\sum_{i=1}^{N}\varphi_i^*(\vec{r})\varphi_i(\vec{r})$给出的是$N$个电子的空间密度分布. 出现在能量表达式中的 Coulomb 排斥能为$\frac{1}{2}\int\frac{\rho(\vec{r}_1)\rho(\vec{r}_2)}{r_{12}}\mathrm{d}\vec{r}_1\mathrm{d}\vec{r}_2$ [如式(6.7.46)和式(6.7.52)]，其中，$\rho(\vec{r}_1)=\sum_{i=1}^{N}\varphi_i^*(\vec{r}_1)\varphi_i(\vec{r}_1)$，求和中的每一项$\varphi_i^*(\vec{r}_1)\varphi_i(\vec{r}_1)$为一个电子的空间分布，而每一项都与$\rho(\vec{r}_2)=\sum_{i=1}^{N}\varphi_i^*(\vec{r}_2)\varphi_i(\vec{r}_2)$发生作用，即每一个电子都与$N$个电子发生 Coulomb 排斥作用. 而实际上应该是，每一个电子只能与其他$(N-1)$个电子发生 Coulomb 排斥作用. 因此，在如此表达的 Coulomb 排斥能中包含自作用，必须将这种自作用抵消，才能得到正确的能量. Hartree-Fock 交换项能够消除 Coulomb 排斥能中的自作用，因此有必要将 Hartree-Fock 交换能引进交换-相关泛函中.

为了给出杂化泛函的表达式，需要引入绝热关联的概念. 将体系的 Hamilton 算符写成

$$\hat{H}_\lambda=-\frac{1}{2}\sum_i^N\nabla_i^2+\sum_i^N v_i(\rho,\lambda)+\frac{\lambda}{2}\sum_{i\neq j}^N\frac{1}{r_{ij}} \tag{6.7.53}$$

式中，参量$\lambda$用以表征电子间相互作用的强度，是一个非负耦合常数，$\lambda\in[0,1]$. $\lambda=0$对应粒子间无相互作用的参考体系，而$\lambda=1$则对应粒子间存在相互作用的真实体系. 下面将会看到，式(6.7.53)中，$v_i(\rho,\lambda)$将随$\lambda$变化而变化，而不是通常的外势，因此没有写成$v_{\mathrm{ext}}$. 假定体系的基态电子密度为$\rho(\vec{r})$，并假定当$\lambda$从 0 渐变到 1 时，有一条平滑的“绝热途径”(adiabatic connection)连接无相互作用体系与真实体系的基态，所谓“绝热”就是指电子密度$\rho(\vec{r})$维持不变. 这是可以实现的，因为$\lambda=0$对应着一个无相互作用体系，式(6.5.33)给出了该体系的外势$v_{\mathrm{ext},s}(\vec{r})=v_{\mathrm{coul}}(\vec{r})+v_{\mathrm{xc}}(\vec{r})+v_{\mathrm{ext}}(\vec{r})$. $\rho(\vec{r})$维持不变，改变$\lambda$对应于改变无相互作用体系外势中的$v_{\mathrm{xc}}(\vec{r})$, 当$\lambda=1$时，转变为真实体系，根据 6.5 节的讨论，在$\lambda$变化的过程中，理想体系与真实体系始终有相同的基态电子密度. 此外，6.5 节中指出，$E_{\mathrm{xc}}[\rho]$和$E'_{\mathrm{xc}}[\rho]$的含义并不相同，但在绝热关联的情况下，$E_{\mathrm{xc}}[\rho]$也可以用式(6.5.7)表示，现在来说明这一点.

将给出密度$\rho(r)$的尝试波函数集$\{\Psi_\rho\}$中使$\langle\hat{T}+\lambda\hat{V}_{\mathrm{ee}}\rangle$取最小值的波函数记作$\Psi_\rho^{\min,\lambda}$，注意：绝热情况下电子密度$\rho(\vec{r})$维持不变，于是有

$$
\begin{aligned}
E_{\mathrm{xc}}[\rho] &= T[\rho]+V_{\mathrm{ee}}[\rho]-T_s[\rho]-J[\rho] \\
&= \left\langle \Psi_\rho^{\min,\lambda}\middle|\hat{T}+\lambda\hat{V}_{\mathrm{ee}}\middle|\Psi_\rho^{\min,\lambda}\right\rangle_{\lambda=1}-\left\langle \Psi_\rho^{\min,\lambda}\middle|\hat{T}+\lambda\hat{V}_{\mathrm{ee}}\middle|\Psi_\rho^{\min,\lambda}\right\rangle_{\lambda=0}-J[\rho] \\
&= \int_0^1 \mathrm{d}\lambda \frac{\mathrm{d}}{\mathrm{d}\lambda}\left\langle \Psi_\rho^{\min,\lambda}\middle|\hat{T}+\lambda\hat{V}_{\mathrm{ee}}\middle|\Psi_\rho^{\min,\lambda}\right\rangle-J[\rho]
\end{aligned} \tag{6.7.54}
$$

式中，$\hat{V}_{\mathrm{ee}}=\sum\limits_{i<j}\frac{1}{r_{ij}}$，利用式(6.5.5)，有

$$
\left\langle \hat{V}_{\mathrm{ee}}\right\rangle=E_{\mathrm{ee}}=J[\rho]+\frac{1}{2}\int\frac{\rho(\vec{r}_1)\rho_{\mathrm{xc}}(\vec{r}_1,\vec{r}_2)}{r_{12}}\mathrm{d}\vec{r}_1\mathrm{d}\vec{r}_2 \tag{6.7.55}
$$

由 Hellmann-Feynman 定理[见式(4.3.2)]，有

$$
\frac{\partial}{\partial\lambda}\left\langle \Psi^\lambda\middle|\hat{H}^\lambda\middle|\Psi^\lambda\right\rangle=\left\langle \Psi^\lambda\middle|\frac{\partial\hat{H}^\lambda}{\partial\lambda}\middle|\Psi^\lambda\right\rangle \tag{6.7.56}
$$

于是，式(6.7.54)可以化简成

$$
E_{\mathrm{xc}}=\int_0^1\mathrm{d}\lambda\left\langle \Psi_\rho^{\min,\lambda}\middle|\hat{V}_{\mathrm{ee}}\middle|\Psi_\rho^{\min,\lambda}\right\rangle-J[\rho] \tag{6.7.57}
$$

将式(6.7.55)代入式(6.7.57)，注意：不同$\lambda$对应相同的电子密度$\rho(\vec{r})$，即$\rho(\vec{r})$与$\lambda$无关，从而$J[\rho]$与$\lambda$无关；但由于 Hamilton 算符$\hat{H}_\lambda$[式(6.7.53)]与$\lambda$有关，交换-相关穴密度函数$\rho_{\mathrm{xc}}(\vec{r}_1,\vec{r}_2)$必定与$\lambda$有关，于是，由式(6.7.57)和式(6.7.55)，有

$$
E_{\mathrm{xc}}^\lambda=\frac{1}{2}\int\frac{\rho(\vec{r}_1)\rho_{\mathrm{xc}}^\lambda(\vec{r}_1,\vec{r}_2)}{r_{12}}\mathrm{d}\vec{r}_1\mathrm{d}\vec{r}_2 \tag{6.7.58}
$$

$$
E_{\mathrm{xc}}=\int_0^1 E_{\mathrm{xc}}^\lambda\mathrm{d}\lambda \tag{6.7.59}
$$

交换-相关能中所包含的真实体系与理想体系的动能差被包含在耦合常数的积分中. 假定$E_{\mathrm{xc}}^\lambda$是$\lambda$的线性函数. $\lambda=0$对应着 Kohn-Sham 无相互作用体系，其精确波函数可以用 Slater 行列式描述，因此利用行列式波函数的交换能表达式(6.7.51)和式(6.7.49)，可以用 KS 轨道$\{\varphi_i^{\mathrm{KS}}\}$将无相互作用体系的交换-相关能$E_{\mathrm{xc}}^{\lambda=0}[\rho]$表达为

$$
E_{\mathrm{xc}}^{\lambda=0}[\rho]=E_{\mathrm{x}}^{\lambda=0}[\rho]=-\frac{1}{2}\sum_{i=1}^{\mathrm{occ}}\sum_{j=1}^{\mathrm{occ}}\sum_{\sigma=\alpha,\beta}\int\mathrm{d}\vec{r}_1\int\mathrm{d}\vec{r}_2\frac{\varphi_i^{\mathrm{KS}}(r_1\sigma)\varphi_i^{\mathrm{KS}*}(r_2\sigma)\varphi_j^{\mathrm{KS}}(r_2\sigma)\varphi_j^{\mathrm{KS}*}(r_1\sigma)}{|\vec{r}_1-\vec{r}_2|} \tag{6.7.60}
$$

容易看出，用 KS 轨道表示的$E_{\mathrm{x}}^{\lambda=0}[\rho]$与 Hartree-Fock 模型中用 HF 轨道表示的交换能在形式上完全相同，本质上是离域的. 虽然无相互作用体系的交换-相关能$E_{\mathrm{xc}}^{\lambda=0}[\rho]$关于密度的泛函形式是未知的，或者根本不存在一个解析表达式，但是只要无相互作用体系的 KS 轨道已知，则体系的交换能在数学上总是可以精确地表示为式(6.7.60). 因此，我们通常将用 KS 轨道(而不是电子密度$\rho$)表述的交换能泛函式(6.7.60)称为精确交换能泛函，记作$E_{\mathrm{x}}^{\mathrm{exact}}[\rho]$. 当$\lambda=1$时，如果令$E_{\mathrm{xc}}^1$近似等于局域密度近似下的交换-相关能泛函$E_{\mathrm{xc}}^{\mathrm{LSDA}}$，则式(6.7.59)的定积分为一梯形面积(梯形高度为 1，即积分上下限之差)

$$E_{xc}=\frac{1}{2}\left(E_{xc}^{0}+E_{xc}^{1}\right)=\frac{1}{2}E_{x}^{exact}+\frac{1}{2}E_{xc}^{1}\approx\frac{1}{2}E_{x}^{HF}+\frac{1}{2}E_{xc}^{LSDA} \tag{6.7.61}$$

这就是“半对半”(half and half)杂化泛函的表达式.

以上假定比较粗略，如果选择合适的 $E_{xc}^{1}$，并通过拟合实验数据优化混合比例，将能提高泛函的精度. 沿着这种思路，人们提出了多种杂化型交换-相关能密度泛函，彼此的差别在于采用的 $E_{xc}^{1}$ 和混合系数不同. 例如，B3LYP 泛函是将近似交换能泛函 B88 和近似相关能泛函 LYP 相结合作为 $E_{xc}^{1}$，混合适当的精确交换能 $E_{x}^{exact}$ 得到的，其表达式为

$$E_{xc}^{B3LYP}=(1-a)E_{x}^{LSDA}+aE_{x}^{exact}+b\Delta E_{x}^{B88}+cE_{c}^{LYP}+(1-c)E_{c}^{LSDA} \tag{6.7.62}$$

式中，$a\approx0.2$, $b\approx0.7$, $c\approx0.8$. 参数 $a$ 代表了该泛函的离域程度，通常称为杂化系数. 式(6.7.61)泛函的杂化系数为 0.5(半对半杂化)，B3LYP 泛函的杂化系数减小了. 参数 $b$、$c$ 代表了 GGA 近似下梯度校正的影响. 在泛函名称 B3LYP 中，B 和 LYP 分别代表交换能泛函 B88 和相关能泛函 LYP，3 表示参数的个数，杂化泛函一般都采用类似的命名方式. 例如，将 B3LYP 泛函中的相关能泛函 LYP 用相关能泛函 PW91 替代即可得到 B3PW91 泛函的表达式；X3LYP 泛函[12]则以交换能泛函 X(徐昕)取代 B3LYP 泛函中的交换能泛函 B88，并且重新优化了三个参数. 由于交换能泛函 X 能更好地描述弱相互作用，X3LYP 杂化泛函能够更好地应用于氢键体系.

一般来说，在近似交换能泛函中混入一定量的精确交换能对计算结果有改善作用，特别是用于计算优化混合系数时用到的那些分子性质. 付出的代价是为了计算精确的交换能，需要像从头算方法一样计算分子积分，大大增加了计算量. 减少电子自作用误差是杂化型泛函精度有所提高的部分原因. 但完全采用精确的交换能效果并不好. 6.1.2 节已经指出，电子之间的远程交换和相关作用方向相反，在一定程度上互相抵消，剩余部分主要是局域的. 将交换能和相关能合并在一起，用局域近似可以给出相当好的描述. 这是现有近似泛函(包括 LDA、GGA 和 meta-GGA)取得成功的重要原因. 而将交换能按定义精确计算，虽然消除了自作用误差的绝大部分，但剩余的部分主体是离域的相关能，局域近似不再是好的近似，效果反而不好. 因此，确定交换-相关能泛函的离域程度，即确定 $E_{x}^{exact}[\rho]$ 的杂化系数，是决定杂化泛函质量的关键. B3LYP、 B3PW91 以及 X3LYP 等杂化泛函中，杂化系数均为 0.20～0.30. 1996 年，Perdew、Burke 以及 Ernzerhof 等通过理论推导，证明该杂化系数应该为 0.25，从而提出了“无拟合参数的”杂化泛函

$$E_{xc}^{Hybrid}[\rho]=E_{xc}^{GGA}[\rho]+0.25\left(E_{x}^{exact}-E_{x}^{GGA}\right) \tag{6.7.63}$$

基于此，1998 年，Adamo 和 Barone 将交换泛函 PBE 和相关泛函 PBE 代入式(6.7.63)，给出了杂化泛函 PBE1PBE. 该杂化泛函也称 PBE0 泛函，其中“0”意味着泛函中的参数并非拟合得到，

$$E_{xc}^{PBE0}[\rho]=0.25E_{x}^{exact}[\rho]+0.75E_{x}^{PBE}[\rho]+E_{c}^{PBE}[\rho] \tag{6.7.64}$$

杂化泛函 PBE0 可以很好地预测分子的一些重要物理及化学性质，如弱相互作用、NMR 屏蔽常数等. 尽管 0.25 左右的杂化系数对于大多数分子体系是合理的，但是必须指出，交换-相关能泛函的离域程度应该依赖于具体体系. 因此，如何进一步改进杂化泛函，依然是目前密度泛函研究领域的重要课题.

### 6.7.6　泛函评价

大量近似交换-相关能泛函已经被提出，于是产生了一个问题：如何评价一个泛函的优劣？

为了客观评价近似交换-相关能泛函，或者说，为了建造更好的交换-相关能泛函，必须弄清精确交换-相关能泛函应该满足的一般条件. 人们在这一领域已经开展了大量研究，提出了许多精确泛函应该满足的条件，涵盖了泛函的积分行为、微分行为、渐近行为和标度关系等，我们不再详细讨论这些条件，有兴趣的读者可参看有关文献[13,14].

目前主要有两种评价泛函的方法，一种方法是考察近似泛函是否满足精确泛函应该满足的条件或者偏离程度；另一种方法是将泛函用于实际体系的计算，根据计算结果的精度和计算效率判断泛函的优劣. 理论上讲，前一种方法更为科学，后一种方法所得结论只能在有限范围内(某类分子或分子的某些性质，即某些可观测物理量)成立，但后一种方法更为实用. 目前已有的近似泛函中，没有任何一种泛函能够满足已知的精确泛函应该满足的全部条件，而不同泛函满足的部分条件各不相同，因此很难据以判断泛函的优劣. 很多不满足精确泛函条件的近似泛函却能得到较好的计算结果，原因之一是，大多数可观测物理量均为两个量值之差，近似泛函的系统误差可能大部分相互抵消了. 鉴于以上情况，目前主要采用第二种方法来评价泛函，并根据实际需要选择泛函.

**扩展资料：均匀电子气体系的交换能泛函**

在 $X_\alpha$ 方法一节中，我们导出了均匀电子气体系交换势的表达式，但当时我们是从 Fock 算符的表达式出发的，现在我们从更一般的模型出发，给出均匀电子气体系交换能密度泛函的解析表达式.

正文中已经给出了均匀电子气体系交换能的计算公式，即式(6.7.6). 只要给出电子波函数，进而求得交换电荷密度 $\rho_1^\sigma(\vec{r}_1,\vec{r}_2)$，即可由式(6.7.6)求得交换能泛函的解析表达式. 为此，将空间分为许多边长为 $l$ 的小立方箱，每一立方箱中有一个电子，采用周期性边界条件[注意与 6.3 节边界条件不同，参见式(6.3.1)]

$$\varphi\left(-\frac{l}{2}\right)=\varphi\left(\frac{l}{2}\right)=0 \tag{6.7.65}$$

式(6.7.65)给出的边界条件与式(4.6.26)相同，故由式(4.6.36)可知，归一化的平面波(能量和动量的共同本征函数)为

$$\varphi\left(k_x,k_y,k_z\right)=(l)^{-3/2}\exp\left(\mathrm{i}\vec{k}\cdot\vec{r}\right) \tag{6.7.66}$$

式中，$\vec{k}$ 由式(4.6.37)给出

$$k_i=\frac{2\pi}{l}n_i\,,\qquad n_i=0,1,2,\cdots\,,\quad i=x,y,z \tag{6.7.67}$$

$n_x$、$n_y$、$n_z$ 不能同时为零. 先考虑自旋为 $\sigma$ 的电子，由式(6.7.47)，并利用式(6.7.66)可求得电子密度

$$\rho_\sigma(\vec{r})=\sum_{i=1}^{n_\sigma}\left|\varphi_i(\vec{r},\sigma)\right|^2=\sum_{i=1}^{n_\sigma}l^{-3} \tag{6.7.68}$$

这表明均匀电子气体系的电子密度处处相等，与电子坐标 $\vec{r}$ 无关. 由于能级很密集，可将式(6.7.68)的求和变为积分，注意

$$\mathrm{d}\vec{n}=\left(\frac{l}{2\pi}\right)^3\mathrm{d}\vec{k}$$

可得

$$\begin{aligned}\rho_\sigma(\vec{r})&=l^{-3}\int\mathrm{d}n_x\mathrm{d}n_y\mathrm{d}n_z=(2\pi)^{-3}\int\mathrm{d}k_x\mathrm{d}k_y\mathrm{d}k_z\\&=(2\pi)^{-3}\int_0^{k_{F\sigma}}k^2\mathrm{d}k\int\sin\theta\mathrm{d}\theta\mathrm{d}\phi=\frac{1}{6\pi^2}k_{F\sigma}^3\end{aligned}\tag{6.7.69}$$

式中，$k_{F_\sigma}$是最高占据单电子态的$k$值. 由式(6.7.69)有

$$k_{F_\sigma}=\left[6\pi^2\rho_\sigma(\vec{r})\right]^{1/3}\tag{6.7.70}$$

由式(6.7.49)，并利用式(6.7.66)可求得交换电子密度

$$\rho_1^\sigma(\vec{r}_1,\vec{r}_2)=\sum_i^{\mathrm{occ}}\varphi_i(\vec{r}_1)\varphi_i^*(\vec{r}_2)=l^{-3}\sum_i^{\mathrm{occ}}\exp\left[\mathrm{i}\vec{k}(\vec{r}_1-\vec{r}_2)\right]\tag{6.7.71}$$

令$\vec{r}=\frac{1}{2}(\vec{r}_1+\vec{r}_2)$，$\vec{r}_{12}=\vec{r}_1-\vec{r}_2$，将求和变为积分，取$\vec{r}_{12}$为$z$轴，利用

$$\mathrm{e}^{\mathrm{i}x}=\cos x+\mathrm{i}\sin x$$

和积分公式

$$\int x\sin ax\mathrm{d}x=\frac{1}{a^2}\sin ax-\frac{1}{a}x\cos ax$$

并利用式(6.7.70)，可将式(6.7.71)写为

$$\begin{aligned}\rho_1^\sigma(\vec{r}_1,\vec{r}_2)&=l^{-3}\int\exp\left[\mathrm{i}\vec{k}\cdot\vec{r}_{12}\right]\mathrm{d}n_x\mathrm{d}n_y\mathrm{d}n_z=\frac{1}{8\pi^3}\int\exp\left[\mathrm{i}\vec{k}\cdot\vec{r}_{12}\right]\mathrm{d}k_x\mathrm{d}k_y\mathrm{d}k_z\\&=\frac{1}{8\pi^3}\int_0^{k_{F_\sigma}}k^2\mathrm{d}k\int_0^\pi\exp[\mathrm{i}kr_{12}\cos\theta]\sin\theta\mathrm{d}\theta\int_0^{2\pi}\mathrm{d}\phi\\&=3\rho_\sigma(r)\left(\frac{\sin t-t\cos t}{t^3}\right)\end{aligned}\tag{6.7.72}$$

式中，$t=k_{F_\sigma}r_{12}$. 均匀电子气体系中电子间无相互作用，波函数为单行列式，由能量表达式(6.7.51)可得体系的交换能

$$E_\mathrm{x}^\sigma[\rho_\sigma]=-\frac{1}{2}\int\frac{\rho_1^\sigma(\vec{r}_1,\vec{r}_2)\rho_1^\sigma(\vec{r}_2,\vec{r}_1)}{r_{12}}\mathrm{d}\vec{r}_1\mathrm{d}\vec{r}_2=-\frac{1}{2}\int\frac{\left|\rho_1^\sigma(\vec{r}_1,\vec{r}_2)\right|^2}{r_{12}}\mathrm{d}\vec{r}_1\mathrm{d}\vec{r}_2\tag{6.7.73}$$

将式(6.7.72)代入式(6.7.73)，利用公式

$$\int_0^\infty\frac{(\sin x-x\cos x)^2}{x^5}\mathrm{d}x=\frac{1}{4}$$

可得交换能

$$\begin{aligned}E_\mathrm{x}^\sigma[\rho_\sigma]&=-\frac{9}{2}\int\left|\rho_\sigma(\vec{r})\right|^2\mathrm{d}\vec{r}\int_0^\infty\frac{1}{r_{12}}\left(\frac{\sin t-t\cos t}{t^3}\right)^2 4\pi r_{12}^2\mathrm{d}r_{12}\\&=-\frac{9}{2}\frac{4\pi}{k_{F_\sigma}^2}\int\rho_\sigma^2(\vec{r})\mathrm{d}\vec{r}\int_0^\infty\frac{(\sin t-t\cos t)^2}{t^5}\mathrm{d}t\\&=-c_\mathrm{x}\int\rho_\sigma^{\frac{4}{3}}(\vec{r})\mathrm{d}\vec{r}=\int\varepsilon_\mathrm{x}^\sigma[\rho_\sigma]\rho_\sigma(\vec{r})\mathrm{d}\vec{r}\end{aligned}\tag{6.7.74}$$

这正是式(6.7.7)，式中

$$\varepsilon_{\mathrm{x}}^{\sigma}\left[\rho_{\sigma}\right]=-c_{\mathrm{x}}\rho_{\sigma}^{\frac{1}{3}}(\vec{r}), \qquad c_{\mathrm{x}}=\frac{3}{2}\left(\frac{3}{4\pi}\right)^{\frac{1}{3}} \tag{6.7.75}$$

$\varepsilon_{\mathrm{x}}^{\sigma}$ 为一个电子的交换能. 式(6.2.50)给出一个电子的交换势

$$v_{\mathrm{x}}^{\sigma}(\vec{r})=-3\left(\frac{3\rho_{\sigma}}{8\pi}\right)^{\frac{1}{3}} \tag{6.7.76}$$

由式(6.0.9)，可得总交换能

$$E_{\mathrm{x}}^{\sigma}=\left\langle\sum_{i}^{\mathrm{occ}}v_{\mathrm{x}}^{\sigma}(\vec{r}_i)\right\rangle=\int v_{\mathrm{x}}^{\sigma}\rho_{\sigma}(\vec{r})\mathrm{d}\vec{r}=A_{\mathrm{x}}\int\rho_{\sigma}^{\frac{4}{3}}(\vec{r})\mathrm{d}\vec{r} \tag{6.7.77}$$

上式中，$A_{\mathrm{x}}$ 为常数. 式(6.7.77)与式(6.7.74)具有相同的形式，但从式(6.7.75)和式(6.7.76)看，$\varepsilon_{\mathrm{x}}^{\sigma}$ 和 $v_{\mathrm{x}}^{\sigma}$ 相差因子 $4^{\frac{1}{3}}$，这是由边界条件不同导致的，式(6.7.76)是在无界条件下得到的，而式(6.7.75)的边界条件为 $\varphi\left(-\frac{l}{2}\right)=\varphi\left(\frac{l}{2}\right)=0$ [见式(6.7.65)]. 4.6.1 节已经做过讨论，在不同边界条件下，自由粒子的能量表达式不同，平面波的宗量即波矢 $\vec{k}$ 的表达式也不同，因而式(6.7.74)和式(6.7.77)的积分结果相同，即它们给出相同的交换能 $E_{\mathrm{x}}^{\sigma}$. 事实上，如果采用相同的边界条件推导，则得到的一个电子的交换能表达式是相同的.

目前，文献中通常称式(6.7.77)给出的近似交换能泛函为 Slater 交换泛函，并记为 $E_{\mathrm{x}}^{S}[\rho]$. 此外，文献中还经常用 Wigner-Seitz 半径 $r_S$ 描述 LDA 下的单电子交换能和交换势. 取[见式(6.7.17)]

$$r_S=\left(\frac{4\pi}{3}\rho\right)^{-1/3} \tag{6.7.78}$$

则有

$$\frac{4}{3}\pi r_S^3\rho=1 \tag{6.7.79}$$

以 $r_S$ 为半径的球的体积为 $\frac{4}{3}\pi r_S^3$，而 $\rho$ 为局域均匀的单电子密度，因此式(6.7.79)表明，$r_S$ 相当于一个电荷密度恒定、总电荷量为 1 的球的半径. 将式(6.7.78)代入式(6.7.75)和式(6.7.76)，可得 LDA 下的单电子交换能和交换势

$$\varepsilon_{\mathrm{x}}^{\mathrm{LDA}}=-\frac{3}{2}\left(\frac{3}{4\pi}\right)^{2/3}\frac{1}{r_S}, \quad v_{\mathrm{x}}^{\mathrm{LDA}}=-\frac{3}{2^{\frac{1}{3}}}\left(\frac{3}{4\pi}\right)^{2/3}\frac{1}{r_S} \tag{6.7.80}$$

Wigner-Seitz 半径 $r_s$ 可以粗略地看成两个电子之间的平均距离，式(6.7.79)表明，$\rho$ 大，则 $r_S$ 小；$\rho$ 小，则 $r_S$ 大.

## 6.8　概念密度泛函理论[15]

通常把密度泛函理论细分为计算密度泛函理论和概念密度泛函理论，前者以讨论计算方法为主，后者以阐述与密度泛函理论相关的概念为主. 本节着重讨论与密度泛函理论相关的几

个概念.

为了说明概念密度泛函的基本内涵，我们可以做一个类比. 基于波函数的理论计算(如分子轨道理论)在 20 世纪 50 年代基本成熟，之后过了 20 多年出现了福井谦一的前线分子轨道理论和 Woodward-Hoffman 规则，把分子轨道理论的数值计算升华为预测分子反应活性的概念. 密度泛函理论的计算方法在 20 世纪 90 年代趋于成熟，能否根据密度泛函的数值计算结果，建立类似于波函数理论中关于分子反应活性的理论模型呢？这正是概念密度泛函理论追求的目标. 其基本做法是，将分子的电子结构(电子密度函数)、性质以及反应活性等与能量密度泛函的各级导数相联系，从而将密度泛函中的数学表达式升华为化学概念.

从前几节的讨论可以看到，决定体系基态能量的因素有两个，一是总电子数 $N$，二是基态电子密度函数 $\rho(\vec{r})$. 但是，根据 Hohenberg-Kohn 定理，$\rho(\vec{r})$ 与外势 $v_{\text{ext}}(\vec{r})$ 有一一对应关系，即二者相互确定. 因此也可以说，基态能量是总电子数 $N$ 的函数，并且是外势 $v_{\text{ext}}(\vec{r})$ 的泛函，即 $E\left[\rho(\vec{r})\right]=E\left[N,v_{\text{ext}}(\vec{r})\right]$. 在概念密度泛函理论中，把总电子数的变化和外势的变化看作两种微扰，分别以 $\mathrm{d}N$ 和 $\mathrm{d}v_{\text{ext}}$ 表示. 在微扰影响下，体系性质的改变称为敏感度系数. 对分子体系而言，人们感兴趣的敏感度系数是体系基态能量对微扰 $\mathrm{d}N$ 和 $\mathrm{d}v_{\text{ext}}$ 的一阶和二阶响应，由此得到了化学势、电负性、硬度、软度和 Fukui 函数等，它们都可以通过对体系基态能量泛函的求导得到.

### 6.8.1　化学势和电负性

由式(6.4.11)，有

$$\left[\frac{\partial E}{\partial v_{\text{ext}}(\vec{r})}\right]_N=\rho(\vec{r})\,,\qquad \left[\frac{\delta E}{\delta v_{\text{ext}}(\vec{r})}\right]_\rho=\rho(\vec{r}) \tag{6.8.1}$$

这是因为 $F[\rho]$ 与外势无显示关系[参见式(6.4.12)]，它是 $N$ 电子体系的普适泛函. 利用式(6.8.1)，并参照式(2.3.5)，有

$$\begin{aligned}\mathrm{d}E&=\left[\frac{\partial E}{\partial N}\right]_{v_{\text{ext}}(\vec{r})}\mathrm{d}N+\int\left[\frac{\delta E}{\delta v_{\text{ext}}(\vec{r})}\right]_N\delta v_{\text{ext}}(\vec{r})\mathrm{d}\vec{r}\\&=\left[\frac{\partial E}{\partial N}\right]_{v_{\text{ext}}(\vec{r})}\mathrm{d}N+\int\rho(\vec{r})\delta v_{\text{ext}}(\vec{r})\mathrm{d}\vec{r}\end{aligned} \tag{6.8.2}$$

式中，在求微扰 $\delta v_{\text{ext}}(\vec{r})$ 对能量的影响时，必须对坐标做积分. 这是因为 $v_{\text{ext}}(\vec{r})$ 代表势场，其值与坐标有关，而能量为整体性质，必须综合考虑各点的影响(即在全空间积分)才能求出总能量变化，可参看关于式(2.3.5)的讨论. 以下推导中，这种情况会经常出现，不再一一说明. 再利用式(6.4.11)、式(6.8.1)、式(6.4.17)和式(6.0.30)，有

$$\begin{aligned}\delta E&=\int\left[\frac{\delta E}{\delta\rho(\vec{r})}\right]_{v_{\text{ext}}(\vec{r})}\delta\rho(\vec{r})\mathrm{d}\vec{r}+\int\left[\frac{\delta E}{\delta v_{\text{ext}}(\vec{r})}\right]_\rho\delta v_{\text{ext}}(\vec{r})\mathrm{d}\vec{r}\\&=\mu\int\delta\rho(\vec{r})\mathrm{d}\vec{r}+\int\rho(\vec{r})\delta v_{\text{ext}}(\vec{r})\mathrm{d}\vec{r}=\mu\mathrm{d}N+\int\rho(\vec{r})\delta v_{\text{ext}}(\vec{r})\mathrm{d}\vec{r}\end{aligned} \tag{6.8.3}$$

比较式(6.8.2)和式(6.8.3)，有

$$\mu = \left[\frac{\partial E}{\partial N}\right]_{v_{\text{ext}}(\vec{r})} \tag{6.8.4}$$

$\mu$ 为化学势，它描述在固定外势下体系因总电子数 $N$ 的变化而引起的能量变化. 1978 年，Parr 和 Pearson 定义体系的电负性 $\chi$ 为化学势的负值，即有

$$\chi = -\mu = -\left[\frac{\partial E}{\partial N}\right]_{v_{\text{ext}}(\vec{r})} \tag{6.8.5}$$

在 1.15 节中，我们回顾了电负性概念的发展历程，并给出了计算电负性的 Pauling 公式[见式(1.15.22)]

$$\left|\chi_{\text{A}} - \chi_{\text{B}}\right| = 0.208\sqrt{\Delta} \tag{6.8.6}$$

其中

$$\Delta = D(\text{AB}) - \frac{1}{2}\left[D(\text{AA}) + D(\text{BB})\right] \tag{6.8.7}$$

式中，$D(\text{AB})$、$D(\text{AA})$ 和 $D(\text{BB})$ 分别为异核双原子分子 AB 和同核双原子分子 AA 、BB 的键解离能. 还给出了计算电负性的 Mulliken 公式[见式(1.15.24)]

$$\chi = \frac{(I + A)}{2} \tag{6.8.8}$$

即原子的电负性为原子电离势 $(I)$ 和电子亲和势 $(A)$ 的平均值. Mulliken 电负性 $\chi^{\text{M}}$ 与 Pauling 电负性 $\chi^{\text{P}}$ 的关系为

$$\chi^{\text{P}} = 0.336\left(\chi^{\text{M}} + 0.617\right) \tag{6.8.9}$$

现在回到式(6.8.5)，将式(6.8.5)写成差分形式，有

$$\mu = \left(\frac{\partial E}{\partial N}\right)_{v_{\text{ext}}(\vec{r})} \approx \frac{E(N+1) - E(N) + E(N) - E(N-1)}{2} = -\frac{I + A}{2} = -\chi \tag{6.8.10}$$

与 Mulliken 电负性完全一致. Parr 等基于密度泛函理论首次给出了电负性概念的精确理论定义，按照这一定义不仅能对电负性概念做出很好的物理解释，而且可以严格计算，并可以推广到带部分电荷的原子.

### 6.8.2 硬度、软度和硬软酸碱原理

1960 年前后，Pearson 在研究酸碱反应时提出了物质的硬度和软度的概念[16]. 他发现可以将酸碱分为硬软两类，并提出硬软酸碱原理：硬酸优先与硬碱结合而软酸优先和软碱结合. 虽然这一原理得到了广泛应用，但是无法给出硬度和软度的明确定义和定量描述. 1983 年，Parr 和 Pearson[17]首次给出了硬度的明确定义，即定义

$$\eta = \frac{1}{2}\left(\frac{\partial \mu}{\partial N}\right)_{v_{\text{ext}}(\vec{r})} = \frac{1}{2}\left(\frac{\partial^2 E}{\partial N^2}\right)_{v_{\text{ext}}(\vec{r})} \tag{6.8.11}$$

为体系的整体硬度(global hardness). 由定义可知，体系的整体硬度是度量在外势不变条件下体系对由于化学势(电负性)不同而产生的电子流动的阻抗能力. 可以通过理论计算或实验求得整

体硬度的数值. 由式(6.8.11)，将$\eta$用差分表示

$$\eta=\frac{1}{2}\left\{\frac{E(N+1)-E(N)}{1}-\frac{E(N)-E(N-1)}{1}\right\}=\frac{1}{2}(I-A)\approx\frac{1}{2}(\varepsilon_{\text{LUMO}}-\varepsilon_{\text{HOMO}}) \tag{6.8.12}$$

注意，式(6.8.12)中$\varepsilon_{\text{LUMO}}$和$\varepsilon_{\text{HOMO}}$均为过渡态情形下相应轨道的能级. 定义

$$S=\frac{1}{2\eta}=\left(\frac{\partial N}{\partial\mu}\right)_{v_{\text{ext}}(\vec{r})} \tag{6.8.13}$$

为体系的整体软度(global softness)，整体硬度和整体软度之间存在倒数关系. 此外，还定义局域硬度$\eta(\vec{r})$和局域软度$s(\vec{r})$分别为

$$\eta(\vec{r})=\frac{1}{2}\left(\frac{\delta\mu}{\delta\rho(\vec{r})}\right)_{v_{\text{ext}}(\vec{r})} \tag{6.8.14}$$

$$s(\vec{r})=\frac{1}{2\eta(\vec{r})}=\left(\frac{\partial\rho(\vec{r})}{\partial\mu}\right)_{v_{\text{ext}}(\vec{r})} \tag{6.8.15}$$

局域硬度又称硬度密度，它描述在外势不变的条件下，体系化学势随$\vec{r}$处电子密度改变而改变的难易程度. 局域软度是一个与反应性密切相关的局域性质，用来衡量在外势不变的条件下体系某点的电子密度对体系化学势微扰的敏感程度. 由式(6.8.13)可得整体软度与局域软度的关系

$$S=\int s(\vec{r})\mathrm{d}\vec{r} \tag{6.8.16}$$

由式(6.8.14)和式(6.8.15)易得

$$2\int s(\vec{r})\eta(\vec{r})\mathrm{d}\vec{r}=1 \tag{6.8.17}$$

已经发现，原子、分子的一些性质与其软度、硬度密切相关. 例如，原子的软度与其极化度线性相关，分子的硬度与其芳香性显著相关等.

### 6.8.3 Fukui 函数

将式(6.8.3)写作

$$\mathrm{d}E=\mu\mathrm{d}N+\int\rho(\vec{r})\mathrm{d}v_{\text{ext}}(\vec{r})\mathrm{d}\vec{r} \tag{6.8.18}$$

d$E$是$E$的全微分，根据全微分的性质(即二阶导数与求导次序无关)，有

$$\frac{\partial^2E}{\delta v_{\text{ext}}(\vec{r})\partial N}=\left[\frac{\delta}{\delta v_{\text{ext}}(\vec{r})}\left(\frac{\partial E}{\partial N}\right)_{v_{\text{ext}}}\right]_N=\left[\frac{\partial}{\partial N}\left(\frac{\delta E}{\delta v_{\text{ext}}(\vec{r})}\right)_N\right]_{v_{\text{ext}}(\vec{r})}$$

利用式(6.8.1)和式(6.8.4)，有

$$\left[\frac{\delta\mu}{\delta v_{\text{ext}}(\vec{r})}\right]_N=\left(\frac{\partial\rho(\vec{r})}{\partial N}\right)_{v_{\text{ext}}(\vec{r})} \tag{6.8.19}$$

Parr 和 Yang[18]定义

$$f(\vec{r})=\left[\frac{\delta\mu}{\delta v_{\text{ext}}(\vec{r})}\right]_N=\left(\frac{\partial\rho(\vec{r})}{\partial N}\right)_{v_{\text{ext}}(\vec{r})} \tag{6.8.20}$$

并称 $f(\vec{r})$ 为 Fukui 函数. 由定义可见，$f(\vec{r})$ 是一个局域性质，它在分子的不同位置有不同值. 可以从两个角度来理解 $f(\vec{r})$ 的物理意义：一是用来衡量体系化学势对来自 $\vec{r}$ 处的外势微扰的敏感程度，这种敏感度因部位不同而异，$f(\vec{r})$ 越大的区域，体系的化学势对外势微扰的敏感度越大，因而越容易发生化学反应；二是用来衡量体系的局域电子密度对总电子数微扰的敏感程度，$f(\vec{r})$ 越大的区域电子密度变化越剧烈. 因此，Geerlings 等建议用 Fukui 函数来描述分子内的反应顺序，即一个分子内不同位置的反应性.

由式(6.8.15)、式(6.8.13)和式(6.8.20)有

$$s(\vec{r})=\left(\frac{\partial\rho(\vec{r})}{\partial\mu}\right)_{v_{\text{ext}}(\vec{r})}=\left(\frac{\partial\rho}{\partial N}\right)_{v_{\text{ext}}(\vec{r})}\left(\frac{\partial N}{\partial\mu}\right)_{v_{\text{ext}}(\vec{r})}=f(\vec{r})\cdot S \tag{6.8.21}$$

可见，局域软度既包含 Fukui 函数信息，又包含整体软度信息，从而包含反应物的整体反应性. 因此，Geerlings 等建议用局域软度来研究分子间的反应顺序.

Fukui 首先认识到，前线分子轨道是控制化学反应的难易程度以及区位与立体选择性的重要因素. 他指出，在基态条件下，电子增减将在前线轨道发生，最高占据轨道(HOMO)是控制亲电反应位置的关键因素，最低未占轨道(LUMO)是控制亲核反应位置的关键因素. 函数 $f(\vec{r})$ 反映了不同位置的反应性，从而推广了前线轨道理论，正因如此，Parr 等将 $f(\vec{r})$ 称为 Fukui 函数. 可见，Fukui 函数是用概念密度泛函语言来表述的 Fukui 前线轨道理论. 由于 Fukui 函数直接由第一性原理推导而来，不是基于物理近似模型的推论，因此在应用范围上没有限制. 作为反应活性指数，Fukui 函数为研究化学反应的区位选择性或确定生物体的活性中心提供了有力工具.

注意：Fukui 函数是归一化的，即有

$$\int f(\vec{r})\mathrm{d}\vec{r}=\frac{\partial}{\partial N}\int\rho(\vec{r})\mathrm{d}r=\frac{\partial N}{\partial N}=1 \tag{6.8.22}$$

### 6.8.4　电负性均衡原理

前面已经指出，电负性描述分子中原子吸引电子的能力. 当两个或多个原子结合在一起形成分子时，体系中各部分的电负性差异导致电子从电负性低的区域流向电负性高的区域. 分子中各原子或基团的电负性将因电荷迁移而变化，形成稳定分子时达到平衡. 据此，Sanderson[19] 于 1951 年提出了电负性均衡原理：在分子或自由基的形成过程中，各原子的电负性最后都要均衡到同一数值. 这一原理同经典宏观热力学中的化学势均衡原理相类似：当两相接触达到平衡时，两相中每种组分的化学势相等.

Parr 等的工作表明，在用式(6.8.5)给出电负性的精确定义之后，可由密度泛函理论导出电负性均衡原理. 以下给出有关推导过程.

由式(6.8.4)可知，$\mu$ 也是 $N$ 和 $v_{\text{ext}}(\vec{r})$ 的函数与泛函，于是有

$$\mathrm{d}\mu=\left(\frac{\partial\mu}{\partial N}\right)_{v_{\text{ext}}(\vec{r})}\mathrm{d}N+\int\left[\frac{\delta\mu}{\delta v_{\text{ext}}(\vec{r})}\right]_N\delta v_{\text{ext}}(\vec{r})\mathrm{d}\vec{r} \tag{6.8.23}$$

由式(6.8.11)和式(6.8.20)，有

$$d\mu = 2\eta dN + \int f(\vec{r}) \delta v_{ext}(\vec{r}) d\vec{r} \tag{6.8.24}$$

设在外势不变的条件下，A、B 两体系间有电荷迁移，能量将发生变化. 固定外势，将能量在 $N = N^0$ 处做 Taylor 展开

$$E = E^0 + \left(\frac{\partial E}{\partial N}\right)_{V_{ext}, N=N^0} \left(N - N^0\right) + \frac{1}{2}\left(\frac{\partial^2 E}{\partial N^2}\right)_{V_{ext}, N=N^0} \left(N - N^0\right)^2 + \cdots$$

利用式(6.8.4)和式(6.8.11)，有

$$E_A = E_A^0 + \mu_A^0 \left(N_A - N_A^0\right) + \eta_A^0 \left(N_A - N_A^0\right)^2 + \cdots$$

$$E_B = E_B^0 + \mu_B^0 \left(N_B - N_B^0\right) + \eta_B^0 \left(N_B - N_B^0\right)^2 + \cdots$$

$$E_A + E_B = E_A^0 + E_B^0 + \left(\mu_A^0 - \mu_B^0\right)\Delta N + \left(\eta_A^0 + \eta_B^0\right)\Delta N^2 + \cdots \tag{6.8.25}$$

其中

$$\Delta N = N_B^0 - N_B = N_A - N_A^0 \tag{6.8.26}$$

若 $\mu_B^0 > \mu_A^0$，则电子从 B 流向 A，$\Delta N > 0$. 将 $(E_A + E_B)$ 对 $\Delta N$ 求极值，即令

$$\left[\frac{\partial(E_A + E_B)}{\partial(\Delta N)}\right]_{v_{ext}(\vec{r}), \Delta N \to 0} = \mu_A - \mu_B = 0 \tag{6.8.27}$$

于是有

$$\mu_A = \mu_B \tag{6.8.28}$$

这样就得到了电负性均衡原理. 由于

$$\mu_A = \mu_A^0 + 2\eta_A^0 \Delta N + \cdots$$

$$\mu_B = \mu_B^0 - 2\eta_B^0 \Delta N + \cdots$$

精确到一级近似，达到均衡时有

$$\Delta N = \frac{\mu_B^0 - \mu_A^0}{2\left(\eta_A^0 + \eta_B^0\right)} \tag{6.8.29}$$

代入式(6.8.25)，取二级近似有

$$\Delta E = \left(E_A + E_B\right) - \left(E_A^0 + E_B^0\right) = -\frac{\left(\mu_B^0 - \mu_A^0\right)^2}{2\left(\eta_A^0 + \eta_B^0\right)} + \frac{\left(\mu_B^0 - \mu_A^0\right)^2}{4\left(\eta_A^0 + \eta_B^0\right)} = -\frac{\left(\mu_B^0 - \mu_A^0\right)^2}{4\left(\eta_A^0 + \eta_B^0\right)} \tag{6.8.30}$$

实验和计算发现，$E(N)$ 为二阶微商恒大于零的凸函数，由式(6.8.11)有 $\eta > 0$，再由式(6.8.30)有

$$\Delta E < 0 \tag{6.8.31}$$

这表明至少在电子迁移量 $\Delta N$ 小时，伴随电负性均衡化，体系能量将降低. 因此，电负性均衡原理是满足能量最低原理的. 电负性均衡原理主要用于确定依赖于环境的原子电荷分布、化学键形成过程中的电荷转移、分子的硬度和软度等反应指标. 目前，电负性均衡方法已广泛应用于各种分子力场，用来确定动力学模拟过程中体系在不同构象和外势条件下的电荷分布.

总结以上讨论可以看到，基态能量对总电子数 $N$ 的一阶、二阶导数给出的是体系的整体性质，如化学势和整体硬度等，而对外势的一阶、二阶导数给出的是体系的局域性质，如电子密度和 Fukui 函数等.

# 6.9　多重态的密度泛函理论

我们知道，密度泛函理论的 Kohn-Sham 方法不能直接用来处理电子的多重态结构问题，6.6 节对此做过较为深入的讨论. 为了计算多重态的电子结构，必须将密度泛函理论进一步拓展. 另外，多重态和激发态是紧密相连的，这是因为，从一个给定的开壳层电子组态导出的若干个谱项中，如果某一谱项为基态，其他谱项就是激发态，从这个意义上说，多重态的计算就是激发态的计算. 但是，多重态和激发态又有区别，因为基态本身就可能具有多重态结构. 例如，氧分子$(O_2)$的基态为$^3\Sigma_g^-$，这就是说并不是所有的多重态都是激发态，Kohn-Sham 方程并不适用于这种基态的计算. 因此，为了使脉络更为清晰，我们将多重态和激发态分开讨论，本节先讨论多重态的理论和计算问题.

为了便于理解，以简单的双电子体系为例. 设有电子组态$a^1b^1$，其中$a,b$为非简并空间轨道，则可有 4 个微观状态(这里已排除了轨道双占据态，即限定取两个不同的空间轨道)，每一微观状态用 1 个行列式波函数描述

$$\Phi_1=|a\alpha b\alpha|,\qquad \Phi_2=|a\beta b\beta|,\qquad \Phi_3=|a\alpha b\beta|,\qquad \Phi_4=|a\beta b\alpha|$$

1.16 节已对此做过详细讨论，根据 1.16 节的讨论，体系 Hamilton 算符的本征态有单重态和三重态两种，其波函数$\Psi$则是上述行列式的组合，即有

$$^3\Psi_1=\Phi_1,\quad ^3\Psi_{-1}=\Phi_2,\quad ^3\Psi_0=\frac{1}{\sqrt{2}}(\Phi_3+\Phi_4)$$

$$^1\Psi_0=\frac{1}{\sqrt{2}}(\Phi_3-\Phi_4)$$

以上各式中，波函数的右下标为自旋分量的值. 假定按 Kohn-Sham 方法由$\Phi_i$计算得到的电荷密度为$\rho_i(\vec{r})$，能量为$E[\rho_i]$，则有

$$E\left[{}^3\Psi_1\right]=E[\Phi_1]=E\left[{}^3\Psi_{-1}\right]=E[\Phi_2]$$

但$^3\Psi_0$和$^1\Psi_0$都不能用单行列式函数描述，$E[\Phi_3]=E[\Phi_4]$不是体系本征态的能量，没有明确的物理意义.

## 6.9.1　谱项能量和方法

目前已经提出了多种计算多重态的理论方法，首先介绍谱项能量和方法. 这一方法是由 Ziegler 等[20,21]提出的. 该方法的基本思想可参考 2.6.4 节关于 Slater 平均化方法的论述. 我们知道，谱项波函数是行列式的线性组合，因此谱项能量之和等于参与组合的 Slater 行列式的对角元之和. 反过来，行列式也可表示为谱项波函数的线性组合. 因此，对于给定的电子组态，单行列式函数对应的能量可以表示为多重态能量的权重和，即

$$E[\Phi_i]=\sum_j C_{ij}E_j \tag{6.9.1}$$

式中，$\{E_j\}$为多重态能量. Ziegler 等假定$E[\rho_i]=E[\Phi_i]$，于是有

$$E[\rho_i]=\sum_j C_{ij}E_j\ ,\quad i=1,2,\cdots \tag{6.9.2}$$

如果这一类型的独立关系式足够多，则可由上述方程组求得多重态能量$\{E_j\}$. 仍以上述双电子体系为例，有

$$\varPhi_3=\frac{1}{\sqrt{2}}\left({}^3\varPsi_0+{}^1\varPsi_0\right),\quad \varPhi_4=\frac{1}{\sqrt{2}}\left({}^3\varPsi_0-{}^1\varPsi_0\right)$$

$$E[\rho_3]=E[\rho_4]=\frac{1}{2}\left(E\left[{}^3\varPsi_0\right]+E\left[{}^1\varPsi_0\right]\right)$$

$$E[\rho_1]=E\left[{}^3\varPsi_1\right]=E\left[{}^3\varPsi_0\right]$$

由$\varPhi_1$和$\varPhi_3$计算出$E[\rho_1]$和$E[\rho_3]$，就可求得三重态和单重态的能量.

但是必须指出，在有些情况下独立关系式不够，这时不能用谱项能量和方法计算多重态能量. 例如，苯的第一激发组态为$(\mathrm{c}_{1\mathrm{g}})^3(\mathrm{e}_{2\mathrm{u}})^1$，由式(1.12.52)可知，该组态可产生 6 个谱项，即${}^{3,1}B_{1u}$、${}^{3,1}B_{2u}$和${}^{3,1}E_{1u}$，但只能得到 4 个不同的微观态的能量$E[\rho_i]$，因而不能求得每个多重态的能量，只能求得${}^{3,1}E_{1u}$的能量以及${}^{3,1}B_{1u}$和${}^{3,1}B_{2u}$的单、三重态能量的平均值. Ziegler 等提出通过补充计算少数双电子积分来克服这类困难. 以$\mathrm{MnO_4^-}$的$(1\mathrm{t}_1)^5(5\mathrm{t}_2)^1$组态为例，由单电子跃迁$1\mathrm{t}_1\to5\mathrm{t}_2$产生的谱项${}^3T_1$和${}^3T_2$的波函数分别为

$$\varPsi\left[{}^3T_1\right]=\frac{1}{\sqrt{2}}\left(\left|t_{1x}\alpha t_{2y}\alpha\right|+\left|t_{1y}\alpha t_{2x}\alpha\right|\right) \tag{6.9.3}$$

$$\varPsi\left[{}^3T_2\right]=\frac{1}{\sqrt{2}}\left(\left|t_{1x}\alpha t_{2y}\alpha\right|-\left|t_{1y}\alpha t_{2x}\alpha\right|\right) \tag{6.9.4}$$

以上两式中的两个行列式对应于相同的能量，即两个态的能量平均值

$$E[\varPhi]=E\left[{}^3T_{1,2}\right]=\frac{1}{2}\left\{E\left[{}^3T_1\right]+E\left[{}^3T_2\right]\right\} \tag{6.9.5}$$

式中，$\varPhi$代表式(6.9.3)中的任一行列式，而两个谱项的能量分别为

$$E\left[{}^3T_1\right]=E\left[{}^3T_{1,2}\right]-I_1 \tag{6.9.6}$$

$$E\left[{}^3T_2\right]=E\left[{}^3T_{1,2}\right]+I_1 \tag{6.9.7}$$

其中

$$I_1=\int t_{1x}(\vec{r}_1)t_{2x}(\vec{r}_2)\frac{1}{r_{12}}t_{1y}(\vec{r}_1)t_{2y}(\vec{r}_2)\mathrm{d}\vec{r}_1\mathrm{d}\vec{r}_2 \tag{6.9.8}$$

是要计算的双电子积分. 补充双电子积分后，就可以用谱项能量和方法计算多重态能量.

Daul 等[22]利用体系的对称性系统地发展了由谱项能量和计算多重态能量的方法. 根据第 1 章的讨论，对于给定的电子组态，多重态波函数$\varPsi_i$可以表示为行列式函数$\varPhi_\mu$的线性组合$\varPsi_i=\sum_\mu A_{i\mu}\varPhi_\mu$，组合系数$A_{i\mu}$由对称性决定. 其中的一些行列式分别对应相同的能量[如式(6.9.3)中的两个行列式]，在很多情况下，多重态的能量可表达为

$$E\left[\Psi_i\right]=\sum_{j=1}^{r}C_{ij}E\left[\Phi_{\mu j}\right] \tag{6.9.9}$$

式中，系数 $C_{ij}$ 由体系对称性确定；$\Phi_{\mu j}$ 为从微观态 $\left\{\Phi_\mu\right\}$ 中挑选出来的 $r$ 个非多余(nonredundant)行列式函数. 在高对称性体系中，$\Phi_{\mu j}$ 只是微观态 $\left\{\Phi_\mu\right\}$ 中的一小部分. 计算出 $r$ 个单行列式的能量，就可以求出给定组态的所有多重态能量. 但 Daul 的方法仍然存在一些问题，其中主要问题之一是，用非多余行列式计算出来的电荷密度分布可能不具有体系的完全对称性，从而得到不合理的计算结果.

### 6.9.2 限制性 Kohn-Sham 方法

Filatov 和 Shaik[23,24]提出了另一种计算多重态的方法，这种方法与自旋限制的开壳层 Hartree-Fock 方法类似，称为自旋限制的开壳层 Kohn-Sham(ROKS)方法. 采用这种方法，能够通过一次自洽场计算，得到具有正确的空间和自旋对称性的多重态的能级.

将体系单电子函数分为全占据闭壳层子空间和部分占据的开壳层子空间. 设体系的多重态 $\Gamma$ 的能量可以表示为

$$E^{\Gamma}=\sum_{L}C_L E\left[\Phi_L\right],\qquad \sum_{L}C_L=1 \tag{6.9.10}$$

式中，$E\left[\Phi_L\right]$ 是单行列式函数 $\Phi_L$ 对应的能量. 记

$$h_i=\left\langle\varphi_i\left|-\frac{1}{2}\nabla^2+v_{\text{ext}}\left(\vec{r}\right)\right|\varphi_i\right\rangle \tag{6.9.11}$$

$$J_{ij}=\int\varphi_i^*\left(\vec{r}_1\right)\varphi_j^*\left(\vec{r}_2\right)\frac{1}{r_{12}}\varphi_i\left(\vec{r}_1\right)\varphi_j\left(\vec{r}_2\right)\mathrm{d}\vec{r}_1\mathrm{d}\vec{r}_2 \tag{6.9.12}$$

$$f_m=\frac{1}{2}\sum_{L}C_L\left(n_{mL}^{\alpha}+n_{mL}^{\beta}\right) \tag{6.9.13}$$

$$\alpha_{mn}=\frac{1}{4f_m f_n}\sum_{L}\left(n_{mL}^{\alpha}+n_{mL}^{\beta}\right)\left(n_{nL}^{\alpha}+n_{nL}^{\beta}\right) \tag{6.9.14}$$

式中，$v_{\text{ext}}\left(\vec{r}\right)$ 是外势场；$n_{mL}^{\sigma}$ 为在第 $L$ 个行列式中 $m$ 轨道的 $\sigma\left(\sigma=\alpha,\beta\right)$ 电子占据数，仿照式(2.6.23)，可得体系能量表达式

$$E^{\Gamma}=\sum_{k}2h_k+\sum_{k,l}2J_{kl}+\sum_{m}f_m\left(2h_m+2\sum_{k}2J_{km}+\sum_{n}2f_n\alpha_{mn}J_{mn}\right)+\sum_{L}C_L E_{\text{xc}L} \tag{6.9.15}$$

式中，求和指标 $k$ 、$l$ 标记闭壳层轨道；$m$ 、$n$ 标记开壳层轨道；$E_{\text{xc}L}$ 为微观态(即单行列式波函数) $L$ 的交换-相关能泛函

$$E_{\text{xc}L}=E_{\text{xc}}\left[\rho_L^{\alpha},\rho_L^{\beta}\right]=\int\varepsilon_{\text{xc}}\left[\rho_L^{\alpha},\rho_L^{\beta}\right]\rho\left(\vec{r}\right)\mathrm{d}\vec{r} \tag{6.9.16}$$

其中，$\varepsilon_{\text{xc}}\left[\rho_L^{\alpha},\rho_L^{\beta}\right]$ 为一个电子的交换-相关能；$\rho_L^{\sigma}$ 为微观态 $L$ 的 $\sigma$ $\left(\sigma=\alpha,\beta\right)$ 电子密度

$$\rho_L^{\sigma}\left(\vec{r}\right)=\sum_{k}\varphi_k^*\left(\vec{r}\right)\varphi_k\left(\vec{r}\right)+\sum_{m}n_{mL}^{\sigma}\varphi_m^*\left(\vec{r}\right)\varphi_m\left(\vec{r}\right) \tag{6.9.17}$$

$\rho_L^{\sigma}$ 不一定具有体系的全对称性. 其全对称性部分为

$$\bar{\rho}_s(\vec{r}) = \sum_k 2\varphi_k^*(\vec{r})\varphi_k(\vec{r}) + \sum_m 2f_m\varphi_m^*(\vec{r})\varphi_m(\vec{r}) = \sum_L C_L\left[\rho_L^\alpha(\vec{r}) + \rho_L^\beta(\vec{r})\right] \tag{6.9.18}$$

为了便于理解式(6.9.15)，可将式(6.9.15)与式(2.6.23)做比较. 式(6.9.15)将式(2.6.23)中的交换积分并入交换-相关能泛函中，它们的单电子积分和 Coulomb 积分则是相同的.

采用 Roothaan 的耦合算符方法，将 $E^\Gamma$ 对 $\bar{\rho}_s$ 变分，可求得单电子运动方程[假定对所有开壳层轨道，由式(6.9.13)给出的 $f_m$ 均相等，即 $f_m = f_n = f$ ]

$$\left\{\hat{h} + 2\hat{J}_T + v_{\text{xc}}^c + \hat{\gamma}\left[2\hat{J}_{\text{o}}^m + \kappa\left(v_{\text{xc}}^c - v_{\text{xc}m}^{\text{o}}\right)\right]\hat{\rho}_m + \hat{\rho}_m\left[2\hat{J}_{\text{o}}^m + \kappa\left(v_{\text{xc}}^c - v_{\text{xc}m}^{\text{o}}\right)\right]\hat{\gamma}\right\}\varphi_i = \varepsilon_i\varphi_i \tag{6.9.19}$$

其中

$$\hat{J}_T = \sum_l \int \varphi_l^*(\vec{r}_2) r_{12}^{-1} \varphi_l(\vec{r}_2) \mathrm{d}\vec{r}_2 + f\sum_n \int \varphi_n^*(\vec{r}_2) r_{12}^{-1} \varphi_n(\vec{r}_2) \mathrm{d}\vec{r}_2 \tag{6.9.20}$$

$$\hat{J}_0^m = \frac{f}{1-f}\sum_n (1-\alpha_{mn}) \int \varphi_n^*(\vec{r}_2) r_{12}^{-1} \varphi_n(\vec{r}_2) \mathrm{d}\vec{r}_2 \tag{6.9.21}$$

$$\hat{\gamma} = \sum_k |\varphi_k\rangle\langle\varphi_k| - \frac{1}{\kappa} + \frac{1}{2\kappa}\sum_m |\varphi_m\rangle\langle\varphi_m| \tag{6.9.22}$$

$$\hat{\rho}_m = |\varphi_m\rangle\langle\varphi_m| \ , \qquad \kappa = \frac{1}{1-f} \tag{6.9.23}$$

$$v_{\text{xc}}^c = \frac{1}{2}\sum_L C_L\left(v_{\text{xc}}^\alpha + v_{\text{xc}}^\beta\right) \tag{6.9.24}$$

$$v_{\text{xc}m}^{\text{o}} = \frac{1}{2f}\sum_L C_L\left(v_{\text{xc}L}^\alpha n_{mL}^\alpha + v_{\text{xc}L}^\beta n_{mL}^\beta\right) \tag{6.9.25}$$

$$v_{\text{xc}L}^\sigma = \delta E_{\text{xc}L} / \delta\rho_L^\sigma \ , \qquad \sigma = \alpha, \beta \tag{6.9.26}$$

上述公式可参照 2.6.3 节限制性 Hartree-Fock 方程理解. 2.6.3 节中指出，通过适当的酉变换，可以使开壳层和闭壳层的有效单电子 Hamilton 相同. 这里的开壳层和闭壳层的有效单电子 Hamilton 是相同的，而在 2.6.3 节中，为了求解方便，开壳层和闭壳层的有效单电子 Hamilton 则是不同的.

引入单电子算符 $\hat{h}_L^\sigma$

$$\hat{h}_L^\sigma = \hat{h} + 2\hat{J}_{\text{c}} + \sum_m \frac{n_{mL}^\sigma}{f}\hat{J}_m + v_{\text{xc}L}^\sigma \ , \qquad \sigma = \alpha, \beta \tag{6.9.27}$$

式中，$\hat{h}$ 、$\hat{J}_{\text{c}}$ 和 $\hat{J}_m$ 分别是单体算符、闭壳层和开壳层的 Coulomb 算符，则式(6.9.19)中的单电子 Hamilton 算符可写为

$$\begin{aligned}\hat{h}_L = \sum_L C_L \frac{\hat{h}_L^\alpha + \hat{h}_L^\beta}{2} + \kappa\sum_M \Bigg[\hat{\gamma}\sum_L C_L\left\{\frac{\left(f - n_{mL}^\alpha\right)}{2f}\hat{h}_L^\alpha + \frac{\left(f - n_{mL}^\beta\right)}{2f}\hat{h}_L^\beta\right\}\hat{\rho}_m \\ + \hat{\rho}_m\sum_L C_L\left\{\frac{\left(f - n_{mL}^\alpha\right)}{2f}\hat{h}_L^\alpha + \frac{\left(f - n_{mL}^\beta\right)}{2f}\hat{h}_L^\beta\right\}\hat{\gamma}\Bigg]\end{aligned} \tag{6.9.28}$$

该式更便于应用现有的计算程序. 由式(6.9.19)计算出单电子函数 $\{\varphi_i(\vec{r})\}$ ，就可以按式(6.9.10)计算多重态能量. 应该指出，式(6.9.10)中的 $C_L$ 不一定为正数，这与系综 $V$ 可表示性的要求不

符. 可以限定 $C_L$ 只取正数，但这时有些谱项的能量则无法表示出来，只能将谱项能量的适当组合用式(6.9.10)表示. 从计算简便考虑，以允许 $C_L$ 取负值为宜，这样做对计算结果的精度影响很小(误差在几毫 hartree 以内)，且不会产生数值不稳定性.

在多重态能量计算中，一个基本问题是如何确定交换-相关能的近似表达式. 如果将源于单行列式的 LSDA 近似直接用于多行列式函数(多重态)，则将得到不合理的结果(如导致三重态的能级分裂). 为了解决这一问题，有人建议将用 $\rho^{\alpha}$ 和 $\rho^{\beta}$ 表示的交换-相关能泛函 $E_{\text{xc}}^{\text{LDA}}$ 改用总电荷密度 $\rho(\vec{r})$ 和定域对密度 $P_2(\vec{r})$ 表示

$$P_2(\vec{r})=\frac{1}{2}N(N-1)\int\left|\Psi(\vec{q}_1\vec{q}_2\cdots\vec{q}_N)\right|^2\mathrm{d}\sigma_1\,\mathrm{d}\sigma_2\,\mathrm{d}\vec{q}_3\cdots\mathrm{d}\vec{q}_N\Big|_{\vec{r}_1=\vec{r}_2=\vec{r}} \tag{6.9.29}$$

式中，$\vec{q}_i\equiv(\vec{r}_i,\sigma_i)$. 式(6.9.29)是通过改造双粒子密度函数表达式(5.7.8)和式(5.7.14)得到的. LSDA 交换能泛函可表达为[见式(6.7.12)和式(6.7.13)]

$$E_{\text{x}}^{\text{LSDA}}=-2^{-\frac{4}{3}}C_{\text{x}}\int\rho^{\frac{4}{3}}(\vec{r})F(\zeta)\mathrm{d}\vec{r}\,,\quad C_{\text{x}}=\frac{3}{2}\left(\frac{3}{4\pi}\right)^{\frac{1}{3}} \tag{6.9.30}$$

$$F(\zeta)=(1+\zeta)^{\frac{4}{3}}+(1-\zeta)^{\frac{4}{3}}$$

$$\zeta=\left[\rho_{\alpha}(\vec{r})-\rho_{\beta}(\vec{r})\right]/\rho(\vec{r})$$

由式(6.9.29)和式(6.9.30)可得

$$P_2(\vec{r})=\frac{(1-\zeta^2)\rho^2(\vec{r})}{2} \tag{6.9.31}$$

$$\zeta=\left[1-4P_2^2(\vec{r})/\rho(\vec{r})\right]^{\frac{1}{2}} \tag{6.9.32}$$

将式(6.9.32)代入式(6.9.30)即得 $E_{\text{x}}^{\text{LSDA}}$ 用 $\rho(\vec{r})$ 和 $P_2(\vec{r})$ 表达的公式. 对于单行列式函数，该表达式等价于[见式(6.7.15)]

$$E_{\text{x}}^{\text{LSDA}}=-C_{\text{x}}\int\left[\rho_{\alpha}^{\frac{4}{3}}(\vec{r})+\rho_{\beta}^{\frac{4}{3}}(\vec{r})\right]\mathrm{d}\vec{r} \tag{6.9.33}$$

但用于多行列式函数，则不等价并且不会出现不合理的计算结果.

本节介绍了采用密度泛函理论计算多重态的两种方法，其中谱项能量和方法利用对称性解决多重态的计算问题，虽然计算易于进行，并已用于有实际意义的体系的计算，但是在有些情况下不能应用. Filatov 等提出的 ROKS 方法较好地解决了多重态的计算问题.

## 6.10 激发态理论与计算：系综密度泛函理论方法及其推广

我们在 6.4 节中已经指出，密度泛函理论通常称为基态的理论，为了计算激发态，必须将密度泛函理论进一步拓展.6.9 节指出，激发态和多重态是密不可分的，事实上，大多数激发态都具有多重态结构，本节和 6.11 节将要讨论的许多理论方法也适用于多重态.本节首先讨论处理激发态的系综密度泛函方法.

### 6.10.1 激发态的系综密度泛函理论计算

系综(ensemble)密度泛函理论方法的基础是系综变分原理，即

$$\sum_{i=1}^{M}\left\langle \Phi_i \middle| \hat{H} \middle| \Phi_i \right\rangle \geqslant \sum_{i=1}^{M} E_i \tag{6.10.1}$$

式中，$\hat{H}$ 为体系的 Hamilton 算符；$E_1, E_2, \cdots, E_M$ 为体系的 $M$ 个最低能级；$\Phi_1, \Phi_2, \cdots, \Phi_M$ 为一组正交归一化的反对称函数. 式(6.10.1)证明如下.

在函数集合 $\Phi_1, \Phi_2, \cdots, \Phi_M$ 中添加合适的波函数，使得 $\{\Phi_i\}$ 成为正交归一化的完备集合，记 Hamilton 算符 $\hat{H}$ 的正交归一化的本征函数集合为 $\{\Psi_j\}$，将 $\Phi_i$ 向 $\{\Psi_j\}$ 展开，有

$$\Phi_i = \sum_{j=1}^{\infty} C_{ij} \Psi_j \tag{6.10.2}$$

上式中的系数组成的矩阵 $\boldsymbol{C}$ 为酉矩阵，即有

$$\sum_{i=1}^{\infty} \left| C_{ij} \right|^2 = \sum_{j=1}^{\infty} \left| C_{ij} \right|^2 = 1 \tag{6.10.3}$$

定义

$$P_j = \sum_{i=1}^{M} \left| C_{ij} \right|^2 \tag{6.10.4}$$

显然有

$$0 \leqslant P_j < 1 \tag{6.10.5}$$

并有

$$\sum_{j=1}^{\infty} P_j = \sum_{j=1}^{\infty}\sum_{i=1}^{M} \left| C_{ij} \right|^2 = \sum_{i=1}^{M}\sum_{j=1}^{\infty} \left| C_{ij} \right|^2 = \sum_{i=1}^{M}(1) = M \tag{6.10.6}$$

于是有

$$\begin{aligned}
\sum_{i=1}^{M}\left[\left\langle \Phi_i \middle| \hat{H} \middle| \Phi_i \right\rangle - E_i\right] &= \sum_{i=1}^{M}\left[\sum_{j=1}^{\infty} \left| C_{ij} \right|^2 E_j - E_i\right] = \sum_{j=1}^{\infty}\sum_{i=1}^{M} \left| C_{ij} \right|^2 E_j - \sum_{i=1}^{M} E_i \\
&= \sum_{j=1}^{\infty} P_j E_j - \sum_{j=1}^{M} E_j = \sum_{j=1}^{M}\left(P_j - 1\right)E_j + \sum_{j=M+1}^{\infty} P_j E_j \\
&= \sum_{j=1}^{M}\left(1 - P_j\right)\left(E_M - E_j\right) + \sum_{j=M+1}^{\infty} P_j \left(E_j - E_M\right) \geqslant 0
\end{aligned} \tag{6.10.7}$$

式(6.10.1)得证.

定义系综的平均密度为

$$\bar{\rho} = \frac{1}{M}\sum_{i=1}^{M} \rho_i \tag{6.10.8}$$

$\rho_i$ 是与 $\Phi_i$ 对应的密度. 在此基础上，Theophilou 等[25,26]将 6.4 节中关于基态的两个定理推广到系综，即系综的电荷密度分布与外势有一一对应关系，从而确定系综的全部性质；系综能量密

度泛函的极小值是系综的能量. 根据式(6.10.1)，分别求出体系的最低$(M-1)$个和$M$个状态的能量，就可求得第$M$个激发态的能量.

Gross 和 Oliveira 等[27]将系综变分原理推广到不等权系综. 设实数组

$$\omega_1 \geqslant \omega_2 \geqslant \cdots \geqslant \omega_M > 0 \tag{6.10.9}$$

则有

$$\sum_{i=1}^{M} \omega_i \left\langle \Phi_i \middle| \hat{H} \middle| \Phi_i \right\rangle \geqslant \sum_{i=1}^{M} \omega_i E_i \tag{6.10.10}$$

为了证明式(6.10.10)，将式(6.10.10)改写为

$$\sum_{i=1}^{M} \omega_i \left[ \left\langle \Phi_i \middle| \hat{H} \middle| \Phi_i \right\rangle - E_i \right] = \sum_{j=i}^{M} \left( \omega_j - \omega_{j+1} \right) \sum_{i=1}^{M} \left[ \left\langle \Phi_i \middle| \hat{H} \middle| \Phi_i \right\rangle - E_i \right] \geqslant 0 \tag{6.10.11}$$

注意，$\omega_{M+1} = 0$，上式中，无论等号右端第二个求和$i$取何值，第一个求和中都只有$\omega_i$一项，其他项相互抵消. 由式(6.10.9)，等号右端的第一个求和不为负值，利用式(6.10.1)，可知式(6.10.11)成立，于是式(6.10.10)成立.

利用式(6.10.10)可以建立不等权系综的密度泛函理论. 设体系的$M$个最低能量本征态为$\Psi_1, \Psi_2, \cdots, \Psi_M$，定义系综电荷密度为

$$\rho(\vec{r}) = \sum_{i=1}^{M} \omega_i \left\langle \Psi_i \middle| \hat{\rho}(\vec{r}) \middle| \Psi_i \right\rangle, \quad \int \rho(\vec{r}) \mathrm{d}\vec{r} = N \tag{6.10.12}$$

$N$为体系的电子数目；$\hat{\rho}(\vec{r})$为密度算符[见式(6.6.3)]. $\rho(\vec{r})$与外势有一一对应关系，从而决定系综的所有性质；能量泛函$E[\omega, \rho(\vec{r})]$的极小值即为系综能量，相应的$\rho(\vec{r})$即为系综电荷密度. 仿照 Kohn-Sham 方法，可以导出类似方程

$$\left[ -\frac{1}{2} \nabla^2 + v_{\mathrm{s}}(\vec{r}) \right] \varphi_i(\vec{r}) = \varepsilon_i \varphi_i(\vec{r}) \qquad i = 1, 2, \cdots; \ \varepsilon_1 \leqslant \varepsilon_2 \leqslant \cdots \tag{6.10.13}$$

式中

$$v_s(\vec{r}) = v_{\mathrm{ext}}(\vec{r}) + \int \frac{\rho(\vec{r}')}{|\vec{r} - \vec{r}'|} \mathrm{d}\vec{r}' + v_{\mathrm{xc}}[\omega, \rho(\vec{r})] \tag{6.10.14}$$

$$v_{\mathrm{xc}}[\omega, \rho(\vec{r})] = \frac{\delta E_{\mathrm{xc}}[\omega, \rho(\vec{r})]}{\delta \rho(\vec{r})} \tag{6.10.15}$$

$E_{\mathrm{xc}}[\omega, \rho]$为系综的交换-相关能泛函；$v_{\mathrm{ext}}(\vec{r})$为外势. 系综的能量泛函为[参见式(6.5.10)]

$$E_{\mathrm{en}}[\omega, \rho] = T_S[\omega, \rho] + \int \rho(\vec{r}) v_{\mathrm{ext}}(\vec{r}) \mathrm{d}\vec{r} + \frac{1}{2} \int \frac{\rho(\vec{r}') \rho(\vec{r})}{|\vec{r} - \vec{r}'|} \mathrm{d}\vec{r} \mathrm{d}\vec{r}' + E_{\mathrm{xc}}[\omega, \rho] \tag{6.10.16}$$

式中，$T_S[\omega, \rho]$为无相互作用系综的动能

$$T_S[\omega, \rho] = \sum_k \omega_k \sum_i^{\mathrm{occ}} \left\langle \varphi_{ki} \middle| -\frac{1}{2} \nabla^2 \middle| \varphi_{ki} \right\rangle \tag{6.10.17}$$

$\varphi_{ki}$为$k$态中的占据轨道. 利用以上结果即可计算激发态的能量.

现以两态系综为例，计算第一激发态能量. 设基态和激发态都是非简并的，则系综电荷密度为

$$\rho_\omega(\vec{r})=(1-\omega)\langle\Psi_1|\hat{\rho}(\vec{r})|\Psi_1\rangle+\omega\langle\Psi_2|\hat{\rho}(\vec{r})|\Psi_2\rangle \tag{6.10.18}$$

式中

$$\langle\Psi_1|\hat{\rho}(\vec{r})|\Psi_1\rangle=\sum_{i=1}^{N}|\varphi_i(\vec{r})|^2=\sum_{i=1}^{N-1}|\varphi_i(\vec{r})|^2+|\varphi_N(\vec{r})|^2 \tag{6.10.19}$$

$$\langle\Psi_2|\hat{\rho}(\vec{r})|\Psi_2\rangle=\sum_{i=1}^{N-1}|\varphi_i(\vec{r})|^2+|\varphi_{N+1}(\vec{r})|^2 \tag{6.10.20}$$

这就是说，两个态有$(N-1)$个相同的占据轨道. 将式(6.10.19)和式(6.10.20)代入式(6.10.18)，有

$$\rho_\omega(\vec{r})=\sum_{i=1}^{N-1}|\varphi_i(\vec{r})|^2+(1-\omega)|\varphi_N(\vec{r})|^2+\omega|\varphi_{N+1}(\vec{r})|^2\quad,\quad 0\leqslant\omega\leqslant\frac{1}{2} \tag{6.10.21}$$

系综能量泛函为

$$E_{\text{en}}[\omega,\rho_\omega]=(1-\omega)E_1+\omega E_2 \tag{6.10.22}$$

式中，$E_1$和$E_2$分别为基态和激发态的能量. 由式(6.10.22)，有

$$E_{\text{en}}(0)=E_1 \tag{6.10.23}$$

于是，第一激发能为

$$\Delta E=E_2-E_1=\left[E_{\text{en}}(\omega)-E_{\text{en}}(0)\right]/\omega \tag{6.10.24}$$

或写作

$$\Delta E=\mathrm{d}E(\omega)/\mathrm{d}\omega \tag{6.10.25}$$

仿照式(6.5.18)，$E_{\text{en}}(\omega)$可以表示为

$$\begin{aligned}E_{\text{en}}(\omega)&=E_{\text{en}}[\omega,\rho_\omega]\\&=\sum_{i=1}^{N-1}\varepsilon_i+(1-\omega)\varepsilon_N+\omega\varepsilon_{N+1}\\&\quad-\frac{1}{2}\int\frac{\rho_\omega(\vec{r})\rho_\omega(\vec{r}')}{|\vec{r}-\vec{r}'|}\mathrm{d}\vec{r}\mathrm{d}\vec{r}'-\int\rho_\omega v_{\text{xc}}[\omega,\rho_\omega(\vec{r})]\mathrm{d}\vec{r}+E_{\text{xc}}[\omega,\rho_\omega]\end{aligned} \tag{6.10.26}$$

根据对式(6.5.18)的讨论，上式中的两个积分项的作用是分别扣除重复计算的 Coulomb 作用和交换-相关作用，它们是在由单粒子能量之和求总能量时出现的，因此将上式对$\omega$求导时，随着单粒子能量之和的消失，这两项也就相应消失了，详细推导即可证明这一结论. 于是有

$$\frac{\mathrm{d}E_{\text{en}}(\omega)}{\mathrm{d}\omega}=\varepsilon_{N+1}-\varepsilon_N+\left.\frac{\partial E_{\text{xc}}[\omega;\rho]}{\partial\omega}\right|_{\rho=\rho_\omega} \tag{6.10.27}$$

故有

$$E_2-E_1=\varepsilon_{N+1}-\varepsilon_N+\left.\frac{\partial E_{\text{xc}}[\omega;\rho]}{\partial\omega}\right|_{\rho=\rho_\omega} \tag{6.10.28}$$

由于$E_{\text{en}}(\omega)$和$E(0)$是在不同的电荷密度$\rho_\omega$和$\rho_0$下计算的，而$\varepsilon_{N+1}$和$\varepsilon_N$是在相同的$\rho_\omega$下计算的，其数值又比前者小得多，故式(6.10.28)的计算结果应比式(6.10.24)的结果更精确. 当$\omega=\frac{1}{2}$时，式(6.10.28)与$X_\alpha$方法中基于过渡态概念得到的计算激发能的公式(6.2.29)类似，但两者并不完全相同. 式(6.2.29)基于假定基态和激发态的交换势对密度有相同的依赖关系.

从式(6.10.28)可以看出，激发能并不等于过渡态的两个单电子能级之差，第三项一般不等于零. 对于精确的交换-相关泛函 $E_{\text{xc}}\left[\omega,\rho\right]$，式(6.10.28)的计算结果应与 $\omega$ 无关，但对于近似的泛函 $E_{\text{xc}}\left[\omega;\rho\right]$，实际计算表明，式(6.10.28)的计算结果随 $\omega$ 变化，$\omega$ 取特定值时才与实验值相符.

### 6.10.2　系综密度泛函方法的推广：激发多重态的理论计算

以上讨论可以推广到包含开壳层的系综. 设体系的 Schrödinger 方程为

$$\hat{H}\Psi_k = E_k\Psi_k \quad , \qquad k=1,\cdots,M;\ \ E_1 \leqslant E_2 \leqslant \cdots \tag{6.10.29}$$

系综的能量为

$$E_{\text{en}} = \sum_{k=1}^{M}\omega_k E_k \tag{6.10.30}$$

式中，$\omega_1 \geqslant \omega_2 \geqslant \cdots \geqslant \omega_M \geqslant 0$. 选择权重因子 $\omega_i$ 为

$$\omega_1 = \omega_2 = \cdots = \omega_{M-g} = \frac{(1-g\omega)}{(M-g)}, \quad \omega_{M-g+1} = \omega_{M-g+2} = \cdots = \omega_M = \omega$$

$$0 \leqslant \omega \leqslant \frac{1}{M}, \qquad 1 \leqslant g \leqslant M-1 \tag{6.10.31}$$

显然有

$$\sum_{k=1}^{M}\omega_k = 1 \tag{6.10.32}$$

$\omega = 0$ 对应于 $(M-g)$ 个状态的等权系综，而 $\omega = \dfrac{1}{M}$ 对应于 $M$ 个状态的等权系综. 系综电子密度为

$$\rho_\omega(\vec{r}) = \sum_{k=1}^{M}\omega_k\rho_k(\vec{r}) \tag{6.10.33}$$

根据推广的 Hohenberg-Kohn 定理，系综能量 $E_{\text{en}}$ 是系综电子密度 $\rho_\omega(\vec{r})$ 的泛函，可以导出系综的 Kohn-Sham 方程

$$\left[-\frac{1}{2}\nabla^2 + v_{\text{KS}}(\vec{r})\right]\varphi_i(\vec{r}) = \varepsilon_i\varphi_i(\vec{r}) \tag{6.10.34}$$

系综的势函数 $v_{\text{KS}}(\vec{r})$ 为

$$v_{\text{KS}}(\vec{r}) = v_{\text{ext}}(\vec{r}) + \int\frac{\rho_\omega(\vec{r}')}{|\vec{r}-\vec{r}'|}\mathrm{d}\vec{r}' + v_{\text{xc}}^{M,g}\left[\omega,\rho_\omega\right] \tag{6.10.35}$$

$$v_{\text{xc}}^{M,g}\left[\omega,\rho_\omega\right] = \delta E_{\text{xc}}^{M,g}\left[\omega,\rho_\omega\right]/\delta\rho_\omega \tag{6.10.36}$$

$$\rho_\omega(\vec{r}) = \frac{1-\omega g}{M-g}\sum_{m=1}^{M-g}\left\langle\Psi_m\middle|\hat{\rho}(\vec{r})\middle|\Psi_m\right\rangle + \omega\sum_{m=M-g+1}^{M}\left\langle\Psi_m\middle|\hat{\rho}(\vec{r})\middle|\Psi_m\right\rangle \tag{6.10.37}$$

$\{\Psi_m\}$ 是 Schrödinger 方程的 $M$ 个最低能量本征态，它们由 Slater 行列式构成，行列式中的轨道为 KS 轨道. 选择 $M$ 态和 $(M-g)$ 态系综均为包含完整的多重态的系综，即 $M$ 态系综中包含的态的数目 $M_I$ 为

$$M_I = \sum_{i=1}^{I} g_i \tag{6.10.38}$$

$I$ 为包含在 $M$ 态系综中的总多重态数目；$g_i$ 为第 $i$ 多重态的简并度. 系综中能量最高的多重态(假定这样的多重态只有一个)的简并度记作 $g_I$，选择 $g=g_I$，这时，$(M-g)$ 态系综中的多重态数目为 $(I-1)$，包含的态的数目记作 $M_{I-1}$

$$M_{I-1} = \sum_{i=1}^{I-1} g_i = M_I - g_I \tag{6.10.39}$$

于是有

$$\rho_\omega^I(\vec{r}) = \frac{1-\omega g_I}{M_{I-1}} \sum_{i=1}^{I-1}\sum_{k=1}^{g_i} \left\langle \Psi_{i,k} \middle| \hat{\rho}(\vec{r}) \middle| \Psi_{i,k} \right\rangle + \omega \sum_{k=1}^{g_I} \left\langle \Psi_{I,k} \middle| \hat{\rho}(\vec{r}) \middle| \Psi_{I,k} \right\rangle \tag{6.10.40}$$

$$E_{\text{en}}^I(\omega) = \frac{1-\omega g_I}{M_{I-1}} (g_1E_1 + g_2E_2 + \cdots + g_{I-1}E_{I-1}) + \omega g_I E_I \tag{6.10.41}$$

式中，$E_i$ 是第 $i$ 个多重态的能量，这里用下标标记态，而用上标标记系综，若取 $\omega = \dfrac{1}{M_I}$，则等权系综能量为

$$E_{\text{en}}^I\left(\frac{1}{M_I}\right) = \frac{(g_1E_1 + g_2E_2 + \cdots + g_{I-1}E_{I-1} + g_IE_I)}{M_I} \tag{6.10.42}$$

对 $(I-1)$ 个多重态的系综可写出类似方程

$$E_{\text{en}}^{I-1}\left(\frac{1}{M_{I-1}}\right) = \frac{(g_1E_1 + g_2E_2 + \cdots + g_{I-1}E_{I-1})}{M_{I-1}} \tag{6.10.43}$$

由以上两式，并利用式(6.10.39)，有

$$\begin{aligned}
\frac{g_IE_I}{M_I} &= E_{\text{en}}^I\left(\frac{1}{M_I}\right) - \frac{(g_1E_1 + g_2E_2 + \cdots + g_{I-1}E_{I-1})}{M_I} \\
&= E_{\text{en}}^I\left(\frac{1}{M_I}\right) - \left[\left(\frac{1}{M_{I-1}} - \frac{g_I}{M_IM_{I-1}}\right)(g_1E_1 + g_2E_2 + \cdots + g_{I-1}E_{I-1})\right] \\
&= E_{\text{en}}^I\left(\frac{1}{M_I}\right) - E_{\text{en}}^{I-1}\left(\frac{1}{M_{I-1}}\right) + \frac{g_I}{M_I} E_{\text{en}}^{I-1}\left(\frac{1}{M_{I-1}}\right)
\end{aligned}$$

由此可求得第 $I$ 个激发多重态的能量

$$E_I = \left(\frac{M_I}{g_I}\right)\left[E_{\text{en}}^I\left(\frac{1}{M_I}\right) - E_{\text{en}}^{I-1}\left(\frac{1}{M_{I-1}}\right)\right] + E_{\text{en}}^{I-1}\left(\frac{1}{M_{I-1}}\right) \tag{6.10.44}$$

注意：$g_IE_I$ 为能量最高的多重态的各态能量之和，而

$$\left(\frac{1}{M_I}\right)\left(g_IE_I - g_IE_{\text{en}}^{I-1}\left(\frac{1}{M_{I-1}}\right)\right)$$

则为系综平均能量的增量，于是有

$$E_{\text{en}}^I\left(\frac{1}{M_I}\right) - E_{\text{en}}^{I-1}\left(\frac{1}{M_{I-1}}\right) = \left(\frac{1}{M_I}\right)\frac{\mathrm{d}E_I(\omega)}{\mathrm{d}\omega} \tag{6.10.45}$$

从基态能量算起的激发能为

$$E_I - E_1 = \frac{1}{g_I}\frac{\mathrm{d}E_I(\omega)}{\mathrm{d}\omega}\bigg|_{\omega=\frac{1}{g_I}} + \sum_{i=2}^{I-1}\frac{1}{M_i}\frac{\mathrm{d}E_i(\omega)}{\mathrm{d}\omega}\bigg|_{\omega=\frac{1}{M_i}} \tag{6.10.46}$$

式中，第一项为从$(I-1)$系综到$I$系综的能量变化；第二项为$(I-1)$系综中各多重态的能量变化，其中$M_i$为第$i$系综中态的数目.

用 Kohn-Sham 轨道表示$\rho_\omega^I(\vec{r})$

$$\rho_\omega^I(\vec{r}) = \sum_{j=1}^{\infty}\left(\frac{1-\omega g_I}{M_{I-1}}a_j + \omega b_j\right)\left|\varphi_j(\vec{r})\right|^2 \tag{6.10.47}$$

式中，$a_j = \sum_{m=1}^{M_{I-1}} f_{mj}$，$b_j = \sum_{m=M_{I-1}+1}^{M_I} f_{mj}$，$f_{mj}$为在第$m$多重态中的第$j$轨道上的电子占据数，$f_{mj}=0$或 1，参照式(6.5.18)可得

$$E_{\mathrm{en}}^I(\omega) = \sum_{j=1}^{\infty}\left(\frac{1-\omega g_I}{M_{I-1}}a_j + \omega b_j\right)\varepsilon_j - \frac{1}{2}\iint\frac{\rho_\omega^I(\vec{r})\rho_\omega^I(\vec{r}\,')}{|\vec{r}-\vec{r}\,'|}\mathrm{d}\vec{r}\,\mathrm{d}\vec{r}\,'$$
$$-\int\rho_\omega^I(\vec{r})v_{\mathrm{xc}}^I\left(\omega,\rho_\omega^I(\vec{r})\right)\mathrm{d}\vec{r} + E_{\mathrm{xc}}^I\left[\omega,\rho_\omega^I\right] \tag{6.10.48}$$

仿照式(6.10.27)，有

$$\frac{\mathrm{d}E_{\mathrm{en}}^I(\omega)}{\mathrm{d}\omega} = \sum_{j=1}^{\infty}\left(b_j - \frac{g_I}{M_{I-1}}a_j\right)\varepsilon_j + \frac{\partial E_{\mathrm{xc}}^I[\omega,\rho]}{\partial\omega}\bigg|_{\rho=\rho_\omega^I} \tag{6.10.49}$$

如果知道精确的泛函$E_{\mathrm{xc}}^I[\omega,\rho]$，则可计算$\frac{\mathrm{d}E^I(\omega)}{\mathrm{d}\omega}$，从而计算多重态激发能或激发态能量.

系综密度泛函理论的困难主要在于无法确定泛函$E_{\mathrm{xc}}[\omega,\rho]$，也很难给出较好的近似表达式. Kohn[28]曾提出准定域密度近似(quasi-local density approximation)方法，假定等权系综等效于适当温度下具有相同电荷密度分布的正则系综，由正则系综的定域密度近似计算$E_{\mathrm{xc}}[\omega,\rho]$，但计算过程复杂，很难有实际应用.

系综密度泛函方法是在密度泛函理论框架内的严格理论处理方法，原则上可以解决激发态计算问题. 但迄今没有得到实际可用的精度足够高的交换-相关能密度泛函，因此还不能用于计算有实际意义的体系.

## 6.11　激发态理论与计算：含时密度泛函理论方法

处理激发态的另一种方法是含时密度泛函理论方法[29](time dependent density functional theory, TDDFT). 1978 年，Peukert[30]首先得到含时 Kohn-Sham 方程. 1984 年，Runge 和 Gross[31]基于含时 Schrödinger 方程，严格导出了含时密度泛函理论. 本节将介绍这一理论方法.

### 6.11.1　电子流密度

为了更好地理解下面的讨论，我们首先介绍一下电子流密度概念. 单电子运动的 Schrödinger 方程为(注意原子单位)

$$\mathrm{i}\frac{\partial}{\partial t}\varphi=\left(-\frac{1}{2}\nabla^2+v\right)\varphi \tag{6.11.1}$$

取复共轭，有

$$-\mathrm{i}\frac{\partial}{\partial t}\varphi^*=\left(-\frac{1}{2}\nabla^2+v\right)\varphi^* \tag{6.11.2}$$

以$\varphi^*$左乘(6.11.1)，以$\varphi$左乘(6.11.2)，得

$$\mathrm{i}\varphi^*\frac{\partial}{\partial t}\varphi=-\frac{1}{2}\varphi^*\nabla^2\varphi+\varphi^*v\varphi$$

$$-\mathrm{i}\varphi\frac{\partial}{\partial t}\varphi^*=-\frac{1}{2}\varphi\nabla^2\varphi^*+\varphi v\varphi^*$$

以上两式相减，得

$$\mathrm{i}\frac{\partial}{\partial t}\left(\varphi^*\varphi\right)=-\frac{1}{2}\left(\varphi^*\nabla^2\varphi-\varphi\nabla^2\varphi^*\right)=-\frac{1}{2}\nabla\cdot\left[\varphi^*\nabla\varphi-\varphi\nabla\varphi^*\right] \tag{6.11.3}$$

将上式在空间闭区域$V$中积分，由 Gauss 积分定理，有

$$\mathrm{i}\frac{\mathrm{d}}{\mathrm{d}t}\int_V\varphi^*\varphi\mathrm{d}\vec{r}=-\frac{1}{2}\oint_S\left(\varphi^*\nabla\varphi-\varphi\nabla\varphi^*\right)\cdot\mathrm{d}\vec{S} \tag{6.11.4}$$

式中，$S$为空间闭区域$V$的表面积. 电子的概率密度为$\rho=\varphi^*\varphi$，定义

$$\vec{j}=-\frac{\mathrm{i}}{2}\left(\varphi^*\nabla\varphi-\varphi\nabla\varphi^*\right)=-\frac{1}{2}\left(\varphi^*\hat{p}\varphi-\varphi\hat{p}\varphi^*\right) \tag{6.11.5}$$

式中，$\hat{p}$为电子的动量算符，$\hat{p}=\mathrm{i}\nabla$. 以上各式中，i 为复数单位. 于是，(6.11.4)可改写为

$$\frac{\mathrm{d}}{\mathrm{d}t}\int_V\rho\mathrm{d}\vec{r}=-\oint_S\vec{j}\cdot\mathrm{d}\vec{S} \tag{6.11.6}$$

上式左边表示在闭区域$V$中找到粒子的总概率在单位时间内的增量，而右边表示单位时间内通过闭曲面$S$流出$V$的概率，因此$\vec{j}$具有概率流密度的意义，简称流密度. 式(6.11.6)是概率(粒子数)守恒的积分表示. 式(6.11.3)可改写为

$$\frac{\partial}{\partial t}\rho+\nabla\cdot\vec{j}=0 \tag{6.11.7}$$

### 6.11.2 含时 Kohn-Sham 方程

现在回到含时密度泛函理论. 设有$N$电子体系，与时间有关的外势场为$V_{\mathrm{ext}}\left(\vec{r},t\right)$，流密度为

$$\vec{j}\left(\vec{r},t\right)=-\frac{\mathrm{i}}{2}\sum_{k=1}^{N}\left[\varphi_k^*\left(\vec{r},t\right)\nabla\varphi_k\left(\vec{r},t\right)-\varphi_k\left(\vec{r},t\right)\nabla\varphi_k^*\left(\vec{r},t\right)\right] \tag{6.11.8}$$

电荷密度为

$$\rho\left(\vec{r},t\right)=\sum_{i,\sigma}n_{i\sigma}\left|\varphi_i^\sigma\left(\vec{r},t\right)\right|^2 \tag{6.11.9}$$

式中，$n_{i\sigma}$是$\varphi_i^\sigma\left(\vec{r},t\right)$轨道上的电子占据数. 从某个固定的起始状态$\Psi\left(t_0\right)=\Psi_0$开始，体系的状态将按照含时 Schrödinger 方程随时间演化，流密度和电子密度分布也将随时间变化. Runge 和

Gross 证明，对于固定的起始状态$\Psi(t_0)=\Psi_0$，若外势$V_{\text{ext}}(\vec{r},t)$和$V'_{\text{ext}}(\vec{r},t)$不同，其差别不仅仅是一个纯时间函数$c(t)$，即$V_{\text{ext}}(\vec{r},t)\neq V'_{\text{ext}}(\vec{r},t)+c(t)$，则对应的流密度$\vec{j}(\vec{r},t)$和电子密度分布$\rho(\vec{r},t)$不可能相同，即

$$\vec{j}(\vec{r},t)\neq\vec{j}'(\vec{r},t)\text{，}\quad\rho(\vec{r},t)\neq\rho'(\vec{r},t)$$

因此，流密度和电子密度与外势之间有一一对应关系，外势由流密度和电子密度分布唯一确定[确定到只可能差一个纯的时间函数$c(t)$]. 外势决定含时间的波函数，故波函数可以看成一个与时间有关的密度的泛函(确定到一个只与时间有关的相因子)

$$\Psi(\vec{r},t)=\mathrm{e}^{-\mathrm{i}\alpha(t)}\tilde{\Psi}([\rho];\vec{r},t)\tag{6.11.10}$$

因此，在没有外磁场存在时，任何力学量算符$\hat{Q}(t)$的期望值都是电子密度的泛函

$$Q([\rho];t)=\left\langle\tilde{\Psi}[\rho];\vec{r},t\middle|\hat{Q}(t)\middle|\tilde{\Psi}[\rho];\vec{r},t\right\rangle\tag{6.11.11}$$

以上结论可以推广到非零自旋密度的情况. 在含时理论中不能对能量进行变分，因为总能量不再是一个守恒量，只能对作用量$A_{\text{xc}}[\rho_\alpha,\rho_\beta]$

$$A_{\text{xc}}[\rho_\alpha,\rho_\beta]=\int_{t_0}^{t_1}\mathrm{d}t\left\langle\Psi(\vec{r},t)\middle|\mathrm{i}\frac{\partial}{\partial t}-\hat{H}(t)\middle|\Psi(\vec{r},t)\right\rangle\tag{6.11.12}$$

进行变分，含时电子密度$\rho(\vec{r},t)$对应于作用量泛函的一个稳定点. Rung 和 Gross 根据稳态作用量原理(stationary action principle)，导出了在固定核近似下的含时 Kohn-Sham 方程

$$\left[-\frac{1}{2}\nabla^2+v_{\text{ext}}(\vec{r},t)+\int\frac{\rho(\vec{r}',t)}{|\vec{r}-\vec{r}'|}\mathrm{d}\vec{r}'+v_{\text{xc}}^{\sigma}([\rho],\vec{r},t)\right]\varphi_i^{\sigma}(\vec{r},t)=\mathrm{i}\frac{\partial}{\partial t}\varphi_i^{\sigma}(\vec{r},t)\text{，}\quad\sigma=\alpha,\beta\tag{6.11.13}$$

1998 年，van Leeuwen[32]考虑因果关系，以更严密的方式导出了含时 Kohn-Sham 方程.

让我们回顾 Kohn-Sham 方程(6.5.12). 式(6.5.12)中，交换-相关势$v_{\text{xc}}(\vec{r})$也是电子密度的泛函，但是并没有明显标记出来，而在式(6.11.13)中将交换-相关势$v_{\text{xc}}^{\sigma}([\rho],\vec{r},t)$与电子密度的泛函关系明显标记出来，这是为了下面讨论方便. 与式(6.5.12)一样，求解式(6.11.13)的关键问题是要给出交换-相关势$v_{\text{xc}}^{\sigma}([\rho],\vec{r},t)$的表达式，$v_{\text{xc}}^{\sigma}([\rho],\vec{r},t)$与作用量的关系为

$$v_{\text{xc}}^{\sigma}([\rho],\vec{r},t)=\frac{\delta A_{\text{xc}}[\rho_\alpha,\rho_\beta]}{\delta\rho_\sigma(\vec{r},t)}\tag{6.11.14}$$

但精确的$A_{\text{xc}}[\rho_\alpha,\rho_\beta]$现在实际上是不知道的，因此只能采用近似的$v_{\text{xc}}^{\sigma}([\rho],\vec{r},t)$. 最简单的近似是绝热局域密度近似(ALDA 或 TDLDA). 在外势随时间变化很缓慢的情况下，有

$$A_{\text{xc}}[\rho_\alpha,\rho_\beta]=\int_{t_0}^{t_1}E_{\text{xc}}[\rho(t)]\mathrm{d}t\tag{6.11.15}$$

于是有

$$v_{\text{xc}}^{\sigma}([\rho],\vec{r},t)=\frac{\delta A_{\text{xc}}[\rho_\alpha,\rho_\beta]}{\delta\rho_\sigma(\vec{r},t)}\approx\frac{\delta E_{\text{xc}}[\rho_\alpha,\rho_\beta]}{\delta\rho_\sigma^t(\vec{r})}=v_{\text{xc}}^{\sigma}([\rho^t],\vec{r})\tag{6.11.16}$$

式中，$\rho^t$是含时电子密度$\rho(\vec{r},t)$在$t$时刻的值. 精确的$v_{\text{xc}}^{\sigma}([\rho],\vec{r},t)$是与时间及空间有关的电子

密度的泛函，而绝热近似的 $v_{\mathrm{xc}}^{\sigma}\left(\left[\rho^{t}\right],\vec{r}\right)$ 则只是在特定时刻 $t$ 只与空间电子密度分布有关的泛函. 因此，绝热近似交换-相关势不能反映推迟效应，是一种低频近似，当外势随时间变化缓慢时才较好地成立. 虽然已经有人提出其他方法用以确定交换-相关势 $v_{\mathrm{xc}}^{\sigma}\left([\rho],\vec{r},t\right)$，但迄今未能获得实际应用.

### 6.11.3 线性响应理论

从以上讨论可以看到，如何确定激发态的交换-相关泛函是处理激发态问题的关键，这一问题至今尚未解决. Petersilka 等[33]在含时密度泛函理论框架内提出的线性响应理论避开了这一困难，为处理激发态问题开辟了新的途径，可以从 Kohn-Sham 轨道能级差出发，逼近体系相关跃迁的精确激发能.

设闭壳层体系的外势 $V_{\mathrm{ext}}(\vec{r},t)=V_{\mathrm{ext}}^{0}(\vec{r})+V_{\mathrm{ext}}^{1}(\vec{r},t)$，其中 $V_{\mathrm{ext}}^{0}(\vec{r})$ 是对应于体系基态的外势，$V_{\mathrm{ext}}^{1}(\vec{r},t)$ 是与时间有关的微扰外势. 定义线性密度响应函数为

$$\chi(\vec{r}t,\vec{r}'t')=\left.\frac{\delta\rho([V_{\mathrm{ext}}];\vec{r},t)}{\delta V_{\mathrm{ext}}(\vec{r}',t')}\right|_{V_{\mathrm{ext}}[\rho_0]}=\int \mathrm{d}\vec{x}\mathrm{d}\tau\left.\frac{\delta\rho([V_{\mathrm{ext}}];\vec{r},t)}{\delta V_{s}(\vec{x},\tau)}\cdot\frac{\delta V_{s}(\vec{x},\tau)}{\delta V_{\mathrm{ext}}(\vec{r}',t')}\right|_{V_{\mathrm{ext}}[\rho_0]} \tag{6.11.17}$$

式中，$V_{s}(\vec{r},t)$ 为 Kohn-Sham 方程中的有效势；$\rho_0(\vec{r})$ 为体系基态电荷密度. 对微扰势 $V_{\mathrm{ext}}^{1}(\vec{r},t)$ 的线性密度响应 $\rho_1(\vec{r},t)$ 为

$$\rho_1(\vec{r},t)=\int \mathrm{d}t'\int \mathrm{d}\vec{r}'\chi(\vec{r}t,\vec{r}'t')V_{\mathrm{ext}}^{1}(\vec{r}',t') \tag{6.11.18}$$

类似地，定义 Kohn-Sham 线性密度响应函数为

$$\chi_{s}(\vec{r}t,\vec{r}'t')=\left.\frac{\delta\rho([V_{s}];\vec{r},t)}{\delta V_{s}(\vec{r}',t')}\right|_{V_{s}[\rho_0]} \tag{6.11.19}$$

由泛函微商的链规则，有

$$\left.\frac{\delta V_{s}(\vec{x},\tau)}{\delta V_{\mathrm{ext}}(\vec{r}',t')}\right|_{V[\rho_0]}=\delta(\vec{x}-\vec{r}')\delta(\tau-t')+\int \mathrm{d}\vec{x}'\mathrm{d}\tau'\left[\frac{\delta(\tau-\tau')}{|\vec{x}-\vec{x}'|}+\frac{\delta V_{\mathrm{xc}}(\vec{x},t)}{\delta\rho(\vec{x}',\tau')}\right]\left.\frac{\delta\rho(\vec{x}',\tau')}{\delta V_{\mathrm{ext}}(\vec{r}',t')}\right|_{V_{\mathrm{ext}}[\rho_0]}$$

式中，$V_{\mathrm{xc}}([\rho];\vec{x},t)$ 为交换-相关势. 对于交换-相关作用的贡献，引入交换-相关核 $f_{\mathrm{xc}}$ 来描述

$$f_{\mathrm{xc}}([\rho];\vec{r}t,\vec{r}'t')=\delta V_{\mathrm{xc}}([\rho];\vec{r},t)/\delta\rho(\vec{r}',t')\Big|_{\rho_0} \tag{6.11.20}$$

则由式(6.11.17)可得

$$\begin{aligned}\chi(\vec{r}t,\vec{r}'t')=&\chi_{s}(\vec{r}t,\vec{r}'t')+\int \mathrm{d}\vec{x}\int \mathrm{d}\tau\int \mathrm{d}\vec{x}'\\&\times\int \mathrm{d}\tau'\chi_{s}(\vec{r}t,\vec{x}\tau)\left(\frac{\delta(\tau-\tau')}{|\vec{x}-\vec{x}'|}+f_{\mathrm{xc}}([\rho_0];\vec{x}\tau,\vec{x}'\tau')\right)\chi(\vec{x}'\tau',\vec{r}'t')\end{aligned} \tag{6.11.21}$$

而

$$\rho_1(\vec{r},t)=\int \mathrm{d}t'\int \mathrm{d}\vec{r}'\chi_{s}(\vec{r}t,\vec{r}'t')V_{s1}(\vec{r}',t') \tag{6.11.22}$$

$$V_{s1}(\vec{r},t)=V_{\mathrm{ext}}^{1}(\vec{r},t)+\int \mathrm{d}\vec{r}'\frac{\rho_1(\vec{r}',t)}{|\vec{r}-\vec{r}'|}+\int \mathrm{d}\vec{r}'\int \mathrm{d}t'f_{\mathrm{xc}}([\rho_0];\vec{r}t,\vec{r}'t')\rho_1(\vec{r}',t') \tag{6.11.23}$$

对式(6.11.22)进行 Fourier 变换，得到精确的与频率有关的线性密度响应

$$\rho_1(\vec{r}\omega)=\int \mathrm{d}\vec{r}'\chi_s(\vec{r},\vec{r}';\omega)\left[V_{\text{ext}}^1(\vec{r}'\omega)+\int \mathrm{d}\vec{x}\left(\frac{1}{|\vec{r}'-\vec{x}|}+f_{\text{xc}}([\rho_0];\vec{r}',\vec{x};\omega)\right)\right]\rho_1(\vec{x}\omega) \quad (6.11.24)$$

Kohn-Sham 响应函数可表示为(闭壳层体系)

$$\chi_s(\vec{r},\vec{r}';\omega)=2\sum_{jk}(n_k-n_j)\frac{\varphi_k^*(\vec{r})\varphi_j(\vec{r})\varphi_j^*(\vec{r}')\varphi_k(\vec{r}')}{\omega-\omega_{jk}+\mathrm{i}\delta} \quad (6.11.25)$$

式中，$n_k$ 是 Kohn-Sham 轨道 $\varphi_k(\vec{r})$ 的电子占据数；$\omega_{jk}=\varepsilon_j-\varepsilon_k$ [对应于 $\varphi_k(\vec{r})$ 到 $\varphi_j(\vec{r})$ 的跃迁].

式(6.11.24)可改写为

$$\int \mathrm{d}\vec{x}\left[\delta(\vec{r}-\vec{x})-\int \mathrm{d}\vec{r}'\chi_s(\vec{r},\vec{r}';\omega)\left\{\frac{1}{|\vec{r}'-\vec{x}|}+f_{\text{xc}}([\rho_0];\vec{r}',\vec{x};\omega)\right\}\right]\rho_1(\vec{x}\omega)$$

$$=\int \mathrm{d}\vec{r}'\chi_s(\vec{r},\vec{r}';\omega)V_{\text{ext}}^1(\vec{r}'\omega) \quad (6.11.26)$$

$\rho_1(\vec{x}\omega)$ 作为 $\omega$ 的函数，在 $\omega=\Omega$ (激发能)处有极点，而 $\chi_s$ 在 $\omega=\omega_{ik}$ 处有极点. 一般 $\Omega\neq\omega_{ik}$，$\Omega=\omega_{ik}$ 时方程右边为有限值，故当 $\omega\to\Omega$ 时，式(6.11.26)等号左边作用于 $\rho_1(\vec{x}\omega)$ 的积分算符的本征值必为零. 将积分算符的 $\delta(\vec{r}-\vec{x})$ 项积分出来，可得以下本征值方程

$$\int \mathrm{d}\vec{r}\int \mathrm{d}\vec{r}'\chi_s(\vec{x},\vec{r};\omega)\left[\frac{1}{|\vec{r}'-\vec{r}|}+f_{\text{xc}}([\rho_0];\vec{r}',\vec{r};\omega)\right]\zeta(\vec{r}'\omega)=\lambda(\omega)\zeta(\vec{x}\omega) \quad (6.11.27)$$

本征值 $\lambda$ 满足条件 $\lambda(\Omega)=1$.

原则上可由式(6.11.27)求得精确的激发能 $\Omega$. 将式(6.11.27)中的各项围绕 $\omega_{ik}$ 展开到 $(\omega-\omega_{ik})$ 的一级项，可求得 $\Omega$ 的近似值

$$\Omega=\omega_{jk}+\mathrm{Re}(M_{jk,jk}) \quad (6.11.28)$$

式中，$\mathrm{Re}(M_{jk,jk})$ 是下述 $\boldsymbol{M}$ 矩阵对角元的实部

$$M_{il,jk}(\omega)=2(n_k-n_j)\int \mathrm{d}\vec{r}\mathrm{d}\vec{r}'\varphi_i(\vec{r})\varphi_l^*(\vec{r})\left[\frac{1}{|\vec{r}-\vec{r}'|}+f_{\text{xc}}(\vec{r},\vec{r}';\omega)\right]\varphi_k^*(\vec{r}')\varphi_j(\vec{r}) \quad (6.11.29)$$

用这一方法计算最低激发能结果良好. 以上讨论可以推广到开壳层非零自旋密度的情况. 激发能对交换-相关核 $f_{\text{xc}}$ 相当敏感，迄今已提出过多种 $f_{\text{xc}}$ 的近似表达式.

### 6.11.4　激发态能量与振子强度

Jamorski 等[34]提出一种用含时密度泛函理论计算极化度、激发态能量和振子强度的方法. 设体系基态受到微扰外势 $V_{\text{ext}}^1(\vec{r},t)$ 的作用，则线性密度响应为

$$\delta\rho_\sigma(\vec{r},\omega)=\sum_{ij}\varphi_{i\sigma}(\vec{r})\delta P_{ij\sigma}(\omega)\varphi_{j\sigma}^*(\vec{r}) \qquad \sigma=\alpha,\beta \quad (6.11.30)$$

$$\delta P_{ij\sigma}(\omega)=\frac{n_{j\sigma}-n_{i\sigma}}{\omega-(\varepsilon_{i\sigma}-\varepsilon_{j\sigma})+\mathrm{i}\delta}\left[\left(V_{\text{ext}}^1\right)_{ij\sigma}(\omega)+\sum_{kl\tau}K_{ij\sigma,kl\tau}\delta P_{kl\tau}(\omega)\right] \quad (6.11.31)$$

$\delta P_{ij\sigma}(\omega)$ 是以基态 Kohn-Sham 轨道为基的密度矩阵的响应，可看作式(6.11.24)的矩阵表示.

$$K_{ij\sigma,kl\tau}=\frac{\partial V_{s\,ij\sigma}}{\partial P_{kl\tau}}=\iint\varphi_{i\sigma}^{*}(\vec{r})\varphi_{j\sigma}(\vec{r})\frac{1}{|\vec{r}-\vec{r}'|}\varphi_{k\tau}(\vec{r}')\varphi_{l\tau}^{*}(\vec{r}')\mathrm{d}\vec{r}\,\mathrm{d}\vec{r}'$$
$$+\iint\varphi_{i\sigma}^{*}(\vec{r})\varphi_{j\sigma}(\vec{r})\frac{\delta^{2}E_{xc}[\rho_\alpha,\rho_\beta]}{\delta\rho_\sigma(\vec{r})\delta\rho_\tau(\vec{r}')}\varphi_{k\tau}(\vec{r}')\varphi_{l\tau}^{*}(\vec{r}')\mathrm{d}\vec{r}\,\mathrm{d}\vec{r}' \tag{6.11.32}$$

设 $V_{\mathrm{ext}}^{1}(\vec{r}',t)=z\varepsilon_z(t)$，$\varepsilon_z(t)$ 是沿 $z$ 方向的场强，则动态极化度的 $xz$ 分量为

$$\alpha_{xz}(\omega)=-2\sum_{ij\sigma}^{n_{i\sigma}-n_{j\sigma}>0}\frac{x_{ij\sigma}\left(\mathrm{Re}\,\delta P_{ij\sigma}\right)(\omega)}{\varepsilon_z(\omega)} \tag{6.11.33}$$

式中，$x_{ij\sigma}$ 是 $\hat{x}$ 以基态 Kohn-Sham 轨道为基的矩阵元. 由式(6.11.31)解出 $\delta P_{ij\sigma}$，取其实部代入式(6.11.33)，可得 $\alpha_{xz}(\omega)$ 的表达式

$$\alpha_{xz}(\omega)=2x^{\mathrm{T}}\eta^{-\frac{1}{2}}\left(\Omega-\omega^{2}I\right)^{-1}\eta^{-\frac{1}{2}}\cdot z \tag{6.11.34}$$

其中

$$\eta_{ij\sigma,kl\tau}=\frac{\delta_{\sigma\tau}\delta_{ik}\delta_{jl}}{(n_{k\tau}-n_{l\tau})(\varepsilon_{l\tau}-\varepsilon_{k\tau})}$$
$$\Omega_{ij\sigma,kl\tau}=\delta_{\sigma\tau}\delta_{ik}\delta_{jl}(\varepsilon_{l\tau}-\varepsilon_{k\tau})^{2}+2\sqrt{(n_{i\sigma}-n_{j\sigma})(\varepsilon_{j\sigma}-\varepsilon_{i\sigma})}K_{ij\sigma,kl\tau}\sqrt{(n_{k\tau}-n_{l\tau})(\varepsilon_{l\tau}-\varepsilon_{k\tau})} \tag{6.11.35}$$

平均极化度为

$$\bar{\alpha}(\omega)=\frac{1}{3}\mathrm{Tr}\,\alpha(\omega)=\sum_{I}\frac{f_I}{\omega_I^{2}-\omega^{2}} \tag{6.11.36}$$

式中，$\omega_I=E_I-E_0$，为从基态 $\Psi_0$ 到 $\Psi_I$ 态的垂直激发能；$f_I$ 为振子强度

$$f_I=\frac{2}{3}(E_I-E_0)\left(\left|\langle\Psi_0|\hat{x}|\Psi_I\rangle\right|^{2}+\left|\langle\Psi_0|\hat{y}|\Psi_I\rangle\right|^{2}+\left|\langle\Psi_0|\hat{z}|\Psi_I\rangle\right|^{2}\right) \tag{6.11.37}$$

比较式(6.11.34)和式(6.11.36)可知，求解本征方程

$$\Omega F_I=\omega_I^{2}F_I \tag{6.11.38}$$

本征值 $\omega_I$ 即为激发能，由本征矢 $F_I$ 可计算 $f_I$

$$f_I=\frac{2}{3}\left(\left|x^{\mathrm{T}}\eta^{-\frac{1}{2}}F_I\right|^{2}+\left|y^{\mathrm{T}}\eta^{-\frac{1}{2}}F_I\right|^{2}+\left|z^{\mathrm{T}}\eta^{-\frac{1}{2}}F_I\right|^{2}\right) \tag{6.11.39}$$

形式上，可以使激发态 $I$ 与一个波函数 $\Psi_I$ 联系

$$\Psi_I=\sum_{ij\sigma}^{n_{i\sigma}-n_{j\sigma}>0}\sqrt{\frac{\varepsilon_{j\sigma}-\varepsilon_{i\sigma}}{\omega_I}}F_{ij\sigma}^{I}\hat{a}_{j\sigma}^{\dagger}\hat{a}_{i\sigma}\Phi \tag{6.11.40}$$

式中，$\Phi$ 为基态行列式函数；$\hat{a}_{j\sigma}^{\dagger}$ 和 $\hat{a}_{i\sigma}$ 分别为粒子产生和湮灭算符，其作用是将函数 $\Phi$ 中的轨道 $i$ 换成轨道 $j$. 本征矢 $F_I$ 包含有激发态 $I$ 的对称性信息.

在用上述 TD-DFT 响应理论计算激发能时只用到基态 Kohn-Sham 方程的本征值与轨道，只需做一次自洽场计算. 在绝热近似下，也只用到基态时的交换-相关能泛函.

含时密度泛函线性响应理论在密度泛函理论框架内解决激发态的计算问题，而且只要求

知道基态交换-相关能泛函的表达式，在实际计算中容易实现，当前受到普遍重视. 对于低激发态，激发能的计算误差一般为 0.1～1.0 eV . 但计算结果对交换-相关能泛函的远程行为比较敏感，采用现有的近似交换-相关能泛函，对于高激发态计算误差比较大.

## 6.12 结　　语

密度泛函理论不是从波函数出发而是从密度函数出发，基于近似交换-相关能密度泛函，通过求解 Kohn-Sham 方程来研究分子的电子结构以及分子的结构-性能关系，计算精度高，速度快，特别适用于中等尺度分子的计算，目前在计算量子化学中占据主导地位. 但是，由于采用了近似交换-相关能密度泛函，密度泛函方法存在许多缺陷和困难.

首先，目前比较流行的近似交换-相关能密度泛函的普适性较差，一种近似交换-相关能泛函可能适用于某一类或某几类分子，而不适用于另外一些分子，即不能用于计算所有分子体系，因此计算精度具有不确定性. 更为严重的是，目前尚无实际可用的系统理论方法可以保证所建造的密度泛函具有普适性，这使得密度泛函理论的预测能力大打折扣. 其次，多数近似交换-相关能密度泛函不能正确处理弱相互作用，包括范德华作用和弱键作用. 再次，含时密度泛函方法处理高激发态误差较大. 最后，密度泛函方法不能正确地给出不同自旋多重态的相对能量.

出现以上问题的根本原因在于密度泛函理论本身存在原则性缺陷. 在波函数方法中，量子体系的能量及其他可观测量作为波函数的泛函，都有明确的表达式，用于研究量子体系的性质原则上没有困难，只是计算量太大，并且多电子波函数过于复杂，难以将计算结果转化为具体图像以加深对所研究问题的理解. 密度泛函理论从密度函数出发，将描写 $N$ 电子体系的 $3N$ 个空间坐标变量约化为 3 个，大大简化了计算，并具有明确的物理图像. 但体系的能量及其他包含双粒子算符的可观测量作为密度函数的泛函，并没有明确的表达式，只能采用近似处理的办法，因而导致出现前面提到的困难. 以 Hamilton 量中包含的电子排斥能为例，由式(6.0.10)，有

$$\left\langle \sum_{i<j} \frac{1}{r_{ij}} \right\rangle = \frac{1}{2} \int \frac{\rho_2(\vec{r}_1, \vec{r}_2)}{r_{12}} \mathrm{d}\vec{r}_1 \mathrm{d}\vec{r}_2 \tag{6.12.1}$$

式中，$\rho_2(\vec{r}_1,\vec{r}_2)$ 为双电子密度函数(或称对密度函数)，由式(6.1.13)，有

$$\rho_2(\vec{r}_1, \vec{r}_2) = \rho(\vec{r}_1)\rho(\vec{r}_2) + \rho(\vec{r}_1)\rho_{\mathrm{xc}}(\vec{r}_1, \vec{r}_2) \tag{6.12.2}$$

故有

$$\left\langle \sum_{i<j} \frac{1}{r_{ij}} \right\rangle = \frac{1}{2} \int \frac{\rho(\vec{r}_1)\rho(\vec{r}_2)}{r_{12}} \mathrm{d}\vec{r}_1 \mathrm{d}\vec{r}_2 + \frac{1}{2} \int \frac{\rho(\vec{r}_1)\rho_{\mathrm{xc}}(\vec{r}_1, \vec{r}_2)}{r_{12}} \mathrm{d}\vec{r}_1 \mathrm{d}\vec{r}_2 \tag{6.12.3}$$

式(6.12.2)表明，对密度函数不能仅仅用(单电子)密度函数 $\rho(\vec{r})$ 表示，这导致在电子排斥能的表达式中出现了交换-相关穴密度函数 $\rho_{\mathrm{xc}}(\vec{r}_1,\vec{r}_2)$，而密度泛函理论本身不能给出 $\rho_{\mathrm{xc}}(\vec{r}_1,\vec{r}_2)$ 的明确表达式，甚至不能给出精确建造 $\rho_{\mathrm{xc}}(\vec{r}_1,\vec{r}_2)$ 的切实可行的理论方案，只能采用近似方法来建造 $\rho_{\mathrm{xc}}(\vec{r}_1,\vec{r}_2)$. 事实上，密度函数 $\rho(\vec{r})$ 是一阶约化密度矩阵的 $\hat{\rho}_1(\vec{r},\vec{r}')$ 的对角元，密度泛函理论是在一阶约化密度矩阵的框架下建立起来的，一阶约化密度矩阵不能代替波函数用于描述包

含双粒子算符的物理量. 而对密度函数 $\rho_2(\vec{r}_1,\vec{r}_2)$ 则是二阶约化密度矩阵 $\hat{\rho}_2(\vec{r}_1,\vec{r}_2;\vec{r}_1',\vec{r}_2')$ 的对角元, 只有在二阶约化密度矩阵理论的框架下才能解决对密度函数的建造问题, 这依赖于二阶约化密度矩阵 $N$ 表示问题的解决, 但至今还没有找到有实用价值的解决 $N$ 表示问题的方法. 因此, 迄今为止, 要想得到量子体系的精确计算结果, 仍然只能依靠波函数方法.

针对密度泛函理论存在的问题, 人们提出了很多观点和解决办法. 概括地说, 有两种不同看法, 因而有两种不同策略. 一种观点认为, 不可能找到精确的能量密度泛函的显表达式, 只能根据经验逐步改进近似泛函的质量. 现有近似密度泛函在很多应用中已经取得基本满意的结果, 只要在能量密度泛函中包含更多参数, 并在更大范围内利用实验或者量子力学精确计算结果优化参数, 得到的泛函就可以基本满足化学应用的要求. VSXC[35]是这类泛函的典型代表, 它包含 21 个拟合参数. 另一种观点认为, 可以找到满足化学精度要求的近似能量密度泛函, 办法是找到更多的精确能量密度泛函应该满足的条件, 根据这些条件选择合适的泛函形式, 并按这些条件的要求而不是依赖拟合实验或者精确计算结果来确定泛函中的参数, 建造尽可能满足这些条件的近似泛函, 这样就可以沿着 Jacob 阶梯登上“天堂”. TPSS[11]是这类泛函的典型代表, 它不含可调参数. 从发展密度泛函理论的角度考虑, 后一种策略显得更为合理. 实际应用结果表明, 后一种泛函的适应性较强, 可用于不同类型的体系或者不同问题的研究, 能得到精度比较一致的结果, 但一般来说其精度可能不是最高. 前一种策略带有半经验性质, 不能推进密度泛函理论向纵深发展, 并且由于取作优化标准的数据(分子类型与分子性质)有限, 得到的近似密度泛函在用于一定范围内的某些体系或者问题的研究时, 所得结果好于根据后一种策略发展的泛函, 但用于另外一些体系和问题的研究时则误差较大, 结果具有不确定性. 不过, 人们通常研究的是特定问题, 用前一种泛函能给出精度更高的结果, 有实用价值. 两种研究路线各有优缺点, 将会在相当长的一段时间内并存.

在改进能量密度泛函精度的途径方面也存在不同的选择, 一部分人认为, 只用电子密度(及其梯度)分布作为泛函的变量不能建造出精确的能量密度泛函, 必须将轨道作为变量纳入能量泛函中. 这样, 至少可以写出动能和交换能主要部分的显表示式, 实际上, Kohn-Sham 方法就是这样做的. 杂化密度泛函、优化有效势方法、从头算密度泛函等都是沿着这一方向逐步迈进的, 在提高近似密度泛函的精度方面卓有成效. 特别是从头算密度泛函方法为系统地提高能量泛函的精度开辟了道路. 不过, 这条途径实际上是在向传统的波函数方法靠拢, 因而计算过程也越来越复杂. 从头算密度泛函方法要做 MP2 计算, 计算量几乎和 CCSD 方法一样, 但精度却不如 CCSD, 这样做失去了密度泛函方法计算量小的优点, 偏离了密度泛函理论的初衷. 另一部分人则坚持只用电子密度(及其梯度)作为能量密度泛函的变量, 完全不借助“轨道”的概念, 发展“无轨道密度泛函理论”. 这方面的努力已经持续了 70 多年. 近些年虽有一定进展, 但计算的复杂程度超过 GGA 甚至 meta-GGA 方法, 离可用于实际体系计算还相当遥远, 前景如何有待将来的实践做结论. 除了上面说的两种选择以外, 还有人提出过其他方法, 如局域标度变换(local-scaling transformation)方法等. 但同样也遇到很多困难, 进展比较缓慢.

总而言之, 密度泛函理论要取得进一步的突破性进展, 仍然面临很多困难, 需要付出更多努力.

最后我们要指出, 复杂化学体系激发态的理论和计算问题是当前理论化学发展的瓶颈之一. 原则上讲, 波函数方法从理论上解决了复杂化学体系激发态的计算问题, 但由于计算过于复杂, 实际上无法实现; 密度泛函理论提供了计算激发态的方案, 并可按照该方案计算较为复杂的化学体系的激发态，但由于理论自身的缺陷，计算精度和计算效率都不能令人满意. 相比之下，Green 函数方法在计算复杂化学体系激发态方面有着独特的优势，但由于 Green 函数理论体系较为复杂，需要用较大篇幅才能讲述清楚，本书不再详细介绍，有兴趣的读者可参看文献[36,37].

## 参考文献


[1] Slater J G. Phys Rev, 1951, 81:385.

[2] Levy M. Phys Rev A, 1982, 26:1200.

[3] 刘文剑. 相对论量子化学基本原理及相对论密度泛函理论. //帅志刚, 邵久书, 等. 理论化学原理与应用. 北京: 科学出版社, 2008: 68-109.

[4] Vosko S J，Wilk L, Nusair M. Can J Phys , 1980, 58: 1200.

[5] Perdew J P, Wang Y. Phys Rev B, 1992, 46: 12947.

[6] Becke A D. Phys Rev A, 1988, 38: 3098.

[7] Perdew J P, Wang Y. Phys Rev B, 1986, 33: 3300.

[8] Lee C, Yang W, Parr R G. Phys Rev B, 1988, 37:785.

[9] Miehlich B, Savin A, Stoll H, et al. Chem Phys Lett, 1989, 157: 200.

[10] Becke A D, Roussel M R. Phys Rev A, 1989, 39: 3761.

[11] Tao J, Perdew J P, Staroverov V N, et al. Phys Rev Lett, 2003, 91: 146401.

[12] Xu X, Goddard W A III. Proc Natl Acad Sci USA, 2004, 101: 2673.

[13] Jensen F. Introduction to Computational Chemistry. New York: John Wiley & Sons, 2007.

[14] Nagy A. Phys Rev, 1998, 298: 1.

[15] 杨忠志. 概念密度泛函理论与浮动电荷分子力场. //帅志刚，邵久书，等. 理论化学原理与应用. 北京：科学出版社，2008: 110-208.

[16] Pearson R G. J Am Chem Soc, 1963, 85: 3533.

[17] Parr R G, Pearson R G. J Am Chem Soc, 1983, 105: 7512.

[18] Parr R G, Yang W. J Am Chem Soc, 1984, 106: 4049.

[19] Sanderson R T. Science, 1951, 114: 670.

[20] Ziegler T, Rauk A, Baerends E J. Theoret Chim Acta, 1977, 43: 261.

[21] Dickson R M, Ziegler T. Int J Quantum Chem, 1996, 58: 681.

[22] Daul C. Int J Quantum Chem, 1994, 52: 867; Daul C, Gudel H U, Weber J. J Chem Phys, 1993, 98: 4023.

[23] Filatov M, Shaik S. Chem Phys Lett, 1998, 288: 689.

[24] Filatov M, Shaik S. J Chem Phys, 1999, 110: 116.

[25] Theophilou A K. J Phys C: Solid State Phys, 1979, 12: 5419.

[26] Theophilou A K, Gidopoulos N I. Int J Quantum Chem, 1995, 56: 333.

[27] Gross E K U, Oliveira L N, Kohn W. Phys Rev A, 1988, 37: 2809.

[28] Kohn W. Phys Rev A, 1986, 34: 737.

[29] 李振宇, 梁万珍, 杨金龙. 密度泛函理论及其数值方法. //帅志刚, 邵久书, 等. 理论化学原理与应用. 北京: 科学出版社, 2008: 13-67.

[30] Peuckert V. J Phys C: Solid State Phys, 1978, 11: 4945.

[31] Runge E, Gross E K U. Phys Rev Lett, 1984, 52: 997.

[32] van Leeuwen R. Phys Rev Lett, 1998, 80: 1280；*ibid* 1999, 82: 3863.

[33] Petersilka M, Gossmann U J, Gross E K U. Phys Rev Lett, 1996, 76: 1212.

[34] Jamorski C, Casida M E, Salahub D R. J Chem Phys, 1966, 104: 5134.

[35] Voorhis T V, Scuseria G E. J Chem Phys, 1998, 109: 400.

[36] 马玉臣, 刘成卜. 多体格林函数方法. //国家自然科学基金委员会, 中国科学院. 中国学科发展战略: 理论与计算化学. 北京: 科学出版社, 2016: 140-155.
[37] 徐光宪, 黎乐民, 王德民, 等. 量子化学——基本原理和从头计算法(下册). 2 版. 北京: 科学出版社, 2008: 41-122.

## 习　题

1. 将交换-相关穴密度函数分解为交换穴和相关穴两部分，即

$$\rho_{\mathrm{xc}}(\vec{q}_1,\vec{q}_2)=\rho_{\mathrm{x}}(\vec{q}_1,\vec{q}_2)+\rho_{\mathrm{c}}(\vec{q}_1,\vec{q}_2) \text{ 或 } \rho_{\mathrm{xc}}(\vec{r}_1,\vec{r}_2)=\rho_{\mathrm{x}}(\vec{r}_1,\vec{r}_2)+\rho_{\mathrm{c}}(\vec{r}_1,\vec{r}_2)$$

(1) 导出闭壳层 Hartree-Fock 波函数给出的交换穴和相关穴密度函数.

(2) 分别讨论交换-相关穴、交换穴和相关穴密度函数的性质.

(3) 用密度函数、密度矩阵、交换穴和相关穴密度函数给出 Born-Oppenheimer 近似下 $N$ 电子体系的能量表达式.

(4) 用密度函数、密度矩阵、交换穴和相关穴密度函数给出闭壳层 $N$ 电子体系的 Hartree-Fock 能量表达式.

2. 导出 $X_\alpha$ 方程并讨论方程的性质.

3. 比较 $X_\alpha$ 方程与 Hartree-Fock 方程，对二者之间的关系做简短评述.

4. 采用 Thomas-Fermi 模型，导出原子体系能量的密度泛函表达式，进而根据变分原理导出密度函数所满足的方程，并对 Thomas-Fermi 模型做简短评述.

5. Hohenberg-Kohn 给出了关于电子密度函数的两个定理，分别是：

定理 1(唯一性定理)　体系的基态电子密度与体系所处外势场有一一对应关系(不计无关紧要的任意常数)；

定理 2　对任意 $N$ 可表示的密度函数 $\rho'(\vec{r})$，均有 $E\left[\rho'(\vec{r})\right]\geqslant E_0$, $E_0$ 为体系的基态能量.

(1) 证明以上两个定理.

(2) 以上两个定理的表述中为什么要强调基态?

(3) 以上两个定理称为密度泛函理论的基石，谈谈你对这一论断的看法.

6. Kohn-Sham 方程是密度泛函理论的主要方程之一.

(1) 导出 Kohn-Sham 方程，并简述该方程的主要求解过程.

(2) 导出 Kohn-Sham 方程的主要依据是，有一个理想体系与真实体系相对应，二者有相同的基态电子密度，如何理解这一论断?

(3) 导出基态电子总能量与 Kohn-Sham 轨道能量的关系式.

(4) 讨论 Kohn-Sham 轨道与 Hartree-Fock 轨道的区别和联系.

7. 当外势与自旋有关时，需要用自旋密度泛函理论处理多电子体系.

(1) 导出自旋密度泛函理论下的 Kohn-Sham 方程.

(2) 讨论如何用自旋密度泛函理论下的 Kohn-Sham 方程计算开壳层原子、分子体系的基态.

8. 迄今为止，已经提出了大量近似交换-相关能密度泛函，Perdew 将交换-相关能泛函的发展历程概括为 Jacob 天梯. 根据近似交换-相关能密度泛函的发展历程，回答以下问题：

(1) 给出均匀电子气体系交换-相关能密度泛函的表达式.

(2) 讨论局域密度近似泛函的基本思想.

(3) 讨论广义密度梯度近似泛函的基本思想.

(4) 讨论动能密度泛函的基本思想.

(5) 讨论自作用问题和杂化泛函的基本思想.

(6) 谈谈你对 Jacob 天梯的看法.

9. 根据概念密度泛函理论，分子的电子结构(电子密度函数)、性质以及反应活性等与能量密度泛函的各级导数相联系.

(1) 导出化学势和电负性的表达式.

(2) 导出硬度、软度的表达式，讨论硬度、软度与分子反应活性的关系.

(3) 导出 Fukui 函数的表达式，讨论 Fukui 函数与分子反应活性的关系.

(4) 论证电负性均衡原理.

10. 谱项能量和限制性 Kohn-Sham 方法是处理多重态问题的两种重要方法.

(1) 以双电子体系开壳层电子组态 $a^1b^1$ (a、b 为两个不同的空间分子轨道)为例，说明谱项能量和方法的基本思想.

(2) 对限制性 Kohn-Sham 方法做简单述评.

11. 系综密度泛函方法是在密度泛函理论框架内的处理激发态问题的重要方法.

(1) 简述系综密度泛函方法处理等权系综和不等权系综的基本思想.

(2) 设有非简并基态和第一激发态组成的两态系综，用系综密度泛函方法计算激发能.

(3) 简述将系综密度泛函方法推广到计算激发多重态的基本思路.

12. 对含时密度泛函理论做简短评述.

# 附　　录

## 附录 1　$O$ 群和 $T_d$ 群的一套不可约表示矩阵

**附表 1.1　$O$ 群的特征标**

| $O$ | $E$ | $6C_4$ | $3C_2(=C_4^2)$ | $8C_3$ | $6C_2$ | | |
|---|---|---|---|---|---|---|---|
| $A_1$ | 1 | 1 | 1 | 1 | 1 | | $x^2+y^2+z^2$ |
| $A_2$ | 1 | −1 | 1 | 1 | −1 | | |
| $E$ | 2 | 0 | 2 | −1 | 0 | | $\begin{cases}2z^2-x^2-y^2\\ \sqrt{3}(x^2-y^2)\end{cases}$ |
| $T_1$ | 3 | 1 | −1 | 0 | −1 | $(R_x,R_y,R_z)$<br>$(x,y,z)$ | |
| $T_2$ | 3 | −1 | −1 | 0 | 1 | | $(xy,xz,yz)$ |

**附表 1.2　$T_d$ 群的特征标**

| $T_d$ | $E$ | $8C_3$ | $3C_2$ | $6S_4$ | $6\sigma_d$ | | |
|---|---|---|---|---|---|---|---|
| $A_1$ | 1 | 1 | 1 | 1 | 1 | | $x^2+y^2+z^2$ |
| $A_2$ | 1 | 1 | 1 | −1 | −1 | | |
| $E$ | 2 | −1 | 2 | 0 | 0 | | $\left[2z^2-x^2-y^2,\sqrt{3}(x^2-y^2)\right]$ |
| $T_1$ | 3 | 0 | −1 | 1 | −1 | $(R_x,R_y,R_z),(x,y,z)$ | |
| $T_2$ | 3 | 0 | −1 | −1 | 1 | | $(xy,xz,yz)$ |

在推导光谱项时，需要知道基函数之间的变换关系，这时要用到点群的不可约表示矩阵. 下面给出 $O$ 群和 $T_d$ 群的一套不可约表示矩阵. 值得注意的是，选择不同的基函数，不可约表示矩阵就会有不同的形式，因此在导出不可约表示矩阵时，我们会首先给出所选择的基函数. 当然，不可约表示的特征标并不因基函数不同而发生变化. 特征标表中通常会给出基函数，利用这些基函数就可以在需要时导出给定基函数下的不可约表示矩阵.

对称轴和对称面是点群中最基本的对称元素，常用一些记号标记它们. 例如，$C_n^{(x)}$ 表示 $C_n$ 轴为 $x$ 轴，$C_n^{(xy)}$ 或 $C_n^{(110)}$ 表示轴为通过原点和点 $(1,1,0)$ 的直线，$C_n^{(xyz)}$ 或 $C_n^{(111)}$ 表示轴为通过原点和点 $(1,1,1)$ 的直线；$\sigma^{(x)}$、$\sigma^{(xy)}$ 和 $\sigma^{(xyz)}$ 分别表示镜面 $\sigma$ 的法线沿 $x$ 轴，沿通过原点和点 $(1,1,0)$ 的直线，沿通过原点和点 $(1,1,1)$ 的直线等. 像转轴也有类似记号.

$O$ 群与 $T_d$ 群同构，$O$ 群的表示矩阵与 $T_d$ 群有对应关系，只要使 $O$ 群的 $C_4^{(z)}$ 对应 $T_d$ 群的 $S_4^{(z)-1}$ 即可，因此我们只需讨论 $O$ 群的不可约表示矩阵. 附图 1.1 的立方体可以帮助我们更好地了解$O$群. 附图 1.1 中，坐标原点位于立方体的中心，三个坐标轴分别与立方体相应的边平行，$(\vec{e}_1,\vec{e}_2,\vec{e}_3)$为坐标系的三个单位矢量，其长度为立方体边长的一半(立方体边长为 2). $O$群的对称元素包括：3 个四重轴，$C_4^{(x)}$、$C_4^{(y)}$、$C_4^{(z)}$分别通过相对的两个面的中心，它们被取作坐标轴；6 个二重轴，分别通过不在同一面上的相对两边的中点，如$C_2^{(01-1)}$；4 个三重轴，分别通过立方体不在同一面上的相对的两个顶点，如$C_3^{(111)}$. 附图 1.2 给出了立方体各顶点及各条棱的中点的坐标，由这些坐标可以方便地标记各对称元素，由这些对称元素得到$O$群的 24 个旋转操作，它们分成 5 个类，即

$$\{E\},\ \left\{4\hat{C}_3,\ 4\hat{C}_3^2\right\},\ \left\{3\hat{C}_2\left(=\hat{C}_4^2\right)\right\},\ \left\{3\hat{C}_4,\ 3\hat{C}_4^3\right\},\ \left\{6\hat{C}_2\right\} \tag{附 1.1}$$

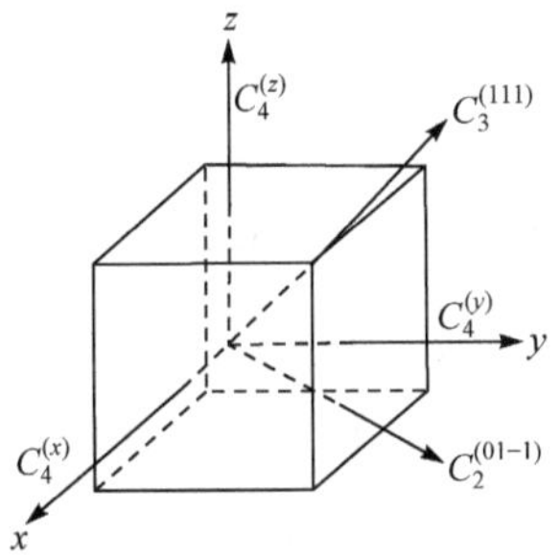


附图 1.1

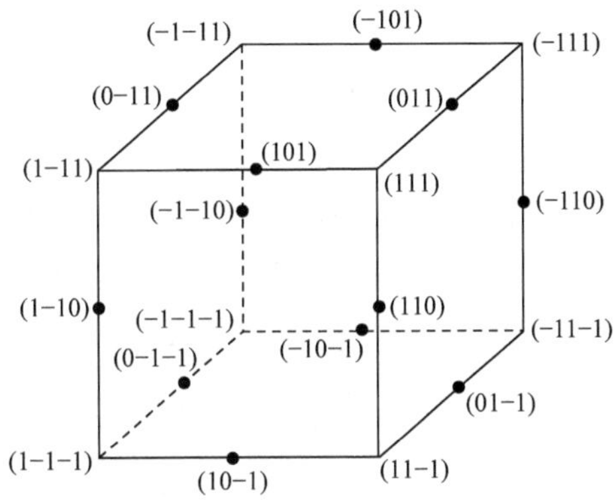


附图 1.2

$T_d$群的对称元素中，三重轴与$O$群相同，此外还有 6 个通过一个二重轴并平分另外两个二重轴夹角的对称面$\sigma_d$. 由于$\sigma_d$的存在，出现了 3 个由二重轴转化成的双向四重像转轴，因此，$T_d$群的 24 个对称操作也分为 5 类，即有

$$\{E\},\ \left\{4\hat{C}_3,\ 4\hat{C}_3^2\right\},\ \left\{3\hat{C}_2\left(=\hat{S}_4^2\right)\right\},\ \left\{3\hat{S}_4,\ 3\hat{S}_4^3\right\},\ \left\{6\hat{\sigma}_d\right\} \tag{附 1.2}$$

故$O$群和$T_d$群都有 5 个不等价不可约表示，不可约表示的维数分别为

$$s_1=1,\quad s_2=1,\quad s_3=2,\quad s_4=s_5=3 \tag{附 1.3}$$

其中，单位表示$A_1$的特征标(也是表示矩阵)为(可取$\psi_1=x^2+y^2+z^2$作为表示空间的基函数)

$$\chi^{(A_1)}(g)=1,\quad g\in O \tag{附 1.4}$$

群$T=\left\{E,\ 4\hat{C}_3,\ 4\hat{C}_3^2,\ 3\hat{C}_4^2\right\}$是$O$群的正规子群,二阶商群的如实表示为$[1,-1]$，因此又得另一个一维表示$A_2$，其特征标(表示矩阵)为

$$\chi^{(A_2)}(g)=1,\ g\in T,\qquad \chi^{(A_2)}(g)=-1,\ g\in O/T \tag{附 1.5}$$

式中，$O/T$表示$O$群中除$T$群以外的其他群元素.

为了简化记号，在以下讨论中，点群对称操作对坐标的变换和对函数的变换用同一个符号表示. 由附图 1.1，易于求得以下变换关系：

$$\hat{C}_4^{(z)}x=y,\quad \hat{C}_4^{(z)}y=-x,\quad \hat{C}_4^{(z)}z=z \tag{附 1.6}$$

$$\hat{C}_4^{(x)}x=x,\quad \hat{C}_4^{(x)}y=z,\quad \hat{C}_4^{(x)}z=-y \tag{附 1.7}$$

$$\hat{C}_4^{(y)}x=-z,\quad \hat{C}_4^{(y)}y=y,\quad \hat{C}_4^{(y)}z=x \tag{附 1.8}$$

$$\hat{C}_3^{(111)}x=y,\quad \hat{C}_3^{(111)}y=z,\quad \hat{C}_3^{(111)}z=x \tag{附 1.9}$$

在推导式(附 1.9)的变换关系时，可以将在第一卦限的三个坐标面以及垂直于 $C_3^{(111)}$ 轴的平面看成一个四面体，$C_3^{(111)}$ 轴通过四面体中心，这样就很容易导出式(附 1.9). 选取 $\hat{C}_4^{(z)}$ 和 $\hat{C}_3^{(111)}$ 为 $O$ 群的生成元，由于在 $\hat{C}_4^{(z)}$ 作用下 4 个三重轴可以互换位置，4 个三重轴组成共轭对称元素系 $\left\{C_3^{(111)},C_3^{(-111)},C_3^{(-1-11)},C_3^{(1-11)}\right\}$，同样，在 $\hat{C}_3^{(111)}$ 作用下，二重轴也可以互换位置，因此 6 个二重轴组成两组共轭对称元素系 $\left\{C_2^{(01-1)},C_2^{(-101)},C_2^{(1-10)}\right\}$，$\left\{C_2^{(011)},C_2^{(101)},C_2^{(110)}\right\}$. 利用式(附 1.7)和式(附 1.8)，可以直接得到 $\hat{C}_4^{(x)}$ 和 $\hat{C}_4^{(y)}$ 的表示矩阵，因此在确定二者的表示矩阵时不必再借助于生成元. 对称操作有以下变换关系(注意：对称操作和对称元素记号不同)，

$$\begin{aligned}
&\hat{C}_3^{(-111)}=\hat{C}_4^{(z)}\hat{C}_3^{(111)}\hat{C}_4^{(z)3},\quad \hat{C}_3^{(-1-11)}=\hat{C}_4^{(z)}\hat{C}_3^{(-111)}\hat{C}_4^{(z)3},\quad \hat{C}_3^{(1-11)}=\hat{C}_4^{(z)}\hat{C}_3^{(-1-11)}\hat{C}_4^{(z)3},\\
&\hat{C}_2^{(01-1)}=\hat{C}_4^{(x)}\hat{C}_4^{(z)2},\quad \hat{C}_2^{(-101)}=\hat{C}_3^{(111)}\hat{C}_2^{(01-1)}\hat{C}_3^{(111)2},\quad \hat{C}_2^{(1-10)}=\hat{C}_3^{(111)}\hat{C}_2^{(-101)}\hat{C}_3^{(111)2},\\
&\hat{C}_2^{(011)}=\hat{C}_4^{(x)}\hat{C}_4^{(y)2},\quad \hat{C}_2^{(101)}=\hat{C}_3^{(111)}\hat{C}_2^{(011)}\hat{C}_3^{(111)2},\quad \hat{C}_2^{(110)}=\hat{C}_3^{(111)}\hat{C}_2^{(101)}\hat{C}_3^{(111)2}
\end{aligned} \tag{附 1.10}$$

利用这些关系，可以较为方便地求得各不可约的表示矩阵. 首先求二维表示的表示矩阵. 以 $\varphi_1=\left(2z^2-x^2-y^2\right)$ 和 $\varphi_2=\sqrt{3}\left(x^2-y^2\right)$ 为基函数，利用式(附 1.6)和式(附 1.9)的变换关系，易得生成元 $\hat{C}_4^{(z)}$ 和 $\hat{C}_3^{(111)}$ 的表示矩阵. 然后，利用式(附 1.7)和式(附 1.8)的变换关系和式(附 1.10)的生成关系，可以得到所有算符的表示矩阵，如附表 1.3 所示. 注意：三重轴和四重轴都是双向轴，相应操作的逆操作相当于对称轴反向，故有 $\hat{C}_4^{(z)3}=\hat{C}_4^{(-z)}$，$\hat{C}_3^{(111)2}=\hat{C}_3^{(-1-1-1)}$，等等.

**附表 1.3　$O$ 群 $E$ 不可约的表示矩阵**

基函数：$\varphi_1=\left(2z^2-x^2-y^2\right)$，$\varphi_2=\sqrt{3}\left(x^2-y^2\right)$

| $E$ | $\hat{C}_4^{(z)}$，$\hat{C}_4^{(-z)}$ | $\hat{C}_2^{(1-10)}$，$\hat{C}_2^{(110)}$ | $\hat{C}_2^{(x)}\left(=\hat{C}_4^{(x)2}\right)$，$\hat{C}_2^{(y)}$，$\hat{C}_2^{(z)}$ |
|---|---|---|---|
| $\begin{bmatrix}1&0\\0&1\end{bmatrix}$ | $\begin{bmatrix}1&0\\0&-1\end{bmatrix}$ | $\begin{bmatrix}1&0\\0&-1\end{bmatrix}$ | $\begin{bmatrix}1&0\\0&1\end{bmatrix}$ |
| $\hat{C}_4^{(x)}$，$\hat{C}_4^{(-x)}$ | $\hat{C}_4^{(y)}$，$\hat{C}_4^{(-y)}$ | $\hat{C}_3^{(111)}$，$\hat{C}_3^{(1-1-1)}$，$\hat{C}_3^{(-1-11)}$，$\hat{C}_3^{(-11-1)}$ | |
| $\begin{bmatrix}-\frac{1}{2}&-\frac{\sqrt{3}}{2}\\-\frac{\sqrt{3}}{2}&\frac{1}{2}\end{bmatrix}$ | $\begin{bmatrix}-\frac{1}{2}&\frac{\sqrt{3}}{2}\\\frac{\sqrt{3}}{2}&\frac{1}{2}\end{bmatrix}$ | $\begin{bmatrix}-\frac{1}{2}&-\frac{\sqrt{3}}{2}\\\frac{\sqrt{3}}{2}&-\frac{1}{2}\end{bmatrix}$ | |
| $\hat{C}_2^{(-101)}$，$\hat{C}_2^{(101)}$ | $\hat{C}_2^{(01-1)}$，$\hat{C}_2^{(011)}$ | $\hat{C}_3^{(-1-1-1)}$，$\hat{C}_3^{(-111)}$，$\hat{C}_3^{(11-1)}$，$\hat{C}_3^{(1-11)}$ | |
| $\begin{bmatrix}-\frac{1}{2}&\frac{\sqrt{3}}{2}\\\frac{\sqrt{3}}{2}&\frac{1}{2}\end{bmatrix}$ | $\begin{bmatrix}-\frac{1}{2}&-\frac{\sqrt{3}}{2}\\-\frac{\sqrt{3}}{2}&\frac{1}{2}\end{bmatrix}$ | $\begin{bmatrix}-\frac{1}{2}&\frac{\sqrt{3}}{2}\\-\frac{\sqrt{3}}{2}&-\frac{1}{2}\end{bmatrix}$ | |

求出所有特征标，结果与附表 1.1 相符.

现在求三维表示 $T_1$ 的表示矩阵. 以 $\left(x,y,z\right)$ 作基函数，利用式(附 1.6)和式(附 1.9)的变换

关系，易得生成元 $\hat{C}_4^{(z)}$ 和 $\hat{C}_3^{(111)}$ 的表示矩阵. 然后，利用式(附 1.7)和式(附 1.8)的变换关系及式(附 1.10)的生成关系，可以得到所有算符的表示矩阵，如附表 1.4 所示(绕二重轴的旋转操作的表示矩阵不再列出).

**附表 1.4　$O$ 群 $T_1$ 不可约表示的表示矩阵**

(基函数：$x,y,z$)

| $E$ | $\hat{C}_4^{(z)}$ | $\hat{C}_4^{(x)}$ | $\hat{C}_4^{(y)}$ | $\hat{C}_2^{(z)}$ |
|---|---|---|---|---|
| $\begin{bmatrix}1&0&0\\0&1&0\\0&0&1\end{bmatrix}$ | $\begin{bmatrix}0&-1&0\\1&0&0\\0&0&1\end{bmatrix}$ | $\begin{bmatrix}1&0&0\\0&0&-1\\0&1&0\end{bmatrix}$ | $\begin{bmatrix}0&0&1\\0&1&0\\-1&0&0\end{bmatrix}$ | $\begin{bmatrix}-1&0&0\\0&-1&0\\0&0&1\end{bmatrix}$ |
| $\hat{C}_2^{(x)}$ | $\hat{C}_2^{(y)}$ | $\hat{C}_4^{(-z)}$ | $\hat{C}_4^{(-x)}$ | $\hat{C}_4^{(-y)}$ |
| $\begin{bmatrix}1&0&0\\0&-1&0\\0&0&-1\end{bmatrix}$ | $\begin{bmatrix}-1&0&0\\0&1&0\\0&0&-1\end{bmatrix}$ | $\begin{bmatrix}0&1&0\\-1&0&0\\0&0&1\end{bmatrix}$ | $\begin{bmatrix}1&0&0\\0&0&1\\0&-1&0\end{bmatrix}$ | $\begin{bmatrix}0&0&-1\\0&1&0\\1&0&0\end{bmatrix}$ |
| $\hat{C}_3^{(111)}$ | $\hat{C}_3^{(-111)}$ | $\hat{C}_3^{(-1-11)}$ | $\hat{C}_3^{(1-11)}$ | $\hat{C}_3^{(-1-1-1)}$ |
| $\begin{bmatrix}0&0&1\\1&0&0\\0&1&0\end{bmatrix}$ | $\begin{bmatrix}0&-1&0\\0&0&1\\-1&0&0\end{bmatrix}$ | $\begin{bmatrix}0&0&-1\\1&0&0\\0&-1&0\end{bmatrix}$ | $\begin{bmatrix}0&-1&0\\0&0&-1\\1&0&0\end{bmatrix}$ | $\begin{bmatrix}0&1&0\\0&0&1\\1&0&0\end{bmatrix}$ |
| $\hat{C}_3^{(1-1-1)}$ | $\hat{C}_3^{(11-1)}$ | $\hat{C}_3^{(-11-1)}$ | | |
| $\begin{bmatrix}0&0&-1\\-1&0&0\\0&1&0\end{bmatrix}$ | $\begin{bmatrix}0&1&0\\0&0&-1\\-1&0&0\end{bmatrix}$ | $\begin{bmatrix}0&0&1\\-1&0&0\\0&-1&0\end{bmatrix}$ | | |

计算各算符表示矩阵的特征标并与附表 1.1 中 $O$ 群的特征标比较，可见所得表示为 $O$ 群的 $T_1$ 表示.

现在求另一三维表示 $T_2$ 的表示矩阵. 在求二维表示时，我们采用两个 d 轨道作基函数，现在可以用另外三个 d 轨道 $(xy,yz,zx)$ 作基函数，利用式(附 1.6)～式(附 1.10)的变换关系和生成关系，易得各对称操作的表示矩阵，结果列于附表 1.5 中.

**附表 1.5　$O$ 群 $T_2$ 不可约表示的表示矩阵**

(基函数：$xy,yz,zx$)

| $E$ | $\hat{C}_4^{(z)}$ | $\hat{C}_4^{(x)}$ | $\hat{C}_4^{(y)}$ | $\hat{C}_2^{(z)}$ |
|---|---|---|---|---|
| $\begin{bmatrix}1&0&0\\0&1&0\\0&0&1\end{bmatrix}$ | $\begin{bmatrix}0&1&0\\-1&0&0\\0&0&-1\end{bmatrix}$ | $\begin{bmatrix}-1&0&0\\0&0&1\\0&-1&0\end{bmatrix}$ | $\begin{bmatrix}0&0&-1\\0&-1&0\\1&0&0\end{bmatrix}$ | $\begin{bmatrix}-1&0&0\\0&-1&0\\0&0&1\end{bmatrix}$ |
| $\hat{C}_2^{(x)}$ | $\hat{C}_2^{(y)}$ | $\hat{C}_4^{(-z)}$ | $\hat{C}_4^{(-x)}$ | $\hat{C}_4^{(-y)}$ |
| $\begin{bmatrix}1&0&0\\0&-1&0\\0&0&-1\end{bmatrix}$ | $\begin{bmatrix}-1&0&0\\0&1&0\\0&0&-1\end{bmatrix}$ | $\begin{bmatrix}0&-1&0\\1&0&0\\0&0&-1\end{bmatrix}$ | $\begin{bmatrix}-1&0&0\\0&0&-1\\0&1&0\end{bmatrix}$ | $\begin{bmatrix}0&0&1\\0&-1&0\\-1&0&0\end{bmatrix}$ |

续表

| $\hat{C}_3^{(111)}$ | $\hat{C}_3^{(-111)}$ | $\hat{C}_3^{(-1-11)}$ | $\hat{C}_3^{(1-11)}$ | $\hat{C}_3^{(-1-1-1)}$ |
|---|---|---|---|---|
| $\begin{bmatrix} 0 & 0 & 1 \\ 1 & 0 & 0 \\ 0 & 1 & 0 \end{bmatrix}$ | $\begin{bmatrix} 0 & -1 & 0 \\ 0 & 0 & 1 \\ -1 & 0 & 0 \end{bmatrix}$ | $\begin{bmatrix} 0 & 0 & -1 \\ 1 & 0 & 0 \\ 0 & -1 & 0 \end{bmatrix}$ | $\begin{bmatrix} 0 & -1 & 0 \\ 0 & 0 & -1 \\ 1 & 0 & 0 \end{bmatrix}$ | $\begin{bmatrix} 0 & 1 & 0 \\ 0 & 0 & 1 \\ 1 & 0 & 0 \end{bmatrix}$ |

| $\hat{C}_3^{(1-1-1)}$ | $\hat{C}_3^{(11-1)}$ | $\hat{C}_3^{(-11-1)}$ |
|---|---|---|
| $\begin{bmatrix} 0 & 0 & -1 \\ -1 & 0 & 0 \\ 0 & 1 & 0 \end{bmatrix}$ | $\begin{bmatrix} 0 & 1 & 0 \\ 0 & 0 & -1 \\ -1 & 0 & 0 \end{bmatrix}$ | $\begin{bmatrix} 0 & 0 & 1 \\ -1 & 0 & 0 \\ 0 & -1 & 0 \end{bmatrix}$ |

计算各算符表示矩阵的特征标并与附表 1.1 中 $O$ 群的特征标比较，可见所得表示为 $O$ 群的 $T_2$ 表示. 事实上，$T_2$ 的表示是 $A_2$ 和 $T_1$ 的直积，即有 $T_2 = A_2 \otimes T_1$，利用这一关系可以很方便地求得 $T_2$ 的表示矩阵.

$T_d$ 群与 $O$ 群同构，将四重像转轴与四重轴对应，镜面 $\sigma_d$ 与二重轴对应，即可得到 $T_d$ 群的表示矩阵.

# 附录 2　化学上常用对称群的特征标表

## 1. 无轴群

| $C_1$ | $E$ |
|---|---|
| $A$ | 1 |

| $C_i$ | $E$ | $I$ | | |
|---|---|---|---|---|
| $A_g$ | 1 | 1 | $R_x, R_y, R_z$ | $x^2, y^2, z^2$, $xy, xz, yz$ |
| $A_u$ | 1 | −1 | $x, y, z$ | |

| $C_s$ | $E$ | $\sigma_h$ | | |
|---|---|---|---|---|
| $A'$ | 1 | 1 | $x$, $y$, $R_z$ | $x^2, y^2, z^2, xy$ |
| $A''$ | 1 | −1 | $z$, $R_x$, $R_y$ | $yz$, $xz$ |

## 2. $C_n$ 群

| $C_2$ | $E$ | $C_2$ | | |
|---|---|---|---|---|
| $A$ | 1 | 1 | $z, R_z$ | $x^2, y^2, z^2, xy$ |
| $B$ | 1 | −1 | $x, y, R_x, R_y$ | $yz, xz$ |

| $C_3$ | $E$ | $C_3$ | $C_3^2$ | | $\varepsilon=\exp(2\pi i/3)$ |
|---|---|---|---|---|---|
| $A$ | 1 | 1 | 1 | $z, R_z$ | $x^2+y^2, z^2$ |
| $E$ | $\begin{cases}1\\1\end{cases}$ | $\begin{matrix}\varepsilon\\\varepsilon^*\end{matrix}$ | $\begin{matrix}\varepsilon^*\\\varepsilon\end{matrix}$ | $(x,y)\ (R_x,R_y)$ | $(x^2-y^2,2xy)\ (yz,xz)$ |

| $C_4$ | $E$ | $C_4$ | $C_2$ | $C_4^3$ | | |
|---|---|---|---|---|---|---|
| $A$ | 1 | 1 | 1 | 1 | $z,\ R_z$ | $x^2+y^2, z^2$ |
| $B$ | 1 | −1 | 1 | −1 | | $x^2-y^2, xy$ |
| $E$ | $\begin{cases}1\\1\end{cases}$ | $\begin{matrix}i\\-i\end{matrix}$ | $\begin{matrix}-1\\-1\end{matrix}$ | $\begin{matrix}-i\\i\end{matrix}$ | $(x,y)\ (R_x,R_y)$ | $(xz, yz)$ |

| $C_5$ | $E$ | $C_5$ | $C_5^2$ | $C_5^3$ | $C_5^4$ | | $\varepsilon=\exp(2\pi i/5)$ |
|---|---|---|---|---|---|---|---|
| $A$ | 1 | 1 | 1 | 1 | 1 | $z, R_z$ | $x^2+y^2, z^2$ |
| $E_1$ | $\begin{cases}1\\1\end{cases}$ | $\begin{matrix}\varepsilon\\\varepsilon^*\end{matrix}$ | $\begin{matrix}\varepsilon^2\\\varepsilon^{2*}\end{matrix}$ | $\begin{matrix}\varepsilon^{2*}\\\varepsilon^2\end{matrix}$ | $\begin{matrix}\varepsilon^*\\\varepsilon\end{matrix}$ | $(x,y)\ (R_x,R_y)$ | $(yz,xz)$ |
| $E_2$ | $\begin{cases}1\\1\end{cases}$ | $\begin{matrix}\varepsilon^2\\\varepsilon^{2*}\end{matrix}$ | $\begin{matrix}\varepsilon^*\\\varepsilon\end{matrix}$ | $\begin{matrix}\varepsilon\\\varepsilon^*\end{matrix}$ | $\begin{matrix}\varepsilon^{2*}\\\varepsilon^2\end{matrix}$ | | $(x^2-y^2,2xy)$ |

| $C_6$ | $E$ | $C_6$ | $C_3$ | $C_2$ | $C_3^2$ | $C_6^5$ | | $\varepsilon=\exp(2\pi i/6)$ |
|---|---|---|---|---|---|---|---|---|
| $A$ | 1 | 1 | 1 | 1 | 1 | 1 | $z, R_z$ | $x^2+y^2, z^2$ |
| $B$ | 1 | −1 | 1 | −1 | 1 | −1 | | |
| $E_1$ | $\begin{cases}1\\1\end{cases}$ | $\begin{matrix}\varepsilon\\\varepsilon^*\end{matrix}$ | $\begin{matrix}-\varepsilon^*\\-\varepsilon\end{matrix}$ | $\begin{matrix}-1\\-1\end{matrix}$ | $\begin{matrix}-\varepsilon\\-\varepsilon^*\end{matrix}$ | $\begin{matrix}\varepsilon^*\\\varepsilon\end{matrix}$ | $(x,y)(R_x,R_y)$ | $(xz,yz)$ |
| $E_2$ | $\begin{cases}1\\1\end{cases}$ | $\begin{matrix}-\varepsilon^*\\-\varepsilon\end{matrix}$ | $\begin{matrix}-\varepsilon\\-\varepsilon^*\end{matrix}$ | $\begin{matrix}1\\1\end{matrix}$ | $\begin{matrix}-\varepsilon^*\\-\varepsilon\end{matrix}$ | $\begin{matrix}-\varepsilon\\-\varepsilon^*\end{matrix}$ | | $(x^2-y^2,2xy)$ |

| $C_7$ | $E$ | $C_7$ | $C_7^2$ | $C_7^3$ | $C_7^4$ | $C_7^5$ | $C_7^6$ | | $\varepsilon=\exp(2\pi i/7)$ |
|---|---|---|---|---|---|---|---|---|---|
| $A$ | 1 | 1 | 1 | 1 | 1 | 1 | 1 | $z,\ R_z$ | $x^2+y^2, z^2$ |
| $E_1$ | $\begin{cases}1\\1\end{cases}$ | $\begin{matrix}\varepsilon\\\varepsilon^*\end{matrix}$ | $\begin{matrix}\varepsilon^2\\\varepsilon^{2*}\end{matrix}$ | $\begin{matrix}\varepsilon^3\\\varepsilon^{3*}\end{matrix}$ | $\begin{matrix}\varepsilon^{3*}\\\varepsilon^3\end{matrix}$ | $\begin{matrix}\varepsilon^{2*}\\\varepsilon^2\end{matrix}$ | $\begin{matrix}\varepsilon^*\\\varepsilon\end{matrix}$ | $(x,\ y)$ $(R_x, R_y)$ | $(xz,yz)$ |
| $E_2$ | $\begin{cases}1\\1\end{cases}$ | $\begin{matrix}\varepsilon^2\\\varepsilon^{2*}\end{matrix}$ | $\begin{matrix}\varepsilon^{3*}\\\varepsilon^3\end{matrix}$ | $\begin{matrix}\varepsilon^*\\\varepsilon\end{matrix}$ | $\begin{matrix}\varepsilon\\\varepsilon^*\end{matrix}$ | $\begin{matrix}\varepsilon^3\\\varepsilon^{3*}\end{matrix}$ | $\begin{matrix}\varepsilon^{2*}\\\varepsilon^2\end{matrix}$ | | $(x^2-y^2,2xy)$ |
| $E_3$ | $\begin{cases}1\\1\end{cases}$ | $\begin{matrix}\varepsilon^3\\\varepsilon^{3*}\end{matrix}$ | $\begin{matrix}\varepsilon^*\\\varepsilon\end{matrix}$ | $\begin{matrix}\varepsilon^2\\\varepsilon^{2*}\end{matrix}$ | $\begin{matrix}\varepsilon^{2*}\\\varepsilon^2\end{matrix}$ | $\begin{matrix}\varepsilon\\\varepsilon^*\end{matrix}$ | $\begin{matrix}\varepsilon^{3*}\\\varepsilon^3\end{matrix}$ | | |

| $C_8$ | $E$ | $C_8$ | $C_4$ | $C_2$ | $C_4^3$ | $C_8^3$ | $C_8^5$ | $C_8^7$ | | $\varepsilon = \exp(2\pi i/8)$ |
|---|---|---|---|---|---|---|---|---|---|---|
| $A$ | 1 | 1 | 1 | 1 | 1 | 1 | 1 | 1 | $z$, $R_z$ | $x^2+y^2$, $z^2$ |
| $B$ | 1 | −1 | 1 | 1 | 1 | −1 | −1 | −1 | | |
| $E_1$ | $\begin{cases}1\\1\end{cases}$ | $\varepsilon$<br>$\varepsilon^*$ | $i$<br>$-i$ | −1<br>−1 | $-i$<br>$i$ | $-\varepsilon^*$<br>$-\varepsilon$ | $-\varepsilon$<br>$-\varepsilon^*$ | $\left.\begin{matrix}\varepsilon^*\\\varepsilon\end{matrix}\right\}$ | $(x, y)$<br>$(R_x, R_y)$ | $(xz, yz)$ |
| $E_2$ | $\begin{cases}1\\1\end{cases}$ | $i$<br>$-i$ | −1<br>−1 | 1<br>1 | −1<br>−1 | $-i$<br>$i$ | $i$<br>$-i$ | $\left.\begin{matrix}-i\\i\end{matrix}\right\}$ | | $(x^2-y^2, 2xy)$ |
| $E_3$ | $\begin{cases}1\\1\end{cases}$ | $-\varepsilon$<br>$-\varepsilon^*$ | $i$<br>$-i$ | −1<br>−1 | $-i$<br>$i$ | $\varepsilon^*$<br>$\varepsilon$ | $\varepsilon$<br>$\varepsilon^*$ | $\left.\begin{matrix}-\varepsilon^*\\-\varepsilon\end{matrix}\right\}$ | | |

## 3. $D_n$ 群

| $D_2$ | $E$ | $C_2(z)$ | $C_2(y)$ | $C_2(x)$ | | |
|---|---|---|---|---|---|---|
| $A$ | 1 | 1 | 1 | 1 | | $x^2$, $y^2$, $z^2$ |
| $B_1$ | 1 | 1 | −1 | −1 | $z$, $R_z$ | $xy$ |
| $B_2$ | 1 | −1 | 1 | −1 | $y$, $R_y$ | $xz$ |
| $B_3$ | 1 | −1 | −1 | 1 | $x$, $R_x$ | $yz$ |

| $D_3$ | $E$ | $2C_3$ | $3C_2$ | | |
|---|---|---|---|---|---|
| $A_1$ | 1 | 1 | 1 | | $x^2+y^2$, $z^2$ |
| $A_2$ | 1 | 1 | −1 | $z$, $R_z$ | |
| $E$ | 2 | −1 | 0 | $(x, y)$ $(R_x, R_y)$ | $(x^2-y^2, 2xy)$ $(xz, yz)$ |

| $D_4$ | $E$ | $2C_4$ | $C_2(=C_4^2)$ | $2C_2'$ | $2C_2''$ | | |
|---|---|---|---|---|---|---|---|
| $A_1$ | 1 | 1 | 1 | 1 | 1 | | $x^2+y^2$, $z^2$ |
| $A_2$ | 1 | 1 | 1 | −1 | −1 | $z$, $R_z$ | |
| $B_1$ | 1 | −1 | 1 | 1 | −1 | | $x^2-y^2$ |
| $B_2$ | 1 | −1 | 1 | −1 | 1 | | $xy$ |
| $E$ | 2 | 0 | −2 | 0 | 0 | $(x, y)$ $(R_x, R_y)$ | $(xz, yz)$ |

| $D_5$ | $E$ | $2C_5$ | $2C_5^2$ | $5C_2$ | | |
|---|---|---|---|---|---|---|
| $A_1$ | 1 | 1 | 1 | 1 | | $x^2+y^2$, $z^2$ |
| $A_2$ | 1 | 1 | 1 | −1 | $z$, $R_z$ | |
| $E_1$ | 2 | $2\cos 72°$ | $2\cos 144°$ | 0 | $(x, y)$ $(R_x, R_y)$ | $(xz, yz)$ |
| $E_2$ | 2 | $2\cos 144°$ | $2\cos 72°$ | 0 | | $(x^2-y^2, 2xy)$ |

| $D_6$ | $E$ | $2C_6$ | $2C_3$ | $C_2$ | $3C_2'$ | $3C_2''$ | | |
|---|---|---|---|---|---|---|---|---|
| $A_1$ | 1 | 1 | 1 | 1 | 1 | 1 | | $x^2+y^2$, $z^2$ |
| $A_2$ | 1 | 1 | 1 | 1 | −1 | −1 | $z, R_z$ | |
| $B_1$ | 1 | −1 | 1 | −1 | 1 | −1 | | |
| $B_2$ | 1 | −1 | 1 | −1 | −1 | 1 | | |
| $E_1$ | 2 | 1 | −1 | −2 | 0 | 0 | $(x,y)(R_x,R_y)$ | $(xz, yz)$ |
| $E_2$ | 2 | −1 | −1 | 2 | 0 | 0 | | $(x^2-y^2, 2xy)$ |

## 4. $C_{nv}$ 群

| $C_{2v}$ | $E$ | $C_2$ | $\sigma_v(xz)$ | $\sigma_v(yz)$ | | |
|---|---|---|---|---|---|---|
| $A_1$ | 1 | 1 | 1 | 1 | $z$ | $x^2, y^2, z^2$ |
| $A_2$ | 1 | 1 | −1 | −1 | $R_z$ | $xy$ |
| $B_1$ | 1 | −1 | 1 | −1 | $x, R_y$ | $xz$ |
| $B_2$ | 1 | −1 | −1 | 1 | $y, R_x$ | $yz$ |

| $C_{3v}$ | $E$ | $2C_3$ | $3\sigma_v$ | | |
|---|---|---|---|---|---|
| $A_1$ | 1 | 1 | 1 | $z$ | $x^2+y^2$, $z^2$ |
| $A_2$ | 1 | 1 | −1 | $R_z$ | |
| $E$ | 2 | −1 | 0 | $(x, y)$ $(R_x, R_y)$ | $(x^2-y^2, 2xy)(xz, yz)$ |

| $C_{4v}$ | $E$ | $2C_4$ | $C_2$ | $2\sigma_v$ | $2\sigma_d$ | | |
|---|---|---|---|---|---|---|---|
| $A_1$ | 1 | 1 | 1 | 1 | 1 | $z$ | $x^2+y^2$, $z^2$ |
| $A_2$ | 1 | 1 | 1 | −1 | −1 | $R_z$ | |
| $B_1$ | 1 | −1 | 1 | 1 | −1 | | $x^2-y^2$ |
| $B_2$ | 1 | −1 | 1 | −1 | 1 | | $xy$ |
| $E$ | 2 | 0 | −2 | 0 | 0 | $(x, y)$ $(R_x, R_y)$ | $(xz, yz)$ |

| $C_{5v}$ | $E$ | $2C_5$ | $2C_5^2$ | $5\sigma_v$ | | |
|---|---|---|---|---|---|---|
| $A_1$ | 1 | 1 | 1 | 1 | $z$ | $x^2+y^2$, $z^2$ |
| $A_2$ | 1 | 1 | 1 | −1 | $R_z$ | |
| $E_1$ | 2 | $2\cos 72^\circ$ | $2\cos 144^\circ$ | 0 | $(x, y)$ $(R_x, R_y)$ | $(xz, yz)$ |
| $E_2$ | 2 | $2\cos 144^\circ$ | $2\cos 72^\circ$ | 0 | | $(x^2-y^2, 2xy)$ |

| $C_{6v}$ | $E$ | $2C_6$ | $2C_3$ | $C_2$ | $3\sigma_v$ | $3\sigma_d$ | | |
|---|---|---|---|---|---|---|---|---|
| $A_1$ | 1 | 1 | 1 | 1 | 1 | 1 | $z$ | $x^2+y^2$, $z^2$ |
| $A_2$ | 1 | 1 | 1 | 1 | −1 | −1 | $R_z$ | |
| $B_1$ | 1 | −1 | 1 | −1 | 1 | −1 | | |
| $B_2$ | 1 | −1 | 1 | −1 | −1 | 1 | | |
| $E_1$ | 2 | 1 | −1 | −2 | 0 | 0 | $(x, y)$ $(R_x, R_y)$ | $(xz, yz)$ |
| $E_2$ | 2 | −1 | −1 | 2 | 0 | 0 | | $(x^2-y^2, 2xy)$ |

## 5. $C_{nh}$ 群

| $C_{2h}$ | $E$ | $C_2$ | $I$ | $\sigma_h$ | | |
|---|---|---|---|---|---|---|
| $A_g$ | 1 | 1 | 1 | 1 | $R_z$ | $x^2, y^2, z^2, xy$ |
| $B_g$ | 1 | −1 | 1 | −1 | $R_x, R_y$ | $xz, yz$ |
| $A_u$ | 1 | 1 | −1 | −1 | $z$ | |
| $B_u$ | 1 | −1 | −1 | 1 | $x, y$ | |

| $C_{3h}$ | $E$ | $C_3$ | $C_3^2$ | $\sigma_h$ | $S_3$ | $S_3^5$ | | $\varepsilon=\exp(2\pi i/3)$ |
|---|---|---|---|---|---|---|---|---|
| $A'$ | 1 | 1 | 1 | 1 | 1 | 1 | $R_z$ | $x^2+y^2, z^2$ |
| $E'$ | 1 | $\varepsilon$ | $\varepsilon^*$ | 1 | $\varepsilon$ | $\varepsilon^*$ | $(x, y)$ | $(x^2-y^2, 2xy)$ |
| | 1 | $\varepsilon^*$ | $\varepsilon$ | 1 | $\varepsilon^*$ | $\varepsilon$ | | |
| $A''$ | 1 | 1 | 1 | −1 | −1 | −1 | $z$ | |
| $E''$ | 1 | $\varepsilon$ | $\varepsilon^*$ | −1 | $-\varepsilon$ | $-\varepsilon^*$ | $(R_x, R_y)$ | $(xz, yz)$ |
| | 1 | $\varepsilon^*$ | $\varepsilon$ | −1 | $-\varepsilon^*$ | $-\varepsilon$ | | |

| $C_{4h}$ | $E$ | $C_4$ | $C_2$ | $C_4^3$ | $I$ | $S_4^3$ | $\sigma_h$ | $S_4$ | | |
|---|---|---|---|---|---|---|---|---|---|---|
| $A_g$ | 1 | 1 | 1 | 1 | 1 | 1 | 1 | 1 | $R_z$ | $x^2+y^2, z^2$ |
| $B_g$ | 1 | −1 | 1 | −1 | 1 | −1 | 1 | −1 | | $x^2-y^2, xy$ |
| $E_g$ | 1 | $i$ | −1 | $-i$ | 1 | $i$ | −1 | $-i$ | $(R_x, R_y)$ | $(xz, yz)$ |
| | 1 | $-i$ | −1 | $i$ | 1 | $-i$ | −1 | $i$ | | |
| $A_u$ | 1 | 1 | 1 | 1 | −1 | −1 | −1 | −1 | $z$ | |
| $B_u$ | 1 | −1 | 1 | −1 | −1 | 1 | −1 | 1 | | |
| $E_u$ | 1 | $i$ | −1 | $-i$ | −1 | $-i$ | 1 | $i$ | $(x, y)$ | |
| | 1 | $-i$ | −1 | $i$ | −1 | $i$ | 1 | $-i$ | | |

| $C_{5h}$ | $E$ | $C_5$ | $C_5^2$ | $C_5^3$ | $C_5^4$ | $\sigma_h$ | $S_5$ | $S_5^7$ | $S_5^3$ | $S_5^9$ | | $\varepsilon=\exp(2\pi i/5)$ |
|---|---|---|---|---|---|---|---|---|---|---|---|---|
| $A'$ | 1 | 1 | 1 | 1 | 1 | 1 | 1 | 1 | 1 | 1 | $R_z$ | $x^2+y^2, z^2$ |
| $E_1'$ | 1 | $\varepsilon$ | $\varepsilon^2$ | $\varepsilon^{2*}$ | $\varepsilon^*$ | 1 | $\varepsilon$ | $\varepsilon^2$ | $\varepsilon^{2*}$ | $\varepsilon^*$ | $(x, y)$ | |
| | 1 | $\varepsilon^*$ | $\varepsilon^{2*}$ | $\varepsilon^2$ | $\varepsilon$ | 1 | $\varepsilon^*$ | $\varepsilon^{2*}$ | $\varepsilon^2$ | $\varepsilon$ | | |
| $E_2'$ | 1 | $\varepsilon^2$ | $\varepsilon^*$ | $\varepsilon$ | $\varepsilon^{2*}$ | 1 | $\varepsilon^2$ | $\varepsilon^*$ | $\varepsilon$ | $\varepsilon^{2*}$ | | $(x^2-y^2, 2xy)$ |
| | 1 | $\varepsilon^{2*}$ | $\varepsilon$ | $\varepsilon^*$ | $\varepsilon^2$ | 1 | $\varepsilon^{2*}$ | $\varepsilon$ | $\varepsilon^*$ | $\varepsilon^2$ | | |
| $A''$ | 1 | 1 | 1 | 1 | 1 | −1 | −1 | −1 | −1 | −1 | $z$ | |
| $E_1''$ | 1 | $\varepsilon$ | $\varepsilon^2$ | $\varepsilon^{2*}$ | $\varepsilon^*$ | −1 | $-\varepsilon$ | $-\varepsilon^2$ | $-\varepsilon^{2*}$ | $-\varepsilon^*$ | $(R_x, R_y)$ | $(xz, yz)$ |
| | 1 | $\varepsilon^*$ | $\varepsilon^{2*}$ | $\varepsilon^2$ | $\varepsilon$ | −1 | $-\varepsilon^*$ | $-\varepsilon^{2*}$ | $-\varepsilon^2$ | $-\varepsilon$ | | |
| $E_2''$ | 1 | $\varepsilon^2$ | $\varepsilon^*$ | $\varepsilon$ | $\varepsilon^{2*}$ | −1 | $-\varepsilon^2$ | $-\varepsilon^*$ | $-\varepsilon$ | $-\varepsilon^{2*}$ | | |
| | 1 | $\varepsilon^{2*}$ | $\varepsilon$ | $\varepsilon^*$ | $\varepsilon^2$ | −1 | $-\varepsilon^{2*}$ | $-\varepsilon$ | $-\varepsilon^*$ | $-\varepsilon^2$ | | |

| $C_{6h}$ | $E$ | $C_6$ | $C_3$ | $C_2$ | $C_3^2$ | $C_6^5$ | $I$ | $S_3^5$ | $S_6^5$ | $\sigma_h$ | $S_6$ | $S_3$ | | $\varepsilon=\exp(2\pi i/6)$ |
|---|---|---|---|---|---|---|---|---|---|---|---|---|---|---|
| $A_g$ | 1 | 1 | 1 | 1 | 1 | 1 | 1 | 1 | 1 | 1 | 1 | 1 | $R_z$ | $x^2+y^2, z^2$ |
| $B_g$ | 1 | −1 | 1 | −1 | 1 | −1 | 1 | −1 | 1 | −1 | 1 | −1 | | |
| $E_{1g}$ | 1 | $\varepsilon$ | $-\varepsilon^*$ | −1 | $-\varepsilon$ | $\varepsilon^*$ | 1 | $\varepsilon$ | $-\varepsilon^*$ | −1 | $-\varepsilon$ | $\varepsilon^*$ | $(R_x, R_y)$ | $(xz, yz)$ |
| | 1 | $\varepsilon^*$ | $-\varepsilon$ | −1 | $-\varepsilon^*$ | $\varepsilon$ | 1 | $\varepsilon^*$ | $-\varepsilon$ | −1 | $-\varepsilon^*$ | $\varepsilon$ | | |
| $E_{2g}$ | 1 | $-\varepsilon^*$ | $-\varepsilon$ | 1 | $-\varepsilon^*$ | $-\varepsilon$ | 1 | $-\varepsilon^*$ | $-\varepsilon$ | 1 | $-\varepsilon^*$ | $-\varepsilon$ | | $(x^2-y^2, 2xy)$ |
| | 1 | $-\varepsilon$ | $-\varepsilon^*$ | 1 | $-\varepsilon$ | $-\varepsilon^*$ | 1 | $-\varepsilon$ | $-\varepsilon^*$ | 1 | $-\varepsilon$ | $-\varepsilon^*$ | | |
| $A_u$ | 1 | 1 | 1 | 1 | 1 | 1 | −1 | −1 | −1 | −1 | −1 | −1 | $z$ | |
| $B_u$ | 1 | −1 | 1 | −1 | 1 | −1 | −1 | 1 | −1 | 1 | −1 | 1 | | |
| $E_{1u}$ | 1 | $\varepsilon$ | $-\varepsilon^*$ | −1 | $-\varepsilon$ | $\varepsilon^*$ | −1 | $-\varepsilon$ | $\varepsilon^*$ | 1 | $\varepsilon$ | $-\varepsilon^*$ | $(x, y)$ | |
| | 1 | $\varepsilon^*$ | $-\varepsilon$ | −1 | $-\varepsilon^*$ | $\varepsilon$ | −1 | $-\varepsilon^*$ | $\varepsilon$ | 1 | $\varepsilon^*$ | $-\varepsilon$ | | |
| $E_{2u}$ | 1 | $-\varepsilon^*$ | $-\varepsilon$ | 1 | $-\varepsilon^*$ | $-\varepsilon$ | −1 | $\varepsilon^*$ | $\varepsilon$ | −1 | $\varepsilon^*$ | $\varepsilon$ | | |
| | 1 | $-\varepsilon$ | $-\varepsilon^*$ | 1 | $-\varepsilon$ | $-\varepsilon^*$ | −1 | $\varepsilon$ | $\varepsilon^*$ | −1 | $\varepsilon$ | $\varepsilon^*$ | | |

## 6. $D_{nh}$ 群

| $D_{2h}$ | $E$ | $C_2(z)$ | $C_2(y)$ | $C_2(x)$ | $I$ | $\sigma(xy)$ | $\sigma(xz)$ | $\sigma(yz)$ | | |
|---|---|---|---|---|---|---|---|---|---|---|
| $A_g$ | 1 | 1 | 1 | 1 | 1 | 1 | 1 | 1 | | $x^2, y^2, z^2$ |
| $B_{1g}$ | 1 | 1 | −1 | −1 | 1 | 1 | −1 | −1 | $R_z$ | $xy$ |
| $B_{2g}$ | 1 | −1 | 1 | −1 | 1 | −1 | 1 | −1 | $R_y$ | $xz$ |
| $B_{3g}$ | 1 | −1 | −1 | 1 | 1 | −1 | −1 | 1 | $R_x$ | $yz$ |
| $A_u$ | 1 | 1 | 1 | 1 | −1 | −1 | −1 | −1 | | |
| $B_{1u}$ | 1 | 1 | −1 | −1 | −1 | −1 | 1 | 1 | $z$ | |
| $B_{2u}$ | 1 | −1 | 1 | −1 | −1 | 1 | −1 | 1 | $y$ | |
| $B_{3u}$ | 1 | −1 | −1 | 1 | −1 | 1 | 1 | −1 | $x$ | |

| $D_{3h}$ | $E$ | $2C_3$ | $3C_2$ | $\sigma_h$ | $2S_3$ | $3\sigma_v$ | | |
|---|---|---|---|---|---|---|---|---|
| $A_1'$ | 1 | 1 | 1 | 1 | 1 | 1 | | $x^2+y^2, z^2$ |
| $A_2'$ | 1 | 1 | −1 | 1 | 1 | −1 | $R_z$ | |
| $E'$ | 2 | −1 | 0 | 2 | −1 | 0 | $(x, y)$ | $(x^2-y^2, 2xy)$ |
| $A_1''$ | 1 | 1 | 1 | −1 | −1 | −1 | | |
| $A_2''$ | 1 | 1 | −1 | −1 | −1 | 1 | $z$ | |
| $E''$ | 2 | −1 | 0 | −2 | 1 | 0 | $(R_x, R_y)$ | $(xz, yz)$ |

| $D_{4h}$ | $E$ | $2C_4$ | $C_2$ | $2C_2'$ | $2C_2''$ | $I$ | $2S_4$ | $\sigma_h$ | $2\sigma_v$ | $2\sigma_d$ | | |
|---|---|---|---|---|---|---|---|---|---|---|---|---|
| $A_{1g}$ | 1 | 1 | 1 | 1 | 1 | 1 | 1 | 1 | 1 | 1 | | $x^2+y^2, z^2$ |
| $A_{2g}$ | 1 | 1 | 1 | −1 | −1 | 1 | 1 | 1 | −1 | −1 | $R_z$ | |
| $B_{1g}$ | 1 | −1 | 1 | 1 | −1 | 1 | −1 | 1 | 1 | −1 | | $x^2-y^2$ |
| $B_{2g}$ | 1 | −1 | 1 | −1 | 1 | 1 | −1 | 1 | −1 | 1 | | $xy$ |
| $E_g$ | 2 | 0 | −2 | 0 | 0 | 2 | 0 | −2 | 0 | 0 | $(R_x, R_y)$ | $(xz, yz)$ |
| $A_{1u}$ | 1 | 1 | 1 | 1 | 1 | −1 | −1 | −1 | −1 | −1 | | |
| $A_{2u}$ | 1 | 1 | 1 | −1 | −1 | −1 | −1 | −1 | 1 | 1 | $z$ | |
| $B_{1u}$ | 1 | −1 | 1 | 1 | −1 | −1 | 1 | −1 | −1 | 1 | | |
| $B_{2u}$ | 1 | −1 | 1 | −1 | 1 | −1 | 1 | −1 | 1 | −1 | | |
| $E_u$ | 2 | 0 | −2 | 0 | 0 | −2 | 0 | 2 | 0 | 0 | $(x, y)$ | |

| $D_{5h}$ | $E$ | $2C_5$ | $2C_5^2$ | $5C_2$ | $\sigma_h$ | $2S_5$ | $2S_5^3$ | $5\sigma_v$ | | |
|---|---|---|---|---|---|---|---|---|---|---|
| $A_1'$ | 1 | 1 | 1 | 1 | 1 | 1 | 1 | 1 | | $x^2+y^2, z^2$ |
| $A_2'$ | 1 | 1 | 1 | −1 | 1 | 1 | 1 | −1 | $R_z$ | |
| $E_1'$ | 2 | $2\cos 72^\circ$ | $2\cos 144^\circ$ | 0 | 2 | $2\cos 72^\circ$ | $2\cos 144^\circ$ | 0 | $(x, y)$ | |
| $E_2'$ | 2 | $2\cos 144$ | $2\cos 72^\circ$ | 0 | 2 | $2\cos 144^\circ$ | $2\cos 72^\circ$ | 0 | | $(x^2-y^2, 2xy)$ |
| $A_1''$ | 1 | 1 | 1 | 1 | −1 | −1 | −1 | −1 | | |
| $A_2''$ | 1 | 1 | 1 | −1 | −1 | −1 | −1 | 1 | $z$ | |
| $E_1''$ | 2 | $2\cos 72^\circ$ | $2\cos 144^\circ$ | 0 | −2 | $-2\cos 72^\circ$ | $-2\cos 144^\circ$ | 0 | $(R_x, R_y)$ | $(xz, yz)$ |
| $E_2''$ | 2 | $2\cos 144^\circ$ | $2\cos 72^\circ$ | 0 | −2 | $-2\cos 144^\circ$ | $-2\cos 72^\circ$ | 0 | | |

| $D_{6h}$ | $E$ | $2C_6$ | $2C_3$ | $C_2$ | $3C_2'$ | $3C_2''$ | $I$ | $2S_3$ | $2S_6$ | $\sigma_h$ | $3\sigma_d$ | $3\sigma_v$ | | |
|---|---|---|---|---|---|---|---|---|---|---|---|---|---|---|
| $A_{1g}$ | 1 | 1 | 1 | 1 | 1 | 1 | 1 | 1 | 1 | 1 | 1 | 1 | | $x^2+y^2, z^2$ |
| $A_{2g}$ | 1 | 1 | 1 | 1 | −1 | −1 | 1 | 1 | 1 | 1 | −1 | −1 | $R_z$ | |
| $B_{1g}$ | 1 | −1 | 1 | −1 | 1 | −1 | 1 | −1 | 1 | −1 | 1 | −1 | | |
| $B_{2g}$ | 1 | −1 | 1 | −1 | −1 | 1 | 1 | −1 | 1 | −1 | −1 | 1 | | |
| $E_{1g}$ | 2 | 1 | −1 | −2 | 0 | 0 | 2 | 1 | −1 | −2 | 0 | 0 | $(R_x, R_y)$ | $(xz, yz)$ |
| $E_{2g}$ | 2 | −1 | −1 | 2 | 0 | 0 | 2 | −1 | −1 | 2 | 0 | 0 | | $(x^2-y^2, 2xy)$ |
| $A_{1u}$ | 1 | 1 | 1 | 1 | 1 | 1 | −1 | −1 | −1 | −1 | −1 | −1 | | |
| $A_{2u}$ | 1 | 1 | 1 | 1 | −1 | −1 | −1 | −1 | −1 | −1 | 1 | 1 | $z$ | |
| $B_{1u}$ | 1 | −1 | 1 | −1 | 1 | −1 | −1 | 1 | −1 | 1 | −1 | 1 | | |
| $B_{2u}$ | 1 | −1 | 1 | −1 | −1 | 1 | −1 | 1 | −1 | 1 | 1 | −1 | | |
| $E_{1u}$ | 2 | 1 | −1 | −2 | 0 | 0 | −2 | −1 | 1 | 2 | 0 | 0 | $(x, y)$ | |
| $E_{2u}$ | 2 | −1 | −1 | 2 | 0 | 0 | −2 | 1 | 1 | −2 | 0 | 0 | | |

| $D_{8h}$ | $E$ | $2C_8$ | $2C_8^3$ | $2C_4$ | $C_2$ | $4C_2'$ | $4C_2''$ | $I$ | $2S_8^3$ | $2S_8$ | $2S_4$ | $\sigma_h$ | $4\sigma_v$ | $4\sigma_d$ | | |
|---|---|---|---|---|---|---|---|---|---|---|---|---|---|---|---|---|
| $A_{1g}$ | 1 | 1 | 1 | 1 | 1 | 1 | 1 | 1 | 1 | 1 | 1 | 1 | 1 | 1 | | $x^2+y^2, z^2$ |
| $A_{2g}$ | 1 | 1 | 1 | 1 | 1 | −1 | −1 | 1 | 1 | 1 | 1 | 1 | −1 | −1 | $R_z$ | |
| $B_{1g}$ | 1 | −1 | −1 | 1 | 1 | 1 | −1 | 1 | −1 | −1 | 1 | 1 | 1 | −1 | | |
| $B_{2g}$ | 1 | −1 | −1 | 1 | 1 | −1 | 1 | 1 | −1 | −1 | 1 | 1 | −1 | 1 | | |
| $E_{1g}$ | 2 | $\sqrt{2}$ | $-\sqrt{2}$ | 0 | −2 | 0 | 0 | 2 | $\sqrt{2}$ | $-\sqrt{2}$ | 0 | −2 | 0 | 0 | $(R_x, R_y)$ | $(xz, yz)$ |
| $E_{2g}$ | 2 | 0 | 0 | −2 | 2 | 0 | 0 | 2 | 0 | 0 | −2 | 2 | 0 | 0 | | $(x^2-y^2, 2xy)$ |

| | | | | | | | | | | | | | | | | |
|---|---|---|---|---|---|---|---|---|---|---|---|---|---|---|---|---|
| $E_{3g}$ | 2 | $-\sqrt{2}$ | $\sqrt{2}$ | 0 | −2 | 0 | 0 | 2 | $-\sqrt{2}$ | $\sqrt{2}$ | 0 | −2 | 0 | 0 | | |
| $A_{1u}$ | 1 | 1 | 1 | 1 | 1 | 1 | 1 | −1 | −1 | −1 | −1 | −1 | −1 | −1 | | |
| $A_{2u}$ | 1 | 1 | 1 | 1 | 1 | −1 | −1 | −1 | −1 | −1 | −1 | −1 | 1 | 1 | $z$ | |
| $B_{1u}$ | 1 | −1 | −1 | 1 | 1 | 1 | −1 | −1 | 1 | 1 | −1 | −1 | −1 | 1 | | |
| $B_{2u}$ | 1 | −1 | −1 | 1 | 1 | −1 | 1 | −1 | 1 | 1 | −1 | −1 | 1 | −1 | | |
| $E_{1u}$ | 2 | $\sqrt{2}$ | $-\sqrt{2}$ | 0 | −2 | 0 | 0 | −2 | $-\sqrt{2}$ | $\sqrt{2}$ | 0 | 2 | 0 | 0 | $(x,y)$ | |
| $E_{2u}$ | 2 | 0 | 0 | −2 | 2 | 0 | 0 | −2 | 0 | 0 | 2 | −2 | 0 | 0 | | |
| $E_{3u}$ | 2 | $-\sqrt{2}$ | $\sqrt{2}$ | 0 | −2 | 0 | 0 | −2 | $\sqrt{2}$ | $-\sqrt{2}$ | 0 | 2 | 0 | 0 | | |

## 7. $D_{nd}$ 群

| $D_{2d}$ | $E$ | $2S_4$ | $C_2$ | $2C_2'$ | $2\sigma_d$ | | |
|---|---|---|---|---|---|---|---|
| $A_1$ | 1 | 1 | 1 | 1 | 1 | | $x^2+y^2,z^2$ |
| $A_2$ | 1 | 1 | 1 | −1 | −1 | $R_z$ | |
| $B_1$ | 1 | −1 | 1 | 1 | −1 | | $x^2-y^2$ |
| $B_2$ | 1 | −1 | 1 | −1 | 1 | $z$ | $xy$ |
| $E$ | 2 | 0 | −2 | 0 | 0 | $(x,y);(R_x,R_y)$ | $(xz,yz)$ |

| $D_{3d}$ | $E$ | $2C_3$ | $3C_2$ | $I$ | $2S_6$ | $3\sigma_d$ | | |
|---|---|---|---|---|---|---|---|---|
| $A_{1g}$ | 1 | 1 | 1 | 1 | 1 | 1 | | $x^2+y^2,z^2$ |
| $A_{2g}$ | 1 | 1 | −1 | 1 | 1 | −1 | $R_z$ | |
| $E_g$ | 2 | −1 | 0 | 2 | −1 | 0 | $(R_x,R_y)$ | $(x^2-y^2,2xy),(xz,yz)$ |
| $A_{1u}$ | 1 | 1 | 1 | −1 | −1 | −1 | | |
| $A_{2u}$ | 1 | 1 | −1 | −1 | −1 | 1 | $z$ | |
| $E_u$ | 2 | −1 | 0 | −2 | 1 | 0 | $(x,y)$ | |

| $D_{4d}$ | $E$ | $2S_8$ | $2C_4$ | $2S_8^3$ | $C_2$ | $4C_2'$ | $4\sigma_d$ | | |
|---|---|---|---|---|---|---|---|---|---|
| $A_1$ | 1 | 1 | 1 | 1 | 1 | 1 | 1 | | $x^2+y^2,z^2$ |
| $A_2$ | 1 | 1 | 1 | 1 | 1 | −1 | −1 | $R_z$ | |
| $B_1$ | 1 | −1 | 1 | −1 | 1 | 1 | −1 | | |
| $B_2$ | 1 | −1 | 1 | −1 | 1 | −1 | 1 | $z$ | |
| $E_1$ | 2 | $\sqrt{2}$ | 0 | $-\sqrt{2}$ | −2 | 0 | 0 | $(x,y)$ | |
| $E_2$ | 2 | 0 | −2 | 0 | 2 | 0 | 0 | | $(x^2-y^2,2xy)$ |
| $E_3$ | 2 | $-\sqrt{2}$ | 0 | $\sqrt{2}$ | −2 | 0 | 0 | $(R_x,R_y)$ | $(xz,yz)$ |

| $D_{5d}$ | $E$ | $2C_5$ | $2C_5^2$ | $5C_2$ | $I$ | $2S_{10}^3$ | $2S_{10}$ | $5\sigma_d$ | | |
|---|---|---|---|---|---|---|---|---|---|---|
| $A_{1g}$ | 1 | 1 | 1 | 1 | 1 | 1 | 1 | 1 | | $x^2+y^2, z^2$ |
| $A_{2g}$ | 1 | 1 | 1 | −1 | 1 | 1 | 1 | −1 | $R_z$ | |
| $E_{1g}$ | 2 | $2\cos 72°$ | $2\cos 144°$ | 0 | 2 | $2\cos 72°$ | $2\cos 144°$ | 0 | $(R_x, R_y)$ | $(xz, yz)$ |
| $E_{2g}$ | 2 | $2\cos 144°$ | $2\cos 72°$ | 0 | 2 | $2\cos 144°$ | $2\cos 72°$ | 0 | | $(x^2-y^2, 2xy)$ |
| $A_{1u}$ | 1 | 1 | 1 | 1 | −1 | −1 | −1 | −1 | | |
| $A_{2u}$ | 1 | 1 | 1 | −1 | −1 | −1 | −1 | 1 | $z$ | |
| $E_{1u}$ | 2 | $2\cos 72°$ | $2\cos 144°$ | 0 | −2 | $-2\cos 72°$ | $-2\cos 144°$ | 0 | $(x, y)$ | |
| $E_{2u}$ | 2 | $2\cos 144°$ | $2\cos 72°$ | 0 | −2 | $-2\cos 144°$ | $-2\cos 72°$ | 0 | | |

| $D_{6d}$ | $E$ | $2S_{12}$ | $2C_6$ | $2S_4$ | $2C_3$ | $2S_{12}^5$ | $C_2$ | $6C_2'$ | $6\sigma_d$ | | |
|---|---|---|---|---|---|---|---|---|---|---|---|
| $A_1$ | 1 | 1 | 1 | 1 | 1 | 1 | 1 | 1 | 1 | | $x^2+y^2, z^2$ |
| $A_2$ | 1 | 1 | 1 | 1 | 1 | 1 | 1 | −1 | −1 | $R_z$ | |
| $B_1$ | 1 | −1 | 1 | −1 | 1 | −1 | 1 | 1 | −1 | | |
| $B_2$ | 1 | −1 | 1 | −1 | 1 | −1 | 1 | −1 | 1 | $z$ | |
| $E_1$ | 2 | $\sqrt{3}$ | 1 | 0 | −1 | $-\sqrt{3}$ | −2 | 0 | 0 | $(x, y)$ | |
| $E_2$ | 2 | 1 | −1 | −2 | −1 | 1 | 2 | 0 | 0 | | $(x^2-y^2, 2xy)$ |
| $E_3$ | 2 | 0 | −2 | 0 | 2 | 0 | −2 | 0 | 0 | | |
| $E_4$ | 2 | −1 | −1 | 2 | −1 | −1 | 2 | 0 | 0 | | |
| $E_5$ | 2 | $-\sqrt{3}$ | 1 | 0 | −1 | $\sqrt{3}$ | −2 | 0 | 0 | $(R_x, R_y)$ | $(xz, yz)$ |

## 8. $S_n$ 群

| $S_4$ | $E$ | $S_4$ | $S_2$ | $S_4^3$ | | |
|---|---|---|---|---|---|---|
| $A$ | 1 | 1 | 1 | 1 | $R_z$ | $x^2+y^2, z^2$ |
| $B$ | 1 | −1 | 1 | −1 | $z$ | $x^2-y^2, xy$ |
| $E$ | $\begin{cases}1\\1\end{cases}$ | $\begin{matrix}i\\-i\end{matrix}$ | $\begin{matrix}-1\\-1\end{matrix}$ | $\left.\begin{matrix}-i\\i\end{matrix}\right\}$ | $(x, y), (R_x, R_y)$ | $(xz, yz)$ |

| $S_6$ | $E$ | $C_3$ | $C_3^2$ | $I$ | $S_6^5$ | $S_6$ | | $\varepsilon = \exp(2\pi i/3)$ |
|---|---|---|---|---|---|---|---|---|
| $A_g$ | 1 | 1 | 1 | 1 | 1 | 1 | $R_z$ | $x^2+y^2, z^2$ |
| $E_g$ | $\begin{cases}1\\1\end{cases}$ | $\begin{matrix}\varepsilon\\\varepsilon^*\end{matrix}$ | $\begin{matrix}\varepsilon^*\\\varepsilon\end{matrix}$ | $\begin{matrix}1\\1\end{matrix}$ | $\begin{matrix}\varepsilon\\\varepsilon^*\end{matrix}$ | $\left.\begin{matrix}\varepsilon^*\\\varepsilon\end{matrix}\right\}$ | $(R_x, R_y)$ | $(x^2-y^2, 2xy), (xz, yz)$ |
| $A_u$ | 1 | 1 | 1 | −1 | −1 | −1 | $z$ | |
| $E_u$ | $\begin{cases}1\\1\end{cases}$ | $\begin{matrix}\varepsilon\\\varepsilon^*\end{matrix}$ | $\begin{matrix}\varepsilon^*\\\varepsilon\end{matrix}$ | $\begin{matrix}-1\\-1\end{matrix}$ | $\begin{matrix}-\varepsilon\\-\varepsilon^*\end{matrix}$ | $\left.\begin{matrix}-\varepsilon^*\\-\varepsilon\end{matrix}\right\}$ | $(x, y)$ | |

| $S_8$ | $E$ | $S_8$ | $C_4$ | $S_8^3$ | $C_2$ | $S_8^5$ | $C_4^3$ | $S_8^7$ | | $\varepsilon=\exp(2\pi i/8)$ |
|---|---|---|---|---|---|---|---|---|---|---|
| $A$ | 1 | 1 | 1 | 1 | 1 | 1 | 1 | 1 | $R_z$ | $x^2+y^2, z^2$ |
| $B$ | 1 | −1 | 1 | −1 | 1 | −1 | 1 | −1 | $z$ | |
| $E_1$ | $\begin{cases}1\\1\end{cases}$ | $\varepsilon$<br>$\varepsilon^*$ | $i$<br>$-i$ | $-\varepsilon^*$<br>$-\varepsilon$ | −1<br>−1 | $-\varepsilon$<br>$-\varepsilon^*$ | $-i$<br>$i$ | $\varepsilon^*$<br>$\varepsilon$ | $(x,y),(R_x,R_y)$ | |
| $E_2$ | $\begin{cases}1\\1\end{cases}$ | $i$<br>$-i$ | −1<br>−1 | $-i$<br>$i$ | 1<br>1 | $i$<br>$-i$ | −1<br>−1 | $-i$<br>$i$ | | $(x^2-y^2, 2xy)$ |
| $E_3$ | $\begin{cases}1\\1\end{cases}$ | $-\varepsilon^*$<br>$-\varepsilon$ | $-i$<br>$i$ | $\varepsilon$<br>$\varepsilon^*$ | −1<br>−1 | $\varepsilon^*$<br>$\varepsilon$ | $i$<br>$-i$ | $-\varepsilon$<br>$-\varepsilon^*$ | | $(xz, yz)$ |

## 9. 立方体群

| $T$ | $E$ | $4C_3$ | $4C_3^2$ | $3C_2$ | | $\varepsilon=\exp(2\pi i/3)$ |
|---|---|---|---|---|---|---|
| $A$ | 1 | 1 | 1 | 1 | | $x^2+y^2+z^2$ |
| $E$ | $\begin{cases}1\\1\end{cases}$ | $\varepsilon$<br>$\varepsilon^*$ | $\varepsilon^*$<br>$\varepsilon$ | 1<br>1 | | $(2z^2-x^2-y^2, \sqrt{3}(x^2-y^2))$ |
| $T$ | 3 | 0 | 0 | −1 | $(R_x,R_y,R_z),(x,y,z)$ | $(xy, xz, yz)$ |

| $T_h$ | $E$ | $4C_3$ | $4C_3^2$ | $3C_2$ | $I$ | $4S_6$ | $4S_6^5$ | $3\sigma_h$ | | $\varepsilon=\exp(2\pi i/3)$ |
|---|---|---|---|---|---|---|---|---|---|---|
| $A_g$ | 1 | 1 | 1 | 1 | 1 | 1 | 1 | 1 | | $x^2+y^2+z^2$ |
| $A_u$ | 1 | 1 | 1 | 1 | −1 | −1 | −1 | −1 | | |
| $E_g$ | $\begin{cases}1\\1\end{cases}$ | $\varepsilon$<br>$\varepsilon^*$ | $\varepsilon^*$<br>$\varepsilon$ | 1<br>1 | 1<br>1 | $\varepsilon$<br>$\varepsilon^*$ | $\varepsilon^*$<br>$\varepsilon$ | 1<br>1 | | $(2z^2-x^2-y^2,$<br>$\sqrt{3}(x^2-y^2))$ |
| $E_u$ | $\begin{cases}1\\1\end{cases}$ | $\varepsilon$<br>$\varepsilon^*$ | $\varepsilon^*$<br>$\varepsilon$ | 1<br>1 | −1<br>−1 | $-\varepsilon$<br>$-\varepsilon^*$ | $-\varepsilon^*$<br>$-\varepsilon$ | −1<br>−1 | | |
| $T_g$ | 3 | 0 | 0 | −1 | 3 | 0 | 0 | −1 | $(R_x,R_y,R_z)$ | $(xy, xz, yz)$ |
| $T_u$ | 3 | 0 | 0 | −1 | −3 | 0 | 0 | 1 | $(x,y,z)$ | |

| $T_d$ | $E$ | $8C_3$ | $3C_2$ | $6S_4$ | $6\sigma_d$ | | |
|---|---|---|---|---|---|---|---|
| $A_1$ | 1 | 1 | 1 | 1 | 1 | | $x^2+y^2+z^2$ |
| $A_2$ | 1 | 1 | 1 | −1 | −1 | | |
| $E$ | 2 | −1 | 2 | 0 | 0 | | $(2z^2-x^2-y^2, \sqrt{3}(x^2-y^2))$ |
| $T_1$ | 3 | 0 | −1 | 1 | −1 | $(R_x,R_y,R_z)$ | |
| $T_2$ | 3 | 0 | −1 | −1 | 1 | $(x,y,z)$ | $(xy, xz, yz)$ |

| $O$ | $E$ | $6C_4$ | $3C_2(=C_4^2)$ | $8C_3$ | $6C_2$ | | |
|---|---|---|---|---|---|---|---|
| $A_1$ | 1 | 1 | 1 | 1 | 1 | | $x^2+y^2+z^2$ |
| $A_2$ | 1 | −1 | 1 | 1 | −1 | | |
| $E$ | 2 | 0 | 2 | −1 | 0 | | $(2z^2-x^2-y^2,\sqrt{3}(x^2-y^2))$ |
| $T_1$ | 3 | 1 | −1 | 0 | −1 | $(R_x,R_y,R_z),(x,y,z)$ | |
| $T_2$ | 3 | −1 | −1 | 0 | 1 | | $(xy,xz,yz)$ |

| $O_h$ | $E$ | $8C_3$ | $6C_2$ | $6C_4$ | $3C_2(=C_4^2)$ | $I$ | $6S_4$ | $8S_6$ | $3\sigma_h$ | $6\sigma_d$ | | |
|---|---|---|---|---|---|---|---|---|---|---|---|---|
| $A_{1g}$ | 1 | 1 | 1 | 1 | 1 | 1 | 1 | 1 | 1 | 1 | | $x^2+y^2+z^2$ |
| $A_{2g}$ | 1 | 1 | −1 | −1 | 1 | 1 | −1 | 1 | 1 | −1 | | |
| $E_g$ | 2 | −1 | 0 | 0 | 2 | 2 | 0 | −1 | 2 | 0 | | $(2z^2-x^2-y^2,\sqrt{3}(x^2-y^2))$ |
| $T_{1g}$ | 3 | 0 | −1 | 1 | −1 | 3 | 1 | 0 | −1 | −1 | $(R_x,R_y,R_z)$ | |
| $T_{2g}$ | 3 | 0 | 1 | −1 | −1 | 3 | −1 | 0 | −1 | 1 | | $(xy,xz,yz)$ |
| $A_{1u}$ | 1 | 1 | 1 | 1 | 1 | −1 | −1 | −1 | −1 | −1 | | |
| $A_{2u}$ | 1 | 1 | −1 | −1 | 1 | −1 | 1 | −1 | −1 | 1 | | |
| $E_u$ | 2 | −1 | 0 | 0 | 2 | −2 | 0 | 1 | −2 | 0 | | |
| $T_{1u}$ | 3 | 0 | −1 | 1 | −1 | −3 | −1 | 0 | 1 | 1 | $(x,y,z)$ | |
| $T_{2u}$ | 3 | 0 | 1 | −1 | −1 | −3 | 1 | 0 | 1 | −1 | | |

## 10. 线形分子的 $C_{\infty v}$ 群和 $D_{\infty h}$ 群

| $C_{\infty v}$ | $E$ | $2C_\infty^\phi$ | ··· | $\infty\sigma_v$ | | |
|---|---|---|---|---|---|---|
| $A_1\equiv\Sigma^+$ | 1 | 1 | ··· | 1 | $z$ | $x^2+y^2,z^2$ |
| $A_2\equiv\Sigma^-$ | 1 | 1 | ··· | −1 | $R_z$ | |
| $E_1\equiv\Pi$ | 2 | $2\cos\phi$ | ··· | 0 | $(x,y),(R_x,R_y)$ | $(xz,yz)$ |
| $E_2\equiv\Delta$ | 2 | $2\cos2\phi$ | ··· | 0 | | $(x^2-y^2,2xy)$ |
| $E_3\equiv\Phi$ | 2 | $2\cos3\phi$ | ··· | 0 | | |
| ⋮ | ⋮ | ⋮ | ··· | ⋮ | | |

| $D_{\infty h}$ | $E$ | $2C_\infty^\phi$ | ··· | $\infty\sigma_v$ | $I$ | $2S_\infty^\phi$ | ··· | $\infty C_2$ | $D_{\infty h}=C_{\infty v}\otimes C_i$ | |
|---|---|---|---|---|---|---|---|---|---|---|
| $\Sigma_g^+$ | 1 | 1 | ··· | 1 | 1 | 1 | ··· | 1 | | $x^2+y^2,z^2$ |
| $\Sigma_g^-$ | 1 | 1 | ··· | −1 | 1 | 1 | ··· | −1 | $R_z$ | |
| $\Pi_g$ | 2 | $2\cos\phi$ | ··· | 0 | 2 | $-2\cos\phi$ | ··· | 0 | $(R_x,R_y)$ | $(xz,yz)$ |
| $\Delta_g$ | 2 | $2\cos2\phi$ | ··· | 0 | 2 | $2\cos2\phi$ | ··· | 0 | | $(x^2-y^2,2xy)$ |
| ⋮ | ⋮ | ⋮ | | ⋮ | ⋮ | ⋮ | | ⋮ | | |

| | | | | | | | | | |
|---|---|---|---|---|---|---|---|---|---|
| $\Sigma_u^+$ | 1 | 1 | ⋯ | 1 | −1 | −1 | ⋯ | −1 | $z$ |
| $\Sigma_u^-$ | 1 | 1 | ⋯ | −1 | −1 | −1 | ⋯ | 1 | |
| $\Pi_u$ | 2 | $2\cos\phi$ | ⋯ | 0 | −2 | $2\cos\phi$ | ⋯ | 0 | $(x,y)$ |
| $\Delta_u$ | 2 | $2\cos 2\phi$ | ⋯ | 0 | −2 | $-2\cos 2\phi$ | ⋯ | 0 | |
| ⋮ | ⋮ | ⋮ | | ⋮ | ⋮ | ⋮ | | ⋮ | |

11. 二十面体群(左上角方框内是纯转动群 $I$ 的特征标表，此时下标 g 应去掉，且$(x, y, z)$被指定为 $T_1$ 表示的基)

| $I_h$ | $E$ | $12C_5$ | $12C_5^2$ | $20C_3$ | $15C_2$ | $I$ | $12S_{10}$ | $12S_{10}^3$ | $20S_6$ | $15\sigma$ | | |
|---|---|---|---|---|---|---|---|---|---|---|---|---|
| $A_g$ | 1 | 1 | 1 | 1 | 1 | 1 | 1 | 1 | 1 | 1 | | $x^2+y^2+z^2$ |
| $T_{1g}$ | 3 | $\frac{1}{2}(1+\sqrt{5})$ | $\frac{1}{2}(1-\sqrt{5})$ | 0 | −1 | 3 | $\frac{1}{2}(1-\sqrt{5})$ | $\frac{1}{2}(1+\sqrt{5})$ | 0 | −1 | $(R_x, R_y, R_z)$ | |
| $T_{2g}$ | 3 | $\frac{1}{2}(1-\sqrt{5})$ | $\frac{1}{2}(1+\sqrt{5})$ | 0 | −1 | 3 | $\frac{1}{2}(1+\sqrt{5})$ | $\frac{1}{2}(1-\sqrt{5})$ | 0 | −1 | | |
| $G_g$ | 4 | −1 | −1 | 1 | 0 | 4 | −1 | −1 | 1 | 0 | | |
| $H_g$ | 5 | 0 | 0 | −1 | 1 | 5 | 0 | 0 | −1 | 1 | | $(2z^2-x^2-y^2, x^2-y^2, xy, yz, zx)$ |
| $A_u$ | 1 | 1 | 1 | 1 | 1 | −1 | −1 | −1 | −1 | −1 | | |
| $T_{1u}$ | 3 | $\frac{1}{2}(1+\sqrt{5})$ | $\frac{1}{2}(1-\sqrt{5})$ | 0 | −1 | −3 | $-\frac{1}{2}(1-\sqrt{5})$ | $-\frac{1}{2}(1+\sqrt{5})$ | 0 | 1 | $(x, y, z)$ | |
| $T_{2u}$ | 3 | $\frac{1}{2}(1-\sqrt{5})$ | $\frac{1}{2}(1+\sqrt{5})$ | 0 | −1 | −3 | $-\frac{1}{2}(1+\sqrt{5})$ | $-\frac{1}{2}(1-\sqrt{5})$ | 0 | 1 | | |
| $G_u$ | 4 | −1 | −1 | 1 | 0 | −4 | 1 | 1 | −1 | 0 | | |
| $H_u$ | 5 | 0 | 0 | −1 | 1 | −5 | 0 | 0 | 1 | −1 | | |

# 重印说明

本书第三次印刷和第四次印刷时均作了修订，为便于读者查看修改内容，现对一些重要修改作如下说明：

1. 删除了一些衍文. 例如，书中 378 页第三行“完全类的 CI”，删除了“类”字，因为多出的“类”字造成了概念错误.

2. 为了使表述更准确，部分小节中增加了一些文字. 例如，概论第 2 页前两段，1.3.2 节最后一段，1.7.2 节最后一段，1.12.2 节最后两段，2.5.5 节第二段和式(2.5.49)下边第三段，5.10.2 节最后两段以及 6.7.5 节第二段等. 为了保持原来的版面，删除或精简了相应段落前后的一些文字.

3. 修正了几个公式中的印刷错误，如公式(3.2.50)和(3.5.6)等.

4. 修正了几篇文献的引用格式，以求全书格式统一.

需要特别说明的是，已将书中“构造”一词改为“建造”。这是因为考虑到我们在国际学术刊物上发表相关论文时，用的是 building up，翻译成中文时用“建造”更为贴切。

书中可能还有疏漏和不妥之处，敬请读者批评指正。

刘成卜

2023 年 5 月于山东大学